메카트로닉스 공학

양경모 저

구민사 Technology Computer

PREFACE

기계기술은 시대적인 변천에 따른 사회적 요구에 따라 지속적으로 발전되어 왔습니다. 기계기술의 발전을 위해 추구하고 지향해 온 자동화, 고속화, 정밀화를 통하여 생산성과 성능을 더 향상시키고, 가격은 더 싸게 하기 위한 새로운 기술 도입의 필요에 의해 탄생된 메카트로닉스는 마이크로프로세서를 포함한 마이크로일렉트로닉스라는 새롭고도 유용한 구성요소가 더해져서 진행되고 있습니다.

최근에는 정보기능을 포함하여 보다 큰 의미로서의 메카트로닉스를 정의하여 로봇, NC 공작기계 등 단일기기의 자동화부터 공장 자동화, 센서 등에 이르기까지 기술의 적용범위가 확대되었고, 1980년대 중반 이후부터 선진 공업국에서 마이크로일렉트로닉스, 신소재, 바이오 테크놀로지 등의 혁신기술이 등장하면서 전 산업의 지식집약화, 정보화 등을 초래하여 산업구조가 변화 되고 있으며, 2016년 1월 다보스 포럼 총회에서는 IoT(Internet of Thing, 사물인터넷), 인공지능(AI), 로봇, 나노기술, 바이오, 드론, 자율주행차량, 3D프린터, 빅데이터 등 신기술이 기존 제조업과 융합해 생산능력과 효율을 극대화하는 4차 산업혁명의 시작을 알렸습니다. 4차 산업혁명이 가져올 기술융합은 생산성과 성능을 더 향상시켜 생산 및 유통의 비용을 크게 낮추어 줄 것입니다.

우리 국어사전에는 메카트로닉스를 "기계와 전자를 복합적으로 적용하는 학문으로 기계·전기·전자공학 등 공학의 여러 분야가 복합된 학문을 말한다."라고 정의하고 있습니다.

결국 이 학문은 기계공학·전기공학·전자공학을 복합적으로 적용하는 새로운 개념의 공학으로, 메카트로닉스의 메카는 기구나 기계요소 등의 기계기술을 의미하고, 트로닉스는 제어 알고리즘이나 제어요소 등의 전자기술을 의미합니다. 그러므로 메카트로닉스는 기계적 요소와 전자적 요소를 모두 적재적소에 사용하여, 종래의 기계적이거나 아날로그적 혹은 하드웨어적인 자동화를 전자적, 디지털적 혹은 소프트웨어적인 자동화로 바꾸는 복합적인 기술을 의미합니다.

현재의 기술자격체계에 따른 메카트로닉스 과목의 내용도 기계공학의 기본적인 과목들과 전자공학의 기초과목들을 배워, 자동화기계 시스템의 특성을 이해하고 제어기술의 분석 및 설계에 관하여 창조적이고 조직적인 능력을 배양하고 나아가 제어 및 자동화에 대한 체험적 전문지식을 습득할 수 있도록 하고 있습니다.

자동차, 항공, 조선 및 각종 기계생산 업체와 전자, 화공, 금속, 재료 등 모든 산업 분야에서 메카트로닉스 공학을 필요로 하며 응용 분야가 점점 넓어지고 있습니다. 따라서, 현대 사회에서 필요한 공학자는 한 분야의 전문가가 아니고 다방면을 골고루 소화할 수 있어야 합니다.

이 책은 자격검정 출제 기준에 따른 내용으로 메카트로닉스의 개요, 전기전자기초이론 및 논리회로 기초, 반도체 및 센서, 서보 및 스테핑모터, 마이크로프로세서에 대한 포괄적인 개념을 이해하는 학문으로서 내용을 구성하여 자격검정 및 자동화에 필요한 전기전자 기초학문으로 공부 할 수 있도록 하였으며, 메카트로닉스 시대의 기술자와 학생이 기계, 전기, 전자, 제어분야에 활용 할 수 있도록 편집 하였습니다.

또한 자동화 관련 자격시험을 대비하는 분들을 위해 이 책의 연습문제를 메카트로닉스 및 생산자동화 산업기사의 과년도 출제문제로 수록하여 자격증을 대비하는 수검생 여러분들이 출제유형을 공부 할 수 있도록 하였습니다.

끝으로 이 책이 나오기까지 많은 도움을 주신 도서출판 구민사 조규백 대표님과 저의 지인 여러분께 감사의 인사를 드립니다.

저자 씀.

CONTENTS

CONTENTS

CONTENTS

CHAPTER 5 논리회로

CHAPTER 6 마이크로 프로세서의 이해

Mechatronics Engineering

CHAPTER 01

메카트로닉스의 개요

Mechatronics Engineering

제1절 메카트로닉스의 의미 | 제2절 메카트로닉스의 역사 | 제3절 메카트로닉스의 기본구조

제4절 메카트로닉스의 산업 및 발달별 제품 분류 | 제5절 메카트로닉스의 영역과 미래

Mechatronics Engineering

CHAPTER 01 메카트로닉스의 개요

제1절 메카트로닉스의 의미

메카트로닉스(mechatronics)는 메커니즘, 메카닉스(mechanism of mechanics)와 일렉트로닉스(electronics)의 합성어로 메카는 기구나 기계요소 등의 기계기술을 의미하고, 트로닉스는 제어 알고리즘이나 제어요소 등의 전자기술을 의미한다. 따라서 메카트로닉스는 기계적 요소와 전자적 요소를 모두 적재적소에 사용하여 종래의 기계적이거나 아날로그적 혹은 하드웨어적인 자동화를 전자적, 디지털적 혹은 소프트웨어적인 자동화로 바꾸는 기술을 의미한다. 이러한 특징을 가진 계(system)나 기기를 메카트로닉스계 또는 메카트로닉스 기기라고 한다.

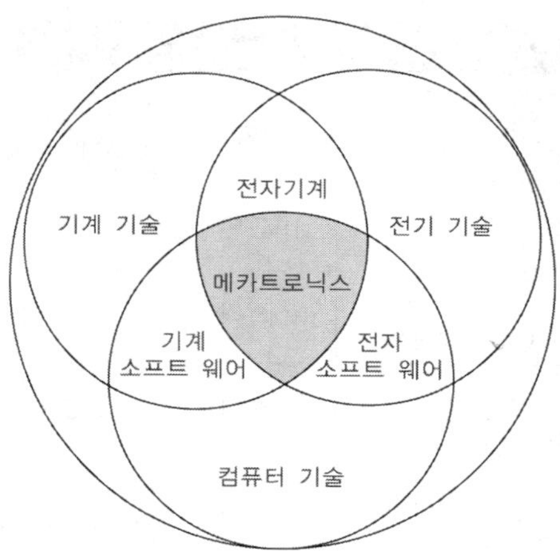

• 그림 1-1 • 메카트로닉스 영역

제2절 메카트로닉스의 역사

메카트로닉스는 고전적인 여러 분야가 결합된 20세기 중후반에 주목받기 시작한 신 과학기술분야이나, 어느날 갑자기 출현한 것은 아니고, 산업사회의 기술발달 과정에서 자연스럽게 형성된 분야이다. 우선 기계분야의 측면을 살펴보면, B.C 3000 ~ 4000년경 메소포타미아 지역에서 바퀴와 축을 사용하기 시작하여 19세기 중반 독일의 기계공학자 프란츠 루울로오(1829 ~ 1905)가 기본적인 기계구성품을 링크, 휠, 캠, 나사, 래칫, 벨트의 6가지로 규정한 이후, 제 1, 2차 세계대전을 지나 컴퓨터가 등장함에 따라 기계설계, 기계해석 및 기계가공분야는 컴퓨터를 이용하기 시작하였다.

마이크로 일렉트로닉스(micro electronics : 극소 전자공학)로 대표되는 전자분야는 1946년 미국에서 최초의 실용 대형컴퓨터 에니악(ENIAC : 전자식 수치 적분 및 계산기)의 등장과 더불어 발전되기 시작하였으며, 폰 노이만 방식이라고 부르는 프로그램 내장방식(stored program type)의 최초 컴퓨터인 에드삭(EDSAC)이 1949년에 출현하여 본격적인 컴퓨터 과학이 시작되었다. 그 후 한 개의 소자에 중앙처리장치(CPU)가 집적된 마이크로프로세서(microprocessor)가 등장하면서 현재에 이르고 있다.

극소전자소자는 아래 [표 1-1]과 같이 발달되어 왔다.

| 표 1-1 | 극소전자소자의 발달

기술발달	한글명칭	연도	칩1개당 트랜지스터의 집적도	적용제품
1. 트랜지스터		1947년	1	트랜지스터 다이오드
2. SSI (small scale integration)	소규모 집적회로	1961년	10	논리게이트 플립플롭
3. MSI (midium scale integration)	중규모 집적회로	1966년	100 ~ 1,000	카운터 멀티플렉서 가산기
4. LSI (large scale integration)	대규모 집적회로	1971년	1,000 ~ 20,000	8비트μP (마이크로프로세서) ROM, RAM
5. VLSI (very large scale integration)	초대규모 집적회로	1980년	20,000 ~ 500,000	16, 32비트μP (마이크로프로세서) 다기능 주변기기

기술발달	한글명칭	연도	칩1개당 트랜지스터의 집적도	적용제품
6. ULSI (ultra large scale integration)	극대규모 집적회로	1985년	〉500,000	고성능 마이크로프로세서 실시간 영상처리기
7. GSI (giant scale integration)	거대규모 집적회로	1990년	〉10,000,000	우주산업관련 프로세서

제3절 메카트로닉스의 기본구조

메카트로닉스의 기본적인 구조는 크게 하드웨어 부분, 소프트웨어 부분, 주변 환경요인 부분으로 구분할 수 있다. 여기서 하드웨어 부분은 물리적으로 확인되는 실체로서 구동과 제어를 위한 부분을 말하며, 소프트웨어 부분은 제어를 위한 방법에 관련된 부분을 말한다. 또한 주변 환경요인 부분은 메카트로닉스 시스템이 목적하는 구체적인 일과 관련된 변수의 성격을 갖는 여러 요인들과 구동환경에 관련된 부분들을 말한다.

메카트로닉스 시스템은 성격상의 특성을 고려할 때 기본적으로 기계분야, 전기전자분야, 컴퓨터 과학분야가 결합된 구조를 갖으며, 각각의 분야는 실질적이고 구체적인 기술적 고유영역을 갖고 있다. 따라서 이러한 서로 상이한 분야의 결합에 따른 복잡하고 미묘한 관계를 단순히 하드웨어 부분, 소프트웨어 부분, 주변 환경요인 부분으로 구분 짓고 이해하기에는 어려움이 따른다.

01 메카트로닉스의 4가지 요소

메카트로닉스는 [그림 1-2]와 같이 4가지 요소로 구성되어 있다.
컴퓨터부, 센서부, 액추에이터부, 메커니즘부로 구성하고, 이 4가지 요소가 유기적으로 연결됨에 따라 메카트로닉스 시스템이 구성된다.

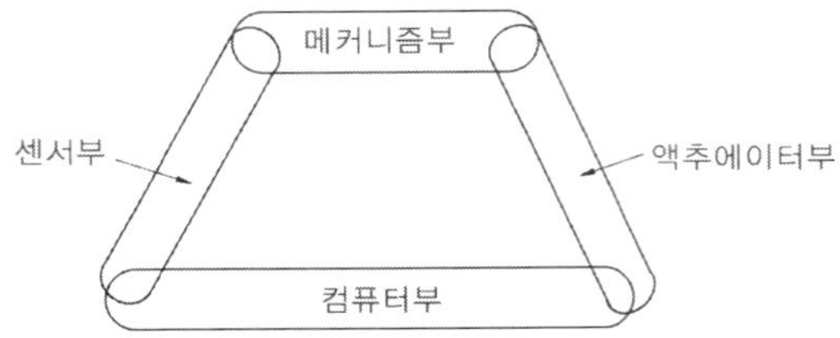

• 그림 1-2 • 메카트로닉스의 4가지 요소

1. 센서부

우리 인간은 눈, 코, 귀, 입, 손이 갖는 각각의 감각 즉, 시각, 후각, 청각, 미각, 촉각이라는 오감에 의해 주변의 상태나 대상물의 상태를 알 수가 있다.

메카트로닉스 제품의 대표인 산업용 로봇에도 이 인간의 오감에 상당하는 부분을 센서로서 대체하고 있다.

| 표 1-2 | 인간의 오감과 로봇 센서

검출내용	오감	인간	센 서
명암, 형, 색	시각	눈	광센서, TV카메라, 이미지센서
냄새	후각	코	후각센서(바이오 케미칼 센서, 실리콘산 티탄산염)
음성, 음색, 음계	청각	귀	음향센서(초음파센서, 마이크로폰)
달다, 맵다	미각	입	미각센서(백금, 산화물, 반도체 가스센서, 입자센서, 산화계열 선형 소결 반도체)
압력, 온도, 습도	촉각	손	압력센서, 진동센서, 온도센서, 습도센서, 접촉센서

센서는 여러 가지 물리량을 검출하고, 그것을 전기 신호로 변환하는 기능을 갖고 있다. 센서의 좋고 나쁨이 메카트로닉스 제품의 성능을 결정한다고 할 만큼 중요한 역할을 하지만 센서에 의해 검출되는 대상이 빛, 온도, 속도, 위치 등과 같이 넓은 범위에 걸치므로 재료나 응용 기술의 개발 등이 지연되고 있다.

그러나 최근에는 세라믹이나 반도체, 고분자 등의 신재료가 개발되었고, 또 재료가공 기술도 진보하여 계속 새로운 센서가 개발되고 있으며 새로운 센서 응용시스템이 실용화되고 있다.

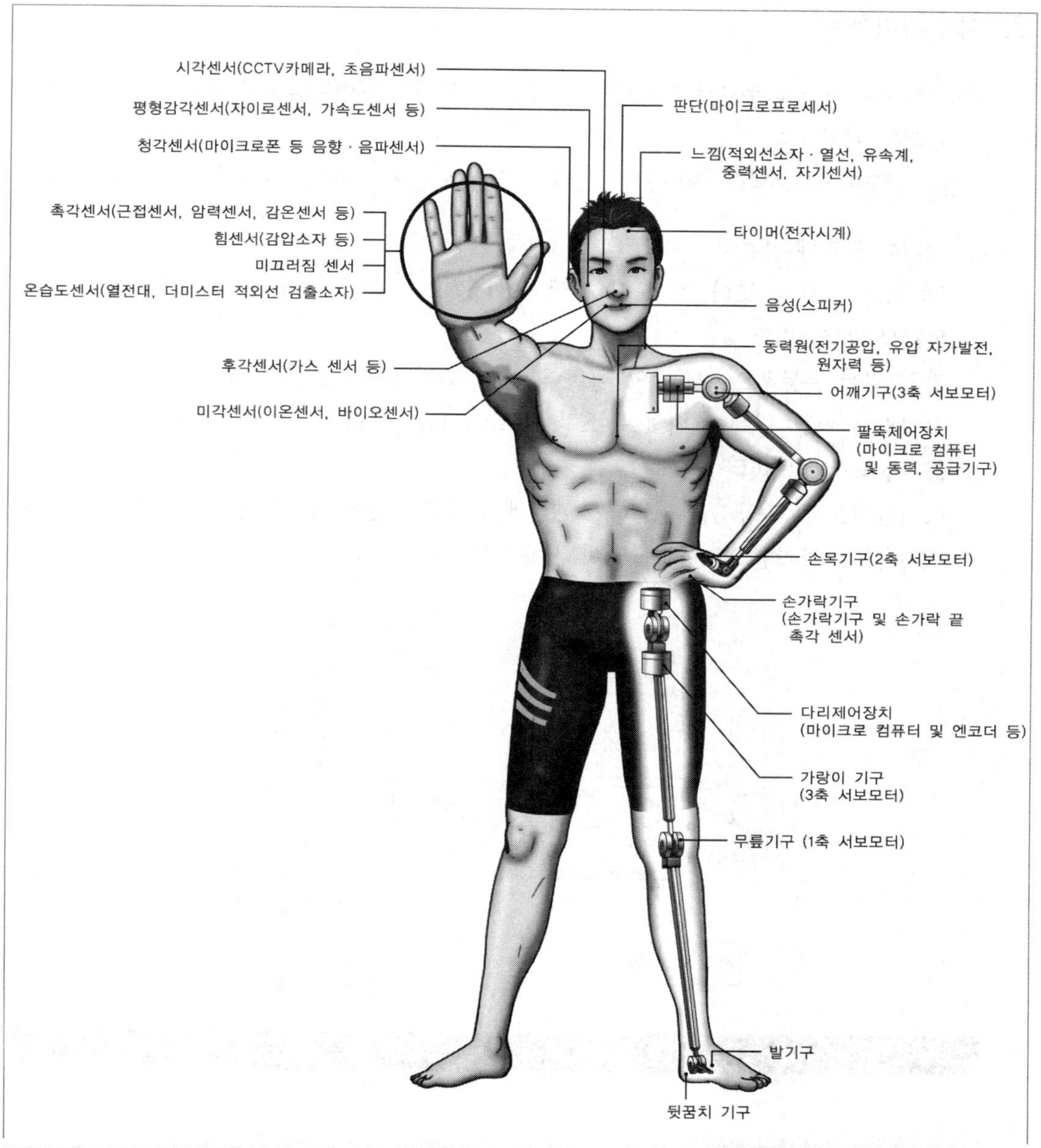

• 그림 1-3 • 인간과 로봇의 비교

2. 액추에이터부

엑추에이터는 컴퓨터부로부터 지령을 받아 기계 본체의 메커니즘부를 조작하기 위한 동력원이 되는 부분이다.
일반적으로 메카트로닉스 분야에서 활용되고 있는 엑추에이터에는 다음과 같은 종류가 있다.

① **전기식 액추에이터**
DC모터, 스테핑 모터, AC모터 등의 제어용 모터 등이 있다.

② **유압식 액추에이터**
축의 직선 운동용으로서 유압 실린더, 축의 회전 운동용으로서 유압 모터 등이 있다. 유압식은 다른 방식에 비하여 소형, 경량이지만 큰 출력을 얻을 수 있다.

③ **공기압식 액추에이터**
공기압식은 압축 공기를 사용하기 때문에 장치를 간단히 할 수 있는 이점이 있다. 그렇기 때문에 공기압 실린더가 많이 사용되고 있다.

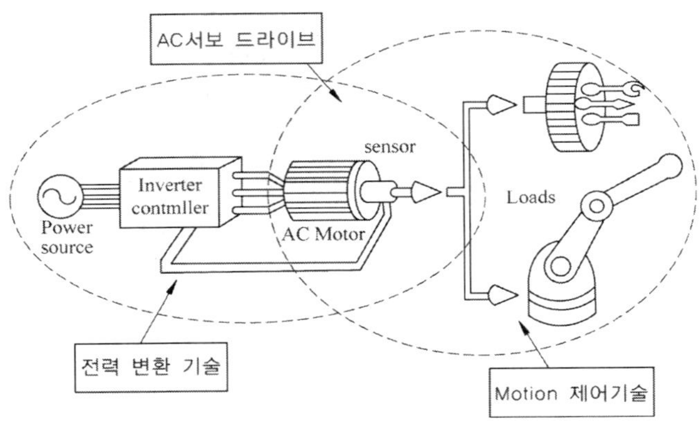

• 그림 1-4 • 구동장치의 예

3. 컴퓨터부

컴퓨터부는 그림과 같이 연산처리 기능을 갖는 CPU와 기억 기능을 갖는 메모리, 입출력 포트로 구성되어 있고 모두 IC화 되어 있다.
그리고 이 3자로 구성되는 마이크로컨트롤러가 되며, 단일칩 마이크로컴퓨터라고도 부른다. 또 필요에 따라 플로피디스크와 같은 외부 기억장치도 병용된다.

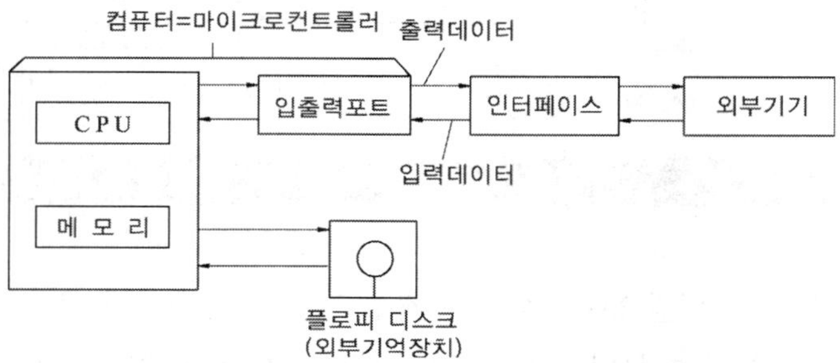

• 그림 1-5 • 컴퓨터=마이컴의 기능

4. 메커니즘부

운동을 규정하는 부분으로 여러 가지 기계요소와 기구학적 구성으로 되어 있다. 사람과 비교하여 로봇의 구성을 생각해보자. 로봇의 손과 다리의 기능을 보면, 힘을 발생하는 모터와 이 힘을 기준으로 하여 구체적인 움직임을 만드는 메커니즘으로 구성된다.

자신의 손이나 팔을 보면 많은 골격과 관절, 근육 등이 좁은 공간 안에 들어 있으며, 자유롭게 미묘한 움직임을 할 수 있다. 사람의 몸체는 손만 아니라 전체적으로 이것과 동일한 일을 하는 "메커니즘"이 산재되어 있다. 이와 같은 일을 하는 것을 만들기는 매우 어려운 일이다. 따라서 동작이나 일을 분석하여 기본이 되는 움직임이 무엇인가를 점검하여 단순화한 모델을 생각해야 한다.

② 메카트로닉스 4가지 요소 각각의 동작과 상호 관계

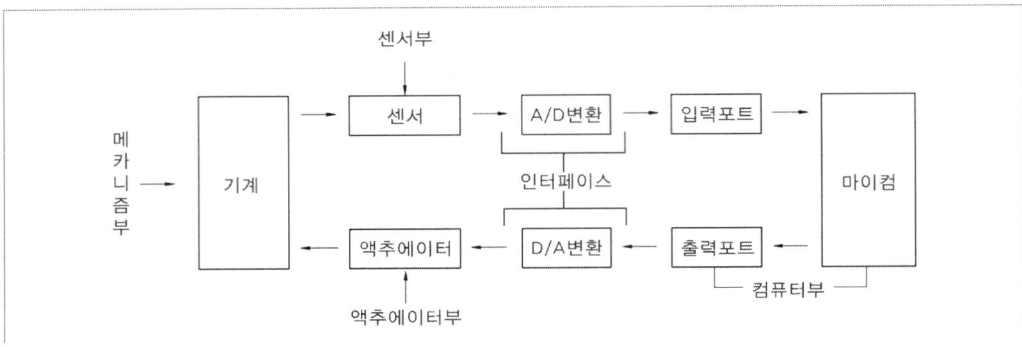

• 그림 1-6 • 4가지 동작과 상호 관계

지금 어느 기계를 마이컴으로 제어하는 경우 그 구성은 그림과 같으며, 이 그림은 어떻게 제어가 행하여지는가를 보여주는 것으로 먼저 기계의 위치나 회전 속도 등의 아날로그 데이터가 센서에 의해 검출되고, 이것이 인터페이스에 의해 디지털 데이터로 변환되어 입력포트를 걸쳐 마이컴에 들어간다. 그리고 마이컴으로 그 데이터가 처리되면 출력포트를 거쳐 인터페이스로 아날로그 데이터에 다시 변환되어 액추에이터에 의해 기계가 움직이게 된다.

입력포트와 출력포트는 마이컴이 외부 기기와의 사이에서 데이터를 주고, 받을 때에 중개를 하는 회로이다. 예를 들어 입출력 포트와 로봇 센서나 액추에이터 등을 접속하기 위해서는 A/D변환기나 D/A변환기라 하는 특별한 회로가 필요하며, 이들을 총칭해서 인터페이스라고도 부른다.

제4절 메카트로닉스의 산업 및 발달별 제품 분류

메카트로닉스 산업을 개략적으로 분류해보면, 부품산업, 제어기산업, 자동화 산업, 공장 자동화 산업 등으로 분류할 수 있으며 [표 1-3]은 산업별 분류에 따른 생산품목을 정리하였다.

| 표 1-3 | 산업별 분류에 따른 생산품목

산업별 분류	생산제품
부품산업	모터류, 유 · 공압, 센서류, 감속기류, 스위치류 등
제어기 산업	모터드라이버, 인버터, PLC, 모션제어기 등
자동화 장치 산업	산업용 로봇, 조립 · 검사장비, 생산 · 물류 자동화 장비 등
공장 정보화 산업	FMS(시설물 관리시스템) 구성 및 S/W, CIM(컴퓨터에 의한 통합적 생산시스템), 통신망 등

일렉트로닉스 기술의 급속한 진보와 보급에 따라 기계 장치가 크게 달라지고 있다. 종래의 메커니즘 기구에 어느 정도 일렉트로닉스 기능을 첨부하여 아래와 같은 메카트로닉스 제품을 출현시키게 되었다.

① **종래의 메커니즘 기구에서 부분적인 일렉트로닉스로 전환한 제품**
자동 초점 카메라, 전자미싱, 사무기기 등

② **종래의 메커니즘 기구만으로 구성되어 있던 기계 장치가 거의 일렉트로닉스로 전환한 제품**
디지털 시계, 전자계산기, 버튼식 전화기 등

③ **종래의 메커니즘 기구에 일렉트로닉스 기술을 부가하여 보다 고성능화, 다기능화된 장치로 전환한 제품**
NC공작기계, 로봇 등

④ **간단한 메커니즘에 마이크로 컴퓨터를 조합해 높은 기능을 지닌 제품**
전자렌지, 에어콘 등

⑤ **일렉트로닉스를 중심으로 그 일부분을 구성하고 있는 기계장치**
복사기 등

제5절 메카트로닉스의 영역과 미래

메커니즘 설계는 기구학에 기초를 두고 있으며 구동기, 센서의 부착 등은 메커니즘의 거동에 영향을 준다. 따라서 구동기, 센서 메커니즘을 동시에 고려하여 원하는 운동을 생성할 수 있도록 설계를 해야 한다.
이와 같은 메카트로닉스 시스템 설계를 수행하기 위해서는 3차원 CAD시스템을 이용한 기구부의 형상설계 CAE를 이용한 설계 해석이 필수적이다.
시스템 설계를 위해서는 메커니즘 설계이론, 제어기 설계 방법, 구동기의 원리, 센서 회로, 마이크로프로세서의 작동원리의 이해가 선행되어야 한다. 따라서 자동화 기계시스템의 특성을 이해하고 제어기술의 분석 및 설계에 관한 분야 및 힘과 운동을 다루는 동역학과 전자공학 분야를 포괄하는 기술로 표현할 수 있다.

결국 메카트로닉스 기술은 기계와 전자(전기분야 포함), 컴퓨터의 기술을 이용하여 제품을 구현하는 기술이라고 말할 수 있으며, 메카트로닉스를 이용하여 전자적, 디지털적, 소프트웨어적 시스템을 구현할 수 있는 장점이 있다.

메카트로닉스 분야는 향후 기술적인 면에서 더욱 지능화, 고정밀화, 고속화, 소형화될 것이 예상되며, 현재의 메카트로닉스는 기계와 전자(전기)의 두 요소를 결합하여 시스템화 하였지만, 향후의 메카트로닉스는 기계와 전자(전기)요소를 하나의 요소로 생각하여 제조하는 방법의 기술분야로 점점 발전해 나가고 있다. 한가지 예로 현재 마이크로 전기기계 시스템의 약자인 MEMS(Micro Electro Mechanical Systems)라는 기술이 발전하고 있다. 글자 그대로 풀이 해본다면 마이크로미터 크기로 전기적이면서 기계적인 시스템이라고 할 수 있어 미소전기시스템이라고 부르기도 한다. 이것은 소형화된 전자 회로뿐만 아니라 소형 암, 기어, 스프링과 같은 기계 부품에 통합되는 전문화된 실리콘 칩으로, 데이터를 처리하는 능력과 특정한 종류의 센서 형태로 데이터를 저장하는 능력이 있다. 센서들의 크기는 100만 분의 1미터 혹은 몇 마이크로미터 정도로 매우 작다.

그리고 소프트웨어의 분야에서는 인공 지능형의 시스템 또는 제품을 구현하기 위하여 고기능 및 지능화의 방향을 추구하는 인공지능기법의 소프트웨어를 구체화시키는 방향으로 발전할 것이다.

연·습·문·제

01 다음 중 제어기가 아닌 것은?

㉮ PLC ㉯ PC
㉰ 마이크로콘트롤러 ㉱ 서보 모터

02 다음 중 메카트로닉스의 3요소가 아닌 것은?

㉮ 제어기 ㉯ 액추에이터
㉰ 소프트웨어 ㉱ 센서

03 다음 액추에이터 중에서 일반적으로 응답속도가 가장 느린 것은?

㉮ 공기압 실린더 ㉯ AC 서보 모터
㉰ DC 서보 모터 ㉱ 유압 실린더

04 메카트로닉스에 의한 자동화 요소가 아닌 것은?

㉮ 센서 ㉯ 네트워크
㉰ 엑츄레이터 ㉱ 로봇

05 메카트로닉스의 핵심 구동 장치는?

㉮ 내연기관 ㉯ 솔레노이드
㉰ 모터 ㉱ 발전기

06 메카트로닉스 산업에 있어 공장 정보화 산업에 해당되는 것은?

㉮ FMS ㉯ PLS
㉰ 센서류 ㉱ 반도체 장비

07 메카트로닉스의 4가지 요소에 해당되지 않는 것은?

㉮ 자동제어부 ㉯ 센서부
㉰ 액추에이터부 ㉱ 메커니즘부

08 다음 중 시각 센서에 해당되는 것은?

㉮ 광센서 ㉯ 초음파 센서
㉰ 반도체 가스센서 ㉱ 습도센서

09 다음중 인간의 손 역할을 하는 센서는?

㉮ 이미지 센서 ㉯ 마이크로폰
㉰ 백금 ㉱ 압력센서

10 메카트로닉스 기술의 구성 요건이 아닌 것은?

㉮ 센서
㉯ 컴퓨터
㉰ 액추에이터
㉱ F·M·S(Flexible Manufacturing)

Answer 01 ㉱ 02 ㉰ 03 ㉮ 04 ㉱ 05 ㉰ 06 ㉮ 07 ㉮ 08 ㉮ 09 ㉱ 10 ㉱

memo

Mechatronics Engineering

CHAPTER

02

전기전자 회로의 기초

Mechatronics Engineering

제1절 직류회로 | 제2절 교류회로 | 제3절 자기회로 | 제4절 연산증폭기

Mechatronics Engineering

CHAPTER 02 전기전자 회로의 기초

제1절 직류회로

① 전류, 전압 및 저항

1. 전류

가. 전류의 이해

어떤 원자든 (+)전기량과 전자핵 주위를 돌고 있는 (-)전기의 전체량을 갖으나, 구리와 같은 금속에서는 원자의 최외각 궤도를 돌고 있는 전자는 한 개의 원자핵으로부터 떨어져서 그 금속을 자유롭게 이동할 수 있는데 이와 같은 전자를 자유전자라고 한다. 결국 금속이 전기를 잘 통하는 것은 이 자유전자가 있기 때문이며, 이 자유전자는 여러 가지 작용을 하며 물질에서 전기적인 현상을 일으키는 주된 요인인 전류를 발생시킨다. 자유전자의 흐름이 바로 전류의 주체이며, 전류의 방향은 (+)전하가 이동하는 방향으로 하고 있으므로 전류의 흐름의 방향은 자유전자가 흘러가는 방향과 반대가 된다.

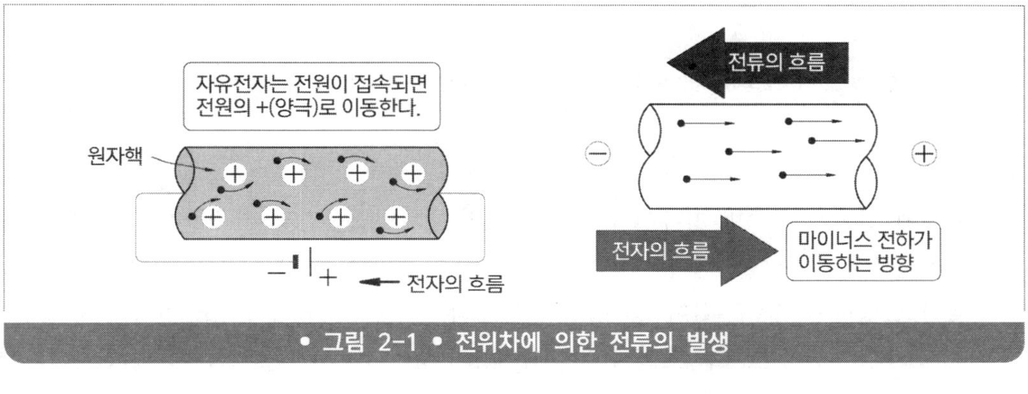

• 그림 2-1 • 전위차에 의한 전류의 발생

[그림 2-1]의 구리원자의 자유전자들이 전위차에 의해서 한쪽 방향으로 이동하고 있다. 즉 전위차가 존재해야만 전류가 지속적으로 흐르고 전류는 한쪽 방향으로만 흐른다. 또한 많은 개수의 전자가 이동하면 더 큰 전류가 흐르게 되고 도선에 흐르는 전류는 어느 곳에서나 그 크기가 동일하다.
구리선에 1초 동안 흐른 전하의 양(전기량)을 전류의 세기로 표시하며 단위는 [A]로 나타낸다. 즉 1[A]는 1[C]의 전기량이 1초 동안에 전선을 흐른 것이다.

$I = \frac{Q}{t}$[A] 따라서 1[A] = $\frac{1C}{1S}$(1C = 6.24×10^{18}개의 전하)가 된다.

EXERCISE 1

어떤 도선에 10[C]의 전하가 5초 동안 흐르면 도선에 흐르는 전류는 얼마인가?

풀이 $I = \frac{Q}{t}$[A]에서, $I = \frac{10}{5} = 2$[A]이다.

전류의 크기를 나타내는 단위는 A(암페어)이다. 1[A]는 도선의 임의의 단면적을 1초 동안 1[C](쿨롱)의 전하가 통과할 때의 크기이다. 전류의 방향은 정전하(정지한 전하, 양전하)의 이동방향을 양(+)의 방향으로 정한다. 그러나 실제로 도선 안에서는 전류의 반대방향으로 자유전자가 이동하는데, 1[A]의 전류가 흐르는 도선에는 1초에 약 6.24×10^{18}개의 자유전자가 단면적을 통과한다.

EXERCISE 2

어떤 도선에 초당 18.72×10^{18}개의 전자가 흐른다. 도체에 흐르는 전류를 계산하라.

풀이 1[A]는 초당 6.24×10^{18}개의 전자의 흐름이다. 따라서 $I = \frac{18.72\times10^{18}}{6.24\times10^{18}} = 3$[A]이다.

도선에 전류가 흐르면 자유전자가 도선 내의 원자 또는 전자와 충돌하여 열이 발생한다. 백열전구나 전기밥솥·전기다리미와 같은 전열기구 등에서 알 수 있다. 일반 전기기기에서 열이 발생하면 전력손실이 생기고 기기 내의 절연성이 떨어지기도 한다.
또 도선에 전류가 흐르면 도선 주위에 자기장이 형성된다. 이 원리를 사용해 전자석, 전류계, 전동기처럼 전기에너지를 역학적 에너지로 바꿀 수 있다.

전해질 용액에 전류가 흐르면 화학분해가 일어난다. 예를 들어 물에 전류를 흐르게 하면 전기분해가 일어나 음극에 수소, 양극에 산소가 발생한다. 반대로 건전지·축전지 등에서는 화학분해 작용을 이용하여 전기에너지를 발생시키기도 한다.

나. 전류의 종류

전원을 분류하면 직류(DC-Direct Current)와 교류(AC-Alternating Current)로 구분할 수 있다. 직류는 시간에 관계없이 방향과 크기가 일정한 전기에너지를 공급하는 것이고, 교류는 규칙적으로 일정한 주기를 갖고 크기와 방향을 바꾸는 전원으로 보통 정현파(사인파)의 성격을 갖는다. 직류 전원은 시간에 관계없이 일정하게 전압이 공급되므로 극성이 일정하고 위상이란 것이 존재하지 않지만 교류전원은 일정한 주기로 전압의 값이 바뀌게 되므로 (+)와 (-)의 개념이 없다. 대신에 주파수라는 것을 가지게 되며, 위상이라는 것이 존재한다.

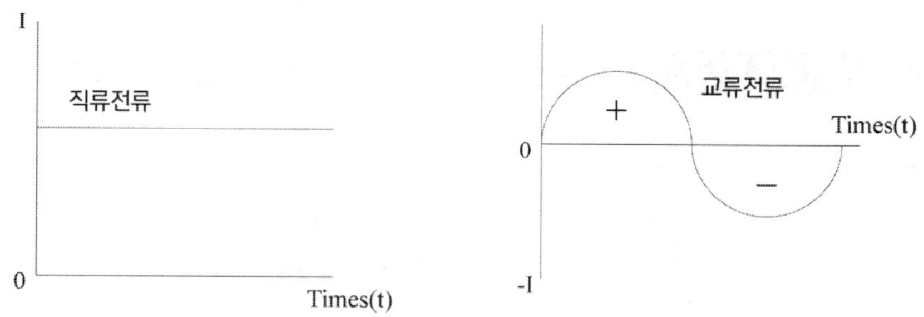

(a) 직류 (b) 교류

• 그림 2-2 • 직류전류와 교류전류

2. 전압

전류가 흐르기 위해서는 반드시 전위차가 있어야 한다. 도선을 통해 흐르는 자유전자의 수는 도선 양단의 전위차의 크기에 의하여 결정되며 전위차가 클수록 더 많은 전하가 이동하게 된다. 전류가 흐르기 위해서는 전위차가 존재해야 한다는 것을 이해하기 위해 두 개의 수조에 흐르는 물의 경우를 살펴보면, [그림 2-3]에서 수조 AB간에 수위차를 펌프로 항상 일정하게 유지하면 수로의 물은 항상 일정하게 흐르게 된다. 이때 일정하게 유지된 수위차를 전기에서는 전위차(전압)에 비유될 수 있다.

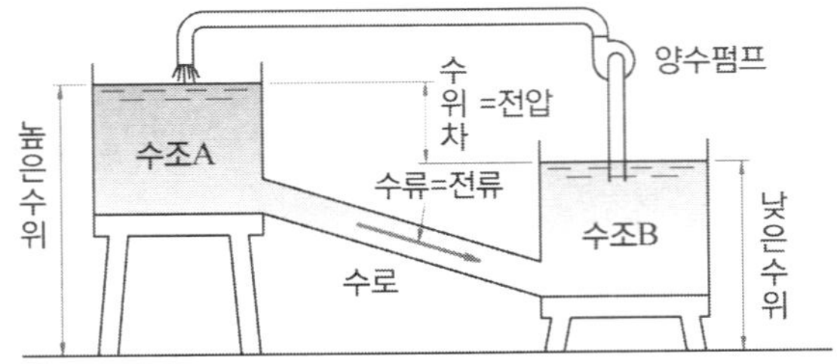

• 그림 2-3 • 수류와 수위차

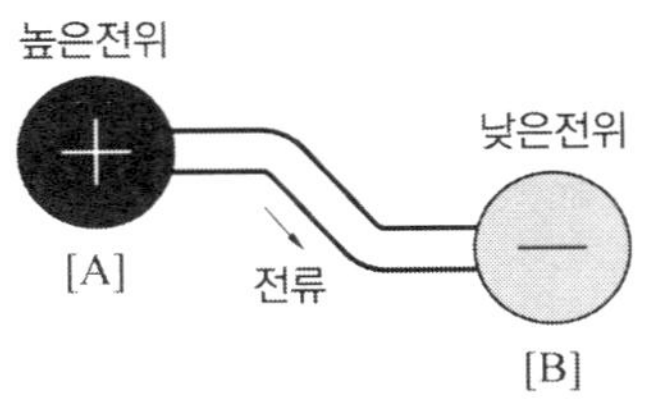

〈그림 2-3과 그림 2-4 비교〉

1. 높은 수위 = 높은 전위
2. 낮은 수위 = 낮은 전위
3. 수류 = 전류
4. 수위차 = 전위차 = 전압
5. 양수펌프 = 기전력(전위차를 만듦)

• 그림 2-4 • 전류와 전위

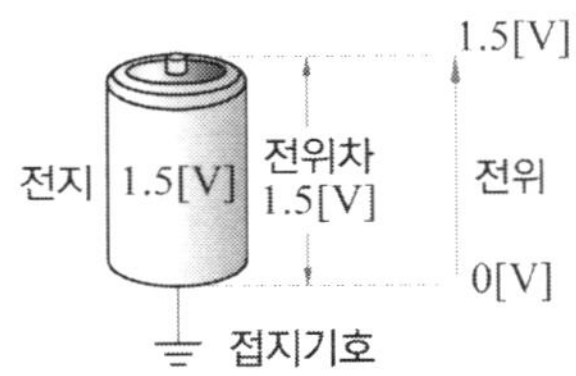

• 그림 2-5 • 전지와 전위차

[그림 2-5]처럼 양전하를 가진 물체 A와 음전하를 가진 물체 B를 도체로 연결하면 A에서 B로 향하여 전류가 흐르게 된다. 전기도 역시 전기적인 낙차가 생기면 수류가 흐르듯 전기도 흐르게 된다.

기전력의 크기는 기전력에 의하여 만들어지는 전위차, 즉 전압으로 표시한다. 전위, 전위차, 기전력, 전압의 단위는 볼트(volt, [V])를 사용한다.

전압의 종류에는 직류전압과 교류전압으로 구분되며 차이점은 표와 같다.

| 표 2-1 | 직류전압과 교류전압의 비교

직류전압	교류전압
극성이 고정	극성이 변함
크기가 일정	크기가 시간에 따라 변화
변압기에 의한 승압강압 불가	변압기에 의한 승압 감압 가능
증폭기의 바이어스전압에 사용	증폭기의 입력, 출력 신호로 사용
전압측정 용이	증폭 용이
열작용	열작용

가. 저수지와 전기회로의 비교

물이 높은 곳에서 낮은 곳으로 흐르듯이 전하는 전기적인 위치에너지가 높은 곳에서 낮은 곳으로 이동한다. 물이 흐르는 이유가 중력 때문이라면 전류는 기전력(起電力)이라는 힘에 의해 흐른다. 전류가 흐르는 길을 전기회로라 하며, 이는 물이 흐르는 수로(水路)에 대응된다. 그리고 전류에 의하여 에너지를 공급받는 장치를 부하(負荷)라 하고, 이것은 물에 의해 돌게 되는 물레방아에 대응된다.

다음 그림들은 전압과 전류의 관계를 나타내는 실례로 저수지와 전기회로를 비교하여 보았다.

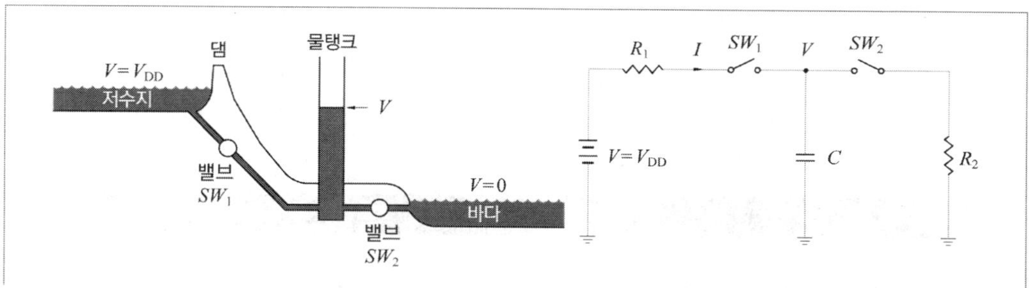

• 그림 2-6 • 저수지와 전기회로의 비교

| 표 2-2 | 저수지와 전기회로의 비교

저수지(a)	전기회로(b)
수조의 담긴 물의 양(저수지)	전기량
수위차의 높이	전압(V)
초당 흐르는 물의 양	전류(I)
파이프의 직경	저항(R_1, R_2)
수조의 크기(물탱크)	커패시터(콘덴서, C)

나. 전원과 부하

전지와 같이 계속해서 기전력을 가지고 있어 전류를 흘리는 원동력이 되는 것을 전원(power source)이라 한다. 전원에는 전지 외에 발전기도 있다.

전지는 [그림 2-7 (a)]와 같은 기호로 표시하며 [그림 2-7 (b)]의 ←표는 기전력 E의 방향을 표시한다.

[그림 2-7]과 같이 전지에 전선을 통하여 전구를 연결하면 전류가 계속해서 흐르고 전구는 빛을 낸다. 이와 같이 전원에서 전기를 공급받아 어떤 일을 하는 전구와 같은 것을 부하(load)라 하며 이때, 전류는 전지의 (+)에서 흘러 나와 부하를 지나서 전지의 (-)에 들어가며, 전지 속의 전자는 전류 흐름의 반대 방향으로 계속 이동한다.

이렇게 [그림 2-8]과 같이 전원과 부하를 연결하는 도체로 전류의 통로를 만든 것을 전기회로(electric circuit) 또는 회로라고 한다. 아래 그림에서 부하란 전구나 전열기, 전동기처럼 전원으로부터 전류를 공급 받아 빛, 열, 동력을 발생시킬 수 있는 것을 말한다.

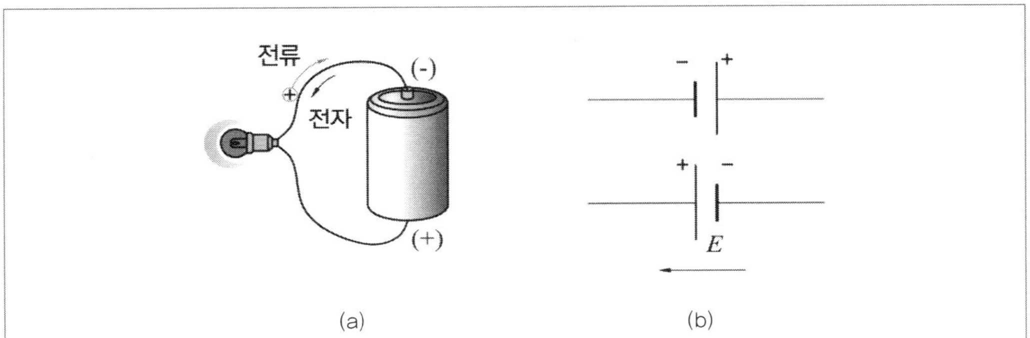

• 그림 2-7 • 배선도 및 전지의 기호

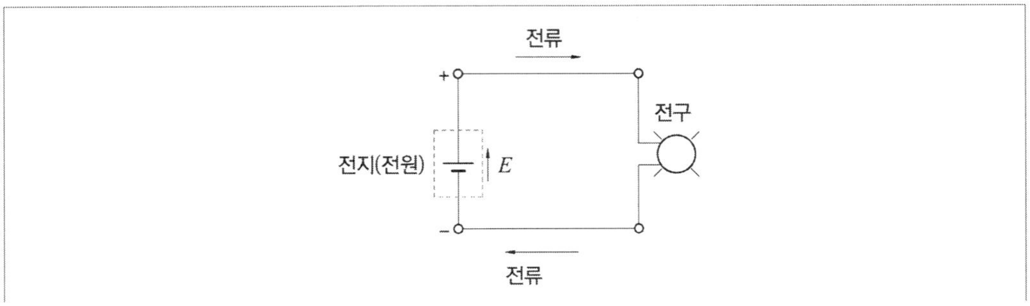

• 그림 2-8 • 회로도

3. 저항

가. 저항의 개요

물이 수관을 통과할 때, 관속에 장애물이 있으면 물의 흐름이 약해진다. 이와 마찬가지로 전류도 어떤 물질 내를 흐를 때, 그 물질의 성질에 따라서 전류의 세기도 달라지는데, 이때 전류의 세기를 제한하는 작용을 전기저항이라고 한다.

저항을 사용하는 목적은 전류의 세기를 조절하는 것과 회로 내에서 원하는 전압강하를 발생시키는 것으로 회로 내의 소자 및 회로를 보호하는 기능을 한다.

회로도의 기호로는 —/\/\/\/—으로 표시하며, 저항값의 단위는 ohm([Ω] : 옴)이 사용된다.

① 저항(resistance)

㉠ 전류의 흐름을 방해하는 성질을 가진 회로 소자

㉡ 도체의 길이에 비례하고 단면적에 반비례($R = \rho\frac{l}{A}$ [Ω])

㉢ 기호 : R

㉣ 단위 : 옴[Ω]

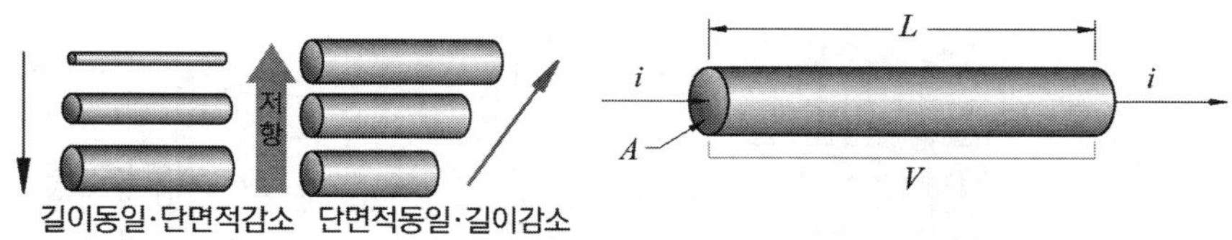

$R = \rho\frac{l}{A}$ [Ω](고유저항 ρ의 단위는 [Ω · m]이다)

• 그림 2-9 • 저항

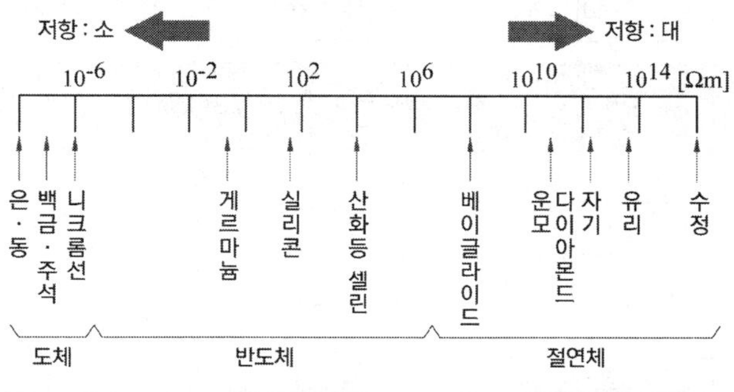

• 그림 2-10 • 여러 가지 물질의 저항

② 컨덕턴스(conductance)

전기저항의 역수를 의미하며, 전기를 얼마나 잘 통하느냐 하는 정도를 나타내는 계수로 물질 및 재료의 전류전도성에 척도가 된다.

㉠ 컨덕턴스(conductance) : 저항의 역수
㉡ 기호 : G
㉢ 단위 : 모(mho), 지멘스(siemens)[S]
㉣ G가 클수록 전류가 흐르기 쉬움

나. 저항기의 색표시

탄소 저항은 크기가 작기 때문에 저항값을 표시하기 어려움으로 색띠로 저항의 크기를 표시한다. 보통 저항기에 표시된 색깔이 4개이나 저항색이 5개인 경우에는 앞의 3자리까지 저항의 3자리를 의미하며, 4번째가 승수, 5번째가 오차를 나타내는데 이러한 저항기들은 매우 정밀한 값을 갖는다.

저항기와 저항의 용어 차이는 저항기는 눈으로 볼 수 있지만, 저항은 볼 수 없다는 차이점이 있다.

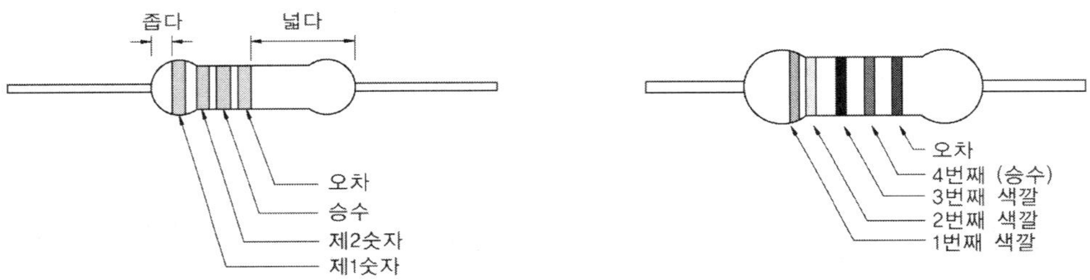

(a) 색이 4개인 경우 (b) 색이 5개인 경우

* 색이 4개인 경우는 3번째가 승수가 되고 4번째가 오차가 됨

색깔	1번색	2번색	3번색	4번째 (승수)	오차
흑색(검정)	0	0	0	0	
갈색(고동)	1	1	1	1	±1%
적색(빨강)	2	2	2	2	±2%
등색(오렌지)	3	3	3	3	±0.05%
황색(노랑)	4	4	4	4	

색깔	1번색	2번색	3번색	4번째 (승수)	오차
녹색(초록)	5	5	5	5	±0.5%
청색(파랑)	6	6	6	6	±0.25%
자색(보라)	7	7	7	7	±0.1%
회색	8	8	8	8	
백색	9	9	9	9	
금색				-1	±5%
은색				-2	±10%
무색					±20%

예 1번색(황색) = 4, 2번색(자색) = 7, 3번색(적색) = 10^2, 4번색(금색) ±5일 경우 저항값
➜ $47 \times 10^2 = 4700[\Omega] = 4.7[k\Omega]$(오차 ±5)

다. 저항기의 종류

저항기는 크게 고정저항기와 가변저항기로 나누어지며, 사용하는 재료에 따라 탄소계와 금속계로 분류된다. 저항기를 사용하는 경우에 중요한 포인트는 저항값은 물론이거니와, 정격전력, 저항값 오차가 있다.

정격전력이란 저항기가 견딜 수 있는 소비전력(W : 와트)으로, 전력은 전류의 제곱(i^2)×저항(R)으로 구할 수 있으며, 이 이하로 사용하지 않으면 저항기가 열을 발생하게 되고 결국 타버리는 경우도 있다. 전자회로에서 흔히 사용되는 것으로 1/8W, 1/4W, 1/2W 등이 있는데 전자회로의 신호회로(미약전류)에서는 너무 의식할 필요없이 1/8W로 충분하지만, 전원회로, 발광 다이오드의 전류제어용과 같은 저항기에는 생각보다 큰 전류가 흐르기 때문에 정격전력을 염두에 둘 필요가 있다.

- **고정저항기**

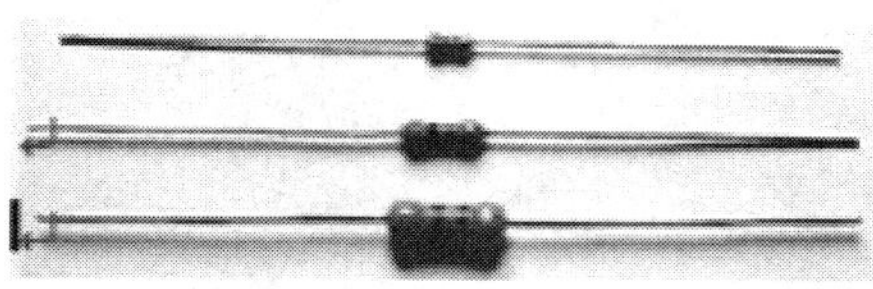

고정저항기란 저항값이 고정된 것으로, 전자회로에 널리 사용되며, 탄소 저항기, 권선저항기, 피막 저항기 등이 있다. 탄소저항기는 미세한 탄소나 흑연을 분말형태의 절연물질과 적당한 비율로 혼합하여 필요한 저항값을 갖도록 제작한 것이며, 권선 저항기는 저항선을 절연체 외부에 감은 구조로 되어 있다.

절연물질로는 도자기, 시멘트, 페놀수지 등이 사용되며, 권선을 보호하기 위해 외부에 페인트, 시멘트 또는 유리 등으로 피복한 것들이 많다.

그리고 탄소 피막저항기는 절연체 주위에 탄소피막을 입힌 것이며, 금속 피막저항기는 유리판 위에 도체성분을 피막(filming)한 것으로 저항값을 보다 정밀하게 제작할 수 있다. 피막저항기의 종류는 아래와 같다.

탄소피막 저항기	금속피막 저항기
• 가장 일반적이고 저가의 저항기, 온도 영향 적고 수명 길며 과부하에 잘 견딤 • 저항값 오차 ±5% • 주로 디지털회로 등 사용 무난	• 오차가 적은 높은 정밀도의 저항기로 Ni-Cr 재료가 주로 사용 • 저항값 오차 ±1%, ±0.05% • 주로 브리지회로, 필터, 아날로그회로 미세증폭 부분 증 사용 무난

• 가변저항기

가변저항기는 탄소저항기, 권선저항기, 또는 피막저항기로 제작될 수 있으며, 기계적으로 조작하여 저항값을 변화시킬 수 있는 구조로 되어 있는 저항기를 말한다.

라디오의 음량조정과 같이 용이하게 저항값을 바꿀 수 있는 것과, 전자회로에서 부품의 오차에 의한 동작 상태를 조정해야 하는 경우 등에 사용하는, 통상 저항값을 바꾸지 않는 반고정 저항기가 있다.

통상적인 가변저항기, 반고정 저항기는 회전할 수 있는 각도가 300° 정도이지만, 저항값을 세밀하게 조정하기 위해 기어(gear)를 조합하여 다회전(10 ~ 25회 정도)시킬 수 있는 포텐쇼미터(potentiometer)라는 것도 있다.

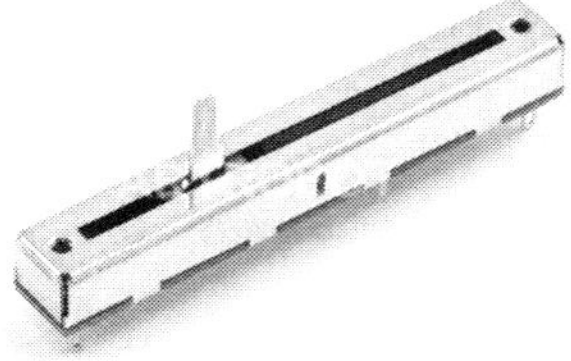
포텐쇼미터

반고정 가변저항기

음양조정 등 가변이 용이한 가변저항기

② 옴의 법칙

전류의 흐름을 방해하는 작용을 저항이라고 앞에서 정의하였는데 이 저항의 단위가 옴(Ohm)이다. 전압, 전류, 저항의 관계를 19세기 독일의 과학자인 옴(Ohm)이 전압과 전류를 측정하여 이론으로 정립한 것이 옴의 법칙(Ohm's Law)이다. 이것은 도선의 길이가 길어지면 흐르는 전류의 강도가 약해진다는 사실을 발견하고 이 발견을 근거로 전류가 흐르고 있는 도선의 양끝간의 전압과 흐르고 있는 전류는 서로 비례한다는 옴의 법칙을 완성하였다.

이 법칙은 전자회로 전반에 적용되는 매우 중요한 법칙으로 전류, 전압, 저항 중 2가지만 알면 나머지를 구할 수 있으며, 옴의 법칙에 따르면 저항에 흐르는 전류의 크기는 저항에 인가한 전압의 크기에 비례하고, 전기저항에 반비례한다.
식으로 나타내면 다음과 같다.

전류 $I = \frac{V}{R}$ [A]

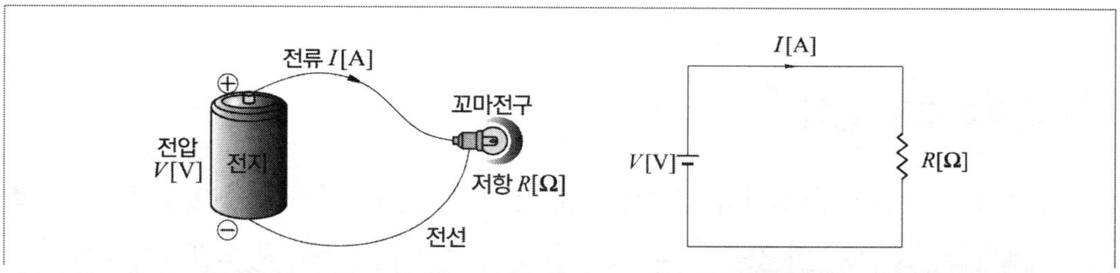

• 그림 2-11 • 실체도와 회로도

전류, 전압, 저항 중 2가지만 알면 나머지를 구할 수 있다.

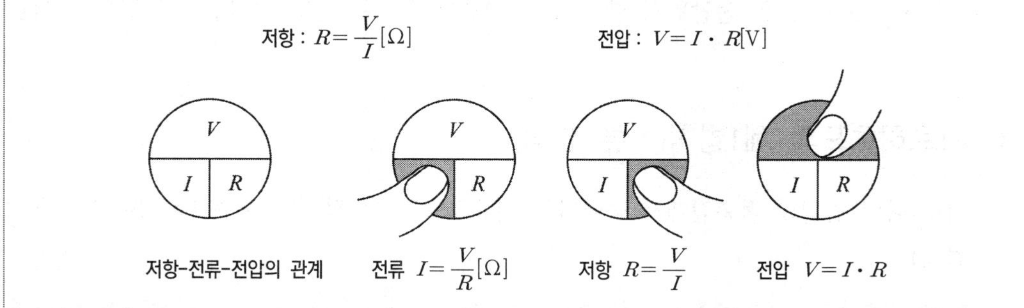

• 그림 2-12 • 옴의 법칙

EXERCISE 3

10[Ω]의 저항에 4[A]의 전류를 흐르게 하려면 몇 [V]의 전압이 필요한가?

풀이 $V = IR = 10 \times 4 = 40[V]$

EXERCISE 4

일정 전압의 직류 전원에 저항을 접속하고 전류를 흘릴 때 이 전류의 값을 20[%] 증가시키기 위한 저항 값은 대략 몇 배로 해야 하는가?

풀이 $V = IR$에서
V가 일정하므로 비례식으로 계산하면
$V = 1$로 전류 $I = 1.2$, 저항 $R = x$로 놓으면

$I = 1.2x \quad \therefore\ x = \frac{1}{1.2} \fallingdotseq 0.84$

③ 키르히호프 법칙

전기의 기본 요소인 전압과 전류는 회로 내에서 일정한 법칙에 따라 분배되는데 회로를 지배하는 기본 법칙이 키르히호프의 법칙이며, 여기서는 전류 및 전압법칙에 대해서 공부해보기로 한다.

키르히호프 제1법칙으로 불리는 전류법칙은 회로 내에서 임의의 한 점을 통하여 흘러 들어온 전류와 흘러 나가는 전류의 크기는 항상 같다는 이론으로 저항의 병렬접속시 적용되며, 제2법칙으로 불리는 전압 법칙은 임의의 폐루프에서 모든 전압의 대수적인 합은 0이라고 하는 이론으로 모든 전압원의 합과 모든 저항에 걸리는 전압강하의 값은 같다는 개념이다.

1. 키르히호프의 제1법칙(전류 법칙)

회로 내의 임의의 접속점에서 들어가는 전류와 나오는 전류의 대수합은 0이다.(전하보존의 법칙)

$$\therefore\ \Sigma I = 0$$

그림에서 기호로 표시하면 $i_1 - i_2 - i_3 + i_4 - i_5 = 0$ 이다.(들어오는 방향을 + 로 잡으면 나가는 방향 -이다.)

즉 $i_4 + i_1 = i_2 + i_3 + i_5$로 정리할 수 있다.

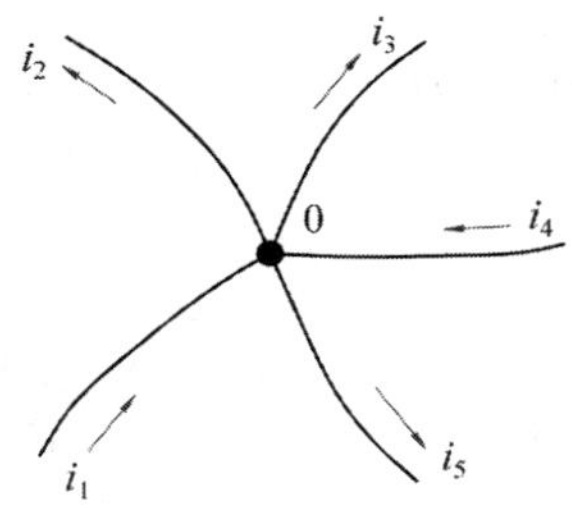

• 그림 2-13 • 키르히호프의 제1법칙

즉 회로망 중 한 접속점을 택하여 들어가는 전류의 합은 나가는 전류의 합과 같다. 따라서

① **들어오는 전류** : $\Sigma I_i = I_1 + I_3$

② **나가는 전류** : $\Sigma I_0 = I_2 + I_4 + I_5$로 가정하면,

$\Sigma I_i = \Sigma I_0$이므로 $I_1 + I_3 = I_2 + I_4 + I_5$로 정리된다.

EXERCISE 5

전류 I의 값과 방향을 결정하라.

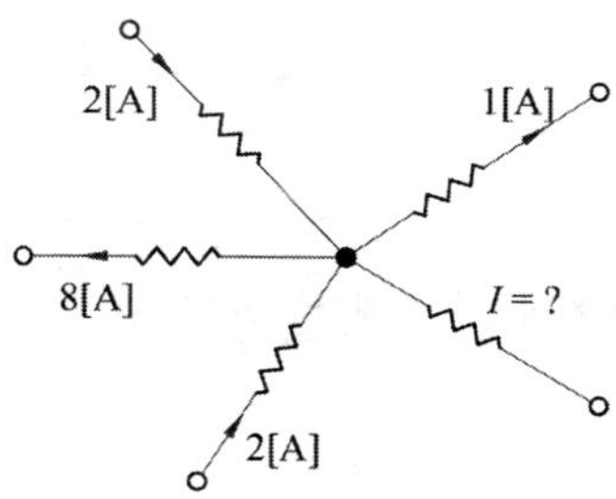

풀이 2A-8A-1A + 2A + I = 0에서
4A + I = 9A
∴ I = 5A
방향은 " + "이므로 들어오는 반향이다.

2. 키르히호프의 제2법칙(전압 법칙)

이 법칙은 임의의 폐회로 내의 기전력의 합은 회로 내의 각 저항에 의한 전압강하의 합과 같다.

① $\sum V = \sum IR$

② $V_1 + V_2 - V_3 = IR_1 + IR_2 + IR_3$

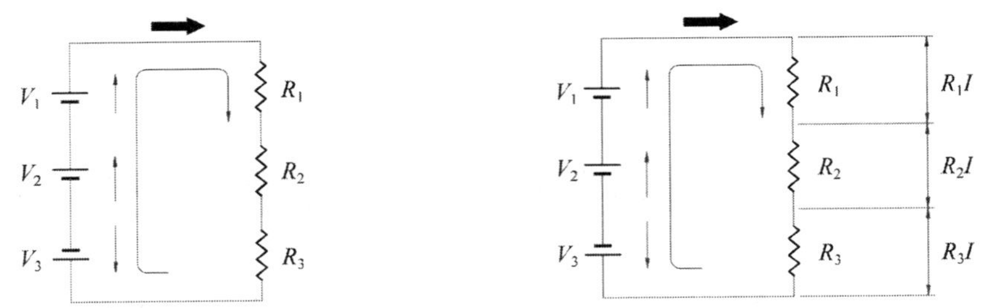

• 그림 2-14 • 키르히호프의 제2법칙

EXERCISE 6

미지의 전압 강하 V_0를 구하라(KVL 이용)

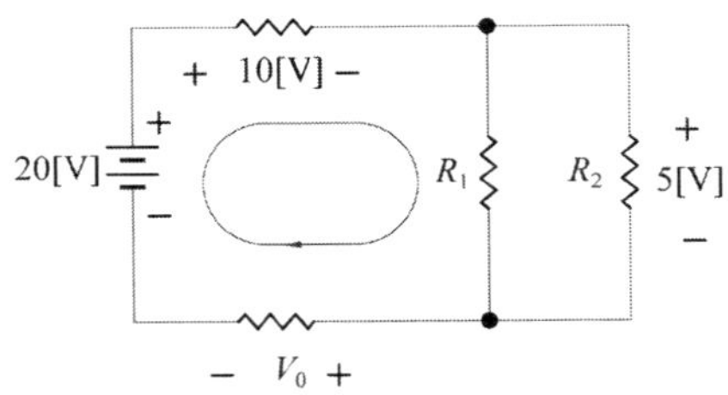

풀이 $R_1 = R_2 = 5$[V]

∴ 키르히호프 전압 법칙에 의해 $V_0 = 5$[V]

EXERCISE 7

다음 회로에서 키르히호프 전류 법칙을 이용하여 전류 I를 구하라.

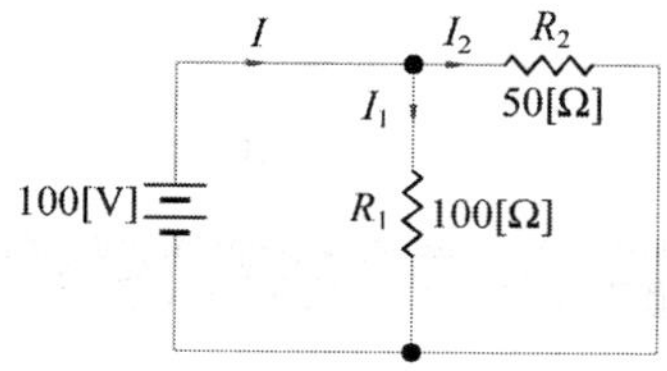

풀이 병렬연결이므로 R_1, R_2 동일하게 100[V]가 걸리므로

$$I_1 = \frac{V}{R_1} = \frac{100}{100} = 1[A]$$

$$I_2 = \frac{V}{R_2} = \frac{100}{50} = 2[A]$$

$\therefore\ I_1 + I_2 = 3[A]$(전체 전류)

4 저항의 연결법

1. 저항의 직렬접속법

전류는 회로에서 오직 하나의 경로만 가지며, 전류는 첫번째 소자뿐만 아니라 두번째 소자의 저항도 받으므로 회로의 총 저항은 각 저항의 합이 된다.

회로의 전류는 회로에 걸린 전압을 총 저항으로 나눈 것과 같으며(Ohm의 법칙), 회로의 총 전압은 회로의 각 소자에서 분배되어, 각 소자에서 일어나는 전압강하의 합은 전원의 전압과 같다. 이것은 전류로 공급된 회로 전체의 에너지가 각 소자에 주어진 에너지 공급의 합과 같음을 의미한다.

각 소자의 전압강하는 저항에 비례하며, 이것은 전류가 큰 저항을 흐를 때는 많은 에너지를, 작은 저항을 흐를 때는 작은 에너지를 소비하기 때문이다.

직렬연결 회로에서 한 개의 전구가 끊어지면 회로가 차단되어 전류는 흐르지 않으며, 직렬연결 회로에서 전구를 한 개 더 직렬로 연결시키면, 회로 전체의 저항이 커져 각 전구의 밝기는 줄어든다.

위 내용을 식으로 정리해 보면,

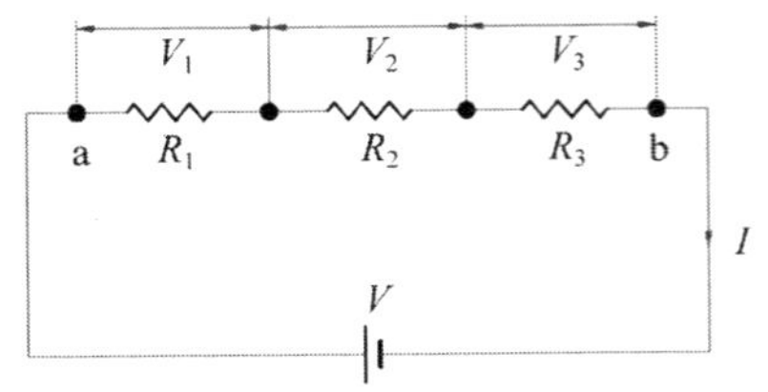

• 그림 2-15 • 저항의 직렬접속

① 각 저항에 흐르는 전류의 세기가 일정하다.(키르히호프 제1법칙)

$I = I_1 = I_2 = I_3$

② **전체 전압** : $V = V_1 + V_2 + V_3$

③ **각 저항에 걸리는 전압** : 옴의 법칙에 의하면

- R_1에 걸리는 전압 : $V_1 = I \times R_1$
- R_2에 걸리는 전압 : $V_2 = I \times R_2$
- R_3에 걸리는 전압 : $V_3 = I \times R_3$

따라서 $V_1 : V_2 = IR_1 : IR_2 = R_1 : R_2$

④ **전체 전압(V)**

$V = IR$ ········ (a)

$V = V_1 + V_2 + V_3 = IR_1 + IR_2 + IR_3$ ········ (b)

(a) = (b) 이므로 $IR = I(R_1 + R_2 + R_3)$ 양변을 I로 나누면

$\therefore\ R = R_1 + R_2 + R_3$이 된다.

다시 말하면 직렬로 연결된 저항에서의 전압을 구하는 방법은 전압분배법칙이 적용된다. 즉, 직렬로 연결된 저항에서는 두 저항에 흐르는 전류는 동일하며, 전압은 각각 나누어 걸린다.

따라서 동일한 용량을 가진 저항 R_1, R_2가 직렬로 연결된 회로에 전압 10[V], 전류10[A]가 흐른다면 전류는 R_1, R_2 모두 10[A]가 흐르고, 전압은 R_1, R_2 에 각각 5[V]가 걸리게 되는 것을 전압분배법칙이라고 한다.

EXERCISE 8

아래 그림과 같이 저항이 직렬로 연결된 회로의 합성저항 R_0와 저항을 통해서 흐르는 전류 I를 구하라. 그리고 각 저항에 걸리는 전압 V_1, V_2, V_3, V_4를 구하라.

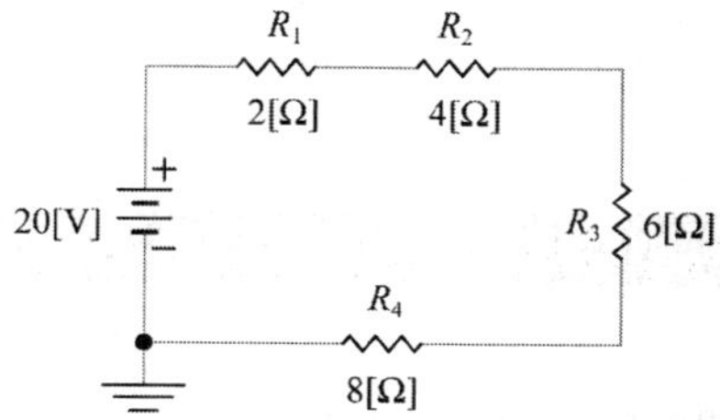

풀이 합성저항 $R_0 = R_1 + R_2 + R_3 + R_4 = 2 + 4 + 6 + 8 = 20[\Omega]$

$$\therefore\ I = \frac{V}{R} = \frac{20}{20} = 1[A]$$

전압은 저항크기에 비례하므로

$$V_1 = \frac{2}{20} \times 20 = 2[V] \qquad V_2 = \frac{4}{20} \times 20 = 4[V]$$

$$V_3 = \frac{6}{20} \times 20 = 6[V] \qquad V_4 = \frac{8}{20} \times 20 = 8[V]$$

2. 저항의 병렬접속법

소자는 회로 내의 같은 두 점에 연결되어 있어, 각 소자에 걸린 전압은 같은 크기이며, 회로의 총 전류는 병렬 분기점에서 나눠어진다.

병렬회로의 전압은 같으므로 각 분기 회로로 흐르는 전류는 병렬회로의 저항에 역비례하고, 회로의 총 전류는 병렬회로의 전류의 합과 같다. 병렬회로의 수가 증가하면 회로 전체의 저항은 감소한다. 이유는 병렬회로가 증가함으로서 전류가 흐를 수 있는 경로가 증가하여 회로의 전도성을 증가시키기 때문이다. 그 결과 병렬회로 전체의 저항은 병렬로 연결된 어느 저항보다도 적은 값을 가지게 된다.

[그림 2-16]을 보면 병렬연결 회로에서 한 개의 전구가 끊어지더라도 다른 전구는 아무런 영향을 받지 않는 구조이며, 병렬연결 회로에서 전구를 한 개 더 병렬로 연결시키더라도, 다른 쪽 회로에 영향을 미치지 않으므로 각 전구의 밝기에는 아무런 영향이 없다. 이 내용을 수식으로 정리하여 보았다.

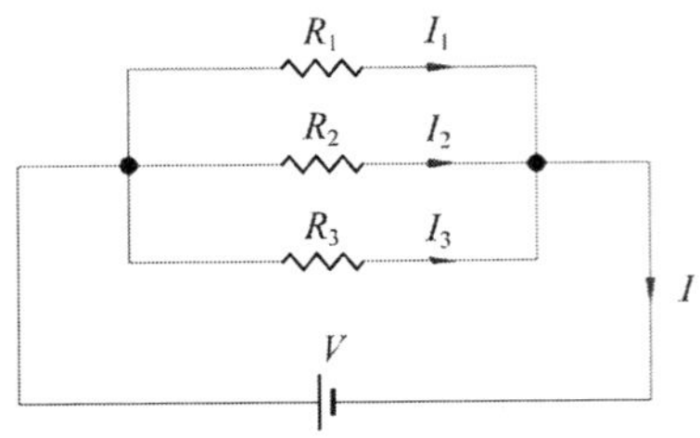

• 그림 2-16 • 저항의 병렬접속

① 각 저항에 걸리는 전압의 크기는 같다.

$V = V_1 = V_2 = V_3$

② **전체 전류는 분기점에서 분배** : $I = I_1 + I_2 + I_3$

③ **각 저항에 흐르는 전류** : $I_1 = V/R_1$, $I_2 = V/R_2$, $I_3 = V/R_3$

따라서 $I_1 : I_2 : I_3 = V/R_1 : V/R_2 : V/R_3$이고, 전압 V는 동일하므로 전류의 비는 $1/R_1 : 1/R_2 : 1/R_3$

④ **전체 저항** $I = V/R$ ······ ①

또 전체 전류 I는 R_1, R_2, R_3에 흐르는 전류의 합과 같으므로

$$I = I_1 + I_2 + I_3 = \frac{V}{R_1} + \frac{V_2}{R_2} + \frac{V_3}{R_3} = V\left(\frac{1}{R_1} + \frac{1}{R_2} + \frac{1}{R_3}\right) \quad \cdots\cdots ②$$

① = ② 이므로 $V/R = V(1/R_1 + 1/R_2)$ 여기서 양변을 V로 나누면

$1/R = 1/R_1 + 1/R_2 + 1/R_3$이 된다.

다시 말하면 병렬로 연결된 저항에서는 전류분배법칙이 적용된다.

즉 병렬로 연결된 저항에서는 두 저항에 걸리는 전압은 동일하며, 전류는 각 저항에 나누어 흐르게 된다. 따라서 동일한 용량을 가진 저항 R_1과 R_2가 병렬로 연결된 회로에 전압 10[V], 전류10[A]가 흐른다면 전압은 R_1, R_2 모두 10[V]가 걸리며, 전류는 각각 5[A]씩 흐른다는 것이 전류분배법칙이다.

EXERCISE 9

다음 그림에서 회로의 합성저항을 구하라.

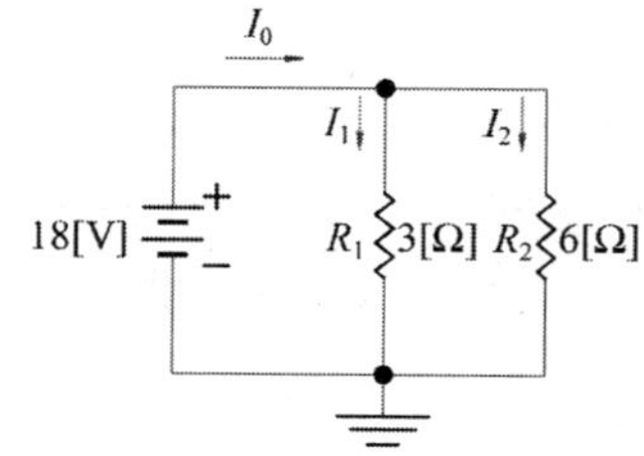

풀이 $R_0 = \dfrac{1}{\dfrac{1}{3}+\dfrac{1}{6}} = \dfrac{1}{\dfrac{3}{6}} = 2[\Omega]$

EXERCISE 10

다음 그림에서 보인 회로의 각 저항에 흐르는 전류와 전체 전류와 합성저항을 구하라.

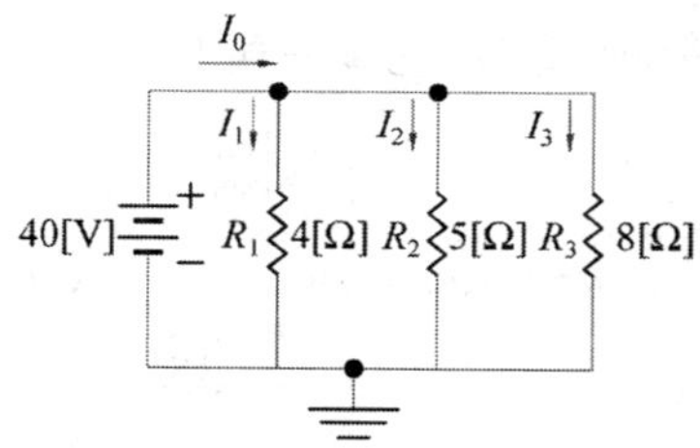

풀이 $R_1 = R_2 = R_3 = 40[V]$

각 지로마다 옴의 법칙을 적용하면

$I_1 = \dfrac{V}{R_1} = \dfrac{40}{4} = 10[A]$ $I_2 = \dfrac{V}{R_2} = \dfrac{40}{5} = 8[A]$ $I_3 = \dfrac{V}{R_3} = \dfrac{40}{8} = 5[A]$

∴ 전체전류 $I = I_1 + I_2 + I_3 = 10 + 8 + 5 = 23[A]$

∴ 합성저항 $R_0 = \dfrac{V}{I} = \dfrac{40}{23} = [\Omega]$

3. 저항의 직·병렬접속법

직렬과 병렬 연결이 조합한 형태로 전체 저항은 직렬회로와 병렬 회로를 구분하여 순차적으로 구한다.

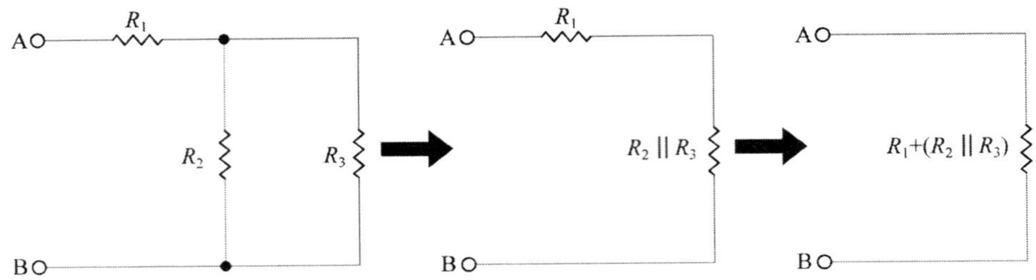

• 그림 2-17 • 저항의 직·병렬접속

EXERCISE 11

다음 아래 회로에서 전체의 합성저항을 구하라.

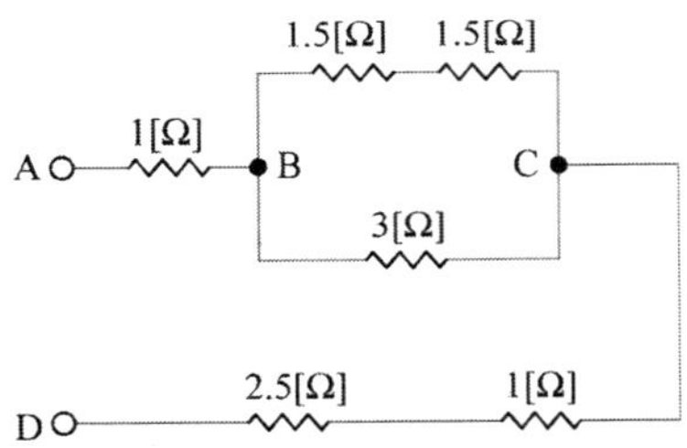

풀이 $R_{B\text{-}C} = \dfrac{1}{\dfrac{1}{1.5+1.5}+\dfrac{1}{3}} = \dfrac{3}{2}$ $R_{A\text{-}D} = 1 + 1.5 + 1 + 2.5$

EXERCISE 12

다음 회로에서 합성저항과 전체의 전류 그리고 각각의 저항에 흐르는 전류를 구하여라.

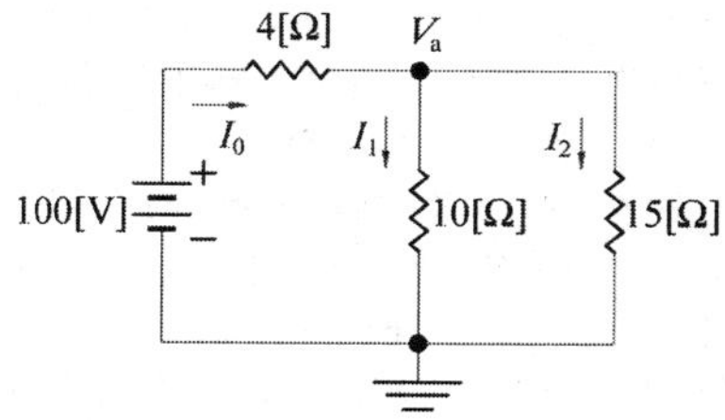

풀이 $R_0 = 4 + \dfrac{1}{\dfrac{1}{10} + \dfrac{1}{15}} = 10[\Omega]$

$I_0 = \dfrac{100}{10} = 10[A]$ $V_a = 100 - 40 = 60[V]$

$I_1 = \dfrac{60}{10} = 6[A]$ $I_2 = \dfrac{60}{15} = 4[A]$

• 직병렬회로를 직렬연결회로로 바꾸기 위해 병렬연결이므로 10[Ω]과 15[Ω]을 합성하면

$\dfrac{1}{\dfrac{1}{10} + \dfrac{1}{15}} = 6[\Omega]$

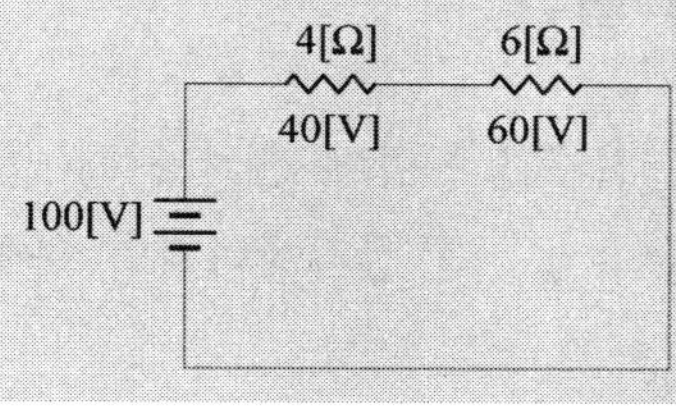

EXERCISE 13

다음 회로도를 보고 물음에 답하시오.

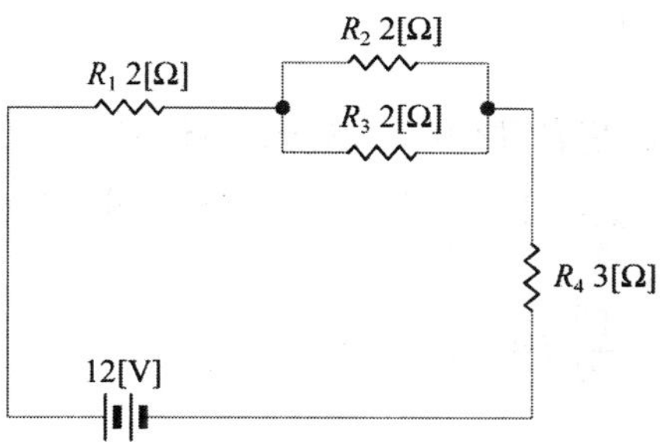

1) 위 회로도에서 전체 저항은 몇 [Ω]인가?
2) 위 회로도에서 R에 흐르는 전류의 세기는 몇 [A]인가?
3) 위 회로도에서 $R_1 : R_2 : R_3 : R_4$에 흐르는 전류의 비는?
4) 위 회로도에서 $R_1 : R_2 : R_3 : R_4$에 걸리는 전압의 비는?

풀이 1) $R = 2 + (2 + 2/2 \times 2) + 3 = 6[\Omega]$

2) $I = V/R = 12/6 = 2$[A]

3) 각 저항에 흐르는 전류의 세기가 일정하므로

$I = I_1 = (I_2 + I_3) = I_4$이므로 $I_1 = 2$[A], $(I_2 + I_3) = 2$[A], $I_4 = 2$[A]인데

여기서 I_2, I_3 병렬 연결로 저항값에 비례하여 전류는 분배되므로 $I_2 = 1$[A], $I_3 = 1$[A]

즉 = $R_1 : R_2 : R_3 : R_4 = 2 : 1 : 1 : 2$

4) 직렬연결에서는 각 저항에 전압강하가 저항값에 비례하여 발생되므로 $V = I/R$에서

$V_1 = I \times R_1$, $V_2 = I \times R_2$, $V_3 = I \times R_3$, $V_4 = I \times R_4$이므로

$R_1 : R_2 : R_3 : R_4 = 4 : 2 : 2 : 6$이 된다.

(R_2, R_3 병렬 합성 저항에 2[V]의 전압강하가 발생되므로 각 2[V] 전압이 걸림)

⑤ 전력과 열량

전력은 단위시간 동안에 전기가 한 일의 양으로 정의하고 전력량은 일정시간 동안의 전기가 한 일의 양, 즉 전기에너지의 총량을 나타낸다.

1. 전력

① **전력** : 단위시간 동안에 전기가 한 일의 양

② **기호** : P

③ **단위** : 와트[W]

1[W]는 1[sec] 동안에 변환되거나 전송되는 에너지가 1[J]일 때의 전력을 말한다. 즉 1[J/sec]로 나타낼 수 있다. 또한 마력으로 나타내면 1/746[HP]이 된다.

$$P = \frac{W}{t} = IV = I^2R = \frac{V^2}{R}(\text{Watt})$$

회로내 어떤 소자에 의해 소모되거나 저장되는 전력 P는 그 소자에 걸리는 전압 V와 그 소자에 흐르는 전류 I의 곱으로 표시하며 전압과 전류에 비례한다.

가. 정격전력

12[V]의 전원전압을 사용하고 5[V]에서 동작하는 회로를 동작시키려는 경우, 보통은 3단자 레귤레이터 등을 사용하지만 간단히 저항기만으로 전압을 떨어뜨리려고 한 경우, 저항기의 저항값 이외에 정격전력도 계산해 둘 필요가 있다.
이때, 5[V]에서 동작하는 회로의 소비전류를 모르면 계산할 수 없다. 부품의 규격표에서 조사하거나, 회로를 만들어 테스터로 측정해 보는 방법 등으로 구한다.

만약 그 소비전류가 100[mA]였다고 가정할 경우
저항값은 12[V]에서 5[V]로 낮추는 것이므로, 저항기에 7[V]가 걸릴 필요가 있기 때문에 7[V]/0.1[A] = 70[Ω]가 되며 이 저항기에서의 소비전력은 70[Ω]×0.1[A]×0.1[A](또는 7[V]×0.1[A]) = 0.7[W]된다.

계산상으로 구해진 소비전력보다 여유가 있는 정격전력의 저항기를 선택한다면, 위 경우는 1[W]가 적당할 것으로 생각되며, 기본적으로는 소비전력의 2배 정도에 해당하는 정격전력의 저항기를 사용하는 편이 적당하다.

1/8[W]의 저항기에 47[kΩ] 저항의 경우, 흐르는 전류는 $W = I^2R$이므로

$$I = \sqrt{\frac{W}{R}} = \frac{\sqrt{0.125[W]}}{47[k\Omega]} = \sqrt{2.66 \times 10^{-6}} = 1.63 \times 10^{-3} = 1.63[mA]$$로 된다.

그러나 전류가 흐를 때는 1.63[mA]×47[kΩ]으로 되어 76.6[V]가 걸리기 때문에 전자회로의 신호회로 경우에서는 47[kΩ]의 전류가 흐르는 경우는 드물다.

나. 전력량

① 전력량과 기호

㉠ 전력량이란 일정시간 동안의 전기가 한 일의 양을 말한다.

㉡ 기호 : [W]

㉢ 단위 : [W·sec], [J]

- $W = Pt$[J], [W·sec]
- 실용단위로 [Wh], [kWh]

㉣ 전력량계 : 전력량을 측정, 적산전력계라고도 하며 가정이나 공장에 반드시 설치되어 있으며 일반적으로 1개월 간의 사용 전력량에 따라 전기요금이 산출된다.
1[Wh] = 3600[J]
1[kWh] = 1000[Wh]

다. 전류의 열작용

니크롬선과 같은 저항체에 전류가 흐르면 열이 발생하는데 이를 전류의 열작용이라 한다. 그 이유는 전자들이 이동하면서 물질을 구성하는 원자들과 충돌로 인해 열이 발생한다. $R[\Omega]$의 저항에 I[A]의 전류를 t[sec]동안 흘릴 때, 저항 중에서 소비되는 전기량, 즉 전기 에너지는 $W = Pt = RI^2t$[J]로 표시한다.

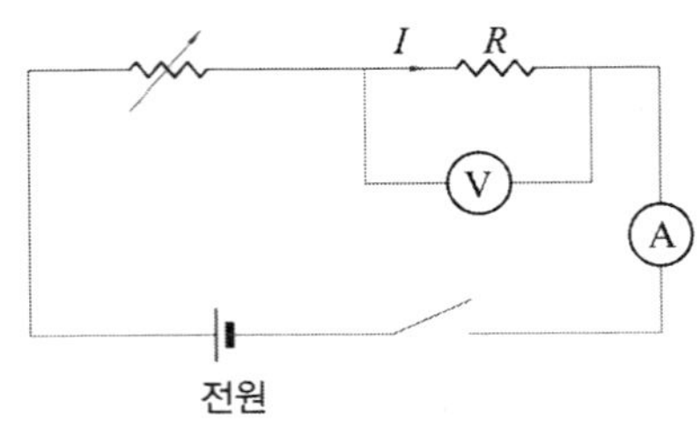

• 그림 2-18 • 전력과 열량

이 저항에서 소비되는 에너지는 전부 열에너지로 바뀐다는 것이 줄(Joule, James Prescott, 1818 ~ 1889)에 의하여 실험적으로 확인되었다. 이것을 줄의 법칙(Joule's law)이라 하고, 이때 발생되는 열을 줄열 또는 저항열이라 한다.

2. 열량

가. 줄의 법칙

도체에 흐르는 전류에 의하여 단위 시간 내에 발생하는 열량은 저항과 전류의 제곱에 비례한다.

$$H = I^2Rt = Pt[\mathrm{J}]$$

① 전류가 저항체에 흐를 때 저항체가 하는 일의 양

$$W = IVt = I^2Rt = \frac{V^2}{R}t[\mathrm{J}]$$

② 전류가 저항체에 흐를 때 발생하는 열의 양

$$Q = \frac{1}{J}W = \frac{1}{4.2}IVt = 0.24IVt[\mathrm{cal}]$$

나. 열량의 단위 : 칼로리[cal]

① 1[cal]는 1[g]의 물을 1° 온도를 올리는데 필요한 열량이다.

② 단위는 1[kcal]로 표시한다. 일반적으로 [kcal] 또는 [kWh]로 표시한다.

③ 1[kcal] = 4186[J][W · sec] = 1[J]

④ 860[kcal] = 1[kWh]

⑤ I[J]를 칼로리로 환산하면 0.24[cal]이 된다.

즉, 저항체(전열기 또는 전기모터)에 전류가 흐르면 저항체에 열이 발생하면서 저항체가 일을 한다.

EXERCISE 14

220[V]–100[W] 전기 기구란?

풀이
- 220[V]의 전원에 연결하여 사용할 때 100[W]의 전력을 소비한다.
- 220[V]의 전원에 연결하여 사용할 때 1초 100[J]의 에너지를 소비한다.
- 220[V]의 전원에 연결하여 사용할 때 $\frac{100}{220}$[A]의 전류가 흐른다.(W = I · V)
- 전기저항 값이 $\frac{220^2}{100}$[Ω]이다.($W = I \cdot V,\ I = \frac{V}{R}\quad \therefore\ W = \frac{V^2}{R} \rightarrow R = \frac{V^2}{W}$)
- 220[V]-100[W] 전기 기구를 110[V] 전원에 사용해도 전기저항 값은 변하지 않는다.
- 110[V] 전원에 연결하면 소비 전력은 100[W]가 아니라 25[W]가 된다.
- 220[V]-100[W] 전기 기구를 220[V]보다 더 높은 전압의 전원에 연결하면 소비 전력이 100[W]보다 증가하여 기구의 손상을 가져오게 한다.

EXERCISE 15

100[V]–100[W]용 전구 A와 100[V]–50[W]용 전구 B를 아래 그림과 같이 100[V] 전원에 직렬로 연결했을 때와 병렬로 연결했을 때 그 밝기가 어떻게 달라지는가?

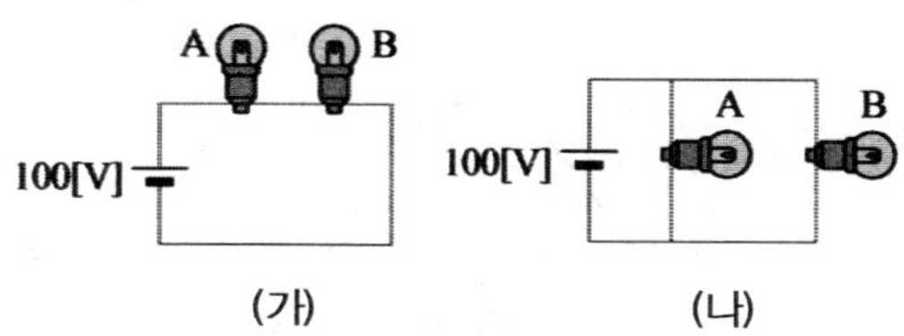

풀이 전구 A와 전구 B의 전기저항 값은 각각 100[Ω], 200[Ω]이다. 그림 (가)와 같이 두 전구를 직렬 연결하면 흘러가는 전류의 세기가 일정하므로 전기저항 값이 더 큰 전구 B가 더 밝고, 그림 (나)와 같이 병렬 연결하면 각 전구에 걸리는 전압이 일정하므로 전기저항 값이 더 작은 전구 A가 더 밝다.

제2절 교류회로

교류는 모든 산업 현장 및 가정에서 사용되는 전류로서, 교류를 사용하는 가장 큰 이유는 전압의 변동이 자유롭기 때문이다.
이 장에서는 정현파 전류와 전압에 대해 설명하고, 주파수, 주기, 위상각에 대해 알아본다.
또한 교류회로에서의 합성저항 등에 대한 계산방법을 알아본다.

① 교류의 기초

지금까지 직류 전원에 대한 회로의 반응에 대해 알아보았다. 직류는 방향과 크기에 있어서 시간에 따른 변화가 없으므로 정보를 가진 신호로 볼 수 없었으나, [그림 4-1]의 신호는 실제 신호원이나 전원의 파형이 시간에 따라 변화하는데 이를 총칭하여 교류라 한다. 따라서 교류는 크기와 방향이 시간에 따라서 주기적으로 변한다. 사인(sine)파는 정현파라고 부르는데 이것은 전압의 크기가 전압을 발생시키는 원운동에서 회전의 sine각에 비례하기 때문이다.

1. 사인파 교류

가. 파형과 사인파 교류

① 파형

교류의 크기와 방향이 시간에 대해서 어떻게 변화하는가를 그린 것을 파형이라 하며, 사인파 교류란 사인파의 형태를 가지는 교류를 말한다.

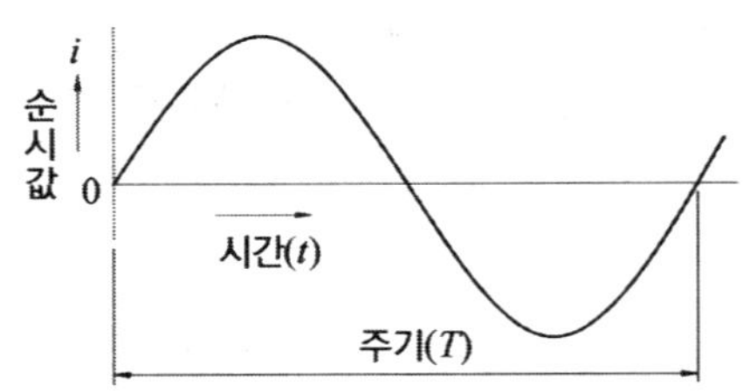

• 그림 2-19 • 사인파 교류파형

② 교류(alternating current)

시간의 변화에 따라 전압·전류의 크기와 방향이 주기적으로 변화한다.

㉠ 파형 : 전압, 전류 등이 시간의 흐름에 따라 변화하는 모양

㉡ 사인파(정현파) 교류 : 유도 전압의 크기가 전압을 발생시키는 원운동에서 회전의 sine각에 비례

㉢ 비사인파 교류 : 사인파 교류 이외의 교류

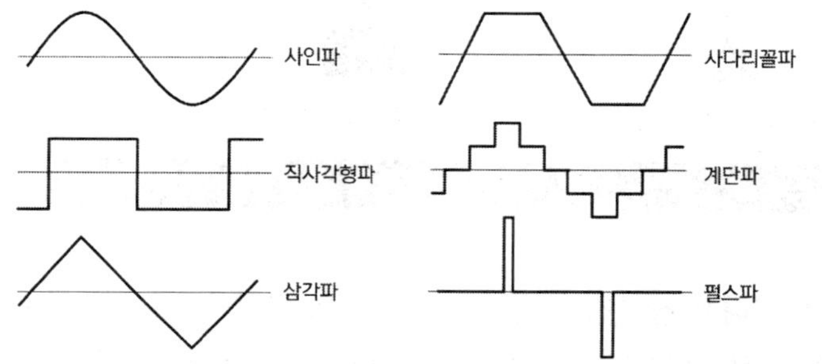

• 그림 2-20 • 여러 가지 교류파형

③ 정현파 교류의 발생

자기장 내에서 도체 운동시 플레밍 오른손 법칙에 의해 유도기전력이 발생하고, 이 기전력의 크기는 자력선을 유효하게 끊는 비율에 비례하고 방향은 1/2 회전마다 규칙적으로 바뀌므로 부하에는 정현파 교류가 발생된다. 즉 자기장 중에 코일을 넣고 회전시키면 이 코일에 전압이 발생한다.

발생전압의 크기는 $v = 2Blu\sin\theta = V_m \sin\theta$[V]($V_m$: 최대값)로 나타낸다.

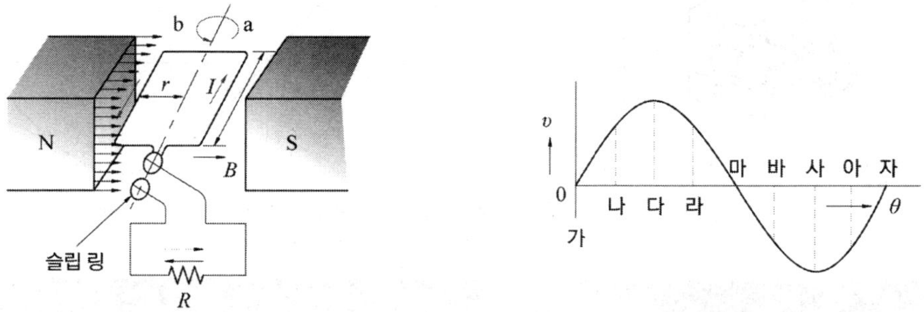

• 그림 2-21 • 정현파 교류의 발생전압 크기

2. 교류발전의 원리

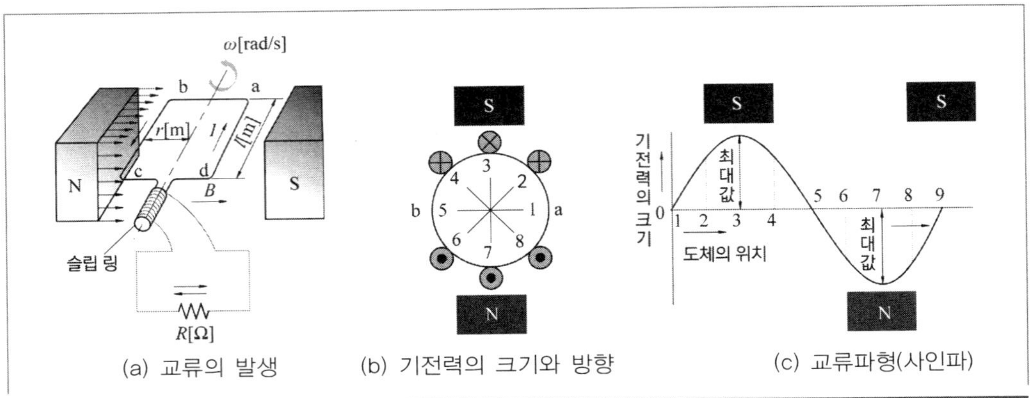

• 그림 2-22 • 교류발전의 원리

도체 양단에 의해서 잘라진 자속이 전압을 유도시킨다. 코일이 자속을 90° 방향으로 끊을 때 가장 센 전류(최대값)가 만들어지며 반대로 0° 방향에서 끊을 때는 전류가 만들어지지 않는다.

도체 운동에 의한 유도기전력은 평등 자기장 내에서 도체가 자기장과 직각인 경우에는 각을 이루지 않지만 직각이 아닌 경우에는 도체가 자기장과 각을 이루면서 유도기전력이 만들어진다.

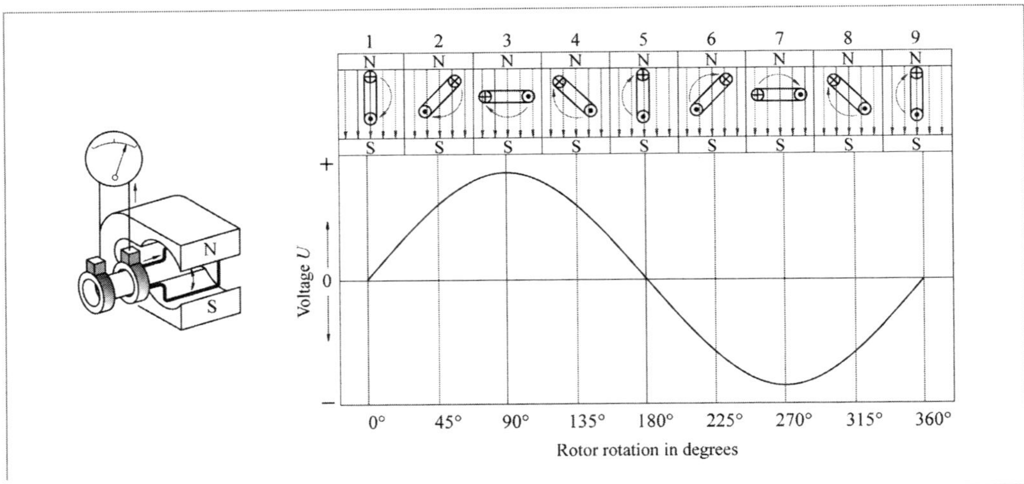

• 그림 2-23 • 정현파 교류의 발생 원리

3. 교류파형의 특성 및 특징

sine함수는 90°에서 최대값 1을 갖고 0°에서 최소값 0을 갖는다. 루프의 원 운동에 의해서 발생하는 전압 파형은 유도 전압의 크기가 루푸와 수직일 때(90° 및 270°) 최대값을 갖기 때문에 유도 전압의 크기는 sine각의 크기에 대응하는 값을 가지며, 1싸이클(주기)은 360°의 각을 갖는데 이것은 90°의 1/3인 30°에서 최대값의 1/2에 해당하는 값을 갖는다는 점으로 정현파가 0축에 가까울수록 변화 값의 기울기가 최대값 근처에서 서서히 바뀔 때와 비교해서 급격히 변한다는 것을 의미한다. 이런 특징 때문에 변압기를 이용하여 전압의 크기를 조절할 수 있고 증폭이 용이하다.

가. 특성

① 1싸이클은 360° 혹은 2π[rad]이다.
② 극성은 1/2 사이클(주기)마다 바뀐다.
③ 90°와 270°에서 최대값을 갖는다.
④ 0°와 180°에서 최소값을 갖는다.
⑤ 파형은 zero 축 근처에서 급격히 변한다.
⑥ 최대값 근처에서의 변화는 비교적 완만하다.

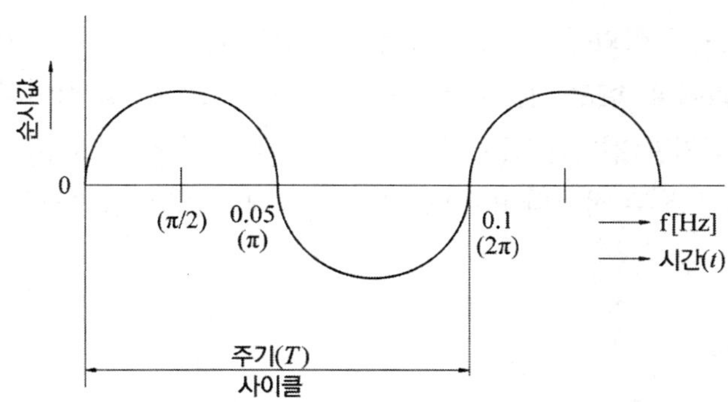

• 그림 2-24 • 정현파 교류의 특성

나. 특징

① 변압기를 이용하여 쉽게 전압의 크기를 올릴 수도 내릴 수도 있다.
② 리액턴스의 작용에 의해 송전 가능 거리가 한정되고 전압강하도 커져서 송전손실도 커진다.

③ 정류장치를 이용하여 교류로부터 직류를 얻을 수 있다.
④ 증폭이 쉽다.
⑤ 전기화학적 작용이 적어서 도선의 부식이 쉽게 일어나지 않는다.
⑥ 전류가 자연히 0으로 되는 점이 1주기에 2회 있어서 회로의 차단이 용이하다.

② 주파수와 주기

① **도수법** : 각의 크기를 1°, 2°와 같이 나타내는 방법
② **호도법** : 각의 크기를 1[rad], 2[rad] 같이 나타내는 방법
③ **각도를 호도로 변환하는 법** : $\frac{\pi}{180} \times$각도
④ **호도를 각도로 변환하는 법** : $\frac{180}{\pi} \times$호도

[그림 2-25]에서 반지름 r인 원에서 반지름과 같은 길이의 호에 대한 중심각의 크기를 1호도(radian)라고 하고 단위는 rad 또는 생략한다.
그림에서 (원의 둘레) : (AB의 길이) = 360° : 1[rad]이므로 $2\pi r : r = 360° : 1$[rad]
$\therefore\ 360° \times r = 2\pi r$ 따라서 $180° = \pi$이다.

원의 각도는 도[°] 이외에 라디안[rad]을 사용하는데, 특히 교류 전기에서는 라디안을 많이 사용한다. 물리에서 속도(velocity)란 단위 시간당 어느 두 점 사이의 직선운동을 말하며 v[m/s]로 나타내지만 전기에서는 원주 운동이기 때문에 각속도(angular velocity)란 용어를 쓰며, 단위 시간당 두 점 A와 B사이를 원을 그리면서 일정한 속도로 운동하는 것을 말한다.

1. 각속도

[그림 2-25]에서 각속도의 기호는 오메가(omega)로 기호는 ω로 나타내며, 단위로는 [rad/s]를 사용한다. [t]초 동안에 θ[rad]만큼 회전한 경우 각속도(ω)는 $\omega = \theta/t$[rad/s]가 되며, 따라서 $\theta = \omega t$[rad]가 되는데 이 관계를 사인파 교류에 적용하면 $\omega = 2\pi f$[rad]가 된다. 여기서 각속도 ω는 주파수 f와 밀접한 관계로 ω를 각 주파수(angular frequency)라고 한다.

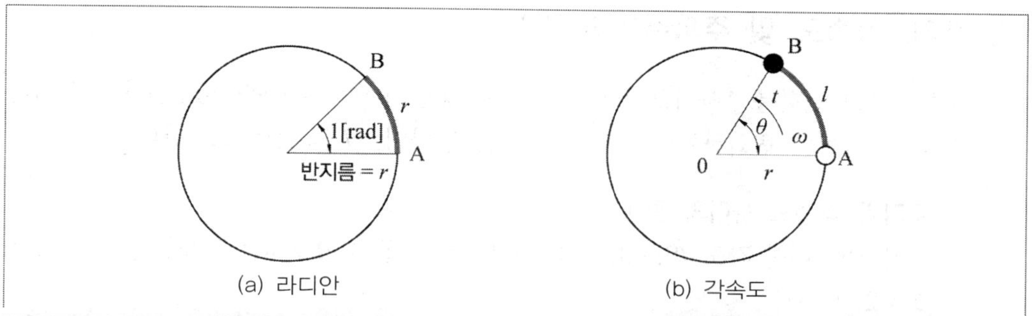

• 그림 2-25 • 라디안과 각속도

2. 주파수

사인파가 1초 동안에 60회 반복하는 것을 60[Hz]라고 하며, 이것을 주파수라고 한다. 우리나라에서의 주파수는 60[Hz]를 사용하는데, 60[Hz]란 1초에 60회 형광등 불빛이 ON, Off 한다는 것인데 형광등이 계속 켜져 있는 것처럼 보이는 것은 사람의 눈에는 잔상이라는 현상이 있기 때문이다.

하나의 산에서 다음 산까지의 시간(같은 전압으로 돌아가기까지의 시간)을 주기[T]라 하며, 단위는 초(S : second)로 나타낸다.

주기 T[s]에서 1초를 나눈 1T을 1초 간에 "파장의 산이 몇 개 포함되는가"로 나타낼 수 있다. 즉 파장이 몇 번 반복하는지의 횟수를 나타내게 되며, 이 1초의 파장의 반복 횟수를 주파수라 부른다.

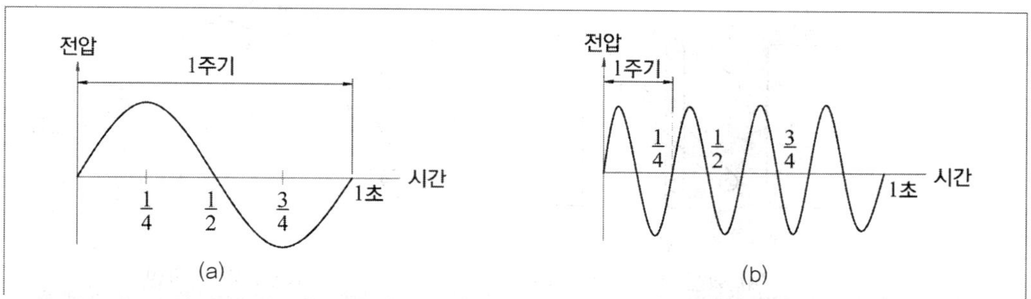

• 그림 2-26 • 주기 및 주파수

3. 주기, 각속도 및 주파수와의 관계

교류의 1회 변화를 1사이클이라 하며, 1초 동안의 60사이클을 60[Hz]라고 하였다. 주기는 1사이클 변화하는데 걸리는 시간을 말하며, T[sec]로 표시한다.

① **주기와 각속도 사이의 관계**

시간 t[s] 대신 각도 θ[rad]로 나타내면, 1사이클에 요구되는 각도는 360° = 2π[rad]

$T = 2\pi/\omega$[s]

② **주기 T[s]와 주파수 f[Hz] 사이의 관계(역수 관계)**

$T = 1/f$[s]

$f = 1/T$[Hz]

③ **주파수 f[Hz]와 각속도 ω[rad]와의 관계**

$f = 1/T = 1/(2\pi/\omega) = \omega/2\pi$이므로

$\omega = 2\pi f$[rad/s]

따라서 사인파 교류에 대한 변화의 빠르기는 주기, 주파수, 각주파수 등으로 다음과 같이 나타낼 수 있다.

$v = V_m \sin\theta = V_m \sin\omega t = V_m \sin 2\pi f t$

$= V_m \sin(2\pi/T)t$[V]

4. 위상과 위상각

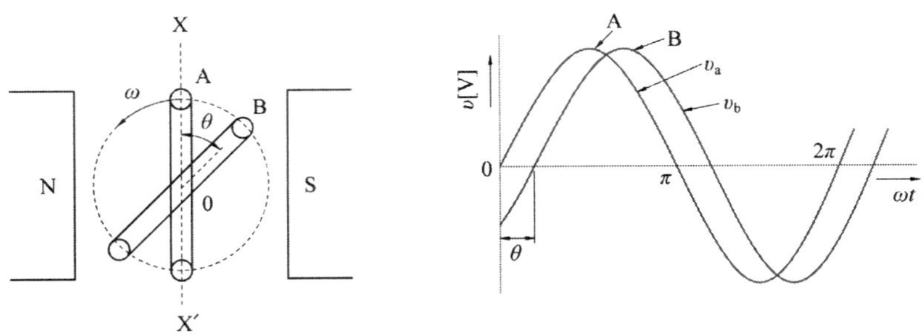

(a) 회전·개시전의 상태 (b) 전압의 파형

- 위상 : 주파수가 같은 2개 이상의 교류 파형간의 차이
- 코일 A, B가 θ의 각을 이루고 있을 때 동일한 각속도로 회전시키면 각 코일에 발생하는 전압은 $v_a = V_m \sin\omega t$[V] $v_b = V_m \sin(\omega t - \theta)$[V]
- 위상차 : v_a의 파형으로부터 벗어난 각도 θ
- 위상이 뒤진다(lag), 앞선다(lead), 동상(동위상) 등 3가지로 구분

• 그림 2-27 • 위상과 위상각

주파수가 같은 교류 파형간의 시간적인 차이는 위상(phase)으로 나타낸다. 그림에 표시된 두 개의 정현파에서 A는 0점에서 출발한 정현파이고, B는 θ만큼 뒤져서 출발한 정현파로서 $\theta/360°$만큼 뒤졌다고 하며, A와 B사이의 각도를 위상각이라고 한다.

두파의 위상각을 비교하기 위해서 주파수가 같아야 하며, 만약 주파수가 다르다면 상대적인 위상이 계속 변하게 된다. 정현파의 진동은 시간단위 각도에 의하여 측정되어지는 유일한 파형이기 때문에 많이 사용하며 경우에 따라서 진폭은 달라질 수 있으나 두 전압의 전류 혹은 전압과 전류의 위상각을 비교할 수 있다.

주파수가 똑같은 3개의 교류 전압 v_1, v_2, v_3간의 위상을 나타내면 아래와 같다.

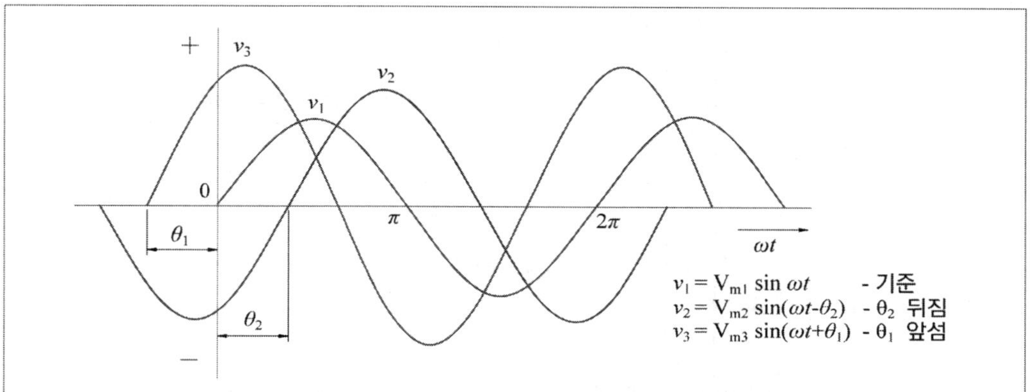

• 그림 2-28 • 위상차와 교류표시

v_2, v_3보다 위상이 뒤진다(lag)고 표현하는데, 이때 v_1, v_2, v_3 사이의 시간적인 차이를 위상차(phase different)라 한다.

동일한 주파수에서 위상차가 없는 경우는 동상이라고 하며, 위상차와 교류 전압표시는 다음과 같다.

① **뒤진교류** : $v = V_m \sin(\omega t - \theta)$[V]

② **앞선교류** : $v = V_m \sin(\omega t + \theta)$[V]

5. 교류의 기본성질

교류의 기본성질은 크기, 파형, 변화의 속도, 위상이 있으며 이 4가지 요소를 포함한 식을 순시값이라고 한다. 순시값은 전압이나 전류가 어떻게 시간적인 변화를 해가는가를 나타낼 때에 사용하고 소문자(e, v, i)로 나타낸다.

① 전압인 경우 교류의 표시 : $v = V_m \sin\omega t = \sqrt{2}\, V \sin\omega t$

② 전류인 경우 교류의 표시 : $i = I_m \sin\omega t = \sqrt{2}\, I \sin\omega t$

평균값은 정현파에서 한 번의 교번이나 1/2주기 사이의 모든 순시값을 평균한 크기로 나타내며, 실효값은 정현파의 전압이나 전류의 양을 가장 일반적으로 표시하는 것으로, 120[V]의 실효값을 갖는 교류 전압이 필라멘트를 가열시킬 때 발생하는 열은 120[V]의 직류전압이 필라멘트를 가열시킬 때 발생하는 열량과 같다.
순시값의 표기는 [그림 2-29]와 같다.

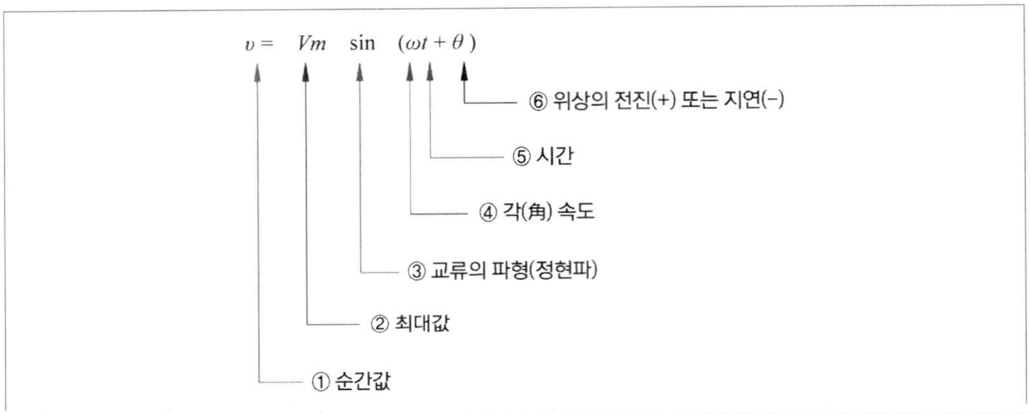

• 그림 2-29 • 정현파 교류의 표기방법

가. 교류의 표시

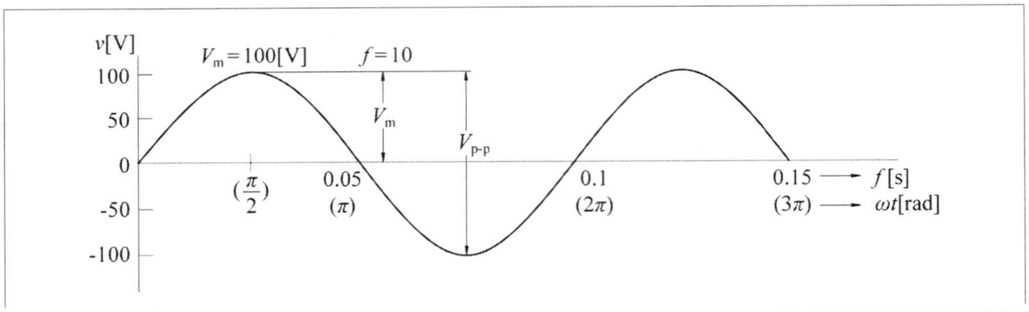

• 그림 2-30 • 교류의 표시

① **순시값**

순시값(v)은 $v = V_m \sin\omega t$에서 t대신 특정한 시간 t_0을 대입한 값으로 순간순간에 대한 교류의 값이며, [그림 2-30] 경우는 $v = 100\sin 20\pi t (v = V_m \sin 2\pi f t)$로 나타낼 수 있다.

② 최대값(V_m)은 순시값 중 가장 큰 값을 말하며, 위 그림에서의 최대값은 100[V]이다.

③ 피크-피크값(V_{p-p})이란 양의 최대값과 음의 최대값 사이의 값으로 위 그림에서는 200[V]이다.

④ 실효값(V)은 교류의 크기를 교류와 동일한 일을 하는 직류의 크기로 바꿔 나타낸 값으로 위 그림에서의 값은 $\frac{V_m}{\sqrt{2}} = \frac{100}{1.414} = 70.7$[V]이다.

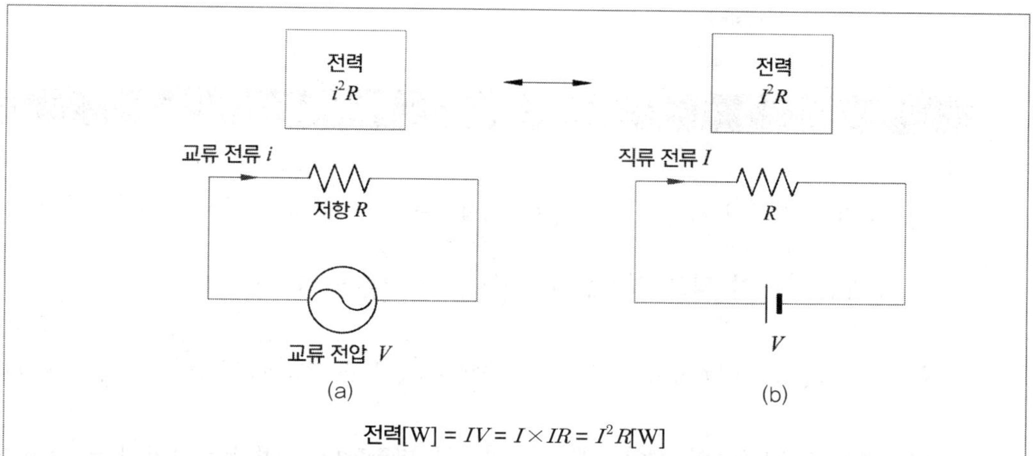

• 그림 2-31 • 실효값의 의미

교류는 직류와 달리 전압과 전류의 크기와 방향이 주기적으로 변화하므로 어떤 순간의 전압이나 전류의 방향과 세기는 알 수 있으나 그것만 가지고는 형성되는 전류의 모든 값을 말할 수는 없다. 또 평균값을 사용하게 되면, 단순한 대수합의 평균은 0이기 때문에 교류 전압이나 교류 전류를 분명하게 나타내지 못한다. 교류 전류나 직류 전류 모두 열작용을 한다는 공통적인 특징이 있으므로 직류의 열작용과 비교하여 교류의 전류의 세기를 결정한다. 따라서 실효값은 교류의 크기를 교류가 행한 일의 양에 따라 결정한다. 즉 [그림 2-31 (a)]의 저항에 교류전류(i)를 흘렸을 때의 소비 전력과 그림 (b)처럼 직류전류(I)를 흘렸을 때 소비 전력이 같다면 이 교류전력의 크기를 I[A]로 다음과 같이 정의한다.

$I^2R[W] = i^2R[W](Ri^2$의 1주기 평균)

$\therefore\ I = \sqrt{i^2\text{의 1주기 평균}}\ [A]$

따라서 교류의 실효값이란, 교류의 순시값의 제곱의 1주기 평균의 평방근이다.

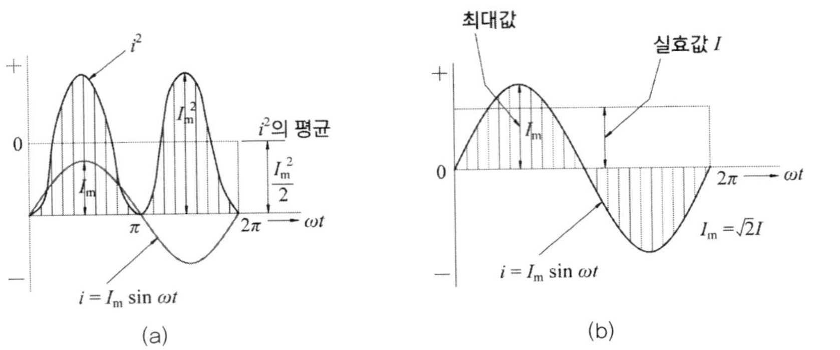

• 그림 2-32 • 실효값과 최대값의 관계

실효값과 최대값의 관계를 구하려면 [그림 2-32 (a)]와 같이 i^2에 대한 1주기의 평균값을 구하면 $\frac{I_m^2}{2}$이 되고 실효값 $I = \sqrt{\frac{I_m^2}{2}} = \frac{I_m}{\sqrt{2}}$이 된다.

즉, 순시값 $i^2 = (I_m \sin\omega t)^2 - I_m \sin^2\omega t = \frac{I_m^2}{2}(1-\cos 2\omega t) = \frac{I_m^2}{2} - \frac{I_m^2}{2}\cos 2\omega t$이므로 [그림 2-32 (a)]와 같이 2배의 주파수로 변화한다. 그런데 제1항의 $\frac{I_m^2}{2}\cos 2\omega t$는 1주기 평균동안 (+)파와 (-)파가 서로 상쇄되어 0이 된다.

따라서 i^2의 평균값은 $\frac{I_m^2}{2}$이 되고 실효값 $I = \sqrt{\frac{I_m^2}{2}} = \frac{I_m}{\sqrt{2}}$이 된다.

⑤ **평균값**

평균값은 교류의 순시값의 1주기 동안의 평균을 취하여 그 값을 교류의 크기로 표시한 값이다.

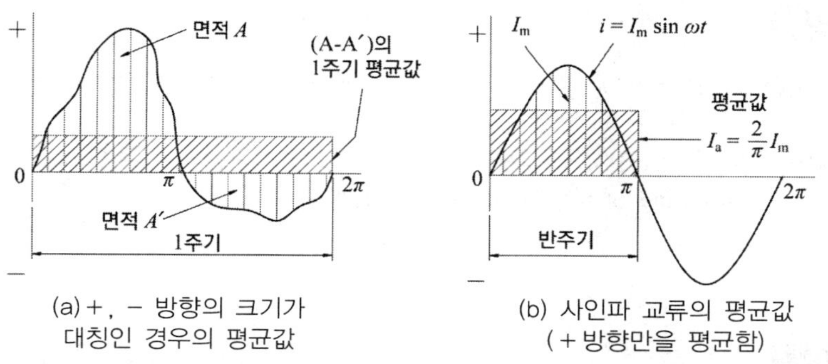

• 그림 2-33 • 평균값의 크기

실효값 대비 평균값의 비는 $\frac{V}{V_a} = \frac{\frac{V_m}{\sqrt{2}}}{V \cdot \frac{2}{\pi}} = \frac{\pi}{2\sqrt{2}} = \fallingdotseq 1.11$이며,

순시값이 $v = V_m \sin wt$[V]일 때 평균값 계산은 다음과 같다.

$$V_a = \frac{1}{\pi}\int_0^{\pi} V_m \sin\theta \, d\theta = \frac{V_m}{\pi}[-\cos\theta]_0^{\pi} = \frac{V_m}{\pi}[1-(-1)] = \frac{2V_m}{\pi}$$

따라서 평균값 $V_a = \frac{2}{\pi}V_m \fallingdotseq 0.637V_m$로 최대값의 0.637배가 된다.

나. 100[V]의 상용 전원의 예

- 주파수, 주기, 전압의 진폭(최대값, 실효값)을 계산
- 전 세계에 사용되고 있는 상용 전원의 주파수(f)는 50[Hz] 또는 60[Hz]이다.

① **주기** T

- 50[Hz] 경우, $T = 1/f = 1/50$[s] ∴ $T = 20$[ms]
- 60[Hz] 경우, $T = 1/60$[s] ∴ $T = 16.7$[ms]

② 전압은 100[V]란 실효값을 가리키므로,

- 최대값은 $V_m = 100\sqrt{2} = 1.414$[V]
- V_{p-p}(Peak to Peak)는 최대값의 2배이므로 $V_{p-p} = 2V_m = 282.8$[V]가 된다.

EXERCISE 16

$f = 60$[Hz], $V_m = 100$[V]일 때 각 주파수 ω[rad/s]와 발생 전압 v[V]를 구하라.

풀이 $w = 2\pi f[rad/S] = 2\times\pi\times 60 = 120\pi$

$v = V_m \sin 2\pi ft = V_m \sin wt = 100 \sin 120\pi t$

EXERCISE 17

실효값 100[V]인 사인파 교류 전압의 최대값은 얼마인가?

풀이 V_m(최대값) = $\sqrt{2}\times V$(실효값)

$V_m = \sqrt{2}\times 100 = 141.4$[V]

EXERCISE 18

최대값이 10[A]인 사인파 교류 전류의 실효값은 몇 [A]인가?

풀이 (실효값) = $0.707 I_m$(최대값) = $0.707\times 10 = 7.07$[V]

EXERCISE 19

1라디안은 대략 몇 도인가?

풀이 $\pi = 180°$ $\qquad 1[rad] = \frac{180°}{\pi} \fallingdotseq 57.3°$

EXERCISE 20

2[KΩ]의 저항에 10[mA]의 전류가 흐를 때 가한 사인파 전압의 크기(실효값)는 몇 [V]인가?

풀이 $V = IR = 2\times 10^3\times 10\times 10^{-3} = 20$[V]

③ 벡터의 표시

전기회로에서 다루는 교류파형은 정현파이며, 교류의 기본성질인 4가지 변수 중 주파수가 일정한 경우에는 파형과 주파수를 생략하여 진폭과 위상 2개의 변수로 충분히 표현할 수 있게 되므로 크기와 방향을 갖는 벡터로 나타내는 방법이 사용되고 있다.

따라서 교류회로의 계산은 대부분 벡터로 다루고 있는데 벡터란 크기와 방향을 갖는 양을 말하며, 하나의 화살표를 갖는 직선으로 나타낼 수 있다. 직선의 크기는 벡터의 양을, 화살표는 벡터의 방향을 낸다.

1. 벡터의 표시 방법

① 스칼라는 길이나 온도 등과 같이 크기라는 하나의 양만으로 표시되는 물리량이다.
② 벡터는 힘과 속도와 같이 크기와 방향 등으로 2개 이상의 양으로 표시되는 물리량이다.
③ 벡터를 그림으로 나타낼 때에는 화살표를 사용한다.
④ 벡터의 크기는 선분의 길이로, 방향은 기준선으로부터 각도 θ로 표시한다.
⑤ 벡터 표시는 문자 위에 점을 찍고($\dot{V}$) V 도트 또는 벡터 V 읽으며, 벡터의 크기만 표시는 절대값(V)으로 표시한다.

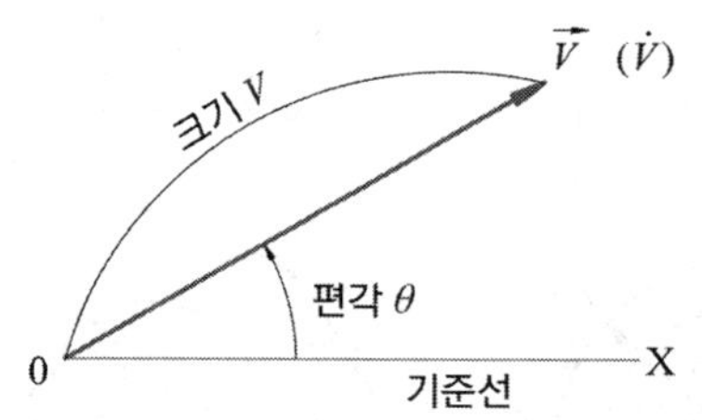

• 그림 2-34 • 벡터표시

가. 정현파 교류의 순시값과 벡터 표시

실효값이 I, 위상각이 θ일 때 아래와 같이 나타낼 수 있다.

① **순시값 표시** : $i = \sqrt{2}\, I \sin(\omega t + \theta)$[A]

② **벡터 표시** : $\dot{I} = I \angle \theta$[A]

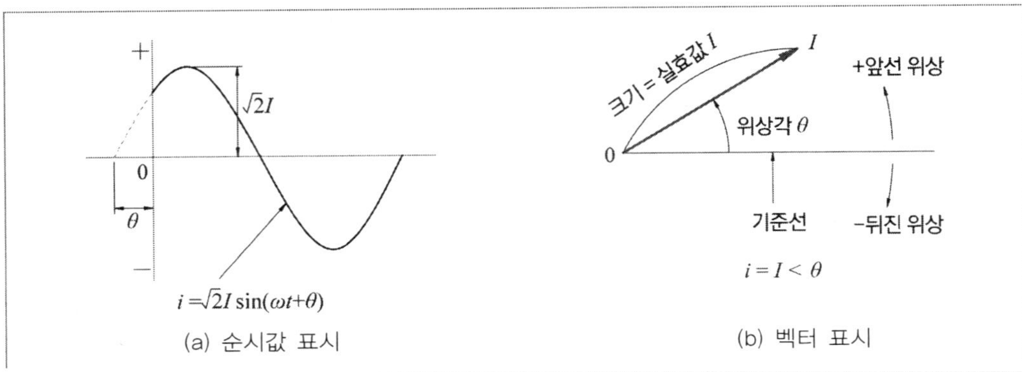

• 그림 2-35 • 정현파 교류의 벡터 표시

나. 정현파 교류의 회전벡터와 정지벡터

$I = I_m \sin\omega t$의 사인파 교류는 회전하는 벡터 I_m으로 나타낼 수 있다. 여기서 I_m을 회전벡터라 한다. 위상차가 있는 회전 벡터는 [그림 2-36]과 같이 나타낸다.

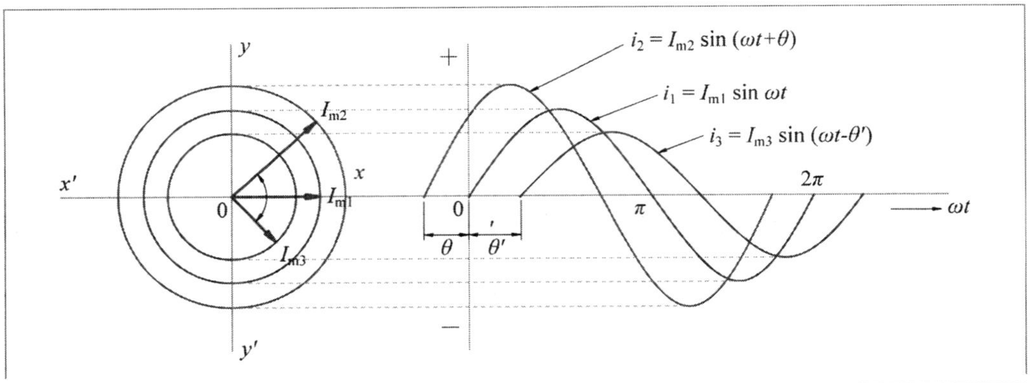

• 그림 2-36 • 위상차가 있는 회전벡터

정지벡터는 회전벡터를 정지하고 있는 상태로 표현한 벡터로서, 동일한 주파수의 사인파 교류는 회전벡터 대신 정지벡터로 표현하는 것이 편리하다.

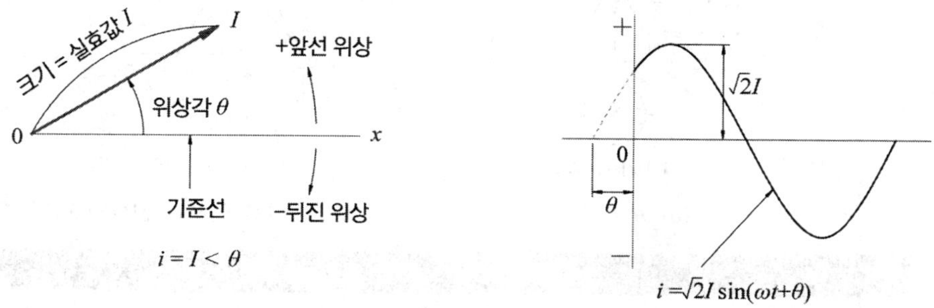

(a) 정지 벡터 (b) 사인파 교류

• 그림 2-37 • 정지벡터의 표현

④ 교류회로

1. 저항만의 회로

저항(R)은 자유전자의 수와 전자가 이동하기 어려운 정도에 의하여 결정되는 자기유도나 정전유도 작용이 없는 물체고유의 저항이므로, 교류를 공급했을 때에도 직류를 공급했을 때와 마찬가지로 저항의 크기가 항상 일정하다. 전류의 크기는 옴의 법칙에 의하여 구해지고 전압, 전류 역시 실효값이다.

저항의 동작 [그림 2-38 (a)]에서 R에 AC(교류)를 공급했을 때 옴의 법칙 $I = E/R$에 의하면 전압이 1일 때 전류도 0, 전압이 최대이면 전류도 최대가 되며 전압이 -가 되면 전류도 -가 되므로 [그림 2-38 (b)]와 같이 전압과 전류는 항상 동위상이라는 것을 알 수 있다. [그림 2-39 (b)]는 전압과 전류가 동위상임을 벡터로서 나타낸 것이다. 저항 R은 직류를 공급할 때나 교류를 공급할 때를 막론하고 항상 저항의 크기가 일정하여 R에 흐르는 전류와 R양단의 전압은 항상 동위상이다.

가. 저항의 동작

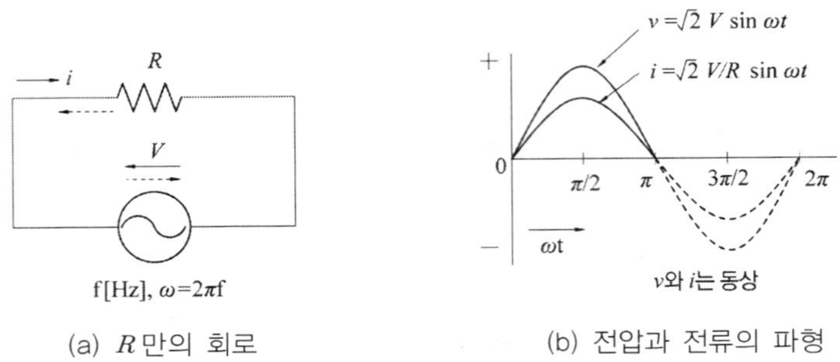

• 그림 2-38 • 저항 R만의 회로와 파형

$v = \sqrt{2}\,V\sin\omega t$[V], $\quad v = \sqrt{2}\,I\sin\omega t$[A]

전류와 전압은 동상이다.

나. 전압과 전류의 관계

$I = V/R$ [A]

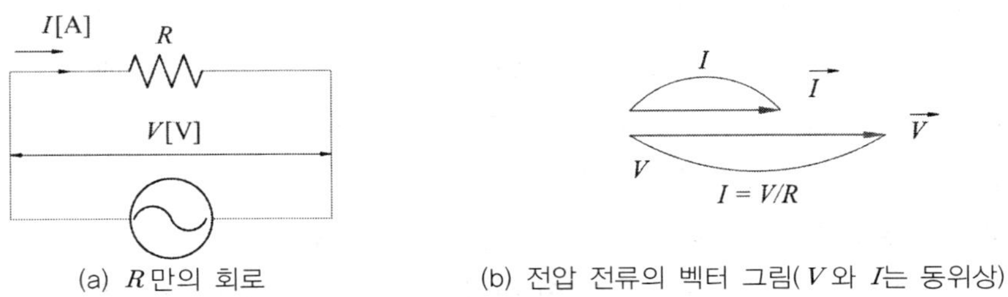

• 그림 2-39 • 저항 R만의 회로와 벡터 그림

2. 코일만의 회로

코일에 교류를 공급했을 때 작용하는 코일의 저항은 자기유도작용이 있으므로 유도성 저항(inductive reactance/유도 리액턴스)이라 하며, X_L로서 표시하고 유도성 저항의 크기는 각속도와 인덕턴스(L)의 곱으로 나타내는데 인덕턴스란 1A의 전류를 흘릴 때 코일이 갖는 자장의 세기를 말한다.

코일에 교류를 공급했을 때 전압과 전류의 위상은 코일의 특성상 코일 양단의 역기전압은 $e = I \times 2\pi f \cdot L$의 식으로 알 수 있는 바와 같이 인덕턴스(L)가 일정할 때에는 전류의 변화율이 클수록 높아지고 변화가 없는 전류, 즉 직류전류가 흐를 때에는 아무리 큰 전류가 흐른다고 하여도 자력선의 변화가 없기 때문에 역기전압은 발생하지 않는다.

역기전력 때문에 주파수가 높을수록 저항이 커질뿐만 아니라 전압보다 전류가 90° 위상이 늦어지게 나타난다.

가. 코일의 동작

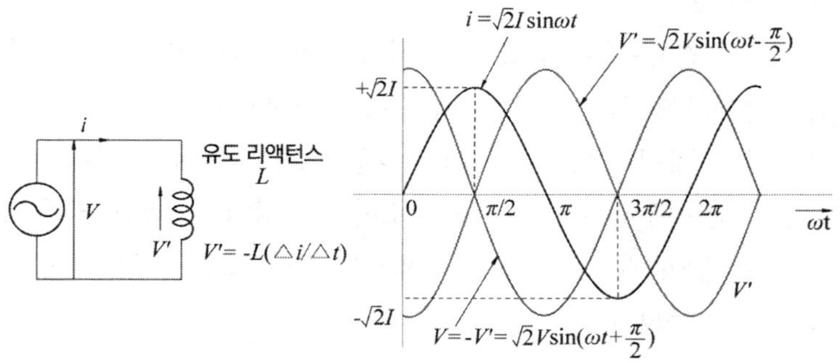

(a) L 만의 회로 (b) 전압과 전류의 파형

• 그림 2-40 • 인덕턴스 L 만의 회로와 파형

전류 $i = \sqrt{2}\, I\sin\omega t$[A] 흘리면

$v' = -V\dfrac{di}{dt} = -\sqrt{2}\,\omega LI\cos\omega t = -\sqrt{2}\,\omega LI\sin(\omega t + \dfrac{\pi}{2})$[V]의 유도기전력이 발생한다. 따라서 전류 i가 계속 흐르려면 유도전압 v'를 제거할 수 있는 크기가 같고 위상이 반대인 전압 v를 가해줘야 한다.

$$v = \sqrt{2}\, V\sin(\omega t + \frac{\pi}{2}) = \sqrt{2}\,\omega LI\sin(\omega t + \frac{\pi}{2})\text{[V]}$$

∴ 전류가 전압보다 $\pi/2$[rad]만큼 늦다.

나. 전압과 전류의 관계

① $V = \omega LI$[V]에서 $I = \dfrac{V}{\omega L} = \dfrac{V}{X_L}$[A]

② 유도 리액턴스 : $X_L = \omega L = 2\pi f L[\Omega]$

(a) L 만의 회로

(b) 전압과 전류의 벡터 그림
(I와 V보다 $\pi/2$ 뒤진다)

• 그림 2-41 • 인덕턴스 L만의 회로와 파형

다. 유도성리액턴스

유도성 리액턴스(X_L)는 옴[Ω]으로 표시되고 정현파 교류에서 V_L/I_L(전압/전류)의 비로 인가된 전압에 대해서 얼마나 많은 전류가 흘러갔는가를 나타내는데 이것은 주파수가 증가할수록 자체 인덕턴스 값이 증가할수록 전류 흐름은 제한되므로 리액턴스 값이 증가하게 된다. [그림 2-42]는 전구에서 교류 전류를 감소시키는 리액턴스 효과를 설명하고 있다. 유도성 리액턴스의 저항값이 커질수록 전류의 세기는 작아지고, 전류를 아주 작은 값까지 감소시킨다면 전구는 점등되지 않는다.

① 유도 리액턴스의 주파수 특성

유도 리액턴스(X_L)는 자체 인덕턴스(L)와 주파수(f)에 정비례한다.

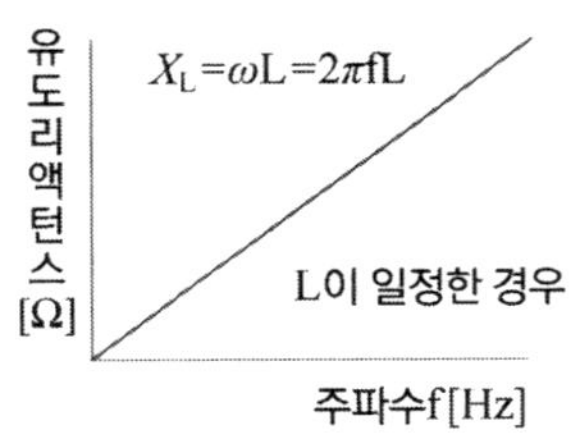

• 그림 2-42 • 유도 리액턴스의 주파수 특성

② 교류전류를 방해하는 유도리액턴스(X_L)의 영향

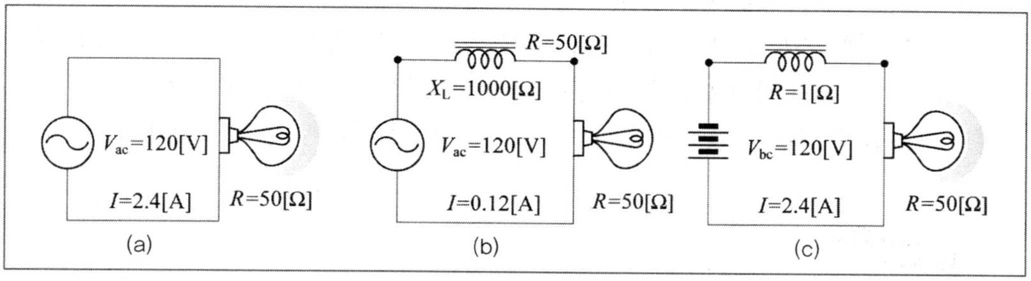

비교내용	저항만의 교류회로 (그림 a)	저항과 코일 교류회로 (그림 b)	저항과 코일 직류회로 (그림 c)
리액턴스 성분	없다	있다	없다
코일의 역할	×	전류제한	도선의 저항 역할 정도
주파수 증가	변화 없다	용량리액턴스가 커진다	×
인덕턴스(L)를 증가	×	합성저항(임피던스)이 커진다 - 전등 안켜짐	변화 없다 - 전등 켜짐

• 그림 2-43 • 유도리액턴스의 영향

위 표에서 나타낸 것처럼 교류를 방해하는 유도리액턴스(X_L)의 영향은 교류회로에서 저항만 있을 때와 저항과 코일이 함께 있을 때와 그리고 저항과 코일이 있는 직류회로에서는 각각 다른 특징을 나타낸다.

[그림 2-43 (a)]는 인덕턴스가 존재하지 않기 때문에 교류 전압원은 2.4[A]의 전류를 전구에 흘러 보내게 되므로 전구가 밝게 빛나며 전구의 필라멘트 저항이 50[Ω]이기 때문에 120[V]의 교류 전원에 의하여 2.4[A]의 전류가 발생한다.

[그림 2-43 (b)]에서 코일은 전구와 직렬로 연결되어 있는데 코일이 갖는 저항은 직류저항은 단지 1[Ω]의 크기를 갖기 때문에 무시되지만 인덕턴스의 리액턴스는 1,000[Ω]으로 유도성 리액턴스는 인가전압을 방해하고 전류를 감소시키는 자체 유도 전압을 발생시키게 된다. 전류는 120[V] 나누기 1000[Ω]으로 약 0.12[A]의 전류를 흐르게 하고 이런 크기를 갖는 전류는 전등을 켜기에는 적절치 않다.

비록 저항이 1[Ω]뿐이 되지 않지만 코일의 유도리액턴스가 1,000[Ω]이기 때문에 전구가 점등되지 않을 만큼 크기까지 교류 전류를 제한시키게 되며, 이 유도성 리액턴스는 주파수 60[Hz]와 2.65[H](H)의 인덕턴스에 의해 구해진다. 즉 유도성 리액턴스(X_L) = 2×3.14×60×2.65 = 약 1,000[Ω]의 저항을 갖게 된다.

[그림 2-43 (c)]에서 코일은 전구와 직렬로 연결되어 있으나 인가된 전지의 전압은 일정한 직류 전류를 흐르게 한다. 전류의 변화가 없으면 코일은 전압을 유도할 수 없으므로 리액턴스도 없다. 직류 전류는 직류 전압이 전구에 바로 연결된 것과 같은 값이 되어 전구를 밝게 키게 되는데 이 경우 코일은 전류의 변화가 없어 전압을 유도하지 않으므로 단지 일정한 길이의 도선으로 코일 자체 도선의 저항일 뿐이다.

EXERCISE 21

50[Hz] 200[V]의 전압에 0.1[H]의 코일을 연결하면 리액턴스는 얼마인가?

풀이 유도리액턴스 $X_L = \omega L = 2\pi fL$

$= 2\times\pi\times 50\times 0.1[\Omega]$

$= 10\pi = 3.14[\Omega]$

3. 콘덴서만의 회로

가. 콘덴서의 동작

$v = \sqrt{2}\,V\sin\omega t$[V]를 가하면 $q = Cv = \sqrt{2}\,CV\sin\omega t$[C] 전하가 축적된다. 전류 i[A]는 단위시간당 이동하는 전하로서 다음 식과 같이 된다.

$$i = \sqrt{2}\,I\sin(\omega t + \frac{\pi}{2}) = \sqrt{2}\,\omega CV\sin(\omega t + \frac{\pi}{2})[A]$$

∴ 전류가 전압보다 $\pi/2$[rad] 만큼 빠르다.

나. 전압, 전류의 관계

① $V = \frac{1}{\omega C}I$[V]에서 $I = \omega CV = \frac{V}{X_c}$[A]

② 용량 리액턴스 : $X_C = \frac{1}{wC} = \frac{1}{2\pi fC}[\Omega]$

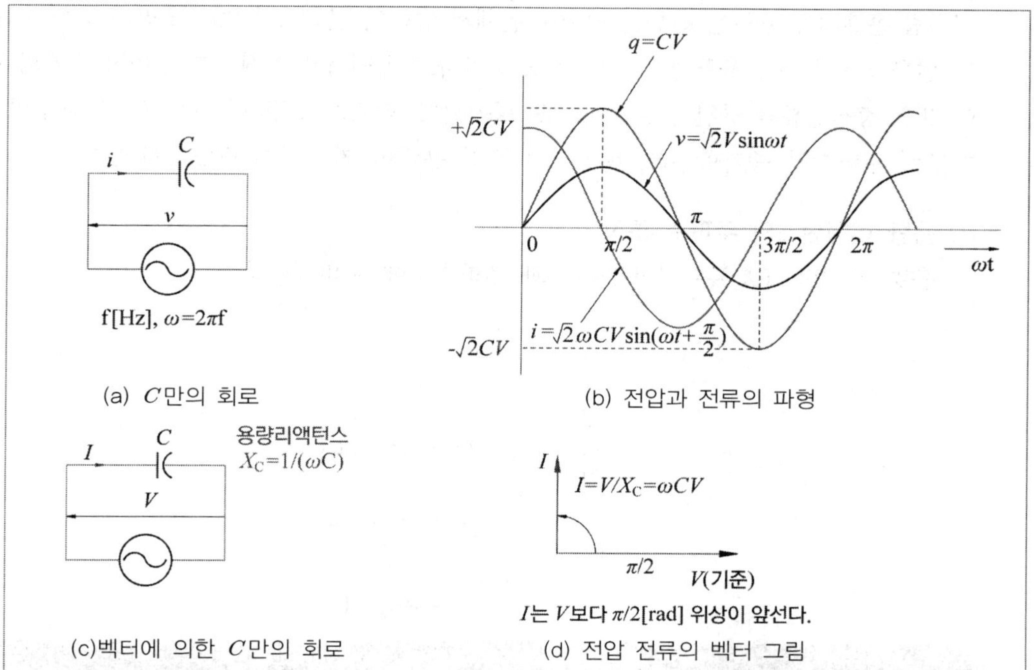

• 그림 2-44 • 정전 용량 C만의 회로

콘덴서에는 Q[C]의 전기량이 축척되며, 전압과 전기량 Q는 정비례 관계가 있다. 즉 $Q = CV$인데 이 비례정수 C를 정전용량이라고 한다. 그림과 같이 콘덴서 양단에 $v = \sqrt{2}$ Vsin ωt[V]를 가하는 경우 전류 i는 전압 v보다 위상이 $\pi/2$[rad] 앞서 있는데, 이것은 I(전류)는 v(전압)의 시간적인 변화율에 비례하기 때문이다.

다. 용량성 리액턴스

콘덴서에 전압을 공급할 때 콘덴서 양단의 전압이 가장 낮을 때 전류는 가장 많이 흘러서 콘덴서에 충전된다. 점차 충전량이 증가하여 양단의 전압이 점점 높아지면 전류는 점차 감소하여 적게 흐르게 된다. 전원 전압과 콘덴서 양단의 전압이 같을 때는 전류가 전혀 흐르지 않는다.

그림과 같이 콘덴서에 AC를 공급하여 콘덴서에 충전될 경우 [그림 2-44 (b)]와 같이 콘덴서 양단의 전압이 0[V]일 때는 전원 전압과의 차가 커서 전류가 최대로 되고 콘덴서의 전압이 최대로 되면 전원 전압과 같아지므로 전류는 0이 되어 최소로 된다.

따라서 [그림 2-44 (b)]와 같이 콘덴서 양단의 전압 e가 0에서 점점 커지려 할 때 전류는 이미 최대가 되어 있으므로 전압이 0일 때 전류는 90° 위상이 앞서 있는 결과가 된다.

이것을 벡터로서 나타내면 [그림 2-44 (d)]와 같다.

이처럼 콘덴서에 흐르는 전류는 언제나 콘덴서 양단의 전압보다 90° 빨라지게 되며, 전압의 변화가 커질수록 용량성 전류의 양도 증가하고 콘덴서가 커질수록 주어진 전압의 변화에 대한 충전전류와 방전 전류의 크기도 증가한다. 따라서 용량 리액턴스는 전류에 반비례하므로 주파수가 증가할수록, 콘덴서의 정전 용량이 커질수록 감소하게 된다.

① **용량 리액턴스의 주파수 특성**

용량 리액턴스(X_c)는 정전용량(C)과 주파수(f)에 반비례한다.

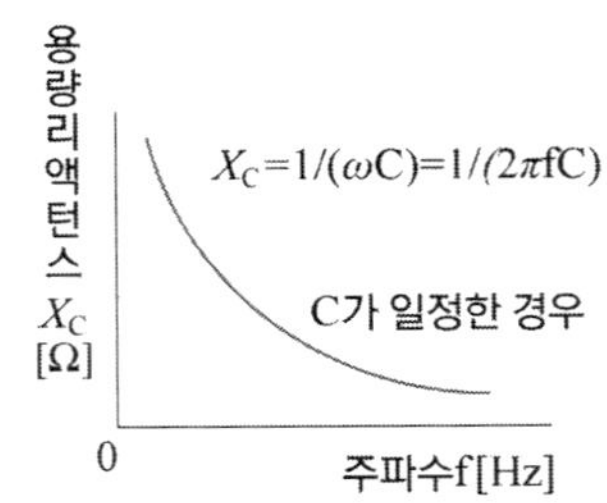

• 그림 2-45 • 용량 리액턴스의 주파수 특성

② **용량성 리액턴스의 특성**

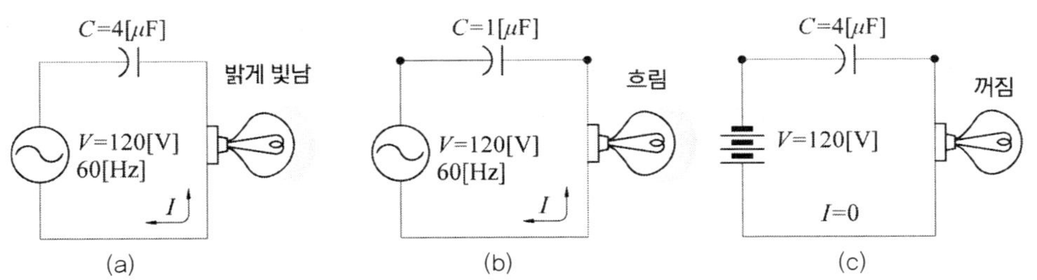

• 그림 2-46 • 용량성 리액턴스의 특징

비교내용	그림 a	그림 b	그림 c
리액턴스 성분	R과 C(4[μF])	R과 C(1[μF])	없다
캐패시턴스(C)의 역할	전류통과	전류통과	전류차단
주파수 증가	X_c 감소	X_c 감소	×
캐패시턴스(C)를 증감 (전구 예시)	전구 빛 밝다 (저항감소)	전구 빛 흐리다 (저항 증가)	×

위 표에서 나타낸 것처럼 교류를 방해하는 용량 리액턴스(X_C)의 영향은 교류회로에서 저항과 콘덴서가 함께 있을 때 용량 리액턴스의 크기에 따라 저항값이 변하며, 직류회로일 때는 전류가 차단된다.
용량 리액턴스는 주파수가 증가할수록 리액턴스 값은 감소하며, 혹은 정전용량을 증가시켜도 감소하는 반비례 관계에 있지만 감소 비율이 비선형인데, 이유는 캐패시턴스나 주파수가 0일 때 용량 리액턴스는 무한대로 커지기 때문이다. 반대로 캐패시턴스나 주파수가 무한대일 때는 용량 리액턴스는 0으로 감소하게 된다.

[그림 2-46 (a)와 (b)]의 회로에서 전구에 불이 들어오는 것은 콘덴서의 충전 전류와 방전전류 때문이며 절연체인 유전체를 통하여 흐르는 전류는 존재하지 않는다.

인가 전압이 증가하면 콘덴서가 충전되는데 충전전류가 도체로부터 콘덴서의 한쪽 극판으로 흐르게 되고, 인가 전압이 감소하게 되면 콘덴서는 방전하게 되며 방전 전류는 충전 전류의 반대 방향으로 흐르게 된다. 먼저 콘덴서는 한쪽 극성으로 다시 충전한 뒤 방전을 반복하며, 이런 충전과 방전의 사이클이 회로에서 인가된 전압과 같은 주파수를 갖는 교류전류를 제공하게 된다. 이런 전류가 전구를 점등시킨다.

[그림 2-46 (a)]에서 4[uF]의 콘덴서는 전구가 밝게 빛을 낼 수 있을 만큼 충분한 크기의 교류전류를 제공한다.

[그림 2-46 (b)]에서 1[uF]의 콘덴서는 캐패시턴스가 작기 때문에 충전 전류와 방전전류가 작아져서 전구가 밝지 못하고 희미하게 된다. 따라서 같은 크기의 전압이 인가되어 있다 하더라도 적은 용량의 콘덴서는 많은 교류전류가 흐르는 것을 방해하기 때문에 전류의 세기가 약해지는데, 즉 캐패시턴스가 작아지면 리액턴스가 증가한다는 뜻으로 해석된다.

[그림 2-46 (c)]에서는 일정한 직류 전압이 콘덴서를 120[V]까지 충전시키게 되고 인가전압이 변하지 않기 때문에 콘덴서는 충전 상태를 유지하게 되며 충전된 콘덴서 양단의 전압이 120[V]의 전위차를 갖기 때문에 전류가 흐르지 못한다. 따라서 전구는 점등되지 않으나 전압이 인가될 때 순간의 충전 전류 때문에 전구가 깜빡일 수 있는데 이것은 콘덴서가 충전될 때까지의 짧은 시간에만 해당하며 콘덴서가 120[V]까지 충전되면 전구 양단에 걸리는 전압의 크기는 0[V]이다.

결론적으로 콘덴서는 직류 전류나 직류 전압을 통과시키지 않는다는 의미이며, 따라서 모든 인가 전압은 콘덴서 양단에서 충전되고 어떤 직렬저항 양단에도 전압강하는 발생되지 않는다.

EXERCISE 22

정전 용량 20[uF]의 콘덴서에 100[V], 60[Hz]의 사인파 전압을 가하는 경우 용량 리액턴스 X_c와 흐르는 전류 I[A]를 구하라.

풀이 ① 용량 리액턴스(X_c) $= \dfrac{1}{2\pi fc} = \dfrac{1}{2\times\pi\times60\times20\times10^{-6}}[\Omega] = \dfrac{10^6}{2\times3.14\times60\times20}[\Omega]$

$= \dfrac{10^6}{7.536}[\Omega] \fallingdotseq 132.7[\Omega] \fallingdotseq 133[\Omega]$

② $I = \dfrac{V}{R} = \dfrac{100}{133} = 0.75[\text{A}]$

EXERCISE 23

저항 10[Ω]과 코일을 직렬로 접속한 회로에 교류 220[V], 60[Hz]를 가했더니 11[A]의 전류가 흘렀다. 합성 임피던스는 얼마인가?

풀이

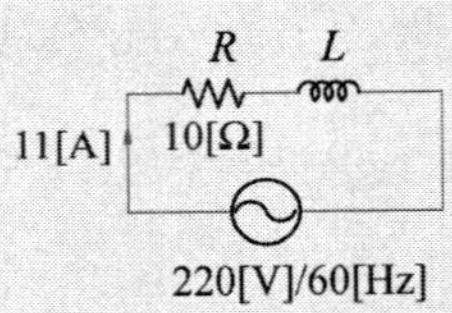

$I = \dfrac{V}{|Z|} = \dfrac{V}{\sqrt{R^2+X_L^2}} = \dfrac{200}{\sqrt{10^2\times X_L^2}} = 11$

→ 양변에 $\sqrt{10^2+X_L^2}$ 를 곱하면

$11\sqrt{10^2+X_L^2} = 220$

$\therefore \sqrt{10^2+X_L^2} = \dfrac{220}{11}$

$\therefore Z = \sqrt{10^2+X_L^2} = 20[\Omega]$

4. RL 직렬회로

코일이 저항과 직렬연결 된다면 전류는 저항(R)과 유도리액턴스(X_L)에 의해 제한되며, 저항(R)과 유도리액턴스(X_L)는 각각의 전압강하를 발생시킨다.

가. R-L 직렬회로의 특징

① R 양단 전압과 전압은 동상이다.

② L 양단 전압은 전류보다 $\pi/2$[rad]만큼 위상이 앞선다.

③ 전압은 [그림 2-47 (b)]의 저항과 유도 리액턴스의 합성값은 삼각형 빗변 값으로 나타낼 수 있다.

④ 전류는 옴의 법칙에 의해 계산될 수 있다.

⑤ 전원 전압과 자신의 전류 사이의 각이 회로의 위상각이며 코일과 저항의 합성값은 45° 의 위상각을 갖는다.

⑥ 임피던스(impedance)란 전기적인 방해물이라는 뜻으로서 저항과 비슷한 의미를 가지고 있으며, 저항기라는 부품이 아니어도 빛, 온도, 습도, 재질, 주파수 등의 외부 조건에 따라 마치 저항기처럼 저항성분을 가지는 것을 말한다.

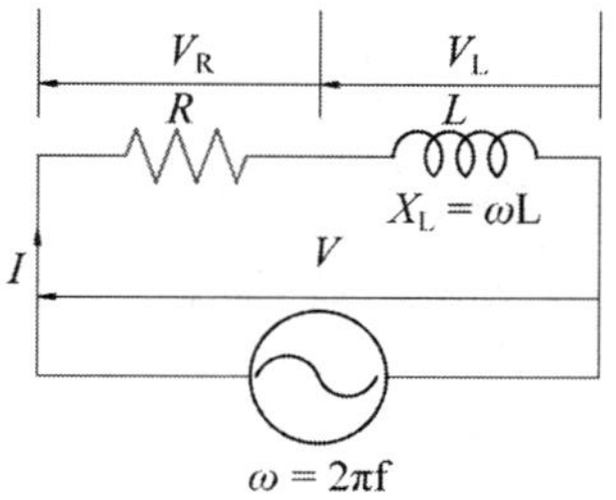

(a) RL 직렬 회로

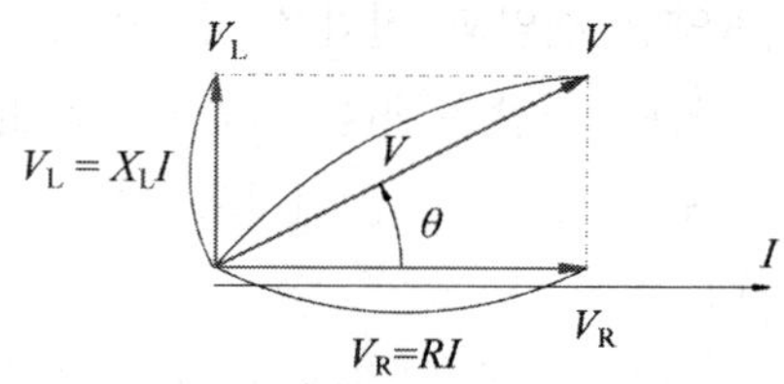

(b) 전압과 전류의 벡터 그림

• 그림 2-47 • RL 직렬 회로 및 벡터그림

나. R-L 직렬회로의 해석

① R양단 전압 : $V_R = RI$, V_R은 전류 I와 동상

② L양단 전압 : $V_L = X_L I = \omega LI$, V_L은 전류 I보다 $\pi/2$[rad]만큼 앞선 위상

③ 전압 $V = IZ$에서

$$V = \sqrt{V_R^2 + V_L^2} = I\sqrt{R^2 + X_L^2} = I\sqrt{R^2 + (\omega L)^2}\ [\mathrm{V}]$$

④ 전류 $I = V/Z$에서

$$I = \frac{V}{\sqrt{R^2 + X_L^2}}\ [\mathrm{A}]$$

⑤ 위상각 $\tan\theta = X_L / R$에서

$$\theta = \tan^{-1}\frac{X_L}{R} = \tan^{-1}\frac{\omega L}{R}\ [\mathrm{rad}]$$

⑥ 임피던스는 교류에서 전류의 흐름을 방해하는 R, L, C의 벡터적인 합이다.

$$Z = \sqrt{R^2 + (\omega L)^2}\ [\Omega]$$

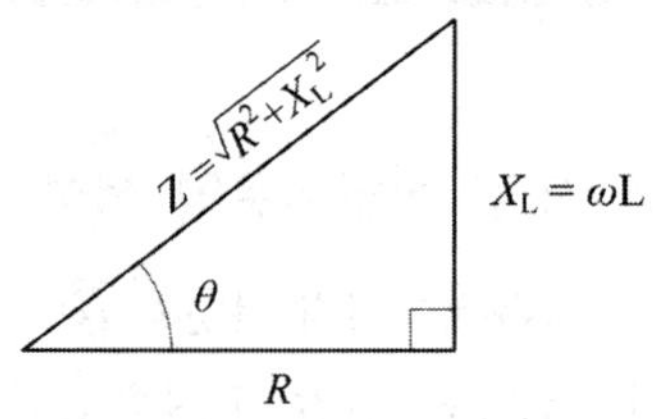

• 그림 2-48 • 임피던스 삼각형

5. RC 직렬회로

콘덴서와 저항과 직렬연결 X_C의 값이 R의 값에 비해 클수록 회로는 용량성 부하의 특성을 더 많이 나타내게 된다. 즉 용량 리액턴스 양단에 더 큰 전압 강하가 나타나게 되고 위상각은 -90°로 접근하게 되면, 전류는 저항(R)과 용량리액턴스(X_C)에 의해 제한되고 저항(R)과 용량리액턴스(X_C)는 각각의 전압강하를 발생시킨다.

가. R-C 직렬회로의 특징

① R양단 전압과 전압은 동상이다.
② C양단 전압은 전류보다 $\pi/2$[rad]만큼 위상이 뒤진다.
③ 전압은 [그림 2-49 (b)]의 저항과 유도 리액턴스의 합성값 즉 삼각형 빗변 값으로 나타낼 수 있다.
④ 전류는 옴의 법칙에 의해 계산될 수 있다.
⑤ 전원 전압과 자신의 전류 사이의 각이 회로의 위상각이며 코일과 저항의 합성값은 -45°의 위상각을 갖는다.
⑥ 임피던스(impedance)는 저항과 용량리액턴스 합성저항 값으로 삼각형 빗변을 나타낸다.

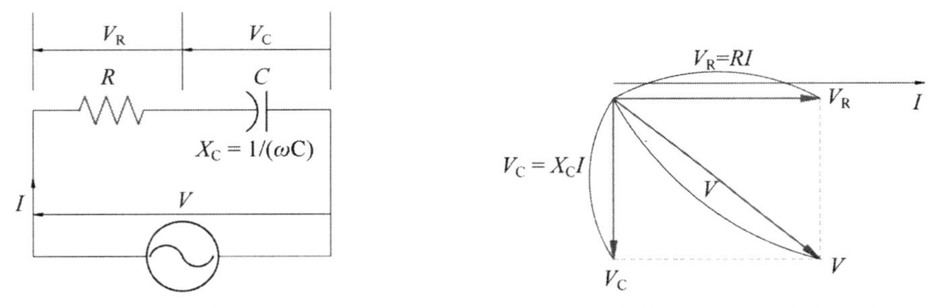

(a) RC 직렬 회로　　(b) 전압 전류의 벡터 그림

• 그림 2-49 • RC 직렬 회로의 성질

나. R-C 직렬회로의 해석

① R양단 전압 $V_R = RI$, V_R은 전류 I와 동상이다.
② C양단 전압 V_C는 전류(I) 보다 $\pi/2$[rad]만큼 위상이 뒤진다.

$$V_C = X_C I = \frac{1}{\omega C} I$$

③ 전압 $V = IZ$에서 $V = I\sqrt{R^2 + X_C^2} = I\sqrt{R^2 + (\frac{1}{\omega C})^2}$ [V]

④ 전류$I = V/Z$에서 $I = \frac{V}{\sqrt{R^2 + X_C^2}}$ [A]

⑤ 위상각 $\tan\theta = X_C/R$에서 $\theta = \tan^{-1}\frac{X_o}{R} = \tan^{-1}\frac{1}{\omega CR}$ [rad]

⑥ 임피던스 $Z = \sqrt{R^2 + (\frac{1}{\omega C})^2}$ [Ω]

6. LC 직렬회로

코일과 콘덴서는 위상이 서로 반대이다. 즉 L과 C는 역위상(180° 위상차)이므로 임피던스 합성값은 두 벡터량의 차(큰 벡터량에서 작은 벡터량을 뺀 크기)를 구하면 된다. [그림 2-50 (b)] 경우는 유도리액턴스가 용량리액턴스보다 더 클 경우 전압의 위상이 전류보다 더 앞서며, [그림 2-50 (c)]의 경우 반대 경우이면 전압의 위상이 더 늦은 경우가 된다. 다음은 회로해석 및 유도리액턴스(X_L = 2πfL)와 용량리액턴스(X_C = 1/2πfC)의 특징들을 비교하였다.

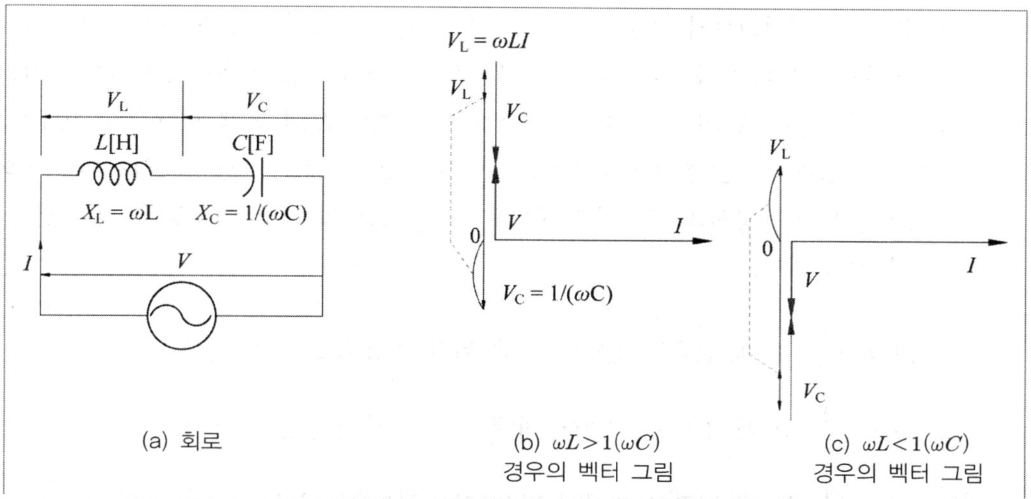

• 그림 2-50 • LC 직렬 회로와 벡터 그림

① **전압** : 위상이 180°이며 서로 방향이 반대이므로 아래와 같이 구한다.

$$V = V_L - V_C = \omega LI - \frac{I}{\omega C} = \left(\omega L - \frac{1}{\omega C}\right) I \,[\mathrm{V}]$$

② 전류는 옴의 법칙에 의하여 구한다.

$$I = \frac{V}{\left(\omega L - \frac{1}{\omega C}\right)} = \frac{V}{Z}\,[\mathrm{A}]$$

③ X_L과 X_C의 비교

$X_L = 2\pi f L\,[\Omega]$	$X_C = \frac{1}{2\pi f C}\,[\Omega]$
L이 증가하면 X_L이 증가	C가 증가하면 X_C가 감소
주파수가 증가하면 X_L 증가	주파수가 증가하면 X_C 감소
저주파 전류가 잘 흐른다 (직류전류 통과)	고주파 전류가 잘 흐르고 저주파 전류는 차단 (교류전류 통과)
R과 L의 직렬회로에서 전류가 전압보다 $\pi/2$[rad]만큼 빠르다	R과 C의 직렬회로에서 전류가 전압보다 $\pi/2$[rad]만큼 늦다

7. RLC 직렬회로

RL, RC, LC 병렬회로의 합성회로로 각각의 리액턴스 성질을 고려하여 구하면 된다. 이 경우 3가지로 나타낼 수 있는데 X_L이 X_C보다 크거나 작을 경우는 L-C회로를 참고하면 되며, 다만 X_L과 X_C가 같을 때는 합성임피던스 저항(R)만 남게 되어 RLC 회로는 저항 R만 있는 결과가 되므로 RLC직렬회로 양단의 전압(V)과 그 회로의 전류(I)는 동위상이 된다. 이것은 직렬공진의 조건이 되기도 한다. 이 회로의 위상은 전류를 기준으로 다음과 같은 특징이 있다.

① $\omega L > \frac{1}{\omega C}$일 때 전류는 전압에 비해 뒤진 위상(유도성)이 된다.

② $\omega L < \frac{1}{\omega C}$일 때 전류는 전압에 비해 앞선 위상(용량성)이 된다.

③ $\omega L = \frac{1}{\omega C}$일 때 전류와 전압이 같은 위상(공진)이 된다.

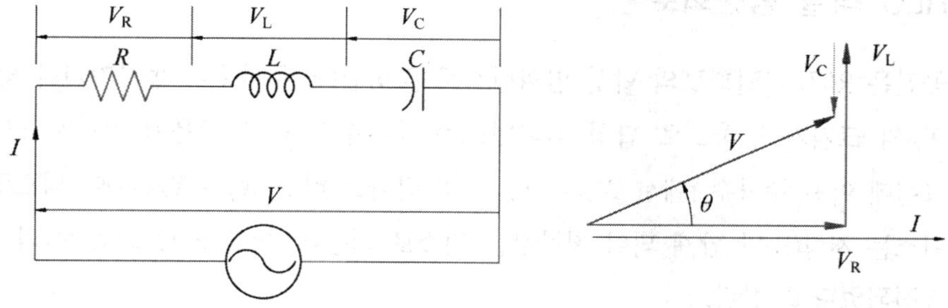

(a) 회로

(b) $\omega L > 1(\omega C)$ 경우의 벡터 그림

• 그림 2-51 • RLC 직렬 회로와 벡터 그림

가. RLC 양단 전압의 특징

① 전체 전압은 $V = V_R + V_L + V_C$ [V]이다.

② R양단 전압은 $V_R = RI$이며, V_R은 전류 I와 동상이다.

③ L양단 전압 $V_L = X_L I = \omega L I$이며, V_L은 전류 I보다 $\pi/2$[rad]만큼 위상이 앞선다.

④ C양단 전압 V_C는 I보다 $\pi/2$[rad]만큼 위상이 뒤진다.

$$V_C = X_C I = \frac{1}{\omega C} I$$

나. RLC 직렬회로의 해석

① RLC 직렬회로의 관계($\omega L > \frac{1}{\omega C}$의 경우)

㉠ 전압

$$V = \sqrt{V_R^2 + (V_L - V_C)^2} = I\sqrt{R^2 + (X_L - X_C)^2} \text{ [V]}$$

㉡ 전류

$$I = \frac{V}{\sqrt{R^2 + (X_L - X_C)^2}} \text{ [A]}$$

㉢ 위상차

$$\theta = \tan^{-1}\frac{X_L - X_C}{R} \text{ [rad]}$$

㉣ 임피던스

$$Z = \sqrt{R^2 + (\omega L - \frac{1}{\omega C})^2} \ [\Omega]$$

8. RLC 직렬 공진회로

공진은 RCL 직렬회로의 합성 임피던스로 결정된다. 주파수가 높아지거나 낮아지면 X_L과 X_C의 크기가 변하므로 합성 임피던스는 주파수의 높고 낮음에 따라서 크게 달라진다. 그런데 어떤 주파수 f에서 X_L과 X_C가 꼭 같다고 하면 $X_L \sim X_C = 0$이 되므로 합성 임피이던스는 저항(R)만 남게 되어 저항값은 최소로 되는데, 이때 RLC 회로는 f의 주파수에 직렬 공진되었다고 한다.

이때는 L과 C성분이 상쇄되어 R만 있는 회로와 같이 되기 때문에, RLC 직렬회로 양단의 전압과 직렬회로에 흐르는 전류는 동위상이 된다.

RLC 회로가 공진된 주파수에 대해서는 저항이 최소로 작용하여 공진된 주파수만이 통과하기가 용이해지므로 라디오, TV에서는 여러 방송주파수 가운데에서 어떤 한 곳의 방송주파수만을 선택하고자 할 때에 이와 같은 공진회로를 이용하고 있다. 이와 같이 방송을 선택할 목적으로 사용하고 있는 LC 공진회로를 동조회로라고 한다.

여러 전파가 들어오고 있는 통로에 L과 C를 직렬로 삽입하고 L이나 C를 변화시켜 f_0의 주파수에서 L이 갖는 저항 X_L과 C가 갖는 저항 X_C를 일치시킨다면 f_0의 주파수에 한해서만은 합성저항 $Z = X_L \sim X_C = 0[\Omega]$이 되므로 f_0의 전파는 저항력을 받지 않고 통과하여 하나의 주파수만 선택하게 된다.

그러나 다른 주파수에 대해서는X_L과 X_C가 같지 않기 때문에 상당히 큰 저항으로 작용하여 라디오로 공급되지 못한다. 따라서 전파는 하나만 선택되는 것이고, 만약 L이나 C를 변경시키면 X_L과 X_C를 같게 하는 주파수가 달라져서 다른 주파수가 통과하게 된다.

만약 LC회로에서 공진주파수를 알고 싶으면 f의 주파수에서 코일의 리액턴스 $X_L = 2\pi fL$과 콘덴서의 리액턴스$X_C = 1/2\pi fC$이 같다고 놓고 공진주파수(f_0)를 구하면 된다.

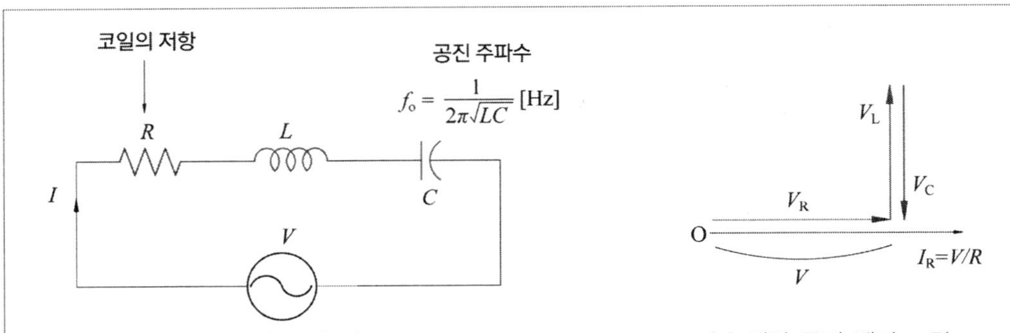

(a) 직렬 공진 회로 (b) 직렬 공진 벡터 그림

• 그림 2-52 • RLC 직렬 공진 회로와 벡터 그림

공진회로의 특징 및 회로해석은 다음과 같다.

① 공진 조건은 $\omega L = \frac{1}{\omega C}$ 이다.

② 공진 임피던스 $Z = R[\Omega]$

$(Z = \sqrt{R^2 + (X_L \sim X_C)^2} = \sqrt{R^2 + 0^2} = \sqrt{R^2} = R)$

③ 공진시 전류 $I_0 = V/R$ [A]로 $X_L \sim X_C = 0$ 이므로 R 만 남는다.

④ 직렬공진일 때 임피던스 $Z = R$이 되어 임피던스는 최소, 전류는 최대가 된다.

⑤ 공진 주파수 : $f_0 = \frac{1}{2\pi\sqrt{LC}}$ [Hz]

⑥ 공진곡선은 공진회로에서 주파수에 대한 전류변화를 나타낸 곡선을 말한다.

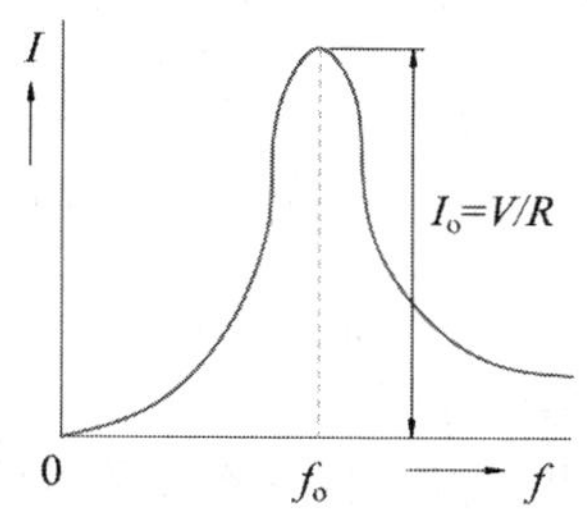

• 그림 2-53 • 직렬 공진 곡선

⑦ 선택도(quality factor)란 공진회로의 특성을 표현하는 요소로서 선택도가 높다는 것은 대역폭이 좁아 공진 주파수 근처에서만 임피던스(impedance)가 뾰족하게 높게 나타나고, 선택도가 낮다는 것은 대역폭이 넓어 공진 주파수 멀리까지 평퍼짐하게 나타난다. 직렬공진을 이용하면 L이나 C양단에 인가전압(E)의 Q배가 증폭된 QE의 전압이 나타난다.

• 공진시 $V_L = V_C = \frac{\omega L}{R} V = \frac{1}{\omega CR} V$[V]

$\therefore \ \frac{V_C}{L} = \frac{V_C}{V} = \frac{\omega L}{R} = \frac{1}{\omega CR} = Q$

여기서 Q는 선택도라고 한다.

따라서 공진시에는 V_L, V_C는 전원전압 V의 Q배로 커진다.

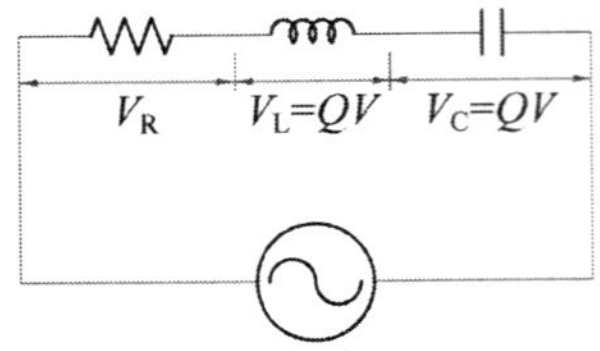

• 그림 2-54 • 직렬공진회로

EXERCISE 24

그림을 보고 물음에 답하시오.

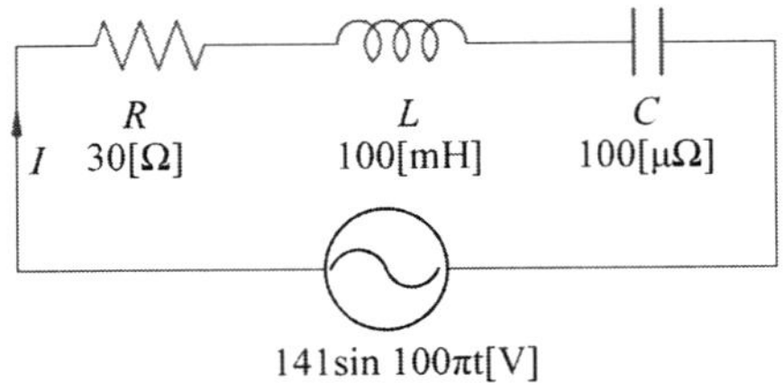

1) 실효치 전압 V와 주파수 f는 얼마인가?
2) 콘덴서의 리액턴스는 얼마인가?
3) 이 회로에서 코일과 콘덴서의 리액턴스가 같아지는 주파수는 얼마인가?

풀이 1) $V = \frac{1}{\sqrt{2}} \times 141(\text{최대값}) = 99.7[\mathrm{V}]$

$f = \frac{w}{2\pi} = \frac{100\pi}{2\pi} = 50[\mathrm{Hz}]$

2) $X_C = \frac{1}{\omega C} = \frac{1}{2\pi fc}[\Omega] = \frac{1}{100\pi \times 100 \times 10^{-6}} = \frac{100}{\pi}[\Omega] = \frac{100}{3.14} = \text{약 } 31.8[\Omega]$

3) $\omega L = \frac{1}{\omega C}$에서

$f_o = \frac{1}{2\pi\sqrt{LC}}[\mathrm{Hz}] = \frac{1}{2 \times 3.14\sqrt{100 \times 10^{-3} \times 100 \times 10^{-6}}}[\mathrm{Hz}] = \text{약 } 160[\mathrm{Hz}]$

9. RC 병렬회로

병렬회로에서의 전압은 용량리액턴스(X_C)와 저항 그리고 전원의 양단에서 모두 동일하기 때문에 이들 병렬간에는 위상차가 없으나 각각의 가지(분기)에는 다른 전류가 흐른다. 저항에는 $I_R = V/R$의 전류가 흐르고, 콘덴서에는 $I_C = V/X_C$의 전류가 흐르므로 이것을 벡터로 표시하면 그림과 같다. 이 경우에는 전압이 회로 전체에 대해 일정함으로 전원 전

압을 기준 벡터로 잡으면 I_R은 V와 같은 위상을 갖고 콘덴서 전류 I_C는 V보다 90°앞선 위상을 갖게 된다.

전체 전류 I는 서로 90°의 위상차를 갖는 I_R과 I_C의 벡터합이 되므로 ①의 식과 같이 계산될 수 있다.

병렬 임피던스는 인가 전압을 전체 전류로 나눈 값과 같기 때문에 $Z = \frac{V}{I}$이므로 전류 식 ①을 대입하면 식 ②으로 정리된다.

병렬회로에서의 위상차는 V와 R의 위상이 같기 때문에 결과적으로 위상각은 I_C와 I_R간의 위상차가 됨을 알 수 있다. 따라서 $\tan\theta = \frac{I_C}{I_R}$로 표기되며 정리하면 식 ③과 같다.

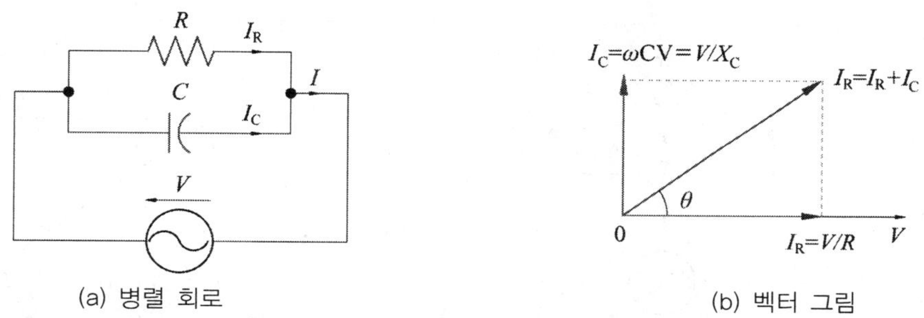

• 그림 2-55 • RC 병렬 회로와 벡터 그림

① 전류 $I = \sqrt{I_R^2 + I_C^2} = V\sqrt{(\frac{1}{R})^2 + (\omega C)^2}$ [A]

② 임피던스 $Z = \frac{1}{\sqrt{(\frac{1}{R})^2 + (\omega C)^2}}$ [Ω]

③ 위상차 $\theta = \tan^{-1}\omega CR$[rad]

10. RL 병렬회로

병렬회로에서의 전압은 유도성리액턴스(X_L)와 저항(R) 그리고 전원의 양단에서 모두 동일하기 때문에 이들 병렬간에는 위상차가 없으나 각각의 가지(분기)에는 다른 전류가 흐른다. 저항에는 $I_R = V/R$의 전류가 흐르고, 코일에는 $I_L = V/X_L$의 전류가 흐르므로 이것을 벡터로 표시하면 [그림 2-56 (b)]와 같다. 이 경우에는 전압이 회로 전체에 대해 일정함으로 전원 전압을 기준 벡터로 잡으면 I_R은 V와 같은 위상을 갖고 코일의 전류 I_L는 V보다 90° 뒤진 위상을 갖게 된다.
전체 전류 I는 서로 90°의 위상차를 갖는 I_R과 I_L의 벡터합이 되므로 ①의 식과 같이 계산될 수 있다.
병렬 임피던스는 인가 전압을 전체 전류로 나눈 값과 같기 때문에 $Z = \frac{V}{I}$이므로 전류 식 ①을 대입하면 식 ②으로 정리된다.
병렬회로에서의 위상차는 V와 R의 위상이 같기 때문에 결과적으로 위상각은 I_L와 I_R간의 위상차가 됨을 알 수 있다. 따라서 $\tan\theta = \frac{I_L}{I_R}$로 표기되며 정리하면 식 ③과 같다.

(a) 병렬 회로

(b) 벡터 그림

• 그림 2-56 • RL 병렬 회로와 벡터 그림

① 전류 $I = \sqrt{I_R^2 + I_L^2} = V\sqrt{(\frac{1}{R})^2 + (\frac{1}{\omega L})^2}$ [A]

$$(\omega C)^2 = \frac{1}{X_C}$$

② 임피던스 $Z = \frac{1}{\sqrt{(\frac{1}{R})^2 + (\frac{1}{\omega L})^2}}$ [Ω]

$$(\omega L)^2 = X_L$$

③ 위상차 $\theta = \tan^{-1}\frac{R}{\omega L}$ [rad]

11. LC 병렬회로

코일과 콘덴서는 위상이 서로 반대이다. 즉 L과 C는 역위상(180° 위상차)이므로 임피던스 합성값은 두 벡터량의 차(큰 벡터량에서 작은 벡터량을 뺀 크기)를 구하면 된다.

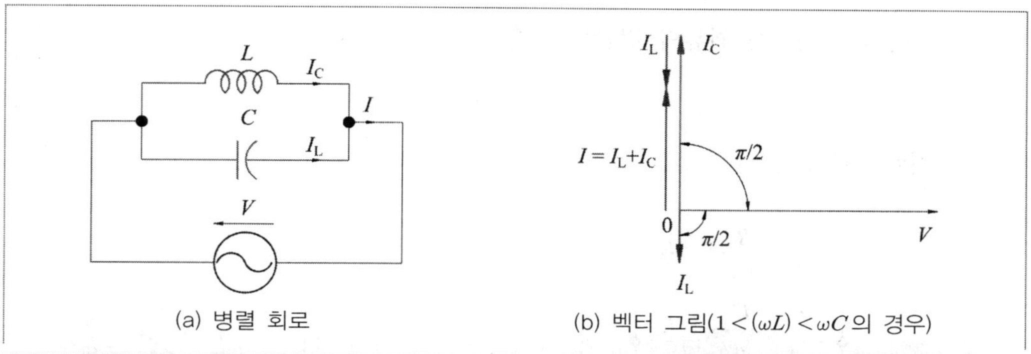

• 그림 2-57 • LC 병렬 회로와 벡터 그림

① $\dfrac{1}{\omega L} < \omega C$의 경우 전류 $I = \dfrac{V}{\dfrac{1}{\omega - \dfrac{1}{\omega L}}}$[A]

② $\dfrac{1}{\omega L} > \omega C$의 경우 전류 $I = \dfrac{V}{\dfrac{1}{\dfrac{1}{\omega L} - \omega C}}$[A]

12. RLC 병렬회로

R-L, R-C, L-C 병렬회로의 합성회로로 각각의 리액턴스 성질을 고려하여 구하면 된다. 이 경우 3가지로 나타낼 수 있는데 X_L이 X_C보다 크거나 작을 경우는 앞에서 공부하였다. 다만 X_L과 X_C가 같을 때는 합성임피던스 저항(R)만 남게 되어 RLC병렬회로 양단의 전압(V)과 그 회로의 전류(I)는 동위상이 된다. 이것은 병렬공진의 조건이 되기도 한다.

가. 회로 위상의 특징

① $\frac{1}{\omega L} < \omega C$일 때 전류는 전압에 비해 앞선 위상(용량성)이다.

② $\frac{1}{\omega L} > \omega C$일 때 전류는 전압에 비해 뒤진 위상(유도성)이다.

③ $\frac{1}{\omega L} = \omega C$일 때 전류와 전압이 같은 위상(공진)이다.

나. 회로 해석

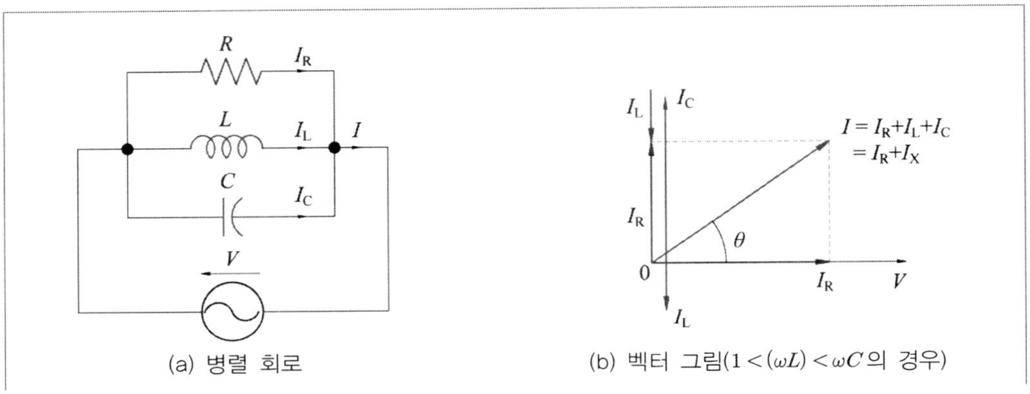

• 그림 2-58 • RLC 병렬 회로와 벡터 그림

① 전류 $I = \sqrt{I_R^2 + (I_C - I_L)^2} = V\sqrt{(\frac{1}{R})^2 + (\omega C - \frac{1}{\omega L})^2}$ [A]

② 임피던스 $Z = \frac{1}{\sqrt{(\frac{1}{R})^2 + (\omega C - \frac{1}{\omega L})^2}}$ [Ω]

③ 위상차 $\theta = \tan^{-1}(\omega C - \frac{1}{\omega L})R$[rad]

제3절 자기회로

① 자기의 성질

자기라는 것은 강자성체의 원자(원소)를 포함하는 원자핵 속의 양자(+)의 주위를 회전하는 전자들이 그 근원이며, 결국 전자가 원자핵 주위를 돌다가 이탈하면 전류가 되고 또한 이 것에 의해서 자기에너지가 발생한다. 이 현상은 덴마크의 물리학자 에르스테드가 발견했다. 또한 원소에는 다양한 종류가 있고 그 성질도 조금의 차이가 있기 때문에 전자의 수가 많은 금속이 반드시 다량의 자기를 발생한다고는 할 수는 없다.

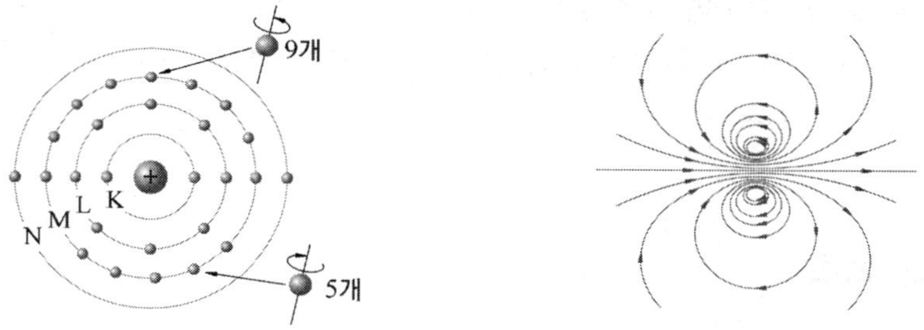

(a) 전자의 회전운동 (b) 전자 자전의 방향

• 그림 2-59 • 전자의 회전운동 및 자전방향

자기는 자석이 쇳조각을 끌어당기거나 전류에 작용을 미치는 성질을 말하나 넓게는 이러한 현상 자체를 말하기도 한다. 즉 자기(magnetic)는 쇠를 끌어당기는 힘의 근원을 말하며, 자석(magnet)은 자기를 띠고 있는 물체를 말한다. 또한 자석의 양끝을 자극(magnetic pole)이라 하고, 자석은 양극성(N극, S극)이 있고 양 자극의 자기량은 같다.

1. 자기의 특징

① [그림 2-59 (a)]처럼 물질이 가지는 자성은 원자 구조 중의 전자나 핵의 회전 운동이 기본이다.

② 보통 물질에서는 [그림 2-59 (b)]처럼 전자의 자전의 방향의 서로 정반대의 것이 쌍으로 되어 있어 자기장은 서로 상쇄되고 있어 자성을 나타내지 않는다.

③ 철이나 니켈 등의 강자성체에서는 전자 배치의 조화가 이루어지지 않고 있으므로 자성이 나타난다.

자석 부근에 철가루를 펼쳐 놓으면 흡인력이 작용하는데 이 자력선이 작용하는 공간을 자기장(자계)이라 하는데, 자석의 S극과 N극은 자기 강도가 가장 센 곳이며 강자성의 실제 효과는 자석의 양극 사이에 존재하는 자기장에 의해서 발생된다.
자기장은 눈으로 볼 수 없지만 막대 자석 위에 종이나 유리를 덮고 철가루를 뿌려두면 자기장의 영향에 의하여 철가루가 이동하는 모습을 볼 수 있다. 이것은 철가루가 작은 막대 자석이 되기 때문이며, 철가루가 자기장에 의하여 정열되어 지는데 그 중에서도 많은 양의 철가루가 자석의 양극에서의 자기장 강도가 가장 세기 때문에 자석의 양 끝에 모이게 된다.
자기장은 모든 방향으로 존재하지만 자석의 양끝에서 멀어질수록 자기장의 세기는 거리의 제곱에 반비례하면서 감소한다.
자석의 극을 가까이하면 같은 종류의 극 사이에는 척력이 작용하고 다른 종류의 극 사이에는 인력이 작용하는데 자석의 이와 같은 힘을 자기력이라 하며, 자기력은 쿨롱의 법칙에 의해 구할 수 있다.

2. 쿨롱의 법칙

자기력에 의한 쿨롱의 법칙은 두 자극 사이에 작용하는 자기력의 크기는 거리의 제곱에 반비례하고, 자극의 세기(자기량)에 비례한다.
그림과 같이 자기량 m_1, m_2인 자극이 거리 r만큼 떨어져 있을 때 자기력의 크기 F는

$$F = k\frac{m_1 m_2}{r^2} \ (k : \text{비례 상수})$$

여기서 자기량의 단위는 웨버[Wb]가 사용되고 비례 상수 k는 진공 중에서 아래와 같다.

$$k = \frac{1}{4\pi\mu_0} = \frac{10^7}{(4\pi)^2} \ (\text{진공의 투자율 } \mu_0 = 4\pi \times 10^{-7}[\text{N/A}^2] = [\text{H/m}])$$

- F : 두 자극 사이에 작용하는 힘[N]
- k : 비례상수($k = 1/(4\pi\mu_0)$)
- r : 두 자극 사이의 거리[m]
- m_1, m_2 : 자하[Wb]
- μ_0 : 진공의 투자율($\mu_0 = 4\pi \times 10^{-7}$[H/m])

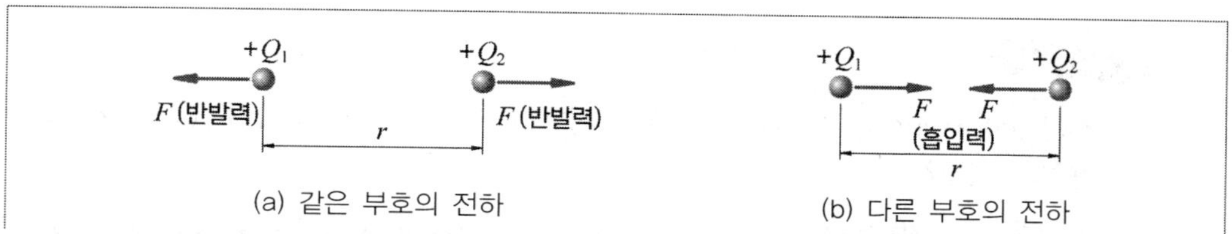

• 그림 2-60 • 전하의 인력과 척력

자석에서도 전기와 같이 서로 다른 극끼리는 잡아당기는 인력이 작용하고 같은 종류의 극끼리는 반발하는 척력이 작용하며, 두 개의 자극 사이에 작용하는 자극의 크기는 자극간 거리의 제곱에 반비례하고 각 자극세기의 곱에 비례한다. 즉 두 자극 사이의 거리를 반으로 줄이면 힘은 4배가 됨을 식에서 알 수 있다. 이런 관계를 자극에 대한 쿨롱의 법칙이라고 한다. 전기에서의 쿨롱의 법칙과 자기에서의 쿨롱의 법칙의 비교는 아래와 같다.

| 표 2-3 | 전기와 자기의 쿨롱의 법칙 비교

전기력 F	자기력 F
$F=k\cdot\dfrac{Q_1Q_2}{r^2}=\dfrac{1}{4\pi\epsilon}\cdot\dfrac{Q_1Q_2}{r^2}$[N]	$F=k\cdot\dfrac{m_1m_2}{r^2}=\dfrac{1}{4\pi\mu}\cdot\dfrac{m_1m_2}{r^2}$[N]
유전률	**투자율**
$\epsilon=\epsilon_0\epsilon_R$[F/m]	$\mu=\mu_0\mu_R$[H/m]
진공의 유전율	**진공의 투자율**
$\epsilon_0=\dfrac{1}{4\pi k}=\dfrac{1}{4\pi(9\times10^9)}$[F/m] $F=9\times10^9\cdot\dfrac{Q_1Q_2}{r^2}=\dfrac{1}{4\pi\epsilon_0}\cdot\dfrac{Q_1Q_2}{r^2}$[N] $F=\dfrac{9\times10^9}{\epsilon_R}\cdot\dfrac{Q_1Q_2}{r^2}=\dfrac{1}{4\pi\epsilon_0\epsilon_R}\cdot\dfrac{Q_1Q_2}{r^2}$[N]	$\mu_0=\dfrac{1}{4\pi k}=\dfrac{1}{4\pi(6.33\times10^4)}$[H/m] $F=6.33\times10^4\cdot\dfrac{m_1m_2}{r^2}=\dfrac{1}{4\pi\mu_0}\cdot\dfrac{m_1m_2}{r^2}$ $F=\dfrac{6.33\times10^4}{\mu_R}\cdot\dfrac{m_1m_2}{r^2}=\dfrac{1}{4\pi\mu_0\mu_R}\cdot\dfrac{m_1m_2}{r^2}$[N]

EXERCISE 25

공기 중에 놓여 있는 2×10^{-7}[C]의 점전하부터 50[cm]의 거리에 있는 점의 전장의 세기는 몇 [V/m]인가?

풀이 $E=\dfrac{1}{4\pi\epsilon}\dfrac{Q}{r^2}=9\times10^9\dfrac{Q}{r^2}=9\times10^9\times\dfrac{2\times10^{-7}}{(50\times10^{-2})^2}=7.2\times10^3$[V/m]

EXERCISE 26

진공 중에서 1[m]의 거리를 두고 10^{-3}[wb]와 10^{-4}[wb]의 자극이 놓여있다. 그 사이에 작용하는 힘은?

풀이 $F = 6.33\times10^4\times\frac{10^{-3}\times10^{-4}}{1^2} = 6.33\times10^{-3}$[N]

EXERCISE 27

m = 2[wb]의 점자극으로부터 r = 4[m] 떨어진 점의 자장의 세기는 얼마인가?

풀이 $H = 6.33\times10^4\frac{m}{r^2} = 6.33\times10^4\times\frac{2}{4^2} = 0.79\times10^4$[AT/m]

3. 자기장과 자기력

가. 자기장 : 자기력이 미치는 공간

① **방향** : 나침반의 N극이 가리키는 방향

② **세기** : 자극에서 멀어질수록 약해진다.

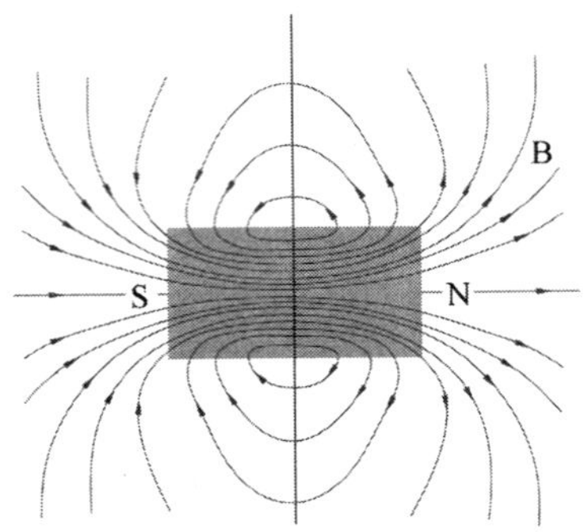

• 그림 2-61 • 자기장

나. 자기력

① **자기력** : 자석이 다른 자석이나 도체에 작용하는 힘
② **자극(N극, S극)** : 자석 사이에 작용하는 힘이 가장 강한 곳
③ **척력** : 같은 자극을 가까이 할 때 서로 밀어내는 힘
④ **인력** : 다른 자극을 가까이 할 때 서로 끌어당기는 힘

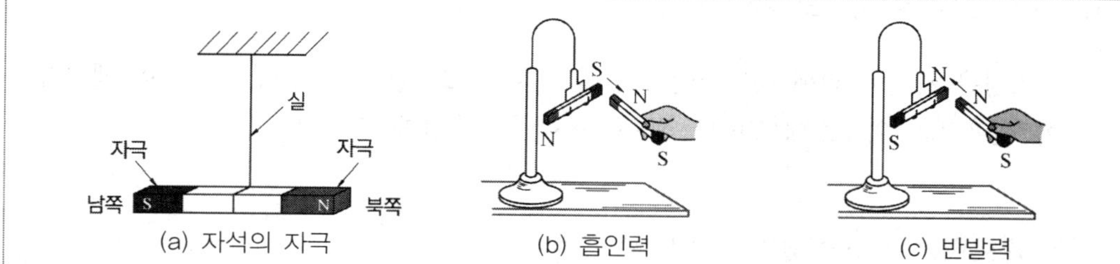

• 그림 2-62 • 자석의 자극 및 자력

[그림 2-62 (b)]와 같이 막대자석 부근에 단위 정 자하를 놓으면 정 자하는 N극에서 N과 같은 반발력과 S극에서는 S와 같은 흡인력을 받기 때문에 그 합력 F의 힘에 의해 자기력선의 방향은 자기장 내에서 N극과 S극의 위치를 지시하게 되는데, 자기력선의 화살표가 출발하는 곳이 N극이고 자기력선이 들어가는 곳이 S극이다. 이와 같이 눈에 보이지 않는 가상의 선을 자기력선이라고 하며, 이것은 자계의 성질을 알기 위해서는 매우 중요한 요소로서 자력선의 방향을 자계방향으로 하고 자력선의 밀도로 그 점의 자계 세기를 나타내게 된다.

① **자기력선** : 자기장 내에서 자침이 가리키는 방향을 따라 조금씩 이동해가면서 만들어진 곡선
② **방향** : N극에서 나와 S극으로 들어간다.
③ 자기력선이 조밀 할수록 자기장이 세다.
④ 자력선은 도중에 끊어지지 않으며 서로 만나거나 교차되지도 않는다.

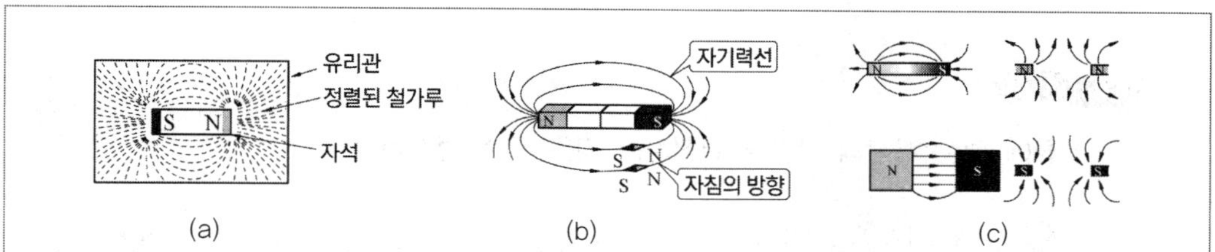

• 그림 2-63 • 자기력선 및 자기력선의 방향

[그림 2-63 (c)]의 자기력선은 자기장 내에 놓인 자침의 N극이 가르키는 방향을 이은 선으로 전기장의 모양을 나타낸다.

② 전류와 자계

1. 자기장의 생성 및 자기현상

자기장은 자석에 의해 생기지만 도선에 전류가 흐르면 그 주위에 자기장이 생긴다는 사실이 덴마크의 외르스테드(H.C. Oersted)에 의해 알게 되었다.

가. 암페어(Ampere`s)의 오른나사 법칙

직선 도선에 전류가 흐르면 그 주위에는 도선을 중심으로 동심원을 이루는 모양의 자기장이 생기게 되는데 자기장의 방향은 암페어의 오른나사(또는 오른손 엄지손가락 법칙)의 법칙에 따른다.

암페어의 오른 나사의 법칙은 오른손의 엄지손가락을 직선 도선에 흐르는 전류의 방향과 일치시키고 도선을 감아쥐면, 나머지 네 손가락이 감기는 방향이 자기장의 방향이 된다.

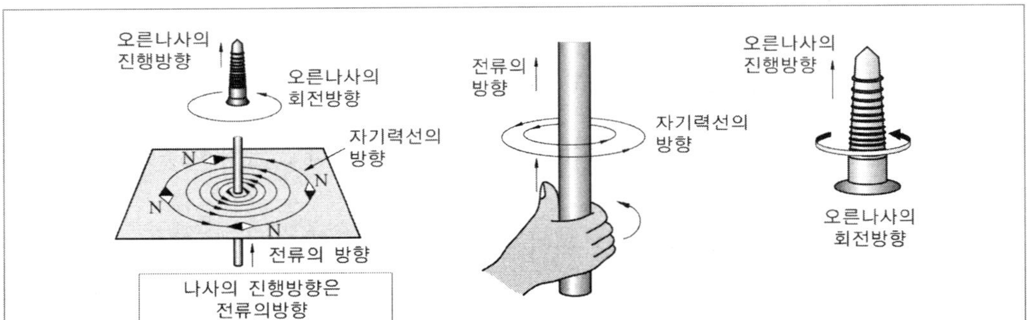

• 그림 2-64 • 암페어 오른나사 법칙

EXERCISE 28

전류에 의한 자장의 방향을 결정하는 것은 무슨 법칙인가?

풀이 암페어의 오른나사 법칙

나. 자기장의 방향

원형의 도선에 전류가 흐르면 그림과 같이 도선을 중심으로 한 자기장이 생긴다. 자기장의 방향은 원형 도선을 매우 짧은 도선들의 모임이라고 생각하면 각 도선에 흐르는 전류의 방향으로 직선 도선 주위의 자기장 방향을 찾는 것과 같이 구할 수 있다. 따라서 오른손 법칙에 의하여 자기장의 방향을 알 수 있다.

다. 원형 도선의 자기장

솔레노이드란 긴 원통에 원형의 도선을 여러 번 감은 것을 말하며 이는 원형 전류를 여러 개 겹쳐 놓은 것과 같은 효과를 낸다. 굵기에 비해 길이가 충분히 긴 솔레노이드에 전류를 흐르게 할 때 생기는 자기장은 막대 자석이 만드는 자기장과 같다.

원형 도선의 자기장은,

① 원형으로 감은 도선에 전류가 흐르면 원형 도선 주위에 자기장이 생긴다.
② 오른나사의 법칙에 의해 자기장의 방향이 결정된다.
③ 도선에 흐르는 전류가 강할수록, 원의 반지름이 작을수록 자기장이 세다.

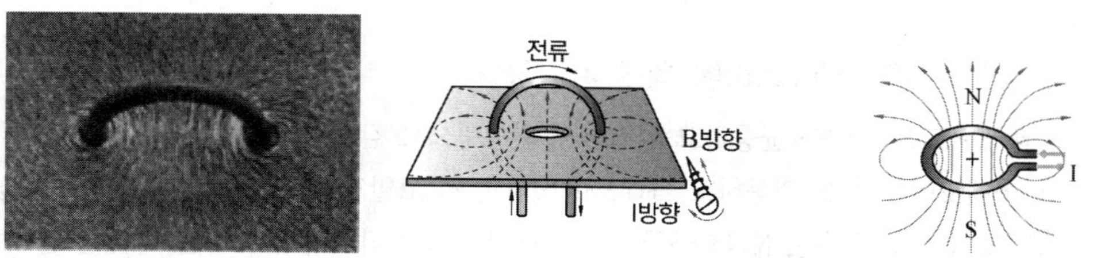

• 그림 2-65 • 원형전류에서의 자기방의 방향

[그림 2-65]은 전류가 흐르면 전류 주위에 자기장이 형성되는 모습을 보여주고 있다. [그림 2-66 (a)]와 같이 쇳가루를 고루 뿌린 판지나 유리관의 중앙에 직선 도선을 통하여 전류를 흘리고 유리판을 가볍게 두드리면 쇳가루는 도선을 중심으로 여러 개의 동심원으로 배열되는 것을 볼 수 있다. [그림 2-66 (b)]와 같이 판 위에 자침을 놓고 전류를 흘리면 자침이 일정한 방향을 가르키는 것을 볼 수 있다. 여기서 전류의 방향을 바꾸면 자침이 가리키는 방향도 반대가 된다. 실험결과는 아래와 같다.

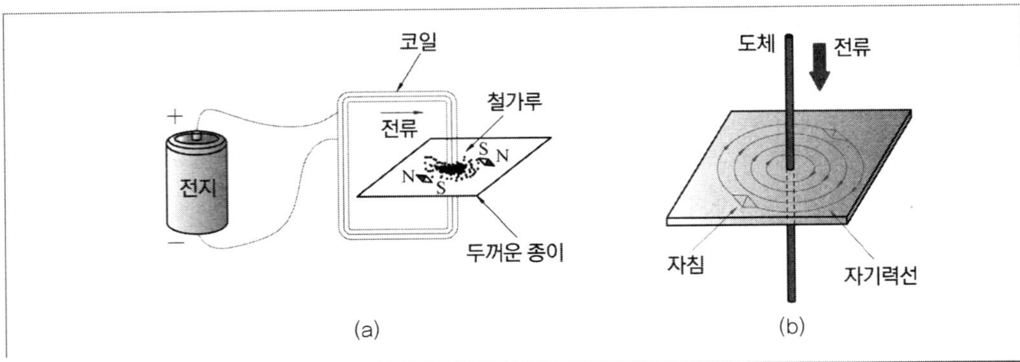

• 그림 2-66 • 직선전류에 의한 자장

① 도선을 중심으로 동심원 모양의 자기장이 생긴다.
② 전류의 방향이 바뀌면 자기장의 방향도 바뀐다.
③ 전류가 세면 자기장도 세어진다.
④ 전류가 흐르는 도선으로부터 멀어질수록 자기장은 점점 약해진다.
⑤ 오른 나사를 전류가 흐르는 방향으로 나아가도록 회전시키면 그 회전 방향이 곧 자기장의 방향이 된다.

라. 솔레노이드(solenoid)에 의한 자기장

솔레노이드란 코일을 균등하고 밀접하게 원통형으로 감은 형태를 말하는데 대부분의 자력선은 솔레노이드 속을 관통하고 솔레노이드의 전체 코일과 쇄교하는 환상의 자력선을 만든다. 솔레노이드 양단에는, N극과 S극을 발생하여 1개의 막대자석과 같은 역할을 한다. 또한 내부에 철심을 넣으면 투자율이 공기보다 매우 크기 때문에 강한 자석을 만들 수 있다.
다음은 자성체 위에 도체를 균등하고 밀접하게 감은 다음 전류를 흘렸을 때 특징을 나타내었다.

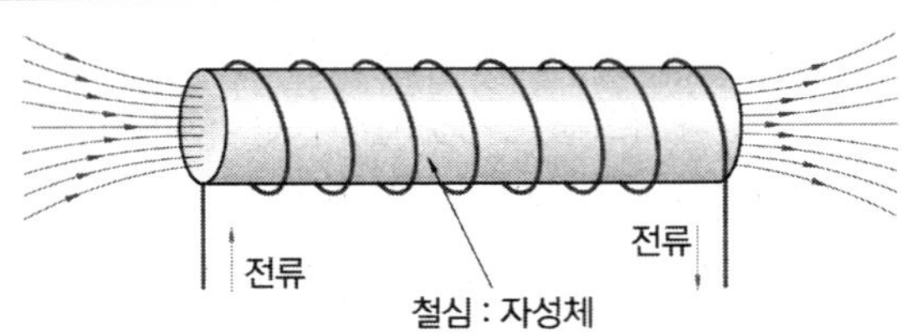

• 그림 2-67 • 솔레노이드에 의한 자기장

③ 전자기 유도

자극 사이에 도선을 놓고 전류를 흘리면 도선은 힘을 받고 움직인다. 이것은 자계 속의 도선에 전류를 흘리면 자극에 의한 자력선과 전류에 의한 자력선이 합성되어 자석과 전류 간 힘이 작용하기 때문인데, 이와 같이 자계 속에서 전류가 흐르고 있는 도선이 받는 힘을 전자력이라고 한다.

전자력의 방향에 대해 플레밍은 다음과 같은 관계를 발견하였다. 왼손을 엄지, 둘째(검지), 셋째 손가락(중지)을 직각이 되도록 벌리면 엄지손가락 방향은 전자력의 방향, 둘째 손가락 방향은 자력선의 방향, 셋째 손가락 방향은 전류의 방향을 각각 나타내는데 이를 플레밍 왼손법칙이라고 한다.

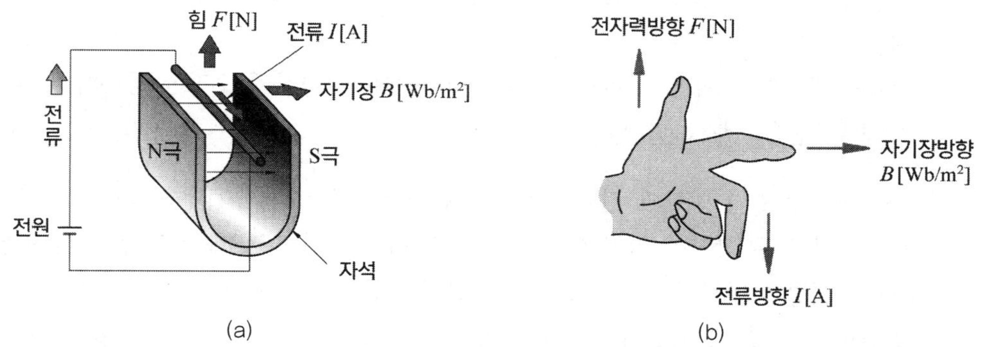

• 전자력 : 자기장 내의 도체에 전류를 흘리면 힘이 작용
• 플레밍의 왼손법칙 : 전동기의 원리

• 그림 2-68 • 전자력 및 플레밍 왼손법칙

1. 전자력의 크기

전자력이란 자기장 속에서 전류가 흐르는 도선이 받는 힘을 말하며, 도선이 받는 힘의 크기는 전류에 비례($F \propto I$)한다.

① **전류가 자기장에 대해 수직으로 흐를 때 전류가 받는 힘**
$F = Bl$ (단, l는 자기장 내의 도선의 길이)

② **전류가 자기장에 대해 평행하게 흐르는 경우 :** $F = 0$

③ **전류가 자기장에 대해 비스듬히 흐르는 경우 :** $F = Bl\sin\theta$

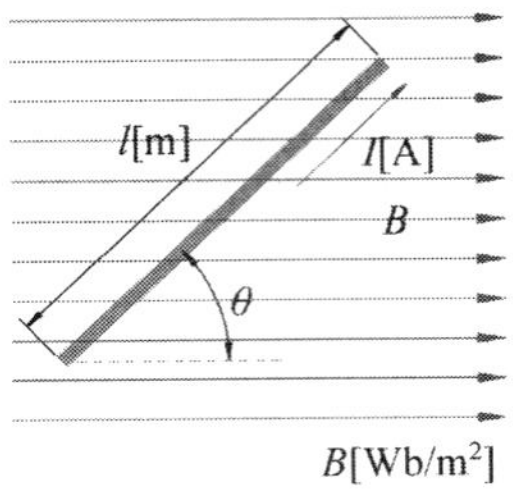

$$F = BlI\,[\mathrm{N}]$$
$$F_{\theta} = BlI\sin\theta\,[\mathrm{N}]$$

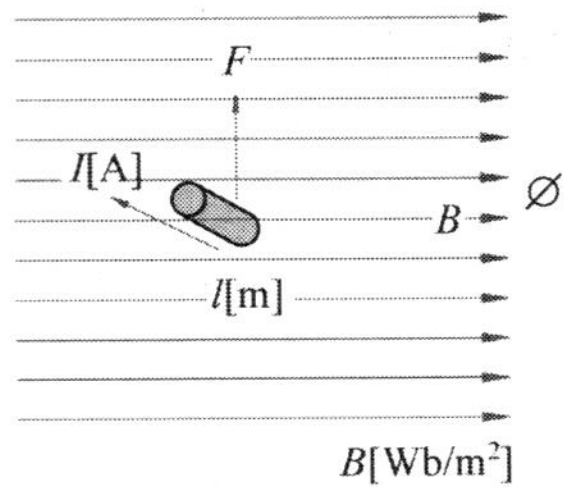

• 그림 2-69 • 도체와 자장 사이의 각과 크기

실험에 따르면 자기장의 방향에 수직으로 놓인 도선에 전류가 흐를 때 받는 전자기력 F는 자기장 B, 전류의 세기 I, 그리고 자기장 속에 놓인 도선의 길이 l에 비례한다.

① 전자기력의 크기는 자기장의 방향과 전류의 방향이 서로 수직일 때 최대이며 평행일 때는 0이며,

② 전류의 방향과 자기장이 이루는 각이 θ일 때에는 자기장에 수직한 성분의 도선의 길이가 받는 힘을 생각하면 된다.

따라서 자기장 B의 방향과 전류 I가 이루는 각이 감소함에 따라 전자기력 F의 크기도 작아지게 되고 두 방향이 일치(서로 평행)하면 전류는 자기장으로부터 힘을 받지 않는다. 따라서, 자기장의 방향에 수직으로 놓인 도선에 전류가 흐를 때 받는 전자기력 F는 자기장 B, 전류의 세기 I, 그리고 자기장 속에 놓인 도선의 길이 l에 비례한다. 여기서 힘의 단위를 [N], 자기장의 단위를 [T], 길이의 단위를 [m], 전류의 단위를 [A]로 놓고 정리하면 아래와 같은 공식이 유도된다.

$$F = BIL\,[\mathrm{N}]$$

여기서 전자기력의 크기는 자기장의 방향과 전류의 방향이 서로 수직일 때 최대이고 평행일 때는 0이 되며, 전류의 방향과 자기장이 이루는 각이 θ일 때에는 자기장에 수직한 성분의 도선의 길이가 받는 힘을 생각하면 된다.([그림 2-69, 70] 참조)

$$F = BIL\sin\theta\,[\mathrm{N}]$$

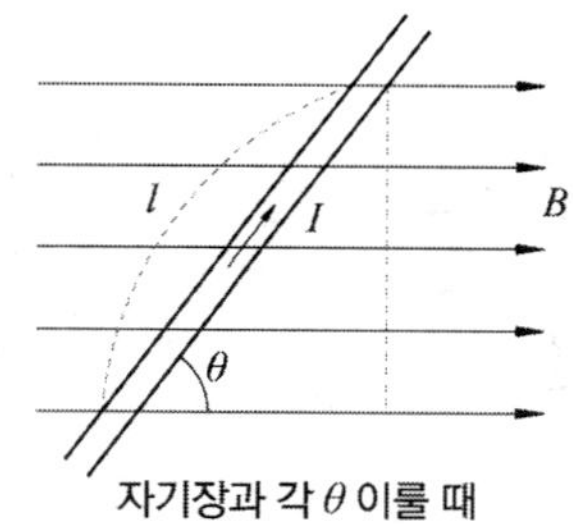

• 그림 2-70 • 도체와 자기장과 각을 이룰 때

이것은 직류모터나 가동코일형 계기에 응용되는데 그 원리를 [그림 2-71]을 중심으로 설명한다.

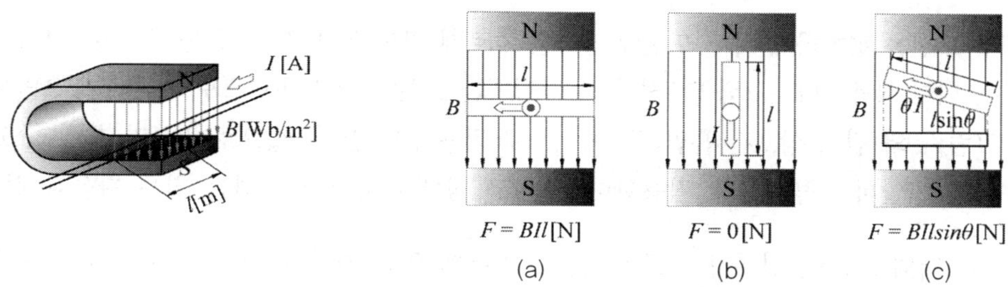

• 그림 2-71 • 도체와 자장 사이의 각과 전자력

[그림 2-72]과 같이 평등 자계 안에 구형 코일 ⑤ ① ② ③ ④를 놓고 전류 I를 흘릴 경우 자속밀도를 B [Wb/m^2], 폭 l[m]일 때

- 코일변 ⑤ ①에 작용하는 전자력의 방향은 아래 방향이며, 크기(F_1)는 BIl[N]이 된다.
- 코일변 ③ ④에 작용하는 전자력의 방향은 윗방향이며, 크기(F_2)는 BIl[N]이 된다.
- F_1과 F_2의 크기는 같고 방향은 반대 방향이 된다.
- 전체 토크 T는 코일이 ⑤ ① ② ③ ④에 둘러쌓인 면적과 같다고 보면 이것을 A[m^2]라 하고 $T = BlA$[Nm]가 되는데 구형 코일의 권수가 N인 경우에는 $T = BlAN$[Nm]가 된다.

이 토크 응용으로서는 직류모터나 가동코일형 계기에 사용된다. 즉 영구자석 또는 전자석에 의하여 자계를 만들고 이 중심에 가동 코일을 두어서 직류 전류가 흐르게 된다.

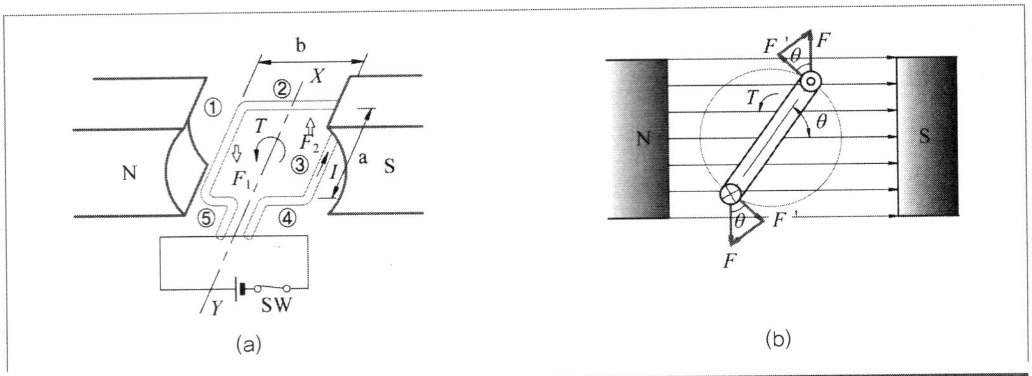

• 그림 2-72 • 사각형 도체에 작용하는 토크

2. 평행한 두직선 전류 사이의 자기장과 힘

두 도선을 평행하게 하고 도선에 전류를 흐르게 하면 두 도선 상호간에는 흡인하거나 반발하는 힘이 작용한다. [그림 2-73]와 같이 평행한 도선에 같은 방향으로 전류가 있으면 전자력은 그림 (a)와 같이 상호간 흡인하는 방향으로 작용하며, 반대방향으로 전류가 흐르면 그림 (b)와 같이 반발하는 방향으로 작용한다. 그리고 직류 전류에 작용하는 힘은 다음과 같다.

① 2개의 도체에 전류가 흐르면, 한 쪽 전류에 의한 자기장 내에 다른 전류가 흐르는 도체가 있으므로, 왼손 법칙에 따른 힘이 작용한다.
   ㉠ 동일 방향의 전류가 흐를 때 : 흡입력 작용
   ㉡ 반대 방향의 전류가 흐를 때 : 반발력 작용

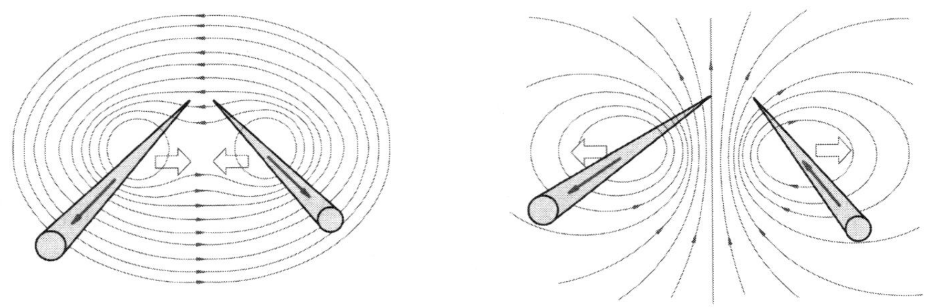

(a) 전류의 방향이 같을 때 (b) 전류의 방향이 반대일 때

• 그림 2-73 • 평행도체 사이에 작용하는 힘

② 공기 중에서 두 도체가 r[m] 떨어진 상태에서 I_1[A], I_2[A]일 때 작용하는 힘(F[N])은 아래와 같다.

$$F = \frac{2I_1I_2}{r} \times 10^{-7} [\text{N/m}]$$

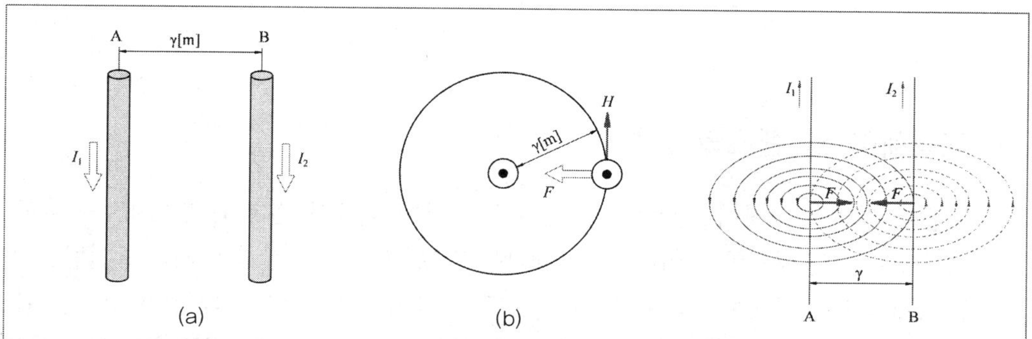

• 그림 2-74 • 평행한 직선 전류 사이에 작용하는 힘

EXERCISE 29

그림과 같이 두 개의 긴 평행 도선에 각각 5[A], 10[A]의 전류가 흐르고 있다. 두 도선 사이의 거리는 2[cm]이다.

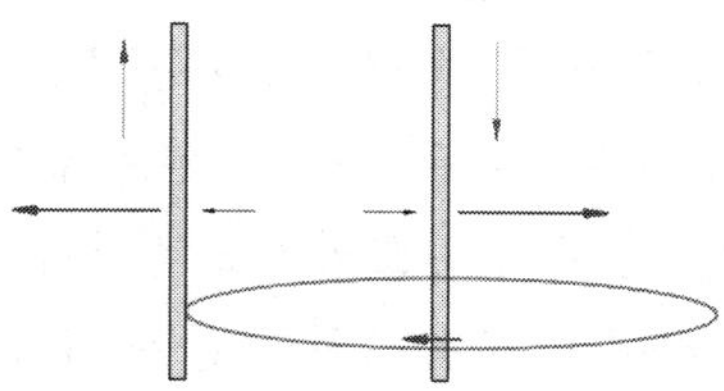

1) 한 도선이 다른 도선에 작용하는 단위 길이당 힘의 크기를 구하라.
2) 각 도선에 작용하는 힘의 방향을 구하라.
3) 10[A]의 전류가 흐르는 도선의 길이가 30[cm]라면 작용하는 총 힘은 얼마인가? 이 힘에 의해 10[A]의 도선에 의해 생성되는 자기장의 세기를 구하라($F = IlB$).
4) 10[A]의 위치에서의 5[A]의 도선에 의해 생성되는 자기장의 방향을 구하라.

풀이 1) $\frac{F}{l} = \frac{2\times 10^{-7} I_1 I_2}{r}$, 단위 길이당 힘은 5×10^{-4}[N/m]이다.

2) 원형 화살표 방향
3) 길이가 30[cm]이면 힘은 1.5×10^{-4}[N]이 된다.
4) 10[A]의 전류가 흐르는 도선 주위에 생기는 자기장은 오른손 방향으로 생기므로 정면에서 5A쪽으로 들어가는(책 안쪽 방향) 방향이다.

EXERCISE 30

평행한 두 도체에 같은 방향의 전류를 흘렸을 때 두 도체 사이에 작용하는 힘은 흡인하는가 반발하는가?

풀이 흡인

3. 패러데이 및 렌츠의 법칙

전류에 의해서 자장이 얻어진다면 반대로 자장에 의해서 전류가 얻어지지 않을까 하고 생각하는 것은 당연할 것이다. 이런 생각을 갖고 끈기 있게 실험을 계속한 사람들이 있었는데 영국의 패러데이, 러시아의 렌츠, 미국의 헨리 등이 있었다. 패러데이는 전자유도 법칙(유도기전력의 크기)을 렌츠는 렌츠의 법칙(유도기전력의 방향) 만들어냈으며, 이 법칙을 응용하여 발전기나 변압기가 발명되었다.

영국의 패러데이는 덴마크의 외르스테드가 1820년에 발견한 전류의 자기 작용에 대한 소식을 듣고 전기와 자기에 대한 연구를 시작하였다.
도선에 전류를 흘리면 그 옆에 있는 자침이 힘을 받아 움직이는 현상의 반대 현상으로, 도선 옆에서 자석을 움직이면 도선에 전류가 생길 것이라는 생각에서 자기로부터 전기를 만들어 내려는 연구에 몰두 약 10여 년에 걸친 끈질긴 연구 끝에 1831년 드디어 그 현상을 발견하였다. 그는 쇠고리에 감은 두 개의 코일로 실험을 하던 중 한 개의 코일에 흐르는 전류가 변할 때 그 옆에 있는 다른 코일에도 전류가 흐른다는 것을 발견하였다. 그 후, 패러데이는 실험을 계속하여 [그림 2-75]과 같이 여러 번 감은 원형 코일에 막대 자석을 넣었다 빼었다 하면 코일에 전류가 흐르는 전자기 유도현상을 발견하였다.

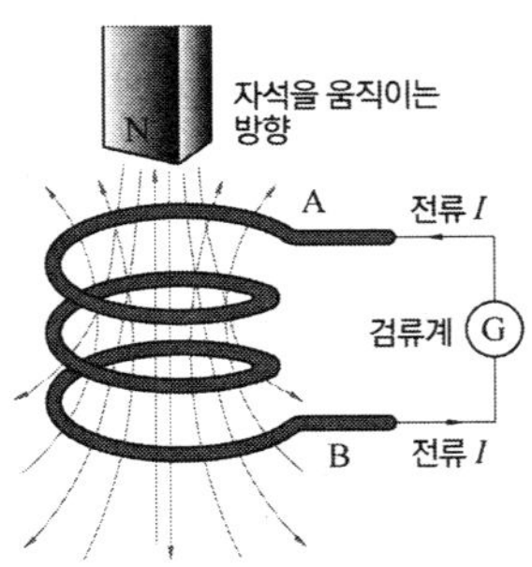

• 그림 2-75 • 렌츠의 법칙

가. 패러데이의 전자기 유도법칙(유도기전력의 크기에 관한 법칙)

유도기전력의 크기는 코일을 지나는 자속의 시간적 변화율과, 코일의 감은 수에 비례한다라는 법칙으로 코일을 많이 감을수록, 자석을 빨리 넣었다 뺄수록 유도전류는 증가한다.

$$E = \frac{\Delta\phi}{\Delta t} = N\frac{\Delta BS}{\Delta t}\,[V]$$

나. 렌츠의 법칙(유도전류의 방향에 관한 법칙)

렌츠는 유도기전력의 방향에 대해서 유도기전력은 유도 전류가 만드는 자장이 원래의 자장의 변화를 방해하는 방향으로 생긴다는 법칙을 알아냈다.

① 코일을 지나는 자기력선속이 변할 때 유도되는 전류는, 그 자기력선속(자속)의 변화(증가와 감소)를 방해하는 방향으로 흐른다.

② N극을 코일에 접근시키면 코일을 지나는 자기력선이 증가하는데, 자기력선의 증가를 방해하는 방향(위)으로 자기력선이 생기도록 유도전류가 흐른다.(A부분이 N극이 된다)

③ N극을 코일에서 멀리하면 코일을 지나는 자기력선 감소하는데, 자기력선의 감소를 방해하는 방향(아래)으로 자기력선이 생기도록 유도전류가 흐른다.(A부분이 S극이 된다)

④ (-)표시는 유도기전력의 방향(자속의 증감을 방해하는 방향 ⇒ 렌츠의 법칙)을 나타낸다.

$$E = -\frac{\Delta\phi}{\Delta t} = -N\frac{\Delta BS}{\Delta t}\,[V]$$

⑤ 코일의 감은 방향에 따라 전류의 방향이 바뀌어지므로 유의되어야 하며, 항상 오른손의 법칙을 적용하여 유도 전류의 방향을 결정한다.

EXERCISE 31

전자 유도 현상에 의하여 생기는 유도기전력의 크기를 정의하는 법칙은?

풀이 패러데이의 전자기 유도법칙

EXERCISE 32

감은 횟수 30회의 코일과 쇄교하는 자속이 0.2[sec] 동안에 0.2[Wb]에서 0.15[Wb]로 변화하였을 때의 기전력의 크기는?

풀이 $v' = N\frac{\Delta\phi}{\Delta t} = 30\times\frac{(0.2-0.15)}{0.2} = 7.5[V]$

EXERCISE 33

그림과 같이 코일과 검류계를 연결하고 막대 자석의 S극을 코일에 가까이 가져갔더니, 검류계의 바늘이 (+)방향으로 돌아갔다. 이 실험이 의도하고자 하는 경우의 수를 5가지만 적어라.

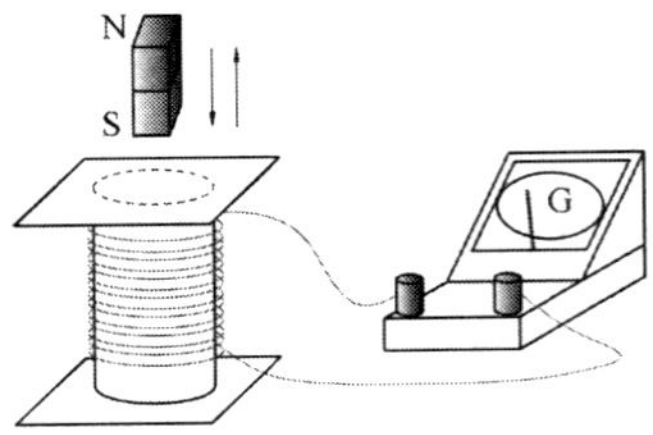

풀이 ① 코일 주위에 자기장의 변화가 생기면 코일에 유도 전류가 흐른다.
② 코일에 자석이 가까이 가면 코일 주위의 자기장이 변한다.
③ 자석의 S극이 접근할 때 접근하는 쪽에 S극, 반대쪽은 N극이 되는 자기장이 생기도록 코일에 유도 전류가 흐른다.
④ 코일에서 자석이 멀어질 때에도 코일에 유도기전력이 생긴다.
⑤ 자석을 더 빨리 가까이 하면 유도기전력이 커진다.

4. 유도기전력의 크기

유도기전력은 전자기유도에 의하여 유도된 기전력을 말하며, 전자기 유도란 코일과 자석의 상대적인 운동에 의해 코일 양단에 전류가 유도되는 현상, 즉 자기장의 변화에 의하여 도선에 전류가 생기는 현상을 말한다.
자기장 B속에 길이 l인 도선이 오른쪽으로 v의 속도로 운동하면 운동거리만큼 사각형 코일의 넓이가 넓어지게 되므로 코일 내부를 통과하는 자속이 증가하는데

① Δt초 동안 자속의 변화 $\Delta\phi$는
$\Delta\phi = B\times\Delta S = B\times lv\Delta t$이므로

② $E = -\dfrac{\Delta\phi}{\Delta t} = -B\dfrac{vl\Delta t}{\Delta t} = -Bvl$가 된다.

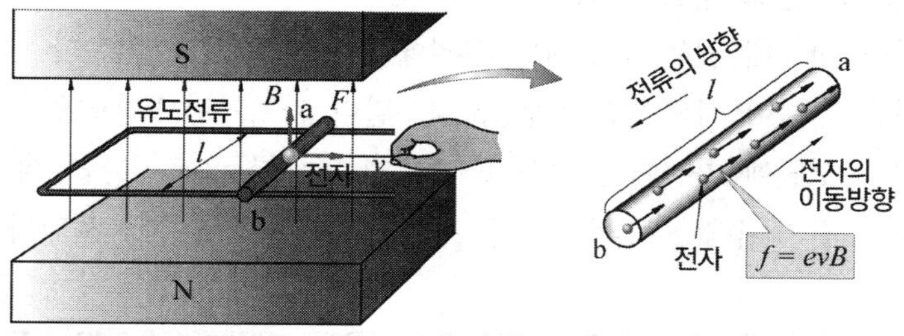

• 그림 2-76 • 유도기전력의 크기

전자기 유도에 의해 직선 도선에 유도되는 전류의 방향은 그림과 같이 오른손을 이용하여 찾을 수 있다. 즉 오른손의 엄지, 둘째, 셋째 손가락을 서로 직각이 되게 펴서 엄지 손가락을 도선의 운동 방향, 둘째 손가락을 자기장의 방향이 되게 하면 셋째 손가락이 가리키는 방향이 유도 전류의 방향을 나타내는데 이것을 플레밍의 오른손 법칙이라 한다.

발전기의 원리는 플레밍의 오른손 법칙이 적용되고 전동기는 플레밍의 왼손 법칙을 이용한다.

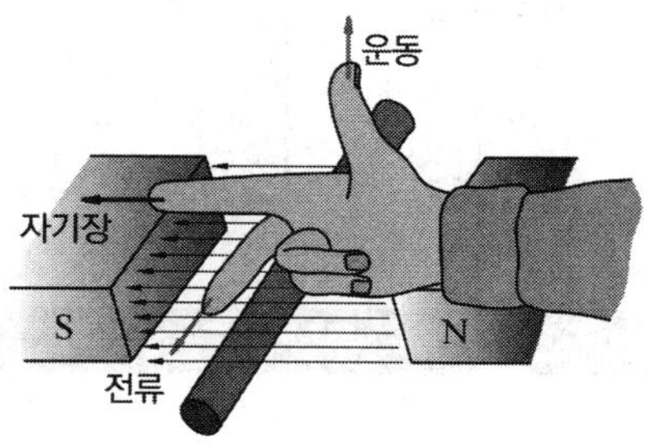

• 그림 2-77 • 플레밍 오른손 법칙

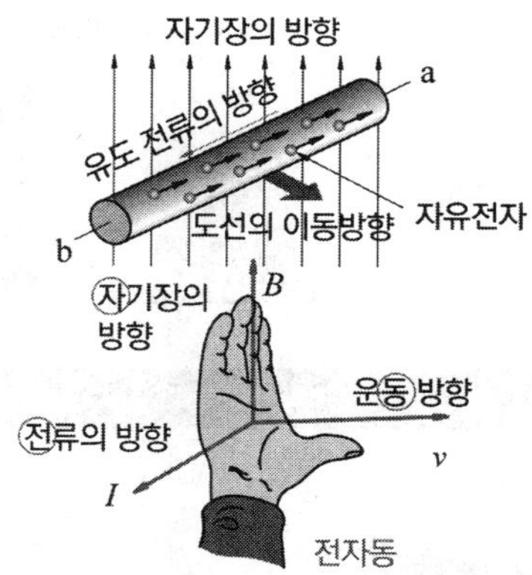

• 그림 2-78 • 유도기전력의 방향

③ **유도기전력의 방향(플레밍의 오른손 법칙)**

F(힘, 도선의 운동방향 : 엄지), B(자기장 : 집게), I(전류 : 가운데) 오른쪽으로 운동하는 도선 ab안의 자유전자들은 로렌츠의 힘을 받아 a → b로 이동하게 되므로, 유도전류는 b → a로 흐르게 된다.

④ Coil에서의 전자기유도 특징

- 자석이 정지해 있는 경우에는 코일에 전류가 흐르지 않는다.
- 자석을 가까이 가져가면 A방향으로, 멀리 가져가면 B방향으로 전류가 흐른다.
- 자석을 코일에 가져가는 속도를 빠르게 할수록 유도전류의 세기가 증가한다.
- 코일의 감긴 수가 많을수록, 센 자석일수록 유도전류의 세기가 증가한다.

| 표 2-4 | 코일과 직선도선의 비교

내 용	coil(코일)	직선도선
전자유도가 생기는 경우	코일을 지나는 자기력선의 수가 변화될 때	도선이 자기력선을 끊을 때
기전력의 크기 (패러데이 전자기 유도법칙)	코일을 지나는 자속의 시간적 변화율과 감은 수에 비례 $E=-\dfrac{\Delta\phi}{\Delta t}=-n\dfrac{\Delta BS}{\Delta t}$	도선이 자기력선을 많이 자를수록 유도기전력이 크다. $e=-Bvl$
방향	렌츠의 법칙	플레밍의 오른손 법칙

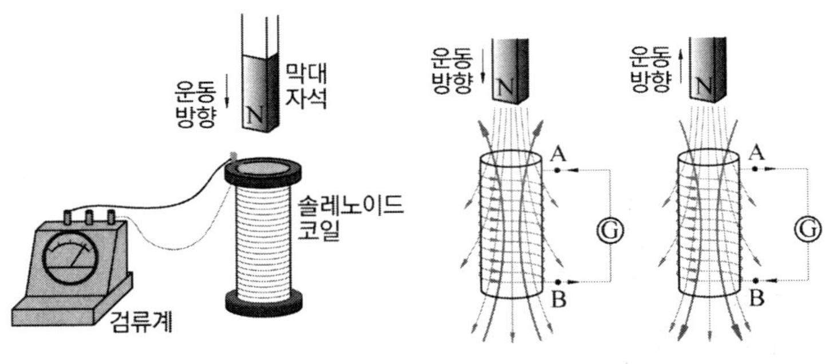

• 그림 2-79 • 코일에서의 전자기유도 특징

EXERCISE 34

자체 유도기전력에 관한 패러데이 법칙과 렌츠의 법칙을 나타낸 식은?

풀이 전유도기전력은 코일의 권 수×1초 동안의 자속 변화율이므로 식은 $e=-N\dfrac{\Delta\phi}{\Delta t}$ 이다.

5. 자체유도 및 상호유도

스위치가 닫혀 있을 경우 불이 들어오지 않는 네온등이 스위치를 여는 순간이 불이 들어오는 현상을 볼 수 있다.
전기 회로에서 스위치를 닫으면 회로에는 전지에 의한 기전력으로 전류가 흐르게 되는데, 코일에 흐르는 전류는 점진적으로 증가하여 유도기전력은 자기력선을 감소시키는 방향으로 흐르게 되고, 전지에 의한 전류는 약간의 시간이 지난 후에 정상적인 값에 이르게 된다. 그러나 스위치를 여는 순간 코일 내부의 자기력 선수가 순간적으로 0의 값을 가지게 되어 자기력 선수의 시간적 변화율이 크므로 큰 유도기전력을 얻게 된다. 그러므로 그 유도기전력으로 [그림 2-80] 네온 램프에 순간적으로 불이 들어온다.
즉, 코일 내의 자기력 선수의 시간적 변화로 인하여 유도기전력이 코일 자신에 생기는 현상을 자체유도라 한다.

[그림 2-81]는 2개의 코일이 가까이 있을 경우, 1차 코일에만 전원은 연결시켜 코일에 의한 자기장의 시간적 변화를 주면 이 변화가 인근에 있는 2차 코일을 지나는 자기력 선수를 변화시켜 유도기전력이 생기게 되는데 이와 같이 현상을 상호유도라 하며 상호유도 현상을 이용한 것이 변압기이다.
1차 코일에 특정한 값의 전압이 걸리면 2차 전압을 크게 또는 작게 변화시켜줄 수 있는데, 이 값의 변화는 1차 코일과 2차 코일에 감긴 코일의 횟수에 의하여 결정되는 것이다. 유도 코일이란 상호유도의 원리를 이용하여 수만 V의 고전압을 얻을 수 있도록 하는 장치이다.

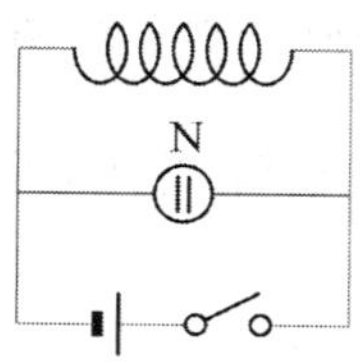

• 그림 2-80 • 자체유도

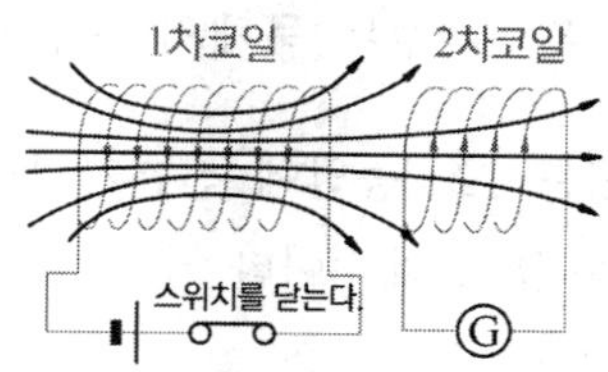

• 그림 2-81 • 상호유도 작용

[그림 2-80]의 회로에서 스위치를 닫으면 네온등에 불이 들어오지 않지만 스위치를 열면 순간적으로 네온등에 불이 들어오는 것을 볼 수 있다는 것은 결국 스위치를 여는 순간의 전압이 스위치를 닫았을 경우보다 높다는 것을 의미한다. 자체 유도 역시 렌츠의 법칙에 따라 자속의 변화를 방해하는 방향으로 유도기전력이 생긴다.

스위치를 닫는 순간에는 코일에는 전류가 흐르므로 자속의 변화가 생긴다. 그러므로 반대 방향으로 유도기전력이 생기고, 이것에 의하여 전류는 순간적으로 최대값을 가지지 못하고, 시간에 따라 점점 증가하다가 어느 정도의 시간이 지나면 일정해진다. 전류가 일정해지면 자속의 변화가 없으므로 유도기전력은 발생되지 않는다.

스위치를 열면 전류가 0이 되어 코일의 자속은 급속하게 감소되므로, 다시 유도기전력은 이 감소를 방해하는 방향으로 발생된다. 그렇기 때문에 전류는 스위치를 여는 순간에 바로 0이 되는 것이 아니라 시간에 따라 점차적으로 감소하다가 어느 정도의 시간이 지나면 0이 되는 것이다. 또한, 스위치를 여는 순간에는 자속의 변화가 가장 크기 때문에 발생하는 유도기전력이 가장 크다.

이때 발생하는 유도기전력에 의하여 네온등에는 순간적으로 불이 들어오는 것이다. 자체 유도에 의해 코일에 유도되는 유도기전력 e은 코일에 흐르는 전류의 시간적 변화율에 비례한다.

즉, 시간 Δt 동안에 ΔI 만큼의 전류가 변화하였다면 유도기전력 e은 다음과 같다.

$$e = -L\frac{\Delta I}{\Delta t}$$

* 여기서 역시 (−)의 의미는 앞에서와 마찬가지로 유도기전력은 반대의 방향으로 발생된다는 것을 의미한다.

또 L은 비례상수로 자체 유도 계수 또는 자체 인덕턴스라고 한다.

자체 유도 계수의 값은 회로의 기하학적 특성, 코일감긴 수, 회로 주변의 물질의 종류에 의해 결정된다.

자체유도계수는 물체의 질량처럼 회로의 관성을 나타내며, 단위는 헨리[H]를 쓴다.

1[H]는 1초 동안에 전류가 1[A]의 비율로 변할 경우 1[V]의 기전력이 유도될 때 코일의 자체 유도 계수이다.

EXERCISE 35

어떤 코일에 전류가 0.2초 동안에 2[A] 변화하여 기전력이 4[V] 유기되었다면 이 회로의 자체 인덕턴스는 몇 [H]인가?

풀이 $e = L\frac{\Delta I}{\Delta t}$에서 $L = \frac{\Delta t}{\Delta I}e = \frac{0.2}{2} \times 4 = 0.4[H]$

제4절 연산증폭기

연산증폭기(op-amp, Operational amplifier)는 한 개의 차동입력과, 보통 한 개의 단일 출력을 가지는 직류연결형(DC-coupled) 고이득 전압증폭기이다. 하나의 연산증폭기는 그 입력 단자 간의 전압 차이보다 대개 100배에서 수 1,000배 큰 출력 전압을 증폭하는 연산증폭기는 두 개의 입력단자와 한 개의 출력단자를 갖는다.

연산증폭기는 두 입력단자 전압간의 차이를 증폭하는 증폭기이기에 입력단은 차동증폭기로 되어 있으며, 미분기 및 적분기 구현 및 사칙연산이 가능한 회로를 구성을 할 수 있어 연산자의 의미에서 연산증폭기라고 부른다. 보통 연산증폭기가 필요로 하는 전원은 기본적으로는 두 개의 전원인 $+V_{cc}$ 및 $-V_{cc}$가 필요하다. 하지만 단일 전원만을 요구하는 연산증폭기도 상용화되어 있다. 신호증폭을 위한 주 증폭기의 종류로는 전압증폭기와 전류증폭기가 있다.

트랜지스터를 이용해서 증폭회로 설계시는 증폭회로의 타입 결정, 바이어스 전압과 전류 결정, 그리고 바이어스회로 설계와 이득을 정하는 소자 값의 결정이 필요하다. 즉, 전자회로에 대한 많은 지식과 경험이 필요하지만, 연산증폭기(OP-Amp)를 이용해서 증폭회로 설계시 전자회로에 대한 특별한 지식이 불필요하고 비교적 간단한 회로 구성으로 가능한 장점이 있다.

연산증폭기는 높은 증폭율을 가진 증폭기가 내장된 소자이며, 집적회로로 제작하여 저비용으로 대량생산이 가능하며, 현재 트랜지스터와 같이 하나의 부품으로서 여러 회로에 사용된다.

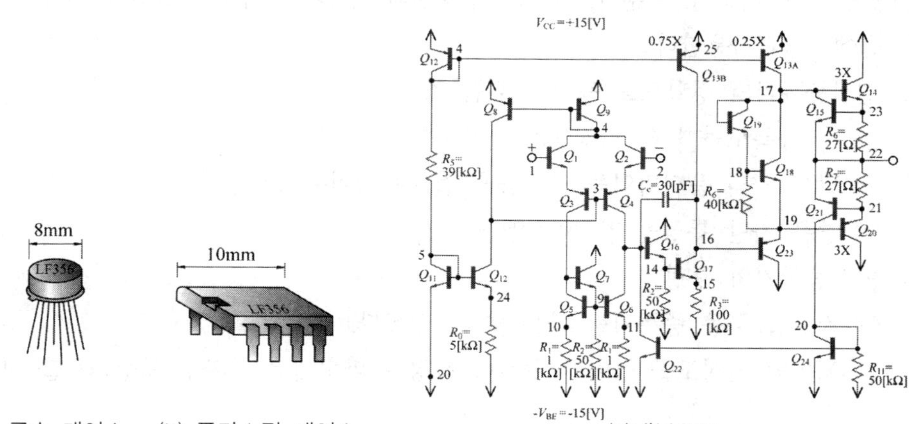

(a) 금속 케이스 (b) 플라스틱 케이스 (c)내부구조

• 그림 2-82 • 연산증폭기 외관 및 내부구조

1 연산증폭기의 개요

아날로그 IC의 일종인 연산증폭기는 1개의 트랜지스터와 같이 쉽게 사용할 수 있기 때문에 현장에서 다양하게 활용되는 소자 중의 하나이다.

증폭회로, 비교회로등, 아날로그 회로에서 널리 쓰이고 있는 OP AMP는 Operational Amplifier의 약자로 연산증폭기라고 한다. OP AMP는 원래 아날로그 계산기(현재는 디지털 계산기)용으로 개발되었지만 간단하게 사용할 수 있게 된 때부터 증폭기 뿐만 아니라 Active Filter, 선형, 비선형의 신호처리에 넓게 응용되고 있고 수백 종류 이상의 종류가 있으며 고성능 범용증폭기라고도 한다.

즉 연산증폭기란 부궤환의 방법에 따라서 덧셈이나 적분 등의 연산기능을 갖게 할 수 있는 고 이득의 직류증폭기를 말한다.

[그림 2-82 (c)]에서처럼 바이폴라 트렌지스터나 FET를 사용하여 이상적 증폭기를 실현시킬 목적으로 만든 아날로그 IC(Integrated Circuit)로 덧셈, 뺄셈, 곱셈, 나눗셈 등을 수행하는 기본 소자로 높은 이득을 가지는 증폭기이다. 이것은 (+) 및 (-) 2개의 입력 단자를 가지며, 외부 되먹임 회로를 첨가하여 사용한다.

2 연산증폭기의 특성

① 직류부터 특정한 주파수까지의 범위에서 되먹임 증폭기로 구성하여 일정한 연산을 할 수 있도록 한 직류증폭기이다.

② 능동필터, 미분기, 적분기, 비교기, 신호변환기, 함수발생기, 서보(servo)제어, 통신기기 등에 널리 사용한다.

③ 연산증폭기의 정확도를 높이기 위한 조건

㉠ 큰 증폭도와 높은 안정도가 필요하다.

㉡ 많은 양의 음되먹임을 안정하게 걸 수 있어야 한다.

㉢ 좋은 차단 특성을 가져야 한다.

④ 연산증폭기의 구성

㉠ 직결합 차동 증폭기를 사용하여 구성한다.

㉡ 되먹임 안정도를 높이기 위하여 특정 주파수에서 주파수 보상회로를 사용한다.

③ 이상적인 연산증폭기의 특성

1. 이상적인 연산증폭기

• 이상적인 연산증폭기는 [그림 2-83]와 같다.

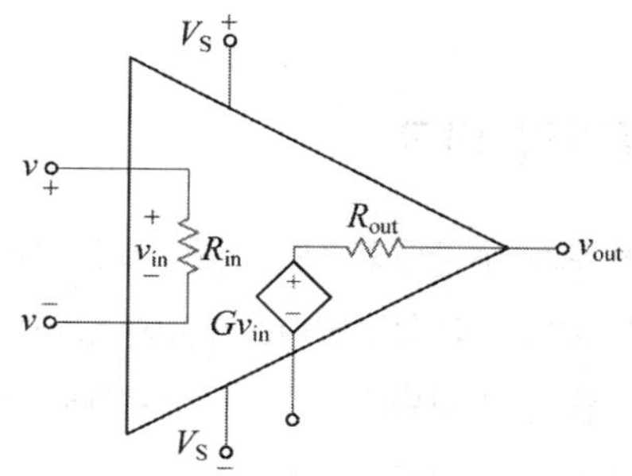

• 입력 임피던스가 무한대이다.($Z_{in} = \infty$)
• 출력 임피던스가 0이다.($Z_{out} = \infty$)
• 전압이득이 무한대이다.($A_V = \infty$)
• 주파수 대역폭이 무한대($B_W = \infty$)
• 동위상신호제거비(CMRR)가 무한대(CMRR = ∞)
• 입력 오프셋 전압 및 입력 오프셋 전류가 0
• 온도에 의하여 특성 불변
• 특성의 변동 현상과 잡음이 없다.
• 지연 응답은 0

• 그림 2-83 • 이상적인 연산증폭기

2. 연산증폭기 등가모델

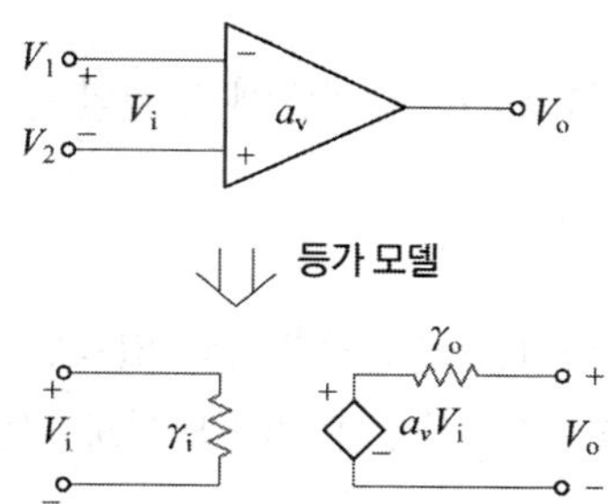

• 그림 2-84 • 연산증폭기 등가모델

회로 해석 편의상 [그림 2-84]의 등가 모델을 보면

$V_0 = -a_v Vi = a_v(V_2 - V_1)$

V_1 : 입력 저항(Input resistance), V_2 : 동상(Noninverting)입력

a_v : (개방 회로) 전압 이득 γ_i : 입력 저항(Input resistance)

γ_o : 출력 저항(Output resistane)

위의 모델에서 다음 특성을 지니면 '이상적 OP Amp'라고 부른다.

- $a_v = \infty$ (실제특성 〉 10^5)
- $r_i = \infty[\Omega]$ (실제특성 〉 수 M[Ω])
- $r_0 = 0[\Omega]$ (실제특성 〉 수 10[Ω])
- 대역폭 = ∞

3. 이상적인 연산증폭기와 실제 증폭기의 비교

이상적인 연산증폭기는 무한대의 전압 이득과 무한대의 대역폭을 가질 뿐만 아니라 입력 임피던스가 무한대이므로 입력 측으로부터 전력 유입도 없다. 하지만 실제의 연산증폭기는 높은 전압이득, 높은 입력 임피던스, 낮은 출력 임피던스 그리고 넓은 대역폭을 갖고 있다.

① **개방루프이득 : 무한대**
실제) 10,000 ~ 20,000배 정도

② **입력저항 : 무한대**
입력저항이 무한대가 되면 연산증폭기 앞단에 연결할 수 있는 회로수가 많아짐을 의미한다.

③ **출력저항 : 0**
출력저항이 0이 되면 연산증폭기 뒷단에 연결할 수 있는 회로 수(fan out)가 많아짐을 의미한다.

④ **대역폭 : 무한대**
대역폭이 무한대라는 의미는 연산증폭기의 입력단자에 입력될 수 있는 전압의 주파수에 관계없이(어떤 주파수의 신호가 입력되어도) 동일한 동작을 함을 뜻한다.

| 표 2-5 | 이상적인 연산증폭기와 실제 증폭기의 비교

구분	이상 연산증폭기	uA 741	LF 356(FET 입력)
차등이득(A_d)	∞	2×10^5	2×10^5
동상신호제거비(CMRR)	∞	3×10^4	10^5
입력저항(R_{id})	∞	2[MΩ]	16^6[MΩ]
출력저항(R_o)		75[Ω]	50[Ω]
대역폭(f_c)	∞	5[Hz]	25[Hz]
입력 오프셋 전압(V_{os})		1[mV]	3[mV]
슬루레이트(SR)	∞	0.5[v/μs]	12[v/μs]

⑤ **연산증폭기에서 사용되는 용어**

㉠ 반전, 비반전 입력 : 입력이 2개이며, 출력이 입력의 역으로 나오는 입력이 반전입력

㉡ 차동 입력 전압 : 2개 입력간의 전압차. 정상 동작시 수 [mV] 정도

㉢ 동상 입력 전압 : 입력과 접지간의 전압. 실제 증폭되지 않으나 높으면 IC가 파괴될 경우가 있음

㉣ 입력 오프셋 전압 : 출력을 0으로 하기 위한 입력전압 [mV] 정도

- 차동 입력이 0일 때는 출력이 0이어야 하나 실제로는 약간의 전압을 가하지 않으면 0이 되지 않음

㉤ 동상신호 제거비(CMRR : common mode rejection ratio)

ⓐ 두 입력에 동시에 있는 신호(잡음)를 얼마나 제거할 수 있는가를 나타내는 파라미터(parameter)

ⓑ CMRR = 차동이득 / 동위상이득

㉥ 개방 전압 이득 : 궤환을 걸지 않은 상태에서 반전, 비반전 입력에 대한 출력 전압의 비

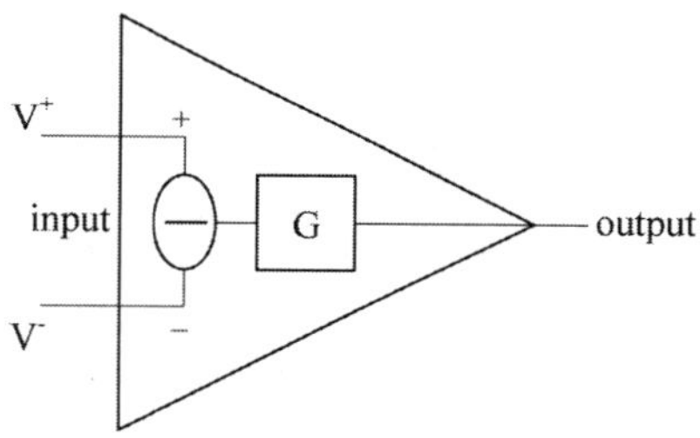

output(출력) = $G(V^+ - V^-)$
여기서 G : 이득 ($10^5 \sim 10^6$)
V^+ : non-inverting input(비반전입력)
V^- : inverting input(반전입력)

• 그림 2-85 • 연산증폭기 이득 구조

④ 연산증폭기 기본구성

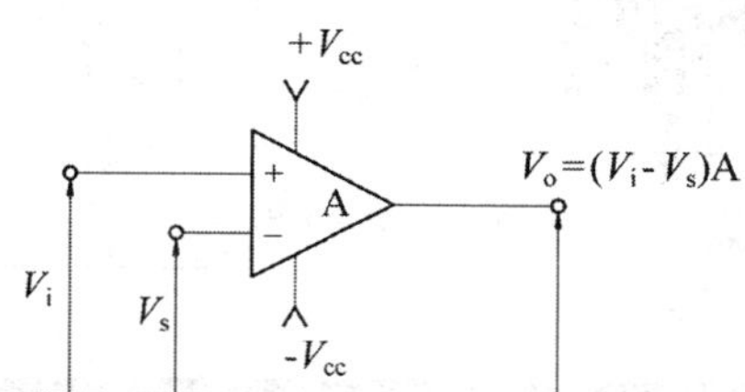

• 그림 2-86 • 연산증폭기의 기본구성

OP앰프의 2개 입력 단자에 각각 전압을 가하였을 경우에도 그 출력 단자에는 입력 단자의 차의 전압이 증폭되어 나타나게 된다. 이와 같은 2개 입력 단자 사이의 차의 성분을 증폭하는 증폭기를 차동증폭기라고 하고 있으나, OP앰프는 기본적으로는 이러한 차동증폭기로 구성되어 있다.

[그림 2-86]와 같이 동일한 크기의 전원 전압 $+V_{cc}$와 $-V_{cc}$의 2개 입력 단자에 전압을 가하면 그 차의 성분이 증폭되어 출력에 나타난다.

즉, OP앰프 입력의 한 편에 기준 전압 V_s를 주고, 다른 쪽에 입력 전압 V_i를 가할 때 입력 전압이 기준 전압에 대해서 약간이라도 크게 되면 $+V_{cc}$를 출력하게 되고, 약간이라도 적게 되면 $-V_{cc}$를 출력한다.

1. OP 앰프의 단자 구성

① 2개의 입력 단자

㉠ 반전 입력(V^+)

㉡ 비반전 입력(V^-)

② 1개의 출력 단자

V_{out}

③ 2개의 전원단자

V^+, V^-

④ 3개의 특수 목적 단자

⑤ 규격으로 8개의 단자를 붙이도록 규정

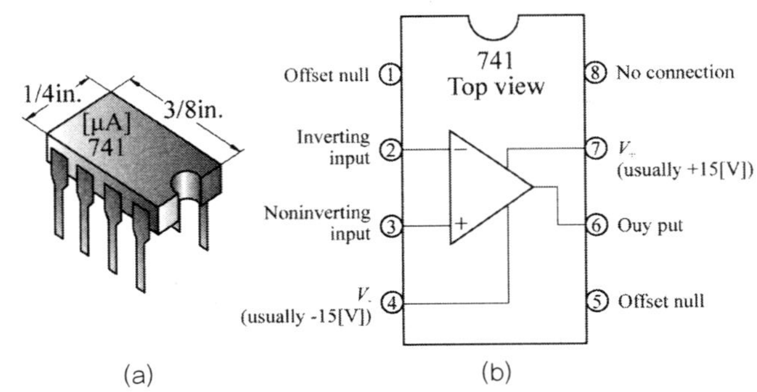

• 그림 2-87 • 단자의 예(μA 741)

| 표 2-6 | 단자의 예(μA 741)

전극 번호		역할
1	OS	오프셋 조정
2	V+	역상(반전) 입력
3	V–	동상(비반전) 입력
4	–E	– 전원
5	OS	오프셋 조정
6	Vo	출력
7	+E	+ 전원
8	NC	접속 안함

⑮ 차동증폭기 해석

연산증폭기의 기본적 회로 구성은 보통 2개 혹은 그 이상의 차등 증폭단으로 구성된다. 차동증폭기는 연산증폭기 내부회로 동작의 기본 요소이기 때문에 연산증폭기의 근본 개념을 이해하기 위해 먼저 차동증폭기에 대해서 이해해야 한다.

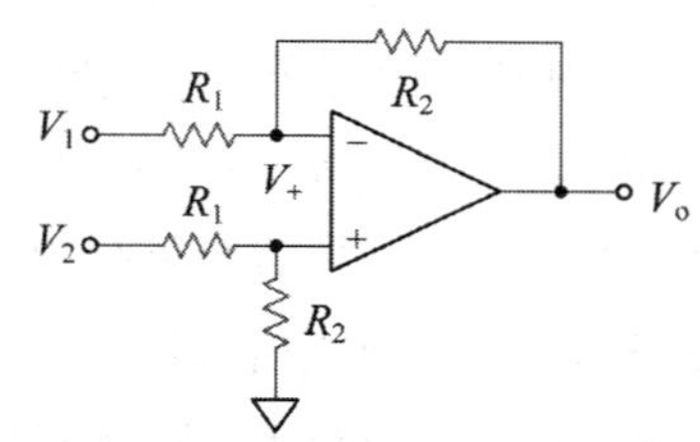

• 그림 2-88 • OP엠프의 차동증폭기

• Op Amp 차동증폭기 회로 해석

① $V_+ = \dfrac{R_2}{R_1+R_2} V_2$

② $\dfrac{V_1 - V_+}{R_1} = \dfrac{V_+ - V_0}{R_2}$

$\therefore \; V_0 = (1+\dfrac{R_2}{R_1}) V_+ - \dfrac{R_2}{R_1} V_1 = \dfrac{R_2}{R_1}(V_2 - V_1)$

차동증폭기의 기본원리는 특성이 같은 2개의 트랜지스터를 사용하여 그림과 같이 좌우 대칭으로 구성하고 두 TR 베이스에 각각 별도의 입력을 가하여 컬렉터와 애미터간의 출력을 얻는 방식인데 출력이 두 신호 차에 비례하여 얻어지므로 차동증폭기라고 한다.
차동증폭 회로의 특징으로서는 직류증폭이 가능하며 직선성이 좋다. 또한 온도에 대해 안정되며 전원전압의 변동에도 안정된다.

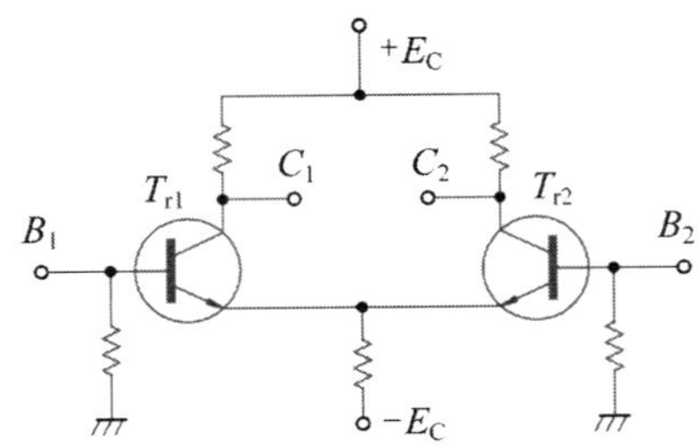

• 그림 2-89 • 트랜지스터 차동증폭기

[그림 2-89]는 특성이 같은 2개의 증폭 소자(트랜지스터)를 대칭적으로 접속하고, 양자의 입력차에 비례한 출력을 얻는 증폭기이다.
[그림 2-89]에서 B_1, B_2에 가한 두 입력의 차에 비례한 출력을 C_1, C_2 사이에서 꺼낸다. 입력을 각각 역위상으로 가하면 큰 출력이 되지만 한 쪽에만 가해도 동작한다. 이 회로의 특징은 전원전압이나 온도의 변화에 의한 영향이 상쇄되어 안정한 동작을 할 수 있는 점이다. 차동증폭기는 기본적으로 애미터 공통인 두 개의 애미터접지 증폭기의 결합이어서 휘스톤 브리지와 같이 두 개의 증폭기로 정확하게 균형시킨 두 개의 입·출력(최종 출력은 한 개) 증폭기로서 키르히호프 전류법칙을 적용시켜 회로동작 해석이 가능하다. 보통 OP Amp 응용 증폭기에서는 '음의 되먹임(Negative feedback)'을 쓴다. 즉 반전 (-)입력단에 출력 신호를 되돌리는 것을 뜻한다.
한 개의 증폭기를 사용하게 되면 아래 그림과 같은 파형을 얻게 되다.

• 그림 2-90 • 1개의 증폭기 파형

[그림 2-91]처럼 서로 위상 180° 다른 신호를 증폭시키면 이 두 신호의 차이는 1개의 증폭된 신호의 2배가 된다.

$$V_1 = V_a \sin\omega t + V_{CM}$$
$$V_2 = - V_a \sin\omega t + V_{CM}$$

의 식에서 $V_1 - V_2 = 2V_0 \sin\omega t$가 된다.

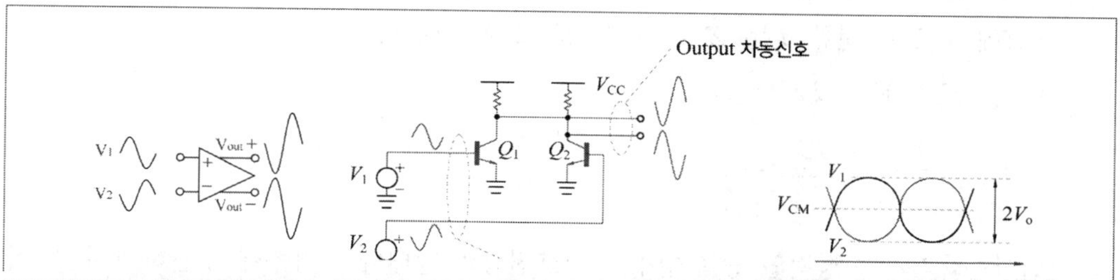

• 그림 2-91 • 차동증폭기 파형

⑥ 연산증폭기 기본회로

연산증폭기의 기본회로는 반전 증폭기와 비반전 증폭기이다. 비반전 증폭기에서는 입력전압과 출력전압의 위상 차이가 0이고, 반전증폭기에서는 입력전압과 출력전압의 위상 차이는 역위상인 180°가 된다.

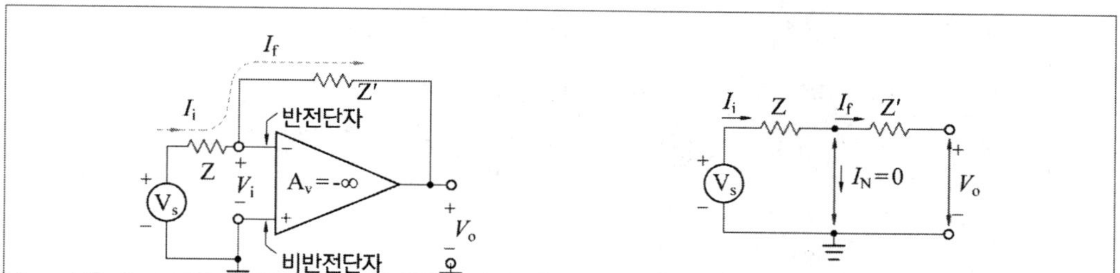

(a) 전압 병렬 궤환이 있는 반전 연산증폭기 (b) 연산증폭기의 가상 접지

• 그림 2-92 • 반전증폭기 및 가상접지

[그림 2-92]는 반전 증폭기로서 증폭기 기호인 삼각형 내에 있는 무한대 기호는 이상적인 연산증폭기 임을 표시한다. 가상접지에 의해 증폭기 입력단자의 전압은 0이고, 또한 연산 증폭기의 입력저항은 무한대이다.
따라서 연산증폭기의 입력단자로 전류가 들어갈 수 없기 때문에 신호전압과 출력 전압간의 비인 전압증폭도를 구하면 아래과 같은 식이 되며, 반전증폭기의 폐루프 전압이득은 Z'와 Z의 비로서 결정된다.

- 비반전 입력 접지, 반전 입력에 궤환 임피던스(Z, Z') 접속
- Z에 흐르는 전류 I_i는 $Z_i = \infty$이므로 Z'에 흐른다.
- $V_i = I_i Z \quad V_o = I_i Z'$

$$A_{vf} = \frac{V_o}{V_s} = -\frac{IZ'}{IZ} = \frac{Z'}{Z}$$

연산증폭기가 이상적인 증폭기이면, 신호전압의 형태나 주파수에 무관하게 위의 식이 성립된다. 즉 증폭도는 단순히 두 개의 저항비 만에 의해서 결정되며, 공식의 앞에 나타난 음의 부호는 신호전압 V_i와 출력전압 V_o간의 위상차가 180°임을 가리키는 것으로 신호가 반전되었음을 나타낸다.

1. 반전 증폭회로의 해석

입력과 출력파형이 역위상이며, 이득은 키르히호프 법칙에서 유도할 수 있다.

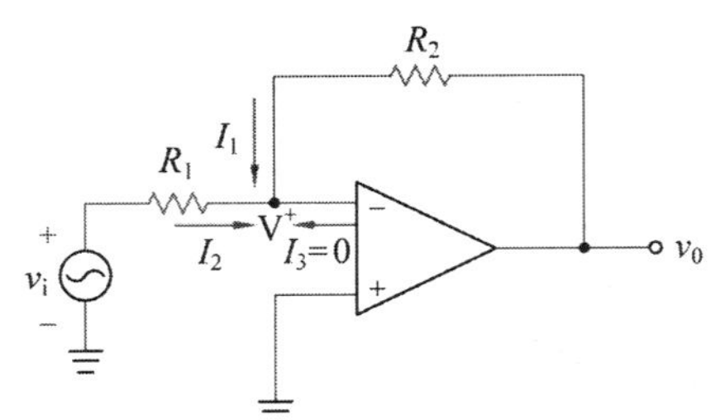

• 그림 2-93 • 반전 증폭기

$$\text{KCL at } v^+ : \frac{v_i - v^+}{R_1} + \frac{v_0 - v^+}{R_2} = 0$$

(where, $v^+ = 0 \leftarrow$ Virtual shot circuit)

$$\frac{v_i}{R_1} + \frac{v_0}{R_2} = 0$$

$$v_0 = -\frac{R_2}{R_1} v_i$$

$$\therefore A_v = \frac{v_0}{v_i} = -\frac{R_2}{R_1}$$

이상적인 연산증폭기의 두 가지 중요한 성질은 아래와 같다.

① 연산증폭기의 두 개의 입력단자 사이의 전압은 항상 0이다.

② 연산증폭기의 두 개의 입력단자 사이의 전류는 항상 0이다.

다음은 연산증폭기의 입력과 출력과의 관계(DC 특성)를 그래프로 나타내었다.

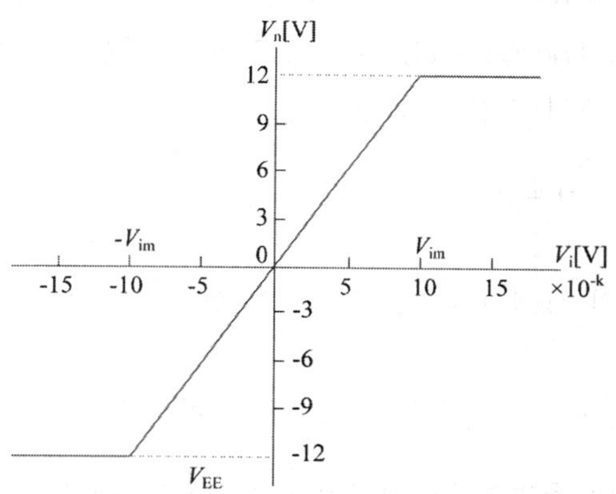

• 그림 2-94 • 입·출력 DC 특성

즉, 증폭기로서 동작하는 연산증폭기의 두 입력 단자 사이의 전압과 전류는 출력에 비해 너무나 적은 값이므로 거의 0이라 할 수 있다.

위 그래프에서 입력값 대비 출력값이 100,000배이므로 전원이 12[V]일 때 입력값은 아래와 같다.

$$V_{im} = \frac{V_{CC}}{A_d} = \frac{12}{100000} = 0.00012[\text{V}] = 0.12[\text{mV}]$$

이상적인 연산증폭기(OP amp) 두 규칙에 의한 해석으로 이득을 유도해보면

① 반전증폭기 해석(그림 Mash analyses 적용) : 전류 Loop에 의한 해석 방법

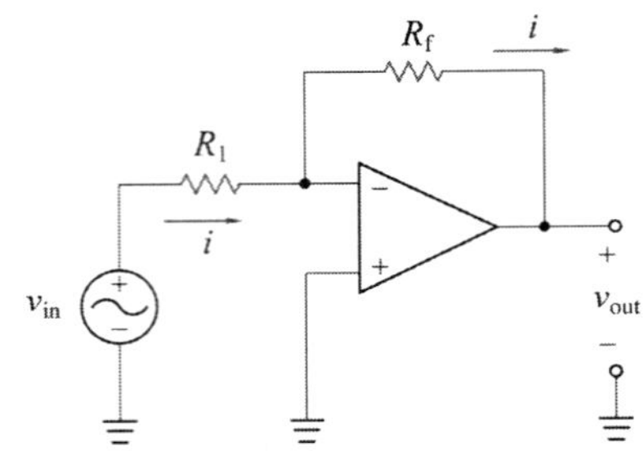

• 그림 2-95 • 반전 증폭기의 해석

㉠ 회로 최외각 Loop의 KVL(키르히호프 전압법칙)식에서 OP amp 제1규칙 적용
(두 입력 단자로 흘러 들어가는 전류는 없다)

$-v_{in}+R_1 i+R_f i+v_{out}=0 \rightarrow v_{out}=v_{in}-(R_1+R_f)i$

㉡ 회로 입력측 Loop의 KVL식에서 OP amp 제2규칙 적용
(두 입력 단자의 전압은 없다).

$-v_{in}+R_1 i+0=0 \rightarrow i=\dfrac{V_{in}}{R_1}$

㉢ 출력전압 : 위 ㉠에 $i=\dfrac{V_{in}}{R_1}$을 대입하면

$v_{out}=-\dfrac{R_f}{R_1}v_{in}$ ∴ 증폭도는 $\dfrac{R_f}{R_1}$로 주어진다.

㉣ 반전증폭기의 출력위상은 입력위상과 180° 다르다.

㉤ R_f와 R_1에 의해 증폭과 감쇠가 이뤄진다.

ⓐ $R_f \rangle R_1$이면 증폭기로 동작

ⓑ $R_f \langle R_1$이면 감쇠기로 동작

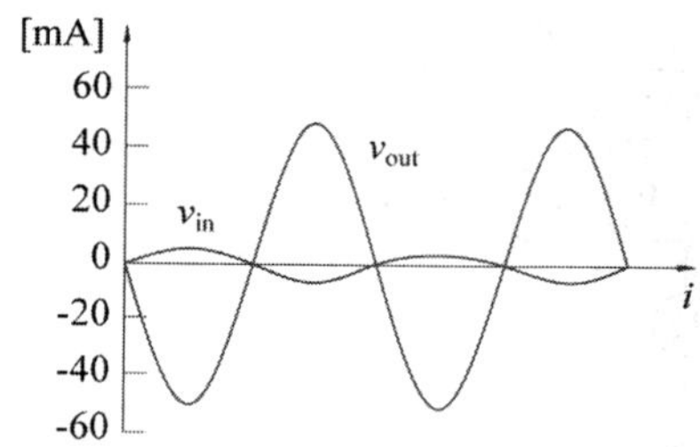

• 그림 2-96 • 반전증폭기 출력위상

2. 비반전 증폭회로의 해석

비반전 증폭기는 출력단자와 연산증폭기의 반전입력단자인 (-)에 저항이 연결되어 있는데 이를 부궤환이라고 한다.

부귀환 연산증폭기는 이득의 안정화 및 주파수 응답의 개선을 위한 연산증폭기 회로이다. 부궤환은 출력의 일부를 역위상으로 입력에 되돌려 줌으로서 이득의 감소를 초래한다. 이 폐루프의 이득은 보통 개방루프 이득보다 매우 적다.

만약 출력단자가 비반전단자인 (+)에 연결되면 이는 정궤환으로 구성되며, 그 특성은 부궤환인 경우와 판이하게 달라진다.

연산증폭기의 입력저항이 무한대이기에 신호원에서 회로쪽으로 흐르는 전류 $I=0$ 이며, 가상접지에 의하여 $V_s = V_2$가 된다. 그리고 V_2점에서 연산증폭기의 (-)입력 단자측을 들여다 본 저항은 무한대이므로 전압 이득식은 다음과 같다.

$$\beta = \frac{V_2}{V_1} = \frac{Z}{Z+Z'}$$

전압이득 $A_{vf} \fallingdotseq \frac{1}{\beta} = \frac{Z+Z'}{Z} = 1 + \frac{Z'}{Z}$

위의 식으로부터 출력전압과 신호전압간의 위상차는 “0”임을 알게 되며, 따라서 [그림 2-97]의 회로를 비반전증폭기라고 부른다.

비반전증폭기 출력이 궤환저항을 통해 반전 입력 단자로 궤환되어 음되먹임(부궤환) 증폭회로를 구성한다.

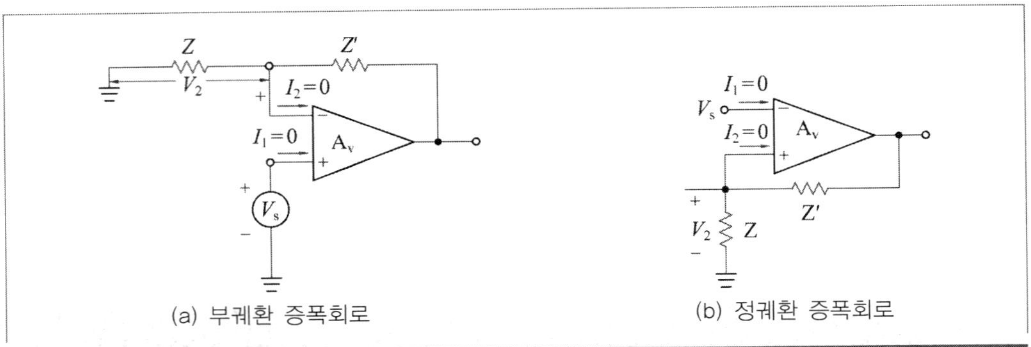

• 그림 2-97 • 비반전 증폭기

이상적인 OP amp 두 규칙에 의한 해석으로 이득을 유도해보면

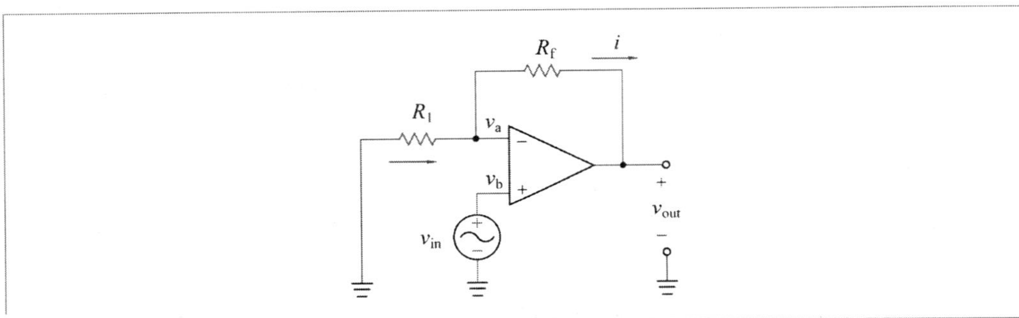

• 그림 2-98 • 비반전 증폭기의 해석

① 좌측 nodeA의 KCL식에서 OP amp 제1규칙 적용하면

$$\frac{v_a}{R_1} + \frac{v_a - v_{out}}{R_f} = 0 \rightarrow v_{out} = (1 + \frac{R_f}{R_1})v_a$$

② 좌측 nodeB의 KCL식에서 OP amp 제2규칙 적용하면

$$v_a = v_b = v_{in}$$

③ 출력전압 : 위 ①, ②로부터,

$$v_{out} = (1 + \frac{R_f}{R_1})v_{in}$$

④ 비반전 증폭기의 출력위상은 입력과 같다(아래 그림).

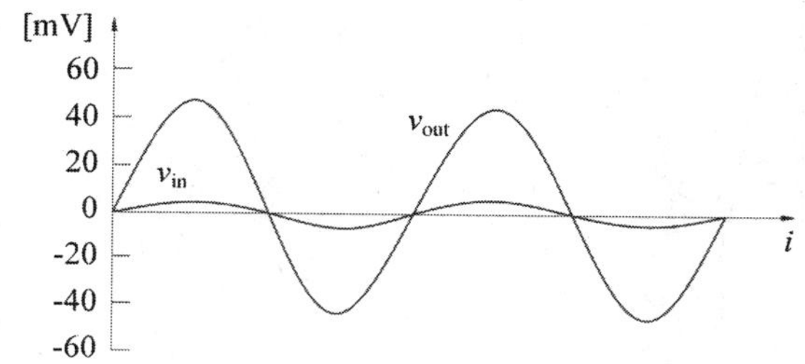

• 그림 2-99 • 비반전 증폭기 출력위상

EXERCISE 36

증폭기 입력에 인가된 신호원은 진폭이 50[mV]이고 주파수가 100[Hz]인 정현파이다. 저항 R을 조정하게 되면, 이득이 변화되기에 출력전압의 크기가 변화된다. 위 식에 의하여 저항 R이 각각 12[kΩ] 및 27[kΩ]인 경우, 이에 대응되는 이득은 각각 얼마인가?

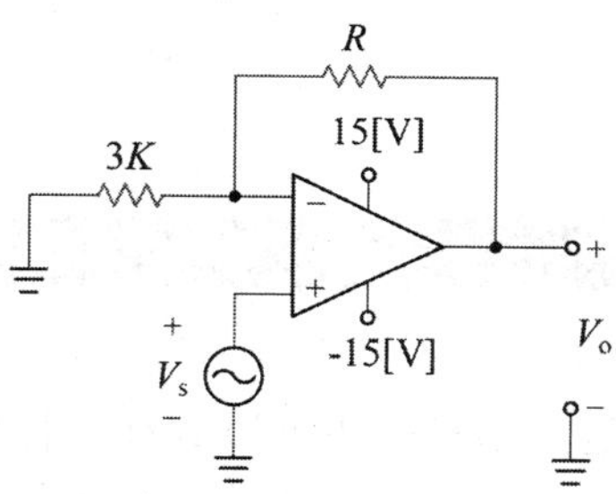

풀이

$V_s = 0.05\sin(wt)$	$f_{req} = 100[\text{Hz}]$	$R = 12[\text{k}\Omega]$	gain = 5 $V_o = 0.25\sin(wt)$
$V_s = 0.05\ \sin(wt)$	$f_{req} = 100[\text{Hz}]$	$R = 27[\text{k}\Omega]$	gain = 10 $V_o = 0.5\sin(wt)$

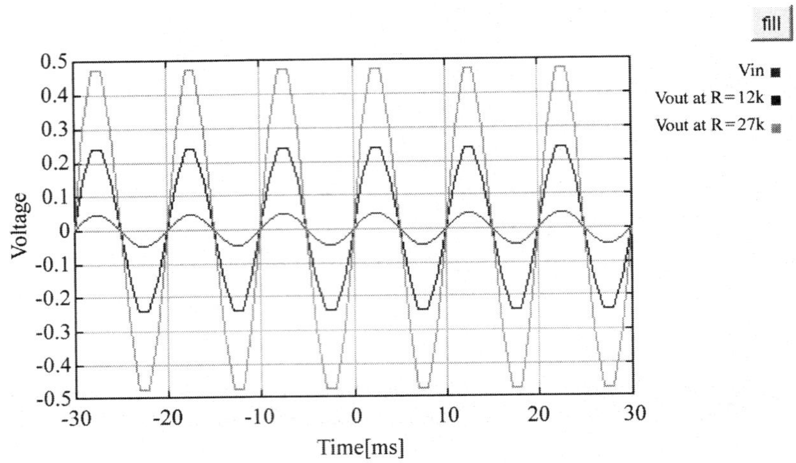

3. 전압플로워(Voltage-Follower)

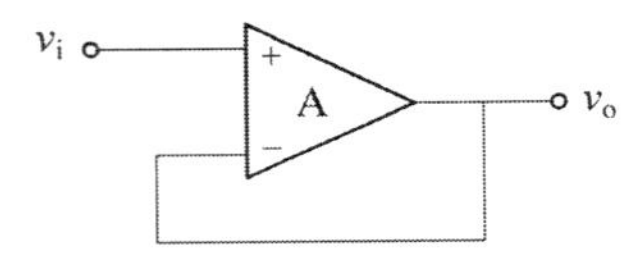

• 그림 2-100 • 전압플로워

비반전회로의 유용한 예인 전압팔로워(follower)이다. 여기서 $R_F = 0$이고, $R_1 = \infty$, 즉 개방되어 있다. 따라서 이득은 아래 식에 의해 1이 되고, 증폭이 없는 버퍼가 되어 출력전압 v_0는 입력 v_1을 그대로 따라가게 된다.

$$A_F = \frac{v_0}{v_1} \approx \frac{R_1 + R_F}{R_1} = 1$$

이것은 이미터 팔로워(emitter follower)와 마찬가지로 임피던스 특성을 개선시키는데 사용된다.

7 연산증폭기 응용회로

1. 가산증폭기

연산증폭기는 증폭기능을 비롯한 가산 및 감산을 수행할 수 있다. 감산은 차동증폭기에 의하여 수행된다.
가산(합산)증폭기는 여러 개의 입력결합과 입력의 가중된 합이 음(-)의 값으로 출력한다.

- 몇 개의 입력신호의 선형 결합을 출력으로 얻는데 사용
- 출력에 흐르는 전체 전류는 $i = i_1 + i_2 + \cdots + i_n$
- 출력 전압 V_o는 $= \dfrac{v_1}{R_1} + \dfrac{v_2}{R_2} + \cdots + \dfrac{v_n}{R_n}$

$$v_0 = -R'i = -\left(\frac{R'}{R_1}v_1 + \frac{R'}{R_2}v_2 + \cdots + \frac{R'}{R_n}v_n\right)$$

- 만약 $R_1 = R_2 = \cdots = R_n$이면 출력은 다음과 같다.

$$v_o = -\frac{R'}{R}(v_1 + v_2 + \cdots + v_n)$$

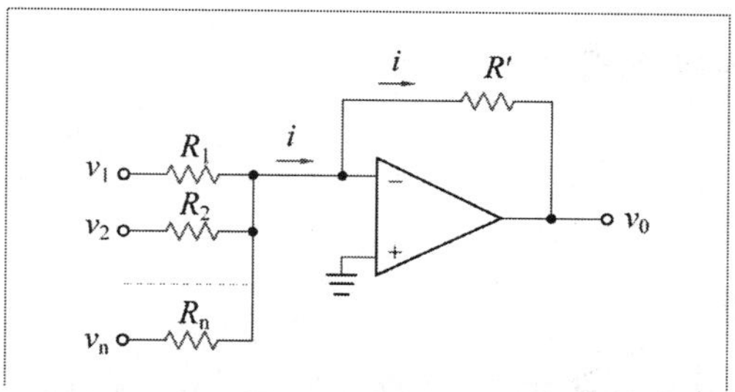

• 그림 2-101 • 가산증폭기

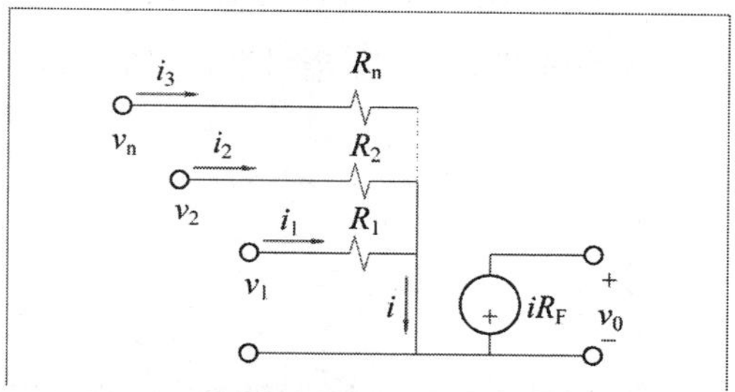

• 그림 2-102 • 등가모델

2. 비반전 가산기

- 출력부호가 반대로 되지 않는 가산기
- 출력 V_0는 $v_0 = \left(1 + \dfrac{R'}{R}\right)v_+ = \left(\dfrac{R + R'}{R}\right)v_+$
- 여기서 저항이 같다면 v_+는

$$v_+ = \frac{1}{n}(v_1{}' + v_2{}' + \cdots + v_n{}')$$

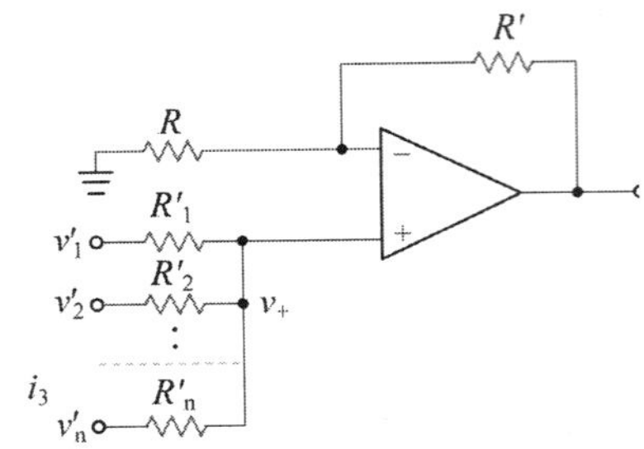

• 그림 2-103 • 비반전 가산기

3. 차동계측증폭기

- 감산기와 같은 기능을 하는 증폭회로
- 입력저항이 $\frac{R_2}{R_1} = \frac{R_4}{R_3} \rightarrow R_1 \cdot R_4 = R_2 \cdot R_3$의 조건을 만족하면

  출력전압은 $V_0 = \frac{R_2}{R_1}(V_2 - V_1)$이 된다.
- 만약 $R_1 = R_2$이면 $V_0 = (V_2 - V_1)$이다.
- 출력전압 V_0가 입력전압 $V_1 \cdot V_2$의 차에 비례

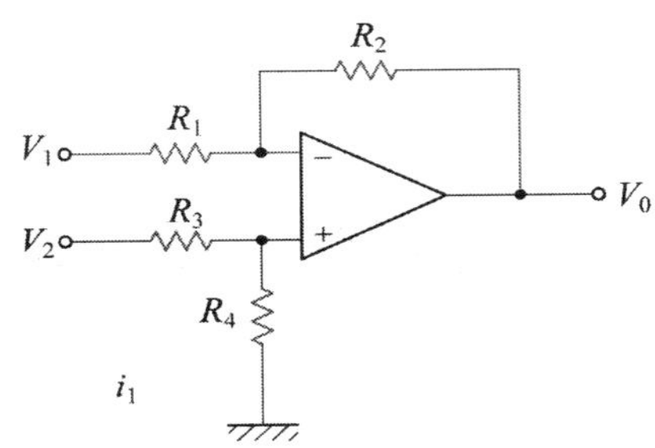

• 그림 2-104 • 차동계측증폭기

4. 미분기

[그림 2-105]는 기본적인 미분기를 보여주고 있다. 입력 요소가 콘덴서인 것을 제외하면 반전 증폭기와 같으며, 적분기와 다른 점은 저항과 캐패시터가 회로상에 위치한 곳이 다르

다. 미분기에서 캐패시터는 입력소자이며 미분기는 입력전압의 변화율에 비례하는 출력을 낸다.

출력전압 V_0는 아래식과 같으며, 입력전압에 대한 미분값으로 주어진다.

이러한 미분기는 입력주파수 증가에 따라서 캐패시터의 리액턴스의 영향으로 큰 출력을 갖게 되므로 높은 주파수에서의 이득을 제한하기 위하여 [그림 2-105 (b)]와 같이 직렬저항 R_S를 연결해서 고주파 이득을 $\frac{R_F}{R_S}$로 제한함으로써 제한된 고주파 이득을 가지는 미분기 회로를 만들 수 있다.

$$V_0 = -R_f C \frac{dV_S}{dt}$$

$$i = C\frac{dv_i}{dt}$$

$$V_o = -Ri = -RC\frac{dv_i}{dt}$$

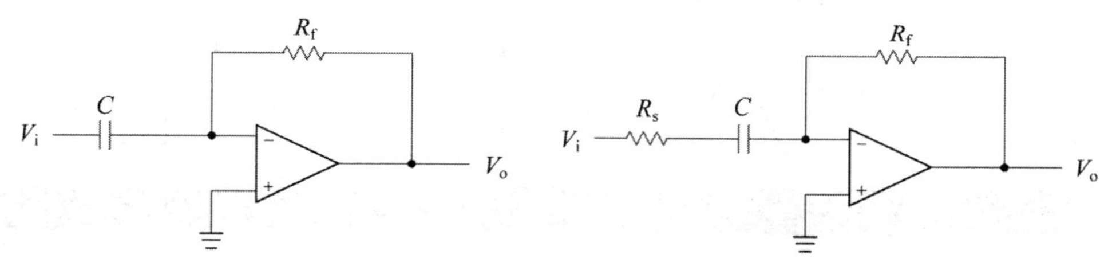

(a) 기본적인 미분기 (b) 제한된 고주파 이득을 가지는 미분기

• 그림 2-105 • 미분기

5. 적분기

연산증폭기 적분기는 함수의 곡선으로 싸인 전체면적을 구하는 기본적 합산과정인 수학적 과정이다. 미분기는 함수의 순간적인 변화율을 결정하는 수학적 과정인데, 적분기나 미분기가 어떻게 동작하는가를 이해하는 데는 수학적인 적분이나 미분에 대한 사전 지식은 없어도 된다.

미분기 회로에서 저항과 콘덴서의 위치만 바꾸면 적분기가 된다. 그림에서처럼 적분기의 입력소자는 저항이고, 되먹임 소자는 콘덴서이다. 이 회로는 미분기의 역이고 출력 전압도 미분기의 역이 된다.

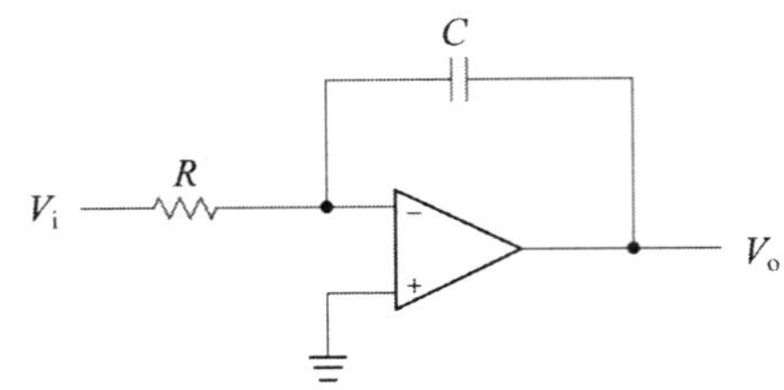

• 그림 2-106 • 적분기

$$V_o = -\frac{1}{RC}\int V_i dt$$

아래 그림은 미분과 적분이 상호 역동작이 됨을 보여주고 있다.

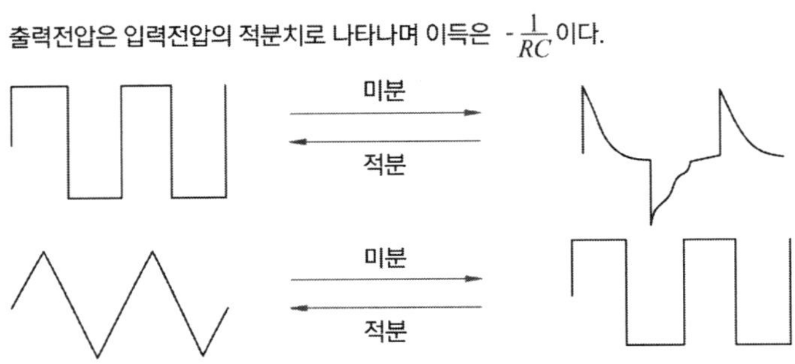

• 그림 2-107 • 미적분 파형

• 적분기응용회로 - 파형발생기(sine파, 삼각파, 사각파)

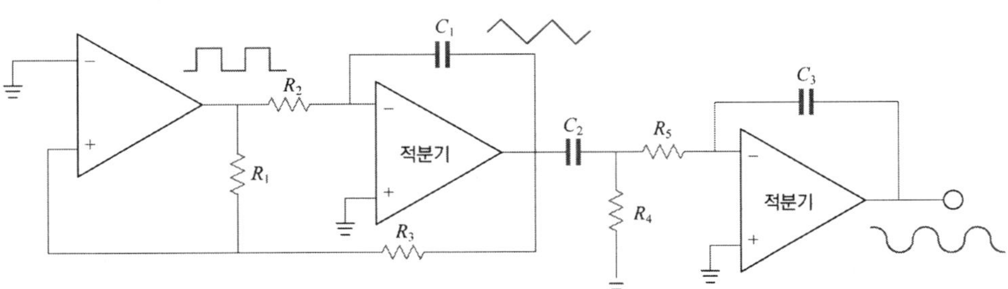

positive feedback 이용 비교기(입력이 크면 + Vcc값 출력 낮으면 −Vcc값 출력)	포물선의 조합이므로 sine파는 아니나 적당한 filter를 사용하여 sine파를 만들 수 있다.

• 그림 2-108 • 파형발생기

① 비교기(왼쪽에서 첫 번째 연산증폭기) 구형파 출력
② 적분기(왼쪽에서 두 번째 연산증폭기)에 구형파가 들어가면 삼각파 출력
③ 적분기(왼쪽에서 세 번째 연산증폭기)에 삼각파가 들어가면 싸인파형과 유사한 파형 출력

6. 비교기

비교기는 전압을 비교하는데 아주 적합하다. 입력전압(V_i)이 다른 입력전압(V_{ref})의 기준 전압을 초과하면 출력측(V_o)이 자신의 상태를 정해진 한계값으로 변경한다. 똑같은 크기의 전압일 경우는 출력값은 "0"이며 전압 증폭도는 낮으나 (10^3~10^4) 반응시간은 빠르다.

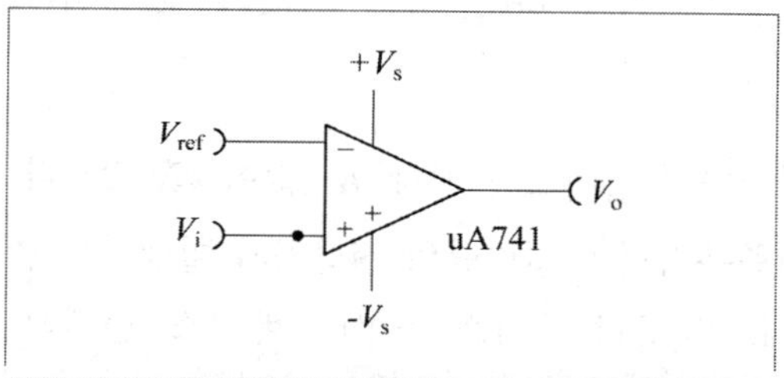

• 그림 2-109 • 비반전 비교기

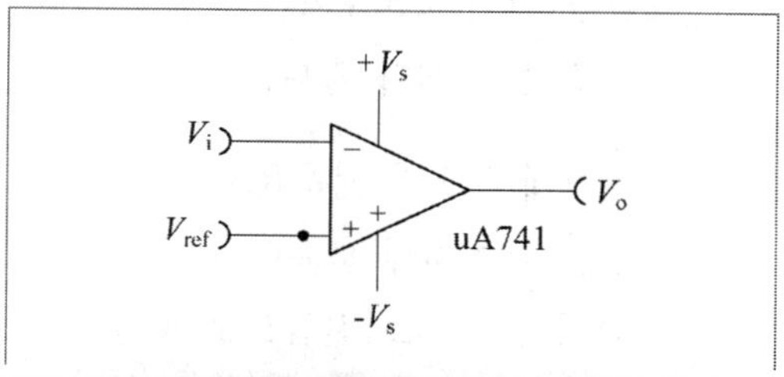

• 그림 2-110 • 반전 비교기

$V_i > V_{REF}$ ⇒ 출력전압은 양(+)의 전원전압과 같아지고($+V_s$)
$V_i < V_{REF}$ ⇒ 출력전압은 음(-)의 전원전압과 같아진다($-V_s$).

즉, 반전입력 단자를 GND시키고($V_{REF}=0$) 비반전 입력단자로 신호를 인가시 $V_i > 0$이면 $+V_s$, $V_i < 0$이면 $-V_s$의 출력전압을 갖게 된다.

• **비교기 응용회로(예)** – 온도 스위치 회로
온도가 어떤 기준온도에 도달하면 출력단의 릴레이가 작동하여 적절한 동작을 개시하도록 사용할 수 있다.

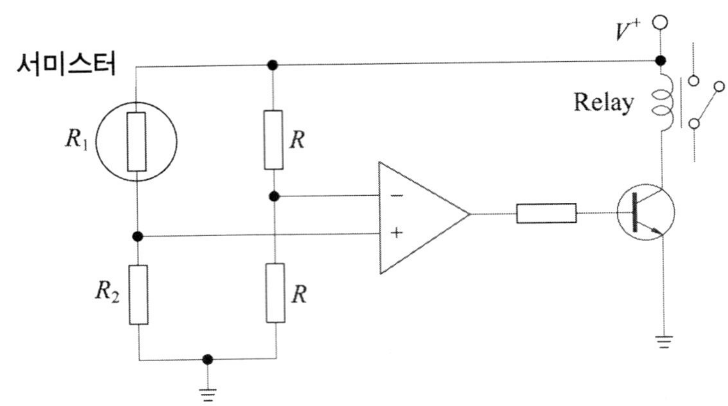

• 그림 2-111 • 온도 스위치 회로

[그림 2-111]은 온도가 기준온도에서 균형을 이루도록 하고, 비반전 비교기로 설계한 경우로 동작은 아래와 같다.

① 만약에 온도가 기준온도보다 작다고 가정하면 서미스터 저항 R_1 값이 R_2 값보다 커지므로 브리지에 불균형이 발생되고 연산증폭기의의 입력단의 전압차가 발생하여 출력전압이 음의 포화전압으로 하강 → 트랜지스터 OFF(베이스-이미터, 베이스, 콜렉터 간의 역바이어스가 걸리게 되므로 릴레이에 전류가 흐르지 못함)

② 만약에 온도가 기준온도보다 크다고 가정하면 서미스터 저항 R_1 값이 R_2 값보다 작아므로 브리지에 불균형이 발생되고 연산증폭기의 입력단의 전압차가 발생하여 출력전압이 양의 포화전압으로 상승 → 트랜지스터 ON(베이스-이미터, 베이스, 콜렉터 간의 정바이어스가 걸리게 되므로 릴레이 동작)

7. 대수증폭기

센서에 따라 계측하는 물리량에 대한 그 출력량이 비선형인 경우가 있으며, 이러한 센서 출력을 선형화하기 위해서는 적절한 신호 조절이 필요하다.
이 신호조절기는 연산증폭기를 이용하여 비선형 입력에 대하여 출력이 선형이 되도록 하는 비선형 특성을 갖는 회로를 설계하면 된다.

이는 피드백 루프에 적절한 소자를 선택함으로서 얻어질 수 있는데, 이것을 대수증폭기라고 한다.

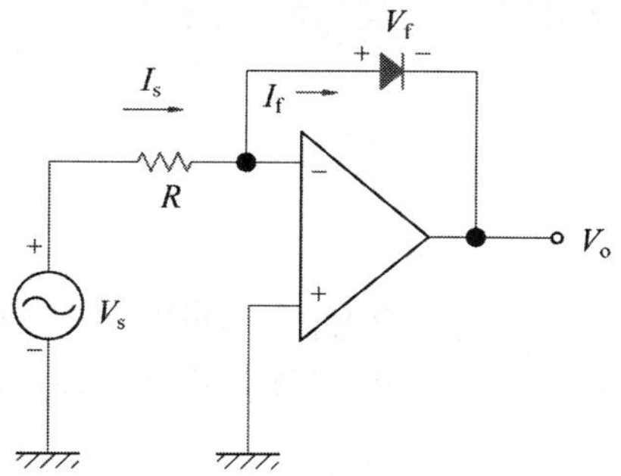

- 입력전압의 대수에 비례하는 출력전압을 얻는 회로
- 다이오드를 출력단에 연결 사용
- 온도에 민감하게 동작하므로 온도 보상회로 필요

• 그림 2-112 • 대수증폭기

연·습·문·제

01 100[μF] 커패시턴스 양단의 전압이 V = 50sin(100t)[V]인 커패시턴스만의 회로에 흐르는 전류(A)는?

㉮ 0.5sin(100t−90°)
㉯ 0.5sin(100t)
㉰ 2cos(100t−90°)
㉱ 2cos(100t)

02 실효값 100[V], 주파수 60[Hz]인 정현파 교류 전압의 최대값은?

㉮ $100\sqrt{2}$　　㉯ $100/\sqrt{2}$
㉰ $60\sqrt{2}$　　㉱ $60/\sqrt{2}$

03 저항 40[Ω]과 인덕턴스 30[Ω]이 직렬로 연결된 정현파 교류 회로에서 합성 임피던스 Z[Ω]로 맞는 것은?

㉮ 30　　㉯ 40
㉰ 50　　㉱ 70

04 200[V], 10[W] 정격인 전열기를 100[V]에 연결할 때 소비되는 전력[W]은?

㉮ 2.5　　㉯ 5
㉰ 10　　㉱ 20

05 어떤 코일에 흐르는 전류가 0.01초 사이에 일정하게 30[A]에서 10[A]로 변할 때 20[V]의 유도 기전력이 발생한다면 이때 코일의 자기 인덕턴스는 몇 [mH]인가?

㉮ 1　　㉯ 10
㉰ 100　　㉱ 50

06 다음 회로에서 합성정전용량은 몇 [pF]인가?

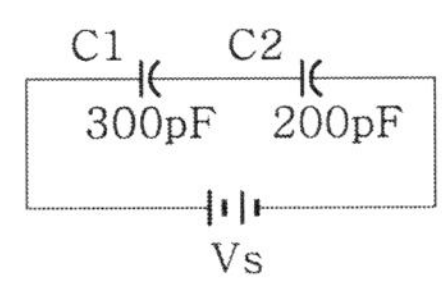

㉮ 500　　㉯ 250
㉰ 120　　㉱ 100

Answer 01 ㉮ 02 ㉮ 03 ㉰ 04 ㉮ 05 ㉯ 06 ㉰

07 도체에 3[A]의 전류가 1분 동안 흘렀을 때 도체를 통과한 전기량은?

㉮ 180[C]　　㉯ 300[C]
㉰ 50[C]　　㉱ 900[C]

08 정현파 교류의 주파수가 60[Hz]라면 주기는 약 몇 [ms]인가?

㉮ 16.7　　㉯ 57.7
㉰ 70.7　　㉱ 86.6

09 플레밍의 왼손법칙에 대한 설명 중 틀린 것은?

㉮ 자계 중에 놓인 도체에 전류가 흐를 때 발생되는 힘을 구하고자 하는 경우에 적용된다.
㉯ 직류 전동기의 회전력 발생 원리가 된다.
㉰ 엄지손가락의 방향은 자기장의 방향이다.
㉱ 자속과 도체의 놓인 방향이 서로 직각일 때 힘이 가장 크게 발생한다는 것을 알 수 있다.

10 다음 그림과 같이 자기 인덕턴스가 접속되어 있을 때 합성 자기 인덕턴스는? (단, 이 때 상호유도 작용은 없다고 가정한다.)

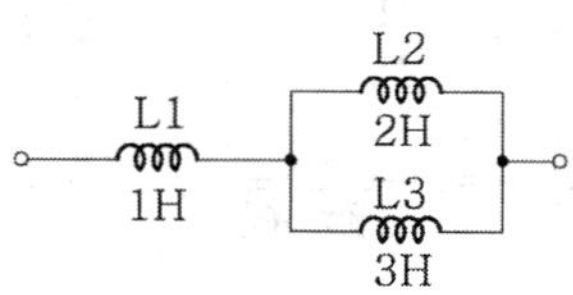

㉮ 6[H]　　㉯ 2.2[H]
㉰ 1.8[H]　　㉱ 0.7[H]

11 전류가 전압에 비례하는 것은 어느 법칙과 관련이 있는가?

㉮ 렌츠의 법칙
㉯ 옴의 법칙
㉰ 줄의 법칙
㉱ 키르히호프의 법칙

12 다음 그림은 무엇을 나타낸 것인가?

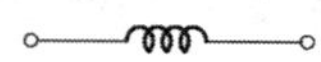

㉮ 저항　　㉯ 전압
㉰ 인덕턴스　　㉱ 커패시턴스

13 정격전압에서 1[kW]의 전력을 소비하는 전열기에서 정격 전압의 60[%]전압을 가할 때의 소비전력[W]은?

㉮ 1000　　㉯ 600
㉰ 540　　㉱ 360

14 자기장 내에 있는 도체에 전류를 흐르게 하면 발생되는 힘 F[N]는? (단, B는 자속밀도, l은 도체의 길이, I는 전류, θ는 자기장과 도체가 이루는 각도이다.)

㉮ $F = BIl\sin\theta$
㉯ $F = BIl\cos\theta$
㉰ $F = BIl\tan\theta$
㉱ $F = BIl\tan^{-1}\theta$

Answer 07 ㉮ 08 ㉮ 09 ㉰ 10 ㉯ 11 ㉯ 12 ㉰ 13 ㉱ 14 ㉮

15 콘덴서의 용량을 결정하는 요소가 아닌 것은?

㉮ 극판간의 거리
㉯ 서로 대면하는 극판의 넓이
㉰ 극판사이의 유전체 종류
㉱ 극판을 만드는 금속체의 종류

16 100[V]의 전위차로 5[A]의 전류가 2분간 흘렀을 때 이때 전기는 몇 [J]의 일을 하는가?

㉮ 100 ㉯ 6000
㉰ 60000 ㉱ 500

17 저항 R1, R2, R3이 직렬로 연결되어 있을 때와 이들이 병렬로 연결되어 있을 때의 합성저항의 비(직렬/병렬)는 얼마인가?, R1 = R2 = R3이다.)

㉮ 1 ㉯ 3
㉰ 6 ㉱ 9

18 연산증폭기에서 출력 오프셋 전압의 측정조건은?

㉮ 입력단자 개방 ㉯ 입력단자 접지
㉰ 입력단자 단락 ㉱ 출력단자 개방

19 정전용량을 크게 하는 방법은?

㉮ 유전율을 작게 한다.
㉯ 비유전율을 작게 한다.
㉰ 금속판의 단면적을 크게 한다.
㉱ 극판 간격을 크게 한다.

20 연산 증폭기를 이용한 적분기에서 궤환 경로는 무엇으로 구성되는가?

㉮ 저항
㉯ 커패시터
㉰ 직렬로 연결된 저항과 커패시터
㉱ 병렬로 연결된 저항과 커패시터

21 변압기의 기본이 되는 동작원리는 무엇인가?

㉮ 자기 인덕턴스
㉯ 상호 캐피시턴스
㉰ 코일사이의 공기
㉱ 상호 인덕턴스

22 RLC 직렬회로에서 공진이 되기 위한 공급 전원의 주파수 f[Hz]는? (단, $R[\Omega]$, L[H], C[F]이다.)

㉮ $f = \dfrac{1}{RC}$ ㉯ $f = \dfrac{1}{2\pi LC}$
㉰ $f = \dfrac{1}{\sqrt{2\pi LC}}$ ㉱ $f = \dfrac{1}{2\pi\sqrt{LC}}$

Answer 15 ㉱ 16 ㉰ 17 ㉱ 18 ㉯ 19 ㉰ 20 ㉯ 21 ㉱ 22 ㉱

23 120[V]의 전압을 가할 때 500[mA]의 전류가 흐르는 백열전등의 저항(R)과 전력(P)은 각각 얼마인가?

㉮ R = 0.24[Ω], P = 6[W]
㉯ R = 0.24[Ω], P = 1.2[W]
㉰ R = 240[Ω], P = 120[W]
㉱ R = 240[Ω], P = 60[W]

24 다음 회로에서 저항 $R_2[\Omega]$의 전압 강하 V_2[V]는 몇 볼트[V]인가?

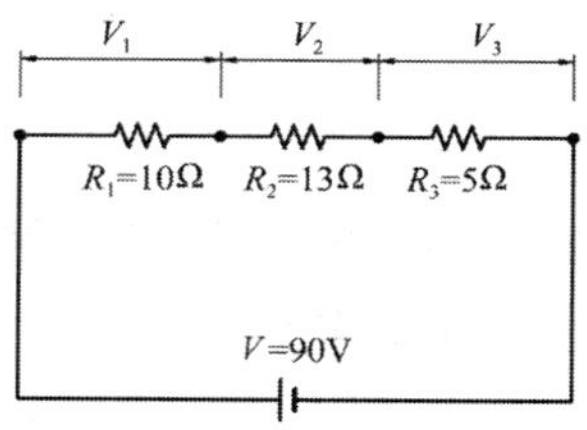

㉮ 20　　㉯ 30
㉰ 45　　㉱ 60

25 전하들 사이에는 서로 끌어 당기거나 미는 힘이 존재하는데 이러한 힘을 무엇이라 하는가?

㉮ 전기력　　㉯ 자기력
㉰ 전력　　㉱ 중력

26 다음 중 설명이 틀린 것은?

㉮ 도체의 저항은 도체 단면적에 반비례한다.
㉯ 콘덴서에 전압을 가하는 순간에 콘덴서는 단락 상태가 된다.
㉰ 고유저항의 단위는 [Ω/m]이다.
㉱ 같은 부호의 전하끼리는 반발력을 갖는다.

27 다음 설명 중 틀린 것은?

㉮ 코일은 직렬로 연결할수록 인덕턴스가 커진다.
㉯ 콘덴서는 직렬로 연결할수록 용량이 커진다.
㉰ 저항은 병렬로 연결할수록 저항이 작아진다.
㉱ 리액턴스는 주파수의 함수이다.

28 다음 그림과 같은 파형의 주파수는?

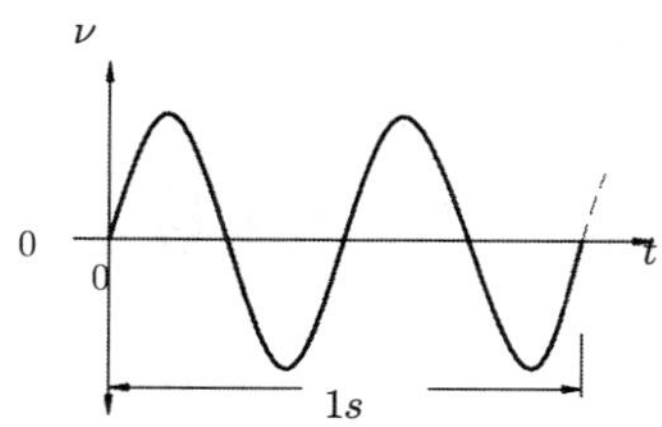

㉮ 1[Hz]　　㉯ 2[Hz]
㉰ 4[Hz]　　㉱ 8[Hz

Answer 23 ㉱ 24 ㉰ 25 ㉮ 26 ㉰ 27 ㉯ 28 ㉯

29 직류 전류에 의해 발생되는 전기장은?

㉮ 극성이 변하지 않는 교번자장
㉯ 극성이 변하고 일정한 자장
㉰ 극성이 변하지 않는 일정한 자장
㉱ 연속적으로 극성이 변하는 교번자장

30 자장 속에서 도선에 전류가 흐를 때 전류가 받는 힘의 크기와 거리가 먼 것은?

㉮ 전류의 세기에 비례한다.
㉯ 자장의 세기에 반비례한다.
㉰ 자장 속에 있는 도선의 길이에 비례한다.
㉱ 직각일 때 힘의 크기는 최대가 된다.

31 공기 중에서 자속 밀도 5[Wb/m^2]의 평등 자장 속에 길이 10[cm]의 직선 도선을 자장의 방향과 직각으로 놓고 여기에 4[A]의 전류를 흐르게 하면 도선이 받는 힘(N)은?

㉮ 1　　㉯ 2
㉰ 3　　㉱ 4

32 자장의 세기에 대한 단위 중 올바르게 나타낸 것은?

㉮ A/m　　㉯ AT/m
㉰ AV/m　　㉱ A·Ω/m

33 동일 조건에서 코일의 권수만을 10배 증가하였을 때 인덕턴스의 값은?

㉮ 7배 증가　　㉯ 10배 증가
㉰ 50배 증가　　㉱ 100배 증가

34 정격 전압에서 600[W]의 전력을 소비하는 저항에 정격의 90[%]의 전압을 가했을 때의 전력은?

㉮ 486[W]　　㉯ 540[W]
㉰ 550[W]　　㉱ 560[W]

35 플래밍의 왼손법칙의 방향 요소에 해당되지 않는 것은?

㉮ 전압　　㉯ 전자력
㉰ 자속　　㉱ 전류

36 다음 중 비반전 증폭기의 설명 중 옳은 것은?

㉮ 입력신호 위상과 출력신호 위상이 같은 증폭기이다.
㉯ 출력신호 위상이 입력신호 위상에 비하여 90도 앞서는 증폭기이다.
㉰ 수학적인 미분연산을 행하는 증폭기이다.
㉱ 전압이득이 1에 가까운 증폭기이다.

Answer 29 ㉰ 30 ㉯ 31 ㉯ 32 ㉯ 33 ㉱ 34 ㉮ 35 ㉮ 36 ㉮

37 정전용량이 C인 콘텐서 3개를 직렬로 접속한 경우 전체 합성용량은?

㉮ $6C$　　㉯ $3C$

㉰ $\frac{C}{3}$　　㉱ $\frac{C}{6}$

38 어떤 도선에 5[A]의 전류를 1분간 흘렸다면 이 도선을 통하여 이동한 전하량은 몇 [C]인가?

㉮ 3　　㉯ 20

㉰ 180　　㉱ 300

39 평행한 두 개의 도체 사이에 전류를 흘렸을 때, 흡입력이 작용했다면 전류의 방향은?

㉮ 두 도선의 전류방향은 같다.

㉯ 한쪽 도선에만 흐른다.

㉰ 두 도선의 전류방향은 반대이다.

㉱ 두 도선의 전류방향은 서로 수직이다.

40 정전용량 10[F]에 직류를 가했을 때, 용량 리액턴스 $X_c[\Omega]$의 값은?

㉮ 1　　㉯ 0

㉰ ∞　　㉱ 45

41 자장 안에 있는 도체가 운동하면서 자장의 자속을 끊으면 기전력이 유도되는 법칙을 적용한 기기로 맞는 것은?

㉮ 전동기　　㉯ 변압기

㉰ 발전기　　㉱ 건전지

42 전기에너지와 열에너지 사이의 변환관계를 결정하는 법칙은?

㉮ 패러데이법칙

㉯ 오옴의 법칙

㉰ 키르히호프의 법칙

㉱ 주울의 법칙

43 RLC 직렬회로의 임피던스 Z는?

㉮ $Z=\sqrt{R^2+(X_L-X_C)^2}$

㉯ $Z=R+X_L+X_C$

㉰ $Z=\sqrt{R^2+(X_L+X_C)^2}$

㉱ $Z=R+X_L-X_C$

44 저항 $R[\Omega]$을 다음 그림과 같이 접속했을 때, 합성저항은 몇 $[\Omega]$인가?

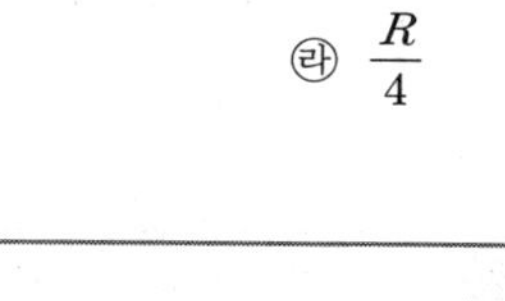

㉮ $4R$　　㉯ $\frac{3}{4}R$

㉰ $\frac{4}{R}$　　㉱ $\frac{R}{4}$

Answer 37 ㉰ 38 ㉱ 39 ㉮ 40 ㉯ 41 ㉰ 42 ㉱ 43 ㉮ 44 ㉱

45 정현파 교류의 실효값이 100[V]이고 주파수가 60[Hz]인 경우 전압의 순시값은?

㉮ $e = 141.4\sin 377t$
㉯ $e = 100\sin 377t$
㉰ $e = 141.4\sin 120t$
㉱ $e = 100\sin 120t$

46 리액턴스에 대한 설명으로 틀린 것은?

㉮ 자체 인덕턴스가 클수록 유도 리액턴스 값은 커진다.
㉯ 정전용량이 작아질수록 용량 리액턴스의 값은 커진다.
㉰ 교류전압의 주파수가 커질수록 용량 리액턴스의 값은 작아진다.
㉱ 교류전압의 주파수가 커질수록 유도 리액턴스의 값은 작아진다.

47 RL 직렬회로에 인가되는 전압의 주파수가 감소하면 위상각은?

㉮ 증가한다.
㉯ 감소한다.
㉰ 변함없다.
㉱ 일정시간 증가 후 감소한다.

48 RL 병렬회로의 임피던스는?

㉮ $\frac{R}{(R^2+X_L^{\ 2})}$ ㉯ $\frac{X_L}{(R^2+X_L^{\ 2})}$
㉰ $X_L\sqrt{R^2+X_L^{\ 2}}$ ㉱ $\frac{RX_L}{\sqrt{R^2+X_L^{\ 2}}}$

49 아래 회로의 출력 전압값으로 옳은 것은?

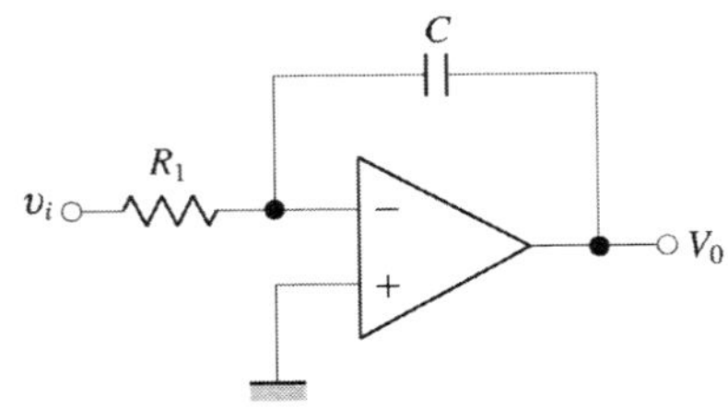

㉮ $V_o = -\frac{1}{CR_i}\frac{dv_2}{dt}$
㉯ $V_o = -CB_i\frac{dv_i}{dt}$
㉰ $V_o = -\frac{1}{CR_i}\int v_i dt$
㉱ $V_o = -CR_i\int V_i dt$

50 다이오드에 관한 설명 중 틀린 것은?

㉮ 제너 다이오드는 정전압 회로에 응용된다.
㉯ 쇼트키 다이오드는 디지털 컴퓨터 등에 응용된다.
㉰ 터널 다이오드는 포지티브(positive) 저항 특성을 이용한 다이오드이다.
㉱ 포토 다이오드는 동작 영역이 역방향 바이어스 영역으로 제한되는 반도체이다.

51 사인파의 주파수가 60[Hz]라면 주기는 몇 [ms]인가?

㉮ 16.7 ㉯ 57.7
㉰ 70.7 ㉱ 86.6

Answer 45 ㉮ 46 ㉱ 47 ㉯ 48 ㉱ 49 ㉰ 50 ㉱ 51 ㉮

52 다음 회로에서 a, b 사이의 합성 저항값 Rs[Ω]는?

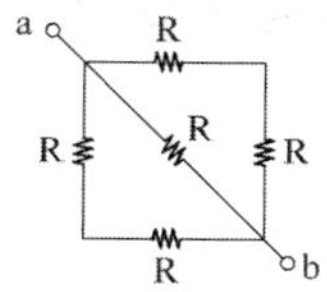

㉮ 5　㉯ R/4
㉰ R/1　㉱ 2R

53 교류 신호에서 각속도 ω는 주기 T 및 주파수 f와 어떤 관계가 있는가?

㉮ 비례, 비례　㉯ 반비례, 비례
㉰ 반비례, 반비례　㉱ 비례, 반비례

54 200[kΩ]의 저항과 10[μF]의 콘덴서가 직렬로 연결된 회로의 시정수[sec]는?

㉮ 1　㉯ 2
㉰ 3　㉱ 4

55 연산증폭기(OP-Amp)에 대한 설명 중 옳지 않은 것은?

㉮ 아날로그(analog) 계산 회로에 이용된다.
㉯ 입력 임피던스는 무한대에 가깝다.
㉰ 차동증폭기가 주축이 된다.
㉱ 고이득 병렬전류 음되먹임 증폭기이다.

56 "전자유도에 의하여 회로에 유기되는 기전력은 이 회로와 쇄교하는 지속이 증가 또는 감소하는 정도에 비례한다."를 의미하는 것은?

㉮ 자석의 성질
㉯ 쿨롱의 법칙(Coulomb's law)
㉰ 자기 모멘트(Magnetic moment)
㉱ 페러데이 법칙(Faraday's law)

57 부하의 역률이 0.8인 경우 무효전력이 60VAR이면 유효전력은 몇 [W]인가?

㉮ 20　㉯ 48
㉰ 60　㉱ 80

58 진공 중에서 세기가 각각 10^{-4}[wb], 10^{-5}[wb]인 2개의 자극이 거리 1[m]만큼 떨어져 있을 때, 자극간의 힘 F는 몇 [N]인가?

㉮ 6.33×10^{-4}　㉯ 1.7241×10^{-4}
㉰ 6.33×10^{-5}　㉱ 1.7241×10^{-5}

59 전류에 관한 설명 중 옳은 것은?

㉮ 전자의 흐름이 전류이다.
㉯ 전류의 이동방향은 전자의 이동방향과 같다.
㉰ 전류는 저항에 비례한다.
㉱ 전류는 전기적인 압력에 반비례한다.

Answer 52 ㉰ 53 ㉯ 54 ㉯ 55 ㉱ 56 ㉱ 57 ㉱ 58 ㉰ 59 ㉮

60 감은 횟수 30회의 코일에 0.4[A]의 전류를 흘렸을 때 2×10^{-3}[wb]의 자속이 발생하여 코일에 쇄교하였다. 이때 자체 유도에서의 자체 인덕턴스값은?

㉮ $L=1$[H] ㉯ $L=0.15$[H]
㉰ $L=0.8$[H] ㉱ $L=12$[H]

61 어떤 정현파의 전압의 평균값이 191[V]이면 최대값 V는 얼마인가?

㉮ 약 150 ㉯ 약 250
㉰ 약 300 ㉱ 약 400

62 변압기의 원리는 다음 주 어느 것을 이용한 것인가?

㉮ 공진현상
㉯ 옴의 법칙
㉰ 전자유도 원리
㉱ 키르히호프의 법칙

63 이상적인 연산 증폭기의 설명 중 틀린 것은?

㉮ 전압이득 $A_v=\infty$
㉯ 출력저항 $R_2=0$
㉰ 대역폭 $BW=\infty$
㉱ 입력저항 $R_1=0$

64 100[V], 60[Hz]의 교류회로에서 용량 리액턴스 Xc = 5[Ω]일 때 이 회로에 흐르는 전류는 얼마인가?

㉮ 10[A] ㉯ 20[A]
㉰ 30[A] ㉱ 40[A]

65 전자유도 현상에 의하여 생기는 유도 기전력의 크기를 정의하는 법칙은?

㉮ 패러데이 법칙
㉯ 렌쯔의 법칙
㉰ 플래밍의 왼손의 법칙
㉱ 암페어의 오른나사의 법칙

66 R-L-C 병렬회로에서 리액턴스 성분에 관한 식은?

㉮ $wL-wC$ ㉯ $X_L-\frac{1}{X_c}$
㉰ $\frac{1}{wL}-wC$ ㉱ X_L-X_c

67 키르히호프의 전압법칙(K.V.L)에 대한 설명 중 잘못된 것은?

㉮ 이 법칙은 회로소자의 시변, 시불변에 구애받지 아니한다.
㉯ 이 법칙은 선형소자로만 이루어진 회로에 적용된다.
㉰ 이 법칙은 집중 정수회로에 적용된다.
㉱ 이 법칙은 회로소자의 선형, 비선형에 구관하게 적용된다.

Answer 60 ㉯ 61 ㉰ 62 ㉰ 63 ㉱ 64 ㉯ 65 ㉮ 66 ㉰ 67 ㉯

68 다음 회로에 흐르는 실효전류(I_{sm})와 R_2에서 강하되는 실효전압(V_{tm})을 구하면? (단, 표시된 전압 V_s는 실효값이다.)

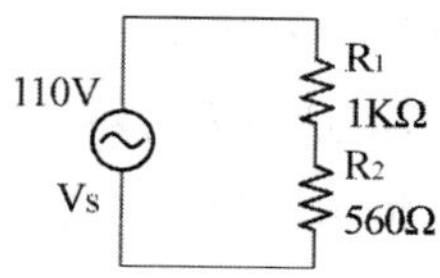

㉮ I_{sm} = 약 70.5[A], V_{tm} = 39.48[V]
㉯ I_{sm} = 약 70.5[mA], V_{tm} = 39.48[V]
㉰ I_{sm} = 약 70.5[μA], V_{tm} = 70.5[V]
㉱ I_{sm} = 약 70.5[mA], V_{tm} = 70.5[V]

69 자기장 내에 있는 도체에 전류를 흐르게 하면 발생되는 힘 F[N]는? (단, B는 자속밀도, L은 도체의 길이, I는 전류, θ는 자기장과 도체가 이루는 각도이다.)

㉮ $F = BIL\sin\theta$
㉯ $F = BIL\cos\theta$
㉰ $F = BIL\tan\theta$
㉱ $F = BIL\tan^{-1}\theta$

70 평행으로 놓여있는 두 도선에 전류의 방향이 같은 방향으로 흐르고 있을 때 이 도선 사이에는 어떠한 현상이 발생하는가?

㉮ 아무런 현상도 발생하지 않는다.
㉯ 서로간에 미는 힘이 발생한다.
㉰ 가운데 지점을 중심으로 회전하려는 힘이 발생한다.
㉱ 인력이 발생한다.

71 자장 안에 있는 도체가 운동하면서 자장의 자속을 끊으면 기전력이 유도되는 법칙을 적용한 기기는?

㉮ 전동기 ㉯ 변압기
㉰ 발전기 ㉱ 건전지

72 다음의 설명 중 바르지 않은 것은?

㉮ 교류전압의 주파수가 커질수록 유도 리액턴스의 값은 작아진다.
㉯ 자체 인덕턴스가 클수록 유도 리액턴스 값은 커진다.
㉰ 교류 전압의 주파수가 커질수록 용량 리액턴스의 값은 작아진다.
㉱ 정전용량이 작아질수록 용량 리액턴스의 값은 커진다.

73 저항값이 5[Ω]과 10[Ω]의 저항이 직렬로 접속되었을 때 100[V]의 전압을 인가했을 경우 전체회로에 흐르는 전류[A]는?

㉮ 6.7 ㉯ 10
㉰ 20 ㉱ 30

74 피상전력이 80[kVA], 유효전력이 60[KV]일 때의 역률 cosθ는 얼마인가?

㉮ 0.25 ㉯ 0.5
㉰ 0.75 ㉱ 1

Answer 68 ㉯ 69 ㉮ 70 ㉱ 71 ㉰ 72 ㉮ 73 ㉮ 74 ㉰

75 코일에 전류가 흘러 그 양단에 역기전력을 일으킬 때의 전류의 방향과 기전력의 방향에 관계되는 법칙은?

㉮ 렌쯔의 법칙 ㉯ 암페어의 법칙
㉰ 줄의 법칙 ㉱ 쿨롱의 법칙

76 다음 중 유도전압에 대한 설명 중 틀린 것은?

㉮ 유도전압은 오직 자속의 변화에만 의존한다.
㉯ 패러데이의 법칙은 유도전압의 크기를 결정한다.
㉰ Lenz의 법칙은 유도전압의 극성을 결정한다.
㉱ 유도전압은 코일의 turn 수에 반비례하여 발생된다.

77 다음 교류에 대한 설명 중에서 잘못된 것은?

㉮ 순시값은 정해진 값이 아니고 어떤 시각이 주어지면 비로소 그 시각에서의 순시값이 결정된다.
㉯ 순시값 중에서 가장 큰 값을 최대값이라 한다.
㉰ 사인파 교류의 실효값 I와 최대값 I_m과의 관계는 $I = I_m\sqrt{2}$ [A]이다.
㉱ 순시값이 0으로 되는 순간부터 다음 0으로 되는 순간까지의 정의 반주기에 대한 순시값의 평균을 평균값이라 한다.

78 저항 R_1과 R_2를 직렬로 접속하고, V의 전압을 가할 때 저항 R_1 양단의 전압은?

㉮ $[R_1/(R_1 + R_2)]V$
㉯ $[(R_1 + R_2)/(R_1 - R_2)]V$
㉰ $[R_2/(R_1 + R_2)]V$
㉱ $[(R_1 + R_2)/(R_1 \cdot R_2)]V$

79 이상적인 연산증폭기(OP-AMP)의 특성에 대한 설명 중 맞는 것은?

㉮ 입력 임피던스는 매우 작다.
㉯ 출력 임피던스는 무한대이다.
㉰ 입력신호가 없을 경우에는 출력신호는 offset 전압을 갖는다.
㉱ 주파수 대역폭은 무한대이다.

80 다음 그림은 어느 증폭기 회로인가?

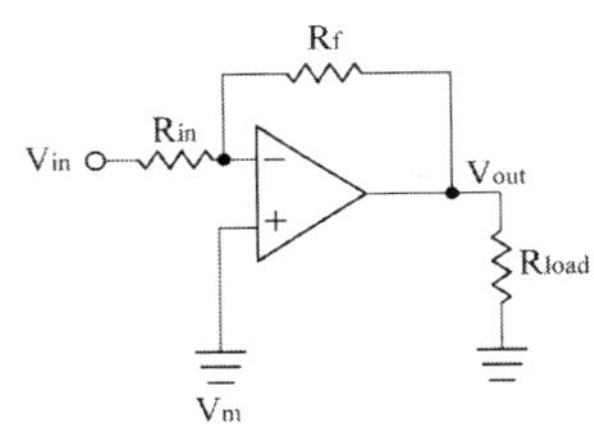

㉮ 가산기 회로
㉯ 감산기 회로
㉰ 반전 증폭기 회로
㉱ 비반전 증폭기 회로

Answer 75 ㉮ 76 ㉮ 77 ㉰ 78 ㉮ 79 ㉱ 80 ㉰

81 교류의 크기를 나타내는 방법 중 시시각각으로 변하는 임의의 순간 크기를 나타내는 방법은 어느 것인가?

㉮ 순시값 ㉯ 최대값
㉰ 평균값 ㉱ 실효값

82 다음 전기저항에 관한 설명 중 틀린 것은?

㉮ 전기저항은 도체의 길이에 비례한다.
㉯ 전기저항은 도체의 단면적에 비례한다.
㉰ 저항률(ρ)은 길이에 반비례한다.
㉱ 저항률(ρ)은 단면적에 비례한다.

83 주기 $T = 5[\mu s]$일 때, 주파수 f는 몇 [kHz]인가?

㉮ 250 ㉯ 200
㉰ 400 ㉱ 300

84 쿨롱의 법칙에 관한 설명으로 잘못 기술된 것은?

㉮ 힘의 크기는 두 전하량의 곱에 비례한다.
㉯ 작용하는 힘의 방향은 두 전하를 연결하는 직선과 일치한다.
㉰ 힘의 크기는 두 전하 사이의 거리에 반비례한다.
㉱ 작용하는 힘의 두 전하가 존재하는 매질에 따라 다르다.

85 전자력(electromagnetic force)을 바르게 설명한 것은?

㉮ 자장 내에서 전류가 흘러 도체에 작용하는 힘
㉯ 전기 에너지에 의해 일을 한 속도와 힘
㉰ 음, 양의 전하가 대전되어 생기는 힘
㉱ 서로 다른 극 사이에서 흡인력이 작용하는 힘

86 다음의 설명에 적합한 것은?

> 힘은 두 전하 크기의 곱에 비례하고 두 전하 사이의 거리의 제곱에 반비례한다.

㉮ 임피던스 ㉯ 자기작용
㉰ 쿨롱의 법칙 ㉱ 옴의 법칙

87 구형파 정형회로로 사용되는 회로는?

㉮ 차동 증폭기
㉯ 슈미트 트리거 회로
㉰ OP 앰프 회로
㉱ 발진 회로

Answer 81 ㉮ 82 ㉯ 83 ㉯ 84 ㉰ 85 ㉮ 86 ㉰ 87 ㉯

88 다음 그림에서 연산증폭기의 회로 구성은?

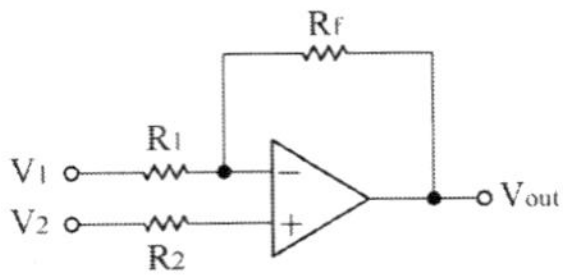

㉮ 위상반전회로
㉯ 전류증폭회로
㉰ 차동증폭회로
㉱ 부호변환증폭회로

89 R_1 = 10[Ω], R_2 = 15[Ω]의 저항을 병렬로 연결하고, 50[A]를 흐를 때, R_2에 흐르는 분류 전류는 몇 [A]인가?

㉮ 20 ㉯ 30
㉰ 40 ㉱ 50

90 다음 회로도에서 R_1 = 10[Ω], R_2 = 47[Ω], R_3 = 10[Ω]이고 I = 200[mA], V_s = 150[V]라면, R_4의 값은 몇 [Ω]인가? (단, 저항값의 이용오차는 ±5[%]이다.)

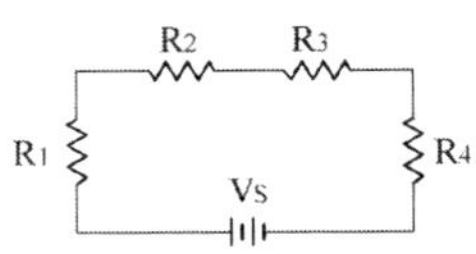

㉮ 393 ㉯ 493
㉰ 593 ㉱ 693

91 권수가 100인 코일에서 1초간에 2[wb]의 자속이 변화하면 발생되는 유도 기전력의 크기는 몇 [V]인가?

㉮ 100 ㉯ 200
㉰ 300 ㉱ 400

92 플래밍의 왼손 법칙의 방향 요소에 해당되지 않는 것은?

㉮ 운동 ㉯ 전자력
㉰ 자속 ㉱ 전류

93 다음 중 자력선(magnetic line of force)을 나타내는 설명 중 적합한 것은?

㉮ 자력이 미치는 공간을 말한다.
㉯ 자력이 내부를 통과하는 자력선이다.
㉰ 자력이 소유하고 있는 힘의 크기이다.
㉱ 자력이 미치고 있는 가상적인 선을 말한다.

94 도선에서 평행한 두 도선의 간격이 0.2[m] 거리에서 각각 도선에 2[A], 3[A]에 잔류가 같은 방향으로 흐를 때 두 도선 사이에 작용하는 힘의 크기를 구하여라.

㉮ $f = 10 \times 10^{-7}$N/M
㉯ $f = 20 \times 10^{-7}$N/M
㉰ $f = 60 \times 10^{-7}$N/M
㉱ $f = 80 \times 10^{-7}$N/M

Answer 88 ㉰ 89 ㉮ 90 ㉱ 91 ㉯ 92 ㉮ 93 ㉱ 94 ㉰

95 이상적인 연산증폭기의 특징 설명 중 틀린 것은?

㉮ 입력 저항은 수십 [kΩ] 이내이다.
㉯ 출력 저항은 0에 가깝다.
㉰ 전압 이득은 무한대이다.
㉱ 대역폭은 무한대이다.

96 연산증폭기(OP 엠프)의 설명 중 틀린 것은?

㉮ 전압 증폭도는 대단히 크다.
㉯ 대표적인 아날로그 IC이다.
㉰ 입력 및 출력 임피던스는 대단히 작은 편이다.
㉱ 가·감산 등의 계산이나 미·적분 등의 연산도 가능하다.

97 공진시 직렬 PLC 회로의 위상각은?

㉮ −90°　　㉯ +90°
㉰ 0°　　㉱ 리액턴스에 의존

98 다음 op-Amp회로는 어떤 회로인가?

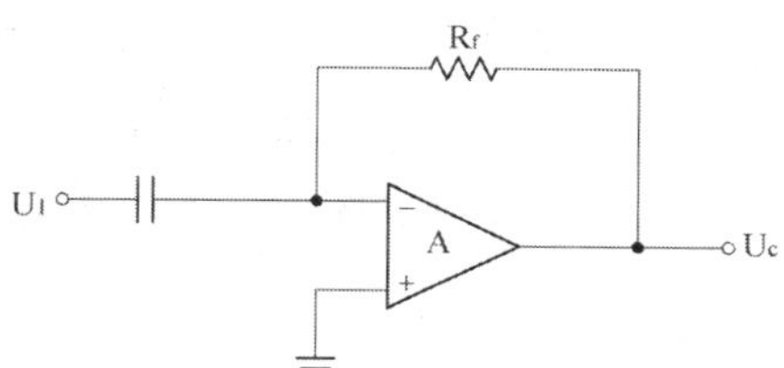

㉮ 적분기　　㉯ 가산기
㉰ 증폭기　　㉱ 미분기

99 유도 전기장이 생기는 경우는?

㉮ 전기장이 일정할 때
㉯ 자기장이 일정할 때
㉰ 자기장이 변할 때
㉱ 전기장이 변할 때

100 자속밀도의 단위는?

㉮ m/s　　㉯ Wb/m^2
㉰ AT/m　　㉱ AT

101 코일에 전류가 흘러 그 양단에 역기전력을 일으킬 때의 전류의 방향과 기전력의 방향에 관계되는 법칙은?

㉮ 렌쯔의 법칙　　㉯ 주울의 법칙
㉰ 쿨롱의 법칙　　㉱ 암페어의 법칙

102 직선 전류에 의해서 그 주위에 생기는 자기장의 방향은?

㉮ 전류의 방향
㉯ 전류의 반대 방향
㉰ 왼나사의 회전 방향
㉱ 오른나사의 회전 방향

Answer 95 ㉮ 96 ㉰ 97 ㉰ 98 ㉱ 99 ㉰ 100 ㉯ 101 ㉮ 102 ㉱

103 그림과 같이 자장 내에 있는 도체에 전류 (i)가 지면 안으로 흘러 들어갈 경우 도체가 받는 힘의 방향으로 맞는 것은?

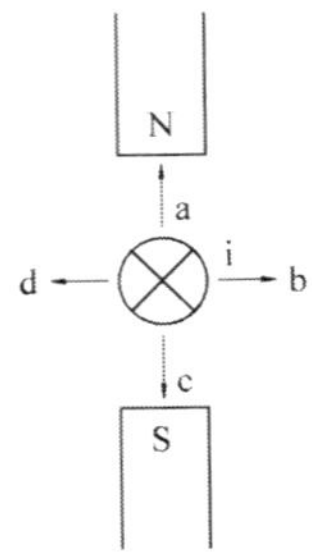

㉮ a　　㉯ b
㉰ c　　㉱ d

104 교류전류 i를 어떤 저항 R에 임의의 시간 동안 흐르게 했을 때 발열량이 같은 저항 R에 직류전류 I를 같은 시간 동안 흐르게 했을 때의 발열량과 같을 때 그 교류전류 I를 무엇이라 하는가?

㉮ 순시값
㉯ 최대값
㉰ 평균값
㉱ 실효값

Answer 103 ㉱ 104 ㉱

CHAPTER

03

서보 및 스테핑모터

Mechatronics Engineering

Mechatronics Engineering

CHAPTER 03 서보 및 스테핑모터

제1절 서보모터의 기초와 특성

① 서보모터의 개요

우리들의 생활은 다양한 모터에 의해서 지원되고 있다. 예를 들면 엘리베이터나 에스컬레이터 및 공장의 기기설비를 동작시키고 전철을 달리게 하며 냉장고나 에어컨, 비디오텍 등, 그 수를 헤아릴 수가 없다. 그리고 그 가운데에서 교류라면 인덕션모터나 싱크로너스 모터가, 그리고 직류라면 DC 모터나 브러시리스 모터 또는 스테핑모터 등이 사용되고 있다.

기구와 결합하여 구동력을 얻는 기계부품으로 예전에는 유·공압기기들을 많이 사용하여 왔다. 그러나 더욱 더 빠른 응답성과 정밀 제어가 요구되면서 서보모터에 의한 구동방법이 개발되었고 전력전자 및 제어기술, 자성재료의 발달은 더욱 작고 특성이 우수한 서보 제어 시스템을 만들게 되었다.

또한 동특성이 우수한 DC 모터로부터 DC 모터 최대의 문제점인 브러시에 의한 여러 가지 문제점을 개선하고 DC 모터와 같이 선형 제어성이 우수하고 브러시 없는 AC 서보모터로 발전되어 최근에는 디지털에 의하여 제어되는 고성능의 AC 서보모터의 개발을 탄생하도록 하였다.
모터를 한 마디로 표현하면 [그림 3-1] 그림처럼 '전기적 에너지를 기계적 에너지로 변환하는 장치'라고 할 수 있다.

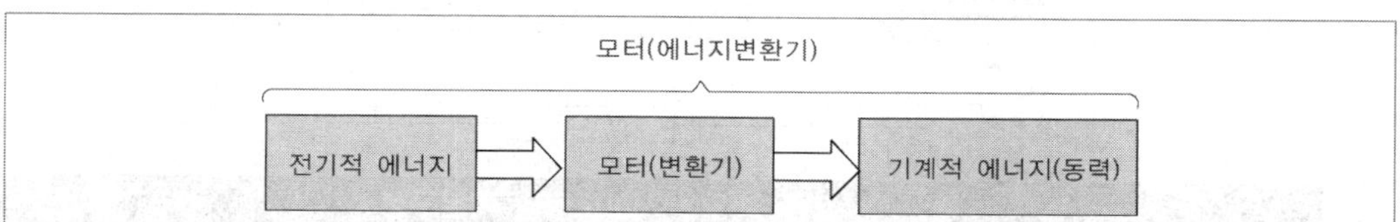

• 그림 3-1 • 모터의 개념

또 다른 용어의 해석으로 자연 중에 존재하고 있는 에너지를 우리가 쓸모 있는 에너지로 변환하는 장치를 기계(機械) 혹은 기구(器具)라 통칭하는데, 특히 전자장(電磁場)의 현상을 이용하여 전기에너지를 회전 또는 직선 운동에너지와 같은 역학적 에너지(Mechanical Energy)로 변환시켜 주는 에너지 변환장치를 전동기(이하 "모터")라 한다. 전기·기계 에너지의 상호변환 개념은 [그림 3-2]와 같다.

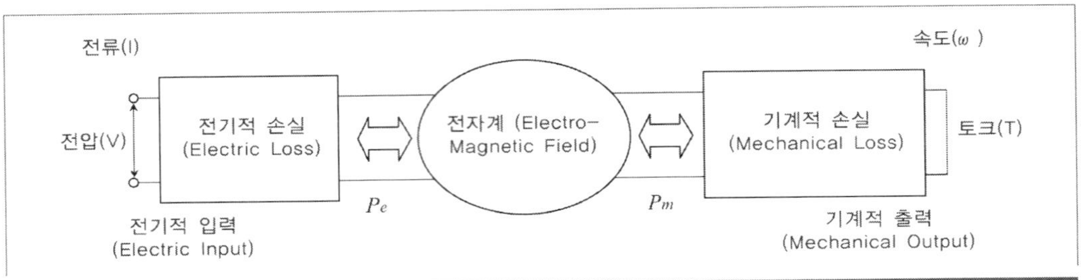

• 그림 3-2 • 모터의 전기적·기계적 상호변환도

그런데 모터의 제어기술을 습득하기 위해 회로기술은 물론이거니와 그것에 부수된 모터의 특성도 중요하다. 특히 고정밀도의 제어, 구동 부하의 상태는 제어회로의 구성에도 크게 관계되고 있다. 따라서 이 장에서는 기본적인 서보모터의 종류, 특징을 배우고 아울러 서보모터의 기본적인 사용방법을 익힐 수 있도록 내용을 정리하였다.

여기서 SERVO란 말의 어원은 SERV(하인)라는 뜻으로부터 시작되었고, 서보시스템이란 지령(command)에 따라 충실히 수행하는 시스템을 통칭하여 칭하고 있다. 즉 물체의 위치, 속도, 방위, 자세 등을 제어량으로 하고 목표치에 추종하도록 구성된 제어기이다. 따라서 서보 시스템은 아래 그림과 같은 특징을 갖고 있다.

① 반드시 상위로부터 지령을 받아 동작하고
② 받은 지령을 충실히 수행하기 위하여 자체적인 피드백 제어 시스템을 갖고 있다.

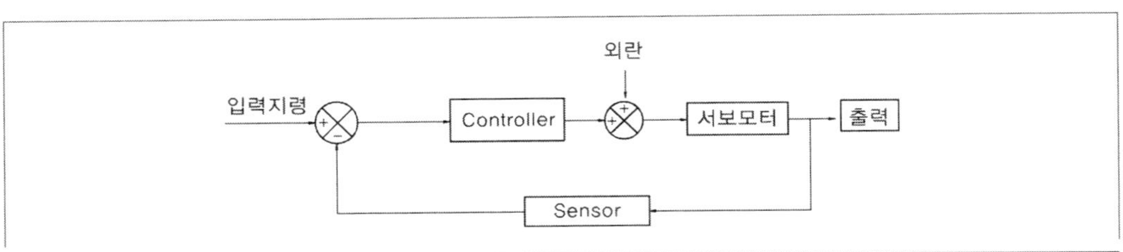

• 그림 3-3 • 서보모터의 기본구성

따라서 서보모터란 기준입력지령(속도 또는 위치)에 대응하여 빈번한 가감속 운전 및 신속한 추종능력 등 동적인 성능이 탁월한 제어용 모터를 말한다.

서보모터의 요구조건은 아래와 같다.

① 가감속시의 응답이 빠르며, 중량당 발생 토크 용량이 클 것
② 빈번한 기동, 정지, 정 역전 운전 등이 연속적으로 행해질 수 있으며, 가혹한 동작에 견딜 수 있도록 견고한 구조를 가질 것
③ 모터의 속도-토크 특성이 선형적이고, 신호가 0일때 제동 토크 가질 것
④ 회전 방향에 따른 특성상의 차이가 거의 없을 것
⑤ 순시 과대입력에서 출력이 포화하지 않고 여유도가 클 것
⑥ 과부하, 충격부하에 견딜 수 있는 충분한 기계적 강도를 가질 것

1. 서보모터와 스테핑모터

서보모터는 앞서 얘기한 바와 같이 센서를 이용하여 피드백제어를 함으로써 지령에 대하여 고속, 고정밀로 추종하는 특징을 갖는 것에 반하여, 스테핑모터는 위치를 펄스단위로 분해하여 지령펄스 만큼 위치를 이동하지만, 위치센서가 없어서 탈조가 발생할 경우 위치가 틀어지는 문제점을 갖고 있다. 이를 보완하기 위하여 최근에는 위치센서를 부착하여 피드백 제어를 하는데, 엄밀히 말하면 이 경우는 스테핑 서보모터라 칭하여도 큰 무리가 없다.

스테핑모터는 펄스 단위로 위치이동을 함에 따라 제어회로가 간단하여 가격이 싼 장점이 있으나, 진동 및 소음이 심하고, 대출력이 어려워 소형 제어시스템에서 주로 이용된다.

2. AC 서보모터와 DC 서보모터

DC 서보모터는 1985년 이전에 주로 사용되어 왔고, 정류자에 의한 소음 및 분진 발생의 문제점과 브러쉬 마모에 따른 유지보수의 문제점으로 인하여 브러쉬가 없는 형식의 AC 서보모터로 1985년 이후 급격히 대체되었다.

3. 소형정밀제어 모터

소형 정밀제어 모터는 크게 AC 모터, DC 모터, 브러시리스(Brushless) DC 모터 및 릴럭턴스(Reluctance) 모터로 구분된다.

• 그림 3-4 • 모터의 종류별 특성

| 표 3-1 | 모터의 종류별 특징

구분	세부 종목	특징	모터 종류
직류 모터	코어리스 모터	고정자에 영구자석 사용 회전자에 철심 넣지 않은 소형	원통형(Cap형) 원판형(디스크형)
	브러시리스 모터	회전자에 영구자석 삽입 브러시 없는 소형 정밀 모터	내부 회전자형 외부 회전자형
	마이크로 모터	고정자에 영구자석을 사용한 초소형 정밀 모터	FG, TG 방식 전자거버너 방식
	스테핑모터	회전자를 스텝상으로 회전	PM형, VR형, 하이브리드형
	DC 서보모터	제어용 모터로 특수하게 구성 평활 전기자 구조	슬롯 부착형, 슬로트리스형
교류 모터	동기 모터	반작용 토크 이용 및 회전자에 히스테리시스 재료를 사용하여 히스테리시스 토크를 이용 영구자석 및 다극의 유도자를 회전자가 지닌 소형 정밀 모터	반작용형 히스테리시스형 인덕터형
	유도 모터	유도전류에 기준한 유도 토크를 이용한 소형 정밀 모터	단상형, 콘덴서 시동형, 2상 농형, 3상 농형, 리니어 모터

AC 모터는 신뢰성과 내환경성에서 우수한 특성을 갖고 있어 가전분야와 공작기계를 포함한 산업용 기기분야에서 폭넓은 시장을 형성하고 있으나, 다른 소형 정밀제어 모터에 비해

상대적으로 낮은 효율과 제어의 어려움 때문에 고효율화가 요구되는 가전분야에서 다른 모터(브러시리스 모터 또는 릴럭턴스 모터)로 지속적인 전환이 일어나고 있다.

브러시리스 DC(Brushless Direct Current : BLDC) 모터의 경우 고에너지밀도를 갖는 영구자석을 이용함으로써 고효율화 및 소형화에 유리하고 수명이 길다는 장점을 갖고 있어 90년대 이후 빠르게 발전한 컴퓨터 산업을 포함한 정보화 산업에 그 적용이 급신장하고 있으며, 최근에는 각종 산업용 및 운송수단의 구동원으로 채용하기 위하여 많은 연구개발이 이루어지고 있다.

BLDC는 브러쉬와 정류자를 사용한 일반적으로 많이 쓰이는 PMDC(Permanent Manet DC) 모터의 브러쉬와 정류자를 제거하고, 이의 역할을 Power Chip을 사용한 전자회로로 대치한 것을 말하는데, 정류자 역할만을 대신하는 회로를 만들어 주기 때문에 뒤에 설명하는 PMSM 보다는 훨씬 회로가 간단하다. 반면에 정밀한 콘트롤은 대개 불가능하다. PMDC 처럼 그냥 주어진 전압을 가지고 상마다 On/Off를 통해 전류를 공급해줄 뿐이다.

이러한 이유로, 일반 DC모터의 공식에서 보듯이 BLDC는 전압이 주어지고 부하가 주어지면 전류와 RPM이 결정된다. 즉, 전압이 고정되어 있는 경우, 부하에 따라 천천히(부하가 클때) 돌기도 하고 빠르게 돌기도 하는 것이다.
릴럭턴스 모터는 크게 스위치드(Switched) 릴럭턴스 모터(이하 "SRM")와 스테핑(Stepping) 모터로 구분할 수 있다. 이러한 모터는 반도체 소자를 이용한 스위칭 제어방식으로 구동되므로 정밀제어가 가능하고 저렴한 가격으로 모터를 구성할 수 있으며, 고 출력밀도 및 고효율화의 특징을 갖고 있어 산업/사무/계측기기 및 주변기기에 제어용 모터, 구동용 모터로 많은 시장을 형성하고 있다. 아래 그림의 SRM의 회전자는 규소강판으로만 이루어져 자장에 의해 회전한다.

• 그림 3-5 • 스위치드(Switched) 릴럭턴스 모터

이와 같은 모터 외에도 특수모터인 초음파 모터와 리니어(Linear) 모터가 있다. 초음파 모터의 경우 기존의 모터 구조와 다른 구조로 크기의 제한을 탈피할 수 있으며, 저속운전 시 높은 토크를 얻을 수 있어 카메라 등을 포함하는 정밀기기의 구동원으로 그 수요의 증대가 기대되고 있다.

리니어 모터의 경우 기존의 모터 구동원리에 따른 구분이 아니라, 외관상 모터 구동방향이 기존의 모터와 상이함에 따라 분류되는 명칭으로서, 고속/고정밀도의 직선 왕복운동용으로 개발되어 각종 정밀장비 등의 축 구동용으로 그 사용이 증가하고 있다.

[표 3-2]는 기존의 브러시 타입 DC 소형모터와 소형 정밀제어모터의 특성을 비교한 것이며, 소형 정밀제어모터의 수요 분야를 정리하면 다음의 [표 3-3]과 같다.

| 표 3-2 | 각종 소형 정밀제어모터의 특성 비교

항목	DC 모터	AC 모터	브러시리스 모터	릴럭턴스 모터
제조 가격	높음	낮음	보통	최저가
유지 보수	필요	불필요	불필요	불필요
신뢰성	낮음	높음	높음	높음
수명	짧음	반영구	반영구	영구적
모터 크기	큼	보통	소형	소형
출력 밀도	적음	보통	큼	큼
발전 가능	희박	희박	높음	높음
시장 추세	축소	하락	확대	확대

| 표 3-3 | 소형 정밀제어모터의 분류 및 수요분야

분류	수요분야	응용가능기기
AC 모터	산업기기	소형 ROBOT, 공작기계, 자동화 전용기 등
	계측기기	계측기용 FAN 모터 등
	가전기기	냉장고, 에어컨 등
브러시리스 DC 모터	A/V기기	VIDEO, LDP, HEAD-PHONE STEREO 등
	정밀기기	시계, 카메라, SLIDE PROJECT 등
	가전기기	SHAVER, 전동 BRUSH, VCR 등
	사무기기	PRINTER, DATA RECORDER, FDD, HDD 등
릴럭턴스 모터	산업기기	소형 ROBOT, 공작기계, 조립자동화 기기 등
	사무기기	PRINTER, FDD, HDD, FAX, 복사기 등
	계측기기	기록계, X-Y PLOTTER 등
특수모터	정밀기기	카메라, 정밀ACTUATOR 등

제2절 Serve Motor

서보모터는 모터에 입력되는 전력, 즉 전압과 전류를 제어하여 모터로부터 원하는 특성을 갖도록 제어하는 것인데, 일반적으로 모터 제어에 있어서 제어를 하여 얻고자 하는 요소는 서보모터에 일정한 회전력, 반발력을 가지도록 제어하는 토크 제어가 있고 서보모터를 일정한 회전력으로 일정 속도를 유지하도록 하는 것이 속도제어, 그리고 원하는 회전수와 위치에 정확한 정지를 하여 제어하는 위치제어, 세가지 형태로 분류할 수 있다.
서보모터의 종류는 [그림 3-7]에 나타내었다.

① 서보모터의 종류

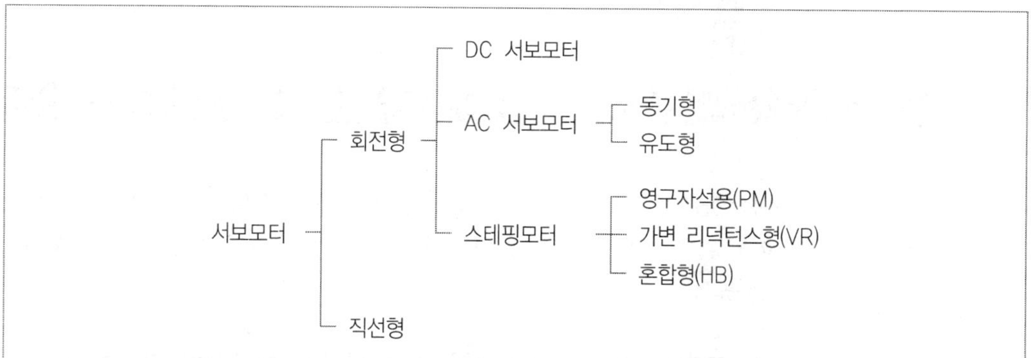

• 그림 3-6 • 서보모터의 분류

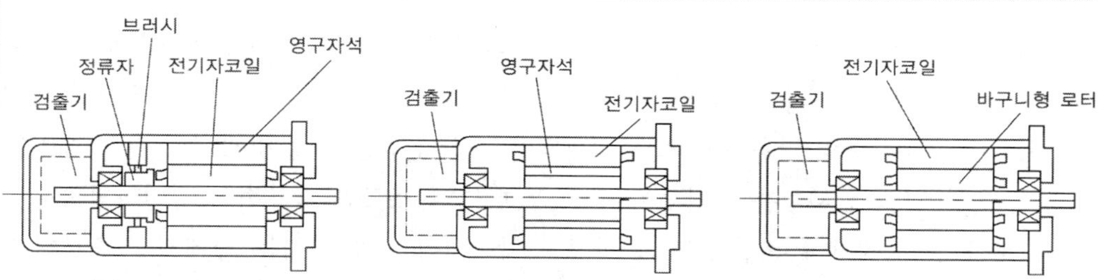

(a) DC 서보모터 (b) SM형 AC 서보모터 (c) IM형 AC 서보모터

• 그림 3-7 • 서보모터의 종류별 구조

1. DC Servo Motor

DC Servo Motor의 구조는 앞 그림에서 보는 바와 같이 고정자측 구성은 기계적 지지를 목적으로 하는 원통형의 프레임과 프레임 내경에는 자석이 부착되어 있다. 회전자측 구성은 샤프트와 샤프트 외경에 정류자 및 회전자 철심이 부착되어 있고 회전자 철심 내에 전기자 권선(Coil)이 감겨져 있다. 전기자 권선에 정류자를 통하여 전류를 공급하는 브러시(Brush) 및 브러시(Brush Holder) 홀더가 부착되어 있다.

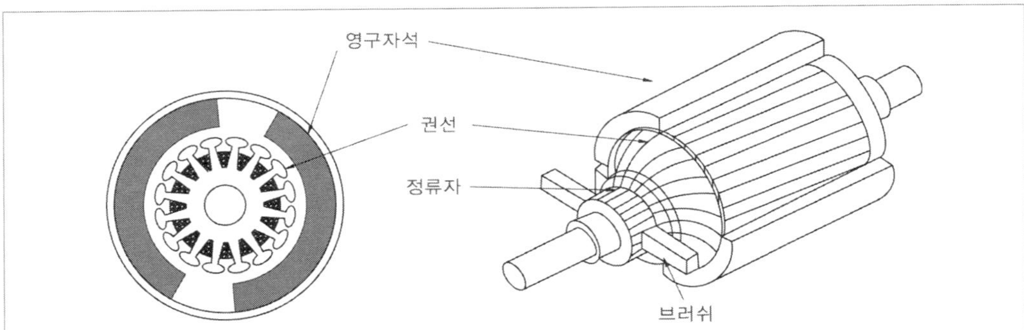

• 그림 3-8 • DC 서보모터 단면과 구조

브라켓과 플랜지에는 볼 베어링이 있어서 회전자를 받쳐주고 있다. Bracket 뒤쪽에는 회전 속도신호를 검출하는 검출기가 회전자와 연결되어 있는데 광학식 인코더 혹은 타고 제너레이터를 많이 사용한다.

DC Servo Motor는 토크와 전류가 비례하여 선형 제어계의 구성이 가능하므로 비교적 간단한 회로로 안정된 제어계 설계가 가능하다. DC Servo Motor는 최고 속도와 그 점에서의 허용 토크는 정류 불꽃에 의해 제약을 받는다.

DC Servo Motor의 구동 방식은 트랜지스터에 의한 펄스폭 변조방식이 주류를 이룬다. 이 방식은 사용 주파수 전원을 정류하여 직류를 얻어 이 직류 전원이 모터에 인가되는 시간폭을 주파수의 반송파에 의해 변화되어 가변 전압을 만들어 모터의 속도 제어를 행한다. 이런 방식의 제어는 응답성이 좋고 부하 마찰 토크가 국부적으로 변화하므로 다관절 로봇과 같이 자세에 의한 모터축 환산 부하관성이 크게 변하는 계에서도 충분히 안정된 제어를 행할 수 있다.

2. 동기기형 AC Servo Motor

SM형(Synchronous Type AC Servo Motor) 혹은 브러시리스 DC 서보모터(Brushless DC Servo Motor)라고도 한다.

고정자측 구성은 기계적 지지를 목적으로 하는 원통형의 프레임과 프레임 내경에 원통형의 고정자 코어(Stator Core)가 있고 코어에 전기자 권선이 감겨져 있다. 권선 끝단에는 리드선이 나와 있어서 이 리드선으로부터 전류 및 전압이 공급된다.

회전자측 구성은 샤프트와 샤프트 외경에 자석이 부착되어 있다. 양쪽 브라켓 및 플랜지에는 볼 베어링이 부착되어 있다.

동기기형 AC 서보모터는 DC 서보모터와 반대로 자석이 회전자에 부착되어 있고 전기자 권선은 고정자측에 감겨져 있다. 따라서 정류자나 커뮤니케이터 없이도 외부로부터 직접 전원을 공급받을 수 있는 구조이기 때문에 브러시리스 DC 서보모터라고도 한다.

동기기형 AC 서보모터도 DC 서보모터와 마찬가지로 광학식 인코더나 리졸버를 회전속도 검출기로 사용한다. 동기기형 AC서보모터는 회전자에 자석, 즉 페라이트 자석 혹은 희토류(Rare Earth) 자석을 사용하여 계자 역할을 한다.

동기기형 AC 서보모터는 전기자 잔류와 토크의 관계가 선형이므로 제동이 용이하고 비상정지시에 다이나믹 브레이크가 작동한다. 그러나 회전자에 영구자석을 사용하는 구조이므로 복잡하고 제어시 회전자 위치를 검출해야 할 필요가 있다. 또한 드라이브로부터의 전기자전류에는 고주파 성분이 포함되어 있어서 토크 리플(Torque Ripple) 및 진동의 원인이 되는 경우가 있다.

3. 유도기형 AC Servo Motor

IM형 서보모터(Induction Type AC Servo Motor)하고도 하는 유도기형 AC 서보모터의 구조는 일반 유도기(Induction Motor)의 구조와 똑같다. 즉, 고정자측은 프레임, 고정자 코어, 전기자 권선, 리드선으로 구성되어 있고, 회전자는 샤프트, 회전자 코어, 그리고 코어 외경에 도전체(Conductor)가 조립되어 있다. 컨덕터는 코어 외경에 축 방향으로 경사지게 많은 슬롯이 나 있는데 링 형상의 코어 양단면과 슬롯에는 순도 높은 알루미늄 봉이 차 있어서 바구니 모양과 비슷하다.

유도기의 경우 회전자와 고정자의 상대적인 위치 검출 센서가 필요치 않다.
유도기형은 회전자 구조가 간단하고 검출기도 특수한 것이 필요 없다. 그러나 정지시에도 여자전류를 계속 흘려야 하므로 이것에 의한 발열 손실과 비상정지시에 DC 서보모터와 같이 전기자 권선을 단락하여 다이나믹 브레이크를 걸어주는 것이 불가능한 것 등의 결점이 있다.

4. Stepping Motor

스테핑모터에는 하이브리드(HB)형, 영구자석(PM)형, 리럭턴트(VR)형의 3가지가 있다. HB형 스텝핑 모터의 구조는 아래 [그림 3-9]와 같다.

그림과 같이 로터의 중심부의 길이 방향으로 자화된 원통형의 영구자석이 있고 이것을 전후에서 끼우듯이 다수의 작은 기어를 가진 연자성체(대부분의 경우 성층 규소강판)가 반 피치 위상지연의 상태에서 배치되어 있다. 스테이터에 대해서는 여자용 코일의 개수가 짝수로 철심에 감겨 있다.

HB형 스테핑모터는 중심부의 자석 효과만을 보면 PM형 모터이며, 자석이 없는 연자성체만을 보면 VR형 모터가 된다.

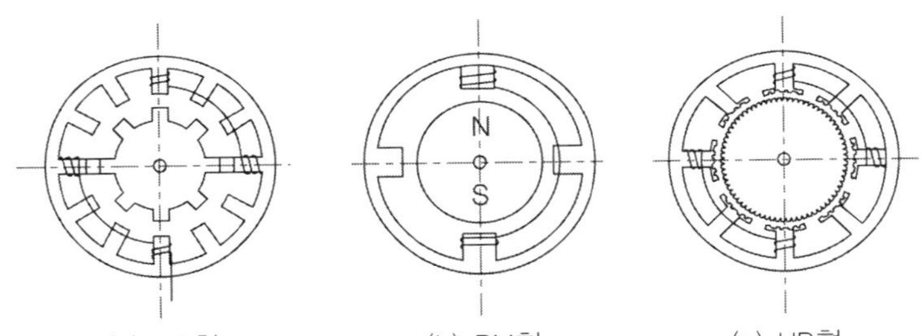

• 그림 3-9 • 스텝핑 모터의 분류

Stepping Motor는 입력 펄스 신호에 대해 여자 조건이 변할 때마다 일정각도 회전하는 모터이다. Stepping Motor의 특성은 다음과 같다.

① 모터의 회전각도는 입력펄스 신호에 완전히 비례한다.
② 1step 당 각도 오차가 작고 오차는 누적되지 않는다.
③ 기동, 정지, 정·역회전의 응답성이 좋다.
④ 디지털신호 등의 펄스입력에 Open-loop-control이 가능하고 시스템 구성회로가 간단하다.
⑤ 모터 축에 부하를 직접 연결시킨 상태에서 초저속 동기운전이 가능하다.
⑥ 브레이크 등을 사용하지 않아도 정지위치 제어가 가능하다.

⑦ 펄스 신호의 입력 주파수에 비례하여 회전속도가 가변하고 저속부터 고속회전(광범위)이 가능하다.

아래 표에 각 회전형 서보모터 특징 [표 3-4] 및 DC 및 AC 서보모터의 특성비교 [표 3-5]을 비교 정리하였다.

| 표 3-4 | 회전형 서보모터의 특징

특징 \ 종류	스테핑모터	DC 서보모터	동기형 AC 서보모터*	유도형 AC 서보모터
구조	복잡	복잡	간단	간단
브러시	없음	있음	없음	없음
제어성	간단	간단	약간 복잡	약간 복잡
출력	소출력	수[W] ~ 수[kW] 소 ~ 대출력 (고속 대출력 불가능)	수십[W] ~ 수[kW] 소 ~ 중출력	수백[W] 이상 중 ~ 대출력 (소용량에서 효율이 나쁨)
고속회전	저속	비교적 고속 (적합치 않음)	고속 (적용 可)	고속 (최적)
보수성	양호	불량	양호	양호

* 동기형 AC 서보모터 = brushless DC 모터
* 변천과정 : DC servo motor → AC servo motor

| 표 3-5 | DC 및 AC 서보모터의 특성비교

	AC 서보모터		DC 서보모터
	동기 모터형	유도 모터형	
장점	① 브러시리스로서 보수가 용이하다. ② 내환경성이 용이하다. ③ 정류한계가 없다. ④ 고 신뢰성이 크다. ⑤ 고속, 고토크 이용 가능 ⑥ 보통형의 구조는 고정자산에 권선이 있으므로 방열성이 유리하다.	① 브러시리스로서 보수가 용이하다. ② 내환경성이 용이하다. ③ 정류한계가 없다. ④ 영구자석을 사용하지 않는다. ⑤ 고속, 고토크 이용 가능하다. ⑥ 회전자 구조가 균형되어 취급 용이 ⑦ 고속회전운전에 적합하다. ⑧ 보통형의 구조는 고정자산에 권선이 있으므로 방열상 유리하다. ⑨ 회전을 위한 검출기가 불필요하다.	① 기동 토크가 크다. ② 브러시 소형, 대토크 ③ 효율이 높다. ④ 제어성이 양호하다. ⑤ 속도 제어 범위가 넓다. ⑥ 비교적 적정한 가격이다.
단점	① 시스템이 복잡하고 값이 비싸다. ② 전기적 시정수가 크다. ③ 회전을 위한 검출기가 필요하다. ④ 출력 최대 2 ~ 3[kW]가 현재 최대	① 시스템이 복잡하고 값이 비싸다. ② 전기적 시정수가 크다. ③ 출력 2 ~ 3[kW] 이하	① 브러시 마모의 기계손실이 크다. ② 브러시 수명에 의한 보수시 필요하다. ③ 접촉부(브러시)의 신뢰성이 적다. ④ 라디오 잡음이 있다. ⑤ 브러시 소음이 있다. ⑥ 정류한계 속도 있다. ⑦ 전류한계 전류 있다. ⑧ 진동에 의해 브러시의 진동이 있다. ⑨ 사용환경에 제한이 있다.

제3절 DC Serve Motor

전동기의 기본 구조를 이해하기 위하여 직류전동기에 대하여 알아보고 일반 전동기와 정밀 제어를 위한 서보모터의 차이점에 대하여 알아보기로 하겠다.

① DC Motor

1. DC Motor의 구조

모터종류에서 최초로 발명된 DC모터는 원리적으로는 자기장 속의 도체에 전류를 흐르게 함으로써 발생하는 전자기력의 응용인데, 이 메커니즘은 플레밍의 왼손 법칙으로 설명할 수 있다. DC 모터는 제어용 모터로서 매우 우수한 특성을 가지고 있다.

예를 들면 급격한 가속성, 큰 시동 토크, 리니어한 회전 특성 등 대체로 제어용 모터에 요구되는 모든 성능을 겸비한 우수한 모터이다. 그러면 여기서 실용적인 DC 모터의 구조에 대하여 설명하기로 한다.
DC 모터의 구조는 크게 로터(전기자), 계자용 마그넷, 브러시, 베어링, 모터케이스 등으로 이루어져 있다. 고정자로 영구자석을 사용하고, 회전자(전기자)로 코일을 사용하여 구성한 것으로, 전기자에 흐르는 전류의 방향을 전환함으로써 자력의 반발, 흡인력으로 회전력을 생성시키는 모터이다.

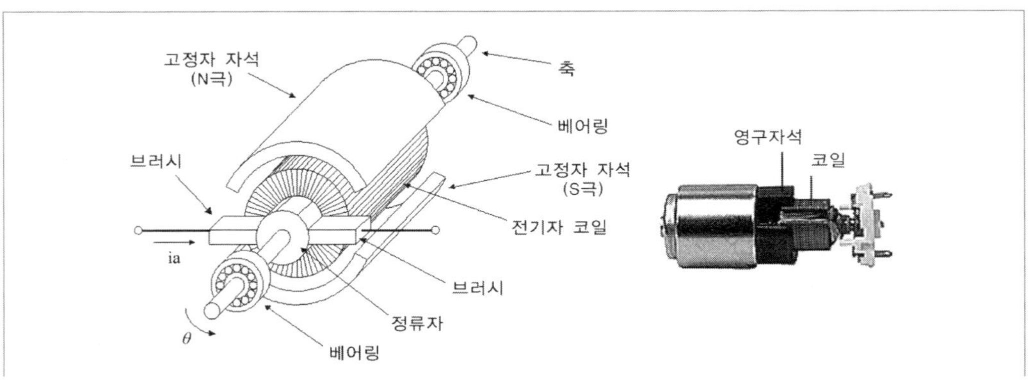

• 그림 3-10 • DC모터의 구조

- 브러시의 작용은 전기자에 전류를 공급하기 위한 섭동 접점이다.
- 정류자는 복수의 전기자 권선에 전류를 공급하는 전류전환장치이다.
- 전기자는 회전력을 발생하기 위한 전자석이고 동시에 모터의 회전체(로터)를 구성하는 것이다.
- 베어링은 로터의 회전구조를 형성하는 것인데 볼 베어링이나 오일리스 메탈이 사용되고 있다.
- 계자 마그넷은 전기자 권선에 자력을 주는 것이며 전기자에서 발생하는 전자기력과 함께 회전력을 발생시킨다.
- 기타 모터 케이스, 앞뒤 커버 등이 있는데, 이것은 모터의 회전 구조를 지지함과 동시에 보호 역할을 한다.

2. DC Motor의 종류

직류전동기는 크게 세 가지로 분류할 수 있다. [그림 3-11]에서 보여지는 것과 같이 타여자 직류전동기, 분권전동기, 직권전동기로 구분된다.

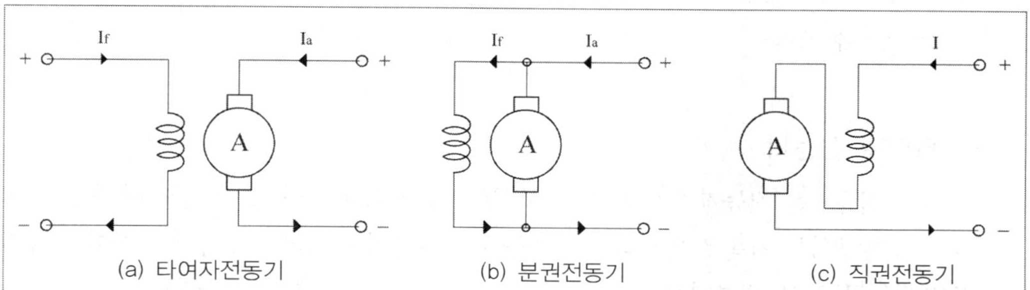

• 그림 3-11 • 직류전동기의 종류

[그림 3-11]에서와 같이 직류전동기는 자속을 발생시키는 권선부분이 있고 내부에 권선이 있어 자속을 발생하고 회전하는 회전자와 회전자에 전류를 공급하는 정류자를 가지고 있다.

직류전동기의 전기적 해석은 다음과 같다.

① 전동기의 회전력은 다음 식과 같이 나타난다.

$\tau = K_1 \phi I_a [\mathrm{N \cdot m}]$ ······························ (1)

- τ : 발생토크
- K_1 : 비례상수
- ϕ : 발생자속
- I_a : 회전자전류

위의 식에서와 같이 여자자속에 비례하고 회전자 전류에 비례한 토크를 발생한다.

② 전동기의 회전속도는 다음 식과 같다.

$n = K_2 \dfrac{V - R_a I_a}{\phi} [\mathrm{rpm/sec}]$ ······························ (2)

- n : 모터의 회전수
- K_2 : 비례상수
- V : 단자전압
- R_a : 회전자 권선저항

위의 식에서 전동기의 회전속도는 자속에 반비례하고 인가 $V - R_a I_a$에 비례한다는 것을 알 수 있다.

가. 타여자 전동기

타여자 전동기는 전동기의 여자전류를 외부에서 별도의 전원으로 공급하여 줌으로 전동기 내부에 발생하는 자속을 일정하게 유지하고 회전자에 공급되는 전류에 의하여 전동기에서 발생되는 토크가 변하게 된다.

식 (1)에서 여자자속을 일정하게 유지하고 회전자 전류를 가변하면 회전자 전류에 비례한 토크를 발생한다. 식 (2)에서 여자자속이 일정함으로 단자에 인가되는 전압에 따라 속도가 비례하여 나타남을 알 수 있다.

타여자 전동기는 넓은 범위의 속도를 정밀하게 제어할 수 있다는 특징을 가지고 있다. DC 서보모터는 타여자 전동기와 같은 특성을 가지며 여자 권선을 영구자석으로 하여 일정하게 발생시키고 크기가 작고 제어하기 쉽도록 설계되어 있다.

나. 분권 전동기

분권 전동기는 식 (1)에서와 같이 단자 전압과 I_f를 일정하게 유지하면 계자속은 거의 일정함으로 부하가 증가하면 R_aI_a의 전압강하에 따라 회전속도가 저하한다. 따라서 모터의 공급 전류 I는 I_f+I_a의 관계 이외에는 타여자 직류전동기와 유사한 속도특성을 갖는다. 단자 전압(V)이 변화하여 여자자속이 포화되지 않았을 때 무부하시 단자전압(V)의 증가는 여자자속(ϕ)도 같이 증가함으로 그다지 속도의 변화가 나타나지 않는다. 그러나 단자 전압이 증가되어 여자자속이 포화되면 I_f가 증가되어도 자속이 증가되지 않으므로 식 (2)에서 나타난 바와 같이 회전속도가 상당히 증가한다.

토크는 전기자전류 I_a에 비례하여 나타나지만 부하가 많이 증가하면 전기자 반작용에 의해 여자자속(ϕ)이 감소하여 토크는 조금 감소한다. 이러한 특성으로 환풍기나 펌프 등에 사용하기도 하지만 교류유도전동기가 있어 대치되고 있다.

다. 직권전동기

직권전동기는 여자권선과 회전자권선이 직렬로 연결되어 식 (2)에서 회전자 권선 저항 R_a는 여자권선저항 R_a를 포함하고 있게 된다.

따라서 I_a가 작고 여자자속(ϕ)이 포화되지 않은 상태라면 여자자속(ϕ)는 I_a에 비례하고 회전자의 전압강하(R_aI_a)는 단자 전압(V)에 비하여 상대적으로 매우 작아 무시한다고 하면 식 (2)는,

$$n = K_3\frac{V}{I_a}[\mathrm{rpm/sec}] \quad \cdots\cdots (3)$$

과 같이 나타낼 수 있다. 따라서 회전속도는 전동기에 공급되는 전류에 반비례하게 된다. 따라서 전동기의 회전속도는 부하의 증가에 따라 급격하게 감소됨을 알 수 있다.

또한 발생 토크는 여자자속이 포화되지 않고 식 (1)과 식 (3)에 의하여

$$\tau = K_4\phi I_a^2[\mathrm{n\cdot m}] \quad \cdots\cdots (4)$$

와 같이 나타내진다. 그러므로 부하전류가 크지 않을 동안 공급 전류의 제곱에 비례하는 큰 토크를 낼 수 있다는 특성을 가지고 있다.

그러나 부하전류가 증가하여 커지면 여자자속이 포화되어 토크는 전류에 비례하게 된다. 위와 같은 특성으로 큰 기동 토크를 요구할 경우 유리하게 되어 지하철 전동차 등에는 직권전동기를 사용한다.

정밀 제어용으로 사용되는 서보모터에는 여자 권선형전동기를 사용하지 않고 영구자석형 전동기를 사용한다.

2 DC Serve Motor

직류 서보기구에서 사용되는 서보모터의 동작 원리는 보통의 직류전동기와 같으나 회전 방향을 반전할 수 있을 것과 저속부터 고속까지 원활한 운전을 할 수 있을 것, 그리고 급속한 가속·감속을 할 수 있을 것 등이 필요한 조건이 요구되는 모터이다.

DC 모터는 브러시가 마찰에 의하여 마모되어 유지 보수가 필요하고 브러시의 마모에 의한 분진이 발생하며 브러시를 통하여 권선에 전류가 흐르게 됨으로 발생하는 전기적인 스파크와 노이즈로 인하여 여러 가지 문제점을 야기시키고 있다.

이에 AC 모터의 구조를 가지며 DC 모터의 특성을 가지는 AC 서보모터를 많이 사용하고 있으며 AC 서보모터를 구동하기 위한 전력전자 기술과 제어기술의 발달로 시스템가격이 DC 서보시스템과의 격차가 생기지 않아 AC 서보시스템으로의 전환되고 있다.

1. PMDC 모터(PMDC Motor)구조

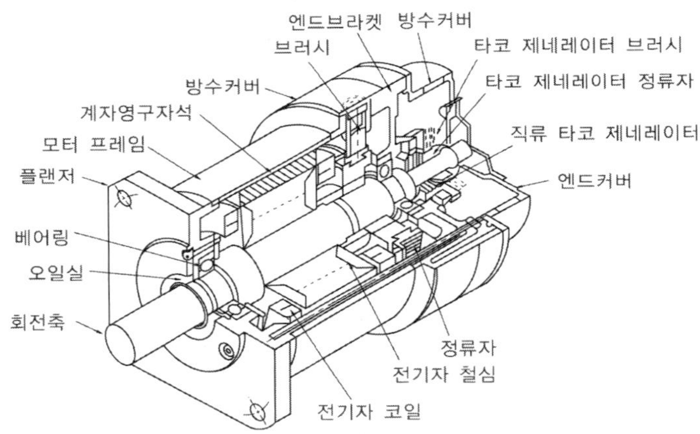

• 그림 3-12 • PMDC 모터의 단면도

브러쉬와 정류자를 사용한 일반적으로 많이 쓰이는 PMDC(Permanent Manet DC) 모터의 구조는 [그림 3-12]에서 보는 바와 같이 고정자측 구성은 자로 및 기계적 지지를 목적으로 하는 원통형의 프레임과 프레임 내경에는 자석이 부착되어 있다.

회전자측 구성은 샤프트와 샤프트 외경에 정류자 및 회전자 철심이 부착되어 있고, 회전자 철심 내에 전기자 권선(coil)이 감겨져 있다. 전기자 권선에 정류자를 통하여 전기를 공급하는 브러시 및 브러시 홀더가 부착되어 있다.

브래킷과 플랜지에는 볼 베어링이 회전자를 받쳐주고 있다. 브래킷 뒤쪽에는 회전속도 신호를 검출하는 검출기가 회전자와 연결되어 있는데 광학식 인코더 혹은 타코 제너레이터를 많이 사용한다.

PMDC 모터는 토크와 전류가 비례하여 선형제어계의 구성이 가능하므로 비교적 간단한 회로로 안정된 제어계 설계가 가능하다.

PMDC 모터는 최고속도와 그 점에서의 허용 토크는 정류 불꽃에 의해 제약을 받는다. PMDC 모터의 구동 방식은 트랜지스터에 의한 펄스폭 변조방식이 주류를 이룬다. 이 방식은 상용 주파수 전원을 정류하여 직류를 얻고, 이 직류 전원이 모터에 인가되는 시간폭을 주파수의 반송파에 의해 변화시켜 가변 전압을 만들어 모터의 속도 제어를 행하는 방식이다.

이런 방식의 제어는 응답성이 좋고 부하 마찰 토크가 국부적으로 변화하므로 다관절 로봇과 같이 자세에 의한 모터 축 환산부하 관성이 크게 변하는 계에서도 충분히 안정된 제어를 행할 수 있다.

PMDC모터는 전기자 구조에 의해 (a) 슬롯이 없는 슬롯리스(slotless) 전기자, (b) 철심없는 가동코일(moving-coil)형, (c) 철심없는 평판상 프린터 코일형, (d) 전기자 권선을 보강한 컵형 및 (e) 철심이 있고 홈이 없는 전기자의 다섯 가지 형태로 나누어진다. [그림 3-13]에는 PMDC 모터에 사용되는 각종 영구자석의 자극구조에 관한 예를 나타낸다.

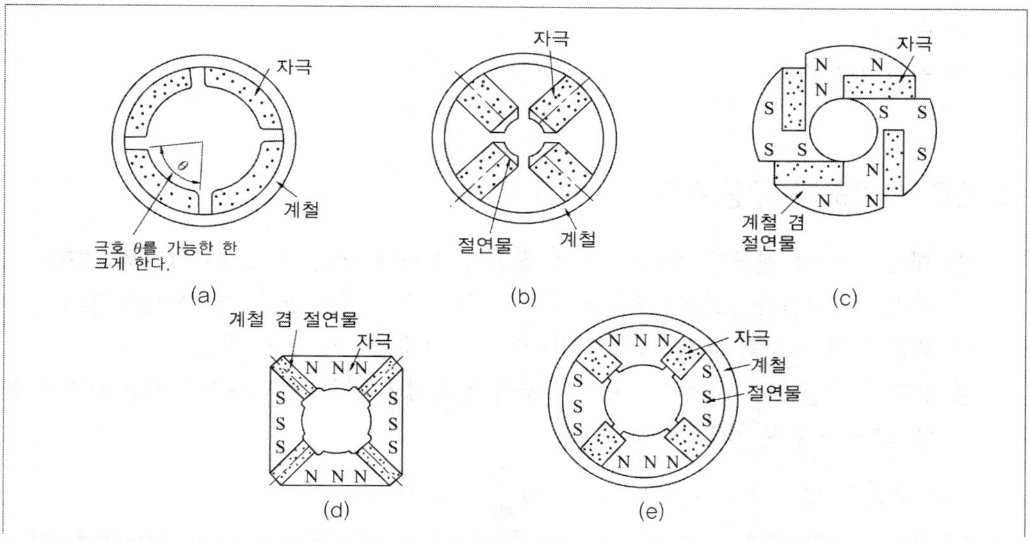

• 그림 3-13 • 각종 마그네트 자극의 계자 구조

(a) 슬롯리스는 강도, 출력, 과부하 내량 등의 면에서는 이상적인 구조이지만, 응답성(관성) 및 정류라는 면에서는 다른 구조에 비해 열세이다. 전기적 시정수가 작고 코깅이 없는 것이 특징이다.

(b) 서보모터에 있어 초고속 응답성을 이루도록 관성모멘트를 작게 하기 위해 가동부가 철심을 제외하고 코일만으로 한 구조의 것을 가동코일이라 한다. 용량면에서 수십 W 이하이고 열용량은 작다.

(c)의 프린터 모터형도 (b)와 거의 같은 형태이지만 수백 W 이하를 대상으로 하고 있다. 회전길이가 크기 때문에 의외로 응답성이 낮다.

(d)의 컵 모터 방식은 보다 더 큰 kW 급을 대상으로 하기 때문에 전기자 권선을 구조적으로 보강하고 있다. 철심이 없으므로 정류조건이 좋고 순시의 과부하, 피크 토크에 잘 견딘다.

(e)는 (b)의 용량을 증대하기 위한 것으로 자로겸 구조물인 강자성체의 축상에 전기자 권선을 배치하고 길고 가는 형상이 가능하므로 초저관성이고 동시에 정류를 용이하게 한다.

2. 제어의 기본형

DC 서보모터의 제어를 구체적인 기능으로 정리하면 아래와 같다.

① DC 서보모터에 전력을 공급하는 전력변환장치
② 전류제어 기능
③ 속도제어 기능
④ 위치제어 기능

3. DC 서보모터 구동원리

① 계자 코일에 전류를 흘리면 계자 철심이 자화(Ampere의 오른 나사의 법칙)
② 자계 속 전기자 코일에 전류를 흘리면 자기력 발생(Fleming의 왼손법칙)
③ WZ 코일 자기력 하향, YX 코일 상향 → 시계방향의 토크 발생
④ 전기자 코일 90° 회전하면 브러시 접촉 정류자의 위치 반전 → XY, WZ 코일의 전류방향 반전 → 같은 방향 회전 계속

- 로랜츠 힘 : $F = qv \times B,\ dF = dq\dfrac{dx}{dt} \times B = i_a dx \times B$

$$\therefore\ F = i_a \left(\int_0^1 dx\right) \times B = i_a l \times B$$

- i_a가 자계 B와 수직방향일 때의 힘의 크기 : $|F| = Bli_a$
  토크 τ : $\tau = R|F| = RBli_a = K_t i_a$
  (F는 자기력, R은 축중심에서 코일까지 거리, $K_t(= RBl)$는 토크상수)
- 전기자 위치 θ일 때
  - 토크 $\tau = F \cdot R\cos\theta = \tau_{max}\cos\theta$

    여기서 $\theta = \frac{\pi}{2}$에서 토크는 0이므로 시동이 불가능하므로 전기자를 복수 배치한다.
  - 12개 코일 배치(15° 간격)하면 브러시와 각 정류자의 접촉 각도는 ±7.5°이므로 토크는 일정하다.

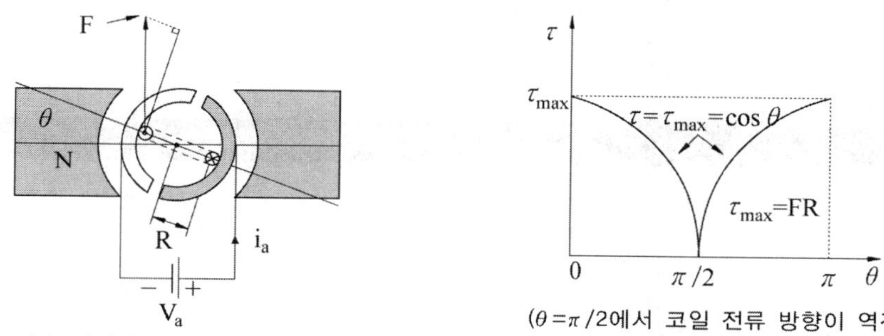

(a) 전기자 코일의 회전위치

($\theta = \pi/2$에서 코일 전류 방향이 역전)
(b) 토크의 변동

• i_a : 전류, q : 전하량, V : 속도, B : 자장의 세기, F : 자기력, R : 축중심에서 코일까지의 거리, $K_t(= RBL)$: 토크상수

• 그림 3-14 • 전기자 코일의 회전 위치에 따른 토크의 변동

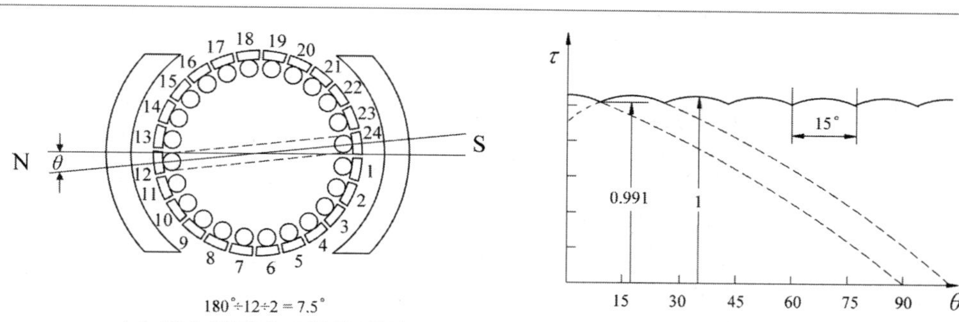

(a) 12개 전기자 코일의 간격

(b) 발생 토크,

• 그림 3-15 • 12개의 등간격 전기자 코일과 발생 토크

⑤ 역회전을 시키려면 계자나 전기자전류 중 어느 하나의 방향을 바꿈

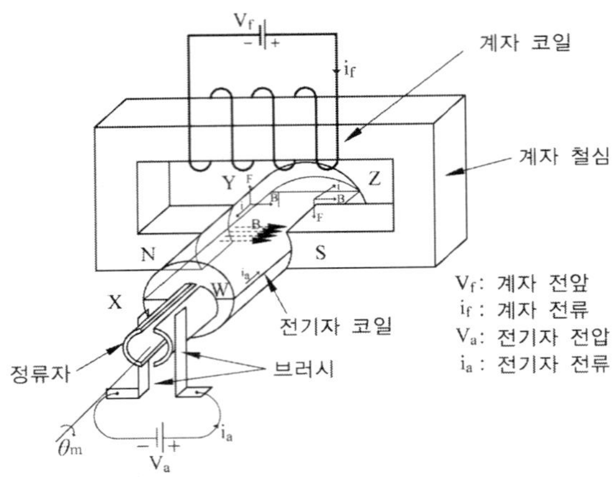

• 그림 3-16 • DC 서보모터의 구동원리

제4절 AC 서보모터

AC모터와 DC 모터를 분류하는 경우 학계에서는 전기자 권선에 공급되는 전력이 교류인가 직류인가에 따라 분류하는 방법을 사용한다. 이외의 분류방법으로는 기계적인 브러시와 정류자의 유무에 의한 분류방법이 있으며, 일반적으로는 이 분류방법이 통용되고 있다.

또한 서보모터, 스핀들모터 및 가변속모터의 구분은 엄밀한 것은 아니나, 제어성능이 가장 높은 것이 서보모터이고 다음이 스핀들모터 그리고 가변속모터 순이다. 그러므로 AC 서보모터의 정의는 제어성이 높은 위치결정 기능을 갖고 기계적인 브러시와 정류자를 갖지 않는 제어용 모터라고 하면 좋을 것이다.

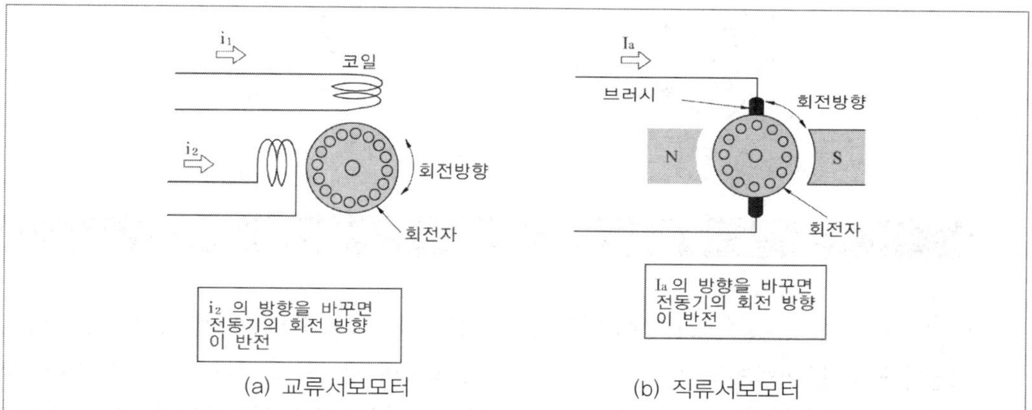

• 그림 3-17 • 교류 및 직류 서보모터의 분류방법

AC 서보모터에는 SM(Synchronous Motor)형과 IM(Induction Motor)형이 있으며, 현재 성능면에서 우수한 SM형 서보모터가 많이 사용되고 있다.

| 표 3-7 | DC 서보모터와 AC 서보모터의 특징비교

DC 서보모터	AC 서보모터
• 브러시 모터(Brushed Motor) • 제어구조가 간단하고 쉽다. • 단상으로 제어한다. • 회전 전기자형 • 회전자가 권선으로 방열 나쁘다. • 브러시의 유지 보수가 필요하다. • 기계적 구조로 최대 속도가 낮다. • 정격 용량을 크게 하기 어렵다.	• 브러시리스 모터(Brushless Motor) • 제어구조가 복잡하고 어렵다. • 3상으로 제어한다. • 회전 자계형 • 고정자가 권선으로 방열이 쉽다. • 브러시의 유지 보수가 필요없다. • 전기적 구조로 최대 속도가 높다. • 정격 용량을 크게 하기 어렵다.

AC 서보모터의 기본지식

1. 토크 발생원리

AC 서보모터는 구조로 본다면 AC 모터와 동일하다. 그러나 전용 제어장치와 조합시키면 제어성이 우수한 DC 서보모터와 동등 이상의 성능을 내는 모터가 된다.

구조를 살펴보면 DC 서보모터와 AC 서보모터는 [그림 3-18]과 같이 고정자와 회전자의 구조가 서로 반대로 되어 있다.

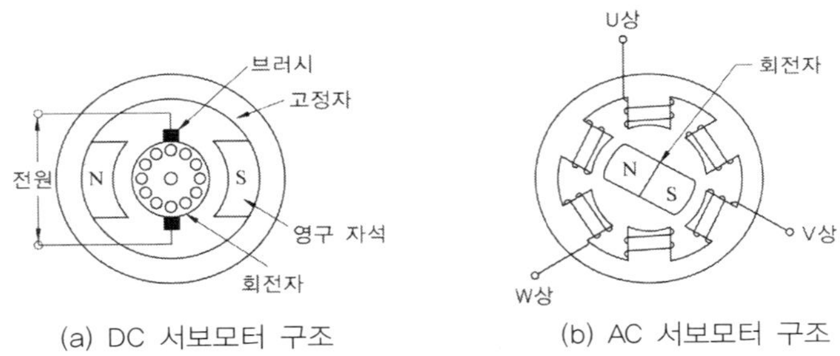

• 그림 3-18 • DC 서보모터와 AC 서보모터의 기본구조

[그림 3-18]에서 보는 바와 같이 DC 서보모터는 계자권선이 회전자에 있고 AC 서보모터는 고정자에 있다. 이렇게 대조적인 구조를 가지고 있으며 제어의 특성이 DC 서보모터의 제어특성과 같이 선형적으로 제어할 수 있다고 하여 브러시없는 DC 서보모터라고도 부르게 된다.

이러한 구조로 특장점이 구분되어지며 브러시가 있는 DC 서보모터 보다 AC 서보모터의 구조가 상대적으로 견고하고 유지보수가 용이하게 된다. [그림 3-18]의 (b)의 AC 서보모터의 구조에서 고정자의 전기적 권선만을 표시하면 [그림 3-19]과 같이 나타낼 수 있다.

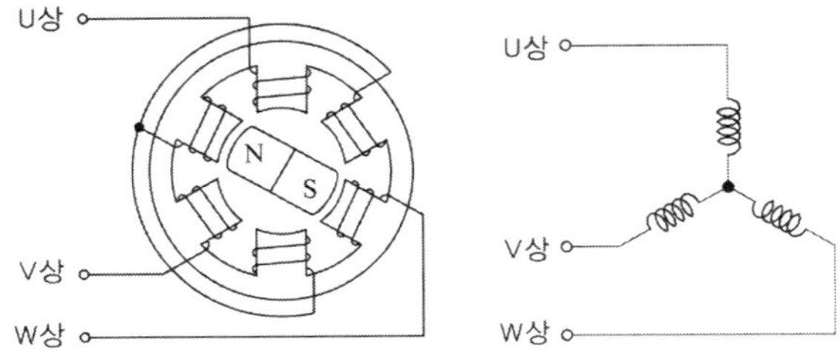

• 그림 3-19 • 3상AC 서보모터와 전기적 구성

[그림 3-19]에서 보는 것과 같이 고정자에 권선이 감겨져 있는데, 권선의 모양만을 보면 3상 권선구조를 가지고 있는 것을 볼 수 있다. 또한 [그림 3-19]은 영구 자석의 극수가 2개인 3상 2극 AC 서보모터의 구조를 나타낸 것이며, 이때 내부의 영구 자석은 회전축과 연결되어 있어 고정자 권선에 3상의 전류를 인가하면 영구 자석은 고정자의 회전자계와 동기되어 회전하도록 되어 있다. 따라서 고정자 권선에는 3상 교류전류를 공급하여야 한다.

[그림 3-19]에서는 내부 구조를 설명하기 위하여 3상 2극 서보모터의 형태로 간략하게 표현하였으나, 실제로는 2극의 서보모터보다 4극, 6극 혹은 8극의 다극 서보모터가 주류를 이루고 있으며 내부의 회전자 구조도 회전시 공기의 저항을 받지 않도록 원통형의 구조를 하고 있다.

DC 서보모터의 회전속도를 바꾸기 위해서는 일반적으로 전기자에 인가하는 전압을 변화시키는 방법을 취한다. 전기자 전압은 회전속도와 거의 비례 관계가 있고 전압을 내리면 어느 정도 속도를 내릴 수 있다. 한편, AC 모터는 일반적으로 주파수를 변화시켜 회전속도를 바꾸는데 이 주파수에는 자연히 한계가 있다.

그러면 어떤 형태로 하여 AC서보모터에 우수한 제어성을 줄 수 있는지를 DC 모터의 원리를 참고로 하여 설명한다.
[그림 3-20]은 DC 모터의 구조를 간단하게 나타낸 것이다.

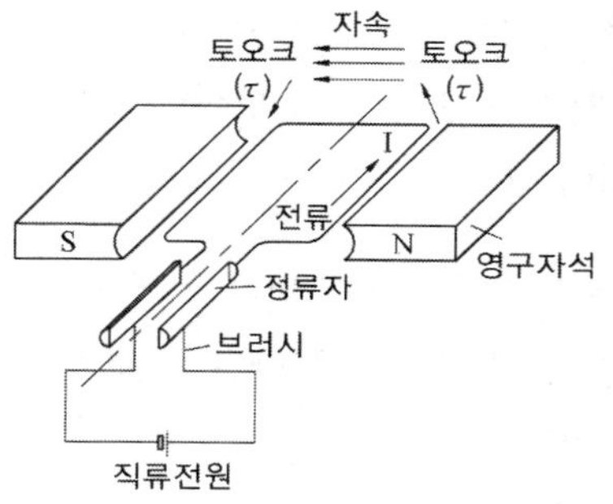

• 그림 3-20 • DC 모터의 기본원리

영구자석 N, S에 의해 자계(F)가 형성되고, 브러시와 정류자를 통한 전류(I)가 도체 내를 흐르면 플레밍의 왼손법칙에 따라, 그림에서는 화살표 방향으로 토크(T)가 발생한다.
회전자가 회전하여 약 90° 회전하면 정류자에 의해 전류방향이 뒤바뀌어 회전을 계속할 수 있다.

이 일련의 동작을 잘 생각해 보자. 그림의 상태에서 통전하여 회전을 시작하면 토크는 점점 감소하고 90°의 위치에서 0이 된다. 본래, 여기에서 정지하는 것인데 실제는 회전자의 관성때문에 조금 더 회전하여 90도°를 약간 넘은 곳에서 전류의 흐름이 뒤바뀌게 되고 토크는 점점 증가하기 시작한다.

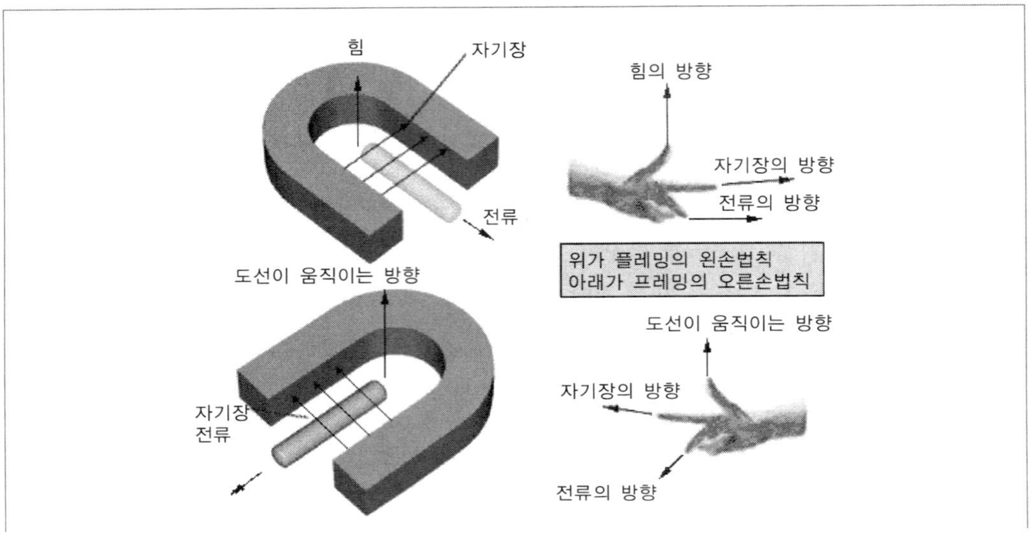

• 그림 3-21 • 플레밍의 법칙

[그림 3-20]의 모터는 특히 토크 변동이 큰 모터이다. 그러나, 실제의 모터는 정류자가 수 십개 있어, 회전자가 약간 돌면 전류의 방향이 뒤바뀌게 되어 항상 최대 토크인 곳에서 사용되는 형태로 설계되어 있다.

이와 같이 DC 모터의 구조는 자력선과 전류의 방향이 항상 직각으로 교차하는 모양으로 되어 있어, 전류에 비례한 안정된 토크를 항상 얻을 수 있다. 그렇지만 이를 위해서는 정류장치(브러쉬, 정류자)가 반드시 필요하다.

서보모터의 회전수는 회전자에 공급되는 전류의 주파수, 즉 회전 자계의 주파수와 서보모터의 자극수와 상호관계가 있는데 다음과 같은 수식으로 나타내어진다.

$$F = \frac{P}{2} \times \frac{n}{60} = \frac{P \times n}{120} [\text{Hz}]$$

- F : 고정자에 공급되는 전원의 주파수[Hz]
- P : 모터의 극수[Pole]
- n : 회전자의 속도[rpm]

여기서 입력 전원의 주파수를 알고 있을 때 회전자의 회전수를 구하여 보면

$$n = \frac{2\times 60\times F}{P} = \frac{120F}{P}\text{[rpm]}$$

따라서 만일 3상 60[Hz]의 상용 전원으로 3상 4극 서보모터를 구동한다면,

$n = \frac{120F}{P} = \frac{120\times 60}{4} = 1800\text{[rpm]}$이 된다.

위와 같이 모터의 회전수는 모터 입력 전원의 주파수와 모터의 자극수와 관계가 되며 이러한 식은 서보모터뿐만 아니라 다른 모터에도 적용되어질 수 있다. 그러므로 모터의 회전수를 알고 입력 전원의 주파수를 알면 모터의 극수를 추정할 수 있다.

② AC 모터의 구동원리

[그림 3-22]은 AC 모터의 정류자를 슬림링으로 바꾼 것이다.
지금, 브러쉬 A가 (+), 브러쉬 B가 (-)로 되는 모양으로 통전하면 DC 모터와 같은 모양의 토크가 발생하여 모터가 회전한다. 그러나 정류자가 없기 때문에 정지하여 버리므로, 적당한 시기에 전류 방향을 바꿔줄 필요가 있다.

역으로 생각하면, 전원을 교류로 하면, 그 주파수에 맞는 회전속도로 계속 돌 수 있다. 이와 같이, 전원 주파수에 동기시켜 모터를 돌리는 것이 교류모터이고, 회전자의 위치에 의해 전원의 극성을 반전시키는 것이 브러쉬리스 모터이다.

[그림 3-22]에서는 DC 모터와 비교하기 쉬운 형태로 브러쉬와 슬립링을 설치했는데, 같은 원리를 [그림 3-23]의 형태로 나타내면 브러쉬를 생략할 수 있다. [그림 3-20]을 회전 전기자형, [그림 3-23]을 회전 계자형이라 부른다. 브러쉬리스 서보모터의 경우는 회전 계자형을 사용한다.

1. 회전 전기자형 구조(BLAC 모터)

- DC 모터의 정류자를 슬립링으로 대체
- 브러시 A, B를 (+), (-)로 하여 통전하면 DC 모터와 같은 토크가 발생
- 정류자가 없기 때문에 정지하여 버리므로 회전에 맞춰 전류 방향 스위칭 필요
  → 전원을 교류로 하면 전원 주파수 속도로 계속 회전

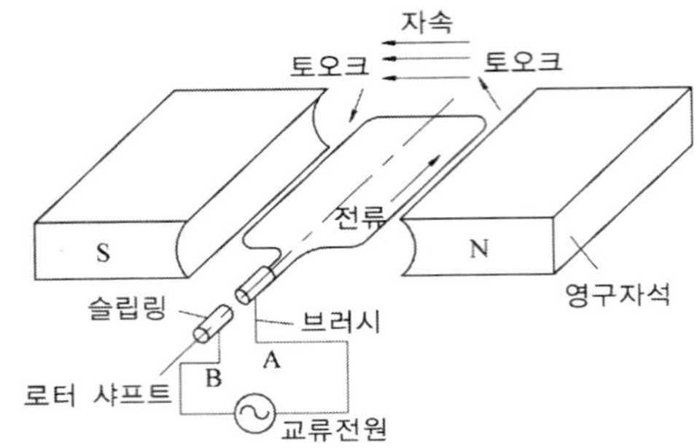

• 그림 3-22 • 회전 전기자형

2. 회전 계자형 구조(BLDC 모터)

- DC 모터의 기계적인 정류자 → 전자스위치
- 회전자 : 영구자석
- 고정자 : 아마추어 코일
- 회전자의 위치에 의해 전원의 극성을 반전시킴 → 회전자 위치 검출센서 필요

홀센서가 로터의 위치를 검출(로터에 부착된 필드용 마그네트의 극으로 감지)하여 로터의 현위치에서 토크를 발생시키도록 제어(해당 코일의 TR ON → 전류 흘림), 로터가 회전하여 홀센서가 반대의 극을 감지하면, 구동 TR OFF, 다른 TR ON → 전류 방향 역전 → 마그네트와 코일 간에 힘 계속 발생 → 계속 회전

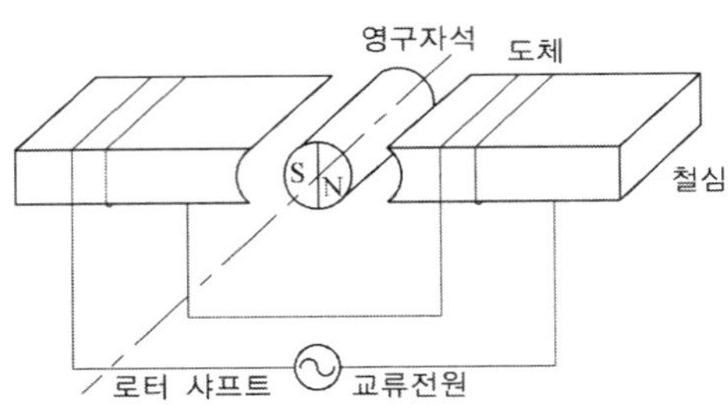

• 그림 3-23 • 회전 계자형

3. 브러시리스 서보모터의 구동시스템

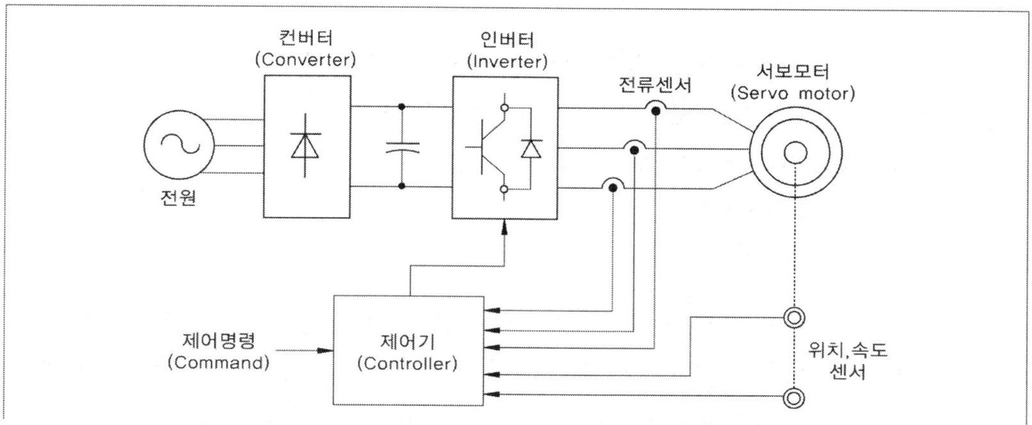

• 그림 3-24 • 브러시리스 서보모터 구동시스템

브러시리스 서보모터의 구동시스템은 [그림 3-24]에서 보는 바와 같이 컨버터, 인버터와 제어기 그리고 서보모터로 구성되어 있다.

브러시리스 서보모터는 DC 서보모터와는 달리 고정자에 3상 전류를 회전자의 자극과 동기시켜 회전시키는 구동방법을 사용하고 있다.

따라서 센서는 서보모터를 구동하기 위한 회전자의 위치를 검출하여 회전자의 현재 위치에 맞는 전류를 공급하기 위한 위치를 검출할 수 있는 엔코더(Encoder), 혹은 레졸버(Resolver)를 주로 사용한다. 그리고 속도를 검출하는 센서는 타코(Tacho)센서를 주로 사용하나 브러시리스 서보모터, 즉 AC서보모터에서는 회전자의 위치를 검출하여야 하므로 잘 사용하지 않고 내부에서 연산하여 검출한다.

③ AC 브러시리스 서보모터의 장점

AC서보모터로써 널리 사용되는 브러시리스 서보모터는 다음과 같은 장점을 가지고 있다.

- 기계적 구조가 간단하여 최대 속도가 높다.
- 권선이 고정자에 있어 용량을 크게 할 수 있다.
- 구조가 밀폐형으로 환경이 나쁜 곳에서도 신뢰성이 높다.
- 유지 보수의 용이성과 기계적 마찰이 없어서 소음이 작다.

이와 같은 장점을 가진 AC서보모터는 다음과 같은 이유로 인하여 산업현장에서 그 적용처가 늘어나고 있다.

- 새로운 전력제어 파워소자들의 개발로 가격이 저렴하였다.
- PWM 인버터의 전류 제어기술이 더욱 발달되었다.
- 새로운 영구 자성재료가 개발되었다.
- 센서기술이 발달되었다.
- 제품이 소형화되었다.

위와 같은 내용을 요약하면 AC 서보모터는 DC 서보모터의 제어특성을 가지고 있으며, 구조적으로 간단하고 견고한 구조를 가지고 있다는 것이 큰 장점이라 할 수 있다.

④ AC 서보모터의 구조

[그림 3-25]은 AC 서보모터의 구조단면이다.

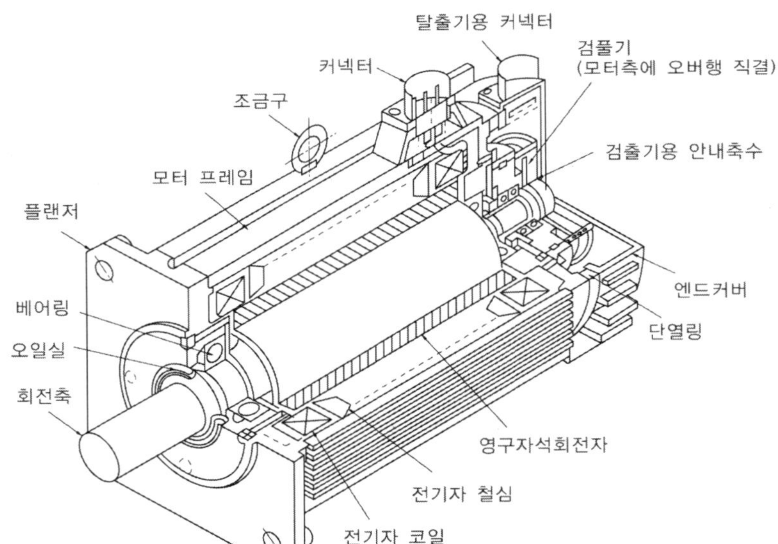

• 그림 3-25 • SM형 AC 서보모터의 구조 단면

고정자측 구성은 기계적 지지를 목적으로 하는 원통형의 프레임과 프레임 내경에 원통형의 고정자 코어(Stator Core)가 있고, 코어에 전기자 권선이 감겨져 있다. 권선 끝단에는 리드선이 나와 있어서 이 리드선으로부터 전류 및 전압이 공급된다.

회전자측 구성은 샤프트와 샤프트 외경에 자석이 부착되어 있다. 양쪽 브래킷 및 플랜지에는 볼 베어링이 부착되어 있다.

[그림 3-26]에 보이는 것처럼 자속을 만들어 내기 위한 영구자석이 회전자에 부착된 회전계자형이고, 권선은 고정자측에 설치된 고정전기자 구조이다. 결국 DC 서보모터와 비교해 보면 회전자와 고정자의 전기적 역할이 역으로 되어 있다.

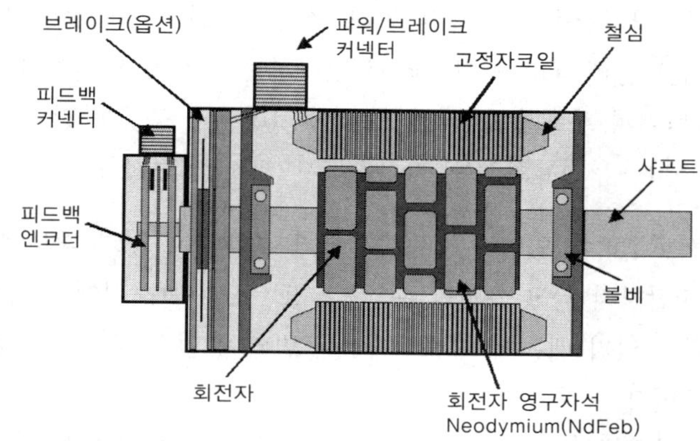

• 그림 3-26 • AC 서보모터의 구조

⑤ AC 서보모터의 구조적 특징

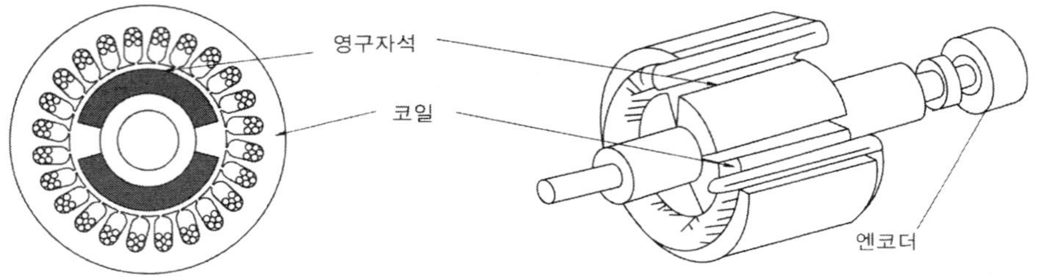

• 그림 3-27 • AC 서보모터의 구조

서보모터에서는 급가감속을 행하기 위해, 최대 토크는 정격 토크에 대하여 수배로 크게 하지 않으면 안되는데, DC 서보모터에 있어서는 가감속 영역이라 불리우는 정류한계가 있고, 이것을 넘어서 사용하면 Flash over현상(정류자 불꽃이 갑자기 광대해지는 현상)이 나타난다. 더구나 이 정류한계는 회전속도가 커지면 현저하게 저하한다.

그러나, AC 서보모터에 있어서는 정류한계가 존재하지 않기 때문에 고속 회전 영역까지 최대 토크를 저감하지 않고 운전할 수 있다. 또 AC 서보모터에 있어서는 영구자석이 회전축상에 설치되어 있기 때문에 회전자에서는 발열이 없고 모터의 발열은 고정자측의 전기자에서만 발생한다.
고정자측의 전기자에서 발생한 열은 프레임을 통하여 대기중에 발산하므로, 발열부가 회전자에 있는 DC 서보모터에 비하여 냉각이 용이하다. 또한 발열부의 온도검출이 직접 가능하기 때문에 과부하에 대해 보호가 확실한 조치를 취할 수 있다.

[그림 3-28]에 서보모터의 동작 특성을 나타내었다.

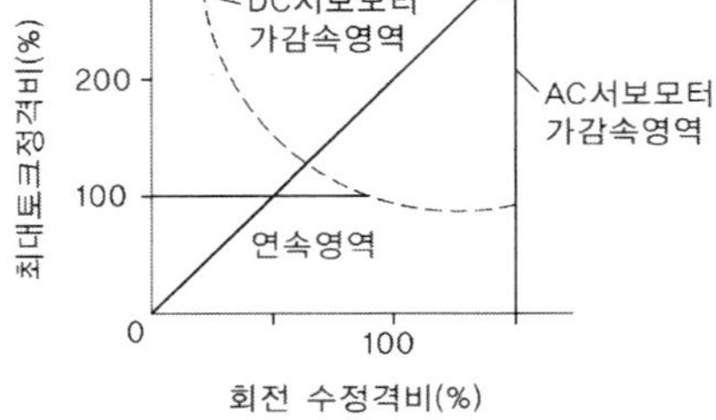

• 그림 3-28 • Servo Motor의 동작 특성도

6 AC 서보모터의 구성 요소

AC 서보모터는 회전자, 고정자, 센서 및 이것을 지탱하는 프레임, 베어링, 커플링으로 구성되고 용도에 따라서 브레이크를 내장한 타입도 있다.

1. 회전자

회전자는 회전축에 영구자석이 고정된 회전 계자형 구조이다. 계자극의 형상은 원통형(링형)과 원호형(C형)의 두 종류가 있다.

[그림 3-29]의 (a)는 원통형 영구자석을 계자극으로 한 모터의 횡단면도를 나타내고, (b)는 원호형 영구자석을 계자극으로 한 모터의 횡단면도를 나타내고 있다.

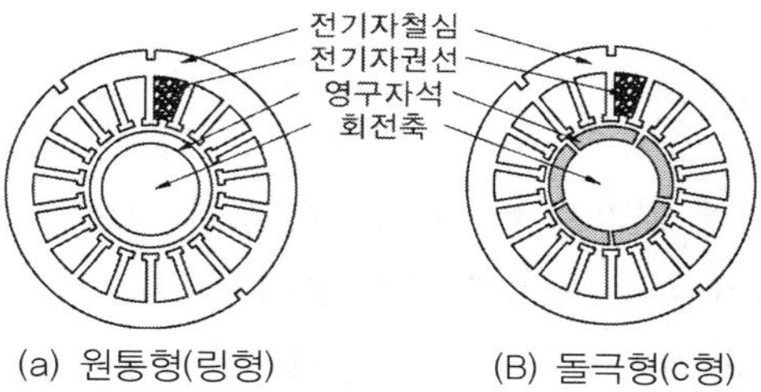

• 그림 3-29 • AC Servo Motor의 회전자 자석의 형상

2. 고정자

고정자는 전기자 철심과 전기자 권선에 의해 구성되어 있다.
전기자 철심은 0.34 ~ 0.5mm 두께의 규소강판을 쌓아 두껍게 한 것이다. 일반적으로 권선을 하기 위한 슬롯의 영향 때문에 공극에서의 자속밀도가 균일하지 않고 토크가 맥동하여 회전변동이 일어난다. 이같은 토크 리플을 저감하기 위하여 전기자 철심에 슬롯을 많이 낸다.
또 서보모터의 철심은 전기자전류의 영향을 받아서 진동하기 때문에 이 주파수가 가청주파수역에 들 경우는 소음이 난다.

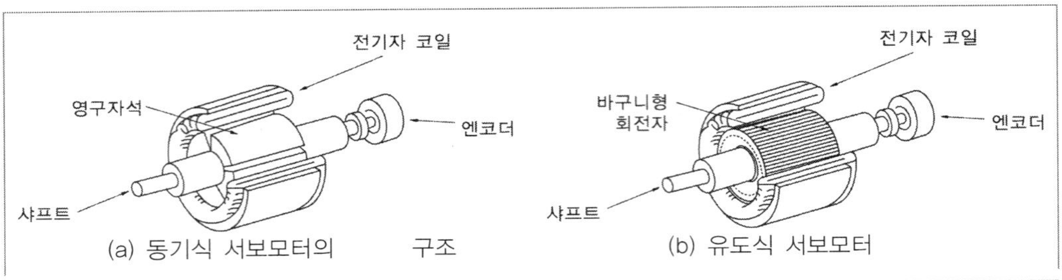

• 그림 3-30 • 동기식 및 유도식 서보모터의 구조

3. 센서

AC 서보모터의 센서는 모터의 위치 검출과 회전속도 검출의 2가지 기능이 필요하게 된다. 센서로서는 엔코더와 레졸버 등이 일반적으로 사용되고 있다.

4. 브레이크

서보모터의 사용조건에 따라서 브레이크 내장형이 필요한 경우도 있다. 브레이크는 모터의 박형화를 도모하기 위해 편평형 전자 브레이크가 주로 사용된다. 브레이크의 동작은 역작동 방식의 홀딩 브레이크이다. 예로 엘리베이터 등의 수직부하 적용시의 추락방지 등 사용된다.

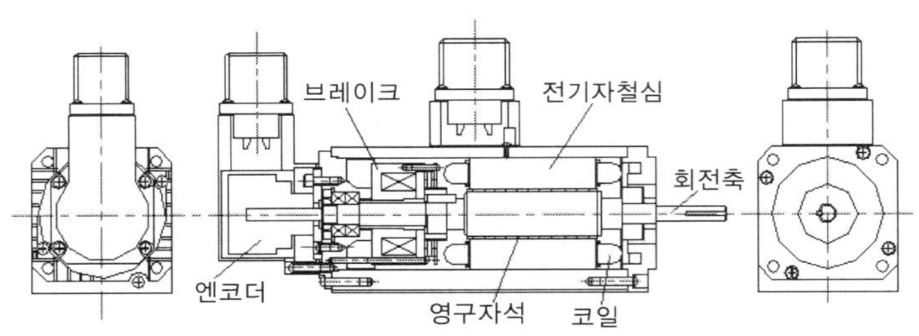

• 그림 3-31 • 브레이크가 부착된 AC 서보모터

5. 프레임

프레임은 고정자를 고정하는 기능만 하는 것이 아니고, 자로의 일부가 되기도 하고 동손 및 철손에 의한 열의 방열 통로의 기능을 한다. 따라서 열발산을 효율적으로 하기 위해서는 열전도율이 좋은 재질을 사용하여야 한다. 특히 프레임 외면에 방열판을 많이 두기도 한다.

6. 베어링

베어링은 기계적 손실이 작은 볼 베어링이 주로 사용한다. 반복적인 급가감속 운동과 회전축의 열팽창을 십분 고려하여 탈조 방지를 충분히 고려하여 설계되었다.
물과 절삭유가 쓰이는 환경에서 사용할 때는 모터 축 사이로 물과 기름의 침입을 방지하기 위해 오일 Seal을 붙이는 경우도 있다.

7. 서보모터에 사용되는 영구자석

기계적 시정수가 작고 응답성이 좋은 서보모터에는 고성능 자석이 사용된다.
그러나 모든 서보모터에 고응답성이 요구되는 것은 아니다. 부하의 관성 모멘트가 큰 경우에는 회전자 관성 모멘트가 작은 모터를 선택해서는 무의미하다.

역으로, 부하의 관성모멘트가 작을 때는 회전자 관성모멘트가 큰 모터를 사용하면 가감속에 사용되는 파워는 모터 자체만을 구동하기 위해서 소비되어 버리기 때문에 응답성이 좋은 모터로 써도 무의미 하므로 목적에 맞게 선정하여야 한다. 회전자 관성모멘트는 계자를 형성하는 영구자석을 어떤 종류를 사용했느냐에 따라 달라진다.

영구자석의 자기특성은 감자 곡선으로 표시되는데, 잔류자속밀도 B, 감자력 H, 최대에너지 적(BH)max에 의해 그 특성을 알 수 있다. 영구자석을 포함하는 자기회로의 공극에 축적된 에너지는, 자기 에너지 적에 비례하므로 우수한 자석은 그만큼 단위 체적당 큰 자기 에너지 적을 보유하고 있다.

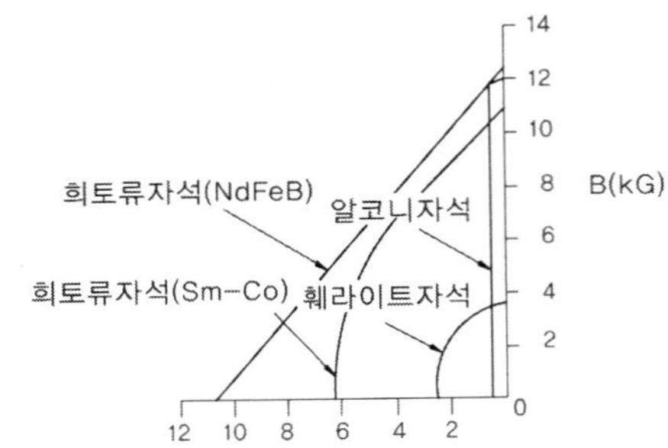

• 그림 3-32 • 영구자석의 감자곡선

그림에서 보듯이 희토류 자석은 페라이트 자석보다 B, H값이 크다. 즉 희토류 자석을 사용한 서보모터는 같은 출력에 비해 모터 크기가 작고 따라서 회전자 크기가 작아서 기계적 시정수가 작고 파워레이트가 크다. [표 3-8]은 페라이트 자석을 사용한 AC 서보모터와 희토류 자석을 사용한 AC 서보모터의 특성을 비교한 것이다.

| 표 3-8 | 페라이트 자석 및 희토류 자석 서보모터 특성 비교(300W)

항목	단위	페라이트 자석	희토류 자석
정격 토크	kg·cm	29	9.7
정격 속도	RPM	1,000	3,000
회전자 관성	$g \cdot cm \cdot s^2$	13.8	0.843
기계적 시정수	msec	5.9	2.5
파워 레이트	kW/sec	6.1	11.0
모터 크기	$mm^2 \times mm$	130×203L	82×198L

7 서보모터용 센서

1. 광학식 엔코더의 구성과 동작

광학식 엔코더(Optical Encoder)는 서보모터의 구동에 있어서 회전자의 위치를 검출하고 속도 및 위치 제어를 위해서 없어서는 안되는 중요한 요소이다. 그리고 최근에 서보모터의 위치 검출을 위하여 가장 많이 사용하는 검출장치로 그 구조를 생각해 볼 필요가 있다.

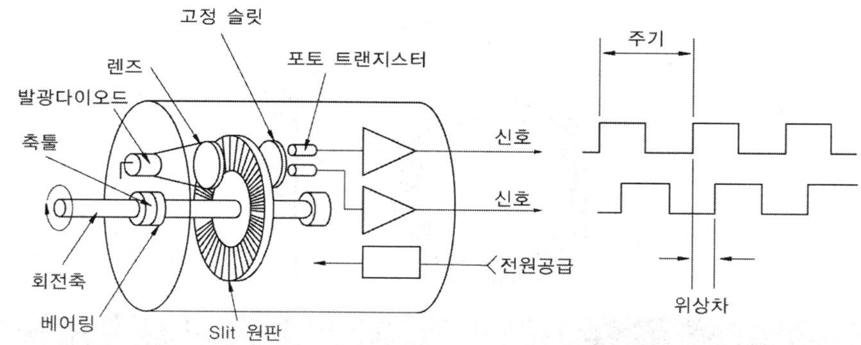

• 그림 3-33 • 로터리엔코더 동작방식(광전식)

로터리엔코더가 각도를 검출하는 광전방식의 원리는 눈금을 형성한 슬릿 원판에 빛을 비춰 회전의 위치정보를 슬릿에 통과한 광펄스 신호로써 얻는 방식이다.([그림 3-33] 참조)

광학식 엔코더의 종류는 크게 절대값 엔코더(Absolute Encoder)와 상대값 엔코더(Incremental Encoder) 두 가지가 있는데 절대값 엔코더는 언제든지 현재의 위치를 절대값으로 알 수 있고, 상대값 엔코더는 현재의 위치를 카운터 혹은 기타 장치를 이용하여 계수하여 두어야만 현재의 절대위치를 알 수 있다.

절대값 엔코더의 경우, 현재의 위치를 알기 위한 분해능(정밀도)를 높이기 위하여 [그림 3-34]의 엔코더 회전원판 슬릿에 대한 종류를 늘려야 하는데 이렇게 될 경우 그 크기를 줄이기 어렵다.

또한 분해능을 높이기 위한 기계적인 검출 슬릿을 많이 할 수 없어 분해능이 높을 경우 고가의 가격으로 높이더라도 모터의 회전수 전체를 알기는 매우 어렵기 때문에, 검출슬릿을 엔코더 Case내부에 카운터를 두어 계수하고, 이를 필요시 직렬 통신을 이용하여 전송하는 방식을 가지고 있는 Semi-Absolute Encoder를 개발하였다. 이 방식은 AC 서보모터에 적용되어 사용되고 있다.

그러나 Semi-Absolute Encoder는 통신을 위한 방법이 있어야 하고 제조시 단가가 비싸지기 때문에 대부분의 서보모터에서는 Incremental Encoder를 채용하고 있다.

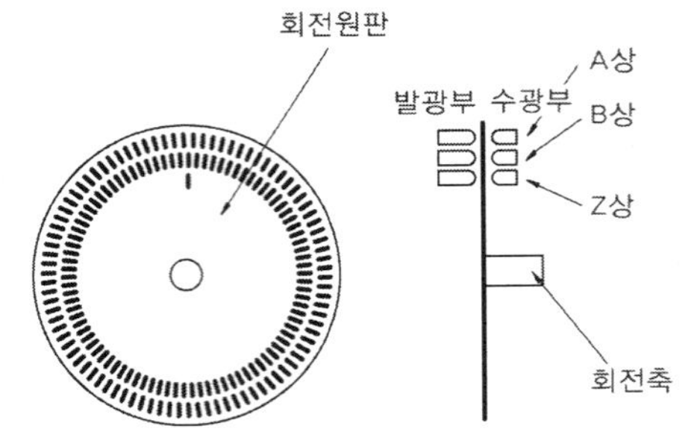

• 그림 3-34 • 광학식 상대값 엔코더

[그림 3-34]에서 발광부의 빛이 원판에 있는 슬릿을 통하여 빛이 통과하면 수광부의 출력은 펄스열로서 나타나게 된다. 실제로는 보다 복잡한 구조를 가지고 있으며 [그림 3-34]와 같은 엔코더의 회전축이 모터의 회전축과 결합되어 있어 모터의 회전시와 같이 회전하며 펄스열을 발생하도록 하고 있다.

2. 인크리멘탈 엔코더

[그림 3-35] 원점신호 Z를 가지고 있는 A, B 출력형 인크리멘탈 엔코더의 구조도이다.

LED로부터 광투사된 광선은 회전 디스크의 슬릿을 통과한 뒤 고정 슬릿판의 A, B, Z에 해당하는 각각의 슬릿을 통과하여 A, B, Z의 수광 소자에서 검출된다. 고정 슬릿판 상의 A, B의 슬릿은 90°의 위상차를 갖도록 배치되어 있으며 파형이 정비된 전기적 신호 출력도 90°의 위상차를 갖는 구형파로 된다.

인크리멘탈 엔코더는 구조가 간단하고 가격이 싸며, 출력 전선의 개수도 작아서 신호전달이 간단하다. 엔코더의 출력 펄스는 축의 회전위치의 절대치를 나타내지는 않고 축이 회전한 각도에 비례한 펄스수가 얻어지는 것이며, 절대치 표시를 수행하는 경우는 엔코더 출력 펄스를 카운터에 축적한 것으로 표시한다.

사용상의 주의점으로서는, 신호 전달 중의 노이즈를 카운터에 축적하는 결점이 있기 때문에 노이즈 대책을 충분히 세워야 될 필요가 있다. 또 전원이 끊어진 경우에는 다시 전원을 투입하여도 원래 위치의 표시는 불가능하게 되기 때문에 충분히 주의를 기울여야 한다.

인크리멘탈 엔코더는 엔코더 자체에서는 펄스신호만 발생하기 때문에 회전 속도를 검출하기 위한 아날로그 신호를 얻기 위해서는 인코더의 출력펄스 수를 F/V Converter에서 펄스 주파수에 비례한 아날로그 신호로 변환하여야 한다.

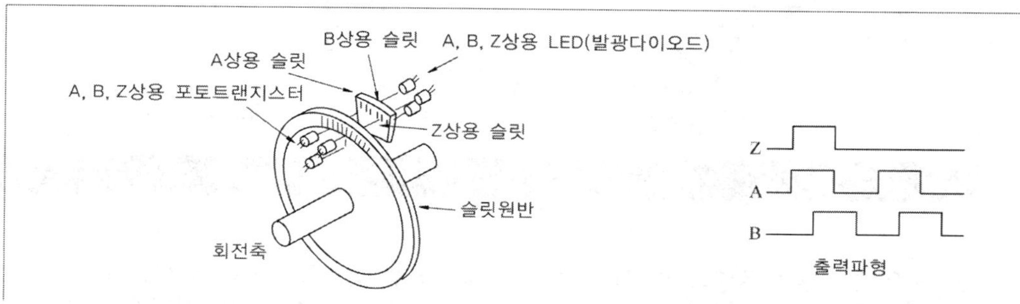

• 그림 3-35 • 인크리멘탈 엔코더의 구조와 출력파형

3. 절대치(Absolute) 엔코더

회전축의 0° 지점을 기준으로 하여 360°를 일정한 비율로 분할하고, 그 분할된 각도마다 인식 가능한 디지털 코드를 지정한 후 회전각도에 따라 디지털 코드를 출력하는 센서인 절대치형 인코더의 기본적인 구성은 인크리멘탈형과 동일하다.

회전 디스크의 슬릿은 2진 부호열로 되어 있는데, 회전 디스크의 바깥 둘레를 최하위 비트로 하고 중심을 향하여 필요한 비트(행) 수만큼의 슬릿이 동심원상으로 배치되어 있다. [그림 3-36]은 절대치형 엔코더의 구조도이다.

절대치형 엔코더는 명칭 그대로, 입력축의 절대위치를 검출할 수 있기 때문에 신호전송 중의 노이즈에 의해 오차가 누적되지 않으며, 또 전원이 단절되어 재투입하는 경우에도 인크리멘탈형에서처럼 원래 위치를 잃어버리지 않고 정상적으로 올바른 현재치를 검출할 수가 있다. 단점으로는 비트 수가 많아지면 출력 신호선의 수가 많아져 구조상 소형화, 저가화가 어렵다.

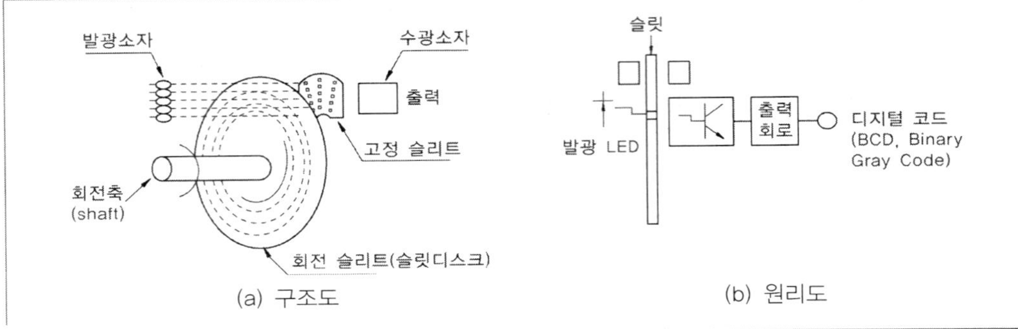

• 그림 3-36 • 절대치 엔코더의 구조 및 원리도

[표 3-9]에 앱솔루트형과 인크리멘탈형의 출력파형 및 특징들을 비교하였다.

| 표 3-9 | 앱솔루트형과 인크리멘탈형 비교

구분	앱솔루트형(Absolute type)	인크리멘탈형
출력파형	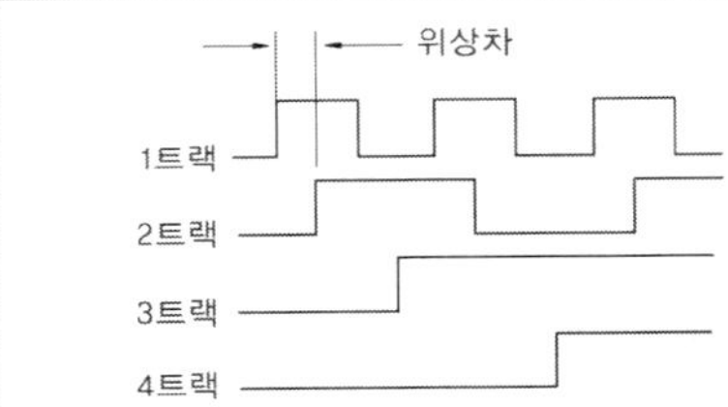	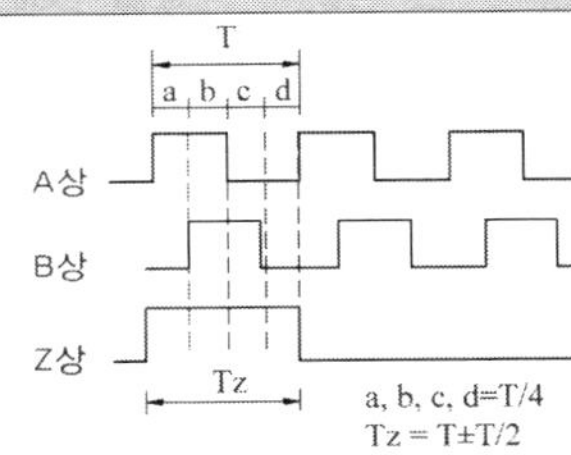
출력형식	회전축의 회전각에 따라 병렬코드(BCD, Gray, 2진 Code)로 출력	회전축의 회전각에 따라 구형파로 출력
특징	• 절대 위치를 알 수 있음 • 분해능이 높을수록 엔코더의 성능이 높음 • 전기적 노이즈에 강함	속도, 방향 등을 알 수 있으나 현재의 정확한 위치는 알 수 없음
특정범위	0 ~ 360°	무한 측정
정전 시	전원 복귀 후 원점을 찾을 필요 없음	전원 복귀 후 원점을 찾아야 함

4. 자기식 엔코더

자기식 엔코더는 미소 다극 착자된 자기드럼과 이 드럼에 근접하도록 설치된 자기저항 소자로 구성되어 있다. 자기드럼과 자기저항 소자의 위치 관계는 [그림 3-37]에서 보여주는 바와 같다. 드럼의 바깥 둘레에 착자하고, 자기저항 소자를 드럼의 바깥둘레에 대향하도록 배치된 것과, 드럼의 측면에 착자되고 이 면에 자기저항 소자를 대향하도록 배치된 것이 있다. 어느쪽의 경우에 있어서도 기본적인 원리는 동일하다.

이와 같이 자기식 엔코더는 광학식 엔코더와는 검출부의 구조는 다르지만 출력신호를 만들어 내는 방법은 완전히 동일하다.

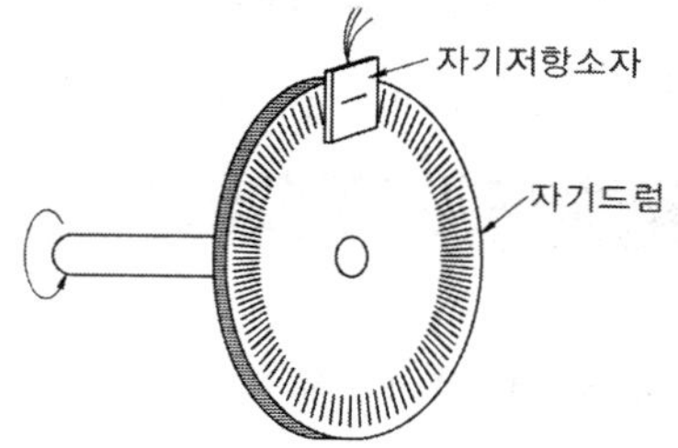

• 그림 3-37 • 자기식 엔코더의 내부 구조

자기식 엔코더는 다음과 같은 특징을 가지고 있다.
① 먼지, 결빙 등의 영향을 잘 받지 않기 때문에 내환경성이 좋다.
② 고 분해능(1000 ~ 3000pulse/rev은 표준사양)
③ 고 응답성(200kHz 정도까지는 출력 저하가 생기지 않음)
④ 구조가 간단하다.

자기식 엔코더는 자력을 응용한 엔코더이기 때문에 강자계와 자성분이 많은 장소에서 사용하는 경우에는 다음과 같은 점을 주의하여야 한다.
① 외부로부터 강력한 자계를 가하면 오동작을 한다. 이와 같은 경우에는 자성체의 케이스를 이용하여 자기쉴드하여 사용한다.
② 자성분이 들어오면 드럼에 부착되어 오동작을 일으킨다. 이와같은 장소에서 사용하는 경우는 자성분이 들어오지 못하도록 케이스로 보호한다.

5. 레졸버(Resolver)

레졸버는 회전각과 위치의 검출기로써 모터의 센서로 사용되고 있다. 엔코더가 변위량을 디지털 양으로 변환하는 것에 비하여 레졸버는 아날로그양으로 변환한다.
[그림 3-38]에 레졸버의 구조도를 나타내었다.

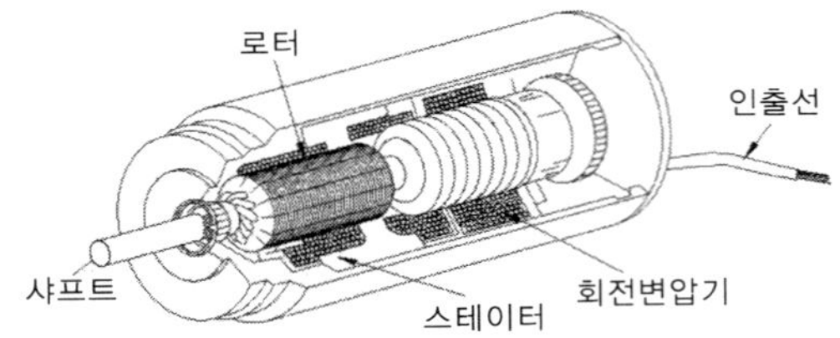

• 그림 3-38 • 레졸버의 구조

레졸버는 스테이터(Stator), 로터(Rotor), 회전 트랜스의 3요소로 구성되어 있고, 스테이터와 로터의 권선은 자속분포가 각도에 대하여 정현파가 되도록 분포되어 있다. 여자권선에 있는 스테이터 권선은 전기적으로 90° 위상차가 나고 2상 구조로 되어 있으며, 출력 권선의 로터는 단권선이나 2상 권선이 용도에 따라 감겨져 있다.

레졸버는 구조가 모터의 구조와 유사하고 내환경성이 우수하다. 주요 특징은 다음과 같다.

① 진동, 충격 등의 내환경성이 우수하다.
② 사용 온도 범위가 넓다.
③ 장거리 전송이 가능하다.
④ 형상의 소형화가 가능하다.
⑤ 신호처리 회로가 복잡해진다.
⑥ 로터리 엔코더에 비해 고가

⑧ 서보 드라이브

1. 서보 드라이브의 기능

서보 드라이브는 서보모터의 성능을 충분히 발휘시키는 것 이외에 각종 보호기능이 내장되어 있다. 서보모터를 구동시키기 위해서는 다른 시리즈의 드라이버는 접속이 불가능 하고, 반드시 같은 시리즈의 드라이버가 필요하다.
드라이버는 아날로그 입력 타입과, 펄스열 입력 타입의 두 종류가 있다. 상위 제어기로부터 출력신호가 아날로그인지 펄스열인지에 따라 드라이브를 선택한다.

2. 속도제어(아날로그 입력 타입)

가. 위치제어(아날로그)의 구성 예

아날로그 속도지령 전압에 의해 모터의 속도를 제어한다.

엔코더의 신호로부터 속도를 검출하여, 지령대로의 속도인가를 항상 감시하며, 지령된 속도를 검출하여 실제속도를 비교하여 차이가 생기면 그 차를 "0"이 되도록 전류를 흘린다.

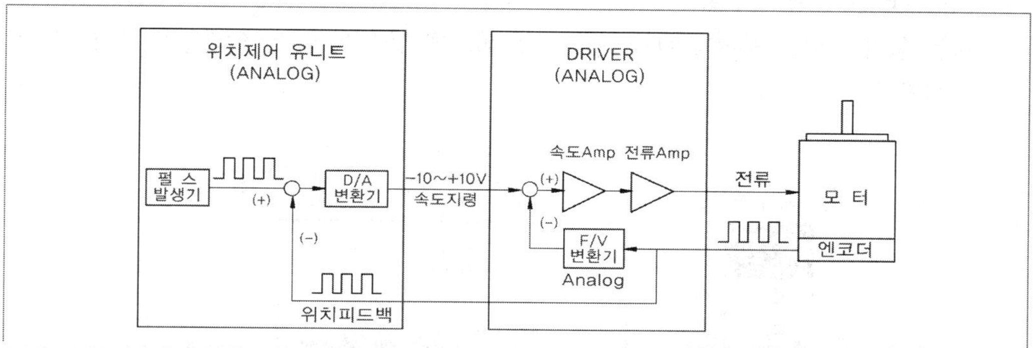

• 그림 3-39 • 위치제어(아날로그) 내부 Block

나. 1펄스 지령에 대한 위치결정

① 위치제어 장치의 펄스 발진기로부터 1개의 펄스가 편차카운터에 출력한다.

② 편차카운터의 저장 펄스양은 " + 1"이 된다.

③ " + 1" 펄스에 해당하는 전압(-10 ~ + 10V)을 D/A 변환기를 통해 드라이버에 출력한다.

④ 전압지령을 받은 드라이버는 모터로 전류를 공급한다.

⑤ 드라이버로부터 전류를 공급받은 모터는 회전을 하고 엔코더를 통해 펄스를 발생시킨다.

⑥ 위치제어 장치의 편차카운터는 엔코더로부터 피드백 되어진 펄스만큼을 "-"로 카운트 한다.

⑦ "-1" 펄스를 카운트 하면 편차카운터의 저장펄스양은 "0"이 되고 D/A변환(속도지령) 전압도 "0V"가 된다.

⑧ 속도지령이 "0V"가 되므로 모터는 정지하고, 결국 "1"펄스만큼 회전하게 한다.

3. 위치제어(펄스열 입력 타입)

가. 위치제어(펄스열)의 구성

위치제어 장치(펄스열 출력)에 서보드라이버(펄스열 입력)를 접속하여 위치제어를 한다. 편차카운터는 아날로그 타입과 달리 드라이버 내부에 있다. 펄스열 타입과 아날로그 타입의 차이점은 편차카운터가 위치 Controller에 있는지 드라이버에 있는지의 차이이다.

제어원리는 같아서 1펄스 단위로 제어하는 편차카운터의 저장 펄스 양을 "0"이 되도록 하는 원리로 위치 제어를 한다. 엔코더의 피드백 펄스주파수는 발진펄스 주파수와 같도록 진행된다.

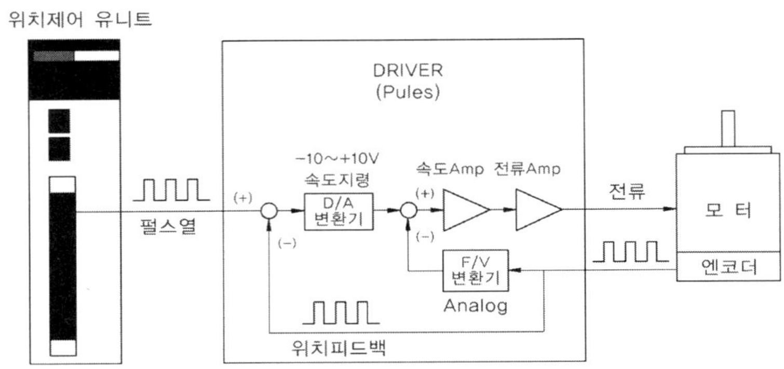

• 그림 3-40 • 위치제어(펄스열) 내부 Block

AC 서보모터의 구동회로 및 제어기술

AC 서보모터에는 다상(일반적으로 3상이기 때문에 이하 3상)의 전압형 PWM(Pulse Width Modulation) 인버터가 사용된다. 이러한 전력변환회로의 목적은 서보모터에 공급하는 전력을 서버모터에 적합한 형태로 변환하여 제어하는데 있다. 당연히 AC 서보모터는 3상 교류전력을 공급하지만 서보모터에는 정확하고도 고속의 토크 제어가 이루어져야 하므로 각 상 전류의 크기 및 위상이 정확하고 고속으로 제어 가능한 전력변환회로가 요구된다. 이것을 만족하는 전력변환회로가 전압형 PWM 인버터이다.

1. 전압형 인버터

인버터는 직류전력을 교류전력으로 변환하는 전력변환회로이다. 입력단은 대개 다이오드 정류기로 구성되고 직류링크단에는 평활 콘덴서가 있다. 서보모터에서 흐르는 전류 변화의 속응성이 토크응답, 결국은 속도응답을 결정한다. 인버터의 주회로 소자는 정격용량과 스위칭 속도에서 우수한 특성을 갖는 IGBT(Insulated Gate Bipolar Transistor)가 주로 사용되고 있다.

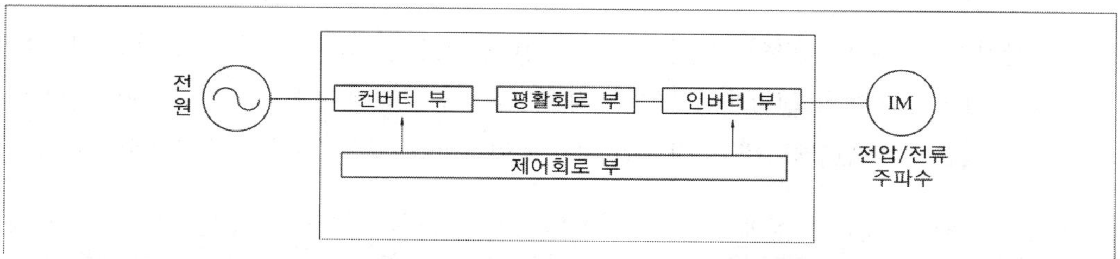

• 그림 3-41 • 인버터의 기본 구성

전압원 인버터는 부하측에서 본 임피던스를 "0"으로 하고 부하에서 보아 전압원으로 동작한다. 직류 평활용 콘덴서는 정류된 직류전압의 평활작용, 모터의 인덕턴스에 의해 생기는 무효전류 흡수작용, 감속운전시에 생기는 모터와 그 부하관성이 가지는 기계에너지의 흡수작용을 한다. 콘덴서의 정전용량이 작으면 직류전압의 맥동이 커지며, 이에 따라 모터 전류도 맥동한다.

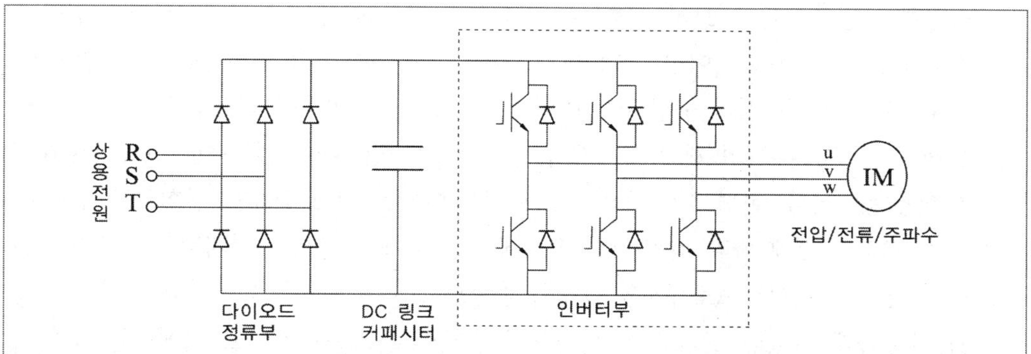

• 그림 3-42 • 3상 전압원 PWM 인버터

이 결과 모터가 난조되거나, 과전류 보호동작이 순시값 동작이기 때문에 낮은 실효값 레벨로 보호가 저하하는 등 출력전류로 사용한 제어특성이 악화된다.

PWM 제어방식은 인버터의 스위칭 소자의 온·오프 시간 비율을 변화시킴으로써 평균적으로 변화시키는 것이지만, 스위칭 1주기를 짧게 하면 전압을 빠르게 변화시키는 것이 가능하며, 따라서 1주기의 평균전압을 조금씩 변화시키면서 등가적으로 정현파 전압을 출력하는 것이다. 이러한 PWM 제어방법 중 현재 많이 사용되는 방법이 공간전압벡터를 이용한 스위칭 기법이다.

공간전압벡터는 인버터의 가능한 스위칭 상태를 8개의 벡터로 분류하고 전압 고조파 성분을 줄이면서 정현파 전압을 출력하기 위한 최적의 전압벡터가 선택되며, 전압벡터의 스위칭 시간은 선택된 벡터의 시간적인 대수합이 지령전압이 되도록 정해진다.

전압형 인버터는 각 상에 직렬로 접속된 2개의 스위칭 소자가 짧은 시간이라도 동시에 ON되면, 직류전원에서 단락이 생기고, 스위칭 소자는 소손된다. 이것을 방지하기 위해 2개의 스위치가 동시에 ON되는 것을 막는 데드타임(Dead Time)을 설정해야 하며, 이 데드타임은 출력전압에 영향을 주게 된다. 따라서, 전압형 인버터에서는 데드타임을 보상하는 방법이 제시되고 있다.

2. 제어기술

AC 서보모터는 전력을 동력으로 변환하는 모터를 제어하기 위해 적절한 형태로 전력을 공급하는 전력변환기, 모터에 흐르는 전류와 모터의 출력 측의 속도, 위치를 검출하는 센서, 지령 및 오차를 제어하는 제어기로 구성된다. 제어계의 안정성을 얻기 위하여 [그림 3-43]과 같이 제어계가 구성된다. 마이너루프의 차단주파수를 외부루프의 차단주파수보다 높게 하면 외부루프의 제어기 설계가 용이하다. 또한, 마이너루프에 있는 전류와 속도의 제한이 용이하다. 한편, 제어계의 회로구성은 아날로그회로와 디지털회로로 구분된다. 디지털 IC의 발전에 따라 위치제어, 속도제어, 전류제어 순으로 디지털화가 진행되고 있으며, 고성능 마이크로프로세서와 DSP의 출현으로 모든 제어를 디지털화한 전 디지털 서보가 가능하게 되었다. 프로세서를 사용하여 제어를 소프트웨어로 실행하는 것을 소프트웨어 서보라 부른다.

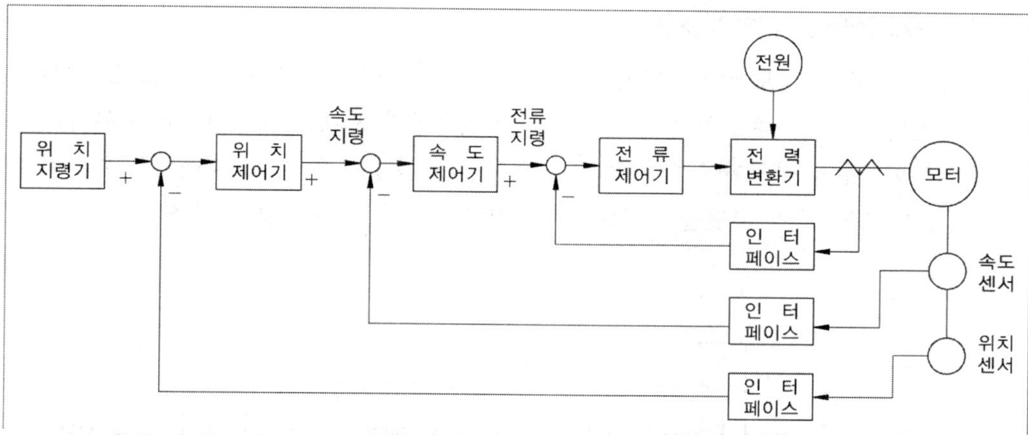

• 그림 3-43 • 제어계의 구성

토크제어는 BLDC 서보모터에 비해서 복잡하지만 모터가 갖는 강인함의 이점이 있어 서보모터로서는 비교적 큰 용량인 수백 와트 이상에서 사용된다. 벡터제어를 간단히 언급하면 AC 모터를 타여자 DC 모터처럼 제어하는 것이다. 이러한 개념이 [그림 3-44]에 나타나 있다.

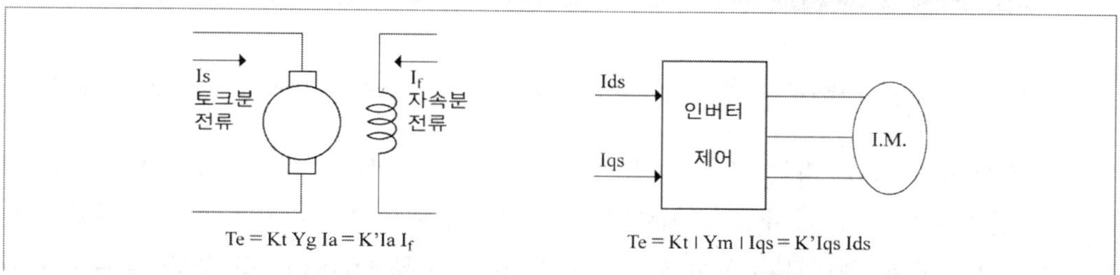

• 그림 3-44 • 벡터제어에서 유도모터와 타여자 DC 모터의 유사성

3. 서보모터 제어시스템

서보모터 제어시스템은 모터에 입력되는 전력, 즉 전압과 전류를 제어하여 모터로부터 원하는 특성을 갖도록 제어하는 것이다. 일반적으로 모터 제어에 있어서 제어를 하여 얻고자 하는 요소는 서보모터에 일정한 회전력, 반발력을 가지도록 제어하는 토크 제어가 있다. 서보모터를 일정한 회전력으로 일정 속도를 유지하도록 하는 것이 속도 제어, 그리고 원하는 회전수와 위치에 정확한 정지를 하여 제어하는 위치 제어, 세 가지 형태로 분류할 수 있다.

가. 토크 제어형 서보시스템

토크 제어는 서보모터에서 발생하는 회전력, 즉 토크를 일정하게 유지함으로 제어가 이루어 진다. 이것은 주로 일정한 장력을 유지한다든지 서보모터에 인가되는 부하의 크기에 따라 회전수를 바꾸어야 하는 경우에 주로 적용된다. 또한 상위 제어기의 특징이 뒤에서 거론될 속도 제어 루틴을 가지고 있는 경우 이러한 제어방법이 사용된다.

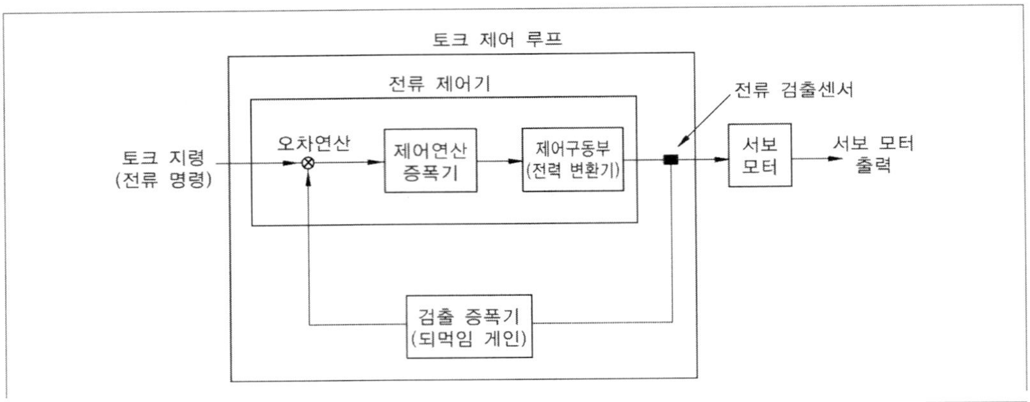

• 그림 3-45 • 서보모터 토크제어 루프

[그림 3-45]은 일반적인 토크 제어 루프에 있어서 제어 구성을 블록도로 나타낸 것이다.

여기서 루프(Loop)라는 말은 [그림 3-45]에서 보는 바와 같이 서보모터에 인가되는 전류를 검출하여, 이를 다시 토크 지령과 비교 연산하여 다시 인버터를 통하여 서보모터에 전류를 인가하는 형태로 구성이 되어 있듯이 하나의 루프(Loop), 즉 원과 같은 제어구조를 가지고 있음을 나타내는 용어이다.

[그림 3-45]와 같이 토크 지령은 서보모터에 인가되는 전류명령으로 볼 수 있으며 모터의 토크는 전류에 비례하여 나타남으로 서보모터에 인가되는 전류를 제어함으로 서보모터의 토크를 제어한다.
토크 지령은 현재 서보모터에 인가되는 전류를 전류 검출기를 통하여 되먹임 되어지는 신호와 비교 연산되어 오차의 출력이 주어지도록 된다. 이때의 식은,

[오차출력 = 토크 지령(전류 지령)값 - 되먹임신호(현재 전류)값]

과 같이 나타낼 수 있다. 이렇게 연산되어진 오차출력은 다시 제어연산 증폭기로 입력되어 지는데 제어연산 증폭기는 보통 PID연산 제어기가 적용되어 연산되어진다.

PID연산 제어기는 일반적으로 비례연산, 적분연산과 미분연산의 결과값을 합한 계산식을 사용하게 된다. 그러나 상용화되고 있는 서보모터 드라이버의 경우에서 토크제어 루프의 제어연산 증폭기에는 일반적으로 비례 제어기만을 많이 사용하고 있는데, 이러한 이유는 서보모터의 제어용도가 속도 제어, 혹은 위치 제어용으로 주로 사용하고 있기 때문이다.

여기서 토크 제어 루프는 서보모터의 제어에서 가장 기본적인 제어루프이다. 그리고 토크 제어 루프는 [그림 3-45]에서 보는 바와 같이 서보모터 전체를 둘러싸고 있는 제어 루프가 아님을 알 수 있는데, 이것은 서보모터에 대하여 토크 제어 루프는 Open-Loop 제어를 하고 있음을 알 수 있다.

따라서 서보모터에 주어지는 부하량에 관계없이 일정한 전류를 모터에 공급함으로 서보모터에서는 일정한 토크가 발생됨을 알 수 있다. 바꾸어 말하면 서보모터의 회전은 토크 제어 루프에서 제어가 되지 않고 일정한 힘만을 발생하게 된다.

나. 속도 제어형 서보시스템

속도 제어는 앞절에서 설명한 토크 제어와 연관이 되어진다. 토크 제어는 서보모터에서 일정한 힘을 발생시키는 제어라고 하면 속도 제어는 토크를 제어하여 서보모터를 일정한 속도로 회전시키는 제어를 말한다.

즉 속도제어 루프는 내부에 토크제어 루프를 포함하고 있으며 속도제어 명령의 최종 출력이 토크 제어명령의 입력으로 사용되게 된다.
서보모터의 속도 제어 루프를 그림으로 나타내면 [그림 3-46]과 같다.

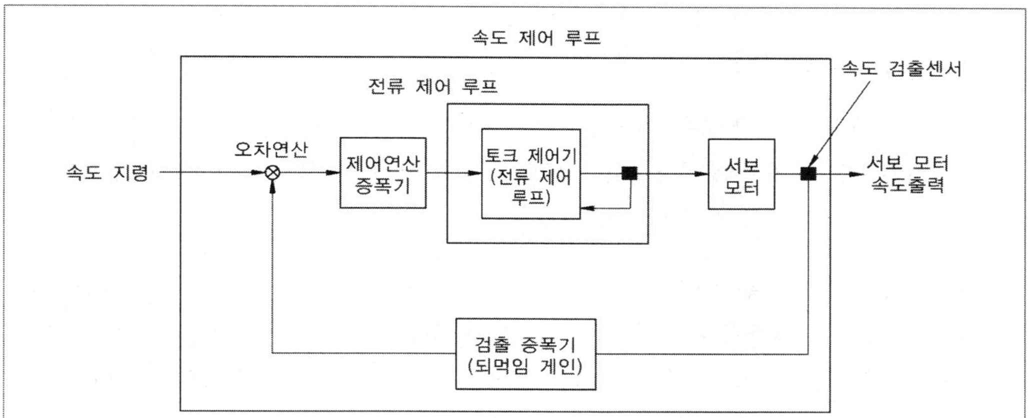

• 그림 3-46 • 서보모터 토크제어 루프

[그림 3-46]에서와 같이 서보모터의 속도 제어는 서보모터를 포함한 Close-Loop 제어시스템으로 구성되어 있다. 따라서 서보모터에서 출력되는 속도를 검출하기 위하여 속도 검출센서는 서보 드라이버 내부에 위치할 수 없고 서보 드라이버 외부에 위치하며 서보모터의 회전축과 연결되어 기계적인 결합으로 구성되어 있게 된다.

이때 사용되는 속도 검출센서는 발전기의 원리를 이용한 타코 제너레이터(Tacho-Generator) 혹은 광학식 엔코더(Optical-Encoder)를 이용하게 된다.

검출 증폭기는 타코 제너레이터 혹은 광학식 엔코더로부터 발생되는 신호를 속도 제어루프내부에서 연산을 위한 신호로 변경하고 신호의 크기를 적절한 값으로 증폭하여 주는 역할을 하게 된다. 이때 변경하는 신호는 서보 드라이버 내부에 구성된 회로의 특성에 따라 다소 차이가 나게 된다.

만일 내부의 회로가 아날로그 회로로 구성이 되어 있을 경우에는 아날로그신호를 발생하여 줄 수 있도록 하여야 하는데, 일반적으로 타코 제너레이터의 출력은 아날로그 전압신호이므로 간단한 증폭기로서 그 크기만을 변경하면 되지만 속도 검출기로서 광학식 엔코더를 사용하게 될 경우 그 출력이 펄스열로서 나타나기 때문에 아날로그신호로 변경을 하기 위하여 주로 주파수를 전압크기로 변경하여 주는 F/V 변환기(Frequency to Voltage Converter)가 사용되어진다.

그러나 이와 반대로 속도 제어 루프 내부의 회로가 디지털회로로 구성이 되어질 경우 전압크기의 출력을 갖는 타코 제너레이터는 아날로그 전압을 디지털로 변환하기 위하여 A/D 변환기(Analog to Digiral) 변환기로 변환을 하여 줄 필요가 있고 펄스열의 주파수 출력을 갖는 광학식 엔코더의 경우에는 속도를 검출하기 위하여 여러 가지 방법이 있지만 간단히 생각하여 보면 디지털 펄스열을 계수하는 카운터로서 그 주파수 혹은 펄스간격을 측정함으로 그 속도를 검출할 수 있다.

이전에는 아날로그방식의 제어가 주류를 이루어 타코 제너레이터가 주로 사용되어 왔으나, 최근에는 디지털 제어방식이 주류를 이루게 됨으로 서보모터의 속도 검출기로는 광학식 엔코더가 주류를 이루게 되었다.

또한 AC 서보모터를 제어하기 위해 고정자의 자극의 위치와 회전자의 위치에서 발생하는 자계의 위상을 정확히 동기를 시키고 모터에 공급하는 전류의 위상을 서보모터의 기계적 자극의 위치를 일치시키기 위하여 회전자의 위치를 정확히 알 필요가 있다.

따라서 AC 서보모터의 검출센서는 회전자의 위치를 정확히 알 수 있는 광학식 엔코더 혹은 레졸버라고 하는 검출기가 주로 사용되지만 최근 상업적으로 주로 유통되는 AC 서보모터의 경우에는 광학식 엔코더가 주류를 이룬다.

서보모터의 속도제어 루프는 제어루프에 입력되는 속도명령에 대하여 현재 서보모터의 출력에서 검출되는 검출속도의 편차를 제어연산 증폭기를 통하여 토크제어 루프의 명령으로 주어진다. 이때 서보모터에 인가되는 토크를 제어함으로, 즉 모터에 인가되는 전류를 제어함으로 속도명령에 비례하는 속도출력을 갖도록 제어하는 것이다.

속도제어 루프는 모터를 포함한 Close-loop 제어로 구성이 되고 내부에 토크제어 루프를 포함하고 있다는 것이 중요한 내용이 되며 속도제어는 상위 제어기가 위치제어를 하는 제어기를 사용할 경우 혹은 서보모터의 일정한 속도출력을 요구하며 제어할 경우 주로 사용된다.

다. 위치제어형 서보시스템

위치제어는 토크 제어 루프와 속도제어 루프를 내부에 포함하고 있는 구조가 된다. 따라서 위치 제어 루프는 서보 드라이버 내부에 있는 최외곽 제어 루프라고 생각할 수 있다.

위치제어라는 것은 원하는 위치를 얻어내는 것으로, 서보모터를 회전시켜 원하는 회전각을 얻어내는 것을 말한다. 직선 운동기구 같은 경우 회전운동을 직선운동으로 변경시키는 기계적인 구조를 가지고 있어야 한다.

최근에는 선형 서보모터라고 하여 직선운동을 하는 서보모터가 유통되고 있는데 이것은 서보모터의 고정자와 회전자를 직선적인 구조를 가지도록 설계한 것이다.
위치제어는 서보모터를 일정한 속도로 회전시키고 또 정지시키는 것을 말하는데, 이것은 회전속도를 시간축으로 적분한 것이 위치의 변화가 되며 반대로 속도라는 것은 단위시간 동안 위치의 변화를 말한다.
따라서 서보모터의 제어구조에서도 위치의 변화를 검출하기 위하여 회전속도를 시간축으로 적분하는 방법, 혹은 속도를 구하기 위하여 단위시간 동안 위치의 변화를 구하는 방법을 사용한다.

[그림 3-47]은 위치와 속도의 관계를 그림으로 나타낸 것이다.

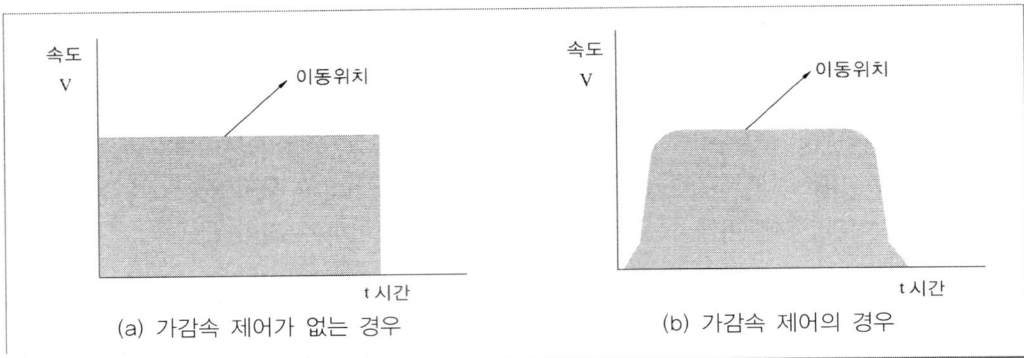

• 그림 3-47 • 속도와 위치와의 관계

[그림 3-47] 에서 X축을 시간축으로 하고 Y축을 속도축으로 하면 빗금친 부분이 이동거리가 된다. 따라서 [그림 3-47 (a)]에서 수식으로 나타내 보면,

- 이동위치 = 속도(V) × 시간(t)
- 속도 = 이동위치(m) ÷ 시간(t)

로 나타낼 수 있다. 이때 가감속이 있는 경우는 가속률과 감속률에 대한 계산을 포함하여야 하고 다음과 같은 식으로 표현할 수 있다.

- 이동위치 $= \int_0^t V(t)dt\,[\mathrm{m}]$
- 속도 $V = \dfrac{d(\text{이동위치})}{dt}\,[\mathrm{m/sec}]$

이와 같은 계산의 방식으로 서보 드라이버 내부에서 시간축의 도함수로 계산되어지며, 다음과 같이 위치제어형 서보 드라이버의 제어 구성을 나타낼 수 있다.

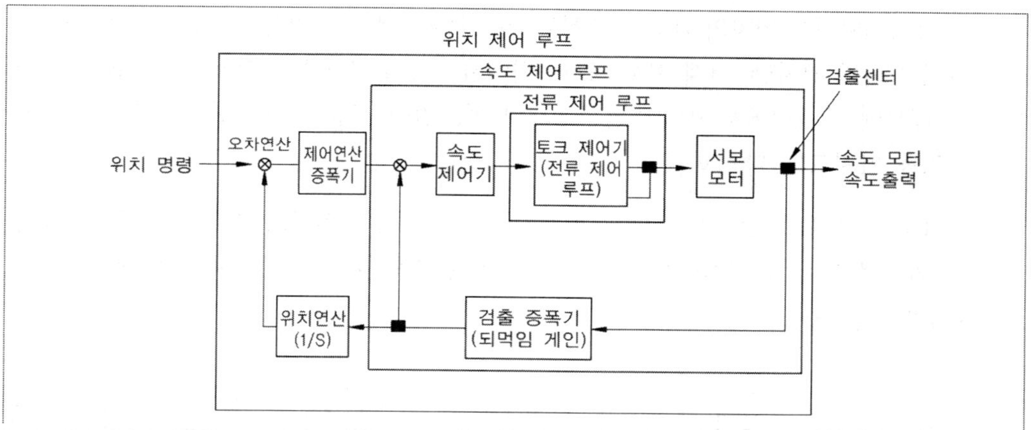

• 그림 3-48 • 서보모터 위치제어 루프

[그림 3-48]에서 보는 바와 같이 서보모터의 위치제어 루프는 내부에 속도제어 루프와 위치제어 루프를 포함하고 있다. 위치명령이 주어지면 검출센서와 검출 증폭기로부터 나오는 현재 속도신호를 앞에서 설명한 바와 같이 위치연산을 하여 현재의 위치 제어신호로 그 신호를 변경하여 위치오차 연산을 실시하고, 제어연산 증폭기를 통하여 속도 제어 루프로 전달하게 된다.

이러한 제어구조를 가지고 있기 때문에 결국 서보모터를 제어하게 되는 것은 모터에 인가되는 전력, 즉 전류에 의하여 모터를 회전시키고 검출센서를 통하여 되먹임되는 신호와 기준신호를 비교 연산하여 오차의 편차를 빠른 시간 내에 줄이고 최소화할 수 있도록 한다.

위치 제어에서 오차편차를 계산하고 속도제어 루프에 전달하여 주는 제어연산 증폭기에는 PID 제어가 사용되고 있지만, 일반적으로 PID 제어연산 중에서 적분연산과 미분연산은 잘 적용되지 않고 비례연산, P연산과 Feed-Forward연산이라고 하는 F연산이 혼합되어 사용된다.

Feed-Forward연산은 위치명령의 변화를 오차연산과는 별도로 속도명령으로 전달하는 것으로 위치명령에 대한 빠른 응답을 구하기 위하여 사용된다.

[그림 3-48]에서 위치의 계산을 위하여 속도신호로부터 위치신호로 그 연산이 이루어지도록 구성되어 있지만, 실제 서보 드라이버에서는 검출센서로 광학식 엔코더를 사용하고 있기 때문에 엔코더에서 발생하는 두 개의 펄스열을 카운트하여 현재의 위치를 추종하는 구조를 가지고 있다.

여기서 광학식 엔코더의 두 개의 펄스열이란 서보모터 회전의 정회전과 역회전을 검출하기 위하여 90도 위상차이를 갖는 펄스열이 출력되는데 그 형태를 나타내어 보면 [그림 3-49]와 같다.

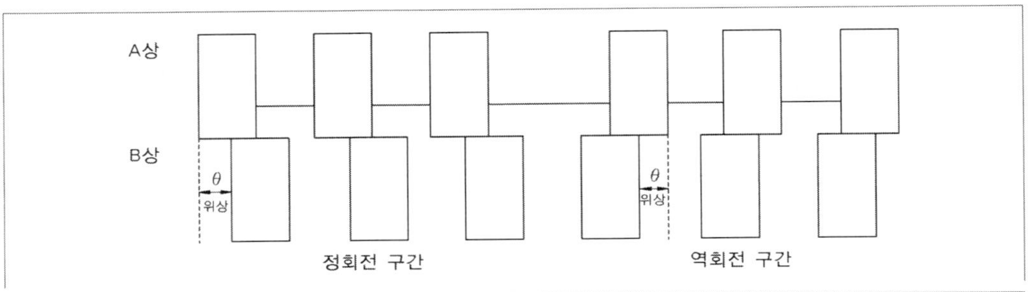

• 그림 3-49 • 광학식 엔코더의 출력파형

[그림 3-49]에서 엔코더의 출력파형을 나타내었는데 살펴보면 정회전 구간에는 엔코더의 출력 A상이 B상보다 90도 앞서서 출력이 되고 역회전일 경우에는 A상이 B상보다 90도 늦게 출력되는 것을 볼 수 있다.

이렇게 위상의 차이가 있는 펄스열을 가지고 서보모터 드라이브 내에서 카운터로 펄스열의 수를 증·감 계수하여 서보모터 회전자의 위치를 알 수 있게 된다.

또한 실제 상용화된 엔코더의 출력은 [그림 3-49]의 출력 A상과 B상 외에 회전축의 1회전의 특정위치에서 한 개의 펄스를 발생하는 Z상 출력을 가지고 있다.

위치 제어를 하기 위하여 위치명령을 상위 제어기로부터 전달받아야 하는데 상위 제어기로부터 위치에 대한 명령 전달을 효과적으로 하기 위하여 엔코더로부터 펄스열로서 위치정보를 입력받듯이 위치명령도 펄스열로서 입력받는 구조를 가지고 있다.

위치명령이 펄스열로 주어지면 이 또한 카운터로서 위치정보를 카운트하게 되어 현재의 위치명령을 알 수 있게 된다. 최근에는 펄스열에 의하여 명령을 전달받지 않고 광파이버 등을 이용하여 고속 통신으로 위치명령을 전달받는 드라이버도 있지만 유통되는 대부분의 드라이버는 펄스열로서 위치명령을 받는다. 즉, 펄스열로서 제어되는 서보 드라이버를 위치형 서보드라이버라고 부른다.

위에서 설명한 위치연산 방법과 펄스열로서 위치를 제어하는 방법을 같이 고찰하여 보면 다음과 같은 내용을 유추하여 볼 수 있다.

위치명령 펄스열의 주파수를 바꾸어 주면 위치명령은 시간축으로 계속하여 변화되어가고, 이를 단위시간당 위치의 변화로 보면 이것은 속도의 명령이 됨을 알 수 있다.

즉, 위치명령 펄스열의 주파수를 제어함으로써 서보모터의 회전속도를 제어할 수 있게 된다. 또한 위치형 서보 드라이버를 통하여 속도 제어가 가능하여지게 된다. 또한 부드러운 모션 제어를 위해서는 상위 제어기에서 발생되는 펄스열의 주파수를 변화시켜야 하며 그 변화의 형태가 그림 (b)에 나타난 것과 같이 S자 형태의 가감속을 하여야 부드러운 제어가 가능하여진다.

일반적으로 사다리꼴 모양의 가감속을 이용하고 있지만 이것은 정밀 제어를 위한 제어에서는 사다리꼴 직선 가감속의 시작과 끝부분에서 발생하는 변곡점(꺾이는 점)이 모터의 토크에 영향을 주게 되어 부드러운 모션 제어가 되지 않는다.

위에서 설명한 것과 같이 서보 드라이버 내부에는 세개의 제어 루프를 구성하도록 되어 있는데 실제 사용자들은 이러한 구성과 동작을 자세히 알 필요는 없지만 서보모터를 구동하기 위하여 서보시스템을 구성할 경우 서보모터와 서보 드라이버의 관계를 잘 이해하고 내부의 제어루프를 이해하면 보다 정밀하고 응답성이 우수한 서보시스템을 구성할 수 있게 된다.

또한 서보드라이버 내부에 있는 세 개의 제어루프는 각각 제어연산 증폭기를 가지고 있으며, 이러한 증폭기의 구성과 특징을 잘 이해하고 있어야 원하는 제어를 효과적으로 실시할 수 있다.

제5절 스테핑 Motor

스테핑모터의 발전은 타기술 분야와 같이 트랜지스터를 시발로 하는 반도체 소자의 진보를 제외하고는 생각할 수 없다. 1950년도 시에는 스테핑모터를 구동하는 데 있어서는 기계적인 접점 스위칭 회로를 사용하였지만, 이어서 진공관, 사이리트론을 이용한 스테핑모터를 개발하였다.

1970년대에 들어와서야 IC의 실용화로 인하여 스테핑모터의 이용이 폭발적으로 신장되었다. 한편, 마이크로프로세서의 출현과 퍼스널 컴퓨터의 보급으로 인하여 스테핑모터의 생산이 촉진되었다. 또한 유한 요소법과 희토류 자석의 출현으로 인하여 스테핑모터의 소형화, 고토크화가 이루어졌다.

현재 생산되는 스테핑모터는 하이브리드형과 PM형의 클로폴형이 주로 생산되며, 이들 두 종류는 성능면에서는 하이브리드형이 유리하며, 가격적인 면에서는 클로폴형이 유리하다. 이 중 하이브리드형은 2상이 주류이며, 높은 성능을 요구할 경우 5상이 많이 이용된다.

1 스테핑모터의 개요

스테핑모터(Stepping Motor)는 일명 스테핑모터, 펄스 모터, 스테퍼 모터 등이라고 불려지고 있는데 이것을 번역하면 보진 전동기 또는 계동 전동기라고 할 수 있다. 스텝은 한 발 한 발 단계적으로 움직이는 것을 말하고 스테핑모터의 동작 이미지를 잘 표현하고 있다.

스테핑모터란 모터의 각 상 단자에 DC전압(또는 전류)를 스위칭(switching)방식으로 입력시켜 주어 여기서 발생하는 펄스 수에 따라 일정한 각도(step 각, 미소회전각)의 회전을 하게 되는 디지털 펄스 제어방식의 모터를 말한다.

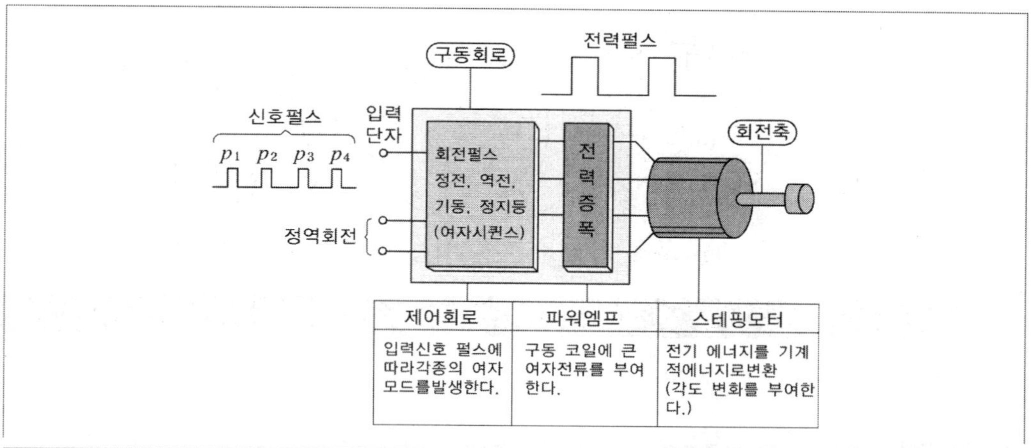

• 그림 3-50 • 스테핑모터 구동 개요

그런데 스테핑모터의 최대 특징은 펄스 전력에 대응하여 회전한다는 것이다. 게다가 입력 펄스 수에 비례하여 회전각이 변위되고 또 입력 주파수에 비례하여 회전 속도가 변화하기 때문에 피드백 함이 없이 모터의 동작을 제어할 수 있다. 이러한 이점을 가진 스테핑모터는 피드백 제어가 필요없는 위치결정 제어의 구동원으로 FA, OA 등에 폭넓게 사용되고 있다. 위치결정 제어를 다른 모터에서 실현하려면 피드백 제어가 필요하게 된다.

② 스테핑모터의 구조상 분류

Stepping motor는 그 구조상 세 가지로 분류할 수 있다.

① VR형(variable reluctance type : 가변 리럭턴스형)

② PM형(permanent type : 영구 자석형)

③ HB형(hybrid type : 복합형)

[그림 3-51]에 각 방식의 구조를 나타낸 것이다.

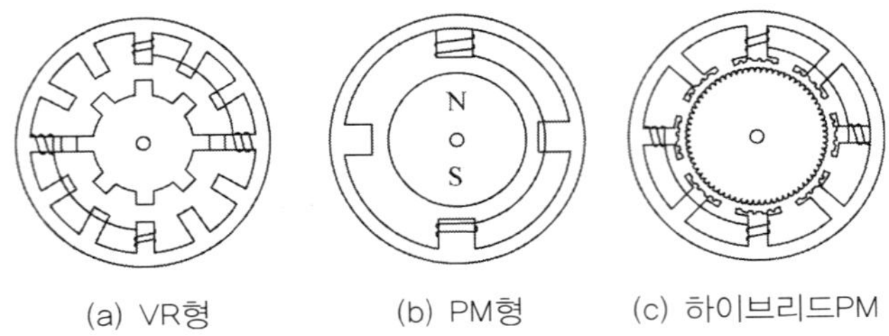

• 그림 3-51 • 스테핑모터의 각종 구조

1. VR형

VR형은 연철 또는 성층강판으로 만들어진 톱니바퀴형의 회전자와 권선을 시행한 고정자로 이루어지며, 회전자에 고정자 권선에서 발생된 전자력이 작용하게 된다. 이때 형성된 자기회로의 리럭턴스(Reluctance, 자기저항)값이 작아지는 방향으로 토크가 발생하여 회전자가 회전하게 된다.

회전자와 고정자가 자장사이에 작용하는 전자 흡인력에 의하여 회전자가 회전하게 된다. VR형은 무여자일 때 전자력이 발생하지 않으므로 자장이 형성되지 않아 홀딩 토크(Holding Torque)가 제로가 된다. 그러므로 VR형은 회전자의 관성이 적고, 우수한 고속응답이 요구되는 분야에 주로 사용된다.

이 그림은 고정자는 12매, 회전자는 8매의 치(Yoke)를 갖고 있고, 고정자에는 A, B, C 3상의 코일이 감겨져 있다. 이때 상 순서대로 여자되면 회전자는 시계방향으로 1스텝에 15도씩 회전하게 된다.

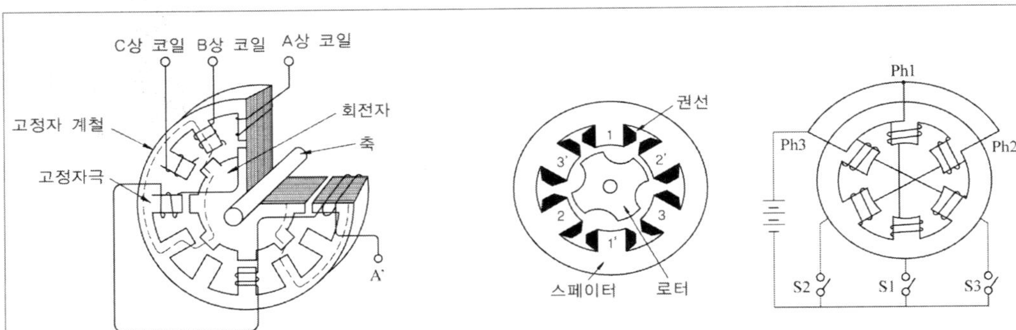

• 그림 3-52 • 3상 VR형 스테핑모터

2. PM형(빗살모양 극형)

PM형은 회전자를 영구 자석으로 사용하고, 고정자 권선에서 만들어지는 전자력으로 당겨 붙여서 회전한다. 이 PM형은 영구 자석을 사용하고 있기 때문에 무여자시에도 유지 토크가 크다는 점이 특징이다. 영구 자석의 종류에 따라 step 각이 분류되어 있으며, 스텝각도가 큰 90°, 45°의 motor에는 일반적으로 알니코계의 자석을, 18°, 15°, 7.5° 등의 motor에는 페라이트계의 자석이 사용되고 있다.

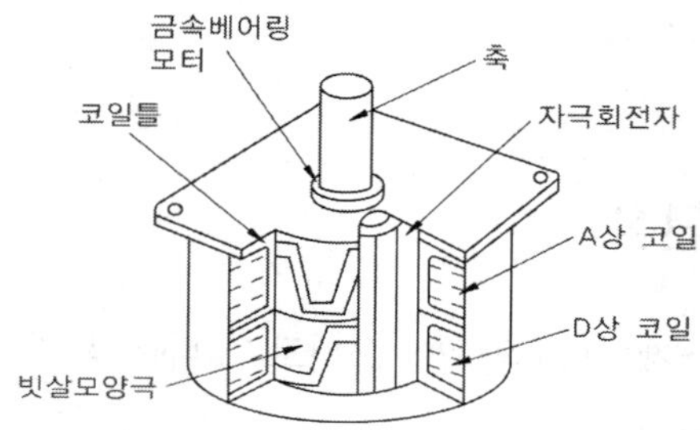

• 그림 3-53 • PM형 모터

3. HB형

PM형과 VR형을 복합한 type인데, 회전자의 바깥쪽에 이빨이 만들어져 있다. 또 회전자에는 축방향으로 자화된 영구자석이 끼워져 있으며, 그 바깥쪽에 이빨이 있는 2개의 철심으로 구성되어 있다. 고정자 철심의 구조는 VR형 모터와 비슷하지만 회전자 내부에는 그림처럼 원통형 또는 원반형의 자석이 놓여있다. 복합형은 높은 정밀도, 높은 토크, 적은 스텝의 motor에 많이 사용되고 있다.

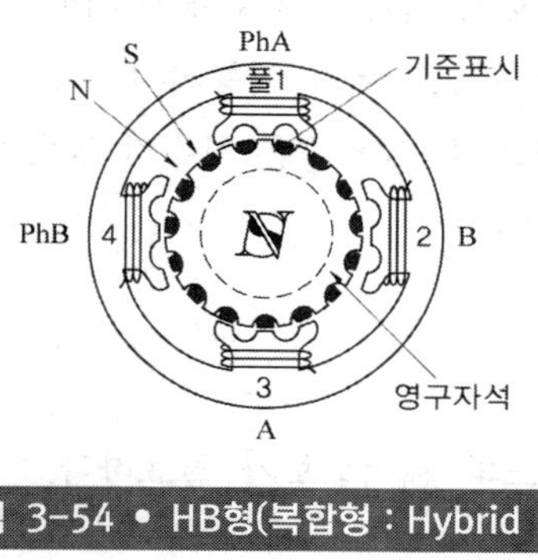

• 그림 3-54 • HB형(복합형 : Hybrid Type)

각 모터의 특징을 나타내면 아래 [표 3-10]과 같다.

| 표 3-10 | 모터의 특징

motor type	PM형	HR형	VR형
step각	7.5°~15°가 많다	1.8°~3.6°가 많다	1.8°~15°가 많다
torque	소	대	중~대
settling time	소~중	소	대
cost	저렴	고가	고가

③ 스테핑모터의 장단점

스테핑모터는 디지털 제어에 적합한 모터로서 다음과 같은 특징이 있다.

1. 장점

① 모터의 총 회전각은 입력펄스신호의 총 수에 정확히 비례한다.

② 1스텝당의 각도 오차가 5% 이내로 작고 오차는 누적되지 않는다.

③ 기동, 정지 및 정·역회전이 쉽고 응답성이 양호하므로 서보모터로써 사용이 가능

④ 디지털 신호 등의 펄스 입력에 개루프제어(Open-loop-control)가 가능하기 때문에 제어 구조가 간단하고 가격이 상대적으로 저렴하다.

⑤ 모터 축에 부하를 직결한 상태에서 초저속 동기 운전이 가능하다.

⑥ 브레이크 등을 사용하지 않아도 정지위치 제어가 가능하다. 즉, 정지시에도 유지토크(holding torque)를 갖는다.

⑦ 모터의 속도는 펄스신호의 입력 주파수에 비례하여 회전속도가 가변하고 저속부터 고속 회전까지 광범위한 속도제어가 가능하다.

⑧ DC 모터 등과 같이 브러쉬 교환 같은 보수가 필요치 않아 신뢰성이 높고 수명이 길다.

2. 단점

① 모터 구동을 위한 별도의 제어회로가 필요하다.

② 어느 주파수에서는 진동 및 공진이 발생할 수 있으므로 가속 또는 감속의 제어를 필요로 한다.
③ 고속 운전시에 탈조하기 쉽다. 따라서 최대 속도에 한계가 있다.
④ 부하 관성모멘트의 영향을 받기 쉽다.
⑤ 구동시 권선의 인덕턴스 영향으로 권선에 충분한 전류를 흘리게 할 수 없으므로 펄스비가 높아짐에 따라 토크가 저하한다.
⑥ DC 모터에 비해 효율이 떨어진다.
⑥ 회전이 진동적이어서 진동 및 소음 레벨이 높아지는 경향이 있다.

4 스테핑모터의 동작 원리

[그림 3-55]은 PM형 스테핑모터이다. [그림 3-55 (a)]와 같이 S_1을 On시켜서 $\Phi 1$의 코일에 전류를 흘려주면 고정자의 아랫부분이 N극으로 여자되고, 따라서 회전자의 S극이 자성에 의해 끌려 시계 방향 90도만큼 회전하고 정지한다.

다시 [그림 3-55 (b)]에서와 같이 S_2를 On시켜서 $\Phi 2$ 코일에 전류를 흘려주면 회전자의 극은 또 다시 같은 방향으로 90도 만큼 회전하고 정지하게 된다. 마찬가지로 계속해서 코일 $\Phi 3$, $\Phi 4$에 차례대로 전류를 흘려주면 회전자는 한 스텝씩(이 경우는 단순히 90도) 돌아가게 된다.

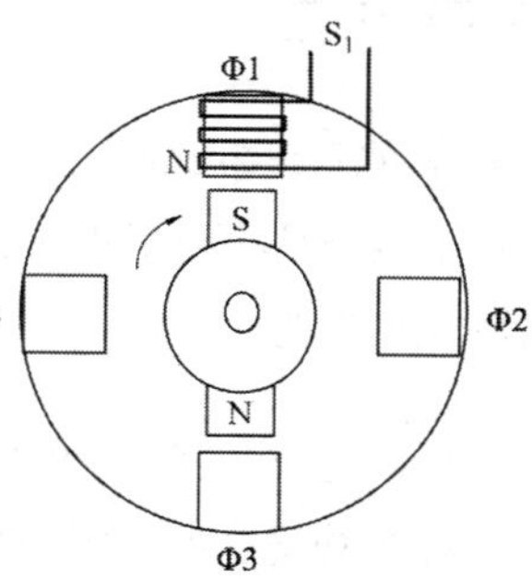

(a) 단순 스테핑모터($\Phi 1$)

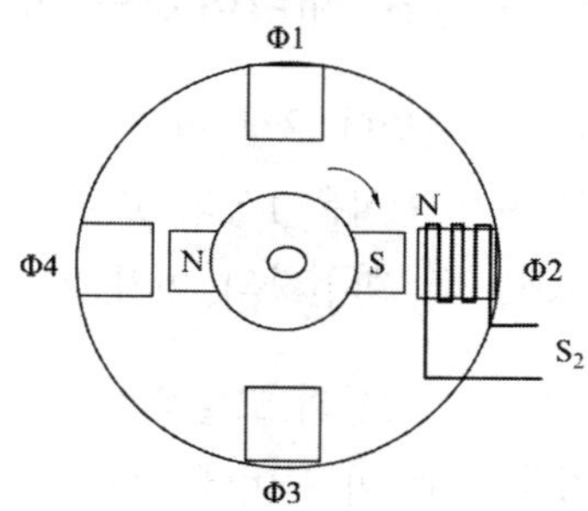

(b) 단순 스테핑모터($\Phi 2$)

• 그림 3-55 • 단순스테핑모터

다음 그림의 VR형에 있어서 한 스텝의 간격은 회전자의 톱니 수가 많아지면 줄어든다. [그림 3-56]는 $\Phi 1 \sim \Phi 3$의 3상 스테핑모터인데, 원둘레에 3조의 코일이 배치되어 있다. 상이라는 것은 몇 조의 코일을 가지고 있는가에 달려 있고 스텝각은 모터의 상 수와 톱니 수에 관계가 있으며, 그 관계는

스텝각 = 360°/(상 수×회전자의 톱니 수)이다.

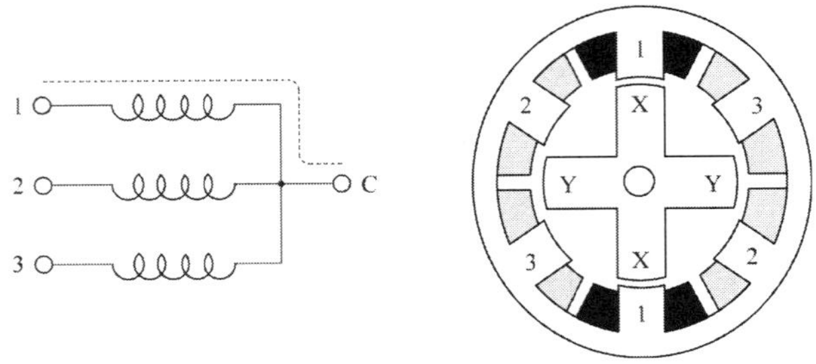

• 그림 3-56 • VR형 3상 스테핑모터

1. 톱니 수 50개인 4상 VR형 스테핑모터의 스텝각

$$\frac{360}{4 \times 50} = 1.8°$$

2. 상 여자 방식을 채택하였을 때의 장단점 비교

여자방식이란 한번에 2개 이상의 코일에 전류가 흐르도록 하는 방식을 말한다.
그 중 1상 여자 방식은 1상의 코일만 순서에 따라 여자시키는 방법으로 회전자가 정지하는 위치는 고정자와 회전자의 이가 일치하는 위치가 된다.

2상 여자 방식은 2상의 코일을 순서에 따라 여자시키는 방법으로 회전자가 정지하는 위치는 조정자의 이와 이 사이에 위치하므로 0.5 스텝의 어긋남이 발생하며 정지 직전의 진동이 적고 1상에 비해 2배의 토크를 낼 수 있는 장점이 있다.

1-2상 여자 방식은 위의 둘을 조합한 방식으로 1상 여자 방식의 안정점과 2상 여자 방식의 안정점을 번갈아 거치므로 스테핑모터의 축이 한바퀴 회전하기 위해서 펄스의 수가 2배가 되므로 안정도도 좋아져 고분해 능력을 요구하는 제어에 사용된다.

⑮ Stepping Motor의 구동회로 및 여자방식

1. 구동회로

스테핑모터(Stepping Motor)는 구동회로에 가해지는 입력 펄스에 의해서 동작하는 모터로서 펄스모터(Pulse Motor)라고도 한다. 예를 들어 1회전당 200펄스를 요구하는 스테핑모터의 구동회로에 1개의 펄스를 가해주면 기본적으로 1스텝, 즉 1.8도(360도/200펄스) 회전한다. 따라서 이 모터는 가해진 펄스수를 조절해줌으로써 모터의 회전각을 제어할 수 있다. 다시 말해 오픈루프(Open Loop)의 위치제어가 가능하다.

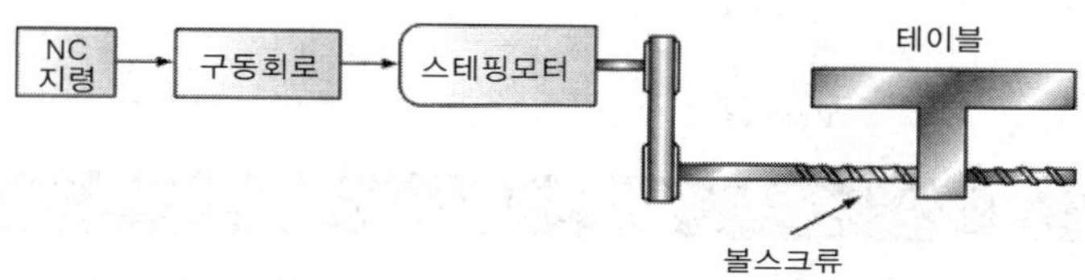

• 그림 3-57 • 스테핑모터 구동시스템

구동회로는 제어회로로부터 출력된 구동신호에 의해서 모터의 각상에 전류가 흐르도록 하는 회로이다. 주요 구성은 제어회로부터 정회전 혹은 역회전 구동펄스를 입력 받아 각상의 스위칭 소자에 각각의 여자방식에 따른 스위칭 패턴을 발생시키는 상여자구동부와 이러한 스위칭 패턴을 입력 받아 모터의 각 상을 순차적으로 여자시키는 전력변환부로 구성되어 있다.

여기서는 모터 각 상의 권선에 흐르는 전류의 방향에 따라서 유니폴라(UNIPOLAR) 구동방식과 바이폴라(BIPOLAR) 구동방식으로 분류된다.

가. 유니폴라(UNIPOLAR) 구동방식

각 상의 권선에 흐르는 전류의 방향이 일정하게 되는 방식이며, 일반적으로 권선에 공통단자가 설치되어 있는 스테핑모터에 적용된다.

그림에서 2개의 공통단자(COM)는 모두 전원(Vcc)에 접속된다. 또한 고정자 치(Yoke)에 결선된 권선의 형태를 보면 2개의 권선으로 나누어져 있으며, 도트 표시는 공통단자를 표시한다.

유니폴라형 구동방식의 기본회로를 [그림 3-58]에 나타내었다. 개략적으로 2상(A상, /A상) 만을 표시하였고, 화살표는 전류의 방향을 나타낸다. 그림에서 보는 바와 같이 각 상에 흐르는 전류의 방향이 항상 일정함을 나타내고 있다. 이와 같은 구동방식은 출력회로가 간단하고 저가이기 때문에 가장 많이 사용되고 있다. 바이폴라 구동과 비교해서 저속에서 토크는 떨어지지만 고속특성이 우수하다.

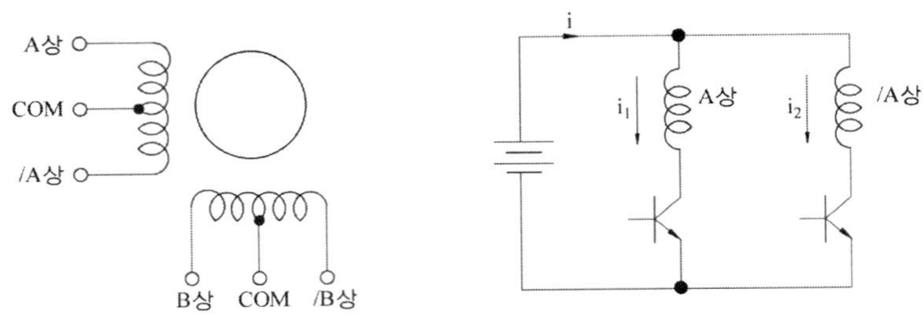

• 그림 3-58 • 유니폴라(UNIPOLAR) 구동방식

나. 바이폴라(BIPOLAR) 구동방식

각 상의 권선에 흐르는 전류의 방향이 바뀌는 방식이다.

고정자의 치에 결선된 권선의 형태를 보면 1개의 권선으로 되어 있으며, 공통단자는 없다. 그림에서 보는 바와 같이 A상에 흐르는 전류의 방향이 순차적으로 바뀌고 있다. 출력단은 약간 복잡하여 고가이지만, 유니폴라 구동과 비교해서 각도의 정밀도가 높고, 저속 영역에서 큰 토크를 얻을 수 있다. 단일전원 풀브릿지(Full Bfidge)를 사용하는 방법과 두 개의 전원으로 하프브릿지(Half Bridge)를 사용하는 방법이 있다.

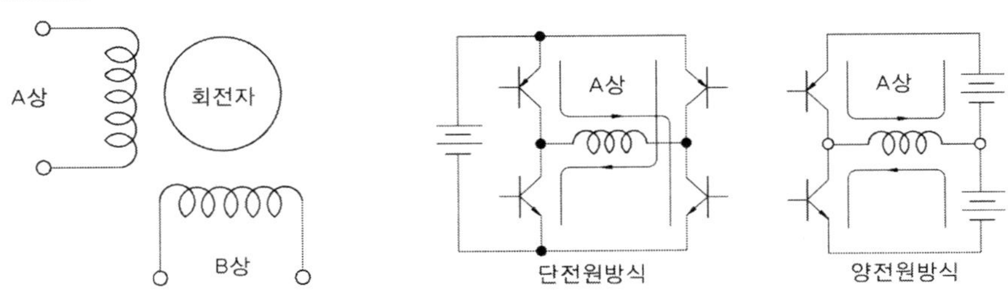

• 그림 3-59 • 바이폴라(BIPOLAR) 구동방식

2. 상여자(Phase Exciting) 방식

스테핑모터를 구동할 때에는 사용하는 모터가 몇 상의 모터인지, 어떠한 여자 방식으로 할 것인지를 정확히 알아야 한다. 여자방식으로는 1상 여자방식, 2상 여자방식, 1-2상 여자방식이 있다.

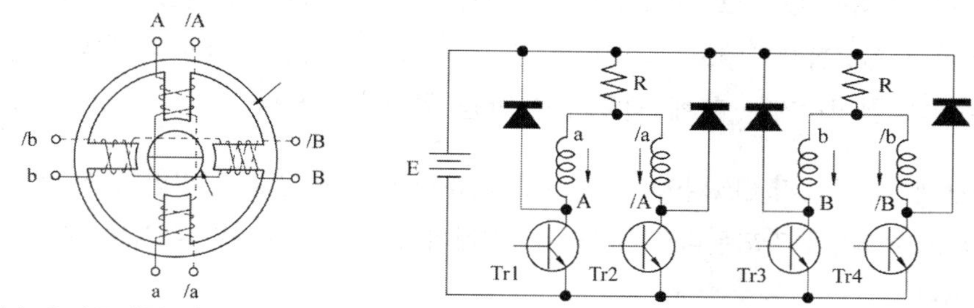

(a) 유니폴라형 권선구조(PM형) (b) 유니폴라형 권선구조(PM형)

• 그림 3-60 • 2상 유니폴라형 모터의 권선구조와 구동회로(PM형)

가. 1상 여자

1상 여자 방식은 [그림 3-61]에 보는 것과 같이 임의의 어느 한 순간에 반드시 1개의 코일에만 전류를 가하는 방법이다. 전류를 흘리는 순서는 A상 - B상 - / A상 - / B상의 순서로 여자를 반복하는 것에 의해 회전한다. 이 방법은 소비 전력이 적고, 1스텝당 각도가 좋다는 점 등이 장점이다. 그러나 감쇠진동이 크고 탈조를 일으키기 쉽다. 동시에 2상 여자에 비해서 토크도 낮은 단점이 있다. 따라서 각도의 정밀도가 요구되는 이외에는 별로 사용하지 않는다.

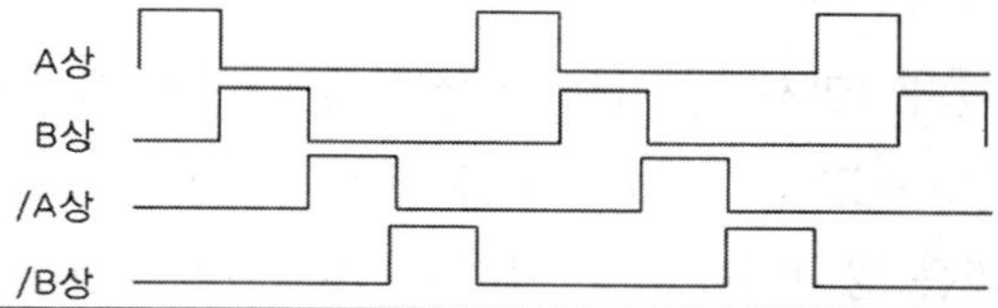

스텝	1	2	3	4
전류	a→A	b→B	/a→/A	/b→/B
회전자 위치	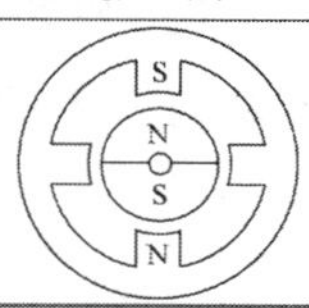	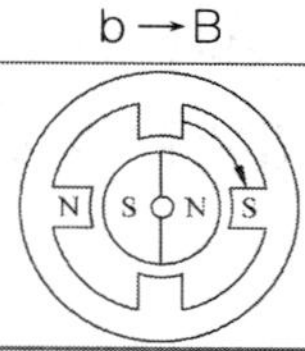	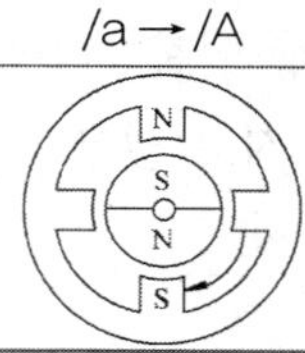	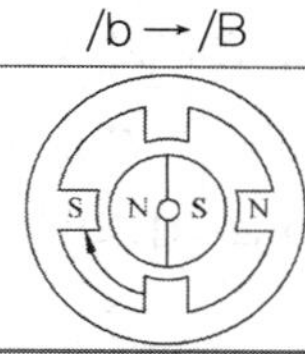

• 그림 3-61 • 1상 여자방식

[그림 3-60]과 [그림 3-61]을 참조한 동작 설명을 간단히 하면,
스텝1에서 Tr1이 ON 되어 a → A로 전류가 흐른다. A상에 코일에 전류가 흐름으로써 해당 고정자 치는 자화되고, B상 코일에는 전류가 흐르지 않아 해당 고정자 치는 자화되지 않는다.

스텝2로 진행하면 먼저 ON되어 있던 Tr1은 OFF가 되고, Tr3이 ON되어 b → B로 전류가 흐른다. 그러면 B상 코일이 여자되어 해당 고정자 치가 자화됨으로써 결국 고정자 치의 자계가 시계방향으로 90도 회전하게 된다. 이때 회전자는 고정자 자계의 회전방향으로 각 자계간의 끌어당기는 힘에 의해서 90만큼 회전하게 된다.

스텝3에서는 Tr2가 ON되어 /a → /A로 전류가 흐르게 된다. 그러면 /A상 코일이 여자되어 해당 고정자치가 자화된다. 그러면 스텝2에서의 고정자 자계가 다시 시계방향으로 회전하게 된다.

스텝4에서는 Tr4가 ON되어 /b → /B로 전류가 흐르게 된다. 마찬가지로 고정자 치의 자계는 시계방향으로 90도 회전하게 되고, 이에 따라서 회전자도 회전자계의 회전방향으로 90도 만큼 회전하게 된다. 이와 같이 스텝1에서 스텝4의 여자를 순차적으로 반복함으로써 회전자는 계속해서 회전하게 된다.

이와 같이 1상 여자방식은 항상 하나의 상에만 전류를 흐르게 하는 방식으로써, 입력이 1상뿐이므로 모터의 온도상승이 낮고, 전원의 용량이 낮아도 된다. 출력토크는 크지만 스텝이 진행되었을 때 감쇄진동이 크고 난조를 일으키기 쉬으므로 광범위한 스텝레이트로 회전시킬 때는 주의를 요한다.

나. 2상 여자

항상 2개의 상이 여자되면서 운전하는 방식을 2상 여자 방식이라 한다. 2상 여자 방식은 [그림 362]과 같이 (A + B)상 → (B + /A)상 → (/A + /B)상 → (/B + A)상으로 한번에 2개의 코일에 전류를 흘리는 방식이다. 1상 여자와 2상 여자 운전의 특성상의 가장 큰 차이점은 단위스텝 응답의 과도현상에서 살펴볼 수 있다. 2상 여자 방식은 한 번에 2개의 상에 전류를 흘리기 때문에 1상 여자방식에 비해 소비전류는 크지만 그만큼 회전 토크가 크게 된다. 더욱이 감쇠 진동이 적고 넓은 주파수 범위에서 사용할 수 있다. 2상 여자 방식이 일반적으로 사용된다.

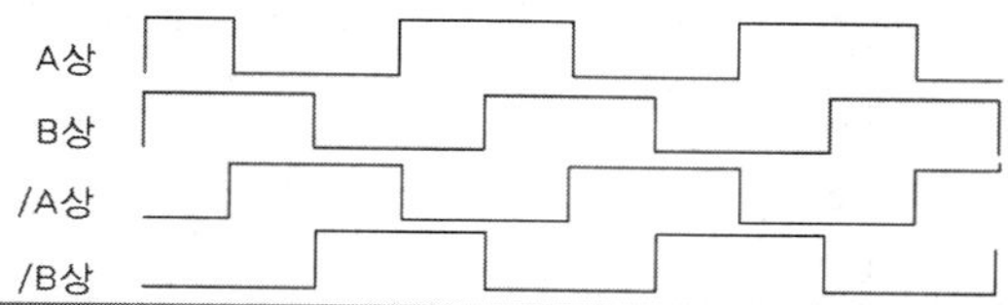

스텝	1	2	3	4
전류	a → A b → B	b → B /a → /A	/a → /A /b → /B	/b → /B a → A
회전자 위치	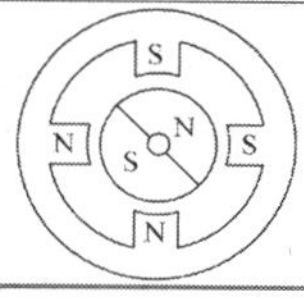	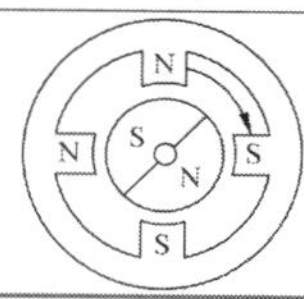	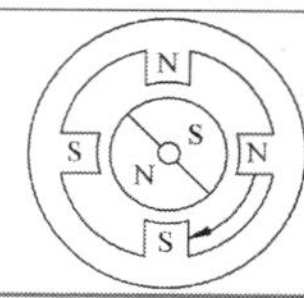	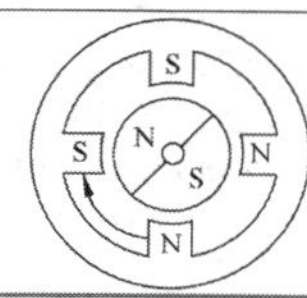

• 그림 3-62 • 2상 여자방식

회로 동작은 스텝1에서 Tr1과 Tr3가 ON되어 a → A, b → B로 전류가 흐르게 된다. A상과 B상이 동시에 여자됨으로써 해당 고정자치의 극성이 그림과 같은 분포를 나타낸다. 이때 회전자의 N극은 고정자의 양 S극 사이에 위치하게 된다.

스텝2에서는 Tr3과 Tr2가 ON되어 B상과 /A상이 동시에 여자된다. 이때 고정자 치의 자계가 시계방향으로 90도 만큼 회전하게 된다. 이때 따라서 회전자도 자장의 힘에 의하여 시계방향으로 90도 만큼 회전하게 된다.

스텝3, 스텝4도 위의 [그림 3-62]에서 나타낸 것처럼 2상이 동시에 여자된다.
이와 같이 2상 여자방식은 항상 2개의 상에 전류를 흐르게 하는 방식으로써, 1상 여자방식에 비해서 2배의 전류가 흐른다. 그러나 코일의 2상이 여자되어 있으므로 1상 여자에 비하여 정지시의 오버슈트나 언더슈트가 작고 과도 특성이 좋아진다.

다. 1-2상 여자

1-2상 여자방식은 1상 여자 방식과 2상 여자방식을 교대로 반복하는 여자방식이다. 즉, 어떠한 스텝에서는 1상만이 여자되고, 다음 스텝에서는 2상이 여자되는 방식이다.
따라서 회전자는 스텝마다 45도 만큼 회전한다. 즉, 스텝각은 모터 메이커가 표시하는 각도의 1/2이 된다. 그러므로 1-2상 여자방식은 고 분해능을 요구하는 제어의 경우에 사용된다. 이와 같은 여자방식을 하프스텝(Half-Step) 운전이라 한다.
이와 같은 여자 방식은 모터 컨트롤러를 사용하는 경우 대부분 칩에서 지원하기 때문에 임의로 설정하면 간단히 사용할 수 있다.

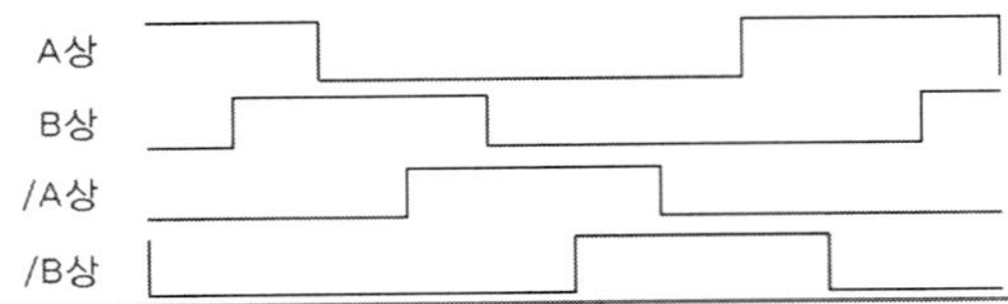

스텝	1	2	3	4
전류	a→A	a→A b→B	b→B	b→B /a→/A
회전자 위치	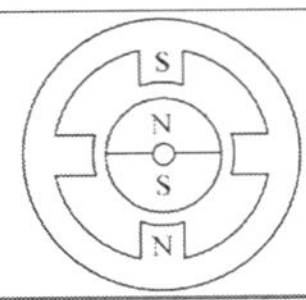	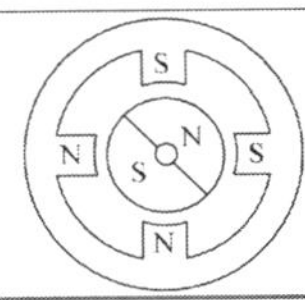		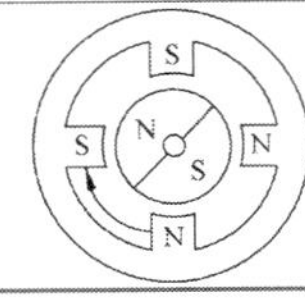

• 그림 3-63 • 1-2상 여자방식

⑥ Stepping Motor의 구동 시스템

스테핑모터의 응용 기술 중에서 가장 중요한 것이 구동 시스템이다. 스테핑모터의 구동 시스템에는 오픈 루프 방식과 클로즈드 루프 방식이 있는데, 여기서는 오픈 루프 시스템에 대하여 설명한다.
[그림 3-64] 4상 스테핑모터의 가장 간단한 구동시스템을 나타내고 있다.

[그림 3-64 (a)]는 분배회로(일명, "로직 시퀀서"라고 부름)에서 모터까지의 시스템을 나타내고 있다. 스텝 지령이 분배회로에 주어지면, 지령 방향에 따라 모터가 회전하도록 여자회로를 제어한다. 1 인크리멘트 동작으로 모터는 1스텝 진행한다.

[그림 3-64 (b)]는 마이크로프로세서 등을 이용하여 모터를 가속, 정속, 감속하는 펄스열을 발생하도록 되어 있다. 이 로직 회로를 입력제어 회로라 한다. 이 경우, 1 인크리멘트 동작으로 2스텝 이상의 진행이 가능하다.

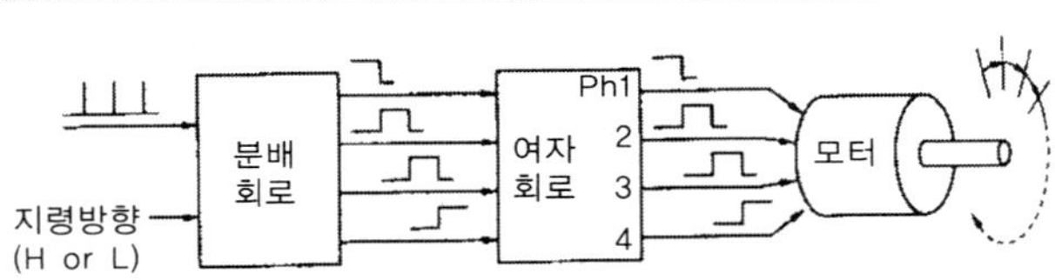

(a) 분배 회로

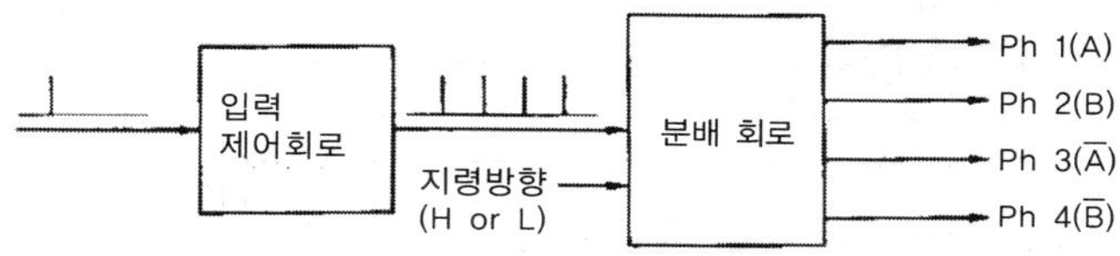

(b) 입력제어 회로

• 그림 3-64 • 스테핑모터의 구동 시스템

⑦ Stepping Motor의 분배 회로

분배 회로는 스텝 지령 펄스에 응답하여 권선의 여자를 순차적으로 제어하는 논리 회로이다. 여기에서는 기본적인 여자회로 구성과 이해를 도모하기 위하여 논리 회로를 구성하였다.

1. 2상 여자식 하이브리드형 스테핑모터

[표 3-11]은 2상 하이브리드 혹은 4상 VR형 스테핑모터의 2상 여자식 가역운전용 분배 회로의 여자시퀀서이며, 이에 대한 분배회로는 [그림 3-65]와 같다.
방향지령 신호가 H 레벨일 때, 점선으로 그려진 박스(2개의 AND, 1개의 NOR)의 출력 값은 $\overline{Q1}$, $\overline{Q2}$를 입력단자로 사용되는 반면, 방향 지령 신호가 L 레벨의 경우, 출력 값은 $Q1$, $Q2$를 입력 단자로 받아 들인다.

| 표 3-11 | 2상 하이브리드형(혹은 4상 VR형)모터의 2상 여자식 여자 시퀀서

(a) CW(시계 방향 운전)

	R	1	2	3	4	5	6	…
Ph A, Q1	0	1	1	0	0	1	1	…
Ph B, Q2	0	0	1	1	0	0	1	…
Ph $\overline{A}$, $\overline{Q1}$	1	0	0	1	1	0	0	…
Ph $\overline{B}$, $\overline{Q2}$	1	1	0	0	1	1	0	…

(b) CCW(반시계 방향 운전)

	R	1	2	3	4	5	6	…
Ph A, Q1	0	1	1	0	0	1	1	…
Ph B, Q2	0	0	1	1	0	0	1	…
Ph $\overline{A}$, $\overline{Q1}$	1	0	0	1	1	0	0	…
Ph $\overline{B}$, $\overline{Q2}$	1	1	0	0	1	1	0	…

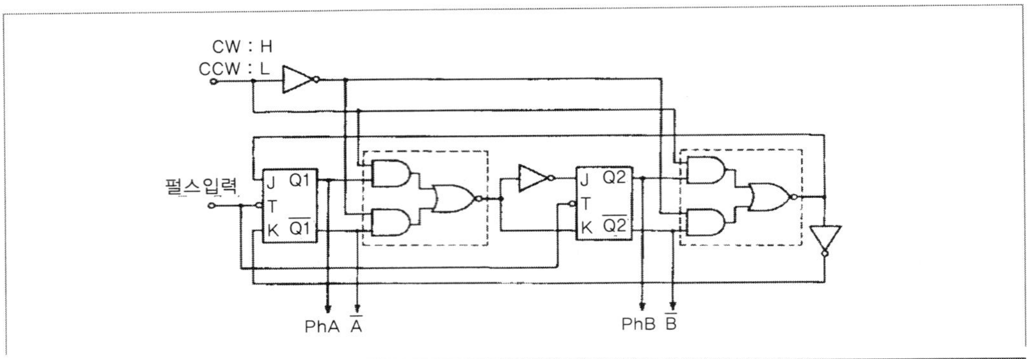

• 그림 3-65 • 2상 하이브리드형(혹은 4상 VR형)모터의 2상 여자식 가역운전용 분배회로 예

2. 1상 여자식 하이브리드형 스테핑모터

1상 여자 시퀀서는 [표 3-12]와 같으며, 2상 여자 시퀀서의 출력 단자에 4개의 AND 게이트를 추가하여 분배 회로를 [그림 3-66]과 같이 구성한다.

| 표 3-12 | 2상 하이브리드형(혹은 4상 VR형)모터의 1상 여자식 여자 시퀀서

(a) CW(시계 방향 운전)

		R	1	2	3	4	5	6	…
	Q1	0	1	0	1	0	1	0	…
	$\overline{Q1}$	1	0	1	0	1	0	1	…
	Q2	0	0	1	1	0	0	1	…
	$\overline{Q2}$	1	1	0	0	1	1	0	…
Ph A	$\overline{Q1} \cdot \overline{Q2}$	1	0	0	0	1	0	0	…
Ph B	$Q1 \cdot \overline{Q2}$	0	1	0	0	0	1	0	…
Ph $\overline{A}$	$\overline{Q1} \cdot Q2$	0	0	1	0	0	0	1	…
Ph $\overline{B}$	$Q1 \cdot Q2$	0	0	0	1	0	0	0	…

(b) CCW(반시계 방향 운전)

		R	1	2	3	4	5	6	…
	Q1	0	1	0	1	0	1	0	…
	$\overline{Q1}$	1	0	1	0	1	0	1	…
	Q2	0	1	1	0	0	1	1	…
	$\overline{Q2}$	1	0	0	1	1	0	0	…
Ph A	$\overline{Q1} \cdot \overline{Q2}$	1	0	0	0	1	0	0	…
Ph B	$Q1 \cdot \overline{Q2}$	0	0	0	1	0	0	0	…
Ph $\overline{A}$	$\overline{Q1} \cdot Q2$	0	0	1	0	0	0	1	…
Ph $\overline{B}$	$Q1 \cdot Q2$	0	1	0	0	0	1	0	…

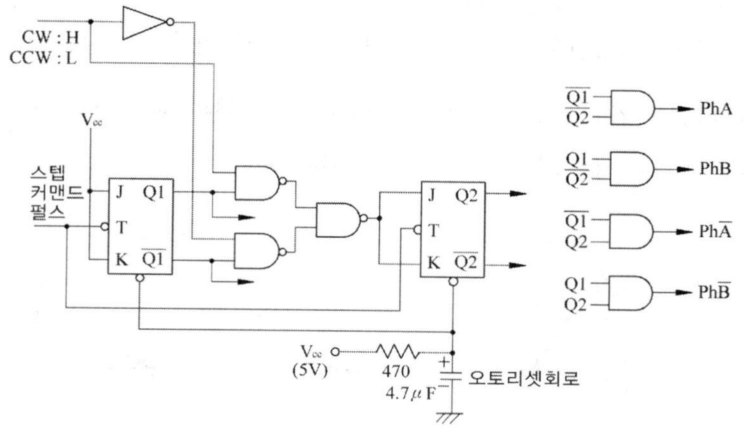

• 그림 3-66 • 2상 하이브리드형(혹은 4상 VR형)모터의 1상 여자식 가역운전용 분배회로 예

이상의 분배 회로를 바이폴러 회로를 구성하여 운전하였을 경우, 1상 여자와 2상 여자시의 이상적인 전압 파형은 [그림 3-67]과 같이 나타낼 수 있다.

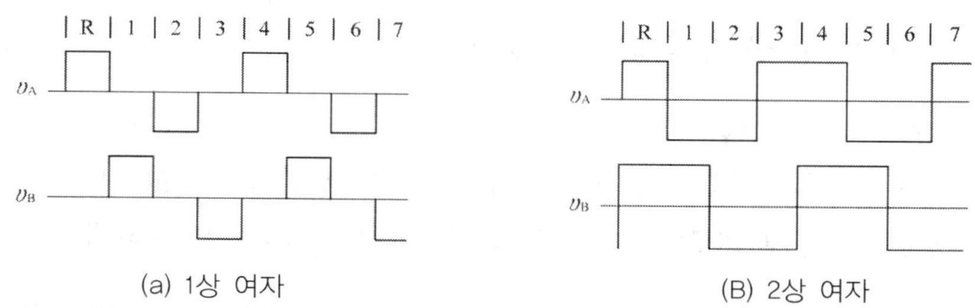

• 그림 3-67 • 각종 여자 방식에서의 이상적인 전압 파형

바이폴러 운전을 이용하면, 소비 전력의 25 ~ 30%가 개선되는 것을 알 수 있다. 단, 브리지 회로의 결점은 바이폴러 운전의 2배 수의 트랜지스터가 필요하다는 것이다.

8 Stepping Motor의 구동 회로

스테핑모터를 구동하는데는 코일에 전류를 일정한 방향에 맞추어 차례로 바꾸어 가면 된다. 아래의 그림은 모터를 구동하기 위해 필요한 부분을 간단한 회로로 나타내었다. 그림에서 L1, L2, L3, L4는 2상 모터의 코일이며 D1, D2, D3, D4는 후라이 호일 다이오드이다. 또한 TR1, TR2, TR3, TR4는 모터를 구동하기 위한 구동 트랜지스터이다.

초기에는 아래와 같은 모터 구동회로를 이용해서 모터를 구동시켰는데, 지금은 칩 하나만으로 모두 해결할 수 있는 것들이 많이 나와 있다.

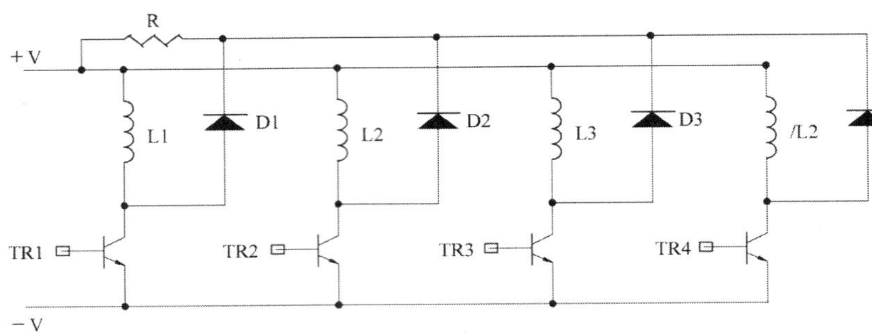

• 그림 3-68 • 스테핑모터의 기본적인 구동 회로

1. 로직 시퀀서와 구동 회로와의 접속

로직 시퀀서의 출력신호는 여자 회로의 입력단자로 보내져서 모터의 권선전류를 ON/OFF 제어다. 여자회로는 흔히, "모터 드라이버" 혹은 "드라이버"라고 불리운다.
[그림 3-69]는 분배 회로와 여자회로의 인터페이스 방법들을 나타내고 있다.

가장 간단하면서 일반적인 결선 방법으로 (a), (b)가 있으며, 이는 출력 전류가 트랜지스터를 구동시키기 위하여 충분하지 않을 경우 문제가 트랜지스터의 스위칭이 일어나지 않는다. 이러한 문제점을 해결하기 위하여 전류 증폭의 기능 있는 (c), (d)의 결선 방법이 사용되고 있다. 현재는 트랜지스터뿐만 아니라 MOSFET나 IGBT도 많이 사용되고 있다.

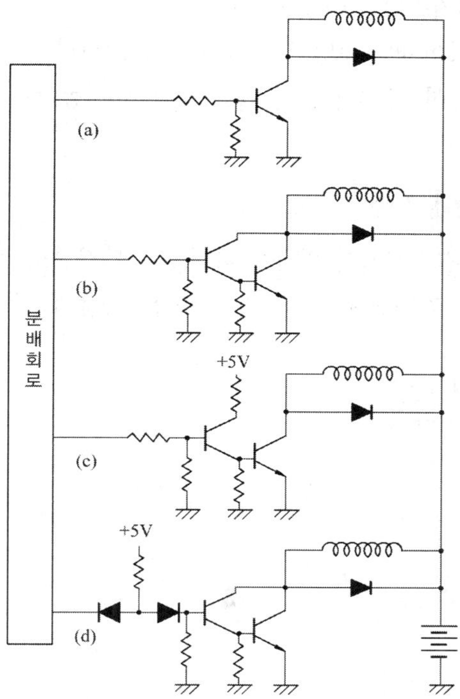

• 그림 3-69 • 분배 회로와 여자 회로의 인터페이스 회로

2. 억제 회로(Suppression Circuit)

스테핑모터의 문제점 중의 하나는 트랜지스터가 OFF하면 코일의 $L\frac{di}{dt}$에 의하여 고전압이 발생하여 트랜지스터가 파손할 우려가 있다. 따라서, 이러한 스파이크 전압의 억제와 트랜지스터의 보호가 필요하다.

가. 다이오드에 의한 억제 회로

다이오드를 권선에 병렬로 배치하여 트랜지스터가 OFF 된후, 권선의 자기 에너지가 전류를 지속시켜 병렬 다이오드를 통하여 환류 전류를 발생한다. 이 환류 전류는 시간이 지나면 감쇠한다.

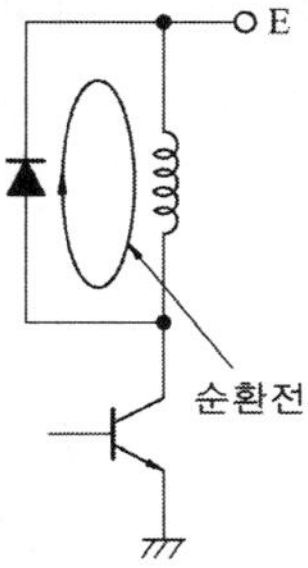

• 그림 3-70 • 다이오드 억제 회로

이 방식의 경우, 트랜지스터가 OFF 할 때, 급격한 전류의 변화는 나타나지 않으며, 컬렉터 전압은 공급전압과 다이오드 순방향 전압의 합으로 나타난다. 이 방법은 대단히 간단하지만, 환류 전류가 상당히 긴 시간동안 흘러 모터에 제동 토크를 발생한다는 단점이 있다.

나. 다이오드 & 저항에 의한 억제회로

환류 전류를 급속히 감소시키기 위하여 다이오드에 직렬로 저항을 첨가한 회로로서, 트랜지스터가 OFF일 때, 컬렉터에 인가되는 전압은 다음과 같다.

$$V_{CE} = E + IR_S + V_D$$

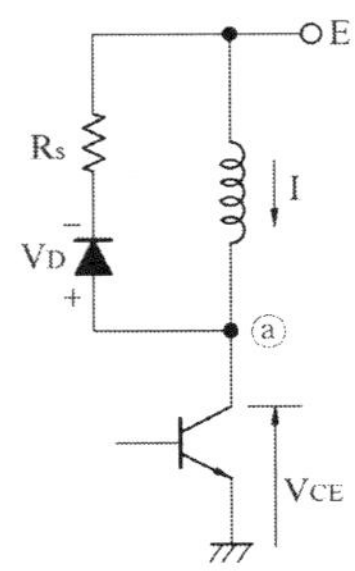

• 그림 3-71 • 다이오드 & 저항에 의한 억제 회로

이 방식에서 R_S의 저항을 크게 하면 OFF 된 후의 전류감쇠는 더욱 빨라지지만, ⓐ점에서의 컬렉터 전압이 높아진다. 따라서 빠른 감쇠를 위하여 보다 높은 최대 정격전압의 트랜지스터가 필요하다.

다. 제너 다이오드에 의한 억제 회로

제너 다이오드를 다이오드에 직렬로 접속하여 사용하는 경우이며, (1), (2)의 방식보다 급격한 전류감쇠가 일어난다.

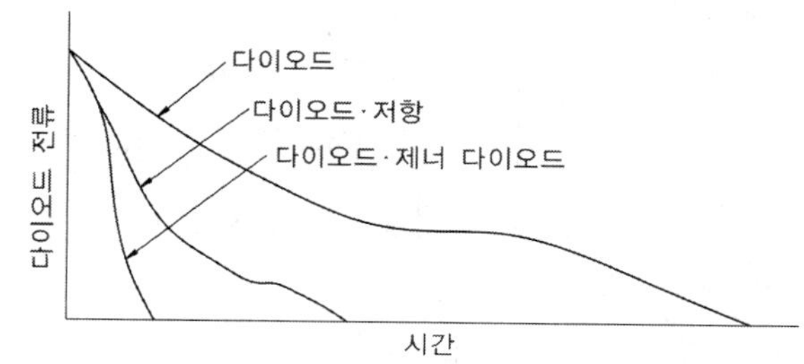

• 그림 3-72 • 억제 회로의 전류 감쇠 효과 비교

또한, 컬렉터에 공급되는 전압은 공급전압(E)과 제너전압의 합으로 표기되어 컬렉터 전압이 전류에 무관하다. 따라서, 트랜지스터의 최대 정격전압을 결정하는데 용이하다.

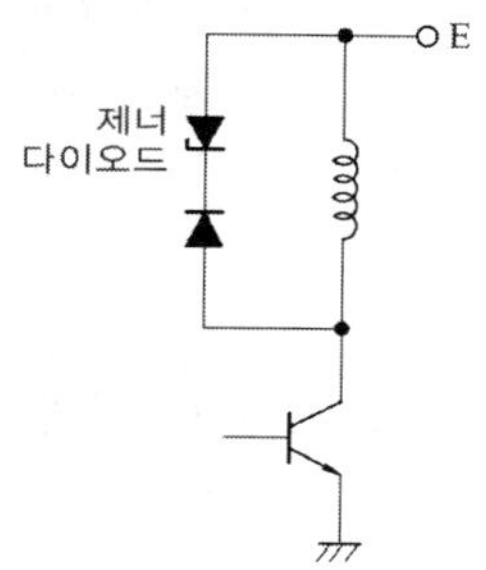

• 그림 3-73 • 제너 다이오드에 의한 억제 회로

3. 전류 상승 시간의 개선

트랜지스터가 ON하여 여자를 개시한 후, 권선 임피던스는 전류의 상승 시간을 지연시킨다. 따라서, 공급되는 전원은 정격 전류를 공급하기 위하여 인덕턴스의 영향을 이겨야 한다. 펄스 주파수가 높아지면, 1사이클 내의 상승 시간의 비율이 커져 토크의 저하 및 응답성이 저하된다. 그러므로, 상승시간을 짧게 하거나 토크특성을 개선시켜야 하며 이를 위한 방법으로는 크게 2가지가 있다.

가. 직렬 저항 방식

가장 간단한 방법으로서 회로의 시정수를 L/R_w에서 $L/(R_e+R_w)$로 감소시켜 상승 시간을 개선한다. 이 경우, 전원전압은 정상상태에서 정격전류가 흐르도록 한다.

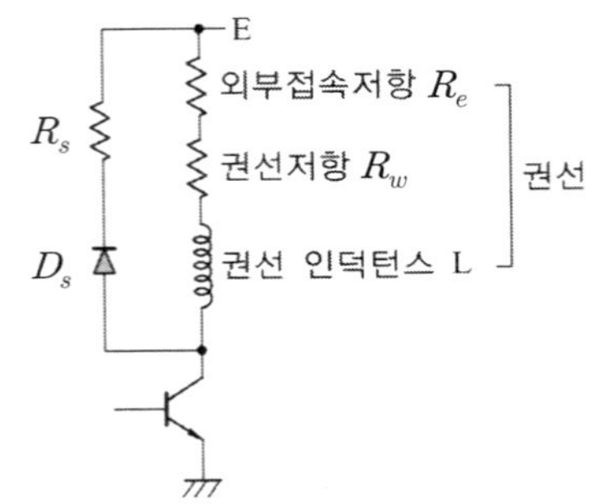

• 그림 3-74 • 직렬 저항 방식

이 방식의 경우, 직렬저항의 연결로 인하여 전력손실이 발생한다.

예를 들어, 2상 하이브리드 모터의 경우, 각 상의 권선저항이 1.5Ω, 정격전류가 4A, 구동 전압이 24V일 때, 4.5Ω의 직렬저항을 추가하였다면, 1상 여자운전시 발생되는 전력손실은 72W(= 4.5×4×4)이며, 2상 여자인 경우의 손실전력은 1상 여자 때의 2배가 된다.

나. 2전원 방식

여자 회로의 전력손실을 감소시켜 스테핑모터의 성능을 향상시키기 위하여 2전원 구동 방식이 사용된다.

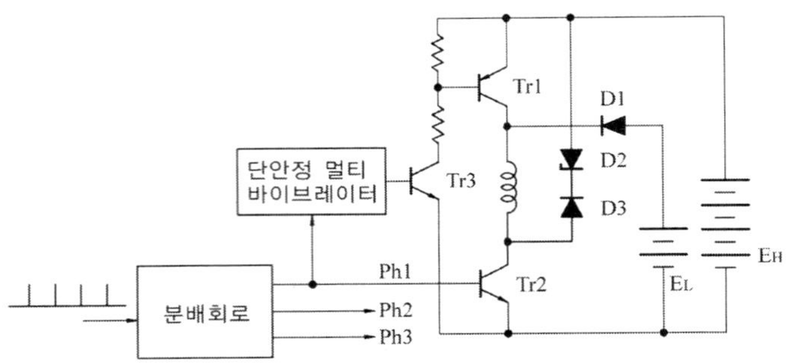

• 그림 3-75 • 2전원 방식

스텝 지령펄스가 시퀀서에 주어질 때, 상권선을 여자하기 위하여 H 레벨 신호가 출력된다. T_r1, T_r2의 트랜지스터가 ON되어 고전압 E_H가 권선에 공급된다. 이 때, 다이오드 D1은 고전압 전원으로부터 저전압 전원을 지키기 위하여 역바이어스된다.

전류는 E_H로 인하여 급격히 상승하게 된다. 단안정 멀티바이브레이터의 시정수는 권선 전류가 정격전류를 조금 넘을 때, T_r1, T_r3이 OFF 되도록 설정되었다. 고전압이 끊어진 후 다이오드는 순방향으로 바이어스 되며, 권선전류는 저전압 전원에서 공급된다.
이 방식의 기본적인 전류 파형은 [그림 3-76]과 같다.

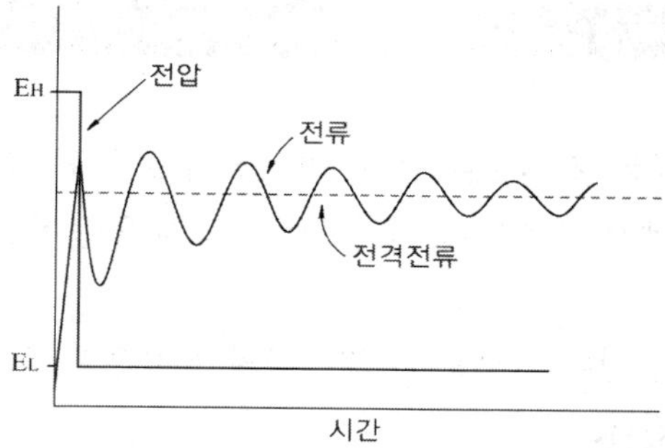

• 그림 3-76 • 2전원 방식의 전압과 전류 파형

4. 브리지 구동 회로

효과적인 토크를 발생하기 위하여는 권선이 항상 여자될 때 모터의 효율이 높아진다. 2상 하이브리드형 모터의 바이폴러 구동은 항상 4개의 권선이 여자되며, 유니폴러 구동과 비교하여 20 ~ 35%의 토크가 개선된다.

브리지 구동에서는 2개의 트랜지스터의 스위칭 에러에 의한 파손을 방지하여야 한다. 즉, 한쪽 트랜지스터가 ON 되는 시간보다도 다른 쪽 트랜지스터가 OFF 되는 시간이 충분히 짧아야 된다.

[그림 3-77]는 바이폴러 운전용 여자 회로와 전류의 흐름을 나타낸다. 트랜지스터의 병렬로 접속된 다이오드는 트랜지스터가 OFF 될 때 발생하는 급격한 전류상승을 억제한다. 실선은 T_r1과 T_r4이 도통되었을 경우의 전류의 흐름이며, 점선은 T_r1, T_r4가 OFF, T_r2, T_r3이 ON한 직후의 환류전류의 흐름으로서 다이오드 D2와 D3 및 전원 E를 통하여 환류한다.

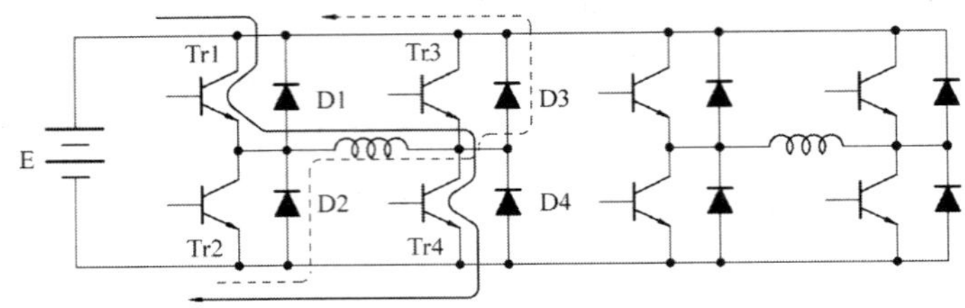

• 그림 3-77 • 바이폴러 운전용 여자 회로와 전류의 흐름

이 경우 자기 에너지는 전원으로 들어가며, 유니폴러 구동의 경우, 자기 에너지는 권선, 다이오드, 외부저항에서 소비되어 버리므로 브리지 구동에서의 바이폴러 구동은 이 점에서는 유리하다.

바이폴러 구동에서의 전류 파형은 [그림 3-78]과 같으며, 역기전력으로 인하여 전류 파형의 작은 왜곡이 생긴다.

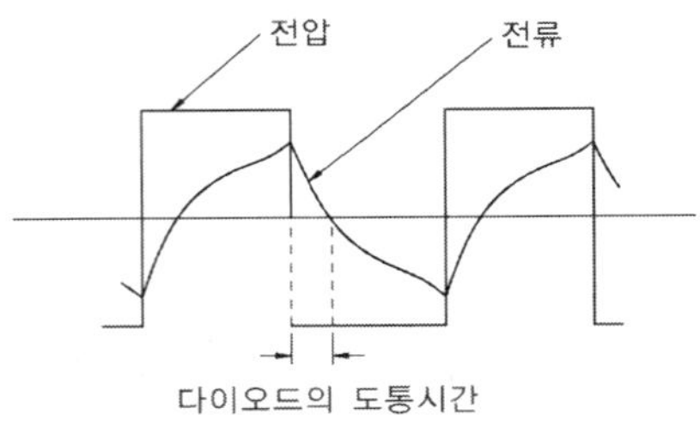

• 그림 3-78 • 바이폴러 운전에서의 전압과 전류 파형

5. PWM 구동

PWM(Pulse Width Modulation)은 저손실이면서 전류의 상승시간을 개선한 구동법으로 기본 블록도는 [그림 3-79]와 같다.

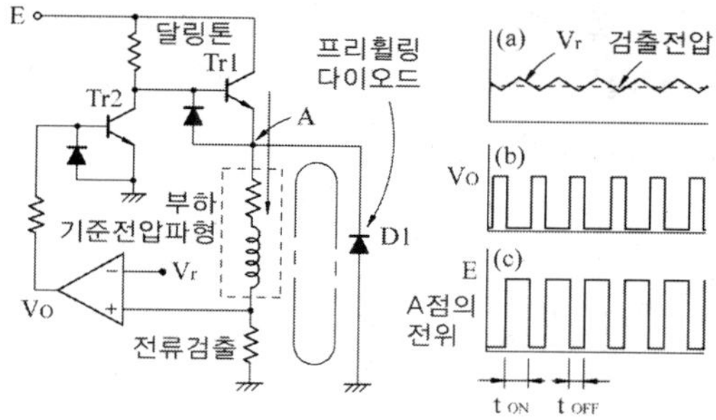

• 그림 3-79 • PWM 회로와 전류·전압 파형

부하전류는 연산증폭기를 이용하여 이것을 검출하는 단자의 전압과 기준전압으로 비교한다. 기준전압은 DC 전압 성분과 수십 kHz의 삼각파 또는 정현파의 합으로 구성된다. 기준전압이 검출전압보다 클 경우, 증폭기의 출력 전압은 증폭기의 (-)전원 전압이 출력되어 T_r2는 OFF, T_r1는 ON이 된다. ON상태일 때, 전류는 전원에서 부하로 흐른다.

반면 기준전압이 검출 전압보다 낮을 경우, 증폭기의 출력 전압은 (+)전원 전압으로 포화되어 T_r2는 ON, T_r1는 OFF가 된다. OFF상태일 때, 다이오드 D1을 통하여 환류 전류가 발생한다.
이 때의 스위칭 주파수는 수십 kHz이며, 모터의 흐르는 전류가 잘게 썰린 것처럼 되어 있기 때문에 이 구동 회로를 초퍼(Chopper) 회로라고 부른다.

PWM구동에서 모터구동 회로에 인가되는 평균전압은 다음과 같다.

$$E_M = E \times t_{on} / (t_{on} + t_{off})$$

이 구동법은 단일 전원으로 정격전류를 조정하면서, 저손실 운전이 가능한 특징이 있다.

6. 마이크로스텝 구동 기술

가. 기본 원리

모터의 인접 상간의 여자 전류를 고루 정현파적으로 변화시켜 기본 스텝각의 중간 영역에서도 위치 설정을 가능하게 하는 구동 방식을 마이크로스텝 구동방식이라고 한다.

이 방식은 미소 스텝 각을 얻는 동시에, 각 여자 때의 합성 토크가 1상 여자시의 토크와 동등해지도록 여자 전류를 제어한다. [그림 3-80]은 각각의 여자 방식에서의 2상 스테핑모터의 토크 벡터도를 나타내고 있다.

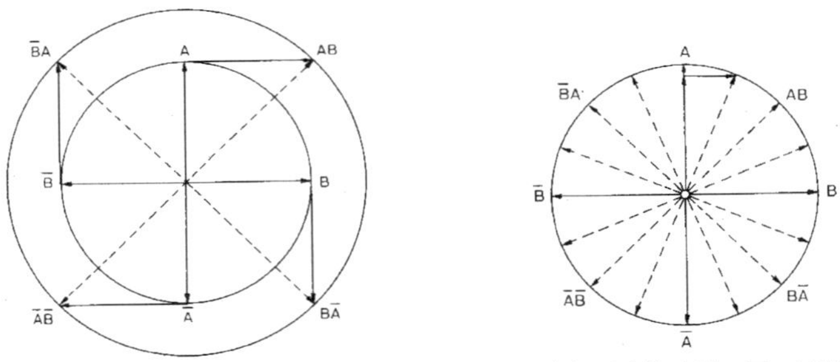

(a) 1, 2, 1-2상 여자 때　　(b) 4분할마이크로 스텝 때

• 그림 3-80 • 2상 스테핑모터의 토크 벡터도

이 때문에 2상 권선의 여자전류는 일반적으로 정전류 구동방식을 사용하여 [그림 3-81]과 같은 관계를 유지하면서 정현파상으로 제어된다.

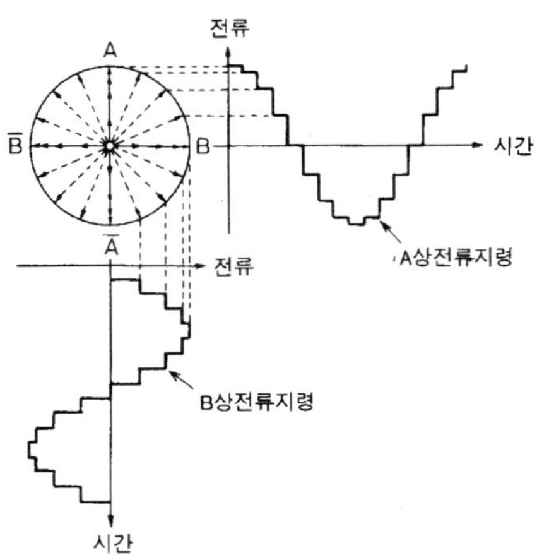

• 그림 3-81 • 전류 지령과 토크 벡터와의 관계

[그림 3-82]은 스테핑모터의 정지토크 특성을 이상화하여 제시하고 있다. 1상 여자시 $(T_h - T_{g2})$의 토크 리플이 4분할 마이크로 스텝운전의 경우, $(T_h - T_{g1})$으로 개선되는 점을 살펴볼 수 있다. 이는 모터를 다상화하는 효과와 동일하다.

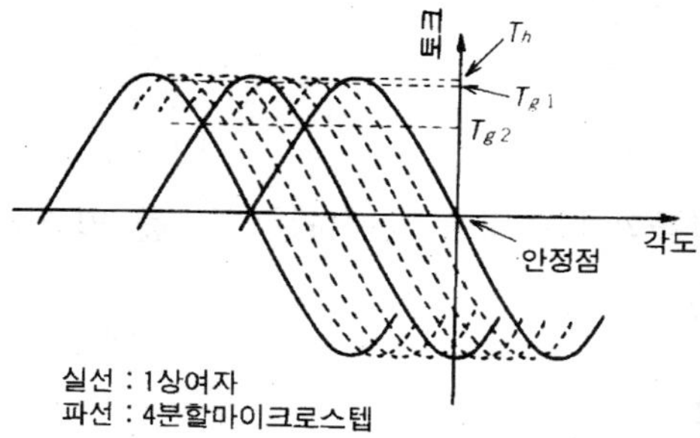

• 그림 3-82 • 이상적인 정지 토크 특성

나. 마이크로스텝 구동 회로

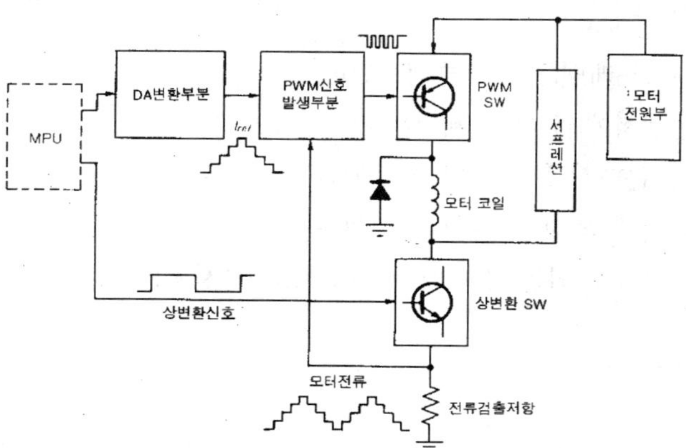

• 그림 3-83 • 마이크로스텝 구동제어 블록도

[그림 3-83] 마이크로스텝 구동제어 블록도로서, 마이크로 프로세서는 전류지령 패턴을 발생시킨다.

발생된 전류 지령치는 DA변환 부분을 거쳐 전압레벨의 전류 지령치로 변환된다.

변환된 전류 지령치는 PWM 발생부분으로 보내어져 모터의 실 전류와 비교하여 증폭 후, 수십 kHz의 주파수로 PWM신호를 발생한다.

모터에 흐르는 전류는 PWM SW로 초핑되어 정전류 구동을 하게 된다.
이 때, 상변환시 모터 코일에 발생하는 역기전력을 흡수하기 위하여 억제(Suppression)회로를 첨가한다.

⑨ 입력제어 회로

스텝지령 펄스와 이들의 타이밍을 제어하는 회로를 입력제어 회로라고 한다.

1. 단스텝 제어회로

1개의 스텝 신호로 1스텝만 회전하는 시스템을 단스텝 제어시스템이라고 한다. 일반적으로 위치결정 프로필은 일반적으로 진동을 하며, 이는 모터 자체와 구동 회로와 밀접한 관계가 있다.
입력제어 회로는 로직시퀀서로 하여금 적합한 출력신호를 만들어 내기 위하여 필요하다. 그 예를 [그림 3-84]에 나타내었으며, 이 회로의 특징은 다음과 같다.

- 입력 신호는 H 레벨(5V)로 클램프된다.
- 노이즈는 콘덴서에 의하여 제거된다.
- 입력 신호는 콘덴서에 의하여 결정된다.
- 슈미트 트리거에 의하여 파형이 정형된다.
- 입력 신호가 (-)가 되는 경우에는 점선으로 표시되는 다이오드를 삽입한다.

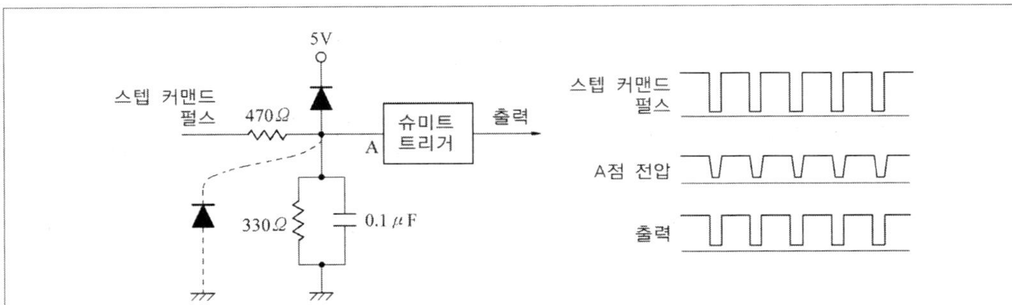

• 그림 3-84 • 단스텝 입력 제어 회로

2. 전자회로식 입력제어 회로

Ph1이 여자되고, 그 안정점에 로터가 정지하고 있을 때 모터가 다음 안정점으로 움직이는 지령을 줄 경우, Ph2의 여자에 의하여 로터는 가속 회전하여, 다음 안정점에서 오버슈트하는 현상이 발생한다. 다음 상의 안정점을 향해 움직이는 중 Ph2가 OFF하고, 다시 한 번 Ph1을 ON하여 감속 토크를 생성하여 오버슈트가 발생하지 않도록 한다. 즉, 로터가 앞의 위치로 돌아가려고 역전을 시작할 때 일단 정지 상태가 되지만, 이 타이밍에서 Ph2를 다시 여자하여 위치를 결정한다. 이를 역상제동이라고 하며, 이 때의 역상 제동과 회전각과의 관계는 [그림 3-85]와 같이 나타낼 수 있다.

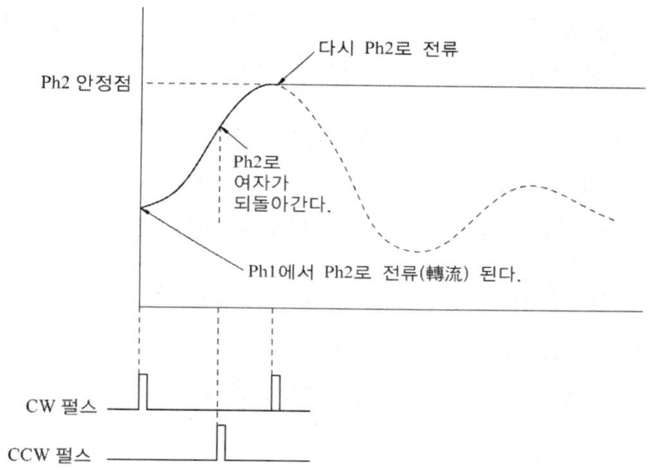

• 그림 3-85 • 역상 제동과 회전각과의 관계

역전 펄스의 타이밍을 잘 조정하면, 로터의 속도가 제로가 되었을 때, 바로 Ph2의 안정점에 위치시킬 수 있다.

⑩ 스테핑모터의 특성

스테핑모터의 특성에는 정특성, 동특성, 과도응답특성의 3가지로 설명할 수 있는데 이중에서 동특성은 모터를 구동하면서 발생하는 특성이다.

1. 스테핑모터의 동특성

토크 특성은 모터 자신, 구동회로 및 여자방식에 따라 크게 변화한다. 그러나 원칙적으로 속도가 높아질수록 모터의 토크는 떨어지게 되며, 그 이유는 그림과 같이 모터의 코일에 흐르는 전류가 고속이 될수록 완전히 상승되지 못하기 때문이다. 또, 스테핑모터의 코일은 정지시에 가장 많은 전류가 흐르며, 이때의 토크가 가장 크고 이것이 최대정지 토크(TH)로 된다.
stepping motor의 속도와 토크와의 관계는 일반적으로는 [그림 3-86]과 같이 표시된다.

라인트레이서 예를 들면, 로봇은 가감속 테이블로부터 데이터를 읽어서 아주 낮은 주파수로 자기동 영역에서 출발하게 된다. 주파수가 계속해서 증가하게 되면 라인트레이서는 최대 자기동 주파수(a지점)를 지나 슬루(Slew)영역에 들어서게 되고 이 단계가 되면 로봇은 갑작스런 정지 및 역회전 구동이 불가능해진다.

속도를 계속해서 높이게 되면 최대 응답 주파수(b지점)에 다다르게 되고 이것 이상 주파수를 올리게 되면 라인 트레이서는 탈조하게 된다. 스테핑모터를 사용하게 되면 어쩔수 없이 발생하는 탈조는 이와 같은 방법으로 발생하게 되는 것이다.

따라서 스테핑모터를 사용 하게 되면 모터가 출력할 수 있는 최고 속도는 결국 최대 응답 주파수를 넘지 못하는 것이다. 그러나 로봇의 무게를 줄인다면 점선의 위치는 밑으로 내려가게 되고 결과적으로 좀더 속도를 낼수 있게 된다. 이와 같은 이유에서 가능하면 가볍게 로봇을 제작한다.

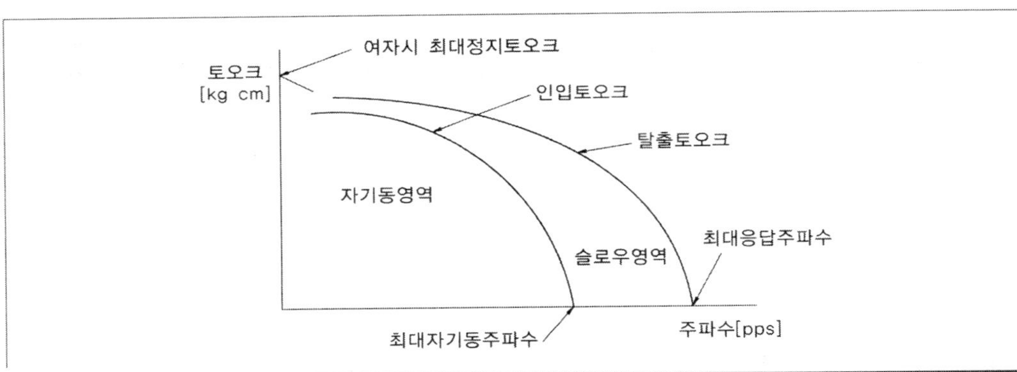

• 그림 3-86 • 스테핑모터의 주파수대 토크특성

이 특성은 모터 자신이나 구동회로, 여자 시퀀스에 의해 크게 달라지지만, 기본적으로 고속이 될수록 모터의 토크는 떨어진다. 이 이유는 모터의 코일에 직류전류를 흘리기 때문이다. 특성곡선에 나타나는 용어는 아래와 같다.

① **토크(Torque)** : 토크를 이해하려면 토크의 물리적인 단위를 생각하면 된다. 토크의 물리적인 단위는 [kg·cm]이다. 즉 1[kg·cm]란 모터가 1kg의 무게를 1cm만큼 이동할 수 있는 힘을 나타낸다.

② **자기동 영역** : 입력에 비례하는 출력이 나오는 영역이다. 쉽게 표현하자면 어떤 펄스에서 갑자기 회전할 수 있는 영역을 말한다. 예를 들어 낮은 주파수로 10개의 펄스가 입력되면 10개의 펄스값만큼 회전출력으로 나올수 있는 이유는 모터의 입력펄스가 자기동 영역에 있기 때문이다. 따라서 자기동 영역에서는 순간적인 정회전 혹은 역회전이 가능하다.

③ **slew영역** : 모터가 동기를 잃지 않고 회전할 수 있는 영역을 말한다. 즉 모터에 펄스가 가해졌을 때 모터는 회전은 하지만 입력한 펄스 수만큼 회전한다는 보장을 하지 못하는 영역이다. 스테핑모터는 자기동 영역에서 스타트시키고 slew영역에서 사용하면 가장 효율이 좋다. 그러므로 스테핑모터로 로봇을 구동할 때 가감속 테이블을 사용하면 좋은 이유가 바로 이 때문인 것이다.

④ **탈출토크** : 자기동 영역의 주파수에서 서서히 주파수를 상승스키면(속도를 증가시키면) 모터는 특정한 주파수에서 탈조한다. 이 경우 탈조하는 순간의 부하 토크를 그 주파수의 탈출토크라고 한다.

⑤ **탈조** : 모터에 펄스를 가했을 때 동기를 잃고 있는 상태이다. 따라서 이런 상황에서 펄스를 입력하면 모터가 홀딩상태가 되거나 갑자기 회전하는 상태가 되는 것이다.

아래 [그림 3-87]에서처럼 고속이 될수록 코일에 흐르는 전류가 완전히 상승되지 않기 때문이다. 또, 스테핑모터의 코일에는 [그림 3-87]에서도 알 수 있듯이, 정지시에 가장 많은 전류가 흐른다. 따라서, 모터는 이 때가 가장 토크가 크고 이것이 최대 정지토크로 된다.

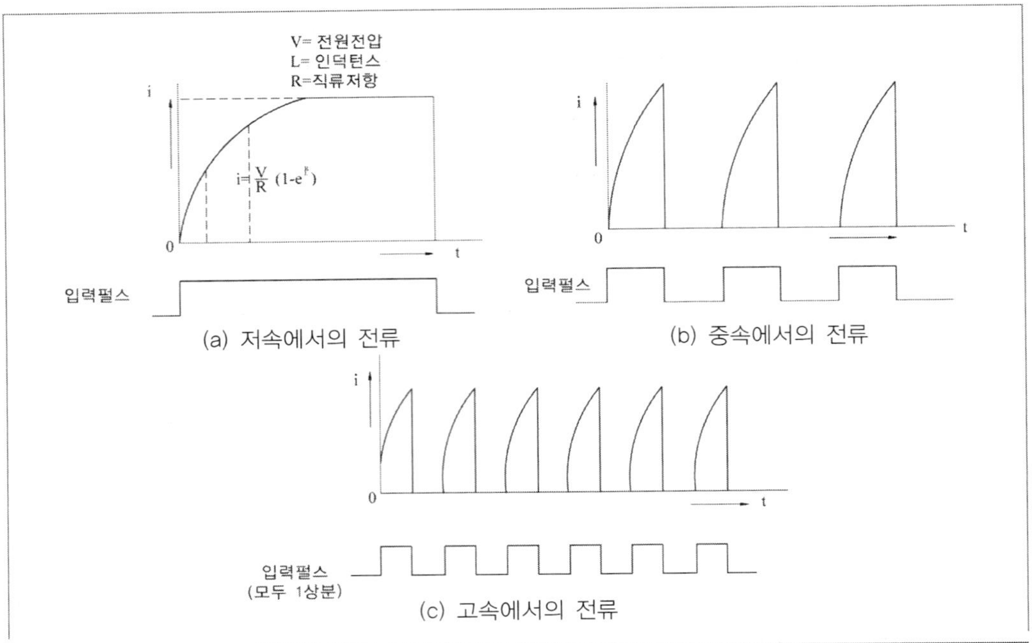

• 그림 3-87 • 저속, 중속, 고속에서의 모터전류 파형

모터가 무부하시에 모터의 회전이 입력 펄스 수와 완전히 1 : 1로 대응해서 기동할 수 있는 속도를 최대 자기동 주파수라고 한다. 또, 압력 신호에 추종해서 기동, 정지, 역전, 가속, 감속 등이 행해지는 자기동영역이라고 하며 이 영역에서의 속도와 최대 토크특성과를 스타팅 특성라고 한다.
즉, 이 자기동 영역안에서 모터를 스타트시키면 입력 펄스 수와 완전히 1 : 1로 대응한 제어를 할 수 있다.

스테핑모터는 이 자기동 영역의 범위 안에서 기동시키면 그 뒤에 서서히 입력 펄스의 증가시킬 수 있다. 그리고 입력 펄스의 주파수를 증가시키면서 입력 펄스 수와 완전히 1 : 1로 대응할 수 있는 영역이 정상영역이라고 불리우는 것으로, 이 때의 속도와 최대 토크 특성을 정상회전 특성이라고 한다.

따라서, 스테핑모터의 성능을 최대한 사용하려면 우선 자기동 영역안에서 기동하고, 그 뒤는 서서히 주파수를 올려 슬루영역을 잘 활용해야 한다. 이것을 가감속(throw up /throw down)제어라고 한다.

2. 스테핑모터의 정특성

스테핑모터의 가장 기본적인 특성의 하나로 정특성이라는 것이 있다. 이것은 각도-정토크 특성이라고도 한다. 모터를 정격의 직류 전압으로 여자하고 모터의 출력축에 외력을 가했을 때에 출력축에 발생하는 토크를 나타내고 있다.

[그림 3-88]은 각도와 정토크 특성과의 관계를 나타낸 것이다. 모터의 부하 토크가 0이라면 변위각의 오차는 0이 되고 정확하게 정지한다. 그러나 모터의 부하 토크가 가해지면 그 토크에 따라서 정지 각도가 변위한다.

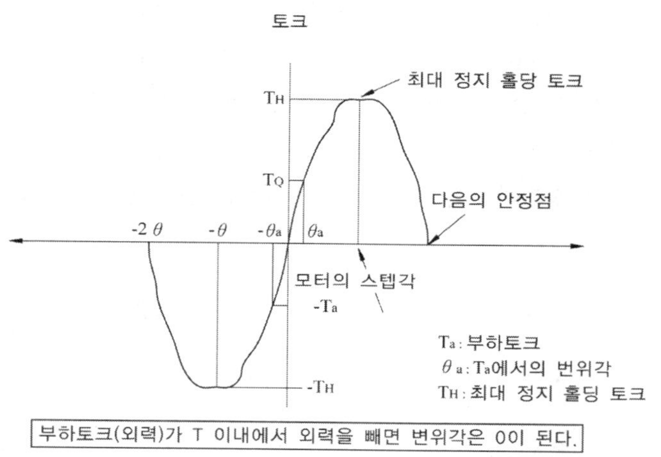

• 그림 3-88 • 각도와 정토크의 특성

예컨데, 모터의 정지 위치에서 모터를 회전 방향으로 회전시키려고 하는 부하 토크가 작용하는 경우는 샤프트는 + θ쪽으로 변위한다. 또 반시계방향으로 회전시키는 것 같은 부하 토크가 작용하면 - θ쪽으로 변위하는 것이 된다. 모터의 특성에서는 최대 정지토크 T_H가 정해져 있는데, 이 이상의 부하 토크가 가해지면 [그림 3-88]의 θ 위치를 넘어 모터는 다음 안정점(2θ)까지 회전하는 것이 된다.

지금 부하 토크 Ta를 음으로 해서 모터가 정지하면 θa의 변위 각도의 위치에서 정지한다. 그리고 1방향 회전이라면 번위 각도 θa를 포함한 그대로 정지하므로 절대위치에서는 어느 위치에서도 θa의 오차가 생긴다. 그러나, 상대 오차는 생기지 않는다. 다만, 정역 회전을 한 경우는 절대 위치에서 2θa의 오차가 생기게 되므로 주의가 필요하다.

스테핑모터의 정특성은 모터의 정지시 특성을 나타내는 것으로, 모터를 여자한 후 손으로 한 스텝을 돌린다면 1스텝 중에서 처음 얼마간은 힘을 가해주어야 하지만 1스텝 중에서 어느 정도가 돌아가게 되면 1스텝의 나머지 부분은 알아서 돌아가는 특성을 말한다. 위에서 만약 1스텝의 위치에 모터가 정지해 있을 때 여자하면 모터는 2스텝으로 돌아가게 되며, 이때 손으로 2스텝에서 3스텝까지 힘을 가해 돌리면 나머지 3스텝에서 4스텝까지는 스스로 회전하게 된다. 따라서, 모터의 정특성으로부터 모터의 홀딩 토크를 알 수 있다.

3. 스테핑모터의 과도응답 특성

스테핑모터의 과도응답 특성은 모터의 1개의 펄스를 입력했을 때 모터가 움직임을 나타내는 특성이다. 스테핑모터는 1개의 펄스를 입력하면 회전자가 1스텝 회전 후 정확히 정지해 있는 것이 아니라 약간의 진동을 하면서 정지하게 된다. 물론 사람의 눈으로는 보이지 않지만 이 아주 작은 흔들림이 빠른 모터를 만들기 어렵게 한다. 또한 관성이 커지면 1 스텝 이동 후 안정하게 정지하기까지 더 많은 시간이 걸린다는 것을 알 수 있다.

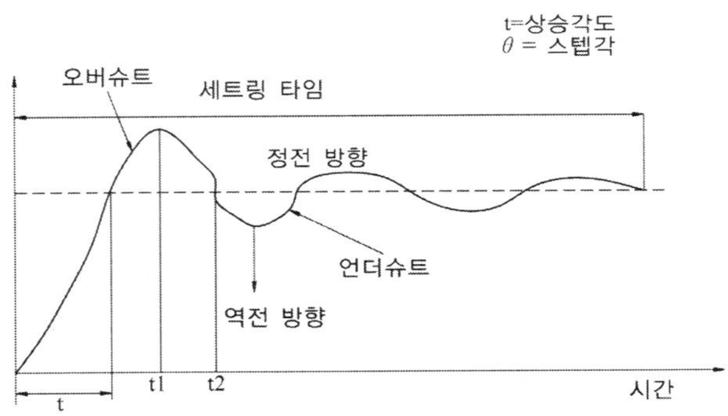

• 그림 3-89 • 스테핑모터의 과도 특성

스테핑모터에 펄스 신호를 인가하면 회전자는 그림과 같은 특성을 나타낸다. 즉, t의 상승시간 뒤에 오버슈트를 발생하고 고유의 감쇠진동(Damping)을 하면서 잔여 진동시간(settling time)까지 진동하고 정지한다. 그런데, 그림에서의 t1부터 t2의 사이는 역방향 토크가 작용하고 있으므로, 이 사이에 다음의 펄스가 들어오게 되면 회전자는 역회전 하거나, 불안정이 되던가 하여 여러가지 속도로 진동이 발생하므로 모터의 구동주파수를 증가하면 오버슈트(over shoot), 언더슈트(under shoot)가 줄어들고 회전음도 작아지고 있음을 나타낸다.

스테핑모터의 과도특성 오차에 대한 용어는 다음과 같다.

① **각도 정밀도(Step Angle Accuracy)** : 스테핑모터의 회전각도의 정확도를 나타내는 것을 말한다.

② **정지각도 오차(Positional Accuracy)** : 2상 여자(Full-step Driving)로 모터를 360° 회전시켰을 때의 최대각도 오차. 이는 360° 회전시 각스텝 마다의 오차 중 (+) 최대치와 (-) 최대치의 1/2값을 말한다.

㉰ **히스테리시스 오차(hysteresis error)** : 모터를 정방향(CW)으로 회전시켰을 때 정지한 위치와 역방향(CCW)으로 회전시켰을 때 정지한 위치는 약간 다르며 이 때의 위치 차이를 말한다.

연·습·문·제

01 다음 중 스테핑모터의 회전각을 제어할 때 사용하는 것은?

㉮ 전압　　㉯ 전류
㉰ 펄프수　　㉱ 계자

02 서보모터가 갖추어야 할 조건으로 거리가 먼 것은?

㉮ 고속 운전에 견딜 것
㉯ 고빈도의 가감속 운전에 견딜 것
㉰ 출력이 우수하고 과부하에 견딜 것
㉱ 제어 장치 없이 단독 운전이 가능할 것

03 스테핑모터의 구조상의 분류로 맞지 않는 것은?

㉮ VR형　　㉯ AB형
㉰ HB형　　㉱ PM형

04 위치 검출기를 사용하지 않아도 모터 자체가 지령된 회전량만큼 회전할 수 있는 모터는?

㉮ 스테핑모터　　㉯ 직류 서보모터
㉰ 교류 서보모터　　㉱ 유압 서보모터

05 발광부와 수광부가 대향 배치되어 있어 이 사이에 물체가 들어가면 빛이 차단되고 수광부의 광전류가 차단되어 물체의 유·무를 검출할 수 있도록 만들어진 것은?

㉮ 포토 인터럽터
㉯ 포토 사이리스터
㉰ 포토 다이오드
㉱ 포토 트랜지스터

06 서보 시스템에서 기준값과 실제값의 차를 무엇이라 하는가?

㉮ 제어기준값　　㉯ 제어편차
㉰ 외란　　㉱ 제어변수

07 스텝 각이 1.8°인 스테핑모터에 반지름이 2.6[cm]인 바퀴를 장착하였다. 200개의 펄스를 모터에 인가하였을 때 바퀴가 움직인 거리는 약 얼마인가?

㉮ 16.3[cm]　　㉯ 21.3[cm]
㉰ 52.0[cm]　　㉱ 93.6[cm]

Answer 01 ㉰ 02 ㉱ 03 ㉯ 04 ㉮ 05 ㉮ 06 ㉯ 07 ㉮

08 스테핑모터는 다음 중 무엇에 의해 회전각이 제어되는가?

㉮ 전압크기 ㉯ 전류크기
㉰ 펄스수 ㉱ 계자

09 다음 중 고정자측에 영구자석을 배치하여 공극부에 직류바이어스 자계를 발생시켜 제어하는 스테핑모터는?

㉮ 가변 릴럭턴스형
㉯ 반영구 자석형
㉰ 영구 자석형
㉱ 하이브리드형

10 스테핑모터의 종류를 나타낸 것 중 틀린 것은?

㉮ 영구자석형 스테핑모터
㉯ 가변 릴럭턴스형 스테핑모터
㉰ 브러시형 스테핑모터
㉱ 하이브리드형 스테핑모터

11 스텝 각이 1.8°인 2상 HB형 스테핑모터를 반스텝시퀀스(1-2상 여자)로 구동하면 1펄스당 회전각은?

㉮ 0.9° ㉯ 1.8°
㉰ 3.6° ㉱ 9.9°

12 동기 전동기에서 자극수가 4극이면 60[Hz]의 주파수로 전원 공급할 때, 회전수는 몇 [rpm]이 되는가?

㉮ 1200 ㉯ 1800
㉰ 3600 ㉱ 7200

13 산업용 로봇에서 서보 레디(servo ready)란 무엇인가?

㉮ 정의된 위치 데이터를 키보드로 직접 입력하는 것
㉯ 컨트롤러에서 이상 유무를 확인하여 신호를 발생시키는 것
㉰ 전원 공급 후 컨트롤러가 이상 유무를 확인하기 전에 드라이버 측에서 컨트롤러로 보내는 준비 신호
㉱ 아날로그 타입에서 드라이버로 출력하는 속도 명령어 신호

14 절대형(absolute type) 로터리 인코더의 설명 중 잘못된 것은?

㉮ 잡음에 강하고 읽는 오차가 누적되지 않는다.
㉯ 전원을 끊어도 정보가 없어지지 않으며 재복귀가 가능하다.
㉰ 회전방향 변경에 대한 방향 판별 회로가 필요하다.
㉱ 임의의 점을 영점으로 하기 위해서는 연산이 필요하다.

Answer 08 ㉰ 09 ㉱ 10 ㉰ 11 ㉮ 12 ㉯ 13 ㉰ 14 ㉰

15 인코더에서 입력선의 숫자가 64개라면 출력선의 숫자는 얼마인가?

㉮ 3 ㉯ 4
㉰ 5 ㉱ 6

16 다음 스테핑모터에 대한 설명 중 옳지 않은 것은?

㉮ 유니폴라 구동 방식은 여자 전류가 한 방향만인 방식이다. (+ 또는 0)
㉯ 바이폴라 구동 방식은 유니폴라 구동 방식에 비하여 2배의 토크를 얻을 수 있다.
㉰ 1분 간 가해진 펄스 수를 n, 스텝각(deg)을 θ_s이라 하면 회전수(rpm) $N = n \times \theta_s \times 360$이다.
㉱ 영구자석 스테핑모터의 경우 무여자 정지 때도 유지 토크를 갖는다.

17 위치 검출기를 사용하지 않아도 모터 자체가 지령된 회전량만큼 회전 할 수 있는 모터는?

㉮ 직류 서보모터
㉯ 스테핑모터
㉰ 교류 서보모터
㉱ BLDC 모터

18 전기자 코일과 계자코일이 직렬로 연결되어 있으며, 기동토크가 가장 높으며, 무부하시 속도가 높고 코일에 공급되는 전류의 극을 바꾸더라도 모터의 회전방향은 변하지 않는 모터는?

㉮ 복권형 ㉯ 분권형
㉰ 직권형 ㉱ 타려형

19 서보모터에 대한 설명 중 보통의 전동기와 비교하여 잘못된 것은?

㉮ 시동, 정지 및 역전의 동작을 자주 반복한다.
㉯ 정확한 제동 특성을 가져야 한다.
㉰ 높은 신뢰도가 필요하다.
㉱ 회전방향에 따라 특성의 차이가 많아야 한다.

20 스테핑모터에서 펄스 한 개당 3.6°를 회전할 때 한 바퀴를 회전하려면 몇 개의 펄스를 인가해야 하는가?

㉮ 50개 ㉯ 90개
㉰ 100개 ㉱ 180개

21 서보시스템에서 어떤 신호의 출력값이 처음으로 목표값에 도달하는데 걸리는 시간이 0.3초라면 지연시간은?

㉮ 0.1초 ㉯ 0.15초
㉰ 0.2초 ㉱ 0.25초

Answer 15 ㉱ 16 ㉰ 17 ㉯ 18 ㉰ 19 ㉱ 20 ㉰ 21 ㉯

22 다음 표와 같이 스테핑모터를 구동하는 방식을 무엇이라 하는가?

스텝	A	B	$\overline{A}$	$\overline{B}$
0	ON			
1		ON		
2			ON	
3				ON
0	ON			
1		ON		

㉮ 1상 여자 방식
㉯ 2상 여자 방식
㉰ 1–2상 여자 방식
㉱ 3상 여자 방식

23 18°의 스텝각을 갖는 스테핑모터에서 분당 펄스수가 600인 경우 회전수(RPM)는 얼마인가?

㉮ 10 ㉯ 12
㉰ 30 ㉱ 120

24 스테핑모터에 부여하는 펄스 주파수에 비례하는 것은?

㉮ 회전각도
㉯ 회전속도
㉰ 위치결정
㉱ 토크

25 서보모터에 대한 설명 중 틀린 것은?

㉮ 서보 기구용으로 설계된 모터이다.
㉯ 동작의 급변에 정확히 추종하기 위해 설계된 모터이다.
㉰ 기구의 추종 운동을 전자에너지, 센서 정보로 변환하는 모터이다.
㉱ 민첩성이 뛰어나야 한다.

26 스테핑모터를 회전시키는데 필요한 회로 요소가 아닌 것은?

㉮ 스테레인 게이지 ㉯ 제어장치
㉰ 펄스 발생기 ㉱ 구동장치

27 DC 서보모터에 요구되는 특징과 거리가 먼 것은?

㉮ 전기자 관성이 클 것
㉯ 최대 토크가 클 것
㉰ 회전 토크가 클 것
㉱ 토크의 직선성이 양호할 것

28 다음 중 일반적으로 브러시 교환이 필요한 서보모터는?

㉮ 스테핑모터
㉯ DC 서보모터
㉰ 동기형 AC 서보모터
㉱ 유도기형 AC 서보보터

CHAPTER 03 서보 및 스테핑모터

Answer 22 ㉮ 23 ㉰ 24 ㉯ 25 ㉰ 26 ㉮ 27 ㉮ 28 ㉯

29 로봇 팔의 구동 뿐만 아니라 기계의 위치, 속도, 가속도 등의 제어를 필요로 하는 기계구 등에 널리 사용되고 있는 제어는?

㉮ 공정 제어
㉯ 프로세스 제어
㉰ 서보 제어
㉱ 시퀀스 제어

30 스테핑모터의 동작과 관련된 설명으로 틀린 것은?

㉮ 구동회로에 주어지는 입력펄스 1개에 대해 소정의 각도만큼 회전시키고, 그 이상 입력이 없는 경우는 정지위치를 유지한다.
㉯ 회전각도는 입력 펄스의 수에 반비례한다.
㉰ 회전속도는 입력 펄스의 주파수에 비례한다.
㉱ 펄스를 부여하는 방식에 따라 급속하고 빈번하게 기동, 정지가 가능하다.

31 AC 서브모터 특징이 아닌 것은?

㉮ 자극의 위치검출이 필요 없다.
㉯ 브러시가 없기 때문에 보수가 용이하다.
㉰ 코일이 스테이터에 있기 때문에 방열성이 좋다.
㉱ 정류한계가 없기 때문에 고속 회전 시 높은 토크가 가능하다.

32 서보 시스템에서 기준값과 실제값의 차이를 무엇이라 하는가?

㉮ 외란　　㉯ 상태변수
㉰ 제어편차　　㉱ 레퍼런스

33 일반 모터의 제어와 비교한 서보모터의 제어의 차이점은?

㉮ 열린루프(open loop) 회로이다.
㉯ 회전오차의 누적이 많다.
㉰ 응답속도를 빠르게 한다.
㉱ 입력과 출력을 비교한다.

34 스테핑모터의 특성에 해당되지 않는 것은?

㉮ 저속, 저토크를 얻을 수 있다.
㉯ 위치결정 제어에 용이하다.
㉰ 마이컴 등의 디지털기기와 조합이 용이하다.
㉱ 구동제어 회로는 입력펄스 및 주파수에 의해 제어된다.

35 2상 스테핑모터에서 펄스속도가 60[pps]이고 스텝각이 1.8°일 때 1분간의 회전수를 구하면?

㉮ 10[rpm]　　㉯ 16[rpm]
㉰ 18[rpm]　　㉱ 20[rpm]

Answer 29 ㉰ 30 ㉯ 31 ㉮ 32 ㉰ 33 ㉮ 34 ㉮ 35 ㉰

36 서보기구에서 일반적 특징이 아닌 것은?

㉮ 제어되는 것은 기계적 변화이다.
㉯ 목표값은 광범위하게 변화한다.
㉰ 입력의 작은 에너지를 증폭하여 액추에이터가 큰 기계력을 발생시킨다.
㉱ 개방회로(open loop) 제어이다.

37 스테핑모터를 유니폴라 방식으로 구동하려고 한다. 스테핑모터의 여자방법이 아닌 것은?

㉮ 1상 여자 ㉯ 1-2상 여자
㉰ 2상 여자 ㉱ 3상 여자

38 전동기의 출력 토크의 관계에서 출력이 300[kW] 회전수가 1500[rpm]의 경우 전동기의 토크[kg·m]를 산출한 것은?

㉮ 300 ㉯ 195
㉰ 500 ㉱ 487

39 1펄스당 스텝각이 0.72°인 5상 스테핑 모터에서 스테핑모터가 90°까지 회전하기 위해서는 몇 펄스를 인가해야 하는가?

㉮ 45 ㉯ 90
㉰ 125 ㉱ 180

40 AC 서보모터와 DC 서보모터의 구조상 가장 큰 차이점은?

㉮ 영구자석 ㉯ 검출기
㉰ 브러시 ㉱ 전기자 코일

41 다음 중 스테핑모터의 특징은?

㉮ 스텝각을 작게 할 수 없다.
㉯ 기동 및 정지 특성의 차이가 없다.
㉰ 모터의 속도는 펄스 주파수에 비례한다.
㉱ 스테핑모터는 전기회로에 의해서 운전된다.

42 다음 중 서보모터에 대한 설명 중 틀린 것은?

㉮ 서보모터는 서보 기구용으로 설계된 모터이다.
㉯ 서보모터는 동작의 급변에 정확히 추종하기 위해 설계된 모터이다.
㉰ 서보모터는 기구의 추종 운동을 전기에너지 전기정보로 변환하는 모터이다.
㉱ 서보모터는 민첩성이 뛰어나야 한다.

43 서보모터의 용도에 알맞은 것은?

㉮ 엘리베이터용
㉯ 기중기용
㉰ 안테나 위치제어용
㉱ 전동차용

Answer 36 ㉱ 37 ㉱ 38 ㉯ 39 ㉰ 40 ㉰ 41 ㉰ 42 ㉰ 43 ㉰

44 스테핑모터에서 입력신호 1펄스의 스텝각이 s이고 펄스수를 n이라 하면 출력축의 회전각 θ는?

㉮ $\theta = s - n$ ㉯ $\theta = s/n$
㉰ $\theta = sn$ ㉱ $\theta = s \cdot n$

45 스테핑모터의 속도제어에 이용되는 것은?

㉮ 저항 ㉯ 선반
㉰ 회전수 ㉱ 주파수

46 유도 전동기의 속도제어방법이 아닌 것은?

㉮ 전압제어 ㉯ 계자제어
㉰ 주파수제어 ㉱ 저항제어

47 다음 중 직류 서보기구의 특징은?

㉮ 출력이 클 때에 유리하다.
㉯ 구조가 간단하다.
㉰ 소형 서보기구에 적합하다.
㉱ 발열이 크다.

48 DC모터에서 토크는 전류와 어떠한 관계가 있는가?

㉮ 반비례 ㉯ 비례
㉰ 제곱에 반비례 ㉱ 제곱에 비례

49 위치 결정의 불확실성과 고속 동작에서 감속기의 강성이 약한 것을 개선하기 위해 감속기 등의 동력 전달부품을 사용하지 않고, 로봇암에 직접 모터를 부착하여 움직이는 모터는?

㉮ AC 서보모터
㉯ DC 서보모터
㉰ 리니어 서보모터
㉱ 다이렉트 드라이브 서보모터

50 스테핑모터의 구동 방법과 가장 거리가 먼 것은?

㉮ 런핑 구동 ㉯ 쵸퍼 구동
㉰ 과전압 구동 ㉱ 병렬저항 구동

51 스테핑모터의 특성에 해당되지 않는 것은?

㉮ 외치결정, 제어에 용이하다.
㉯ 고속, 고 토크를 얻을 수 있다.
㉰ 마이컴 등의 디지털기기와 조합이 용이하다.
㉱ 구동제어 회로는 입력펄스 및 주파수에 의해 제어된다.

52 문자나 숫자 등의 입력 자료를 이에 상응하는 2진 부호로 만드는 회로는?

㉮ 앤코더 ㉯ 디코더
㉰ 가산기 ㉱ 멀티플렉서

Answer 44 ㉱ 45 ㉱ 46 ㉯ 47 ㉮ 48 ㉯ 49 ㉱ 50 ㉱ 51 ㉯ 52 ㉮

CHAPTER

04 반도체 및 센서

Mechatronics Engineering

제1절 반도체 | 제2절 반도체 종류별 특징 | 제3절 반도체 개별소자의 종류별 특성

제4절 집적회로 | 제5절 센서의 기초

Mechatronics Engineering

CHAPTER 04 반도체 및 센서

제1절 반도체

① 반도체의 개요

1. 반도체의 정의 및 분류

반도체(半導體 : semiconductor)란 구리처럼 전기가 잘 통하는 도체(導體)와 나무나 돌처럼 전기가 통하지 않는 부도체(不導體)의 중간성질을 갖는 물질을 말하는데 반도체도 원래는 전기가 거의 통하지 않지만 필요시 빛, 열, 불순물 등을 가하여 전기를 통하게 함으로써 전기신호를 제어하거나 증폭, 기억하도록 가공된 전자부품의 일종이다.

일반적으로 고체 상태의 물질은 도전율(Electrical Conductives)에 의해 구분된다. 도전율이라는 것은 쉽게 말해서 '전기의 흐르는 양'이다. 이 도전율에 따라 도체, 절연체(부도체), 반도체를 구분한다. 반도체는 평상시에는 부도체처럼 전류가 통하지 않지만 주위 환경을 변화시키면 도체로 변해 전류가 통한다. 예를 들면 반도체에 열을 가하거나 빛을 쪼이는 등 주위 환경을 변화시키면 반도체가 전류가 잘 통하게 되는 것이다.

다시 말해서 전기를 기준으로 하면 세상에는 크게 두 종류의 물질이 있는데, 전기가 통하는 도체와 전기가 통하지 않는 부도체가 있다. 백금, 구리 금속물질은 대부분 도체이고, 나무, 바위, 옷감 등은 부도체이고, 반도체는 말 그대로 도체와 부도체의 중간 특성을 가진 물질로서 실리콘(Si), 게르마늄(Ge) 등이 여기에 속하며, 자유전자를 가진 물질만 전기가 통하고 자유전자가 없는 부도체는 전기가 통하지 않는다.

반면 반도체에는 평상시에 자유전자가 없으나, 반도체에 열을 가하거나 특정 불순물을 넣으면 자유전자가 조금 생겨나 전기가 통하게 된다. 반도체를 이용한 트랜지스터가 발명되기 전까지는 전류의 흐름을 조절하기 위해 진공관을 사용했다.

게르마늄은 실리콘과 같은 반도체의 일종이지만, 현재는 실리콘을 대부분 사용하고 있다. 트랜지스터를 만들기 위해 실리콘의 순수한 결정체가 필요한데, 그 순도는 99.999999999% 라는 믿을 수 없을 정도의 초순수 결정체를 사용한다.

트랜지스터는 1947년 미국의 벨연구소에서 쇼클리(W. Shockley)가 최초로 발명했으나, 페어차일드 회사가 1959년 말에 실리콘을 이용한 최초의 상업용 트랜지스터를 생산하기 시작하였다. 1958년 텍사스 인스트루먼츠(TI)사의 전자공학자 킬비(J. S. Kilby)는 트랜지스터 1개, 저항기 3개, 커패시터 1개 등 모두 5개의 소자를 하나의 반도체기판 위에 모아 놓은 최초의 집적회로(IC : Integrated Circuit)를 개발하였다.

그 후 트랜지스터 100여 개를 집적한 소규모 집적회로(SSI : Small Scale Integrated circuit), 100 ~ 1000개를 집적한 중규모 집적회로(LSI : Large Scale Integrated circuit), 1만개 정도를 집적한 대규모 집적회로(VLSI : Very LSI), 10만개 정도를 집적한 초대규모 집적회로(ULSI : Ultra LSI)로 발전해 왔으며, 오늘날 최첨단 1G DRAM의 경우 1개의 칩에 무려 11억 7,000만개의 트랜지스터를 집적시켜 만든 것이다.

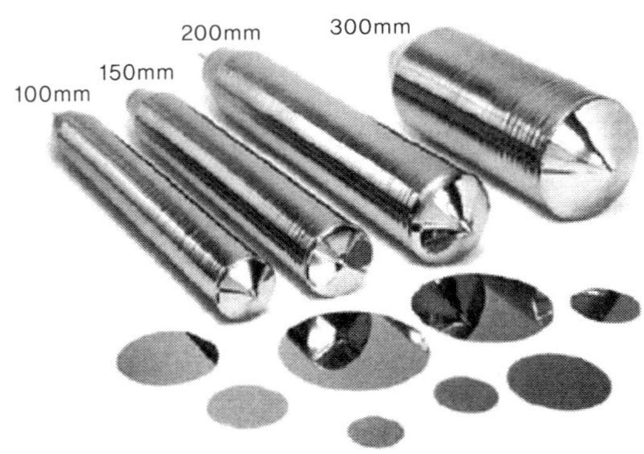

• 그림 4-1 • 실리콘웨이퍼

반도체의 종류는 크게 정보를 저장할 수 있는 메모리 반도체와 정보저장 없이 연산이나 제어기능을 하는 비메모리 반도체(논리회로소자)로 구분된다. 그러나 반도체는 부품이므로 용도별, 기술별, 집적도별, 제조공정별 등에 따라 각각 분류체계를 달리하고, 또한 국가별로도 분류를 다르게 나타내고 있다. [표 4-1]은 반도체 소자, 반도체 집적회로에 대한 분류 및 특성을 나타내었다.

메모리 반도체는 정보를 기록하고 저장해둔 정보를 읽거나 내용을 바꿔 다시 넣을 수 있는 램(RAM : random access memory)과 기록된 정보를 읽을 수만 있고 바꿀 수 없는 롬(ROM : read only memory)이 있다. 롬과 달리 램은 전원이 끊기면 기록해둔 자료가 사라지는 것이 특징이다.

또한 램에는 S램과 D램이 있으며, D램은 전원이 켜져 있는 상태에서도 미세한 전류가 계속 흘러야만 정보를 기억할 수 있으나, 작은 칩에 많은 정보를 담을 수 있어 PC에 주로 사용되고 S램은 전원이 끊기지 않는 한 기록된 정보를 유지하는 특성이 있다. S램은 전원만 들어오면 정보를 지속적으로 저장할 수 있어 정보 처리속도가 빠르고 전력소모가 적지만, 작게 만들기가 힘들어 캐시메모리, 통신기기, 서버, 통신기지국 장비에 주로 사용된다.

| 표 4-1 | 반도체 분류 및 특성

	중분류	세분류	제품 설명
메모리	휘발성 (RAM)	D램	주로 PC용 주기억장치에 이용되며 정보처리 속도 및 그래픽 처리 능력에 따라 SD램, 램버스 D램, DDR, DDR2 등이 있음
		S램	소비전력이 적고 처리속도가 빠르기 때문에 컴퓨터의 캐시(cashe), 전자오락기 등에 사용
		V램	화상정보를 기억하기 위한 전용메모리
	비휘발성 (ROM)	Mask롬	제조공정시 고객이 원하는 정보를 저장하며, 전자게임기의 S/W 저장용, 전자악기, 전자사전 등에 사용
		EP롬	자외선을 이용하여 정보를 지우거나 저장
		EEP롬	ROM의 특징과 입출력할 수 있는 RAM의 특징을 겸비
		Flash 메모리	전력소모가 적고 고속프로그래밍 및 대용량 저장이 가능하여 컴퓨터의 HDD를 대체할 수 있는 제품으로 NOR(코드저장)형과 NAND(데이터저장)형으로 구분
비메모리	시스템IC	마이크로 컴포넌트	컴퓨터를 제어하기 위한 핵심부품으로 Micro Processor, Unit, Micro Controller Unit, Digital Signal Processor 등이 있음
		Logic (ASIC)	사용자의 요구에 의해 설계된 특정회로 반도체이며, 주문형 IC로서 다품종 소량생산에 적합
		Analog IC	제반 신호의 표현 처리를 연속적인 신호변환에 의해 인식하는 IC로서 Audio/Video, 통신용, 신호변환용으로 사용
		LDI	LCD driver IC로서 구동 또는 제어에 필수적인 IC
	개별소자 (discrete)		Diode, 트랜지스터처럼 집적회로(IC)와는 달리 개별품목으로서 단일기능을 갖는 제품을 의미하며, 이것이 모여 IC가 됨
	기타		Opto(광반도체), 반도체센서 등

2. 반도체 특징

반도체는 온도, 광학적인 효과, 자기장 및 소량의 불순물 원자에 대해 민감한 반응을 보인다. 반도체가 지니고 있는 특징을 보면 다음과 같다.

첫째, 반도체는 온도에 의해 도전율이 현저하게 변한다. 불순물을 포함하지 않은 순수한 반도체의 온도를 높이면 전류가 통한다.

둘째, 반도체에 빛을 쪼이면 전류가 잘 통하며 전기저항이 작아지는데, 이것이 바로 광전효과이다.

셋째, 반도체에 미량의 불순물을 첨가하면 반도체는 그 불순물의 종류와 농도에 따라 전류의 흐름을 변화시킨다. 반도체 제조공정에서 불순물을 주입하는 것은 이유이다.

넷째, 반도체에 금속 등을 접촉시킴으로써 교류를 직류로 바꾸는 작용을 할 수 있다. 이를 정류 현상이라고 한다.

다섯째, 도체나 반도체 같은 물질에 전류를 흘리고 이것과 직각 방향으로 자계를 작용시키면 전류를 일으키는 작용이 생겨난다. 이러한 현상을 홀(Hall) 효과라고 한다.

여섯째, 반도체 물질로는 게르마늄, 규소(실리콘)이 많이 사용되고 셀렌, 아산화 구리, 베이클라이크도 반도체이나 잘 사용되지 않는다.

마지막으로 다이오드, 트랜지스터, 집적회로 등에 사용한다.

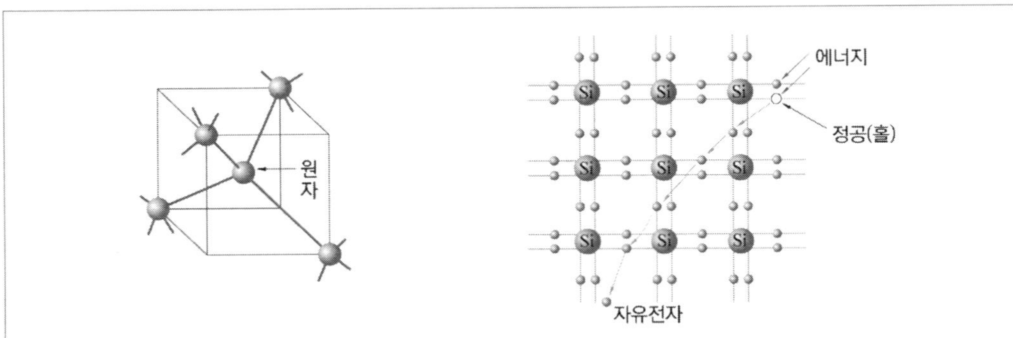

• 그림 4-2 • Si의 결합구조 및 평면구조

3. 반도체 원자결합

반도체는 보통 최외각 전자가 4개인 단일원자들로 이루어져 있으며, 4개의 전자를 얻어서 8개의 전자를 채우지 않으면 전자상태가 불안정 상태가 되므로 인접한 다른 원자의 4개의 가전자와 공유결합하여 8개의 가전자를 이루어 안정된 상태로 있기 때문에 자유전자의 발생이 없다.

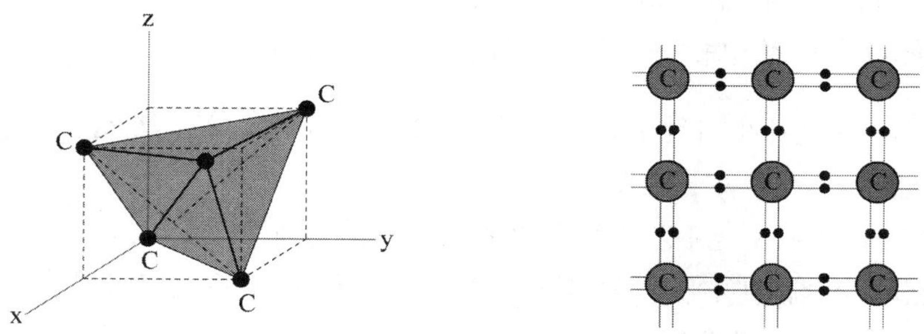

(a) 입체적으로 나타낸 탄소원자의 공유결합

(b) 평면적으로 나타낸 탄소원자의 공유결합

• 그림 4-3 • 공유결합

따라서 평시에는 절연체와 같은 성질을 갖고 있지만 [그림 4-4]처럼 전기, 열, 빛 등을 가하거나 최외각 전자가 3가나 5가인 불순물을 강제로 첨가하여 의도적으로 잉여전자를 공급하거나 전자부족 상태를 만들면 공유결합 상태의 균형이 깨져 전자의 이동이 쉽게 되므로 도체와 같은 성질을 갖게 된다.

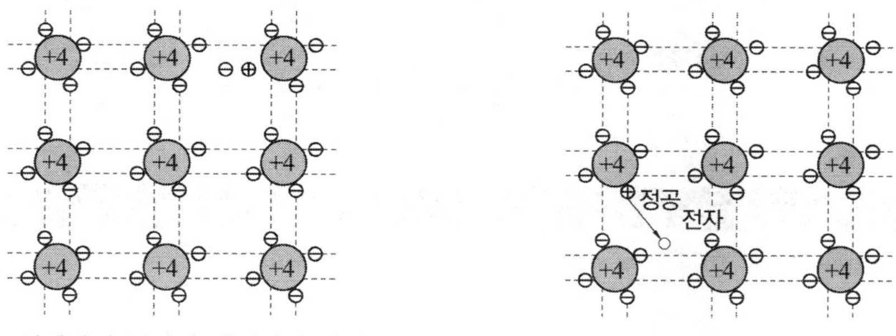

(a) 열에너지 부가시 가전자의 발생

(b) 전자와 정공의 이동

• 그림 4-4 • 전자와 정공의 이동

이와 같이 조건에 따라서 도체와 절연체, 저항과 같은 성질을 갖는 물질을 말한다. 이러한 성질을 갖는 반도체 소자를 만들어 많은 전자기기에 응용하고 있다.

[그림 4-3]에 나타낸 공유결합이란 가전자가 인접된 원자들에게 공동으로 소유한 것으로서 원자끼리 서로 강하게 결합하는 것으로, 어떤 원자들이 고체 상태로 결합할 때 결정이라고 하는 고정된 형태로 그들 자체가 배열하게 되고 결정구조 내의 원자들은 공유결합에 의해 함께 묶인다. 이것은 원자내 가전자들의 상호 작용에 의해 만들어진다. 아래 [그림 4-5]는 실리콘 원자가 실리콘 결정을 이루기 위해 4개의 인접한 원자들과의 결합관계를

나타낸 것으로 원자번호 14이며, 최외각(M각) 전자 수는 4개인 실리콘 원자의 공유결합 상태를 나타낸 것이며, 공유결합의 특징은 아래와 같다.

① 인접하는 원자가 가전자를 서로 공유함으로써 국부적으로 방향성을 갖는 결합을 형성한다.
② 각각의 원자는 불활성 기체와 같은 전자배열 형태를 갖는다.
③ 결합에 의해 위치에너지가 감소되므로 결합전보다 더욱 안정된다.
④ 결합궤도가 중복될수록 결합력이 증가된다.
⑤ 투명도가 높고, 단단하고 융점이 높으며, 전기절연성이 높다.
⑥ 공유결합으로 만들어진 세라믹 등 무기재료는 열전도성, 전성, 연성 등이 거의 없고 화학적으로도 안정적이다.

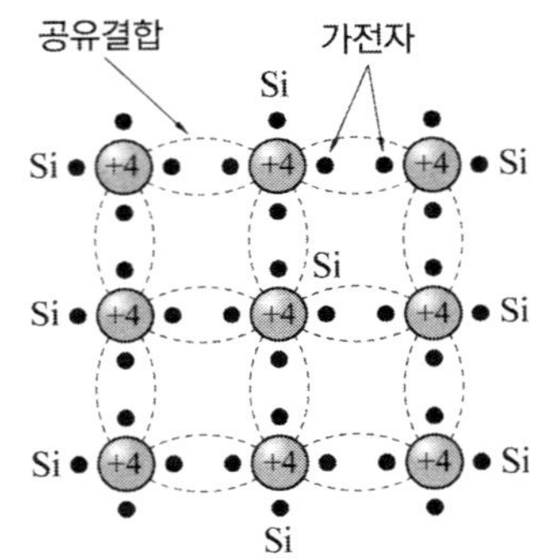

• 그림 4-5 • 실리콘원자의 공유결합

제2절 반도체 종류별 특징

반도체에는 진성 반도체와 불순물 반도체가 있다. 불순물 반도체는 진성 반도체에 소량의 불순물, 즉 3가 또는 5가의 원자를 혼합하여 만들어지게 되는데 이를 각각 p형 반도체와 n형 반도체라 하고 이들은 진성 반도체보다 도전성이 높다.

1. 진성반도체

진성 반도체는 원자의 위치가 규칙적이고 균형이 잡혀 있어서 매우 안정되게 결합하고 있기 때문에 전자가 궤도를 이탈하기 어려운 상태를 말한다. 즉 불순물이 전혀 들어 있지 않은 순수한 반도체를 진성 반도체라고 한다.
이 순수 반도체에 불순물을 도핑시키면 반도체의 전도도가 바뀌게 되며, 이를 외인성 반도체 혹은 불순물 반도체(N형, P형)라고 한다.

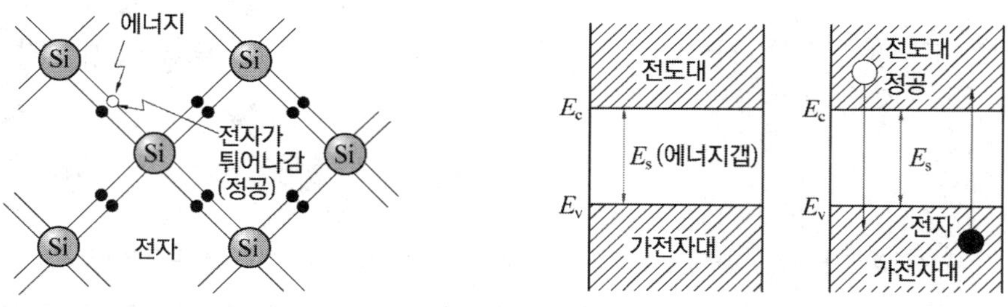

(a) 결정 구조 (b) 0[° k] (c) 상온

• 그림 4-6 • Si 결정구조

특징으로는
① 불순물(다른 물질)이 첨가되지 않은 Si, Ge으로 만든 순수 반도체이다.
② 순도 99.99999999[%]이다.
③ 정공(hole)이란 전자가 에너지를 받아 튀어나온 빈자리를 말한다.
④ 전자와 정공이 계속 이동하므로 전류가 흐른다.
⑤ 반송자(carrier)란 전하의 운반체. 즉, 정공과 전도 전자 모두들 말한다.
⑥ 도핑(doping)이란 진성반도체에 불순물 원자를 주입하여 자유전자나 정공의 수를 증가시키는 것이다.

2. N형 불순물 반도체

전자는 음전하처럼 행동하기 때문에 순수 실리콘에 있는 전도대의 전자의 수를 늘이기 위해 5가 불순물 원자를 첨가하여 만든 반도체를 N형 반도체라고 한다. N형 반도체를 만들기 위한 도핑시 첨가되는 불순물에는 As(비소), Sb(안티몬), P(인), Bi(비스무트)와 같은 5가 원자를 가진 원자들이 있다.

5가 원자는 전자를 주기 때문에 도너(donor) 원자라고 부르는데, 자유전자의 수는 실리콘에 첨가하는 불순물 원자의 수에 따라 조절할 수 있다. 이러한 도핑 과정에 의해 만들어진 자유 전자는 가전자대를 충분히 채우기 때문에 가전자대에는 정공이 없고 자유전자만 남아 있다.
진성 반도체는 불안정한 상태에 있는 원자가 없으므로 전류가 흐르기 어려우나, N형 반도체는 이동하기 쉬운 불안정한 전자를 많이 갖고 있으므로 비교적 전류가 잘 흐르게 된다.

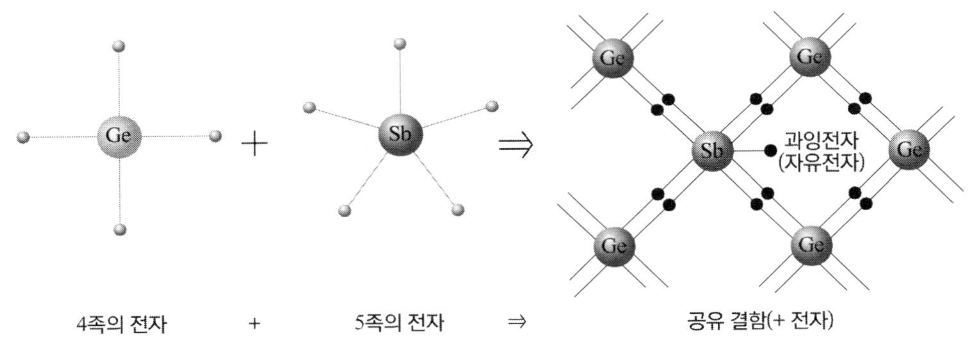

• 그림 4-7 • 불순물 반도체(N형 반도체)

특징으로는

① 반송자 대부분이 전자인 불순물 반도체이다.
② Ge, Si 같은 4가(4족)의 결정체에 5가(5족)의 Sb 등을 미량 혼합하여 만든다.
③ 전자 4개는 공유결합하고 여분의 1개는 자유전자(과잉전자)로 남게 된다.
④ 도너(donor)는 5개의 전자를 가진 불순물을 말하며, As(비소), Sb(안티몬), P(인), Bi(비스무트) 등이 있다.

3. P형 불순물 반도체

P형 반도체는 순수 실리콘 내에 정공의 수를 늘이기 위해 In(인듐), B(붕소), Al(알루미늄), Ga(갈륨)과 같은 3가 원자들로 도핑시킨 반도체이다. 3가 원자는 4개의 인접한 4가 원자와 공유결합을 이루고 하나의 전자가 부족하게 되어 전자를 받아들일 수 있는 전자를 받아들일 수 있는 빈자리(정공)가 발생한다. 따라서 기회만 있으면 전자를 1개씩 끌어 들이려는 작용이 일어나게 된다. 여기서 전자가 부족한 곳은 (-) 전하를 가진 전자를 끌어들이려 하므로 마치 (+) 전하가 있는 것과 같으나 실제는 (+) 성질을 띠고 있는 빈자리라는 뜻으로 정공이라 한다.
이 정공은 3가 원자가 첨가될 때마다 늘어나게 되고 3가 원자는 한 개의 전자를 받아들일 수 있기 때문에 억셉터(accepter) 원자라고 한다.

P형 반도체는 정공이 주위에 있는 전자를 항상 당기고 있기 때문에 정공 주위에 있는 전자가 이동하기 쉬운 불안정한 상태로 있게 되어, P형 반도체 역시 N형 반도체 경우와 같이 전류가 흐르기 쉬운 도체가 된다. 이때 전류를 발생하는 캐리어는 양전하인 정공이기 때문에 P형 반도체라고 부른다.

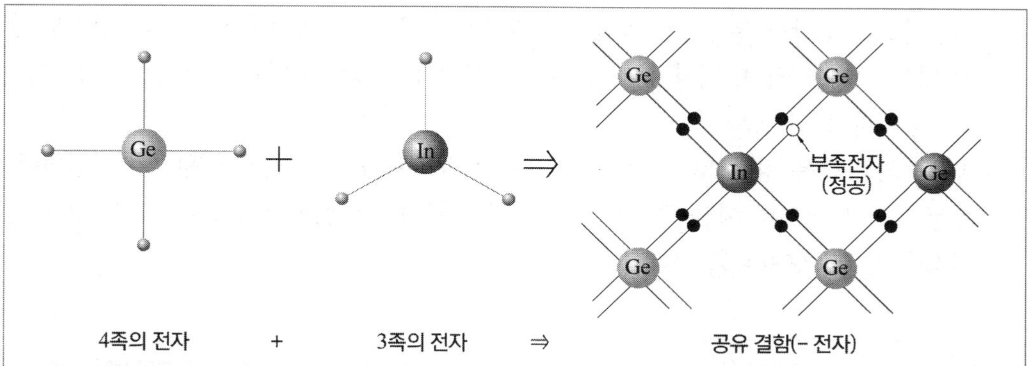

• 그림 4-8 • 불순물 반도체(P형 반도체)

정리해보면

① 반송자 대부분이 정공인 불순물 반도체를 말한다.
② Ge, Si 같은 4가의 결정체에 3가의 In 등을 미량 혼합하여 만든다.
③ 전자 3개는 공유결합하고 1개가 부족하여 정공의 형태로 남게 된다.
④ 억셉터(accepter)는 3개의 전자를 가진 불순물을 말하며, In(인듐), B(붕소), Al(알루미늄), Ga(갈륨) 등이 있다.

① PN접합의 특징

N형 반도체 경우는 자유전자가 움직이기 쉽고, 자유전자가 주로 전하를 운반하므로 자유전자를 다수 캐리어라 부르고 정공을 소수 캐리어라고 한다. P형 반도체 경우는 지금까지의 반대로 다수 캐리어는 정공 소수캐리어는 전자가 된다. 이와 같은 캐리어 종류의 구분은 다이오드나 트랜지스터의 동작원리를 결정하는데 중요한 역할을 하게 된다. 그러면 P형과 N형 반도체를 접합하면 어떤 현상이 일어나는지 살펴보기로 한다.

1. 전압을 걸기 전의 PN접합 상태

접합면을 경계로 해서 우측의 N형은 자유전자의 밀도가 높고 좌측에는 거의 없게 되므로 당연히 좌측의 P형은 정공밀도가 높으며 우측은 전공이 거의 없는 상태가 된다.

이와 같이 전자와 정공밀도의 급격한 단절이 접합면에서 일어나고 있으므로 컵의 물에 잉크를 한방울 떨어뜨리면 컵 전체에 확산하는 것과 같이 우측에서 전자가 좌측에서 정공이 확산된다. 확산한 전자와 정공은 각기 상대층의 다수캐리어인 정공이나 전자가 재결합하여 소멸된다.

최종적으로 접합면 부근에는 확산과 재결합에 의하여 P형의 정공도 N형의 전자도 존재하지 않는 지대가 되며, 이와 같이 원래의 캐리어가 존재하지 않는 지대(층)을 공핍층, 공간전하층이라고 한다.

공핍층의 우측은 정전하의 도너 원자, 좌측은 부전하를 갖는 억셉터 원자가 대립되어 있는 상태로 남게 되는데 이 공핍층은 공간 전하가 형성되어 캐패시턴스의 기능을 갖게 되므로 이것을 장벽용량이라고 부른다.

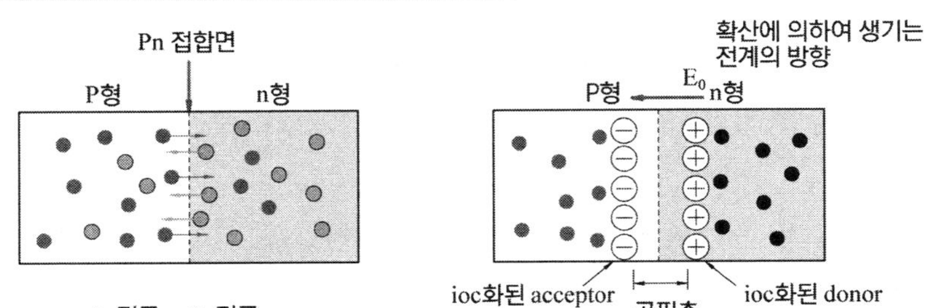

(a) 반송자의 확산현상 (b) 평형상태

• 그림 4-9 • 확산현상과 평형상태

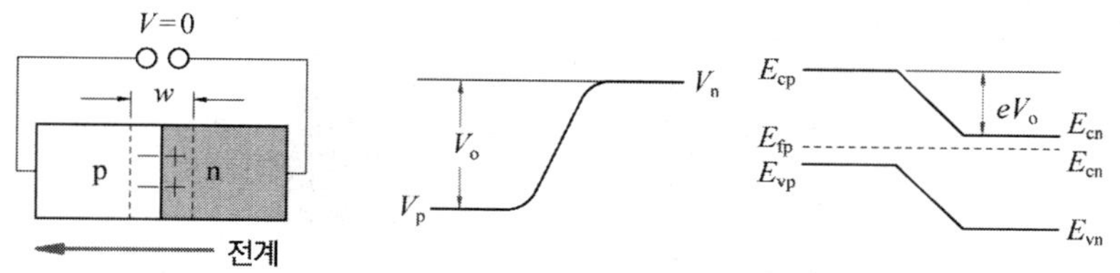

(a) 전위 영역 W에서의 공간전하 (b) 접촉전위 Vo (c) 에너지 대역의 접합부

• 그림 4-10 • PN접합에서의 평형상태

2. PN 접합에 전압을 걸었을 때 상태

전위장벽이 외부에서 가해준 전압으로 낮아져 P층에서는 정공이 N층으로 N층에서는 P형으로 전자가 다시 확산에 의해 유입된다.

외부전압을 높게 하면 확산은 점점 더 활달하게 되며, 이것을 PN접합의 순방향 특성이라 하고, 흐르는 전류를 순방향 전류라고 하는데 순방향 전압을 가한 경우는 P형에 공급된 정공이 공핍층에서 억셉트 이온과 결합하여 전기적 중성이 되어 공핍층이 감소되므로 전위장벽이 낮아지고 확산 전류가 흐른다.

순방향 전류는 전자와 정공의 상대층에서 볼 때 소수캐리어 확산에 의해 성립되고 있다는 것인데 이것은 발생한 층에서는 다수캐리어이지만, 상대층으로 들어가면 소수캐리어가 되는 것이다.

이 전류는 보통의 회로에서 전압으로 생기는 전류와는 다르다. 다만 확산원리로 흐르는 전류이므로 반도체에서 흐르는 전류는 지수 함수가 되며 옴의 법칙을 따르지 않는다.

역방향 전압을 가한 경우에는 외부전압은 대부분 공핍층에 걸리고 순방향으로 일어난 소수캐리어의 확산은 멈추게 된다. 그러나 반도체 자체에 캐리어가 열요란에 의해서 발생한 자유전자와 정공을 약간은 가지고 있으므로 P형층의 자유전자와 N형층의 정공은 역방향 전압에 의해서 끌려가는 형으로 상대측에 유입해서 역바이어스일 때의 전류가 된다.

가. 순방향 전압 인가시의 동작 특징

P형에 공급된 정공은 공핍층에서 억셉트 이온과 결합하여 전기적 중성이 되고 공핍층 감소로 전위장벽이 낮아지고 확산 전류가 흐른다.

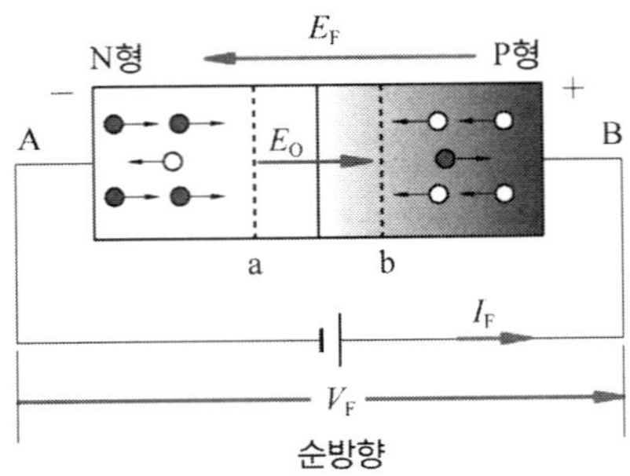

• 그림 4-11 • 순방향 바이어스

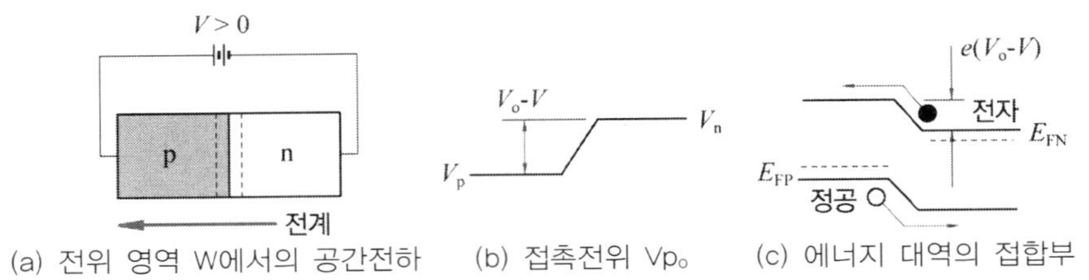

• 그림 4-12 • PN접합에서의 순바이어스 영향

나. 역방향 전압 인가시의 동작 특징

P형에 공급된 전자는 공핍층 부근에 존재하는 P형 중성영역의 정공과 재결합하여 억셉트 이온 수가 증가되므로 P형 공핍층이 증가한다. 역전압에 의하여 내부에 형성되어 있는 전기장을 더욱 강하게 되어 전자나 정공의 이동이 어렵게 되고 전류는 거의 흐르지 않아 큰 저항을 나타낸다.

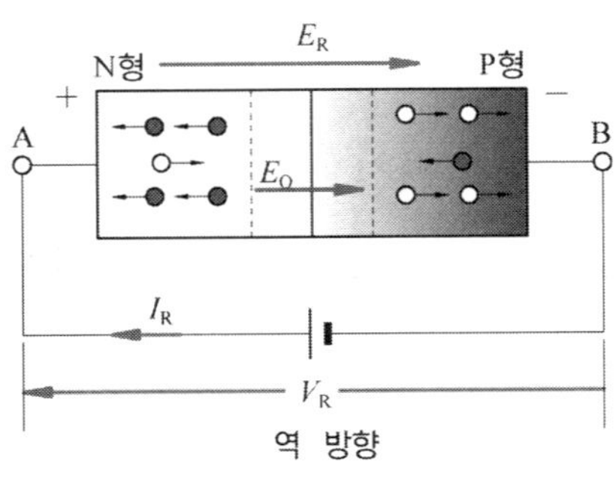

• 그림 4-13 • 역방향 바이어스

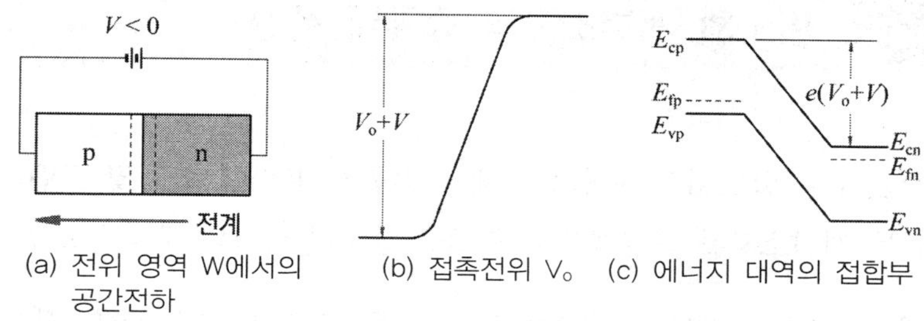

• 그림 4-14 • PN접합에서의 역바이어스 영향

제3절 반도체 개별소자의 종류별 특성

기본적으로 P형 반도체와 N형 반도체를 접합하여 다이오드 및 트랜지스터가 개발되었고 이 두 개별소자를 복합적으로 회로를 만들어 하나의 부품으로 만든 것이 IC이다.

개별소자 종류를 살펴보면 다이오드, 바이폴라트랜지스터, FET, 사이리스터, DIAC, UJT, PUT 등 외에도 많은 개별소자들이 있는데 지금부터 간단한 특징들을 살펴보고자 한다.

① 다이오드

다이오드란 전류를 한쪽 방향으로만 흘리는 반도체 부품이다. 트랜지스터도 반도체이지만, 다이오드는 특히 이와 같은 한쪽 방향으로만 전류가 흐르도록 하는 것을 목적으로 하고 있다.
반도체의 재료는 실리콘(규소)이 많지만, 그 외에 게르마늄, 셀렌 등이 있다.
다이오드의 용도는 전원장치에서 교류전류를 직류전류로 바꾸는 정류기로서의 용도, 라디오의 고주파에서 신호를 꺼내는 검파용, 전류의 ON/OFF를 제어하는 스위칭 용도 등, 매우 광범위하게 사용되고 있다.

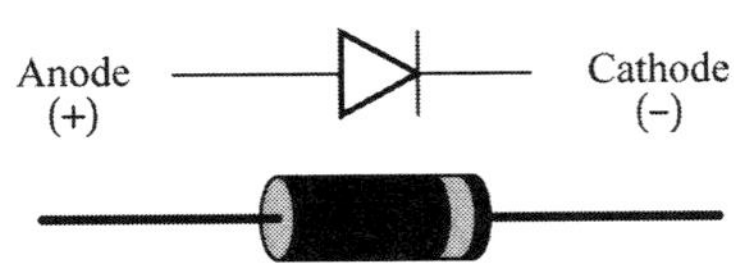

• 그림 4-15 • 회로기호 표기방법

회로기호는 —▶|— 가 사용된다.
기호의 의미는 (A) —▶|— (K)로 애노드측에서 캐소드측으로 전류가 흐른다는 것을 나타내고 있다.
다이오드 중에는 단지 순방향으로 전류가 흐르는 성질을 이용하는 것 이외에, 다음과 같은 용도의 것들도 흔히 사용된다.

① **정전압 다이오드(제너 다이오드)** : 회로 기호는 ─▶⊦─ 로 표시하며 역방향으로 전압을 가했을 경우에 어떤 전압에서 안정되는 성질을 이용하여, 일정한 전압을 얻기 위해 사용한다.

② **발광 다이오드(LED)** : 회로 기호는 ─▶⊦─ 로 표시하며 전류를 순방향으로 흘렸을 때에 발광하는 다이오드이다.

③ **가변용량 다이오드(배리캡 또는 버랙터 : varactor)** : 회로 기호는 ─▶|⊦─ 로 표시하며 전압을 역방향으로 가했을 경우에 다이오드가 가지고 있는 콘덴서 용량(접합용량)이 변화하는 것을 이용하여 전압의 변화에 따라 발진주파수를 변화시키는 등의 용도에 사용한다. 역방향의 전압을 높이면 접합용량은 작아진다.

1. 다이오드 특성

실리콘과 게르마늄을 비교하면 실리콘은 비교적 이상적 스위치에 가까워 커브가 가파르나 게르마늄은 완만한 특성을 갖는다. 오프셋 전압, 즉 전류가 급격히 흐르기 시작하는 임계 전압은 실리콘이 0.6 ~ 0.7[V], 게르마늄은 0.3 ~ 0.4[V] 정도가 되므로 게르마늄은 소신호를 검파(검출)하는데 유리하다. 그래프를 보면 순방향이라도 오프셋 전압 이상이어야 전류가 흐름을 알 수 있다.

역방향 전류-전압 특성을 살펴보면, 역방향 바이어스 구역에서 다이오드를 통과하는 전류는 매우 적다. 하지만 PIV(역방향 한계 전압, peak-inverse-voltage)를 넘어서는 전압을 공급하면, 어떤 전압에서 급격히 역전류가 증가하는데 이 전압을 다이오드의 항복전압이라고 한다. 즉 다이오드는 전자사태 항복(avalanche breakdown)을 일으켜 역방향으로 커다란 전류가 흘러 소자가 파손된다. 따라서 항복전압은 역방향의 최대 정격으로 정하고 있다.

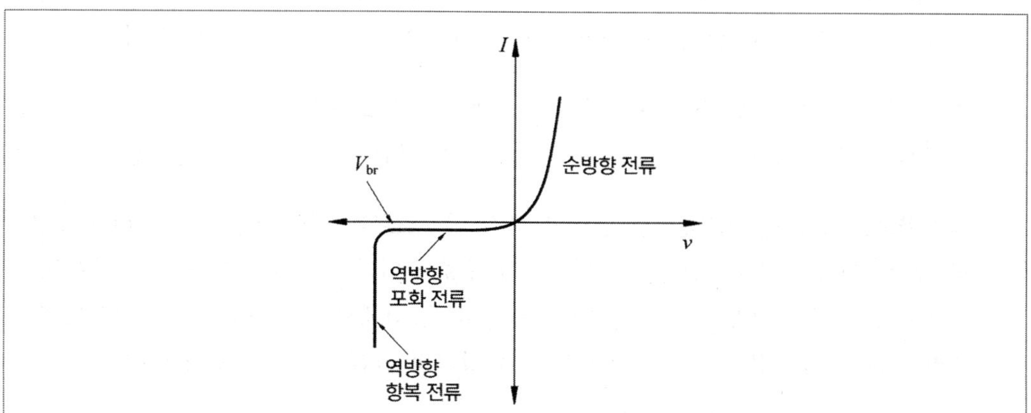

• 그림 4-16 • 다이오드 특성곡선

[그림 4-16]의 그래프는 다이오드의 특성을 나타낸 것이다. 순방향으로 전압을 가했을 경우, 약간의 전압에서도 순방향의 전류는 쉽게 흐른다는 것을 나타내고 있다. 순방향 전류는 지수곡선으로 전압을 조금만 올리면 전류가 급격히 증가한다. 그리고 그 증가는 거의 직선적이다. 역방향은 수 [μA] 정도이므로 순방향에 비교하면 전류는 거의 흐르지 않는다. 순방향으로 흘릴 수 있는 전류는 다이오드에 따라 규정되어 있다. 그리고 통상적으로 사용하는 경우 다이오드 자체의 저항성분에 의해 강하하는 전압은 0.6~1[V](V_F) 정도이다. (실리콘 다이오드의 경우, 대략 0.6[V] 정도이다.)

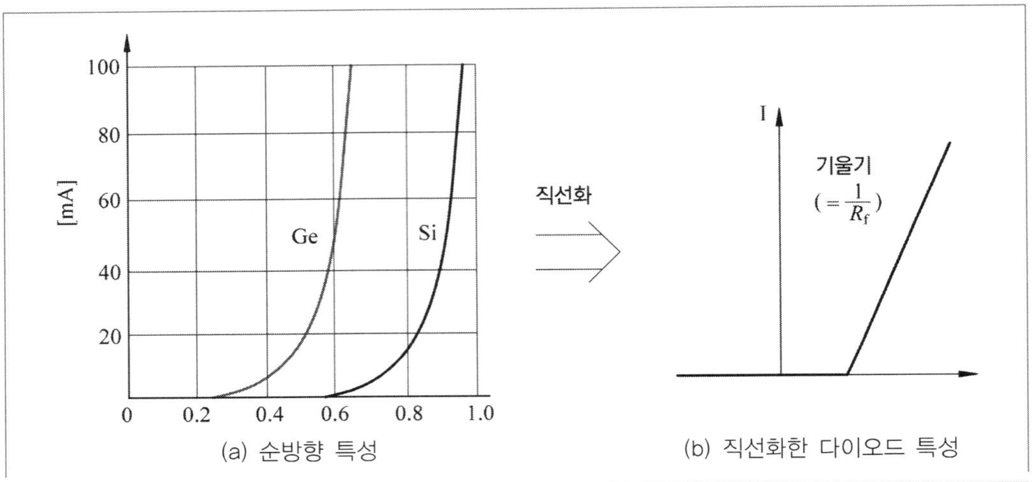

• 그림 4-17 • 다이오드 순방향 특성 곡선

역방향 전압을 점점 크게할 때 급격히 전류가 흐를 때의 전압을 항복전압(break down voltage)이라 하며, 다이오드 구조 및 기능이 완전상실될 때의 전압을 절연파괴 전압이라 한다. 임계전압(threshold voltage)은 Ge이 0.3[V], Si가 0.7[V] 정도이다.

여러 개의 다이오드를 직렬로 접속하여 사용하는 회로에서는 이 전압강하도 고려할 필요가 있다. 정류용으로 사용하는 경우, 순방향의 전류 허용값은 중요한 체크 포인트이다.

역방향으로 전압을 가했을 경우, 역방향 전류는 흐르기 어렵다는 것을 나타내고 있다. 역방향으로 가할 수 있는 전압은 다이오드의 종류에 따라 여러 가지가 있으므로 용도에 따라 선택한다. 그리고 역방향 전류는 매우 작아 수 [μA]에서 수 [mA]이며, 다이오드의 종류에 따라 다르다. 정류용으로 사용하는 경우, 역방향의 전압 허용값은 중요한 체크 포인트이다.

2. 다이오드 종류 및 특징

가. 정류용, 스위칭용, 전압 안정용 다이오드

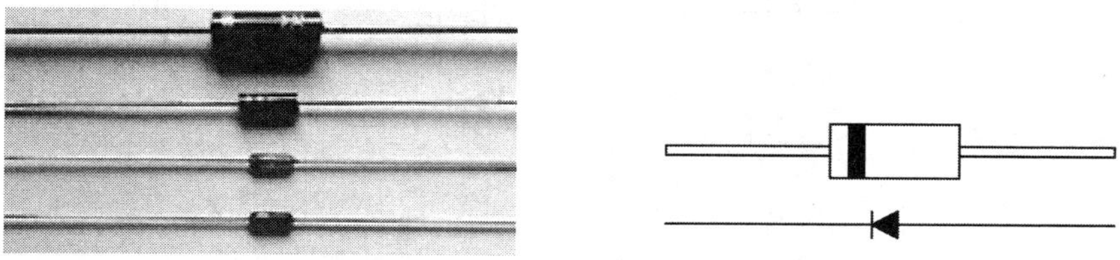

• 그림 4-18 • 다이오드 실물과 심볼

다이오드에는 어느 한쪽의 리드선에 띠 모양의 마크가 붙어 있다. 이 표시가 캐소드측을 나타내고 있으며, 사진의 경우, 우측에서 좌측으로는 전류가 흐르고, 좌측에서 우측으로는 전류가 흐르지 않는다는 표식으로 사용된다. 사진에서 맨 위에 있는 것과 두 번째의 것은 전류의 정류용이다.
세 번째의 것은 스위칭용 다이오드이다. 최대전류는 120[mA]이지만, ON/OFF의 전환을 고속으로 할 수 있기 때문에 스위칭용으로 사용되며, 디지털 회로에서 흔히 사용한다. 역방향 전압의 최대값은 30[V]로 되어 있다.
맨 아래에 있는 것은 제너다이오드로 6[V] 제너다이오드이다.

나. 제너다이오드

제너다이오드는 pn 접합형 규소 다이오드에 적정한 역바이어스를 걸어서 사용하는 구조의 다이오드로서, 역방향에서 동작하고 사용될 수 있도록 특별하게 제조된 다이오드이다. 순방향에서는 순방향 바이어스 전위 장벽이 약 0.7[V] 정도이므로 정류 다이오드와 같은 동작을 한다. 그러나 제너 다이오드는 제너전압이라 불리우는 어떤 특정한 역방향 전압에서 항복이 일어나도록 제조되었으므로 역방향 항복 특성이 정류 다이오드와 틀리다. 다르게 표현하면 제너다이오드는 전자가 애노드 쪽으로 흘러 들어가도록 거꾸로 연결되어 있다.

예를 들어 15[V] 제너 다이오드는 양단간 역방향으로 15[V]가 되었을 때 동작하게 되며, 15[V] 이하에서는 전류가 흐르질 않는다. 제너가 항복 전압에 도달하게 되면, 인가된 전압을 증가시켜도 제너 양단간의 전압 강하의 증가는 얻을 수 없고 전류량만 증가하게 된다. 흐르는 전류량에 상관없이 일정한 전압 강하를 유지하도록 하는 특성을 이용하여 제너다이오드는 전압 조정기(regulator)의 역할을 수행할 수 있다. 즉, 제너와 병렬로 연결된 어떤 부품도 제너 양단간의 전압에 의하여 조정된다. [그림 4-19]은 제너의 특성 곡선과 회로 심볼을 보여주고 있다.

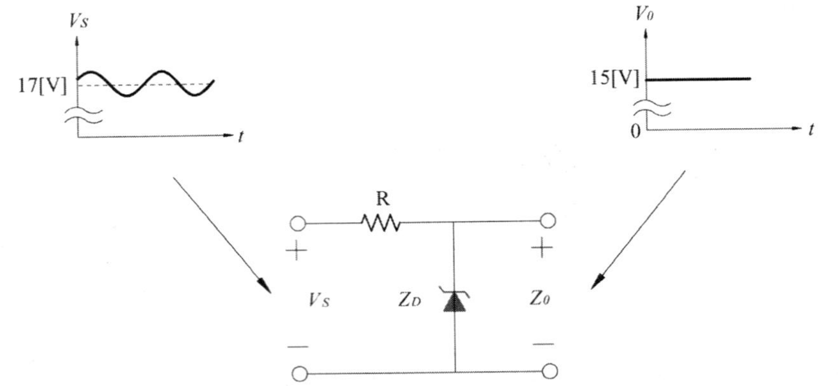

• 그림 4-19 • 제너다이오드 역할

제너 다이오드는 정류 다이오드보다 더 강하게 도핑되어 있으므로 극한 온도에서 더 민감한 반응을 보이게 된다. 5[V] 이하의 항복 전압을 갖는 제너는 부(-)의 온도 변화 계수를 가지고 있다. 다시 말하면 온도가 증가함에 따라 항복 전압이 감소하게 된다. 그렇지만 5[V] 이상의 제너는 정(+)의 온도 변화 계수를 가지고 있고 온도가 증가함에 따라 실제로 조금씩 항복 전압이 증가하게 된다.

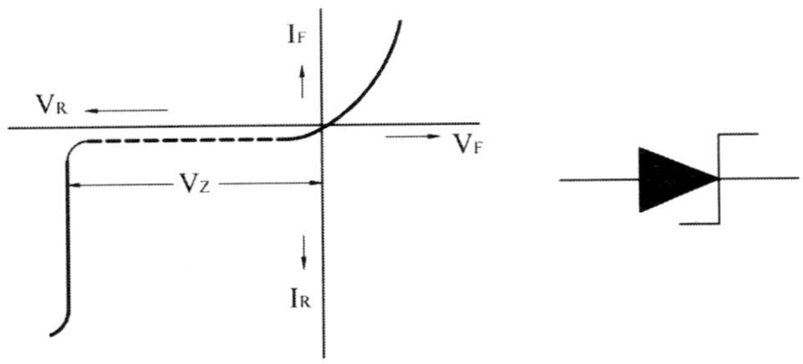

(a) 특성 (b) 기호

• 그림 4-20 • 제너다이오드 특성 및 기호

동작특징은 PN접합의 항복(Breakdown)영역에서 동작특성이 나타나도록 제작된 다이오드로 전압이 낮은 경우에는 역방향 전류는 거의 흐르지 않고 어떤 전압 V_Z에서 갑자기 흐르는데, 이 현상은 터널효과와 전자사태에 의한 것이다. 이 현상은 PN 접합부가 줄열 등으로 파괴되지 않는 범위(한계)내에서 사용하면 원래대로 계속해서 다이오드로 사용할 수 있다. 따라서 용도로는 정전압회로에 주로 사용된다.

다. 터널다이오드

순방향 전압이 낮을 때 공간 전하 영역의 폭은 매우 좁아지고, n형 영역 중의 전자는 이 장벽의 반대쪽 P형 영역에 나타난다.

이는 흡수 전자가 장벽을 뚫고 지나는 듯한 작용 즉, 터널 효과(Tunnel effect)를 갖는다. 전류-전압 특성은 어느 순방향 전압범위 내에서 터널 효과에 의한 전류가 흐르므로 부성 저항 특성을 갖는다. 기호로는 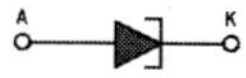 로 나타내며, 구조는 불순물 농도를 $10^{25} \sim 10^{26}$ [개/m^2] 정도로 하여 PN접합을 한 다이오드로서 초고주파의 발진 회로나 고속 스위칭 회로 등에 사용된다.

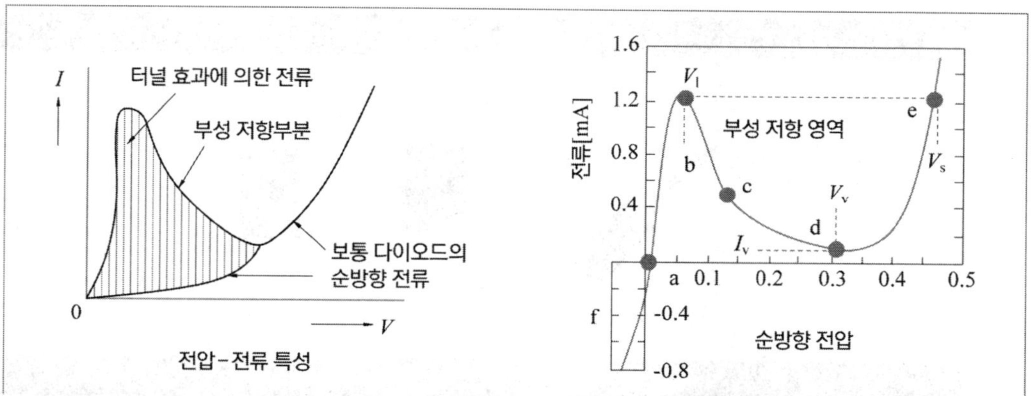

• 그림 4-21 • 터널다이오드의 특성 곡선 및 부성저항 특성

라. 쇼트키 다이오드

쇼트키 전위장벽에 의한 정류작용을 이용한 정류소자이다. 즉 n형 반도체에 p형 대신 금속을 사용하여 p형의 특성을 발휘하도록 만들어진 다이오드로 쇼트키 전위장벽이란 금속과 반도체를 접촉시켰을 때 발생하는 전위장벽을 말한다.

금속 접촉으로 액티브 영역이 작아 낮은 접합 캐피시턴스가 되어 장벽용량이 축소됨에 따라 전하의 충전을 작게 만들기 때문에(낮은 문턱전압), 쇼트키 다이오드의 특성은 순방향전류시 낮은 전압에서 동작하는데 순방향전압 인가시 0.2 ~ 0.3[V]로서 실리콘 다이오드 0.6 ~ 0.7[V]에 비해 동작전압이 낮다.

따라서 전류는 이 장벽 때문에 한 방향으로만 흐르기 쉽게 되어 정류성이 나타나며, 용도로는 매우 좁은 쇼트키 장벽내에서 전류제어 작용이 행하여지기 때문에 고속동작에 적합하여 마이크로파 수신혼합기, 고속논리형 다이오드용 등에 사용된다.

또한 순방향과 역방향 바이어스 전환시는 고속 복구시간을 갖는데 이것은 적은 전하량이 충전되기 때문이다. 즉 p-n 접합보다 빠른 전환이 가능하기 때문에 신호 처리용, 전력제어용 및 고속 스위칭 응용회로 사용에 적합하며, 스위칭 전원장치 등에 코일과 결합하여 입력쪽에서 전류가 단절되면 코일의 전류를 유지하도록 하는 요소로 사용할 수 있다. 단점으로는 문턱전압이 낮아 누설전류가 크며, 최대 역전압이 100[V] 이하로 낮다.

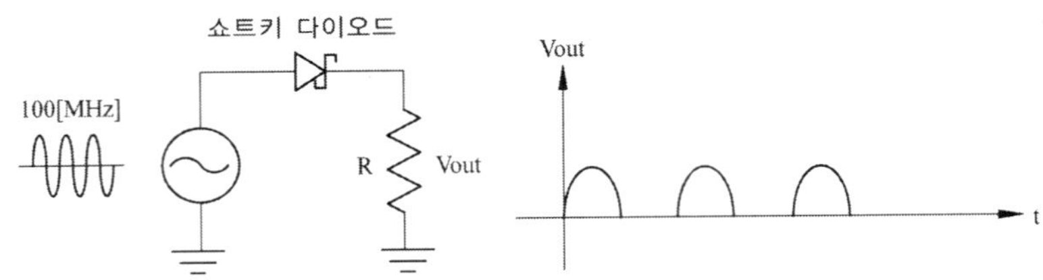

• 그림 4-22 • 쇼트키 다이오드 동작

• 그림 4-23 • 다양한 쇼트키 다이오드 실물

마. 가변 용량 다이오드(variable capacitance diode)

가변용량 다이오드를 공진회로에 접속하면 발진기의 주파수를 전기적으로 바꿀 수 있으므로, 전자동조에 응용된다. 이 밖에 마이크로파용의 파라메트릭 증폭기, 주파수 체배기, 주파수 변환장치 등 주요 요소로서도 많이 쓰인다.

반도체 다이오드에 역전압을 가하면 전극 사이에는 전류가 거의 흐르지 않는 정전용량이 되고, 다시 그 값이 가한 역전압에 의해 변화하는 성질을 이용한 것으로, 구조는 PN 접합부의 공핍층에 반송자가 없게 하여 이 부분을 유전체(절연물)로 작용하도록 만든 것이다. PN 접합은 미소 정전용량의 콘덴서를 형성하고 있는데, 이 정전용량을 장벽용량이라 하며, 정전용량 값의 전압 의존성은 접합 부근의 불순물농도 분포에 따라 결정된다.

동작 특징은 장벽용량을 가지는 다이오드에 역바이어스를 걸면 그 전압의 크기에 따라 공핍층의 두께가 변해 정전용량이 변화하는 특징이 있으며, 가변용량 다이오드에는 FM Radio, TV 등의 튜너에 사용되는 바리캡(varicap) 및 마이크로파 대에 사용되는 버랙터(varactor) 다이오드 등이 있다.

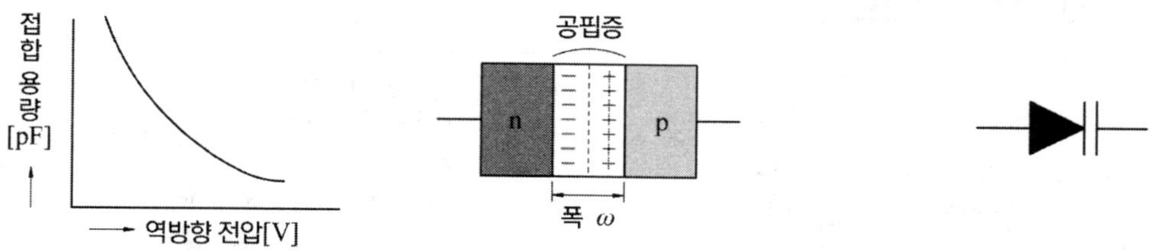

(a) 특성 (b) 폭은 역방향크기에 따라 변함 (c) 기호

• 그림 4-24 • 가변용량 다이오드 동작 및 기호

바. 바리스터

배리어블 레지스터(variable resistor)의 약칭으로 전압 변화에 의해 저항이 크게 변화하도록 만든 소자로서 전압-전류 특성이 비직선적이다.

가해지는 전압의 극성에 관계없이 전압의 크기만에 의해 저항이 정해지는 대칭형 바리스터와 가해지는 전압의 극성에 의해서 달라지는 비대칭형 바리스터가 있다.

비대칭형 바리스터는 셀레늄·게루마늄·실리콘 등의 반도체다이오드에 유용하며, SiC 분말을 주성분으로 금속 산화물 등을 혼합해서 구워 만든 것으로, 탄화규소나 비대칭형을 2개 조합해서 사용하는 대칭 바리스터가 대표적이다.

전기접점의 불꽃을 소거하거나 반도체정류기, 트랜지스터 등의 서지전압으로부터의 보호, 낙뢰전압 등의 이상전압 흡수, 전화기의 과전압에 의한 음성의 일그러짐 방지 및 각종 제어회로에 응용된다.

특징으로 전압변화에 의해 저항이 크게 변화하도록 만든 소자로, 전압-전류 특성이 비직선적이다.

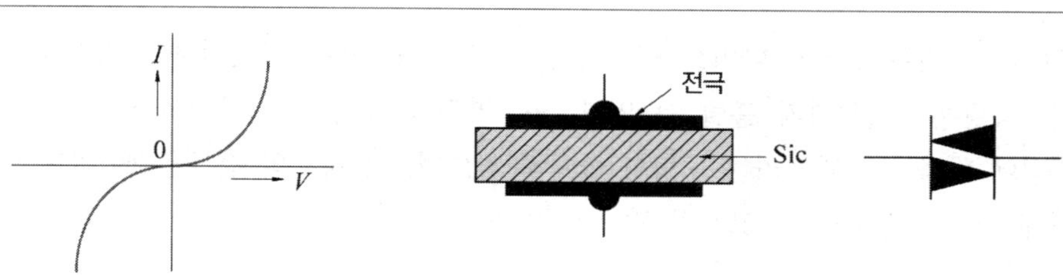

(a) 특성 (b) SiC 바리스터 (c) 기호

• 그림 4-25 • 대칭 바리스터 특성곡선 및 기호

사. 브리지 다이오드

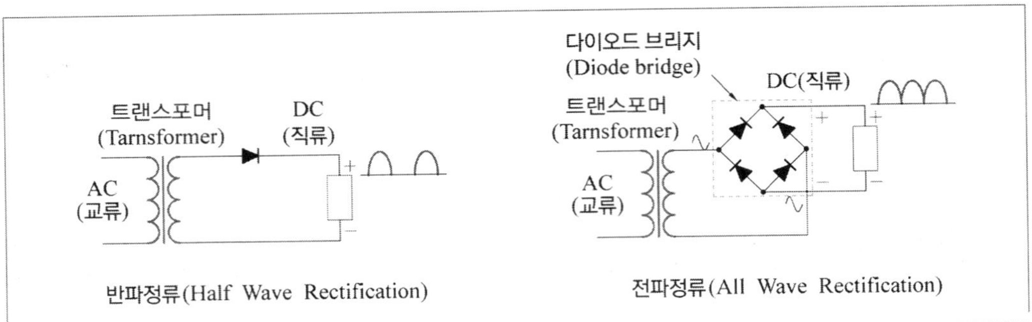

• 그림 4-26 • 반파, 브리지 다이오드의 정류회로 사용 예

교류전압을 직류전압으로 바꾸기 위해 정류용 다이오드를 사용한다.
하나의 다이오드에서는 반파정류(플러스와 마이너스가 교대로 변화하는 전압의 플러스측 또는 마이너스측 중에서 어느 한쪽만 사용한다)밖에 사용할 수 없지만, 다이오드를 4개 조합하면 전파정류를 할 수 있다. 4개를 조합한 것이 브리지 다이오드(bridge diode)이다.

• 그림 4-27 • 브리지 다이오드 실물

• 그림 4-28 • 대전력용 브리지 다이오드

[그림 4-27]는 브리지 다이오드의 예이며, [그림 4-28]은 대전력용 브리지 다이오드이다. 전류용량은 15[A]까지 흘릴 수 있다. 또, 역전압 내압도 400[V]이다.
중심에 나사를 통과시키는 구멍이 뚫어져 있으며, 이 정도의 전류용량이라면 방열을 하기 위해 금속판에 나사로 고정할 필요가 있다.

아. 발광 다이오드(LED : Light Emited Diode)

• 그림 4-29 • 발광다이오드(LED) 실물

LED는 P-N 접합을 가지고 있기 때문에 정류 다이오드와 비슷하다. 그것은 두 선을 가진 작은 빛 전구(빨강, 노랑, 녹색)와 같으며, 이것의 회로 심볼은 정류 다이오드와 같지만 다이오드에서 발산하는 빛을 표시하기 위해서 2개의 화살표를 가지고 있다.
LED는 인과 같은 특별한 재료로 만들어졌기 때문에 정상적인 바이어스 상태에서 빛을 발산하는 점에 차이가 있다. 사실 재료에 따라서 LED는 서로 다른 색의 빛을 발산하게 된다. 자유 전자가 접합 양단에서 에너지 준위를 바꿀 때 열보다는 빛을 방사하게 된다.

또한 LED는 정류 다이오드보다 훨씬 빠르게 스위치를 전환시킬 수 있다. 전자계산기의 LED나 디스크 드라이브가 동작 중이라는 것을 나타내는 컴퓨터의 LED 빛 등이 사용 예로 들 수 있다.
발광 다이오드는 여러 종류가 있으므로 용도에 맞추어 선택할 수 있다. 주로 적색, 녹색이 많지만, 청색을 발광하는 LED도 있다.
[그림 4-29] 사진에서 맨 우측에 있는 LED는 하나의 LED에 적색과 녹색의 것이 함께 들어 있는 것으로 리드(다리)가 3개 나와 있는데, 중앙에 있는 리드가 공통단자이고, 한쪽이 적색용, 다른 한쪽이 녹색용이다. 제각기 점등시킬 수도 있고, 양쪽을 동시에 켜면 오렌지색으로 된다.

발광 다이오드의 극성의 확인 방법은 신품의 경우에는 리드선이 긴 쪽이 애노드, 짧은 쪽이 캐소드이다.

극성이 모르는 경우에는 1.5[V]의 전지를 접속하여 확인하거나, 테스터를 저항측정 모드로 해서 확인할 수 있다.
테스터로 확인하는 경우에는 저저항 측정 레인지에서 적색과 흑색의 테스터 봉을 LED가 발광하도록 다이오드의 리드에 각각 접속한다. 발광하지 않을 경우에는 테스터 봉을 반대로 접속한다. 발광하고 있는 다이오드에 접속하고 있는 흑색의 테스터 봉쪽이 애노드이다. 테스터에 있어서 저항측정 모드의 경우, 흑색 쪽에 플러스 전압이 나오고 있다.

발광 다이오드의 특이한 사용법으로 정전압을 얻기 위해 사용하는 경우도 있다.
발광 다이오드의 순방향의 전압강하(V_F)는 거의 2[V]로 거의 일정하게 유지하고 있다.

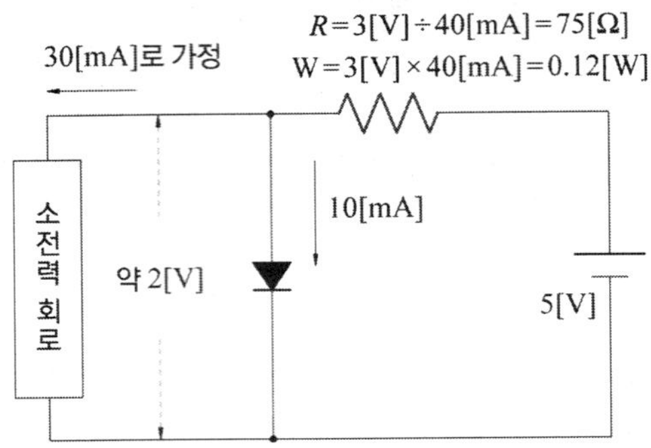

• 그림 4-30 • 발광다이오드의 정전압 사용법

3. 다이오드 명칭

다이오드의 명칭에 관하여는 EIAJ 등록에 의해서 부여하는 EIAJ(일본전자기계 공업회) 형명이 있고, JEDEC(세계반도체 표준협회)에서 사용하는 명칭, 유럽에서 사용하는 명칭이 있다. 또한 메이커에 따라 독특한 명칭을 사용하기도 한다.

- **EIAJ 명칭** : 1S 로 시작한다. 처음에는 1S 다음에 등록번호만 주어 사용하였으나, 등록부품의 수가 너무 많아짐에 따라, 다음과 같이 분류하여 품명을 할당하고 있다.
- 1SE xxx : 터널다이오드
- 1SG xxx : 건 다이오드
- 1SS xxx : 일반다이오드, 검파용, 스위칭용, 펄스발생용, 스냅 오프 다이오드
- 1SV xxx : 가변용량다이오드, PIN 다이오드, 스냅 오프 다이오드
- 1SR xxx : 정류용 다이오드
- 1SZ xxx : 정전압 다이오드
- **JEDEC 명칭** : 1[N]으로 시작하면, 미국의 JEDEC에서 부여한 명칭이다.
- **유럽형 명칭** : 0Axx, BOXxxx 등으로 사용된다.
- **메이커별 명칭** : 독자적인 명칭을 부여한다.

② 트랜지스터

바이폴라 트랜지스터(bipolar transistor)는 1947년 미국 벨연구소의 브래튼(J. Brattain)과 바딘(W. H. Bardeen)에 의해 게르마늄 단결정의 정유특성 연구 중에 힌트를 얻어 발명한 것인데 이 점접촉형 트랜지스터(point contact transistor)는 1949년 쇼클리(W. Shockley)에 의한 합금접합형 트랜지스터가 제안되어 양산 가능한 구조의 트랜지스터로 개발되었다.

1. 트랜지스터의 개요

트랜지스터(transistor)란 신호의 전송(transfer) + 저항(resistor)의 복합 용어를 사용되었으며, 물리적 구조에 의한 종류로는 바이폴라 트랜지스터(bipolar transistor)와 전계효과 트랜지스터(Feield Effect Transistor)가 있다.

| 표 4-2 | 3단자 반도체 디바이스(장치) 분류

바이폴라 트랜지스터	Transfor – Resister의 준말로 일반적인 트랜지스터를 말하며, 자유전자와 전공으로 된 2개의 양극성 전하가 캐리어로 작용하므로 바이폴라라고 하는데 보통 TR이라고 한다.
전계효과트랜지스터(FET)	모노폴로 트랜지스터라고도 하며 모노폴로란 캐리어만으로 동작한다는 뜻이다.

전계효과 트랜지스터(FET)는 전류를 전달하는 캐리어가 전자 또는 정공의 한쪽뿐인 것에 대해 바이폴라 트랜지스터(BJT)는 그 기본동작에 전자, 정공의 양쪽 캐리어가 기여하고 있기 때문에 쌍극성을 의미하는 바이폴라는 이름이 붙여지게 되었다.
여기서 트랜지스터라고 하면 보통 바이폴라 트랜지스터를 지칭하며, FET는 다음 장에서 다루기로 하고 이 장에서는 바이폴라 트랜지스터를 중심으로 설명하기로 한다.
구조적 차이로 본 트랜지스터 종류는 [그림 4-31]과 같다.

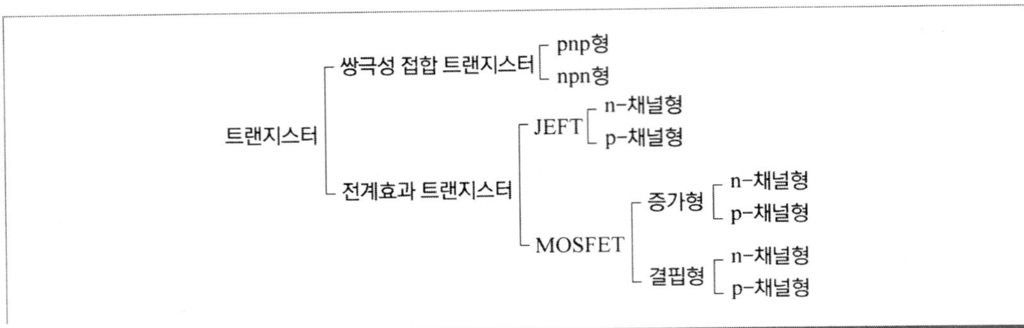

• 그림 4-31 • 트랜지스터의 종류

바이폴라 트랜지스터는 고주파용 트랜지스터, 대전력용 트랜지스터, 그리고 NPN트랜지스터와 PNP트랜지스터를 조합한 PNPN구조의 사이리스터 등으로 아날로그 회로, 디지털회로, 대전력 스위칭회로 등에 사용되고 있다. 바이폴라 IC/LSI는 컴퓨터나 통신용의 초고속 디지털 IC로써 또 저잡음 특성 등을 이용한 오디오나 TV, VCR용의 리니어 IC로써 전자산업의 매우 중요한 부품으로 취급되고 있다.

트랜지스터는 기본적으로는 전류를 증폭할 수 있는 부품이다.

아날로그 회로에서는 매우 많은 종류의 트랜지스터가 사용되지만, 디지털 회로에서는 그다지 많은 종류는 사용하지 않는다.

디지털 회로에서는 ON 아니면 OFF의 2개의 신호를 취급하기 때문에 트랜지스터의 증폭 특성에 대한 차이는 별로 문제가 되지 않는다. 회로 기능은 대부분이 IC로 처리하는 경우가 많다.

디지털 회로에서 트랜지스터를 사용하는 경우는 릴레이라고 하는 전자석 스위치를 동작시킬 때(릴레이는 구동전류를 많이 필요로 하기 때문에 IC만으로는 감당하기 어려운 경우가 있다)나, 발광 다이오드를 제어하는 경우 등이다.

2. 트랜지스터의 구조

트랜지스터(transistor)는 3개 이상의 전극을 가지는 반도체 소자로서 서로 다른 반도체의 접합 형태에 따라 PNP형과 NPN형으로 구분된다. 트랜지스터 가장 큰 특징은 미세 신호의 증폭과 스위칭 작용을 할 수 있다는 것이다. 바이폴라 Tr이란 바이폴라 트랜지스터(bipolar transistor)를 말하며, 일명 접합형 트랜지스터라고도 부르는데 전자와 정공(hole)의 두 가지 캐리어가 전류에 관여하여 그 쌍방의 이동에 의존해 동작하는 트랜지스터를 말한다.

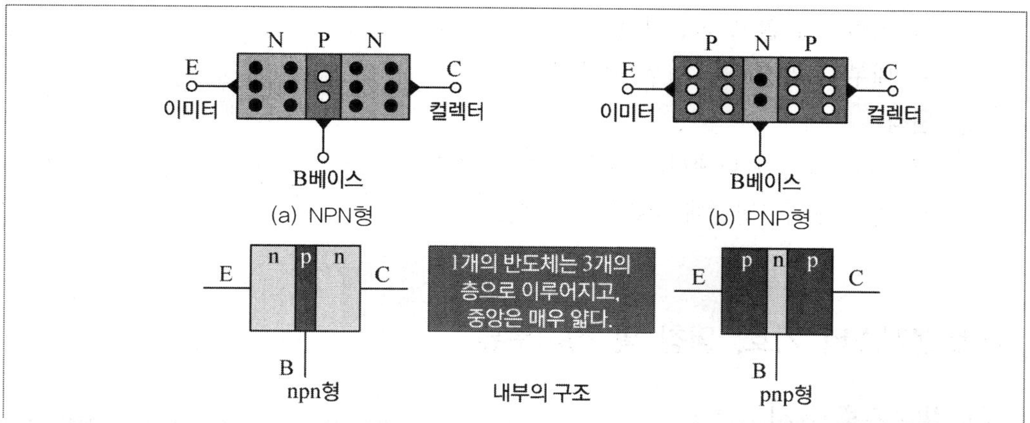

• 그림 4-32 • 트랜지스터의 물리적 구조

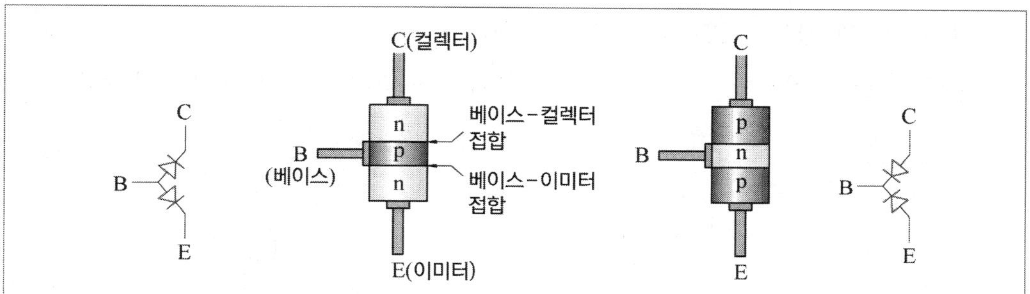

• 그림 4-33 • 다이오드 개념으로 본 트랜지스터 구조

특징을 살펴보면

① 3층으로 된 반도체 소자이다.[그림 4-32]

② 3개의 리드선이 있으며 이미터(Emitter), 컬렉터(Collector), 베이스(Base)로 구분된다.

㉠ 이미터(emitter : E) : 전류의 반송자로 주입하는 전류

㉡ 베이스(base : B) : 주입된 반송자를 제어하는 전류 공급

㉢ 컬렉터(collectoer : C) : 전류의 반송자를 모으는 부분의 전극

③ PNP형과 NPN형 2가지가 형태가 있다.[그림 4-33]

④ **장점**

㉠ 수명이 길고 내부 전력 손실이 적다.

㉡ 소형이고 경량이다.

㉢ 기계적으로 강하다.

㉣ 예열하지 않고 작동한다.

㉤ 내부 전압강하가 매우 적다.

⑤ **단점**

㉠ 온도 특성이 나쁘다(적정온도 이상 파괴)

㉡ 과대 전류, 전압에 파손되기 쉽다.

3. 트랜지스터 기호, 명칭 및 장치분류

가. 회로기호 표시

트랜지스터는 반도체의 조합에 따라 크게 PNP 타입과 NPN 타입이 있다. PNP 타입과 NPN 타입은 전류의 방향이 다르다. 마이너스 전압측을 접지로, 플러스 전압측을 전원으로 하는 회로의 경우, NPN타입 쪽이 사용하기 쉽다.

회로 기호는 NPN 타입은 , PNP 타입은 으로 화살표 방향을 반대로 표시한다.

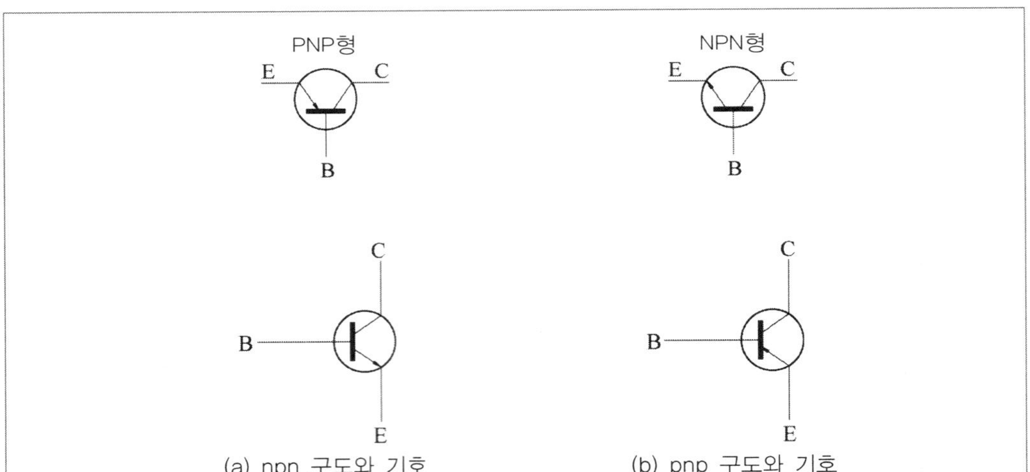

• 그림 4-34 • 회로기호 표시

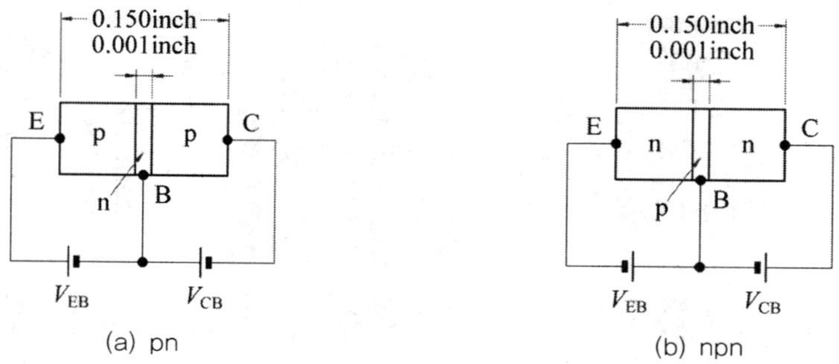

• 그림 4-35 • 반도체 두께 및 접지

마이너스 전압측을 접지로, 플러스 전압측을 전원으로 하는 회로의 경우, NPN 타입쪽이 사용하기 쉽다.

나. 트랜지스터의 명칭(형명)

- 2SA××× : PNP 타입의 고주파
- 2SB××× : PNP 타입의 저주파용
- 2SC××× : NPN 타입의 고주파용
- 2SD××× : NPN 타입의 저주파용

다. 반도체소자의 형명

트랜지스터에는 NPN형과 PNP형이 있다. 이들 트랜지스터를 세밀히 분류하면 2SB528, 2SC1213, 2SD189 등 번호가 주어져 있으며 모두 공통으로 2S가 붙어 있으나 다른 나라 메이커에는 붙어 있지 않다. A, B, C, D는 PNP형과 NPN형의 구별 및 용도를 나타내며 A나 B 다음에 오는 숫자는 등록순으로 부여한 번호로 특성이나 종별과는 관계가 없다. 숫자 뒤에 A12H나 B25G 등 알파벳을 붙인 것은 개량품이며 메이커의 입장에서 결정하는 용도나 등급을 타나내고 있다. 또 반도체 소자의 형식명은 [그림 4-36]과 같이 정해져 있다.

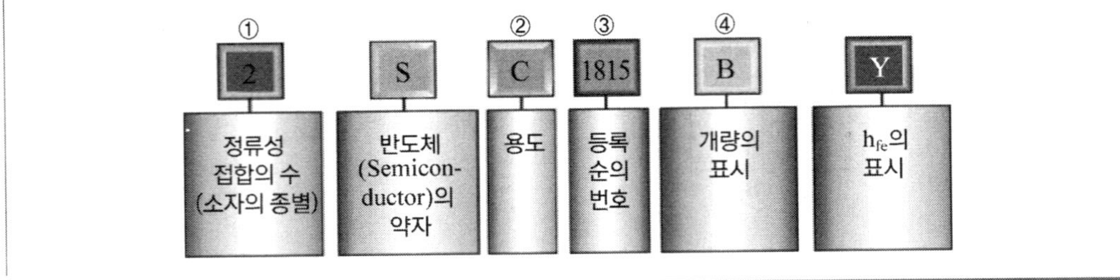

• 그림 4-36 • 반도체 소자 형명 구분

2	0 : 포토다이오드, 1 : 다이오드, 2 : 3극 트랜지스터, 3 : 4극 트랜지스터
S	반도체(semiconductor)를 나타낸다.
C	A : PNP 고주파 트랜지스터 B : PNP 고주파 트랜지스터 C : NPN 고주파 트랜지스터 D : NPN 저주파 트랜지스터 F : P 게이트 3극 역저지 사이리스터(SCR) G : N 게이트 3극 역저지 사이리스터(SCR) H : 유닛 접합 트랜지스터(UJT) J : P 채널 전기장 효과 트랜지스터(FET) K : N 채널 전기장 효과 트랜지스터(FET) M : 3극 양방향성 사이리스터 P : 발광 소자
1815	등록 번호로서 11부터 시작되는 2행 이상의 숫자
B	원형을 변경한 순서대로 A, B, C, … 의 순으로 쓰여진다.
Y	증폭율의 범위(0 : 70 ~ 140, Y : 120 ~ 240, GR : 200 ~ 400, BL : 350 ~ 700)

※ 2SC는 트랜지스터의 일원(가족)임을 나타내는 성에 해당되며, 1815는 사람의 이름에 해당된다.

4. 트랜지스터 외관 및 리드선(리드선 배치 예)

가. 트랜지스터의 외관

• 그림 4-37 • 트랜지스터 외관(C1815, D880)

트랜지스터의 외관은 여러 가지가 있지만, 여기서는 가장 일반적인 두 종류만 설명한다. 사진에서 좌측의 트랜지스터는 2SC1815이라는 것으로, 디지털 회로에서 흔히 사용한다. 사진에서 우측의 트랜지스터는 2SD880으로, 큰 전류를 취급하려는 경우에 사용한다. 전기적 특성은 표에 나타내었다.

| 표 4-3 | 트랜지스터 전기적 특성

항목	2SC1815	2SD880
V_{CEO}[V]	50	60
I_C[mA]	150	3[A]
P_C[mW]	400	30[W]
h_{FE}	70~700	60~300
f_T[MHz]	80	3

- V_{CEO} : 베이스(B)를 오픈했을 때에 컬렉터(C)와 이미터(E)에 걸리는 최대전압. (단순히 V_{CE}로 표시하는 경우도 있다)
- I_C : 최대 컬렉터(C) 전류.
- P_C : 주위온도(Ta) 25[℃]에서 연속해서 소비시킬 수 있는 최대 컬렉터(C) 손실(방열기 없음)
- h_{FE} : 이미터(E) 접지에서의 직류에 대한 전류증폭률(I_C ÷ I_B).
- f_T : 고주파 특성. 이미터 접지의 전류 증폭률이 1(0[dB])이 되는 주파수. 주파수를 높여가면 증폭 능력이 저하하는데, 베이스 전류(I_B)와 컬렉터 전류(I_C)가 같아지는 주파수(직류 증폭을 할 수 없게 되는 주파수)

  f_T = 고주파 h_{fe} × 측정 주파수

• 그림 4-38 • 트랜지스터의 여러 가지 형태

나. 트랜지스터의 리드

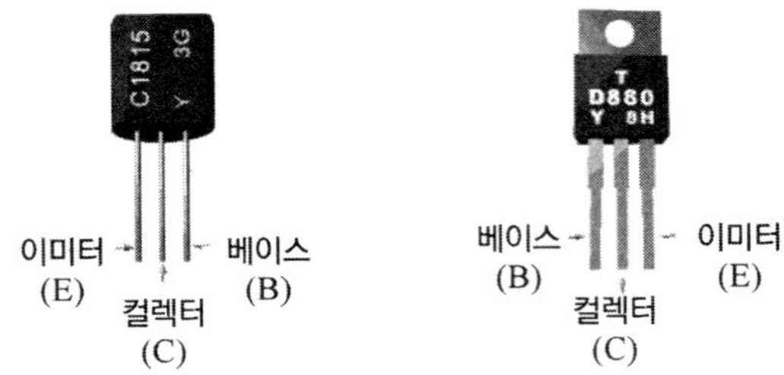

• 그림 4-39 • 2SC1815 및 SD880 외형

트랜지스터의 종류에 따라 리드의 내용이 다르기 때문에 매뉴얼 등을 참조하여 확인한다. 2SC1815의 경우 품명이 인쇄되어 있는 평평한 면을 바라보았을 때, 오른쪽 리드가 베이스, 중앙의 리드가 컬렉터, 왼쪽의 리드가 이미터이다.

2SD880의 경우 품명이 인쇄되어 있는 면을 바라보았을 때, 오른쪽 리드가 이미터, 중앙의 리드가 컬렉터, 왼쪽의 리드가 베이스이며, 2SC1815와는 반대이다.

5. 트랜지스터 동작 원리(NPN)

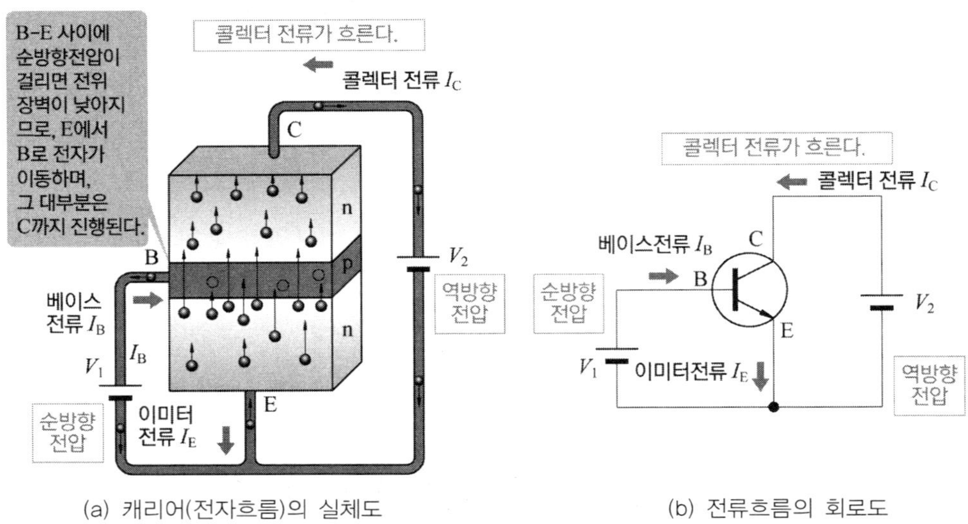

• 그림 4-40 • 트랜지스터 바이어스

트랜지스터가 적절히 동작하기 위해서는 NPN과 PNP 트랜지스터에 적당한 바이어스가 인가되어야 한다. 바이어스는 트랜지스터 기본회로에서는 2개의 전원을 사용하여 회로를 동작시키고 있으나, 실제로는 한 개의 직류 전원에 저항을 몇 개 조합시켜서 트랜지스터의 각 전극에 바이어스 전압을 공급하는 회로를 사용한다.

가. 트랜지스터의 전류 흐름

전자의 이동 및 전기의 흐름을 살펴보면

① 이미터 전자가 베이스 영역으로 확산한다.

② 베이스 폭은 매우 얇고 홀 밀도가 작기 때문에 대부분 전자 베이스를 통과하여 콜렉터 영역으로 들어간다.

③ 콜렉터에 충만된 전자는 콜렉터 전극을 통하여 V_{cc}의 (+)극으로 진행한다. 이것은 콜렉터 전극에서 트랜지스터로 전류 I_c가 흘러 들어갔음을 의미한다.

④ 베이스에 들어간 전자의 일부는 베이스 안에서 정공(홀)과 결합하여 소멸되며, 결합하여 부족된 정공은 순방향 외부전원의 정공이 공급되기 때문에 보충받으면서 약간의 전류가 베이스 전극을 통해 흐른다.

⑤ 베이스로 전자를 보낸 후 부족한 전자는 외부전원(순방향 전원)에서 이미터 전극을 통하여 전자가 공급된다.

따라서 이미터(E) 전류(I_E)는 대부분은 콜렉터 전류(I_C)이고 그 일부만이 베이스 전류(I_B)이다.

① **이미터 전류** I_E : B-E 간에 가해진 순전압 V_{BE} 때문에 이미터에서 속으로 들어간 전자의 양에 상당하는 전류

② **베이스 전류** I_B : 베이스 속으로 들어간 전자 중에서 C-B 접합면까지 도달하지 않은 전자의 양에 상당하는 전류

③ **컬렉터 전류** I_C : 베이스 속으로 들어간 전자 중에서 C-B 접합면까지 도달하고 이어서 컬렉터 속으로 끌려 들어간 전자의 양에 상당하는 전류

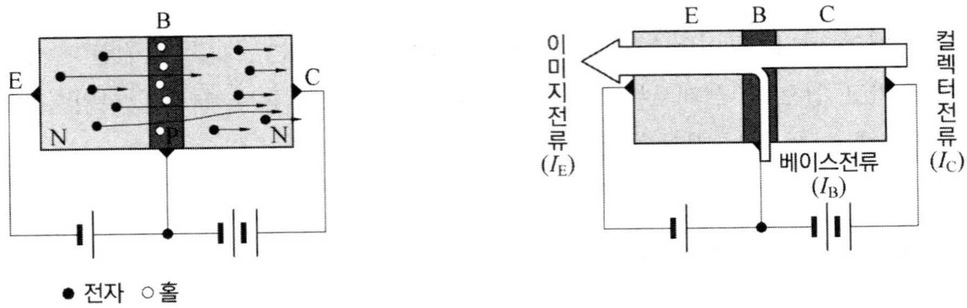

• 그림 4-41 • 트랜지스터의 전류흐름

나. 트랜지스터에 전압을 가하는 방법

[그림 4-42]처럼 NPN형의 경우 B와 E간의 PN접합면(V_{BE})연결은 순방향 전압을 가하고, C와 B간의 PN접합면(V_{CB}) 전원연결은 역방향 전압을 가해야 트랜지스터가 증폭작용을 할 수 있는 능동상태가 된다. 표는 전원연결 상태에 따른 동작상태를 나타내었다. 또한 키로히호프 법칙에 의해 $V_{CB} = V_{CE} - V_{BE}$로 나타낼 수 있다.

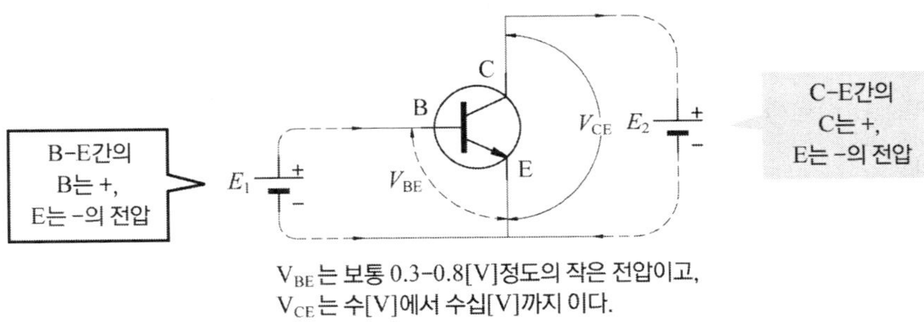

• 그림 4-42 • 트랜지스터 전압 인가 방법

| 표 4-4 | 트랜지스터 전압연결에 다른 동작상태

E-B	C-B	상 태	응 용
순방향	역방향	능동 상태	증폭 작용
역방향	역방향	차단 상태	스위칭 작용
순방향	순방향	포화 상태	

다. 전류의 흐름

트랜지스터는 I_C는 I_B에 의해 크게 변화하며, I_B는 V_{BE}에 의해 크게 변화한다. 하지만 I_C는 V_{CE}에 의해 크게 변화하지 않으며, 다음과 같은 전류법칙이 적용된다.

$$I_E = I_B + I_C$$

6. 트랜지스터 스위칭 작용

가. 스위칭 동작

트랜지스터를 사용하여 스위치와 동일한 동작을 시킬 수 있다. 입력 전압을 낮게 하여 트랜지스터를 차단 상태로 하였을 때와 입력전압을 높게 하여 트랜지스터를 포화 상태로 하였을 때의 2가지 상태만 착안하면 결국 스위치 ON, OFF 상태를 실현하고 있는 것이 된다. [그림 4-43]에 경우처럼 트랜지스터 스위칭 동작은 다른 경우의 스위칭 동작에 비해 영구적이고 제어 속도가 빠른 장점이 있다.

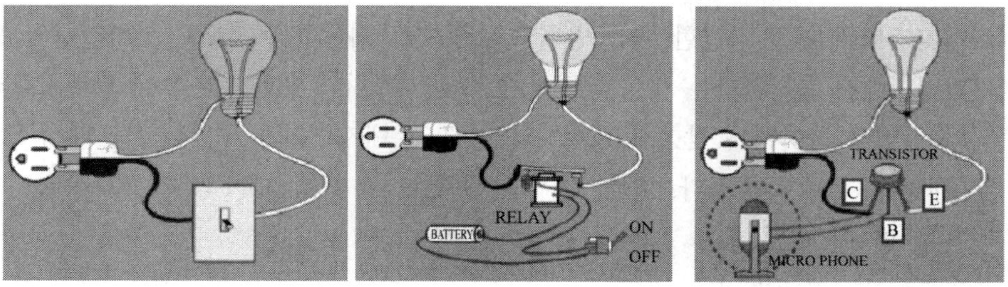

스위치를 인간이 On, Off 한다. 매우 느리다.

기계적 접점 : 릴레이는 스위치보다 스위칭 속도가 빠르지만 접점이 망가지기 쉽다.

전력용 반도체 소자를 이용하여 무접점제어

• 그림 4-43 • 스위칭 방법의 종류

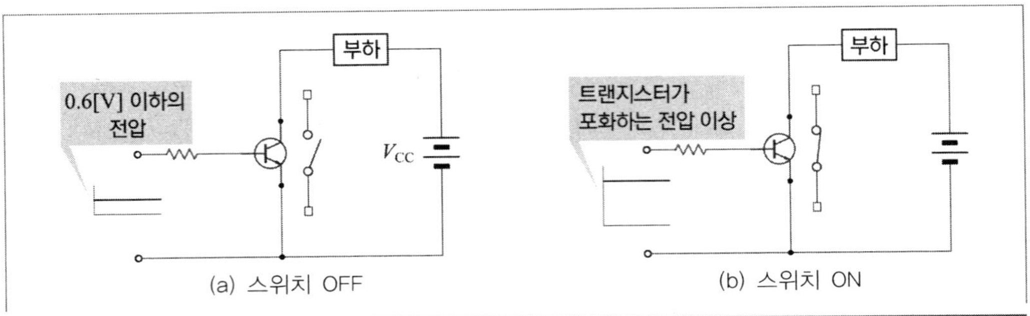

• 그림 4-44 • 트랜지스터의 스위칭 작용

트랜지스터 스위칭 작용은

① 입력전압이 0.6[V] 이하인 경우에는 콜렉터 전류(I_C)가 0이므로 트랜지스터가 동작하지 않아 스위치가 OFF 된 상태가 된다.

② 입력전압이 크고, 트랜지스터가 포화하여 가는 상태에서는 콜렉터 전류(I_C)가 옴의 법칙에 따라(V_{CC}/R) 전류가 임계점 이상 흐를 때 트랜지스터가 동작되어 스위치가 ON 상태가 된다.

트랜지스터의 가장 간단한 이용 방법은 스위치로 이용하는 것으로 부하선상의 포화 또는 차단영역에서 동작한다는 것을 의미한다. 트랜지스터가 포화되었을 때 트랜지스터의 컬렉터와 이미터 사이에는 닫혀진 스위치와 같고, 트랜지스터가 차단되었을 때의 트랜지스터는 개방된 스위치와 같다. 이와 같이 트랜지스터는 ON, OFF의 2가지 상태, 즉 스위칭 작용을 할 수 있다.

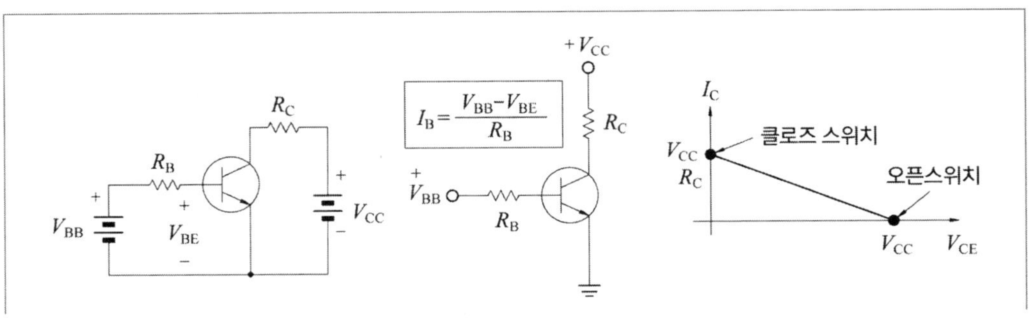

• 그림 4-45 • 트랜지스터 스위칭 효과

[그림 4-45]에서 베이스전류가 I_B보다 크거나 같으면, 트랜지스터는 부하선의 상한에 존재하며, 이 경우에 트랜지스터는 닫힌 스위치(ON)로, 반면에 베이스전류가 0이면 트랜지스터는 부하선의 하한에 존재하며 개방된 스위치(OFF)와 같이 동작한다.

나. 스위칭 작용의 기본원리

트랜지스터를 포화영역과 차단 영역에 교대로 동작하도록 바이어스를 걸어주면 스위치로 사용할 수 있게 된다. 그러나 트랜지스터의 주된 응용은 활성영역에서 동작하면서 교류 신호를 증폭하는 것이 대부분의 목적이다.

① **개방 스위치(Open Switch)**

그림에서처럼 V_{BB}를 0으로 만들면 $I_B = 0$ 이므로 트랜지스터는 차단 상태에 있게 되어 컬렉터 전류는 거의 흐르지 않기 때문에 트랜지스터는 개방된 스위치로서 동작하게 된다. 이때 컬렉터 단자 전압 V_C는 저항 R_C에 전류가 흐르지 않기 때문에 외부 인가 전압 V_{CC}와 같은 전압을 갖는다.

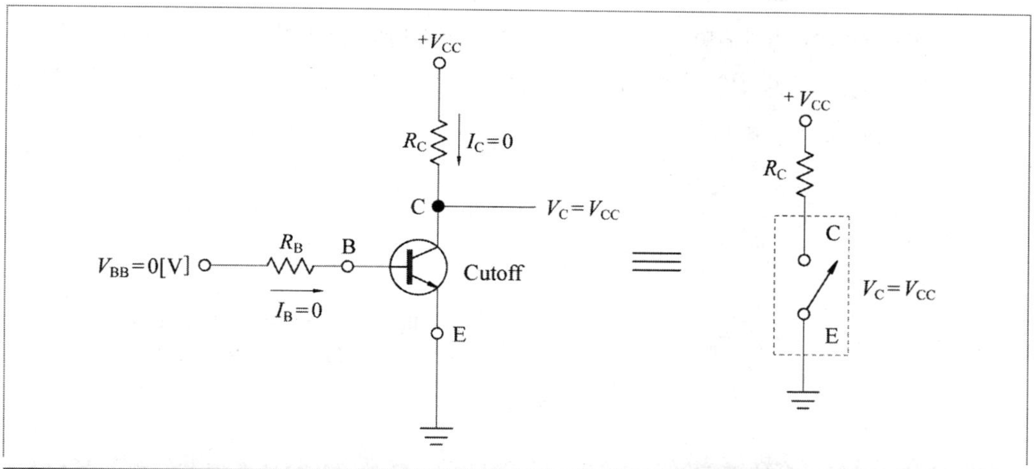

• 그림 4-46 • 개방 스위치(Open Switch) 회로

② **단락 스위치(Closed Switch)**

[그림 4-46]에서처럼 충분히 큰 베이스 전류 I_B가 흐르도록 V_{BB}를 인가하게 되면 트랜지스터는 포화 상태에 있게 된다. 따라서 컬렉터 루프에는 컬렉터 포화 전류 I_C(sat)가 흐르기 때문에 트랜지스터는 단락 스위치로 동작된다. 이때 컬렉터 단자전압 V_C는 충분히 큰 전류가 R_C에 흐르기 때문에 접지전압과 거의 같은 값을 가지게 된다.

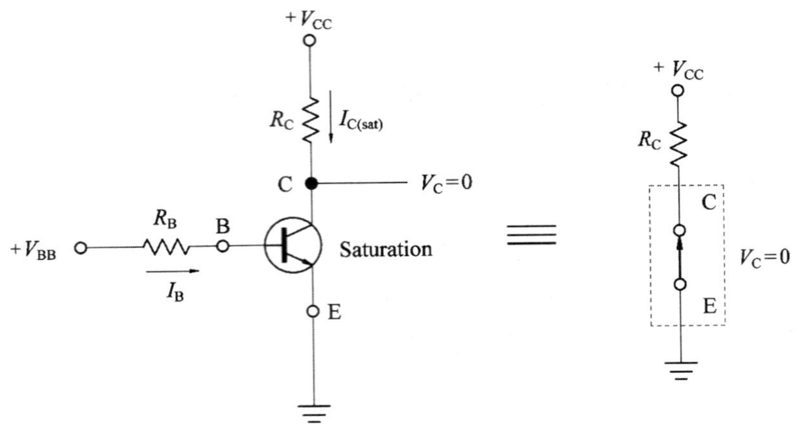

• 그림 4-47 • 단락 스위치(Closed Switch) 회로

③ 트랜지스터 스위치 응용 회로

V_{in}에 [그림 4-48]과 같은 구형파를 인가하게 되면 LED를 간단히 ON, OFF 할 수 있는 응용 회로가 만들어진다. 동작 원리는 앞에서 설명된 것처럼 V_{in}에 0[V] 전압이 아닌 전압이 인가되면 트랜지스터는 포화되어 단락 스위치로 동작하며 LED를 ON시킨다. V_{in}에 0[V] 전압이 가해지면 트랜지스터는 차단되어 개방 스위치로 동작하여 LED를 OFF시키게 된다.

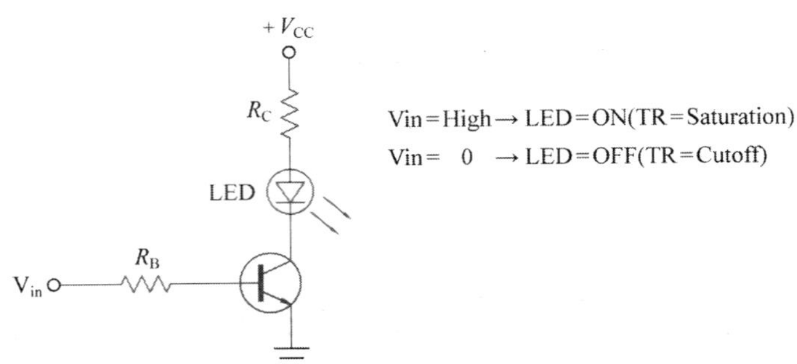

• 그림 4-48 • 트랜지스터 스위치 응용 회로

7. 바이어스

바이어스란 트랜지스터에 의한 음성전류 등의 교류성분을 증폭할 때 신호전류와 직류전류를 중첩시키면 완전한 증폭이 될 수 있는데, 이때 이 직류성분을 바이어스라 한다.

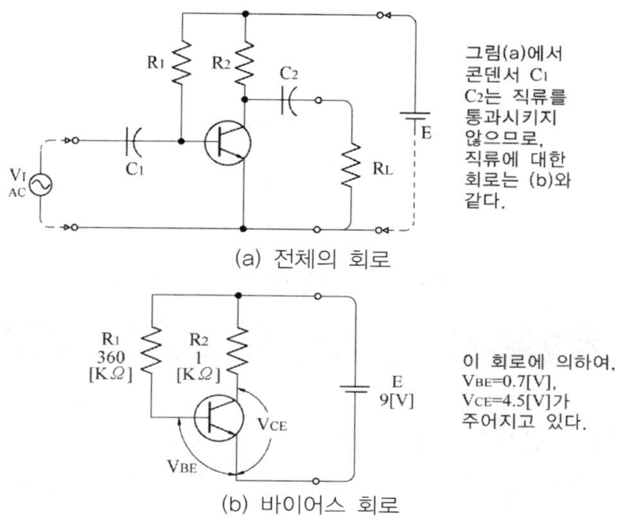

• 그림 4-49 • 바이어스 회로

바이어스가 변동하면 정확한 증폭이 안되고, 회로 동작이 불안정하며 열폭주를 일으켜 트랜지스터가 파괴될 경우도 있다.

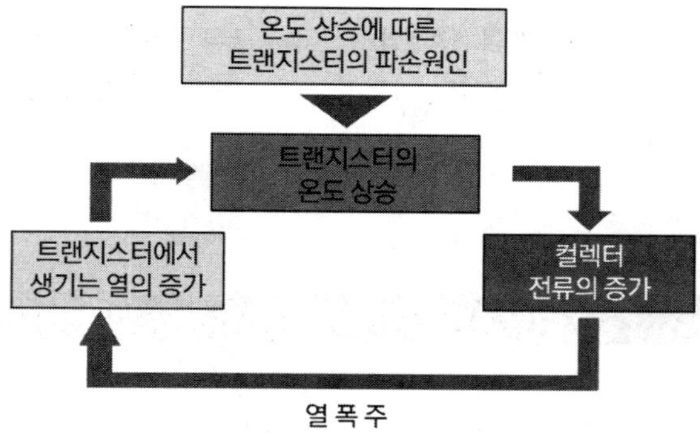

• 그림 4-50 • 트랜지스터 열폭주 현상

가. 바이어스회로의 필요성

컬렉터전류(I_C)를 흐르게 하기 위해서는 베이스전류(I_B)가 필요하다. 그런데 [그림 4-51]에 있어서 베이스에 (+)전압이 가해졌을 때는 I_B가 흐르지만 (-)의 전압이 가해졌을 때에는 전류가 흐르지 못한다.

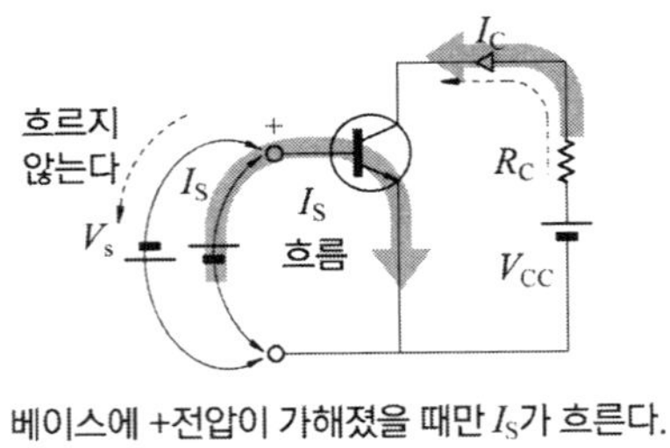

• 그림 4-51 • I_B를 흐르게 하기 위한 조건

사인파 신호전압만 인가했을 때는 베이스전류는 (+)반파일 때만 흐르고 (-)반파일 때는 흐르지 못하기 때문에 h_{fe}배의 증폭은 되지만 I_C의 파형은 반파로 된다.

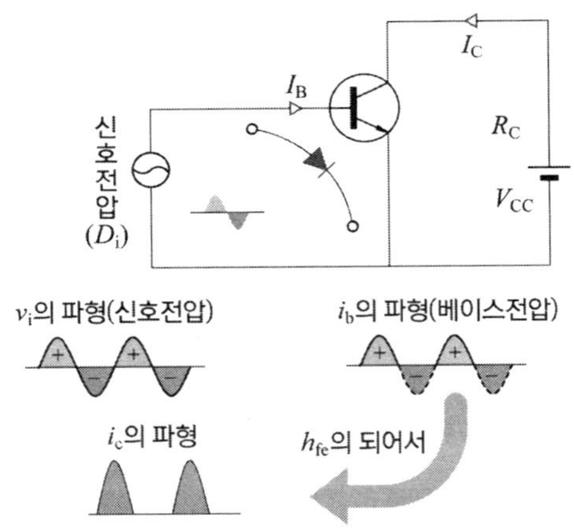

• 그림 4-52 • 컬렉터 측에 대한 반파의 파형

출력(컬렉터측)에서 사인파 출력을 얻기 위해서는 신호전압(사인파 전압)이 변화하는 기간 중, 어느 순간에 있어서도 베이스에 (+)전압이 걸려 있어야 한다. 이와 같이 되려면 [그림 4-52]와 같이 신호전압과 직렬로 직류전원을 접속하여 항상 베이스가 양(+)이 되도록 합

성 전압을 잘 고려하여야 한다. 사인파형 신호전압의 변화기간을 모두 베이스전류(i_b)가 흐를 수 있도록 하면 컬렉터측의 출력 파형도 사인파형이 된다.

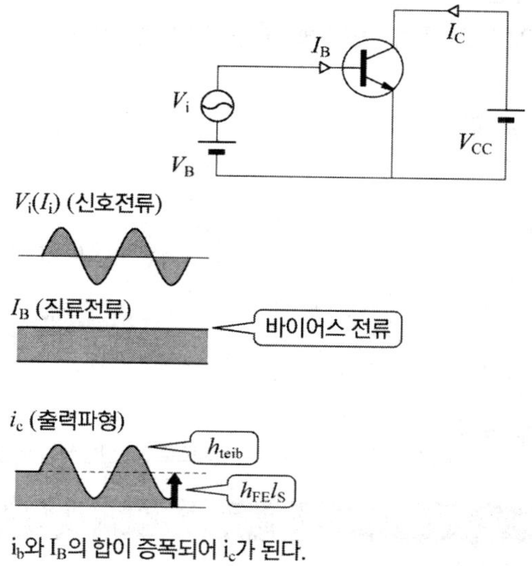

• 그림 4-53 • 신호전류와 직류전류에 대한 출력파형

[그림 4-53]에서 트랜지스터는 출력파형에서 직류분과 교류분이 겹쳐져서 동작되고 있음을 보여준다. 이와 같이 직류 전압을 가하여 일정 전류를 흐르게 함으로서 입력신호의 기준점이 되게 하는 것을 바이어스라고 한다.

바이어스는 트랜지스터를 동작시키는데 있어 중요한 것으로 적당한 바이어스를 걸어 주지 않으면 출력 파형이 [그림 4-54]처럼 일그러진다. 일정 전류를 흘려 기준점을 정한 것을 바이어스 전류라 하며, 전압를 걸어서 기준점을 정한 것을 바이어스 전압을 가한다고 한다.

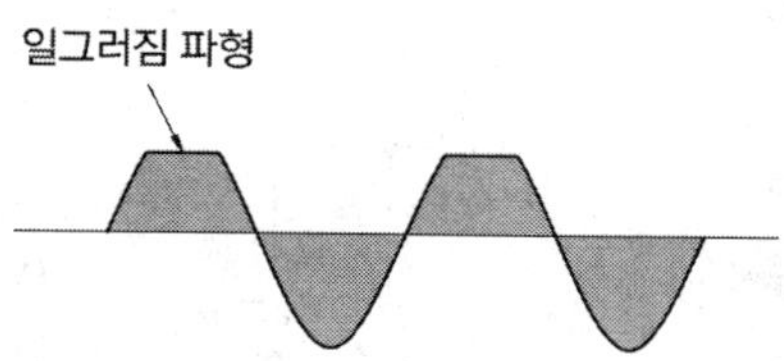

• 그림 4-54 • 부적정한 바이어스에 의한 일그러짐 파형

바이어스를 걸기 위하여 직류 전원을 신호전압에 직렬로 접속하는 방법은 바이어스 전압이 지나치게 걸릴 위험도 생기고, 신호원 저항이 영향을 받는 등 회로 구성상 불편한 점이 있다. 따라서 실제로는 [그림 4-55]처럼 직류전원 V_S에 직렬로 저항 R_B를 접속하여 I_B를 알맞은 값이 되도록 조정할 수 있게 한다. 콘덴서는 직류는 차단하는 특성이 있기 때문에 직류 전류가 신호원 쪽으로 흐르지 못하게 하는 역할을 한다.

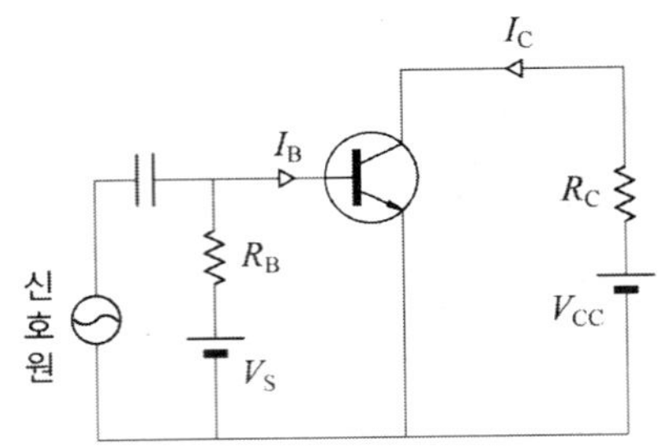

전원이 V_B와 V_{CC}의 2가지 이므로 2전원방식이라 한다.

• 그림 4-55 • 저항 R_B를 사용하여 바이어스를 거는 방법

8. 트랜지스터 정특성 곡선

정특성이란 트랜지스터에 부하를 접속하지 않고 직접 직류, 전압을 가했을 때의 각 전극의 전압, 전류 사이의 관계를 말하며, 이것을 도형으로 나타낸 정특성 곡선이 널리 쓰인다. 트랜지스터에서는 컬렉터-이미터간 전압(V_{CE}), 베이스-이미터간 전압(V_{BE}), 컬렉터 전류 I_C, 베이스 전류 I_B 상호의 관계에 따라 $I_B - I_C$특성, $V_{CE} - I_C$특성, $V_{BE} - I_B$특성 등이 널리 쓰인다. [그림 4-56] 회로는 이미터접지의 정특성을 측정하는 회로이며, 측정결과 3가지 특성곡선을 [그림 4-57]에 나타내었다.

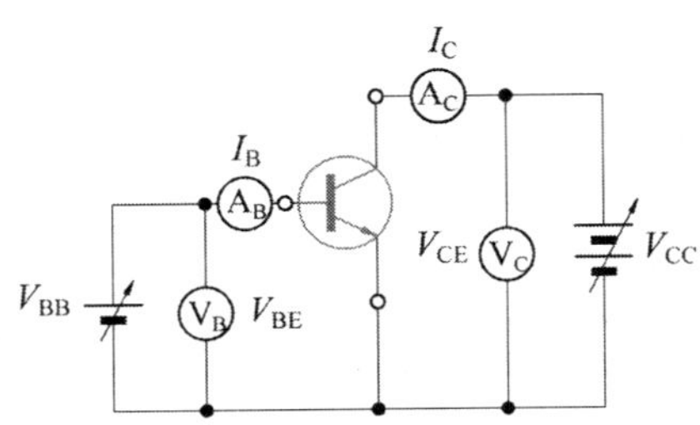

Ⓐ$_B$: I_B 측정용 전류계
Ⓐ$_C$: I_C 측정용 전류계
Ⓥ$_B$: V_{BE} 측정용 전압계
Ⓥ$_C$: V_{CE} 측정용 전압계

V_{BE}, V_{CE} 는 0~수[V] 까지 가변할 수 있는 직류 전류

• 그림 4-56 • 이미터 접지의 정특성곡선 측정회로

가. 이미터 접지의 정특성 곡선의 측정결과

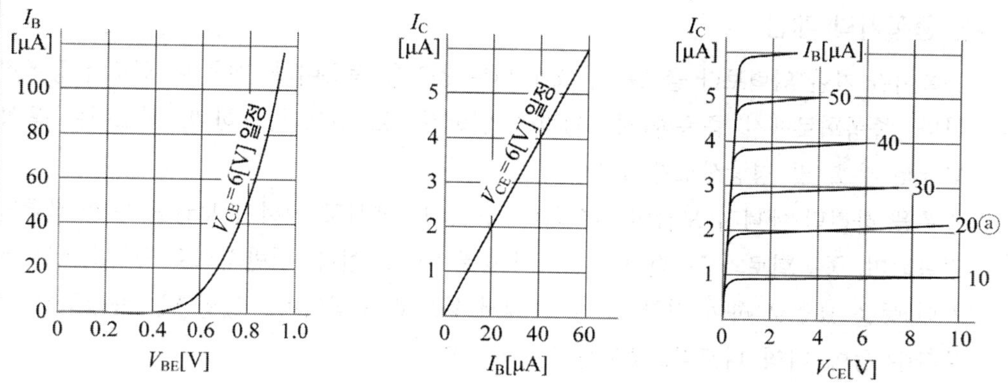

(a) $V_{BE}-I_B$ 특성 (b) I_B-I_C 특성 (c) $V_{CE}-I_C$

• 그림 4-57 • 정특성 곡선

(a) $V_{BE}-I_B$ 특성 또는 입력특성이며 베이스와 이미터 사이에 순방향 바이어스 전압을 가했을 때의 V_{BE}와 I_B의 관계를 나타냄(지수함수 곡선)

(b) 트랜지스터의 전류 증폭율 h_{FE}(또는 β)를 나타내고 있는 I_B-I_C 특성

(c) 베이스전류에 대한 각각의 값에서 $V_{CE}-I_C$ 특성이며, 출력특성이라고도 함.

① 컬렉터와 이미터 사이 전압 6[V] 유지하고 베이스전류(I_B)를 변화시키면서 컬렉터 전류(I_C) 관찰하면

㉠ 컬렉터 전류는 베이스 전류에 비례하여 일정하게 변화한다.

㉡ 전류 증폭율(β 또는 h_{FE})은 = $\Delta I_C / \Delta I_B$ (V_{CB}는 일정)

β는 일반적으로 50 ~ 1,000배 정도임.

② I_B = 20[μA]로 일정하게 유지하면서 V_C를 변화시켜보면

㉠ 그림 (c)의 그래프 ⓐ와 같이 된다. 즉 V_C의 변화에 따라서 I_C는 거의 변하지 않는다.

㉡ I_B = 40[μA], I_B = 60[μA] 등 변화를 시켜도 같은 결과가 나온다.

따라서 이 트랜지스터의 전류 증폭율은 다음과 같이 구할 수 있다.

$h_{FE} = \Delta I_C / \Delta I_B$ = 2[mA]/20[μA] = 100

9. 트랜지스터 증폭기

가. 증폭기의 개념

증폭이란 가한 입력보다 출력측이 크게 되는 동작을 증폭이라 한다. 이 회로를 증폭회로라 한다. 증폭회로에서 증폭하려는 입력을 일반적으로 신호라고 하며, 신호에는 음성신호 Morse 부호 및 영상신호가 있다.

증폭을 하려면 에너지 보급이 필요하다. 증폭회로에서도 에너지 보급을 위한 직류전원이 접속되며, 증폭회로와 그 전원을 합하여 증폭기라고 한다. 일반적으로 증폭회로는 트랜지스터 등을 요소로 하여 저항, 코일, 콘덴서 등으로 구성되며, 그 형태는 증폭하는 신호와 주파수 등에 따라 다르다. 용어를 정리해보면

① **증폭(amplification)** : 입력신호가 증폭기에 의해서 확대되는 현상

② **일그러짐(distortion)** : 확대되는 과정에서 출력신호의 파형이 입력신호의 파형과 같지 않음

③ **증폭도** : 입력 전압이 얼마나 크게 되었는가를 나타내는 값으로써 출력/입력(V_o/ V_i)의 비

④ **증폭기(amplifier)** : 증폭을 하는 장치

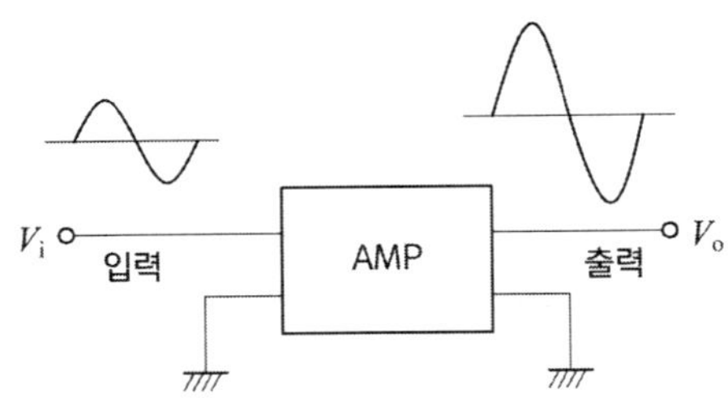

• 그림 4-58 • 증폭의 개념도

트랜지스터 증폭을 하기 위한 주요사항은 아래와 같다.

① 미리 V_{BE}, I_B, V_{CE}, I_C 등의 직류 전압, 전류를 트랜지스터에 공급해둘 것

② 입력 전압 V_i(소문자 v_i은 입력 전압 V_i의 순시값을 나타낸다)를 직류 V_{BE}에 중첩하여 가할 것

③ 출력 전압 V_o(소문자의 v_o는 출력 전압 V_o의 순시값을 나타낸다)는 V_{CE}에 포함된 교류분만 꺼낼 것

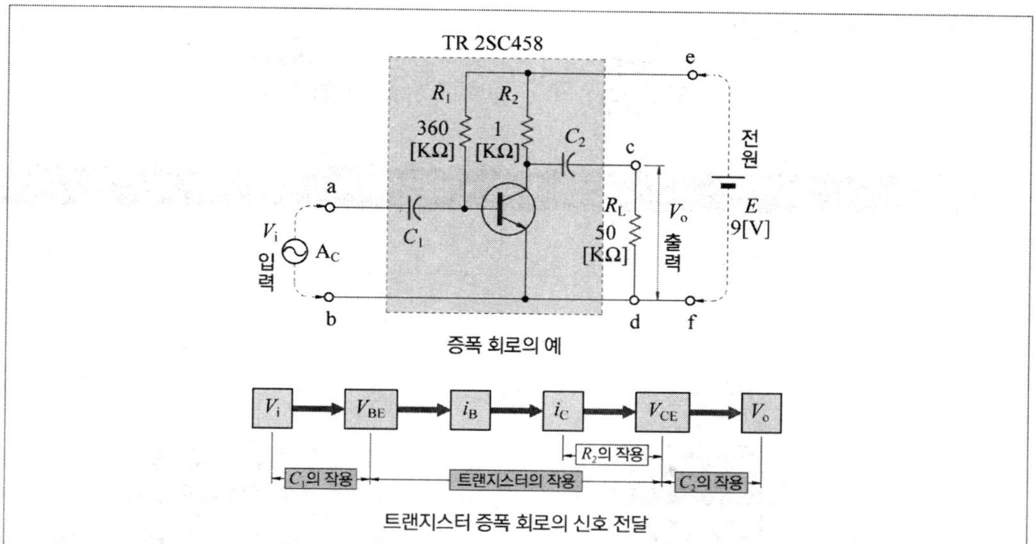

• 그림 4-59 • 증폭회로의 예

다. 트랜지스터 증폭원리

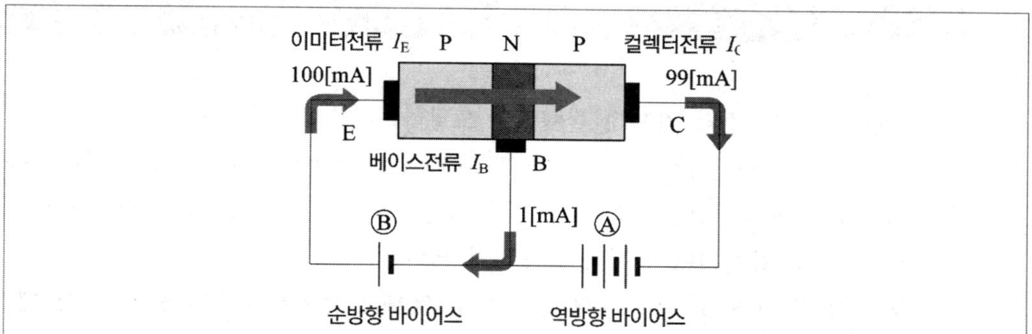

• 그림 4-60 • 트랜지스터의 증폭원리

[그림 4-60]의 이미터접지 회로를 기준으로 트랜지스터 증폭원리를 설명하고자 한다. 먼저 B의 전지는 연결하지 않고 A전지만 연결해 본다. 그러면 이것은 역방향 전압이므로 전류가 흐르지 않는다. 여기서 B의 전지를 연결하면 E(이미터)와 B(베이스)간에 순방향 전압이므로 전류가 흐르지만 원래는 B(베이스)로 흘러야 할 전류가 B(베이스)가 얇기 때문에 지나쳐 버리고 C(컬렉터)로 흐른다.

결론은 B(베이스)전류 I_B를 1[mA] 흘려주면 C(컬렉터)전류 I_C가 99[mA] 흘러 99배 증폭이 된다. 베이스는 수도꼭지와 같은 역할을 한다.

• 그림 4-61 • 베이스의 역할

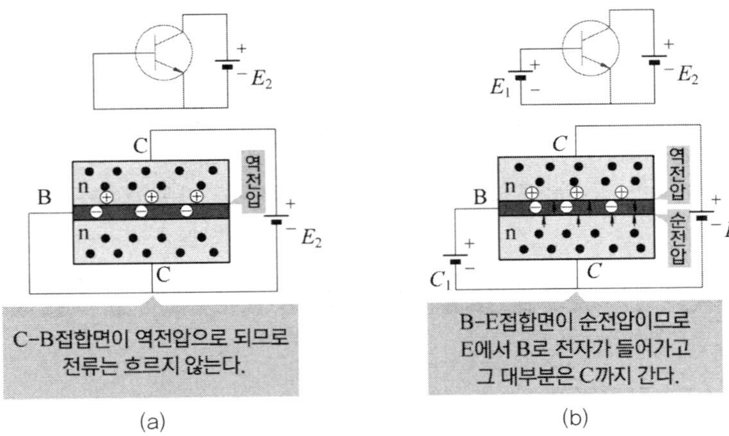

• 그림 4-62 • 트랜지스터의 전자 이동

이미터에서 유입된 전자 가운데 컬렉터에 도달하는 전자의 비율을 α라 하면 α는 보통 0.99정도로 1에 가까운 값을 갖게 된다. 또한 베이스와 컬렉터 사이의 전류 증폭률을 β라 하면, $\beta = \alpha/(1-\alpha)$로 나타낼 수 있다. 만약 α를 0.99로 하면 β는 약 100이 되어 베이스 전류가 100배로 증폭되어 컬렉터에 흐르게 된다.

또 α를 0.999로 하면 β는 약 1,000이 되어 1,000배로 증폭된 컬렉터 전류가 흐르게 된다. 이것이 트랜지스터의 증폭작용이라고 한다.

트랜지스터 전류 및 α와 β에 대해 정리해보면

① **증폭원리** : 작은 I_B가 큰 I_E와 I_C를 흐르게 하는 것이 증폭작용이다.

㉠ I_B 인가시 정상상태(steady state)에서 보다 전공이 더 증가하는데, 이때 평형을 이루려는 작용에 의해 I_E, I_C가 흐르게 되며, 이것이 증폭현상으로 이루어진다.

㉡ I_B에 의한 전공을 없애기 위해 순방향 E측 전자가 B로 들어가 B의 과잉전공과 재결합 과정에서, B층이 얇아 E측에서 들어온 전자 대부분이 B층을 지나 C층으로 들어가 재결합 하여 i_C를 만든다. (E에서 주입된 전자는 소수가 B층 전공과 결합하여 I_B로 된다.)

② 트랜지스터의 전류(KCL)

$-I_B - I_C + I_E = 0 \rightarrow I_E = I_B + I_C$

③ 트랜지스터의 α와 β

㉠ α(alpha) : Collector 전류와 Emitter 전류비를 말하며 I_E의 95 ~ 99[%]가 I_C로 된다.

$$\alpha = \frac{I_C}{I_E} \fallingdotseq 1 \rightarrow I_E \fallingdotseq I_C \ (\because \alpha = 1)$$

㉡ β(beta) : Collector 전류와 Base 전류비를 말하며, β를 알면 base 전류(i_B)에 대한 Collector 전류(i_C)제어 관계를 알 수 있다. β값(대개 50 ~ 300)은 Q점에 의해 결정되며, Tr의 형태, 응용, 온도 등에 따라 영향을 받는다.

$$\beta\ (h_{fe}) = \frac{I_C}{I_B}$$

㉢ α, β 사이의 관계

$$\beta = \frac{I_C}{I_B} = \frac{I_C}{I_E - I_C} = \frac{I_C/I_E}{1 - I_C/I_E} = \frac{\alpha}{1-\alpha}$$

$$\alpha = \frac{I_C}{I_E} = \frac{I_C}{I_C + I_B} = \frac{I_C/I_B}{I_C/I_B + 1} = \frac{\beta}{\beta+1}$$

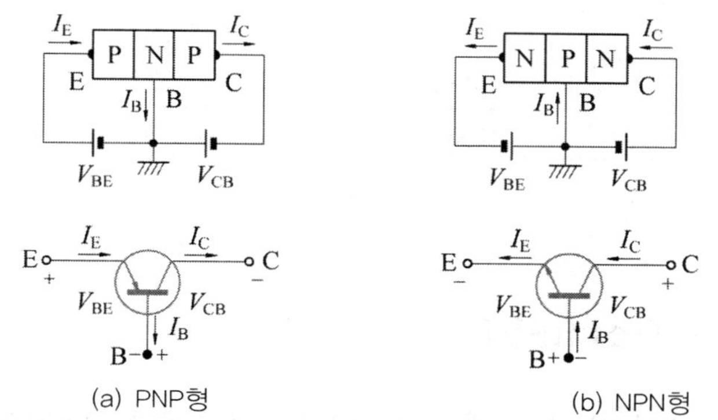

• 그림 4-63 • 트랜지스터의 전자 이동

라. 증폭기 접지방법에 따른 특성 비교

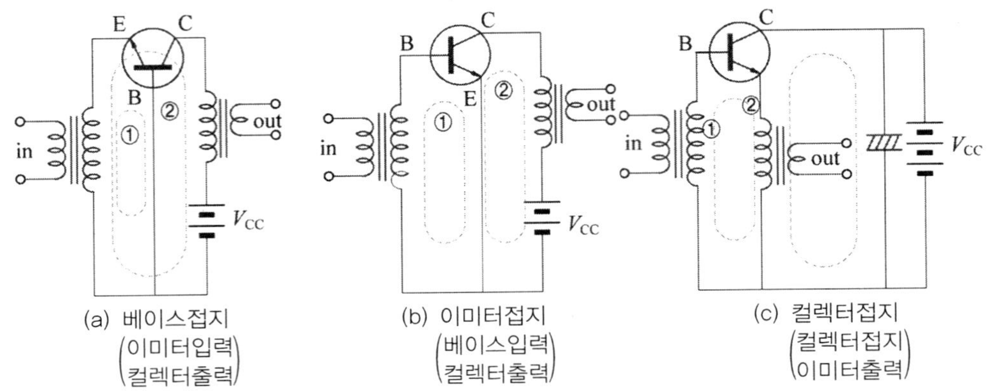

• 그림 4-64 • 증폭기 접지방법에 따른 특징

고유특성	이미터 접지회로(b)	컬렉터 접지회로(c)	베이스 접지회로(a)
입력측 임피던스	중간, 0.2 ~ 5[Ω]	크다, 20 ~ 500[Ω]	작다, 20 ~ 50[Ω]
출력측 임피던스	중간, 1 ~ 100[kΩ]	작다, 0.1 ~ 1[kΩ]	크다, 100 ~ 500[kΩ]
전류 증폭	10 ~ 200	10 ~ 200	약 1
전압 증폭	$10^2 \sim 10^4$	약 1	$10^2 \sim 10^4$
출력 증폭	$10^3 \sim 10^4$	$10^2 \sim 10^3$	100 ~ 200
위상차	180°	없다	없다
용도	전압증폭용	전압증폭용	임피던스 변환용

③ 전계효과트랜지스터(FET)

반도체 칩의 일련의 기능은 트랜지스터들의 연결을 통하여 구현된다. 트랜지스터는 스위칭(Switching)과 증폭(Amplification)이라는 두 가지 간단한 동작을 수행한다. 복잡한 칩의 동작도 결국은 단위 트랜지스터의 스위칭과 증폭 동작들의 조합이 모여서 구현된 것이다. 따라서 개별 트랜지스터의 동작을 잘 이해하는 것은 회로의 규모를 떠나 원하는 동작을 제대로 설계하고 구현하기 위해 필수적인 것이다.

전계효과 트랜지스터(FET)는 진공관과 비슷한 원리로 입력전압으로 출력전류를 제어하는 특성을 갖고 있다. 전기력으로 전하를 갖는 전자 또는 정공이 이동하는 원리는 TV의 브라운관 중에서의 전자의 이동과 흡사하다.

종류로는 접합형과 모스형이 있으며 접합형 FET는 입력게이트가 반도체의 접합으로 구성되고 있는 FET로 트랜지스터와 비교하여 훨씬 적은 입력전류로 동작한다.
MOS형 FET는 입력게이트가 산화실리콘 박막으로 절연되어 있는 FET로 상당히 높은 입력임피던스를 갖고있는 것이 특징이다.

MOSFET(금속산화물접합FET)와 JFET(접합전계효과트랜지스터)가 다른 점은 게이트가 채널로부터 절연되어 있다. 따라서 게이트 전압이 정(+)이든 부(-)이든 게이트 전류는 거의 흐르지 않으며, MOSFET를 흔히 Insulated-Gate Field-Effect Transistor의 약자로 IGFET(절연게이트 FET)라고도 부른다.

MOSFET(Metal-Oxide-Semiconductor Field-Effect Transistor) 기술은 BJT(Bipolar-Junction Transistor) 기술과 더불어 현재 가장 많이 사용되고 있는 기술이다. MOS 트랜지스터는 도체, 절연체 그리고 트랜지스터를 구성하는 물질들을 샌드위치와 같이 층층이 쌓아 놓은 형태를 가진다. 이와 같은 구조는 상당히 복잡한 화학적인 공정들을 많이 거쳐서 만들어진다.

[그림 4-65]에 n-채널(n-channel) MOS 트랜지스터(간단히, NMOS 트랜지스터)에 대한 전형적인 물리 구조가 나타나 있다. NMOS 트랜지스터는 p형 기판(p-type substrate) 위에 n + 확산으로 만든 source와 drain을 가지고 있다. n + 확산에서 n은 전자를 많이 가진 반도체 물질을 의미한다. p형 기판에서 p는 정공(hole)을 많이 가진 반도체 물질을 의미한다. n + 처럼 + 기호가 붙은 것은 다른 n보다 아주 많이 가지고 있음을 나타낸다. 앞에서 사용한 채널이라는 용어는 전류가 흐르는 통로를 의미한다. 쉽게 말해 NMOS는 전자들이 전류의 흐름을 주도하며, 채널도 당연히 n-type이다. PMOS는 정공들이 전류의 흐름을 주도하고 채널은 p-type 물질에 많은 hole들로 이루어진다.

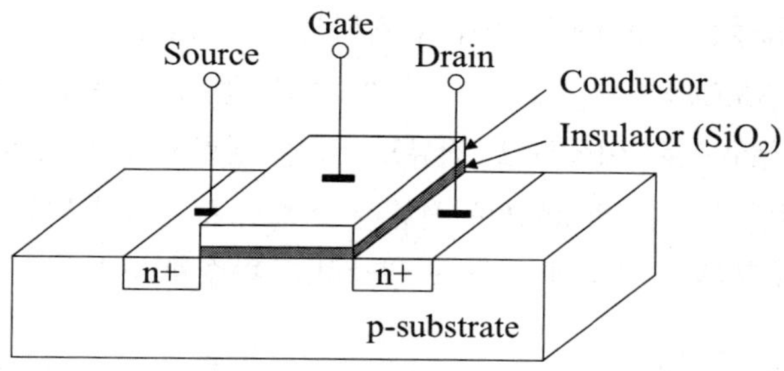

• 그림 4-65 • N-채널 MOS 트랜지스터의 물리적 구조

[그림 4-65]에 MOS 트랜지스터의 단자 이름이 나타나 있다. 단자의 의미를 살펴보면, 먼저 Gate는 Drain과 Source 사이로 전류를 흐르게 하거나 흐르지 못하게 하는 즉, 전류 흐름에 대한 관문 같은 역할을 하므로 Gate라는 이름이 붙었다. Drain은 "배출하다, 퍼내다"라는 뜻이고 Source는 "원천"이라는 뜻을 가진다. NMOS 트랜지스터의 경우 다수캐리어가 전자이기 때문에 전류 흐름은 전자의 흐름으로 결정된다. 결국 NMOS의 Source에는 electron이 많이 존재한다. 그리고 Drain으로 electron을 배출하기 위해서는 Drain 전압이 Source 전압보다 높아야 한다. 그래야 전위 차이가 생겨서 전류가 흐를 수 있게 되기 때문이다. 정리하면, [그림 4-65]에서 알 수 있듯이, Drain과 Source는 구조가 동일하므로 서로 바뀌어도 상관이 없다. 엄밀히 따지자면, NMOS 트랜지스터에서는 전압이 높은 단자가 Drain이고 전압이 낮은 단자가 Source가 된다. 전자는 source에서 drain으로 이동하므로 전류는 이와 반대인 drain에서 source로 이동한다. 즉 높은 전압에서 낮은 전압 쪽으로 전류가 흐르므로 논리적으로 맞는 이야기가 된다.

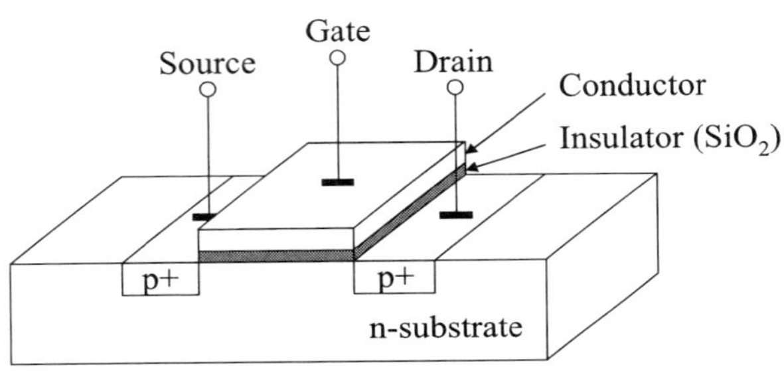

• 그림 4-66 • P-채널 MOS 트랜지스터의 물리적 구조

[그림 4-66]에 나타낸 PMOS 트랜지스터의 경우도 동일한 방법으로 생각하면 된다. PMOS트랜지스터에서는 정공이 다수캐리어이므로 PMOS의 source에는 정공들이 많이 존재한다. 이 정공들을 drain으로 퍼내기 위해서는 drain 전압이 source 보다 낮아야 한다. 즉, PMOS는 NMOS와 반대로 source가 높은 전위, drain이 낮은 전위이다. 정공이 source에서 drain으로 이동하고 전류도 같은 방향으로 이동한다. 역시 전압이 높은 source에서 전압이 낮은 drain으로 전류가 흐르므로 논리가 맞는다. 그러므로 MOS 트랜지스터의 단자 구분은 단자의 이름을 생각하고 다수캐리어가 정공인지 전자인지만 알면 쉽게 구분할 수 있다.

앞에서 채널이 전류가 흐르는 통로라고 언급했듯이 MOS 트랜지스터는 전류가 source와 drain 사이로 흐른다. gate에서 source로, 또는 gate에서 drain으로는 전류가 흐르지 않는다. 그러므로 [그림 4-65와 4-66]에서 전류가 흐르는 통로는 source와 drain 사이에 만들어져야 한다. 즉 채널이 생기는 지역은 gate 아래쪽이 된다. 그런데 채널은 항상 존재하는 것이 아니고, gate와 source 사이의 전압이 일정전압 보다 커야 생긴다. 이렇게 채널이 막 생기기 시작하는 gate-source 전압(V_{GS})을 문턱전압(threshold voltage; V_{TH})이라고 부른다. V_{GS}가 V_{TH}보다 크면 클수록 채널의 두께가 증가하여 더 많은 전류가 흐를 수 있다. 여기서 채널의 두께가 증가한다는 것은 다른 말로, 전류가 흐를 수 있는 통로가 넓어졌다는 것을 의미한다. 전기적으로는, V_{GS}가 V_{TH}보다 크면 클수록 source와 drain 사이의 저항이 작아진다는 것을 의미한다. 결국, MOS 회로 설계자는 gate와 source 사이의 전압을 조절함으로써 source와 drain 사이의 전류 흐름을 제어하는 것이다.

$V_{GS} = 0$일 때는 source와 drain 사이에 채널이 없기 때문에, source와 drain이 서로 다른 전위에 있다. 그러나 V_{GS}에 문턱 전압 이상을 걸어주면($V_{GS} > V_{TH}$), 채널이 생겨서 source와 drain이 연결되어 source와 drain의 전위가 같아진다. 이상 간단히 설명한 바에 따르면, MOS 트랜지스터는 스위치와 같은 동작을 함을 알 수 있다. 즉, 스위치의 양쪽 단자는 source와 drain이 되고 V_{GS} 전압은 스위치를 열거나 닫는 동작을 결정한다.

BJT가 베이스(base) 전류의 양을 이용하여 BJT로 흐르는 컬렉터(collector)전류를 제어하는 전류제어 전류원이라고 한다면, MOSFET은 게이트(gate)-소스(source) 단자의 전압의 크기에 따라 MOSFET으로 흐르는 드레인(drain) 전류의 양을 조절하는 전압제어 전류원이라고 할 수 있다.

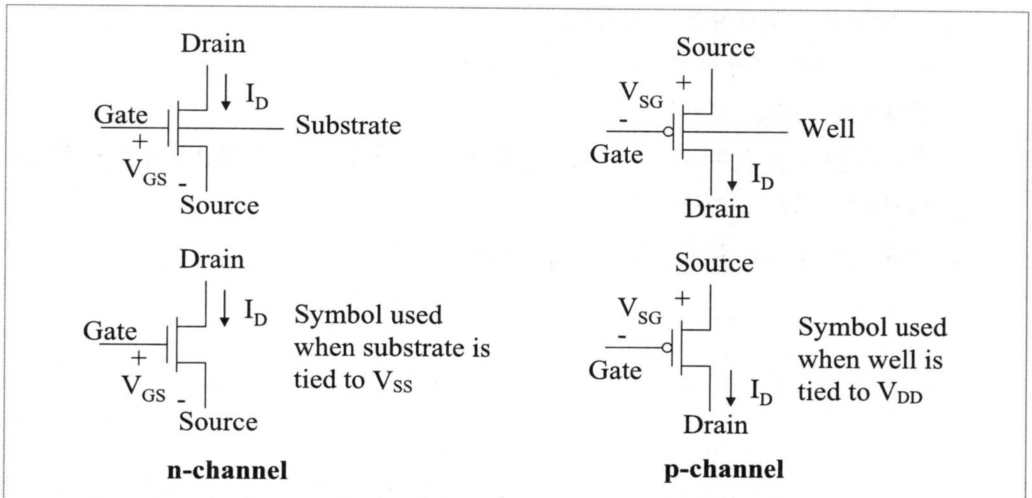

• 그림 4-67 • NMOS와 PMOS 심볼

[그림 4-67]은 NMOS와 PMOS 트랜지스터의 심벌을 나타낸다. 앞에서는 substrate 단자에 대한 설명을 생략했지만, 기본적으로 MOSFET은 gate, source, drain, substrate라 불리는 4개의 단자를 가지고 있다.

gate-source 전압(V_{GS})을 조절함으로써, drain에서 source로 흐르는 전류 I_D의 양이 조절된다. p-type substrate를 가정할 때, NMOS의 substrate는 반드시 GND에 묶여야 한다. 반면에 PMOS의 substrate는 통상 VDD에 묶지만 다른 전압에도 묶을 수 있다. substrate가 GND나 V_{DD}에 묶이면 MOSFET 심벌을 더 간단히 그릴 수 있다.

[그림 4-67]을 보면 substrate가 GND에 묶인 NMOS와 substrate(or well)이 V_{DD}에 묶인 PMOS의 심벌이 나타나 있다.

1. 바이폴라와 FET트랜지스터의 차이점

바이폴라형의 동작전류는 베이스에 주입된 소수캐리어의 확산에 의해 이동하지만, FET의 동작전류는 소스, 드레인 사이의 전계에 의한 전기력으로 다수 캐리어가 움직인다.
바이폴라(쌍극성 트랜지스터)와 FET트랜지스터의 차이점은 다음과 같다.

① 단지 다스케리어의 흐름에만 관여한다(쌍극성이 아닌 단극성 소자).
  • FET는 전계(전기력) 작용으로 전자 · 정공(다수캐리어)이 움직인다.
② FET가 제조하기 더 간편하고 집적된 형태에서 더 작은 공간을 점유(BJT의 20 ~ 30%)하기 때문에 집적화하기 용이하다.
  • BJT에 비해 소형이며, 제조공정이 간단
③ 전압제어 정전류소자이다.
④ 입력저항이 높고(수 M[Ω] 이상) 출력저항은 조금 낮으며 저전압에서 동작한다.
⑤ 열영향이 적고 노이즈에 강하다.
⑥ 아날로그 및 RF 집적회로에 사용한다.

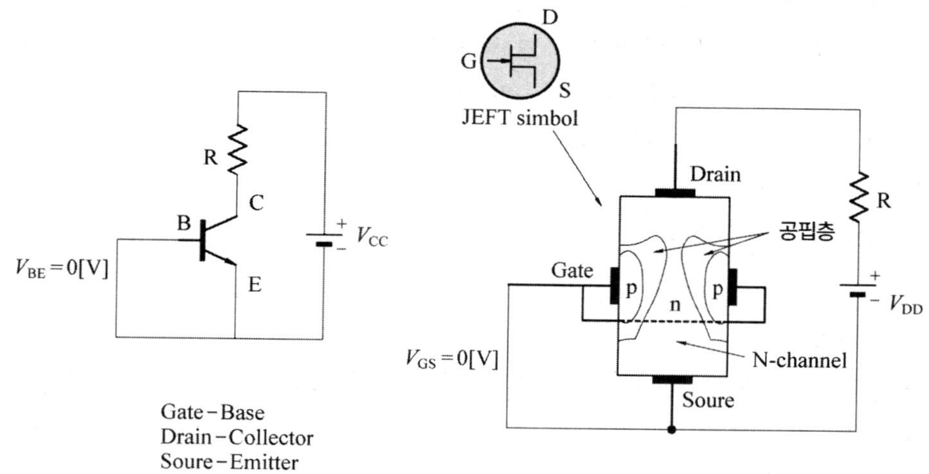

• 그림 4-68 • BJT와 FET의 비교

가. FET의 종류 및 구조

FET는 접합형과 절연 게이트형(MOS형)이 있고, 다시 각각 n채널형과 p채널형으로 나누며, 3단자로 된 전극명은 드레인(D : drain), 소스(S : source) 및 게이트(G : gate)로 구분된다.

구분	접합형		MOS형	
	p채널형	n채널형	p채널형	n채널형
구조도	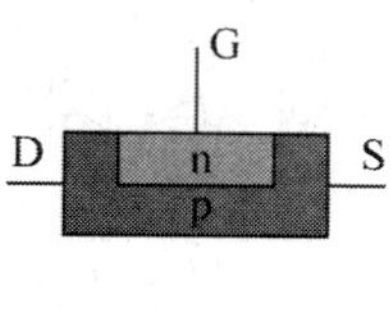	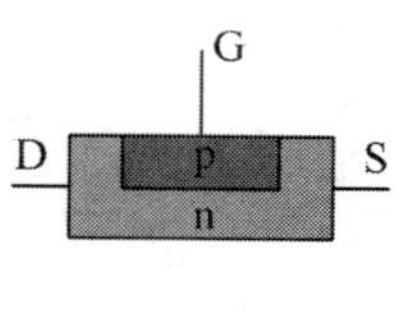	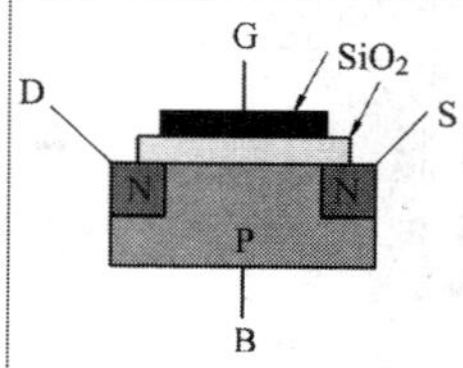	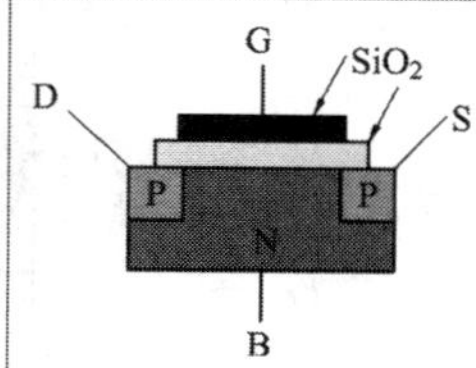
전극명	D : 드레인 S : 소스 G : 게이트 B : 기판			
그림 기호	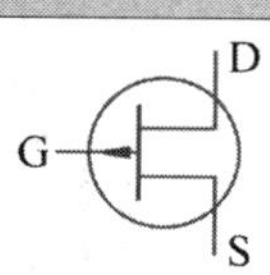	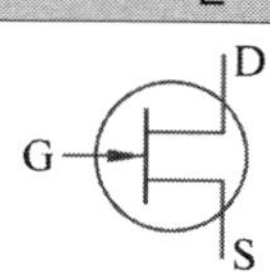	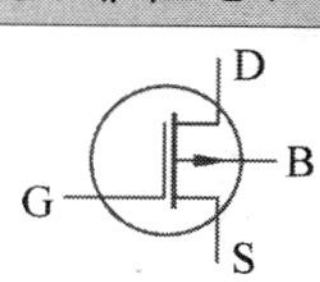	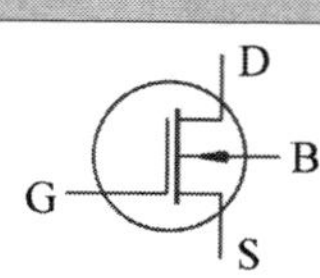

• 그림 4-69 • FET 종류 및 구조

나. FET의 특징

① 외부로부터의 복사의 영향을 덜 받는다.
② 전류는 다수캐리어에 의해서 운반된다.
③ 입력 임피던스가 매우 높다.
④ 잡음이 적다.
⑤ 열적으로 안정하다.

다. 접합형 FET

접합형 FET(JFET)는 N채널과 P채널형 두 종류가 있다. N채널의 경우 채널을 구성하는 N형 반도체 양측에는 소스와 드레인이라 부르는 전극이 있으며, 소스는 원천, 드레인은 유출구라는 의미가 있다.

N 채널의 [그림4-70 (a)] 경우 드레인 D에 소스 S보다 높은 전압을 걸면 다수 캐리어 전자는 채널 내에서 생긴 전계의 전기력으로 소스에서 드레인쪽을 향해서 흐르는데 이것을 드레인 전류라고 한다. 또 하나의 층을 게이트라고 하며 채널의 방향에 접한 P형 반도체로 채널과 사이에 PN접합으로 구성되어 있다. 그리고 이 PN 접합에 역방향의 전압을 걸면 공핍층이 PN 접합의 양측에 생겨 드레인 전류는 공핍층으로 좁게 된 채널을 통과해 소스에서 드레인으로 흐른다.

게이트 G에 가한 역방향 전압을 바꾸면 공핍층의 두께가 변화하여 채널의 폭이 변하므로 소스에서 나온 다수캐리어인 전자가 드레인으로 이동하는 양을 변화시킬 수 있다.

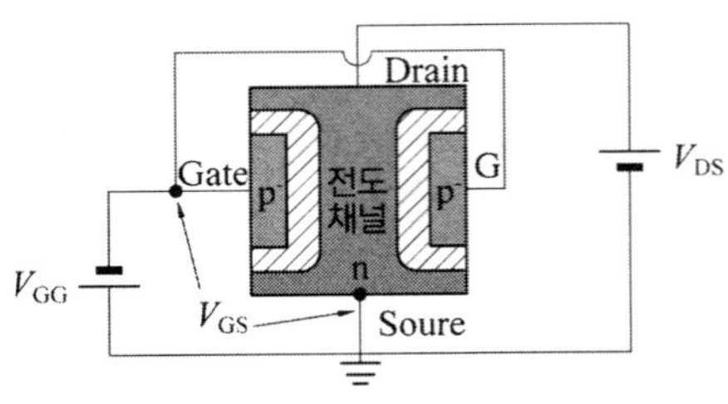

(a) n채널 J-FET

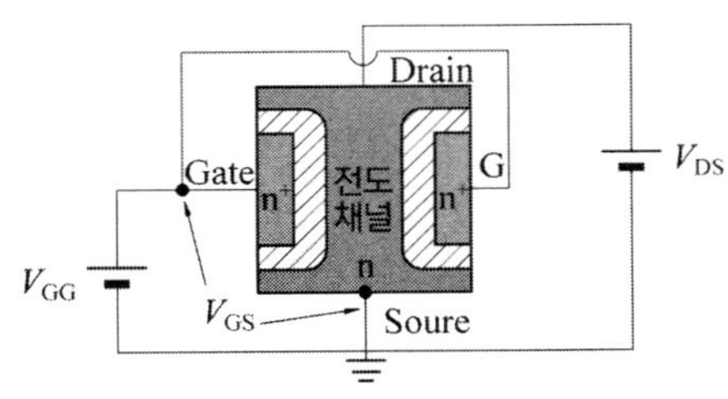

(b) p채널 J-FET

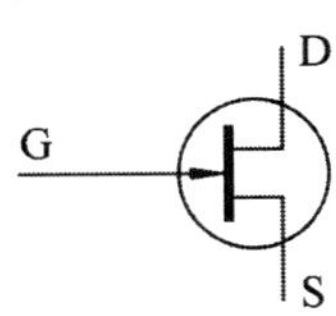

(c) n채널 J-FET

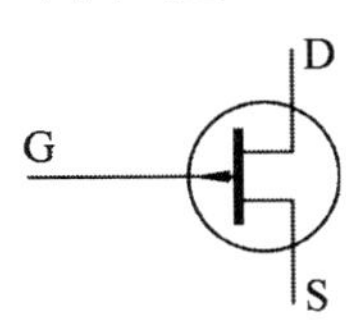

(d) p채널 J-FET

• 그림 4-70 • J-FET 종류 및 기호

① JFET 구조

FET(Field Effect Transistor)는 필드 효과를 이용한 트랜지스터이다.

- 쌍극성 Tr(BJT)과의 비교(리드선)

  ㉠ Gate - Base ㉡ Drain - Collector ㉢ Source - Emitter

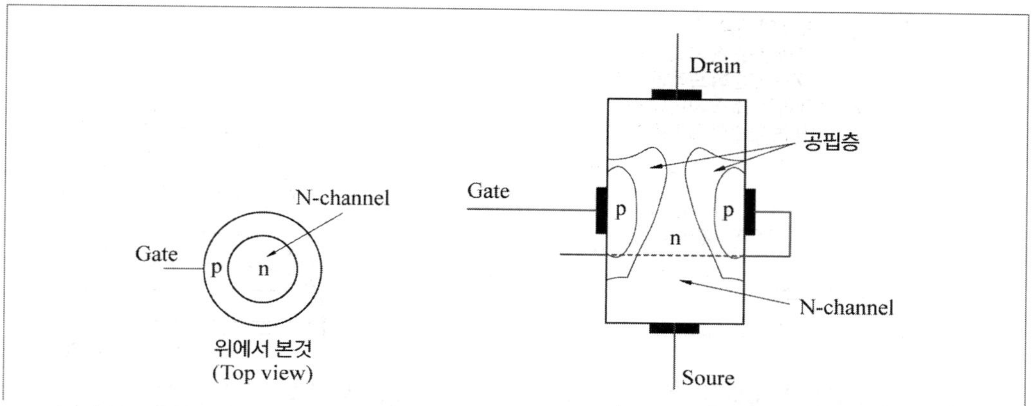

• 그림 4-71 • J-FET 구조

② JFET 동작원리

G-S간에 역방향 바이어스가 인가되고 그 크기가 커서 양쪽의 공핍층이 굉장히 두꺼워져서 거의 붙어버리면 G-S간 역방향 바이어스 전압이 점점 0[V]와 가까워질수록 공핍층은 점점 줄어들고 n형 반도체는 D-S간 캐리어 이동통로인 n-channel이 형성되어 그 통로가 점점 넓어지게 된다.

JFET는 Gate에 들어가거나 나오는 전류의 양이 거의 0에 가깝다.

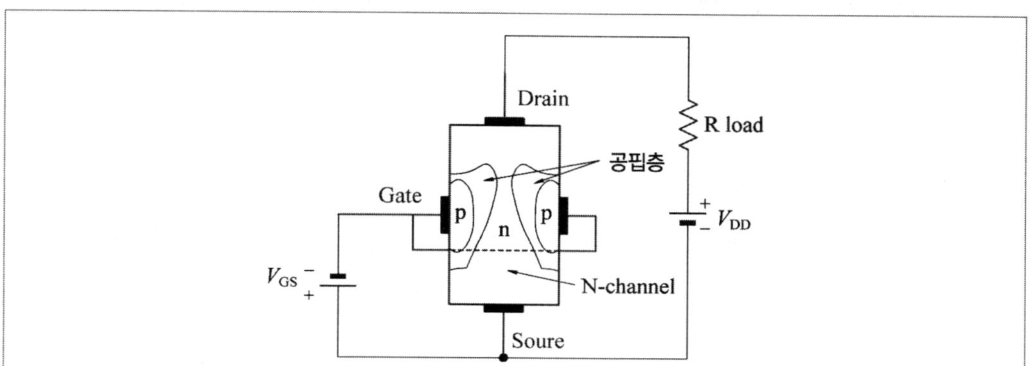

• 그림 4-72 • JFET 동작원리

③ JFET(N형 채널) 특성

역방향이고 게이트에 입력저항이 매우 높아 입력전류는 거의 흐르지 않는다. 드레인 전류가 게이트에 의해 제어되는 원리는 수도의 호수를 손으로 눌러서 수량을 조절하는 것과 같다.

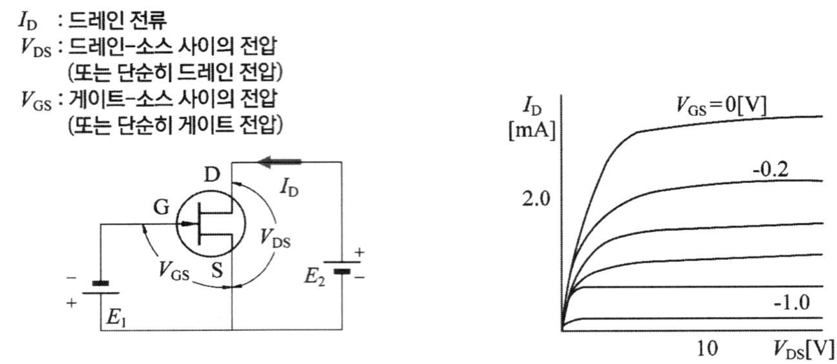

(a) 접합형 FET에 가하는 전압 (b) 전압-전류의 관계

• 그림 4-73 • JFET(N형 채널) 특성

[그림 4-73]은 전압을 가하는 방법과 전압, 전류의 관계를 나타낸 것으로, V_{DS}가 작을 때는 I_D는 V_{DS}에 비례하나, V_{DS}가 어느 값 이상 커지면 I_D는 V_{DS}에 별 영향을 받지 않고 포화되어 V_{GS}에 의해 크게 변화한다. [그림 4-74]는 FET 내부의 전자 움직임을 나타낸 것으로, JFET에 흐르는 전압 및 전류의 특징을 나타내었다. 게이트는 한쪽만 표시하여 설명하였으며, 여기서 공핍층은 pn접합면에는 역전압이 가해져 있는 상태로 접합면 인접부위에 자유전자가 없는 영역을 말한다. 또한 채널은 n형 반도체 내에서 공핍층을 제외한 영역은 V_{DS}에 의해 자유전자가 이동하는 영역을 나타낸다.

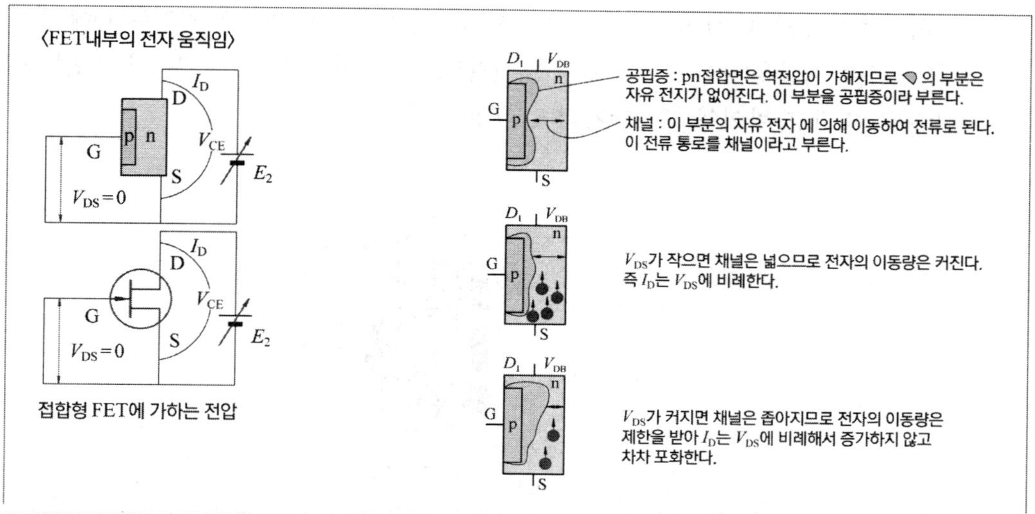

• 그림 4-74 • JFET에 흐르는 전압 및 전류의 특징

라. MOSFET(Metal-Oxide Semiconductor FET) 구조와 기호

[그림 4-75 (c)]의 경우 P형 반도체의 기판에 N형 반도체를 만들고 N형 반도체의 표면에 알루미늄으로 된 게이트를 부착시킨 것인데 N형 반도체와 게이트 사이에는 실리콘 산화물의 엷은 막(100[Å] 정도 두께)을 형성시켜서 절연도를 매우 높인 구조이다. 그리고 N형 반도체 양단에서 나온 두 개의 리드 중 한쪽은 드레인이고 다른 한쪽은 소스이다.

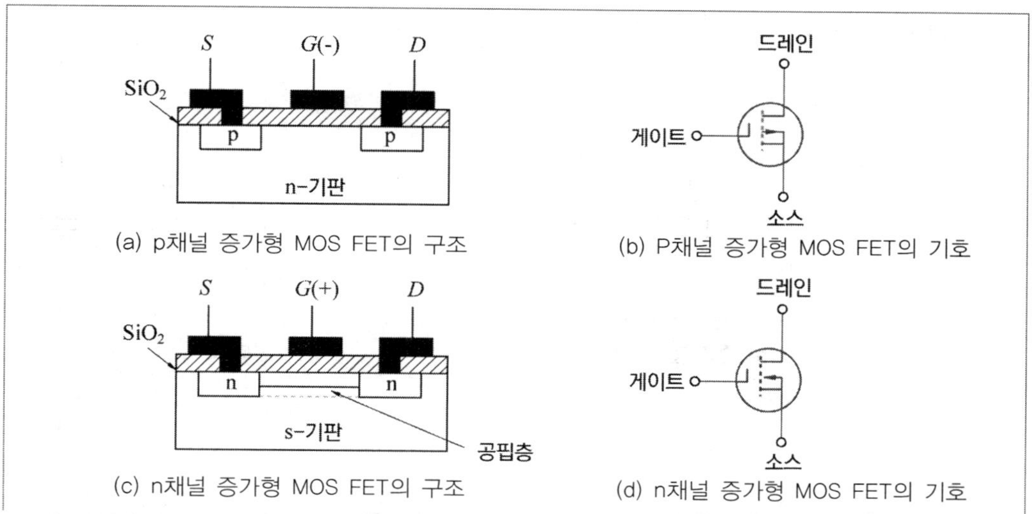

• 그림 4-75 • 증가형(enhancement) MOSFET n채널과 p채널의 구조와 기호

G-S사이가 0[V]일 때 D-S사이의 전압이 인가되면 드레인에 인가된 양전위(+)에 의해 n채널의 전자가 채널을 통해 소스로부터 드레인으로 전자가 이동한다. 그러나 접합FET와 마찬가지로 역방향 바이어스가 인가되면 OFF 된다.

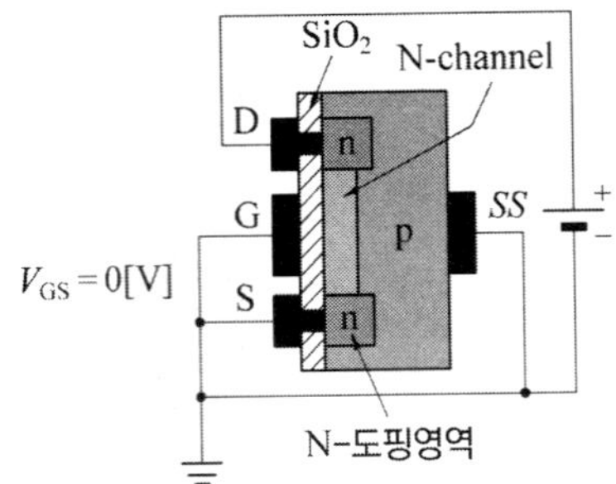

• 그림 4-76 • MOSFET의 구조

마. MOSFET전압 및 전류의 특징

접합형의 경우와 같이 V_{DS}가 어떤 값 이상으로 커지면 V_{GS}전압만으로 드레인 전류 I_D가 제어된다.

접합형 경우는 G, S를 역방향으로 동작해야 하나 MOS는 어느 방향이든 관계없다. 게이트는 채널과 절연되어 있어 양(+), 또는 음(-)의 게이트 전압을 가할 수 있다. n-채널 공핍형은 음의 게이트 전압이 가해지면 공핍증으로 동작하고 양의 전압이 가해지면 증가형으로 동작한다.

(a) 증가형 n-채널 (b) 공핍형 n-채널

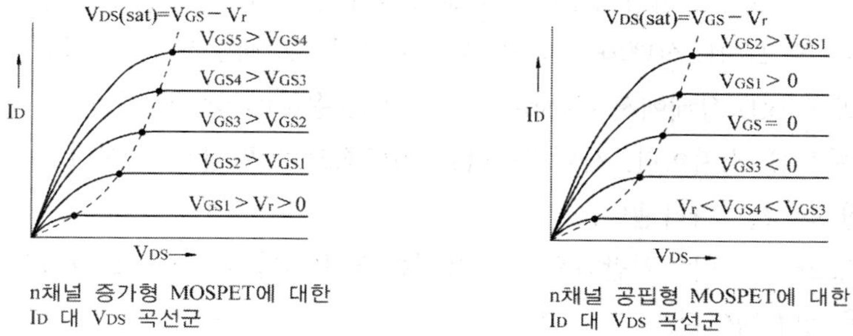

(c) n채널 증가형 MOSFET에 대한 I_D 대 V_{DS} 곡선군

(b) n채널 공핍형 MOSFET에 대한 I_D 대 V_{DS} 곡선군

• 그림 4-77 • MOSFET전압 및 전류의 특징

[그림 4-77]의 절연 게이트형(MOS형) 전압 및 전류 특징을 보면 전압을 가하는 법과 흐르는 전류는 접합형의 경우와 같이 V_{DS}가 어떤 값 이상으로 커지면 V_{GS}전압만으로 드레인 전류 I_D가 제어된다. 또한 V_{GS}를 변화시킴으로써 V_{DS}에 영향을 받지 않고 채널을 변화시켜 I_D를 제어할 수 있다.

바. 감소형과 증가형

절연 게이트형(MOS형) FET는 게이트 전압 V_{GS}가 가해짐에 따라 미리 형성된 채널을 좁혀서 드레인 전류 I_D를 감소시키는 특성을 가지고 있으므로 감소형이라 하며, V_{GS}를 가하지 않았을 때는 채널이 형성되지 않고, V_{GS}를 가함으로써 채널이 형성되게 하여, V_{GS}를 크게 함에 따라 채널이 넓어져 I_D가 증가하도록 만든 것을 증가형이라 한다.

④ 사이리스터(Thristors)

사이리스터는 전력변환용 파워소자의 근대화에 중심적 존재로서 현재에도 산업분야에서 폭넓게 사용되고 있으며, 특히 쌍방향소자인 트라이악은 교류소자로서 일반 소형제품에, 그리고 대용량 사이리스터는 산업용 인버터 및 전차용 인버터에 사용되고 있다.

사이리스터란 p-n-p-n접합의 4층 구조 반도체 소자의 총칭으로서, 역저지 사이리스터, 역도통 사이리스터, 트라이액이 있다. 그러나 일반적으로는 SCR(Silicon-Controlled Rectifier Thyristor)이라고 불리는 역저지 3단자 사이리스터를 가리키는 실리콘 제어 정류소자를 말한다.

사이리스터는 3개 이상의 P-N접합을 1개의 반도체 기판 내에 형성함으로서 전류가 흐르지 않는 오프(off) 상태와 전류가 흐를 수 있는 온(on) 상태의 2개의 안정된 상태가 있고, 또한 오프(off) 상태에서 온(on) 상태로 또는 온(on) 상태에서 오프(off) 상태로 이행이 가능한 반도체 소자이다. 사이리스터는 일반적으로 전력용 트랜지스터에 비해 고내압에서 우수한 특성을 나타낸다.
사이리스터 중에는 일반적으로 사용되는 SCR이나 다이액, 트라이액이라고 부르고 있는 명칭은 상품명이다.

① **SCR** : 3극 단방향 사이리스터
② **다이액** : 2극 쌍방향 사이리스터
③ **트라이액** : 3극 쌍방향 사이리스터

사이리스터의 응용분야는 다음과 같다.

① **스위치** : 개폐횟수가 많은 곳, 방폭을 위해 불꽃이 생겨서는 안되는 곳, 원격조작, 신속한 동작이 요구되는 곳, 과전압 보호, 변압기 탭 전환, 용접기의 제어 등
② **위상제어** : 전등의 밝기 조정, 전동기의 속도제어, 전열제어 등
③ **정류기** : 제어할 수 있는 정류기로 사용, 정전압원, 정전류원 등
④ **쵸퍼(chopper)와 인버터(inverter)** : 전동기의 속도제어, 비상용 전원, 고주파전원 등

또한 사이리스터의 특징으로는,
① 고전압, 대전류의 제어가 용이하다.
② 제어이득이 높을 뿐만 아니라 게이트 신호가 소멸해도 온 상태를 유지할 수 있다.
③ 수명은 반영구적이고 신뢰성이 높으며 서지전압 전류에도 강하다.
④ 소형 경량이며 기기나 장치에의 부착이 용이하다.

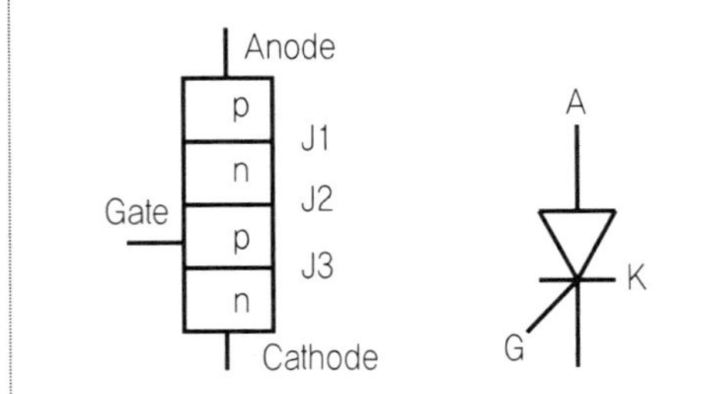

• 그림 4-78 • 사이리스터 구조 및 기호

Thyristor는 pnpn 구조의 4층 반도체 소자를 세 개의 pn접합으로 되어 있으며 세 개의 단자(애노드, 캐소오드, 게이트)로 구성되어 있다.

애노드 전압이 캐소드에 대하여 전위가 높을 때 접합 J1과 J3는 순방향 바이어스 된다. 접합 J2는 역방향 바이어스되고, 누설전류만이 애노드로부터 캐소드로 흐르게 된다. 이때, 사이리스터는 순방향저지(forward blocking) 또는 오프상태(off-state)조건이 있다고 말하며 이 누설전류는 오프상태 전류 (off-state current) ID라고 한다.

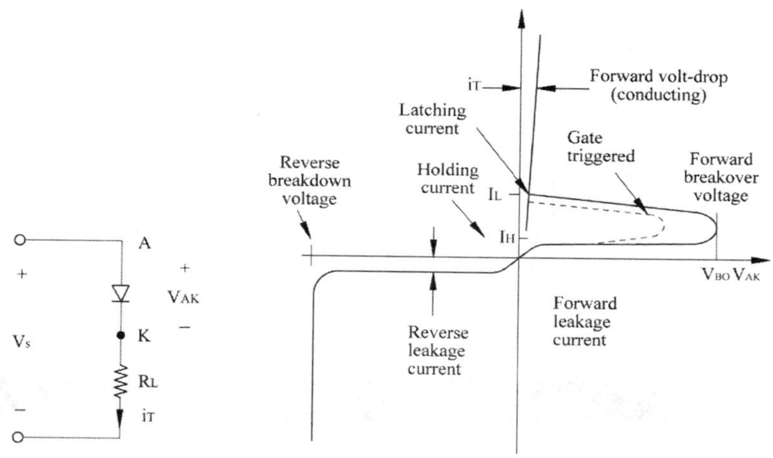

(a) 회로도 (b) v-i 특성

• 그림 4-79 • 사이리스터 회로와 v-i의 특성

애노드-캐소드전압 V_{AK}가 충분히 큰 값으로 증가하면, 역방향 바이어스된 접합 J2는 도통된다. 이것을 애벌란시 항복(avalanche breakdown)이라고 하며, 상응되는 전압을 순방향 항복전압(forward breakdown voltage)이라고 한다. 이때 큰 전류가 흐르고 이 소자는 도통상태 또는 온(ON)상태에 있다고 하며, 전압강하는 4층의 저항에서 생기며 일반적으로 1[V]정도 된다.

애노드 전류는 접합면을 통하여 흐르는 캐리어 양을 유지하기 위하여 래칭전류(latching current) I_L 이상을 흘려주어야 한다. 그렇지 않으면, 소자는 애노드-캐소드 전압이 감소되어 차단상태로 바뀐다. 래칭전류 I_L은 사이리스터가 턴온 되고 게이트 신호를 제거한 직후에 사이리스터가 온상태를 유지하는데 필요한 애노드 전류의 최소치이다.

일단 사이리스터가 도통되면 도통된 다이오드처럼 동작되고 소자를 제어할 수 없게 된다. 즉, 소자는 캐리어의 자유이동으로 인하여 접합 J2에 공핍층이 없어지기 때문에 도통을 계속하게 된다. 그러나 순방향 애노드 전류가 유지전류(holding current) I_H 미만으로 감소된다면 캐리어의 감소로 인하여 공핍층이 J2접합 둘레에 생기게 되어 사이리스터는 차단상태로 된다. 이 유지전류는 mA단위로 래칭전류 I_L보다 작다. 유지전류 I_H는 다이오드가 온상태를 유지하기 위한 최소 애노드 전류이다.

캐소드 전압이 애노드에 대하여 전위가 높을 때 접합 J2는 순방향 바이어스되고 접합 J1과 J3는 역방향 바이어스 된다. 이때 사이리스터는 역저지상태이고 역전류(reverse current) I_R이 흐른다.

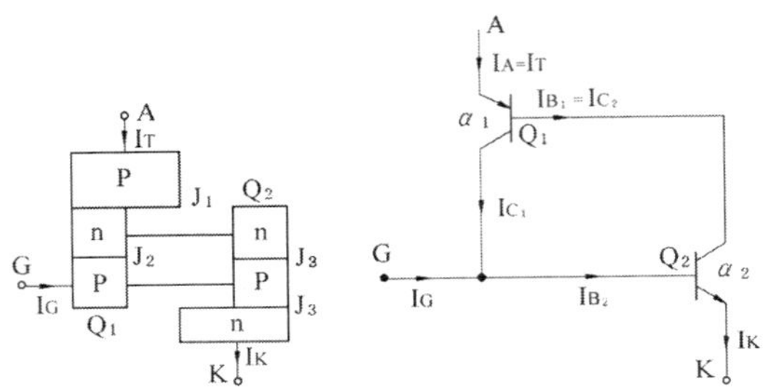

(a) 기본구조 (b) 등가회로

• 그림 4-80 • 사이리스터의 두가지 트랜지스터 모델

⑤ SCR

실리콘 제어정류기(silicon controlled rectifier : SCR)라고 부르기도 하며, 실리콘 제어정류기의 한 종류로 보기도 한다. 양극(anode)·음극(cathode)·게이트(gate)의 3단자로 구성되어 있고 게이트에 신호가 인가되면 지속적인 게이트 전류의 공급 없이도 주 회로에 역전류가 인가되거나 전류가 유지전류(holding currrent) 이하로 떨어질 때까지 통전상태를 유지한다.

p-n-p-n 4층 구조를 가지며, 6,000[V] 이상의 전압을 견딜 수 있으며, 3,000[A] 이상의 전류를 제어할 수 있다.

응용 범위는 고전압직류(HVDC) 송전과 같은 고전력에서 전동기 제어, 초음파 등 고주파 응용에 이르기까지 다양하다.

• 장점

① 소전력(저전압×소전류)로 대전력(고전압×대전류)을 제어할 수 있다.

② 자기유지형 소자이다.

③ 게이트를 트리거해서 한 번 Turn ON 시키면 게이트 신호가 없어져도 애노드 전류가 홀드전류 이하로 떨어지기 전까지는 계속 유지된다.

④ 교류제어(위상제어, ON/OFF제어)가 용이하다.

⑤ 펄스성 대전류를 흘릴 수 있다. 3[A]짜리 SCR의 경우 펄스폭 20[us], 200[pps]에서 150[A]의 펄스전류를 흘릴 수 있다.

⑥ 릴레이에 비해 응답속도가 빠르다.

• 단점

① 트랜지스터에 비해 스위칭 속도가 낮다.(수십 [kHz] 이상 사용이 어렵다)

② GTO(Gate Turn Off형 SCR)를 제외하고는 게이트 신호에 의해 OFF할 수 없다.

③ ON 상태의 손실이 트랜지스터에 비해 크다.

1. 구조 및 동작

① **구조** : pnpn의 4층 구조로서 3개의 pn접합과 애노드(anode), 캐소드(cathode), 게이트(gate) 등의 3개의 전극으로 구성된다.

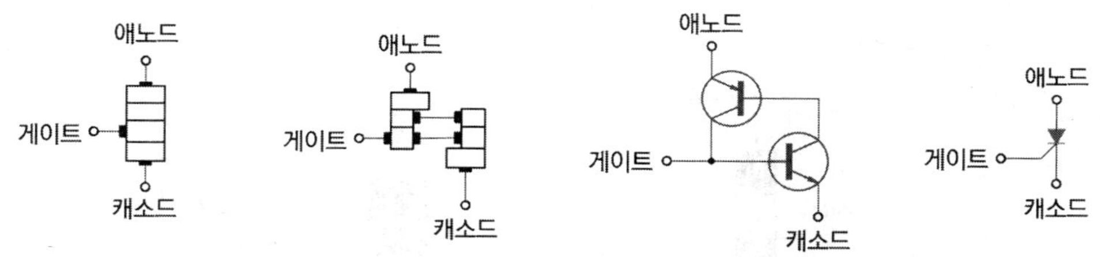

• 그림 4-81 • 사이리스터 구조 및 기호

② **동작** : 애노드 A에 양(+)전위, 캐소드 K에 음전위를 주면 중앙의 pn 접합부는 역바이어스 되므로 [그림 4-82 (a)]와 같이 공핍층이 생겨 전류가 흐르지 않으므로 차단(OFF)상태로 된다. 전원 E_A의 극성을 변화시켜도 다른 2개의 pn 접합부에 공핍층이 생겨 역시 차단 상태가 된다. [그림 4-82 (a)]에서 캐소드 전극에 가까운 게이트에 작은 게이트 전류 I_G를 흘려 주면 반송자인 정공이 넓게 퍼져 게이트-캐소드 사이의 공핍층 두께가 [그림 4-82 (b)]와 같이 얇아진다. I_G를 증가시키거나 캐소드-애노드간 전압 V_{AK}를 증가시키면 [그림 4-82 (c)]와 같이 공핍층은 소멸되어 통전 상태로 되어 전류 I가 흐른다.

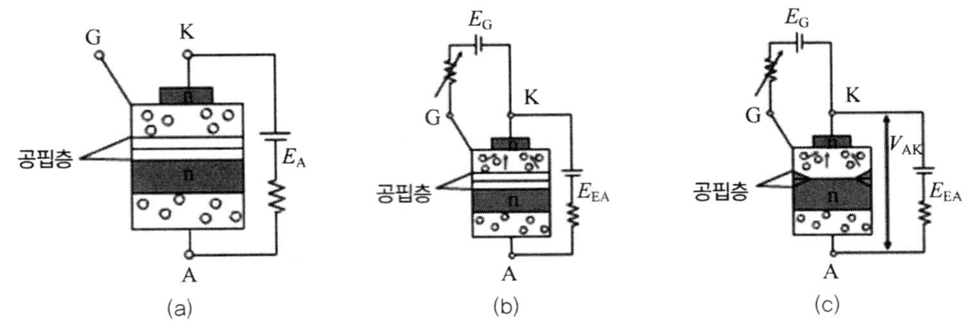

• 그림 4-82 • SCR의 동작상태

[그림 4-83]에서 A, K, G는 각각 애노드(anode), 캐소드(cathode), 게이트(gate)를 나타내고, 전류는 항상 애노드에서 캐소드로 흐르는 단방향 소자이다.
SCR의 동작을 해석하기 위하여 아래 (b)와 같이 중간의 두 층을 반으로 쪼개어 pnp TR과 npn TR가 접속된 것으로 생각하면 이해하기 쉽다.

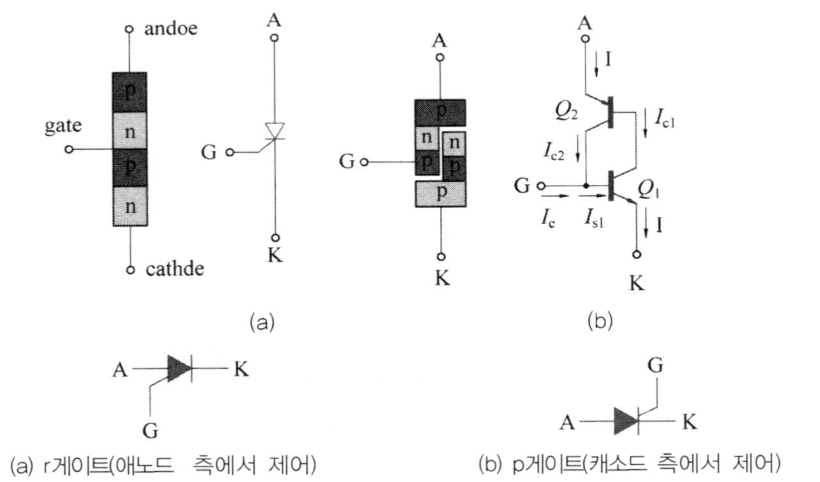

• 그림 4-83 • SCR의 구조

2. SCR의 전압·전류특성

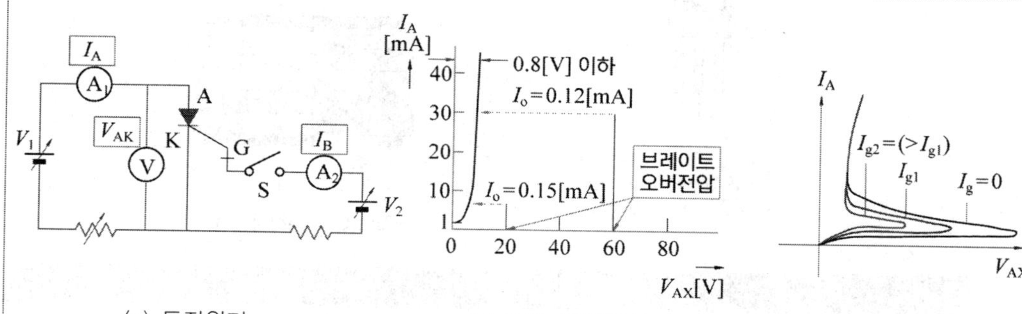

(a) 동작원리 (b) 전압·전류특성

• 그림 4-84 • SCR의 전압·전류특성

[그림 4-84]의 (a)회로에 전류, 전압계를 설치하여 측정한 결과를 (b)에 나타내었다. 여기서 A-K간 역방향 전압을 가한 경우, A-K간 순방향 전압을 가하고 게이트에 전류를 흘리지 않는 경우, A-K간 순방향 전압을 가하고 게이트에 전류를 흘리는 경우, 브레이크 오버가 일어나고 있는 경우 등을 측정해볼 수 있다.

⑥ 트라이액

트라이액은 쌍방향 소자로서 T_1, T_2 사이에 순방향 또는 역방향 어느 한쪽 방향으로 전압을 가해줄 때 게이트에 어느 값 이상의 전류가 흘러들어 가거나 나가면 T_1, T_2 사이가 도통된다. 트라이액은 교류용의 파워 스위치로서 주로 사용되며, 교류회로의 위상제어나 ON, OFF스위치로 가전제품의 전력제어 등에 많이 사용된다.

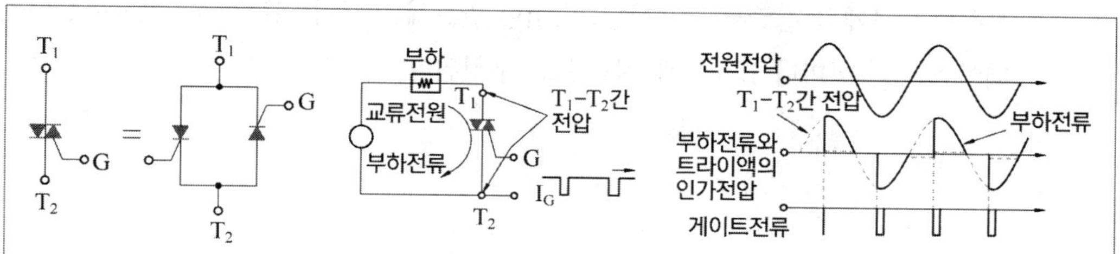

(a) 기호 및 등가회로 (b) 회로 (c) 트라이액의 기본동작

• 그림 4-85 • 트라이액 기호 및 회로

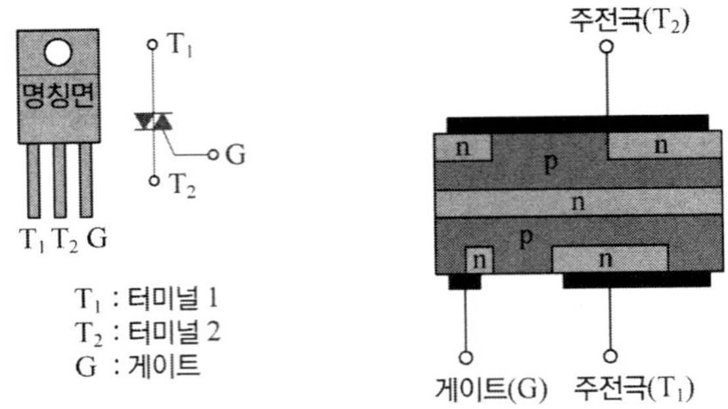

• 그림 4-86 • 트라이액 구조 및 실물모양

⑦ 단접합 트랜지스터(UJT)

UJT(Uni-Junction Transistor)는 Double Base Diode라고도 하는데 대표적인 트리거 소자로 쓰인다. 구조는 막대 모양의 N형 SI 양단에 B_1, B_2라는 전극을 붙여 중간에 PN접합의 이미터 E를 설치한 것으로 베이스가 2개인 다이오드로 생각되므로 Double Base Diode라고 부르며, 발진용 소자로서 발전기 등에 사용된다.

특성은 $V_B = 0$인 때는 보통의 다이오드 특성이지만 $V_B > 1$인 때에는 부성저항 특성을 나타내어 2개의 베이스 전극 $B_1 - B_2$간에 V_B가 인가되며, B_2에서 B_1을 향하는 전계가 생기고 있을 때에 이미터 바로 밑 전위가 V_C에 비하여 $V_E < V_C$인 때에는 PN접합이 역방향으로 바이어스되기 때문에 고저항상태에 있으나, $V_E > V_C$ 가 되면 PN접합은 정바이어스되어 정공의 주입이 생기고 $E\text{-}B_1$사이가 전도 상태로 되므로서 부성저항을 나타낸다. 이 부성저항을 이용하여 스위치로 사용된다.

① **구조** : 저항률이 높은 막대 모양의 반도체 중앙에 반송자를 주입할 수 있도록 전극을 부착시켜, 1개의 접합부를 생성한 것. n형 반도체를 베이스로 하고 제1베이스 B_1, 제2베이스 B_2, 이미터 E의 3개 전극으로 구성된다.

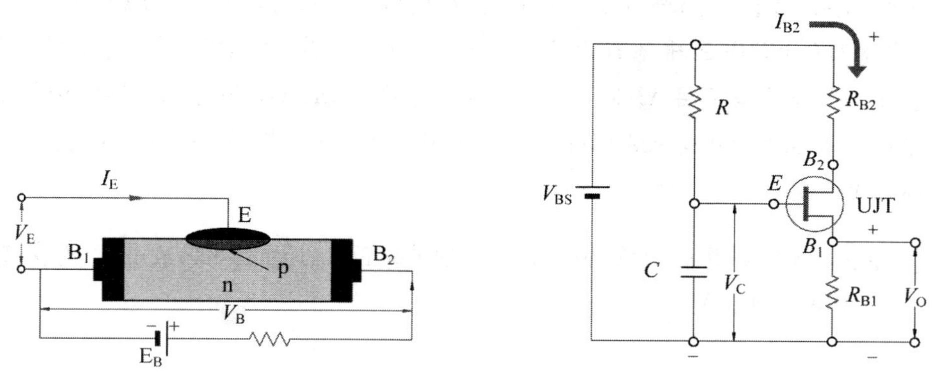

(a) 구조 (b) 회로

• 그림 4-87 • 단접합트랜지스터 구조 및 회로

CHAPTER 04 반도체 및 센서

② **동작** : 이미터에서 주입된 정공에 의해 B_1, B_2 사이의 도전율을 변화시켜 부성저항이 생기게 한 것이다.

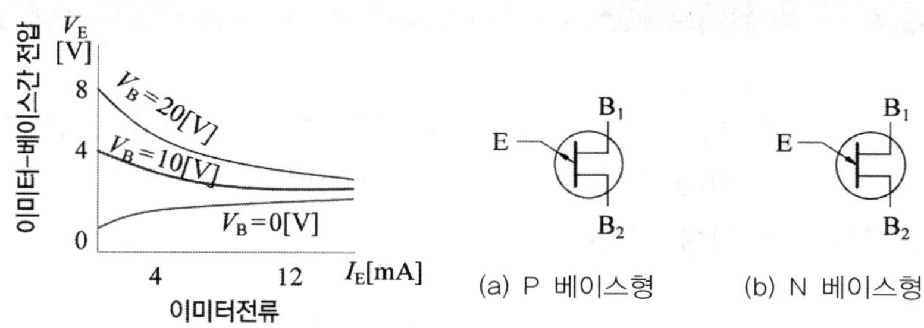

(a) P 베이스형 (b) N 베이스형

• 그림 4-88 • 특성 및 기호

⑧ 바리스터(Varistor)

인가된 전압치에 따라 저항치가 비직선적으로 변화하는 것을 Variable Resister라 하며 그 약자로서 바리스터(Varistor)라고 부른다.

바리스터는 탄화규소(SiC)를 주원료로 한 분말에 탄소나 황토 등을 혼합하여 소결한 구조의 반도체이고, 온도에 의한 저항 변화는 서미스터 보다는 적지만 과부하에 강하다.

전압, 전류 특성은 [그림 4-89 (a)]와 같이 바리스터 특징인 비직선성을 가급적 키우려면 비직선지수 n값을 크게 만들 필요가 있으며, 이것은 일정한 전압 이상에서 갑자기 전류가 증가(저항 감소)되므로 릴레이 등의 스파크 흡수, 크로스바 전화교환기나 전화기, 피뢰기, 네온 등의 보호장치 등으로 이용되고 있다. 바리스터의 사용 온도는 120[℃]를 넘지 않도록 해야 한다.

① **구조** : 전압 변화에 의해 저항이 크게 변화하도록 만든 소자를 말하며, 전압-전류 특성이 비직선적이다.

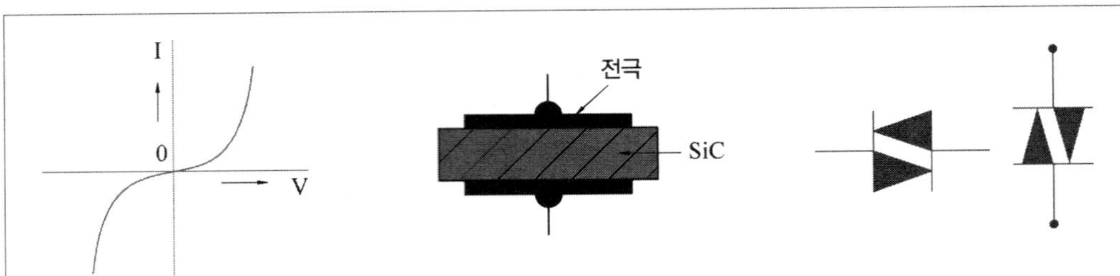

(a) 특성 (b) SiC 바리스터 (c) 기호

• 그림 4-89 • 대칭 바리스터

② **기능** : 비대칭 바리스터와 대칭 바리스터가 있으며, SiC 분말을 주성분으로 금속 산화물 등을 혼합 구워 만든 대칭 바리스터가 대표적이다.

③ **전압, 전류 특성[그림 4-89]**

$I = kV^n$

k : 구조와 재질에 따라 결정되는 비례상수

n : $n = 2 \sim 10$ 정도로 비직선 지수

④ 용도는 낙뢰 전압 등의 이상 전압 흡수, 전화기의 과전압에 의한 음성의 일그러짐 방지 및 각종 제어 회로에 응용한다.

⑨ PUT(programable uni-junction transistor)

프로그래머블 단일 접합 트랜지스터(PUT : Programmable Unijunction Transistor) PUT는 애노드측에 게이트 단자를 붙인 소형의 N게이트 사이리스터로 소형 사이리스터이며 발진기로서 사용된다.

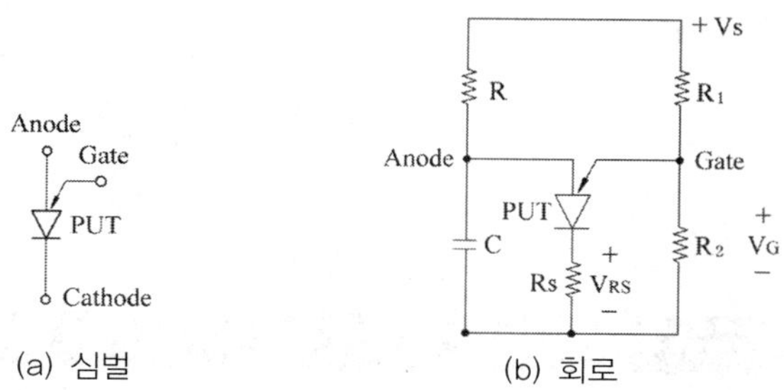

• 그림 4-90 • PUT 트리거 회로

구조상으로 볼 때 애노드측에 게이트단자를 붙인 소형의 N게이트 사이리스터이다.

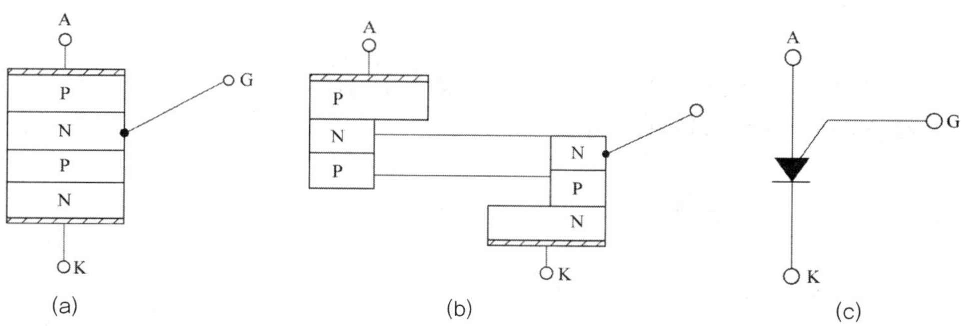

• 그림 4-91 • 구조 및 기호

⑩ SUS

게이트와 캐소드 사이에 저전압 제너 다이오드를 가진 소형의 1방향성 3단자 트리거 소자이다.

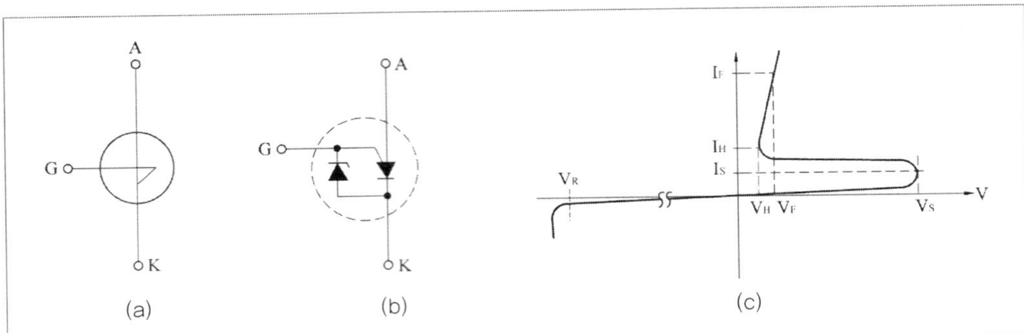

• 그림 4-92 • SUS 기호 및 전류전압 특성

SUS는 내부의 애벌란시 전압으로 결정되는 일정 전압으로 스위칭 된다.

⑪ SBS

- 두 개의 같은 SUS를 역병렬로 접속한 것과 같다.
- 쌍방향성 3단자 트리거 소자이다.

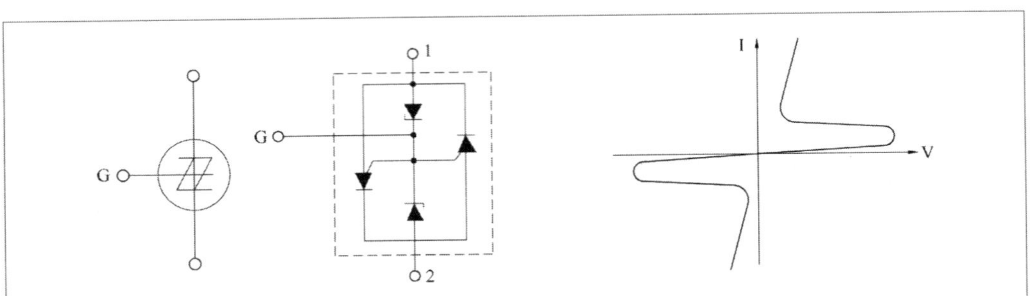

• 그림 4-93 • SBS 기호 및 전류전압 특성

제4절 집적회로

반도체 집적회로 기술이란 다수의 트랜지스터와 저항, 커패시터 등의 수동 소자를 하나의 반도체 칩(chip)에 구현하여 원하는 동작을 수행하는 회로를 제작하는 기술을 말한다. 한 장의 웨이퍼(wafer)로부터 수십 개에서 수천 개의 칩이 반도체 공정 기술을 이용하여 동시에 생산된다.

최초로 개발된 반도체 제조 기술은 한 변의 길이가 1~2mm인 실리콘 조각에 하나의 트랜지스터를 구현하였다. 초창기의 집적 회로는 몇 개의 트랜지스터와 저항, 커패시터들을 집적하여 생산되는 간단한 논리 회로나 아날로그 증폭 회로의 수준이었다. 하지만 수십 년 동안 눈부신 발전을 거듭한 결과 현재는 기가급 메모리가 대량 생산 되고 있다. 예를 들면 64M DRAM에는 6천 4백만개 이상의 트랜지스터와 커패시터가 집적되어 있다.

많은 소자를 집적하면 전자 부품과 이를 이용한 제품들을 더 작고 가볍게 만들 수 있고, 전력 소모는 더 작아지며, 동작 속도도 빨라진다. 뿐만 아니라 집적도를 증가시킬수록 더 값싸게 생산할 수 있게 되어 가격 면에서도 경쟁력이 커진다. 반도체 제조 공정은 일괄 공정이므로 반도체 웨이퍼 한 장을 가공하는 비용은 웨이퍼의 크기에 상관없이 거의 일정하다. 따라서 집적도를 높여 같은 크기의 웨이퍼 한 장에서 보다 많은 칩을 생산하고, 보다 큰 웨이퍼를 이용함으로써 동시에 더 많은 칩을 생산해 내는 것이 유리하다.

1950년 쇼클리(William Shockley) 등의 연구진에 의해 바이폴라 접합트랜지스터(bipolar junction transistor)가 발명 됨에 따라 전자 산업에 혁명을 일으켰다. 전자 산업의 전 분야에서 진공관은 급속히 트랜지스터로 대치되었는데, 트랜지스터의 성공은 더 많은 트랜지스터를 사용하는 제품을 요구하게 되었고, 사용하는 트랜지스터의 개수가 증가함에 따라 갈수록 제품의 설계가 어려워졌으며, 여전히 전자 제품을 만들기 위해서는 트랜지스터 주위에 저항, 커패시터 등의 부품을 연결했다.

1958년 마이크로 모듈을 연구하고 있던 미국의 킬비 박사는 저항, 커패시터 등의 부품을 트랜지스터와 같은 물질로 만든다면 반도체 조각 위에 구현할 수 있을 뿐만 아니라 한 번의 공정으로 생산이 가능해질 것이라는 착상과 함께 자신의 아이디어를 입증하기 위해 세 개의 위상 전이 발진기(phase-shift oscillator)를 완성하고 1958년 9월 12일 많은 사람 앞에서 시연하였는데, 이 실험에서 보인 것은 최초의 아날로그 집적회로라고 할 수 있다. 일주일 후 킬비는 최초의 디지털 집적 회로라고 할 수 있는 플립-플롭(flip-flop)의 동작을 시연하였다.

이후 반도체 집적 회로는 눈부시게 발전해왔다. 매년 더 작은 면적에 더 많은 개수의 소자를 집적하기 위한 노력이 끊임없이 이어져 왔다. 1960년대에는 바이폴라 트랜지스터와 수동 소자를 집적하는 바이폴라 집적 회로가 주류를 이루었다. 여러 단계의 시행 착오를 거쳐 TTL(Transistor-Transistor Logic)과 ECL(Emitter-Coupled Logic)이라는 회로 기법을 사용한 논리 회로가 디지털 회로의 주류로 자리잡게 되었다.

한편으로는 연산 증폭기(operational amplifier)와 같은 아날로그 집적 회로가 개발되기도 하였다.

집적도가 증가함에 따라 바이폴라 트랜지스터의 문제점이 드러나기 시작하였다. 바이폴라 트랜지스터는 금속-산화물-반도체 전계 효과 트랜지스터(metal-oxide- semiconductor field effect transistor, 이하 MOSFET)보다 제조 공정이 복잡할 뿐 아니라 트랜지스터와 트랜지스터를 격리하기 위해 넓은 면적이 낭비되는 문제를 안고 있었다.

MOSFET은 반도체 표면에서 동작이 일어나므로 반도체 표면의 결함, 나트륨(natrium, Na) 이온 등의 불순물에 의한 오염 문제가 소자 성능에 심각한 문제를 일으켰지만, 반도체 소자에 대한 이해가 증가하고 반도체 제조 공정이 발전함에 따라 곧 MOSFET의 제조기법이 자리를 잡기 시작하였다.

처음에는 알루미늄을 게이트(gate) 물질로 사용한 금속 게이트 MOSFET이 만들어졌으나 곧 다결정 실리콘(polysilicon)을 게이트 물질로 사용한 실리콘 게이트 MOSFET 공정 기술이 개발되었다. 실리콘 게이트 NMOS(n-type MOS) 기술은 1970년대와 1980년대 초반기의 LSI(Large Scale Integration)와 VLSI(Very Large Scale Integration) 시대의 주류 기술로서 반도체 기술의 발전을 주도하였다.

1990년대에 들어 한 칩에 집적되는 트랜지스터의 개수가 백만 개를 넘어서자 NMOS 기술의 한계가 나타나기 시작한다. NMOS 기술은 논리 회로를 구현하는데 필요한 소자의 개수가 작은 대신 많은 전력을 사용하는 단점이 있었는데, 집적되는 트랜지스터의 개수가 백만 개를 넘어서면서 전력 소모에 따른 과열이 가장 큰 문제로 등장하게 된 것이다. 이에 따라 NMOSFET과 PMOSFET을 상보적으로 사용하여 전력 소모를 획기적으로 줄이는 CMOS(complementary CMOS) 기술이 사용되기 시작하였으며 지금까지 반도체 집적 회로의 핵심 기술로 자리 잡고 있다.

① 집적회로의 개요

한 개의 기판 위 또는 기판 내에 많은 회로 소자를 조립해 놓은 초소형의 전자 회로로 흔히 IC(Integral Circuit)라고도 한다. 이 집적 회로는 많은 회로 소자로 구성되었다. 예를 들면 그림과 같이 다이오드, 트랜지스터, 저항, 콘덴서 등을 하나의 실리콘 결정의 기판에 회로를 집적한 것이다.

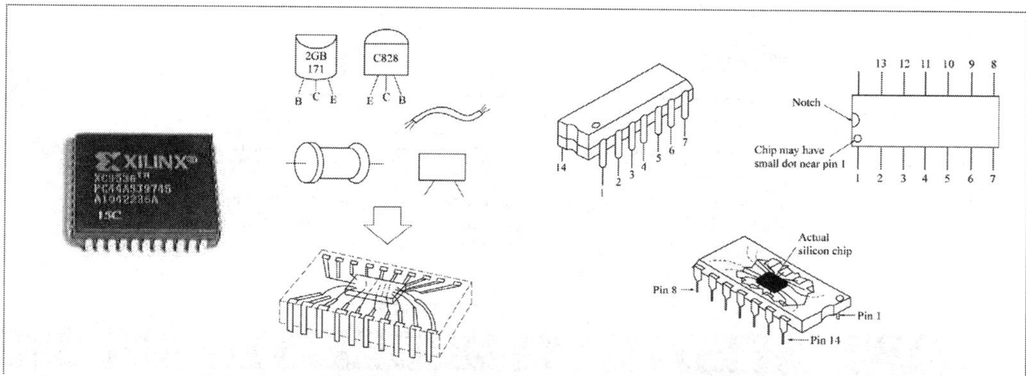

• 그림 4-94 • 집적회로 예

② 집적회로의 분류

집적회로는 그림에 나타낸 바와 같이 크게는 표준 LSI와 특정용도 LSI인 ASIC로 구분이 된다. 표준 집적회로는 TTL 표준 논리회로 제품이나 ROM(read only memory), RAM (random access memory) 등의 메모리와 같이 표준이 되는 범용의 집적회로를 의미하며, 이런 표준회로를 통해 시스템 설계자는 응용시스템을 설계한다.

실제로 1969년에 마이크로 프로세서인 Intel 4004가 개발된 후에 성능 및 가격 면에서 괄목할 발전을 계속하여 현재에는 많은 종류의 상용 제품이 개발되었다. 이들 제품의 응용은 컴퓨터와 통신 등의 산업 분야를 비롯하여 사회, 경제 및 문화의 전반적인 분야에서 엄청난 변화를 가져왔다.

따라서 이런 다양한 변화가 점점 시스템 중심으로 움직여 각 시스템에 맞는 전용의 LSI라는 개념이 발전하게 되었다. 여기에 CAD 툴이 집적회로 설계의 대부분 과정을 자동화시켰으며, 설계자동화(Design Automation, DA)는 집적회로 설계가 신속하고 정확하게 이루어질 수 있도록 하여 특정용도 주문형 집적회로(Application Specific Integrated Circuit, ASIC)의 개발이 가능토록 하였다. 즉 특정 용도에 적합한 하드웨어의 구현이 CAD를 이용한 하드웨어 프로그래밍 방식으로 구현됨에 따라 집적회로의 개발 기간과 비용, 성능에서 충분한 경제성을 갖추게 되었다.

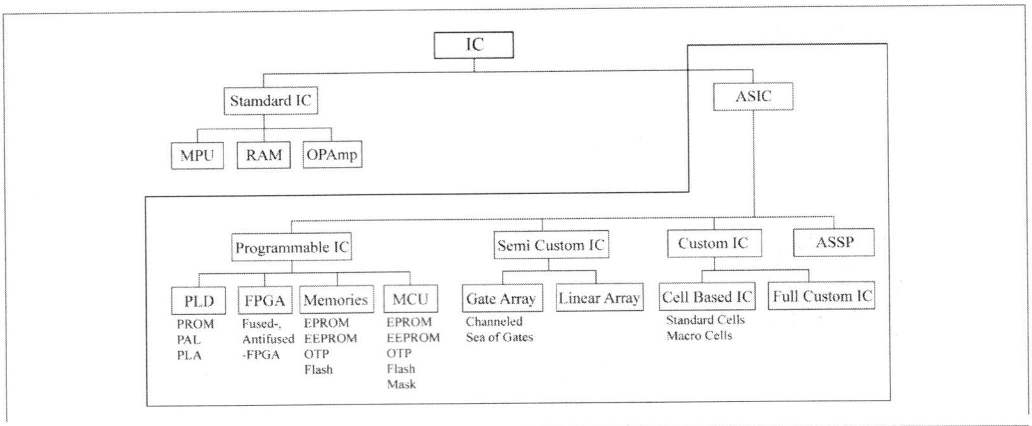

• 그림 4-95 • 집적회로의 분류

세계 반도체 시장은 메모리와 같이 반도체 업체가 제품을 선정, 개발한 뒤 대량 생산해서 판매하는 범용 제품(Standard IC)과 고객의 주문에 맞춰 설계, 제조하는 주문형(Custom IC) 제품으로 나뉘어진다.

ASIC는 설계방식에 따라 완전 주문형 IC와 게이트어레이라든가 스탠더드셀, PLD(프로그램 가능 논리소자) 등의 반주문형 IC(Semicustom IC)로 나누어진다.

게이트어레이는 회로를 구성하는 단위인 게이트를 미리 규칙적으로 배열해 놓고 게이트끼리 연결(배선)해 설계하며, 스탠더드셀은 고유의 기능을 하는 표준셀을 조합해 전체 회로를 구성하고, PLD는 고객이 직접 프로그램을 작성한다.

ASIC은 특정용도 LSI로 보다 세분화로 ASCP(Application Specific Custom Production)와 ASSP(Application Specific Standard Product) 나누기도 하나 실제로 명확하게 구분되어 사용하지 않는다. 즉 특정 용도의 반도체를 의미하지만 그 개념은 명확하지 않다. 다만 고객의 요구대로 특수한 기능의 회로를 설계해 생산하는 특정 용도의 제품이다.

일반적으로 ASIC는 ASSP라고도 하며, 대부분의 시스템업체가 다수이고 동일 제품을 생산하는 회사가 다수이기 때문에 개발된 ASIC를 서로 판매하고 있다. 표준 집적회로로써 가장 많은 사용되는 것이 가전제품의 LSI로 A/V(Audio/Video) 기기용 LSI가 이에 해당하며,

통신용 LSI도 이에 해당되는 LSI가 많이 있다. ASIC의 설계 방법에 따라서 완전 주문형(full customfull custom) IC, 반 주문형(semi customsemi custom) 및 FPGA(Field Programmable Gate Array)로 구분할 수 있다.

ASIC의 고객 중 가전제품 메이커들 경우, 전자레인지라든가 TV, 세탁기 등을 만드는 업체들이 제품에 '인공지능'이니 '퍼지'니 하는 기능을 넣기 위해 ASIC을 찾는다. 따라서 전자레인지용 ASIC에는 시간을 조절하고 센서로 감지된 음식의 상태를 판단하는 등의 기능이 들어가고, TV용 ASIC에는 색을 명확하게 구분하고 잡신호를 없애주는 등의 기능이 채택된다. 즉 주문형 반도체(ASIC)에는 전자제품의 특성을 좌우하는 기능이 들어간다. 무선전화기의 예를 들면 '혼선을 방지하는 기능', '잡음을 줄이는 기능', '하나의 버튼으로 전화를 걸 수 있는 기능(단축 다이얼)' 같은 것이 주문형 반도체 안에 소화되어 있다. 이런 전자제품의 종류가 수없이 많으므로 ASIC의 종류도 엄청나게 많고 다양하다.

ASIC제품의 일반적인 특징은 다품종 소량생산, 고객의 주문으로 이루어지는 설계, 혼합 및 대규모 기능의 실현이라는 데 있다.

오늘날 전자제품의 크기가 자꾸 작아지는 것은 이 같은 ASIC기술의 발달에 힘입은 것이다. 엄지 손톱만한 칩 2개가 하던 일을 새끼 손톱만한 칩 3개가 하던 일을 그보다 더 작은 칩 하나가 대신하게 되는 등 ASIC기술을 눈부시게 발전하고 있다.

1. 집적도에 따른 분류

| 표 4-5 | 집적도에 따른 분류

정식 명칭	약칭	칩 1개에 집적된 기능소자 수	사용
저밀도 집적회로 (Small Scale Ic)	SSI	100개 미만	기본적인 게이트 기능과 플리플롭
중밀도 집적회로 (Mediuml Scale Ic)	MSI	100~1000개	인코더, 디코더, 카운터 레미스터 멀티플럭스 및 디멀티플럭스, 소형 기억장치 등
고밀도 집적회로 (Large Scale Ic)	LSI	1000~10만개	등가게이트를 포함하는 부류
초고밀도 집적회로 (Very Large Scale Ic)	VLSI	10만~100만개	대규모 메모리, 대형마이크로 프로세서 단일칩 마이크로 프로새서 등
울트라 고밀도 집적회로 (Ultra Large Scale Ic)	UVLSI	100만개 이상	인텔의 486이나 펜티엄 등
시스템 온 칩 (System-on-Chip)	SoC	여러개 집적회로를 종합	임베디드 시스템 분야 등

2. 회로 구성에 따른 분류

| 표 4-6 | 회로 구성에 따른 분류

집적회로(IC)	막 IC	박막 IC				
		후막 IC				
	혼성 IC (Hybrid IC)	박막혼성 IC	통신용			
			계측용			
		후막혼성 IC	산업용			
			가정용			
	반도체 IC	모놀리식 IC	바이폴러 IC	아날로그 IC (리니어 IC)	연산증폭기(OP AMP)	
					신호발생기	
					컨버터	
					레귤레이터	
				디지털 IC	RTL	
					DCTL	
					IIL	
					DTL	
					TTL	
					S·TTL	
					ECL	
			MOS IC	디지털	NMOS	
					PMOS	
					CMOS	
				메모리	RAM	DRAM
						SRAM
					ROM	Mask ROM
						PROM
						EPROM
						EEPROM
					기타	플래시 메모리
				마이크로프로세서	컴퓨터/마이크로프로세서	
		멀티칩 IC				

가. 모놀리식 IC(단성)

아주 얇은 실리콘(반도체) 등의 한장의 칩 위에 모든 회로를 형성하여 만든 IC로 실장 밀도가 매우 높으며, 대량생산이 가능하여 신뢰성이 높고 단가가 낮다. 능동 소자, 수동 소자도 확산 플레이너 기술로 실리콘 단결정 판 위에 만들 수 있기 때문에 실장 밀도가 매우 높아지며, 또한 대량 생산이 가능하여 신뢰성을 높일 수 있고, 칩당 단가도 낮출 수 있다. 즉 트랜지스터, 다이오드, 저항기, 커패시터 등의 개별 소자들을 다른 소자들과 함께 웨이퍼 위에 제작된 것으로, 현재의 CPU, RAM, ROM 등 디지털 IC는 거의 대부분 이 타입이다. 하이브리드 IC와 대비된다.

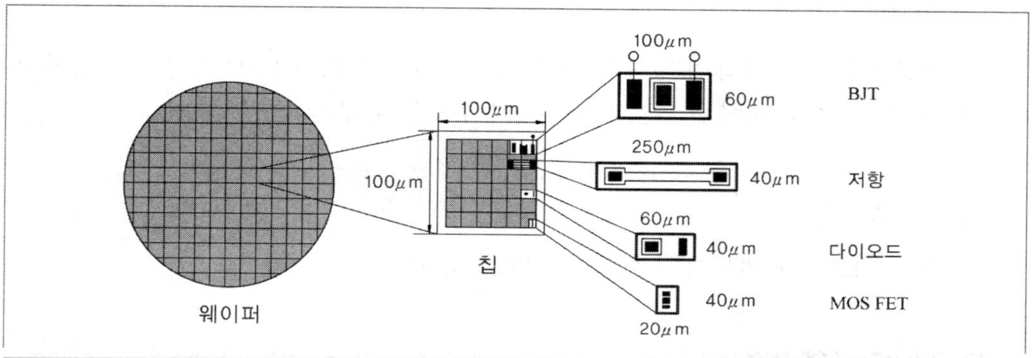

• 그림 4-96 • 소자의 상대적 크기

나. 하이브리드 집적회로(혼성 IC)

모놀리식을 단성으로 보았을 때, 하이브리드는 혼성이란 뜻으로 하이브리드 IC는 집적 회로에 트랜지스터 같은 개별 소자와 모놀리식 칩들을 함께 조립하여 제작한다. 고전압, 대전력, 고주파, 소량생산, 짧은 납기 등 모놀리식에 비해 장점을 가지고 있어 높은 정밀도가 요구되는 아날로그 회로에 적합하다.

| 표 4-7 | 모놀리식 IC와 하이브리드 IC 비교

	모놀리식(반도체) IC	하이브리드(혼성) IC
분류	• 바이폴라 IC(보통의 IC) • MOS IC	• 두꺼운 막 • 얇은 막
구조	• 1개의 규소조각으로 만든다.	• 여러가지 소자를 결합하여 만든다.
이점	• 소형	• 고정밀도회로실현 • 다품종 회로소자로 되어 있다. • 초고주파로도 사용가능 • 대전력회로실현
결점	• 저항 용량에 값에 한계가 있고 높은 정밀도 있다.	• 고가 • 직접도가 작다. • 소량생산 시스템으로 양산이 어렵다.

막 IC에 트랜지스터 같은 개별 소자와 모놀리식 칩들을 함께 조립한 IC(박막 IC를 쓰면 박막혼성 IC, 후막 IC를 쓰면 후막혼성 IC)이며, 모놀리식 IC로 제작하기 어려운 수동 소자를 막 IC에 조립함으로써 고전압, 대전력, 고주파, 소량생산, 짧은 납기가 특징이다. 대체로 모놀리식 IC는 동일한 회로가 많은 디지털 회로에 적합하며, 혼성 IC는 높은 정밀도가 요구되는 아날로그 회로에 적합하다.

다. 막 IC

절연성 기판 위에 박막 또는 후막 형태로 여러 개의 회로소자(주로 수동 회로 소자)를 형성하고, 이들 소자 사이를 막으로 접속시켜 회로를 이루게 한 것이다.

라. 반도체 IC

IC의 구성요소가 반도체를 중심으로 만든 것이다.

마. 바이폴라형 IC

바이폴라 트랜지스터를 중심으로 만든 IC이다.

바. MOS형 IC(유니폴라 IC : unipolar IC)

MOS-FET를 중심으로 만든 것으로 계산기, 계측기 등에 이용하며, PMOS형, NMOS형, CMOS형 등이 있다.

사. 디지털 IC(논리형 IC)

IC에서 처리하는 신호의 전압 범위가 선형적(아날로그적)이지 않고 온, 오프의 디지털 형태를 갖는 IC로 TTL, CMOS 등이 보편적으로 사용된다.

아. 리니어 IC(아날로그 IC 또는 선형 IC)

음향기기의 증폭 회로 등 아날로그(선형) 특성을 갖는 IC로 연산증폭기, 신호발생기 등이 있다.

자. 메모리 IC

2진 신호를 저장시키는 IC로 기억내용의 변경이 자유로운 RAM과 기억내용의 변경이 불가능한 ROM이 있다.

3. 트랜지스터의 종류에 의한 분류

바이폴라형 IC, MOS형 IC 등이 있다.

4. 회로동작 기능에 의한 분류

리니어 IC, 디지털 IC 등이 있다.

5. 제조기술에 의한 분류

TTL, ECL, MOS, CMOS 등이 있다.

③ 집적회로의 특징 및 장·단점

1. 특징

IC는 종래의 전기 회로에 비하여 다음과 같은 특징을 갖고 있다.

가. 신뢰성의 향상

전자 기기는 여러 가지 전자 부품을 납땜 등으로 접속하여 만들어졌다. 이 접속 개소가 원인이 되는 고장은 접속 개소가 특히 많은 전자 기기에서는 큰 문제가 된다. IC의 채용으로 외부 접속 개소는 대폭적으로 감소되어 전자계산기 등의 전자 기기에서는 회로를 IC화함으로써 고장이 적고 신뢰성이 매우 향상하고 있다.

나. 저렴한 가격

IC는 실리콘 트랜지스터의 제작법과 같이 사진 감광 기술을 응용하여 일시에 대량 생산할 수 있다. 대량 생산의 정도에 따라 가격이 큰 폭으로 차이가 나므로 현재는 IC를 사용하지 않는 구성 부품의 합계 금액과 동등한 금액 이하로 가격이 내려갔다. 조립이나 부품 보관 등 경비도 포함할 때 가격 면에서는 유리하다.

다. 회로의 소형화, 경량화

IC는 시스템을 소형화하는 목적에서 생긴 것이므로 그것이 바로 특징으로 되어 있다. 현재는 작은 반도체의 기판 위 약 $5mm^2$에 수만 개 이상의 트랜지스터를 만드는 것이 가능해져서 이와 같은 대규모의 집적화는 더욱 진전할 것이다.

라. 고속화

IC는 칩 안에서의 회로간의 거리(내부에 전선을 사용한 배선이 없다)가 매우 짧기 때문에 배선의 인덕턴스와 부유용량(커패시스터의 값)이 극히 적어져 신호 전달을 고속화할 수 있다.

2. 장·단점

가. 장점

① 소형, 경량이다.
② 모놀리식 IC(1개의 규소 기판으로 만들어진 IC)는 대량 생산할 수 있어 가격이 저렴하다.
③ 특성을 고루 갖춘 트랜지스터가 된다. 그러므로 1개의 칩(규소) 위에 집적화한 모든 트랜지스터가 동일한 공정에서 동시에 생산된다.
④ 납땜 개소가 적어 고장이 적다.
⑤ 진동에 강하다.
⑥ 소비 전력이 적다.

나. 단점

① 열에 약하다. 작동 온도가 약 30~80℃이므로, 큰 전력을 취급하는 경우에는 IC에 방열기를 부착하거나 장치 전체에 송풍할 필요가 있다.
② 코일은 모놀리식 IC화가 어렵다. 즉 IC는 동일한 평면 위에 트랜지스터, 저항, 용량이 구성되는 소자이므로 코일과 같은 입체적인 것은 모놀리식 IC화할 수 없다. 꼭 IC화할 경우에는 하이브리드 IC로 하면 가능하다.
③ 용량이 큰 콘덴서는 IC화가 곤란하다.

④ 아날로그 IC 및 디지털 IC의 개요

IC는 그 기능에 따라 크게 디지털 IC와 아날로그 IC로 나눌 수 있다. 디지털 IC란 "Hi"와 "Lo"의 2가지 전기 신호를 레벨 스위칭 하는 기능을 갖는데, 이 전기신호 즉 디지털 신호는 전압이 "있다"나 "없다"를 신호로 사용하고 있다.

"있다"를 1, "없다"를 0으로 표현하여 이 전기 신호(전압)가 "1" 또는 "0"은 미리 어느 전압을 기준으로 그보다 크면 "1"이고 작으면 "0"으로 한다. 즉 그림과 같이 신호의 크기가 다소 변화해도 기준전압 이상이면 "1"이고, 기준전압 이하이면 "0"이라는 것인데 숫자로서의 "1"과 "0"이 아니라 어디까지나 기준으로 편의상 사용하는 것에 지나지 않는다.

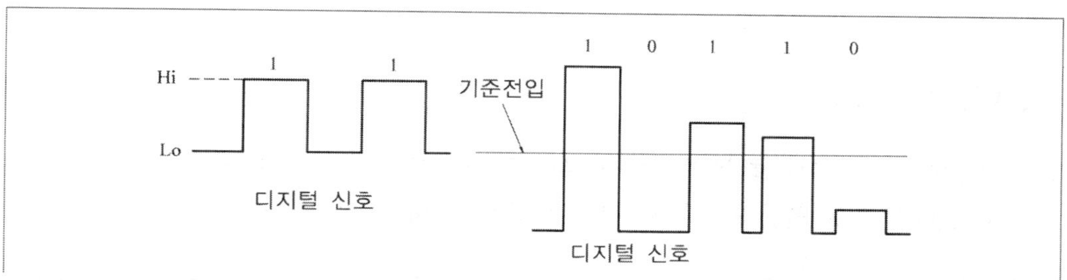

• 그림 4-97 • 디지털 신호의 기준값

디지털 신호는 "1"과 "0"의 2종류 밖에 없어 이것만으로는 여러 가지 신호를 표현할 수 없기 때문에 몇 가지 조합으로 신호를 표현하고 있다. 특히 마이크로컴퓨터 등에 많이 이용하고 있다.

아날로그 신호란 아날로그 신호를 입력으로 하여 그대로의 파형으로 증폭하여 출력하는 기능을 갖고 있기 때문에 리니어 IC라고도 한다. 아날로그 신호란 저항의 온도에 따른 전류의 변화와 같이 연속적으로 변화하는 신호를 말한다.

아날로그 IC는 음향 부품의 증폭회로 등에 많이 이용하고 있다. 그림은 양자의 다른 점을 정리하여 나타내었다.

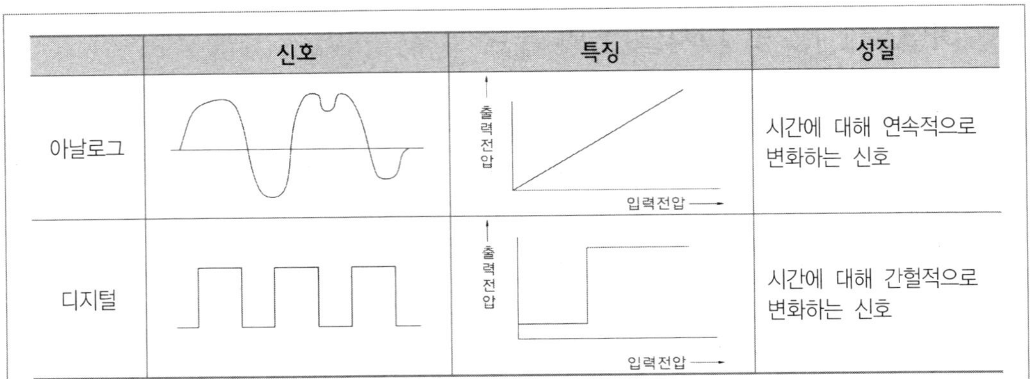

• 그림 4-98 • 아날로그 IC와 디지털 IC의 차이

1. 아날로그 IC

아날로그 IC는 디지털 IC에 반하여 각종의 증폭회로나 전압 안정화 회로를 IC화 한 것으로, 대표적으로 연산증폭기 및 신호 발생기, 컨버터, 레귤레이터 등이 있다.

가. 연산 증폭기

대표적인 선형 IC로 고이득, 광대역, 고입력 저항, 저출력 저항 등의 이상적인 특성을 가진 증폭회로이다. 증폭기, 발진기, 필터회로, 변복조회로, 비교기, 연산회로 등 각종 전자회로에 폭넓게 사용되고 있다.

나. 신호 발생기

신호발생기 집적회로(IC)의 종류 및 내용은 아래 표와 같다.

| 표 4-8 | 신호발생기 집적회로(IC)의 종류

종류	내용
555칩	타이머 칩으로 대표적인 펄스 발생기(8핀)
556칩	555칩의 쌍둥이 타이머(12핀)
566칩	VOC칩으로 출력 주파수가 입력 전압의 크기에 반비례하는 함수(구형파와 삼가가파) 발생기(8핀)
565칩	PLL칩으로 입력 주파수가 일정한 범위 내에서 변화할 때 고정된 안일 주파수로 출력시키는 칩(8핀)

다. 컨버터

컨버터 집적회로(IC)의 종류 및 내용은 아래 표와 같다.

| 표 4-9 컨버터 집적회로(IC)의 종류

종류	내용	응용
ADC (Analog-Digital Convert)	아날로그를 디지털로 변환하는 칩	센서에서 출력된 아날로그 신호를 컴퓨터에 취입
DAC (Digital-Analog Convert)	디지털을 아날로그로 변환하는 칩	컴퓨터의 디지털 출력을 아날로그 전압으로 바꾸어 엑추에이터를 제어할 경우

라. 레귤레이터

전압 레귤레이터는 전원 안정화 회로(전원 전압의 변동이나 부하의 크기에 상관없이 일정한 전압을 유지하는 회로)이다.

[예] 7805 – 고정 출력 전압 + 5V, 출력 전류의 용량은 1A, 3단자 칩

마. 연산증폭기

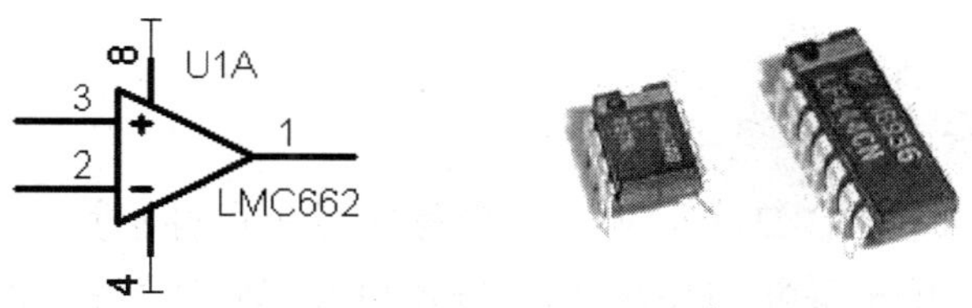

• 그림 4-99 • 연산증폭기 심볼 및 소자 예

연산증폭기(OP Amp)는 아날로그 IC의 기본적인 소자로 명칭은 Operational Amplifire의 약칭으로 OP 앰프라고도 불리고 있다. 기본 기능은 선형증폭이며 아날로그 입력을 일정한 비로 증폭하고 출력하는 기능을 갖고 있다. 증폭율이 상당히 높기(10^5 이상) 때문에 회로 설계상 무한대의 증폭 비율을 갖는 이상적인 증폭기로서 취급할 수 있다. 이 무한대의 증폭율을 전제로 하면 피드백 회로를 구성할 때 증폭율을 저항의 비율만으로 결정할 수 있다.

바. 단자 레귤레이터

전원 회로에는 입력, 출력GND의 3개의 단자만으로 정전압 회로를 구성할 수 있는 3단자 레귤레이터가 많이 사용되고 있다. 레귤레이터의 기능은 출력전압을 항상 일정하게 유지

하는 작용을 하며 출력 전류나 입력 전압의 변화에 대해서도 안정된 출력 전압을 유지한다. 단순한 고정전압 출력의 타입과 가변출력 타입이 있으며 회로도 기호는 다음 그림처럼 3핀으로 나타낸다.

• 그림 4-100 • 100mA, 1A, 3A 타입의 단자 레귤레이터

사. 파워 앰프용 IC

전용의 아날로그 IC의 대표적인 것으로 오디오의 출력 앰프로 소형 저출력부터 대형 고출력 앰프까지 다양한 종류가 있다. 주위에 저항과 콘덴서를 몇 개 부가하는 것으로 오디오 앰프를 구성할 수 있기 때문에 간단하고 편리하게 사용할 수 있다.

아. 모터 제어용 IC

특수한 용도로서는 DC 모터의 제어용 IC 등이 있으며 회전방향 제어나 속도제어 등이 가능한 IC가 있고 마이컴과 접속하여 각종 복잡한 제어가 가능한 것이 있다.
소형 DC모터 제어 및 리지나 펄스폭 제어 등의 기능을 갖는 IC이다.

2. 디지털 IC의 개요

플립플롭 회로나 논리회로 등을 IC화 하고, 펄스에 의한 신호를 사용하여 디지털 연산 등에 사용하는 IC를 디지털 IC라고 하는데, 디지털신호의 처리는 논리회로에 의해서 이루어진다. 논리회로를 트랜지스터나 다이오드에 의해 설계할 수 있는 것은 트랜지스터나 다이오드가 스위치로 작용하기 때문이다.

모든 논리회로는 부정, 논리합, 논리곱 3개의 기본회로로 설계할 수 있으며, 구조별로 보면 디지털 IC도 바이폴라형과 유니폴라형으로 분류할 수 있다.L시리즈는 바이폴라형이며, CMOS형은 유니폴라형으로 분류된다.

IC는 반도체 칩내에 TR, Diode, 저항(R) 소자로 구성된 그 집적도에 소규모 집적회로, 중규모 집적회로, 대규모 집적회로, 초대규모 집적회로로 나누어진다.

| 표 4-10 디지털 IC의 구분

구분	명칭	설명	비고
회로구성	마이크로모듈	개별 초소형 부품의 집적	초기의 IC 현재 사용 안함
	하이브리드 IC	막구조 + 반도체 능동소자	높은 정밀도 소량 생산에 적합
	모놀리딕 IC	단일 실리콘 칩 위에 회로구성	대량생산에 적합
능동소자	바이폴라 IC	트랜지스터를 중심으로 구성	고속동작 소비전력이 많음
	유니폴라 IC	MOS-FET을 중심으로 구성	중, 저속 동작 소비전력이 적음
외형	DIP형	Dual In-line Package	2열 핀배치, 2.54mm간격 표준
	SIP형	Single In-line Package	1열 핀, 2.54mm 간격 표준
	트랜지스터형 IC	트랜지스터 외형과 동일	TO-3, TP-5, TO-220형
	플랫 패키지형 IC	동일 평면의 박형	고주파용, 초소형회로용
	하이브리드형 IC		특수목적, 높은 정밀도 회로용
집적규모	SSI	Small Scale Integration	능동소자 100개 이하
	MSI	Medium Scale Integration	능동소자 1000개 이하
	LSI	Large Scale Integration	능동소자 1000개 이상
	VLSI	Very LSI	능동소자 10만개 이상

가. 논리칩 시리즈의 개요

IC는 칩 내에 소자의 종류와 수량에 따라 여러 종류로 나눌 수 있으며, 바이폴라 트랜지스터 구조로 제작된 TTL시리즈와 MOS 구조로 제작된 CMOS시리즈로 구분되고 CMOS는 TTL에 비해 저전력으로 동작하며 동작 전원 전압의 범위도 넓고 노이즈에도 강하다.

나. 마이크로프로세서

연산을 미리 확립된 순서에 의해 체계적으로 실행할 뿐만 아니라 컴퓨터의 각 장치에 제어 신호를 제공하는 제어장치를 1개의 작은 실리콘 칩에 집적시킨 초대규모 집적회로로 이루어진 처리장치이다. 내부는 산술논리연산기, 레지스터, 프로그램 카운터, 명령 디코더,

제어회로 등으로 구성되어 있다. 마이크로프로세서는 주기억장치에 저장되어 있는 명령어를 인출하여 해독하고, 해독된 명령어를 실행하며 실행 결과를 다시 주기억장치에 저장할 수 있는 기능 등을 자동으로 수행함과 동시에 입출력 장치들과도 데이터 교환을 수행한다.

현재 마이크로프로세서는 마이크로컴퓨터에는 물론 자동화분야, 공정제어분야, 군사용 무기와 일반 가정에서 사용되는 가전제품에 이르기까지 다양하게 이용되고 있으며, 사무자동화기기 등에도 광범위하게 이용되고 있다.

3. 디지털 IC의 종류 및 특징

디지털 IC는 이른바 논리회로를 만들기 위한 집적회로(IC)로서 최근에는 집적도가 높은 LSI가 많이 시판되고 있다. 전자회로를 다룰 때 디지털 IC로 AND나 NAND 게이트 IC를 사용할 수도 있으나, 최근에는 하나의 LSI에 많은 게이트나 회로를 집적시켜서 복잡하고 고성능인 회로를 간단하게 만드는 것이 가능하다. 디지털 IC는 일반적으로 집적도에 따라 분류한다.

가. SSI(Small Scale Integrated)

기본적인 AND, OR, NAND 등의 게이트와 FlipFlop이 여기에 속한다.

[예] 70404, 74H00, 74A08, 74AC74

나. MSI(Middle Scale Integrated)

약간 집적도가 높고, 게이트나 플립플롭을 조합시킨 카운터 및 시프트 레지스터가 이것에 속한다.

다. LSI(Large Scale Integrated)

상당히 많은 게이트를 조합시키고 기능 자체를 내장하고 있는 IC로 측정기나 마이크로 컴퓨터 등이 이것에 속함. 음성 합성 기능이나 FM 수신 기능을 갖는 LSI의 예

라. 디지털 IC의 동작속도

디지털 IC는 동작속도가 기능에 많은 영향을 주기 때문에 계속해서 고속화 되고 있으며 다음 표에 그 예를 나타냈다.

| 표 4-11 | 74시리즈 디지털IC의 동작속도

형명	동작속도	비고
74LS 시리즈	15[ns]	표준적인 제품
74ALS 시리즈	11[ns]	표준 고속 타입
74F 시리즈	6[ns]	특히 고속의 타입
74AS 시리즈	5[ns]	특히 고속의 타입

마. 프로그램 가능 IC

IC 중에는 내부에 메모리를 내장하고 있어서 외부에서 데이터를 기록할 수 있는 많은 제품이 시판되고 있다.

① EPROM : 마이크로 컴퓨터의 주기억 소자로서 사용되고 있는 메모리 소자로 자외선이나 전기적으로 소거한 후 전용 라이타로 데이터를 기록하여 데이터를 저장하는 기능을 갖고 있다. 최근에는 마이컴 내에 내장시켜 일체화한 IC가 많이 사용되고 있다.

② FPGA(Field Programable Gate Array) : 이것은 데이터의 기록에 따라 IC의 기능 그 자체를 만들 수 있는 IC로 지금과 같이 SSI나 MSI 클래스의 IC를 수많이 사용하고 구성했던 회로를 1개의 FPGA로 실현할 수 있기 때문에 고도의 기능을 실현하는 것이 가능해지고 있다. 게이트를 수백 개로부터 수천 개까지 내장한 FPGA가 있어서 임의의 고기능의 기능 소자를 자유롭게 만들 수 있다.

바. 능동소자의 종류

| 표 4-12 | 능동소자의 종류

<table>
<tr><th></th><th colspan="2">종류</th><th>설명</th><th>대표적 패밀리</th></tr>
<tr><td rowspan="5">바이폴라</td><td colspan="2">DDL</td><td>Diode-Transister Logic</td><td></td></tr>
<tr><td rowspan="4">TTL</td><td>표준 TTL</td><td>Transister-Transister Logic</td><td>SN54, SN74</td></tr>
<tr><td>저전력 TTL</td><td>저전력 3MHz 동작</td><td>SN54L, SN74L</td></tr>
<tr><td>고속도 TTL</td><td>고전력 35MHz 동작</td><td>SN54H, SN74H</td></tr>
<tr><td>쇼트키 TTL</td><td>고속 125MHz 동작</td><td>SN54S, SN74S</td></tr>
</table>

	종류		설명	대표적 패밀리
바이폴라	TTL	저전력 쇼트키 TTL	표준TTL 활용도 향상	SN54LS, SN74LS
		어드밴스트 쇼트키 TTL	쇼트키 개선	SN54AS, SN74AS
		저전력 어드밴스트 쇼트키 TTL	어드밴스트 쇼트키 저전력화	SN54ALS, SN74ALS
	ECL		Emitter Coupled Logic, 300MHz 동작	ECL 1000
	PL		Integrated Injection Logic	주로 LSI 형태
유니폴라	P-MOS		P channel MOS	
	N-MOS		N channel MOS	
	C-MOS		Complementary MOS	CD40, MC145
	준고속 C-MOS		고속 MOS	TC40H, TC74HC

다음은 널리 사용되고 있는 대표적인 IC의 일례를 소개한다.

표 중에서, SN74 시리즈의 IC에는 74 다음에 LS라든가 HC라는 문자가 들어있는 것이 있는데 LS(Lowpower Shotkey)는 저소비 전력을 나타내고 있으며, HC는 C MOS로 만들어진 것으로 가장 저소비 전력이다.
참고로, SN7400과 비교해 보면 각각의 소비전력은 아래와 같다.
(어느 것이나 소비전류가 많은 LOW 출력시의 경우이다)

| 표 4-13 | IC별 소비전력

소자종류	SN7400	SN74LS00	SN74HC00
소비전력	22[mA]	4.4[mA]	0.02[mA]

모든 종류의 IC에 LS라든가, HC라는 문자가 붙는 것은 아니다. SN7445 등은 노멀(bipolar 타입) 밖에 없다.

사. 대표적인 IC의 명칭 및 특징

| 표 4-14 | 대표적인 IC의 명칭 및 특징

명칭	특징			
	기능 설명	전압(Vcc)	핀 배치(Top View)	비고
SN74HC00	Quad 2 Input NAND	+ 5V	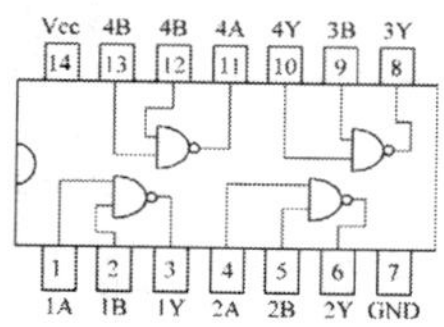	2입력의 NAND 회로가 4개 들어 있다.
SN74HC04	Hex Inverters	+ 5V	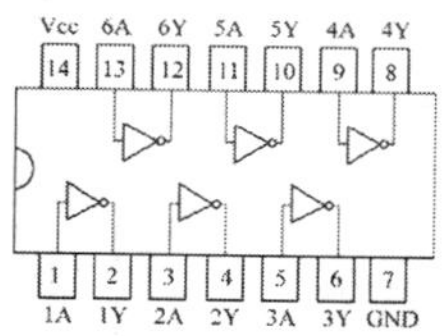	인버터 회로가 6개 들어 있다.
SN74LS42	BCD to DECIMAL Decoder	+ 5V	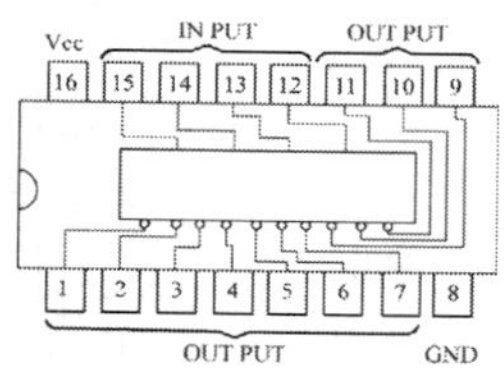	입력에 가한 2진 코드에 의해 선택된 출력이 L로 된다.
SN7445	O.C.BDC to DECIMAL Decoder/ Driver	+ 5V	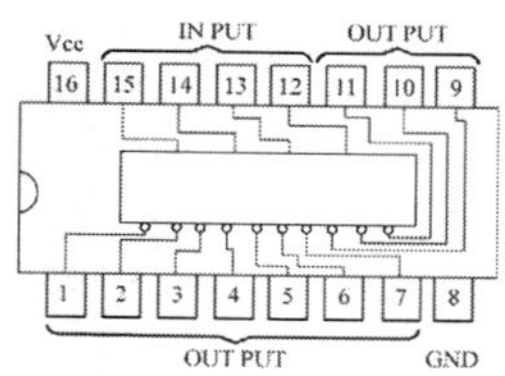	7442의 open collector buffer 타입 출력단자의 최대 유입전류는 80[mA]
SN74LS47	BCD to Segment Decoder/ Driver	+ 5V	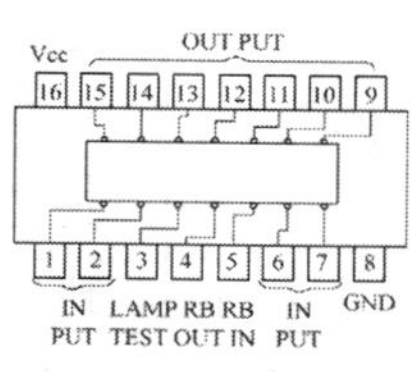	[정면도] 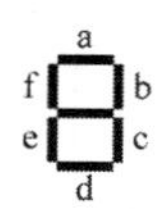 7세그먼트 LED의 드라이버 open collector 타입 출력내압 : 15V 6과 9의 표시 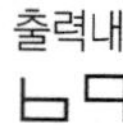 관련 : 74247
SN74HC73	Dual JK-FFs With Clear	+ 5V	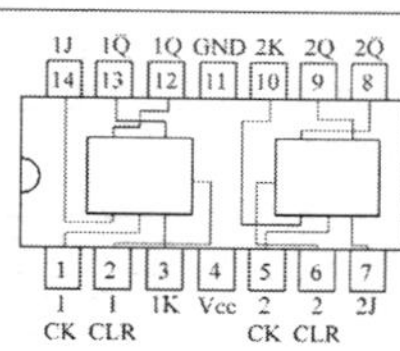	JK 플립플롭을 2개 내장

명칭	특징			
	기능 설명	전압(Vcc)	핀 배치(Top View)	비고
SN74HC73	Dual JK-FFs With Clear	+5V	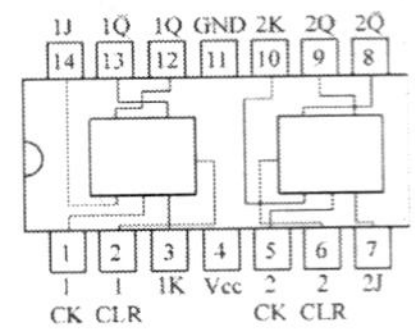	JK 플립플롭을 2개 내장
SN74LS90	Decade Counter	+5V	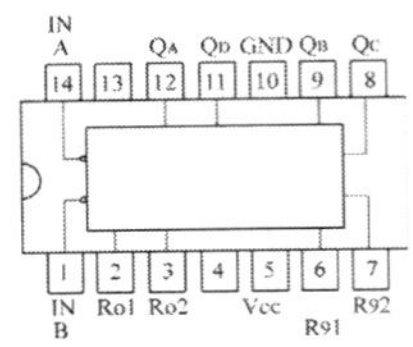	비동기 2진+5진 카운터 비동기 프리셋 9 비동기 클리어 관련 74290 74390
SN74HC93	4-Bit Binary Counter	+5V	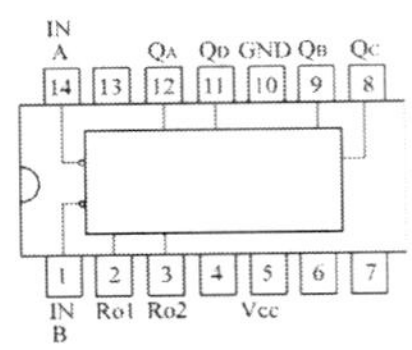	비동기 2진+8진 카운터
SN74HC123	Dual Retriggaerable Single Shot	+5V	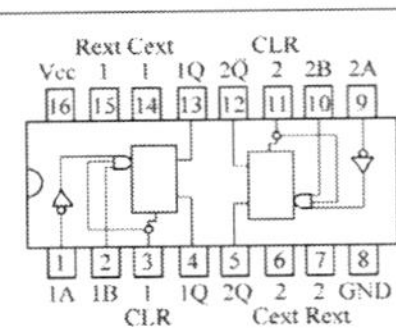	입력의 상승시점에서 Cext, Rext에 접속하는 C, R의 값에 따라 출력이 지속하는 single shot register
SN74LS247	BCD to Segment Decoder /Driver	+5V	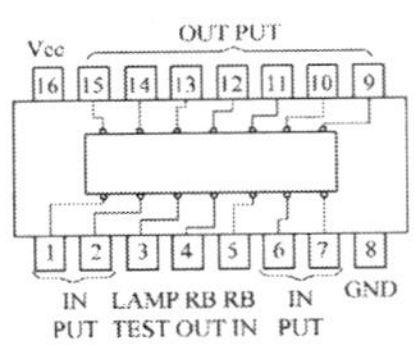	[정면도] 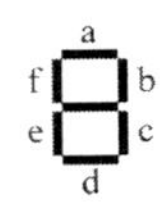 7447과 6과 9의 표시가 다른 6969
SN74LS290	Decade Counter	+5V	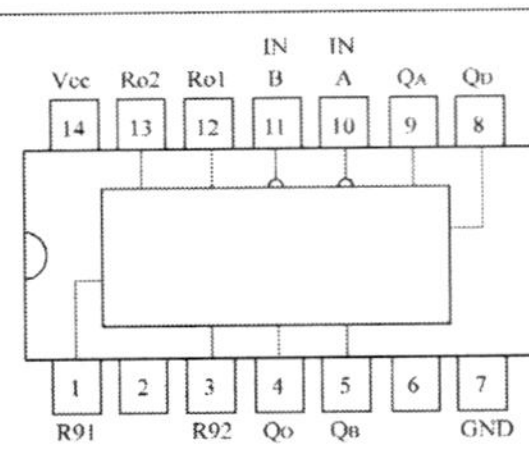	SN7490의 핀 레이아웃을 바꾼 타입 관련 7490 74390
SN74HC390	Dual Decade Counters	+5V	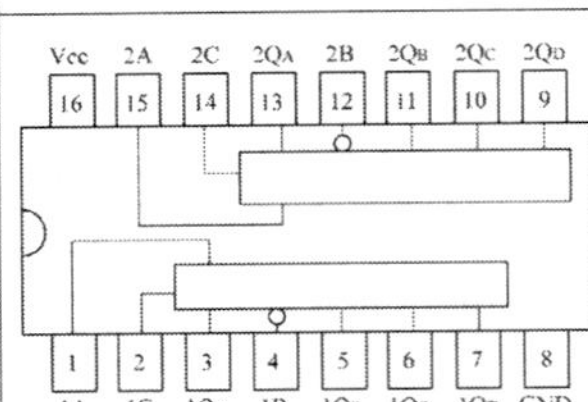	SN7490을 2회로 내장한 타입 단, 프리셋 9는 생략되어 있다. 관련 7490 74290

명칭	특징			
	기능 설명	전압(Vcc)	핀 배치(Top View)	비고
4040B	12Bit Binary Counter (CMOS)	+ 5V	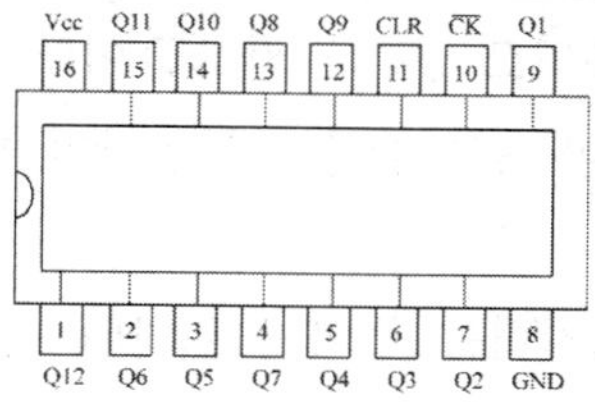	12 stage의 binary counter clear 기능을 가진다. 클록의 하강에지에서 카운트
4541B	Progarammable Oscillator/ Timer (CMOS)	+ 5V	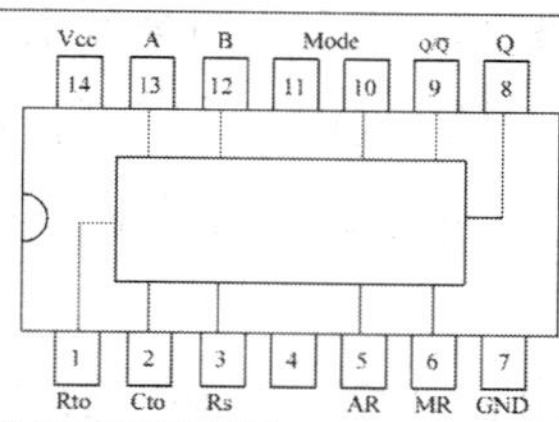	16 stage의 programmable binary counter RC 발진회로, 파워, 리셋, 출력 컨트롤 회로로 구성. 컨트롤 단자에 의해, 8, 10, 13, 16비트의 탭 출력이 가능
NE555	타이머	+ 4.5 ~ + 16V	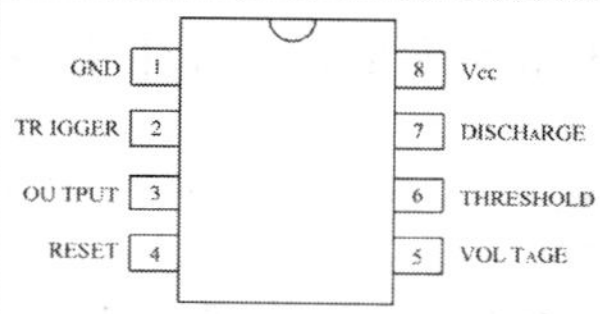	최대 동작주파수 : 500[kHz] 온도드리프트 : 0.005[%/℃] 출력전류용량 : 200[mA] 지연시간 설정 : 수[μs] ~ 수시간
LM386N-1	저주파 전력증폭기	+ 4~12V	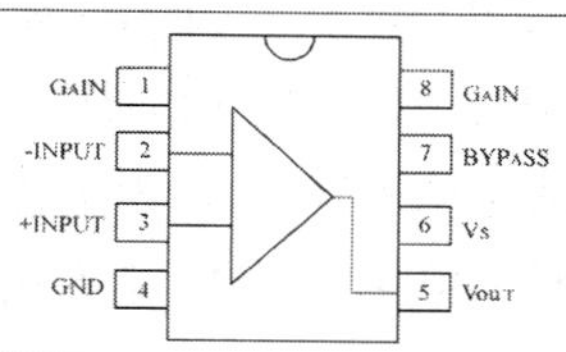	최대 출력 : 660[mW] 부하 : 8 ~ 32[Ω] 제지시 회로전류 : 4[mA]
LM386N-4	저주파 전력증폭기	+ 5~18V	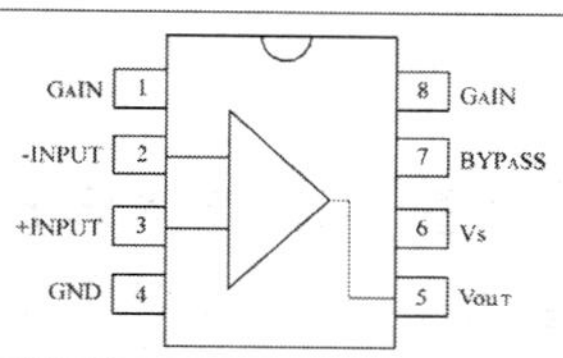	최대출력 : 1.25[W] 부하 : 8~32[Ω] 제지시 회로전류 : 4[mA]
TA7368P	저주파 전력증폭기	+ 2~ + 10V	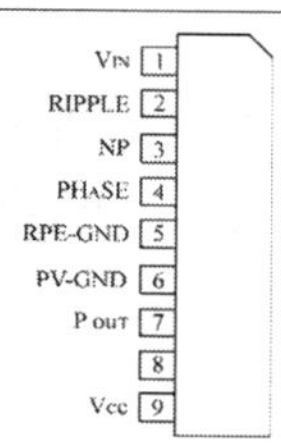	최대출력 : 1.1[W] 부하 : 4~16[Ω]
7975	MULTI-MELODY (CMOS)	+ 1.5~ + 3V	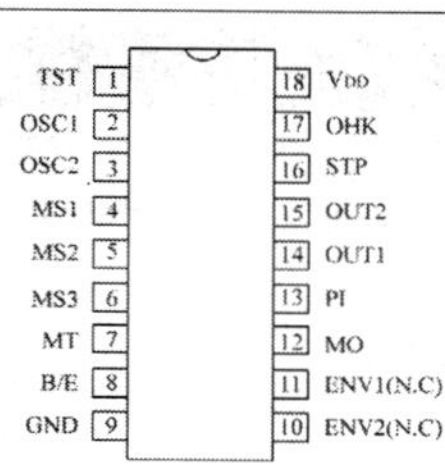	8곡을 내장한 멜로디 IC. 2가지 음원을 가지며 envelope 설정 가능

아. 능동소자의 특징

① **표준 TTL**

보통 가장 널리 사용되고 있는 값싼 TTL이다. 소비전력은 게이트당 약 10[MW] 정도이며 카운터 IC의 경우 35[MHz]까지 동작한다. 7400 등과 같이 표기된다.

② **저전력 TTL**

저전력 TTL은 소비전력을 줄이기 위하여 속도를 줄였다고 볼 수 있다. 부품표시는 74Lxx로 표시된다. 표준의 TTL에 비하여 1/10 정도의 소비전력과 속도을 갖는다. 플립플롭이나 카운터의 경우 3[MHz] 정도의 최대 동적주파수를 보이고 있다. L계역의 경우 팬아웃을 10개 갖지만 표준 TTL은 1개만 구동시킬 수 있다.

③ **고속도 TTL**

보통 74Hxx로 표시된다. 표준보다 2배 정도의 소비전력을 가지며 2배의 동작주파수를 갖는다. 즉 카운터의 경우 50[MHz]까지 잘 동작한다. 팬아웃은 동일 고전력 TTL끼리는 7개 정도이다.

④ **쇼트키 TTL**

74Sxx로 표시된다. 일반적으로 고속처리를 위한 회로에서 사용한다. 플립플롭기준 125[MHz]에서 동작하는 경우 3ns의 전파지연을 갖는다. 실무에서 중요한 한가지는 쇼트키로 설계한 회로를 측정할 경우 최소한 120[MH] 측정가능한 오실로스코프를 사용해야 한다는 것이다. 30 ~ 120[MHz] 사이의 동작회로는 이 TTL을 사용하는 것이 정석이다.

⑤ **저전력 쇼트키 TTL**

74LSxx로 표시된다. 표준 TTL보다 속도가 빠르며 저전력(1/5 정도)이다.
거의 모든 용도에 잘 사용되는 타입이다.

⑥ **CMOS**

낮은 소비전력(거의 제로에 가까움)과 낮은 주파수(2 ~ 5[MHz] : HC 타입의 경우 보완)의 경우에 사용하는 것이 좋다. CD40xx, MC40xx로 표시된다. 정전기에 약하므로 주의해야 한다.

⑦ **TTL 번호 분류**

| 표 4-15 | TTL 번호 분류

분류	종류
0 ~ 30번대	게이트류
41 ~ 48번대	디코더류
70번대	플립 플롭류

분류	종류
80번대	가산기류
90번대	카운터, 레지스터류
200번대, 300번대	100번대 이하 개량품

⑧ TTL과 CMOS 입출력 핀

디지털 IC는 외부로부터 조건을 받아 조건에 해당하는 내용의 신호를 외부로 내보내는 기능을 가지는 것이므로 입력핀과 출력핀이 필수적으로 구성되어 있으며 복잡한 IC의 경우 제어 핀, 혹은 기타의 기능을 수행하는 핀이 더해질 수 있다.

㉠ 전원공급용 핀

- VCC : 바이폴라로 이루어진 회로의 IC이며 내부 회로의 컬렉터에 연결
- VEE : 바이폴라로 이루어진 회로의 IC이며 내부 회로의 이미터에 연결
- VSS : 유니폴라로 이루어진 회로의 IC이며 내부 회로의 소스측에 연결
- VDD : 유니폴라로 이루어진 회로의 IC이며 내부 회로의 드레인측에 연결
- GND : 공통전위인 어스, 그라운드 핀

㉡ • 입출력핀 : 입력핀과 출력핀 : 일방향성의 기능을 하는 핀이며 입력은 입력으로만 출력은 출력으로만 사용하도록 내부 회로가 고정되어 있다.

- 입출력 겸용핀 : 필요에 따라서 입력과 출력을 동작시켜야 할 경우 사용되도록 내부에 입출력 전환회로가 구성되어 있으며 입출력전환 신호의 입력핀이 IC에 반드시 존재한다. (예를 들어 메모리의 경우 기록도 해야 하고 읽기도 해야 하므로 핀의 수를 적게 하여 부피를 줄이려면 입출력겸용으로 설계해야 한다.)

㉢ 트리 스테이트(Tri State) 출력핀

보통의 출력핀은 입력조건에 따라 1(H), 또는 0(L)으로 표시된다. 그러나 이 핀은 OPEN 상태의 경우를 하나 더 갖게 되는데 부하측에서 보면 임피던스가 무한대로 되어 어떠한 회로와도 연결되어 있지 않는 상태를 유지하게 한다.

㉣ 오픈컬렉터 출력핀

게이트 IC에서 보통의 경우 출력이라 함은 IC로부터 외부로 신호레벨이 나오는 경우를 가리키지만 오픈컬렉터는 외부의 전기신호가 IC 내부로 들어가는 기능을 하게 되며 반드시 외부 회로에서 저항을 거쳐 오픈컬렉터 출력핀으로 연결해야 한다. 인터페이스 용으로 자주 사용되는 핀이다.

⑨ TTL과 CMOS 전기적 특성

㉠ 최대 정격

원칙적으로 약간씩의 메이커 차이 때문에 데이터북을 확인하는 것이 가장 좋다.

참고 데이터 시트(TI사의 7400시리즈 모두)

㉡ 논리레벨

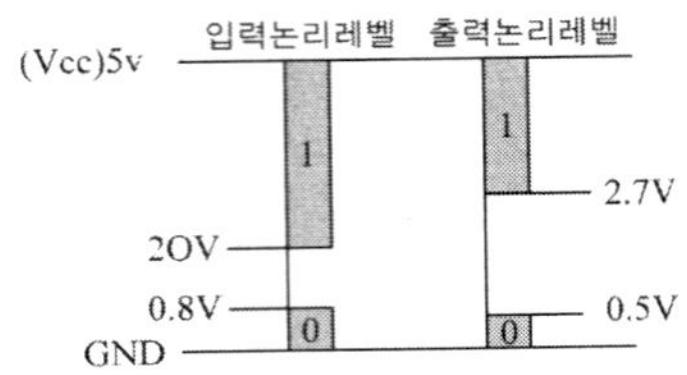

⑩ **팬아웃**

하나의 게이트회로 뒤에 여러 개의 게이트회로를 연결하고 싶을 때 TTL-TTL, CMOS -CMOS 경우 대략 10개 정도를 연결할 수 있다. 또한 TTL-CMOS로 연결할 때도 TTL의 경우는 출력전류가 CMOS의 입력전류에 대해서 충분한 여유를 가지므로 별 탈없이 동작한다. 그러나 CMOS출력에서 TTL입력으로 연결할 때는 하나 이상 연결 하면 안된다. 일반적으로 회로상에서 1 : 1로 연결한다고 보면 된다.

⑪ **사용하지 않는 핀의 처리**

TTL의 경우는 문제의 소지가 적지만 CMOS의 경우는 특별한 주의가 필요하다. 하지만 TTL이든 CMOS든 사용하지 않는 게이트의 입력핀에 대하여 동일하게 설계함으로써 문제의 소지를 줄이는 것이 실무에서 중요하다. 출력핀은 사용하지 않는 경우 그대로 두어도 회로에 영향이 없으나, EMI 등의 문제에 노출될 수 있으므로 반드시 GND 처리 해주는 것이 추후 전자파 해결 문제를 조금이나마 피해갈 수 있다.

미사용 입력단자의 경우 AND나 NAND 게이트에서는 + 전원에 연결해 두고, OR나 NOR 게이트에서는 GND에 연결해 놓는다. 한편 미사용 출력단자의 처리는 그라운드로 연결하는 것이 안전하다.

⑫ **TTL과 CMOS 취급상 주의점**

㉠ 고온에 방치하면 안된다.

㉡ 최대정격을 초과하는 전압 혹은 역전압을 가해서는 안된다.

㉢ 납땜 작업은 길게 하면 안된다.

㉣ 습도가 높은 곳에서의 보존, 사용은 안된다.

㉤ 리드선을 무리하게 구부리거나 비틀어 사용하면 안된다.

㉥ 먼지, 가스, 염분 등에 비아선이 약하므로 주의해야 한다.

㉦ 특히 CMOS의 경우 정전기에 약하므로 알루미늄박이나 도전 스폰지에 보관한다.

㉧ 사용시 CMOS의 경우 핀 전체를 잡거나, 핀을 건드리지 않고 실장하는 것이 좋다.

⑬ **TTL과 CMOS의 전원**

TTL의 입력 동작전압의 범위는 4.75 ~ 5.25[V] 사이 이다. 이를 초과할 경우 파손이 우려되며 미달할 경우 논리가 동작하지 않는다. 이에 비하면 CMOS의 경우는 보통

3 ~ 8[V]로서 넓은 전압범위에서 동작이 가능하다. 그러므로 TTL, CMOS를 혼용한 회로에서는 5[V]를 사용하여 설계하는 것이 편리하다.

⑭ TTL의 전원

㉠ SN54시리즈 및 그 세컨드 소스 : 4.5 ~ 5.5[V]

㉡ SN74시리즈 및 그 세컨드 소스 : 4.75 ~ 5.25[V]

㉢ 일반적으로 사용할 시 레귤레이터를 사용하여 회로를 구성하면 된다.

⑮ CMOS의 전원

CMOS의 전원은 소비전류가 극히 적고 전원전압의 대폭 변동에 대하여 충분히 댐핑이 되므로 TTL 사용시와 같은 안정화 전원을 사용할 필요성은 없다. 특히 TTL과 CMOS를 혼용하는 경우 TTL에 전원을 맞추면 전혀 문제될 것이 없다.

- 전원공급시 주의 사항

  디지털 전자회로의 개발 후 테스트시 반드시 실제 적용될 공간에서 테스트하는 것이 필수적이다. 만약의 경우 주변 회로에 의해 전원 노이즈가 발생할 경우 회로설계에 주의해야 하기 때문이다. 전원으로부터의 잡음전압이 유기되는 경우는 서지흡수기(Surge Absorber)를 사용하거나 전원트랜스의 1차측과 2차측에 실드를 해주면 된다. 한편 회로 자체에서 발생하는 진동성 잡음전압에 대비하여 IC의 전원단에 고주파 세라믹 바이패스 커패시터를 넣어주고 10개 정도마다 저주파 바이패스(전해 혹은 탄탈)를 넣어주면 된다.

자. 메모리 및 시스템 IC

메모리 칩(IC)은 2진 신호를 저장시키는 집적회로로서 크게 ROM, RAM으로 구분하는데 ROM은 전원이 차단된 상태에서도 저장된 정보가 보존되며, 한번 저장되면 자유 자재로 내용을 지우거나 저장할 수 없다. 하지만 RAM은 읽고 쓰기가 자유롭지만 전원이 차단되면 정보가 지워진다. 램은 다시 SRAM과 DRAM으로 구분되며, SRAM은 메모리 셀이 플립플롭으로 구성되어 빠르게 액세스 가능해 캐시 메모리로 사용되고 있다. DRAM은 메모리 셀이 MOS FET와 커패시터로 구성되어 SRAM에 비해 면적이 1/4이지만 리플래시(커패시터의 재충전)가 필요하다.

하지만 플래시 메모리는 ROM, RAM, SRAM, DRAM의 장점만을 모아놓은 메모리로, 전원을 꺼도 데이터가 남고, 액세서 속도가 빠르고, 값싸게 구입할 수 있다.

범용 IC(Standard Integrated Circuit)는 우리가 필요에 따라 쉽게 구할 수 있는 IC들을 지칭한다. 반면, 주문형 집적회로(Custom IC)는 특별한 사용자를 위해 개발된 IC로서, 개발을 의뢰한 사용자에게만 공급되기 때문에 특정한 용도의 목적에만 사용할 수 있는 IC라 하여 ASIC(Application Specific Integrated Circuit)이라고도 한다.

주문형 집적회로는 다시 완전주문형 집적회로(Full-Custom IC)와 반주문형 집적회로(Semi-Custom IC)로 구분되고, 반주문형 집적회로는 게이트 어레이(Gate Array)와 스탠다드 셀(Standard Cell)로 대표된다. 스탠다드 셀의 개념을 확장하여 셀 라이브러리(Cell Library)를 포함하는 설계방법이 응용되고 있다. 시스템 IC의 종류 중 또 하나는 SOS(System On a Chip)가 있는데 이 기술은 모든 부품을 하나의 칩에 집적하여 고성능, 저비용, 소형화된 첨단 디지털시대의 핵심기술이다.

① **메모리 IC**

메모리 칩은 2진 신호를 저장시키는 집적회로로서 크게 ROM, RAM으로 구분된다.

㉠ ROM과 RAM

ⓐ ROM : 전원이 차단된 상태에서도 저장된 정보가 보존되기 때문에 한 번 저장되면 자유 자재로 내용을 지우거나 저장할 수 없다.

ⓑ RAM : 읽고 쓰기가 자유롭지만 전원이 차단되면 정보가 지워진다. 램은 SRAM(static RAM)과 DRAM(dynamic RAM)으로 구별되는데, SRAM은 메모리셀이 플립플롭으로 구성되어 있어서 RAM보다 빠르게 액세스할 수 있기 때문에 주로 컴퓨터의 캐시 메모리로 이용되고 있다. DRAM은 최소 메모리 셀이 MOS-FET와 커패시터 각각 하나씩 단순하게 구성되어 있어서 SRAM에 비교하여 같은 면적에 4배 이상 메모리 셀을 집적할 수 있다. 하지만 커패시터에 충전된 전하량을 유지하기 위하여 자주 재생(refresh)시켜야 하는 단점이 있다.

㉡ 플래시 메모리 : ROM, SRAM, DRAM의 장점을 골라 모아놓은 메모리로 전원을 꺼도 데이터가 남고, 액세스 속도가 빠르고, 값싸게 구입할 수 있는 장점이 있다. 소비전력이 작아서 이동전화기, MP3플레이어, 디지털 카메라, 캠코더 등 주로 휴대용기기의 저장매체로 많이 사용되고 있다. 소형 하드 디스크처럼 사용하며, 플로피 디스크처럼 편리하게 취급할 수 있다.

② **시스템 IC**

㉠ ASIC : 특정 용도 집적 회로 또는 주문형 IC로서 완전 주문형, 일부 주문형, 프로그램 가능 칩으로 구분된다.

ⓐ 완전 주문형 칩 : 특정 고객을 위한 전용 설계를 시행한 LSI칩

ⓑ 일부 주문형 칩 : 표준셀, 게이트어레이, 반제품 수준의 ASIC

ⓒ 프로그램 가능 칩 : PLD(Programmable Logic Device)와
FPGA(Field Programmable Array)

㉡ SOC : SOS(System On a Chip) 기술은 모든 부품을 하나의 칩에 집적하여 고성능, 저비용, 소형화된 첨단 디지털 시대의 핵심기술이다.

제5절 센서의 기초

센서(sensor)라는 단어가 생기기 훨씬 전부터 실제로 센서를 활용해 왔다. 예를 들면 나침반으로 방위를 감지했고, 한란계를 만들어 온도를 측정하였다. 센서란 인간의 오감(본다, 듣는다, 냄새를 맡는다, 맛보다, 감촉하다) 대신에 그 역할을 다하는 기기이며, 또 인간의 오감으로 느낄 수 없는 현상, 예를 들면 적외선 등의 전자파, 에너지가 작은 초음파 등을 검출할 수 있는 기기이다. 또한 인간의 오감을 훨씬 넘는 에너지를 가지고 있는 현상도 검출할 수 있는 기기이다.

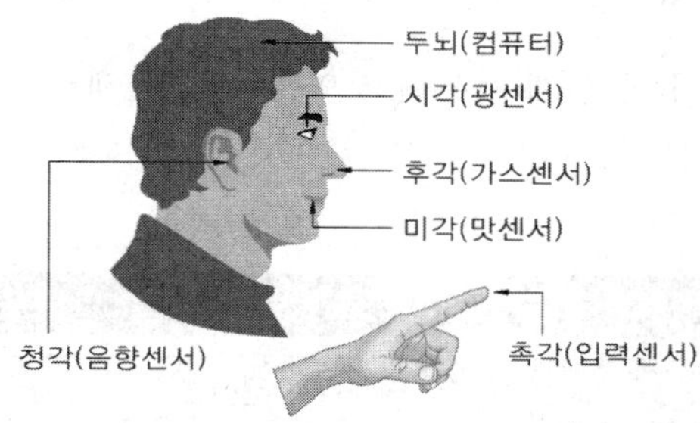

• 그림 4-101 • 오감과 센서

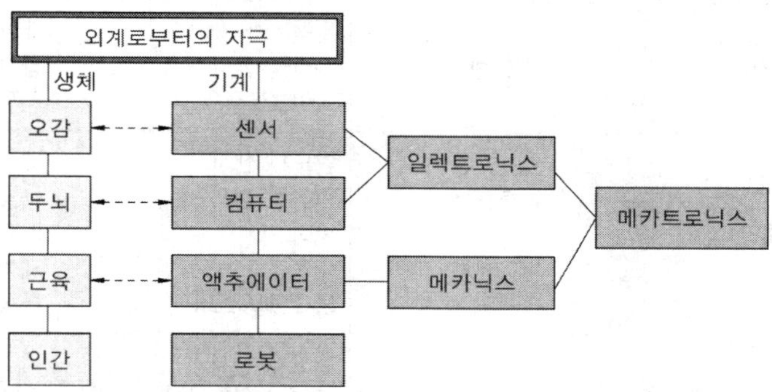

• 그림 4-102 • 생체와 기계의 관계

디지털 온도계를 예로 든다면 온도를 서미스터(thermistor) 등에 의해 검출하고 전기신호로 바꾸는 역할을 하는 부분이 센서에 해당한다. 즉 센서는 어떤 목적을 달성하기 위한 시스템 또는 장치에서 중요한 정보 수집구로서의 기능을 맡고 있다.

인간은 외계로부터의 자극을 오감(五感)을 통하여 받아들인 뒤 그 신호를 뇌로 보내고, 뇌의 지령에 따라 근육을 움직인다. 따라서 인간의 사회생활에서 오감이 반드시 필요하듯이 과학기술의 세계에서도 이에 대응하는 센서의 역할이 중요하다.

[그림 4-101]에 오감과 그에 대응하는 센서를 나타냈다. 여기서 두뇌는 컴퓨터에 대응됨을 나타내는데, 센서는 외계로부터의 신호를 컴퓨터에 입력하기 위한 '중개체'라고도 할 수 있어 컴퓨터와 밀접한 관계에 있음을 알 수 있다. 컴퓨터와 센서를 조합하는 기술은 로봇을 비롯하여 우주를 대상으로 하는 시스템까지 광범위하게 적용되고 있다.

[그림 4-102]는 외계의 자극에 대한 생체와 기계의 반응을 사람과 로봇의 경우를 대비하여, 센서 · 컴퓨터 · 액추에이터(actuator)의 기능을 도식화한 것이다. 센서는 여러 가지이며 분류법도 원리별 · 측정변량별 · 응용대상별 등 여러 측면으로 나눌 수 있다.

인간의 오감(감각 기관)과 현재 사용되고 있는 다양한 센서는 [표 4-6]과 같이 비교할 수가 있다.

| 표 4-16 | 감각 기관과 각종 센서

감각기관	대응하는 센서		사용원리
눈(시각)	광센서	반도체센서 CCD센서 포토트랜지스터 광전자 증배관	} 광도전 효과 광전 효과 광전자 방출 효과
귀(청각)	압력 센서	일렉트렛 세라믹 센서 마이크로폰	왜형 효과 압전 효과 정전 용량 변화
피부(촉각)	압력센서 온도센서	반도체 센서 탄성체 센서 서미스터 열전대 Si 트랜지스터	왜형 효과 용량 변화 저항 변화 제벡 효과 특성의 열변화
코(후각)	가스 센서	반도체 센서 표면 전위형 센서 연소식 센서 전해식 센서 고체 전해질 센서	} 흡착 효과 } 연소 반응 막선택 투광성
혀(미각)	미각 센서	이온 센서 효소 센서 미생물 센서 면역 센서	

① 센서의 정의

통상적으로 "온도, 압력, 소리, 빛 등 여러 종류의 물리량을 검지·검출하거나 판별·측정하여 신호로 전달하는 기능을 갖춘 소자(素子), 또는 이러한 소자를 이용한 계측기" 또는 "센서는 제어 대상물이 어떤 정보를 갖고 있는가를 검출하는 장치이다." 또는 "센서란 물리/생물/화학적인 외부 정보를 검출하여 컴퓨터나 제어장치가 이해할 수 있는 전기 신호로 변환하는 소자(장치)"라고 하는 센서는 과학, 기술면에서 이용되어 온 역사가 오래된 만큼 센서(sensor)에 대한 정의도 여러 가지 표현으로 기술되어 왔다. 현재까지도 세계적으로 통일된 정의는 없지만 대체적으로 다음과 같이 정의된다.

① 측정 대상물로부터 정보를 검지 또는 측정하여 그 측정량을 인식 가능한 유용한 신호로 변화는 장치(device)
② 물리, 화학량 등의 외계의 정보를 감지하여 신호처리하기 쉬운 전기나 빛의 신호로 변화하는 기능을 지닌 소자
③ 신호나 자극에 반응하고 수신하는 장치
④ 모든 정보 및 에너지의 검출 장치

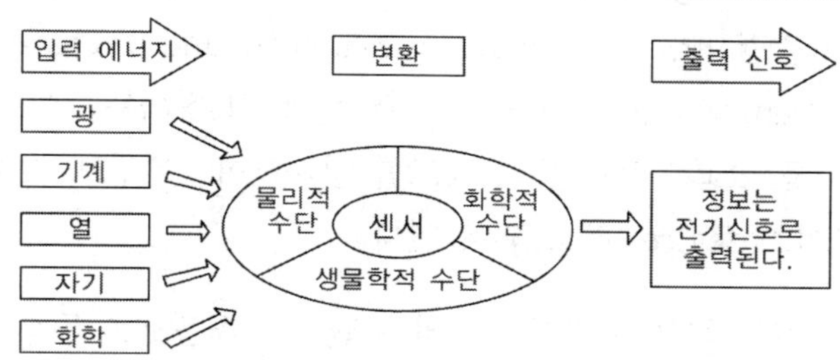

• 그림 4-103 • 센서의 정의

센서(Sensor)는 독립적인 기능은 없지만 다수의 검전기, 신호조절장치, 신호처리장치, 기억장치, 자료기록장치, 작동장치와 같은 커다란 System에 일부가 된다. 장치에서 센서의 역할은 본질적이거나 부대적이다. 센서는 외부영향과 외부자극의 변화에 대한 신호 System을 감지하는 입력장치로 볼 수 있다. 센서는 항상 다른 종류의 자료수집 장치에 일부분이며, 종종 각각의 System은 다양한 신호 반송 장치를 포함하고 있는 큰 제어 System의 일부로도 볼 수 있다.

② 센서의 어원

센서를 이용한 역사는 인류 역사만큼이나 오래된 것으로 볼 수 있으나, 센서라는 말이 언제쯤부터 사용되었는지는 정확히 알 수 없다. 지금부터 40~50여년 전 자동화(Automation : Automatic operaion) 관계서적을 보면 오늘날의 센서 대신 트랜스듀서(transducer)라는 용어가 등장하고 있다. 트랜스듀서란 변환기의 의미를 가지고 있다. 그리고 그 역할은 측정하고 싶은 양([예] 밝기나 따뜻함)을 취급이 간단한 양([예]전기, 힘, 길이 등)으로 바꾸는 의미로 사용되었다고 볼 수 있다. 오늘날의 센서는 대부분의 경우 전기로 바꾸는 것을 의미한다.

센서라는 말은 결국 1960년대 초 무렵인 공업용 로봇이 생길 무렵부터 쓰이게 되었다고 추정되며, 공업용 로봇의 부분들을 인간의 기능과 유사하게 작용할 수 있도록 만든 것이 바로 센서이다.

센서라는 단어는 라틴어의 "sens-(us)"에서 유래된 것인데, 1965년경까지도 문헌상에 나타나지 않았다.
이 센서라는 단어는 1967년 미국의 McGraw - Hill 출판사가 펴낸 「English - German Technical Engineering Dictionary」에 정의 없이 최초로 출현하였다. 1974년 역시 McGraw - Hill 출판사가 「Dictionary of Scientific and Technical Terms」에 처음으로 정의를 넣어서 'sensor'라는 단어를 수록하였는데, 그 정의는 '온도, 압력, 유량 또는 그들의 변화, 혹은 빛, 소리, 전파 등의 강도를 감지하여 그 정보 수집시스템의 입력신호로 변환하는 디바이스(device)'라고 되어 있다.

국내에서는 1982년 국어대사전에 센서라는 단어가 처음으로 등장하였다. 이 센서는 인간의 감각 능력을 확대하기 위한 기술적 수단으로서 목표물로부터 반사 또는 방출되는 에너지에 의하여 지세, 군사적 표적의 여부, 기타 인공 및 자연물의 활동 사항을 탐지, 지적해 내는데 쓰이는 장비라고 되어 있었다.

그러나 아직도 센서의 개념이 명확하게 정의되어 있다고는 할 수 없다. 아직은 사용자나 분야에 따라서 약간씩 그 개념의 차이를 나타내고 있다. 이것은 센서 기술이 수요 지향적으로 성장해 왔고, 그 특성이 아주 학제적이고 복합적 기술이기 때문이다. 센서를 좁게 보느냐, 넓게 보느냐에 따라서 그 개념적 차이가 상당히 클 수 있다고 할 수 있다.

③ 센서의 역할 및 목적

센서의 역할 및 이를 사용하는 목적은 사용 대상에 따라 여러가지로 구분할 수 있으나 일반적으로 이를 요약하면 다음과 같이 나눌 수 있다.

1. 센서의 목적

센서를 사용하는 주요 목적은 다음 세 가지로 나눌 수 있다.

① **정보 수집**

물리적으로 변하는 상태를 측정하기 위해서 센서를 이용하는데 이 때 물리적인 특성, 변하는 양 등을 정확히 감지하여 필요한 곳에 이를 전달하는 기능을 한다. 즉, 정보전달의 기능을 한다. 정보수집의 방법에 있어서도 그 대상에 따라 여러가지로 나눌 수 있는데 그 사용 목적에 따라 다음과 같이 나눌 수 있다.

㉠ 계측·계량 : 과학, 일상 생활 등과 같이 물리적인 양의 계측, 또는 계량이 주 목적인 것으로 정량적인 수치를 요구하고 있다. 요즈음의 공업분야는 물론 첨단 과학에서도 이러한 정량적 목적으로 계량을 요구하는 경우는 대단히 많다.

㉡ 탐지·탐사 : 우주탐사, 지질탐사, 자원탐사 등과 같이 검색을 목적으로 이용하는 것으로 대부분의 경우 원격으로 이루어지는게 보통이다. 이와 같이 탐사된 자료를 정보화하여 사용하기 위해 센서를 이용한다.

㉢ 감시·경보·보호 : 시스템이나 인물, 또는 장비에 대해 변화상태를 감시하고 위험을 방지하기 위해 이용되는 것으로 최근의 많은 장비나 시스템이 무인화 되어가는 추세에 있어 이 계통에 이용되는 센서도 증가하고 있고 지능화 추세에 있다.

㉣ 검사·진단 : 의료, 농산물, 생체 등의 상태를 검사하고 진단하기 위한 것으로 정보화사회로 격히 변함에 따라 이들을 이용한 센서도 많아지고 있다.

② **정보의 변환**

센서는 정보를 얻는 것은 물론이고 얻은 정보를 변환시키는 기능도 한다. 영상매체가 발달된 요즈음의 센서는 글자, 그림, 코드 등을 읽어 기록하기 쉬운 컴퓨터 등의 자료로 변환하거나 자기 디스크, 광 디스크 등에 기록된 정보를 읽어 필요한 정보로 이용하기도 한다.

③ **제어 정보의 취급**

제어대상 장치, 제어장치 등이 설치되어 있는 환경의 제어정보를 검출하여 이들 장치의 상태를 안정하게 제어하거나 변화하는 목표값에 접근하도록 한다.

시스템이라는 것은 여러 가지 부품이 조직적으로 결합되어 있는 것으로서 각 부품이 각각의 역할을 분담, 수행하여 일정한 원리, 법칙, 규칙, 순서에 따라 상호관계를 유지, 작동함으로써 전체적으로 일정한 기능을 수행하는 하나의 조직체이다.

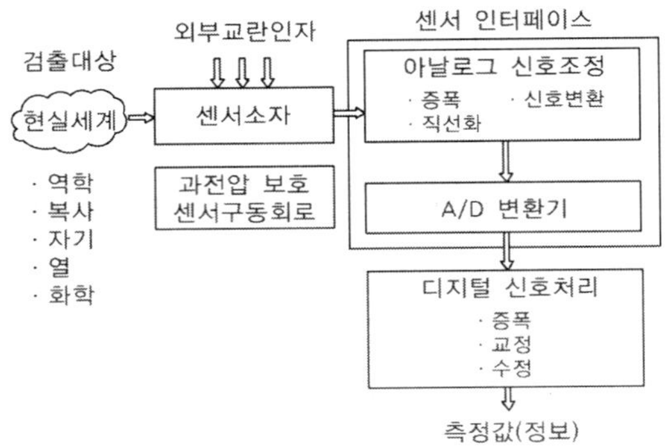

• 그림 4-104 • 센서 시스템

센서는 이러한 시스템들의 외계 또는 내계에 대한 인터페이스 역할을 하는 부분시스템(subsystem)이라 할 수 있다. 넓은 의미로 이 자체가 변환요소(트랜스듀서 등), 신호전송요소(송신기, 케이블, 수신기 등), 신호처리요소, 정보처리요소, 정보출력요소(디스플레이, 출력 인터페이스)로 구성되고 정확한 정보를 출력할 수 있도록 노이즈, 드리프트, 온도보상 및 보정기구 등이 삽입된 한 개의 시스템이다. 따라서 센서를 필요로 하는 시스템에서는 센서의 성능(측정범위, 감도, 응답속도, 정밀도 등)이 시스템의 가치를 좌우하게 되며 시스템의 신뢰성은 센서의 신뢰성에 강하게 의존하게 된다.

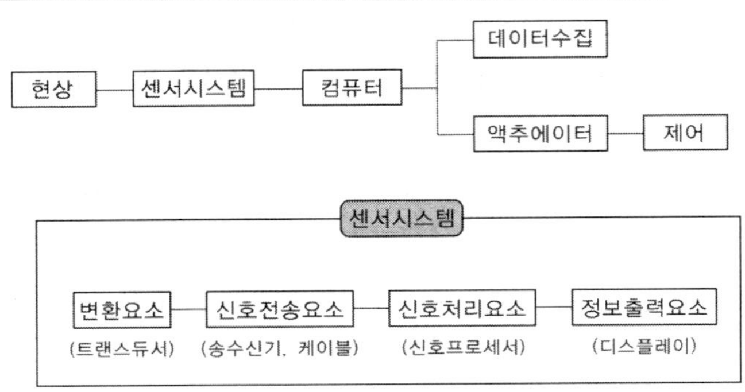

• 그림 4-105 • 센서 시스템의 요소

④ 센서의 신호처리계

마이크로프로세서를 기초로 한 신호처리계는 [그림 4-106]과 같다.

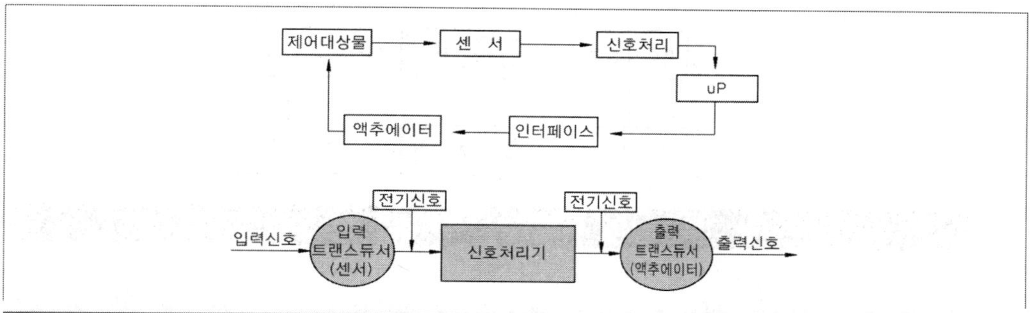

• 그림 4-106 • 마이크로프로세서를 베이스로 한 신호처리계

① **센서** : 비전기적 양을 전기신호로 변환하는 입력 트랜스듀서(input transducer)
② **액추에이터(actuator)** : 전기신호를 다른 에너지로 변환하는 출력 트랜스듀서(output transducer)
③ **트랜스듀서(transducer)** : 한 에너지 형태(신호)를 다른 에너지 형태(신호)로 변환하는 소자를 총칭하는 용어. 센서와 트랜스듀서의 차이는 출력이 전기적 신호(에너지)인가 아닌가에 의해서 결정된다. 그러나 실제로는 두 용어가 자주 동일한 의미로 사용되고 있다. 입력 에너지, 예를 들면 빛이나 음의 에너지 신호를 전기 신호로 변환해서 끄집어내는 장치를 트랜스듀서(transducer : 에너지 신호가 아니고 에너지 그 자체를 변환하는 것을 목적으로 한 것)라고 부르고 센서와 구별하고 있다. 그러나 센서와 트랜스듀서는 겹치는 부분이 많으므로 여기서는 이들의 구별에는 그다지 중점을 두지 않고 '몇 개의 변환을 취급하는 기능을 갖는 것'을 광범위하게 센서라고 부르기로 한다.
④ 센서 및 그것과 관련된 신호처리 하드웨어(signal processing hardware) 시스템은 측정 시스템, 데이터 획득 시스템 (data acquisition system), 공정 제어 시스템 (process control system)이 될 수 있다.

⑤ 센서와 제어 시스템

산업 시스템이 자동화 되어감에 따라 센서는 자동화의 필수 중점 요소로서 인식되며 제어 시스템의 구성에서도 또 다른 형태를 보이고 있다. 과거의 제어 시스템은 입력부, 제어부,

출력부의 3부분으로 구분하였으나 최근에는 센서의 사용이 반도체 기술의 발전과 더불어 여러 분야에서 응용되고 있는 관계로 이러한 추세를 고려하면 제어 시스템은 다음과 같은 형태로 구성된다.

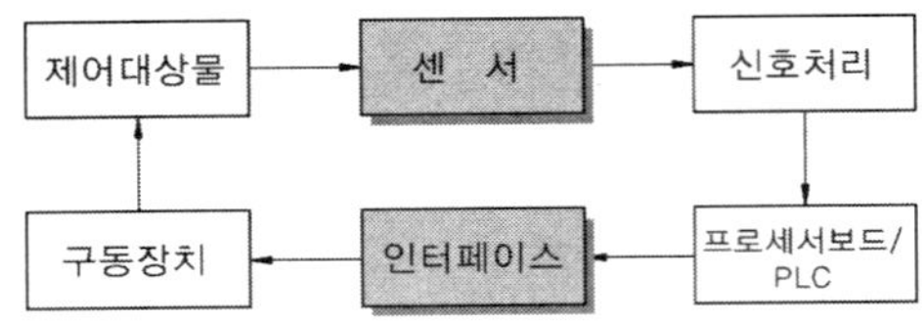

• 그림 4-107 • 제어 시스템에서의 센서 및 인터페이스

• 센서와 제어시스템의 정보

제어 대상물의 정보를 프로세서에 전달하고 그 내용을 분석, 가공하여 출력하는 시스템에서 정보의 전달 이전에 필수적인 계측이 이루어져야 하는데, 계측은 계측 대상에 따라 매우 다양한 방법으로 이루어지게 된다. 길이를 재는 경우에 대상물에 자를 대고 눈금을 읽음으로써 계측이 가능하나 경우에 따라서는 다른 기계나 장치를 이용할 수도 있고, 시스템에서 간접적으로 정보를 획득할 수도 있다.

센서가 처리할 정보는 다음 표와 같다.

| 표 4-17 | 센서가 대상으로 하는 정보량의 분류

분류	대상량
기계	길이, 두께, 변위, 액면, 속도, 가속도, 회전각, 질량, 중량, 힘, 압력, 진공도, 모멘트, 회전력, 풍속, 유속, 유량, 진동
음향	음압, 소음
주파수	주파수, 시간
전기	전류, 전압, 전위, 전력, 전하, 임피던스, 저항, 정전 용량, 인덕턴스
온도	온도, 열량, 비열
광	조도, 광도, 색, 자외선, 적외선, 광변위
방사선	조사선량, 선량률
습도	습도, 수분
화학	순도, 농도, 성분, pH, 점도, 입도, 밀도, 비중, 기체, 액체 · 고체 분석
생체	심음, 혈압, 혈액, 맥파, 혈액 충격, 혈액 산소 포화도, 혈액 가스 분압, 기류량, 속도, 체온, 심전도, 뇌파, 근전도, 망막 전도, 심자도
정보	아날로그량, 디지털량, 연산, 전송, 상관

⑥ 센서의 분류

천차만별이라 할 정도로 다양한 센서는 공식 표준으로 규정된 분류 방법은 없다. 다만 여러가지 관점에서 다양하게 분류되고 있는 내용들을 살펴본다.

센서는 기능, 목적, 사용방법, 구성방법, 재료 등에 따라 말할 수 없을 정도로 다종 다양하며 분류도 여러가지 관점에서 나눌 수 있다.

1. 감지대상에 따른 분류

측정 또는 검출하고자 하는 감지 대상이 물리량, 역학량 혹은 화학량인지에 따라 센서를 물리센서, 역학센서, 화학센서 등으로 구분할 수 있다.

가. 역학 센서

일반적으로는 역학 센서는 자기, 파동, 전기, 방사선 등과 같은 기본 물리적인 이론이나 현상을 이용하여 피측정물의 역학적인 특성을 측정하는 변위, 길이, 속도, 가속도, 회전수, 진동수, 압력, 힘, 유체 유량 등을 이 분야에 포함시켰다. [표 4-18]는 어떠한 센서가 역학 센서에 속하는가를 구체적으로 나타내었다.
센서를 인간의 오감에 따라 분류한다면 역학 센서는 시각(빛)이나 촉각을 검출 수단으로 하여 감지하는 센서에 해당한다고 할 수 있으며, 특히 압력 센서로 대표되는 촉각 센서는 로봇 산업과 함께 발전할 것이다.
센서는 변위 검출용과 이물질 검출용 센서로서 로봇 산업 및 공장 자동화, 안전 진단 등에 있어 매우 중요하게 사용되고 있으며, 속도 및 가속도, 회전, 진동수, 측정용 센서는 국내 자동차 산업의 급속한 발전으로 그 수요가 계속 증가하고 있다.
그러나 산업 발전에 따라 장차 예상되는 센서의 구비 조건으로 신뢰성, 생산성, 센서의 다기능화, 집적화, 가능성을 중요시하고 있다. 따라서 앞으로는 반도체 집적화 기술과 마이크로머시닝 기술을 응용한 반도체센서 기술에 대한 연구가 가장 활발하게 이루어지고 있다.

| 표 4-18 | 역학 센서의 종류

감지대상	종류
변위, 길이	차동 트랜스, 스트레인 게이지, 이미지, 콘덴서 변위계
속도, 가속도	회전형 속도계, 동전형 가속도계
회전수, 진동	인코더, 리졸버, 스코프, 압전형 검출계
압력	다이어프램, 로드 셀, 수정 압력계
힘, 토크	저울, 첸칭, 토션 바

나. 물리 센서

물리 센서는 온도, 자기, 빛, 색, 자외선, 방사선 검출용 센서 등이 있다. 어떤 피측정물의 역학적인 특성을 측정하기 위해 필요로 하는 기본적 검출 수단을 물리 센서로 다루고 있다. 산업 현장이나 일상 생활에서 사용하는 대부분의 센서는 이러한 기본 물리량 측정을 바탕으로 하여 전류나 저항 등의 신호로 변환된 또다른 물리량을 이용하게 된다. 물리 센서 중에서 앞으로 응용성 면에서 가장 비중있는 분야는 시각 센서인 광 센서로 인간의 오감 중에서 눈의 역할을 한다. 인간의 눈은 뛰어난 인식 능력을 갖고 있듯이 광 센서도 매우 다양한 정보를 검지하고 제공한다.
최근에는 새로운 구조나 현상을 이용한 고성능 광 센서 즉, 고속 광검출 소자, 2차원 광 센서인 이미지 센서로서 CCD 센서의 실용화가 본격화되고 있다.

온도 센서의 응용은 매우 광범위하게 사용되고 있고 자기 센서는 비접촉 센서로서 활용 범위가 매우 넓어 자계 자체의 검출은 물론 자기를 매개로 한 자기의 측정, 위치, 변위, 각도, 회전수, 속도 등 기계량 검출에 널리 이용되고 있다.

| 표 4-19 | 물리 센서의 종류

감지대상	종류
온도	열전대, 서미스터, 온도계
빛, 색	광도전, 광결합형, 이미지 센서, 포토 센서
자기	홀 소자, 자기저항 소자
전류	분류기, 변류기
자외선, 방사선	조도계, 광량계

다. 화학 센서

화학 센서는 화학반응에 직접 관여하여 화학성분을 인식하고 계측하는 용도로 사용하고 종류는 [표 4-20]과 같다. 화학 센서는 일반적으로 반응기구의 해명, 이상반응 검지, 프로세서 제어, 신규 화합물의 합성, 환경오염 물질의 측정 및 감시, 의료진단, 생명공학, 안전방재 등에 이용되고 있다.

| 표 4-20 | 화학 센서의 종류

감지대상	종류
습도	세라믹 센서, 결로 센서, 고분자막 센서
가스	매연 센서, 반고체 가스 센서
이온	pH전극 센서, 이온선택전극 센서

2. 위치 검출용 센서의 분류

위치 검출용 센서는 감지 방법에 따라서 접촉식과 비접촉식으로 분류하고 전기 신호의 발생 방법에 따라서 유도형, 정전형, 광전 센서로 분류한다.

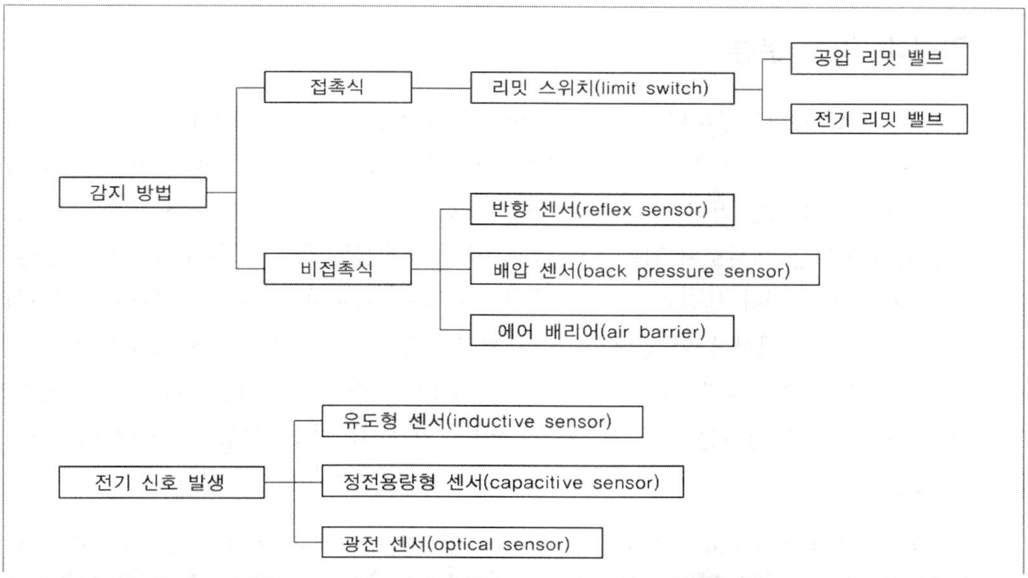

• 그림 4-108 • 위치 검출용 센서의 분류

3. 구성에 의한 분류

기본센서·조합센서·응용센서로 분류한다. 예를 들면, 온도측정에 사용하는 열전쌍(熱電雙)은 기본센서이다. 건구(乾球)와 습구의 온도를 검출하고 상대습도를 측정하는 것은 조합센서라고 한다. 인체가 발산하는 열선(熱線)을 적외선 센서로 측정하고 신체표면온도의 온도분포를 음극선관(陰極線管 ; CRT) 위에 표시하는 것은 응용센서이다.

① **기본 센서** : 가장 기본이 되는 단일 소자로 구성된 것으로 홀 소자 등을 들 수 있으나 극히 간단한 것을 제외하고는 단일 센서로 구성된 것은 드물다.

② **조립 센서** : 다른 종류의 소자 또는 변환장치를 조립해서 구성된 것으로 많은 센서가 이 형태를 취하고 있고, 한 개의 센서로 여러 파라메터를 측정하는 최근의 센서는 여러 종류의 소자가 조립되어 이용되고 있다.

③ **응용 센서** : 기본 센서 또는 조립센서와 다른 여러 종류의 장치를 조합시켜 구성한 센서이다. 온도측정의 경우 열전대 방법, 적외선 측정에 의한 방법, 화상인식에 의한 방법 등을 들 수 있는데 열전대는 단일 소자이므로 기본센서이고 적외선 방법은 열전대를 좁은 면적에 감아 적외선에 잘 감응하도록 한 것으로 조립센서이다. 한편 여기에 적외선 주사 장치를 이용해 피사체에 주사하여 형상인식 또는 화상인식 장치로 이용하면 조립센서로 볼 수 있다.

4. 기구에 의한 분류

구조형·물성형으로 구분한다. 구조형 센서는 운동법칙이나 전자기유도의 법칙을 이용한 것인데, 압력을 다이어프램 등으로 변위시킨 뒤 이것에 반응한 커패시턴스(capacitance)의 변화로 검출하는 압력계가 그 예이다. 구조형 센서는 정밀도나 신뢰도가 우수한 것이 개발되어 공업용 센서로서 널리 사용된다. 물성형 센서는 물질 고유의 물리적 특성을 이용한 것이다. 반도체나 세라믹스 등의 물리적 특성을 이용한 압력센서·광센서·자기장센서·가스센서·습도센서 등이 있다. 물성형 센서는 집적회로(IC)나 박막 재료와 진보된 제조기술을 활용한 소형화와 대량생산에 의한 저렴화가 가능하며, 가동부가 없고 신뢰성이 높으며 보존이 간단하다는 특징을 가지고 있다. 가정전기기구·자동차 등 일반용으로 널리 이용되고 있다.

① **구조형 센서** : 구조체의 변환 기구를 이용한 것으로 주로 기계식 센서가 이에 속한다. 콘덴서 극판 변위를 이용해 압력을 측정하거나 차동변압기를 이용해 위치를 측정하는 경우 또는 다이어프램을 이용한 압력측정 등과 같은 것들을 이 종류로 볼 수 있다. 따라서 대부분 가동부와 고정부로 구성되어 있는게 일반적이다.

② **물성형 센서** : 물질이 갖고 있는 물리적 특성 또는 자계, 전기량, 화학량, 온도 습도, 압력 등과 같은 양에 대해 센서의 물리적 특성이 변하는 것을 이용한 것으로 최근의 많은 센서가 이에 속한다. 특히 센서 기술이 첨단화 되어가고 시스템이 복잡, 소형화하여 감에 따라 센서도 고기능 소형화 필요성이 대두되어 각 센서의 물리적 특성은 센서 공학의 필수가 되고 있다. 따라서 물성형 센서는 물론 센서의 기본 특성과 그 동작 원리를 이해하기 위해서는 각 소자에 대한 물리적인 특성을 정확히 이해하여야 한다.

③ **혼합형 센서** : 기구형과 물성형이 혼합된 것으로 많은 센서가 이 형태를 취하고 있다.

④ **생물형 센서** : 미생물의 변화, 생체 조직의 변화 등과 같은 변화상태를 센서로 이용하는 것으로 주로 농업, 제약, 발효 및 식품공업과 같은 분야에 널리 이용되고 있다. 이들 센서로 검출한 상태는 다른 물성형 또는 변환기구와 조합해서 이용되는 경우가 많다.

5. 동작형식에 의한 분류

① **능동형 센서** : 전압이라는 외부 동력이 요구된다. 전압은 출력 신호를 만들어 내는 센서에 의해 전환된다. 때때로 능동형 Sensor는 외부 영향에 반응하여 자기만의 특성으로 변화하기 때문에 Parametric(매개변수)이라고 일컬어지고, 결과적으로 이 특성들은 전기적 신호로 변환될 수 있다.

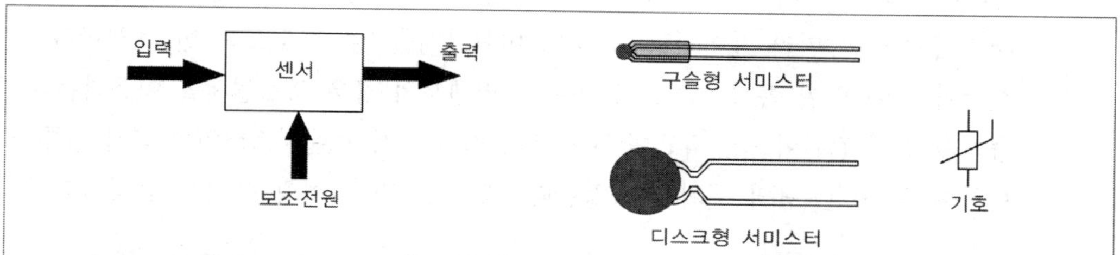

• 그림 4-109 • 능동형 센서의 동작 방식과 서미스터

예를 들면 서미스터(Thermister)는 온도에 민감한 저항체다. 어떤 신호가 발생하지 않음에도 불구하고, 전압을 통해 전류가 통과함으로써 저항은 서미스터를 통과한 전압과 전류에서 탐지된 변화량에 의해 측정되고, 저항에서 출력된 이러한 변화량은 온도에 직접적으로 연관된다. 측정시 센서가 일정량의 프로세스 즉, 전압, 전류, 열자극, 또는 기타의 에너지를 측정대상에 주어 이 때 발생하는 일정량의 반응량 또는 에너지를 검출하여 센서로 작용시키는 것으로 레이더, 레이저를 이용한 형광 분석장치, 음향 분석장치, 초음파를 이용한 물체인식 또는 레벨 계측 등을 들 수 있다.

② **수동형 센서** : 외부 자극에 반응하는 전기적 신호를 직접 만들어낸다. 즉 자극에 의한 입력 에너지는 추가적인 동력없이 센서에 의해 출력에너지로 전환된다. 피검 대상의 물체에서 발생하는 물리적 신호 또는 에너지를 센서가 감지만 하면 되는 것으로 적열전지, 초전기적 검전기, 압전기, 외선 온도계, 적외선 촬상장치, 자외선 검출기, 광 센서 등이 이에 속한다.

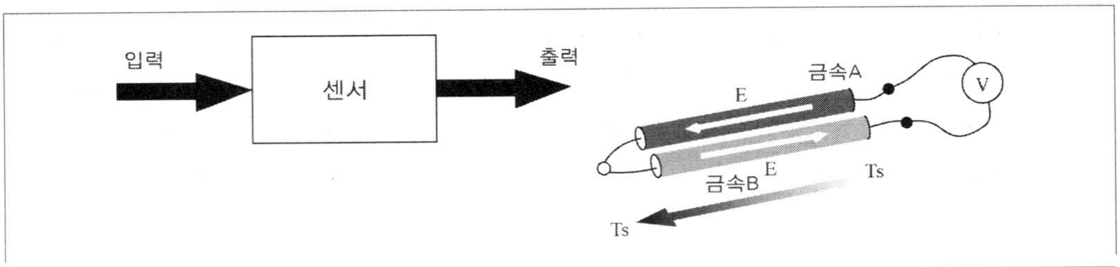

• 그림 4-110 • 수동형 센서의 동작 방식과 열전대

6. 에너지 공급형식에 의한 분류

① **에너지 변환형** : 태양전지나 압전형 센서와 같이 센서의 입력 에너지를 다른 종류의 에너지로 변환하여 센서로 동작하는 것으로 수동형 센서의 일부가 이에 속한다.

② **에너지 제어형** : 저항변형 센서나 포토 트랜지스터와 같이 동작 중 공급된 에너지를 센서가 동작함에 따라 제어되어 그 양의 변화상태를 알 수 있도록 한 센서이다. 능동형 센서가 이에 많이 속하는데 조도 또는 컬러센서의 경우 포토센서를 이용하는데 이 때 동작을 위해 전원이 공급되고 광의 세기에 따라 증폭 트랜지스터의 콜렉터 전류 크기가 변하여 색 또는 광의 세기를 측정한다. 즉, 에너지 제어형 센서로 동작한다.

7. 출력신호 형식에 의한 분류

① **아날로그형** : 센서의 신호가 아날로그 신호로 나오는 것으로 대부분의 센서는 이 종류이다. 이 신호는 전자회로를 이용해 디지털 신호로 변환하여 사용할 수 있다.

② **디지털형** : 센서에서 나오는 신호가 주기적 또는 펄스 등과 같이 디지털 신호로 나오는 것으로 바이메탈, 온도, 스위치 등과 같은 것을 들 수 있으나 센서 자체의 신호는 아날로그 신호로 볼 수 있고 여기에 전자회로를 첨부한 것이 많다.

8. 동작 원리에 의한 분류

센서로서 동작하기 위해서는 물리적인 특성을 이용하여야 하는데 이 때 센서의 동작특성이 어떤 물리적 현상을 이용하느냐에 따라 구분하는 것이다.

① **임피던스 변화형** : 센서가 물리현상을 검출할 때 그 출력이 저항, 인덕턴스, 리액턴스 등의 값으로 나타나는 것으로 측온저항체, 정전용량형 센서, 인덕턴스에 의한 자속측정 등이 이에 속한다.

② **전압 출력형** : 센서의 출력이 전압으로 나오는 것으로 열전대가 있다.

③ **전류출력형** : 센서 출력이 전류를 내보내는 것을 말한다. 포토다이오드에 의한 광 측정 등을 들 수 있다.

④ **광센서** : 센서의 동작이 빛 에너지를 받아 동작하는 것으로 이에는 이미지센서, 자외선 센서, 컬러 센서, 적외선 센서 등이 있다.

⑤ **압전효과 센서** : 압전효과를 이용해 동작하는 것으로 압전형 압력센서, 압전형 초음파센서 등이 있다.

⑥ **음파 에너지형** : 초음파나 음파의 동작을 이용한 것으로 초음파 거리측정 센서, 레벨센서 등이 있다.

⑦ **기계적 변위형** : 기계적인 변위를 이용한 것으로 스프링 센서, 다이어프램에 의한 압력측정, 변위형 레벨 센서 등이 있다.

9. 검지기능에 의한 분류

공간량 · 역학량 · 열역학량 · 전자기학량 · 광학량 · 화학량 · 시각 · 청각 등이 있다. 구체적으로는 온도 · 습도 · 압력 · 유량 · 회전수, 가스 · 빛 등에 대한 센서이다. 이 중에서 온도센서가 가장 많고 또한 널리 사용되고 있다. 손목시계에 온도센서를 내장하는 등 용도가 다양화하고 있다.

10. 변환방법에 의한 분류

이것은 역학적 · 열역학적 · 전기적 · 자기적 · 전자기적 · 광학적 · 전기화학적 · 효소화학적 · 생물학적 변환작용에 의한 분류이다. 새로운 예로서는 비결정질 재료의 광전효과를 이용한 가시광선센서, 생명공학(바이오테크놀러지)을 이용한 가스성분이나 미량물질을 검출하는 바이오센서 등이 있다.

11. 용도에 의한 분류

공업용 · 일반용 · 의료용 · 이화학용 · 우주용 등으로 분류한다. 이들을 요구되는 정밀도의 측면에서 보면, 일반용은 정밀도 1~10% 범위에서 사용할 수 있고, 대량생산이 가능하며, 저렴하므로 가스누출검지센서 등의 물성형 센서가 많이 사용된다. 공업용 가운데 철 또는 석유화학제품 등의 제조용으로 사용되는 프로세스제어용 센서는 0.1~1%의 정밀도가 요구되며 전자기유량계와 같은 구조형 센서가 많이 사용된다. 더 높은 고정밀도를 필요로 하는 것은 정밀실험 또는 교정의 용도로 0.001~0.1%의 정밀도가 요구되며, 주로 양자형) 센서나 주파수형 센서가 사용된다.

12. 재료적 분류

반도체 센서 · 세라믹 센서 · 효소 센서 등 센서에 사용되는 재료로 분류하는 방법이다.

13. 검출신호 형태에 의한 분류

아날로그센서 · 디지털센서 · 주파수형센서 · 이값형(二値形) 센서 등이 있다. 측정대상의 물리량에는 원래 아날로그량이 많기 때문에 아날로그센서의 종류와 수가 많다. 디지털센서에는 인코더(encoder)식의 변위센서가 있으며 그 수는 적다. 주파수형 센서에는 와류량계(渦流量計)나 수정온도계가 있다. 이값형 센서란 온 · 오프 2가지 값을 출력하는 것인데 광전스위치 · 근접스위치 등에 널리 사용되고 있다.

14. 원리 · 현상에 의한 분류

센서를 그 동작원리 · 현상에 따라 분류한 것으로, [표 4-21]에 나타낸 센서 매트릭스를 보면 알기 쉽다. 이 표를 보면 상당히 많은 원리 · 현상이 센서로 사용되고 있음을 알 수 있다. 예로 온도센서는 8가지의 원리 · 현상을 응용한 것이 사용된다. 다음은 이 센서매트릭스 중에서 몇 가지를 들어 해설한 것이다.

| 표 4-21 | 센서매트릭스

센서 \ 원리, 현상	전기저항(금속·반도체·세라믹스)	전기저항(유기물·용액)	전자기유도	정전기유도	광기전력·광전기전도	열기전력	압전·전기변형	자기변형	전리·들뜸	촬상관·촬상디바이스	트랜지스터특성	초음파	마이크로파	스트레인게이지	진도현상	카르만소용돌이	상관	회전수	토크	압력	변위·낙체·부자	광선·적외선	적외선흡수·자외선흡수	광산랑·광투과	색	복사	복사선	초전효과	패러데이효과	조셉슨효과	홀효과·자기저항효과	열전도	갈바니전지	화학변화·화학발광	접촉연소	이슬점	기화열	고정화효소·미생물	팽창(기체·액체·고체)
빛·레이저					○					○																		○											
자외선					○																																		
적외선	○				○	○				○																		○		○									○
복사선									○																														
온도	○				○	○	○				○														○	○													○
힘·토크·무게			○				○	○						○	○																								
압력·기압				○										○	○						○																		
진공				○					○					○																		○							
진동			○	○			○							○								○																	
음·초음파			○				○	○																															
습도·수분	○	○		○									○														○									○	○		○
가스·가스성분	○																																○		○				
액체성분		○																					○									○	○	○				○	
유량			○	○								○				○	○	○		○												○							
자기			○																										○	○	○								
탁도																								○															
밀도												○															○												
점성도														○					○		○																		
레벨				○								○	○	○	○					○	○					○						○							
위치·변위			○	○						○				○								○									○								
존재				○									○									○																	

15. 검출대상에 따른 센서의 분류

검출 대상	센서의 종류	접촉/비접촉	특징
물체의 유무	마이크로 스위치	접촉	스프링에 의해 구동되는 핀에 따라 접점의 개폐가 이루어지는 스위치입니다. 물체의 유무에 따라 핀을 동작시키는 것에 의해 검출한다.
	홀 소자	비접촉	전류가 흐르고 있는 반도체 칩에 전류에 수직인 자기장을 걸면 전류와 자기장에 직각인 방향으로 기전력이 생기고(홀 효과), 그 기전력에 따른 전위차를 측정하여 자기장을 검출한다. 자기력을 가진 물체의 유무 검출이 가능하다.
	광전 센서	비접촉	광전 센서는 빛을 내는 투광부와 빛을 받는 수광부로 구성되어 있다. 투광된 빛이 검출 물체에 의해 가려지거나 반사하거나 하면 수광부에 도달하는 빛의 양이 변화하므로 수광부는 그러한 변화를 검출한 후 전기 신호로 변환해서 출력한다. 사용되는 빛은 가시광(주로 빨강, 색 판별용으로 초록, 파랑)과 적외광이다.

검출 대상	센서의 종류	접촉/비접촉	특징
물체의 유무	유도형 근접 스위치	비접촉	검출 코일에 교류 전류를 흘려 교류 자기장을 발생시켜서, 그 자기장에 의해 생기는 피검출 물체의 과전류에 따른 자기 손실을 임피던스로 측정하여 피검출 물체의 유무를 검출한다. 피검출 물체는 과전류를 발생시키는 물체이어야 한다.
	정전 용량형 근접 스위치	비접촉	피검출 물체와 센서 사이에 생기는 정전 용량은 거리에 따라 변화한다. 그 변화하는 정전 용량을 측정하여 피검출 물체의 유무를 검출한다. 피검출 물체는 금속과 같은 도체뿐 아니라 수지나 물과 같은 물질도 검출할 수 있다.
	리드 스위치 (자기형 근접 스위치)	비접촉	강자성체 금속이 불활성 가스와 함께 용기 안에 봉지된 구조를 하고 있다. 일반적인 상태에서는 접점은 열려 있지만, 외부 자기장이 가해지면 내부의 자성체가 자석이 되어 서로 당김으로 인해 접점이 닫히는 것을 이용하여 자기나 자기를 띤 물질을 검출한다.
위치 변위 치수	퍼텐쇼미터	접촉	구조는 가변 저항기와 같고 각도와 저항값 사이에 상관관계가 있는 것을 이용하여 저항값을 측정하는 것으로 회전각을 검출한다.
	차동 변압기	접촉	1차 코일과 2차 코일, 가동식 코어(철심)로 구성된다. 이 가동 코어가 가동 코어가 피측정 물체와 연동하여 움직였을 때 변화하는 유도 기전력을 측정하는 것으로 피측정 물체의 변위를 검출한다.
	리니어 인코더	접촉	인코더란 변위량을 펄스 형태로 출력하여 그것을 카운트하는 것으로 검출하는 센서이다. 리니어 인코더는 직동형 인코더라고도 하고 직선 변위량을 검출한다.
압력 응력 변형 토크 중량	스트레인 게이지	접촉	금속선이나 호일을 변형시키면 단면적이 변화하여 전기 저항이 커진다. 이러한 특성을 활용하여 피측정 재료에 스트레인 게이지를 접착시키고 저항을 측정하는 것으로 재료의 변형이나 신축을 검출한다.
	감압 다이오드	접촉	pn 접합이나 금속-반도체 접촉(쇼트키) 다이오드의 접합부에 집중 압력을 가하면 순방향과 역방향 모두 전류가 증가하는 것을 이용하여 압력을 검출한다. 이러한 현상은 반도체 결정에 압력을 가하면 전기 저항이 변화하는 피에조 효과라고 한다.
	로드 셀	접촉	스트레인 게이지를 이용한 힘 검출기이다. 검출하는 힘의 방향에 따라 압축형 로드 셀, 인장형 로드 셀, 압축 인장 겸용형 로드 셀이 있다.
	다이어프램	접촉	다이어프램은 얇은 평면 모양의 막이다. 압력을 받으면 중앙부에 변위와 변형이 생기고 그것을 측정하여 압력을 검출한다.
	부르동관	접촉	부르동관은 C모양을 띤 관 형태의 밀폐용기이다. 용기가 압력에 의해 변형되는 것을 이용하여 압력을 검출한다.
	벨로즈	접촉	벨로즈는 바깥 둘레에 뱀 비늘 모양의 깊은 주름이 있는 얇은 원통이다. 이러한 원통에 압력을 가하면 신축하는 것을 이용하여 압력을 검출한다.
각도	리졸버	접촉	유도 교류 서보 모터와 비슷한 구조로 되어 있으며, 회전자와 고정자 양쪽으로 권선 방향이 직교하는 2상 코일이 감겨 있다. 고정자 2상 코일에는 교류를 흘려 회전자의 회전에 따라 2상 코일로부터 출력되는 전압의 위상 변화를 측정하여 각도를 검출한다.

검출 대상	센서의 종류	접촉/비접촉	특징
각도	퍼텐쇼미터	접촉	구조는 가변 저항기와 같고 각도와 저항값 사이에 상관관계가 있는 것을 이용하여 저항값을 측정하는 것으로 회전각을 검출한다.
	로터리 인코더	접촉	인코더란 변위량을 펄스 형태로 출력하여 그것을 카운트하는 것으로 검출하는 센서이다. 로터리 인코더는 회전형 인코더라고도 하고 회전 변위량을 검출한다.
속도, 회전수	초음파 센서	비접촉	검출 물체에서 초음파가 차단된 경우나 검출 물체의 표면에서 반사되어 나오기까지의 시간을 측정하여 출력 신호를 얻는다.
	레이저 도플러속도계	비접촉	피측정 물체에 레이저 빛을 쬐었을 때의 산란광이 도플러 효과에 의해 속도에 따라 주파수가 변화하는 것을 이용하여 그 변화를 입사광과 산란광의 광비트 신호로 측정하여 속도를 측정한다.
	속도계용 발전기	접촉	속도에 비례하는 회전을 발전기에 접속하여 속도에 따른 발전을 한 후, 그 발전량을 측정하여 속도를 검출한다.
	로터리 인코더	접촉	상기 로터리 인코더의 특징을 참조.
가속도, 진동	압전 소자	접촉	압전체에 압력을 가하면 전압이 발생하는 피에조 효과를 이용해서 진동 등을 전압으로 변환한 후, 그 전압을 측정하는 것으로 진동을 검출한다.
	MEMS 가속도 센서	비접촉	반도체 프로세스 기술을 활용하여 미세 구조체를 만드는 기술인 MEMS(Micro Eletro Mechanical Systems)을 이용해서 제조한 가속도 센서이다. 감지 기구의 차이에 따라 피에조 저항형, 정전 용량형, 열 감지형이 있다.
온도	바이메탈	–	선팽창 계수가 다른 두 개의 금속을 포개어 붙인 구조를 하고 있으며, 그 구조가 온도에 따라 변형되는(휘는) 것을 이용하여 온도를 검출한다.
	열전대	–	서로 다른 금속을 접합할 때 어떤 접합점과 다른 쪽 접합점에 온도차가 있는 경우에 생기는 열기전력(제벡 효과)를 측정하여 온도를 검출한다.
	저항 측온체	–	금속선이 온도에 따라 저항이 변화하는 것을 이용하여 저항을 측정하여 온도를 검출한다. 금속으로는 백금이 이용되는 경우가 많다.
	서미스터	–	코발트, 니켈, 망간 등의 금속 화합물 분말과 2개의 도선을 소결하여 제작한다. 화합물의 혼합비에 따라 특성이 변화한다. NTC 서미스터는 온도의 상승에 따라 저항이 감소하고 PTC 서미스터는 반대로 저항이 증가한다. 저항 측온체보다 감도가 높은 특징이 있다.
	광고온계	비접촉	물체의 열방사를 이용하여 비접촉으로 온도를 측정하는 센서이다. 구체적으로는 측정기 안의 측정 필라멘트 휘도를 피측온체 휘도와 일치시켜 필라멘트에 흐르는 전류로부터 필라멘트 온도를 측정하고, 그것이 피측온체의 온도와 같다고 한다.
자기	리드 스위치 (자기형 근접 스위치)	비접촉	상기 리드 스위치의 특징을 참조.
	자침	비접촉	자석을 자유롭게 회전시킬 수 있는 구조를 가진 센서이다. 외부 자기장의 영향으로 자석이 움직이는 것에 의해 자기를 검출한다. 가장 간단한 예로는 방위 자침(나침반)이 있다.

<table>
<tr><th>검출 대상</th><th>센서의 종류</th><th>접촉/비접촉</th><th>특징</th></tr>
<tr><td rowspan="2">자기</td><td>홀 소자</td><td>비접촉</td><td>상기 홀 소자의 특징을 참조.</td></tr>
<tr><td>자기 저항 소자
(MR센서)</td><td>비접촉</td><td>자기에 의해 저항값이 변화하는 자기 저항 효과를 이용한 소자이다. 자기 저항 효과는 보통의 금속에서도 볼 수 있는 성질이지만, 물질과 구조를 연구함에 따라 초거대 자기 저항 효과라고 하는 저항 변화율의 증가가 발생한다.</td></tr>
<tr><td rowspan="4">빛</td><td>포토다이오드
포토트랜지스터
포토사이리스터</td><td>비접촉</td><td>충분한 에너지를 가진 광자가 pn 접합이나 pin 접합에 들어가면 전자를 들뜬 상태로 만들어 자유 전자와 자유 정공 쌍을 생성한다. 이러한 캐리어는 광전류가 되고, 생성된 광전류로 다이오드 특성을 변화시키거나 트랜지스터나 사이리스터를 동작시키는 소자이다.</td></tr>
<tr><td>광전자 증배관</td><td>비접촉</td><td>광전 효과를 이용하여 빛 에너지를 전기 에너지로 변환하는 광전관을 기본으로 하여 전류 증폭 기능을 추가한 고감도 빛 검출기이다. 윗부분으로부터 빛이 입사하는 온'형과 측면에서 빛이 입사하는 '사이드 온'형이 있다.</td></tr>
<tr><td>CCD 이미지 센서</td><td>비접촉</td><td>수광 소자에 빛이 닿으면 전하가 발생하고, 그 전하를 전하 결합 소자(CCD : Charge Coupled Device)라고 하는 회로 소자를 이용하여 전송하여 빛을 검출하는 촬상 소자이다.</td></tr>
<tr><td>CMOS 이미지 센서</td><td>비접촉</td><td>수광 소자인 포토다이오드에 축적된 전하를 각각의 화소에서 전압으로 변환, 증폭하여 읽기, 빛을 검출하는 촬상 소자이다. 잡음이 크므로 용도가 한정되어 있지만, 소형이고 저소비 전력의 장점이 재조명을 받아 빈번하게 사용되고 있다.</td></tr>
</table>

7 센서의 종류별 특성

1. 온도센서(thermo sensor)

바이메탈(bimetal)처럼 오래 전부터 사용되어 온 것을 비롯하여 광섬유를 이용한 새로운 것까지 널리 사용되고 있는 가장 대중적인 센서이다. 온도 센서는 사용 방법에서 접촉형과 비접촉형으로 나눌 수 있다. 전자는 측온하려는 고체·액체·기체 등에 센서를 직접 접촉시키는 것이고, 후자는 센서를 측정 대상에서 분리하고 그것에서 방사되는 적외선을 검출해서 온도 측정하는 것이다. 이것에는 열전대, 바이메탈, 서미스터, 볼로미터, 감온 페라이트 등이 있다.

| 표 4-22 | 각종 온도센서의 종류와 사용 온도 범위

이용하는 물리현상	온도센서의 종류		사용 온도범위
전기저항변화	RTD(Pt)		−200[℃] ~ 850[℃]
	NTC		−50 ~ 300[℃]
	PTC	$BaTiO_3$계	〈 300[℃]
		Si PTC	−50[℃] ~ 150[℃]
열기전력	열전대		−200[℃] ~ 1600[℃]
	서모파일		−40[℃] ~ 100[℃]
실리콘, 다이오드, 트랜지스터의 온도특성	IC 온도센서		−50[℃] ~ 150[℃]
초전현상	초전온도센서		

접촉형 센서에서 대표적인 것은 서미스터(thermally sensitive resistor의 약자)이다. 이것은 망간, 니켈, 코발트 등의 산화물을 최소 0.5mm각의 칩으로 소결한 반도체로 온도가 상승하면 전기저항이 작아진다는 특징이 있다. 저항의 변화를 발진회로의 주파수 변화에 귀착시켜 온도측정을 하는 것을 알 수 있다. 정가능한 온도범위는 -30 ~ 150℃ 정도로 비교적 좁지만 응용범위는 넓다.

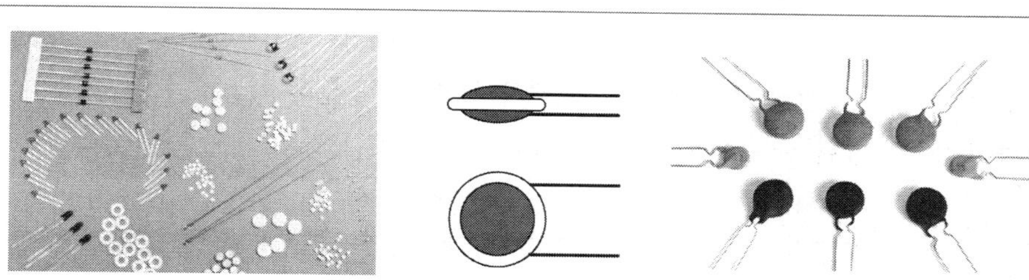

(a) 서미스터의 구조 (b) 외형

• 그림 4-111 • 다양한 서미스터 외형

예를 들면 전자체온계, OA기기 등의 IC를 보호하기 위한 과열경고장치 자동차의 연료 떨어짐 경고장치 등이 대표적인 것이다.

열전대는 2종류의 금속을 접합하였을 때 생기는 열기전력을 이용한 것으로 재료에 따라서는 1400℃의 고온까지 측정할 수 있다. 또 열전대(Thermocouple)는 온도의 변화에 따라 색이 변하는 물질을 이용한 것으로 전기신호가 대상물에서 끌어낼 수 없는 경우 등에 이용된다.

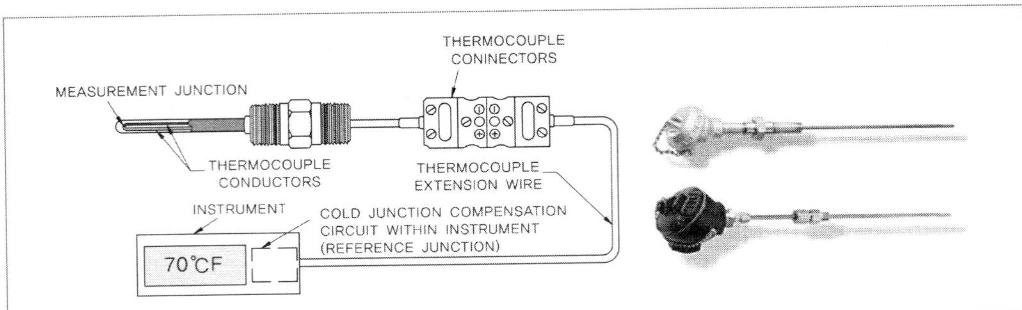

• 그림 4-112 • 열전대 조립대

비접촉형 센서는 적외선을 검출하는 방사형 온도센서가 대표적인 것이다. 이것은 적외선의 양에 따라 전류를 발생하는 초전재료를 이용하고 있지만 적외선량이 변화하였을 때가 아니면 전류가 발생하지 않기 때문에 회전원판이나 진동자에 의해 입사광을 일정한 주기로 차단할 필요가 있다. 화재예보기나 침입경보기 등에 널리 응용되고 있다.

가. 열전형 온도센서

이것은 2종류의 금속도체의 양 끝을 단락(短絡)하여 폐회로를 만들고 2개의 접속점 사이에 온도차가 생기면 회로에 전류가 흐르는 제벡효과를 원리로 하고 있다. 이 전류를 발생시키는 기전력을 열기전력이라 하며, 그 값은 양 끝의 온도차에 의해 결정된다. 2종류의 금속을 조합한 예로는 구리와 콘스탄탄, 크로멜과 알루멜, 백금과 백금로듐 같은 것이 있다. 측정 가능한 온도 범위는 -200℃ ~+2000℃이다.

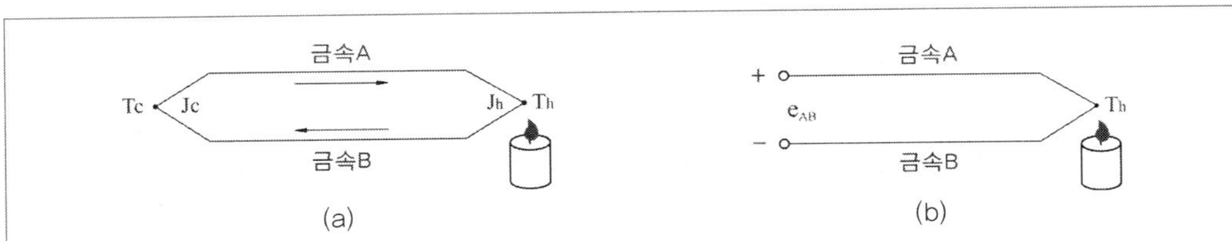

• 그림 4-113 • 열전대 구조와 동작원리

열전대 구조와 동작원리를 살펴보면, 그림 (a)와 같이 서로 다른 금속선 A, B를 접합하여 2개의 접점 Jh와 Jc사이에 온도 차($T_h > T_c$)를 주면 일정한 방향으로 전류가 흐른다. 그림 (b)와 같이 폐회로의 한 쪽 또는 금속선 B를 도중에 절단하여 개방하면 2접점간의 온도차에 비례하는 기전력이 나타난다. 이 현상을 제백효과(Seebeck effect)라 하며, 이때 발생한 개방전압을 제백 전압 또는 기전력이라고 부른다.

나. 금속 및 반도체저항 온도센서

금속저항 온도센서를 일부에서는 측온저항체라고도 하며 반도체저항 온도센서는 서미스터라고 하는데, 금속 또는 반도체의 전기저항이 온도에 의해 변하는 특성을 이용한 것으로, 백금선을 사용하여 조건이 나쁜 환경에서도 견디며, 특성이 안정되어 있기 때문에 정밀온도 측정용부터 공업용까지 널리 사용된다. 공업용으로는 0℃, 100Ω이 일반적이다. 이 경우 0℃~100℃에서 약 40Ω의 저항값 변화를 얻을 수 있다. 반도체 재료를 사용한 서미스터는 저항값 변화가 크고 소형이며 값도 싸기 때문에 가정전기기구·자동차용 온도센서로 많이 쓰인다.

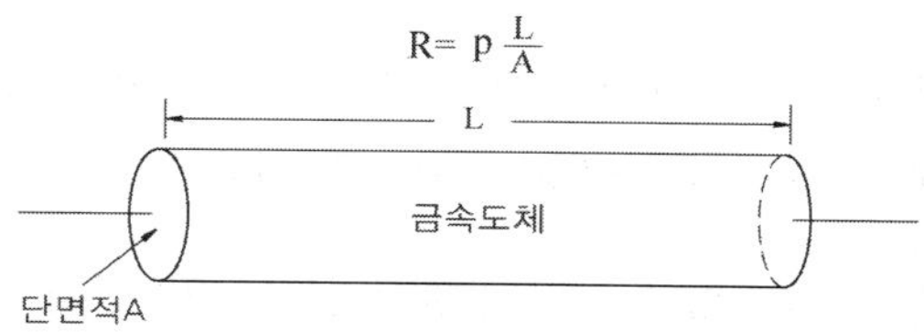

• 그림 4-114 • 금속의 전기저항과 온도와의 관계

• 그림 4-115 • 반도체 온도센서의 외형

2. 압력센서(pressure sensor)

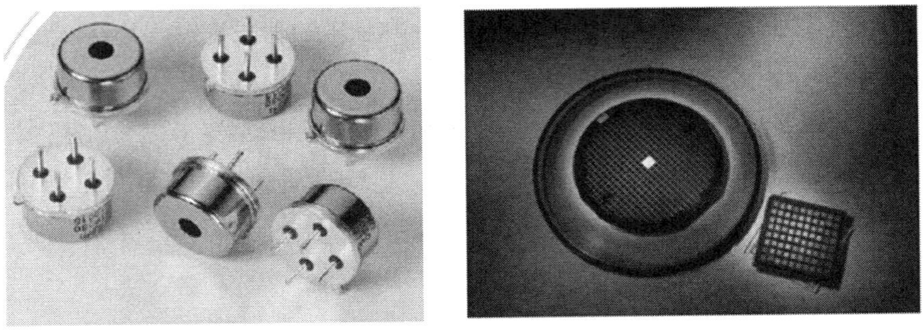

• 그림 4-116 • 압력센서

가. 압력의 정의

압력(Pressure)이란 물질이 인접하는 각 부분에 서로 미치는 힘의 크기를 나타내는 물리량을 말하며, 단위 면적당 작용하는 면과 법선방향의 힘으로 나타낸다.

고체 내에서는 압력에 따른 유동이 없으므로 힘의 방향성이 유지되나, 기체나 액체 등 유체에서는 힘이 가해지는 방향에 따라 자유롭게 유동하므로 압력의 방향성이 없고 임의의 점에서 어느 방향의 면에 대해서도 같은 크기의 압력이 작용한다. 이러한 유체압력의 성질을 파스칼의 원리라 하며, SI 단위계의 압력단위는 파스칼 Pa[Nm]로 한다.

| 표 4-23 | 압력 단위의 정의

단위	정의
Pa(파스칼)	국제 단위계에서 압력단위 : 1[Pa]는 1[m^2]당 1[N]의 힘이 작용하는 압력이다.
mmHg	표준중력가속도(9.80665[$m \cdot s^2$])하에서 표준상태(0[℃], 1기압)의 수은(밀도 13595.1 [$kg \cdot m^{-3}$]) 기둥차 1[mm]에 대응하는 압력. 보통 진공도(대기압 이하의 절대압력)의 표시에 사용된다. Torr도 같은 크기이다.
mmH_2O	표준중력가속도하에서 표준상태(4[℃], 1기압)의 물(밀도 1[$g \cdot m^{-3}$])의 기둥차이 1[mm]에 작용하는 압력. 보통 게이지압이나 차압의 저압력 영역의 표시에 사용된다.
psi (pounds per square inch)	미, 영국 등 파운드 질량 단위권에서 쓰이는 압력단위 : 1[in^2]당 1중량 pound의 힘이 작용하는 압력
kgf/cm^2	1[cm^2]당 1중량[kg](즉 표준중력가속도하에서 1[kg]의 질량)의 힘이 작용하는 압력

| 표 4-24 | 압력 단위 변환표

Units	kPa	psi	in H_2O	cm H_2O	in.Hg	mmHg	mbar
kPa	1.000	0.1450	4.015	10.20	0.2593	7.501	10.00
psi	6.895	1.000	27.68	70.31	2.036	51.72	68.95
in H_2O	0.2491	3.613×10^{-2}	1.000	2.540	7.355×10^{-2}	1.868	2.491
cm H_2O	0.09806	1.422×10^{-2}	0.3937	1.000	2.896×10^{-2}	0.7355	0.9806
in.Hg	3.386	0.4912	13.60	34.53	1.000	25.40	33.86
mmHg	0.1333	1.934×10^{-2}	0.5353	1.360	3.937×10^{-2}	1.000	1.333
mbar	0.1000	0.01450	0.04015	1.020	0.02953	0.7501	1.000

나. 압력센서의 정의

압력센서는 프로세스 또는 시스템에서 압력을 측정하는 소자로서 공업계측, 자동제어, 의료, 자동차 엔진제어, 환경제어, 전기용품 등 그 용도가 다양하고 가장 폭넓게 사용되는 센서 중의 하나이다. 압력센서의 측정원리는 변위, 변형, 자기-열전도율, 진동수 등을 이용하는 것으로 현재 많은 종류가 실용화되어 사용되고 있다.

압력을 검출하는 장치로 압전소자와 같이 압력을 전기신호로 직접 변환하는 것과 diaphragm 등에서 압력을 다른 물리량(변위 등)으로 바꾸어 전기신호를 끌어내는 것이 있다. 일반적으로 널리 사용되고 있는 것은 간접변환 방식의 것으로 저항형, inductance형, capacitance형 등이 있다. 메카트로닉스 분야에서의 압력 센서 용도는 도장로봇의 스프레이 압력 제어, 흡착방식의 반송장치 체크기구, 산업용 로봇의 손가락 힘의 제어 등이 있다.

압력측정은 온도·유량과 함께 프로세스 공업분야에서 널리 사용되는 외에 기계공업에서 압력을 온·오프로 검출하는 압력스위치에도 사용된다. 압력센서는 종류가 많고 측정압력의 크기·정밀도 등에 따라 각각 적합한 원리의 센서가 사용되고 있다. 압력 센서로서 이용되는 고체 소자에는 반도체 압전체 및 강자성체가 있다. 그 용도는 기상에 있어서 기압의 계측, 의료용에 있어서 혈압, 두개골압, 공장에 있어서 유압, 가스압의 계측 등과 같이 다양하다.

대기압에 가까운 압력을 측정하는 압력센서는 종류가 많고, 용도도 다양하다. 다이어프램·벨로스·부르동관 등이 압력에 의해 변위하는 것을 용량변화·인덕턴스변화·주파수변화 또는 변형에 의해 전기량으로 변환한다. 예를 들면 반도체 압력센서는 실리콘단결정판을 에칭으로 가공하여 다이어프램으로 하고, 그 표면에 불순물을 확산시켜 변형을 저항값 변화로 동시에 검출하는 것으로, 소형이며 값이 싸고 정밀도와 응용범위가 넓다. 이와 같은 반도체결정에 압력을 가해 저항변화를 일으키는 현상을 피에조 저항효과라고 한다.
신호검출 원리에 따른 압력센서의 분류는 아래 표와 같다.

| 표 4-25 | 신호검출원리에 따른 압력센서의 분류

구분	내용
변위변환형	• 부하의 하중에 따른 탄성체의 변형을 검출하는 방식 • 정전용량식, 변형게이지식, 인덕턴스식, 자기식 등 • 변형게이지식 로드셀이 가장 많이 사용된다.
물리변환형	• 압전효과나 자왜효과 등 물성치의 변화를 이용하는 방식 • 안전효과 : 압전저항식, 압전식 • 자왜효과 : 자왜식, 마그네셀식 • 변위변환형에 비해 작은 변위로 큰 출력을 얻을 수 있다.
힘평형형	• 피측정힘에 의해 검출부에 발생하는 변위를 상쇄하는 방향으로 힘을 발생시켜 그 변위가 "0"이 되도록 피측정력과 평행시키는 방식 • 발생력에 비례한 신호출력을 얻는다.
진동식	• 진동자의 고유진동수가 힘에 의해 변화하는 성질을 이용 • 진동자의 형상에 따라 진동형식 및 음차식으로 분류 • 출력이 주파수이므로 디지털신호처리가 용이하고 고분해능의 특징
자이로식	• Gyro의 세차운동을 이용, 일정속도로 회전하는 로터의 회전벡터에 대해서 수직방향으로 힘이 가해지면, 그 회전벡터의 수직방향으로 새로운 회전력이 발생하며, 이때 발생한 회전각속도를 측정하여 힘의 크기를 구한다.

압력센서는 종류별 특성에 대해 몇가지만 간단히 알아보고자 한다.

다. 압력센서의 종류

① 기계식 압력센서

기계식 압력센서에도 많은 종류가 있지만 대표적인 것은 부르돈관, 다이어프램, 벨로우즈이다. 그 중에서도 탄성식의 부르돈(Full Dorne)관은 현재 가장 많이 사용되고 있는 것으로 단면이 원상 또는 평면상의 금속파이프이고 개방된 고정단으로부터 측정압력을 도입하면 다른 밀폐된 관의 선단이 이동하는 원리를 이용하고 있다. 이 관선이동량은 관내의 압력크기에 비례하므로, 이동량은 기계적으로 확대된 압력을 지시한다.
그 다음으로 많이 사용되고 있는 것이 다이어프램과 벨로우즈로 전자는 압력차에 비례한 원판의 휨정도로, 후자는 원통 내부와 외부의 압력차에 의해 주름상자가 신축하여 그 변위량이 압력차에 비례하는 것으로부터 각각 압력을 측정한다.

| 표 4-26 | 기계식 압력센서의 종류 및 압력검출 범위

압력센서의 종류	압력검출범위	
다이아프램	수 mmHg ~ kg/cm^2	• 일반적으로 소압력용 • 소형화가 용이
벨로우즈	수 mmHg ~ 십수 kg/cm^2	• 변위량이 크게됨 • 소형화가 어렵다.
부로동관	0.1 ~ 2000kg/cm^2	• 일반적으로 큰 압력 • 구조가 간단 • 미소압력의 것이 제작이 어렵다.

㉠ 부르동관의 구조 및 동작원리

ⓐ 단면이 길고 둥근형 또는 편평형의 관으로 되어 있으며, 관은 반원형 등으로 구부려져 있으며 한 쪽의 단자는 밀폐되고, 다른 쪽의 단자는 개방되어 고정되어 있다.

ⓑ 개방되어 있는 단자의 관의 내부에 압력을 가하면 관의 단면은 원형으로 접근하려고 부풀어 이 때문에 구부러졌던 관은 직선처럼 변형하지만 관의 탄성에 의해 관이 바로 펴지는 형식으로 양단의 균형을 유지한다.

ⓒ 부르동관 끝의 변위량은 관내의 압력의 크기에 비례한다.

ⓓ 변위는 링크나 톱니바퀴기구에 의해 기계적으로 확대하여 지시하거나 차동트랜스 등의 변위센서에 의해 전기신호로 변환된다.

ⓔ 부르동관의 종류는 반원형의 C형, 나선형, 헬리컬형 등 관선의 변위량이 크게 되도록 고안되고 있다.

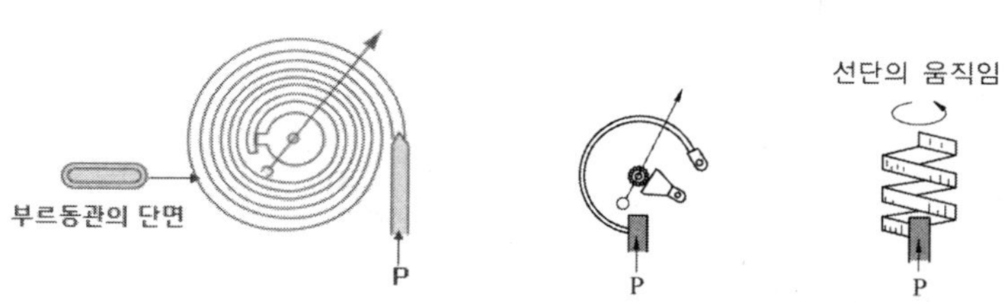

(a) 스파이럴형 (b) C형 (c) 헤리컬형

• 그림 4-117 • 부르동(Bourdong)관의 형상

㉡ 벨로즈의 구조 및 동작원리 : 원리는 벨로즈 주위에 사복상으로 심한 주름이 있는 박육 금속원통이고, 원통의 내부와 외부의 압력차에 대응해서 축방향으로 신축한다.

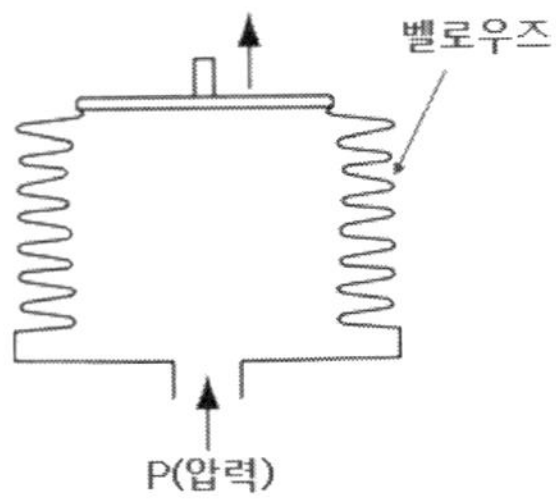

벨로우즈의 압력 검출범위

수 mmH_2O(수주)~수십 kg/cm^2

특 징

▷ 일반적으로 미소 압력용
▷ 소형화가 용이치 않음

• 그림 4-118 • 벨로우즈(Bellows) 원리

ⓐ 신축에 알맞게 원통의 단면은 변위한다.
ⓑ 변위량은 압력차에 비례해 있다.
ⓒ 링커에 의해 기계적으로 확대해서 지시하거나 차동트랜스 등의 변위 센서에 의해 전기신호로 변환된다.
ⓓ 벨로즈의 재료로는 인청동, 스텐레스 등이 있다.

㉢ 다이어프램의 구조 및 동작원리
ⓐ 주변부를 고정시킨 얇은 원판이다.
ⓑ 원판 측면의 압력차에 비례하여 원판이 변형되며 그 변위로부터 압력을 측정한다.
ⓒ 파상은 파의 형상과 파수를 선택하여 변위량을 변화시킬 수 있다.
ⓓ 다이어프램 재료로는 인청동, 베릴륨동, 스텐레스강 등의 금속재료, 테플론, 실리콘 고무, 마일러 등의 비금속재료가 사용된다.

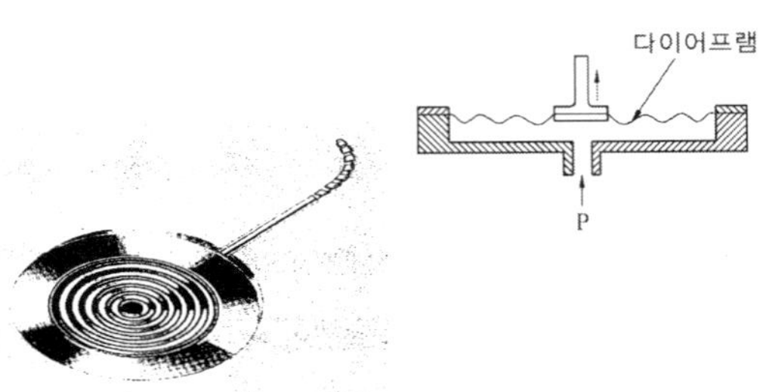

종류

▷ 박막형 압력센서
▷ 확산형 반도체 압력센서

압력의 검출범위

수 mmH_2O~수 kg/cm

특 징

▷ 일반적으로 미소 압력용
▷ 소형화가 용이함

• 그림 4-119 • 다이어프램(Diaphragms)

② 전자식 압력센서

전자식 압력센서의 대부분은 기계적인 변위를 전기신호로 변환하는 부분이 기계식과 다를 뿐 기본적으로는 기계식과 동일하다. 용량형 압력센서는 2개의 물체(전극)간의 정전용량변화로부터 그 사이의 변위를 측정하는 방법을 기본적으로 이용한다. 이외에도 스트레인 게이지를 이용한 압저항형, 유기 또는 무기압전소자를 이용한 압전형 그리고 LVDT(Liner Variable Differential Transformer/Full-Bridge)·인덕티브 타입의 코일형이 있으며 최근에는 초고온의 환경이나 원격감 등의 목적으로 광섬유나 광격로차를 이용한 광학형 압력센서가 개발되어 사용되고 있다. 이중에서도 스트레인게이지를 이용한 압저항형 센서가 성능이나 가격면에서 우위를 점하고 있어 가장 많이 사용되고 있다.

㉠ 로드 셀

ⓐ 로드셀의 구조 : 중량 센서로서 변형게이지식을 사용

ⓑ 구조 : 기왜체 주위에 변형을 저항 변화로 변화하는 변형게이지가 접착되어 있으며, 이것이 로드 버튼에 결합되어 있다. 따라서 로드 버튼에 하중이 가해지면 기왜체에 그 무게가 전해져서 중량에 비례한 변형이 발생한다. 변형량에 따라 변형게이지의 출력을 전기 저항에서 전류변화로 인출한다. 출력은 일반적으로 디지털의 전기신호로 변환되어 중량은 직접 숫자로 표시된다.

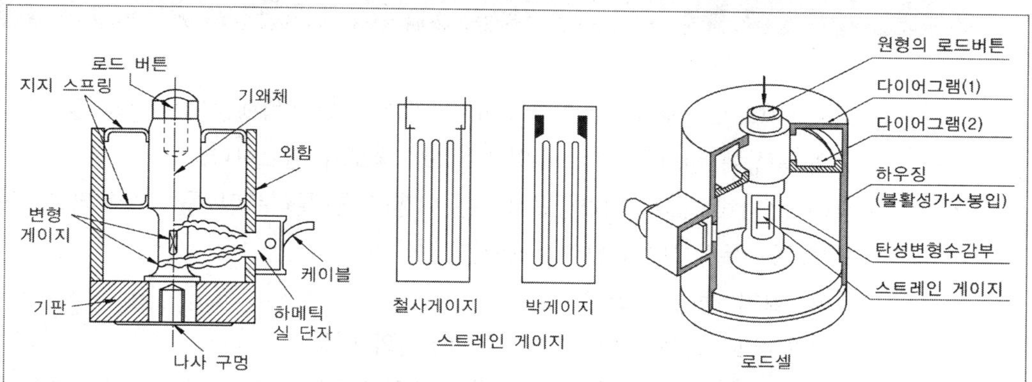

• 그림 4-120 • 로드 셀의 구조

ⓒ 로드 셀의 특징

- 저항값의 변화를 측정하므로 전원은 직접, 교류 모두를 사용할 수 있다.
- 원격 장소에서의 표시나 CPU와의 결합도 가능하다.

- 기계적인 가동부나 마찰이 없으므로 수명이 길다.
- 변형이 적기 때문에 계측 시간이 짧다.
- 계량 하중에 대해 비교적 소형이다.
- 원리가 단순하고 구성 부품이 적다.
- 사용 환경에 제한이 없고, 설치가 용이하다.
- 과부하가 되지 않는 한 반영구적인 성능을 유지한다.

ⓓ 로드 셀의 동작원리 : 하중 F를 받는 금속 탄성체의 수감부 4곳에 스트레인 게이지를 수직과 수평으로 접착하고, 휘스톤 브릿지 회로를 구성하여 하중에 비례하는 저항 변화를 출력한다.

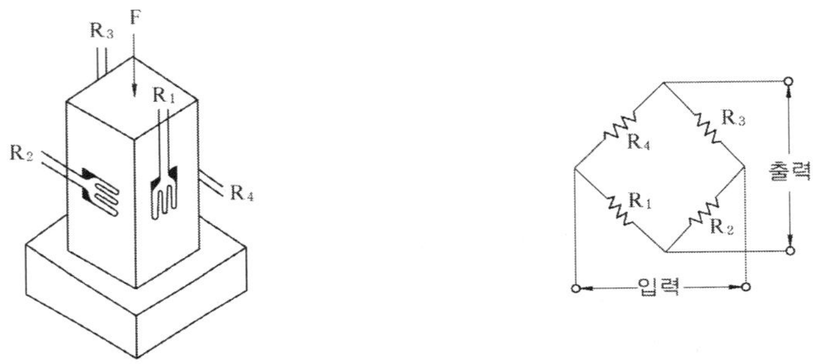

(a) 로드 셀　　(b) 휘트스톤 브리지 회로

• 그림 4-121 • 로드셀의 동작원리

ⓔ 로드 셀의 보상회로 : 분위기 온도에 의해 브릿지 평행점의 이동과 감도의 변동 등의 특성에 변화를 주는 요인으로 보상회로가 필요하다.

ⓕ 금속 탄성체 재료 : 대하중용으로는 니켈-크롬-몰리부텐-동이 사용되고, 소하중용으로는 두랄루민이 많이 사용된다.

ⓖ 로드 셀의 성능을 좌우하는 요인

- 주변 온도 변화에 의한 브릿지 평형점의 이동
- 주변 온도 변화에 의한 로드 셀 감도의 변동
- 기왜체의 비직선성
- 기왜체의 히스테리시스
- 스트레인 게이지의 클립
- 스트레인 게이지의 이완

③ 반도체식 압력센서

반도체 압력센서는 최근에 실용화가 가속되고 있는 센서로 크리프현상이 없고 직선성이 우수하며 소형·경량으로 진동에도 매우 강한 것이 특징이다. 또한, 기계식보다 고감도, 고신뢰성이며 양산성이 좋다. 이것은 압력을 왜(歪)응력으로 변환하는 다이어프램과 다이어프램에서 발생하는 동력을 전기신호로 변환하는 두 부분으로 구성되어 있다. 다이어프램은 단결정실리콘을 화학적으로 에칭하여 형성하며, 다이어프램에서 발생하는 응력을 전기적인 신호로 변환하는 방법으로 진동자의 고유진동수 변화와 표면탄성파를 이용하는 것도 있으나, 주로 압저항식과 정전용량식의 두 종류가 가장 많이 사용되고 있다.

이중 압저항식은 저항확산식 또는 확산식이라고도 하는데 압저항소자를 형성시킬 때에 반도체의 불순물 확산공정이 이용되기 때문이다. 정전용량식은 서로 마주보고 있는 전극판의 간격을 외부로부터의 응력에 의하여 변화시키면 전극간의 정전용량이 변화한다. 이 정전용량변화를 전기신호로 변환시키면 응력이 검출된다. 정전용량식은 압저항식애 비해 고감도이나 전극의 형성, 외부회로와의 연결이 복잡한 구조로 되어 있고 응답성이 나빠 수요는 적다. 그러나 온도특성이 우수하고 소형이며 고감도인 관계로 생체 등 미압의 영역에서 사용할 때는 잇점이 많다.

이외에도 다결정실리콘 압력센서는 변형게이지가 다결정 Si 박막으로 되어 있고 다이어프램이 금속 위에 만들어져 있어서 측정압력의 범위를 확대시킬 수 있다. 또 고온과 부식성 분위기 등의 악환경하에서도 사용할 수 있는 SOS(Silicon On Sapphire)압력센서가 있다. 이것은 사파이어기판 위에 실리콘 박막을 에피텍셜 성장시켜, 이 SOS막을 검출소자로 이용하는 센서이다.

또한 반도체식 압력센서는 압력을 받아서 그것을 왜응력으로 변환하는 다이어프램과 다이어프램에서 발생하는 동력을 전기신호로 변환하는 부분의 2가지 요소로 구성되어 있다. 실리콘을 이용한 반도체 압력센서에서는 다이아프램은 단결정 실리콘을 화학적으로 에칭(etching)해서 형성되어진다. 다이어프램에 발생하는 응력을 전기신호로 변환하는 방법으로서 진동자의 고속진동수의 변화를 검출하는 것과 표면탄성파를 이용하는 것이 있느나, 주로 압저항식과 정전용량식의 2종류가 있다.

㉠ 압저항식 : 압저항식 압력센서의 구조는 아래 그림에 나타나 있다. 실리콘의 압저항효과는 p형과 n형에 따라 압저항소자의 전도형이나 압저항소자가 형성되는 결정면에 의하여 다르며, 또는 결정방위 의존성이 있다. 보통 (100) 면 또는 (110) 면의 압저항소자를 이용한다. 브릿지의 구동방법으로서 정전압방식과 정전류방식이 있다(아래 그림 참조). 압저항계수는 부의 온도 특성을 갖고 있기 때문에, 정전압으로 브릿지를

구동하면 압력에 대한 감도가 부의 온도계수를 갖게 된다. 따라서 정전압방식의 경우는 반도체 압력센서의 신호를 증폭하는 증폭기의 증폭률이 정의 온도계수를 가지게 되는 것으로서 감도의 온도보상을 행한다. 한편 정전류 방식의 경우는 압저항소자의 저항치 자체에 정의 온도 의존성이 있기 때문에 압저항효과의 부의 온도특성과 잘 매칭(matching) 되는 것으로 감도의 온도보상이 된다.

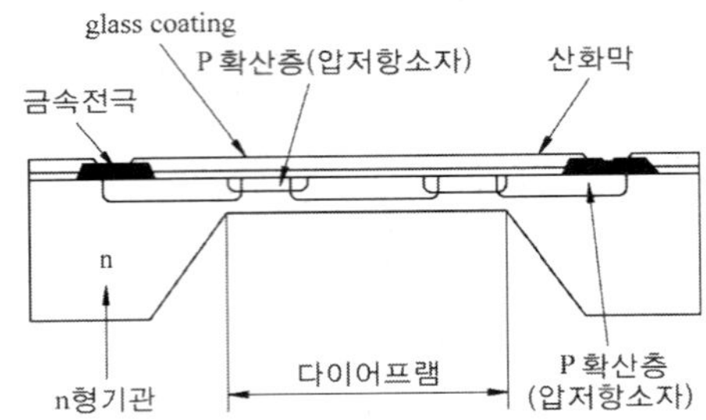

• 그림 4-122 • 압저항식 압력센서의 구조

㉡ 정전용량식 : 정전용량식은 서로 마주보고 있는 전극판의 간격을 외부로부터의 응력에 의하여 변화시키면 그 전극간의 정전용량이 변화한다. 이 정전용량 변화를 전기신호로 변환시키면 응력이 검출된다. 이 원리를 이용한 것이 정전용량식 반도체 압력센서이다. 정전용량식의 경우는 반도체 특유의 특성을 응용하고 있지 않기 때문에 반드시 반도체에 한정되지 않으며, 전술한 것과 같이 단결정 실리콘이 다이어프램의 소재로서 우수하다는 것과, 미세가공이 용이하다는 것으로 정전용량식에 실리콘이 많이 이용되고 있다.

④ **전기식 압력 센서**

전기식 압력 센서의 대다수는 기계적인 변위를 어떤 방법으로 전기신호로 변환하는 것이고, 기본적으로는 기계식과 동일하다.

㉠ 정전용량식 압력 센서 : 2개의 물체(전극)간의 정전용량 변화로부터 그 사이의 변위를 측정하는 방법을 기본적으로 이용한다. 앞에서 서술한 벨자 혹은 다이어프램의 압력에 의한 변형으로 가동전극을 변위시켜, 그것에 의한 정전용량의 변화를 변환하여 압력을 전기적으로 검출한다. 이 검출방식에는 가동전극으로서 예를 들면 다이어프램을 직접 이용하는 경우와 판스프링으로 지지대는 이동전극이 연속축으로 다이어프램에 직속되어 있는 경우가 있다.

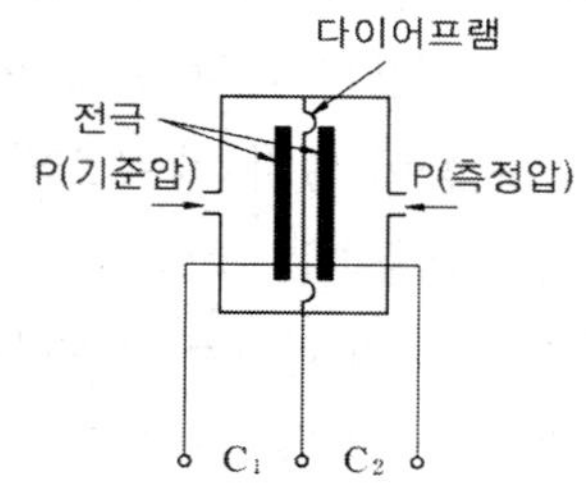

• 그림 4-123 • 정전용량식 압력 센서

㉡ 역평형식 압력 센서 : 측정 압력에 비례하여 발생하는 힘과 외부에서 전자적으로 만들어지는 힘과 평형하게 되어 측정압력을 전류와 전압 등으로 읽게 되는 센서이다. 압력검출소자로서는 다이어프램, 벨자, 풀돔관을 이용한다. 아래 그림에서는 벨자를 이용한 경우의 예를 표시하였다. 검출소자가 측정 압력에 따라 변위되지 않도록 전자적인 외력을 소자에 작용시켜, 힘의 평형을 유지하기에 필요한 전류와 전압이 측정압력에 비례하는 것으로부터 측정압력을 검출한다.

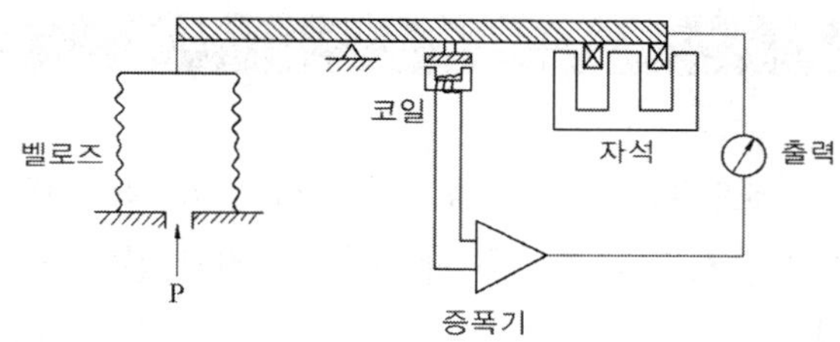

• 그림 4-124 • 역평형식 압력 센서

3. 유량센서

유량을 검출하는 장치로 유속을 압력으로 환산하는 원리, 날개바퀴의 회전수를 검출, 초음파의 도플러 효과, 전자유도에 의한 것 등 종류가 많다.

유속을 압력으로 환산하는 원리는 venturi계, 밴드(곡관)계, 올리피스 등 옛날부터 이용되고 있다. 유량은 압력의 제곱근에 비례하기 때문에 압력센서를 응용하여 비례정수를 구하면 좋다.

날개바퀴의 회전수를 검출하는 것은 수도의 미터로서 보급하고 있지만 기계적인 검출이 아니고 자기적인 검출방법도 잘 이용된다. 예를 들면 날개바퀴의 축에 자석을 붙이고 그 회전을 자기센서로 검출하는 것 등이 있다. 주유소의 미터는 후자의 방식으로, 철제의 톱니바퀴 회전을 자성저항소자로 검출하는 것이 잘 이용된다.

다음 그림은 유체가 계량실 내부를 통과하는 과정에서 유량계 한쌍의 로터는 서로 반대 방향으로 회전하고 있는 한 쌍의 타원기어가 장원형 계량실내에 조립된 구조로 입구측과 출구측의 압력차로 타원 기어가 회전하고, 계량실과 타원 기어로 형성된 공간분의 유체를 토출하여 이를 계측한다. 타원 기어에 마그네트가 붙어 있어, 자기센서로 회전수를 검출 출력하며, 일정용적의 토출을 반복하면서 계측하는 실측식(實測式)이므로 펌프 맥동(脈動) 따위에 강한 특성이 있다.

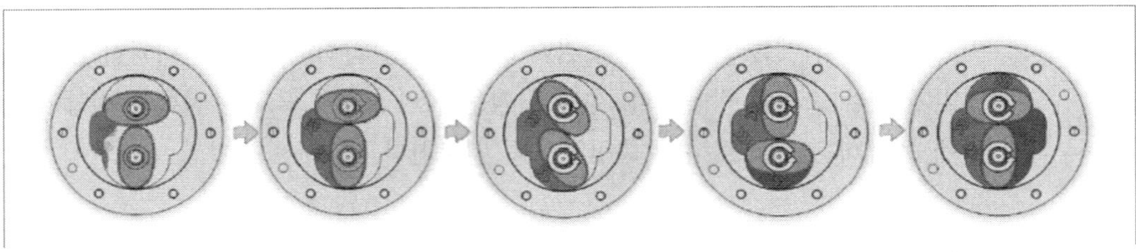

• 그림 4-125 • 타원기어방식

초음파를 이용하는 것으로는 도플러 효과에 의한 주파수의 변화를 검출하는 것과 흐름에 따라 소리가 전반하는 시간과 흐름을 거슬러서 소리가 전반하는 시간의 차이에서 유속을 구하는 것이 있다.

전자유도를 이용한 것은 도전성의 유체에 적용하는 방식으로 흐름과 직각방향으로 일정한 세기의 자계를 주어 자계와 흐름에 직각방향으로 전극을 배치하면 유속에 비례한 전압이 단자간에 발생하는 현상을 이용한 것이다.

가. 전자유량계

파이프 속을 흐르는 기체 또는 액체의 유속을 측정하고 여기에 파이프의 단면적을 곱해서 유량을 구하는 센서가 많다. 전자기유량계는 전자기유도의 법칙에 따라 파이프 속의 평균 유속이 기전력에 비례하는 원리를 이용한 센서이다. "플레밍의 오른손 법칙"의 원리를 이용하여 기전력의 세기에서 유체의 속도를 측정하는 것으로 가동부가 없으므로 이물에 의한 고장염려가 전혀 없으며 내구성이 크다.

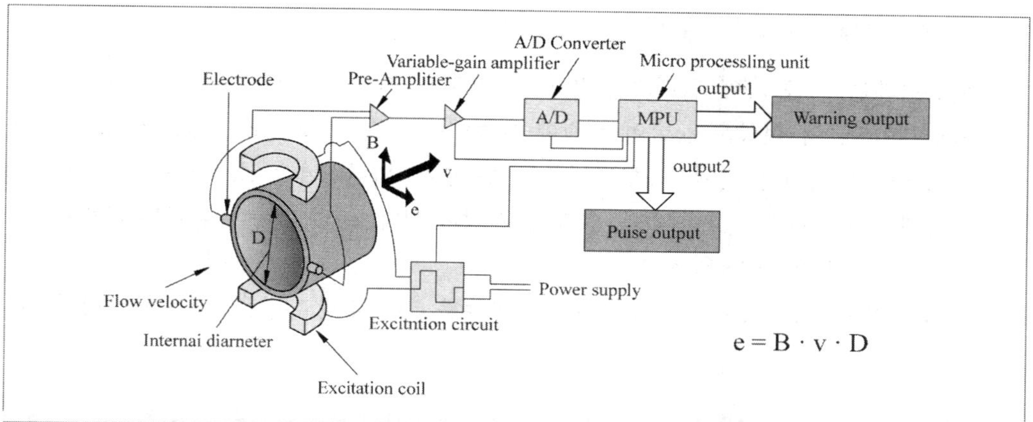

• 그림 4-126 • 전자유량계 방식

5[μs/cm](마이크로 지멘스) 이상의 전기전도율이 있는 액체를 측정할 수 있다. 유로 속에 장애물이 없는 유량계로서 상하수용·화학공업용·종이펄프공업용 등에 널리 사용되고 있다. 초음파유량계는 파이프 외벽에 부착한 송수파기에 의하여 초음파의 투과전파시간이 흐름에 역행하는 경우와 흐름에 순행하는 경우가 다른 점을 이용하여, 그 차이에서 유량신호를 얻는 센서로 그 용도는 액체에 제한되어 있다.

나. 초음파 유량계

아래 그림의 초음파 유량계는 유속에 의한 초음파의 전파속도변화를 시간차, 위상차, 도플러효과 등을 이용하여 시간차, 위상차, 검출하는 방식으로 대구경의 관로에 많이 사용한다.

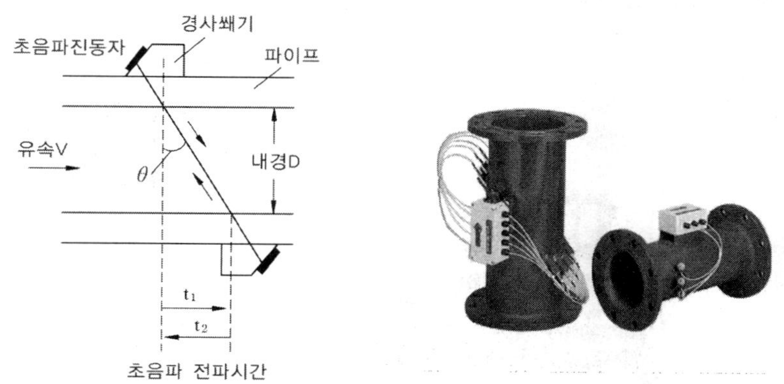

• 그림 4-127 • 초음파 유량계

다. 와류량계

와류량계는 흐름 속에 막대기를 놓고 하류에 발생하는 소용돌이의 수에서 유속을 얻는 유량계이다. 이 현상은 깃발이 바람에 펄럭이는 것이나 교량보(bridge girder)의 하류에 소용돌이가 생기는 것에서 보통 관측할 수 있다. 와류량계는 소용돌이에 의해 막대기가 진동하는 주파수로 신호를 얻을 수 있는 특징이 있다. 측정 가능한 유체는 기체·액체 모두이며, 응용 범위가 매우 넓다.

다음 그림은 와류식으로 유체의 와류주파수를 측정하여 유량을 산출하는 방식이다.

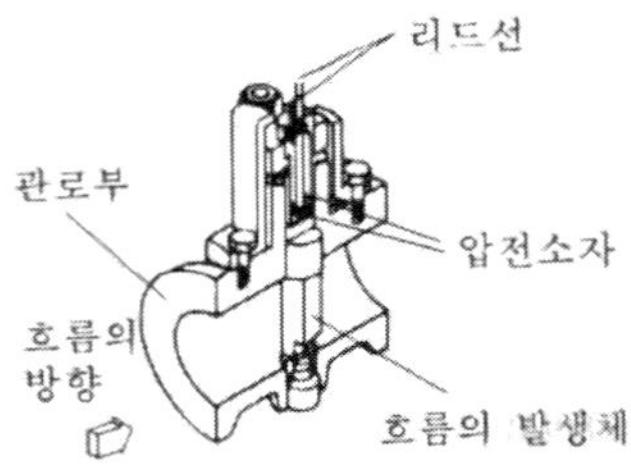

• 그림 4-128 • 와류식 유량계

라. 차압식 유량계

차압식(差壓式) 유량계는 파이프 중간에 조리개를 넣고, 그 전후에서 발생하는 압력의 차가 유량에 비례하는 원리를 이용한 것이다. 조리개는 그 모양에 따라 오리피스·벤투리관이라 하며 오래 전부터 기체·액체용 유량계로 많이 사용되고 있으며, 관로에 설치된 스로틀 전후 압력차의 평방근이 유량에 비례하는 것을 이용하여 소유량에서 대유량까지 그 적용범위가 매우 넓으며 공업용으로 가장 많이 사용되고 있다.

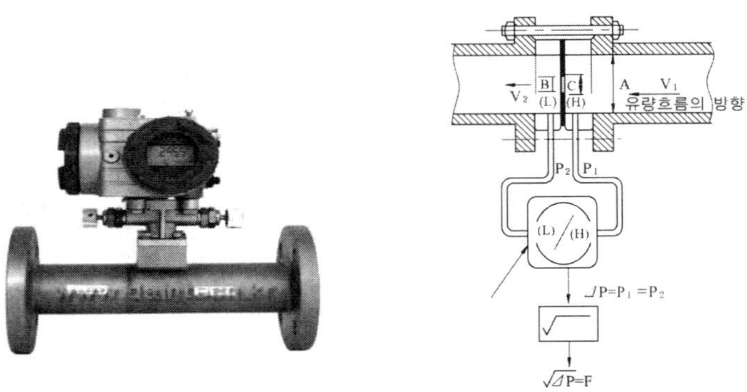

• 그림 4-129 • 차압식 유량계

① Orifice형 차압식 유량센서

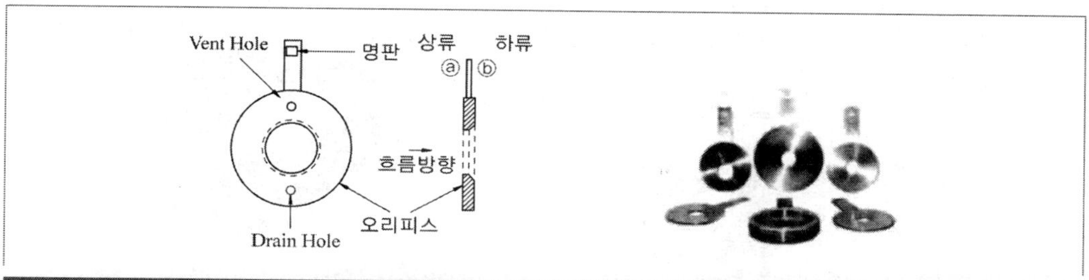

• 그림 4-130 • 오리피스의 구조와 실물

㉠ 상류는 작은 구경, 하류는 넓은 구경으로 구성된다.
㉡ 고형물 유체의 경우, 침전물이 고일 수 있다.
㉢ 압력손실이 발생한다.

② Ventury-tube형 차압식 유량센서

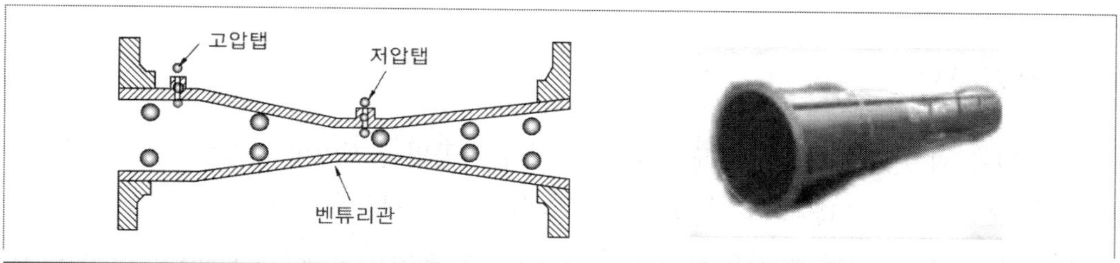

• 그림 4-131 • 벤튜리관의 구조와 실물

㉠ 단면적이 가늘어지는 유체 유입구 부분과 배관 단면적이 일정한 원주 모양의 측정부 및 유속을 감소시켜 압력을 회복시키는 유체 출구부로 되어 있음
㉡ Orifice에 비하여 압력손실이 상당히 적다.
㉢ 고형물 유체의 경우 침전물이 고이지 않는다.
㉣ Edge가 없어서 내구성이 길다.

③ Flow-Nozzle형 차압식 유량센서

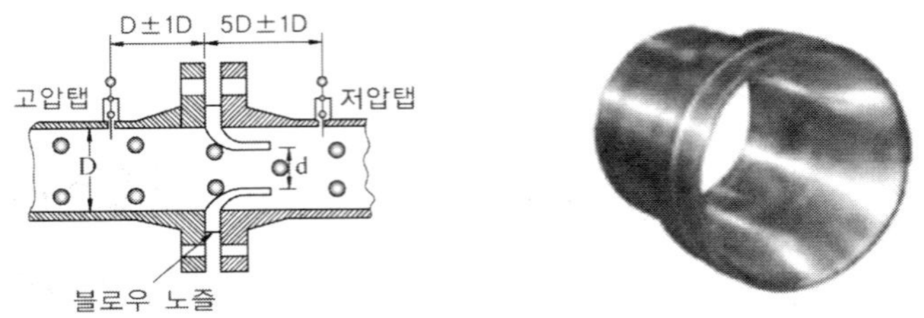

• 그림 4-132 • 플로우 노즐의 구조와 실물

㉠ 압력손실이 Ofifice보다 적다.

㉡ 고온, 고압의 증기나 Boiler의 급수배관 같은 유속이 빠른 장소에서는 일반적인 Orifice로는 기계적인 강도가 문제가 되고, Edge의 마모로 발생하는 오차를 줄이기 위하여 사용한다.

4. 자기센서

자기를 검출하는 소자로 반도체 내의 전자나 정공의 움직임이 자계에 의해 영향받은 현상을 이용한 것이 많고 홀 소자, 자기저항소자, 자기다이오드 등이 있다.

측정대상 파라미터에 의해서 자계가 변하고, 이 자계 변화를 자기센서가 검출한 후, 최종적으로 자기센서의 출력을 적절히 신호처리 하여 파라미터 값으로 변환한다.

이와 같은 검출 방식은 대부분의 응용에서 자기 센싱을 좀 더 어렵게 만들지만, 다른 방법으로는 실현하기 곤란한 높은 신뢰성과 정확도를 가지고 파라미터를 검출할 수 있다.

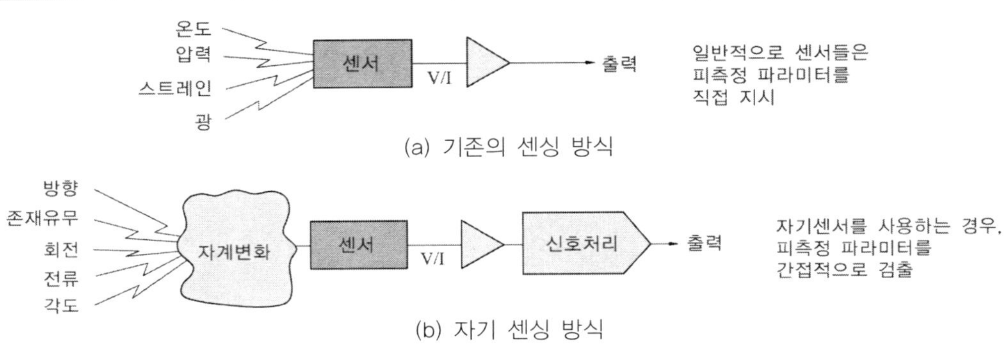

• 그림 4-133 • 기존의 센싱방식 및 자기센싱 방식

가. 자기센서의 종류와 특징

| 표 4-27 | 자기센서의 종류와 특징

자기 센서명	동작원리	특징	감도
홀 소자	반도체와 x방향에 전류를 올리고, y방향에 자계를 가하면 z방향에 홀전압이 나타나는 홀효과	• 저가격, 소형, 간단 • 자계-출력의 직선성 양호 • 소자의 출력온도계수가 크므로 보장 방법이 필요	10^7T
홀 IC	홀 소자와 동일	• 감도가 크다. • 불평형전압이 나오기 쉽다. • 양산성이 좋다.	10^7T
반도체 자기저항효과 소자	주로 자계에 의한 제어전류 통로가 구부러져 있는 형태효과 (반도체 자기저항 효과의 하나)	• 출력특성이 자계가 약한 곳에서는 2중 특성을 나타낸다. • 자계가 강하면 직선성을 나타낸다.	10^8T
강자성체 자기저항효과 소자	강자성체의 자화의 변화에 의한 배향효과와 자화의 크기에 의해 저항이 변화하는 자기효과	• Hs 이상의 자계에서는 자계방향의 검출 가능 • 출력의 포화특징을 이용하면 출력레벨이 자계강도에 무관계	10^{10}T
SOUID	초전도 링의 일부에 조셉슨 접합(약접합)을 설정. 이것에 자속을 가하면 이것을 제거하는 전류가 흘러 자속양자가 약접합을 통하여 출입하는 것을 공전회로에 의해 측정	• 자기 센서로서 최고감도 • 극저온이 필요 • 조형화는 어렵다.	10^{13}T

나. 홀 IC

자기 감응특성을 이용해 자기, 자장 등을 측정하는 대표적인 센서로서 직류, 교류 모두 측정 가능하다.

홀 IC는 출력 특성에 따라 스위칭형과 리니어형의 2종류로 나뉘어지며, 일반적으로 홀 IC는 스위칭형을 의미한다.

스위칭형은 마이컴 등의 디지털적인 용도에 사용되고 리니어형은 아날로그적인 용도에 사용된다.

| 표 4-28 | 스위칭 홀 및 리니어 형 IC 특징

스위칭 홀 IC	리니어 형 IC
자계의 크기를 검출하여 ON/OFF 동작을 하도록 슈미트(Schmitt) 회로를 내장, 히스테리시스(Hysteresis) 특성 부가 • 임계값 이상의 자계로 ON/OFF • 확실한 스위치 동작을 위해 히스테리시스를 가짐 • 자속밀도에 따라 완전한 스위칭 파형이 나타남	홀 소자, 레귤레이터, OP-AMP 및 차동 증폭기로 구성, 출력 특성에서 평형점을 기준으로 양쪽 출력이 교차하는 점이 됨 • 출력이 자기장의 세기에 비례 • 내부에 정전압 전원회로가 내장되어 전원전압의 변화에 대한 감도의 변화가 낮다. • 오프셋전압 보상용 단자가 있음

다. 홀 소자

홀 소자는 인듐안티몬(InSb) 등 전자이동도가 높은 반도체를 수 [mm]각의 칩으로 한 것으로 제어전류를 걸어 자계에 두면 전류와 직각방향으로 자기의 세기에 비례한 전압이 발생한다. 같은 반도체를 이용하고 같은 현상을 이용한 것으로 자기저항소자가 있다.

이것은 자계에 의해 전자 또는 정공의 흐름이 구부러져 반도체의 양측 전극을 직선상으로 연결하는 흐름보다도 경로가 길어져 저항이 증가하는 것을 검출하는 구조이다. 또 자기다이오드는 흐름을 구부러진 전자와 정공이 재결합하도록 반도체를 만들어 전류치가 변화하는 것을 검출하는 것으로 직선성 등은 뒤떨어지지만 보통의 홀 소자보다 수백 배의 감도를 갖는다.

① 홀 효과

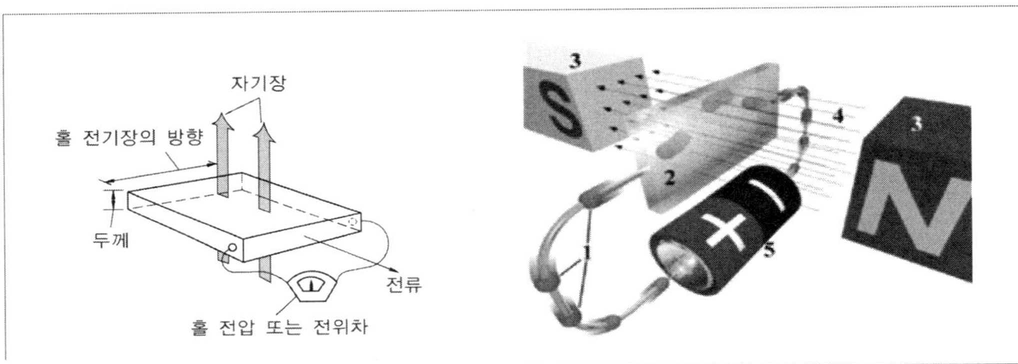

• 그림 4-134 • 홀 효과(hall effect)

홀 센서의 원리는 홀 효과(hall effect)로 설명이 되는데, 홀 효과는 도체에 전류가 흐르는 상태에서 전류의 방향과 수직으로 자기장이 형성될 때, 전류가 흐르는 도체 내에서 전류와 수직방향으로 전위차(전기장 형성)가 발생하는 현상을 말한다.

② 홀 소자의 구조

아래 식은 그림 (a)와 같이 무한히 긴 홀 소자에 대한 이상적인 홀 전압이다.

$$V_H = R_H \frac{IB}{t} \quad (I: 전류,\ B: 자계)$$

- **실제의 홀 센서** : 그림 (b), (c)에 나타낸 것처럼 유한의 크기를 가지므로 홀 전압은 위 식으로 주어지는 값보다 작아진다. 이것은 전극 접촉부(electrode contact)가 전류의 유선(current line)을 왜곡시키기 때문에 발생한다.

그 감소의 비율을 형상계수(形狀係數 ; geometry factor) f_H를 사용해서 나타내며, 위 식을 다시 쓰면 다음과 같다.

$$V_H = R_H \frac{IB}{t} f_H \quad (I: 전류,\ B: 자계)$$

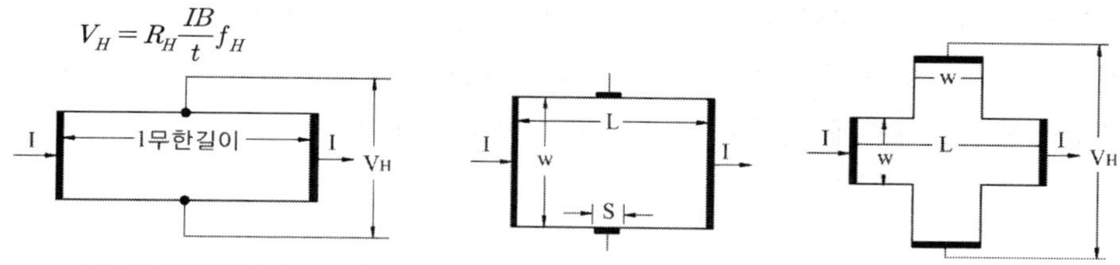

(a) 무한길이의 홀 소자 (b) 장방형 홀 소자 (c) 십자형 홀 소자

• 그림 4-135 • 홀 소자의 구조

자기센서의 이용은 직류모터의 브러시레스화, 로터리엔코더의 부품, 용접선의 검출장치 등이 있다. 전자기유도 강자성체의 특성, 또는 조셉슨 효과 등의 물리현상을 이용하여 구성된 것이 자기센서이다. 자기장을 사용하므로 비접촉으로 위치 검출이 가능하며 비교적 악조건의 환경에서도 사용할 수 있기 때문에 신뢰성이 높은 센서를 얻을 수 있다. 유량센서에서 실례를 든 전자기유량계·홀 소자·스퀴드 등의 센서가 있다.

홀 소자는 자기센서로 10^{-14}T(테슬라) 정도의 분해능이 있는 외에 자기장의 검출소자로 사용하면 브러시리스 직류 모터, 즉 기계적인 접점이 없는 모터를 얻을 수 있다.

③ **홀센서의 응용분야**

자계 측정뿐만 아니라, 사무기기 및 가전제품의 모터 제어, 세탁기, 냉장고 등의 도어 스위치, 전류측정, 레벨센서, 전력측정, 근접센서, 속도센서, 위치센서 등 광범위하게 응용되고 있다.

다. MR(Magneto Resistance Element) 소자

자장 속에 넣으면 전기저항이 변화하는 현상을 자기저항효과라 하며, 반도체 자기저항소자와 금속강자성 자기저항소자가 있다. 자기저항소자는 2단자 소자로서, 자계에 의해 물질의 저항이 변화하는 현상인 자기저항효과(magnetoresistance effect)를 이용하는 자기센서로, 자기저항소자는 약자계 중에서는 저항값이 자기장 세기의 제곱에 비례하고, 강자계 중에서는 자계에 비례하는 특성을 나타낸다.

반도체 소자는 그림 (a)에서 보듯이, 면에 수직으로 자장을 가하면 저항이 증대한다. 저항 변화율이 자장의 제곱 특성으로 인해서 변화하고, 자장이 높아짐에 따라 직선적인 특성이 된다. 한편 금속의 강자성 자기저항소자는 그림 (b)에서 보듯이 자장을 면 안에서 작용시킨다. 보통의 금속에서는 전류방향과 자화 벡터(자장 방향)가 평행이 되었을 때 저항값이 최대가 되고, 수직이 되었을 때 최소가 된다. 강자성 재료로서는 고투자율 재료로 5 ~ 10[mT] 정도의 저자장에서 자화가 포화되는 재료가 사용되고 있다. 실온에서 5[%] 이상의 자기저항 변화율을 가진 재료는 90Ni-10Fe라든가 Ni-Co 합금으로서 50 ~ 90[%] Ni량인 것이 있다. 전자 빔 증착이라든가 스퍼터링으로 두께 0.1[μm] 정도의 막이 만들어지고, 포토리소 프로세스에 의하여 소자가 만들어지고 있다.

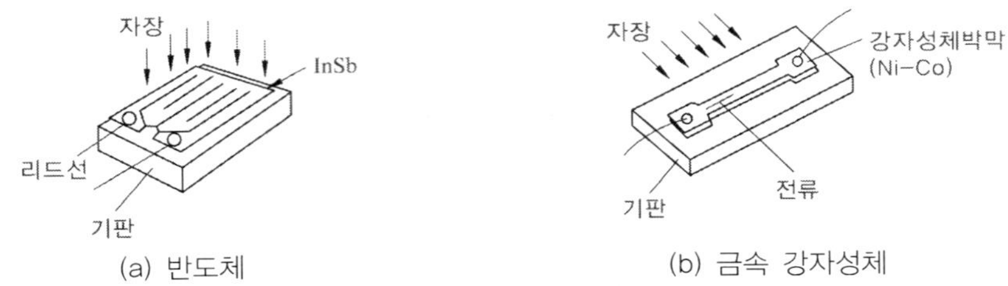

• 그림 4-136 • MR 센서

비디오테이프 녹화기(VTR) 등의 자계 측정이나 자계를 매개로 해서 전류, 회전 수, 변위 등의 검출에 이용되고 있다.

5. 광센서(photo sensor)

빛을 전기 신호로 변환하는 광센서는 전자 공업의 발전 중에서 정보 입수의 한 가지 수단으로서 대단히 중요한 역할을 하고 있다. 빛을 검출하여 전기신호 등으로 변환하는 장치의 총칭이며, 광의로는 일차원 또는 이차원의 모습을 검출하는 이미지센서도 포함하지만 보통은 한 개의 spot에서의 빛의 검출소자를 가리킨다. 예를 들면 컴퓨터 입력 장치에 사용되는 테이프 리더, 카드 리더, 카메라의 노광계, 스토로보(strobo)의 발광량 제어 등이 광센서가 중요한 역할을 하고 있다. 또한 전철역의 자동 검찰기, 자동 도어에서 사람의 검지, 화재를 알리는 연기 감지기 등에도 광센서가 사용되고 있다.

광센서의 동작원리가 되는 물리현상에 의해 분류하면 다음과 같이 된다.

가. 광전자방출(Photo electron emission)

도체에 빛을 비추면 그 표면에서 전자를 방출하는 현상을 이용한 것으로 광전관, 광전자 증배관이 이 원리에 의한 것이다. 미약한 빛도 검출할 수 있고 응답이 빠르기 때문에 정밀한 광학측정기나 미세광의 검출로서 이용된다.

물질에서 방출되는 전자의 양은 광자의 양, 즉 빛의 세기에 비례한다.

- $h\nu - \phi = \dfrac{1}{2mv^2}$ [J]

  h : 6.624×10^{-34}[J · S](플랑크 상수)

  ν : c/ λ(방출된 전자속도)

  c : 3×10^8[m/sec](빛의 속도)

  m : 9.1×10^{31}[kg](전자의 질량)

  ϕ : 일함수

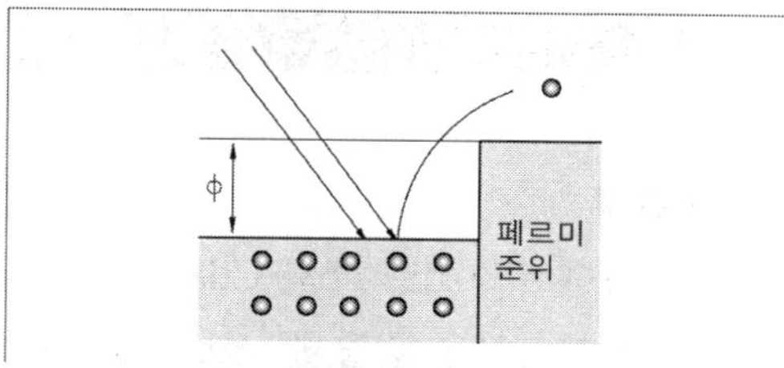

• 그림 4-137 • 광전자 방출

- 광전 한계 파장 : $h\nu - \phi = 0$

  $h\nu - \phi > 0$: 광전자 방출

  $h\nu - \phi < 0$: 광전자 방출 거의 없음

나. 광도전효과

빛이 닿으면 저항치가 큰폭으로 내려가는 재료를 이용하여 두개의 전극을 연결한 것으로 광도전 셀이라는 소자가 있다. 광도전 셀은 빛의 강약에 따라 저항값이 변화되는 성질을 이용하여 광량(光量) 검출을 한다. 빛이 강할 때는 저항값이 적고 빛이 약할 때는 저항값이 커져 광도전 셀에 흐르는 전류의 변화를 외부 회로에 보내어 검출하는 것으로서 소형이고 가격이 싸면서 감도가 좋아 카메라의 노출계, 포토 릴레이, 가로등의 자동 점멸기, 광전 스위치, 자동차의 조명장치 등의 광량(光量)을 검출하는 데 이용된다. 광도전효과는 반도체에 빛을 조사하면 반도체 중의 전자와 정공 밀도가 증가하여 도전률이 증가하는 현상으로 외부로부터 빛의 에너지에 의해 가전자대의 전자가 전도대에 여기되어 가전자대에서는 정공이 캐리어에 관여함으로 도전성을 나타난다.

- 반도체에 빛을 조사하면 전자와 정공이 증가하여 저항율이 변화하는 성질이다.
- **전도율의 증가분**

  $\Delta\sigma = q(\mu_n\Delta_n + \mu_p\Delta_p)$

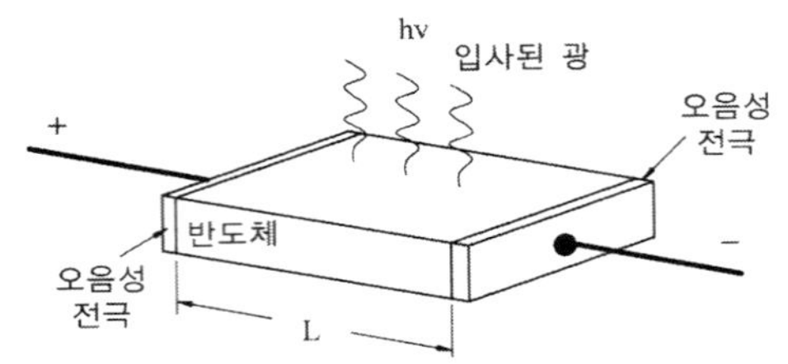

• 그림 4-138 • 광도전 현상

- 종류
  - 광센서 : CdS, PbS, CdSe 등
  - 전자사진용 감광체 : Se, ZnO, 비결정 Si 등
  - 광도전형 촬상관 : PbO, CdSe, CdTe 등

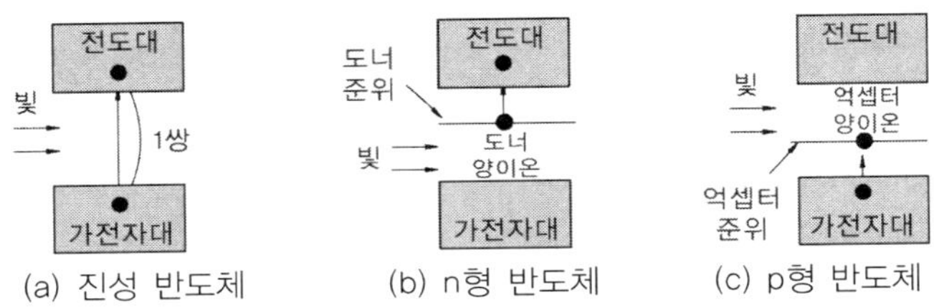

• 그림 4-139 • 광도전 효과의 종류

다. 광기전력효과

어떤 종류의 반도체에 빛을 쏘면 광량에 비례한 출력전류가 얻어지는 현상을 이용한 것으로 포토 다이오드, 포토 트랜지스터, 포토 사이리스터가 이것에 해당한다. 포토 다이오드는 소형이고 응답도 빠르고 광 통신 등에 이용된다. 포토 트랜지스터는 출력전류가 비교적 크고, 스트로보나 광전 스위치 등에 이용된다. 포토 사이리스터는 고전압, 대전력의 제어가 가능하고 조광기나 스트로보 등에 이용된다.

- **초전효과** : 적외선용으로 저감도, 저속 응답이지만 냉각할 필요가 없어 사용하기 쉽다.

(a) 포토TR (b) CdS Cell (c) 포토 커플러 (d) p-i-n 포토 다이오드

• 그림 4-140 • 여러 가지 광센서

라. CdS Cell 및 발광 다이오드(LED)

① **광도전소자**(photo conductive cell = CdS Cell)

반도체 화합물인 CdS(황화카드뮴)는 빛을 받으면 도전성이 크게 증가하는 성질을 가진다. 예를 들면, 암실에서는 1[MΩ]에 가까운 큰 저항을 CdS셀이 형광등 밑에서는 수[kΩ], 직사광선을 받으면 수십[Ω]으로 저항이 감소하는 것을 볼 수 있다. 빛에 의해 움직이는 일종의 광 가변저항기인 셈이다.

㉠ 소재 : 광도전소자는 만드는 재료에 따라 감광특성이 달라진다. 가장 많이 사용하는 소재는 황화카드뮴(CdS)이고 이것으로 만들면 감광특성이 가시광 영역, 즉 우리 인간의 시감특성과 거의 같다. 일반적으로 '광도전소자'의 대표선수는 CdS라고 말할 수 있다. 그 밖의 종류를 열거하면 아래와 같다.

CdS · Se(가시광), CdSe(가시광), PbS(적외선), ZnS(자외선)

㉡ 제품 구조 : [그림 4-141]에서 S자 모양의 곡선이 실제로는 황색을 띈 CdS 화합물(광도전층)이다. 이렇게 구불구불한 모양으로 만든 이유는 빛이 닿는 면적을 넓히기 위함이다. 양편의 회색공간은 빗살형 전극이고 여기에 리드선이 연결되어 있다. 크기는 직경(mm)으로 표시하며, 실외 노출형은 플라스틱 하우징이 씌워져 있다.

㉢ 기호(Symbol) : CdS기호 (a)는 새로운 ISO기호이고 (b)는 예전에 사용하던 KS기호인데, 현장에서는 둘 다 사용한다.

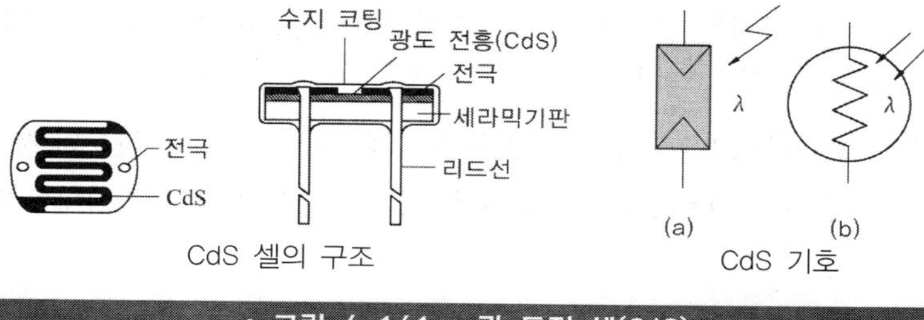

• 그림 4-141 • 광 도전 셀(CdS)

㉣ 전기적 성질

ⓐ CdS Cell은 N형 반도체의 성질을 갖는 일종의 가변저항소자이다.

ⓑ 2개의 전극을 가지며 극성은 없다.

ⓒ 지름이 클수록 조도측정 범위가 넓고 허용전류도 크며, 소형 릴레이를 직접 구동할 수도 있다.

ⓓ 암실 저항은 수 [MΩ], 직사광아래에서의 저항은 수십[Ω] 이내이다.

ⓔ 감광 특성은 인체의 눈(시감 특성)과 매우 유사하다. 그래서 카메라의 자동노출용 센서나 텔레비전의 자동 밝기조절용 센서에는 예외 없이 CdS Cell이 사용된다.

② 발광 다이오드(LED)

발광 다이오드(LED : light emitting diode)는 PN접합의 다이오드이지만 갈륨이나 아세나이드 등 특수한 소재를 불순물로 사용하며 빛이 나오기 쉽도록 P형의 두께를 얇게 하고 노출되게 만들었다. 불순물 소재에 따라 빛의 파장(색)이 결정된다. 그리고 발광효율(투입 에너지에 대한 빛의 강도)이 높아서 조명 및 조경기구로서 각광을 받고 있다..

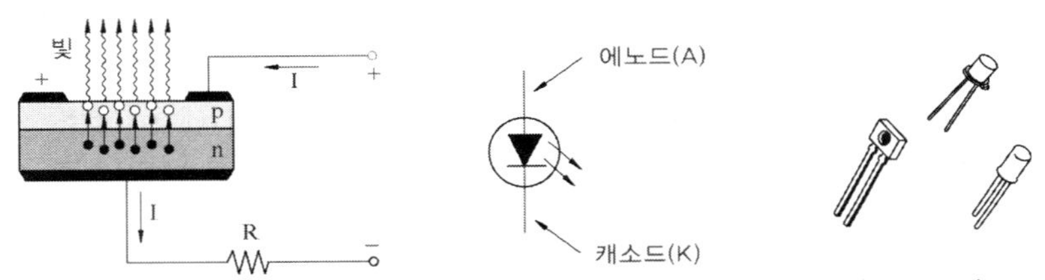

(a) 빛의 발생 과정 (b) LED 기호 (c) LED 제품들

• 그림 4-142 • 발광 다이오드

㉠ 동작 원리와 특성

ⓐ 순방향 바이어스 : 전자들이 n형에서 pn접합을 지나 p형 영역 내에 있는 정공들과 재결합한다.

ⓑ 전기 발광(electro-luminescence) : 전도대의 전자들은 가전자대의 정공들보다 높은 에너지를 갖고 있어 재결합할 때 전자들은 이 에너지를 열이나 빛으로 방출한다.

ⓒ 전류 특성 : [그림 4-143]과 같이 빛의 세기[mW]는 전류의 세기에 비례한다. 표준 전류는 10[mA], 밝은 곳에서는 20[mA]가 적당하고 최대 50[mA]까지 흘릴 수 있다.

ⓓ 적외선 발광 다이오드는 광통신에 이용하여 광케이블에 빛을 전송하기 위해 이용되며 원격 조정기(remote controller) 및 마이크로 로봇 등에 널리 사용된다.

| 표 4-29 | 발광 다이오드의 재료와 발광색

소재	색(color)	파장(nm)	비고
GaAsP	적색	660	GaAs : 60 P : 40
GaAsP, N	등 ~ 황색	630 ~ 590	
GaP, N	녹색	560	
GaAs, Si	적외선	940	포토 LED

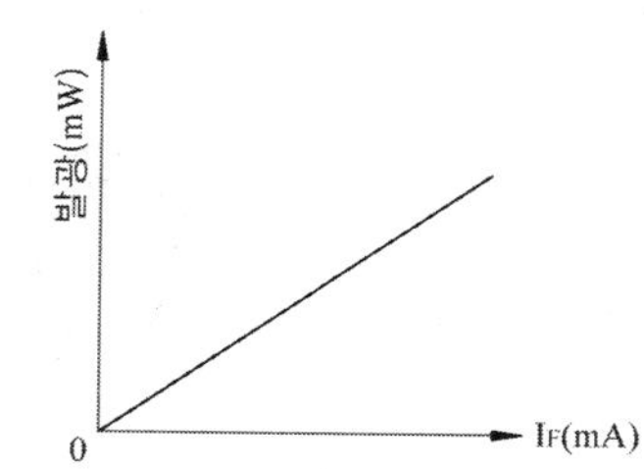

• 그림 4-143 • 전류와 광출력 관계

EXERCISE 1

아래 그림의 기본회로에서 주어진 전원전압이 5[V]이고 전류를 10[mA]로 제한한다면, 저항의 크기는 얼마로 해야 할까? 10[mA]의 전류가 흐를 때 발광 다이오드에 걸리는 순방향 전압 $V_F = 2$[V]이다. 아래 회로에서 R_L은 얼마인가 구하시오 .

풀이 LED구동의 기본회로

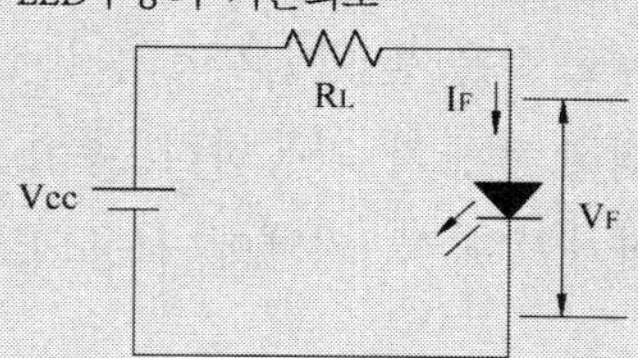

$$I_F = \frac{V_{CC} - V_F}{R_L}$$

$$\therefore R_L = \frac{V_{CC} - V_F}{I_F}$$

$$R_L = \frac{5V - 2V}{10 \times 10^{-3}} = 300[\Omega]$$

EXERCISE 2

아래의 회로에서 트랜지스터에 의한 LED 구동회로에서 $I_B = 0.22$[mA]일 때 $V_{BE} = 0.6$[V]이며 $V_{CC} = 9$[V], V_{CE}(sat) = 0.1[V], $V_F = 2.1$[V], $I_C = 10$[mA]가 흐를 때 I_B와 R_L을 구하시오.

풀이 키로히호프 법칙에 의해 해를 구한다.

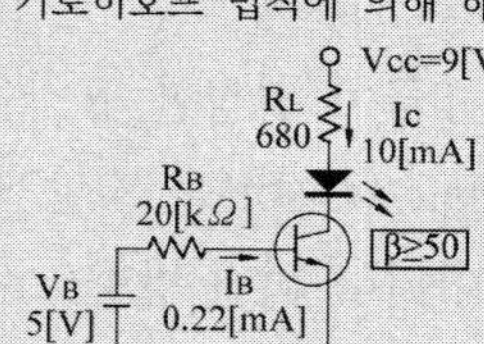

$$I_B = \frac{V_B - V_{BE}}{R_B} = \frac{5 - 0.6}{20 \times 10^3} = 0.22[\text{mA}]$$

$$R_L = \frac{V_{cc} - V_F - V_{ce}}{I_c} = \frac{9 - 2.1 - 0.1}{10 \times 10^{-3}} = 680[\Omega]$$

6. 엔코더(encoder)

아날로그 양인 길이나 회전각을 어떤 미소량을 단위로 한 디지털 신호로 전환한 것을 엔코더라 한다.

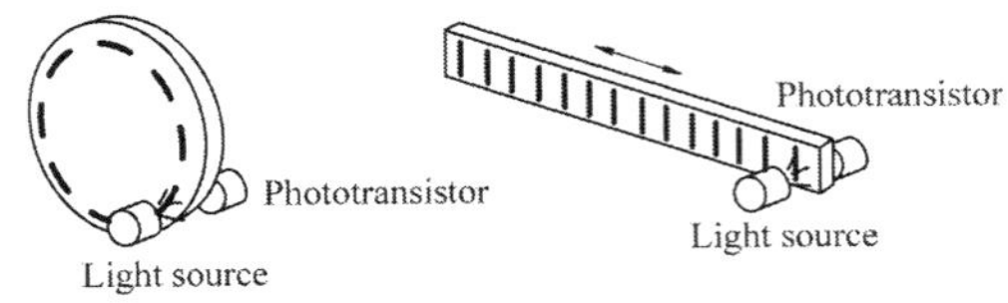

• 그림 4-144 • 엔코더

직선에 대해서는 리니아 엔코더가 있고 각도에 대해서는 로터리 엔코더가 있다. 인덱스 스케일은 광원, 콘덴서 렌즈, 수광소자와 일체가 되고 있다. 인덱스 스케일에 대해서 메인 스케일이 움직이면 1피치 사이에 수광소자가 받는 광량은 최대에서 최소 사이를 직선적으로 변화하고 톱날 상태의 파장을 형성한다. 이것을 계산하고, 더불어 1[m]이라든지 5[m] 정도까지 내부에 들어가서 디지털 표시를 한다.

리니아 엔코더의 주요 용도는 범용 공작기계가 보내는 양의 독해 루프방식의 NC장치의 위치검출 등이다. 각도를 검출하는 로터리 엔코더도 같은 원리가 사용되지만 potentiometer와 같은 접점식의 것도 있다. 분해능은 1/1000회전 정도가 가능하다. 주요 용도는 회전각도의 검출에서 산업용 로봇의 관절부분에 들어가거나 NC기계에 사용되고 있다.

로타리 엔코드(rotary encoder)는 일반적으로 회전위치를 주는 입력용 로터리 엔코더와 타코미터(tachometer)와 같이 회전 속도 검출용 엔코더로 구분된다. 또한 구조적으로는 접점식 로타리 엔코더와 마그네트식, 광학식 로터리 엔코더로 구분되고 있다.

가. 자기식 로타리 엔코더(magnetic type rotary encoder)

자기식 로타리 엔코더는 다음 그림과 같이 자기 드럼(magnetism drum)의 회전축과 자기 센서(magnetism sensor)인 홀 소자에 의하여 회전축의 회전에 의한 전기적인 펄스를 얻도록 하고 있다. 즉 자기 드럼은 미리 착자된 N극과 S극이 일정한 규칙을 가지고 배열된 것으로 이 드럼이 회전하여 N극과 S극이 홀 센서(hall sensor)를 지날 때마다 홀 센서의 저항값이 변하도록 한 것이다. 또한 회전 속도뿐만 아니라 회전 방향도 검출될 수 있도록 상(phase) 신호를 얻게 하는 것도 있다.

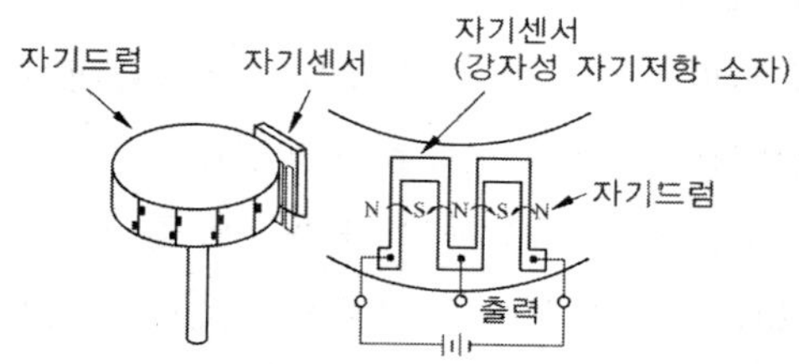

• 그림 4-145 • 자기 방식 로터리 엔코더의 구조

자기식 로터리 엔코더는 홀 센서를 사용하는 관계로 온도에 의한 영향을 많이 받으며 따라서 검출회로는 대개 차동 증폭기를 사용되고 있다. 그러나 내진동 및 고속성의 특성이 양호하다. 특히 로터리 엔코더의 출력은 대개 디지털 출력으로 되어 있으므로 디지털 방식의 회로에 적합하다.

나. 광학식 로터리 엔코더(optical type rotary encoder)

그림과 같이 회전 원판이 있고 이 원판에 구멍(slit)을 내어 놓는다. 그리고 원판의 구멍을 광원의 광선이 수광부에 감지되게 해놓으면 원판 회전시 광선이 차단되면서 회전속도에 따르는 펄스의 수/분(PPM : Pulse per Minute)을 얻게 되는 원리이다. 회전 원판의 구멍 수가 많으면 그만큼 해상도가 높은 로터리 엔코더의 성능을 갖게 된다. 광학식 로터리 엔코더 역시 회전 방향을 나타나게 하기 위해 별도의 방향 검출 출력이 있는 것도 있다.

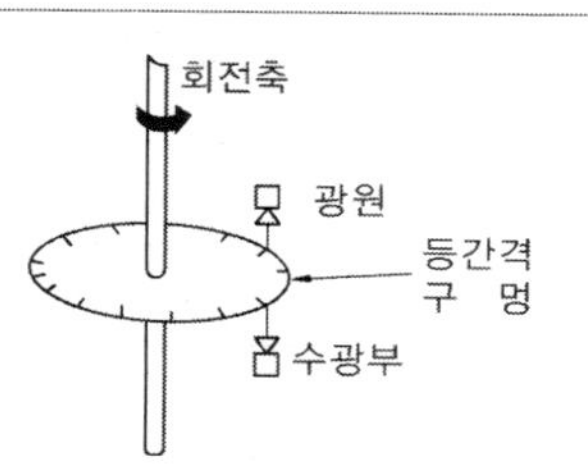

• 그림 4-146 • 광학식 로터리 엔코더의 원리

광학식 로터리 엔코더는 온도, 충격 등에 의한 영향이 극히 적으며, 회전 원판의 회전 관성이 적으므로 정지시 정지 진동에 의한 에러 발생이 거의 생기지 않고 기동시 부하를 적게 준다.

다. 로터리 엔코더의 인터페이스

자기식 또는 광학식 로타리 엔코더는 1회전당 펄스수(Pulse per Revolution : PPR) 및 출력상(A상, AB상, ABZ상) 등으로 성능을 구별한다.

일반적으로 회전당 60, 100, 200 등의 표준품이 많이 이용되고 있으며, 정밀한 제어가 필요한 경우에는 500 이상의 제품을 사용하는 경우도 있다.

한 펄스의 주기는 출력상에 따라 다음 그림들과 같이 구별된다.

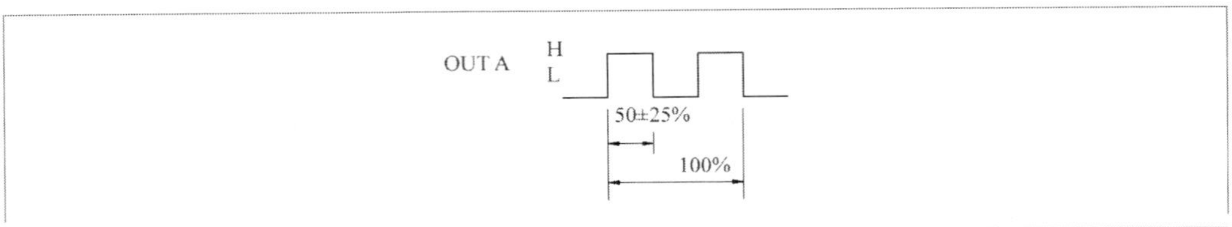

• 그림 4-147 • 1상 출력형의 파형(A상)

A상 출력형인 경우에는 출력 신호가 왼쪽 그림과 같이 1개(OUT A)만 존재하며, AB상과 ABZ상인 경우에는 다음의 그림과 같이 OUT A, OUT B 또는 OUT A, OUT B 및 OUT Z로 출력된다.

A상 출력인 경우에는 회전수를 알 수 있지만 회전 방향을 알 수 없는 관계로 일반적으로 AB상 또는 ABZ상 형의 센서를 많이 이용한다.

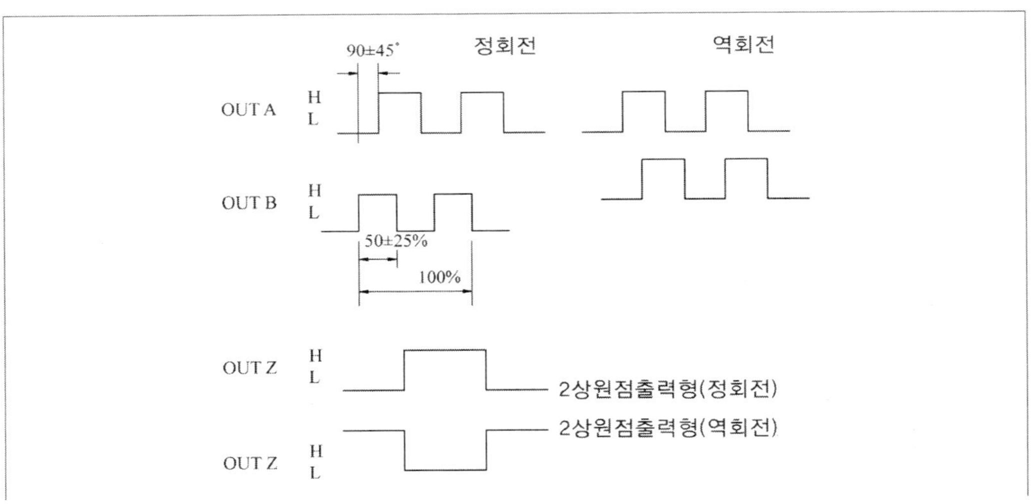

• 그림 4-148 • 2상 출력형의 파형(AB상 및 ABZ상)

다음 그림은 로터리 엔코더의 일반적인 접속도를 나타내고 있다. A상의 경우에는 OUT B 및 OUT Z는 해당이 없다.

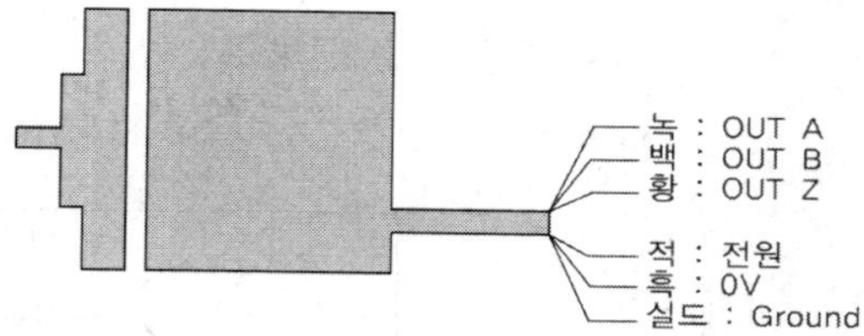

• 그림 4-149 • 로터리 엔코더의 접속도 예

엔코더의 출력을 카운터 회로에 입력으로 이용하면 회전수 및 각도를 알 수 있는데, 엔코더의 출력 신호가 전압 출력 또는 오픈 콜렉터 출력의 경우에 따라 인터페이스 방법이 조금 차이가 있다. 다음 그림은 엔코터 출력이 전압형인 경우와 오픈 콜렉터 방식인 경우의 인터페이스 회로를 보여주고 있다.

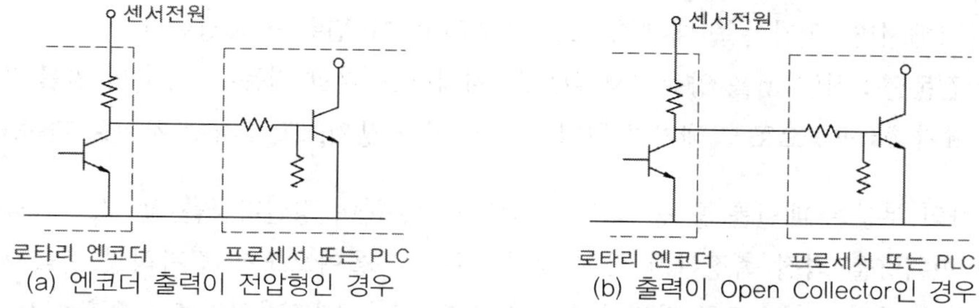

• 그림 4-150 • 엔코터 출력이 전압형인 경우와 오픈 콜렉터 방식

PLC를 사용하는 경우에는 PLC 프로그램의 카운터, 타이머 기능을 이용하면 소프트웨어 작성에 어려움 없이 회전수 또는 각도를 계산할 수 있다.

7. 가속도 센서(acceleration sensor)

가속도를 검출하는 장치로, 적분으로 속도 이동거리를 구하고 항공기나 선박, 산업용 로봇 등에 이용할 수 있다.

가속도 센서의 원리는 그림에 나타난 것처럼 한 방향의 자유도만을 갖은 진자를 만들고 이것에 가속도가 붙을 때의 변위를 전자적 혹은 광학적으로 검출하는 것이다.

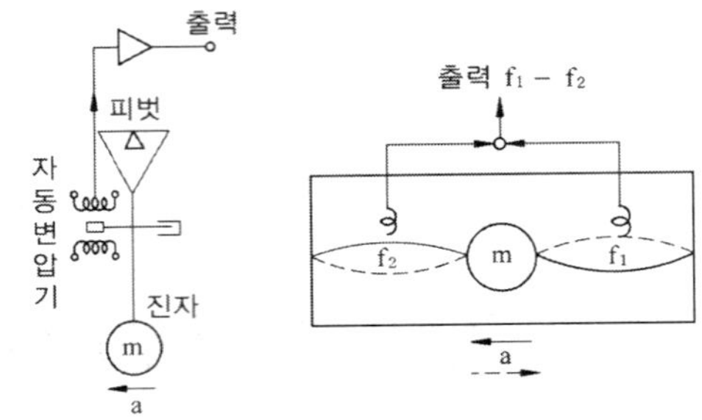

• 그림 4-151 • 관성형 가속도 센서(진자형과 진동형)

관성형 가속도 센서는 정지계를 기준으로 한 관성 가속도를 측정하는 형식으로, 질량에 작용하는 가속도에 의한 반력, 즉 관성력을 이용한 것으로 진자형과 진동형이 있다.

① **진자형** : 마찰이 적은 피벗 베어링으로 진자를 지지한다. 화살표 방향에 가속도 α가 가해지면, 진자는 반대 방향으로 변위되고 이 변위를 측정한다.

② **진동형** : 질량 m을 양측에서 현으로 지지하고 현의 진동수 f_1, f_2의 차를 검출. 가속도 α가 한 방향으로 가해지면 현의 장력에 차가 생겨, 그 주파수 차이로 가속도를 구한다.

진자의 부분은 베릴륨 동 등 특수한 재료를 이용하여 정밀가공을 할 필요가 있다. 또 진자의 변위량을 직접 측정하지 않고 항상 0위치로 돌아오도록 전자적인 힘을 써서 이것에 필요한 전류로 가속도를 감지하게 한 방식도 있다. 계측범위는 5×10^{-6}g에서 10g 정도까지로 최소 측정 가능량을 분해능이라고 한다.

가속도 센서의 응용범위는 다양하며, 항공기나 로케트 등에서는 자이로스코프와 같이 관성유도장치로서 활용되고 있다. 또 이동로봇에서는 가속도를 적분하여 속도를 구하고 속도를 적분하여 이동거리를 구하여 활용할 수 있다. 로봇의 팔에 넣으면 작동 중에도 시시각각 팔의 위치 자세를 검출할 수 있기 때문에 제어를 빠르고 정확하게 할 수 있다. 그밖에는 지진계나 기계의 진동해석 건조물의 내진 측정 등에 사용되고 있다.

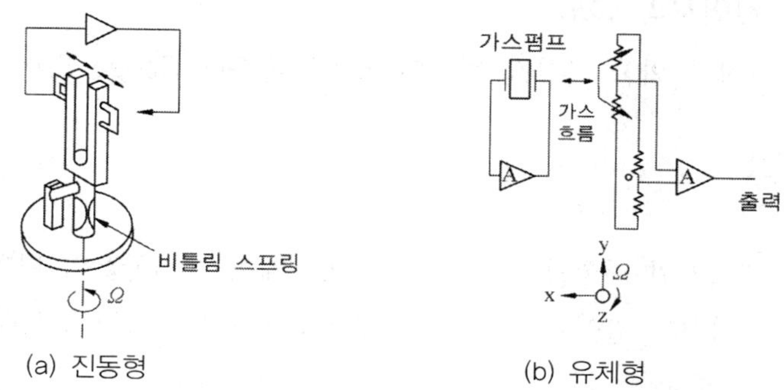

• 그림 4-152 • 자이로식 가속도센서

위 그림은 자이로식 가속도 센서를 나타내었다. 이 가속도 센서는 진동형과 유체형으로 구분된다.

① **진동형** : 자이로를 구성하는 질량의 운동이 일정한 각속도의 회전운동이 아니고, 그림 (a)와 같이 음의 진동에 의한 것으로, Ω라는 각속도가 가해진 경우 코이올리의 힘은 음의 진동수와 같은 진동수의 진동 토크를 발생하고, 이 토크에 의한 진동을 검출하여 Ω를 측정한다. 이 방식은 Ω = 0인 경우에 ω의 각진동수를 가진 불필요 진동이 생기는 결점이 있다. 그러나 베어링과 같은 마찰 부분이 없는 이점이 있다.

② **유체형** : 운동체로서의 가스를 쓴 것으로 그림 (b)와 같다. 가스 펌프로 일정 방향의 가스류를 발생시켜, 브리지의 2변의 저항체를 균등하게 냉각시킨다. 여기서 자이로의 z 축에 각속도 Ω이 가해지면 가스 분자가 코리올리의 힘을 받아 가스류가 y 방향으로 흐르고, 두 저항값이 불평형하게 된다. 이에 의해서 생기는 불평형 전압이 Ω에 비례한다. 이 자이로의 구조는 간단하지만 정밀도가 좋지 않다.

이외에도 레이저 자이로형, 회전형 등이 있다.

8. 스트레인 게이지(변형 게이지)

변형게이지라고도 불리고 금속의 선 또는 박의 전기저항이 변형에 의해서 변화하는 현상을 이용한 것으로, 실리콘의 피에조 저항효과를 이용한 반도체 스트레인게이지도 있다. 스트레인게이지는 압력, 하중, 변위, 속도, 가속도, 토크 등의 물리량을 전기적 신호로 변환하는 소자이다.

가. 스트레인 게이지의 감도

기계적 일그러짐에 의한 저항값 변화인 게이지율(GF : Gauge Factor)로 표시된다.

$$GF = \frac{\triangle R/R}{\triangle L/L}$$

여기서, R : 게이지의 저항값　　　$\triangle R$: 게이지 저항값의 변화분

L : 게이지의 길이　　　$\triangle L$: 게이지 길이의 변화분

나. 압저항 효과의 원인

길이나 단면적 등의 외형 변화에 의한 저항 변화와 응력에 의한 전기전도도 자체의 변화

① **금속** : 비저항의 변화는 거의 없고 주로 외형 변화에 의해서 압저항 효과가 나타남.

② **반도체** : 일그러짐에 의해서 에너지밴드 구조가 변화를 일으키기 때문에 전기전도도 자체의 변화가 크다.

다. 금속 저항선의 재료 : 어드밴드선

게이지율이 크고 저항의 온도계수가 작고 가공이 용이한 것이 적합하다.

라. 스트레인 게이지의 용도

차압발신기, 압력발신기, 카르멘 와류량계, 토크계 등

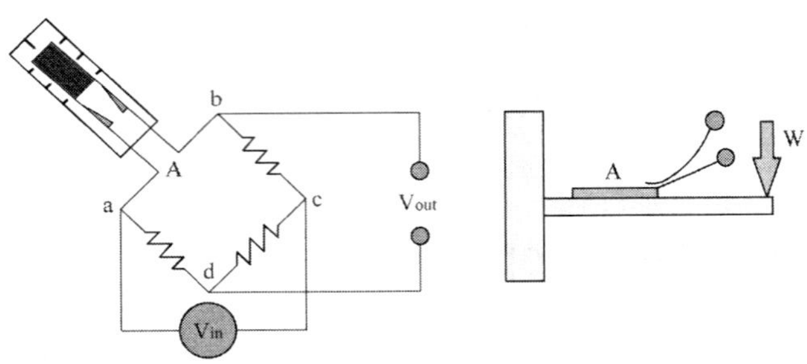

- 기본적인 wheat stone bridge 구성형태 : 1점 측정방식
- 스트레인 보상이 없다 : 측정정밀도 저하
- a-c점에 전원공급, c점은 어스
- Vout은 OP amp로 차동증폭

• 그림 4-153 • 스트레인 측정

금속의 미세한 저항체(게이지선)를 종이나 베이클 라이트, 에폭시 수지 등의 얇은 베이스에 붙여 리드선을 끌어 낸 구조를 하고 있다. 이것을 측정하는 대상물의 표면에 접착제로 고정하면 그 부분의 국부적인 변형에 의해서 게이지선도 같이 변형을 하고 전기저항의 변화에 의해서 검출할 수 있다.

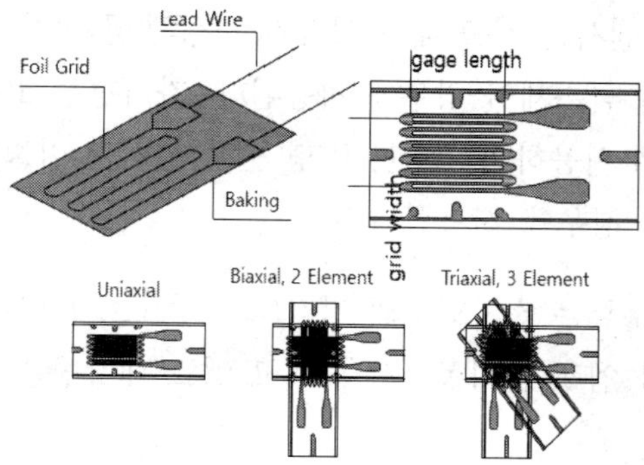

• 그림 4-154 • 스트레인 게이지 기본형태

두께 4 ~ 10m 정도의 박도 잘 이용되고 선보다도 얇을 수 있기 때문에 물체표면의 변형에 추종성이 뛰어나고 포토에칭(감광식각)에 의해 양산할 수 있다는 이점이 있다.

반도체 변형 게이지는 실리콘의 피에조 저항효과를 이용한 것으로 금속제와 비교하면 높은 감도를 갖고 있지만 온도의 영향이 크고 접착하기도 어렵기 때문에 특수한 용도로만 사용되고 있다.

스트레인게이지의 응용은 여러 가지로 중량, 압력, torque, 변위, 가속도 등의 검출에 사용된다.

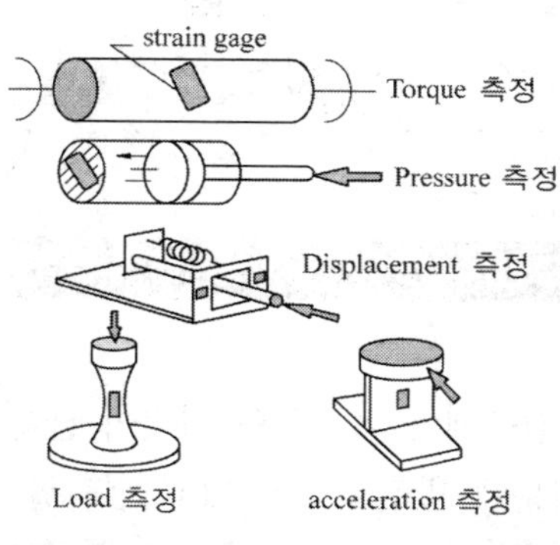

• 그림 4-155 • 스트레인 게이지의 적용

9. 근접센서

근접 센서는 검출 방식에 의한 분류, 구성에 의한 분류, 출력회로에 의한 분류 등에 따라 분류되고, 검출 방식에 의한 분류를 살펴보면 자계를 이용한 방식과 전계를 이용한 방식에 따라 고주파발진형, 차동코일형, 자기형, 정전용량형으로 구분한다.

고주파발진형 근접 센서는 검출 대상 물체가 자성체(금속)인 경우에 사용되고, 차동코일형 근접 센서는 장거리 금속체인 경우에 사용된다. 자기형은 고주파발진형과 마찬가지로 자성체(금속)인 경우에 사용하며, 정전용량형 근접 센서는 검출대상 물체가 비자성체(물, 나무, 플라스틱 등)인 경우에 사용한다.

또한 구성에 의한 분류는 전자회로의 각각의 구성요소가 어떤 구조로 내장되어 있는가에 따라 엠프 내장형과 엠프 분리형으로 나뉘고 엠프 내장형은 다시 직류전원용과 교류전원용으로 구별한다.

대상물의 유무를 접근하는 것만으로 비접촉으로 검출하는 센서로 NC공작기계의 가공위치의 검출, 산업용 로봇의 손과 대상물과의 거리나 방향의 판정 등에 이용되고 있다.

근접센서의 동작원리는 고주파발진, 자기, 정전용량, 초음파, 공기압, 광전형상 등 여러 가지의 것이 있지만, 초음파와 광전효과는 각각 고유의 명칭으로 불리는 일이 많다. 나머지 방식 중에서 일반적인 것은 고주파발진형, 정전용량형이 있다.

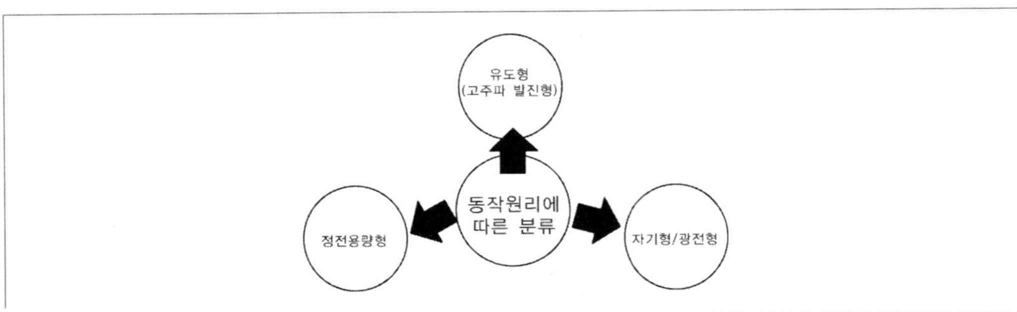

• 그림 4-156 • 동작원리에 따른 근접센서의 분류

고주파발진형은 코일에 검출체가 접근하면 이것이 금속이면 유도전류가 발생하여 코일의 인덕턴스가 변화하기 때문에 발진회로에 의해 검출할 수 있다는 원리이다.

정전용량형은 금속 이외의 것이라도 검출할 수 있는 방식으로 전극과 대지 사이에서 콘덴서를 형성하고, 이 사이에 물체가 들어갔을 때 정전용량이 변화하는 것을 이용한 것이다.

이밖에 검출체의 움직임을 영구자석을 매체로 해서 자속변화로 변화하여 스위치의 개폐나 전압을 발생시키는 자기형도 있다.

가. 근접센서의 특징

- 비접촉 감지로 기계적 마모가 없다.
  → 비접촉 감지로 기계적 작동력이 필요 없다.
- 수명이 길고, 신뢰성이 높다.
  → 접점부의 밀봉으로 내환경성이 우수
- 무접점 반도체 소자로 빠른 동작 특징을 갖는다.
  → 설치가 용이하며 가격이 싸다.
- 산업 자동화에 적합하다.

나. 정전용량형 근접센서

- 검출물체가 센서에 접근하면 검출전극과 대지간 정전용량이 증가하는 것을 이용하여 물체를 검출하는 것
- 도체 및 유전체 등 모든 물체의 검출이 가능하다.
- 정전 용량은
  - 전극의 단면적 크기에 비례
  - 두 극판간의 거리에 반비례
  - 두 극판간의 비유전율에 비례
  - 전극 사이의 극판수가 많이 쌓이면 정전 용량이 증가

다. 유도형 근접센서

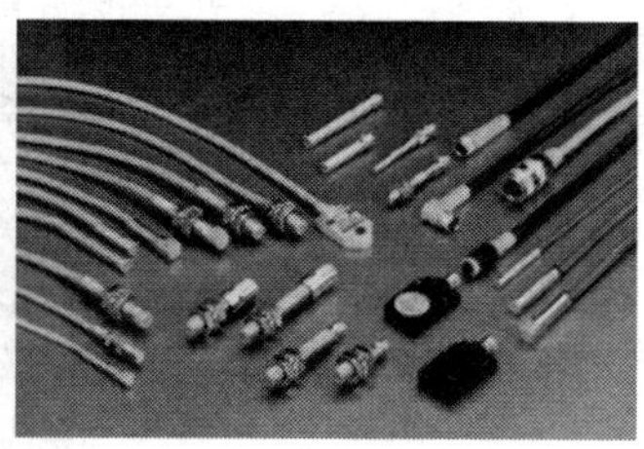

- 센서의 검출 면에 금속체가 접근하여 전자유도 작용으로 물체의 유무를 판별
  즉, 자계에너지를 이용하여 기계적 접촉 없이 검출하는 센서이다.
- 금속물체의 검출에 사용한다.
- 흙, 먼지, 혹은 기름이 묻어있는 오염된 환경, 야외에서도 사용될 수 있다.

라. 근접센서의 장단점

| 표 4-30 | 근접센서의 장단점

센서	장점	단점	주요 응용분야
광전센서	• 모든 종류의 물체 검출 • 긴 수명 • 가장 긴 검출거리 • 매우 빠른 응답	• 렌즈 오염 가능성 • 검출범위가 검출대상물체의 색깔이나 반사율에 영향 받음	• 패키징 • 물건 취급 • 부품 검출
유도형	• 내환경성 우수 • 예측 가능성 높음 • 긴 수명 • 설치 용이	• 검출거리에 제약	• 산업용 기계 • 머신 툴 • 금속 물체만 검출
정전용량형	• 용기내용물 검출 • 비금속 물체 검출 가능	• 급격한 환경변화에 매우 민감함	• 레벨 검출
초음파식	• 모든 물체 검출	• 분해능 • 반복성 • 온도변화에 민감	• 충돌방지 • 도어 • 웹 브레이크(web break) • 레벨 제어

마. 근접센서의 기본회로

① 고주파형 근접센서

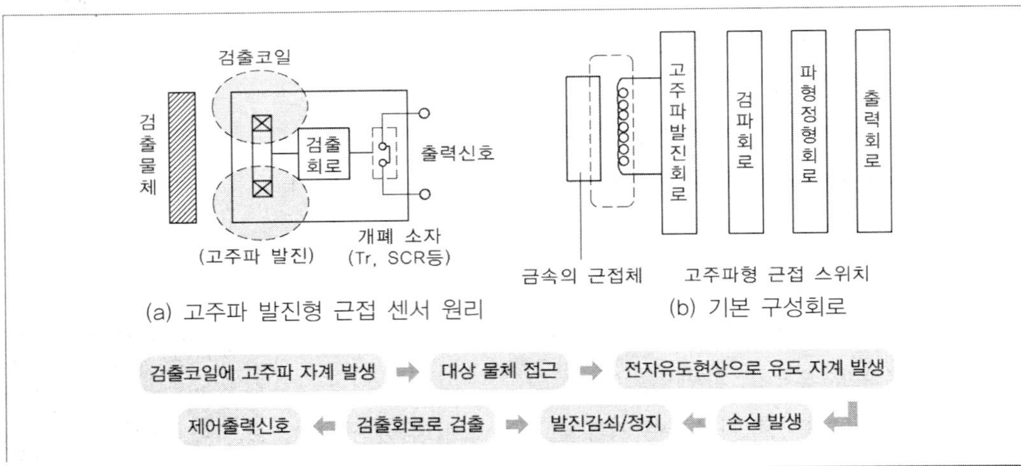

• 그림 4-157 • 고주파형 근접센서원리 및 기본구성회로

② 자기형 근접센서

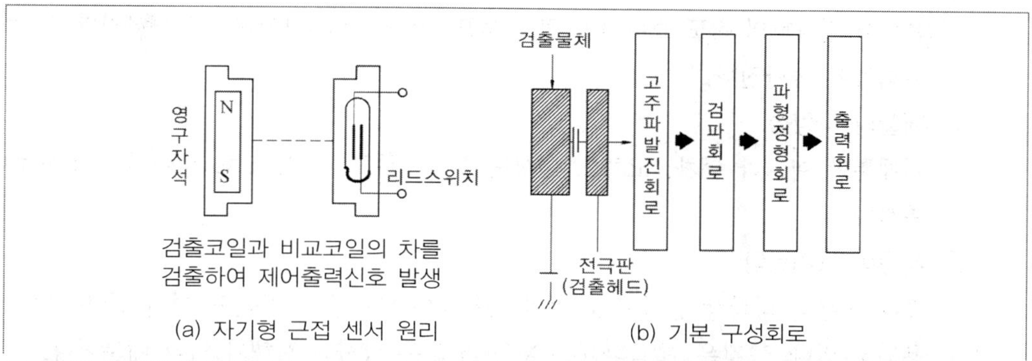

• 그림 4-158 • 자기형 근접센서 원리 및 기본구성회로

③ 정전용량형 근접센서

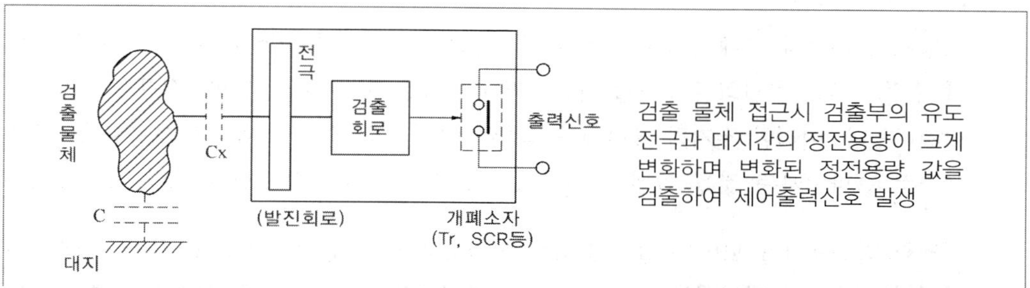

• 그림 4-159 • 정전용량형 근접센서 원리

10. 초음파센서

초음파란 성인이 들을 수 있는 범위(20kHz) 이상의 높은 주파수의 소리를 일컫는다. 초음파의 발생기구는 크게 트랜스듀서(electromechanical transducer)와 고주파 전원(high frequency power supply)으로 구성된다.

가. 초음파의 특징

① **초음파의 속도는 전파보다 느리다**

전자파의 속도는 3×10^8[m/s]인데 대해, 음파는 공기 중에서 340[m/s], 수중에서 1500[m/s], 금속에서 6000[m/s]로 전파보다 $10^5 \sim 10^6$배 늦다. 따라서 전파를 사용할 경우, 나노 초[ns] 정도의 계측을 하기 때문에 보다 정밀한 기기가 요구된다. 이에 대해, 음파에서는, 측정시간이 미리 초[ms] 범위여서 일반적으로 널리 실용되고 있다.

② **초음파의 파장이 짧다**

음속이 전자파의 속도 보다 10^5 정도 늦으므로 파장도 필연적으로 짧아진다. 그 때문에 분해능이 높아진다.

③ **매질의 다양성**

기체뿐만 아니라 액체, 고체도 대상이 된다. 특히 액체, 고체 내에서는 전파보다 잘 통한다.

④ **사용이 용이하다**

오래 전부터 의학상 진단에 X-선이 사용되어 왔지만, 초음파도 여러 진단분야에서 사용되고 있다. 그것은, 초음파에는 X-선과 같은 방사선 장해가 없기 때문이다. 또 전파에는 법규제가 있는데 비해, 초음파에는 그와 같은 규제가 없다.

나. 초음파 원리

프랑스 물리학자 피에르 퀴리(Pierre Curie)와 자크 퀴리(Jacques Curie) 형제는 1880년에 수정과 같은 물질의 결정체를 압축하거나 늘였을 때 결정의 양면에 전하가 생기는 현상을 발견하였다. 이러한 전기적 에너지를 역학적 에너지로, 역학적 에너지(초음파)를 전기적 에너지로 변환시키는 것을 압전효과(piezoelectric effect : 피에조일렉트릭 이펙트)라 한다.

이러한 압전효과를 보이는 결정에 압력을 가했을 때 전압이 발생되고, 반대로 이들 물질에 전압이 가해지면 체적변화를 일으킨다. 의학적으로 사용되는 대부분의 초음파의 발생소자는 압전효과를 이용하여 음향의 송신과 수신 모두가 동작하는 것이다.

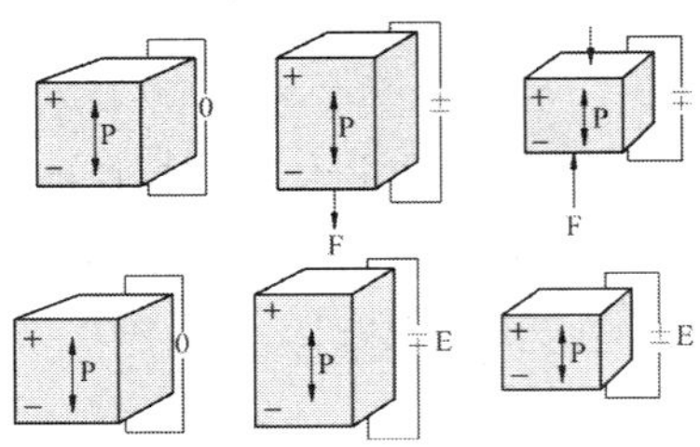

• 그림 4-160 • 압전효과

대상물에 초음파를 방사하고 그 반사파를 검출하여 거리나 형상을 감지하는 장치로 정밀도는 낮지만 비접촉으로 계측할 수 있기 때문에 산업용 로봇이나 각종 산업기계에 이용되고 있다.

초음파센서는 진동자에서 나온 초음파를 대상물에 보내어 반사해서 다시 돌아올 때까지의 시간을 측정하여 거리를 감지하는 원리이다. 진동자는 직경 1 ~ 3[cm], 두께 수 [mm] 정도의 세라믹스제 압전소자 등이 이용된다. 발생하는 초음파는 수십[kHz]에서 높은 것은 300[kHz] 정도까지 있고 고주파의 것은 음파의 회절이 적기 때문에 정밀도가 좋다. 측정 가능 범위는 10 ~ 30[cm]정도로 거리의 오차는 4[mm] 정도이다.

(a) 압전기 직접효과 (b) 압전기 역효과

• 그림 4-161 • 압전기 효과

다. 압전진동자

초음파 발생장치로는 여러 가지가 있으나, 많은 사용되는 것은 압전 진동자(Piezoelectric Transducer)이다. 압전 진동자는 압력(음압, 응력)을 가하면 전압을 발생하고, 반대로, 전계를 주면 신축하거나 진동하는 성질을 갖고 있다. 이러한 성질을 압력 현상이라고 하며, 압력을 가하면 전압을 발생시키는 것을 압전기 직접효과, 반대를 압전기 역효과라고 한다. 다음 그림은 압전 효과를 정리한 것으로 이 성질은 자석의 자화와 유사한 분극이라는 고전압 처리함으로써 주어진다.

초음파 센서에 힘을 가하면 압전 진동자의 분극 방향과 힘을 주는 방향으로 단자에 출력되는 극성이 결정된다. 이러한 압전기 직접효과를 이용한 것은 압전 라이터용 소자나 초음파 센서 중 수신기(마이크로폰) 등으로 이용되고 있다.

압전 진동자의 분극 방향과 인가전압의 극성으로 진동자의 신장, 수축이 결정되는데, 이러한 압전기의 역효과를 이용하는 것은 압전 부저용 진동자, 트위터용 진동자, 초음파 센서 중 송신기(스피커) 등으로 이용되고 있다.

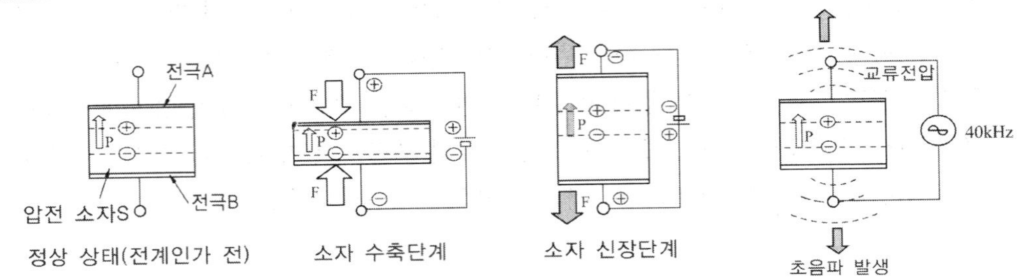

• 그림 4-162 • 압전물질(진동자)이 진동하는 원리

라. 공중용 초음파 센서의 종류 및 특징

다음은 공중용 초음파 센서 종류 및 특징 나타낸 것이다. 공중용 초음파 센서란 공기 중 스스로 초음파를 방출, 또는 방출된 초음파 에너지를 검출하는 센서를 말한다.

	개방형 센서	방적형 센서	고주파형 센서
구조	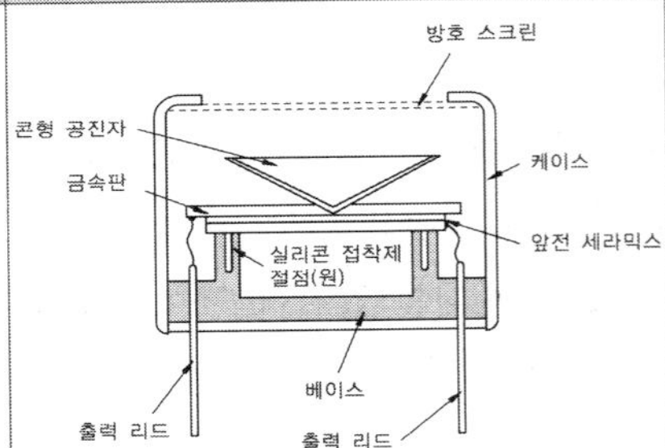	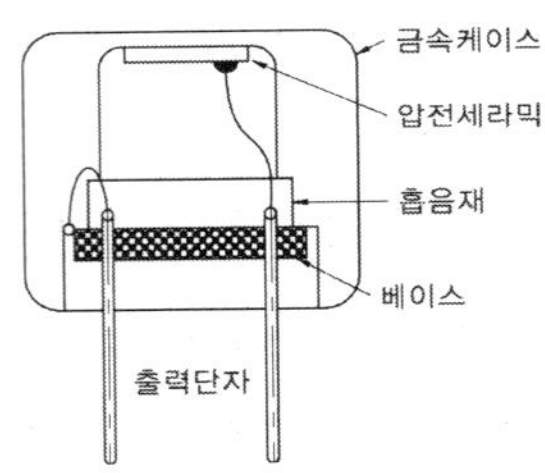	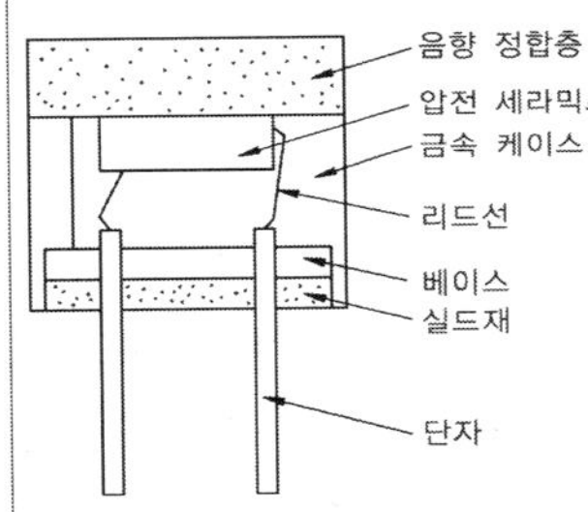
특징	• 압전세라믹의 굴곡진동 이용 • 음압레벨이 높고 감도가 좋다. • 80[KHz] 이상 사용 불가 • 내 환경 특성이 나쁨	• 알루미늄의 굴곡진동 이용 • 수신 감도가 비교적 좋다. • 내 환경 특성 우수 • 충격에 강함	• 압전세라믹의 두께진동 이용 • 음향정합 층 설계가 중요 • 고주파 영역 사용 • 빔각도가 매우 예리함
용도	• 침입방지 • 가정용 로봇	• 자동차용 후진센서 • 무인주차장 감지센서 • 수위, 액면 검출용	• 공장 자동화용 • 수위, 액면 검출용

마. 초음파 센서의 거리검출 방법

	거리계측의 기본 구성	주요 특징
직접파 방식	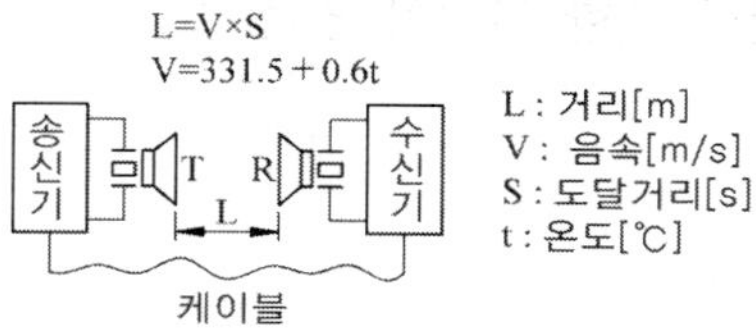	• 직접파를 수신하기 때문에 신호가 크다. • 송/수신기 사이에 케이블 등의 송신 타이밍의 신호선을 필요로 한다. • 회로 구성이 간단하다. • 측정 밀도가 높다. • 이동 물체간에서 사용이 불편하다.
송수신 분리형 반사방식	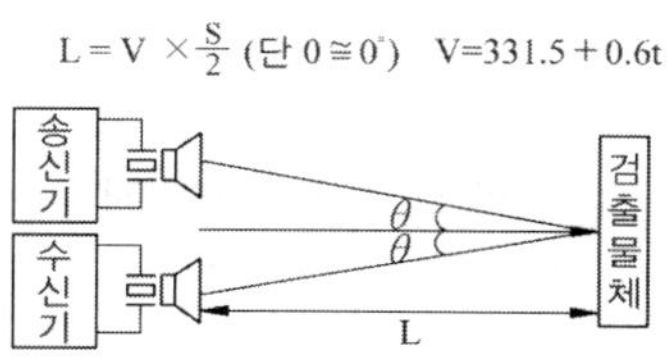	• 송/수신 분리형이기 때문에 센서 ~ 스피커간의 간섭이 적다. 개별적으로 특성을 맞추어야 한다. 가까운 거리와 먼 쪽에서의 측정 오차가 크다. • 송/수신 소자의 거리 보정이 필요하다. • 이동 물체의 검출이 가능하다. • 일반적으로 저주파 초음파용이다.
송수신 병용형 반사방식	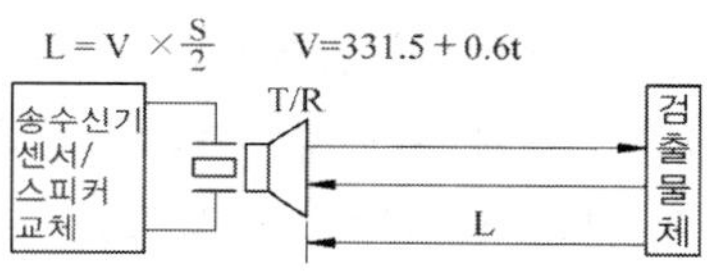	• 송/수신 병용이기 때문에 초음파 센서가 1개로도 좋다. 초음파 센서의 특성을 맞출 필요가 없다. 회로가 약간 복잡하다. 거리측정 정밀도가 좋다. 센서와 스피커의 간섭이 크다. • 이동 물체의 검출이 가능하다. • 수십 미터의 거리계에는 이 종류의 것이 많다.

일반적으로 메카트로닉스용의 센서에서는 광전센서와 근접센서가 초음파센서와 유사한 역할을 담당한다. 그러나 광전센서는 투명한 유리병 등의 물체나 콘트라스트가 적은 평면 등의 검출에는 적합하지 않다. 또 근접센서는 수[cm]정도까지 접근하지 않으면 작동하지 않기 때문에 이것들의 약점을 보완하는 용도로 초음파센서가 이용되고 있다. 구체적인 응용 예로서는 카메라의 자동초점 조정장치, 도로에서의 차량검출기 등이 예전부터 있었고 최근에는 콘베이어 상의 물체 검출과 식별 가공대상물에 대한 대략적인 위치 결정 등에 이용되고 있다.

11. 가스 센서

가스 센서는 원래 탄광이나 화학 공장 등의 방재용으로서 가연성 가스나 독성 가스의 검출 및 여러 가지의 가스 분석, 계측기용을 목적으로서 연구 개발이 진행된 것이다. 또한 최근에는 일반 가정의 가스 누설에 기인하는 폭발 방지를 위한 경보기용으로서 널리 이용되고 있다.

가. 가스센서의 조건

① 가스의 농도를 검출, 측정 가능한 것
② 다른 가스 또는 물질, 물리현상에 의한 간섭이 없는 것
③ 장시간 안정하게 동작하는 것
④ 응답 속도가 빠른 것
⑤ 보수가 간단하고 값이 저렴한 것

나. 가스센서의 종류

가스센서의 종류는 반도체식 가스센서 반도체식 가스센서, 접촉연소식 가스센서, 산소 가스센서가 있다.

반도체식 가스 센서는 세라믹 반도체 표면에 가스가 접촉했을 때 일어나는 전기전도도의 변화에 의하여 가스를 검출 또는 정량하는 방식의 센서이며, 접촉연소식 가스센서는 가연성가스의 감지에 사용되는 것으로 검지가스가 연소하는 열이 소자의 온도를 높임으로써 생기는 발열선(백금선)의 변화를 이용하는 가스감지 소자이다.

다. 반도체식 가스 센서의 특징

① 반도체식 가스센서

㉠ 저농도에서 출력의 변화가 크고 고감도이다.
㉡ 긴 수명을 가지고 있고, 장기적으로 안정적이다.
㉢ 접촉연소식에 비하여 피독성 가스이며 최악의 분위기에서도 내구성을 유지한다.
㉣ 센서구조가 간단하다.
㉤ 자동화에 의한 대량생산이 가능하므로 가격이 저렴하다.
㉥ 모든 환원성 가스에 대하여 반응이 일어나게 되므로 선택성이 떨어진다.
㉦ 온도 및 습도 등 주위 환경에 의한 영향을 받는다.

② 접촉연소식 가스센서

㉠ 가스 농도에 대한 출력의 직선성이 뛰어나다.
㉡ 가스 감도의 재현성이 매우 양호하다.
㉢ 가스 응답 속도가 매우 빠르다.
㉣ 주위 온도, 습도 변화에 대해서 안정적이다.
㉤ 고체차가 지극히 작다.
㉥ 통전(通電) 초기 안정 시간이 매우 짧다.
㉦ 전원전압 변화에 대해서 비교적 영향을 받지 않는다.

라. 가스센서의 원리

① **반도체식 센서의 원리**

㉠ 세라믹 반도체 가스센서는 고체의 표면과 기체와의 반응을 이용하는 것으로 기체가 흡착하는 속도와 흡착되는 기체의 선택성은 센서의 동작온도 뿐만 아니라 촉매성부과양, 센서주위의 분위기에 크게 영향 끼침

㉡ 세라믹반도체의 동작온도는 donor level에서 전도대로 이동하는 carrier의 개수와 이동도를 변화시켜 전기전도도를 변화

② **접촉연소식 센서의 원리**

㉠ 가연성 가스가 산소와 반응하면 반응열이 생긴다. 접촉연소식 가스센서는 이 반응열을 전기신호로 변환해서 감지하는 방식

㉡ 접촉연소식 센서는 촉매를 균일하게 될수록 많이 감지할 수 있는 다공질세라믹선을 담채로 하고 이 담채 속에 금속열선을 내장한다. 금속열선에 전원을 인가하여 담채를 가열하고 가스가 가열된 담채에 접촉하면 연소반응이 일어난다.

반도체식 가스 센서는 형상에 따라 소결형과 박막형으로, 가열방식에 따라 직접 가열형과 간접 가열형으로 대별된다. 반도체식 가스센서는 각종 세라믹 분말에 귀금속촉매를 혼합한 여러 가지 형상의 소자가 있지만 대부분 소결형이다.

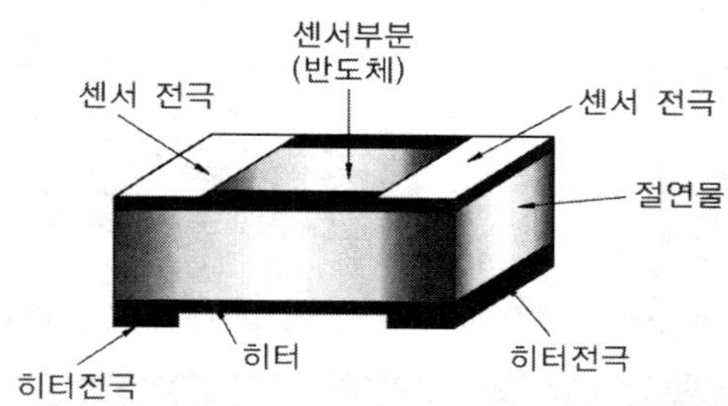

• 그림 4-163 • 반도체 가스센서의 구조

반도체식 가스센서는 가스감지부, 히터부 및 전극부의 세부분으로 구성되어 있다. 가스감지부는 검출가스와 직접 반응하여 저항의 변화를 보이는 부분이며, 히터부는 감지물질을 적절한 온도까지 승온시켜주는 부분이다. 그리고 전극부는 감지부에서의 전기적 신호를 외부로 송출하는 부분이다.

접촉연소식 센서의 구조와 기본동작회로는 그림 4-164(a)와 같다. 큰 저항값 변화를 얻기 위해 지름 0.03 ~ 0.05[mm]의 Pt선을 내경 0.25~0.4[mm]의 코일상으로 한다. Pt선 코일을

알루미나 담체로 덮고 이 표면에 촉매를 분산시켜 0.5 ~ 1.0[mm] 크기의 bead로 만든다. Pt나 Pd 귀금속촉매를 검지하는 경우 함침법이 일반적이다. 예를 들면 백금의 경우 염화백금산용액에 알루미나를 담그고 건조 후 500 ~ 800[℃]에서 소성하여 Pt-Al_2O_3를 조제한다. 또는 알루미나 분말이나 알루미나졸과 Pd흑을 습식혼합한 후 건조 소성하여 조제하기도 한다.

기본동작회로는 그림에서 보듯이 브릿지 회로이다. 센서소자는 300 ~ 600[℃]로 가열되고 있다. 센서의 온도, 습도에 따른 변화를 보상하기 위해 거의 특성이 같지만 연소반응이 일어나지 않는 소자로 감지센서와 직렬로 연결한다. 가스가 접촉하면 감지센서만이 연소반응하여 저항이 커지게 되므로 브리지평형 전압이 깨지게 된다.

접촉연소식센서의 특성은 가스농도에 비례하여 출력전압이 직선적으로 증가하며 불연성가스인 잡가스에 영향을 받지 않는 잇점이 있지만 습도의 영향을 받고 또 너무 고농도인 가스는 검출할 수 없다. 접촉연소식센서 사용시 특히 유의할 점은 전압변동이 거의 없어야 한다는 것이다. 접촉연소식의 오동작, 부동작의 원인은 전압변동에 의한 브리지의 불평형에 기인하는 경우가 많다. 그림(b)는 전압변동에 따른 가스감도변화를 보이고 있다.

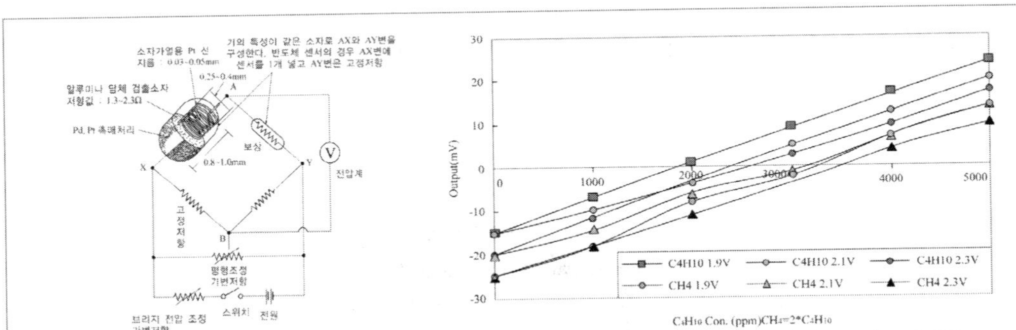

(a) 접촉연소식 센서의 구조와 동작회로 (b) 접촉연소식 센서의 감도(KGS501)

• 그림 4-164 • 접촉연소식 센서의 원리

전압이 낮아지면 저농도에서, 전압이 높아지면 고농도에서 경보하게 된다. 접촉연소식센서는 기본적으로 연한 백금선의 저항변화를 이용하기 때문에 충격에 약하다. 또한 촉매의 연소를 이용하므로 장기간의 사용시 촉매의 열화로 인해 연소반응이 약해져 감도가 점차 저하된다. 라이타가스(부탄가스)의 고농도접촉은 촉매를 열화시키기 때문에 주의하여야 한다.

반도체 가스 센서는

① 대부분 유독 가스, 가연성 가스에 어떤 응답을 나타내어 감지할 수 있는 가스의 종류가 많다.

② 센서 제작이 용이하고 검출 회로의 구성이 간단하다는 특징이 있다.

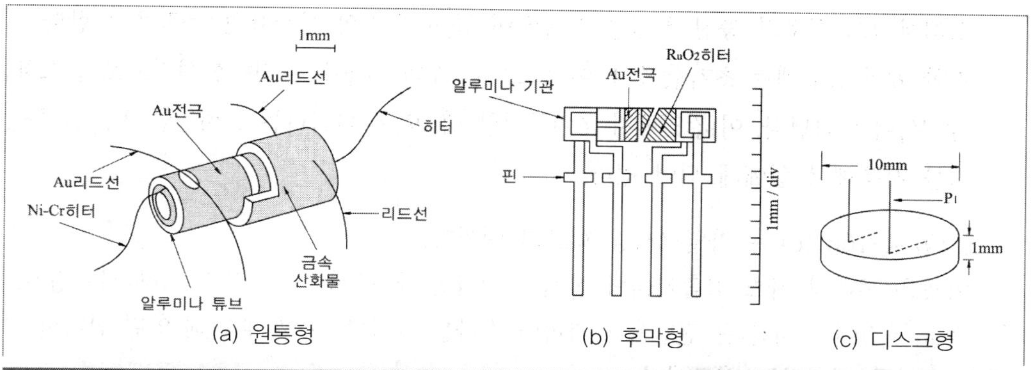

• 그림 4-165 • 소결형 반도체식 가스 센서

[그림 4-165 (a)]는 원통형 알루미나 기판을 사용하고 원통 내에 소자가열용 열선을 내장한 것이고, (b)는 알루미나 평판을 사용한다. Au(금) 전극을 형성하여 그 위에 감가스 재료를 인쇄하고, 같은 면 또는 반대면에 RuO_2 후막저항체를 인쇄하여 발열체로 사용한 것이다. (c)는 기판을 사용하지 않고 세라믹 분말을 디스크상으로 가압 성형하여 소결하였다. 전극과 가열용 히터로는 지름 0.1mm의 Pt(백금)선이 사용되며 성형시에 전극 및 히터가 내장된다.

소결형 가스센서에 사용되는 감가스 페이스트는 주 원료인 SnO_2 분말에 Pt, Pd 등의 귀금속 촉매를 0.5 ~ 5[wt%] 혼합하고, 알루미나 실리카와 물과 약간의 바인더를 가해서 만든다. 소결온도는 대략 400 ~ 800[℃] 범위에 있으며, 일반적으로 소결온도가 낮으면 소자의 기계적 강도가 낮아지고, 너무 높으면 산화물의 소결이 너무 진행되고, 촉매가 열화되어 가스의 검출감도가 낮아지거나 가스 선택성이 바뀌는 일이 있다. (a)는 간접가열형 센서, (c)는 직접가열형 센서의 대표적인 예이다.

박막형 가스 센서는 Sputtering법이나 진공증착법으로 제작된다. 기판은 마찬가지로 알루미나가 사용되며, 전극은 보통 0.5[mm]에서 수[mm] 정도의 간격으로 Au를 증착한다. 감가스 재료, 예를 들어 SnO_2는 금속 Sn을 증착한 후 산화시켜 SnO_2로 하는 방법과 유기주석을 사용해서 제작하는 경우가 있다.

마. 기본 감지회로와 각종 보상회로, 경보방식

[그림 4-166 (a)]는 가장 간단한 감지회로이다. 그러나 통상의 감지시에는 몇 가지 보상회로가 들어 간다.

[그림 4-166 (b)]는 초기동작 회피회로이다. 반도체식 가스 센서는 무통전 상태에 있던 것을 통전 상태로 하게 되면, 통전 개시 때, 부저가 울리거나 불필요한 동작을 하게 된다. 그래서 C_R 회로의 충전 특성을 이용하여 통전 초기의 불필요한 동작을 피한다.
저항 R의 양끝에는 초기값이 V_c이고, 그후 C_R의 시상수로 지수함수적으로 감소하는 전압 V_R이 나타난다. 이 전압에서 초기동작할 때 R_L에 나타나는 오버전압 V_{RL}을 차등증폭기를 사용해서 없애게 되어 있다.

[그림 4-166 (c)]는 가열크리닝 회로의 예이다.
이것은 휴대형 가스 검출기처럼 통전을 시작한 후 즉시 가스 검출을 하려는 경우, 가스 검출 직전에 단시간 큰 전압을 인가하여 소자를 가열하므로써 흡착해 있던 잡다한 가스나 수증기를 제거하는 회로이다.

[그림 4-166 (d)]는 주위 분위기에 의한 센서출력 변화를 보상하기 위한 회로이다. 온도가 낮은 경우에 출력전압 V_{RL}은 작아지고, 고온·다습으로 되면 V_{RL}은 커진다. 이를 보상하기 위해 Thermistor를 사용하여 보상한다.

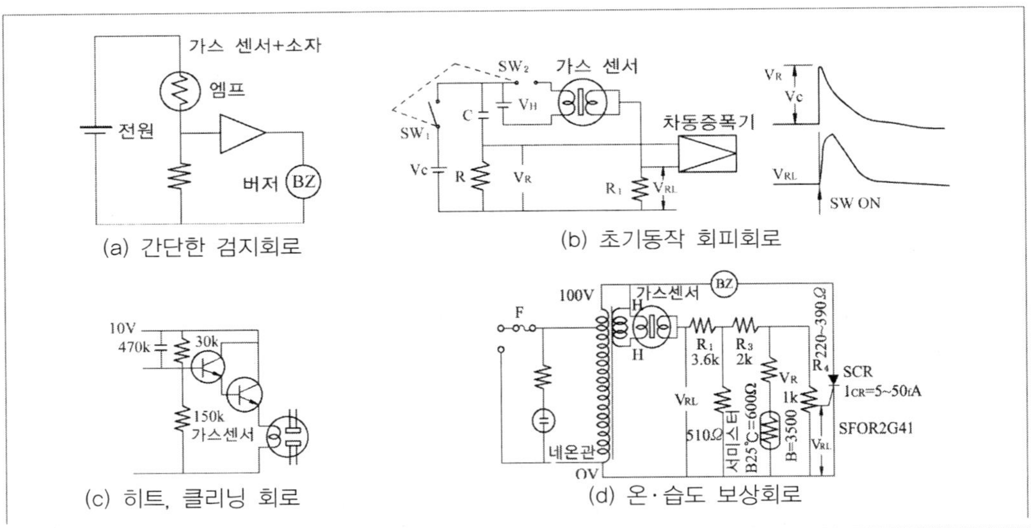

• 그림 4-166 • 기본 검지회로와 각종 보상회로

바. 가스센서의 용도

가스센서는 가스누출 감지용 센서, 휴대용 가스 검지기, 산소측정기, 유독성가스 감지기, 화재감지용 센서, 에어콘 가스탐지기, 전기화학식 CO센서, 맨홀 내 산소측정 등 많은 곳에서 활용되고 있다.

⑧ 센서기술의 적용

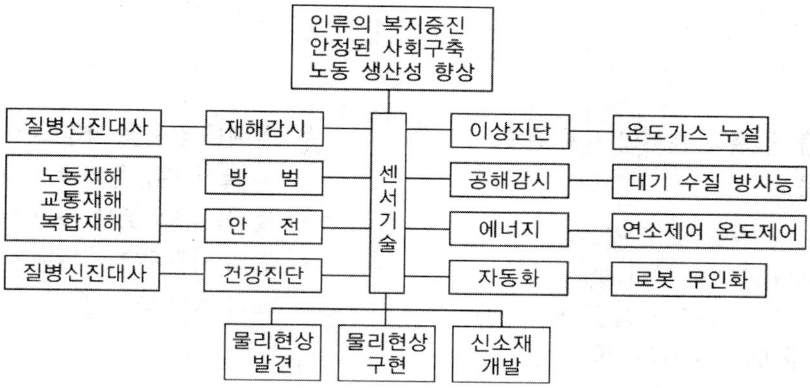

인류의 복지증진
안정된 사회구축
노동 생산성 향상
질병신진대사
재해감시
노동재해
교통재해
복합재해
방 범
안 전
질병신진대사
건강진단
센서기술
이상진단
온도가스 누설
공해감시
대기 수질 방사능
에너지
연소제어 온도제어
자동화
로봇 무인화
물리현상 발견
물리현상 구현
신소재 개발

연·습·문·제

01 다음 중 촉각 센서의 사용 용도로 옳은 것은?

㉮ 로봇의 오동작 감지
㉯ 로봇의 속도 감지
㉰ 클램핑 기구와 대상물 사이의 접촉 감지
㉱ 대상물의 위치와 방향 결정

02 전기적으로 절연되어 있지만 광학적으로는 결합되어 있는 발광부와 수광부를 갖추고 있는 광센서는?

㉮ 포토 다이오드　㉯ CdS
㉰ 포토 커플러　㉱ 포토 트랜지스터

03 서로 다른 금속 A, B 양끝을 접합하고 양 접점 간에 온도차를 부여하여 열전쌍 물질을 만든다. 열전쌍 원리를 이용해서 만든 센서는?

㉮ 변위 센서　㉯ 자기 센서
㉰ 온도 센서　㉱ 광 센서

04 장애물 검지용, 대상물과 장애물과의 거리 측정, 발신원과 수신장치의 각도를 검출하는 센서로서, 공기 중을 진행하는 동안의 시간지연을 이용한 것으로 진행속도가 매우 늦은 센서는?

㉮ 광 센서
㉯ 초음파 센서
㉰ 자기 센서
㉱ 레이저 가이드 센서

05 센서의 분류 방법 중 검출 신호에 의한 분류에 속하지 않는 것은?

㉮ 아날로그 센서　㉯ 주파수형 센서
㉰ 2진 신호형 센서　㉱ 반도체 센서

06 다음 중 반도체의 전기적 특성과 거리가 먼 것은?

㉮ 도전성은 도체와 절연체의 중간적인 성질을 가지고 있다.
㉯ 온도가 증가함에 따라 저항값은 증가한다.
㉰ 절대 온도에서 절연체가 된다.
㉱ 불순물이 증가하면 저항값이 감소한다.

Answer 01 ㉰ 02 ㉰ 03 ㉰ 04 ㉯ 05 ㉱ 06 ㉯

07 이미지 센서를 사용한 검출기에 관한 설명으로 틀린 것은?

㉮ 높은 정밀도를 측정할 수 있다.
㉯ 신뢰성이 높고 보수가 쉽다.
㉰ 응답속도가 빠르다.
㉱ 접촉하여 측정할 필요가 있다.

08 자기의 성질을 지닌 온도 스위치로 가정용기기, 산업용기기 등에서 온도제어 및 감시용으로 사용되는 감온 리드 스위치의 특징이 아닌 것은?

㉮ 온도 정확도가 높다.
㉯ 미소부하에 적합하며 수명이 길다.
㉰ 내환경성이 불량하다.
㉱ 임의의 동작 온도 설정이 가능하다.

09 터널 다이오드의 작용이 아닌 것은?

㉮ 주파수 체배 작용
㉯ 발진 작용
㉰ 스위칭 작용
㉱ 증폭 작용

10 다음 중 가속도 센서의 응용범위가 아닌 것은?

㉮ 자동차 급브레이크 검출
㉯ 노크음 검출
㉰ 기계 이상진동 검출
㉱ 타코메터

11 다음 중 정공을 만들기 위하여 사용된 불순물을 ( )라 한다. ( )안에 들어갈 알맞은 말은?

㉮ N형 반도체　　㉯ 도너(donor)
㉰ 억셉터(acceptor)　　㉱ P형 반도체

12 물리 또는 화학적량을 감지하여 전기량으로 변환시켜주는 소자는?

㉮ 트랜지스터(transistor)
㉯ IC
㉰ 감지기(sensor)
㉱ SCR

13 반도체에 대한 설명 중 틀린 것은?

㉮ 진성반도체는 불순물로 오염되지 않은 고순도의 반도체이다.
㉯ P형 반도체는 Ge, Si의 결정에 제3족의 불순물을 첨가하여 만든 반도체이다.
㉰ N형 반도체의 다수 반송자는 정공이다.
㉱ P형 반도체의 소수 반송자는 전자이다.

14 포토 커플러(photo cpupler)의 조합이 아닌 것은?

㉮ 발광 다이오드와 포토 사이리스터
㉯ 발광 다이오드와 Cds 셀
㉰ 발광 다이오드와 포토 트랜지스터
㉱ 포토 트랜지스터와 Cds 셀

Answer 07 ㉱ 08 ㉰ 09 ㉱ 10 ㉱ 11 ㉰ 12 ㉰ 13 ㉰ 14 ㉱

15 P형 반도체와 N형 반도체를 접합시켜 한 쪽 방향으로만 전류가 흐르도록 한 것은?

㉮ 트랜지스터(transistor)
㉯ 다이오드(diode)
㉰ 트라이액(triac)
㉱ 다이액(diac)

16 다음 중 반도체 재료로 많이 이용되는 것은?

㉮ 게르마늄 ㉯ 다이아몬드
㉰ 니크롬 ㉱ 탄소

17 다음 중 SCR의 설명 중 틀린 것은?

㉮ 4개의 단자를 갖고 있다.
㉯ 2개의 N형 반도체와 2개의 P형 반도체 층으로 되어 있다.
㉰ 캐소우드(K)에서 애노우드(A)로 전류가 흐를 때 off 상태가 된다.
㉱ 정류시키는 대로 쓸 수 있다.

18 제너 다이오드를 사용하는 회로는?

㉮ 검파회로
㉯ 고압정류회로
㉰ 고주파 발진회로
㉱ 정전압 회로

19 온도센서 중 서미스터의 특징이 아닌 것은?

㉮ 부의 온고계수를 갖는 서미스터는 NTC 이다.
㉯ 서미스터는 전기저항이 변화하는 소자이다.
㉰ 정의 온도계수를 갖는 서미스터는 PTC 이다.
㉱ 서미스터는 전압이 발생되는 소자이다.

20 이 센서는 전극판에서 고주파 전계를 발생시켜 물체의 접근에 따라 물체표면과 검출 전극판 표면에서 분극현상이 일어나 정전용량이 증가되어 발진조건이 향상되면 이로 인하여 발진 진폭이 증가되어 출력이 나오도록 되어 있다. 여기에서 이 센서는 무엇을 말하는가?

㉮ 유도형 센서 ㉯ 광 센서
㉰ 용량형 센서 ㉱ 압력 센서

21 서미스터를 이용한 자동온도 제어회로에서 가장 많이 사용되는 증폭기는?

㉮ 연산 증폭기 ㉯ A급 증폭기
㉰ B급 증폭기 ㉱ AB급 증폭기

22 변위 측정을 위한 센서의 분류에 들지 않는 것은?

㉮ 스트레인 게이지 ㉯ 포텐쇼미터
㉰ 광 센서 ㉱ 로드셀

Answer 15 ㉯ 16 ㉮ 17 ㉱ 18 ㉱ 19 ㉱ 20 ㉰ 21 ㉮ 22 ㉰

23 센서는 일반적으로 비선형 신호를 출력하여 같은 센서라도 그 측정값의 변화량에 따라 변형되는 출력의 크기가 범위에 따라 다르므로 이것을 그래도 이용하기는 매우 어렵다. 이를 해결하기 위한 방법은 무엇인가?

㉮ 디지털 변화
㉯ 신호의 증폭
㉰ 신호의 선형화
㉱ 신호의 정렬

24 진성반도체에 대한 다음 설명 중 잘못된 것은?

㉮ 불순물 원자의 영향이 전기적으로 무시될 수 있다.
㉯ 불순물이 첨가된 반도체이다.
㉰ 모체로 되어 있는 반도체 결정의 원자에서 공급되는 자유전자 및 정공에 의해서 전기전도가 이루어진다.
㉱ 실제로 전자소자로는 많이 사용되지 않는다.

25 사이리스터(thyristor)가 다른 쌍극트랜지스터나 FET와 다른 점은?

㉮ 선형 증폭기로만 동작한다.
㉯ 스위치로만 동작한다.
㉰ 선형 증폭기와 스위치로서 모두 동작한다.
㉱ 3층 구조의 반도체 소자이다.

26 다음 중 온도 센서에 이용되는 열전효과가 아닌 것은?

㉮ 제벡 효과(seebeck effect)
㉯ 톰슨 효과(thomson effect)
㉰ 펠티에 효과(peltier effect)
㉱ 홀 효과(hall effect)

27 리드 스위치의 특성에 대한 설명으로 바르지 못한 것은?

㉮ 스위칭 시간이 짧다.
㉯ 동작수명이 짧다.
㉰ 사용 온도 범위가 넓다.
㉱ 내전압 특성이 우수하다.

28 다음 중 광다이오드(photo diode)의 용도가 아닌 것은?

㉮ 이동물체의 수량파악
㉯ 자동 주파수 제어
㉰ 광섬유 통신
㉱ 생산 자동화

29 도체와 절연체 사이에 중간 물질을 반도체라고 한다. 다음 중 반도체에 속하는 것은?

㉮ 게르마늄　　㉯ 다이아몬드
㉰ 니크롬　　㉱ 탄소

Answer 23 ㉰ 24 ㉯ 25 ㉯ 26 ㉱ 27 ㉯ 28 ㉯ 29 ㉮

30 위치, 길이, 각도, 변형 등을 측정할 때의 양을 어떤 기준 상태의 양과 비교하여 생긴 차이를 검출하는 센서는?

㉮ 변위 검출용 센서
㉯ 속도 센서
㉰ 레벨 검출용 센서
㉱ 근접 센서

31 센서의 이용시 고려하여야 할 사항으로 틀린 것은?

㉮ 선명도
㉯ 내산성
㉰ 감지거리
㉱ 단위시간당 스위칭 사이클

32 반도체의 도전성에 대한 설명으로 적합하지 않은 것은?

㉮ N형 반도체의 반송자는 대부분 자유전자이다.
㉯ P형 반도체의 반송자는 대부분 정공이다.
㉰ 불순물 반도체는 자유전자만을 포함하고 있다.
㉱ 진성 반도체의 반송자는 같은 수의 자유전자와 정공이 있다.

33 광센서로서 적외선 발광 소자의 수광소자를 한 쌍으로 하여 일체화한 것은?

㉮ 포토 트랜지스터
㉯ 포토 인터럽터
㉰ 포토 다이오드
㉱ 황화 카드뮴셀

34 다음 중 기호가 나타내는 것은?

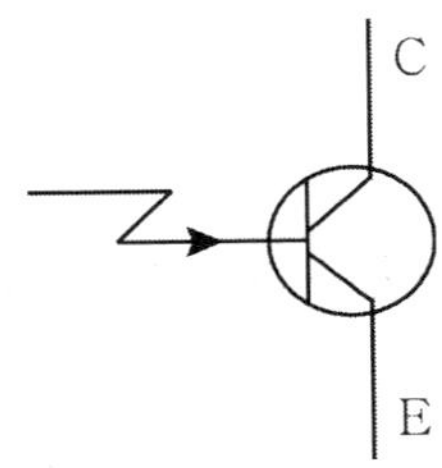

㉮ 포토 트랜지스터
㉯ 다이오드
㉰ 트라이액
㉱ 바리스터

35 변위센서 절대형으로 고려되어야 할 사항 중 틀린 것은?

㉮ 기준점 등에 대한 정기적인 교정 필요
㉯ 환경중의 온도변화에 따른 변화
㉰ 힘에 의한 변위량 고려
㉱ 외부 오염물질에 의한 변화

Answer 30 ㉮ 31 ㉯ 32 ㉰ 33 ㉯ 34 ㉮ 35 ㉱

36 축온 저항체는 접촉식 온도센서로서 열전쌍이나 서미스터와 함께 널리 사용되고 있는데 축온 저항체로 이용되기 위한 요구 조건 중 맞는 것은?

㉮ 저항 온도계수가 적을 것
㉯ 사용온도 범위가 넓고 제작이 용이하여 저렴할 것
㉰ 온도–저항 특성이 포물선일 것
㉱ 일적, 화학적, 기계적으로 불안정하고 경지 변화가 많은 것

37 센서의 신호변환에서 8개의 2진 신호를 가지고 0 ~ 10[V]의 아날로그 신호를 디지털로 변환할 때 아날로그 신호의 최소 범위는 약 얼마인가?

㉮ 0.027[V] ㉯ 0.039[V]
㉰ 0.052[V] ㉱ 0.068[V]

38 고주파 발진형 근접 스위치의 장점이 아닌 것은?

㉮ 비접촉으로 응답 속도가 빠르다.
㉯ 수명이 반영구적이다.
㉰ 내부가 밀봉되어 내환경성이 좋다.
㉱ 5[m] 이상의 먼 거리의 물체도 감지할 수 있다.

39 서로 다른 금속 A, B 양끝을 접합하고, 양 접점 간에 온도차를 부여하여 열전쌍 물질을 만든다. 다음 중 열전쌍원리를 이용해서 만든 센서는?

㉮ 변위센서 ㉯ 자기센서
㉰ 온도센서 ㉱ 광센서

40 반도체에 대한 설명 중 틀린 것은?

㉮ 물질의 저항률에 따라 도체, 반도체, 부도체로 구분한다.
㉯ 반도체는 공유결합을 한다.
㉰ 진성반도체는 불순물이 거의 포함되지 않는다.
㉱ 반도체는 정(+)의 온도계수를 갖는다.

41 SCR이라고도 하며, PNPN 접합의 실리콘 정류스위치 소자는 무엇인가?

㉮ 다이오드 ㉯ 사이리스터
㉰ 트랜지스터 ㉱ 트라이액

42 서미스터에 대한 설명 중 틀린 것은?

㉮ 온도변화에 의해서 소자의 전기저항이 크게 변화는 반도체 소자이다.
㉯ PTC 서미스터는 온도가 상승함에 따라 저항이 현저히 증가하는 반도체 소자이다.
㉰ NTC 서미스터는 부(–)온도계수를 갖는다.
㉱ CTR 서미스터는 온도가 상승함에 따라 저항값이 증가하는 반도체 소자이다.

Answer 36 ㉯ 7 ㉯ 38 ㉱ 39 ㉰ 40 ㉱ 41 ㉯ 42 ㉱

43 서로 다른 2종류의 금속 양끝들을 접합하고 양접점간의 온도차에 의해 발생되는 열기전력을 이용하여 온도를 측정하는 것은?

㉮ 압전센서 ㉯ 열전쌍
㉰ 서미스터 ㉱ 측온저항체

44 다음 센서 중에 직접 디지털신호를 출력으로 하는 것은?

㉮ 엔코더 ㉯ 포텐쇼미터
㉰ 스트레인게이지 ㉱ 차동트랜스

45 다음 중 온도센서가 아닌 것은?

㉮ 서미스터 ㉯ 열전대
㉰ 바이메탈 ㉱ 리밋스위치

46 다음은 게이지블록으로 치수 조합하는 방법을 설명한 것으로 틀린 것은?

㉮ 조합의 개수를 최소로 한다.
㉯ 정해진 치수를 고를 때는 맨 끝자리부터 고른다.
㉰ 소수점 아래 첫째자리 숫자가 5보다 큰 경우 5를 뺀 나머지 숫자부터 고른다.
㉱ 두꺼운 것과 얇은 것과의 밀착은 두꺼운 것을 얇은 것의 한쪽에 대고 누르면서 밀착한다.

47 거리 계측이나 두께를 측정할 때 초음파의 강한 반사성과 전파성의 지연을 효과적으로 응용한 센서는?

㉮ 광센서
㉯ 초음파 센서
㉰ 자기센서
㉱ 레이저 가이드 센서

48 다음 중 열전쌍은 어떤 변환을 이용하는 기기인가?

㉮ 변위를 전류로 변환
㉯ 압력을 전류로 변환
㉰ 각도를 전압으로 변환
㉱ 온도를 전압으로 변환

49 온도센서로 이용되지 않는 것은?

㉮ 금속 ㉯ CdS
㉰ 서미스터 ㉱ 열전쌍

50 메카트로닉스의 구성 요소 중 측정하고자 하는 여러 가지 물리적량 또는 화학적량을 감지하여 이를 전기량으로 변화하는 것은?

㉮ 컴퓨터 ㉯ 센서
㉰ 액추에이터 ㉱ 메커니즘

Answer 43 ㉯ 44 ㉮ 45 ㉱ 46 ㉱ 47 ㉯ 48 ㉱ 49 ㉯ 50 ㉯

51 전압을 변위로 변환시키는 장치는?

㉮ 전자석　　㉯ COS
㉰ 차동변압기　　㉱ 서미스터

52 열전대에 관한 설명 중 틀린 것은?

㉮ 서로 다른 2개의 금속을 접합한 후 접합부에 온도를 인가한다.
㉯ 제벡(seebeck) 효과를 이용하였다.
㉰ 사용 소재에 따라 NTC형, PTC형으로 구분된다.
㉱ 구조가 단순하고 기계적으로 강하다.

53 다음 중 정전압 회로에 주로 사용되는 소자로, 바이어스 전류-전압 특성을 가지고 있으며, 아래 그림의 기호와 같이 표시되는 다이오드는?

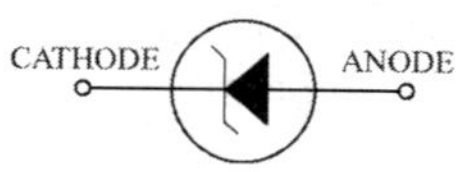

㉮ 반도체 접합 다이오드
㉯ 제너 다이오드
㉰ 포토 다이오드
㉱ 바렉터 다이오드

54 트랜지스터에서 각 단자에 흐르는 전류가 베이스는 50[mA]가 흐른다면 이미터 전류 I_E로 맞는 것은? ($\beta = 10$)

㉮ 100[mA]　　㉯ 450[mA]
㉰ 550[mA]　　㉱ 25000[mA]

55 다음 그림과 같은 기호를 무엇이라 하는가?

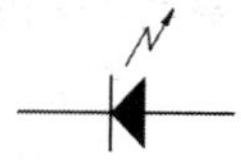

㉮ 포토 다이오드
㉯ 발광 다이오드
㉰ 다링톤 트랜지스터
㉱ 압전소자

56 기계적 변위량(길이, 각도)을 저항 변화로 검출하는 센서는?

㉮ Potentiometer
㉯ Photo transitor
㉰ Thermocouple
㉱ Tacho generator

57 대상물이 가지고 있는 온도의 정보를 감지하는 센서는?

㉮ 습도센서　　㉯ 자기센서
㉰ 온도센서　　㉱ 음파센서

58 다음 중 가속도 센서의 응용범위가 아닌 것은?

㉮ 자동차 급브레이크 검출
㉯ 노크음 검출
㉰ 기계 이상진동 검출
㉱ 타코미터

Answer 51 ㉰ 52 ㉰ 53 ㉯ 54 ㉰ 55 ㉯ 56 ㉮ 57 ㉰ 58 ㉱

59 서미스터를 통해 들어오는 온도 측정값을 마이크로컴퓨터의 메모리에 저장하기 위해 필요한 인터페이스 장치로 맞는 것은?

㉮ D–A변환기　㉯ A–D변환기
㉰ AC–DC변환기　㉱ DC–AC변환기

60 다음 센서 중 회전수(RPM)을 측정할 수 없는 것은?

㉮ 차동트랜스　㉯ 인코더
㉰ 타코미터　㉱ 리졸버

61 다음 중 측정량에 따른 분류에서 물리센서의 감지 대상에 속하는 않는 것은?

㉮ 온도　㉯ 자기
㉰ 전류　㉱ 길이

62 위치를 검출할 때 사용하는 감지기의 종류는?

㉮ CdS　㉯ 농도센서
㉰ 압력센서　㉱ 엔코더

63 N형 반도체는 Ge나 Si에 무슨 물질을 섞는가?

㉮ 인듐　㉯ 알루미늄
㉰ 붕소　㉱ 안티몬

64 홀(hole) 전류에 대한 설명으로 가장 적합한 것은?

㉮ 전자의 이동 방향과 반대 방향을 가진 (+)전하의 이동이다.
㉯ 전자의 이동 방향과 같은 방향을 가진 (+)전하의 이동이다.
㉰ 전자의 이동 방향과 같은 방향을 가진 (–)전하의 이동이다.
㉱ 전자의 이동 방향과 반대 방향을 가진 중성 전하의 이동이다.

65 다음 중 초음파 센서의 특징으로 옳은 것은?

㉮ 검출 대상체의 형태, 색깔, 재질에 무관하게 검출이 가능하다.
㉯ 대부분의 매질에 대해 반사하기 어렵고 투과하는 특징을 가지고 있다.
㉰ 음향에너지를 전송할 수 없다.
㉱ 보통 10[kHz] 이하의 주파수를 사용하여 검출한다.

66 측은저항체용 재료의 요구 조건으로 잘못된 것은?

㉮ 저항 온도계수가 작을 것
㉯ 온도–저항 특성이 직선적일 것
㉰ 소선의 가공이 용이할 것
㉱ 화학적, 기계적으로 안정될 것

Answer 59 ㉯ 60 ㉮ 61 ㉱ 62 ㉱ 63 ㉱ 64 ㉮ 65 ㉮ 66 ㉮

67 센서를 선정하여 사용할 때 고려해야 할 사항으로 거리가 가장 먼 것은?

㉮ 정확성　㉯ 신뢰성
㉰ 상품성　㉱ 반응속도

68 N형 반도체를 만드는데 필요한 5가의 불순물이 아닌 것은?

㉮ 비소　㉯ 인
㉰ 안티몬　㉱ 갈륨

69 유도형 근접 스위치로 검출할 수 있는 재질은 어느 것인가?

㉮ 유리　㉯ 목재
㉰ 금속　㉱ PVC

70 검출 방법에서 접촉식 스위치로 맞는 것은?

㉮ 근접 스위치　㉯ 리밋 스위치
㉰ 광전 스위치　㉱ 초음파 스위치

71 빛에 의해 검출되는 스위치로서 투광기와 수광기가 있는 스위치는?

㉮ 용량형 스위치　㉯ 광전 스위치
㉰ 유도형 스위치　㉱ 리드 스위치

72 역방향 항복에서 동작하도록 설계된 다이오드로서 전압안정화 회로로 사용되는 것은?

㉮ 제너 다이오드
㉯ 쇼트키 다이오드
㉰ 사변용량 다이오드
㉱ 터널 다이오드

73 센서가 갖추어야 할 조건이 아닌 것은?

㉮ 소비전력이 클 것
㉯ 호환성이 좋을 것
㉰ 재현성·안정성이 우수할 것
㉱ 검출하고자 하는 물리량에 따라 출력이 가급적 직선적일 것

74 수광부와 발광부가 대향 배치되어 있고 그 사이에 물체가 들어가면 동작하게 되어 있는 포토 인터럽트의 특징으로 틀린 것은?

㉮ 소형 경량이다.
㉯ 고신뢰성이 있다.
㉰ 저속 응답성이 있다.
㉱ 높은 정밀도를 갖는다.

75 컨베이어 벨트 위를 지나가는 종이 상자를 감지할 수 없는 센서는?

㉮ 유도형 센서　㉯ 용량형 센서
㉰ 포토 센서　㉱ 적외선 센서

Answer 67 ㉰ 68 ㉱ 69 ㉰ 70 ㉯ 71 ㉯ 72 ㉮ 73 ㉮ 74 ㉰ 75 ㉮

76 아날로그 신호를 컴퓨터가 인식할 수 있는 정보량으로 변환하는데 가장 필요한 것은?

㉮ 메모리 ㉯ A/D 변환기
㉰ D/A 변환기 ㉱ 저역통과 여과기

77 반도체에 대한 설명으로 틀린 것은?

㉮ N형 반도체의 다수 반송자는 정공이다.
㉯ P형 반도체의 소수 반송자는 전자이다.
㉰ 진성반도체는 불순문로 오염되지 않은 고속도로의 반도체이다.
㉱ P형 반도체는 Ge, Si의 결정에 제3족의 원소를 미량 첨가하여 만든 반도체이다.

78 물체에 지정된 위치에 있는가, 힘이 가해져 있는가 등의 여부를 검출하는게 사용되는 스위치는?

㉮ 액면 스위치 ㉯ 근접 스위치
㉰ 리밋 스위치 ㉱ 광 스위치

79 다음 중 가장 높은 온도에서 사용되는 열전쌍은?

㉮ 철 – 콘스탄탄
㉯ 구리 – 콘스탄탄
㉰ 그로델–알루멜
㉱ 백금로듐 –백금

80 초음파 센서의 설명으로 틀린 것은?

㉮ 파장이 수밀리~수십밀리이다.
㉯ 수중에서 공기보다 전파속도가 느리다.
㉰ 어군 탐지기에 사용된다.
㉱ 온도에 대한 보정이 필요하다.

81 CdS 소자의 설명으로 적합한 것은?

㉮ 빛에 의해 전기저항이 변화한다.
㉯ 온도에 의해 전기저항이 변화한다.
㉰ 전압에 의해 전기저항이 변화한다.
㉱ 전류에 의해 전기저항이 변화한다.

82 유도형 센서에서 감지가 어려운 것은?

㉮ 철
㉯ 구리
㉰ 알루미늄
㉱ 플라스틱

83 포토 커틀러의 조합이 아닌 것은?

㉮ 발광 다이오드와 CdS 셀
㉯ 포토 트랜지스터와 CdS 셀
㉰ 발광 다이오드와 포토 사이리스터
㉱ 발광 다이오드와 포토 트랜지스터

Answer 76 ㉯ 77 ㉮ 78 ㉰ 79 ㉱ 80 ㉯ 81 ㉮ 82 ㉱ 83 ㉯

CHAPTER

05

논리회로

Mechatronics Engineering

제1절 아날로그와 디지털의 개요 | 제2절 10진법과 2진법의 개요 | 제3절 부울 대수

제4절 논리 게이트(logical gate) 및 회로 | 제5절 기억장치 | 제6절 A/D, D/A 변환기

Mechatronics Engineering

CHAPTER 05 논리회로

일반적으로 논리회로는 컴퓨터 등의 디지털 신호 처리에서, 수치적 정보를 논리적으로 처리하는 기능을 가진 회로를 통틀어 이르는 말로 정의한다. 전자공학에서의 논리 회로는 부울 대수를 물리적 장치에 구현한 것으로, 하나 이상의 논리적 입력값에 대해 논리 연산을 수행하여 하나의 논리적 출력값을 얻는 전자회로를 말한다.

AND, OR, NOT의 기본 부울 대수를 수행하며, 이 기본 부울 대수들의 결합으로 복합적인 논리 기능을 수행한다. 논리 대수에 의한 연산에 쓰이는 회로로 트랜지스터나 다이오드 등으로 조립하여 나타내는 회로를 말하며, 이 회로로 복잡한 논리를 간결, 정확하게 표현할 수 있어서 컴퓨터 등에 이용된다. 기본적인 것으로는 논리곱(AND) 회로, 논리합(OR) 회로, 부정 논리합(NOR) 회로, 부정 논리곱(NAND) 회로 등이 있다.

이 장에서는 수의진법과 코드화, 기본논리회로, 조합논리회로, 순차논리회로, 기억장치, A/D, D/A 변환기 등에 대해서 살펴보기로 한다.

제 1 절 아날로그와 디지털의 개요

아날로그 신호라든가 디지털 신호라는 용어는 평상시 일상 생활에서도 흔히 듣는 용어이다. 전기의 세계에서는 전자회로가 지시하는 신호를 정해진 상태에 대응시켜 생각하는데, 여기서 그 생각하는 방법이 아날로그와 디지털에서는 크게 다르다.

① 아날로그 및 디지털 신호 비교

아날로그 신호란 회로가 지시하는 전압이나 전류가 모든 정보에 대응시켜 생각하는데 비해, 디지털 회로에서는 '0' 과 '1'이라는 두 종류의 논리에 대응한 전압의 조합이 정보로 표현된다. 따라서 아날로그 신호에서는 미소한 잡음 등의 혼입도 정보에 영향을 주기 때문에 고도한 회로기술이 요구되는 경우가 적지 않지만, 디지털 신호의 경우는 약간의 잡음이 혼입되어도 정보에는 영향을 주지 않는다. 그러므로 디지털 신호쪽이 정보의 가공이나 보존 등을 간단히 할 수 있는 장점이 있다.

다음 [그림 5-1]은 아날로그 신호와 디지털 신호를 비교한 것이다.

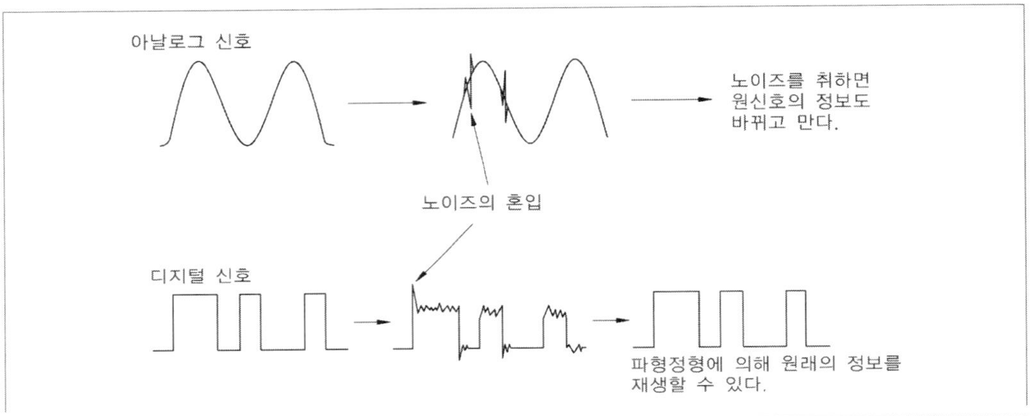

• 그림 5-1 • 아날로그와 디지털 신호의 비교

② 디지털 신호(Digital signal)

논리 회로에서 다루어지는 두 가지 정보인 0과 1은 전압의 높이로 표시하며, 전압으로 논리를 표현할 때 높은 전압으로 1을 나타내는 방법을 양논리(positive logic), 양논리와 반대로 낮은 전압이 1을 표시하는 방법을 음논리(negative logic)라 한다.

① **디지털 신호** : 2개 이상의 상태 레벨이 있는 파형

② **펄스 신호** : 정상상태로부터 진폭이 생겨 일정기간 동안 그 진폭이 지속되고 난 후 원래의 상태로 되돌아 가는 파형

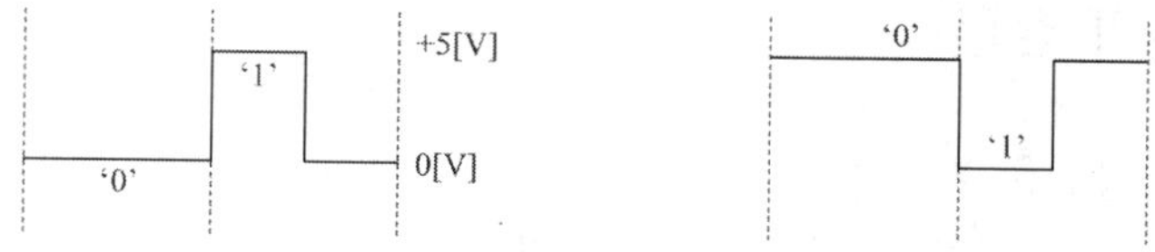

• 그림 5-2 • 펄스의 유무와 논리값의 관계

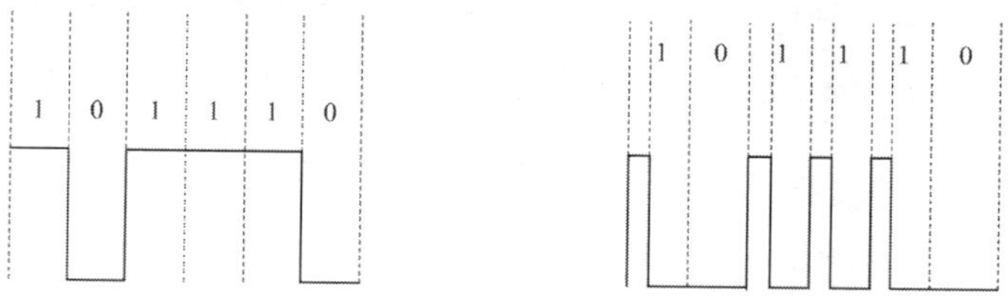

• 그림 5-3 • 6자리 2진수 101110의 표시

③ 디지털 소자(Digital device)

디지털 소자는 스위칭 소자와 기억 소자로 구분할 수 있다.

1. Switching 소자

① **기계적인 스위치** : Push button SW
② **전자 스위치** : 릴레이, Diode, Transistor 등

2. 기억소자(Memory device)

① 텀블러 스위치, 풀스위치
② 메모리 코어, 자기테이프, 디스크 드럼 등

④ 디지털 기술의 장점

디지털 기술의 장점은 다음과 같다.

① 일반적으로 디지털 시스템은 설계가 쉽다.
② 디지털 정보의 저장, 전송, 가공이 쉽다.
③ 정확성과 정밀도가 높다. 즉 정밀도는 디지털의 자릿수(데이터의 길이)에 비례한다.
④ 대부분 디지털 신호는 소프트웨어로 처리하여, 변경, 추가, 삭제가 매우 용이하다.
⑤ 디지털 회로는 아날로그에 비해 전기적인 잡음의 영향을 덜 받는다.
⑥ IC 칩을 사용하여 회로가 간단하고, 고집적회로(VLSI)로 크기를 극소화 할 수 있다.

⑤ 디지털 기술의 제한성

실제로 존재하는 물리량은 거의 아날로그 형태의 신호이다. 따라서, 디지털신호 처리를 위하여 다음 3단계를 거친다.

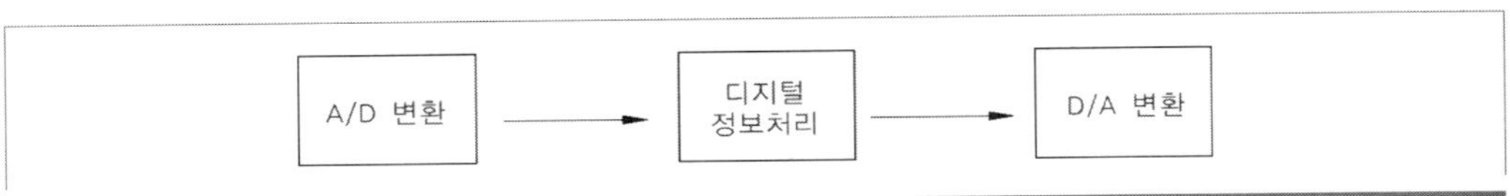

• 그림 5-4 • 아날로그의 디지털 신호 처리

제2절 10진법과 2진법의 개요

① 수의 표현

우리가 일상 쓰고 있는 숫자는 0 ~ 9까지 10가지의 숫자인데 이들을 조합하면 모든 숫자를 구성할 수 있다. 이와 같이 10단위를 하여 세는 숫자를 10진수라고 부른다.

그러나 수를 나타내는데 반드시 10진수를 써야 한다는 법은 없다. 오히려 자연계에는 2원화를 취하는 경우가 많은데, 예를 들면 남과 여, 선과 악, 자석의 N극과 S극 등 상반되는 현상으로 2개의 안정된 상태를 취하는 것이 많다. 이와 같이 2개의 상태를 다루는 것이 2진수이다.

전자회로의 소자를 사용하여 소자에 전류가 흐르고 있는지 안 흐르고 있는지의 여부를 ON, OFF로 나타내는 것이 가장 다루기 쉽다. 여기서 ON, OFF의 두 상태를 취할 수 있으므로 1과 0에 대응시키면 두 가지 정보를 나타낼 수 있는데, 이때 소자는 1비트의 정보를 나타낼 수 있다고 한다.

8진수는 컴퓨터에서 많이 사용되는 수의 체계로서 기수를 8로 하기 때문에 8, 9 등의 기호는 쓰지 않는다. 16진수는 컴퓨터 시스템에 많이 사용된다. 0 ~ 9까지 숫자와 A ~ F까지의 문자로서 구성하여 표시한 수이다. 16진수 F를 넘을 때는 다시 숫자와 문자를 조합한 2자리수로 표시한다.

① **2진법** : 0과 1의 2개의 숫자로만 정수를 표현

② **2진화 10진부호(BCD)** : 10개의 숫자 0, 1, 2, 3, 4, 5, 6, 7, 8, 9를 각각 4자리 수의 2진법 0000, 0001, 0010, 0011, 0100, 0101, 0110, 0111, 1000, 1001로 바꾸어 10진수를 나타내는 방법

③ **8진법** : 8개의 숫자 0~7을 이용해서 정수를 나타내는 방법

④ **16진법** : 16을 밑으로 하는 정수표현 방법. 10진수의 10, 11, 12, 13, 14, 15에 대응하는 숫자에 A, B, C, D, E, F로 대신해서 나타냄

| 표 5-1 | 수의 표현

10진수	2진수	8진수	16진수
0	0000	0	0
1	0001	1	1
2	0010	2	2
3	0011	3	3
4	0100	4	4
5	0101	5	5
6	0110	6	6
7	0111	7	7
8	1000	10	8
9	1001	11	9
10	1010	12	A
11	1011	13	B
12	1100	14	C
13	1101	15	D
14	1110	16	E
15	1111	17	F

② 2진수 및 10진수의 변환

1. 10진수와 2진수의 표시

일반적으로 사용하고 있는 10진수 365를 [표 5-2] 같이 표시할 수 있고, 2진수 10111 역시 [표 5-2]와 같이 표시할 수 있으므로 아래 식 ①과 같이 나타낼 수 있다.

| 표 5-2 | 10진수와 2진수의 표시 예

10진수 365의 표시	2진수 10111의 표시
$365 = 3\times10^2 + 6\times10^1 + 5\times10^0$ $= 3$백 $+ 6$십 $+ 5$	$10111 = 1\times2^4 + 1\times2^3 + 1\times2^2 + 1\times2^1 + 1\times2^0$ $= 23$

수체계 변환이 10진수를 표현할 때, 위치 표기법을 사용한다. 즉 각 자리수는 위치에 따라 10의 적절한 제곱으로 곱해진다.

[예] $953.78_{10} = 9\times10^2 + 5\times10^2 + 3\times10^0 + 7\times10^{-1} + 8\times10^{-2}$

마찬가지로 2진수에 대해서도, 각 2진 자리수는 2의 적절한 제곱 값이 곱해진다.

[예] $1011.11_2 = 1\times2^3 + 0\times2^2 + 1\times2^1 + 1\times2^0 + 1\times2^{-1} + 1\times2^{-2} = 8+0+2+1+\frac{1}{2}+\frac{1}{4} = 11.\frac{3}{4} = 11.75_{10}$

2. 10진수와 2진수의 상호변환

2진수를 10진수로 변환하려면 2진수를 표시하는 각 숫자항의 2진법 표시 수에 0의 자리를 제외한 나머지 자리수 만큼 2의 제곱셈수를 곱하여 각각 더해 준다.
10진수를 2진수로 변환하려면 [그림 5-5]에 나타낸 것처럼 임의의 10진수 N을 2로 나누어 그 몫을, A_1나머지를 a_1이라 하여 a_1을 제일 아랫자리 숫자로 놓고 (LSD) 다시 A_1(몫)를 2로 나누어 그 몫을 A_2, 나머지를 a_2 라 하여 a_2를 a_1다음 자리에 놓고 대문자 A_2(몫)를 2로 나누어 그 몫을 대문자 A_3, 나머지를 a_3라 하여 a_2다음 자리에 놓는다. 이와 같은 과정을 반복하여 2로 나누어 지지 않을 때까지 하면 나누어지지 않는 최종의 나머지 a_n이 2진수의 제일 윗자리(MSD)로 놓아 "a_n, a_{n-1}, ……a_2, a_1"로 쓰면, 이것이 2진수가 된다.

```
2 ) N            (나머지)
2 ) A1 (몫)        a1 (LSD)
2 ) A2 (몫)        a2
    A3             a3
    ⋮              ⋮
2 ) An (몫)        an (MSD)
    0
즉, (N) 10진수 = an……a3a2a1
```

• 그림 5-5 • 10진수를 2진수로 변환 예

예 1 2진수의 변환

```
2 ) 41          (나머지)
2 ) 20  (A1)    1 ↑
2 ) 10  (A2)    0 ¦ (a2)
2 )  5  (A3)    0 ¦ (a3)
2 )  2  (A4)    1 ¦ (a4)
     1          0 ¦ (an)
(결과)  101001
```

예 2 10진수의 변환

101001
$= 2^5+2^3+2^0$
$= 32+8+1$
$= 41$

(결과) 41

③ 2진수의 덧셈 및 뺄셈

1. 2진수의 덧셈

2진수의 덧셈은 10진수 덧셈과 동일한 방법으로 계산한다. 2진수의 덧셈표는 다음과 같다.

▲ 0 + 0 = 0 ▲ 0 + 1 = 1 ▲ 1 + 0 = 1 ▲ 1 + 1 = 10

예 1001(9)
+1111(15)
11000(24)

2. 2진수의 뺄셈

2진수에 대한 뺄셈표는 다음과 같다.

▲ 0 - 0 = 0, ▲ 0 - 1 = 1 (자리내림 발생)

▲ 1 - 0 = 1, ▲ 1 - 1 = 0

예 11101
−10011
01010

EXERCISE 1

2진수 11011_2를 10진수로 바꾸어라.

풀이 $2^4 + 2^3 + 0 + 2^1 + 2^0 = 16 + 8 + 0 + 2 + 1 = 27_{10}$

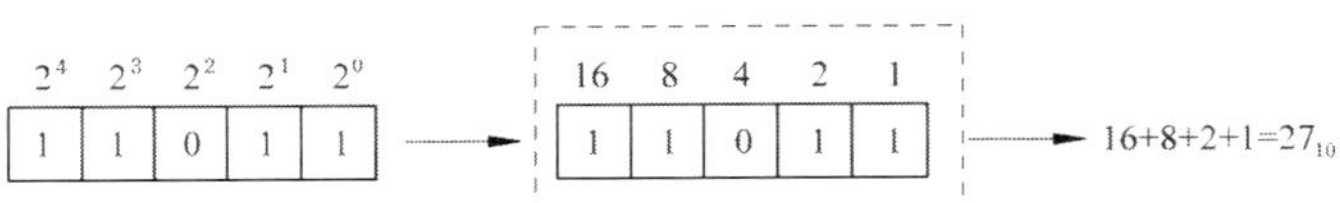

• BCD코드 변환 방법

EXERCISE 2

8진수 472를 2진수로 바꾸어라.

풀이

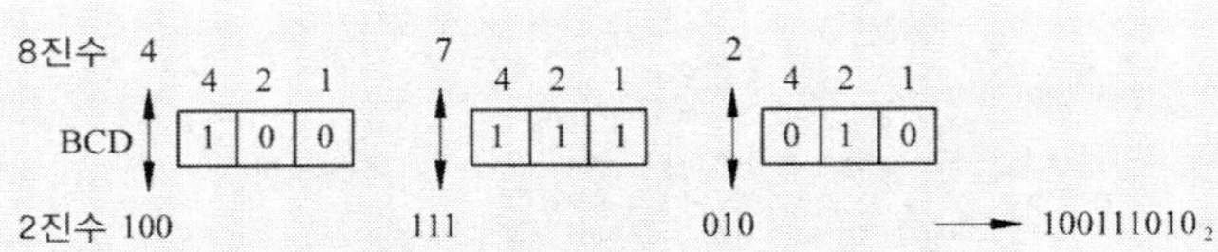

EXERCISE 3

16진수 B2F16을 2진수로 바꾸어라.

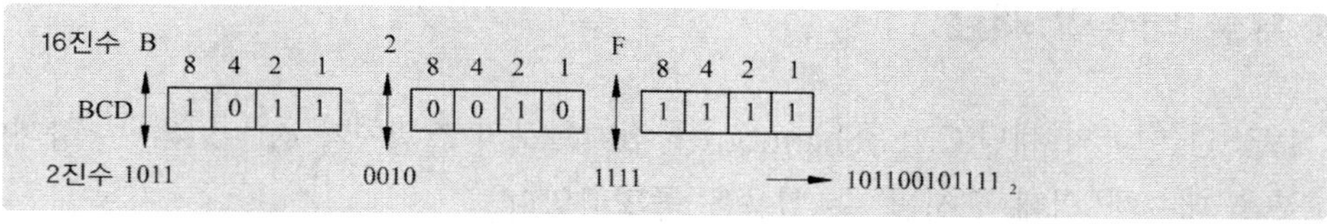

제3절 부울 대수

① 부울 대수의 개요

1938년 미국의 섀넌(C. E. Shannon)은 전기회로의 스위치가 on, off의 두 상태이므로 이 부울 대수에 의해 표시될 수 있음을 증명하였다.

부울 대수란 두 가지 상태에 대한 것을 수학적으로 해석할 수 있도록 나타낸 방법으로 전기적 스위치는 연결된 것과 끊어진 것의 두 가지 상태만 존재하므로 부울 대수와 쉽게 일치시킬 수 있어 현재의 상태를 이해하기 편리하다. 즉 부울 대수는 참과 거짓의 진리값만을 다루는 대수학이다.

| 표 5-3 | 전기 스위치의 ON과 OFF의 두 가지 상태로만 형성되는 경우

논리값 0	논리값 1
FALSE	TRUE
OFF	ON
낮음	높음
NO	YES
0V	5V

이 참과 거짓을 논리회로 1과 0으로, 또 부울 대수의 논리곱, 논리합, 논리부정의 연산을 각각 논리회로의 AND, OR, NOT 회로에 대응시켜 논리회로를 논리식이라는 수식으로 표현할 수 있다.

또한 복잡한 연결상태를 수학적으로 단순히 표현할 수 있으며, 부울 대수의 연산개념과 단순히 하는 방법을 전기적 스위치회로에 일치시키면 복잡한 회로의 결과와 동일한 기능을 수행하는 보다 단순환 회로를 쉽게 설계할 수 있다. 논리회로란 디지털적인 회로가 어떤 입력에 의하여 정해진 결과를 출력하도록 조합한 것인데, 부울 대수를 논리회로에 응용하면 단순한 방법으로 필요한 논리회로를 설계할 수 있다. 즉 부울 대수를 사용하면 컴퓨터 내부의 회로에 대한 것을 연산식으로 나타내고, 그 결과를 회로에 대응시킬 수 있으므로 논리 회로를 다루는데 편리하다.

다음 [그림 5-6]은 어떤 논리회로를 논리식으로 표현한 예를 보여 준다.

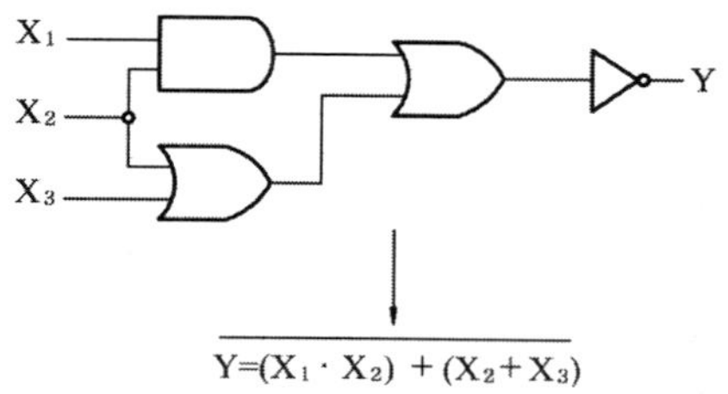

• 그림 5-6 • 논리회로를 부울 대수를 사용한 식으로 만든 예

1. 부울 대수의 사용 목적

부울 대수를 이용하면 디지털 회로의 설계와 해석이 용이하다.

예 ABC + ABC' + A'C = AB(C + C') + A'C = AB + A'C

➜ 같은 동작을 수행하면서도 게이트의 수를 줄일 수 있다.

즉 부울 대수를 이용하면

① 변수 사이의 진리표 관계를 대수형식으로 표시하기가 용이하다.

② 논리도의 입출력 관계를 대수형식으로 표시하기가 용이하다.

③ 동일 기능을 가진 더 간단한 회로(논리식의 간소화)를 설계하는 것이 용이하다.

2. 부울 대수(Boolean Algebra)의 표현방법

AND, OR, NOT으로 이루어진다.

가. 부울 함수

$F = x + y'z$

나. 진리표

x	y	z	F
0	0	C	0
0	0	1	1
0	1	0	0
0	1	1	0
1	0	0	1
1	0	1	1
1	1	0	1
1	1	1	1

다. 논리도

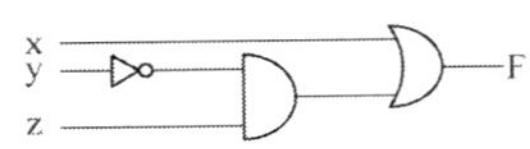

② 부울 대수의 기본 연산

- 부울 대수의 연산 : 1과 0인 두 가지에 대한 택일형 연산이므로 수량을 계산하는 것과 다르다.
- 기본 연산 : 논리 곱, 논리 합, 논리 부정, 배타적 논리합

1. 논리곱

- 두 가지 명제의 조건이 연속될 때 앞의 것도 참이고 다음 것이 모두 참이어야 한다는 논리
- 두 개의 원소가 2진 변수로서 A와 B라 한다면 A이고 B이어야 된다.
- AB, A∧B, A∩B, A.B와 같이 표현하며, A AND B와 같이 표현하기도 한다.
- [표 5-4]는 두 개의 변수 A와 B에 대하여 논리곱 연산으로 조합되는 종류와 그 결과를 보여 준다.

| 표 5-4 | 논리곱

A	B	A.B
0	0	0
0	1	0
1	0	0
1	1	1

2. 논리합

- 두 가지 조건의 명제에서 둘 중 하나만 만족해도 되는 경우를 논리합이라 한다.
- A + B, A∨B, A∪B, A OR B로 표시한다.
- [표 5-5]는 두 변수 A와 B에 대하여 논리합으로 조합되는 종류와 그 결과를 보여 준다.

| 표 5-5 | 논리합

A	B	A + B
0	0	0
0	1	1
1	0	1
1	1	1

3. 논리 부정

- 현재의 명제를 부정하는 것
  현재의 명제가 참인 경우 결과는 거짓이 된다.
- 변수가 A일 때, A' (A 부정), NOT A와 같이 표현
  A가 1인 경우 결과는 0이 되고 0이면 1이 된다.
- [표 5-6]은 변수 A에 대한 논리 부정 연산에 대한 결과를 보여 준다.

| 표 5-6 | 논리 부정

A	B'
0	1
1	0

4. 배타적 논리합

- 두 개의 명제가 서로 반대되는 조건으로 논리합의 형태를 취하여 AB' + A'B와 같은 논리 관계를 배타적 논리합(exclusive OR)이라 한다.
- 명제의 조건을 기억한 변수가 A와 B라면, A⊕B, A XOR B와 같이 표현한다.
- [표 5-7]은 두 개의 변수 A와 B에 대하여 배타적 논리합으로 조합되는 종류와 결과를 보여 준다.

| 표 5-7 | 배타적 논리합

A	B	A (+) B
0	0	0
0	1	1
1	0	1
1	1	0

- 배타적 논리합은 대응되는 변수의 내용이 서로 다르면 결과가 1이고, 대응하는 내용이 같으면 결과는 0이다.

③ 부울 대수의 공리와 기본정리

부울 대수는 스위칭 및 논리기능을 기호로 표현한 회로망을 분석하거나 간략하게 설계하는데 사용되는 간단한 수학적 기법으로, 1854년 조지불(George Boole)이 처음 소개한 것을 1938년 미국의 섀넌(C. E. Shannon)이 전기 스위치에 대수를 적용시켰다. 그 후 1940년 헌팅톤에 의해 가설이 공식화 되어 정의가 성립되었다.

다음은 그의 가설이 공식화 된 공리이다. 위 공리에 포함된 0, 1, •, - 등의 표시는 수학적 의미는 없으며 단지 기호에 지나지 않는다. 논리상태의 결합 등을 편리하게 나타내기 위하여 사용되고 있다.

부울 대수의 공리와 정리는 부울 대수에서 가장 기본적인 관계이다.
공리는 참, 거짓, 있다, 없다 또는 스위치 개폐 등으로 대응하여 설명할 수 있는데, 이 공리를 기본으로 하여 그 관계가 확실히 성립하는 부울 대수의 정리를 하였다.

합의 보수는 각각의 보수의 합과 같다는 것과, 곱의 보수는 각각의 보수의 합과 같다고 하는 두 식의 드모르강의 정리는 NAND 게이트와 NOR 게이트의 응용 및 논리회로를 간소화시키는데 널리 사용되고 있다.

논리회로의 부울 방정식은 기본 게이트에 대한 표시로서 부울 연산자를 이용하여 논리회로식의 전개가 가능하다. 바로 부울 대수식으로 디지털 회로의 표현할 수 있다는 말이며, 아래의 곱의 합과 합의 곱으로 AND와 OR 그리고 NOT 게이트가 혼합된 회로의 표현이 가능하다.

1. 부울 대수의 기본공리

[공리 1] 부울대수의 변수 A는 0과 1의 두 가지 상태만 존재한다.
$A \neq 0$이면 $A = 1$
$A \neq 1$이면 $A = 0$

[공리 2] NOT 동작을 나타내는 "-"(바 : bar)는 부정 또는 역을 나타낸다.
$\overline{1} = 0$이면(또는 $1' = 0$), $\overline{0} = 1$이면(또는 $0' = 1$)

[공리 3] AND와 OR의 논리연산 결과는 다음과 같다.
AND 논리 : $0 \cdot 0 = 0$, $0 \cdot 1 = 0$, $1 \cdot 0 = 0$, $1 \cdot 1 = 1$
OR 논리 : $0+0 = 0$, $0+1 = 1$, $1+0 = 1$, $1+1 = 1$

2. 부울 대수의 기본 정리

부울 대수의 특성에 의하여 어떤 변수는 두 가지 중 하나만 기억할 수 있으므로, 특정 조건에서의 결과가 이미 정해진 것과 같은 것을 기본정리라 한다.

| 표 5-8 | 부울 대수의 기본 정리

정리 1	$A + 0 = A$	$A \cdot 0 = 0$
정리 2	$A + A' = 1$	$A \cdot A' = 0$
정리 3	$A + A = A$	$A \cdot A = A$
정리 4	$A + 1 = 1$	$A \cdot 1 = A$

3. 교환 법칙

부울 대수 식에서 연산 순서를 바꾸어도 결과가 동일하게 되는 것.
논리곱이나 논리합이 연속될 때에는 연산 순서에 관계없이 동일한 결과를 얻는다.

① $A + B = B + A$
② $A \cdot B = B \cdot A$

4. 부울 대수의 공리와 기본정리 예

| 표 5-9 | 부울 대수의 공리와 기본정리

항등법칙	① $A+0=A$	항등법칙	② $A\cdot 1=A$
	③ $A+\overline{A}=1$(보간법칙)		④ $A\cdot\overline{A}=0$(보간법칙)
	⑤ $A+A=A$(누승법칙)		⑥ $A\cdot A=A$(누승법칙)
	⑦ $A+1=1$		⑧ $A\cdot 0=0$
	⑨ $A+B=B+A$(교환법칙)		⑩ $A\cdot B=B\cdot A$(교환법칙)
	⑪ $A+(B+C)=(A+B)+C$(결합법칙)		⑫ $A(B\cdot C)=(A\cdot B)\cdot C$(결합법칙)
	⑬ $A\cdot(B+C)=AB+AC$(분배법칙)		⑭ $A+BC=(A+B)(A+C)$(분배법칙)
	⑮ $\overline{A+B}=\overline{A}\cdot\overline{B}$(드모르강 법칙)		⑯ $\overline{A\cdot B}=\overline{A}+\overline{B}$(드모르강 법칙)
	⑰ $\overline{\overline{A}}=A$		⑱ $\overline{\overline{A}}=\overline{A}$
	⑲ $A+A\cdot B=A$(흡수법칙)		⑳ $A(A+B)=A$(흡수법칙)

[예 1] $Z=A+A\cdot B$

$=A\cdot 1+A\cdot B$ ········· ② 적용

$=A(1+B)$ ········· ⑦ 적용

$=A$

[예 2] $Z=A+\overline{A}\cdot B$

$=(A+AB)+\overline{A}B$ ········· ⑲ 적용

$=A+B(A+\overline{A})$ ········· ③ 적용

$=A+B\cdot 1$

$=A+B$

[예 3] $Z=(A+B)\cdot(A+C)$

$=AA+AC+AB+BC$ ········· ⑥ 적용

$=(A+AC)+AB+BC$ ········· ⑦ 적용

$=A+AB+BC$

$=A+BC$

[예 4] $Z=AB+\overline{A}C+BC$

$=AB+\overline{A}C+BC(A+\overline{A})$ ········· ③ 적용

$=AB+\overline{A}C+ABC+\overline{A}BC$ ········· ⑬ 적용

$=AB(1+C)+\overline{A}C(1+B)$ ········· ⑬ 적용

$=AB+\overline{A}C$ ········· ⑦ 적용

[예 5] $Z=A+B(\overline{A}+\overline{B})$

$=A+B\overline{A}+B\overline{B}$ ········· ⑬ 적용

$= A + \overline{A}B + 0$ ············ ④ 적용

$= A + AB + \overline{A}B$ ············ ④ 적용

$= A + B(1)$ ············ ③ 적용

$= A + B$

① 항들의 결합

$XY + X\overline{Y} = X$의 정리를 이용

[예] $AB\overline{C}\,\overline{D} + ABC\overline{D} = AB\overline{D}$ ············ $[X = AB\overline{D}.\ \ Y = C]$

[예] $A\overline{B}C + ABC + \overline{A}BC = A\overline{B}C + ABC + \overline{A}BC = AC + BC$

[예] $(A + BC)(D + \overline{E}) + \overline{A}(\overline{B} + \overline{C})(D + \overline{E}) = D + \overline{E}$

$[X = D + \overline{E},\ \ Y = A + BC,\ \ \overline{Y} = \overline{A}(\overline{B} + \overline{C})]$

② 항들의 소거

$X + XY = X$와 $XY + \overline{X}Z + YZ = XY + \overline{X}Z$의 Concensus 정리 이용

[예] $\overline{A}B + \overline{A}BC = \overline{A}B$ ············ $[X = \overline{A}B,\ \ Y = C]$

$\overline{A}B\overline{C} + BCD + \overline{A}BD = \overline{A}B\overline{C} + BCD$ ············ $[X = C,\ \ Y = BD,\ \ Z = \overline{A}B]$

5. 부울함수와 논리게이트와의 관계

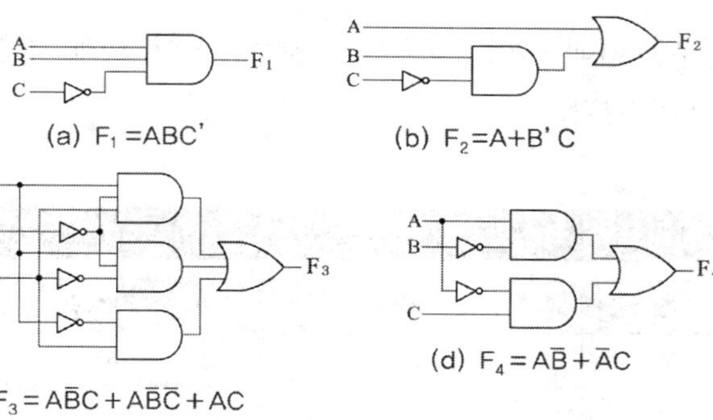

(a) $F_1 = ABC'$ (b) $F_2 = A + B'C$ (c) $F_3 = A\overline{B}C + A\overline{B}\overline{C} + AC$ (d) $F_4 = A\overline{B} + \overline{A}C$

4 논리식의 전개

논리식은 각 변수의 조합에 따른 결과를 표로 요약한 진리표로 만든 후, 각 경우에서 결과가 발생하는 논리식을 유도하여 각종 법칙과 정리로 사용한다.

1. 논리식의 표현

① **논리식** : 각 변수에 할당되는 값에 대한 가능한 모든 조합을 만족하는 하나의 식으로 표현
② **논리식의 유도** : 논리식에 나타낼 각 변수의 값과 이들의 조합에 따른 결과를 진리표로 만들고, 전체 결과를 위한 논리 함수인 관계식으로 유도
③ **최대항(maxterm)** : 각 변수에 대한 진리표에서 각 변수의 결합이 논리합 형식
④ **최소항(minterm)** : 각 변수에 대한 진리표에서 각 변수의 결합이 논리곱의 형식

2. 논리식의 유도

① 논리식에 나타날 각 변수들의 값과 조합 관계에 따른 결과로 진리표를 만들고, 전체 결과를 위한 논리 함수인 관계식으로 유도한다.
② 진리표에서 변수들이 결합되는 관계는 논리합과 논리곱의 형식으로 표현한다.
③ 논리합 형식을 최대항이라 하고, 논리곱 형식을 최소항이라 한다.
④ 임의의 논리 변수 A와 B가 다음과 같은 조건일 때
㉠ A = 1, B = 0이면 결과가 1이다.
㉡ A = 1, B = 1이면 결과가 1이다.
㉢ A = 0, B = 0이면 결과가 0이다.
㉣ A = 0, B = 1이면 결과가 0이다.

결과가 1인 경우는 ㉠과 ㉡이고, 그 밖의 것은 0이며, 이에 대한 진리표와 최소항 및 최대항은 [표 5-10]과 같다.

| 표 5-10 | 진리표와 최소항 및 최대항

A	B	결과(Y)	최소항	최대항
0	0	0	A'B'	A + B
0	1	0	A'B	A + B'
1	0	1	AB'	A' + B
1	1	1	AB	A' + B'

3. 최소항에 의한 논리식

① 결과가 1인 최소항을 논리곱의 합으로 결합한다.

[표 5-10]에서 입력 변수가 1인 경우를 정상형으로 표현하고, 0인 경우를 보수형으로 표현한다.

② [표 5-10] 결과에서 정상형을 AND 연산으로 묶어서 표현하면
$Y = A \cdot B' + A \cdot B$

4. 최대항에 의한 논리식

① 결과가 0인 최대항을 논리합의 곱으로 결합한다. [표 5-10]에서 입력 변수가 1인 경우는 보수형으로, 0인 경우는 정상형으로 표현한다.

② 정상형을 OR 연산으로 묶어서 표현하면
$Y = (A + B) \cdot (A + B')$

[예] 1) $Y = A + A \times B$

$= A \times 1 + A \times B$

$= A(1 + B)$

$= A$

2) $Y = (A + B) \cdot (A + C)$

$= AA + AC + AB + BC$

$= (A + AC) + AB + BC$

$= A + AB + BC$

$= A + BC$

3) $Y = (A + B)(A + B')$

$= A + A(B + B')$

$= A + A(1)$

$= A$

5. 논리 함수의 간소화

논리 함수가 회로를 설계하기 위하여 입력 변수와 조합에 따른 것을 부울 대수식으로 표현하는 것이므로, 보다 간단한 회로를 설계할 수 있다는 것과 같은 의미가 된다.

논리 함수를 간소화하는 데는 일정한 규칙이 존재하지 않는다. 공리와 기본 정리를 적절히 선택하여 항의 수를 줄여 나가면서 보다 간단한 함수를 얻는 방법이다.

⑤ 카르노도(Karnaugh map)

논리식의 간소화 과정을 그림으로 나타내 주기 때문에 5 ~ 6개 이하의 변수로 구성된 논리식을 간소화하는데 편리한 방법이다.

부울 함수를 논리 회로로 표현하는 경우 부울 함수의 각 변수(문자)는 논리 회로를 구성하는 게이트의 입력이 되며, 각각의 항은 하나의 게이트로 표시된다. 논리회로의 간소화(simplification)는 논리 회로를 구성하는 게이트의 수와 게이트의 입력을 나타내는 변수의 수를 줄이는 것인데, 직접 간소화 하는 것은 대단히 어려우므로, 논리회로를 부울 함수로 표현한 후에 부울 대수의 규칙을 이용하여 간소화하는 것이 효과적이다.

부울함수의 간소화는 부울 대수식의 기본정리를 이용하는 방법과 카르노도(Karnaugh map) 방법, 무관조건, 테이블 방법이 있다. 이 중에서 가장 많이 사용하는 카르노 맵을 살펴보도록 한다.

진리표를 그림 모양으로 나타낸 것이며, 벤다이어그램을 확장한 것으로 볼 수 있는 이 맵 방법은 비치에 의해 구상되었고 카르노에 의해 약간 수정되어서 비치 다이어그램 또는 카르노도라고 한다.
카르노도 방법은 논리 회로의 입력 변수의 수에 따라 사각형의 기본 맵 형태가 다르며, 입력 변수의 수가 2개 내지 4개까지는 쉽게 구할 수 있으나, 5개 이상인 경우는 다소 복잡하다.

1. 1변수와 2변수 카르노도

① 한 개의 논리 변수 A의 값은 0 또는 1이기 때문에 두 개의 칸으로 표시한다.
카르노도를 표현한 사각형의 오른쪽 칸을 1에 대응하는 논리 변수, 왼쪽 칸은 0에 대응하는 논리 변수라 한다.

| 표 5-11 | 1변수 카르노도표

A	0	1
–	A'	A

② 논리 변수 2개인 경우
입력 가능한 값은 네 가지로 조합되고, 여기에 대응하는 최소항을 사각형에 나타낸다.
만일, 입력 변수가 A와 B라면 A를 행에, B를 열에 위치시키고, 행은 위에 0을 위치시켜 교차되는 지점에 최소항을 표현한다.

[표 5-12]는 2변수 입력에 대한 카르노도를 보여 준다.

| 표 5-12 | 2변수 카르노도와 최소항

(a) 2변수 카르노도

B \ A	0	1
0	A'B'	AB'
1	A' B	A B

(b) 2변수 최소항

A	B	최소항	
0	0	A'	B'
0	1	A'	B
1	0	A	B'
1	1	A	B

카르노도의 교차되는 사각형은 최소항이 되므로 2변수 진리표의 행에 해당되는 최소항과 같다. 카르노도 내에 최소항의 결과인 1과 0을 표현한다.

카르노도로 논리식을 간소화할 때에는 원래의 논리식에 의한 진리표에서 1인 것만 카르노도에 표현하고, 이웃한 1항끼리 묶는다.

묶여진 사각형에서 조건에 변화가 없는 것만 추출하여 논리합으로 표현한다. [그림 5-7]은 논리식 Y = A'B' + AB' + AB를 카르노도로 간소화시키는 것을 보여준다.

(a) 원 논리식 (b) 간단화된 논리식

• 그림 5-7 • 2변수 논리식의 간단화

2. 3변수 카르노도

어떤 논리식의 입력 변수가 세 개라면 세 변수로 결합되는 조합의 수는 8(23)가지이므로 여덟 칸짜리 카르노도를 작성하면 된다. 변수가 세 개라면 먼저 짝지어지는 두 개를 최소항으로 만들어 행에 위치시키고, 나머지 하나를 열에 위치시킨다.

이때, 두 개의 짝지어진 것은 그레이코드 순서인 (00, 01, 11, 10)의 순서로 배열한다.

[표 5-13]은 입력 변수 A, B, C에 대한 카르노도와 최소항을 보여 준다.

| 표 5-13 | 3변수 카르노도와 최소항

(a) 3변수 카르노도

C \ AB	00	01	11	10
0	A'B'C'	A'BC'	ABC'	AB'C'
1	A'B'C	A'BC	ABC	AB'C

(b) 3변수 최소항

A B C	최소항
0 0 0	A'B'C'
0 0 1	A'B'C
0 1 0	A'BC'
0 1 1	A'BC
1 0 0	AB'C'
1 0 1	AB'C
1 1 0	ABC'
1 1 1	ABC

변수가 세 개인 경우 양끝의 내용이 1일 때는 이웃한 것으로 처리한다. 1인 것을 묶을 때 2, 4, 8과 같이 2의 배수가 되도록 하여 최대한 많이 묶는다.

3. 임의 상태

어떤 회로나 진리표에서 입력 변수가 결합되는 조합은 존재하지만, 그들의 출력은 실제 출력 결과에 영향을 미치지 못하거나 실제로 일어날 수 없는 것이 있다. 예를 들면 2 진화 10진수의 경우 입력 변수가 네 개이므로 1010(10), 1011(11), 1100(12), 1101(13), 1110(14), 1111(15) 등 9 이상의 여섯 가지 조합은 존재하지 않는다.

따라서 이들은 사용되지 않기 때문에 출력 결과에도 고려하지 않게 된다. 이와 같이 입력 변수에 대하여 실제 출력 결과에 아무런 상관이 없는 경우로 결합된 조합을 임의 상태 (don't care condition)라 하며, 진리표나 카르노도에서는 X로 표기한다.

논리식을 간단화시킬 때의 임의 상태가 있으면 그것은 1이나 0의 어느 것과도 관계없으므로, 간소화하기 위하여 묶을 때 유리한 것에 묶는다.

[표 5-14]는 4변수에 대하여 임의 상태가 세 곳이 있는 진리표이다. 임의 상태는 이웃 항을 묶을 때보다 크게 묶여지므로 편리하게 논리식을 간소화시킬 수 있다.

| 표 5-14 | 4변수 임의 상태 진리표

A	B	C	D	Y(출력)
0	0	0	0	X
0	0	0	1	1
0	0	1	0	X
0	0	1	1	1
0	1	0	0	0
0	1	0	1	X
0	1	1	0	0
0	1	1	1	1
1	0	0	0	0
1	0	0	1	0
1	0	1	0	0
1	0	1	1	1
1	1	0	0	0
1	1	0	1	0
1	1	1	0	0
1	1	1	1	1

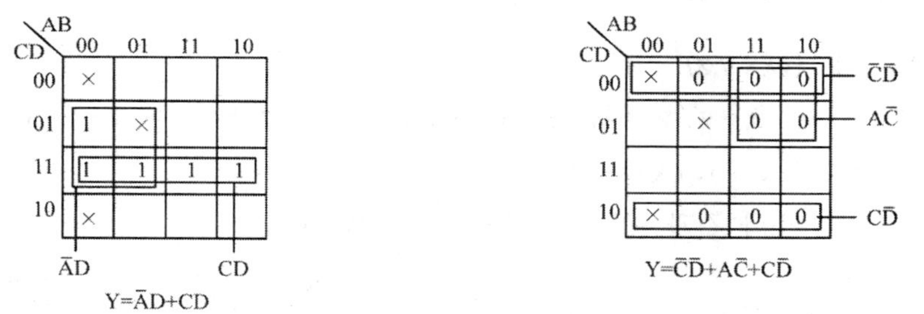

(a) 1 기준 카르노도 (b) 0 기준 카르노도

• 그림 5-8 • 4변수 임의 상태인 카르노도

카르노맵 방법을 이용하여 부울 함수를 간소화하는 경우 간소화된 부울 함수를 곱의 합과 합의 곱 형태로 표시할 수 있고 결과는 동일하며, 논리 회로 또는 부울 함수를 카르노맵으로 간소화하는 방법은 다음과 같다.

① 진리값표로부터 최소항의 부울 대수식을 작성한다.

② 주어진 논리함수에 포함된 표준급 또는 진리값표에서 출력이 1인 입력 변수의 조합에 대응하는 카르노도의 최소항에 1을 나타낸다.

③ 인접한 최소항끼리 짝수로 2개, 4개, 8개 … 등을 한 묶음으로 하여 최대한 큰 묶음으로 묶고, 필요한 경우에는 여러 겹으로도 묶는다. 이 때, 함께 묶이는 최소항을 서브큐브라 한다.

④ 묶음 루프 내에서 인접한 최소항끼리의 보수와 정상 상태의 보수를 제거한다.

⑤ 남은 최소항들로부터 곱의 합 형태로 된 간소한 논리식을 쓴다.

• 2변수 맵 F(x,y)

[예 1] $f = xy' + x'y + xy$ → 간소화결과 $f = x + y$

y \ x	0	1
0	x'y'	x y'
1	x'y	x y

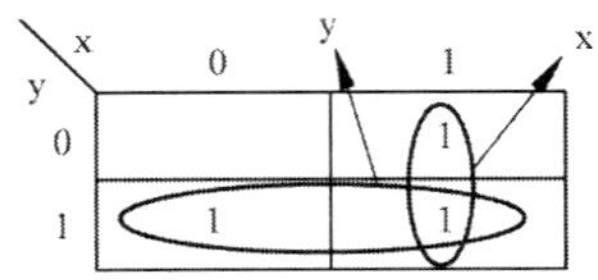

• 3변수 맵 F(x.y.z)

[예 2] $f = x' \cdot y \cdot z + x \cdot y' \cdot z' + x \cdot y \cdot z' + xyz$

→ 간소화 결과 $f = x \cdot z' + y \cdot z$

	00	01	11	10
0	$\bar{x}\bar{y}\bar{z}$	$\bar{x}\bar{y}z$	$\bar{x}yz$	$\bar{x}y\bar{z}$
1	$x\bar{y}\bar{z}$	$x\bar{y}z$	xyz	$xy\bar{z}$

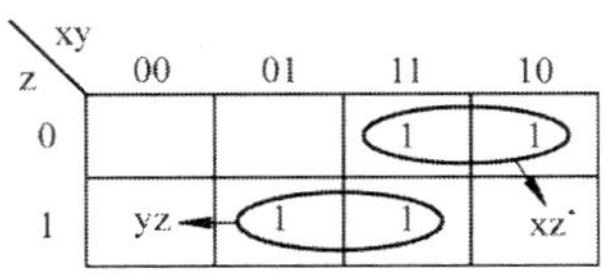

• 4변수 맵 F(w,x,y,z)

[예 3] $f = w' \cdot x' \cdot y' \cdot z' + w' \cdot x' \cdot y' \cdot z + w' \cdot x' \cdot y \cdot z' + w' \cdot x \cdot y \cdot z + w \cdot x' \cdot y' \cdot z' + w \cdot x' \cdot y' \cdot z + w \cdot x' \cdot y \cdot z$

- 간소화 결과 → $f = x' \cdot y' + x' \cdot z' + w' \cdot y \cdot z'$

yz \ wx	00	01	11	10
00	w'x'y'z'	w'xy'z'	wxy'z'	wx'y'z'
01	w'x'y'z	w'xy'z	wxyz'	wx'y'z
11	w'x'yz	w'xyz	wxyz	wx'yz
10	w'x'yz'	w'xyz'	wxyz'	wx'yz'

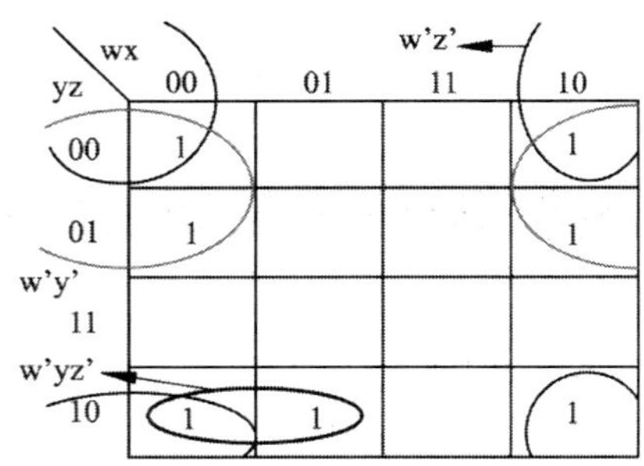

※ 보통 x(또는 Y)의 보수를 x' 또는 $\overline{X}$라고 표기한다.(X = 1, X' = 0)

[예 4] 다음 진리표에 따른 부울함수를 간략화하여라.

(1) 진리표

x	y	z	F	Miniterm
0	0	0	0	m_0
0	0	1	1	m_1
0	1	0	0	m_2
0	1	1	0	m_3
1	0	0	1	m_4
1	0	1	1	m_5
1	1	0	1	m_6
1	1	1	1	m_7

(2) $F(x, y, z) = \Sigma(1, 4, 5, 6, 7)$

(3) 인접 영역을 묶는다.

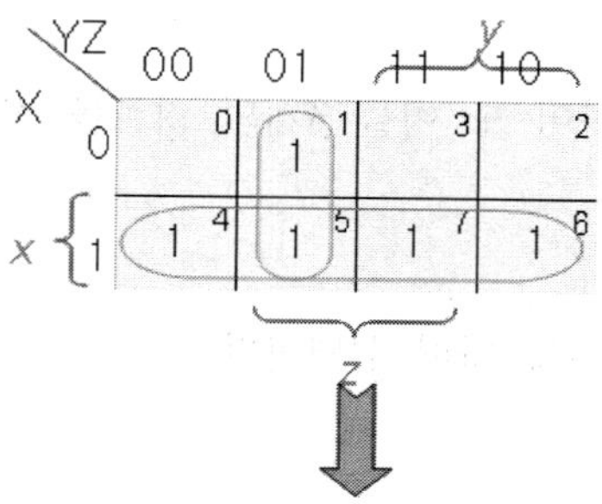

F= x + y'z

[예 5] 2변수 카르도맵의 단순화 과정 Y = A'B' + AB' + AB를 카르도맵으로 간략화 하여라.

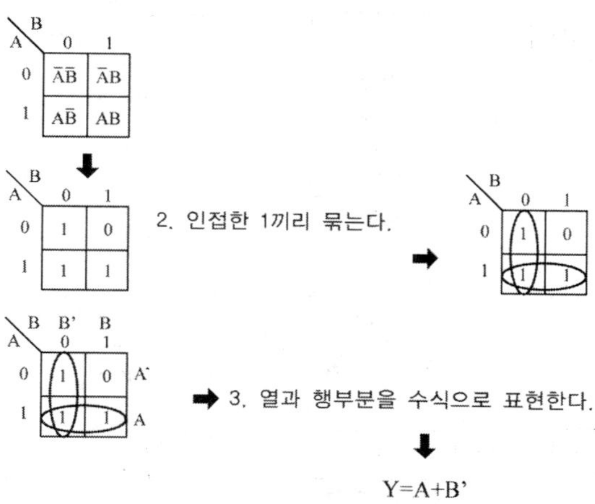

즉, Y = A'B' + AB' + AB의 논리식은 Y = A + B'으로 단순화됐음을 알 수 있다.

제4절 논리 게이트(logical gate) 및 회로

논리게이트는 부울연산을 수행하는 전자소자로서 주어진 입력변수 값에 대해서 정해진 논리함수를 수행하여 그 함수의 연산결과와 동일한 것을 출력하는 하드웨어로, 부울연산의 논리곱, 논리합, 논리부정의 연산 등을 수행하도록 만들어졌다.

디지털 논리 회로에는 2개의 기본논리 회로와 이것을 복합한 여러가지 논리 회로가 있는데 이 장에서는 기본 논리회로의
① AND 회로(논리적 회로)
② OR 회로(논리합 회로)
③ NOT 회로(부정 논리 회로)를 비롯하여 또 이들 3개의 회로를 결합한 복합회로로
④ NAND 회로(논리적 부정)
⑤ NOR 회로(논리합 부정)
⑥ EXCLUSIVE-OR 회로(배타적 논리합)에 대해 설명한다.

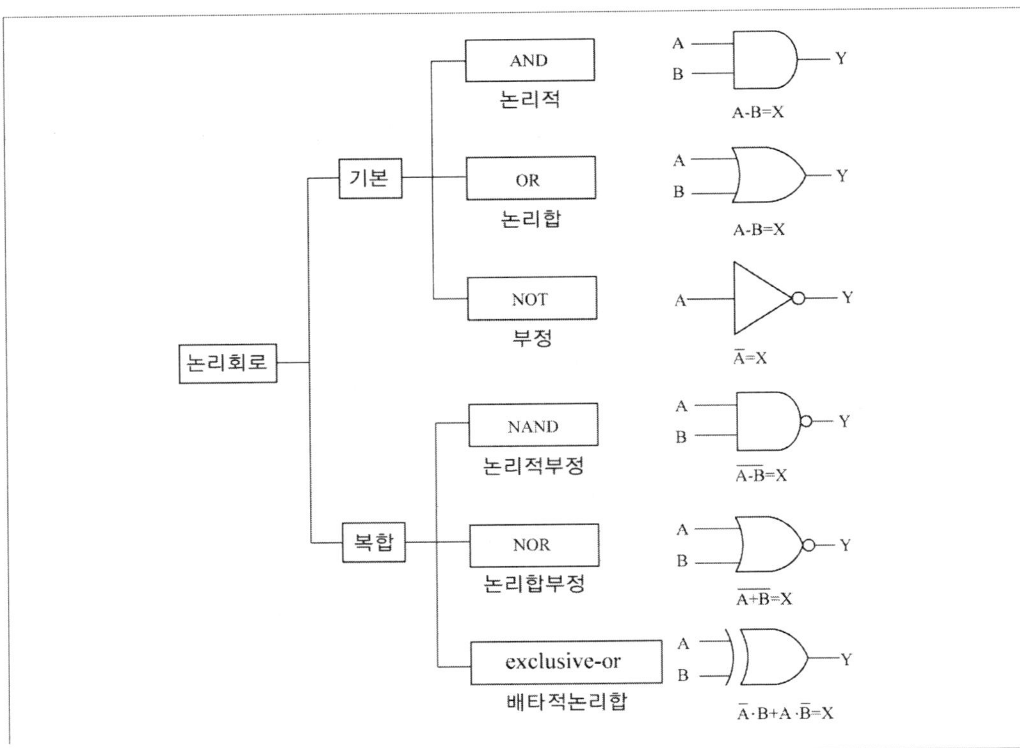

• 그림 5-9 • 기본 및 복합 논리회로 분류

⑪ 기본 게이트

1. OR 게이트

OR 게이트는 부울 대수의 OR 연산을 하는 게이트로, 두 개의 입력(A와 B라 가정)을 받아 A와 B 둘 중 하나라도 1이면 결과가 1이 되고, 둘다 0이면 0이 된다.
즉 OR 게이트는 논리합과 같은 논리식의 회로이며, [그림 5-10]에 스위칭 회로 및 심벌을 나타내었다.

- **역할** : 어느 하나만 1이면 결과가 1이고, 모두 0이면 결과가 0이 되는 것
- **표기** : OFF(0), ON(1)
- **회로표현**

진리표			기호	논리식	스위치 사용 회로
A	B	Y			
0	0	0	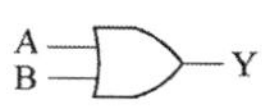	Y = A + B	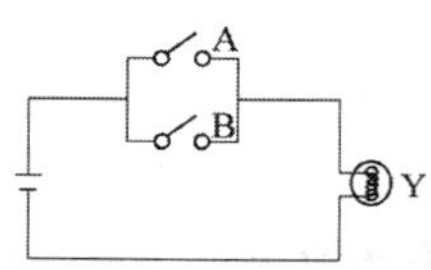
0	1	1			
1	0	1			
1	1	1			

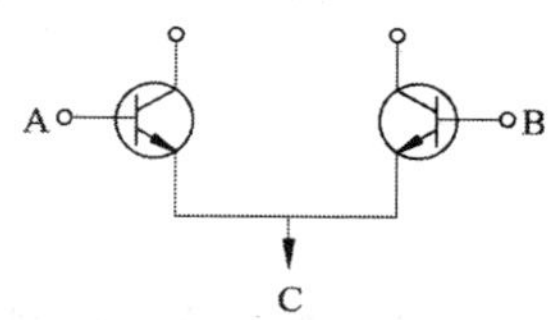

트랜지스터 회로

• 그림 5-10 • OR 게이트 회로 및 논리식

[표 5-15]의 스위칭 회로의 2개의 스위치 A, B와 트랜지스터 회로의 2개 입력 단자에 의하여 출력되는 C의 동작은 네 가지 형태로 구분된다.

| 표 5-15 | OR 게이트의 동작 상태

스위치(A)	입력 또는 스위치(B)	출력(C)
OFF(0)	OFF(0)	OFF(0)
OFF(0)	ON(1)	ON(1)
ON(1)	OFF(0)	ON(1)
ON(1)	ON(1)	ON(1)

OR 회로에서 두 입력 신호가 있을 때 신호적인 차원에서 논리합의 관계는 [그림 5-11]과 같다.

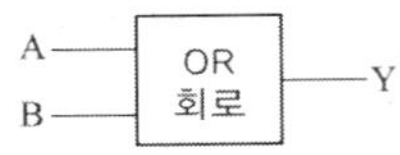

(a) AND 회로 블록도

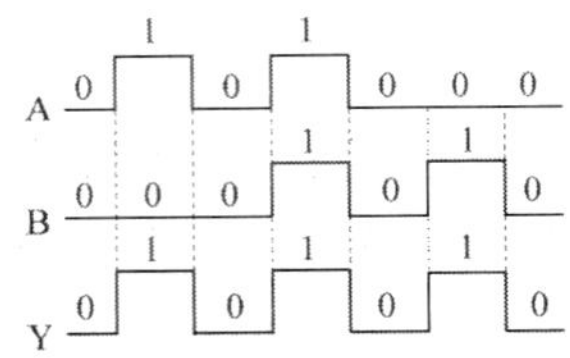

(b) AND 회로의 신호 파형

• 그림 5-11 • OR 게이트의 동작

다음 그림은 OR 기능을 수행하는 14핀의 집적회로 7432핀의 구조이다.

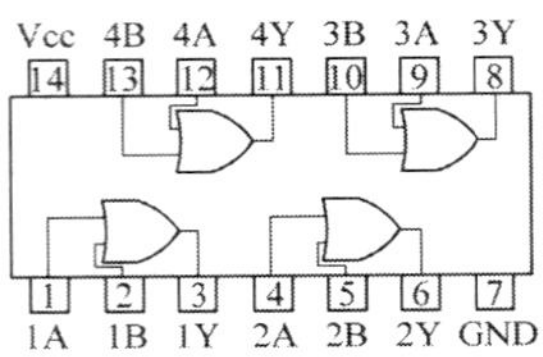

• 그림 5-12 • IC 7432 핀의 구조

2. AND 게이트

AND 게이트는 부울 대수의 AND 연산을 하는 게이트로, 두 개의 입력 A와 B를 받아 A와 B 둘 다 1이면 결과가 1이 되고, 나머지 경우에는 0이 된다.
즉 AND 게이트는 논리곱과 같은 논리식의 회로이며 [그림 5-13]에 스위칭 회로 및 심벌을 나타내었다.

진리표			기호	논리식	스위치 사용 회로
A	B	Y			
0	0	0	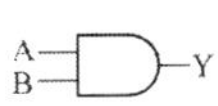	Y = A·B	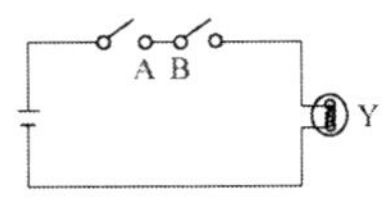
0	1	0			
1	0	0			
1	1	1			

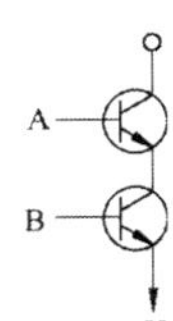

트랜지스터 회로

• 그림 5-13 • AND 게이트 회로 및 논리식

[표 5-16]의 스위칭 회로의 2개의 스위치 A, B와 트랜지스터 회로의 2개 입력 단자에 의하여 출력되는 C의 동작은 네 가지 형태로 구분된다.

| 표 5-16 | AND 게이트의 동작 상태

입력 또는 스위치(A)	입력 또는 스위치(B)	출력(C)
OFF(0)	OFF(0)	OFF(0)
OFF(0)	ON(1)	OFF(0)
ON(1)	OFF(0)	OFF(0)
ON(1)	ON(1)	ON(1)

AND 회로의 블록도와 신호 파형은 [그림 5-14]와 같다.

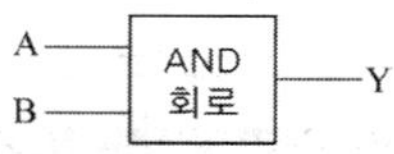

(a) AND 회로 블록도

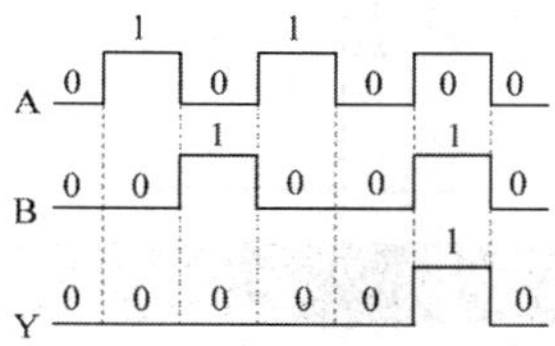

(b) AND 회로의 신호 파형

• 그림 5-14 • AND 게이트의 동작

다음 그림은 AND 기능을 수행하는 14핀의 집적 회로 7408핀의 구조이다.

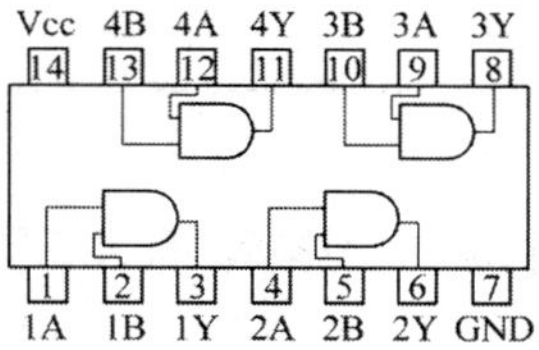

• 그림 5-15 • IC 7408핀의 구조

3. NOT 게이트

NOT 게이트는 부울 대수의 NOT 연산을 하는 게이트로, 한 개의 입력 A를 받는데 입력이 1이면 0을, 입력이 0이면 1을 출력한다.
즉 NOT 게이트는 논리부정과 같은 논리식의 회로이며 [그림 5-16]의 그림은 NOT 게이트의 스위치 회로 및 심벌을 나타내었다.

- **역할** : 단자에 0이 입력되면 결과는 1이 출력되고 1이 입력되면 0이 출력
- **표기** : OFF(0), ON(1)
- **회로표현**

진리표		기호	논리식	스위치 사용 회로
A	Y			
0 1	1 0	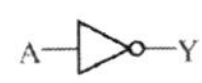	$Y = \overline{A}$	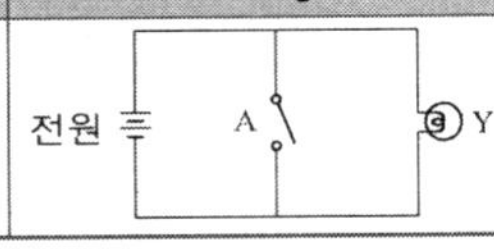

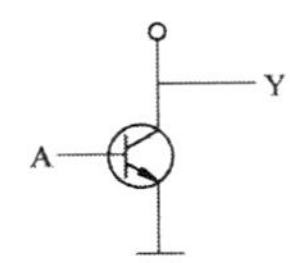

트랜지스터

• 그림 5-16 • NOT 게이트 회로 및 논리식

NOT 게이트의 동작 상태는 [표 5-17]과 같다.

| 표 5-17 | NOT 게이트의 동작 상태

입력 또는 스위치(A)	전구(C)
OFF(0) ON(1)	ON(1) OFF(0)

다음 그림은 NOT 게이트의 파형 신호와 블록도를 나타내었다.

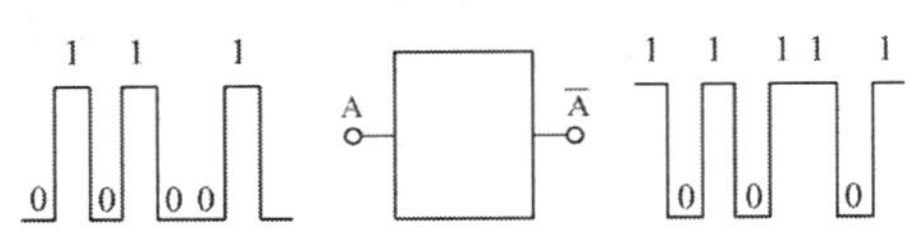

• 그림 5-17 • NOT 회로의 동작

NOT 기능을 수행하는 14핀의 집적회로 7404 핀의 구조를 [그림 5-18]에 나타내었다.

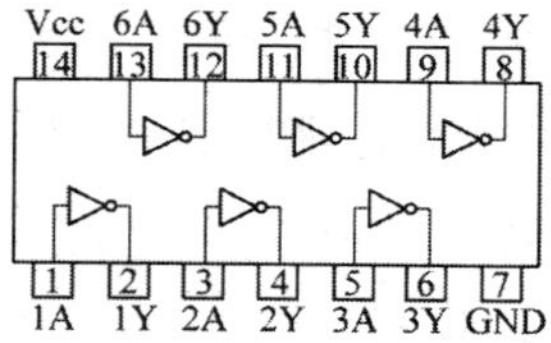

• 그림 5-18 • IC 7404 핀의 구조

4. XOR 게이트

XOR(exclusive OR) 게이트는 두 개의 입력 A와 B를 받아 입력 값이 같으면 0을 출력하고, 입력 값이 다르면 1을 출력한다.
TR을 사용하여 XOR 게이트를 구성한 것과 심벌을 [그림 5-19]로 나타내었다.

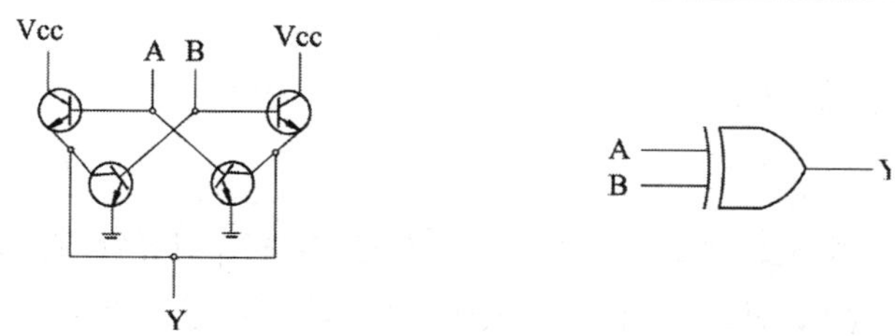

(a) 트랜지스터 회로　　(b) 심벌

• 그림 5-19 • XOR 게이트와 기호

다음 그림은 XOR 기능을 수행하는 14핀의 집적회로 7486핀의 구조를 나타내었다.

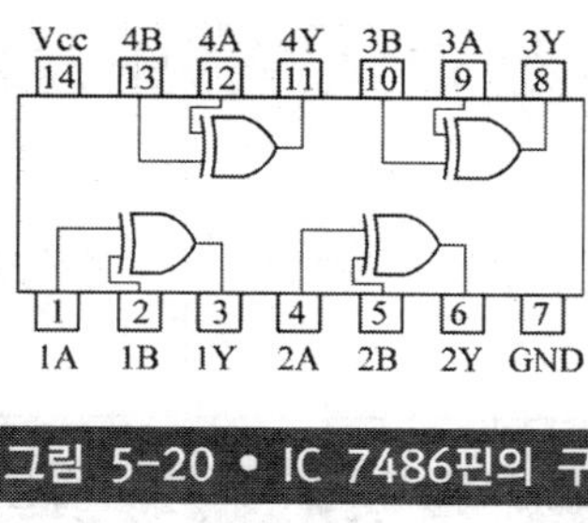

• 그림 5-20 • IC 7486핀의 구조

5. NAND 게이트

NAND 회로란 AND 회로의 출력 단자에 NOT 회로를 접속하여, AND 회로의 동작을 부정한 출력을 얻는 회로를 말한다.
모든 입력단자에 "1"이 입력되었을 때만 출력 단자에 "0"을 출력하는 회로이며, 진리값 표에서 논리식을 구하면 다음과 같다.
$X = A \cdot B$(A and B bar 라고 읽는다.)
즉 이 NAND 회로는 AND 논리를 부정하는 상호 부정회로이다.

게이트 이름	기호	불함수	진리표		
			A	B	Y
NAND	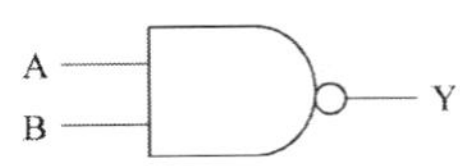	$Y = \overline{(A \cdot B)}$	0	0	1
			1	0	1
			0	1	1
			1	1	0

• 그림 5-21 • NAND게이트 회로 및 논리식

6. NOR 게이트

NOR 회로란 OR 회로에 NOT 회로를 접속한 회로를 말한다. NOR 회로의 작용은 "0"과 "1"의 결합을 입력 신호로 하여 그때의 출력 신호를 얻게 된다. 진리값 표에서 논리식을 구하면 다음과 같다.
$X = A + B$(A or B bar)라고 읽는다.
즉 이 NOR 회로는 OR 논리를 부정하는 결합 부정회로이다. 여기서 논리식과 진리값 표는 아래 그림과 같다.

게이트 이름	기호	불함수	진리표		
			A	B	Y
NOR	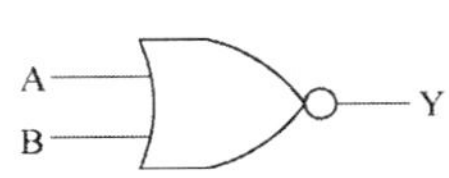	$Y = \overline{(A + B)}$	0	0	1
			1	0	0
			0	1	0
			1	1	0

• 그림 5-22 • NOR 게이트 회로 및 논리식

7. EX-OR 게이트

EXCLUSIVE-OR 회로를 배타적 논리합 또는 불일치 회로라 한다. 그림의 회로와 기호 그리고 진리값 표에서 보는 바와 같이 2개의 입력 A, B의 상태가 서로 다른 신호를 가했을 때, 출력 단자에 "1"의 신호가 나타난다. 이 회로의 작용은 "0"과 "1"의 결합을 입력 신호로 하여 그때 출력 신호를 결과로 한다. 진리 값 표에서 논리식을 구하면 다음과 같이 된다.

$$Y = A \cdot \overline{B} + \overline{A} \cdot B = A \oplus B$$

즉 이 회로는 입력 단자에 가하는 신호가 상반된 때 출력단자 X에 1의 신호가 나타난다.

진리표			기호	논리식	스위치 사용 회로
A	B	Y			
0	0	0	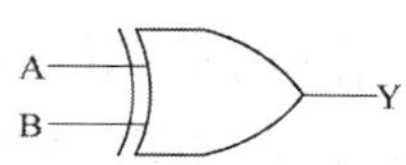	$Y = A \oplus B$	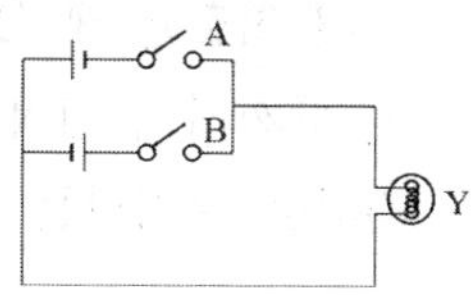
0	1	1			
1	0	1			
1	1	0			

• 그림 5-23 • EX-OR 게이트 회로 및 논리식

② 논리 회로도

논리 회로도는 회로의 기능을 기본 논리 게이트들에 서로 연결시켜 표현한 그림이다. [그림 5-24]는 AND 게이트와 결합된 OR 논리 회로로 가장 널리 쓰이는 게이트 형태이다.

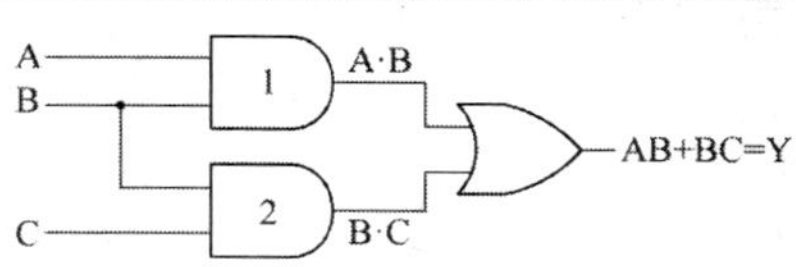

• 그림 5-24 • 논리 회로도

이 회로의 입력은 8가지 조합이 발생되는데 입력과 출력에 대한 진리표 [표 5-24]와 같게 된다. A, B, C가 모두 1인 경우나 B가 1이고 A나 C 중 어느 하나가 1이면 결과는 1이 됨을 알 수 있다.

| 표 5-18 | 진리표

입력			출력
A	B	C	Y
0	0	0	0
0	0	1	0
0	1	0	0
0	1	1	1
1	0	0	0
1	0	1	0
1	1	0	1
1	1	1	1

논리 회로는 게이트에 의한 특정 결과를 얻기 위하여 별도로 만들어진 것을 최종 결과가 될 때까지 단계적으로 OR 게이트에 의해 합쳐지게 된다. 전체를 부정하는 경우는 최종 결과를 부정하는 것이므로 NOR 게이트가 최종 결합 지점이 될 수도 있다.

1. 와이어드 게이트(wired gate)

와이어드 게이트(wired gate)는 기본 논리 게이트를 거쳐서 수행되는 것을 기본 게이트에 사용되는 전체 부품을 사용하지 않고서도 동일한 결과를 가져오도록 하는 방법이다.

기본 게이트를 다이오드나 트랜지스터 등으로 만들었을 때 이들을 능동소자라 한다. 이러한 능동소자 게이트들의 출력 단자를 직접 연결하여 논리소자의 기능을 발휘할 수 있도록 한 것이다.

[그림 5-25]는 트랜지스터를 사용하여 4개의 입력이 2개씩 NAND 게이트를 통과한 것을 결합한 것과 동일하도록 결선한 것이다.

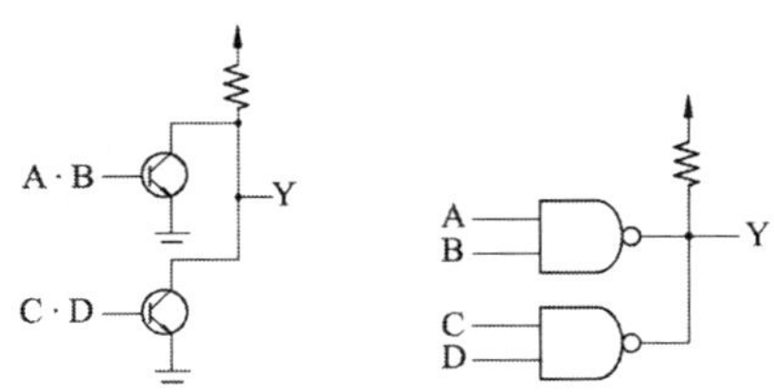

(a) 트랜지스터 회로 (b) 와이어드 결과

• 그림 5-25 • 와이어드 AND의 원리

이 회로에서 하나의 트랜지스터만 포화되면 Y지점의 전압이 낮아져서 출력은 0이 된다. 즉, 2 개의 트랜지스터의 베이스 입력이 모두 차단되어야만 Y는 1이 출력되므로 자동적인 AND 역할을 하고 있음을 알 수 있으며, 다음과 같은 논리식이 성립된다.

$Y = \overline{A}\,\overline{B} \cdot \overline{C}\,\overline{D}$

이러한 와이어드 게이트는 트랜지스터끼리 결선하는 TTL에서 전체의 게이트를 사용하지 않고서도 간단히 그 기능을 수행할 수 있기 때문에 매우 중요하다. [그림 5-26]은 와이어드 AND를 논리 기호로 표현하는 것을 보여준다.

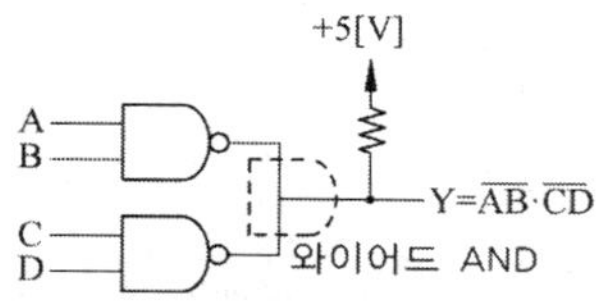

• 그림 5-26 • 와이어드 AND

개방 콜렉터를 외부에서 연결하여 AND 기능을 수행시키는 것을 와이어드 AND라 한다.

개방된 상태의 트랜지스터의 출력 단자를 묶음으로써 OR 기능을 수행하도록 할 수 있는데, 이러한 회로를 와이어드 OR이라 하며, [그림 5-27]과 같이 표현된다.

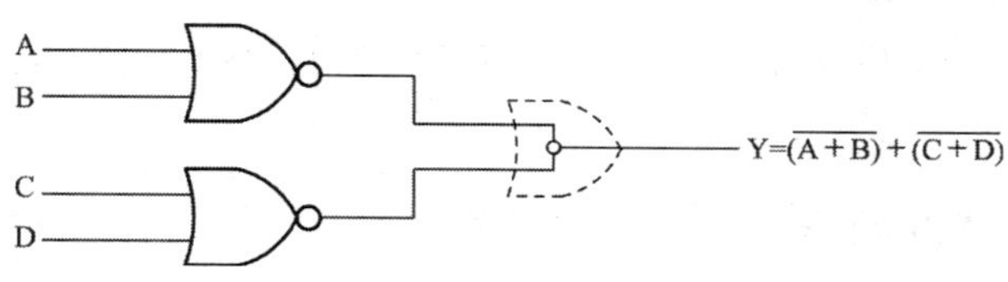

• 그림 5-27 • 와이어드 OR

ECL(emitter coupled logic)인 경우 같은 방법으로 출력 단자를 연결하여 어느 하나의 출력 단자의 전압이 높으면 결과가 높은 전압이 되므로 OR 기능을 수행시킬 수 있다.

③ 조합 논리회로

조합논리 회로는 과거의 입력 조합에 관계없이 현재의 입력조합에 의해서만, 규정된 입력 변수의 조합에 대하여 규정된 출력이 나오도록 논리 게이트를 연결한 회로를 말한다. 그림과 같이 n개의 입력변수가 외부로부터 오면, m개의 출력 변수가 외부로 보내어진다.

즉 논리 게이트가 모여서 입력 변수에 입력되는 데이터의 어떤 조합에 대해서 일정하게 정해진 특정 출력을 제공하기 위하여 연결된 회로를 조합 논리 회로(combination logic circuit)라 한다.

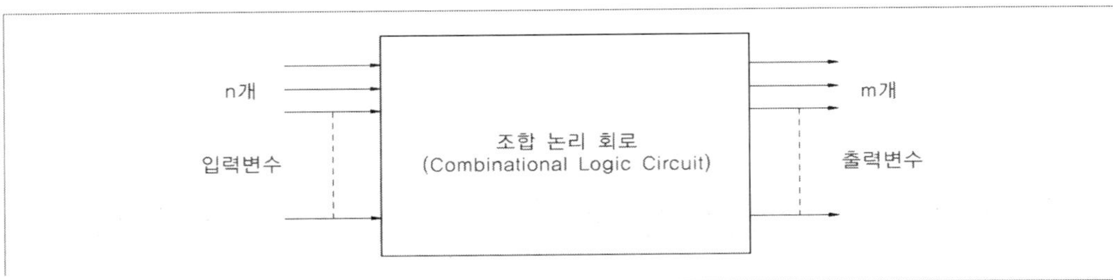

• 그림 5-28 • 조합 논리 회로

1. 조합 논리 회로의 분석

조합 논리회로는 회로함수로 구성되며, 분석 과정은 주어진 논리회로의 입력으로 시작하여 부울 함수의 집합 또는 회로연산에 대한 설명을 나타내는 진리표를 만들어낸다.

가. 조합 논리 회로의 두 가지 분석 방법

① 조합 논리의 출력을 회로 내에 들어 있는 개별적인 게이트의 논리 동작에 근거를 두고 주어진 입력 값들에 대하여 결정한다.

② 부울 대수를 이용하여 출력 함수에 대한 논리식을 유도하고 이 식을 이용하여 입력 값들의 여러 조합에 대해서 출력값을 결정한다.

먼저 ①의 방법을 사용하여 A, B, C를 3개 입력에 대하여 AB, BC와 같이 결합될 때를 보기로 하자.

A와 B가 1인 경우나 C가 1인 경우 결과가 1인 것으로 가정하면 A와 B는 논리곱, B와 C는 논리한 것을 논리합으로 모아야 한다.

[그림 5-29]는 A, B, C의 8가지 입력 조합에 대하여 위의 조건을 만족하도록 하는 논리회로이다.

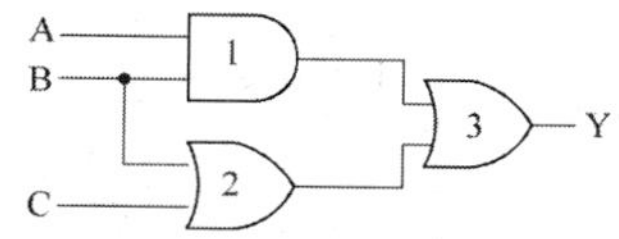

• 그림 5-29 • Y = (A · B) + (B + C)의 논리 회로

A와 B가 1인 경우나 C가 0인 경우 결과가 1인 것을 ②의 방법을 사용하면 먼저 입출력 조건에 맞는 변수를 결정하고 진리표를 만든 후 논리 회로를 설계해야 한다.

| 표 5-19 | 진리표

A	B	C	결과
0	0	0	1
0	1	0	1
1	0	0	1
1	1	0	1
0	0	1	0
0	1	1	0
1	0	1	0
1	1	1	1

A, B, C의 입력 변수에서 C가 0이거나 A, B, C가 모두 1인 경우에 결과가 1이 된다고 가정하면 진리표는 [표 5-19]와 같고, 이것을 사용하여 카르노도를 작성하면 [그림 5-30]과 같이 된다.

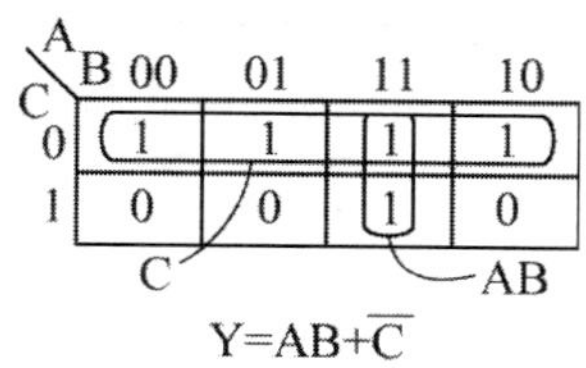

• 그림 5-30 • 논리식을 간략화 하는 카르노도

이 카르노도에 의하면 아래와 같은 논리식이 성립한다. 따라서 이 조건을 만족하는 논리회로는 [그림 5-31]과 같이 설계할 수 있다.

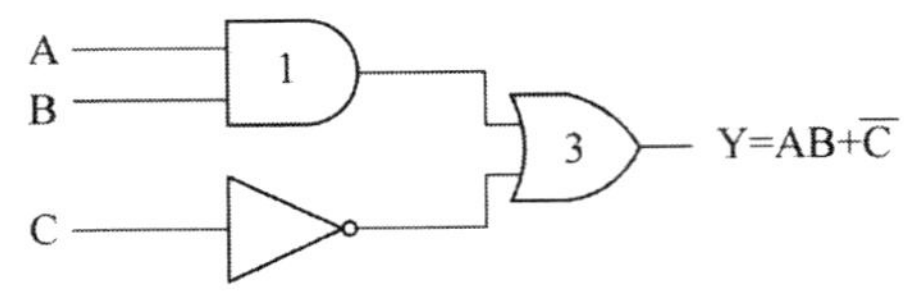

• 그림 5-31 • Y = AB + $\overline{C}$의 논리 회로

즉, 논리회로의 설계 순서는 아래와 같은 순서에 따른다.

① 입출력 조건에 따라 변수를 결정하여 진리표를 작성한다.
② 진리표에 대한 카르노도를 작성한다.
③ 간소화된 논리식을 구한다.
④ 논리식을 기본 게이트로 구성한다.

① 진리표 작성

| 표 5-20 | 진리표

입력			출력
A	B	C	D
0	0	0	1
0	0	1	0
0	1	0	0
0	1	1	1
1	0	0	0
1	0	1	1
1	1	0	1
1	1	1	0

② 진리표에 대한 카르노도를 작성

[표 5-20] 의하여 3변수 입력인 카르노도를 작성하면 [그림 5-32]와 같이 된다.

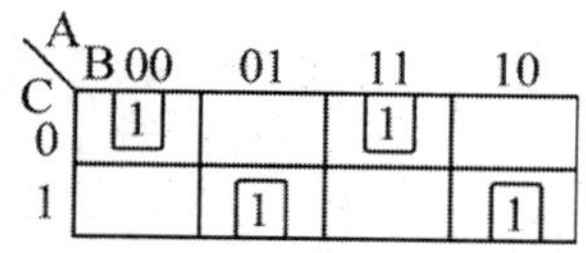

• 그림 5-32 • 3변수 입력 카르노도

③ 간소화된 논리식을 구한다

[그림 5-33]에서는 출력이 1인 이웃되는 항이 없으므로 직접 간소화된 논리식을 얻을 수 없다. 그러므로 출력이 1인 가지 경우를 모두 모아서 논리식으로 표현하고, 대수적인 방법으로 간소화한다.

$$\begin{aligned} Y &= \overline{A}\,\overline{B}\,\overline{C} + A\,B\,\overline{C} + \overline{A}\,B\,C + A\,\overline{B}\,C \\ &= \overline{A}(\overline{B}\,\overline{C} + B\,C) + A(B\,\overline{C} + \overline{B}\,C) \\ &= \overline{A}(B \odot C) + A(B \oplus C) \\ &= \overline{A}(B \odot C) + A(\overline{B \odot C}) \\ &= A \oplus (B \odot C) \end{aligned}$$

여기서 XOR(B⊙C)를 부정으로 대치하면 ($Y = B \odot C = B\,C + \overline{B}\,\overline{C} = \overline{B \oplus C}$ 이므로) 아래와 같다.

$$Y = A \oplus (\overline{B \oplus C})$$

위 식은 [표 5-20]의 진리표에 대한 간소화된 논리식이므로 [그림 5-33]과 같은 조합 논리 회로를 설계할 수 있다.

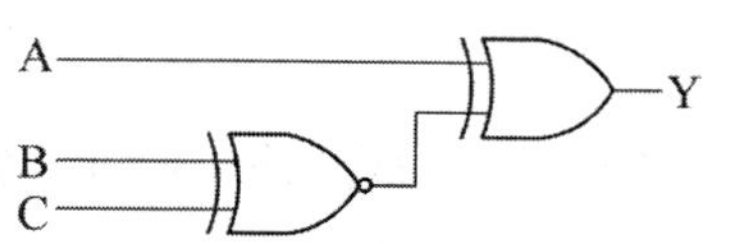

• 그림 5-33 • 간소화된 논리 회로

[예] x, y, z 3개의 주차 공간이 있다. 이중 z측(1대) 또는 yz측(2대) 또는 x측(1대) 또는 xz측(2대)에만 주차되었을 때 부저가 울리는(신호출력 f) 회로를 설계하여라.(센서 등을 제외한 제어회로 부분만 설계)

[예] 1. 조건에 맞는 진리표를 세운다.

입력			출력
x	y	z	f
0	0	0	0
0	0	1	1
0	1	0	0
0	1	1	1
1	0	0	1
1	0	1	1
1	1	0	0
1	1	1	0

2. 진리표를 보고 논리식을 세운다.

$f = x' \cdot y' \cdot z + x' \cdot y \cdot z + x \cdot y' \cdot z' + x \cdot y' \cdot z$

3. 논리식을 간략화한다.

① 부울 대수 및 드로므강 정리 등 이용

② 카르노 맵 이용

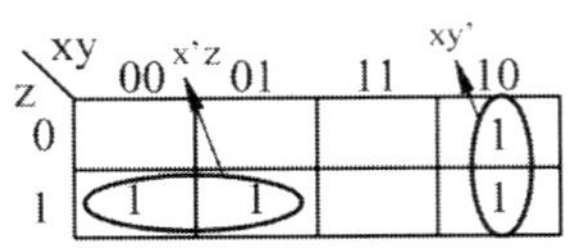

* 간소화 결과 → $f = x' \cdot z + x \cdot y'$

(2개의 AND 게이트, 2개의 NOT 게이트, 1개의 OR 게이트만 필요)

4. 간략화 된 식으로 디지털 회로를 설계한다.

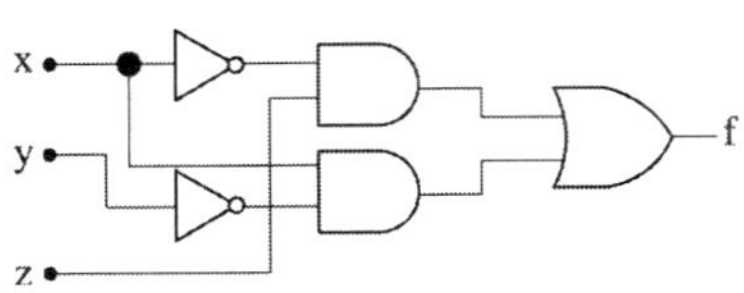

따라서 간소화 이전의 회로보다 훨씬 간단하게 설계할 수 있다.

2. 덧셈(가산기)과 뺄셈(감산기) 회로

가. 기본 가산기(adders)

산술 연산은 전자 계산기나 컴퓨터 등 모든 디지털 시스템에서 가장 중요한 정보처리 과정이며, 그 중 가산은 기본적인 연산기능이다.

다음과 같이 2진수 1011 + 0111을 예로 들면 다음과 같이 크게 두 부분으로 나눠 볼 수 있다.

(MSB)	(LSB)
101	1
+011	1
A부분	B부분

먼저 최하위 비트인 B부분은 자체 두 개의 비트만 서로 더하여 그 결과에 따라 합과 캐리(carry)가 발생되지만, A부분에 속한 비트들을 두 개의 자체 비트뿐만 아니라 하위 비트에서 올라오는 캐리까지 포함하여 가산하면, 그 결과에 따라 합과 캐리가 발생한다.

따라서 B부분과 같이 자신만의 연산에 의해 계산되어지는 가산을 반가산기(HA : Adder)라고 하고, A부분과 같이 하위 비트에서 올라오는 캐리까지 연산하는 가산기를 전가산기(FA : Adder)라 한다.

감산기는 두 개 이상의 입력의 차를 출력하는 회로이다.

나. 반가산기(half-adder)

컴퓨터에서 가장 기본적인 계산을 수행하는 논리 회로이며, 2비트만을 덧셈하는 회로이다, 다음 그림은 입력 변수를 A, B라 하고, 이에 대한 합과 캐리에 대한 진리표 및 논리회로이다.

| 표 5-21 | 진리표

A
\+ B
C S
반가산기

A	B	합(S)	자리올림(C)
0	0	0	0
0	1	1	0
1	0	1	0
1	1	0	1

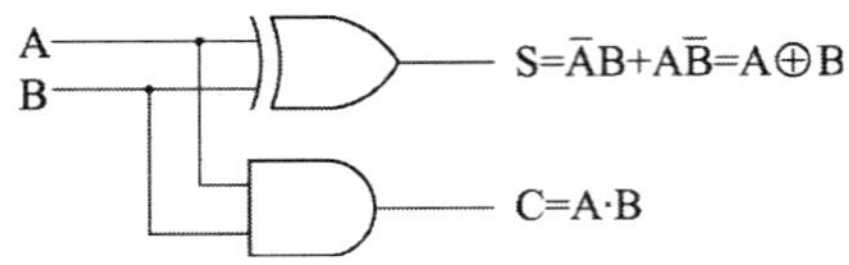

• 그림 5-34 • 반가산기의 논리 회로

다. 전가산기(full-adder)

2자리 이상을 덧셈할 때는 아래 자리에서 올라온 캐리를 함께 덧셈하여 2자리의 합을 계산하고, 캐리는 다음 자리에서 함께 계산되어야 한다. 이렇게 2자리 2진수와 캐리를 함께 덧셈하는 회로이다.

다음 그림은 전가산기는 A, B의 입력 변수와 아래 자리에서 올라온 캐리 C가 8가지 조합을 이루며, 이들 각각에 대한 합 S와 윗자리로 전해주는 캐리 Cn에 대한 진리표 및 카르노도를 나타내었다.

| 표 5-22 | 전가산기의 진리표

A	B	C	S	Cn
0	0	0	0	0
0	0	1	1	0
0	1	0	1	0
0	1	1	0	1
1	0	0	1	0
1	0	1	0	1
1	1	0	0	1
1	1	1	1	1

(a) S의 카르노도 (b) Cn의 카르노도

• 그림 5-35 • 전가산기의 카르노도

[그림 5-35]의 카르노도에서 논리식을 얻어 간소화시키면 S는 식 ①, Cn은 식 ②과 같이 얻는다.

$$
\begin{aligned}
S &= \overline{A}\,\overline{B}\,C + \overline{A}\,B\,\overline{C} + A\,B\,C + A\,\overline{B}\,\overline{C} \\
&= \overline{A}(\overline{B}\,C + B\,\overline{C}) + A(BC + \overline{B}\,\overline{C}) \\
&= \overline{A}(B \oplus C) + A(B \odot C) \\
&= \overline{A}(B \oplus C) + A(\overline{B \oplus C}) \\
&= A \oplus (B \oplus C) \\
&= A \oplus B \oplus C \quad \cdots\cdots ①
\end{aligned}
$$

$$
\begin{aligned}
C_n &= \overline{A}\,B\,C + A\,\overline{B}\,C + A\,B\,\overline{C} + A\,B\,C \\
&= A\,B(C + \overline{C}) + C(\overline{A}\,B + A\,\overline{B}) \\
&= A\,B + C(A \oplus B) \quad \cdots\cdots ②
\end{aligned}
$$

식 ①과 식 ②을 사용하여 게이트를 연결하여 [그림 5-41]과 같은 전가산 회로도를 작성(2개의 반가산기를 캐리만 OR회로로 합한 것과 같다)하였다.

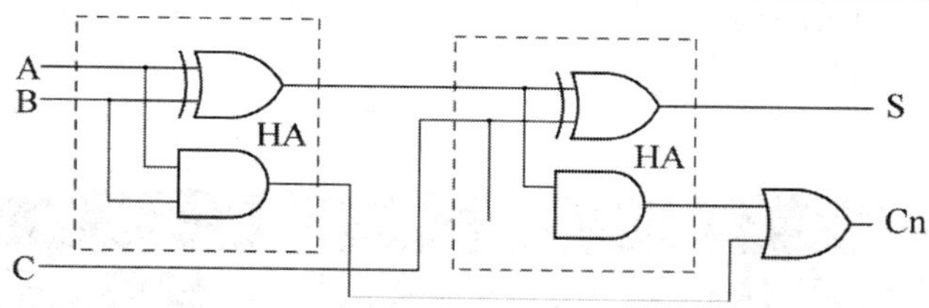

• 그림 5-36 • 전가산기의 논리 회로

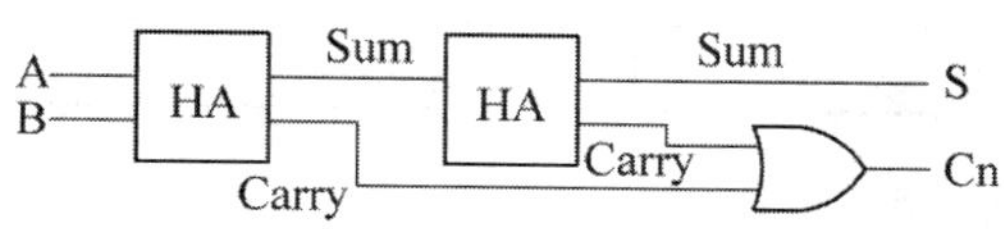

• 그림 5-37 • HA를 사용한 전가산기

EXERCISE 4

주어진 입력에 대한 전가산기의 중간출력과 최종출력을 구하시오.

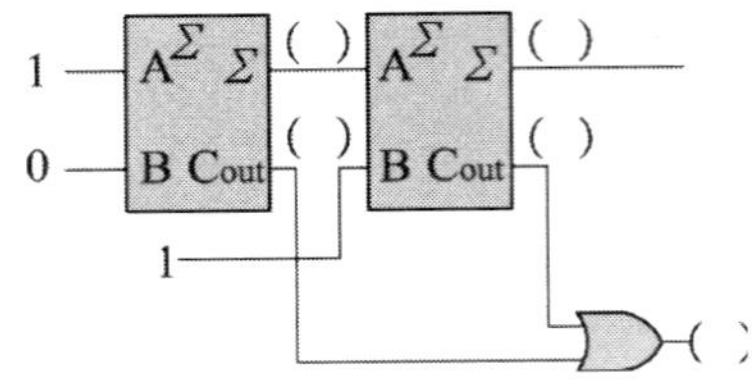

풀이 첫번째 반가산기의 입력은 1과 0이므로 Sum = 1이고 Carry out = 0
두번째 반가산기의 입력은 1과 1이므로 Sum = 0이고 Carry out = 1

라. 반감산기(half-subtracter)

반감산기는 1자리인 2진수를 뺄셈하는 회로이며, 2개의 입력 변수와 뺄셈한 결과인 차(difference)와 피감수가 0이고 감수가 1일 때 윗자리에서 빌려온 것과 같이 계산되도록 하기 위한 빌림수(borrow)가 출력되어야 한다.

입력 변수에서 피감수를 A, 감수를 B라 하고 출력은 차를 D, 빌림을 C라 하면 진리표는 아래 그림과 같다.

| 표 5-23 | 반감산기의 진리표

A	B	D	C
0	0	0	0
0	1	1	1
1	0	1	0
1	1	0	0

[표 5-23]에서 차는 $\overline{A}B$와 $A\overline{B}$의 2가지 경우이고, 빌림은 $\overline{A}B$인 경우 하나이다. 그러므로 이를 만족하는 논리식은 식 ③와 식 ④과 같다.

$$D = \overline{A}B + A\overline{B}$$
$$= A \oplus B \quad \cdots\cdots ③$$

$$C = \overline{A}B \quad \cdots\cdots ④$$

마. 전감산기(full-subtracter)

전감산기는 2자리 이상의 2진수를 연산할 때 1자리의 2진수 일지라도 빌려준 값이 있을 경우에는 그것도 함께 계산하여 현재의 차와 빌림이 출력되도록 하는 회로이다.

입력 변수를 되감수 A, 감수 B, 아랫자리에서의 빌림수 C라 하고, 출력은 차 D와 현재 자리에서 발생한 빌림 Cn이라 하면 진리표는 [표 5-24]와 같다.

| 표 5-24 | 전감산기의 진리표

A	B	C	D	Cn
0	0	0	0	0
0	0	1	1	1
0	1	0	1	1
0	1	1	0	1
1	0	0	1	0
1	0	1	0	0
1	1	0	0	0
1	1	1	1	1

[표 5-24]의 8가지 입력 조합에 대한 카르노도는 [그림 5-38]과 같으므로 이를 간소화된 논리식으로 바꾸면 식 ⑤와 식 ⑥과 같고, 이를 이용하여 회로를 설계하면 [그림 5-39]와 같게 된다.

(a) D의 카르노도　　(b) Cn의 카르노도

• 그림 5-38 • 전감산기 8가지 입력 조합에 대한 카르노도

$$D = \bar{A}\,\bar{B}\,C + \bar{A}\,B\,\bar{C} + A\,B\,C + A\,\bar{B}\,\bar{C}$$
$$= C(\bar{A}\,\bar{B} + A\,B) + \bar{C}(\bar{A}\,B + A\,\bar{B})$$
$$= C(A \odot B) + \bar{C}(A \oplus B)$$
$$= C(\overline{A \oplus B}) + \bar{C}(A \oplus B)$$
$$= C \oplus (A \oplus B)$$
$$= A \oplus B \oplus C \quad \cdots\cdots\cdots ⑤$$

$$C_n = \overline{A}\,B\,C + \overline{A}\,\overline{B}\,C + A\,B\,C + \overline{A}\,B\,\overline{C}$$
$$= \overline{A}\,B + C(\overline{A}\,\overline{B} + A\,B)$$
$$= \overline{A}\,B + C(A \odot B)$$
$$= \overline{AB} + C(\overline{A \oplus B}) \quad \cdots\cdots ⑥$$

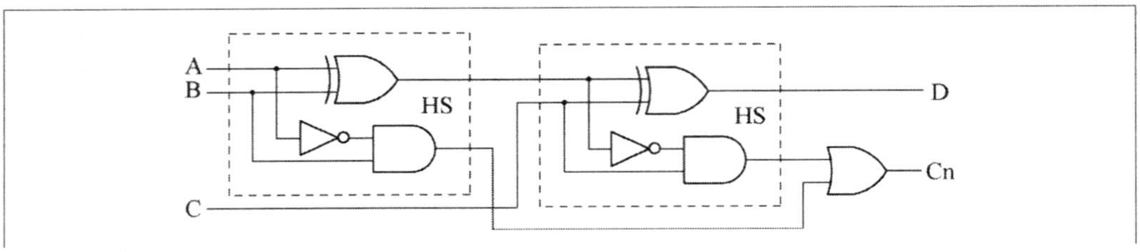

• 그림 5-39 • 전감산기 논리회로

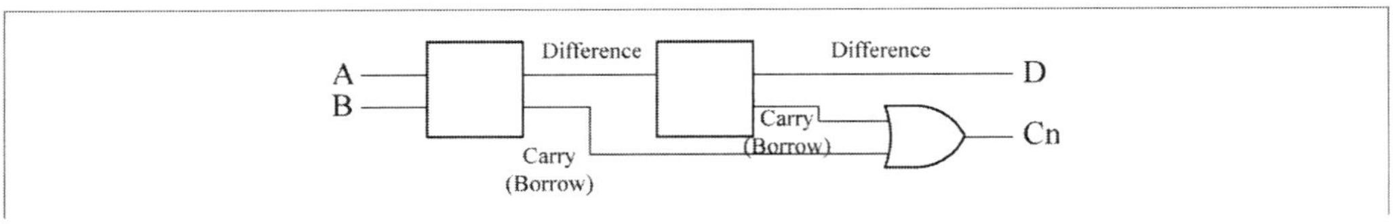

• 그림 5-40 • HS를 사용한 전감산기

3. 코드 변환기와 비교기

가. 코드 변환기(code converter)

코드 변환기는 임의 코드로 되어있는 것을 다른 종류의 코드로 바꾸어 주는 회로이다. Excess-3 코드는 2진화 10진수에 3만큼의 값을 더 갖도록 한 코드인데, 보수 변환을 가능하게 하여 뺄셈에 사용할 수 있도록 해준다. [표 5-25]는 0에서 9까지의 10진수에 대한 Excess-3 코드를 보여준다.

| 표 5-25 | 10진수 및 BCD 코드에 대한 3 초과 코드

10진수	BCD 코드				10진수	3 초과 코드			
	A	B	C	D		$\overline{A}$	$\overline{B}$	$\overline{C}$	$\overline{D}$
0	0	0	0	0	3	0	0	1	1
1	0	0	0	1	4	0	1	0	0
2	0	0	1	0	5	0	1	0	1

10진수	BCD 코드				10진수	3 초과 코드			
	A	B	C	D		$\overline{A}$	$\overline{B}$	$\overline{C}$	$\overline{D}$
3	0	0	1	1	6	0	1	1	0
4	0	1	0	0	7	0	1	1	1
5	0	1	0	1	8	1	0	0	0
6	0	1	1	0	9	1	0	0	1
7	0	1	1	1	10	1	0	1	0
8	1	0	0	0	11	1	0	1	1
9	1	0	0	1	12	1	1	0	0

[표 5-25]에서 각 코드값 1은 0으로, 0은 1로 바꾸어 보수화 하면 10진수 9의 부호로 만든 것과 같으므로 자기보수 코드(self-complement code)라고 부르기도 한다.

Excess-3 코드의 입력값은 2진화 10진수의 A, B, C, D이고 이것이 Excess-3 코드로 바뀌어 출력되는 출력 변수를 $\overline{A}$, $\overline{B}$, $\overline{C}$, $\overline{D}$라 한다면 이들은 아래와 같은 논리식으로 표현할 수 있다.

$$\overline{A} = \overline{A}B\overline{C}D + \overline{A}BC\overline{D} + \overline{A}BCD + A\overline{B}\,\overline{C}\,\overline{D} + A\overline{B}\,\overline{C}D$$

$$\overline{B} = \overline{A}\,\overline{B}\,\overline{C}D + \overline{A}\,\overline{B}C\overline{D} + \overline{A}\,\overline{B}CD + \overline{A}B\overline{C}\,\overline{D} + A\overline{B}\,\overline{C}D$$

$$\overline{C} = \overline{A}\,\overline{B}\,\overline{C}\,\overline{D} + \overline{A}\,\overline{B}CD + \overline{A}B\overline{C}\,\overline{D} + \overline{A}BCD + A\overline{B}\,\overline{C}\,\overline{D}$$

$$\overline{D} = \overline{A}\,\overline{B}\,\overline{C}\,\overline{D} + \overline{A}\,\overline{B}C\overline{D} + \overline{A}B\overline{C}\,\overline{D} + \overline{A}BC\overline{D} + A\overline{B}\,\overline{C}\,\overline{D}$$

이들 논리식은 너무 복잡하므로 집적 회로를 설계하기가 어렵다. 따라서 아래 그림과 같이 카르노도를 사용하여 간소화된 논리식을 구한다.

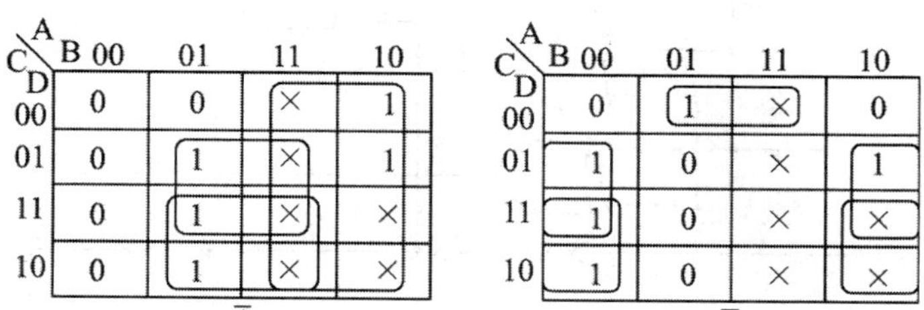

$\overline{A}$　　$\overline{B}$

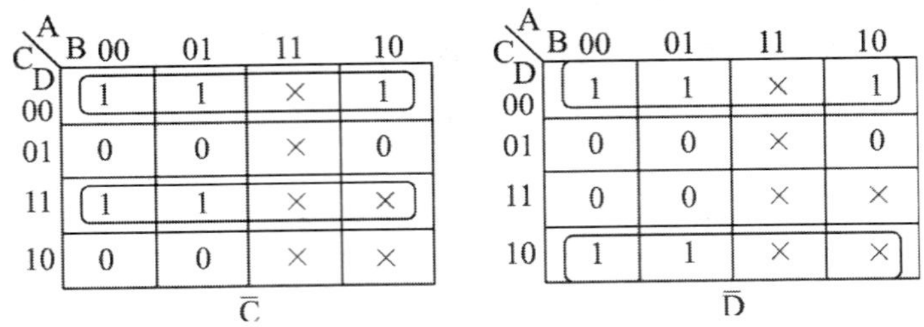

• 그림 5-41 • 카르노도

[그림 5-41]의 카르노도에 의하여 간소화된 논리식을 구하여 2진화 10진수를 Excess-3 코드로 바꾸는 회로를 설계하면 [그림 5-42]와 같이 나타낼 수 있다.

카르노도에 의해 간소화된 논리식은 다음과 같다.

$\overline{A} = A + BC + BD = A + B(C + D)$

$\overline{B} = \overline{B}D + \overline{B}C + B\,\overline{C}\,\overline{D} = \overline{B}(C + D) + B\,\overline{C}\,\overline{D}$

$\overline{C} = \overline{C}\,\overline{D} + CD = C \odot D = \overline{C \oplus D}$

$\overline{D} = \overline{D}$

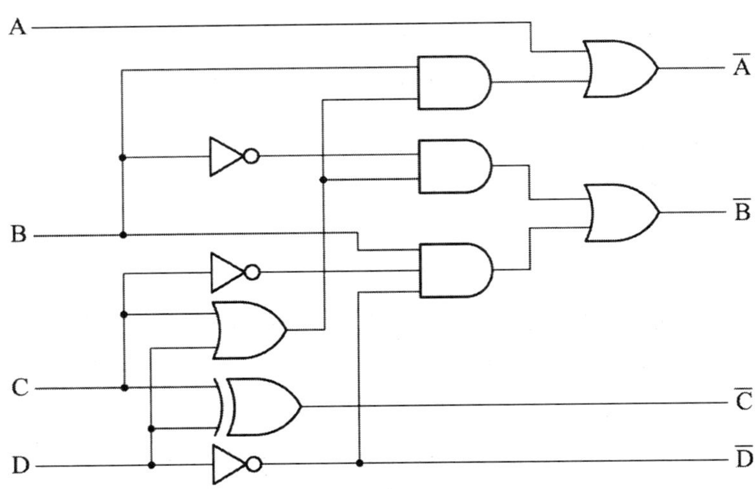

• 그림 5-42 • 2진화 10진수를 Excess-3 코드로 바꾸는 회로

나. 비교기(comparator)

비교기는 2개의 수를 비교하여 기준으로 정한 한 수가 작다와 크다 또는 같다를 결정하는 회로이다.

비교하는 방법은 2진 코드 상태의 절대값을 상대적으로 비교하여 값을 출력하는 것으로, [그림 5-43]과 같은 회로로 A와 B에서 각각 2비트의 데이터 값을 가지고 있을 때 논리적으로 비교할 수 있는 회로도이다. 이 회로도에서 결과 X가 1이면 A와 B의 값은 동일하다.

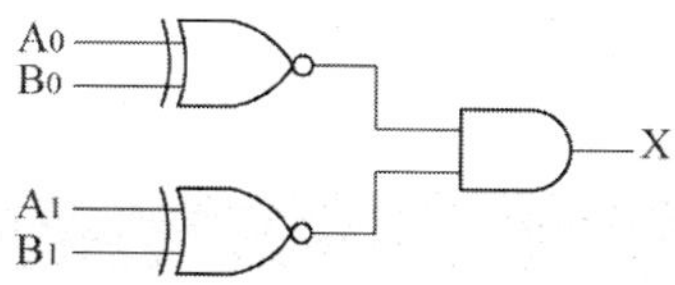

• 그림 5-43 • 비교기의 회로도

4. 디코더(decoder)와 인코더(encoder)

디코더(decoder)는 인코드와는 반대로 2진수로 표현된 값들을 다시 대응되는 다른 정보로 변환하는 회로이다. 예를 들어, 10진수의 10개 아라비아 숫자를 4개의 2진수로 표현한 BCD(binary-coded decimals) 코드가 있다면, 이를 다시 10진수로 바꾸어 주는 회로는 하나의 디코더인 셈이다.

인코더(encoder)란 어떤 입력 값에 대해 이에 대응되는 2진 출력을 내는 회로를 말한다. 번역하여 "부호기"라고도 부른다. 예를 들어, 10진수나 한글 자음과 모음, 영문 알파벳 등을 그에 상응하는 약속된 2진수로 바꿀 때 인코더를 사용할 수 있다.

가. 디코더(decoder : 해독기, 복조기)

- N개의 2진 입력 신호로부터 최대 2n개의 출력신호를 만드는 조합회로
- 디지털 데이터를 아날로그 데이터로 바꿔주는 컴퓨터 회로(해독기)
- 압축된 신호를 원래 압축되기 전의 신호로 복원한다는 의미(복조기)

디코더는 코드 형식의 2진 정보를 다른 형식의 단일신호로 바꾸는 회로로, [그림 5-44]는 2비트가 입력되어 4가지의 서로 다른 신호를 출력하는 2×4 디코더의 회로이다.

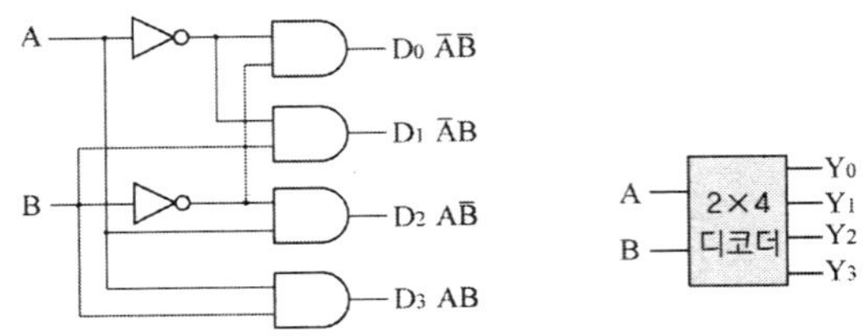

• 그림 5-44 • 2×4 디코더의 회로도 및 블럭도

[표 5-26]은 2×4 디코더의 진리표이다.

| 표 5-26 | 디코더의 진리표

입력		출력			
A	B	D0	D1	D2	D3
0	0	1	0	0	0
0	1	0	1	0	0
1	0	0	0	1	0
1	1	0	0	0	1

BCD(2진화 10진수)를 10진수로 바꾸어주는 74LS42 디코더는 [그림 5-45]에 블록도 및 Logig Diagram를 나타내었다.

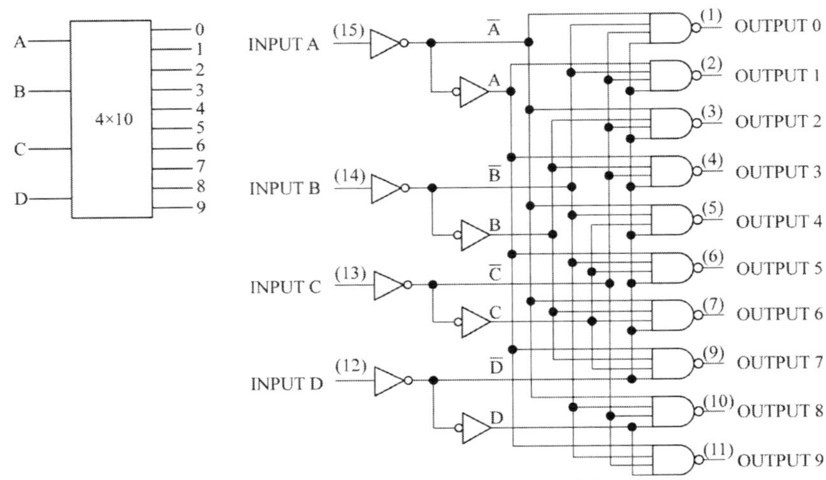

(a) 블록도 (b) Logig Diagram

• 그림 5-45 • 4×10 디코더의 블록도 및 Logig Diagram

나. BCD/7세그먼트 디코더/드라이버

이는 BCD 코드를 입력으로 받아, 7세그먼트 디스플레이 소자의 적정 요소를 on시켜, 0에서 9까지의 숫자를 표시하도록 하는 장치이다. [그림 5-46]에 7세그먼트 디스플레이 소자와 0에서 9까지의 숫자를 어떻게 표시하는가를 나타내었다.

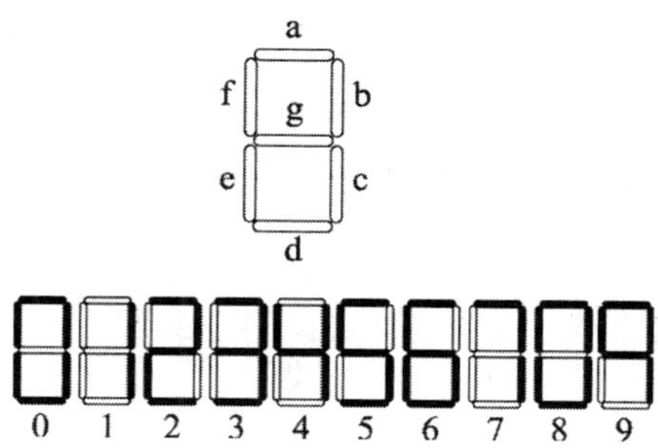

• 그림 5-46 • 7세그먼트(segment) 디스플레이 소자

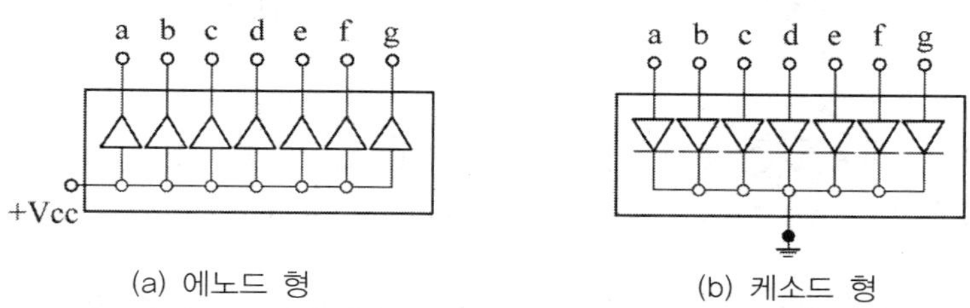

• 그림 5-47 • 7세그먼트(segment) 디스플레이 소자 구조

7세그먼트의 각 요소[LED나 액정 디스플레이(liquid crystal display : LCD) 요소]를 a, b, ..., g로 표기하면, 각 숫자 입력에 대해 어떤 요소가 on 되어야 하는지를 그림으로부터 쉽게 알 수 있고, 이를 [표 5-27]에 나타내었다.

| 표 5-27 | 각 숫자에 대해 on되어야 할 7세그먼트 요소

숫자	BCD 코드				on 되어야 할 요소
	D	C	B	A	
0	0	0	0	0	a, b, c, d, e, f
1	0	0	0	1	b, c
2	0	0	1	0	a, b, e, d, g
3	0	0	1	1	a, b, c, d, g
4	0	1	0	0	b, c, f, g
5	0	1	0	1	a, c, d, f, g
6	0	1	1	0	c, d, e, f, g
7	0	1	1	1	a, b, c
8	1	0	0	0	a, b, c, d, e, f, g
9	1	0	0	1	a, b, c, f, g

7세그먼트의 a가 on되는 경우는 10진수 숫자가 0, 2, 3, 5, 7, 8, 또는 9의 일곱 가지이다. 따라서 표 3과 4로부터 주어진 BCD 코드에서 7세그먼트의 a를 on 시키는 Boole 논리함수는

$$a = \overline{D}\cdot\overline{C}\cdot\overline{B}\cdot\overline{A} + \overline{D}\cdot\overline{C}\cdot B\cdot\overline{A} + \overline{D}\cdot\overline{C}\cdot B\cdot A + \overline{D}\cdot C\cdot\overline{B}\cdot A + \overline{D}\cdot C\cdot B\cdot A + D\cdot\overline{C}\cdot\overline{B}\cdot\overline{A} + D\cdot\overline{C}\cdot\overline{B}\cdot A \quad \cdots\cdots ①$$

가 된다. 마찬가지로 다른 세그먼트에 대한 논리함수를 쓸 수 있다.

다. 인코더(encoder : 암호기, 부호기)

인코더는 해석기와 정반대의 기능을 수행하는 암호기의 조합 논리회로로 2^n개 또는 그 이하의 입력으로부터 N 의 출력을 만드는 조합회로이다. 따라서 디지털 전자회로에서 어떤 부호계열의 신호를 다른 부호계열의 신호로 바꾸는 변환기가 인코더이다.

다음 표와 그림은 8×3 인코더에 대한 진리표와 회로도이다.

| 표 5-28 | 인코더의 진리표

입력	출력		
8진수	A	B	C
0	0	0	0
1	0	0	1
2	0	1	0
3	0	1	1
4	1	0	0
5	1	0	1
6	1	1	0
7	1	1	1

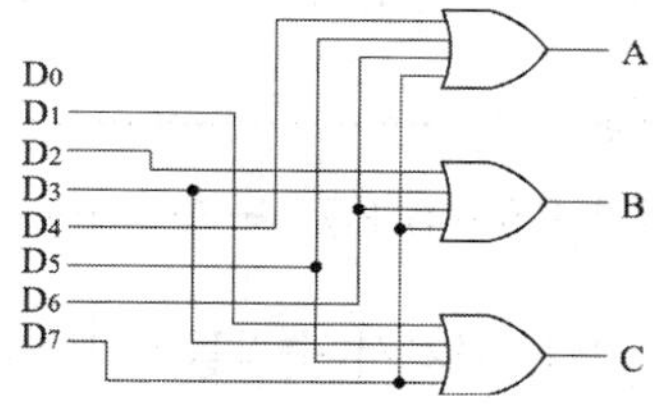

• 그림 5-48 • 8×3 인코더의 회로도

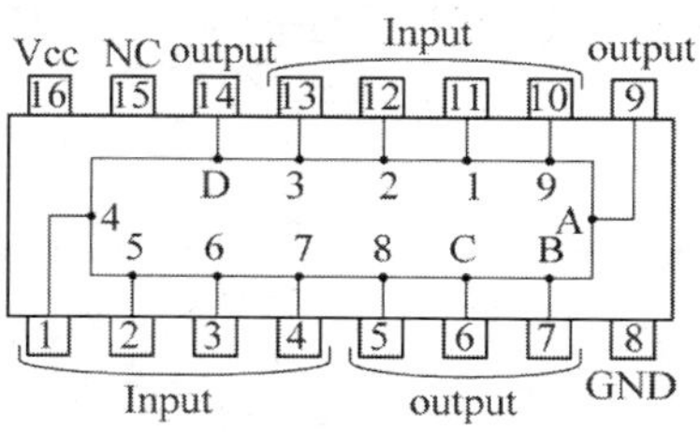

• 그림 5-49 • 8×3 인코더의 블록도

• 10진수/BCD 인코더

이는 10개의 10진수 입력을 대응하는 BCD 코드로 변환시키는 논리 회로로 [그림 5-50]에 이를 나타내었다. 보통 이를 10선/4선 인코더(10-line to 4-line encoder)라고도 부른다. 표는 이것의 진리표이다.

| 표 5-29 | 10선/4선(10진수/BCD) 인코더의 진리표

10진수	BCD Code			
	D	C	B	A
0	0	0	0	0
1	0	0	0	1
2	0	0	1	0
3	0	0	1	1
4	0	1	0	0
5	0	1	0	1
6	0	1	1	0
7	0	1	1	1
8	1	0	0	0
9	1	0	0	1

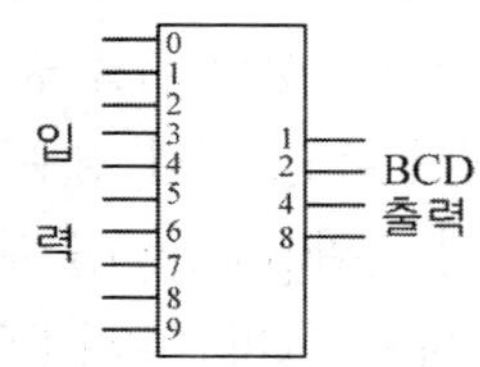

• 그림 5-50 • 10진수/BCD 인코더

BCD 코드에서의 최상위 bit인 D는 10진수 8과 9의 입력이 있을 때에만 1이 되고 C의 경우 10진수 4, 5, 6 그리고 7이 입력될 때에만 1이 된다. 이들을 논리 함수로 써 보면,

D = 8 + 9 ·········· ②
C = 4 + 5 + 6 + 7 ·········· ③

이 된다. 여기서 숫자들은 10진수에 대응하는 논리 변수이다. 마찬가지로 B와 A에 대해서도 써 보면,

B = 2 + 3 + 6 + 7 ·········· ④
A = 1 + 3 + 5 + 7 + 9 ·········· ⑤

이다. 따라서 OR 게이트를 사용하여 10진수/BCD 인코더의 회로를 구현하면 [그림 5-51]과 같이 된다.

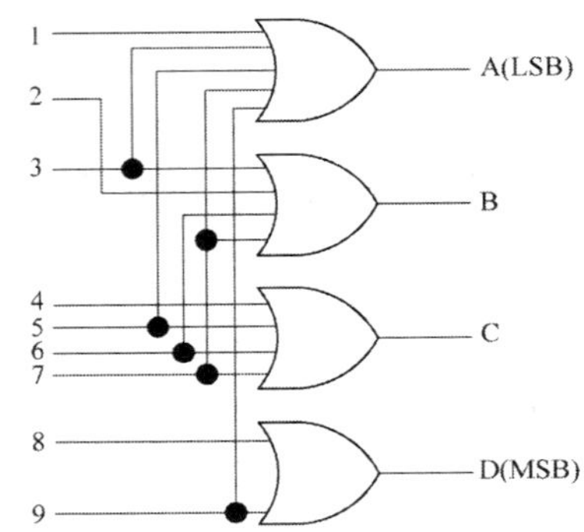

• 그림 5-51 • 10진수/BCD 인코더의 논리 회로도

컴퓨터의 키보드에도 0에서 9까지의 숫자 키가 있다. 이들 중에 특정 키를 눌러 대응되는 2진 BCD 코드 값을 컴퓨터에 입력시킬 수 있다. 그런데 일반적으로 자판을 누를 때 실수로 2개 이상의 키를 동시에 누르는 경우가 있는데, 앞에서 설명한 10진수/BCD 인코더를 사용한다면, 이럴 경우 출력이 이상해질 것이다. 이러한 문제를 해결하기 위해 출력 값에 우선 순위(priority)를 부여한다. 예를 들어 숫자가 클수록 높은 우선 순위가 부여되어 있다고 하자. 그러면 9와 8의 키가 동시에 눌러질 경우, 9에 대한 BCD 코드가 우선 출력되고, 그동안 8은 무시되는 것이다. 이와 같이 우선순위 기능을 갖춘 것을 10진수/BCD 우선순위 인코더라 부른다.

숫자가 클수록 높은 우선순위가 부여되는 10진수/BCD 우선순위 인코더를 설계해 보자. [표 5-26]의 진리 표로부터, A의 출력이 1이 되어야 하는 경우는

(a) 입력 1이 high이고 2, 4, 6, 8이 low일 때이거나,
(b) 입력 3이 high이고 4, 6, 8이 low일 때이거나,
(c) 입력 5가 high이고 6, 8이 low일 때이거나,
(d) 입력 7이 high이고 8이 low일 때이거나,
(e) 입력 9가 high일 때이다.
이를 논리식으로 써 보면,

$$A = 1 \cdot \overline{2} \cdot \overline{4} \cdot \overline{6} \cdot \overline{8} + 3 \cdot \overline{4} \cdot \overline{6} \cdot \overline{8} + 5 \cdot \overline{6} \cdot \overline{8} + 7 \cdot \overline{8} + 9 \quad \cdots\cdots ⑥$$

이 된다. 마찬가지 방법으로 B의 출력이 되어야 하는 경우는

(a) 입력 2가 high이고 4, 5, 8, 9가 low일 때이거나,
(b) 입력 3이 high이고 4, 5, 8, 9가 low일 때이거나,
(c) 입력 6이 high이고 8, 9가 low일 때이거나,
(d) 입력 7이 high이고 8, 9가 low일 때이다.
이를 논리식으로 써 보면,

$$B = 2 \cdot \overline{4} \cdot \overline{5} \cdot \overline{8} \cdot \overline{9} + 3 \cdot \overline{4} \cdot \overline{5} \cdot \overline{8} \cdot \overline{9} + 6 \cdot \overline{8} \cdot \overline{9} + 7 \cdot \overline{8} \cdot \overline{9} \quad \cdots\cdots ⑦$$

이 된다. 이와 같은 방법으로 C와 D에 적용하면,

$$C = 4 \cdot \overline{8} \cdot \overline{9} + 5 \cdot \overline{8} \cdot \overline{9} + 6 \cdot \overline{8} \cdot \overline{9} + 7 \cdot \overline{8} \cdot \overline{9} \quad \cdots\cdots ⑧$$

$$D = 8 + 9 \quad \cdots\cdots ⑨$$

가 된다. 식 ⑤, ⑥, ⑦ 및 ⑧로부터 10진수/BCD 우선순위 인코더의 논리 회로도를 그릴 수 있는데 이는 [그림 5-51]보다는 훨씬 복잡하므로 각각 분리해서 [그림 5-52]에 나타내었다.

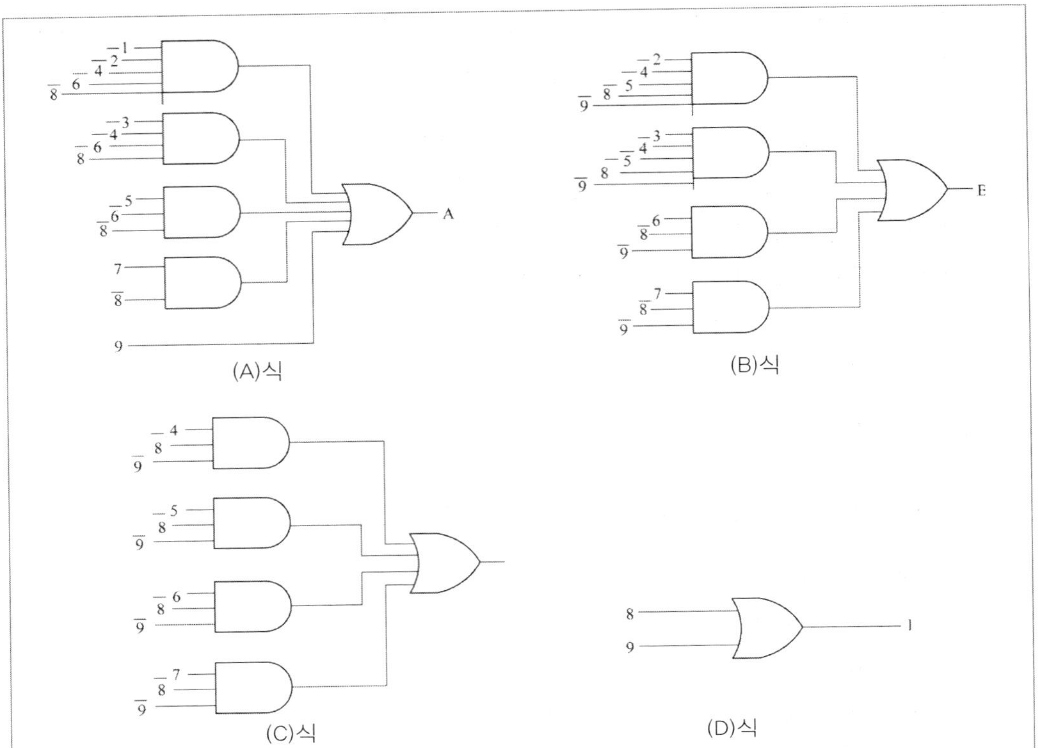

• 그림 5-52 • 입력 10진수의 숫자가 클수록 높은 우선순위가 부여되는 10진수/BCD 우선순위 인코더의 논리 회로도

5. 멀티플렉서(MUX : multiplexer)

여러 회선의 입력이 한 곳으로 집중될 때 특정 회선을 선택하도록 하므로, 선택기라 하기도 한다. 어느 회선에서 전송해야 하는지 결정하기 위하여 선택 신호가 함께 주어져야 한다. 이 회로를 이용하면 여러 입출력 장치에서 일정한 회선을 통하여 중앙 처리 장치로 전해줄 수 있고, 하나의 입력 회선에 여러 터미널을 접속하여 사용할 수 있다. 멀티플렉서 회로의 동작하는 원리는 [그림 5-53 (a)]와 같다. 입력 회선이 네 개이고, 이들 중 하나만 출력회선이 연결될 수 있는 4×1멀티플렉서에 대한 진리표는 [그림 5-53 (b)]와 같다.

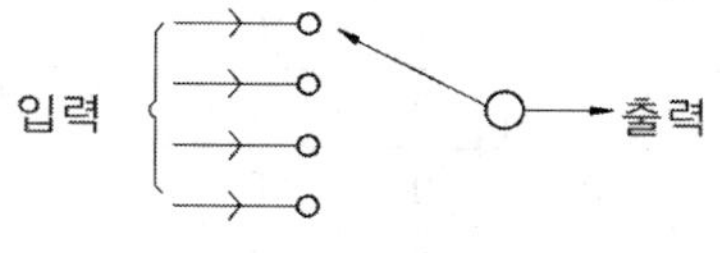

(a) 원리도

선택신호		선택된 입력 회선
S1	S2	
0	0	D0
0	1	D1
1	0	D2
1	1	D3

(b) 진리표

• 그림 5-53 • 4×1 멀티플렉서 원리도 및 진리표

입력 회선이 네 개이므로 두 개의 선택 회선이 조합되는 형태에 따라 각 회선을 할당하면 특정 회선을 결정할 수 있다. [그림 5-54 (a)]는 4×1 멀티플렉서의 회로도를 나타낸 것이고, [그림 5-54 (b)]는 블록도를 나타낸 것이다.

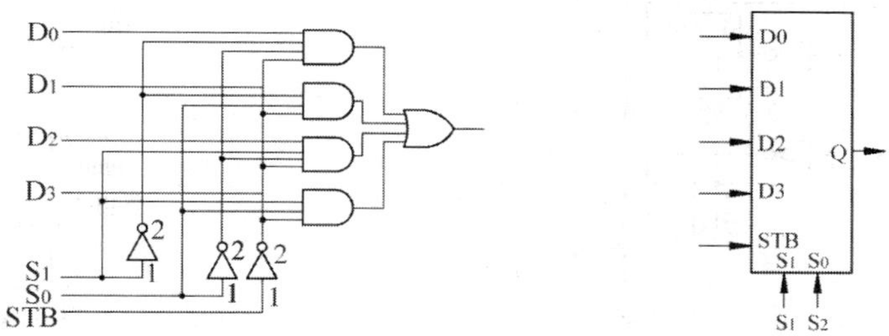

(a) 논리 회로도 (b) 블럭도

• 그림 5-54 • 멀티플렉서 회로도 및 블럭도

6. 디멀티플렉서(DMUX : demultiplexer)

멀티플렉서와 반대 기능을 수행하여 하나의 입력 회선을 여러 개의 출력 회선을 연결하여, 선택 신호에서 지정하는 하나의 회선에 출력하므로, 분배기라고도 한다.
중앙 처리 장치에서 어떤 내용을 특정 장치로 출력시킬 수 있게 하는데, 이 때 선택 신호는 특정 장치를 나타낸다.

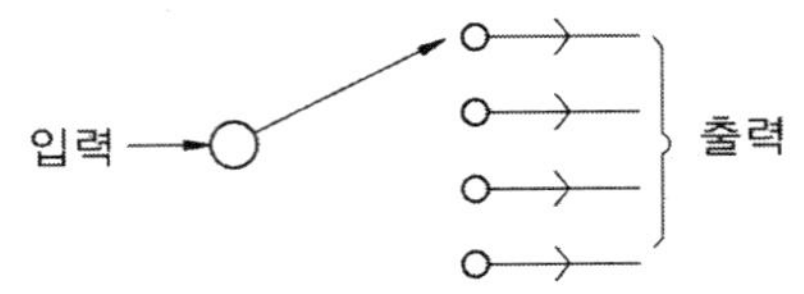

(a) 원리도

선택신호		선택된 출력 회선			
S1	S2	D0	D1	D2	D3
0	0	1	0	0	0
0	1	0	1	0	0
1	0	0	0	1	0
1	1	0	0	0	1

(b) 진리표

• 그림 5-55 • 1×4 디멀티플렉서의 원리도 및 진리표

1×4 디멀티플렉서에서 선택 신호는 네 개의 조합을 만들어야 하므로, 두 개의 선택 신호가 필요하다.

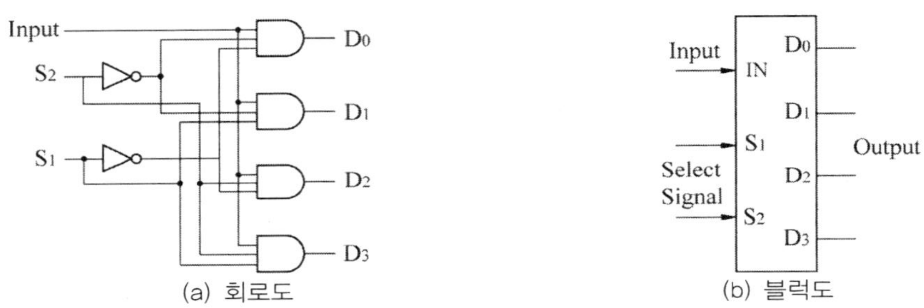

• 그림 5-56 • 1×4 디멀티플렉서의 논리 회로도와 블록도

④ 순차 논리 회로

순차 논리회로는 현재의 상태와 입력 값에 따라 출력 결과를 만들어주는 논리 회로로 CPU 내에서 제어 장치가 동작의 연속을 상태의 변화에 따라 제어 신호를 발생시키는 데에 사용된다.

제어를 위한 상태를 보관하는 회로는 플립플롭 회로를 사용하는데, 이 회로는 트랜지스터로 만들 수 있고 1비트를 기억할 수 있는 최소 메모리 소자로서, 순차논리 회로는 플리플롭(기억회로)과 게이트(조합 논리 회로)들로 구성되며, 출력은 외부 입력과 플리플롭의 현재 상태에 의해서 결정되는 논리 회로이다.

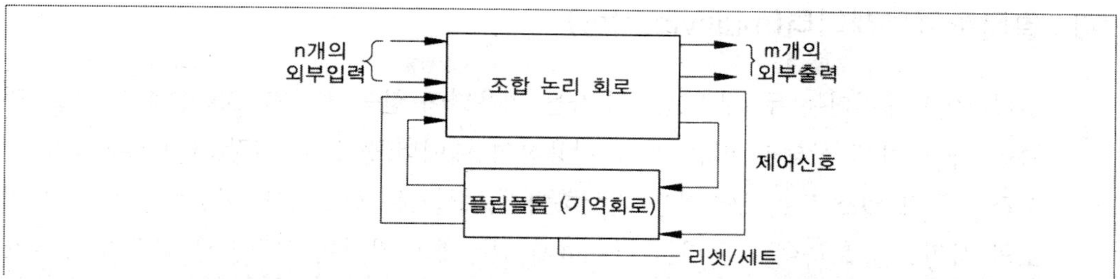

• 그림 5-57 • 순차논리회로 블럭도

순서논리회로는 조합논리회로의 소자인 AND, OR, NOT, XOR뿐만 아니라 메모리를 위한 소자인 래치, 플립플롭 등과 메모리를 위한 피드백 경로를 가지고 있어 메모리 요소에 2진 정보를 저장할 수 있다. 그렇기 때문에, 순서논리회로의 출력은 현재 입력된 내용뿐만 아니라 순서논리회로 내부에 기억되어 있는 과거의 입력에도 영향을 받는다.
순서논리회로는 크게 동기식 순서논리회로와 비동기식 순서논리회로로 나뉜다.

1. 동기식 순서논리회로

동기식 순서논리회로는 클록 펄스를 사용해서 여러 개의 플립플롭을 동시에 동작시키는 순서논리회로로써, 동기를 위한 매스터 클럭이 존재한다.
동기식 순서논리회로는 이산된 시점에서만 기억소자에 영향을 주는 신호를 사용해야 하는데, 이 문제를 해결하는 한 방법으로 한정된 폭의 펄스를 사용하여 펄스가 있을 경우에는 1, 펄스가 없을 경우에는 0으로 나타낸다.

펄스를 사용하는 동기식 순서논리회로의 문제점은 서로 독립된 신호원으로부터 같은 논리 게이트의 입력에 도달한 펄스가 예측할 수 없는 지연을 나타내고, 결과적으로 시스템이 신뢰할 수 없는 동작을 하게 된다는 점이다.

2. 비동기식 순서논리회로

비동기식 순서논리회로는 입력 신호가 변하는 순서에 따르며, 언제라도 그 영향을 받을 수 있으며, 클록 펄스를 사용하지 않고 플립플롭을 동작시킨다. 비동기식 순서논리회로는 흔히 시간지연 소자를 기억요소로 사용하는데, 시간지연 소자를 통해서 신호가 전달되려면 이미 정한 시간이 걸리기 때문에 시간지연 소자는 기억능력을 가진다.
비동기식 순서논리회로의 경우는 피드백 경로를 갖는 것이 특징인데, 2진 신호로써 정해진 크기의 전압을 사용하고 있다.

3. 멀티바이브레이터(multivibrator)

멀티바이브레이터는 두 개의 능동소자를 이용하여 한쪽이 도통(ON)상태가 되고 다른 한쪽이 차단(OFF) 상태가 되는 것을 이용하여 데이터(정보)를 저장(기억)시켰다가, 일정한 시간을 두고 펄스 또는 구형파를 발생하여 재생시키는 회로이다. 이러한 클럭 펄스 발생회로의 시퀀스를 토하여 카운터를 이용하게 되는데 여기서는 펄스발생 회로의 종류와 동작원리를 설명한다.

스위칭 회로의 기본이 되는 인버터는 결합소자가 활용되어 서로의 입 · 출력을 결합시켜줌으로써 데이터를 저장하거나 구형파를 발생시키는데 이용된다. 그 종류는 구형파를 발생시키는 비안정 멀티바이브레이터, 1개의 일정폭을 갖는 구형파 발생 단안정 멀티바이브레이터, 데이터를 저장할 때 사용되는 쌍안정 멀티바이브레이터, 파형 정형에 사용되는 슈미트 트리거가 있다.

가. 비안정(무안정) 멀티바이브레이터(Astable Multivibrator)

안정된 상태가 없는 세트 상태와 리셋 상태를 번갈아 가면서 변환시키는 발진 회로이며, [그림 5-58]과 같이 직사각형과 발생 회로 또는 시간 발생기로 사용

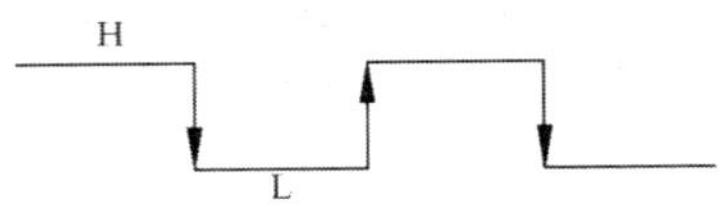

- ‘H’와 ‘L’상태가 안정되지 못하여 외부로부터 영향이 없음에도 ‘H’, ‘L’상태가 계속 바뀌는 것. ON, OFF의 반복
- 펄스발생기에 응용(파형 발생기, 주파수 발전기)

• 그림 5-58 • 비안정 멀티바이브레이터 파형

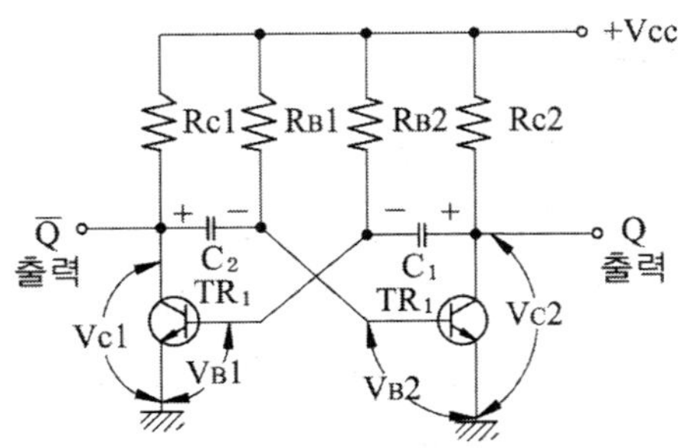

• 그림 5-59 • 인버터 발진원리

TR1이 통전 상태이고, TR2가 차단 상태라면 TR2의 베이스 전압은 지속적으로 상승하여 TR2가 통전되도록 한다. 이 때, C1을 통하여 TR1으로 전해지는 베이스 전압이 떨어지므로 TR1을 차단 상태로 만든다.

TR1과 TR2가 번갈아 가면서 통전과 차단 상태를 반복하므로써 발진이 지속적으로 이루어지게 된다. 이것은 [그림 5-60]과 같이 NOT 게이트를 되먹임 상태로 결합한 것과 같은 결과로 출력된다.

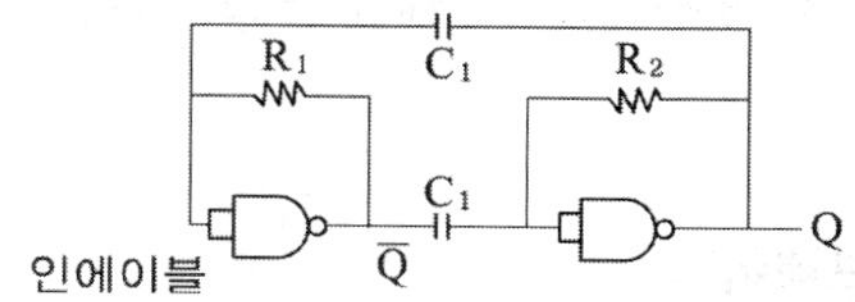

• 그림 5-60 • 인버터 발진원리

이 회로에서 Q와 Q(부정)의 출력은 다른 쪽을 트리거시켜, 상태가 변하도록 함으로써 일정한 시간이 지나면 출력을 반대쪽을 트리거하게 된다. 이러한 동작을 반복하여 시간 펄스가 발생되도록 한다. 이러한 기능은 NAND 게이트를 통하게 연결하여도 같은 결과가 되므로, 집적 회로 SN 7000의 NAND 게이트를 사용하여 발진기를 만들 수 있다. [그림 5-61]은 NAND 게이트를 사용한 시간 발진기의 원리이다.

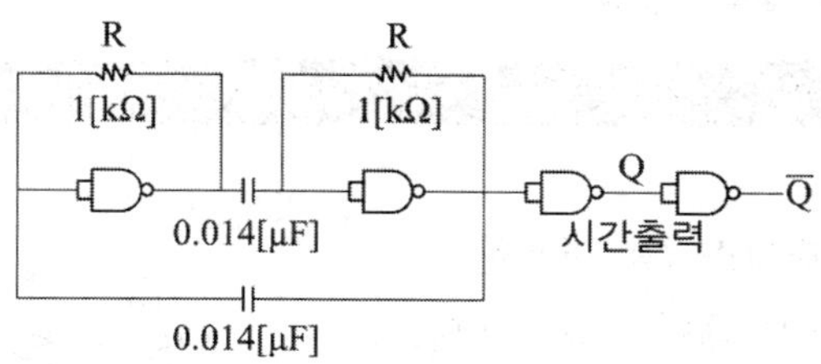

• 그림 5-61 • NAND게이트를 사용한 발진기

EXERCISE 5

다음 비안정 멀티바이브레이터에서 발진주기를 구하여라.

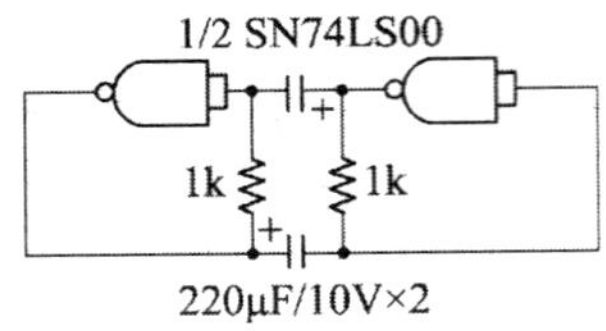

풀이 발진 주기 $T \fallingdotseq 0.693(R1 \cdot C1 + R2 \cdot C2)$

$\fallingdotseq 1.386RC(R1 = R2 = R,\ C1 = C2 = C) \fallingdotseq 0.3[sec]$

나. 단안정 멀티바이브레이터

단안정 멀티바이브레이터(monostable multivibrator)는 두 가지 상태가 있다. 한 상태는 안정되고 다른 상태는 불안정하며, 불안정 상태는 일정 시간이 지나면 자동적으로 안정 상태가 되는 회로로서, 단일 쇼트(single shot)라 하기도 한다.

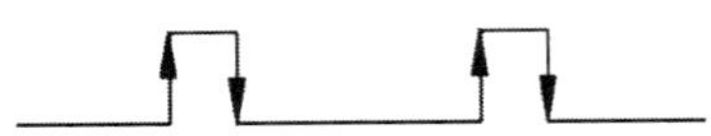

- 'L'가 안정된 상태
- 'H'가 불안정 상태

- 'H' 또는 'L' 중에서 어떤 하나만 안정된 상태
- 별도의 외부 자극이 없으면 안정 상태를 계속 유지함
- 트리거에 의해 잠시 다른 상태로 갔다가 자동으로 안정상태로 되돌아 오는 것
- 타이머 회로에 응용

• 그림 5-62 • 단안정 멀티바이브레이터 파형

[그림 5-63]은 트랜지스터를 사용한 기본 단안정 멀티바이브레이터 회로이다.

이 회로에서 입력 펄스가 없는 상태에서는 TR_1이 R_1과 R_2에 의해 분압된 전압이 베이스에 가해져서 차단 상태로 되고, TR_2는 통전 상태를 유지한다. TR_2가 차단되면 컬렉터 전류가 흐르지 못하고 컬렉터 전압이 높아져서 $+V_{CC}$에 도달되므로 상승 전압이 TR_1에 가해져 통전 상태로 된다.

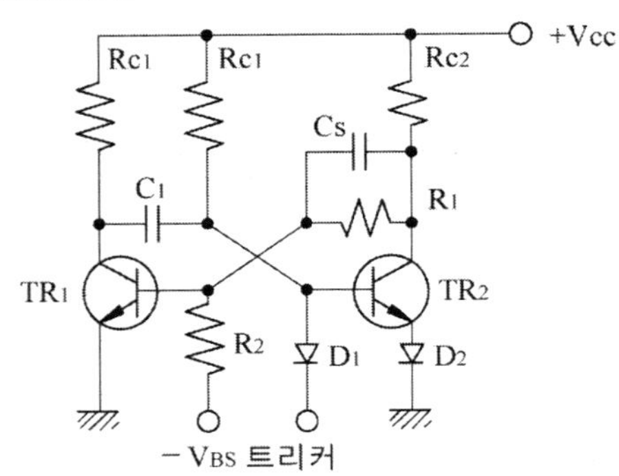

• 그림 5-63 • 기본 단안정 멀티바이브레이터

이 때, 충전되어 있던 C_1의 전하가 $+C_1 \rightarrow TR_1 \rightarrow -V_{cc} \rightarrow -C_1$의 경로를 통하여 방전되고, TR_2는 다시 통전 상태로 되면서 TR_1은 차단 상태로 안정하게 된다.

[그림 5-64 (a)]는 단안정 멀티바이브레이터의 기호도이고, [그림 5-64 (b)]는 입출력 파형을 나타낸다. 출력 파형의 하강에너지가 입력 펄스의 하강에너지보다 일정 시간 T만큼 지연되는 것을 알 수 있다.

(a) 논리 회로　　(b) 입출력 파형

• 그림 5-64 • 단안정 멀티바이브레이터의 기호와 입출력 파형

NAND 게이트를 [그림 5-65]와 같이 연결하면 단안정 멀티바이브레이터를 구성할 수 있다.

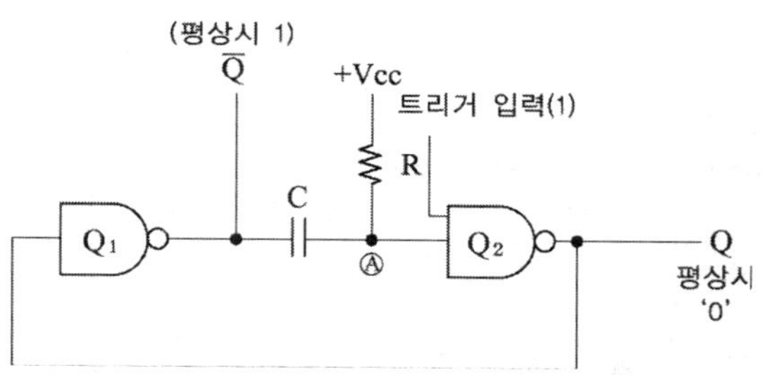

• 그림 5-65 • NAND 게이트 단안정

C_2에는 평상시 높게 걸어 준 트리거 입력과 저항 R를 통하여 전달되는 V_{cc} 때문에 Q_2의 출력이 낮은 상태(L)가 되어 출력 Q는 0이 된다.

출력 Q가 0 상태이면 $\overline{Q}$는 1인 상태가 되고, 콘덴서의 양쪽 전압이 같으므로 충전되지 않는다. 트리거 입력이 순간적으로 낮은 상태가 되면 출력 Q는 높은 상태(H)로 변하고, 이것은 $\overline{Q}$를 낮은 상태로 변하게 하여, C를 통해서 Q_1에 전달된다.

다. 쌍안정 멀티바이브레이터((bistable multivibrator)

1을 의미하는 세트와 0을 의미하는 리셋의 안정된 두 가지 상태를 유지하는 회로이며, 일명 플립플롭 회로라 부르기도 한다. 즉 어떤 상태가 만들어지면 다음 신호가 입력될 때까지 현재의 상태를 유지하는 회로(트랜지스터 2개로 제작 가능)이다.

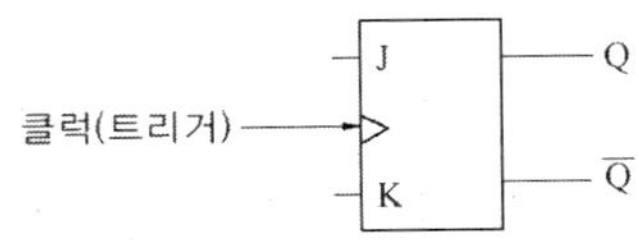

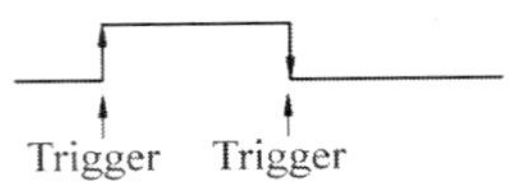

- 'H'와 'L'은 모두 안정된 상태
- 별도의 외부 자극(트리거)이 없으면 안정 상태를 계속 유지함
- 트리거에 의해서만 다른 상태로 옮겨감
- 논리회로의 플립플롭이 여기에 속함

• 그림 5-66 • 쌍안정 멀티바이브레이터 파형

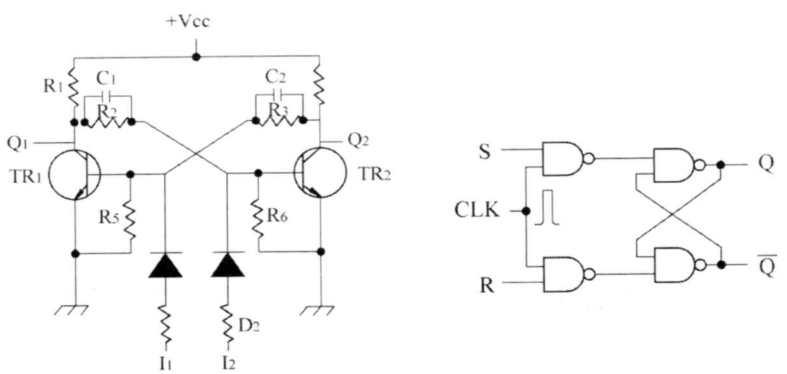

(a) 트렌지스터 회로 (b) NAND 게이트 사용회로

• 그림 5-67 • 트랜지스터 및 NAND게이트를 사용한 쌍안정 멀티바이브레이터

이 회로는 트랜지스터가 어느 하나는 통전 상태, 다른 하나는 차단 상태로 되도록 한다. 입력 I_1에서 펄스가 입력되면 TR_1은 통전 상태가 되며, TR_2는 차단 상태가 되어 출력 Q는 1이 된다. 이 상태는 I_2에서 새로운 펄스가 입력되지 않으면 안정된 상태로 지속하게 된다.

이러한 상태에서 I_2의 새로운 입력 펄스가 가해지면 TR_2가 통전 상태가 되고, TR_1이 차단 상태로 바꾸어 출력은 $\overline{Q}$가 되고, 이 상태로 I_1에서 새로운 펄스가 입력될 때까지 안정된 상태로 유지하게 된다. 그러므로 I_1을 1, I_2를 0으로 생각하면 2진수인 1비트를 기억시키는 데에 사용할 수 있다.

라. 슈미트 트리거

슈미트 트리거 회로(Schmitt trigger circuit)는 안정된 두 가지의 상태를 가지고 있고, 쌍안정 멀티바이브레이터와 같이 상반된 두 가지의 동작 상태를 가지며 파형 발생에 사용된다. 입력 전압값에 따라 민감하게 동작하며, 낮은 트리거 전압(LTP : low trigger point)에서 동작하고, 트리거 신호는 서서히 변하는 교류 전압과 같다. 입력 파형은 서서히 변하는 사인 곡선과 같은 파형이고, 출력은 높고 낮은 두 개의 논리 상태를 형성하는 구형파이다. [그림 5-68]은 슈미트 트리거 회로의 기본 파형을 보여 주는 것이다.

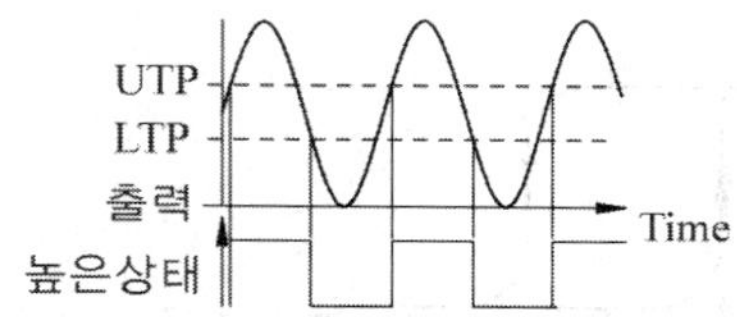

• 그림 5-68 • 슈미트 트리거 회로의 기본파형

슈미트 트리거 회로는 [그림 5-69]와 같이 두 개의 트랜지스터로 구성할 수 있다. 이 회로에서 한쪽 트랜지스터가 차단 상태로 되면 다른 한쪽은 통전 상태로 된다. 입력 전압이 없을 때는 TR_1은 차단상태이고, TR_2의 베이스에는 TR_1의 컬렉터 전압이 두 개의 저항으로 분압되어 걸리므로 포화 상태가 되어 통전 상태가 된다. 입력 전압이 높아지면 TR_1이 통전 상태가 되면서 컬렉터 전압이 낮아져서 TR_2는 차단 상태가 된다.

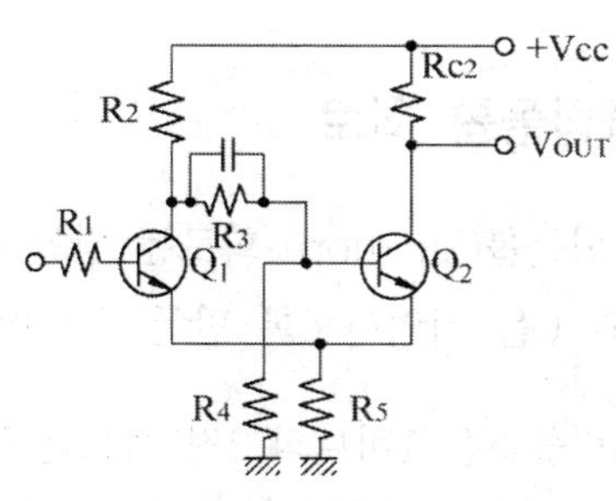

• 그림 5-69 • 슈미트 트리거 회로형

슈미트 트리거 회로는 [그림 5-71]과 같은 히스테리스 현상이 나타내며, 집적 회로는 SN 7414가 있다. 슈미트 트리거 회로의 출력은 입력과 반대이고, 단안정 멀티바이브레이터와 같이 동작하도록 변경시킬 수도 있다. 이 회로를 [그림 5-70]과 같이 구성하면 시간 펄스를 발생시키는 회로를 얻을 수 있다.

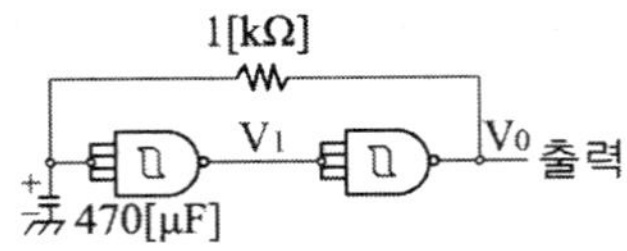

• 그림 5-70 • 슈미트 트리거를 사용한 시간 회로

이 회로는 NAND 게이트 입력이 상한 전압보다 낮으면 출력이 높은 상태에 머무르게 되고, 상한 전압에 이르면 출력 전압이 낮아져서 하한 값까지 방전되었다가 다시 높은 상태로 전환되는 성질을 이용한 것이다.

• 그림 5-71 • 슈미트 트리거 곡선과 기호

4. 플립플롭 회로

플립플롭(flip-flop) 회로는 쌍안정 멀티바이브레이터의 성질을 이용하여 두 가지 상태인 1과 0을 기억하도록 만든 회로이다.

플립플롭은 1비트의 2진 정보를 보관, 유지할 수 있는 순서논리회로의 기본 구성요소이며 2개의 출력핀 Q와 $\overline{Q}$가 있고, 새로운 조건이 주어지기 전까지 현재 상태를 유지하는 디지털 소자로써, 조건을 주는 방법에 따라 여러 종류로 나누어진다.

플립플롭은 주로 주기억장치, CPU 캐시 메모리, 레지스터를 구성하는 기본회로로 쓰이는데, 입력에 대하여 지연된 하나의 출력을 입력에 피드백하여 정보를 보관, 유지하는데 사용하는 특징을 가진다. 그리고 플립플롭은 휘발성을 가지는데 전원이 공급될 때만 정보가 보관, 유지되며 전원이 차단되면 정보는 사라진다.

가. RS 플립플롭

RS 플립플롭은 가장 기본적인 플립플롭 회로이며, 쌍안정 멀티바이브레이터 기능을 사용하여 트랜지스터 2개로 제작. RS 플립플롭은 세트 입력단자 S와 리셋 입력단자 R이 있고 세트 신호와 리셋 신호가 동시에 1의 값을 가질 때, 불안정한 상태가 된다는 특징이 있다. [그림 5-72]는 트랜지스터를 사용한 RS 플립플롭 회로의 구성한 것이다.

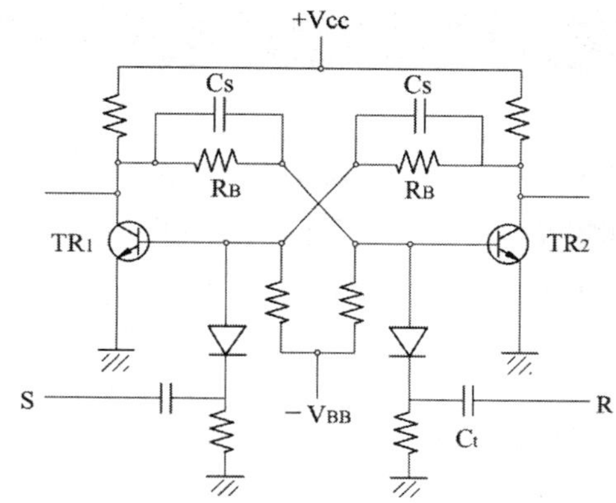

• 그림 5-72 • RS 플립플롭 회로

| 표 5-30 | RS 플립플롭 회로에 대한 진리표

S	R	Qt + 1
0	0	Qt
0	1	0
1	0	1
1	1	불안정(부정)

S가 1로 입력되면 출력 Q는 "1"이 되고, $\overline{Q}$는 "0"이 된다. S와 R이 동시에 "1"이 입력되면 불안정한 상태가 되므로 사용하지 않는다.

[그림 5-73]은 NOR 게이트를 사용하여 구성한 RS 플립플롭 회로와 논리 기호를 나타내었다.

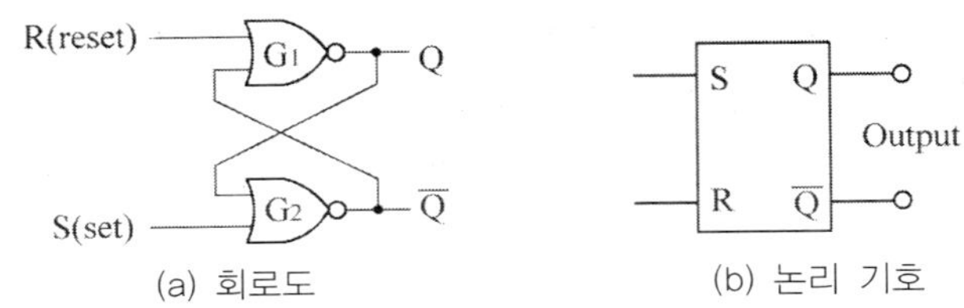

• 그림 5-73 • NOR 게이트를 사용한 RS 플립플롭 회로와 논리 기호

[그림 5-73]의 RS 플립플롭은 비동기(asynchronous)형으로 동작한다. 그러나 컴퓨터 내부의 시계인 수정 발진자에서 만들어주는 클럭 펄스(clock pulse)를 [그림 5-74]와 같이 연결하면 일정한 시간에 따라 동작되는 동기형(synchronous)으로 만들 수 있다.

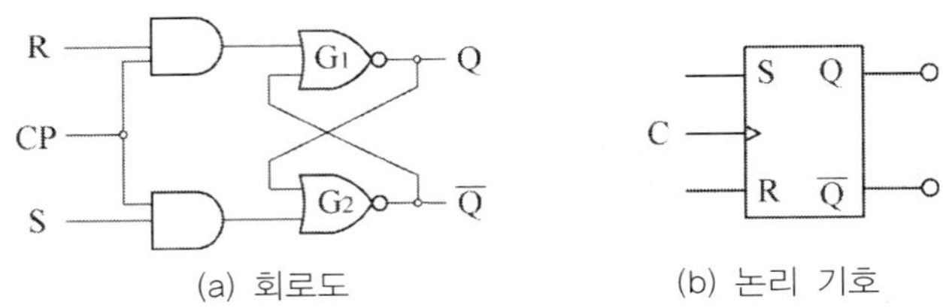

• 그림 5-74 • 동기형 RS 플립플롭 회로와 논리기호

나. JK 플립플롭

JK 플립플롭은 시간형 RS 플립플롭에 AND 게이트를 덧붙여서 만든다. JK 플립플롭은 RS 플립플롭이 세트 신호와 리셋 신호가 동시에 1의 값을 가질 때, 불안정해지는 단점을 보완한 플립플롭으로써, 세트 신호는 J, 리셋 신호는 K에 해당한다.

JK 플립플롭에서는 세트 신호와 리셋 신호가 동시에 1의 값을 가질 때, 이전 값을 반전시킨다. (이전 값이 1이였으면 0으로, 0이였으면 1로) [그림 5-75]는 JK 플립플롭 회로도이고, [표 5-31]은 JK 플립플롭 회로의 진리표이다.

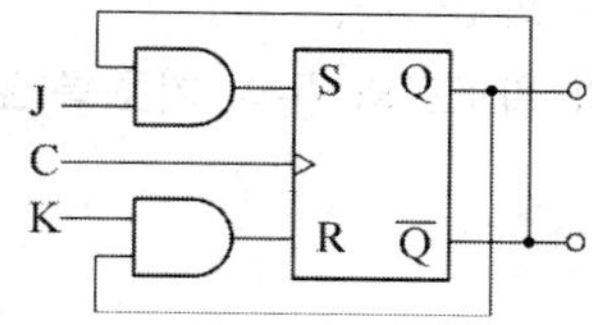

• 그림 5-75 • JK 플립플롭 회로도

| 표 5-31 | JK 플립플롭 회로의 진리표

C	J	K	Q_t+1
0	×	×	Q_t
1	0	0	Q_t
1	0	1	0
1	1	0	1
1	1	1	$\overline{Q_t}$

다. D 플립플롭

D 플립플롭은 데이터 비트를 기억하기 위한 기억 소자로써, 1개의 RS 플립플롭과 1개의 NOT 게이트를 사용하여 만들 수 있다. D의 값이 0일 경우 S의 값은 0, R의 값은 1이 되어 리셋을 수행하여 Q의 값은 0이 되고, D의 값이 1일 경우 S의 값은 1, R의 값은 0이 되어 세트를 수행하여 Q의 값은 1이 된다.

즉 D 플립플롭은 입력된 내용과 동일한 상태가 되도록 하여 데이터의 일시적인 보관이나 디지털 신호의 전송되는 시간을 늦추어주는 지연 목적에 사용한다.

[그림 5-76]은 D 플립플롭의 회로도와 논리 기호를 보여준다.

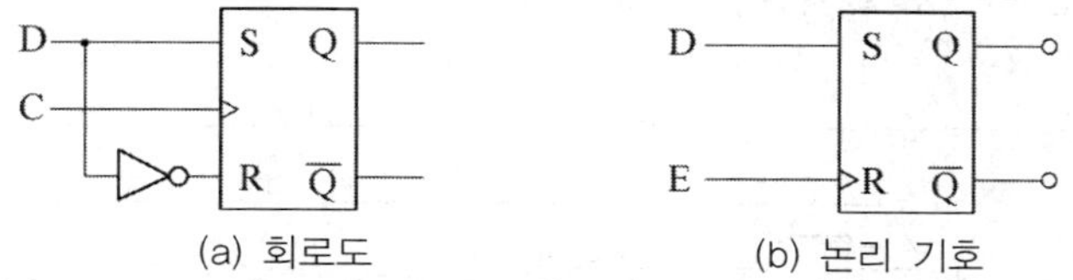

• 그림 5-76 • D 플립플롭의 회로도와 논리 기호

라. T 플립플롭

T 플립플롭은 JK 플립플롭을 이용하여 만들 수 있으며, T의 값이 0일 경우, J와 K 값이 둘 다 0이 되어 변하지 않고, T의 값이 1일 경우 J와 K 값이 둘다 1이 되어 출력 값이 반전되는 효과가 있다. 즉 T 플립플롭은 JK 플립플롭을 변경시켜 1과 0이 번갈아 바뀌는

토글(toggle) 신호를 만드는 회로이다.

[그림 5-77]은 T 플립플롭의 회로도와 논리 기호를 보여주는 것이며, [표 5-32]은 T 플립플롭 동작의 진리표이다.

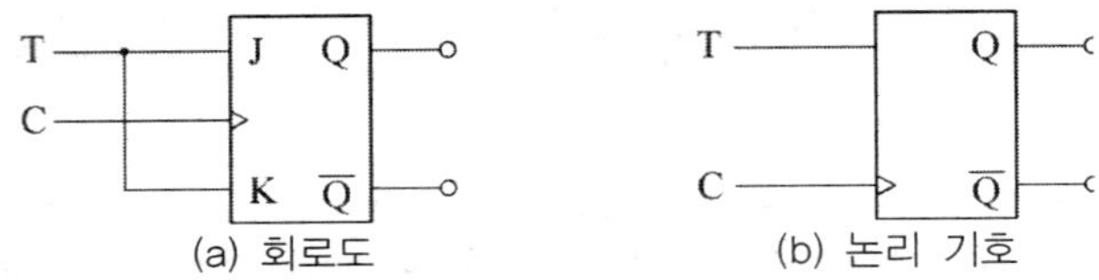

• 그림 5-77 • T 플립플롭의 회로도와 논리기호

| 표 5-32 | T 플립플롭 동작에 대한 진리표

C	T	Q_t+1
0	×	Q_t
1	0	Q_t
1	1	$\overline{Q_t}$

마. 주-종 플립플롭

주-종 플립플롭(master slave flip-flop)은 시간 펄스가 상승 또는 하강함에 따라 입력에 대응하는 출력이 변하도록 하며, JK 플립플롭이나 RS 플립플롭을 사용하여 구성할 수 있다.

주-종 플립플롭은 2개의 플립플롭이 180°위상차를 가지고 동작되도록 하며, 1개의 NOT 게이트 양쪽을 연결하도록 한다.

[그림 5-78]은 주-종 플립플롭 회로이다.

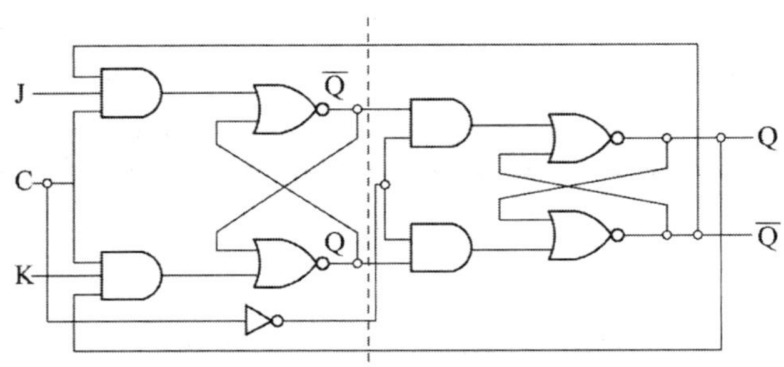

• 그림 5-78 • 주-종 플립플롭 회로

[그림 5-79]와 같이 2개의 플립플롭이 연결되었을 때 앞의 것은 주인(master)이고, 뒤의 것은 종(slave)이 된다.
Q가 1이면 시간 펄스 C와 J, K에 모두 1이 입력될 때 주 플립플롭의 결과는 0, 종 플립플롭은 1유지. 이 상태에서 시간 펄스가 0으로 바뀌면 주 플립플롭은 현재 상태를 유지하고 종 플립플롭은 Q가 0으로 바뀌게 된다.

[그림 5-79]는 주-종 플립플롭의 시간적 동작상태를 나타내었다.

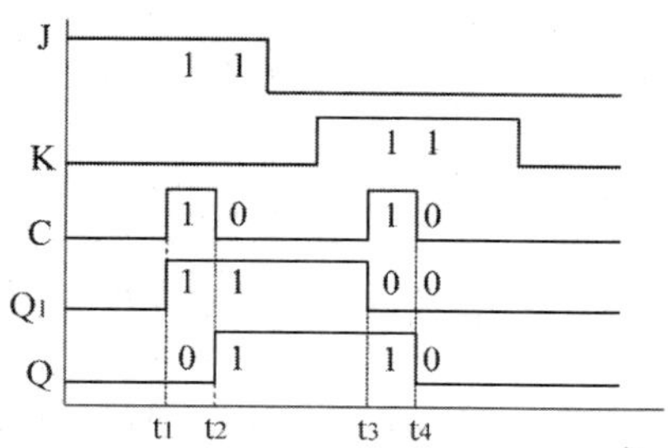

• 그림 5-79 • 주-종 플립플롭의 시간적 동작상태

3. 순차 논리 회로의 설계

조합 논리 회로와 마찬가지로 간소화 과정을 거쳐서 축소시킨 후 플립플롭 회로를 대응시켜 설계한다.

가. 상태표

① 상태표(state table)는 현재와 다음의 상태 및 출력의 3부분으로 구성되며, 순차 논리 회로의 입력과 출력, 플립플롭의 상태를 나타낸다.
② 현재의 상태란 시간 펄스가 발생하기 전에 플립플롭 회로가 기억하고 있는 상태이다.
③ 다음 상태란 입력되는 값과 시간 펄스에 의해 트리거된 이후의 플립플롭 회로의 상태이다.
④ 출력은 플립플롭 회로의 현재 상태와 입력에 의해 결정되는 출력값을 말한다.

[예] 현재의 상태 A, B가 조합되는 4가지 경우에 대하여 입력되는 값이 X일 때 현재 상태 A, B의 변화 및 출력값[표 5-33]

| 표 5-33 | 상태표

현재 상태		다음 상태				출력	
		X = 0		X = 1			
A	B	A	B	A	B	X = 0	X = 1
0	0	0	0	0	1	0	0
0	1	1	0	0	1	1	0
1	0	1	0	1	1	1	0
1	1	1	1	0	0	0	1

나. 상태도

상태도(state diagram)는 상태표로 표현된 순차 논리 회로의 동작 상태의 변화에 대한 흐름을 그림으로 나타낸 것이며, 순차 논리 회로 설계의 초기 단계에 사용한다.

상태도는 현재의 상태를 원 내에 표현하고, 다음의 상태로의 변환은 화살표로 흐름을 나타내며, 원의 바깥에 상태의 변이를 일으키는 입력값과 현재 상태에서 출력되는 값을 표현한다. 입력과 출력은 사선으로 구분하는데, 사선의 왼쪽은 입력값, 사선의 오른쪽은 출력값을 표현한다. [그림 5-80]은 [표 5-33]를 상태도로 나타낸 것이다.

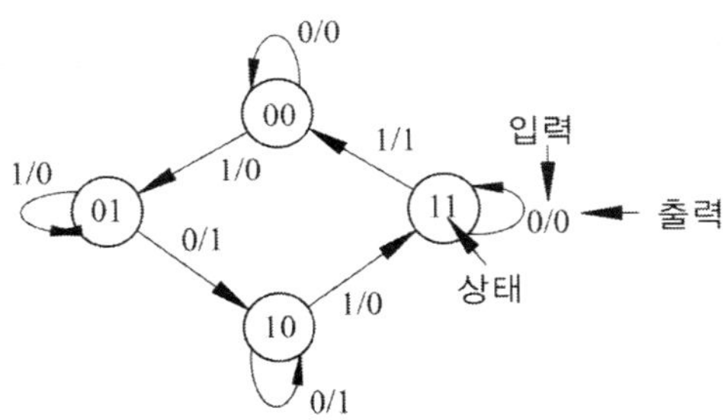

• 그림 5-80 • 상태도

다. 상태방정식

상태방정식(state equation)/응용방정식(application equation) : 플립플롭 회로의 상태가 변하는 조건을 연산식으로 나타낸 것으로, 상태방정식의 왼쪽은 플립플롭 회로의 다음 상태를 표기하고, 오른쪽은 다음 상태가 1 이 되기 위한 현재 상태와 입력 조건을 나타내는 부울 함수를 표기한다.

[표 5-33]의 조건을 A의 경우(B 생략)상태 방정식으로 표현하면 아래와 같다.

$$
\begin{aligned}
A(t+1) &= \overline{X}(\overline{A}B + A\overline{B} + AB) + X(A\overline{B}) \\
&= \overline{X}\,\overline{A}\,B + \overline{X}\,A\,\overline{B} + \overline{X}\,A\,\overline{B} + X\,A\,\overline{B} \\
&= \overline{X}B\,(\overline{A} + A) + A\overline{B}(\overline{X} + X) \\
&= A\overline{B} + B\overline{X}
\end{aligned}
$$

라. 순차논리회로의 간소화

- 순차논리회로의 간소화는 상태의 수를 간소화로 줄이는 것을 나타내며, 이것은 플립플롭 회로의 수를 줄이는 것이며, 상태의 축소는 등가 회로 중에서 상태의 수가 적은 것을 선택한다.

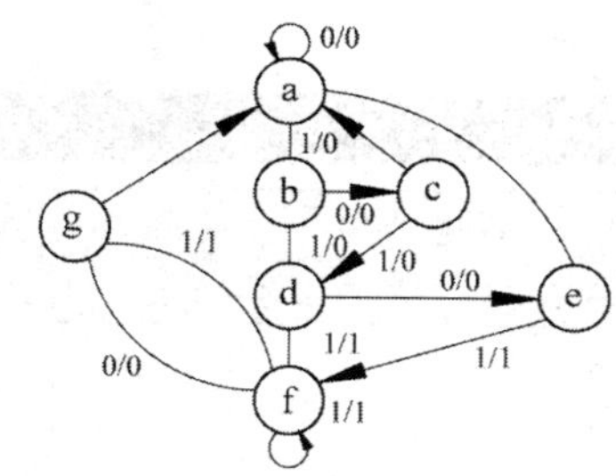

• 그림 5-81 • 상태도

| 표 5-34 | 상태표

현재 상태	다음 상태		출력	
	X = 0	X = 1	X = 0	X = 1
a	a	b	0	0
b	c	d	0	0
c	a	d	0	0
d	e	f	0	1
e	a	f	0	1
f	g	f	0	1
g	a	f	0	1

[표 5-34]은 [그림 5-81]를 상태표로 나타낸 것인데, 상태 g와 e는 출력과 다음 상태가 동일한 등가임을 알 수 있다. 그러므로 g를 제거하고 모두 e로 치환한다. 이렇게 바뀐 상태

표인 [표 5-35]에서 d와 f 등가이므로 f 를 제거하면 [표 5-36]와 같은 축소된 상태표를 얻을 수 있다.

| 표 5-35 | d → e로 치환한 상태표

현재 상태	다음 상태		출력	
	X = 0	X = 1	X = 0	X = 1
a	a	b	0	0
b	c	d	0	0
c	a	d	0	0
d	e	/d	0	1
e	a	/d	0	1
/d	/e	f	0	1
/e	a	f	0	1

| 표 5-36 | 축소된 상태표

현재 상태	다음 상태		출력	
	X = 0	X = 1	X = 0	X = 1
a	a	b	0	0
b	c	d	0	0
c	a	d	0	0
d	e	d	0	1
e	a	d	0	1

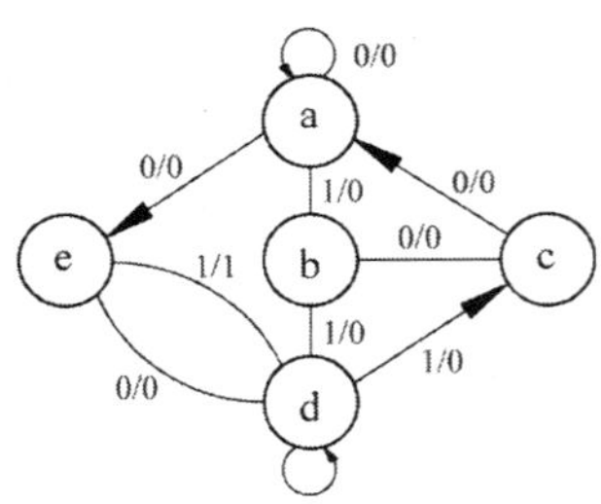

• 그림 5-82 • 축소된 상태도

축소된 [표 5-36]에서 상태도를 작성하면 [그림 5-82]와 같이 간결하게 축소된 상태표를 얻을 수 있다. 이것은 [그림 5-81]의 복잡한 원상태도와 동일한 기능을 갖는 축소된 상태도이므로 이 상태도에서 순차 논리 회로를 설계하면 간소화된 회로를 얻을 수 있다.

마. 회로의 설계

순차 논리 회로를 설계할 때는 회로의 동작 원리를 정확히 정의하여 상태표와 상태도를 구하여 상태의 수를 줄인다.

함수를 간소화하여 간소화된 함수에 따라 게이트와 플립플롭 회로를 조합하여 회로도를 작성한다.

| 표 5-37 | 상태표

현재 상태		다음 상태				출력	
		X = 0		X = 1			
A	B	A	B	A	B	X = 0	X = 1
0	0	0	0	0	1	0	1
0	1	1	0	0	1	0	0
1	0	1	0	1	1	0	1
1	1	1	1	0	0	0	0

A와 B가 4가지로 조합되는 상태를 입력과 출력에 따라 상태도를 작성하면 [그림 5-83]과 같다. 이것을 간소화시키기 위하여 카르노도를 작성하면 [그림 5-84]와 같고, 여기에서 간소화된 함수를 구할 수 있다.

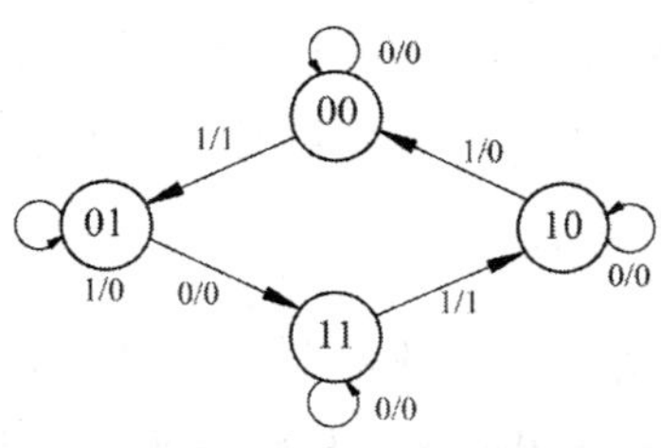

• 그림 5-83 • 상태도

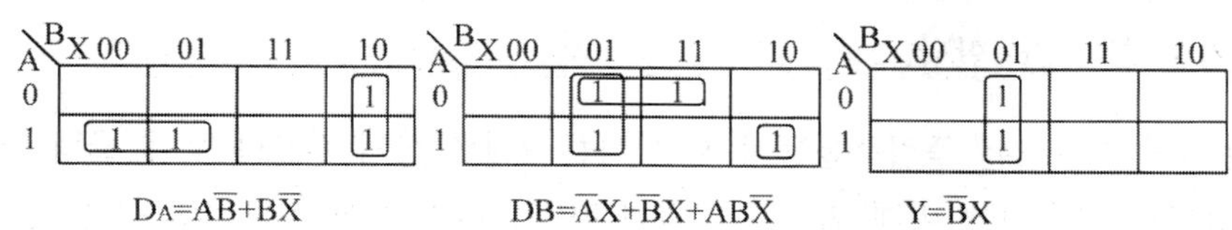

• 그림 5-84 • 간소화 하기 위한 카르노도

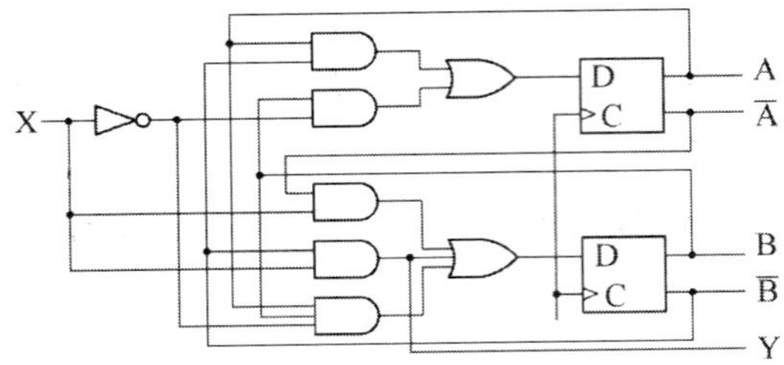

• 그림 5-85 • 회로도

$D_A = A\overline{B} + B\overline{X}$

$D_B = \overline{A}X + \overline{B}X + AB\overline{X}$

$Y = \overline{B}X$

- [표 5-37]에서 결과가 1인 2가지 경우에 대한 D_A, D_B와 결과 Y의 간소화된 함수식에 따라 D 플립플롭이 2개 필요한 회로도는 [그림 5-85]와 같이 작성할 수 있다.

4. 카운터(counter)

카운터는 여러 개의 플립플롭의 조합으로 만들어진 특수한 순서논리회로로 클록펄스가 하나씩 인가될 때마다 미리 정해진 순서대로 반복되는 논리회로이다.

정해진 개수의 상태 값을 순환하도록 구성하기만 하면 카운터로 취급한다.
카운터는 주파수 감소기, 논리회로 동작 순서 제이기로 사용되는데, 종류로는 동기식 카운터와 비동기식 카운터가 있다.

동기식 카운터는 모든 플립플롭이 하나의 공통 클록에 병렬로 연결되고 모든 플립플롭이 동시에 트리거 된다. 또한, 동기식 카운터는 불필요한 부분에 발생하는 노이즈 펄스로 인해 일어나는 컴퓨터의 일시적인 오동작인 글리치 현상이 나타나지 않는 장점이 있다.

비동기식 카운터는 플립플롭의 출력이 다음 플립플롭의 클록으로 사용되어 동작하므로 리플 카운터라고도 한다.

비동기식 카운터는 플립플롭들이 서로 다른 2개 이상의 신호에 의해 클럭 단자가 구동되며 동기식 카운터에 비해 회로가 간단하지만 글리치 현상이 나타날 수 있는 단점이 있다.

가. 비동기형 카운터(asynchronous counter)

리플 카운터라고도 하며, 연속된 플립플롭 회로에서 앞에 있는 것의 출력이 다음 것의 입력으로 사용한다.([그림 5-86], [표 5-38] 참조)

동작하는 시간이 많이 걸리지만 회로가 간단하다.

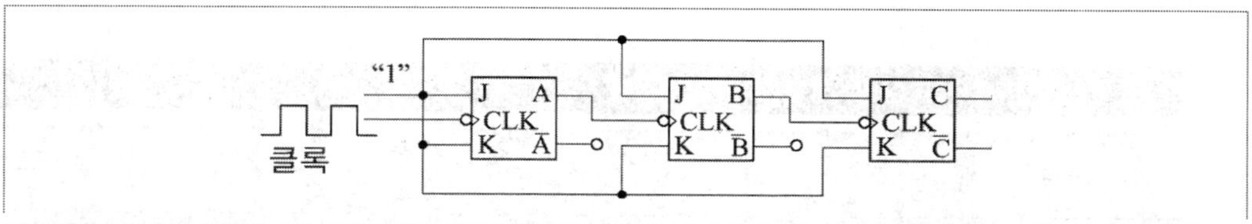

• 그림 5-86 • 3비트 2진(23) 리플 카운터(ripple counter)

리플 카운터(ripple counter) 구성방법은 아래와 같다.

① 각각의 JK 플립플롭 입력 단자를 '1'로 묶는다.
② 첫째번 플립플롭의 클록 단자를 외부 클록 신호와 결합시킨다.
③ 첫째번 출력 A 단자를 둘째번의 클록에 연결한다.
④ 둘째번 출력 B 단자를 셋째번의 클록에 연결한다.
⑤ 출력 단자 A, B, C로부터 출력된 값을 조합하면 증가 계수기가 된다.
⑥ 출력 단자 $\overline{A}$, $\overline{B}$, $\overline{C}$로부터 출력된 값을 조합하면 감소 계수기가 된다.

| 표 5-38 | 비동기식 3비트 2진 리플 계수기의 회로 여기표

순서 (클록 수)	출력 신호		
	C	B	A
0	0	0	0
1	0	0	1
2	0	1	0
3	0	1	1
4	1	0	0
5	1	0	1
6	1	1	0
7	1	1	1
8(0부터 다시 순환)	0	0	0

① **상향 카운터**

카운터가 0인 상태에서 시작하여 1씩 증가함으로써 모든 플립플롭 회로가 1인 경우까지 계수할 수 있고, 그 상태에서 다시 펄스가 입력되면 모든 플립플롭 회로가 0이 되도록 하는 계수기. [표 5-39]은 A, B, C, D의 4개 플립플롭 회로를 연결하여 4단이 되도록 한 16진 상향 카운터의 상태표를 나타내었다.

| 표 5-39 | 16진 상향 계수기의 상태표

계수	각 단의 출력			
	A	B	C	D
0	0	0	0	0
1	0	0	0	1
2	0	0	1	0
3	0	0	1	1
4	0	1	0	0
5	0	1	0	1
6	0	1	1	0
7	0	1	1	1
8	1	0	0	0
9	1	0	0	1
10	1	0	1	0
11	1	0	1	1
12	1	1	0	0
13	1	1	0	1
14	1	1	1	0
15	1	1	1	1

[그림 5-89]는 JK 플립플롭 회로를 사용하여 16진 상향 계수기를 구성한 것이다.

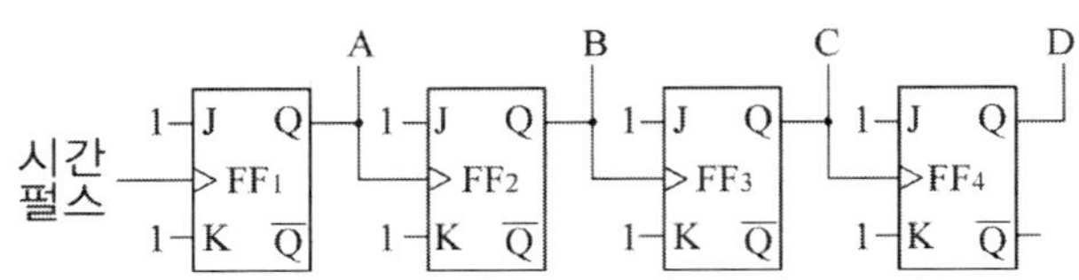

• 그림 5-87 • 16진 상향 계수기

A단부터 D단까지 각 플립플롭 회로는 20, 21, 22, 23의 자리값을 가지게 되는데, A단은 한 개의 펄스, B단은 두 개, C단은 네 개, D단은 여덟 개의 펄스가 입력될 때마다 출력 상태가 바뀐다. [그림 5-88]은 16진 상향 계수기의 입출력 동작의 파형을 나타낸 것이다.

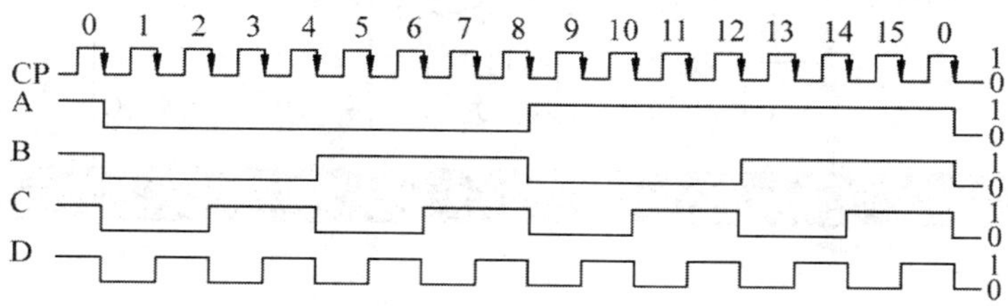

• 그림 5-88 • 16진 상향 계수기의 입출력 동작의 파형도

② 하향 카운터

플립플롭 회로 4개를 연결하여 16진으로 된 하향 계수기의 상태표는 [표 5-40]과 같다.

| 표 5-40 | 16진으로 된 하향 계수기의 상태표

펄스 입력 순서	각 단의 출력				계수 출력
	D	C	B	A	
0	1	1	1	1	0 또는 16
1	1	1	1	0	15
2	1	1	0	1	14
3	1	1	0	0	13
4	1	0	1	1	12
5	1	0	1	0	11
6	1	0	0	1	10
7	1	0	0	0	9
8	0	1	1	1	8
9	0	1	1	0	7
10	0	1	0	1	6
11	0	1	0	0	5
12	0	0	1	1	4
13	0	0	1	0	3
14	0	0	0	1	2
15	0	0	0	0	1

네 개의 플립플롭이 모두 1인 1111상태에서 시작하여 펄스가 하나씩 입력될 때마다 1110, 1101…0000의 순으로 하나씩 뺄셈을 수행할 것과 같은 결과를 갖는다.

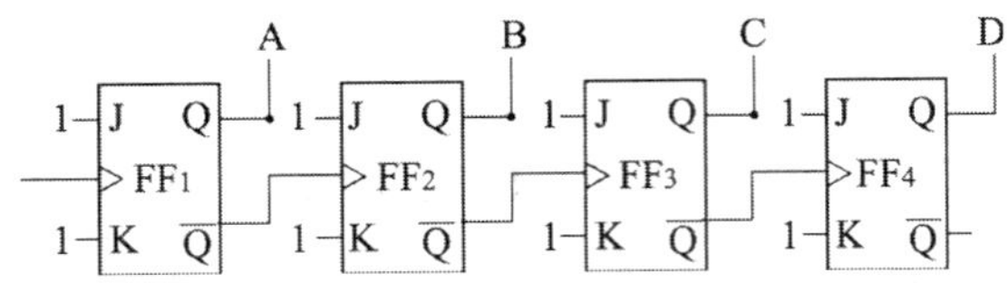

• 그림 5-89 • 16진 하향 계수기

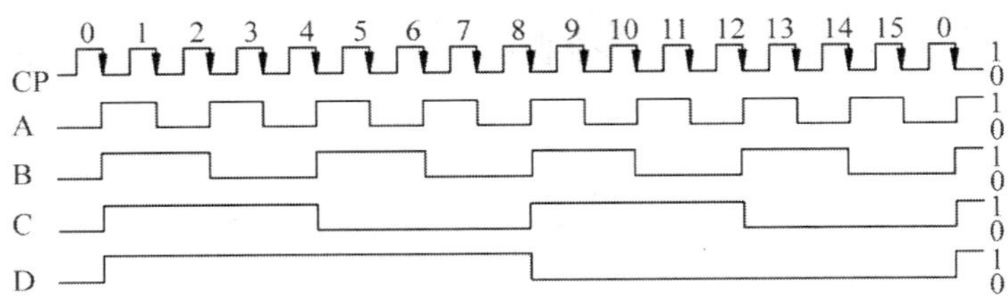

• 그림 5-90 • 파형도

하향 계수기도 JK 플립플롭 회로를 사용하여 구성하는데, [그림 5-89]는 4개의 JK 플립플롭 회로를 사용하여 구성한 16진 하향 계수기를 나타내었다.

이 하향 계수기는 4개의 플립플롭 회로에 모두 1이 기억된 상태에서 시간 펄스가 입력될 때마다 1씩 감소된다. 이 회로의 A, B, C, D단에 대한 파형도는 [그림 5-90]과 같다.

나. 링 카운터(ring counter, circulating counter)

링 계수기는 여러 장치에 시간을 일정하게 배분하는 것과 같이 전체를 순화하는 일을 제어하는 데에 알맞은 계수기이다.

1비트 하나가 차례대로 회전하는 것과 같이 동작하는 회로로 각각의 위치에 숫자를 표시할 수 있도록 장치하면 엘리베이터의 위치를 알려 주는 것과 같이 차례대로 숫자를 표시한다.

• [그림 5-91]은 링 계수기의 회로도와 1을 기억하는 플립플롭 회로에 대한 시간별 파형도를 나타내었다.

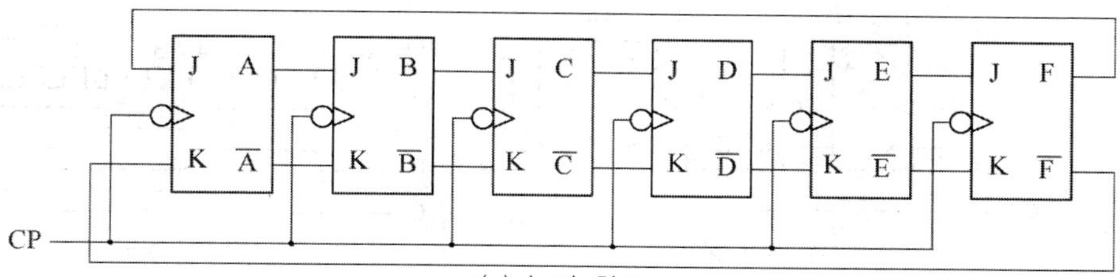

(a) 논리 회로

• 시프트 레지스터를 사용하여 펄스가 하나씩 입력될 때마다 하나만 1인 레지스터 내의 플립플롭 회로에서 차례대로 시프트시키고, 마지막에서는 처음으로 되먹임시키면 된다.

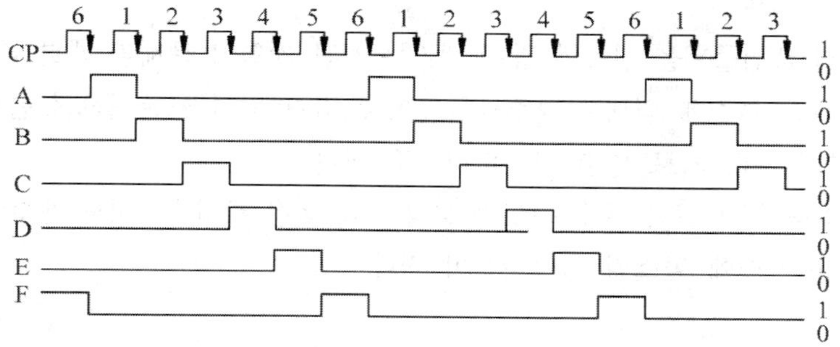

(b) 하나의 1이 계수기에 있을 때 파형도

• 그림 5-91 • Ring 계수기의 회로도와 플립플롭 회로에 대한 시간별 파형도

다. 시프트 카운터(shift counter)

시프트 카운터는 1비트가 첫 번째 플립플롭부터 차례대로 모두 채워진 후 다시 0비트가 첫 번째 플립플롭부터 차례대로 모두 채워지는 과정을 반복한다.

[그림 5-92]는 시프트 계수기의 회로와 파형도 및 상태표를 나타내었다.

| 표 5-41 | 시프트 계수기의 상태표

C	B	A	계수 상태	2진수에 대한 등가 계산값
0	0	1	1	1
0	1	1	2	3
1	1	1	3	7
1	1	0	4	6
1	0	0	5	4
0	0	0	6	0
0	0	1	1	1

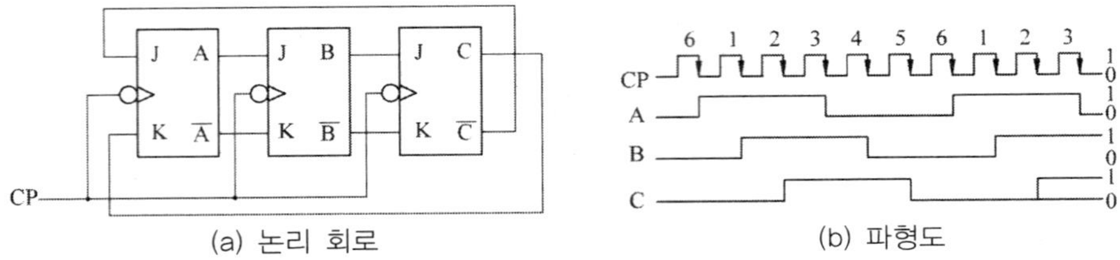

• 그림 5-92 • 시프트 카운터의 회로도와 파형도

라. 동기형 카운터

여러 개의 플립플롭을 접속할 경우 생기는 시간 지연의 문제를 해결하기 위해서, 하나의 공통된 시간 펄스에 의해서 플립플롭들이 트리거 되어 모든 플립플롭의 상태가 동시에 변하도록 한 계수기로 병렬 카운터라고도 한다.

특징은 리플카운터보다 계수 속도가 빨라 보다 높은 주파수까지도 계수할 수 있어서 해독기를 사용할 때에 펄스의 일그러짐이 적다.

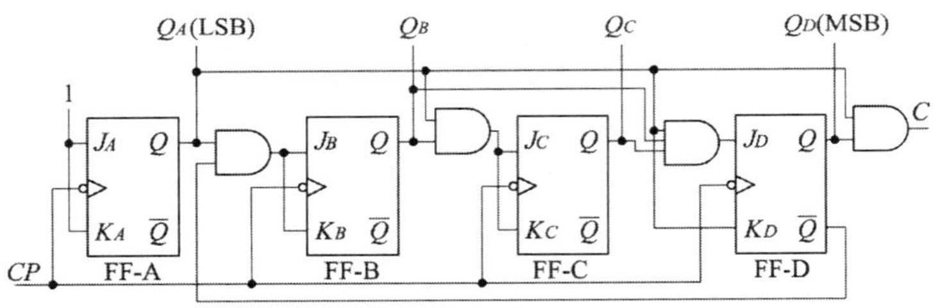

$J_A = 1$	$J_B = \overline{Q}_D Q_A$	$J_C = Q_B Q_A$	$J_D = Q_C Q_B Q_A$
$K_A = 1$	$K_B = \overline{Q}_D Q_A$	$K_C = Q_B Q_A$	$K_D = Q_A$
$C = Q_D Q_A$			

• 그림 5-93 • 동기식 BCD 카운터 회로도

① 동작설명

- 모든 플립플롭이 0인 상태에서 시작.
- 첫번 째 펄스 입력 : 플립플롭 A가 1로 반전. 출력은 A만 1.
- 두 번째 펄스 입력 : A는 0으로, B는 1로 반전.
- 세 번째 펄스 입력 : A, B는 1. AND 게이트를 통해 C는 1로 된 후 A, B는 0으로 반전 계속 반복

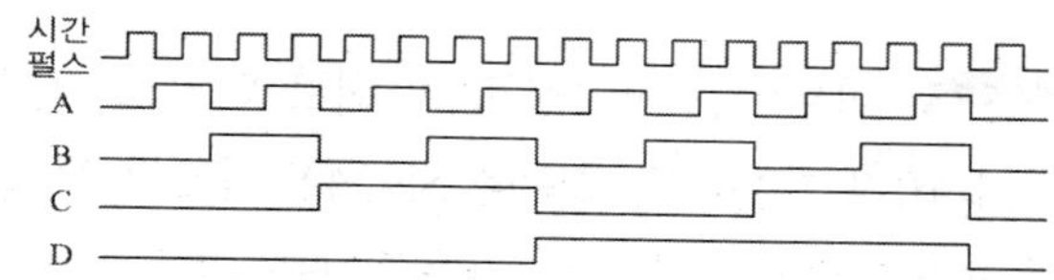

• 그림 5-94 • 동기형 16진 계수기의 파형도

② 10진 카운터 IC(SN7490AN) 핀 배치도

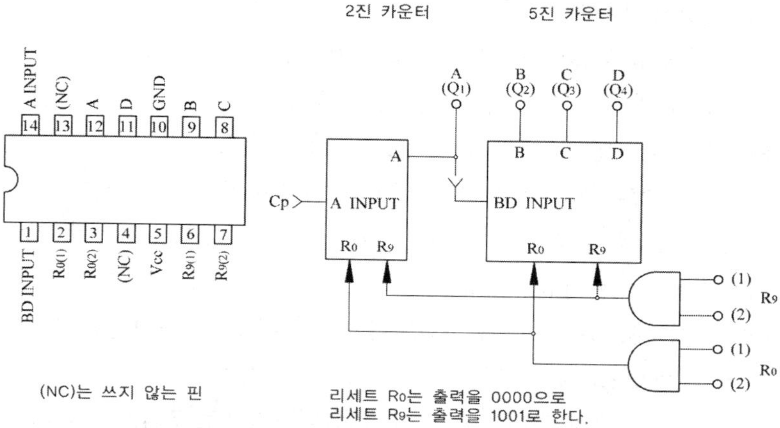

• 그림 5-95 • SN7490AN IC 핀 배치도

③ 10진 카운터 응용

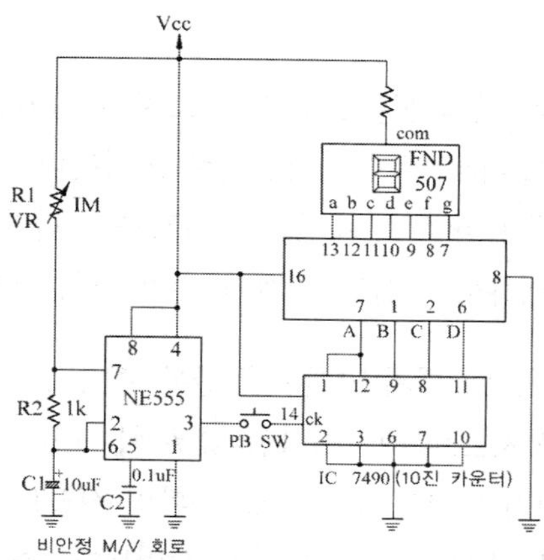

• 그림 5-96 • 10진 카운터 응용

④ **회로해석**

이 회로는 NE555로 이루어진 비안정 M/V 회로의 펄스 발생에 의해 SN7490의 BCD 10진 카운터에서 10진 카운터된 출력을 SN7447의 2진 세그먼트 디코더 드라이버 IC에서 조합하여 FND507에서 숫자로 카운트되는 회로

㉠ 비안정 M/V 회로

ⓐ 충전 시간 : $T_1 = 0.693(R_1 + R_2)\ C_1[sec]$

ⓑ 방전 시간 : $T_2 = 0.693(R_2 \cdot C_1)[sec]$

주기 : $T = T_1 + T_2 = 0.693(R_1 + 2R_2)\ C_1[sec]$

㉡ BCD 10진 카운터

ⓐ 비안정 M/V 회로의 출력을 입력받아 10진 카운트하는 회로

ⓑ NE555의 출력 펄스에 따른 BCD 출력

㉢ FND (7 segment) 디코더 드라이버 IC

ⓐ SN7447은 SN7490의 BCD 출력을 조합하여 FND의 드라이버

ⓑ SN7447의 출력이 "0"일 때 그에 대응하는 세그먼트가 동작

㉣ FND (seven segment display)

ⓐ FND는 BCD-7 세그먼트 디코더 드라이버 IC의 출력을 숫자로 표시하는 것으로 양극(애노드) 공통형과 음극(캐소드) 공통형이 있음

ⓑ FND는 디코더 드라이버 IC의 종류(일반적으로 7447과 7448이 많이 사용됨)에 따라서 형별결.

- SN7447(출력이 "0" 상태) : 양극 공통형(FND507) 사용
- SN7448(출력이 "1" 상태) : 음극 공통형(FND500) 사용

마. 레지스터

레지스터는 2진 정보를 기억하는 2진 기억 소자인 플립플롭들의 집합이다.

레지스터는 제어장치 내에서 임시 기억장치로 쓰이는데, 용량에는 한계가 있지만 주기억장치에 비해 접근 시간이 빠르고, 체계적인 특징을 가진다. 연산된 데이터가 이동될 때까지 대기하고, 이동된 내용이 연산될 때까지 대기시키는 역할을 수행하는 곳이기도 하다.

① **시프트 레지스터** : 시프트 레지스터는 매 클록 주기로 모든 비트를 한자리씩 이동시키는 레지스터로써, 선형 시프트 레지스터인 경우에는 하나의 비트가 한쪽 끝에서 삽입되고 반대쪽 끝에서 떨어져 나가는 형태이고, 순환형 시프트 레지스터인 경우에는 한쪽 끝에서 떨어져 나간 비트가 반대쪽 끝에 다시 삽입된다. 즉 하나의 플립플롭의 출력이 다음 플립플롭의 입력에 종속 연결된 형태이다.

시프트 레지스터는 병렬 인터페이스와 직렬 인터페이스를 변환하는데 유용하게 사용되는데, 간단한 지연 회로처럼 사용될 수 있다.

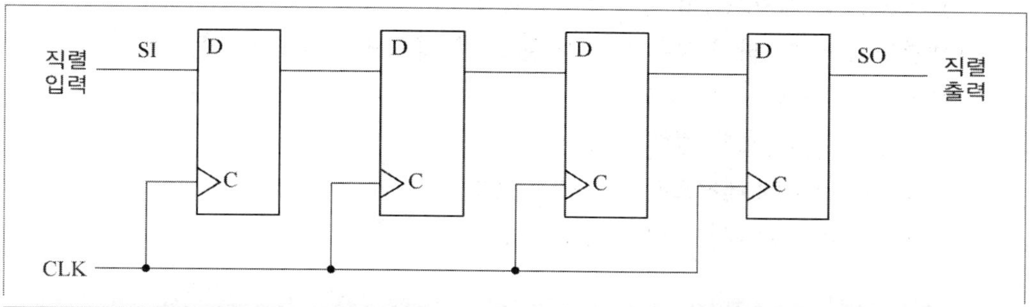

• 그림 5-97 • 시프트 레지스터

② **병렬 로드 레지스터** : 병렬 로드 레지스터는 2진 정보를 저장하기 위한 저장 레지스터로써, 레지스터를 구성하는 모든 플립플롭이 하나의 클록 펄스에 의해서 동시에 입력값을 저장(로드)한다. 즉 n개의 비트로 구성된 레지스터의 내용이 한 번의 이동 명령에 의하여 전체가 연결된 레지스터로 이동되는 레지스터이다.
병렬 로드 레지스터는 PIPO 형태(병렬 입력 - 병렬 출력)를 가진다.

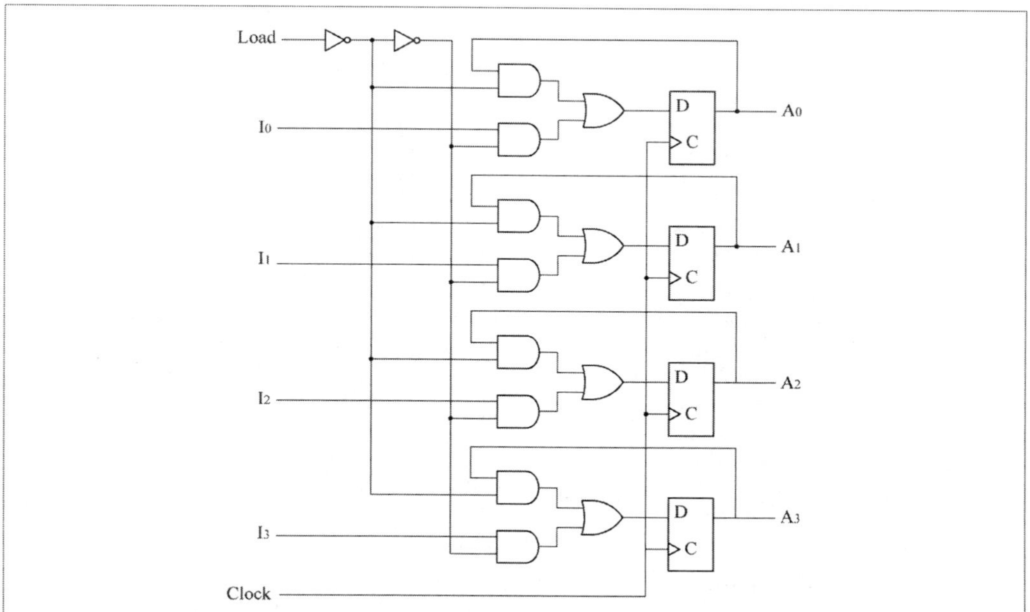

• 그림 5-98 • 병렬 로드를 가진 4비트 레지스터

[그림 5-98]의 병렬 로드를 가진 4비트 레지스터 동작원리는 아래와 같다.

- 논리 게이트 삽입으로 주 클럭 발생기와 플립플롭의 입력신호간에 전파지연 발생
- D 입력으로 레지스터의 동작제어가 바람직
- 병렬로드-레지스터의 모든 비트가 한 클럭 펄스에 동시에 로드됨
- Clock = 1 : 입력 정보 로딩
- Clock = 0 : 레지스터 변화 없음
- Load input = 1 : 레지스터에 입력 I 전송
- Load input = 0 : 레지스터에 정보 저장

제5절 기억장치

① 반도체 메모리

초기의 컴퓨터 시스템에서 주기억장치는 자기코어(magnetic core)라고 불리는 도우넛 형태의 자성물질을 사용했다. 그러나 전자공학의 발전과 더불어 1971년 인텔사에 의해서 반도체 기억장치가 개발되었으며, 최근에는 거의 모든 주기억장치들이 반도체 칩(semiconductor chip)으로 대체되고 있다.

반도체 메모리는 [그림 5-99]와 같이 크게 RAM과 ROM으로 구분한다. RAM은 전원의 공급이 중단되면 저장된 내용이 지워지는 휘발성(volatile) 메모리이지만, 데이터를 임의로 읽고 쓸 수 있는 메모리이다. 한편 ROM은 일단 내용이 기억되면 의도적으로 지우기 전까지 그 내용이 계속 유지되는 비휘발성(non-volatile) 메모리이다. 그 대신에 ROM은 데이터를 임의로 써넣을 수 없고 저장된 데이터를 읽어들일 수만 있다.

1. 반도체 메모리 분류

반도체 메모리 분류와 특징은 [그림 5-99]와 [표 5-42]에 나타내었다.

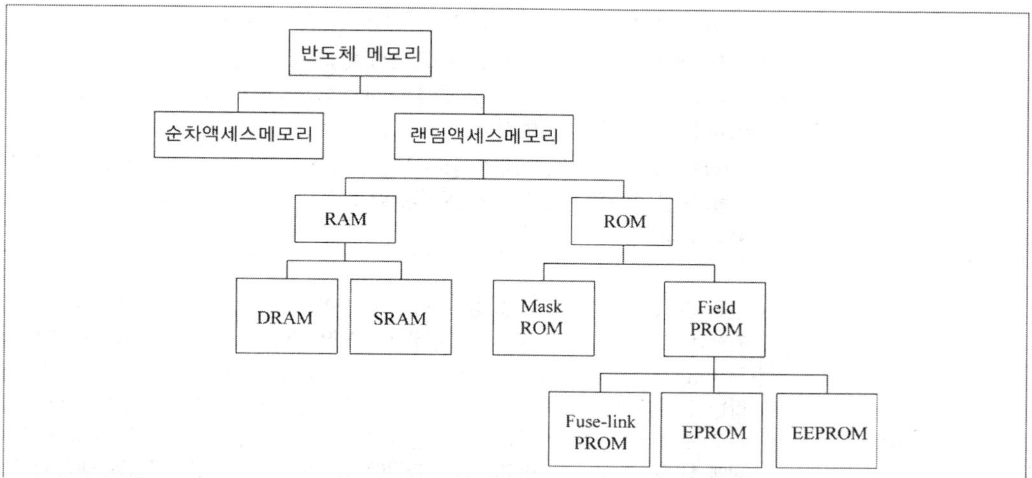

• 그림 5-99 • 반도체 메모리 분류

| 표 5-42 | 메모리의 종류 및 특징

메모리 종류	특징
ROM (Read Only Memory)	읽기 전용 메모리로서 비휘발성 메모리라고도 하고 전원 공급을 끊어져도 기록한 데이터는 소실되지 않는다. 따라서 다시 작성할 필요가 없는 프로그램이나 데이터의 저장에 사용된다. ROM은 크게 2가지로 분류할 수 있다. 하나는 제조 공정에서 마스크를 사용하여 데이터를 기록하는 마스크 ROM이고, 다른 하나는 사용자가 바로 데이터를 기록할 수 있는 PROM(Programmable ROM)이다. 또한, PROM은 다시 작성할 수 있는 EPROM(Erasable PROM)과 다시 작성할 수 없는(1번밖에 기록할 수 없는) OTP(One Time PROM)로 나눌 수 있다. 그리고 전기적인 삭제와 기록이 가능하고 미완성 프로그램의 저장 등에 사용되고 있는 EEPROM이 있다.
RAM (Random AccessMemory)	전원 공급을 끊으면 기록한 데이터가 소실되는 메모리이다. 휘발성 메모리라고도 하고 프로그램이나 데이터를 일시적으로 저장하는 용도로 사용된다. RAM은 크게 2가지로 분류할 수 있다. SRAM(Static RAM)과 DRAM(Dynamic RAM)이다. SRAM은 전원을 공급하면 데이터를 유지할 수 있는 플립플롭 회로를 사용한 셀 구조를 채용하고 있다. 한편 DRAM의 셀 구조는 커패시터에 전하를 축적함으로 인하여 데이터를 유지하는 커패시터형이다. 따라서 정기적으로 리플레시 신호를 주지 않으면 데이터가 소실되어 버린다. SRAM의 장점으로는 제어가 쉽고 읽기/쓰기 동작이 고속인 점 등을 들 수 있다. 그러나 한편으로 셀 면적이 크기 때문에 대용량화에 적합하지 않다는 등의 단점이 있다. DRAM은 셀 면적이 작기 때문에 대용량화에 적합하지만 리플레시 동작이 중요하므로 제어가 복잡하게 된다는 단점이 있다. 차세대 RAM으로 자기저항 메모리(MRAM : Magnetoresistive RAM)와 상변화 메모리(Phase Change RAM), 저항변화 메모리(RRAM : Resistive RAM) 등이 있다. 자기저항 효과를 이용한 차세대 메모리 반도체 M램은 전원 공급이 끊겨도 기억된 정보를 저장할 수 있는 비휘발성이 가장 큰 장점이다. 비교적 구조가 단순하고 속도와 내구성 측면에서 기존 D램보다 월등하다. 저항을 이용한 메모리 반도체 Re램은 전압에 따라 온·오프가 바뀌는 성질을 이용한다. 낸드플래시를 대체할 차세대 메모리로 각광받고 있는 Re램은 SSD 대비 속도가 20배 이상 빠르고 수명이 10배 이상 길다.
플래시 메모리	EEPROM의 한 종류이다. 1바이트마다 기록이 아닌 블록 단위로 삭제와 기록이 가능하다. 기본적으로는 ROM으로 분류되는 경우가 많지만, 경우에 따라서 ROM과 RAM의 중간적인 메모리로 취급하는 예도 있다. 셀 구조에 따라 NOR형과 NAND형으로 크게 2가지로 나눌 수 있다. NOR형은 데이터 유지의 신뢰성이 높으므로 에러 정정 등의 처리가 불필요하고 또한 비트 단위로 기록할 수 있는 장점이 있다. 그러나 삭제 속도가 느려서 고속 동작에 적합하지 않고 셀 면적이 크기 때문에 대용량화가 어렵다는 단점이 있다. 주요 용도로는 휴대전화기 등의 프로그램 저장을 들 수 있다. 한편 NAND형은 셀 면적이 작으므로 대용량화에 적합하다. 따라서 휴대용 음악 플레이어나 휴대 전화기 등에서 데이터를 저장하는 용도로 사용되고 있다.

2. 분류형태

기억방식, 휘발성과 비휘발성, 기억소자에 의한 분류 형태로 특징은 다음과 같다.

가. 기억 방식에 의한 분류

① **정적 RAM(Static RAM : SRAM)** : SRAM은 주로 2진 정보를 저장하는 내부 Flip-flop으로 구성되며, 저장된 정보는 전원이 공급되는 동안에 보존. SRAM은 사용하기가 쉽고, 일기와 쓰기 Cycle이 더 짧은 특징이 있다.

② **동적 RAM(Dynamic RAM : DRAM)** : 2진 정보를 충전기에 공급되는 전하의 형태로 보관. DRAM은 전력 소비가 적고 단일 메모리 칩 내에 더 많은 정보를 저장할 수 있으며, refresh회로가 필요하다.

나. 휘발성/비휘발성 메모리

① **휘발성(volatile) 메모리** : 일정한 시간이 지나거나 전원이 꺼지면 기록된 내용이 지워지는 메모리 형태, RAM은 모두 외부에서 공고비되는 전력에 의해 정보를 저장하기 때문에 휘발성 메모리에 해당

② **비휘발성(non-volatile) 메모리** : 전원이 차단되어도 기록된 정보가 계속 유지. 자기 코어나 자기 디스크 메모리가 해당, 디지털 컴퓨터가 동작하는데 필요한 프로그램을 저장하는데 사용

다. 기억소자에 의한 분류

① **바이폴라(bi-polar) 메모리** : 메모리 셀 및 주변 회로에 BJT(Bi-polar Junction Transistor)를 사용한 메모리로서 TTL, ECL 등의 RAM, PROM, 시프트 레지스터 등이 있다. 액세스 시간이 빠르지만 소비전력이 크므로 집적도가 큰 경우에는 사용하지 않는다.

② **MOS 메모리** : pOMS, nMOS 또는 CMOS를 사용한 메모리로서 RAM, PROM, ROM, 시프트 레지스터 등이 있다. MOS 메모리는 바이폴라 메모리에 비해서 속도가 느리지만 소비전력이 적고 VLST(Vert Large Scale Integration)에 적합하다.

3. 컴퓨터에서의 메모리 위치

메모리는 컴퓨터에서 주기억장치 및 보조기억장치로 사용하고 있다.

① **주기억장치(main memory)** : 중앙처리장치(CPU : central processign unit)에 의해 현재 실현되고 있는 프로그램과 데이터를 저장

② **보조기억장치(mass storage)** : 이외에 다른 경우에 사용을 목적으로 프로그램과 데이터를 저장하며 대용량임

③ 주소버스와 제어버스는 단방향이지만 데이터버스는 양방향이다.

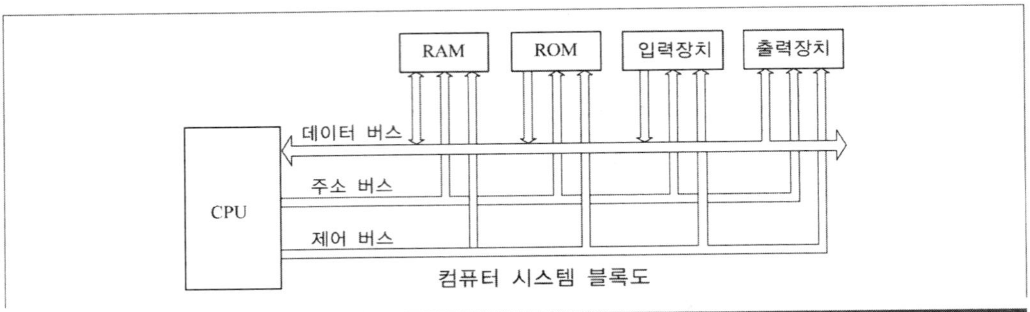

• 그림 5-100 • 컴퓨터 시스템의 블록도

| 표 5-43 | 컴퓨터에서 메모리 용도 및 종류

구분	용도	종류	설명
ROM	BIOS	PROM EPROM EEPROM Flash ROM	읽기만 가능함 자외선으로 데이터 소거 후 재기록 가능함 전기를 이용하여 재기록 가능함 전원이 없어도 데이터가 손실되지 않음
RAM	메인 메모리	DRAM EDO RAM SDRAM RDRAM DRDRAM	동적 램(가장 일반적인 RAM) 출력 기능이 향상된 DRAM 시스템 클럭에 의해 CPU와 입출력 동기 램버스 디램(램 버스사에서 개발) 직접 램버스 디램(RDRAM의 개량)
	L2 캐시	SRAM Burst RAM Pipeline Burst SRAM	정적 램(엑세스 시간이 짧음) 한번에 대량의 데이터 읽기쓰기가 가능함 한번에 여러 곳에서 읽기쓰기가 가능함
	비디오 메모리	DRAM EDO RAM VRAM WRAM	고속의 화면 디스플레이에는 부적합 고해상도 많은 색의 표현이 가능함 입출력이 동시에 가능한 듀얼포트 구조 윈도램(구조는 VRAM과 동일)

4. 메모리 셀

반도체 메모리의 기본적인 요소는 메모리 셀(memory cell)이다. 셀에 사용된 전자적인 기술은 다양하지만 모든 장치들은 다음과 같은 특성을 가지고 있다.

- 이진수 0, 1을 나타내기 위해 두개의 안정된 상태를 가진다.
- 상태를 나타내기 위해 최소한 한번 이상 기록할 수 있다.
- 기억된 상태를 감지하기 위해 읽을 수 있다.

[그림 5-101]은 메모리 셀의 동작을 보여준다. 일반적으로 메모리 셀은 전기신호를 전달할 수 있는 세 개의 단자를 가진다.

• 그림 5-101 • 메모리 셀의 동작

선택단자는 읽거나 쓰기 위해서 메모리 셀을 선택하고, 제어단자는 읽기/쓰기를 지시하며, 쓰기 동작에서 메모리 셀에 1 또는 0을 쓰기 위해서 데이터 입력단자로 신호가 들어온다. 읽기 동작에서 셀의 상태(기억된 내용)를 출력하기 위해 데이터 출력단자가 필요하다. DRAM과 SRAM의 램의 메모리셀 구조는 [그림 5-102]와 같다.

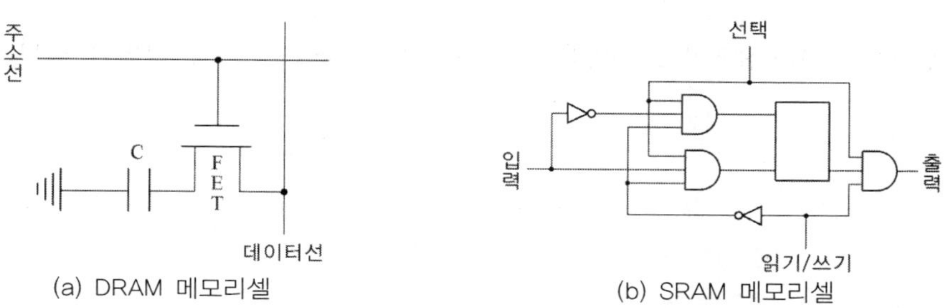

• 그림 5-102 • DRAM과 SRAM 메모리셀 구조

[그림 5-102 (a)]의 DRAM은 콘덴서와 MOS 트랜지스터를 사용하여 메모리셀을 만들고, (b)의 SRAM은 플립플롭을 이용하여 메모리셀을 구성한다.

5. 메모리 구조

메모리 구조는 아래 그림과 같으며, 메모리 읽기 동작은 선택된 워드의 주소를 MAR로 전송한 후 읽기제어 신호를 동작시키고, 메모리의 쓰기 동작은 지정된 메모리의 번지를 MAR로 전송하고 저장하려는 데이터 비트를 MBR로 전송한 후 쓰기 제어 신호를 동작시킨다.

① **메모리 번지 레지스터(MAR : memory address register)** : 메모리 엑세스시 특정 워드의 주소가 MAR에 전송된다.

② **메모리 버퍼레지스터(MBR : memory buffer register)** : 레지스터와 외부장치 사이에서 전송되는 데이터의 통로

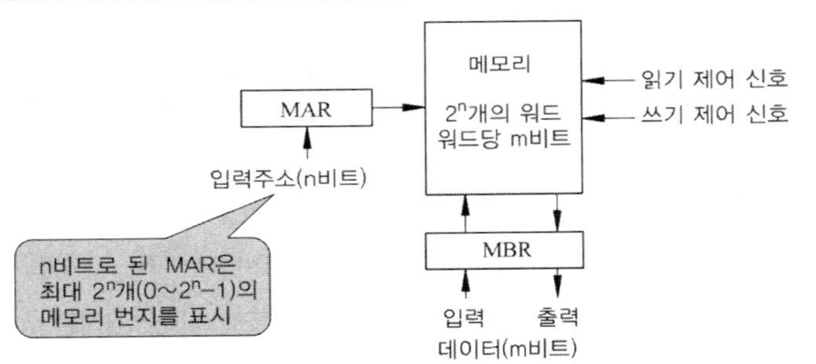

• 그림 5-103 • 메모리 구조

STATIC RAM의 8바이트 용량을 가지는 메모리 구조는 다음 그림과 같다.

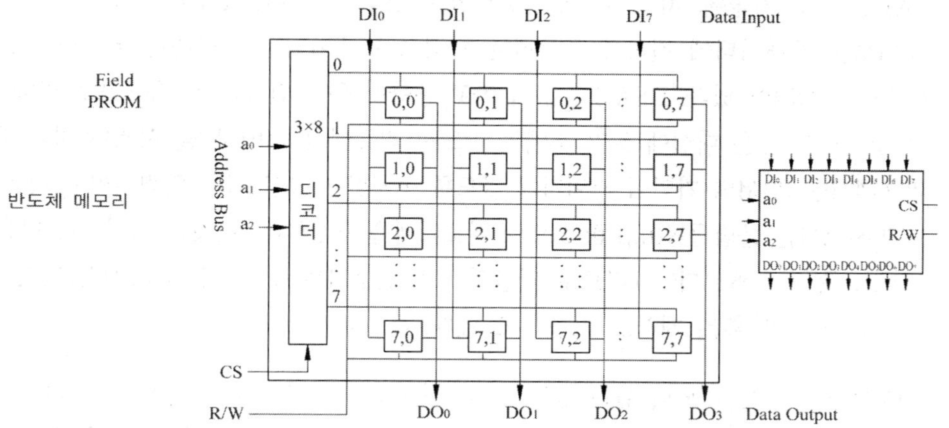

• 그림 5-104 • STATIC RAM의 8바이트 용량을 가지는 메모리 구조

② RAM

RAM(Random Access Memory)은 임의접근 반도체 기억장치로서 정보를 임의의 랜덤한 위치로의 혹은 위치로부터의 전송이 가능한 메모리이다. [그림 5-105]는 128×8비트 용량인 RAM의 블록도와 기능을 보인 것이다. 그림에서 제어입력 신호인 RD는 읽기 신호이고, WR은 쓰기 신호이다. 기억장치 시스템이 여러 개의 칩들로 구성되는 경우에는 칩 선택신호인 CS에 의해 칩의 선택여부가 결정된다.

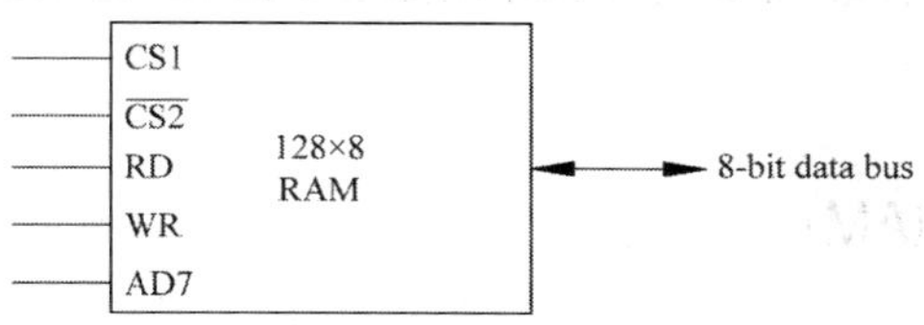

(a) Block diagram

CS1	$\overline{CS2}$	RD	WR	Memory function	State of data bus
0	0	×	×	Inhibit	High-impedance
0	1	×	×	inhibit	High-impedance
1	0	0	0	inhibit	High-impedance
1	0	0	1	Write	Input data to RAM
1	0	1	×	Read	Output data from RAM
1	1	×	×	Inhibit	High-impedance

(b) Funtion table

• 그림 5-105 • 전형적인 RAM 칩

RAM은 제조기술에 따라 DRAM(Dynamic RAM)과 SRAM(Static RAM)으로 나뉜다. DRAM은 캐패시터에 전하를 충전하는 방식으로 데이터를 저장하는 메모리 셀(memory cell)로 구성되어 있다. DRAM은 값이 싸고 용량이 큰 반면 엑세스 속도가 느리다. 그 이유는 집적도가 높은 대신에 읽기 후에는 반드시 리프레시(Refresh)를 시켜야 하기 때문이다. 리프레시란 RAM의 기억이 지워지지 않도록 동일한 내용을 다시 입력시키는 것을 말한다. 한편 SRAM은 플립플롭(flip flop)으로 메모리셀을 구성한다. 이것은 집적도가 낮은 대신에 엑세스 속도가 빠르다. 그러므로 일반적으로 DRAM은 주기억장치로 사용되고, SRAM은 비디오 메모리 혹은 캐시로 사용되고 있다.

RAM에 사용되는 메모리 셀은 정적구조와 동적구조로 분류한다. 정적 셀은 래치로 구성된 저장소자의 형태를 사용하며 동적 셀은 전하를 캐패시터 내에 저장하는 동적 저장소자를 사용한다. [그림 5-106]과 같다.

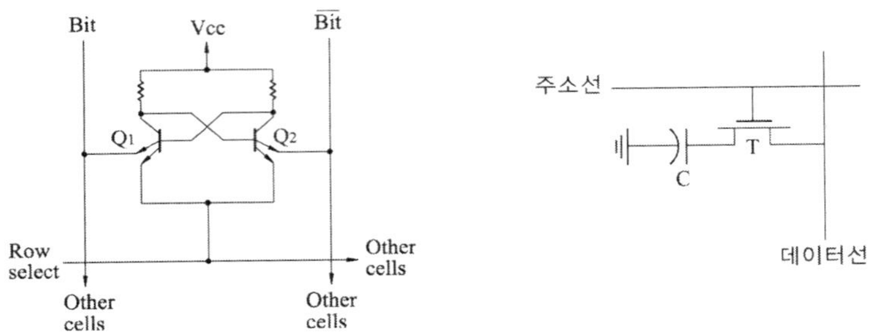

(a) 바이폴라 SRAM의 메모리 셀

(b) DRAM의 메모리 셀

• 그림 5-106 • 메모리 셀

1. SRAM(Static RAM)

SRAM이란 플립플롭 방식의 메모리 셀을 가진 임의 접근 기억장치로서, 전원공급이 계속되는 한 저장된 내용을 계속 기억하며, 복잡한 재생클럭(refresh clock)이 필요 없기 때문에 소용량의 메모리나 캐시메모리(cache memory)에 주로 사용한다. SRAM은 DRAM에 비하여 가격이 비싼 편이다. SRAM의 구조는 MOSFET 6 내지 8개로 된 플립플롭 메모리 셀로 구성되어 있으며, 그 동작 원리는 보통의 플립플롭과 동일하다. 즉, 한 쪽이 커져 있을 때에는 다른 한 쪽이 꺼져 있어 항상 어느 한 쪽에서는 전류가 흐르고 있으므로 1 비트당 소비전력은 동적 RAM에 비하여 평균 2배 정도가 된다.

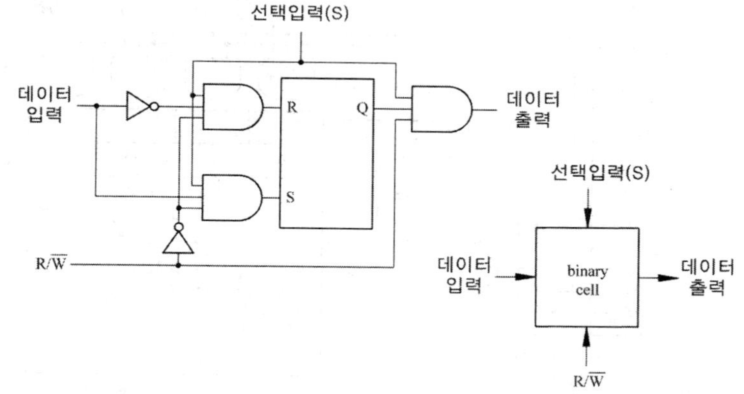

• 그림 5-107 • SRAM의 메모리셀 구조와 동작

① SRAM의 기본 구조

㉠ BC(binary cell) : 1개의 메모리 셀을 표시

㉡ E = 1이면 2개의 번지 입력값에 따라 4개의 워드 중 하나가 선택

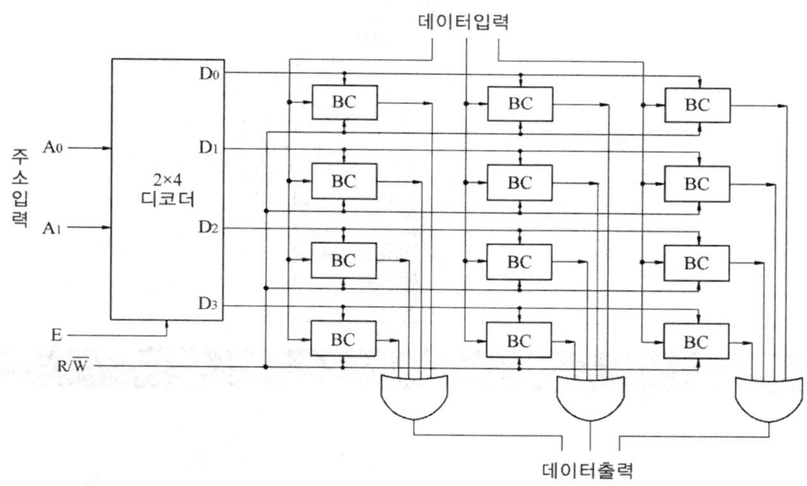

• 그림 5-108 • 4×3 정적RAM의 기본구조

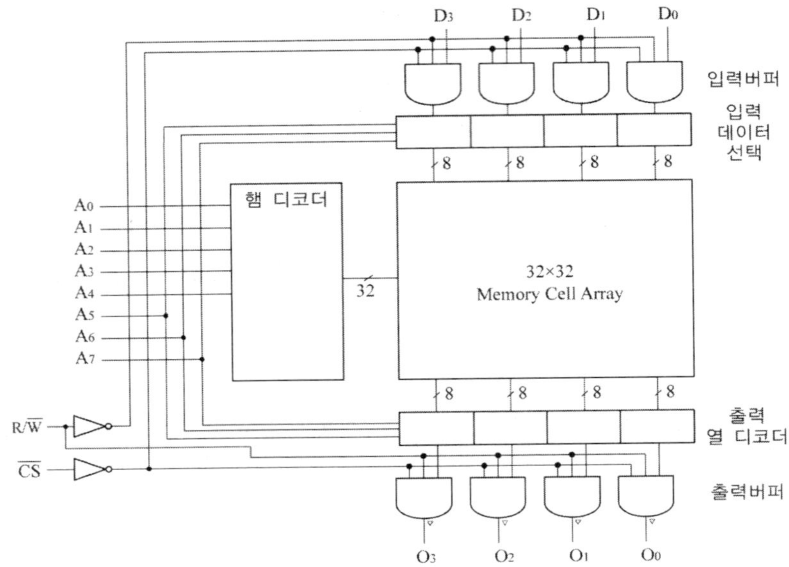

• 그림 5-109 • 32×32 SRAM의 기본구조

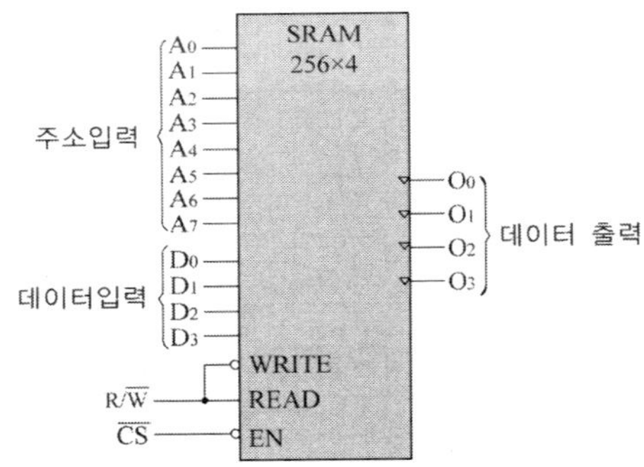

• 그림 5-110 • 256×4SRAM의 외부구조

2. DRAM(Dynamic RAM)

DRAM은 CMOS 기술로 제작되며 동작속도가 빠르지는 않으나 큰 저장용량과 저전력이란 장점을 갖는 메모리이다. SRAM과 다르게 DRAM은 작은 MOS 커패스터(일반적으로 몇 pF)에 데이터 1과 0을 저장한다. 그렇기 때문에 일정주기 시간 후에 케패시터에 저장된 전하가 방전되는 현상이 있다. DRAM은 일정한 시간동안 대개 2, 4 또는 8ms 간격을 데이터 다시 저장하는 리플래쉬 동작을 해야만 하며, 그렇지 않으면 데이터는 잃어버리게 된다.

가. DRAM의 메모리셀 구조와 동작

① Write

㉠ R/$\overline{W}$ = 0 : 입력 버퍼는 Enable, 출력 버퍼는 Disable

㉡ 메모리 셀에 논리 1을 저장하기 위해서는 D_{in} = 1로 하고, 행(row) 입력이 논리 1이면 트랜지스터는 on상태가 되며, 콘덴서에는 양(+)의 전압이 충전

㉢ 논리 0을 저장하기 위해서는 D_{in} = 0으로 하면 축전기는 충전되지 않는다.

㉣ 축전기에 논리 1이 저장되어 있는 경우는 축전기는 방전

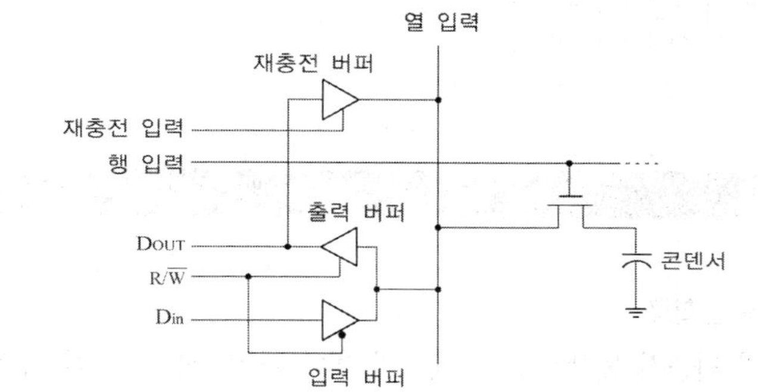

• 그림 5-111 • DRAM의 메모리셀 구조

② Read

㉠ R/$\overline{W}$ = 1 : 출력 버퍼는 Enable, 입력 버퍼는 Disable

㉡ 행(row) 입력이 논리 1이면 트랜지스터는 on 상태가 되며, 축전기는 비트선(bit line)을 통하여 출력 버퍼에 연결

㉢ 저장된 데이터는 출력(D_{out})을 통하여 외부로 출력

③ 재충전(Refresh)

㉠ R/$\overline{W}$ = 1, 행(row) 입력 = 1, 재충전(refresh) 입력 = 1로 하면 트랜지스터가 on이 되어 축전기는 비트 선에 연결

㉡ 출력 버퍼는 Enable되고, 저장된 데이터 비트는 재충전 입력이 논리 1이 되어 Enable되므로 재충전 버퍼에 다시 입력

나. DRAM 주소입력의 구조

① 주소입력 멀티플렉싱

㉠ 14비트의 주소 입력은 7비트의 열(column)과 7비트의 행(row)으로 나누어진다. 먼저

$\overline{RAS}$ 신호 입력에 의해 7비트의 행 주소가 입력되어 행 주소 래치에 저장되고, 그 다음에 $\overline{CAS}$ 신호 입력에 의해 7비트의 열 주소가 입력되어 열 주소 래치에 저장된다.

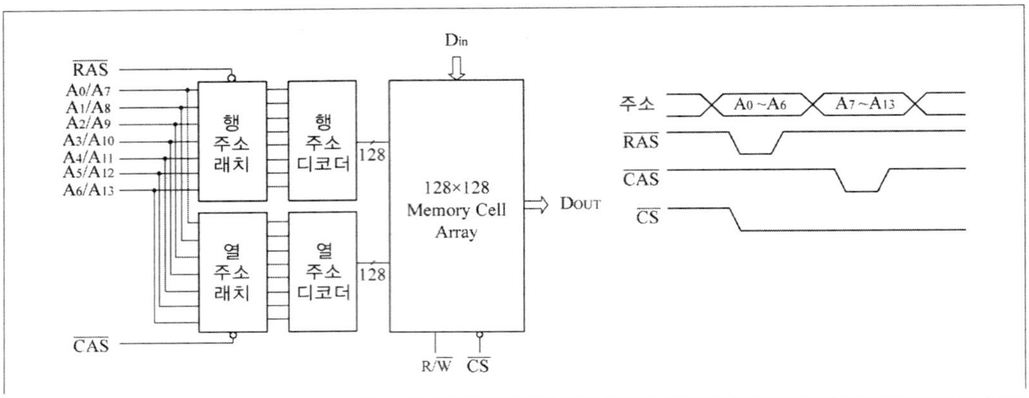

• 그림 5-112 • DRAM의 주소입력 구조

② 메모리 재충전회로

㉠ 메모리의 재충전 동작은 모든 메모리 셀이 행 입력을 통하여 재충전이 될 때까지 순차적으로 각각의 메모리 셀들을 재충전한다. 이것을 버스트(burst) 재충전이라 하며, 2 ~ 4[ms]마다 반복한다. 재충전이 되는 동안에는 데이터를 메모리로부터 읽기(read)와 쓰기(write)를 할 수 없다.

㉡ 모든 재충전을 한 번에 하지 않고 읽기와 쓰기 동작 사이에 행의 재충전 동작을 분배해서 수행할 수 있으며, 이 경우에도 재충전은 2 ~ 4[ms]마다 반복해야 한다.

SRAM에 비해 DRAM의 단점은 데이터를 유지하기 위해 주기적인 리플래쉬가 필요하므로 부가적인 회로가 필요하다는 점이다. 그러나 DRAM은 대부분 리플래쉬 회로를 내부에 내장하고 있으므로 외부에 별도의 하드웨어가 필요하지는 않지만, 칩의 입력제어 신호의 타이밍을 조절하여야 한다. 또한 어드레스 지정에 있어서 DRAM이 SRAM보다 직선성이 떨어져 조정을 해줘야 한다. 일반적으로 DRAM을 가지고 시스템을 구축할 때 SRAM보다 복잡하다. 그러나 대용량과 저전력을 요구하는 시스템일 경우 DRAM을 사용해야 한다. 메모리 응용 분야에서 속도와 복잡도가 가격보다 중요할 때, 그리고 전력에 어려움이 없을 때 SRAM이 적합하다. 일반적으로 DRAM보다 SRAM이 빠르며 리플래쉬 하지 않아도 되고 쉽게 설계할 수 있으나, 대용량과 저전력을 사용하는 DRAM과는 비교할 수 없다.

DRAM은 간단한 셀 구조를 가지고 있기 때문에 SRAM에 비해 가격도 저렴하고 저전력을 사용하는 장점이 있다. SRAM의 주요 응용분야는 적은 용량의 메모리가 고속으로 동작할 때 사용한다. 마이크로프로세서에 의해 제어되는 콘트롤러는 매우 적은 메모리 용량만으로도 충분하다. 개인용 컴퓨터의 내부 메모리는 용량이 크고 낮은 전력을 소모하기 때문에 DRAM을 사용한다. 그러나 이러한 컴퓨터는 때때로 비디오 그래픽 그리고 캐쉬 메모리와 같은 최고의 속도가 요구되는 메모리로 SRAM을 사용하고 있다.

다. DRAM 내부 구조

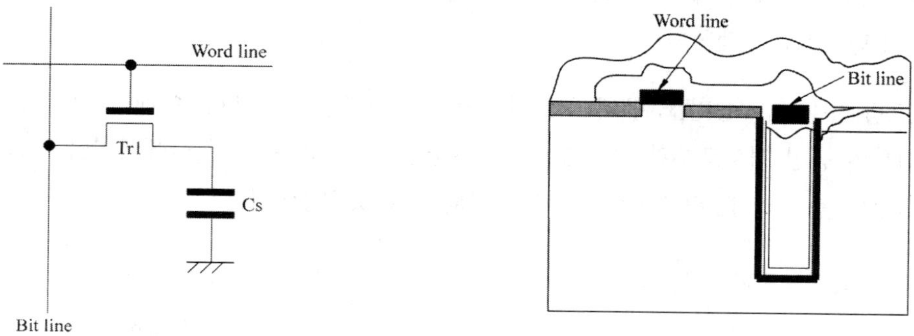

(a) Tr + capacitor 회로 (b) Trench 구조의 셀

• 그림 5-113 • DRAM

DRAM의 내부 구조는 [그림 5-113]에 나타낸 것처럼 1개의 트랜지스터와 1개의 콘덴서 구조가 사용되고 있으며, 셀의 단면도를 [그림 5-113 (b)]에 나타냈다. trench 구조로 실리콘 기판에 도랑은 파서 적은 면적으로 캐패시터 용량을 최대로 하는 구조이다. 이 트랜치 구조는 트랜치 간의 간격을 좁게 하는데 한계가 있어 stack형 셀 구조도 많이 사용되고 있다.

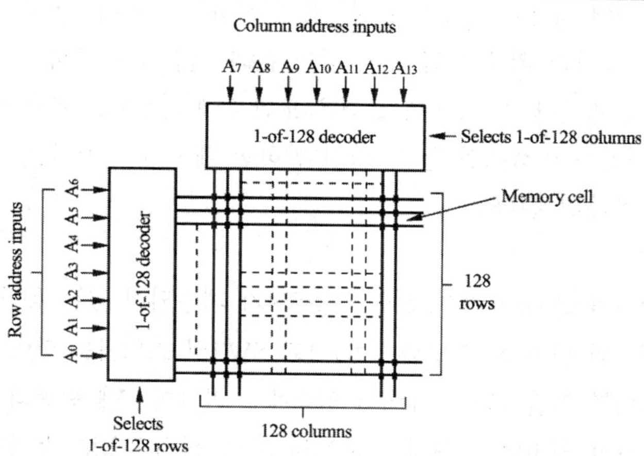

• 그림 5-114 • 16×1 동적 RAM의 셀 배열

DRAM의 구조는 [그림 5-114]에 나타낸 구조이며, 메모리는 1 비트 셀이 그림과 같이 어레이로 구성된다. 여기서는 16,384개의 셀이 128×128 어레이에 배열되어 있다. 각 셀은 어레이 내에서 특정한 행과 열에 위치해 있다. 16,384(2^{14} = 16,384)개의 셀을 구분하기 위해 14비트의 어드레스 비트가 필요하며, 정방행렬의 어레이를 갖기 때문에 각각 상위와 하위를 열과 행을 식별하는 어드레스 코드로 사용한다. 즉 총 14개의 어드레스 입력에 의해 셀이 선택되고, 어드레스의 MSB 6비트 즉 A0~A6은 메모리 셀이 위치한 열을 선택하고, LSB 6비트 즉 A7~A13은 행을 선택한다. 각 14비트 어드레스는 읽혀지거나 쓰일 특정한 셀을 선택한다.

[그림 5-115]는 DRAM 셀과 회로기호의 동작개념을 나타낸다. 아래 그림에서 커패시터에 전하의 충전 여부로 0과 1의 데이터를 나타낼 수 있고, 스위치 S1에서 S4는 여러 어드레스 디코더 출력과 $R/\overline{W}$ 신호에 의해 제어되는 MOSFET이다.

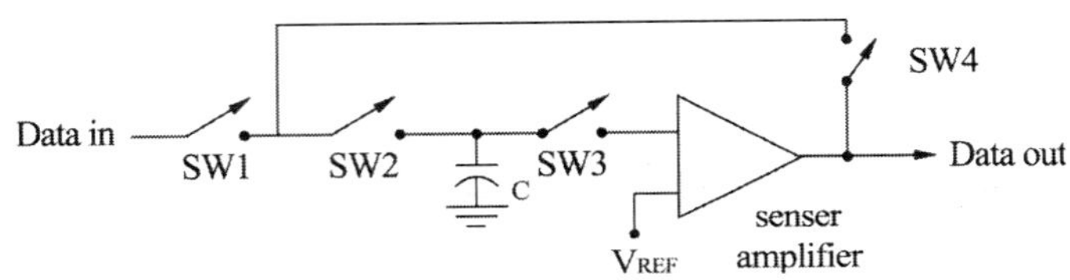

• 그림 5-115 • DRAM의 동작 개념도

① 읽기 동작

셀에서 데이터를 읽기 위해, 스위치 SW2, SW3, SW4를 닫고 SW1은 개방한다. 이것은 센서 증폭기에 저장된 커패시터 전압을 연결하는 것이다. 센서 증폭기는 논리가 0인지 1인지를 결정하기 위해서 몇 가지 참조 값과 전압을 비교하고, 데이터 출력에 대하여 0이나 5V를 만든다. 이 데이터 출력은 또한 C에 연결되고 재충전이나 재방전에 의하여 커패시터전압을 리플래쉬 한다. 다시 말하면 메모리 셀에 있는 데이터 비트는 판독될 때마다 리플래쉬 된다.

② 쓰기 동작

셀에 데이터를 쓰기 위하여, SW3과 SW4가 개방되어 있는 동안 어드레스 디코딩으로부터의 신호와 읽기/쓰기 입력은 SW1과 SW2의 스위치를 닫아 단락시킨다. 이는 C에 입력 데이터를 연결시킨다. 데이터 입력에 논리 1이 C에 충전되고, 논리 0은 방전한다. C는 충전되어 있지만 스위치가 오프될 때는 점진적으로 방전된다.

③ ROM

ROM은 새로운 내용을 저장할 수 없고, 이미 저장된 내용만을 읽어낼 수 있는 읽기전용 메모리이다. 그러므로 ROM은 프로그램이나 변경될 수 없는 데이터를 저장하는 데 사용된다. ROM에는 하드웨어 장치를 이용하여 정보를 기억시키는데, 이것을 ROM 프로그래밍이라고 한다. ROM에 저장된 프로그램을 특별히 펌웨어라고 하는데, 이는 하드웨어 요소인 기억장치에 소프트웨어 요소인 프로그램이나 정보가 결합된 형태를 하고 있음을 의미한다. ROM에는 주로 다음과 같은 내용들이 저장된다.

- 시스템 초기화 및 진단 프로그램
- 자주 사용되는 함수들을 위한 서브루틴
- 제어장치의 마이크로프로그램(마이크로프로그램 제어장치)

1. ROM 구성

ROM도 RAM과 같은 방식으로 구성되어 있다. 그러나 ROM은 읽을 수만 있기 때문에 데이터 버스는 출력모드만을 가진다. ROM 칩의 블록도를 [그림 5-116]에 보였다.
그림에서 ROM의 용량은 512바이트로서 9비트의 주소선으로 주소가 지정된다. 칩은 선택신호 CS에 의해 선택되며, 읽기/쓰기 제어선이 필요 없다. 일단 칩이 선택되면, 주소선에 의해 지정된 바이트가 데이터 버스에 실리게 된다.

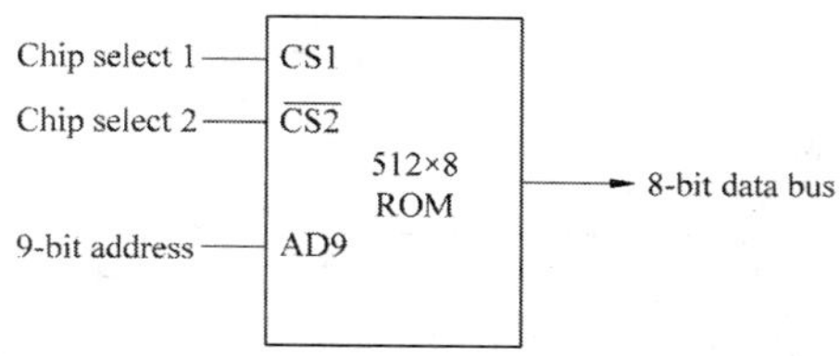

• 그림 5-116 • 전형적인 ROM 칩

2. 메모리 구조

ROM의 메모리 구조를 살펴보면 ROM은 AND게이트와 OR게이트로 구성된 조합논리화로로서 AND게이트는 디코더를 구성한다. OR게이트는 디코더의 출력인 최소항들을 합하는데 사용되며, OR게이트 수는 ROM의 출력선수와 같다.

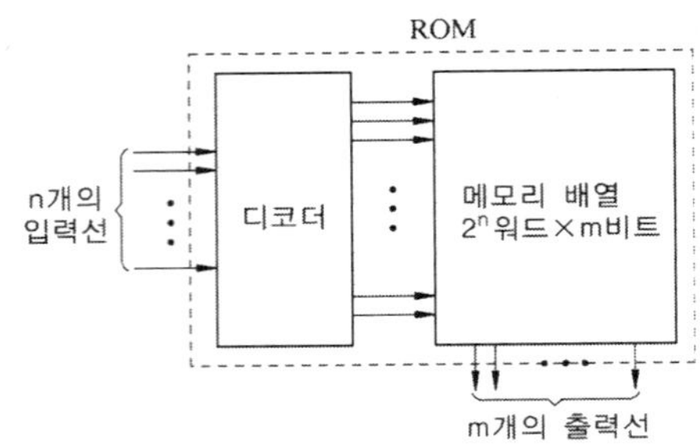

• 그림 5-117 • 메모리구조

3. ROM의 내부 논리구조

ROM의 내부 구조 논리를 아래 그림의 예를 들면 번지입력이 5비트이며, 디코더로부터 선택되는 최소항은 입력의 5비트와 등가인 10진수로 표시되는 최소항이다. 디코더의 32개 출력은 각각의 OR게이트의 퓨즈를 통해 연결된다. 그림에는 OR게이트의 입력에는 실제로 32×4 = 128개의 내부 퓨즈가 있다.

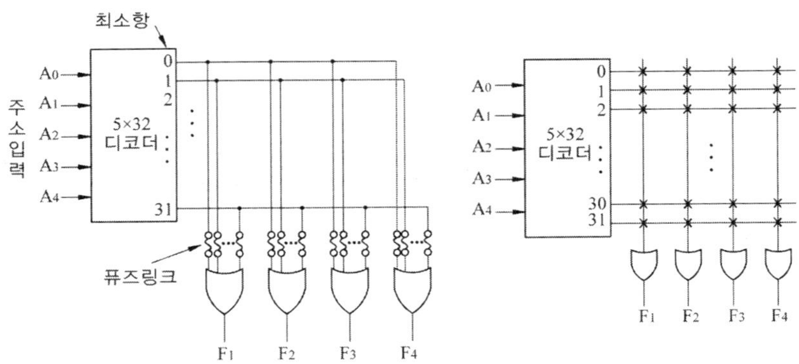

• 그림 5-118 • 32×4 ROM의 내부 논리 구조

ROM은 2진 데이터를 표시하기 위해 각 주소에 해당하는 워드의 내용을 나타내는 진리표를 사용한다. 진리표에서 입력은 주소에 해당되고, 출력은 주소에 대한 워드의 내용이다.

• Example

입력					출력			
A_4	A_3	A_2	A_1	A_0	F_3	F_2	F_1	F_0
0	0	0	0	0	0	1	1	0
0	0	0	0	1	1	1	0	1
0	0	0	1	0	0	1	0	1
0	0	0	1	1	0	0	1	0
…					…			
1	1	1	0	0	1	1	0	1
1	1	1	0	1	0	1	1	0
1	1	1	1	0	1	1	1	0
1	1	1	1	1	0	1	1	1

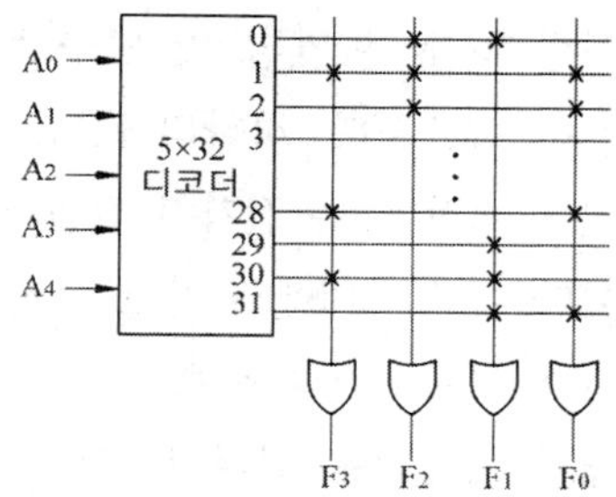

• 그림 5-119 • 32×4 ROM 입출력의 예

4. ROM의 종류

가. PROM(programmable ROM)과 EPROM(erasable ROM)

생산자가 제조단계에서 ROM에 직접 정보를 기록하지 않고, 사용자가 전기적으로 정보를 기록할 수 있는 ROM이다. 이 때 PROM 프로그래머라고 하는 특수한 하드웨어장치가 필요하다. 따라서 새로운 PROM을 구입한 사용자가 필요에 따라 원하는 내용을 쓸 수 있다.

기억용량이 적은 ROM이 필요한 경우 프로그래머블한 PROM을 사용하는 것이 제작기간 및 비용 측면에서 마스크 ROM보다 경제적이다. PROM은 메모리에 저장된 초기 값이 전부 0이거나 모두 1이다. PROM의 출력 단자들을 통해 전류 펄스를 공급함으로써 PROM의 연결 고리들을 끊어 논리값을 결정할 수 있다. 끊어진 연결 고리는 하나의 2진 상태를 나타내고 끊어지지 않은 연결 고리는 다른 2진 상태를 나타낼 수 있으므로 이 상태가 0, 1로 대응되어 있다.

따라서 사용자는 실험실에서 메모리의 값을 결정하는 프로그램을 할 수 있다. 그러나 ROM 또는 PROM을 프로그래밍 하는 하드웨어 과정은 역으로는 실현될 수 없고, 일단 프로그래밍 되면 ROM 내에 저장된 비트들의 값은 변경할 수 없다.

PROM을 개선한 것으로, 입력된 데이터를 지우고 다시 프로그래밍이 가능한 ROM이 있는데 바로 EPROM(erasable ROM) 이다. EPROM은 그 전의 비트 값들이 변경되어졌다 하더라고 초기화로 재구성할 수 있다. 자외선에 일정 시간 노출하면 기록되어 있는 내용을 지울 수 있는 칩이다. 일단 자외선에 의해 정보를 지우고 나면, 초기 상태로 돌아가기 때문에 재차 기록하는 것이 가능하다. EPROM은 여러 번 사용할 수가 있다.

이런 ROM은 개발 및 연구단계에서는 ROM의 내용을 자주 바꿀 필요가 생기기 때문에 흔히 사용된다. 하나의 EPROM 칩을 프로그램 하는데 수분 정도가 소요되며 EPROM에 있는 저장 셀은 전기적 접점(부동게이트)이 없는 실리콘게이트로 된 MOSFET 트랜지스터이다. 정상상태에서 각 트랜지스터는 off 되어 있고 각 셀에는 논리값 1이 저장된다. 트랜지스터는 고전압 프로그램 펄스를 인가함으로써 on이 되는 문턱전압이 바뀌어지고 이 상태를 프로그램 한다고 한다.

이 상태는 펄스가 종결되어도 계속 유지하게 된다. 이는 고전압 펄스에 의하여 MOSFET 게이트산화막에 전자가 주입되고 주입된 전자는 방전통로가 없어 산화막에 존재하게 된다. 이 산화막 속의 전자들이 문턱전압을 바꾸어 준다. 이 상태는 전원이 제거되어도 트랜지스터를 on 상태로 유지하고 각 셀은 논리값을 유지한다. 프로그램 과정에 EPROM 어드레스와 데이터 핀은 메모리 셀을 0으로, 혹은 1로 프로그램 할 것인지를 선택할 때에 사용된다.

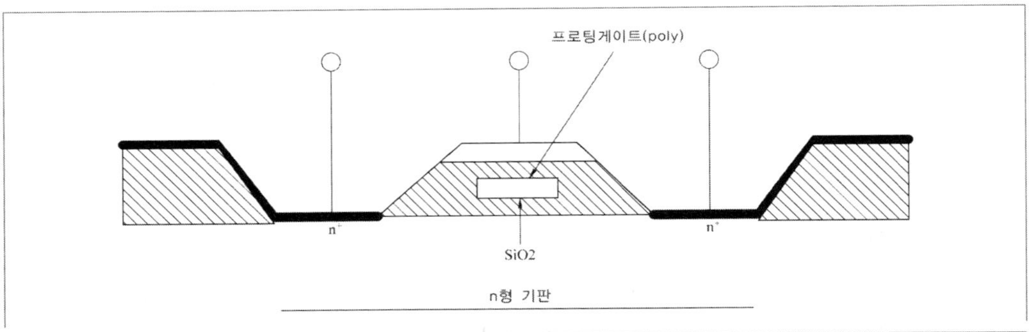

• 그림 5-120 • nMOS구조를 갖는 EPROM의 구조

[그림 5-120]은 EPROM의 구조를 나타낸 것이며, 자외선(UV)을 쪼임으로써 SiO_2 속의 프로팅게이트를 통하여 기판에 광전류를 흘려 게이트에 축적된 전하를 방전시킨다. 이와 같이 하여 이미 기억된 데이터 값들을 지워 없애면 ROM은 초기 상태로 되돌아가게 되므로 다시 프로그래밍할 수 있다.

• 2716(2k×8 EPROM)

Intel사의 2716은 2048워드×8비트의 용량을 갖는 UV EPROM이다. TTL과 완전히 호환하며 엑세스 시간은 450ns 이하이다.

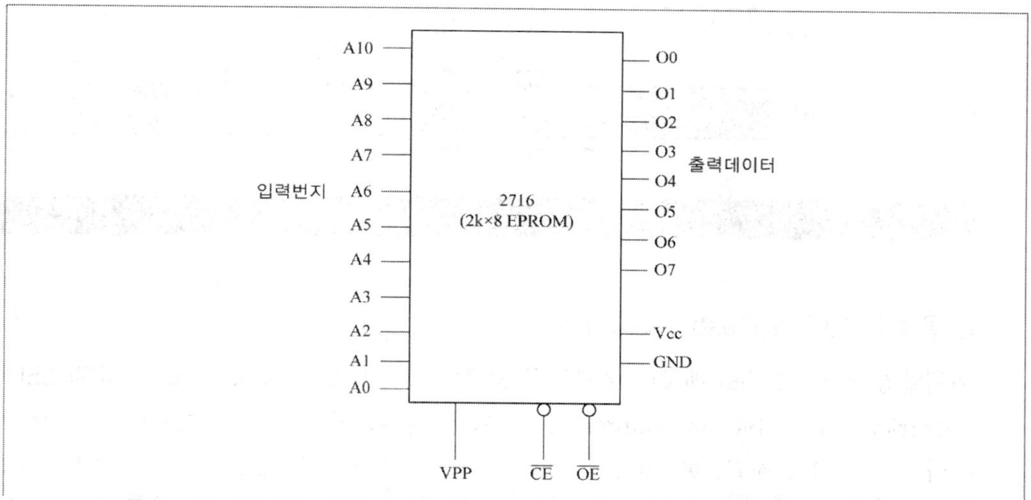

• 그림 5-121 • 2716 핀 배치도

[그림 5-121]은 2716 (EPROM)의 핀 배치도이다.

입력 11비트 즉 2^{11} = 2048 주소번지를 해당할 수 있으며 각 주소번지에 의해서 선택되는 기억소자는 8비트를 기억하고 있다. 즉 11비트의 입력이 가해지면 2048워드 중 하나가 선택되고 각 워드는 8비트이며, $\overline{CE}$와 $\overline{OE}$가 LOW일 때 출력이 나타난다. [그림 5-122]는 2716의 타이밍도를 나타내며 번지입력이 들어 왔을 때 $\overline{CE}$와 $\overline{OE}$가 LOW로 된 후 t_{CE}, t_{OE}의 시간이 흘러야 출력으로 유효한 데이터가 나오게 된다. $\overline{CE}$, $\overline{OE}$가 HIGH이면 유효하지 않은 데이터이다.

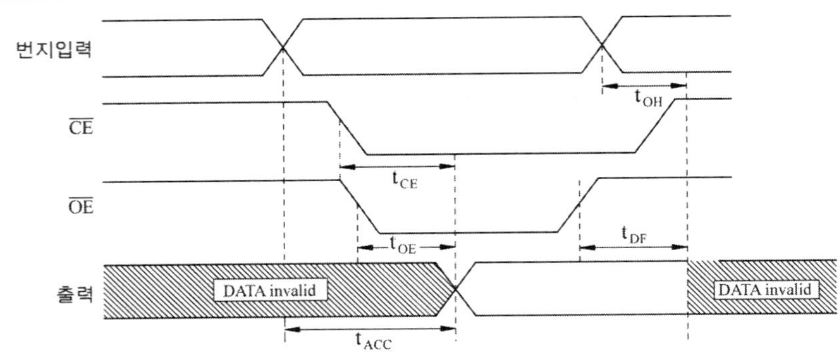

• 그림 5-122 • 2716의 타이밍도

나. 플래쉬 메모리(Flash memory)

비휘발성(non-volatile) 메모리 중에서 EPROM(erasable programmable ROM)과 EEPROM (electrically erasable programmable ROM)은 둘 다 한 bit씩 전기적으로 프로그램 가능하다. 그 중 EPROM은, 한 bit당 한 개의 트랜지스터만 사용하므로 단위 칩 면적당 메모리 용량이 큰 장점이 있는 반면에, 기억된 내용을 지울 때는 UV 광선(자외선)을 사용하므로 기억된 내용을 바꿀 때마다 EPROM 칩을 시스템에서 뽑아내야 하는 불편함이 있다.

EEPROM은 자외선 대신에 전기신호를 이용하여 기록되어 있는 정보를 지울 수 있는 ROM으로 기억된 내용을 한 bit씩 전기적으로 지울 수 있어서(electrically erasable) 시스템 보드에 꽂혀 있는 그대로 기억 내용을 지우고 바꿀 수 있는(in-system programmability) 장점이 있는 반면에, 1-bit당 두 개의 트랜지스터를 사용하므로 단위 칩 면적당 메모리 용량이 작아서 가격이 비싼 단점이 있다.

EPROM과 EEPROM의 장점만을 취한 것이 flash 메모리인데, flash 메모리는 한 bit당 한 개의 트랜지스터를 사용하여 단위 칩 면적당 메모리 용량이 크고 전기적으로 기억된 내용을 지울 수 있게 함으로써 시스템 보드에 실장되어 있는 그대로 기억 내용을 지우고 바꿀 수 있다.

그런데 EEPROM에서는 기억된 내용을 한 bit씩 혹은 한 byte씩 지우고 그 내용을 다시 적어 넣을 수 있는 장점이 있는 반면에 flash 메모리는 기억된 내용 중에서 일부만을 바꾸고자 할 경우에도 보통 칩 전체를 다 지우고 칩 전체 내용을 다시 적어 넣어야 하는 단점이 있다. Flash 메모리라는 이름은 기억된 내용을 지울 때 칩 전체 내용을 한 순간에 빠른 속도로 번개(flash)같이 지운다는 뜻으로 붙여졌다.

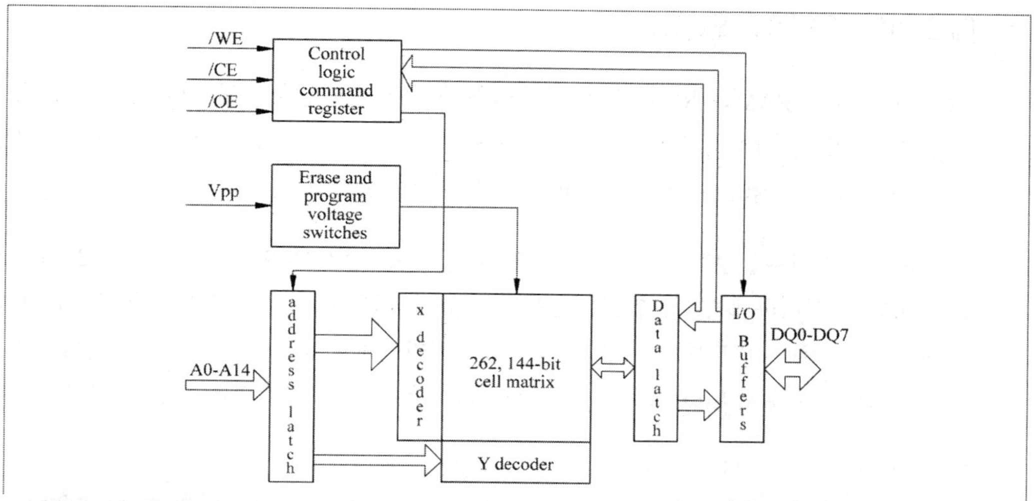

• 그림 5-123 • 플래쉬 메모리 칩의 내부 구조 블럭도

[그림 5-123]의 플래쉬메모리 칩의 예로 동작을 간단히 설명하면, 먼저 제어입력 $\overline{CE}$, $\overline{OE}$, $\overline{WE}$은 데이터 핀에서 발생하는 일을 제어한다. 데이터 핀들은 데이터 버스와 연결되어 있고, 쓰기 동작 동안에 데이터는 버스를 통해 칩으로 전송된다. Vpp핀이 6.5V 이상의 전압에서는 쓰기 동작은 수행되지 않고 칩은 읽기 동작만 가능해지며, 메모리의 내용은 변하지 않는다. 이 구조의 특징은 명령어 레지스터이다.

명령어 레지스터는 칩의 모든 기능을 제어하는데 사용된다. 명령어 코드는 이 레지스터에서 쓰여 칩 내부에서 발생하는 동작들을 제어한다. 이들 명령어 코드들은 마이크로프로세서로부터 데이터 버스를 통해 전송된다. 상태제어 논리는 명령어 레지스터의 내용을 체크하고 동작 동안 칩 내부 회로의 나머지를 다음 단계로 이동하기 위해 제어신호와 논리를 발생한다.

④ 메모리의 구성

컴퓨터시스템은 주기억장치의 용량이 클수록 평균 기억장치 엑세스 시간이 단축되어 시스템 성능이 향상된다. 그러나 주기억장치를 구성하는 ROM과 RAM은 각 칩당 저장할 수 있는 용량에 한계가 있기 때문에, 원하는 만큼의 기억장치 용량을 가지도록 하기 위해서는 여러 개의 칩을 사용해야 한다. 또한 한 개의 칩의 각 기억장소에 저장되는 비트 수가 일반적으로 컴퓨터의 워드 길이보다 적기 때문에 한번에 한 워드씩 액세스할 수 있도록 하기 위해서는 여러 개의 칩들을 병렬로 접속해야 한다.

1. 메모리와 CPU의 연결

[그림 5-124]는 RAM과 ROM 칩이 주소버스와 데이터버스를 통해 CPU와 접속된 구성도를 보인 것이다. 여기서 RAM 칩은 128×8비트 크기로서 7개의 주소선을 갖고 있으며, ROM 칩은 512×8비트 크기로서 9개의 주소선이 필요하다.

주소의 하위 8비트인 A7-A0는 모든 RAM에 공통으로 연결되어 내부의 2^8(= 256) 바이트 중의 하나를 선택하게 된다. 그리고 4개의 RAM에 대한 구별은 주소선의 A9와 A8에 의해 가능하다. 즉 이 두 비트를 2×4 디코더에 입력시켜 4개의 출력을 발생하고, 이들을 각 칩의 CS1신호로 사용하면 된다. 다음은 A9와 A8의 값에 따라 선택되는 RAM을 보인 것이다.

00 : RAM0 01 : RAM1 10 : RAM2 11 : RAM3

RAM과 ROM 사이의 구별은 주소선의 A10에 의해 이루어지며, A10 = 0이면 RAM 그리고 A10 = 1이면 ROM이 선택된다.

CPU로부터 발생되는 RD 및 WR 신호들은 모두 RAM 칩에 연결되어 읽기와 쓰기 동작을 제어한다. 그리고 ROM 칩에는 RD 신호만 연결되는데, 그 까닭은 ROM은 읽기만 가능하기 때문이다. 모든 메모리 칩은 데이터 입출력 선이 8개씩이며, 이들은 모두 데이터 버스에 연결된다.

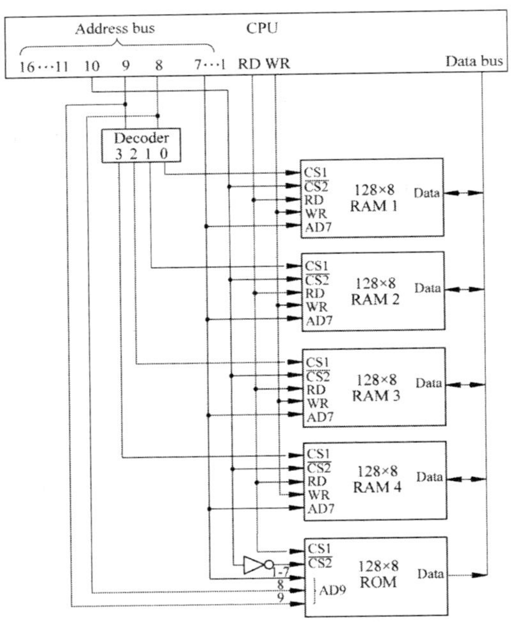

• 그림 5-124 • 메모리와 CPU의 연결

2. 메모리 주소 맵

[표 5-44]은 [그림 5-124]의 메모리 구성에 대한 메모리 주소 맵(memory address map)을 보인 것이다. 여기서 메모리 주소 맵이란 메모리 주소지정을 위해 칩에 지정된 메모리 주소를 구별하는 표이다. 첫 번째 칸에는 사용된 메모리 칩이고, 16진 주소 칸에는 각 칩에 해당하는 주소의 범위를 나타내고 있다. 그리고 세 번째 칸에는 주소버스의 각 비트가 나타나 있다. 주소버스에는 16개의 선이 있으며, 주소버스 항목에 있는 x는 각 칩에 입력되는 주소 비트를 말한다.

| 표 5-44 | 컴퓨터의 메모리 주소 맵

메모리 칩	16진 주소	주소버스									
		10	9	8	7	6	5	4	3	2	1
RAM 1	0000-007F	0	0	0	x	x	x	x	x	x	x
RAM 2	0080-00FF	0	0	1	x	x	x	x	x	x	x
RAM 3	0100-017F	0	1	0	x	x	x	x	x	x	x
RAM 4	0180-01FF	0	1	1	x	x	x	x	x	x	x
ROM	0200-03FF	1	x	x	x	x	x	x	x	x	x

제6절 A/D, D/A 변환기

A/D 변환기는 디지털 코드 값을 그 디지털 값에 비례하는 전압 또는 전류로 바꾸어주는 일종의 트랜스듀서이다. 변환기(Converter)란 아날로그신호를 디지털 신호로 또는 디지털 신호를 아날로그 신호로 바꾸어 주는 장치를 말하며, 전자를 A/D 컨버터, 후자를 D/A컨버터라 한다.

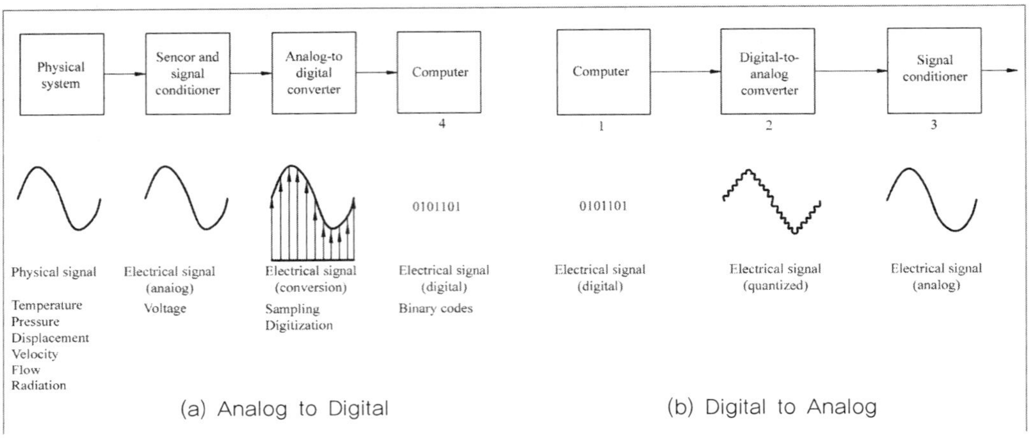

• 그림 5-125 • A/D, D/A 변환기

① 신호변환 과정

AD변환은 샘플링, 양자화, 부호화 3부분으로 구성되며, 아날로그 신호 변환 과정은 아래와 같다.

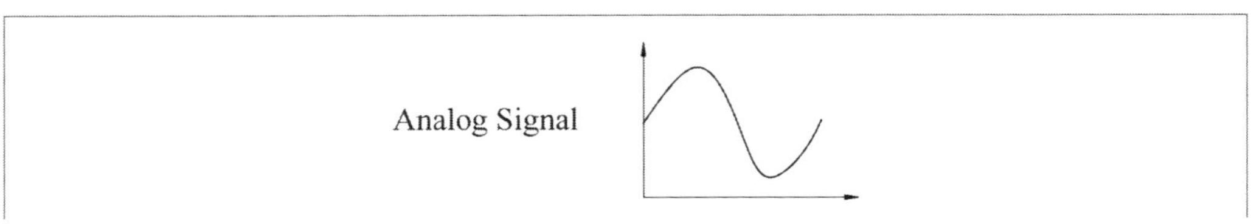

• 그림 5-126 • 아날로그 신호

• **샘플링(Sampling)** : Digitiaer, Sampler
시간축 반향에서 일정 간격으로 샘플 추출하여 이산신호로 변환시키는 과정

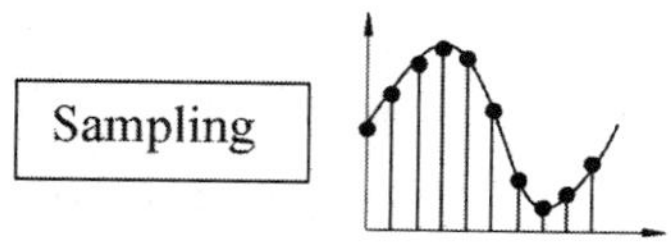

• 그림 5-127 • 샘플링

• **양자화(Quantization)**
샘플된 진폭치를 특정 대표값으로 바꾸는 과정

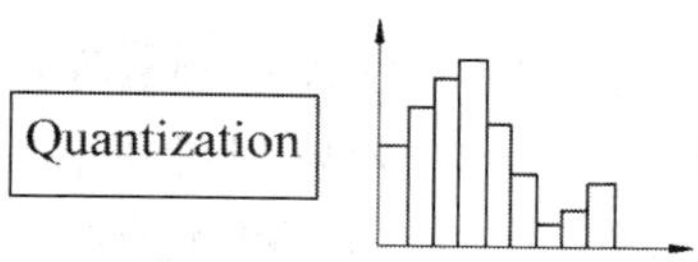

• 그림 5-128 • 양자화

• **부호화(Coding)**
기계적 신호처리가 용이한 디지털 코드(Binary Code) 형태로 변환하는 과정

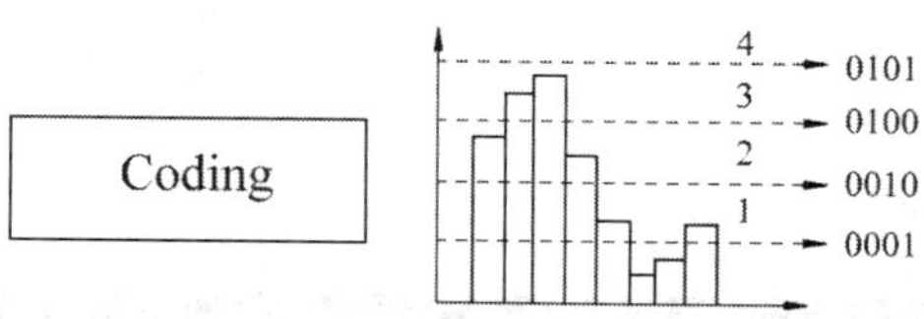

• 그림 5-129 • 부호화

② A/D 변환기

A/D 변환기는 입력된 아날로그 전압을 n비트의 바이너리 값으로 변환해주는 장치로서 A/D 변환기에는 병렬 비교형, 싱글 슬로우프형, 듀얼 슬로우프형, 축차근사형 등의 종류가

있다. A/D 변환기는 종류에 따라 입력전압의 범위와 출력 bit수, 그리고 변환 시간이 다르다.

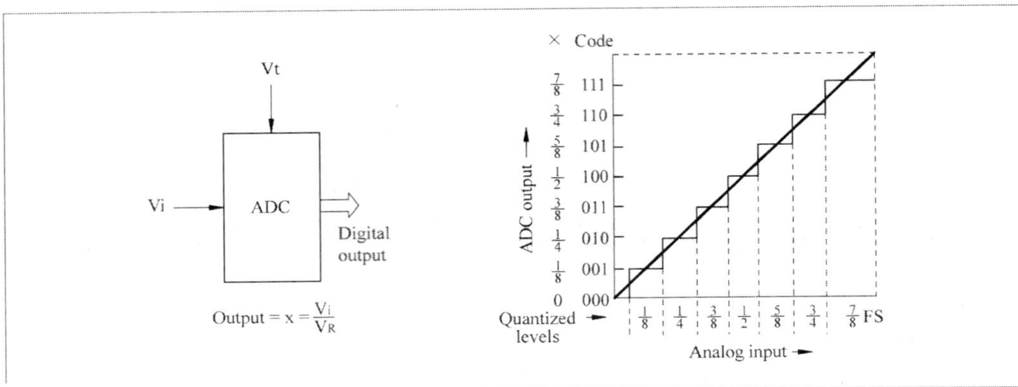

• 그림 5-130 • A/D변환의 기본 블럭도 및 분해능

Analog 신호를 digital 신호로 변환하는 A/D 변환회로에 나오는 분해능에 대해 살펴보고자 한다. 보통 digital 회로는 4-bit가 기본 단위이지만, 그림을 단순하게 하기 위해 [그림 5-131]에서는 2-bit 및 3-비트의 경우를 비교하였다.

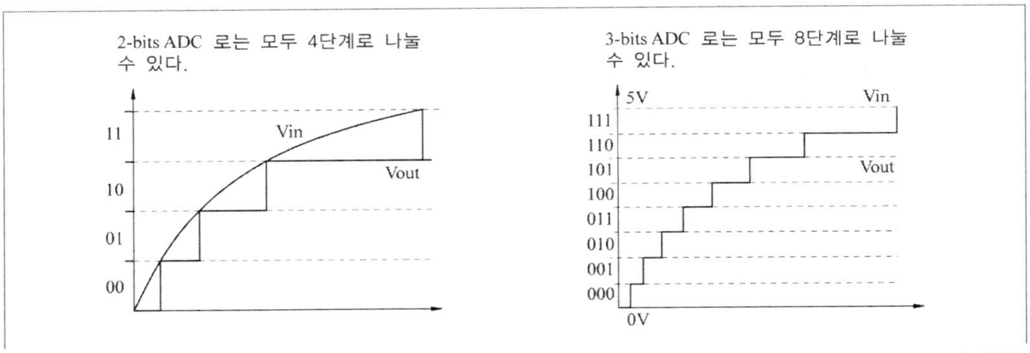

• 그림 5-131 • A/D 변환기의 분해능

위 그림처럼 2비트 ADC는 4단계로 나타낼 수 있고 3비트 ADC는 8단계까지 구분할 수 있다. 2비트와 3비트 두가지 컨버터를 비교할 때 3비트가 훨씬 높은 분해능(resolution)을 갖는다고 말할 수 있다.
하지만 일반적으로 분해능이 낮을수록 변환시간은 빠르다.

A/D Converter의 분해능은 변환기 입력전압의 최소 증가분으로서, 출력 비트수에 의해 결정된다.

예를 들어 8bit A/D converter의 경우, 입력신호는 그 크기에 따라 이진수 0000 0000부터 1111 1111까지 256단계의 다른 크기로 나타난다.
입력전압의 범위가 0 ~ 5[V]일 경우, 분해능은

$$\frac{5[V]}{256} = 0.0195[V]$$

따라서 이진수 출력 0000 0001은 0.0195[V]를 나타내고
0000 0010은 0.039[V]에 해당한다.

3.042[V]를 디지털로 변환하면 이진수는 얼마인지 8비트 A/D 경우로 예를 들어보면 10진수 분해능은 156으로 계산된다.

$$\frac{3.042}{0.0195} = 156$$

8비트의 경우 단계의 차이가 0.0195이므로 위 식을 적용하여 의 값으로 계산하여 산출된 값 십진수 156 분해능을 2진수로 바꾸면 1001 1100으로 나타낼 수 있다.

아래 그림은 3비트의 경우 아날로그 전압을 2진수로 표현한 것이다.

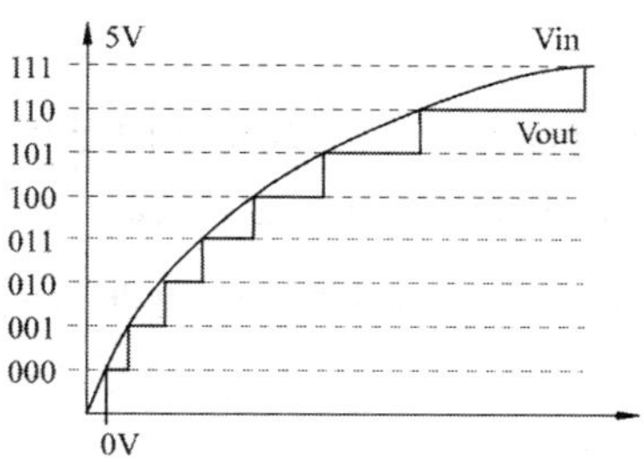

Voltage[V]	2진수 표현
0 ~ 0.62	000
0.621 ~ 1.25	001
1.251 ~ 1.87	010
1.871 ~ 2.5	011
2.5 ~ 3.12	100
3.121 ~ 3.75	101
3.751 ~ 4.37	110
4.371 ~ 4.00	111

• 그림 5-132 • 3비트의 2진수 표현

만약 상용화된 10bit 분해능의 ADC를 이용하면 0 ~ 5[V]의 입력범위를 $2^{10} = 1024$ 단계로 나눌 수 있다.

Full Scale 5[V]인 10bit ADC에 3.65[V]를 입력하면 출력은

$$\left\{\begin{matrix} 5[V] & \rightarrow & 1024 \\ 3.65[V] & \rightarrow & X \end{matrix}\right\} \rightarrow X = \frac{1024\times365}{5} = 747.52 = 748$$

이는 2진수로는 10111 01100이다.

EXERCISE 6

8bit의 계수형 A/D 변환기에서 500[kHz]의 주파수를 가질 때 최대 변환시간[ms]은?

풀이 ① 최대 변환시간
8비트 변환기는 최대 $2^n = 256$개의 clock pulse를 요하며, 500[kHz] 출력을 256회 계수하려면 $256\times2\times10^{-3} = 512\times10^{-3} = 0.512\times10^{-3}$[sec]의 시간이 필요하다.
② 평균 변환 시간
$0.512\times10^{-3}/2 = 0.256\times10^{-3}$[sec]
③ 최대 변환 속도
$1/(0.512\times10^{-3}) = 1953$(변환/sec)

1. A/D 변환기의 종류 및 분류

A/D 변환기의 종류를 분해능에 따라 분류하면 8비트, 12비트, 16비트 등으로 분류할 수 있고 변환 방식에 따라서도 여러 가지로 분류할 수 있다.

A/D 변환 방식은 양자화 방식에 따라 적분형과 비교형 등 2가지로 대별된다. 적분형은 아날로그 전압을 시간 또는 주파수로 변환하여 이것을 카운터로 계수하여 디지털 값으로 변환하는 방식이고, 비교형은 기준전압을 바꾸어 가면서 아날로그 전압과 크기를 비교하여 디지털 값으로 변환하는 방식이다.

적분형은 가격이 싸고 잡음에 둔감하지만 변환 속도가 느린 단점이 있고, 비교형은 변환시간이 일정하고 고속이며 고분해능이 특징이다.

| 표 5-45 | 주요 A/D 변환기의 종류 및 특성

비교항목	이중적분형	비교형		
		추적비교형	축차비교형	병렬비교형
변환시간	가장 늦다 1[ms]~200[ms]	늦다 0.4[μs] ~ 200[ms]	빠르다 0.4[μs] ~ 200[μs]	가장 빠르다 1[ηs] ~ 200[μs]
분해능	중간 정도	낮다	높다	가장 낮다
회로구성	간단	가장 간단	복잡	가장 복잡
가격	중간	가장 낮다	높다	가장 높다
용도	계측기 (비교적 낮은 주파수를 측정하는 주파수 카운터,디지털전압계)	계측기 (디지털전압계 등)	계측기 (주파수카운터, 센서 입력용 음성신호의 통신,기록 등)	화상신호 처리 디지털오실로스코프 고속통신 의료용 등

비교형의 방법으로는 추종형, 축차형, 병렬형이 있는데, 축차 비교형은 병렬 비교형보다 속도는 늦지만 비교적 고속이고 회로가 간단하기 때문에 계측 및 제어용 A/D 변환기에 많이 사용하고 있다.
또한 같은 변환 방식과 같은 비트수를 가진 A/D 변환기라도 디지털로 변환된 값을 출력 방식에 따라 직렬형과 병렬형으로 구분할 수 있다.

다음 그림은 디지털 출력 방식에 따른 차이점을 보여주고 있다. 아래의 그림 (a)는 12비트의 디지털 출력이 병렬형의 예이고, 그림 (b)는 12비트의 디지털 출력이 직렬형인 예이다.

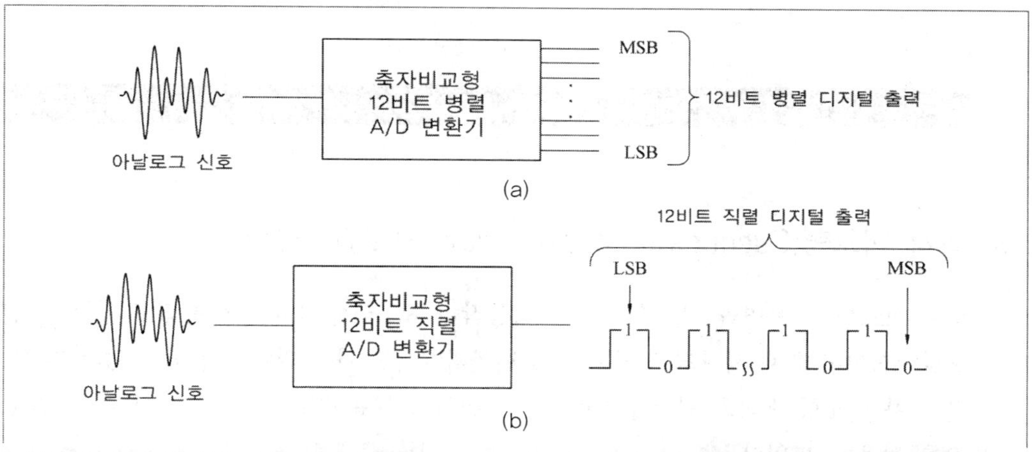

• 그림 5-133 • A/D 변환기의 디지털 출력 방식에 따른 분류

2. 추종비교형 A/D 변환기

추종 비교형 A/D 변환기는 A/D 변환기 가운데서 회로가 가장 간단하고, 가격을 싸게 제조할 수 있다는 특징을 가지고 있다. 다음 그림은 이 방식의 원리를 나타낸 것으로서 내부 D/A 변환기를 이용하고 있다. 변환 시작과 동시에 업 카운터는 클록 펄스 발생기로부터 클록 펄스를 카운트해 가고 그 계수값을 디지털 값으로 출력해 간다.

이 업카운터의 디지털 출력은 D/A변환기에 입력되므로 카운트수가 증가함에 따라 D/A변환기의 아날로그 변환 출력전압 V_{DA}가 증가하게 된다. 이 V_{DA}와 아날로그 입력전압 V_I을 비교기로 비교하여 양측 전압이 같아지거나 V_{DA}의 전압이 V_I보다 크게 되는 지점에서 업카운터를 중지시키도록 하면 그 때의 카운터의 값이 디지털 출력으로 되도록 하는 방식이다.

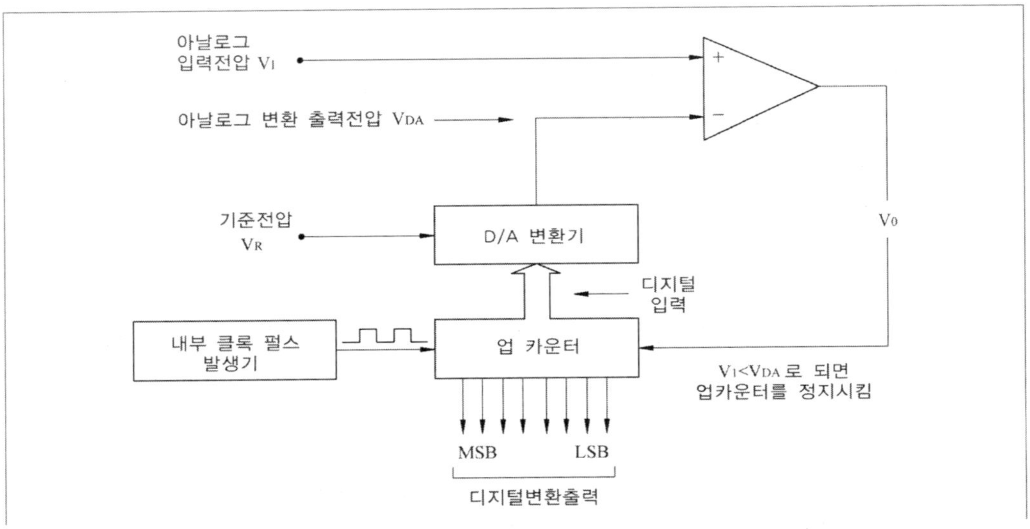

• 그림 5-134 • 추종 비교형 A/D 변환기

3. 축차 비교형(Successive approximation) A/D 변환기

축차 비교형 A/D 변환기는 중속 및 고속동작이 요구되는 경우에 이용되고 있는 잘 알려진 변환방식이며 현재 시판되고 있는 A/D 변환기에서도 가장 많이 사용되고 있다. 다음 그림은 축차 비교형 방식의 원리를 3비트 A/D 변환기로 표현한 것으로 역시 내부에 D/A 변환기를 사용하고 있다.

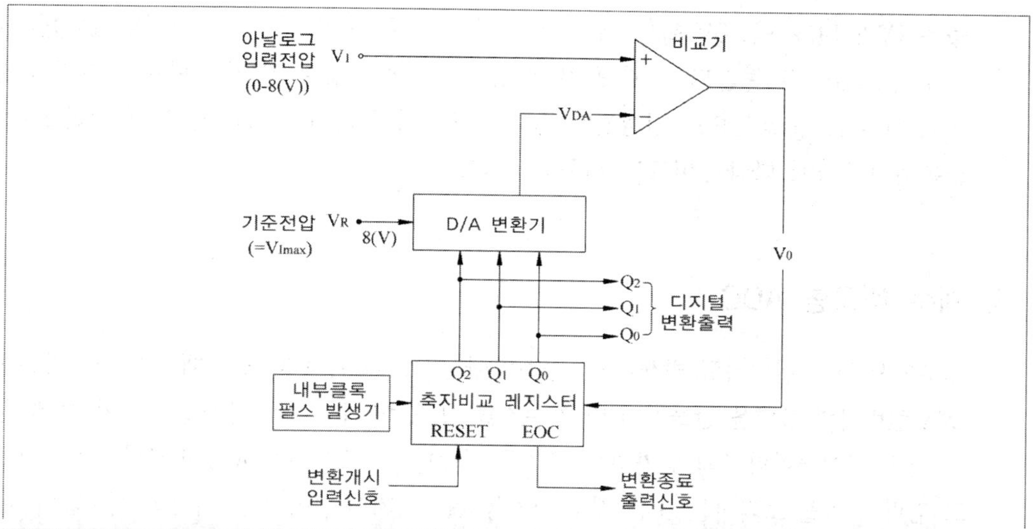

• 그림 5-135 • 축차비교형 A/D변환기

그림의 예는 0 ~ 8[V]의 아날로그 입력전압 V_I을 A/D 변환하여 디지털 변환출력으로 Q_2, Q_1, Q_0에서 출력하는 3비트 A/D 변환기를 보여준다. 이 경우 축차비교 레지스터의 출력(디지털 변환 출력) Q_2, Q_1, Q_0의 비트 값을 Q_2부터 Q_1, Q_0의 순서로 일단 1로 설정해 두고, 내부 D/A 변환기의 출력과 아날로그 입력을 비교하여 그것이 옳은지의 여부를 조사하여 그것이 옳지 않으면 Q_2, Q_1, Q_0의 값을 각각 0으로 하는 방법으로 그 값을 결정해 가도록 한다.

그 과정을 자세히 살펴보면 먼저, 축차비교 레지스터의 최상위 비트 Q_2를 1('H')로 세트해 두고 Q_1과 Q_0는 0('L')으로 하였을 때의 D/A 변환 출력 V_{DA}와 아날로그 입력전압 V_I을 비교한다. 이때 비교기의 결과가 $V_I \geq V_{DA}$이면 Q_2를 '1'로 유지하고, $V_I < V_{DA}$이면 Q_2를 '0'으로 한다. 이렇게 Q_2의 값이 결정되면, 다음으로 Q_1의 값을 Q_2의 결정 과정을 반복하여 결정한다. 그 다음으로 Q_0의 값을 결정하고 변환종료신호를 출력한다.

이러한 방법으로 축차비교형 A/D변환기에서는 최하위 비트 Q_0가 결정되기까지 아날로그 입력전압 V_I과 D/A 변환기의 출력 V_{DA}의 값을 비교하여 가며 그 결과를 축차비교 레지스터의 Q_2, Q_1, Q_0에 남겨두고 가는 방법으로 시행착오적으로 변환해 간다. 그리고 이 Q_2, Q_1, Q_0의 최종 값은 아날로그 입력전압 V_I에 대한 디지털 변환출력이 되는 것이다.

축자 비교형 A/D 변환기는 아날로그 입력전압 V_I의 값을 축차비교 레지스터의 3비트의 출력 Q_2, Q_1, Q_0의 형태로 2진수의 디지털 값으로 변환하므로 기준 전압 8V에 대해 분해능은 1V가 된다. 즉, 0V 이상 1V 미만의 V_I는 모두 0V에 해당하는 디지털 값(Q_2 = 0, Q_1 = 0, Q_0 = 0)으로 변환되고, 최대 7V 이상 8V 미만은 모두 7V에 해당하는 디지털 값(Q_2 = 1, Q_1 = 1, Q_0 = 1)으로 변환된다. 3비트 중에서 최상위 자리의 Q_2부터 순번으로 내부 클록의 1주기에 따라 1비트씩 변환해 간다.

4. 계수 비교형 ADC

내부에서 D/A 컨버터로 발생시킨 전압이 아날로그 입력보다 커질 때까지 비교하는 방식, D/A 컨버터의 출력을 만들기 위한 계수기를 사용, 이 계수기는 변환을 시작할 때 리셋되고 각 클럭 사이클마다 1씩 증가하는 구조를 갖는다. 비교기는 D/A 컨버터의 출력이 아날로그 입력 전압을 초과하는 순간 계수기의 동작을 정지시키며, 이 마지막의 계수값이 디지털로 변환된 출력값이 된다.

회로가 비교적 단순하지만 변환시간이 길고 입력 신호의 크기에 따라 달라지는 단점을 가진다. 즉, n bit 변환기의 경우 입력 신호가 full scale이면 변환시간이 가장 길어져서 클럭 주기가 필요하게 된다. 이러한 단순 계수형 ADC를 다소 개선한 형태로 추적비교형(tracking ADC)이 있다. [그림 5-136]에서 보는 것처럼 단순 계수형에서는 A/D 변환을 반복할 때마다 계수기를 리셋 시키고 처음부터 다시 계수함으로써 변환시간이 늦은데 비하여, [그림 5-137]의 추적비교형에서는 첫 번째 변환은 마찬가지로 수행되나 up/down 계수기를 사용하여 그 다음부터는 입력 아날로그 신호를 DAC의 출력값과 비교하면서 추적하므로 변환시간이 빨라지게 된다.

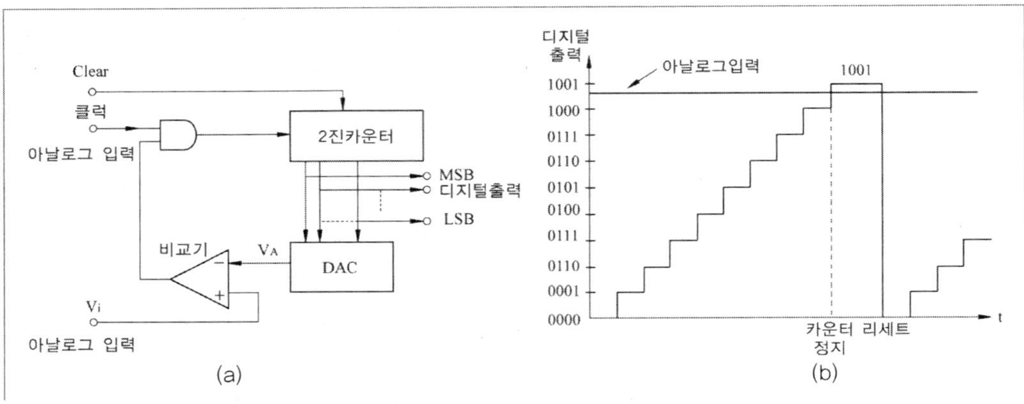

• 그림 5-136 • 계수(계단형)비교형 ADC

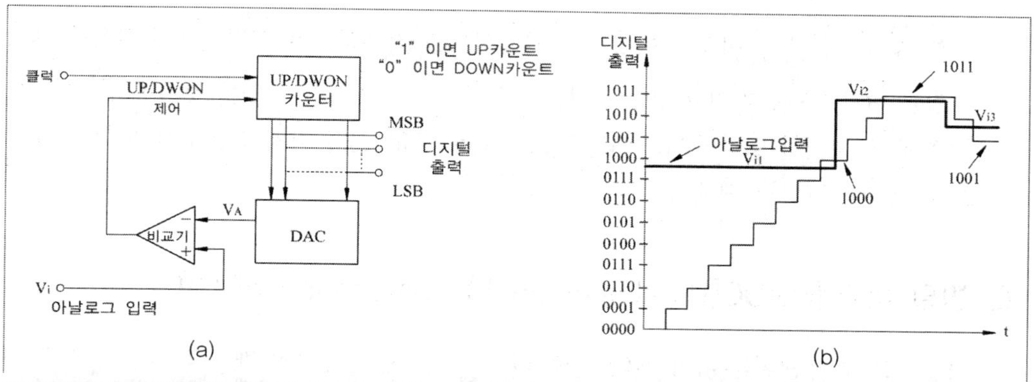

• 그림 5-137 • 추적비교형 ADC

5. 이중 적분형 ADC(Dual-ramp or dual-slope integrator ADC)

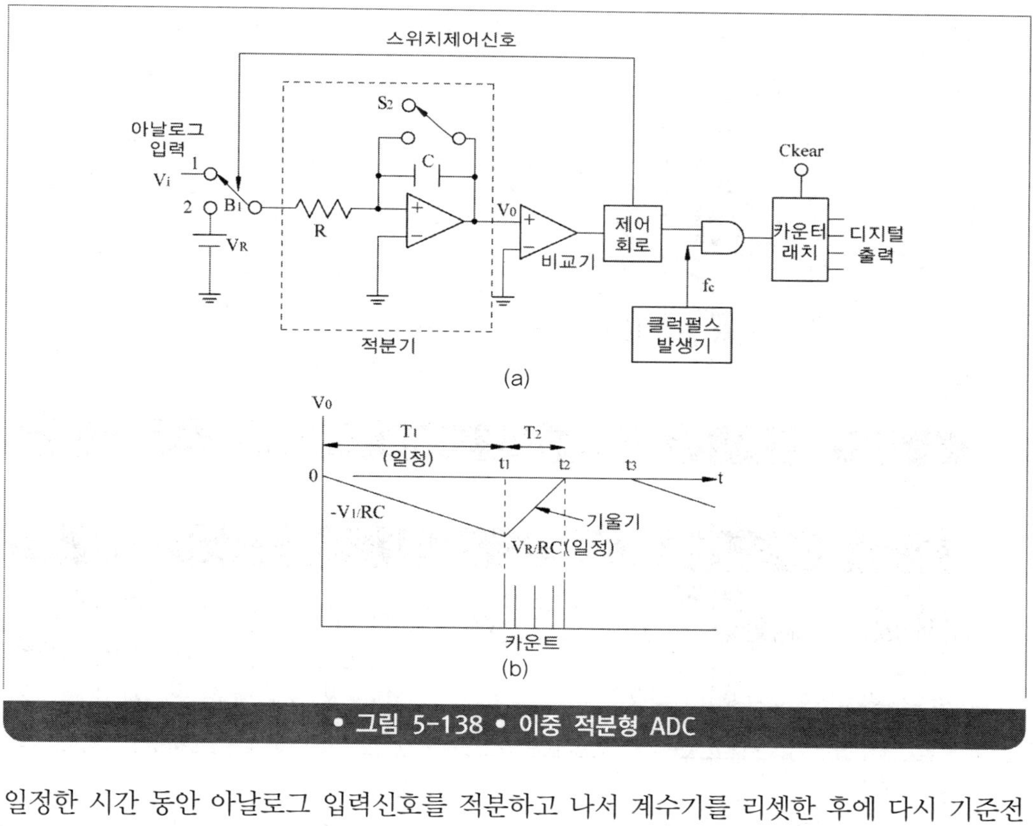

• 그림 5-138 • 이중 적분형 ADC

일정한 시간 동안 아날로그 입력신호를 적분하고 나서 계수기를 리셋한 후에 다시 기준전압을 적분기의 출력이 0이 될 때까지 적분하여 그 시간을 측정한다. 그러면 앞의 적분시간 동안의 충전전하량과 뒤의 적분시간 동안의 방전전하량은 같아야 하므로 $T_1 \cdot V_i = T_2 \cdot V_R$

된다. $V_i = \frac{T_2}{T_1} \cdot V_R$ 이것은 아날로그 입력신호를 적분하므로 입력신호의 잡음에 대하여도 안정된 변환특성을 가지나, 2번의 적분시간 때문에 변환시간이 늦은 것이 단점이다. 따라서, 이 방식은 디지털 멀티미터(DMM; Digital Multi-Meter)나 디지털 온도계와 같이 매우 저속으로 동작하는 시스템에 많이 사용된다.

6. 병렬 비교형 ADC[Parallel(or flash) comparison ADC)]

아날로그 입력신호를 여러 개의 저항 래더로 분압한 기준전압과 각각의 비교기로 비교하는 방식을 사용하므로 한 단계로 비교가 완료되어 매우 빠른 변환시간을 갖는다. 그러나, 높은 분해능을 갖게 하려면 정밀저항 회로와 비교기의 수가 많아져 회로가 복잡해지고 가격이 비싸지는 것이 단점이다. 이 방식은 가격이 높더라도 매우 빠른 처리속도가 요구되는 영상신호 처리, 디지털 메모리 오실로스코프, 레이더 등의 분야에 사용된다.

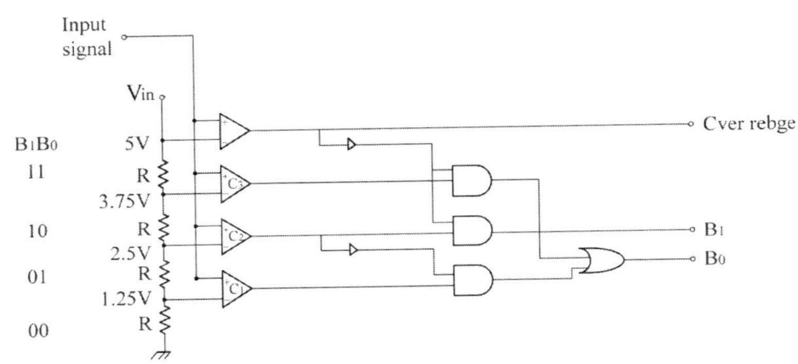

• 그림 5-139 • 2비트 병렬비교 ADC

| 표 5-46 | 2비트 병렬 ADC 진리표

Voltage range[V]	C_3	C_2	C_1	Output code	
				B_1	B_0
0 ~ 1.25	0	0	0	0	0
1.25 ~ 2.5	0	0	1	0	1
2.5 ~ 3.75	0	1	1	1	0
3.75 ~ 5	1	1	1	1	1

$C_1 = 1$ if V 〉 1.25[V], $C_2 = 1$ if V 〉 2.5[V], $C_3 = 1$ if V 〉 3.75[V] over range if V 〉 5[V]

병렬 비교형 ADC의 다른 2비트 변환회로를 살펴보면,

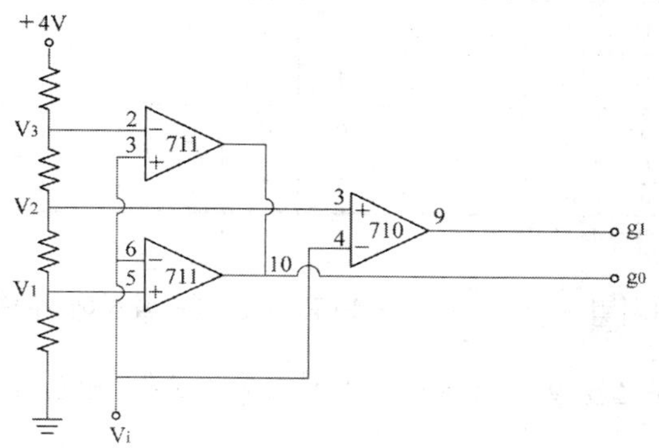

• 그림 5-140 • 2-bit flash A/D 변환회로

[그림 5-140]에 사용된 710 comparator는 difference 연산증폭기의 일종으로 + 입력이 - 입력보다 클 경우에는 1의 신호를, 그 밖의 경우에는 0의 신호를 출력한다. 또한 711 dual comparator는 3과 6에 공통신호 v_i 를 입력하고 2에 높은 기준전압 v_3, 5에 낮은 기준전압 v_1을 입력하는데, $v_3 > v_i > v_1$이면 0을 출력하고 그 밖의 경우에는 1을 출력한다.

| 표 5-47 | 입력신호의 변화에 따른 A/D 변환회로의 출력

	십진수 (내림값)	g_1	g_0	binary
$v_0 < v_i < v_1$	0	1	1	00
$v_1 < v_i < v_2$	1	1	0	01
$v_2 < v_i < v_3$	2	0	0	10
$v_3 < v_i$	3	0	1	11

여기서 얻어진 g_1, g_0는 gray code라고 불리는 2진법 표기법의 하나인데, 이 코드에서는 숫자가 1만큼 바뀔 때 항상 하나의 자릿수만이 바뀌는 장점이 있다. 이 gray code는 코드 변환 IC를 이용하여 보통의 binary code로 바꿀 수 있다. 참고로 [표 5-48]에는 4-bit의 gray code를 나타내었다.

| 표 5-48 | 4bit gray code

숫자	0	1	2	3	4	5	6	7	8	9	10	11	12	13	14	15
g_0	1	0	0	1	1	0	0	1	1	0	0	1	1	0	0	1
g_1	1	1	0	0	0	0	1	1	1	1	0	0	0	0	1	1
g_2	1	1	1	1	0	0	0	0	0	0	0	0	1	1	1	1
g_3	1	1	1	1	1	1	1	1	0	0	0	0	0	0	0	0

[그림 5-140]에서처럼 $v_n = \frac{V_o}{4}n$ 가 되도록 v_n 를 설정해 주면, 그림 회로는 $v_i/(V_o/4)$ 를 내림한 정수부분을 gray code로 표시해주는 A/D 변환회로가 된다.

7. 전압-주파수 ADC

아날로그 입력 신호가 적분기에 의해 적분된 다음 비교기(comparator)로 들어가게 된다. 만약 비교기의 상태가 변하게 되면 적분기는 제어회로에 의해 리셋 되고, 다시 동작을 반복하게 되며, 이 때 카운터는 미리 주어진 시간 내에서의 적분 사이클을 계수하고, 이 계수값이 아날로그 입력 신호의 값에 비례하는 원리를 이용하였다.

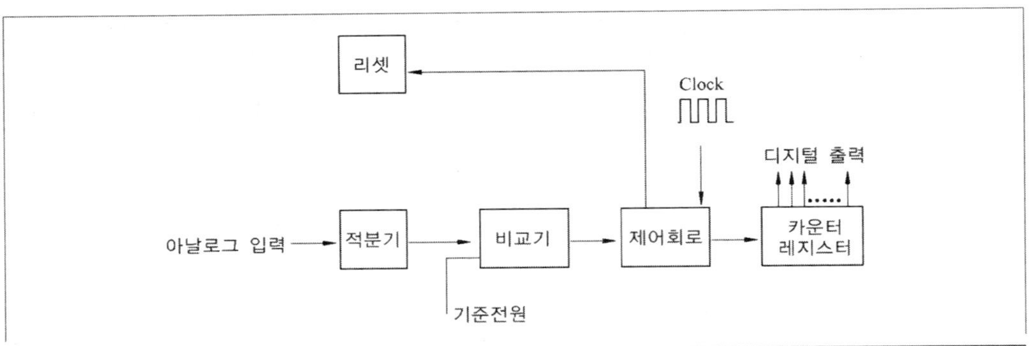

• 그림 5-141 • 전압-주파수 A/D 변환기 구성

8. 램프(Ramp) ADC

비교기에 의해서 펄스 변환된 디지털 입력 신호와 기준 램프 신호를 연속적으로 비교하여 아날로그 출력을 발생하도록 한 것으로, 비교기의 상태가 변환되면 카운터가 가동된다. 카운트하고 있는 시간은 입력 신호에 비례하게 되므로 카운터의 디지털 출력은 입력신호에 비례하게 된다.

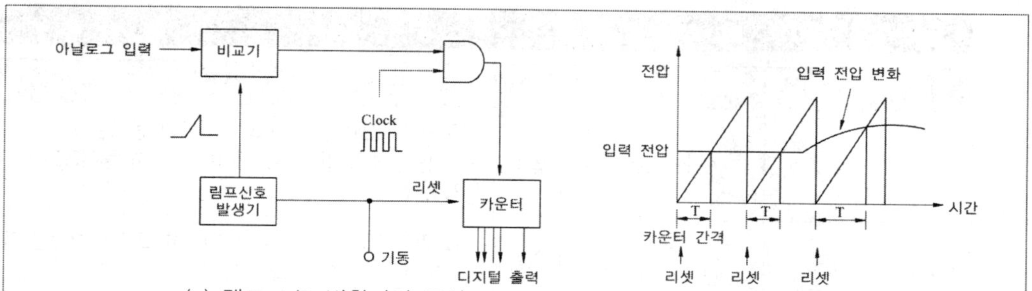

(a) 램프 A/D 변환기의 구성 (b) 램프 신호와 전압과의 관계

• 그림 5-142 • 램프(Ramp) ADC

9. ADC 0804 IC

ADC 0804는 CMOS 8비트 계속 추정형의 A/D변환기이다.
다음은 ADC 0804의 핀 배치도 및 기능, 주요규격을 나타내었다.

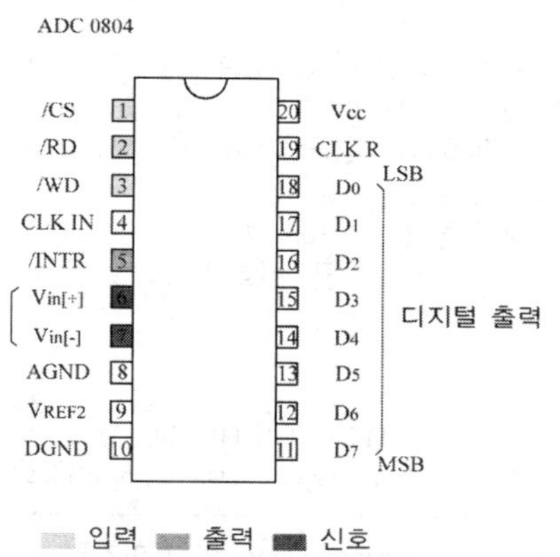

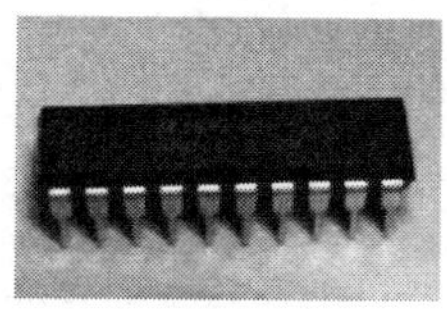

- 20pin DIP 패키지
- 분해능 : 8bits
- 변환시간 : 100μs
- 아날로그 차동입력
- 5V 단일전원
- 입력범위 : 0~5V
- 조절가능한 기준전압

• 그림 5-143 • 컨버터의 핀기능

| 표 5-49 | A/D Converter의 핀 설명

	명칭			설명
1	/CS	Chip Select	입력	/CS 핀이 LOW일 경우에만 이 IC가 동작한다. /CS 핀이 HIGH일 경우, 어떠한 입력이 들어와도 이 IC는 동작하지 않는다.
2	/RD	Read, Out Enable(OE)	입력	/RD 핀이 LOW이 되어야만, 디지털 코드로 변환된 출력이 출력핀($D_0 \sim D_7$)에 나타난다.
3	/WR	Write, Start of Conversion (SOC)	입력	/WR 핀이 LOW가 되는 순간 이 IC가 리셋되고, 다시 HIGH로 올라가는 순간, 입력된 전압신호의 변환을 개시한다. 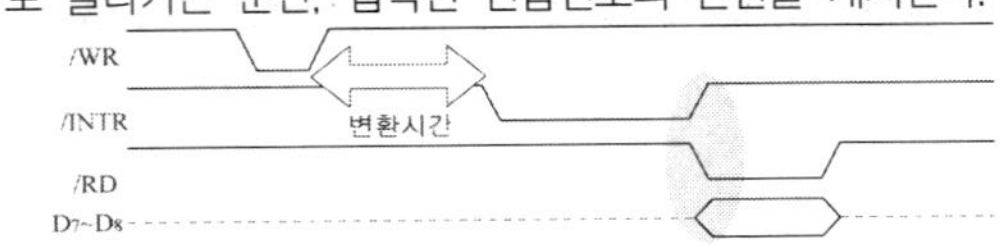
5	/INTR	Interrupt, End of Conversion (EOC)	출력	/INTR 핀은 변환이 진행 중인 경우 HIGH 상태를 유지하고 있다가 변환이 완료되면 LOW로 떨어짐으로서 외부회로에 변환이 완료되었음을 알려준다. 변환시간은 대략 100[μs]이다.
11 ~ 18	D7 ~ D0	Digital Data Output	출력	아날로그 입력값이 디지털로 변환된 8bit 코드출력으로서, /RD 핀이 LOW다 되어야만, $D_7 \sim D_0$ 핀에 나타난다. 11번 핀이 가장 높은 자릿수(MSB)이다.
4	CLK IN	ADC 0804의 클럭신호		ADC0804는 이 클럭신호에 등기되어 변환동작이 일어나며, 클럭주파수 f는 100 ~ 800[kHz] 정도로 외부 RC 회로에 의해 결정됨. 예를 들어 R = 16[kΩ], C = 100[pF]일 경우 생성되는 클럭신호 주파수는 $f = \frac{1}{1.1RC}$ $= \frac{1}{1.1\times(15\times10^3)(100\times10^{-12})} = 606[\text{kHz}]$ ADC0804의 전형적 R값은 10 ~ 60[kΩ]이다. 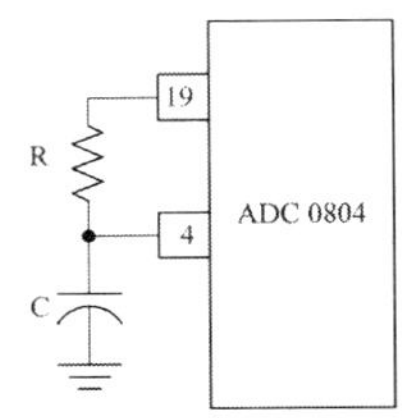
19	CLK R			
6	$V_{in(+)}$	아날로그 신호입력	입력	Common Mode의 노이즈를 줄이기 위해 차동입력 사용 일반적인 OP-Amp 입력방식과 동일하다. 간단한 실험에서는 $V_{in(+)}$ 입력을 아날로그 기준점(AGND)에 연결한다. 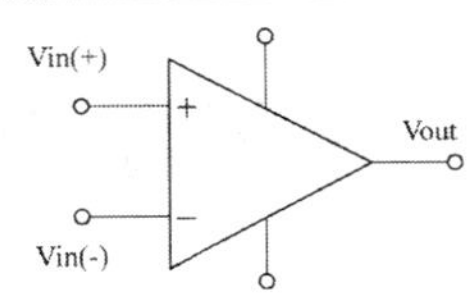
7	$V_{in(-)}$			
9	$V_{REV/2}$	Voltage Reference (기준전압)	입력	아무런 연결 안된 경우 기준전압은 V_{CC} 7번 핀 접지되고, 전원전압이 5[V]인 경우, 8번 핀의 입력전압 범위 0 ~ V_{CC} 다른 입력전압 범위를 원하는 경우 9번 핀에 1.5[V]를 걸어주면 최대 아날로그 입력은 3[V]가 된다.

③ D/A 변환기(D/A Converter)

D/A 변환기는 디지털 코드 값을 그 디지털 값에 비례하는 전압 또는 전류로 바꾸어주는 일종의 트랜스듀서이다. 이렇게 변환된 전압 또는 전류는 주어진 범위 내에서 아날로그 값으로 나타난다. 즉 Digital 신호는 0과 1에 해당하는 두 종류의 신호의 조합으로 표현된 신호이고, analog 신호는 임의의 크기를 가질 수 있는 신호이다. 신호 처리과정에서 이 두 종류의 신호를 상호 변환할 필요가 생기는데, digital 신호를 analog 신호로 변환하는 회로가 D/A 변환기이다.

1. D/A 변환기 특징

디지털 기기의 출력은 '0'과 '1'만의 상태를 가지고 있으므로 이와 동일한 의미의 아날로그 정보로 바꾸어야 한다. 이 경우 디지털 신호를 아날로그 신호(전류나 전압)로 변환하는 것을 D/A(Digital to Analog) 변환이라 한다. 모터나 램프와 같이 아날로그 전압에 의해 구동되는 장치를 컴퓨터로 제어하고자 하면 컴퓨터의 디지털 출력을 아날로그 전압으로 바꾸는 D/A 변환기가 반드시 필요하다.

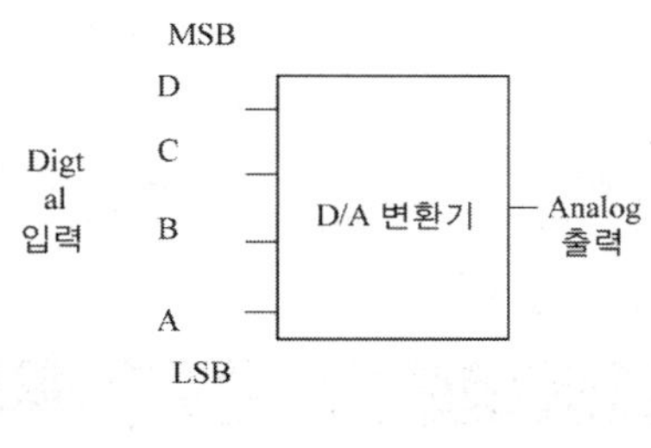

(a) D/A 변환기 블록도

디지털 입력				아날로그 출력 [V]
D	C	B	A	
0	0	0	0	0
0	0	0	1	1
0	0	1	0	2
0	0	1	1	3
0	1	0	0	4
0	1	0	1	5
0	1	1	0	6
0	1	1	0	7
1	0	0	0	8
1	0	0	1	9
1	0	1	0	10
1	0	1	1	11
1	1	0	0	12
1	1	0	1	13
1	1	1	0	14
1	1	1	1	15

(b) D/A 변환기 4비트 입·출력 진리표

• 그림 5-144 • D/A 변환기 블록도 및 입·출력 값 대비

D/A 변환기에서 분해도 또는 분해능이란 "디지털 입력의 변화에 따라 아날로그 출력이 발생할 수 있는 최소 변화"를 말한다. 디지털 입력코드가 바뀔 때마다 아날로그 출력값이 1[V]씩 변하므로 분해도가 1임을 알 수 있다.

분해도는 항상 최하위비트의 가중값이 동일하며, 입력코드가 한 스텝에서 다음 스텝으로 진행하면 출력의 크기도 따라서 변하게 되므로 스텝 크기(Step Size)라고도 한다.

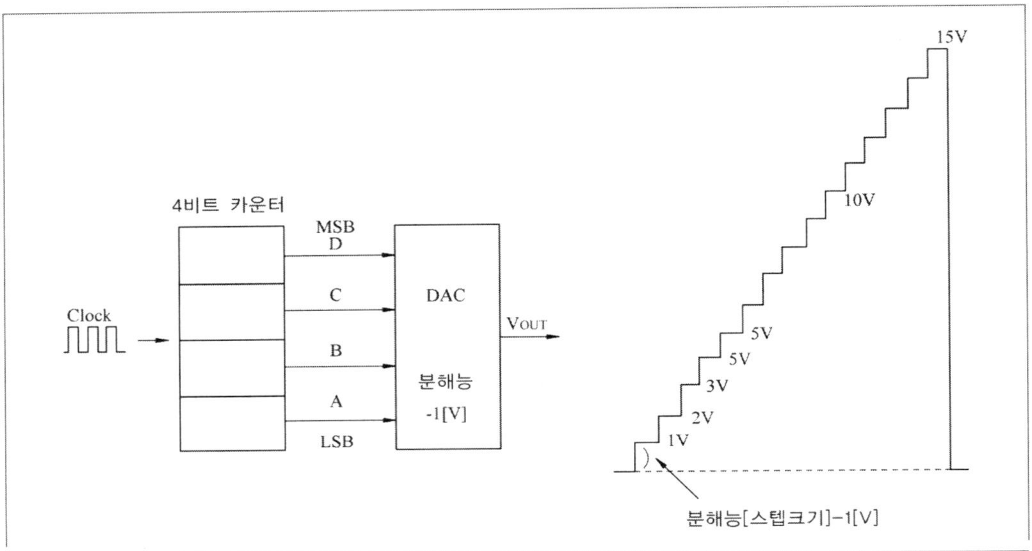

• 그림 5-145 • D/A 변환기 분해도(Resolution, Step Size)

[그림 5-145]에 D/A 변환기 블록도를 나타내었다.

변환기의 필수 요소는 디지털 정보를 저장하는 레지스터가 있어야 하고, 디지털 신호를 회로에 가하려면 레지스터와 저항회로 사이에 레벨 증폭기를 둔다.

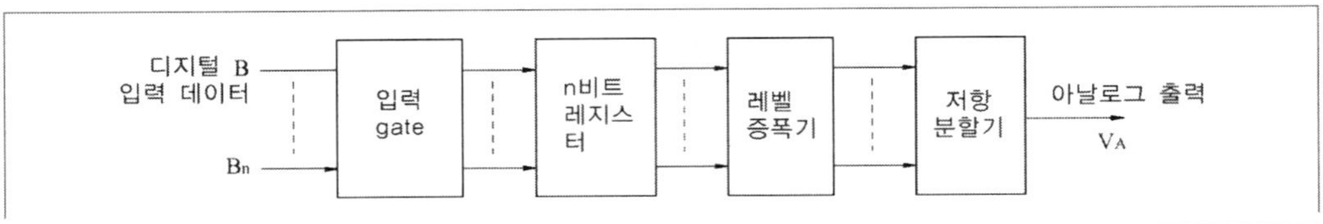

• 그림 5-146 • 변환기의 블록도(block diagram)

2. weighted-resistor 4-bit D/A 변환기

D/A 변환회로는 여러 가지 종류가 있을 수 있는데, 우선 증폭기를 이용한 weighted-resistor 4-bit D/A converter 회로에 대해 분석해보자. [그림 5-147]에 그려진 이 회로의 4개의 입력 A, B, C, D에 digital 신호를 입력한다. 즉 1에 해당하는 신호인 전압 V_o이거나 0에 해당하는 전압 0을 건다. 연산 증폭기의 회로를 분석하면,

$$\frac{V_o D}{R}+\frac{V_o C}{2R}+\frac{V_o B}{4R}+\frac{V_o A}{8R}=-\frac{V_a}{R} \text{ 에서}$$

$$V_a=-\frac{V_o}{8}(2^3 D+2^2 C+2^1 B+2^0 A)$$

가 된다. 즉 출력신호 V_a는 이진법으로 표기된 4자리수 (DCBA)2에 비례하는 analog 신호가 되게 된다.

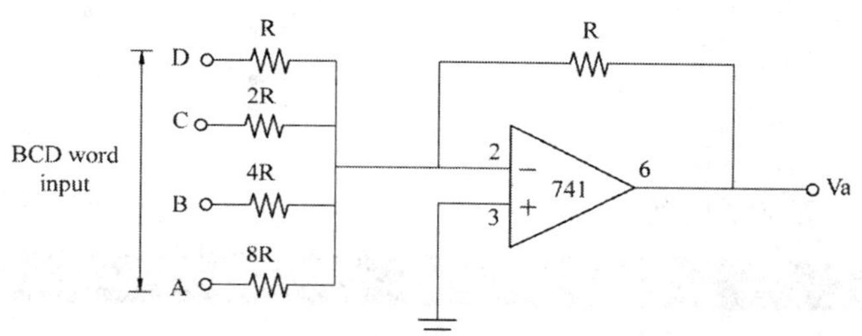

• 그림 5-147 • Weighted-resistor 4-bit D/A converter

EXERCISE 7

그림은 3개의 디지털 입력을 가지고 하나의 출력을 가진 저항분할기이다. 이 회로에 디지털 입력 신호 001이 들어왔을 때 아날로그 출력전압 V_A는? (단, 0상태는 0[V], 1상태는 7[V]이다.)

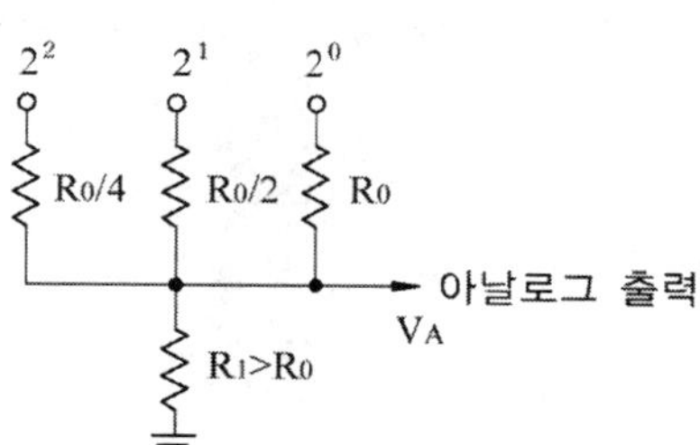

풀이 $V_A=\frac{0\times 2^2+0\times 2^1+1\times 2^0}{2^3-1}\times 7[V]=1[V]$

3. 2진 가중 저항형 및 R-2R 사다리형 D/A 변환기

D/A 변환방식에는 여러 가지 있지만, 2진 가중 저항형과 R-2R 사다리형이 주로 사용된다. 2진 가중 저항형는 구성이 간단하지만 비트 수가 많아질수록 저항 값의 범위가 커져서 정도가 떨어지고, 또 저항치가 커지면 온도 드리프트나 스위칭 속도가 늦어지는 결점이 있다. R-2R 사다리형은 구성이 복잡하지만 저항치가 R, 2R뿐이므로 고정밀도와 고속도를 얻을 수 있어 현재 D/A 변환기에 가장 많이 사용되고 있다.

다음 그림은 2진 가중저항형과, R-2R 사다리형을 이용한 4비트 D/A변환회로를 나타내었다.

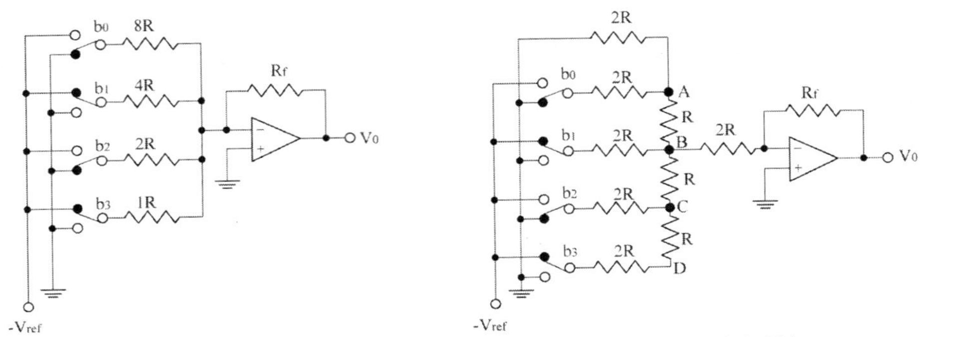

(a) 2진 가중저항형 (b) R-2R 사다리형

• 그림 5-148 • 대표적인 D/A 변환방식(4비트)

비트 값이 1이면 V_{ref}쪽에, 0이면 GND쪽에 연결되고, 출력전류는 가산기로서 결선되어 있는 반전 증폭기를 통해 전압으로 변환된다. 어느 방식이든 출력전압 V_o는 기준전압 V_{ref}에 비례하고, V_o의 극성은 증폭기로 인해서 V_{ref}의 극성과 반대로 나타난다.

EXERCISE 8

그림에서 스위치 ABCD가 0110 이라고 할 때 출력전압 E_o는?

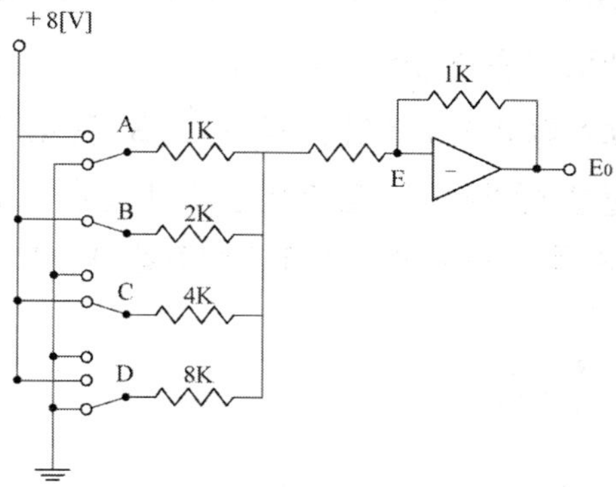

풀이 E점으로 나오는 전류는

$I_A = E/R = 0/1 = 0.00$[mA]

$I_B = E/R = 8/2 = 4.00$[mA]

$I_C = E/R = 8/4 = 2.00$[mA]

$I_D = E/R = 0/8 = 0.00$[mA]

I_{xy} 6.00[mA]

그러므로 $E_o = I_f R_f = -6 \times 1 = -6.00$[V]

다음 그림은 R-2R 사다리형 회로이다.

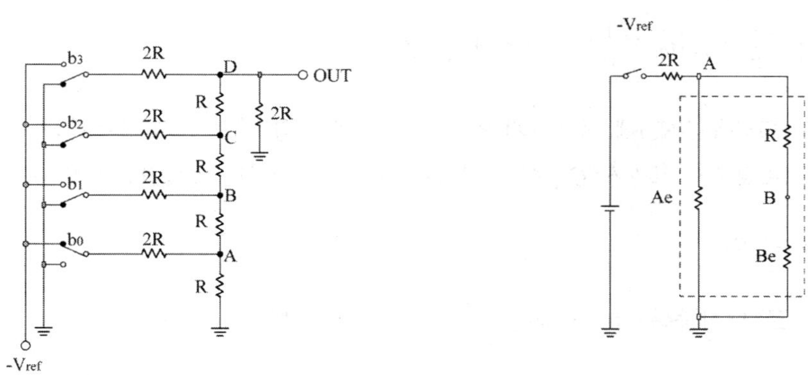

(a) 4비트 R-2R 회로 (b) A점 주위의 단순화 회로

• 그림 5-149 • R-2R 사다리형 회로

우선 그림 (a)의 A, B, C, D 각 점에서 좌, 상, 하 방향의 등가저항은 각각 2R이다. b_0스위치가 ON이고 나머지 스위치가 OFF일 때 A점의 전압을 구한다. 우선 A점 주위의 회로를 등가회로로 바꾸면 그림 (b)와 같이 된다. 그림에서 B_e는 B점의 위쪽 및 왼쪽 저항들의 등가저항으로 위쪽저항, 왼쪽저항이 각각 2R이므로 $B_e = R$이 된다. 따라서 A점의 출력측 등가저항 A_e은 R로 되고 A점 전압은 -1/3 V_{ref}로 된다. B점 전압은 A점 전압의 $R/(R + R)$ 즉 1/2이고, 같은 방법으로 C점 전압은 B점 전압의 1/2, 그리고 D점 전압은 C점 전압의 1/2로 된다. 이를 정리하여 D점의 출력전압 V_D은 다음과 같이 나타낼 수 있다.

$$V_D = \frac{1}{3} \times \left(\frac{1}{2}\right)^3 = -\frac{1}{3} V_{ref} \times \frac{1}{8}$$

같은 방법으로 b_1, b_2, b_3 스위치를 하나씩 ON시켰을 때 출력전압 V_D를 구하면 다음과 같다.

$$b_1 \text{ 스위치ON} \rightarrow V_D = -\frac{1}{3} V_{ref} \times \frac{1}{4}$$

$$b_2 \text{ 스위치ON} \rightarrow V_D = -\frac{1}{3} V_{ref} \times \frac{1}{2}$$

$$b_3 \text{ 스위치ON} \rightarrow V_D = -\frac{1}{3} V_{ref} \times 1$$

ON스위치가 여러 개일 때는 중첩의 원리에 따라 다음 식과 같이 해당 스위치 출력전압의 합으로 나타난다.

$$V_D = -\frac{1}{3} V_{ref} \left(b_3 + \frac{1}{2} b_2 + \frac{1}{4} b_1 + \frac{1}{8} b_0\right)$$

여기서 D점을 GND에 접속하지 않고 다음 그림처럼 반전 연산 증폭기의 - 단자에 연결하면 연산증폭기의 특성상 G점이 가상접지점이 되고 D점의 입력전압은 다음 식과 같이 된다.

$$V_D = -2R \cdot i$$

그러므로 연산증폭기의 출력전압 V_o는 다음과 같이 유도된다.

$$V_o = R_f \cdot i = -\frac{R_f}{2R} \cdot V_D$$

여기서, 스위치 상태변수를 b_0, b_1, b_2, b_3로 표시하고 ON의 상태를 0으로 나타내면 출력전압은 다음 식과 같이 나타난다.

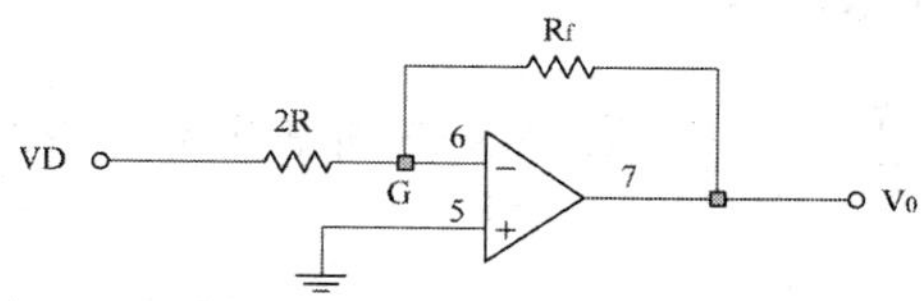

• 그림 5-150 • D/A 회로와 OP Amp의 연결

$$V_o = \frac{R_f}{2R} \cdot \frac{1}{3} V_{ref}\left(b_3 + \frac{1}{2}b_2 + \frac{1}{4}b_1 + \frac{1}{8}b_0\right)$$
$$= \frac{1}{3}\frac{R_f}{R}\left(\frac{1}{2}b_3 + \frac{1}{4}b_2 + \frac{1}{8}b_1 + \frac{1}{16}b_0\right)V_{ref}$$

여기서 저항 R_f를 조절하면 출력전압의 크기를 조정할 수 있으며, 비트 수를 늘리면 D/A 변환의 분해능도 좋아진다.

IC와 저항을 조합해서 D/A변환기를 제작하는 것은 D/A변환 원리를 익히는데는 좋지만 상용화되어 있는 D/A 변환 IC를 이용하는 것이 회로를 구성하는데도 편리하고 사용이 간단하며 가격도 저렴해, 정밀도도 높은 D/A 변환 회로를 구성할 수 있다.

EXERCISE 9

$V_s = 16[V]$, b_0, b_1, b_2, $b_3 = 1, 1, 0, 1$일 때의 출력전압 V_{out}을 구하라.

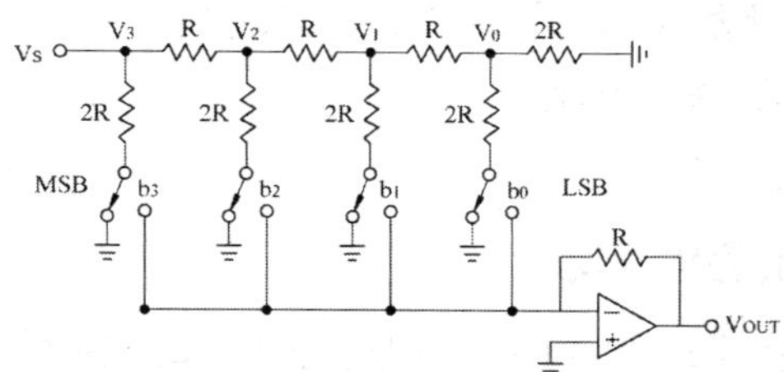

풀이 $V_o = \frac{1}{2}V_1$, $V_1 = \frac{1}{2}V_2$, $V_2 = \frac{1}{2}V_3$, $V_3 = V_s$이므로

$V_o = \frac{1}{8}V_s$, $V_1 = \frac{1}{4}V_s$, $V_2 = \frac{1}{2}V_s$이며, 각 비트입력의 중첩의 원리에 의해 반전증폭기의 출력은 아래와 같다.

$$V_{out} = -\frac{R}{2R}(b_3V_3 + b_2V_2 + b_1V_1 + b_0V_0) = -\frac{1}{2}\left(b_3V_s + b_2\frac{1}{2}V_s + b_1\frac{1}{4}V_s + b_0\frac{1}{8}V_s\right)$$
$$= -\frac{1}{16}(8b_3 + 4b_2 + 2b_1 + b_0)V_s$$
$$V_{out} = -\frac{1}{16}(8+2+1)16 = -11[V]$$

4. DAC0800 변환기 IC

DAC0800은 디지털신호를 아날로그신호를 바꾸기 위한 대표적인 IC로서 FA 분야에서 사용한다.

만약, -10[V]부터 + 10[V]까지 아날로그 전압을 출력할 수 있는 8비트 D/A변환기가 있다고 한다면, 출력 전압이 -10[V]부터 + 10[V]까지이므로 이 D/A 변환기에 데이터 값을 0×ff인 디지털 데이터를 주게 되고 DAC0800의 출력되는 전압은 + 10V가 될 것이다. 또한 0×00인 디지털 데이터 값을 주면 DAC0800의 출력 값은 -10[V]가 되며, 0×80의 데이터 값을 주게 되면 출력되는 전압은 0[V]가 된다.

가. DAC0800 변환기의 특징

다음은 DAC0800 변환기의 특징을 나타내었다.

- 디지털 값을 아날로그 양으로 변환하는 소자이다.
- 전류 출력형과 전압 출력형으로 분류된다.
- 전류 출력형 변환기이다.
- 전압 출력형인 경우 기준 전압 5[V]일 때 8비트(2^8 = 256), 즉 256단계의 분해능을 갖는다. 따라서 한 비트당 19.5[mV]에 해당된다.
- 100[ns]의 빠른 출력 전류 응답을 갖는다.
- 온도 상승시 비직선상은 ±0.1[%]이다.
- TTL, CMOS 등 각종 IC와 인터페이스가 가능하다.
- 저전력을 소모하며, 저가이다.

나. DAC0800의 각 핀의 기능

DAC0800의 외부 핀 구조 및 내부 블록도, 등가회로, 핀주변 회로 등을 [그림 5-151, 152, 153, 154]에 나타내었다. 마이크로프로세서에서 디지털 신호를 B_1~ B_8까지 8비트인 28인 256의 분해능으로 입력하여 0 ~ 10V 혹은 0 ~ 5V의 아날로그 신호로 변환해서 출력인 I_{out}로 출력한다.

[그림 5-155]은 DAC0800을 만든 제조회사가 제공하는 외부 회로 구성형태를 나타내고 있는데, 우리는 이 회로를 이용하여 주변회로를 구성해 주면 된다.

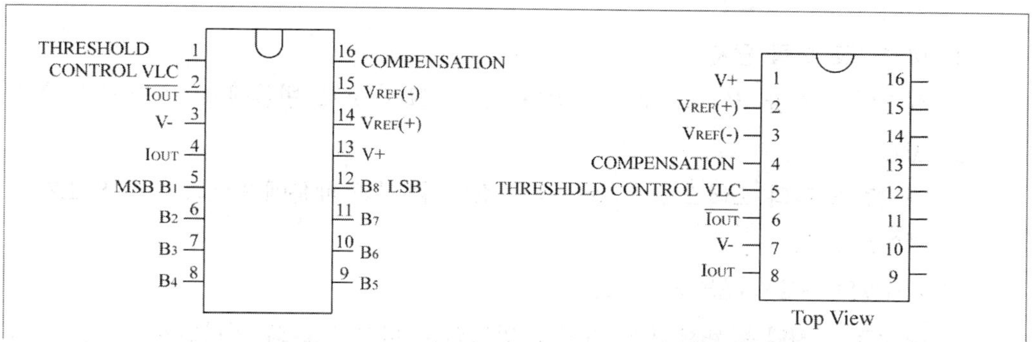

• 그림 5-151 • DAC0800의 핀 배치도

| 표 5-50 | 번호별 핀의 기능

Pin Number	Description
1	VLC – Threshold Control
2	Iout – Current Out(Inverse)
3	V –– Negative Supply
4	Iout – Current Out
5	B1 – Digital Input Bit 1
6	B2 – Digital Input Bit 2
7	B3 – Digital Input Bit 3
8	B4 – Digital Input Bit 4
9	B5 – Digital Input Bit 5
10	B6 – Digital Input Bit 6
11	B7 – Digital Input Bit 7
12	B8 – Digital Input Bit 8
13	V +– Positive Supply
14	Vref +– Positive Voltage Reference
15	Vref –– Positive Voltage Reference
16	COMP – Compensation

DAC0800의 핀배열은 [그림 5-151]에 나타나 있는 것과 같으며 D/A 변환기도 형태에 따라서는 핀 수가 조금씩 차이가 있다. 다음은 DAC0800의 핀에 대한 기능을 나타내고 있다.

① **아날로그 출력 단자**
디지털 신호를 B_1~ B_8로 입력하여 아날로그 신호로 변환해서 이 단자로 출력

② ALC
디지털 입력의 스레스 홀드 전압을 조정할 수 있기 때문에 TTL과 CMOS 소자의 인터페이스 가능

③ 2-1MSB ~ 2-7LSB(B_1~ B_8)
아날로그 전압을 변환하기 위해서 입력되는 디지털 값의 입력단자

④ V_{REF}(+)
기준 전압의 최대치를 연결

⑤ V_{REF}(-)
기준 전압의 최저치를 연결

⑥ V+, V-단자
V+는 +5V전원의 단자, V-는 -5V전원의 단자

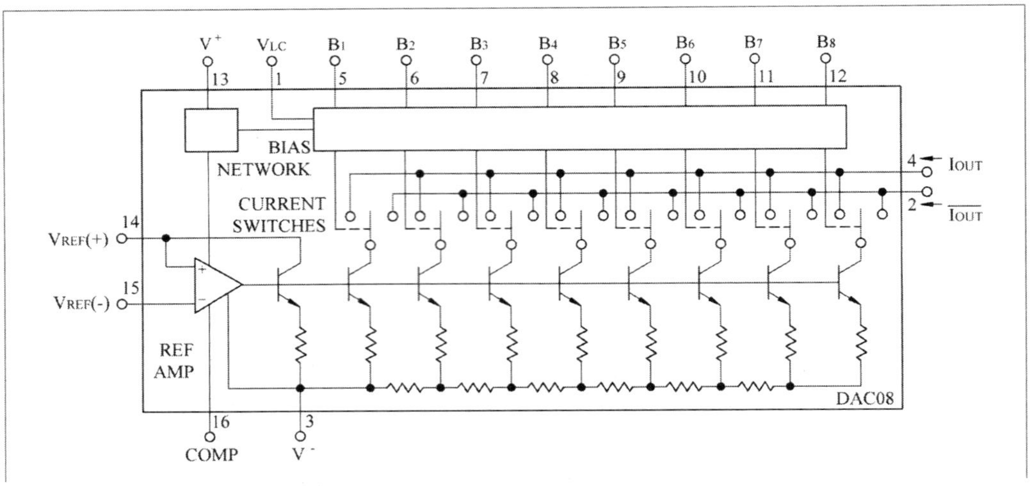

• 그림 5-152 • DAC0800의 내부 블록도

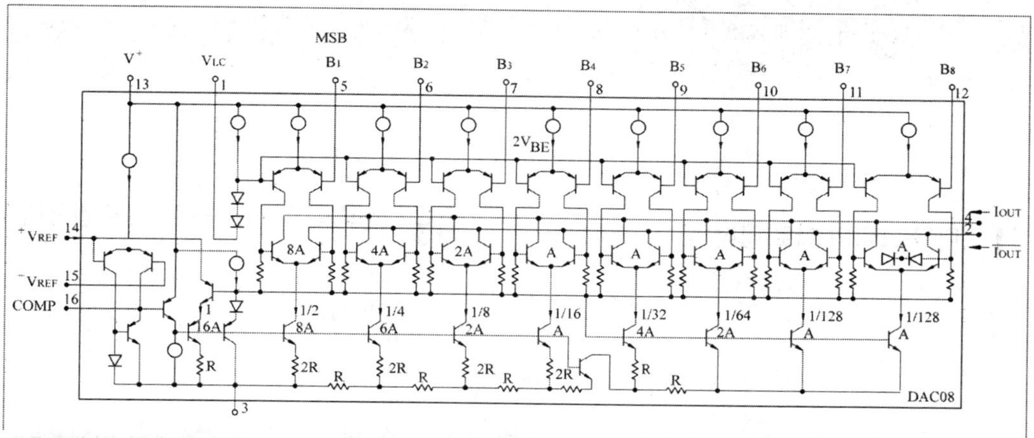

• 그림 5-153 • DAC0800의 등가회로(Equivalent Circuit)

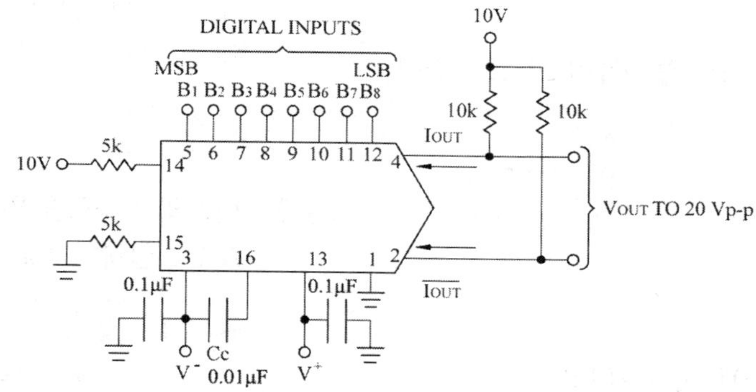

• 그림 5-154 • ±20 VP-P Output Digital-to-Analog Converter 핀 주변회로

- 디지털 신호를 $B_1 \sim B_8$로 입력하여 0 ~ 10[V] 또는 0 ~ 5[V]의 아날로그 신호로 변환하여, 단자 I_{out}, $\overline{I_{out}}$로 출력한다.
- 디지털 입력의 문턱전압을 V_{LC}단자에서 조정할 수 있기 때문에 TTL 또는 CMOS 등의 일반적인 로직소자를 직접 인터페이스 할 수 있다.

연·습·문·제

01 다음 그림의 회로 명칭은?

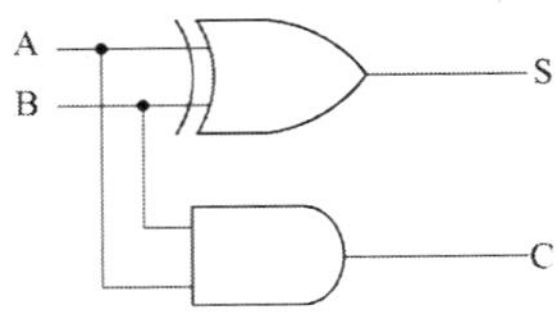

㉮ 반가산기 ㉯ 반감산기
㉰ 전가산기 ㉱ 전감산기

02 2진수 0101101를 그레이 코드로 변환하면?

㉮ 0111011 ㉯ 1010010
㉰ 0110110 ㉱ 0101101

03 2진수 $(01011)_2$의 2의 보수는?

㉮ 11111 ㉯ 11010
㉰ 10101 ㉱ 10100

04 데이터를 송수신 할 때 발생하는 에러를 쉽게 검출하기 위해 사용되는 비트는?

㉮ 스타트 ㉯ 스톱
㉰ 패리티 ㉱ 플래그

05 논리식 $(A + B) + (A \cdot B)$을 간단히 하면?

㉮ A ㉯ B
㉰ AB ㉱ A + B

06 16진수 9F2를 2진수로 변환하면?

㉮ 100111100010
㉯ 101011110010
㉰ 100111100110
㉱ 100111110010

07 다음의 진리표를 만족하는 논리는? (단, A, B : 입력, Y : 출력)

A	B	Y
0	0	0
0	1	1
1	0	1
1	1	0

㉮ AND ㉯ OR
㉰ NOT ㉱ XOR

Answer 01 ㉮ 02 ㉮ 03 ㉰ 04 ㉰ 05 ㉱ 06 ㉱ 07 ㉱

08 동기형 디지털 회로에서 한 클록주기 또는 수 클록주기만큼 지연시킬 필요가 있을 때 사용되는 플립플롭은?

㉮ RS ㉯ JK
㉰ D ㉱ T

09 다음 게이트 회로의 등가 논리식은?

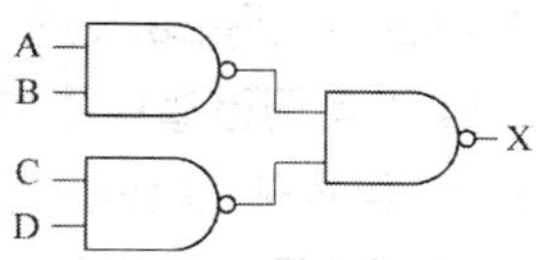

㉮ $X=(A \cdot B)+(C \cdot D)$
㉯ $X=(A \cdot B) \cdot (C \cdot D)$
㉰ $X=(A+B)+(C+D)$
㉱ $X=(A+B) \cdot (C+D)$

10 패리티(parity) 비트의 목적으로 맞는 것은?

㉮ 데이터 변환 ㉯ 속도 가변
㉰ 에러 검사 ㉱ 부호 변환

11 논리식 $x+\overline{x}y$와 같은 식은?

㉮ $x+\overline{y}$ ㉯ $\overline{x}+y$
㉰ $x+y$ ㉱ xy

12 다음 논리식을 간단히 한 것 중 틀린 것은?

㉮ $A+A \cdot B=A$
㉯ $A \cdot (A+B)=A$
㉰ $A \cdot \overline{B}+B=B$
㉱ $(A+\overline{B}) \cdot B=A \cdot B$

13 어떤 115개의 데이터 각각에게 2진수로 붙이려고 한다. 몇 비트가 필요한가?

㉮ 4 ㉯ 5
㉰ 6 ㉱ 7

14 그림과 같은 공압적 표현은 어떤 논리를 표현하는가?

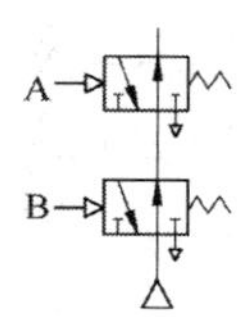

㉮ NOT ㉯ AND
㉰ NOR ㉱ NAND

15 다음 논리식의 성질 중 맞지 않는 것은?

㉮ $1+A=1$ ㉯ $A \cdot A=A$
㉰ $A+\overline{A}=1$ ㉱ $0 \cdot A=A$

Answer 08 ㉰ 09 ㉮ 10 ㉰ 11 ㉰ 12 ㉰ 13 ㉱ 14 ㉰ 15 ㉱

16 JK 플립플롭(flip-flop)의 입력신호가 J = 0, K = 1일 때 출력 Q는?

㉮ 불변　　㉯ 1(set)
㉰ 0(reset)　　㉱ 토글(toggle)

17 4비트 D/A 변환기의 백분율 분해능(%)은?

㉮ 2.67　　㉯ 4.67
㉰ 6.67　　㉱ 8.67

18 다음 논리식 $Z = \overline{(\overline{A} + C)(B + \overline{D})}$를 간소화 한 것은?

㉮ $(A \cdot \overline{C}) + (\overline{B} \cdot D)$
㉯ $(A \cdot C) + (B \cdot \overline{D})$
㉰ $(A + \overline{C}) \cdot (\overline{B} + D)$
㉱ $(\overline{A} + C) \cdot (B + \overline{D})$

19 다음 논리도에 관한 논리식은?

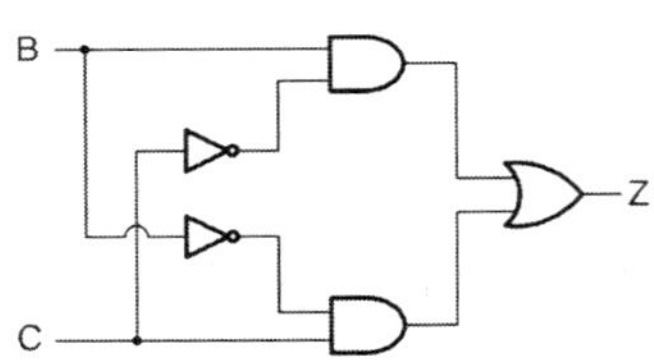

㉮ $Z = (\overline{B} + \overline{C})\,BC$　　㉯ $Z = BC + \overline{BC}$
㉰ $Z = B \odot C$　　㉱ $Z = B \oplus C$

20 다음 중 A/D 변환기를 사용하지 않는 것은?

㉮ 추종 비교형 변환기
㉯ 레더형 변환기
㉰ 축차 비교형 변환기
㉱ 병렬 비교형 변환기

21 AD(analog-digital)변환 과정 중에 입력 신호가 바뀌면 올바른 변환이 될 수 없으므로 샘플링(sampling)된 데이터를 다음 샘플링까지 그대로 유지하는 회로는?

㉮ 저주파 통과 필터(low-pass filter)
㉯ 고주파 통과 필터(high-pas filter)
㉰ 홀더(holder)
㉱ 샘플러(sampler)

22 음원 데이터를 마이크로프로세서를 이용하여 재생하기 위한 추가적인 인터페이스 장치로 옳은 것은?

㉮ D-A변환기　　㉯ A-D변환기
㉰ AC-DC변환기　　㉱ DC-AC변환기

23 이상적인 연삭증폭기의 입력 임피던스의 값으로 맞는 것은?

㉮ 0　　㉯ ∞
㉰ 100　　㉱ 1M

Answer 16 ㉰ 17 ㉰ 18 ㉮ 19 ㉱ 20 ㉯ 21 ㉰ 22 ㉮ 23 ㉯

24 디지털 시스템에서 음수의 표현 방법이 아닌 것은?

㉮ 3초과 코드에 의한 표현
㉯ 1의 보수에 의한 표현
㉰ 2의 보수에 의한 표현
㉱ 부호와 절대 값에 의한 표현

25 다음 회로에서 논리식은?

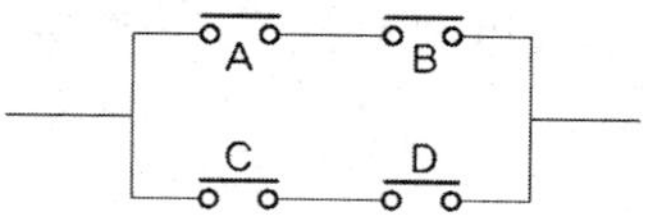

㉮ A + B　　㉯ C + D
㉰ AB + CD　　㉱ AC + BD

26 비트 마스크(bit mask)와 비트 리셋(bit reset)용도로 사용되는 연산자는?

㉮ 논리합(OR)
㉯ 논리곱(AND)
㉰ 부정(NOT)
㉱ 배타적 논리합(XOR)

27 다음 중 유접점시퀀스도를 무접점시퀀스도로 맞게 변환한 것은?

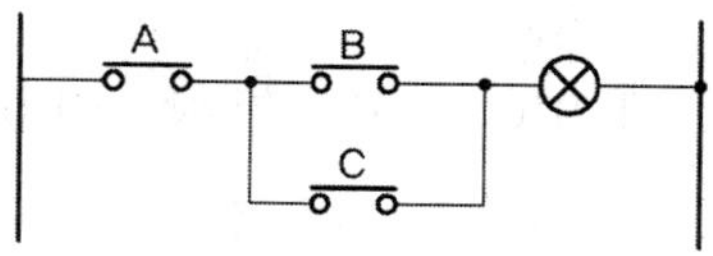

㉮ 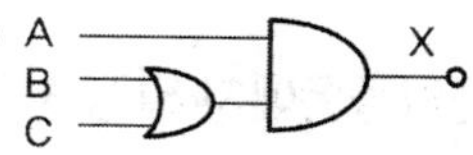

㉯ 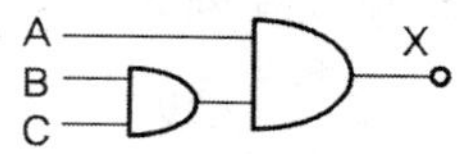

㉰ 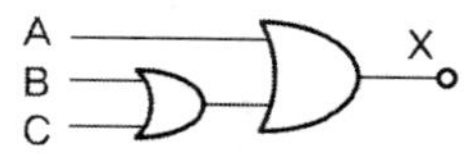

㉱ 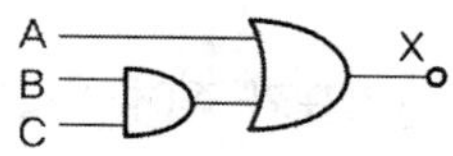

28 다음 그림은 회로에서 단자 C의 출력전압이 "1"이 되기 위한 입력 조건으로 맞는 것은? (단, 입력신호는 High = 1, Low = 0으로 표기하였음.)

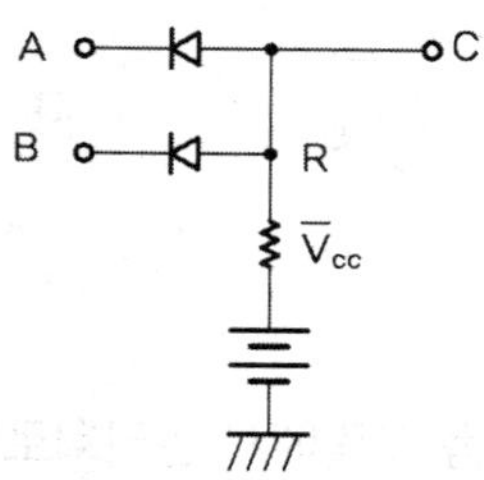

㉮ A = 0, B = 0　　㉯ A = 0, B = 1
㉰ A = 1, B = 0　　㉱ A = 1, B = 1

CHAPTER 05 논리회로

Answer 24 ㉮ 25 ㉰ 26 ㉯ 27 ㉮ 28 ㉱

29 10진수 5.5를 BCD 코드로 옳게 표현한 것은?

㉮ 0.01.1000　　㉯ 1100.0011
㉰ 0101.0101　　㉱ 1010.1010

30 다음 중 플립플롭에서 일정 시간만큼 지연시킬 필요가 있을 때 사용되는 것은?

㉮ RS　　㉯ JK
㉰ D　　㉱ T

31 음과 같은 진리표가 주어진 경우의 논리 심볼은?

입력		출력
0	0	0
0	1	1
1	0	1
1	1	0

㉮ 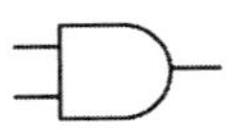　　㉯ 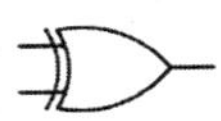
㉰ 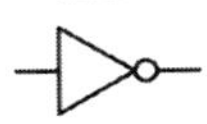　　㉱ 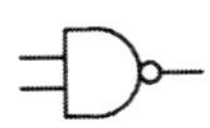

32 다음 그림에서 논리회로의 출력을 나타낸 것 중 옳은 것은?

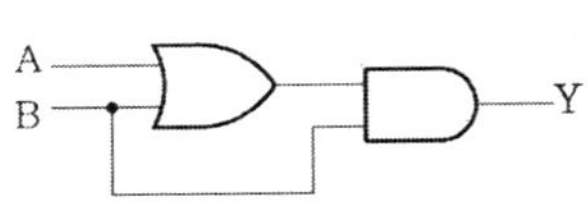

㉮ $y = (A \cdot B) \cdot B$　　㉯ $y = (A + B) \cdot B$
㉰ $y = \overline{(A \cdot B)} \cdot B$　　㉱ $y = \overline{(A + B)} \cdot B$

33 10진법 수 0에서 9를 2진법으로 표현하기 위한 최소 자리수는?

㉮ 2　　㉯ 4
㉰ 6　　㉱ 8

34 컴퓨터에서 2의 보수를 사용하지 않는 경우는?

㉮ 뺄셈 연산　　㉯ 곱셈 연산
㉰ 나눗셈 연산　　㉱ 음수 표현

35 다음 그림의 논리식에서 출력 y의 값은?

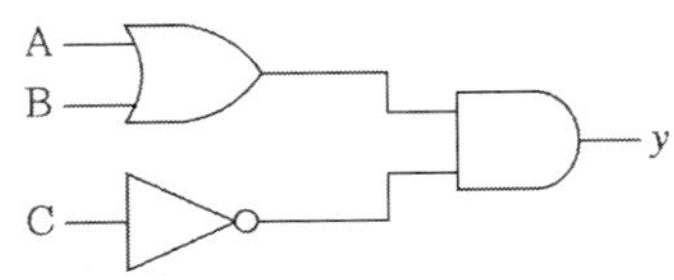

㉮ $y = (A + B)\overline{C}$
㉯ $y = (A + B)(A + C)$
㉰ $y = (A + B)(C + B)$
㉱ $y = AB + A\overline{C}$

36 아래 논리회로를 간략화한 식으로 옳은 것은?

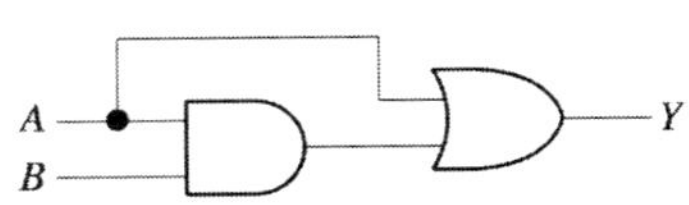

㉮ $Y = A + B$　　㉯ $Y = A$
㉰ $Y = B$　　㉱ $Y = A + B$

Answer 29 ㉰ 30 ㉰ 31 ㉯ 32 ㉯ 33 ㉯ 34 ㉱ 35 ㉮ 36 ㉯

37 10진수 0.6875를 2진수로 변환하면?

㉮ $(0.1011)_2$ ㉯ $(0.1111)_2$
㉰ $(0.1101)_2$ ㉱ $(0.1110)_2$

38 논리 대수의 공식으로 틀린 것은?

㉮ A+B=B+A
㉯ (A+B)+C=A+(B+C)
㉰ (A+B)·B=A·B
㉱ A+(B·C)=(A+B)·(A+C)

39 다음의 조합논리에 대한 논리식은?

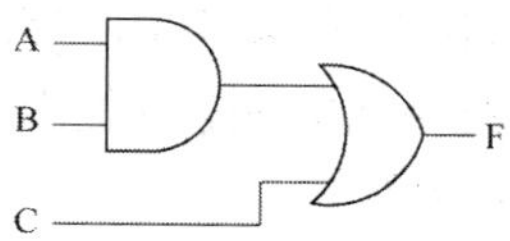

㉮ F=A·B·C ㉯ F=A+B+C
㉰ F=(A·B)+C ㉱ F=(A+B)·C

40 다음 부울 대수의 정리 중 쌍대관계를 나타내는 것은?

㉮ 모든 변수는 보수를 만든다.
㉯ 모든 상수 1은 0으로 바꾼다.
㉰ 모든 OR 연산은 XOR 연산으로 바꾼다.
㉱ 모든 AND 연산은 NOT 연산으로 바꾼다.

41 다음 A/D변환기로 사용되는 방식 중 가장 성능이 좋은 것은?

㉮ 카운터 비교형 ㉯ 2중 적분형
㉰ 순차 근이형 ㉱ 축차 비교형

42 다음 진리표는 어떤 논리동작을 나타내는가?

A	B	X
0	0	0
0	1	1
1	0	1
1	1	0

㉮ 배타적논리합(XOR)
㉯ 논리합(OR 동작)
㉰ 부정논리합(NAND 동작)
㉱ 부정(NOT 동작)

43 십진법의 137을 2진법으로 바꾸면 어떻게 표시되는가?

㉮ 10010001 ㉯ 10011001
㉰ 10001011 ㉱ 10001001

44 다음 중 10진수 12를 BCD 코드로 옳게 표시한 것은?

㉮ 0001 0010 ㉯ 0000 1100
㉰ 0001 1100 ㉱ 0011 0010

Answer 37 ㉮ 38 ㉰ 39 ㉰ 40 ㉯ 41 ㉮ 42 ㉮ 43 ㉱ 44 ㉮

45 N개의 입력 중에서 제어입력에 의해 하나만 골라 이를 출력단에 내보내는 회로는?

㉮ 인코더(encoder)
㉯ 멀티플렉서(multiplexer)
㉰ 디코더(decoder)
㉱ 디멀티 플렉서(demultiplexer)

46 사다리형 D/A 변환기(ladder-type D/A converter)가 이용하고 있는 원리는?

㉮ 가산기 ㉯ 적분기
㉰ 미분기 ㉱ 승산기

47 $(1000\ 1000)_2$를 2의 보수로 변환하여 10진수로 표현하면?

㉮ $(119)_{10}$ ㉯ $(120)_{10}$
㉰ $(118)_{10}$ ㉱ $(123)_{10}$

48 그레이코드의 경우 연속되는 2개의 숫자간에는 몇 개의 bit가 다른가?

㉮ 1bit
㉯ 2bit
㉰ 3bit 이상
㉱ 단정지을 수 없다.

49 동시 비교형 A-D변환기의 용도가 아닌 것은?

㉮ 초고속의 변환을 필요로 할 때
㉯ 분해능을 필요로 할 때
㉰ 양호한 적분 직선성을 필요로 할 때
㉱ 미분 직선성이 필요치 않을 때

50 다음 중 에러 검출용 코드는?

㉮ BCD 코드 ㉯ 해밍 코드
㉰ 아스키 코드 ㉱ EBCPIC 코드

51 데이터의 전송시 ASCII코드에서 에러검출을 위하여 사용하는 비트를 무엇이라 하는가?

㉮ 존 비트 ㉯ 디지트 비트
㉰ 기수 비트 ㉱ 패리트 비트

52 외부에서 입력신호를 가하지 않아도 출력이 나타나는 회로는?

㉮ 무안정 멀티바이브레이터
㉯ 차동 증폭기
㉰ 연산 증폭기
㉱ 완충 증폭기

Answer 45 ㉯ 46 ㉮ 47 ㉯ 48 ㉮ 49 ㉱ 50 ㉯ 51 ㉱ 52 ㉮

53 다음 카르노도(Karnaugh map)가 나타내는 함수는?

C \ AB	00	01	11	10
0	1	0	0	1
1	1	0	0	1

㉮ $\overline{A}$ ㉯ $\overline{B}$
㉰ $\overline{A}+B$ ㉱ $A+\overline{B}$

54 3비트 동시형 A/D 변환기의 구성에서 입력신호를 3비트 디지털 신호로 바꾸려면 몇 개의 비교회로가 필요한가?

㉮ 8개 ㉯ 7개
㉰ 4개 ㉱ 3개

55 디지털 논리군의 특징에 관한 설명 중 틀린 것은?

㉮ ECL 논리군의 기본회로는 X-OR 게이트이다.
㉯ TTL 논리군의 기본회로는 NAND 게이트이다.
㉰ ECL 논리군의 고속도가 요구되는 시스템에 사용된다.
㉱ CMOS 논리군은 적은 전력소비가 요구되는 시스템에 사용된다.

56 A/D 변환기에 대한 설명 중 틀린 것은?

㉮ 아날로그 데이터를 디지털 데이터로 변환시키는 장치이다.
㉯ 카운터 비교방식, 2중 적분방식, 순차근이방식 등이 있다.
㉰ n비트 변환기에서 아날로그 입력전압은 2^n레벨로 양자화된다.
㉱ 보통 저항회로 또는 래더(ladder) 회로로 구성되어 있다.

57 다음의 논리회로의 논리식은?

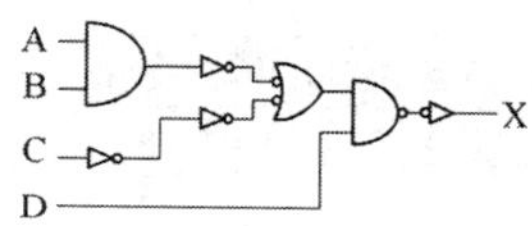

㉮ $X=\overline{A\cdot B}+\overline{C}+D$
㉯ $X=D+(A\cdot B)+\overline{C}$
㉰ $X=D(A\cdot B+\overline{C})$
㉱ $X=D(\overline{A\cdot B}+C)$

58 D/A 컨버터 출력단에 OP 앰프를 사용하는 이유는?

㉮ OP 앰프는 출력 임피던스가 0이기 때문에
㉯ OP 앰프는 주파수 특성이 좋기 때문에
㉰ OP 앰프는 전압 이득이 무한대이기 때문에
㉱ OP 앰프는 전류를 전압으로 변환시킬 수 있기 때문에

Answer 53 ㉯ 54 ㉮ 55 ㉮ 56 ㉱ 57 ㉰ 58 ㉰

59 정 논리(positive logic)를 사용한 다음 회로에서 A, B, C를 입력, Y를 출력이라 할 때 논리 게이트의 명칭은?

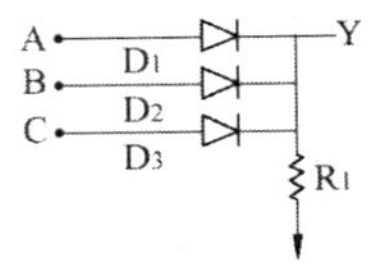

㉮ AND 게이트　　㉯ OR 게이트
㉰ NOR 게이트　　㉱ NAND 게이트

60 다음의 표는 어떤 회로의 진리값인가?

입력신호		출력
A	B	C
0	0	0
0	1	1
1	0	1
1	1	1

㉮ AND 회로
㉯ OR 회로
㉰ NOR 회로
㉱ FLIP–FLOP 회로

61 보통 1진 부호 등의 펄스부호 신호를 전압의 크기로 변환하며, 가산형, 사다리형, 저항분압형, 펄스 수–전압변환형, 스위치형 등이 있는 변환기는?

㉮ A/B 변환기　　㉯ C/D 변환기
㉰ D/A 변환기　　㉱ B/A 변환기

62 부호수(1000 1000)$_2$를 10진수로 표현하면?

㉮ $(119)_{10}$　　㉯ $(120)_{10}$
㉰ $(118)_{10}$　　㉱ $(136)_{10}$

63 BCD 코드 0110을 3초과 코드로 표시하면?

㉮ 1100　　㉯ 1010
㉰ 1011　　㉱ 1001

64 다음 진리표의 논리식으로 옳은 것은?

A	B	Y
0	0	0
0	1	1
1	0	1
1	1	0

㉮ $Y = A + B$　　㉯ $Y = A \cdot B$
㉰ $Y = A \oplus B$　　㉱ $Y = A - B$

65 8진수를 37.2를 10진수로 변환한 것으로 옳은 것은?

㉮ 31.2　　㉯ 31.25
㉰ 37.2　　㉱ 37.25

Answer 59 ㉯ 60 ㉯ 61 ㉰ 62 ㉱ 63 ㉱ 64 ㉰ 65 ㉯

66 아래 그림의 논리회로의 기호는?

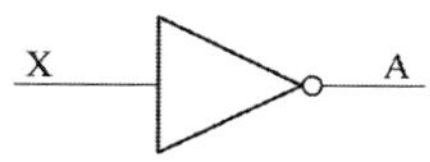

㉮ OR 회로　　㉯ NOR 회로
㉰ NOT 회로　　㉱ NAND 회로

67 TTL IC의 출력으로 사용되지 않는 형식은?

㉮ 토템폴(totem pole) 출력
㉯ 사이리스터(thyristor) 출력
㉰ 오픈컬렉터(open collector) 출력
㉱ 3상(3-state) 출력

68 10진수 77을 2진수로 표시한 것은?

㉮ $1001101_{(2)}$　　㉯ $1101101_{(2)}$
㉰ $1110001_{(2)}$　　㉱ $1001111_{(2)}$

69 아래 진리표에 해당하는 논리회로는?

A	B	Y
0	0	0
0	1	1
1	0	1
1	1	0

㉮ 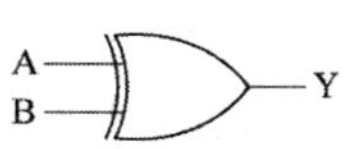

㉯ 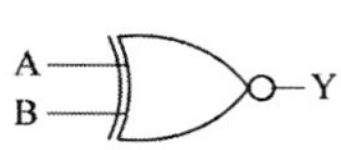

㉰ 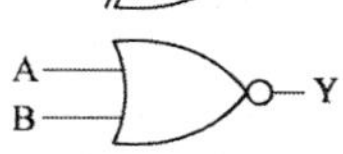

㉱ 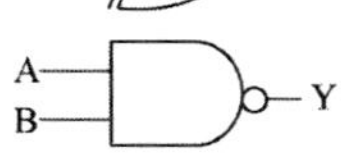

70 아래 논리회로에서 출력 X는?

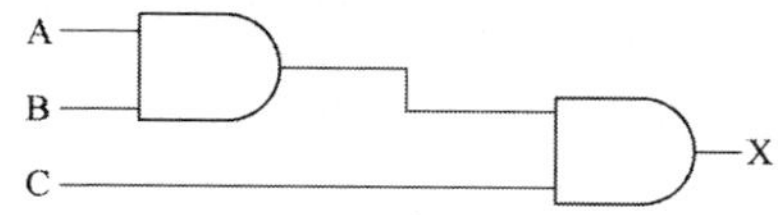

㉮ $\overline{(A \cdot B)} + C$　　㉯ $A \cdot B \cdot C$
㉰ $\overline{A \cdot B \cdot C}$　　㉱ $A \cdot B + \overline{C}$

71 십진수 11의 BCD코드로 맞는 것은?

㉮ 0001 0001　　㉯ 0000 1011
㉰ 1011 0001　　㉱ 0010 0001

72 5개의 T-FF(플립플롭)으로 구성된 카운터회로에 입력클럭 주파수가 8[MHz]일 경우 마지막 플립플롭의 출력 주파수 [kHZ]는?

㉮ 150　　㉯ 250
㉰ 300　　㉱ 350

Answer 66 ㉰ 67 ㉯ 68 ㉮ 69 ㉮ 70 ㉯ 71 ㉮ 72 ㉯

memo

Mechatronics Engineering

CHAPTER 06

마이크로 프로세서의 이해

Mechatronics Engineering

제1절 단일칩 마이크로컴퓨터의 개념 | 제2절 마이크로프로세서의 기본구조 및 구성 | 제3절 명령어 수행과정

제4절 프로그래밍 언어 | [참고자료] 마이크로컨트롤러 8051과 ATmega128(A) 특징 및 구조

Mechatronics Engineering

CHAPTER 06 마이크로프로세서의 이해

마이크로프로세서(microprocessor)는 마이크로(micro)와 프로세서(processor)가 결합된 용어로서 '매우 작은(micro)'이라는 의미와 '처리기(processor)'라는 의미를 포함하고 있다. 마이크로프로세서는 크기가 매우 작고, 뛰어난 계산 능력을 가진 장치로서, IC 집적기술, 컴퓨터구조기술, 시스템 프로그래밍 기술을 함께 묶어 단일 칩으로 집적화한 반도체 소자다.

메모리, 디스크 메모리, 키보드, 모니터, 전원 장치 등과 같은 부가적인 부품들과 장치를 PCB(Printed Circuit Board)에 결합하여 만든 개인용 컴퓨터와 노트북의 마이크로프로세서는 자동차의 엔진과 같은 중요한 부품이다. 데스크톱 컴퓨터, 휴대용 노트북 등은 게임 수행, 문서 작성, 이미지 처리, 웹서핑 등과 같은 응용프로그램의 빠른 처리를 요구한다.

마이크로프로세서는 연산을 미리 확립된 순서에 의해 체계적으로 실행할 뿐만 아니라 컴퓨터의 각 장치에 제어 신호를 제공하는 제어장치를 1개의 작은 실리콘 칩에 집적시킨 초대규모 집적회로로 이루어진 처리장치이다.

여러 종류의 마이크로프로세서가 있지만, 어떤 것이든 내부는 산술논리연산기, 레지스터, 프로그램 카운터, 명령 디코더, 제어회로 등으로 구성되어 있다.

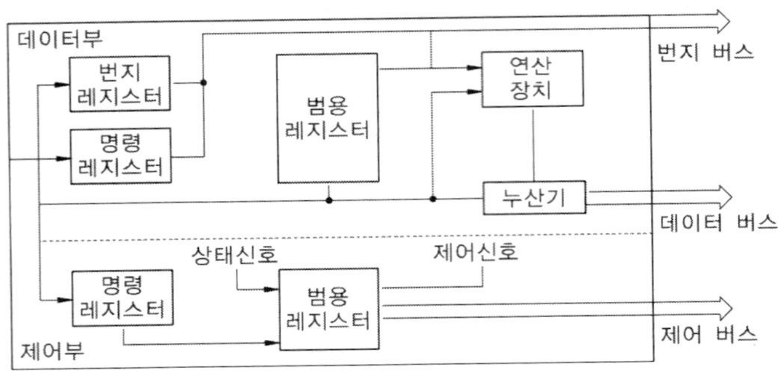

• 그림 6-1 • 마이크로프로세서의 구성

마이크로프로세서는 주기억장치에 저장되어 있는 명령어를 인출하여 해독하고, 해독된 명령어를 실행하며 실행 결과를 다시 주기억장치에 저장할 수 있는 기능 등을 자동으로 수행함과 동시에 입출력 장치들과도 데이터 교환을 수행한다.

장점으로는 회로의 구성소자 수가 작아지고, 시스템 전체의 크기도 작아진다. 또한 부품비 및 제작비가 감소되고, 개발비도 절약되어 개별 논리 회로를 조합해서 만들 때 보다 제품의 원가가 적게 든다. 설계시나 현장 조정에는 물론, 설치 후에도 기능 변경이나 확장이 단시간 내에 이루어질 수 있어 융통성이 크며, 시스템 구성이 단순하고 신뢰도가 높은 소자 사용으로 고장률이 적고, 고장 발견 기술을 이용하여 곧바로 보수할 수 있어 신뢰성이 향상된다는 장점이 있다.

컴퓨터의 중앙처리장치(CPU)가 가진 기능의 대부분을 하나 또는 몇 개의 반도체 칩(chip)에 집적한 것을 마이크로프로세서(microprocessor)라고 하고, 이것을 중심으로 [그림 6-2]과 같이 프로그램 메모리, 데이터 메모리, I/O포트 등으로 구성된 작은 규모의 컴퓨터 시스템을 마이크로컴퓨터(microcomputer)라고 한다.

마이크로프로세서는 빠른 산술연산, 논리연산, 데이터 처리를 위한 구조로 최적화된 기술이 집약된 소자다. 1940년대 말 ENIAC의 진공관과 릴레이를 사용한 전기적인 컴퓨터가 개발된 이래 재료, 수학적 개념, 전자 집약기술, 사회적 요구를 수렴한 다양한 마이크로프로세서가 사용되고 있으며, 앞으로도 지속적으로 더욱 향상된 마이크로프로세서가 등장할 것이다.

제1절 단일칩 마이크로컴퓨터의 개념

CPU(Central Processing Unit)는 레지스터, ALU(Arithmetic Logic Unit), 멀티플렉서(multiplexer), 디코더(decoder) 등 여러 가지 디지털 기능을 수행하는 소자들을 조합해서 설계된 것이고, 마이크로프로세서(Microprocessor)는 한 개의 IC칩으로 된 CPU(Central Processing Unit)를 가리킨다.

01 형태에 따른 분류

마이크로프로세서의 형태는 CPU형 마이크로프로세서, 마이크로컴퓨터(microcomputer), 단일칩 마이크로컴퓨터(single chip microcomputer)로 구분할 수 있다.

① **CPU형 마이크로프로세서** : 컴퓨터의 CPU가 가지고 있는 대부분의 기능을 하나의 반도체 칩에 집적한 것

② **마이크로컴퓨터(microcomputer)** : 최소한의 마이크로컴퓨터는 [그림 6-2]와 같이 컴퓨터의 CPU에 상당하는 마이크로프로세서, 모니터프로그램을 내장하는 ROM, 유저프로그램 및 데이터를 기억하는 RAM, 마이크로프로세서와 입출력장치를 연결하는 병렬입출력인터페이스와 직렬입출력인터페이스, 그리고 이들 장치간에 각종 정보를 주고 받는 運送路로서의 역할을 하는 버스 등으로 구성된다.

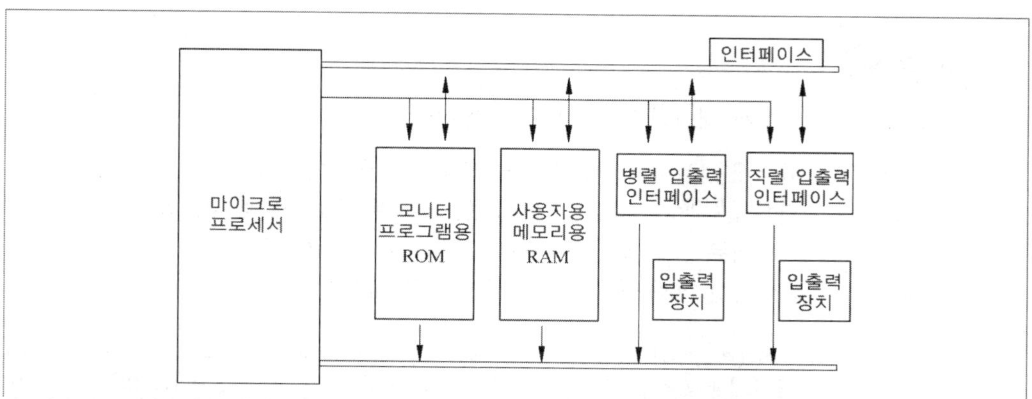

• 그림 6-2 • 마이크로컴퓨터 구성

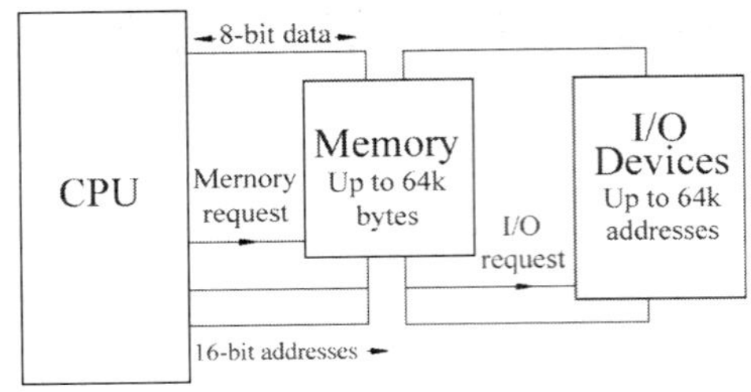

• 그림 6-3 • 8-bit Data and 16-bit Addresses

마이크로컴퓨터는 용도에 따라 분류하면, 연산 및 데이터 처리를 목적으로 하는 연산용과 기계의 제어를 목적으로 하는 제어용으로 분류할 수 있으며 이것은 마이크로컨트롤러(microcontroller)라고도 부른다.

③ **단일칩 마이크로컴퓨터(single chip microcomputer)** : 마이크로컴퓨터에 들어가는 모든 부품들을 하나의 반도체 칩에 집적한 것(혹은 one chip microcomputer) 라고도 한다.

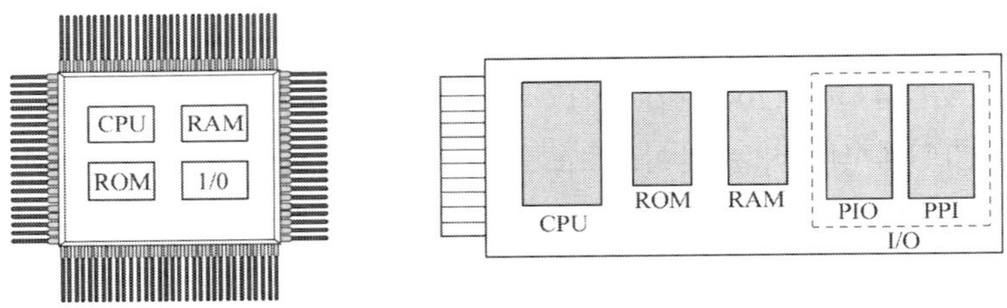

• 그림 6-4 • 단일칩 마이크로컴퓨터(single chip microcomputer) 구성

EXERCISE 1

마이크로프로세서 개념이 아닌 것은 무엇인가?

① 1971년 미국 인텔에서 intel4004라는 최초의 마이크로프로세서
② 작은 실리콘 칩(silicon chip) 위에 트랜지스터를 수천 개 집적한 소자
③ 마이크로는 매우 작은 크기를 나타내고 프로세서는 처리기
④ ROM, RAM, I/O 장치 등으로 구성된 컴퓨터 시스템

풀이 ④ 마이크로프로세서 개념은 1971년 미국 인텔에서 intel 4004라는 최초의 마이크로프로세서를 소개한 후 집적회로의 획기적인 발전으로 이룬 기술이며, 작은 실리콘 칩(silicon chip) 위에 트랜지스터를 수천 개 집적한 소자로 마이크로는 매우 작은 크기, 프로세서라는 처리기 혹은 CPU를 뜻한다.

2 메모리 구성에 따른 마이크로프로세서 분류

1. 폰 노이만 구조

데이터 영역과 프로그램 영역의 물리적인 구분이 없고 버스 크기도 동일하며, 데이터와 프로그램 코드를 동일하게 취급하므로 데이터도 프로그램 코드에 함께 들어간다.
마이크로프로세서 속도가 빠를수록 고성능이며, 대표적인 예는 일반 데스크톱 PC 등이 있다.

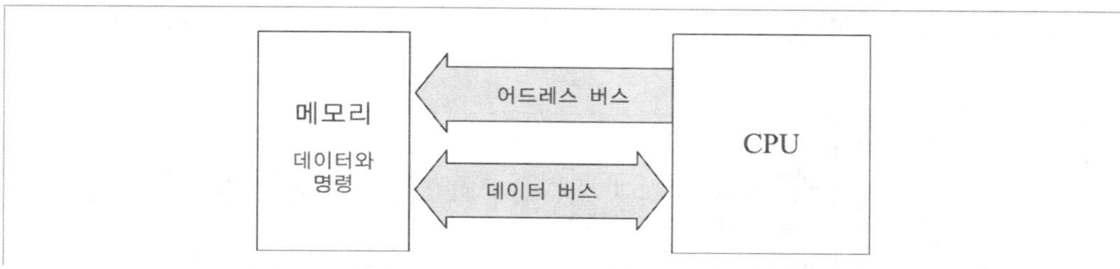

• 그림 6-5 • 폰 노이만 구조

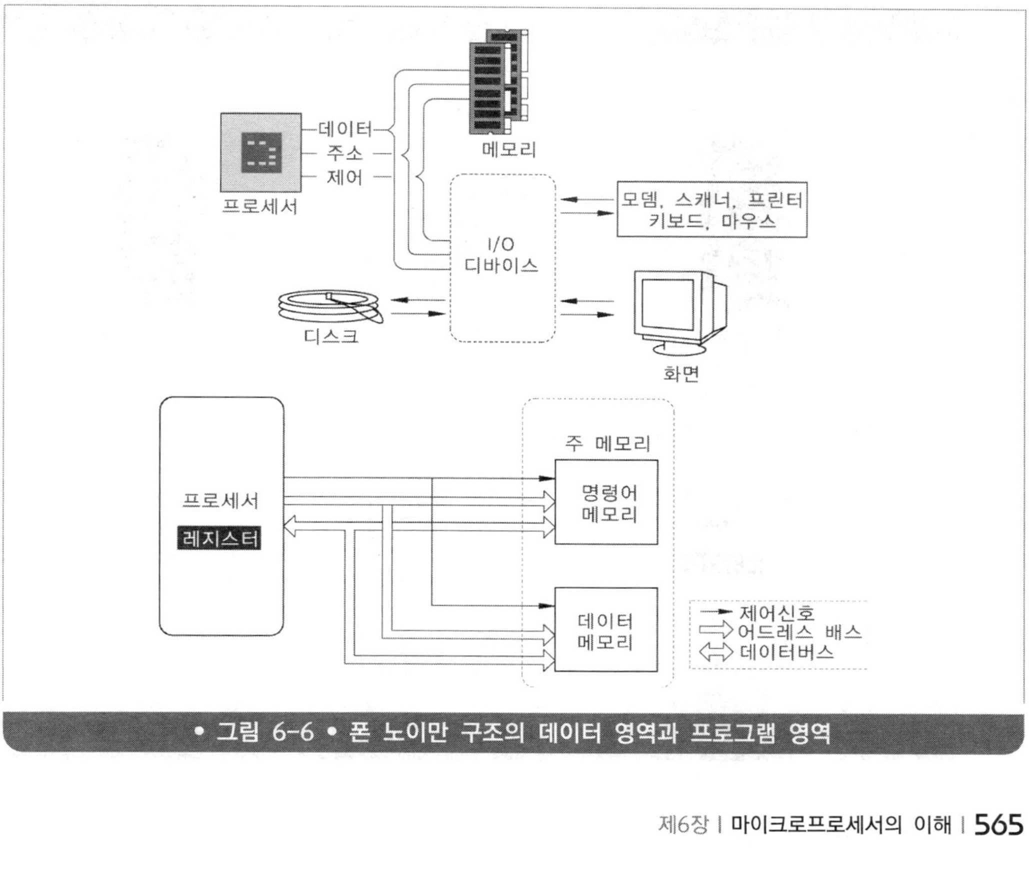

• 그림 6-6 • 폰 노이만 구조의 데이터 영역과 프로그램 영역

2. 하버드 구조

명령어 버스와 데이터용 버스로 물리적으로 분할한 컴퓨터 아키텍쳐를 나타내는 것으로, 대부분의 DSP(Digital Singal Processing)는 하버드 아키텍쳐로 이루어져 있다. [그림 6-7]에 나타낸 것처럼 데이터와 명령어가 독립된 메모리를 차지하고 독립된 버스로 이동하는 구조이다. 이와 같은 구조는 프로세서가 명령어(instruction)와 데이터(data) 오퍼랜드(operand)를 동시에 가져올 수 있기 때문에 전송시 파이프라인(pipe-line) 처리가 가능해 더 높은 명령어 처리율(throughput rate) 을 얻을 수 있다. 데이터 영역과 프로그램 영역이 물리적으로 구분되어 있고 각 버스의 크기도 다를 수 있다.
데이터와 명령어를 분리해서 처리하며, 대표적인 예는 8051, PIC, AVR 등이 있다.

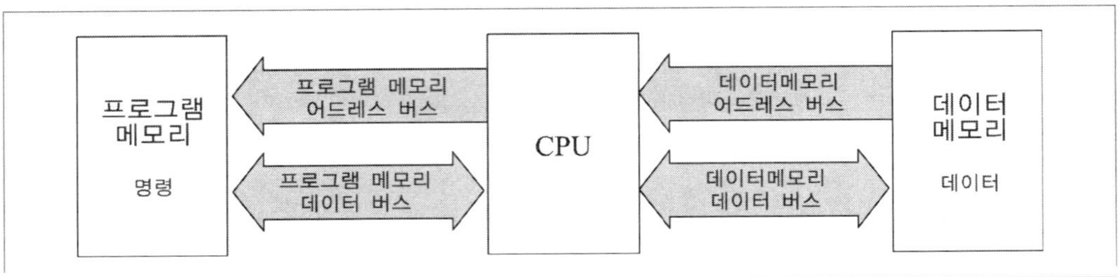

• 그림 6-7 • 하버드 구조

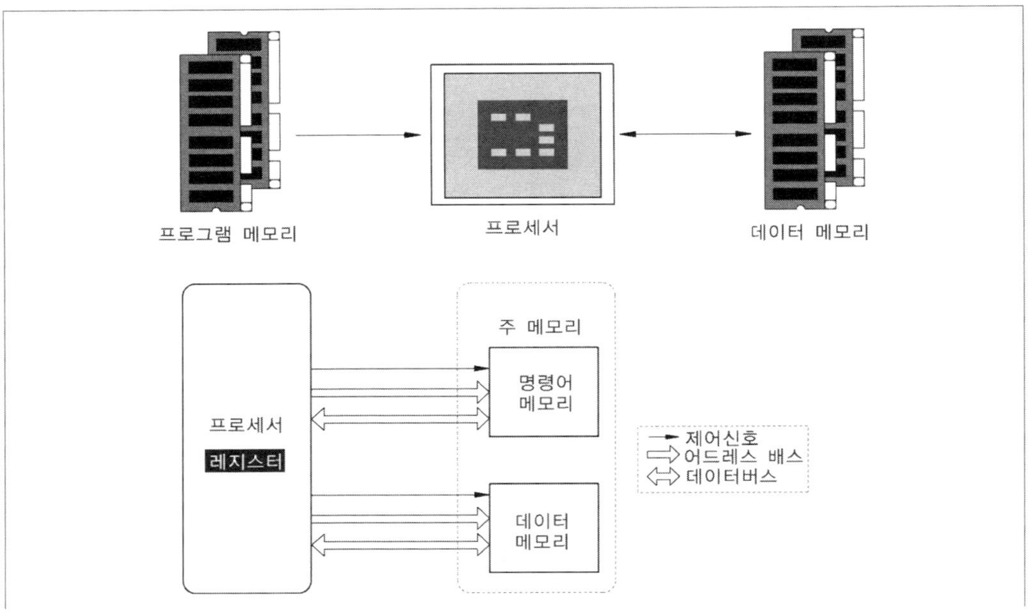

• 그림 6-8 • 하버드 구조의 데이터 영역과 프로그램 영역

3. 명령어 구조에 따른 마이크로프로세서 분류

가. CISC(Complex Instruction Set Computer) 방식의 마이크로프로세서

- 가변길이 명령어를 사용한다.(1byte ~ 8byte)
- 프로그램 내장방식으로 설계되어 있다.
- 명령어가 복잡하고 개수가 많다.
- 명령어 해석기가 마이크로프로그램으로 구성되어 있다.

① 명령어의 길이가 1바이트에서 8바이트까지 가변적으로 구성되어 있다.
② 명령어가 가변적이고 복잡하므로 CISC 방식이라고 하는 것이다.

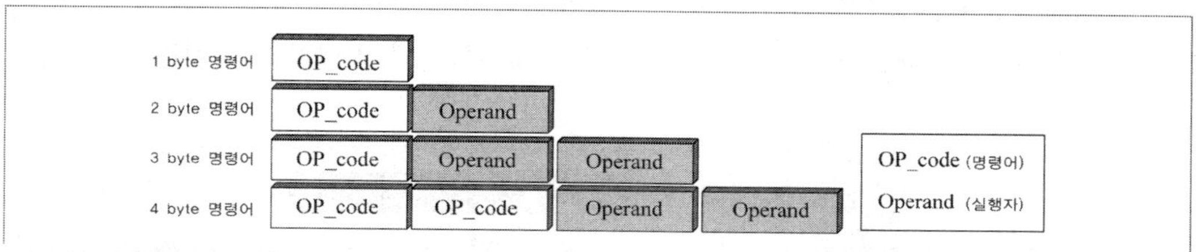

• 그림 6-9 • CISC방식의 명령어

③ **동일한 memory에 명령어와 데이터를 동시에 기억시킨 후 실행하는 방식**
CISC 방식은 32비트 프로세서인 80386까지도 아무런 문제없이 적용된 기술이므로 완벽한 하위 호환성을 유지할 수 있었다. 그러나 80486이 등장하면서 단순히 CPU의 클럭(clock, 동작 속도)을 높이는 방식으로 성능 향상을 기대할 수 없으므로 CISC 방식의 문제점이 드러나기 시작했다. 클럭에는 한계가 있기 때문이다. 그래서 한번에 여러 개의 명령어를 동시에 수행할 수 있는 기술이 필요하게 되었다. 80486부터는 일부 RISC 방식을 도입하기 시작하게 된다.

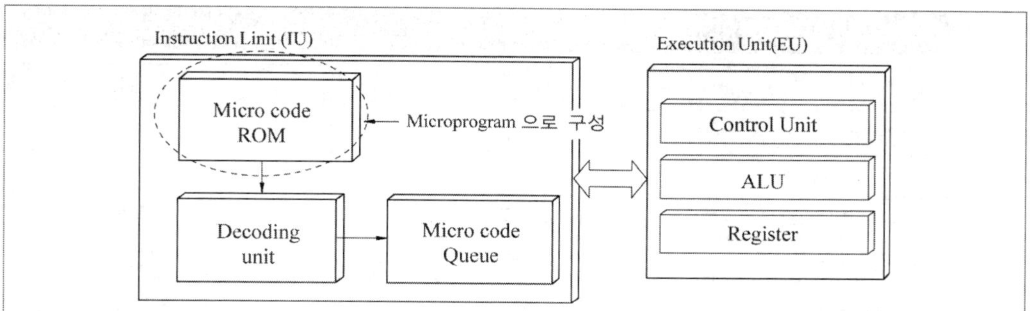

• 그림 6-10 • CISC방식의 마이크로프로세서의 명령 해석기

④ CISC 방식의 마이크로프로세서의 IU에서 명령어 해석기가 마이크로프로그램(microprogram)으로 설계되어 있다. 따라서 실행속도가 RISC에 비해 느리다.

나. RISC(Reduced Instruction Set Computer)

- 명령어가 고정된 고정길이 명령어 사용
- 일반적으로 하버드 구조로 구성되어 있다.
- 명령어 개수가 적다.
- 속도가 빠르다. 명령어의 단일 사이클 실행
- 명령어 해석기가 하드와이어(hardwire)로 구성되어 있다.

① RISC CPU는 고정된 길이의 명령어를 사용하고 명령어의 종류가 미리 정해져 있으므로 해석속도가 빠르고 여러 개의 명령어를 처리하기에 적합하다는 장점이 있다.

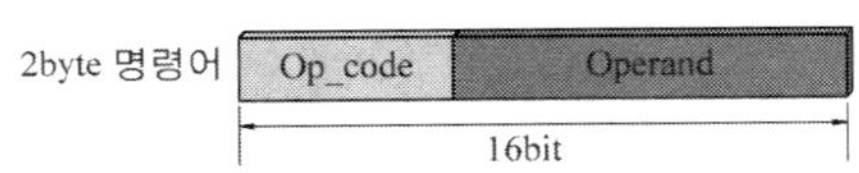

• 그림 6-11 • RISC 방식의 명령어 구성

② Sun's Sparc, MIPS R10000, HP PA-Risc, IBM PowerPC, ARM's ARM 펜티엄부터 RISC86이라는 기법이 사용되었다.

OP(Operation)코드는 명령의 종류를 말하며, 실제로 CPU가 동작을 취하는 것이다. 오퍼랜드(operand)는 OP코드가 명령을 수행하기 위한 연산의 대상이다.

다. CISC와 RISC의 비교

| 표 6-1 | CISC와 RISC의 비교

	CISC	RISC
명령어의 종류	다양	간단
처리속도	느림	빠름
명령어의 길이	유동적	고정적
전력소모량	많음	적음
프로그래밍	쉬움	어려움
사용용도	PC	Workstation

EXERCISE 2

다음 중 틀린 것은?

① 마이크로프로세서 개념은 작은 실리콘 칩 위에 트랜지스터를 수천 개 집적한 소자이다.
② 메모리 구성에 따른 마이크로프로세서 분류는 폰 노이만 구조와 하버드 구조로 나뉜다.
③ 명령어 구조에 따른 마이크로프로세서 분류는 CISC 구조와 RISC 구조가 있다.
④ 마이크로컨트롤러 장점은 제품이 대형화 되고, 경량화 된다.

풀이 ④ 소형화

4. 처리 용량에 따른 구분

최초의 PC용 마이크로프로세서는 인텔(Intel)에서 개발해서 애플(APPLE) 기종에서 사용된 Z80이다. 최신 컴퓨터에 장착되는 프로세서의 조상이라고 할 수 있다. 인텔에서 1971년에 발표한 i4004도 있지만, 이것은 4비트 프로세서로 컴퓨터에 실제로 사용되지는 않았고 제어기 분야에서만 사용되었다.

가. 4BIT MICROCONTROLLER

특징으로

① 1971년 최초의 마이크로프로세서 4004 출시
② 데이터 버스가 4비트
③ 2300개의 트랜지스터로 구성
④ CPU의 속도는 108kHz
⑤ Intel 4004 LSI 기술 발전으로 소형계산기나 CRT 등의 주변장치 제어용으로 사용

구조적인 특징으로는 입력 데이터 버스선과 출력 데이터 버스선이 분리되어 있는 구조이다.

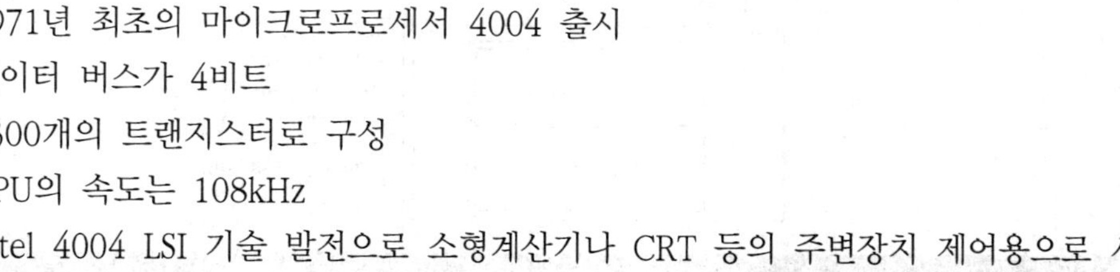

• 그림 6-12 • 4비트 마이크로프로세서 구조

나. 8비트 MICROCONTROLLER

애플(APPLE) 컴퓨터는(Apple 6502) 1980년대에 전세계적으로 인기를 끌었던 8비트 컴퓨터이다. 여기에 사용된 CPU는 6502로, 현재의 CPU에 비하면 매우 성능이 뒤쳐지는 제품이었다. 애플은 성능이 개선되어 애플 II/IIe 등으로 발표되었지만, 1980년대 후반에 새롭게 등장한 IBM PC에 밀려 모습을 감추게 되었다.
8비트 CPU는 한번에 8비트 단위로 자료를 처리할 수 있는데, 8080, 8085 등의 제품이 있으며 가장 널리 사용되었던 Z80을 거쳐 인텔의 8031 계열과 Atmel AVR 계열 등으로 발전되어 왔다.
8085는 16비트 프로세서인 8086의 기본 골격이 되기도 했다.

특징으로는
① 1972년에 8008 출시
② data bus(8bit), address bus(16bit) 구조
③ 8비트 CPU 종류는 Intel 8080, 8085, Zilog-80, Motorola 6800, Apple 6502
④ 주로 제어목적으로 사용

구조적인 특징으로는 입력 데이터 버스선과 출력 데이터 버스선이 동일한 버스를 사용하는 구조이다.

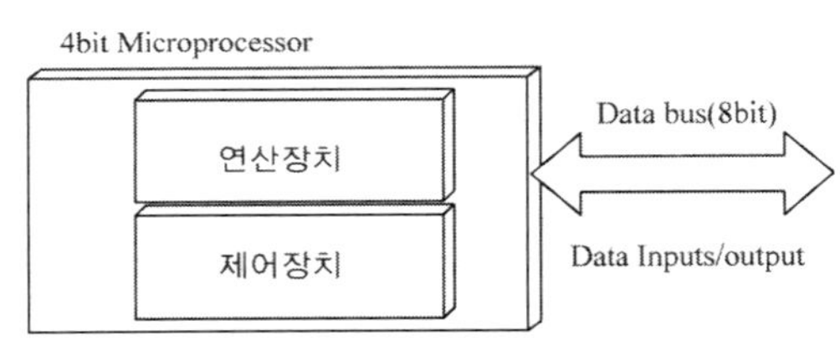

• 그림 6-13 • 8비트 마이크로프로세서

다. 16비트 MICROCONTROLLER

최초의 16비트 컴퓨터는 IBM PC XT이다. 인텔은 16비트 프로세서인 8086을 개발했으나 생산비의 상승 때문에 기능을 축소시킨 8088을 만들었고, 결국 IBM PC XT에 8088을 장착하게 되었다.
16비트 CPU는 말그대로 16비트 단위로 자료를 처리할 수 있고, 덕분에 8비트 컴퓨터에 비해서 상당한 성능 개선과 처리 용량의 향상이 이루어졌다. 이어서 개발된 80186 프로세서는 8088과 크게 다르지 않았으므로 많이 쓰이지 않았다. 80186을 개선한 80286은 한때

286 컴퓨터(IBM PC AT)에 사용되었고 컴퓨터 기종을 뜻하는 이름으로까지 사용될 정도로 유행했다. 80286은 8086에 비해서 4배 가량의 성능 향상이 이루어진 제품으로 메모리 지원 강화, 동시에 여러 작업을 수행할 수 있는 멀티태스킹(multi-tasking) 지원이 가능해졌다.

특징으로는

① data bus(16bit), address bus(20bit)의 구조

② 1978년 인텔의 8086 개발, 1980년 최초의 16비트 컴퓨터는 IBM PC XT

③ CPU 종류는 Intel 8086, 8088, Zilog Z8000, Motorola M68000 등이 있음

④ 16비트 CPU는 16비트 단위로 자료를 처리

⑤ 인텔은 16비트 프로세서인 8086을 개발했으나 생산비의 상승 때문에 기능을 축소시킨 8088 을 만들었고, 결국 IBM PC XT에 8088을 장착

⑥ 메모리 용량을 극복하기 위하여 세그먼트(segment) 도입

⑦ 연산전용 보조 프로세서(co_processor)를 장착하여 연산기능 향상

⑧ 80286은 한때 286 컴퓨터(IBM AT (Advanced Technology, 6 or 8MHz)에 사용되었고, 8086에 비해서 4배 가량의 성능 향상이 이루어진 제품으로 메모리 지원 강화, 동시에 여러 작업을 수행할 수 있는 멀티타스킹(multi-tasking) 지원이 가능해졌음

⑨ 주로 개인용 컴퓨터로 사용

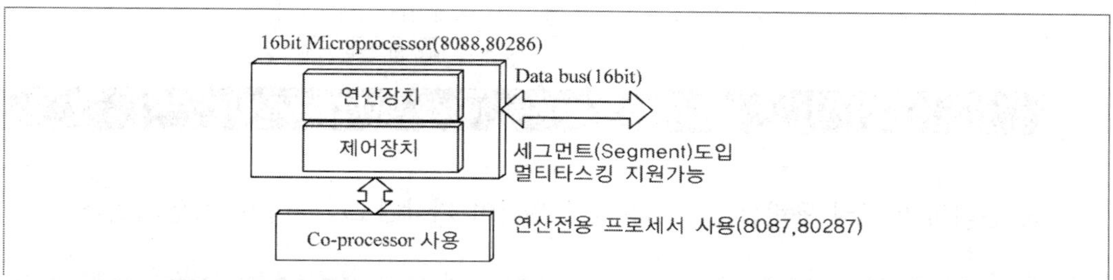

• 그림 6-14 • 16비트 마이크로프로세서

구조적인 특징은 연산전용 보조 프로세서(co_processor)를 장착하여 연산기능이 향상되었다.

라. 32비트

386(80386), 486(80486), 펜티엄(Pentium), 펜티엄프로, 펜티엄II는 모두 32비트 프로세서이다. 80486까지는 32비트 단위로 자료를 처리할 수 있었지만, 펜티엄에서는 32비트 정수 연산기를 두 개 내장하고 있으므로 한번에 두 개의 자료를 동시에 처리할 수 있게 되었다. 이에 32비트 CPU는 기본적으로 16비트 프로세서와 호환성을 가지고 있으며, 보

호모드(protected mode)나 가상 86(virtual 86 mode)과 같이 32비트 프로세서 고유의 연산 처리 기능을 지원한다. 이 경우에 호환 모드에 비해서 고속 처리가 가능하고 시스템 자원을 최대로 활용할 수 있다.

특징으로는

① 1985년대 중반 출시

② Intel 386(80386), 486(80486), 펜티엄(Pentium), 펜티엄프로, 펜티엄II, Z80000, M68020 등

③ 80486(줄여서 486)까지는 32비트 단위로 자료를 처리할 수 있었지만, 펜티엄에서는 32비트 정수 연산기를 두 개 내장하고 있으므로 한번에 두 개의 자료를 동시에 처리할 수 있게 되었다. 초기에는 펜티엄을 64비트 프로세서라고 과장하는 경우도 있었지만, 실제로는 32비트 프로세서이다.

④ CPU 클럭 증가로 속도 향상(33MHz 이상)

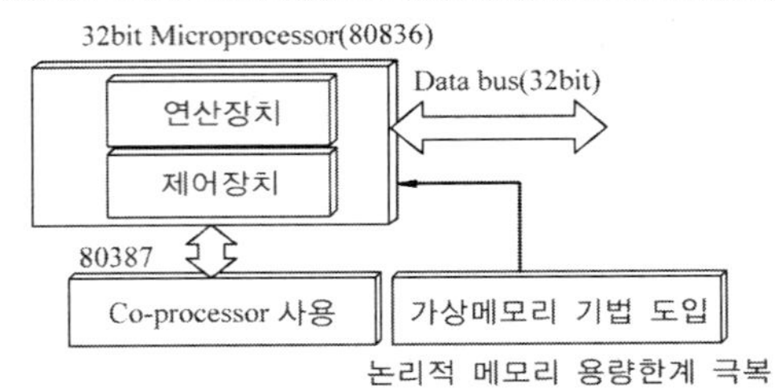

• 그림 6-15 • 32비트 80386 마이크로프로세서

⑤ 논리적 메모리 용량한계를 극복하기 위하여 가상메모리 기법이 도입되었다.

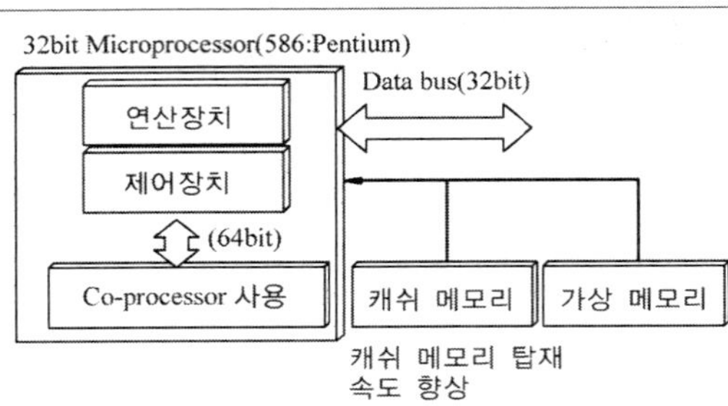

• 그림 6-16 • 32비트 Puntium 마이크로프로세서

⑥ RISC 기법 도입, 속도 향상 5단계 파이프 라이닝 기법이 도입되었다.

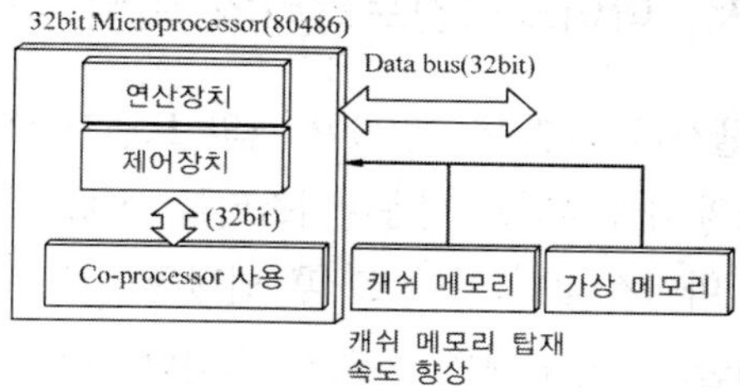

• 그림 6-17 • 32비트 80486 마이크로프로세서

⑦ CPU 내부 버스를 64비트로 확장 MMX기법이 도입되었다.

마. 64비트

컴퓨터 구조에서 64비트 정수, 메모리 주소, 다른 데이터 장치들은 64비트 너비의 영역을 갖는다. 또 64비트 CPU, ALU 구조는 이러한 크기의 레지스터, 주소 버스, 데이터 버스에 기반을 두고 있다.

64비트는 또한 중앙 처리 장치의 버스(BUS)가 64비트 단위로 자료를 전송하는 컴퓨터 세대를 가리키기도 한다.

64비트 CPU는 1960년대 이후부터 슈퍼컴퓨터에 존재해왔으며 1990년대 초부터 RISC 기반 워크스테이션과 서버에 쓰이게 되었다. 2003년에 이전에 32비트가 주류였던 개인용 컴퓨터가 x86-64 및 64비트 파워PC 프로세서로 진입하게 되었다.

특징으로는

① 한번에 64비트로 자료를 처리
② 개인용 PC, 워크스테이션, 서버급으로 사용가능
③ IMB686, ALPHA CHIP 등

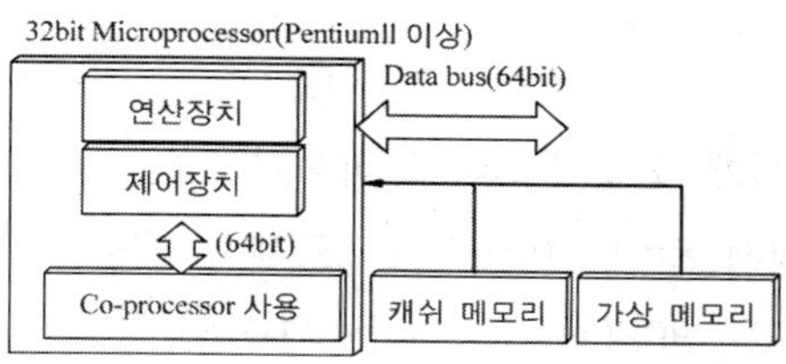

• 그림 6-18 • 64비트 마이크로프로세서

④ 입출력 데이터 버스선이 64비트로 구성되어 있다.

5. 마이크로프로세서, 마이크로컨트롤러의 발달 및 제품별 비교

마이컴의 시초는 인텔사가 1971년 2300여 개의 트랜지스터를 집적하여, 46개의 명령어, 12개의 주소선, 16개의 내부 4비트 범용레지스터를 사양으로 108kHz의 발진주파수에서 동작하도록 만든 4비트 마이컴 4004이다. 그 후 인텔은 1972년에는 4004를 개선한 8008 8비트 마이크로프로세서를, 1973년에는 8008을 개선한 8080 8비트 프로세서를 발표하였다.

1975년에는 TI에서 중앙처리장치와, 메모리, 입출력 장치를 단일칩에 내장한 TMS1000 시리즈를 출시하여 마이컴 시대를 열었고 이후 마이크로프로세서의 개발은 연산용 프로세서와 제어용 마이컴으로 분화되었다. 1976년에는 8비트 마이컴 8048, 8748, 8035가 포함된 MCS48시리즈를 인텔사에서 출시하고 그 상위버전인 MCS51시리즈의 8051을 1981년에 출시한 이후 여러 회사에서 지속적으로 향상된 기능의 마이컴을 출시하고 있다.

인텔의 80960, 모토로라의 68332, ST마이크로의 ST40이나 STR7, 삼성전자의 KS32 등 32비트의 고성능 마이컴도 있지만 아직 8비트 마이컴이 가전제품(TV/VCR, CD, 카메라, 리모콘, 전자레인지, 공기청정기 등), 사무기기(모니터, 마우스, 키보드, 스캐너, 프린터, 복사기, 팩스, PC LAN시스템, 바코드리더, 탁상계산기, 하드디스크 등), 통신기기(전화기, 자동응답기, 모뎀, 발신자 확인기 등), 자동차(ABS, 속도측정기, Power seat, 운항제어, 자동경보기, 온도제어, 연료제어, Air bag 센서, Sun roof 제어 등), 계측기, CCTV, 자동차 주행 시험장의 점수 계산장치, PLC, 신용카드리더, 공정제어 등 산업 전반에 걸쳐 다양하게 응용되고 있다.

컴퓨터의 중앙처리장치(CPU)를 단일 IC칩에 집적시킨 반도체 소자를 마이크로프로세서라고 하며, 범용 마이크로프로세서에 비해 간단히 시스템을 구성할 수 있도록, 메모리와 I/O 인터페이스 회로를 1개의 소자에 내장하고 있어서 다양한 입출력제어에 주로 활용하는 것을 마이크로컨트롤러라고 구분하여 간단히 발달과정을 살펴보고자 한다.

가. 마이크로프로세서

① 1971년 intel사 세계 최초로 4비트 마이크로프로세서 4004 개발

② 이후 여러 회사에서 8비트 마이크로프로세서 개발

- intel 8008(1972), 8080(1974), 8085(1976)
- 모토롤라 MC6800(1974), MC6805(1976), MC6809(1979)
- 자이로그 Z-80(1976) 등

③ 1978년 이후 16비트, 32비트, 64비트까지 발전

나. 마이크로컨트롤러

① 1975년 Texas Instrument사 최초의 마이크로컨트롤러 TMS1000 개발

② 1976년 intel사 8비트 마이크로컨트롤러 8048(MCS-48), 1980년 8051(MCS-51), 이후 16비트 MCS-96(1982), 32비트 80960(1988) 개발

- 8051은 지금까지 사용되고 있으며, 개발 및 응용 프로그램과 개발장비가 보편화 되어 있다.

③ 모토롤라 MC6801, MC6805, MC68HC11, 68HC16, MC68332

④ 삼성 4비트 KS51(1982), KS56(1988), KS57(1989), 8비트 KS88(1991), 16비트 KS16(1993), 32비트 KS32(1995) 등

| 표 6-2 | 마이크로프로세서 및 마이크로컨트롤러 발전과정

년도	BIT	마이크로프로세서		마이크로컨트롤러	
		Intel	Motorola	Intel	삼성
1971	4bit	4004			
1972	8bit	8008			
1974		8080	6800		
1976		8085 (Z80)	6805	8748	
1977	16bit		6809		
1978		8086			
1979		8088	68000		
1980		80186		8051	
1981		80188			
1982		80286		8096	KS51 시리즈
1983			68010		
1984	32bit		68020		
1985		80386		80196KB/C/D	
1987			68030		
1988		(Z8000)		80960	KS56 시리즈
1989		80486	68040		KS57 시리즈
1990					
1991					KS88 시리즈
1992					
1993	64bit	Pentium			KS16시리즈
1994			68060		
1995		Pentium-Pro	(95/11/2)		KS32 시리즈
1996					
1997		Pentium MMX Pentium II (P7)	(97/01/09) (97/05/06)		
1999	64bit	머세드 (완전한 64비트)			

다. 8051, AVR, PIC, ARM 제품 특징

① 계열별 마이크로컨트롤러

㉠ 8비트 : 인텔의 8051 계열, 마이크로칩(Microchip)의 PIC 계열, 아트멜(Atmel)의 AVR 계열, 모토롤라의 68k 계열, 자이로그(Zilog)의 Z80 계열

㉡ 32비트 : 인텔 80960, 모토롤라 68332, ARM 계열, 프리스케일 ColdFire, MIPS

② 인텔의 8051 계열

마이크로컨트롤러 초창기에 8비트 시장에서 큰 인기를 누린 인텔이 8051을 이용한 마이크로컨트롤러를 직접 생산했지만, 현재는 아트멜, NEC, 필립스(현 NXP) 등의 주요 업체가 호환 프로세서를 생산하고 있다. 8비트 마이크로컨트롤러의 대표격인 8051 코어를 이용한 제품은 전자제품 등에서 아직도 사용되고 있다.

③ 마이크로칩(Microchip)의 PIC 계열

RISC 방식의 8비트 마이크로컨트롤러 속도, 내부 메모리 용량, 내장 디바이스 특성에 따라 PIC12, PIC14, PIC16, PIC17, PIC18 계열이 있으며, 동작 전원 범위(2.0V ~ 6.0V)가 넓고, 소비 전류는 수 mA 이하이며, 파워 on Reset과 원칩 타이머, ROM 등을 내장하고 있어 소형 제품을 만드는 데 적합하다.

④ 아트멜(Atmel)의 AVR 계열

ATiny, AT90S, ATmega 계열이 있으며, 동작 전원 범위(1.8V ~ 5.5V)가 넓고, 프로그램 코드를 저장할 플래시 메모리와 데이터를 저장할 EEPROM, SRAM 등 다양한 내부 메모리를 제공하고 있다. 모든 계열이 ROM writer와 같은 별도의 장비 없이 PC에서 AVR의 내부 플래시 메모리로 프로그램을 저장하는 ISP(In-System Programming) 기능을 갖추고 있다.

⑤ 동작 속도 비교

㉠ PIC : 5Mips(20MHz를 내부적으로 1/4 분주)

㉡ 8051 : 2.5 ~ 3Mips(20M → 내부적으로 1/7 ~ 8 분주)

㉢ AVR이 8Mips(8MHz를 내부 분주 않음)

⑥ 명령어(어셈블리어) 개수 비교

㉠ PIC : 약 35개

㉡ 8051 : 약 111개

㉢ AVR : 약 120개

PIC는 명령어가 적어서 배우기 편하지만 프로그램 작성시 어려움이 있다.

⑦ 가격 비교

㉠ PIC, 8051 : OTP(One-Time Programmable) 타입이 있으므로 단가가 저렴하다.

㉡ AVR : OTP 타입은 없고 플래시 메모리만 제공되므로 불리하다.

⑧ **데이터 메모리(RAM) 비교**

㉠ PIC : 128 ~ 256바이트 정도

㉡ 8051 : 128 + 외부 RAM(최대 64K바이트)

㉢ AVR : 512 + 외부 RAM(최대 64K바이트)

데이터 메모리는 AVR이 가장 크며, 8051이나 PIC도 뒤지지는 않는다.

⑨ **프로그램 메모리(ROM) 비교**

㉠ PIC, 8051 : 초기에는 ROM, EPROM 타입만 제공되다가 현재는 플래시 타입 모델도 출시되고 있음

㉡ AVR : 모든 계열에서 플래시 타입을 제공하는 특징이 있음

⑩ **프로그래밍 방식 비교**

㉠ PIC, 8051 : 일부 모델은 ROM 라이터와 자외선 이레이저(UV erasure)가 필요하지만 플래시 타입은 ISP로 편리하게 프로그래밍할 수 있음

㉡ AVR : 모든 계열을 ISP 방식으로 프로그래밍할 수 있다는 장점이 있음

⑪ **개발 언어 비교**

㉠ PIC : 어셈블리어가 좋고, C 언어는 하드웨어 구조상 문제점이 많고 생성하는 코드의 효율도 좋지 않음

㉡ 8051 : 어셈블리어와 C 언어 모두 좋지만 C 언어는 느리다.

㉢ AVR : 어셈블리어와 C 언어 모두 좋으며, C 언어의 경우 속도 차가 있지만 무시해도 좋을 정도다. 8051이나 PIC는 C 컴파일러가 고가지만 일부 기능을 제한하여 무료로 제공하는 버전이 있으며, AVR은 상용에 뒤지지 않는 무료 버전이 있다.

⑫ **ARM 코어**

임베디드 시스템에서 저전력, 저발열, 고성능의 이점이 있어 많은 마이크로컨트롤러 제조업체로부터 주목을 받은 것으로, 여러 마이크로컨트롤러 제조업체가 ARM 코어를 선택함에 따라 ARM 7을 필두로 ARM 9, ARM 11 등의 ARM 코어는 관련 업계의 폭넓은 지지를 받았다. 현재 ARM 코어는 모바일폰, 포켓용 전자장치, 게임기, 다양한 휴대기기 등 저전력을 요구하는 소형기기에 사용되며 네트워크 장비인 IP 공유기나 라우터 등에서도 사용된다.

6. 마이크로컨트롤러의 특징

① **제품의 소형화 및 경량화**

② **제품의 가격이 저렴**

부품비, 제작비, 개발비 및 개발시간 절감된다.

③ **융통성 및 확장성이 용이**

개별 논리회로는 기능 변경이나 확장에는 부품의 추가 및 배선의 변경이 필요하나, 마이크 로컨트롤러는 프로그램만 변경하면 된다.

④ **신뢰성이 향상**

부품수가 적어서 시스템 구성이 단순, 고장률이 적고, 보수 편리하다.

7. 마이크로컨트롤러의 응용

간단한 가전기기에서 복잡한 산업용에 이르기까지 응용분야가 방대하다.

가. 응용분야

① **산업** : 모터제어, 로봇 제어, 프로세스 제어, 수치 제어, 장난감 등

② **계측** : 의료용 계측기, 오실로스코프 등

③ **가전제품** : 비디오 레코더, 레이저 디스크, 비디오 게임기 등

④ **유도** : 미사일 제어, Torpedo 제어, 지능형 무기, 우주선 유도 제어 등

⑤ **데이터 처리** : plotter, 복사기, 하드디스크 구동장치, 테이프 구동장치, 프린터 등

⑥ **통신** : 모뎀, 지능형 line card 제어 등

⑦ **자동차** : 점화 타이밍 제어, 연료 분사 제어, 변속기 제어, ABS 제어 등

나. 마이크로프로세서 CPU 용량에 따른 활용사례

① **4비트** : 가전기기, 자동차용 오디오 등

② **8비트** : 게임기, 가전제품, 기계제어 등

③ **16, 32비트** : 게임영 PC, 대용량 데이터를 처리하는 산업용 장치 및 제어 등

| 표 6-3 | 비트 용량에 따른 응용

4비트	8비트	16/32비트
• 전자렌지, 전기밥솥, 가스오븐, 전기세탁기 등 가전제품 • 휴대용 음향기기 • 자동차용 라디오 • 게임기	• 단말기 • 계측기기 • 고급 탁상계산기 • 학습기 • 재고 관리기 • 감시장치	• 개인용 PC 및 워크스테이션 • 계단제어 • 수치제어 • 멀티테스트 • 멀티프로세서

제2절 마이크로프로세서의 기본구조 및 구성

① 마이크로프로세서 기본구조

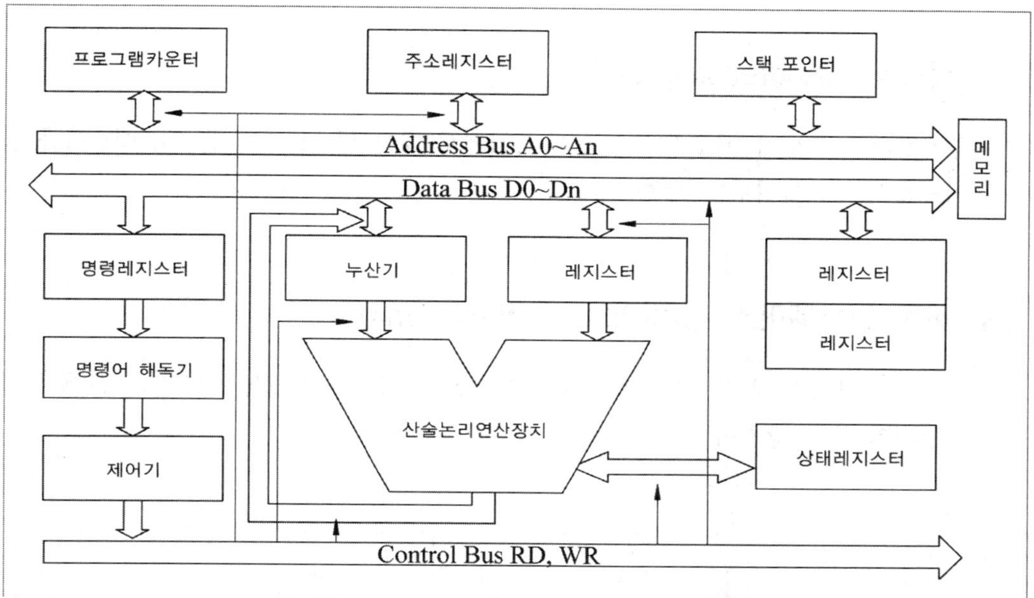

• 그림 6-19 • 마이크로프로세서 기본구조

대부분의 마이크로프로세서는 다음 [그림 6-19]와 같은 기본구조를 가지고 있으며, 크게 4부분으로 나눌 수 있다.

1. 연산장치(Eu : Execution Unit)

연산장치는 마이크로프로세서의 각 명령어를 수행하는 Unit이다.

연산장치에는 ALU(Arithmetic Logic Unit)와 제어장치(CU : Control Unit), 레지스터로 구성된다. ALU에서는 덧셈이나 비교 연산과 같은 산술 연산, 논리연산을 수행한 후 중간 결과를 레지스터에 보관한다.

2. 명령어 장치(Instruction Unit)

명령어 장치(Instruction Unit)은 메모리에서 가져온 명령어를 실행장치에서 정확히 수행할 수 있도록 제어하는 장치 이다. 이때 제어장치는 ALU나 레지스터들이 잘 동작되도록 하여 준다.

3. 주소장치(Addressing Unit)

주소장치는 CPU가 메모리나 입출력 장치에서 데이터를 읽거나 쓸 때, 메모리나 입출력 어드레스를 만들어주는 장치이다.

4. 버스 인터페이스 장치(Bus Interface Unit)

버스 인터페이스 장치는 어드레스,데이터, 컨트롤 버스를 통해서 마이크로프로세서 외부와 연결시켜 주는 장치이다.

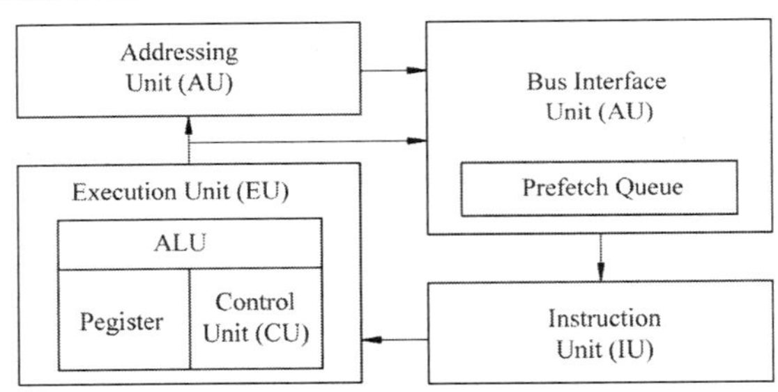

• 그림 6-20 • 마이크로프로세서의 구조

② 마이크로프로세서 구성

1. 마이크로컨트롤러의 구성

마이크로컨트롤러는 기본적으로 중앙처리장치(CPU), 메모리(ROM, RAM) 및 I/O(입출력) 포트가 1개의 칩안에 내장되어 있다.

가. 중앙처리장치(CPU)

① 컴퓨터 시스템 전체의 데이터 흐름을 제어
② 메모리로부터 프로그램의 각 명령을 판독, 해석
② 데이터 처리 및 실행을 결정

나. 메모리

① 프로그램과 프로그램으로 처리하는 데이터를 보관
② 영구적인 프로그램을 넣는 판독 전용 메모리(ROM : Read Only Memory)
③ 데이터 및 변경 가능한 프로그램용인 읽고 쓰기
랜덤 액세스 메모리(RAM : Random Access Memory)

다. I/O(입출력) 포트

① 인터페이스 장치(Interface Unit)
② 마이크로프로세서와 외부의 입출력 장치간의 정보 교환

2. CPU(Central Processor Unit : 중앙처리장치)의 구성

CPU는 컴퓨터 시스템의 두뇌와 같은 것으로 시스템 내의 모든 행동에 대한 관리 및 데이터 에 대한 처리 실행하며, 단순한 2가지 동작 인출과 실행을 연속적으로 반복한다. 즉 2진 코드의 집합을 이용하여 명령을 해독하고 실행한다.

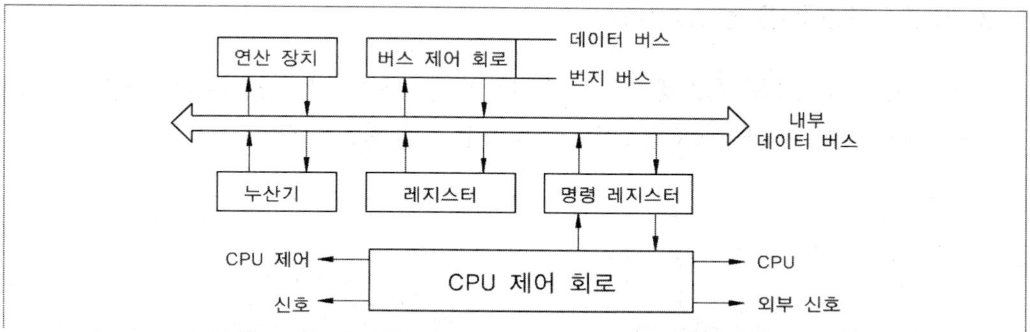

• 그림 6-21 • CPU 내부장치

가. 레지스터(Acc, B, R0 ~ R7 register 등)

데이터를 보관하는 조그만 메모리로, 프로그램의 실행 중에 사용되며, 고속 엑세스를 할 수 있다. 종류로는 연산을 위해 데이터 기억하는 범용 레지스터와 제어를 위한 특수 정보 기억하는 특수 레지스터가 있다.

나. 산술/논리 장치(ALU : 연산장치)

정보에 대한 연산을 수행하는 장치로 가산이나 승산 등의 산술 연산을 행한다. 또한 레지스터 내의 하나 혹은 두개의 값 사이에서 AND 조작과 같은 논리 연산을 행한다.

다. 제어장치

실행을 위해 필요한 행동을 결정하는 장치로, 명령을 해석하고 그것을 실행하는데 필요한 컴퓨터 내부의 각 장치를 사이의 데이터의 흐름을 제어한다.

라. 기타장치

① **프로그램 카운터(PC)** : 다음에 실행될 명령이 저장된 기억장소의 주소를 보유
② **명령 레지스터(IR)** : 수행되는 명령어를 기억하여 그 명령에 따라 CPU가 동작되도록 제어 회로에서 지시 신호가 만들어지게 한다. 즉 실행될 명령의 2진 코드를 받는 저장장치
③ **명령 디코드(Decode)** : 명령에 따른 실행할 동작을 결정

3. 버스 시스템(Bus system)

마이크로컨트롤러의 시스템 작동에 필요한 모든정보와 신호를 전달하는 3개의 버스(Bus)를 가지고 있다. 마이크로컨트롤러에서 모든 정보전달은 CPU를 기준으로 한다.

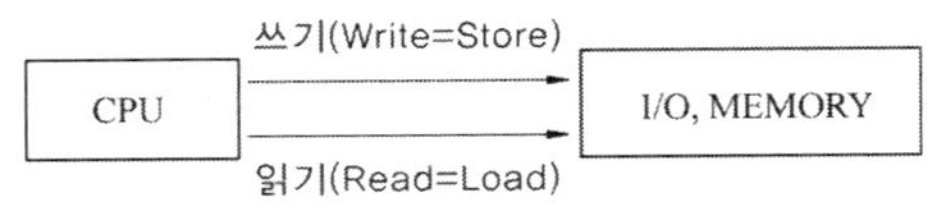

• 그림 6-22 • 버스시스템

가. 주소 버스(Address Bus)

주소를 지정하기 위한 신호선으로 CPU가 일방적으로 출력하는 단방향 버스이며, n개의 주소 line은 2^n개의 주소를 갖는다.

① CPU가 메모리 중의 특정위치를 지정하는데 사용된다.

② 전체 메모리 공간이 결정된다.

[예] 16개의 번지선을 가지고 있다면 2^{16} = 65536(0 ~ 65535) = 64K로 나타낼 수 있으며, 16진수로 표현하면 0000H ~ FFFFH까지 표현된다.

③ 단일 방향 버스(unidirectional bus)

④ CPU가 특정한 메모리나 I/O장치와 통신을 원할 때는 16Bit정보를 A0-A15에 싣는다. CPU는 이 정보를 해독하여 원하는 메모리 위치나 장치를 선택한다.

나. 데이터 버스(Data Bus)

데이터를 주고 받는데 사용하는 신호선으로 양방향 버스이다. 데이터의 접근 속도는 데이터 버스의 폭에 의해 결정된다.

① CPU가 동시에 처리할 수 있는 데이터 양을 나타낸다.

② CPU가 몇 비트인가를 판단하는 기준이 된다.

[예] 4개의 데이터 선을 가지고 있다면 4비트 CPU이며, 8개의 데이터 선을 가지고 있다면 8Bit CPU가 된다.

③ 양방향 버스(bidirectional bus) 구조이다.

④ CPU 8개의 데이터선 D0-D7은 읽기 동작, 쓰기 동작에 따라서 입력 혹은 출력이 된다.

다. 제어 버스(Control Bus)

제어용 신호선으로 단방향 버스 구조이다. 제어신호는 CLOCK, READ, WRITE의 3가지를 사용한다.

① CPU가 현재 무엇을 하기를 원하는지 메모리나 입·출력장치에 알려주거나, 반대로 CPU가 어떤 동작을 취하도록 주변장치가 요청할 때 쓰는 신호이다.(R/W신호, RESET신호, INT신호 등)

② 마이크로컨트롤러마다 조금씩 다르며, 여러 가지 신호를 가지고 있다.

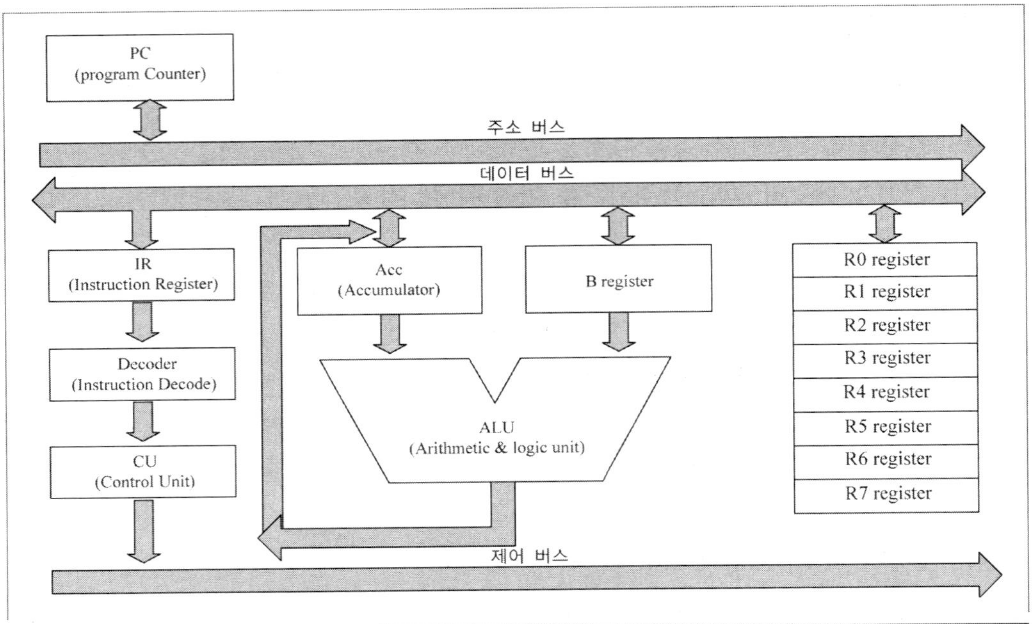
PC
(program Counter)
주소 버스
데이터 버스
IR
(Instruction Register)
Acc
(Accumulator)
B register
R0 register
R1 register
R2 register
R3 register
R4 register
R5 register
R6 register
R7 register
Decoder
(Instruction Decode)
ALU
(Arithmetic & logic unit)
CU
(Control Unit)
제어 버스

• 그림 6-23 • 버스시스템

제3절 명령어 수행과정

다음 그림은 Z80 마이크로프로세서의 경우로서 ALU에서의 가산 경우를 보여 주는 것으로 어큐뮬레이터와 T레지스터의 내용을 가산하기 위해서는 먼저 양자의 내용을 ALU에 전송하여야 하고, 다음으로 ALU에서 게이트 a와 게이트 b에 제어 신호를 주면 게이트 e가 열려서 어큐뮬레이터와 T레지스터의 내용이 ALU에 입력되어 연산이 이루어진다.

다음으로 게이트 c와 게이트 e에 제어 신호를 주면 두 게이트가 열려서 ALU에서 연산된 결과가 내부 데이터 버스를 통하여 어큐뮬레이터에 다시 들어 간다. 이처럼 제어장치는 적절한 시기에 적절한 게이트를 열고 닫아줌으로서 레지스터와 레지스터 간에 혹은 레지스터와 ALU간에 데이터 전송을 한다. 그런데 제어신호는 명령레지스터에 들어온 명령어가 해독된 결과로 생긴 신호이므로 결국은 명령어에 의해서 각 장치에 있는 게이트가 적시에 열리고 닫치게 되는 것이므로 명령에 의해서 하고자 하는 바가 이루어지게 된다.

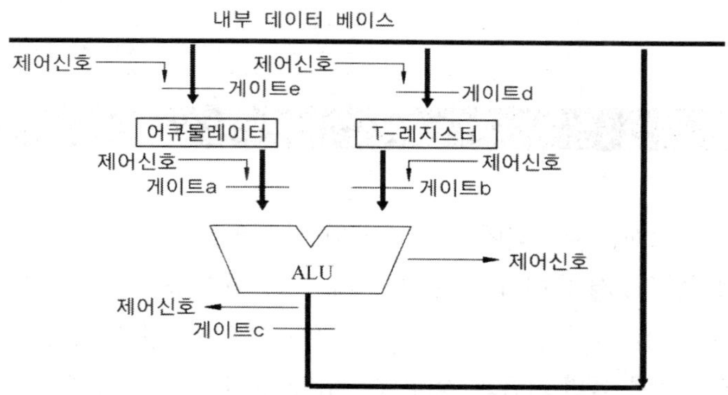

• 그림 6-24 • ALU(Arithmetic Logic Unit)에서의 가산

즉 일단 메모리에 들어 있는 명령어가 하나씩 명령레지스터에 호출(fetch)되고, 이것이 디코더에서 해독되어 제어 신호를 발생시킴으로서 각 게이트를 적시에 열고 닫고 함으로서 그 명령으로 하고자 하는 일을 하는 것이다.

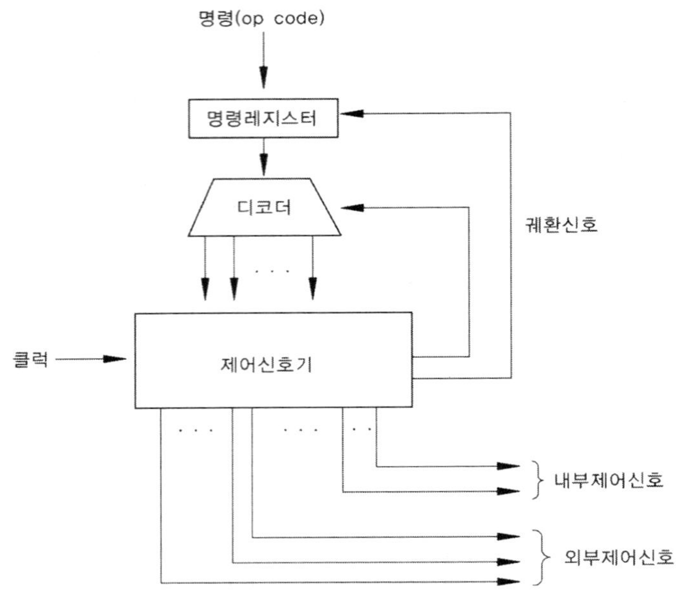

• 그림 6-25 • 명령레지스터와 제어신호

위와 같이 프로그램은 메모리에 기억되어 있고, 기억된 명령어는 순서대로 위로부터 하나씩 호출되어 실행됨으로서 데이터가 처리되는데, [그림 6-25]와 같이 마이크로컴퓨터 시스템에서 데이터가 처리되는 과정은 명령에 따라 다르지만, (Z80 경우) ADD A, (HL)이라는 명령이 실행될 경우의 예를 들면 다음과 같다. 단 처리프로그램은 메모리의 200번지부터 들어있다고 가정한다.

이 명령어의 뜻은 HL레지스터의 내용이 어드레스 버퍼에 들어가서 번지가 선택되고 이 번지의 내용이 데이터 버스를 통해 A 레지스터에 있는 내용과 합산하여 A 레지스터에 저장된다는 명령어이다.

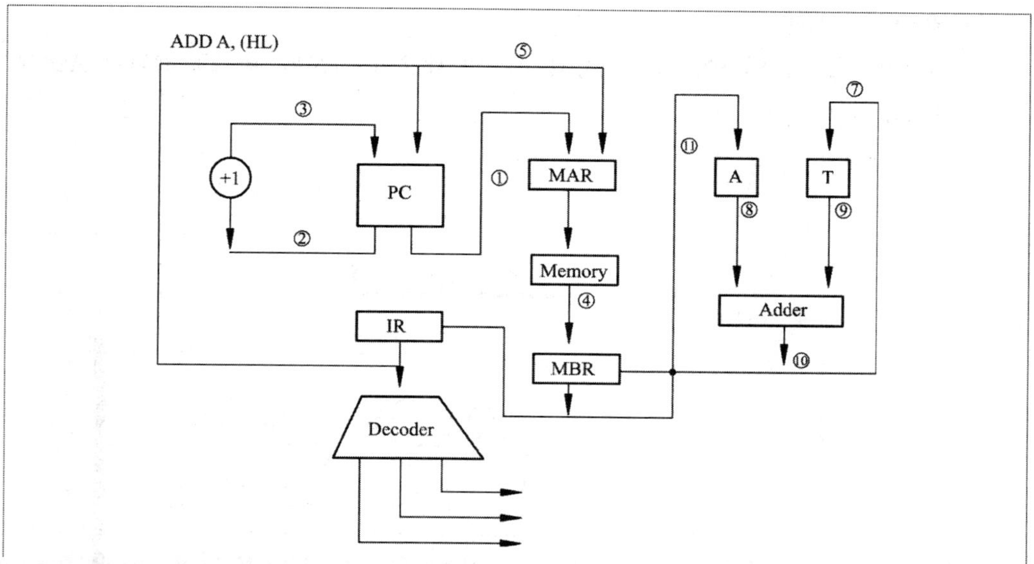

• 그림 6-26 • 마이크로 컴퓨터에서의 데이터 처리과정

- ①의 과정

  프로그램카운터(PC)의 내용(200 번지)이 어드레스버퍼(이하 MAR)에 전송된다.

  MAR ← PC

- ②, ③의 과정

  PC의 내용이 하나 증가한다.

  PC ← PC + 1

- ④, ⑤의 과정

  메모리 내용(200번지의 내용)이 명령레지스터(IR)에 호출. 이때 데이터버퍼(MBR)를 거친다.

- IR ← M[MBR]

  IR의 내용이 해독

- ⑥의 과정

  해독결과 생기는 제어신호의 일부에 의하여 HL 레지스터의 내용이 번지버퍼에 전송된다.

  MAR ← (HL)

- ⑦의 과정

  이 제어신호에 의하여 MAR의 내용이 지시하는 번지의 내용이 T레지스터에 전송된다.

  T ← M(MAR)

- ⑧ ~ ⑪의 과정

이 제어신호에 의하여 T의 내용과 Acc의 내용이 가산된 후, 그 결과가 Acc에 로드(Load) 된다.

A ← A + T

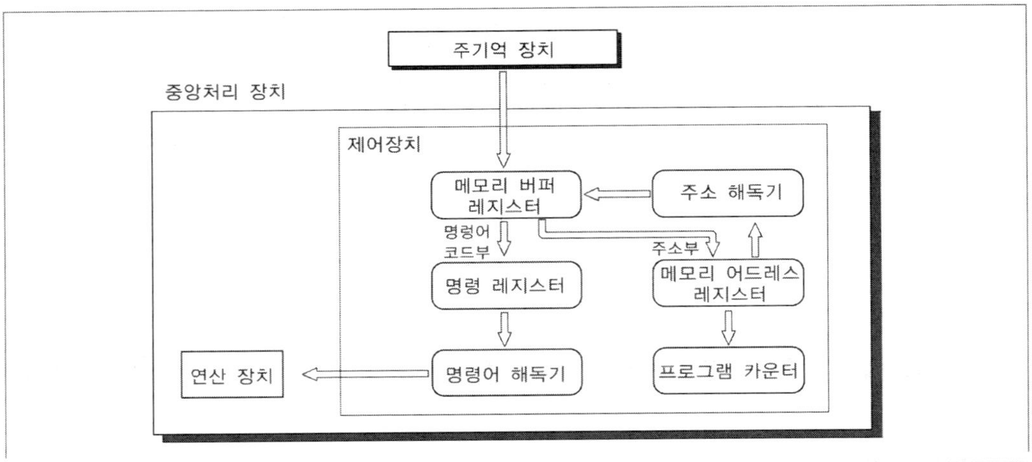

• 그림 6-27 • 마이크로 컴퓨터에서의 데이터 처리과정 블럭도

이상의 과정 중 ①~⑤의 과정, 즉 메모리로부터 명령어를 IR에 가져오는 것을 명령의 호출(fetch)이라고 하며, ⑥~⑪의 과정, 즉 명령레지스터에 호출된 명령어를 해독(decode)하여 이 명령을 실행시키기 위한 일련의 제어 신호를 발생시킴으로써 레지스터, 메모리, ALU 등을 동작시키는 것을 명령의 수행(execute)이라고 한다.

마이크로컴퓨터에 있어서의 데이터 처리는 명령의 호출과 실행의 반복에 의하여 이루어진다. 즉 하나의 명령메모리에서 명령레지스터의 호출해서 실행시키고, 다음 명령을 실행시키고, 또다시 그 다음 명령을 호출해서 실행시키고 등 이렇게 명령의 호출과 실행이 반복되는 사이에 프로그램이 실행되어 원하는 작업이 이루어진다. 이것이 명령의 호출과 실행 사이클(fetch and execute cycle)이라 한다.

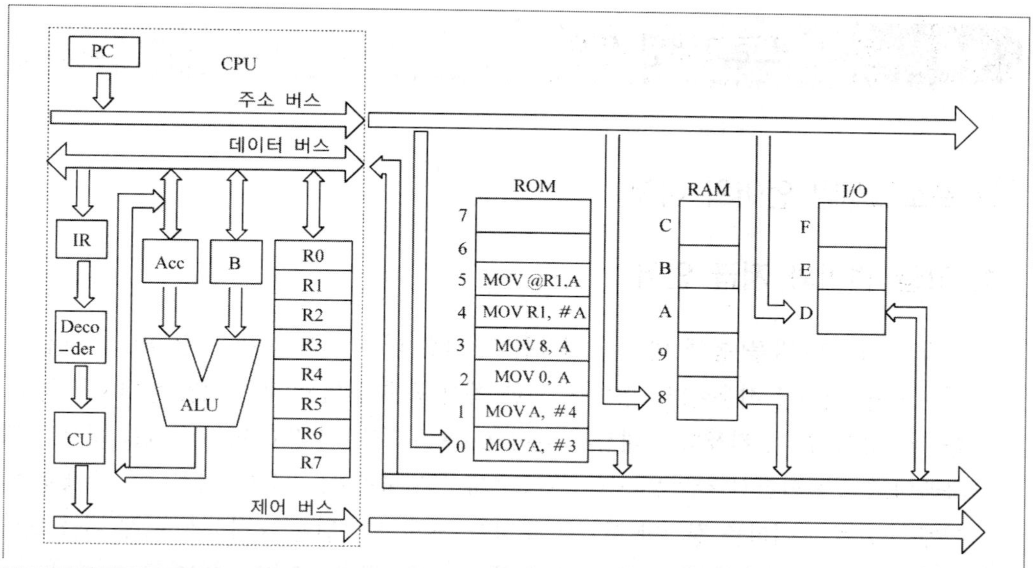

• 그림 6-28 • 명령어 수행 과정도(8051의 경우)

제4절 프로그래밍 언어

① 프로그래밍 언어의 이해

1. 고급 언어와 저급 언어

사람과 사람은 말을 통해 의사를 전달한다. 서로 다른 말을 쓰는 사람들이 의사전달을 할 때는 공통 언어를 사용한다. 만약 어느 한 쪽이 공통 언어를 모른다면, 통역사를 통해 의사를 전달해야 한다. 컴퓨터에 내장된 마이크로프로세서는 2진(0 또는 1)값을 갖는 명령어가 차례대로 실행되면서 작업을 처리한다. 여기서 명령어란, 컴퓨터 시스템이 수행할 연산과 이에 사용될 데이터를 정의한 단위를 뜻하며, 원하는 작업을 처리하기 위해 이들 명령어를 차례로 배열한 것을 '프로그램'이라고 한다.

[그림 6-29]는 프로그래머(Programmer)가 작성한 프로그램을 마이크로프로세서가 수행할 수 있는 실행프로그램으로 변환하는 과정을 나타낸 것이다. 하지만 프로그래머가 2진 명령어로 프로그램을 직접 나열하는 것은 매우 번거로운 일이다. 프로그래머는 특별한 경우를 제외하고 사람의 말과 유사한 형식을 갖고 있기 때문에 논리적으로 프로그래밍하기 쉬운 고급 언어(High level language)를 이용하여 원하는 작업을 원시프로그램(Source Program)으로 작성한다. 원시프로그램은 통역사에 해당되는 번역기(Translator)에 의해, 저급 언어(Low level language)인 2진 명령어로 변환된 후 컴퓨터가 인식할 수 있는 기계어(Machine language)의 실행 프로그램(Executable Program)으로 다시 변환된다.

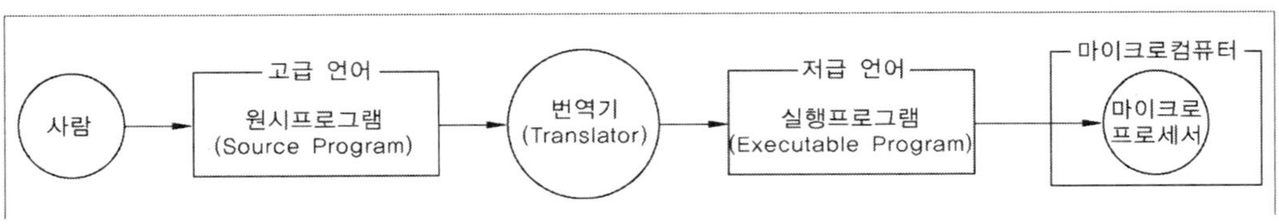

• 그림 6-29 • 사람의 의사를 마이크로프로세서로 전달하는 과정

기계어는 마이크로프로세서 내부의 실행 동작을 명령어 단위로 표현한 것이기 때문에 이 명령어를 이해하면 마이크로프로세서 내부 구조를 쉽게 이해할 수 있다.

2. 기계어와 어셈블리어

기계어와 어셈블리어는 마이크로프로세서 구조에 근거하여 구성된 컴퓨터 언어로서, 사람의 언어 형식과 거리가 멀고, 컴퓨터 구조와 밀접하므로 저급 언어로 분류된다.

기계어(Machine Language)는 특정 비트에, 특정 의미가 있는 2진값을 설정하는 명령어를 나열한 것으로, 원하는 동작을 프로그래밍하여 기계에 직접 사용할 수 있다는 특징이 있다. 기계어의 명령어 길이는 명령어 셋 구조(Instruction Set Architecture)에 따라 8비트, 16비트 또는 32비트로 이루어져 있다.

어셈블리어(Assembly Language)는 0과 1로 나열되는 기계어를 사람이 연상하기 쉬운 니모닉(Mnemonic)과 연산 대상이라는 영문 단어로 바꿔 표현한 것을 말한다. 이는 명령 동작을 대표하는 단어 또는 연산 대상을 대표하는 단어를 이용하여 기계어를 효과적으로 표현할 수 있다. 어셈블리어로 작성된 원시프로그램은 어셈블러(Assembler)라는 번역기(Translator)를 이용하여 기계어로 변환한다. 아래 [표 6-4]는 ATmega128 어셈블리어로 작성된 원시프로그램을 기계어로 변환한 명령어를 나타낸 것이다.

| 표 6-4 | 어셈블리어와 변환된 기계어

어셈블리어			기계어			
movw	r30	r22	1111	1101	0000	0001
subi	r30	0×0	1110	0000	0101	0000

3. 고급언어와 어셈블리어

고급언어(C, BASIC, COBOL, FORTRAN)와 어셈블리 언어 사이에는 각각 장단점이 있으니 프로그램을 하려는 목적에 맞고 여건에 부합하는 적절한 언어를 사용하면 될 것이다. 어셈블리어를 쓰는 이유는 프로그램수행 속도가 빠르고, 기억 장소를 적게 차지하거나 입출력 장치를 보다 효율적으로 사용할 수 있는 등의 여러 장점이 있기 때문에 사용한다.

4. 원시프로그램에서 실행 파일 생성

프로그래머는 특별한 경우를 제외하고 C 언어와 같이 사람이 다루기에 편리한 논리적인 체계와 예약된 단어를 사용하는 고급 언어를 이용하여 원시프로그램을 작성한다. 특별히 하드웨어 정밀 제어가 필요한 부분은 어셈블리어로도 작성할 수 있다. [그림 6-230]은 여러 개의 원시프로그램에서 실행 파일이 생성되는 과정을 나타낸 것이다.

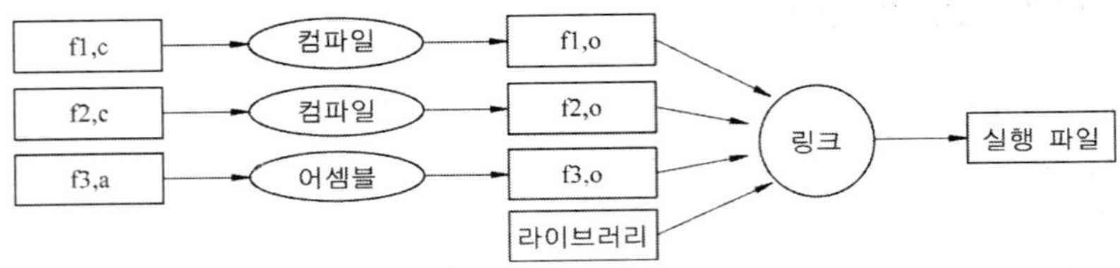

• 그림 6-30 • 원시프로그램에서 실행 파일이 생성되는 과정

5. 컴파일과 어셈블

컴파일은 고급 언어(C, BASIC, COBOL, FORTRAN)로 작성된 원시프로그램을 기계어의 목적 파일(Object File)로 번역하는 과정을 말하는데, 이 번역 과정을 전담하는 프로그램을 '컴파일러(Compiler)'라 하고, 어셈블리어로 작성된 원시프로그램을 어셈블러(Assembler)를 이용하여 어셈블하면 목적 파일이 생성된다. 여기서 어셈블(assemble)이란, 어셈블리어로 작성된 프로그램을 기계어로 변환하는 것을 말한다.

6. 링크

여러 개의 파일로 구성된 원시프로그램을 하나의 실행 파일로 만들기 위해서는 원시프로그램의 다른 파일 사이에 변수 또는 함수를 참조할 수 있어야 한다. [그림 6-30]에서 f1.o와 f2.o 목적 파일은 f1.c와 f2.c에서 표현된 다른 파일 간의 변수 및 함수 참조가 연결될 수 있는 정보를 저장한 채 기계어로 변환된 상태다. 이를 연결하여 통합된 실행 파일로 만드는 과정을 '링크(link)'라 한다. 링크를 전담하는 프로그램을 '링커(linker)'라 한다.

7. 라이브러리

프로그래머는 실행을 위한 프로그램을 모두 작성할 수 있지만 같은 기능을 매번 다시 작성해야 하는 불편함이 있다. 따라서 공통으로 자주 사용하는 기능은 표준화된 이름과 매개변수가 있는 함수로 작성한 후, 컴파일하여 목적 파일을 생성하고 링크 과정에서 이를 연결하여 사용한다. 컴파일된 목적 파일을 모아놓은 파일을 '라이브러리 파일'이라 한다. 보통 sin, cos, tan, printf 등과 같은 함수는 컴파일러를 제공하는 회사에서 공급한다.

8. 실행 파일과 로딩

원시프로그램이 컴파일되어 완성된 실행 파일은 디스크 메모리에 존재한다. 실행 파일이 중앙처리장치(CPU, Central Processing Unit)에서 실행되기 위해서는 주 메모리에 탑재되어야 하는데, 이 과정을 '로딩(Loading)'이라 하고, 이를 전담하는 프로그램을 '로더(Loader)'라 한다. [그림 6-31]은 디스크 메모리에 있는 실행 파일을 주 메모리로 로딩하고, CPU에서 인출하여 실행하는 경로를 나타낸 것이다.

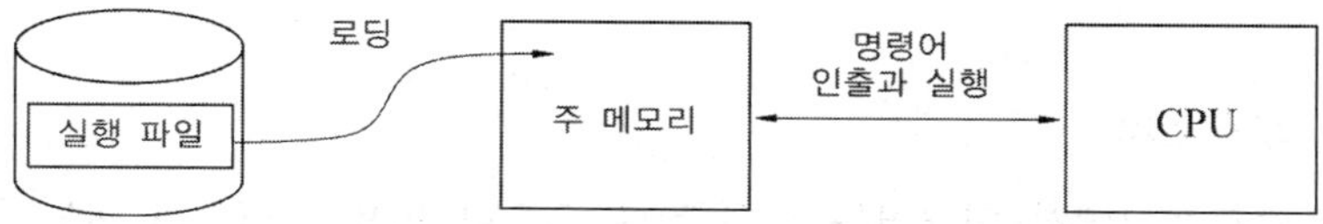

• 그림 6-31 • 실행파일의 로딩과 실행

② 프로그램 실행 원리

프로그램은 마이크로프로세서에서 명령어가 차례대로 실행하면서 수행된다. [그림 6-32]은 3개의 버스 구조를 갖는 CPU에서 데이터를 연산 처리하는 구조를 나타낸 것이다. 특수 레지스터, 범용 레지스터 그리고 CPU 외부의 메모리 사이에 ALU(Arithmetic Logic Unit)를 통한 연산을 통해 명령어가 실행된다.

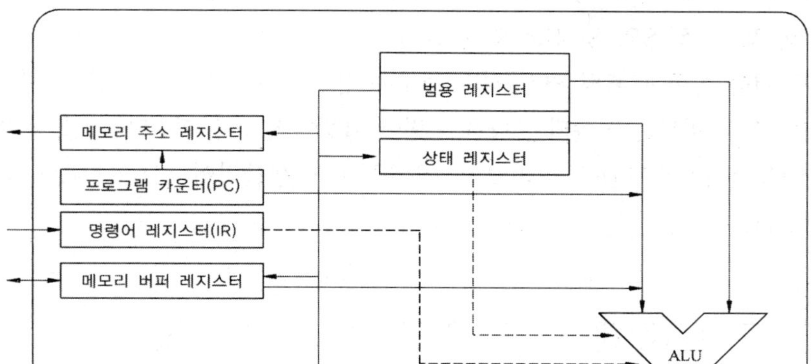

• 그림 6-32 • CPU 내부 구조

1. 범용 레지스터와 특수 레지스터

마이크로프로세서 내부에는 데이터 연산을 위해 사용되는 범용 레지스터(General register)와 특수 레지스터(Special register)가 있다.

가. 범용 레지스터

CPU 연산을 빠르게 처리하기 위해 ALU와 직접 연결되어 있으며, 연산 대상이 되는 오퍼랜드 값을 가진다.

나. 특수 레지스터

마이크로프로세서에서 명령어를 실행할 때 필요한 범용 데이터가 아닌 특수한 데이터를 처리하기 위한 레지스터를 말한다. [그림 6-32]에 나타낸 프로그램 카운터, 명령어 레지스터, 상태 레지스터, 메모리 주소 레지스터, 메모리 버퍼 레지스터가 이에 해당한다.

① **프로그램 카운터(PC, Program Counter)**
인출할 명령어가 있는 메모리의 주소를 갖는 특수 레지스터를 말한다. 프로그램 메모리에서 한 개의 명령어 인출이 끝나면, 그 명령어의 크기가 더해진 값으로 자동 변경되어 다음 명령어 인출을 위한 주소를 갖게 된다.

② **명령어 레지스터(IR, Instruction Register)**
프로그램 메모리에서 인출된 명령어를 기억하고 있는 특수 레지스터를 말한다. 인출된 명령어에는 특정 비트에 연산 동작(opcode), 연산 대상(operand), 연산 결과(result) 어드레싱 모드 등의 정보를 설정하고 있기 때문에 명령어를 실행하는 과정에 사용된다.

③ **상태 레지스터(SR, Status Register)**
명령어를 실행한 후의 연산 결과 정보는 상태 레지스터에 기록된다. 기록된 상태 레지스터의 각 비트는 연속되는 다음 명령어 실행에 영향을 끼친다. 예를 들어, 아래의 간단한 C 언어프로그램을 살펴보자. 오른쪽은 어셈블리어(ATmega128 경우)로 번역된 코드다.

if(a 〉= 100)	cpi r24, 0×64
a = 0×100;	brcs .+6
	ldi r24, 0×10

• 그림 6-33 • C언어와 어셈블리어 프로그램 예

㉠ cpi(compare immediate) 명령을 수행하고, 결과는 상태 레지스터의 캐리 비트(carry bit)에 저장된다. cpi 명령을 수행하면, 변수 a가 저장된 레지스터 r24에서 100(16진수로 0×64에 해당되는 값)을 빼고 그 과정에서 오버플로가 발생하면 캐리 비트값은 1로 변한다.

㉡ brcs . + 6 명령은 상태 레지스터의 캐리 비트값이 1이면, 현재의 프로그램 카운터보다 6바이트 후의 분기된 곳을 실행한다(연산 결과에 따라 실행되는 위치가 달라진다).

㉢ 2번 라인에서 캐리 비트값이 0이면, 연속된 ldi 명령을 수행한다.

④ **메모리 주소 레지스터(MAR)와 메모리 버퍼 레지스터(MBR)**

명령어 실행 과정에 필요한 특수 레지스터라기보다는 데이터 또는 주소를 임시로 저장하기 위한 특수 레지스터다. 외부 메모리와 데이터를 입출력하기 위해서 메모리 주소 레지스터(MAR, Memory Address Register)에 메모리 주소를 놓고 메모리에서 출력되는 데이터를 임시로 메모리 버퍼 레지스터(MBR, Memory Buffer Register)에 넣어 사용한다.

2. 명령어 실행

프로그램은 명령어의 집합으로서 메모리에 있고, 데이터는 연산 대상(operand) 또는 연산 결과(result)로서 다른 메모리 공간에 있게 된다. 이를 각각 ‘프로그램 메모리’와 ‘데이터 메모리’라 한다.

예로 마이크로컨트롤러 8051의 어셈블리 언어를 살펴보면 다음과 같이 구성된다.

① **라벨(LABEL)** : 명령이 있는 장소(어드레스)의 이름

② **명령(OP_CODE)** : 컨트롤러에 동작을 지시

③ **오퍼랜드(OPERAND)** : OP코드가 명령을 수행하기 위한 연산의 대상으로 보통 연산이나 데이터 전송 명령 등에서는 받는 측과 보내는 측이 있다. 받는 측을 제1 오퍼랜드(R1)라고 하며, 보내는 측을 제2 오퍼랜드(#01H)라고 한다. 하지만 어떤 명령어는 OP코드만 필요하고 오퍼랜드는 필요하지 않는 경우도 있다.

④ **커맨드(COMMAND : 설명문)** : 명령 수행의 설명

LABEL : MOV R1, #01H ; 01 데이터를 R1에 저장의 형식이다.
① ② ③ ③ ④

즉 2 + 3의 계산을 한다고 하면, 덧셈이라는 연산이 명령(Op-Code)이고, 2와 3은 각각 오퍼랜드(Operand)라고 이해를 하면 된다.

| 표 6-5 | 어셈블리어의 기본적인 형식(명령어 8051 경우)

종류	형식	예

1바이트 명령어
2바이트 명령어
3바이트 명령어
	op-code [operand]
	op-code operand1, [, operand2]
	op-code operand1, operand2
		clr A ; ACC ← 0
		mov A, #0 ; ACC ← 0
		mov X, Y ; X ← Y

* op-code(operation code) : 명령어, operand : 명령어 대상

가. 명령어 실행 단계

마이크로프로세서에서 명령어가 실행되는 단계는 다음과 같다.

① **명령어 인출 단계**

프로그램 카운터(PC)가 지시하고 있는 프로그램 메모리에 있는 명령어를 인출(Fetch)하여 명령어 레지스터(IR)에 넣는 단계다. 명령어는 연산 동작(opcode), 연산 대상(operand), 연산결과(result)를 지칭하는 비트 정보로 구성되어 있다.

② **명령어 분석 단계**

명령어 레지스터(IR)에 저장된 정보를 디코딩하여 레지스터 파일, 버스 라인 등에 필요한 신호를 생성한다. CPU에서는 여러 개의 범용 레지스터를 사용하는데, 이를 '레지스터 파일(Register file)'이라 한다.

③ **오퍼랜드 인출 단계**

디코딩 결과에 따라 연산에 사용될 오퍼랜드(operand)의 위치가 결정된다. 오퍼랜드는 명령어 자체에 포함되어 있거나, CPU 내부의 범용 레지스터에 있거나, 메모리에 있을 수 있다. 메모리에 있는 경우 오퍼랜드를 메모리로부터 인출하여 CPU 내부의 메모리 버퍼 레지스터로 옮기는 단계가 오퍼랜드 인출 단계다. 메모리로부터 데이터를 CPU 내부로 옮기기 위해서는 부가의 클록이 요구되고 명령어 실행 시간이 길어진다. 오퍼랜드가 명령어에 포함되어 있거나 레지스터에 있는 경우, 이 단계는 생략된다.

④ **연산 실행 및 결과 생성 단계**

명령어 레지스터의 연산 동작(opcode)에 따라 조합 논리 회로로 구성된 ALU에서 범용 레지스터값, 명령어에 포함된 연산 대상값 또는 메모리에서 읽은 오퍼랜드값 등을 사용하여 산술 또는 논리연산한 값을 어큐뮤레이터(Accumulator) 또는 범용 레지스터로 결과를 기록하는 단계다.

⑤ **결과 기록 단계**

명령어를 디코딩한 결과 연산된 결과를 저장하는 위치가 메모리이면, 이 단계가 수행된다. 모든 명령어에 이 단계가 포함되지는 않는다.

명령어 실행 단계 중에서 오퍼랜드 인출 단계를 별도의 명령어 load, 결과 기록 단계를 별도의 명령어 store로 두면 명령어의 길이를 짧게 할 수 있다. 또 명령어 유형에 따라 실행 단계를 단축할 수 있다. 이런 특징을 활용한 것이 RISC(Reduced Instruction Set Computer) 구조다.

프로그램은 명령어가 메모리에서 인출(Fetch)되어 실행(Execution)되는 사이클이 반복되면서 행된다. 이를 '명령어 인출-실행 사이클(Fetch-execute cycle)'이라 한다.

나. 명령어 셋

명령어 셋은 명령어의 집합으로서 마이크로프로세서의 특징을 대표적으로 나타낸다. 명령어에 많은 내용이 포함될수록 다양한 기능을 수행할 수 있지만 명령어의 길이와 명령어 인출시간 또한 길어지게 된다. 반대로 명령어 길이를 짧게 하면 같은 기능을 위해 여러 명령어를 수행시켜야 하는 단점이 발생한다.

예를 들어 PIC 마이컴 명령어 셋 같은 경우 명령어는 수는 35개로 적고, 어드레싱(addressing) 모드에 의한 분류도 없다. 그러나 특수처리에서는 기술이 복잡해지는 결점도 있다. 명령은 14비트 폭 고정된 수치이며, 이 수치를 기계어 또는 머신 코드라고 부른다. 상위 비트는 오피코드 필드, 하위 비트는 오퍼랜드 필드(어드레스 필드)라고 부른다. 다음은 PIC 전송명령 세트 일람표이다.

| 표 6-6 | PIC 전송명령 세트 일람표

니모닉	설명	영향을 주는 플래그	사이클	14비트 오피코드			
ADDLW k	가산 : (W) + k → (W)	C, CD, Z	1	11	111x	kkkk	kkkk
ADDWF f, d	가산 : (W) + f → (dest)	C, DC, Z	1	00	011	dfff	ffff
ANDLW k	이론 AND : (W).AND.(k) → (W)	Z	1	11	1001	kkkk	kkkk
ANDWF f, d	이론 AND : (W).AND.(f) → (dest)	Z	1	00	0101	dfff	ffff
BCF f, b	세트 클리어 : 0 → f"b'		1	01	00bb	bfff	ffff

8051 및 ATmega128의 전체 명령어 세트는 참고자료에 나타내었다.

명령어 셋 구조를 분류해 보면

① **오퍼랜드 저장위치에 따른 명령어 셋 구조 분류**
오퍼랜드의 기본적인 구분은 프로세서의 내부 기억장소에 따라 스택, 누산기 또는 레지스터 셋 구조로 구분할 수 있으며 오퍼랜드에 대해서는 외부적 표시, 즉 명시된 지정인가 또는 내부적 즉 묵시적 또는 함축된 지정인가로 구분할 수 있다.

② **스택 구조**

㉠ 장점

ⓐ 명령어의 길이가 짧고, 연산은 스택을 이용해서만 행할 수 있으므로 레지스터를 스택을 구현한 경우에는 메인 메모리 밴드 폭의 이용이 효율적이다.

ⓑ 수행 시간이 짧은 특징이 있다.

㉡ 단점

ⓐ 스택에 기억된 데이터는 일정한 순서로만 연산이 되기 때문에 연산에 사용할 데이터를 미리 스택에 저장(push)해야 되고

ⓑ 데이터를 처리되는 순서대로 기억시켜야 하는 불편한 점이 있다.

㉢ 누산기 구조

ⓐ 모든 연산 기능의 명령어 수행에 필요한 오퍼랜드들 중 하나를 누산기에 기억시키는 컴퓨터 구조이다.

ⓑ 누산기는 중앙 처리 장치 내에 있는 유일한 데이터 레지스터로 연산 명령어를 수행할 때 오퍼랜드를 기억시키는 레지스터로 누산기에 기억되는 있는 데이터가 하나의 입력 오퍼랜드로 이용된다.

ⓒ 누산기에 기억된 데이터를 메인 메모리에 기억시키고, 나중에 그 데이터가 필요할 때 다시 메인 메모리로부터 가져와야 하는 경우가 발생한다. 이것은 누산기에 계산의 임시 결과가 기억되기 때문이다.

ⓓ 특징으로 누산기 컴퓨터에서는 누산기에 기억된 계산의 임시 결과를 메인 메모리에 기억시키고(store), 누산기에 기억되어 있던 임시 결과가 필요할 때 다시 읽어와야(load) 하므로 명령어 수행시간이 길어진다.

㉣ 범용 레지스터 컴퓨터의 구조

ⓐ 중앙처리장치 내에 많은 수의 용도가 정해지지 않은 레지스터를 가지고 있는 컴퓨터이다.

ⓑ 특징으로는 레지스터는 프로세서의 내부 저장형태로서 메모리보다 빠르며, 레지스터는 다른 어떤 내부 저장형태보다 컴파일러가 이용하는데 효율적이다.

㉤ 오퍼랜드 수에 따른 명령어 셋 구조 분류

ⓐ 0, 오퍼랜드 형식

- 형식 : OP-CODE
- 주로 스택 구조에서 많이 쓴다. 그래서 오퍼랜드가 필요없다.

ⓑ 1, 오퍼랜드 형식

- 형식 : OP-CODE, 오퍼랜드1

ⓒ 2, 오퍼랜드 형식

- 형식 : OP-CODE, 오퍼랜드1, 오퍼랜드2
- 오퍼랜드가 많아질수록 어드레스(주소)는 줄어든다.

ⓓ 3, 오퍼랜드 형식

3. 명령어 유형

오퍼랜드 수에 따른 명령어 셋 구조 분류에 따른 명령어 형식에는 3주소, 2주소, 1주소, 0주소 마이크로프로세서가 있다.

명령어에 포함되는 비트 필드(bit field)는 [그림 6-33]와 같이 명령코드(opcode), 오퍼랜드(operand), 연산 결과(result)로 이루어져 있다.

명령코드 (opcode)	오퍼랜드 (operand)	연산 결과 (result)

• 그림 6-33 • 명령어 형식

명령코드는 해당 명령어로 실행되어야 할 연산 동작을 나타낸다. 산술연산 또는 논리연산에 해당하는 연산 동작은 조합논리회로로 구성된 ALU에서 수행된다. 명령코드 필드의 비트는 ALU에서 수행될 연산 회로를 결정하는 값으로, ALU의 동작을 선택하는 입력 신호에 해당된다. 한편, 오퍼랜드는 연산에 필요한 데이터를 나타낸다. [그림 6-33]의 연산 결과(result)는 명령코드와 오퍼랜드로 얻은 값을 저장할 위치를 나타낸다.

마이크로프로세서는 연산 대상인 오퍼랜드 인출과 연산 결과저장을 위한 3주소, 2주소, 1주소, 0주소 필드를 갖는 명령어 유형으로 구분할 수 있다.

가. 3주소 마이크로프로세서 명령어

'ADD a, b, c'는 3개의 오퍼랜드 주소 a, b, c로 주소 a의 데이터와 주소 b의 데이터를 ADD한 후 주소 c에 결과를 기록한다. 하나의 주소가 10비트를 차지하면 3개의 주소는 30비트가 필요하다. CPU는 아래와 같이 메모리에서 a, b 오퍼랜드를 인출하여 ADD한 뒤 결과오퍼랜드 c를 메모리에 저장한다.

$c \leftarrow a + b$

나. 2주소 마이크로프로세서 명령어

'ADD a, b'는 2개의 오퍼랜드 주소 a, b로 주소 a의 데이터와 주소 b의 데이터를 ADD하여 주소 b에 결과를 기록한다. 3주소 방식보다 명령어의 길이가 짧다. CPU는 아래와 같이 메모리에서 a, b 오퍼랜드를 인출하여 ADD한 뒤 결과를 오퍼랜드 b 메모리에 저장한다.

$b \leftarrow a + b$

다. 1주소 마이크로프로세서 명령어

'ADD a'는 특수 레지스터 어큐뮤레이터(Accumulator)를 묵시적으로 이용하여 연산을 수행한다. 어큐뮤레이터에 연산의 중간 결과값을 갖게 하여 명령어에 언급되는 주소 수를 줄이는 효과가 있다. CPU는 아래와 같이 메모리에서 a 오퍼랜드를 인출하여 AC와 ADD한 뒤 결과를 AC에 저장한다.

$AC \leftarrow a + AC$

라. 0주소 마이크로프로세서 명령어

0주소 마이크로프로세서 명령어 'ADD'는 오퍼랜드용 주소를 따로 두지 않는다. 그러나 스택(stack)이라는 곳에 연산 대상의 데이터를 미리 가져다 놓아야 한다. ADD 연산은 Push되어 있는 2개의 오퍼랜드가 필요하므로 묵시적으로 스택의 Top에서 2개의 데이터를 꺼내(Pop) 연산한 후, 결과를 스택의 Top에 넣는다(Push).

스택에서 오퍼랜드를 읽는 주소를 '스택 포인터(SP)'라 한다. 여기서 [SP]는 스택 포인터 주소 SP에 있는 메모리의 데이터를 나타낸다. CPU는 아래 절차에 의해 연산된다. #a는 명령어에 기록되어 있는 데이터를 나타낸다.

| 표 6-7 | 명령순서 및 연산동작

명령 순서	연산 동작
PUSH #a	SP ← SP + 1, [SP] ← #a
PUSH #b	SP ← SP + 1, [SP] ← #B
ADD	AC ← [SP], SP ← SP + 1 AC ← AC + [SP] [SP] ← AC

4. 어드레싱 모드

마이크로프로세서에서 연산을 위한 오퍼랜드를 지칭하는 방법인 어드레싱 모드(Addressing mode)는 아래와 같이 구분할 수 있다.

가. 즉시 주소방식

명령어에 연산 대상이 되는 데이터값을 갖고 있다. 이때 명령어 레지스터(IR)의 데이터 비트는 ALU의 연산 데이터 경로로 연결되어 즉시 사용된다. 아래 명령은 명령어에 포함된 2진 데이터 23을 오퍼랜드로 즉시 사용하는 즉시 주소방식을 나타낸 것이다.

| 표 6-8 | 명령어 예시

명령어 예시	연산 동작
ADD #23	AC ← AC + 23

나. 직접 주소방식

명령어에 포함된 주소는 주 메모리의 연산 대상 데이터에 대한 주소를 갖는다. 명령어 주소필드의 비트에 메모리 주소가 있기 때문에 메모리에서 직접 오퍼랜드를 인출할 수 있다. [a]는 주소 a에 있는 메모리 데이터를 나타낸다.

| 표 6-9 | 명령어 예시

명령어 예시	연산 동작
ADD a	AC ← AC + [a]

다. 간접 주소방식

명령어에 포함된 주소는 오퍼랜드를 직접 인출할 수 있는 주소가 아니다. 명령어에 기록된 주소로 인출한 값은 실제 오퍼랜드를 인출할 수 있는 주소다. 즉, 명령어에 포함된 메모리 주소는 오퍼랜드의 간접 주소가 된다. 주소 a의 메모리 데이터를 MAR이라는 임시 주소 레지스터에 넣은 후, 다시 MAR 주소를 사용하여 메모리에서 오퍼랜드를 인출한다.

| 표 6-10 | 명령어 예시

명령어 예시	연산 동작
ADD [a]	MAR ← [a], AC ← AC + [MAR]

라. 레지스터 직접 주소방식

명령어에 포함된 주소는 주 메모리의 주소가 아닌 레지스터 파일 중 하나를 가리킨다. 레지스터 파일의 레지스터가 32개면 5비트로 특정 레지스터를 가리킬 수 있으므로 주 메모리의 주소를 지칭하는 직접 주소방식(Direct addressing)보다 적은 비트가 사용된다. 또 CPU 내부에 레지스터 파일이 있으므로 오퍼랜드의 ALU에 도달하는 시간이 매우 빨라 연산을 신속하게 할 수 있다. 아래 사례는 레지스터 R1에 있는 데이터를 오퍼랜드로 사용한다.

| 표 6-11 | 명령어 예시

명령어 예시	연산 동작
ADD R1	AC ← AC + R1

마. 변위 주소방식

명령어에 두 개의 주소 필드를 가진다. 하나는 베이스(또는 인덱스) 레지스터를 가리키는 주소이고, 다른 하나는 변위(displacement)다. 배열 또는 메모리의 특정 위치를 베이스(또는 인덱스) 레지스터를 기준으로 하고, 변위 차에 해당되는 메모리 주소가 된다.

변위 주소방식은 배열 또는 스택에서 데이터를 참조할 때 많이 사용한다. 배열의 시작 주소를 베이스(또는 인덱스) 레지스터에 두고 변위값 거리에 있는 배열 원소를 참조하는 데 사용한다. 또 스택 포인터를 기준으로 함수 호출 복귀 주소, 매개 변수 전달에 사용되는 메모리 주소를 생성하는 데 사용한다. 명령어에 표시된 레지스터값과 변위값 disp를 MAR이라는 임시 주소 레지스터에 넣은 후, 다시 MAR 주소를 사용하여 메모리에서 오퍼랜드를 인출한다.

| 표 6-12 | 명령어 예시

명령어 예시	연산 동작
ADD R1, disp	MAR ← R1 + disp AC ← AC + [MAR]

바. 상대 주소방식

변위 주소방식과 유사하지만, 기준되는 레지스터로 프로그램 카운터를 사용한다는 점이 다르다. C 언어 프로그램에서 if( ) 조건문, while( ) 반복문이 사용되면 명령어의 인출이 항상 순차적이지는 않다. 상대 주소방식은 조건이 만족되었을 때와 프로그램 카운터의 값을 특정 변위값 차이만큼의 프로그램 메모리 주소로 갱신해야 할 때 주로 사용된다. 명령어에 표시된 변위값 disp로 프로그램 카운터 값을 갱신하는 사례는 아래와 같다.

| 표 6-13 | 명령어 예시

명령어 예시	연산 동작
BNE disp	If Not_Zero then PC ← PC + disp

사. 명령코드 동작

명령코드 필드에 의해 결정되는 명령어 동작은 연산, 데이터 이동, 프로그램 흐름제어와 함께 동작해야 한다.

① 연산

산술연산은 덧셈, 뺄셈, 곱셈, 나눗셈과 같은 산술연산 동작을 포함한다. 덧셈과 뺄셈은 ALU에서 회로로 쉽게 구현할 수 있지만, 곱셈과 나눗셈은 다소 복잡한 회로로 구현된다. 성능이 좋은 마이크로프로세서일수록 ALU에서 한 번에 수행되는 연산 비트가 크다. 덧셈과 뺄셈을 사용하면 소프트웨어적으로 곱셈과 나눗셈 연산을 수행할 수 있다. 그러나 여러 명령어를 실행해야 하므로 많은 시간이 소요된다. 곱셈 또는 나눗셈 연산을 ALU에서 하드웨어 회로로 구현하면 CPU는 복잡해지지만, 하나의 명령어만을 실행하기 때문에 연산을 빠르게 수행할 수 있다.

부동소수점 수에 대한 산술연산은 정수형 수의 연산에 비해 과정이 복잡하다. 부동소수점 연산을 하드웨어적으로 구현하여 CPU에 포함하면 빠른 연산을 수행할 수 있고, CPU 성능이 향상된다.

논리연산은 OR, AND, XOR, 좌로 비트 천이, 우로 비트 천이, 보수 변환 등의 논리연산 동작을 포함한다.

② **데이터 이동**

메모리의 데이터가 산술 또는 논리연산이 되기 위해서는 CPU 안으로 값이 이동해야 한다. CPU 안에서는 레지스터와 레지스터 사이의 데이터가 이동할 수 있다. 이때 연산된 결과는 CPU에서 메모리로 이동되어야 한다. CPU에서는 논리값에 해당되는 디지털 전압으로 출력신호를 출력할 수 있을 뿐만 아니라 메모리에서 다른 메모리로 정보를 이동할 수도 있다.

③ **프로그램 흐름제어**

프로그램 메모리에 차례대로 저장된 명령어는 일반적으로 프로그램 카운터(PC)가 차례로 증가하면서 인출되어 실행된다. 조건부 분기 명령 또는 반복 명령은 조건을 검사한 결과에 따라 실행되는 명령어의 위치가 순차적이지 않을 수 있다.

프로그램의 흐름을 바꾸는 분기 명령으로 프로그램 카운터(PC)값이 변경되면 명령어 인출위치가 바뀌고 프로그램의 흐름이 달라진다. 상대 주소방식(Relative Addressing)은 이러한 프로그램 흐름제어 명령어에 많이 사용된다.

연·습·문·제

01 컴퓨터에서 2의 보수를 사용하지 않는 경우는?

㉮ 뺄셈 연산 ㉯ 나눗셈 연산
㉰ 곱셈 연산 ㉱ 음수 표현

02 2048×8bit의 용량을 가진 ROM에서 어드레스 선은 몇 개가 필요한가?

㉮ 8 ㉯ 10
㉰ 11 ㉱ 12

03 CPU가 순차적으로 명령어를 수행하기 위해 다음 순서에 인출되어 오는 명령이 어디에 있는가를 지시하는 어드레스(번지)를 기억하는 레지스터는?

㉮ 프로그램 카운터 ㉯ 누산기
㉰ 명령 레지스터 ㉱ 데이터 레지스터

04 64×3비트의 기억 장치를 만들려고 한다. 최소한 몇 개의 어드레스 선이 필요한가?

㉮ 3 ㉯ 4
㉰ 5 ㉱ 6

05 마이크로프로세서에서 누산기의 용도로 적합한 것은?

㉮ 명령의 저장
㉯ 명령의 해독
㉰ 연산결과의 일시저장
㉱ 다음 명령의 주소 저장

06 마이크로컴퓨터 입력 인터페이스에 관한 설명 중 틀린 것은?

㉮ 마이크로컴퓨터에 접속하는 입력신호는 아날로그 신호와 디지털 신호로 크게 분류된다.
㉯ 아날로그 신호는 각종 센서나 트랜스듀서 혹은 측정기기로부터의 신호이다.
㉰ 마이크로컴퓨터에 아날로그 신호를 입력하기 위해서 D-A변환기를 설치하여야 한다.
㉱ RS-232C와 같이 구격이 정해져 있는 것은 전용 레벨변환 IC를 사용한다.

07 마이크로프로세서에서 인터럽트 발생의 일반적인 요인이 아닌 것은?

㉮ 정전이 발생
㉯ 서브루틴을 콜 하는 경우
㉰ 오버플로우가 발생되는 경우
㉱ 입·출력장치의 작업 완료

Answer 01 ㉱ 02 ㉰ 03 ㉮ 04 ㉱ 05 ㉰ 06 ㉰ 07 ㉯

08 프로그램의 문제점을 찾아내서 수정하는 작업을 무엇이라 하는가?

㉮ 어셈블링　　㉯ 디버깅
㉰ 컴파일링　　㉱ 인터프리팅

09 다음 중 프로그램 카운터를 설명한 것으로 적당한 것은?

㉮ CPU 안에 정보가 저장되고, 처리될 장소를 제공한다.
㉯ CPU의 상태를 제어한다.
㉰ 프로그램에서 다음에 수행될 명령어의 주소를 기억한다.
㉱ 입출력 신호를 제어한다.

10 어셈블리어에 관한 설명 중 맞는 것은?

㉮ 기계어와 1 : 1로 대응시켜 기호화한 언어이다.
㉯ 컴퓨터의 기종에 관계없이 명령어가 길다.
㉰ 컴파일러에 의하여 기계어로 번역된다.
㉱ 직접 컴퓨터가 처리할 수 있는 언어이다.

11 서브루틴 프로그램이 끝난 다음, 주 프로그램으로 되돌아 올 때, 주 프로그램의 어드레스를 저장하는 곳은?

㉮ 데이터 레지스터　　㉯ 스택
㉰ 프로그램 카운터　　㉱ 버퍼 레지스터

12 다음 중 스택 메모리의 특성를 나타낸 것은?

㉮ FIFO 기억장치　　㉯ LIFO 기억장치
㉰ LILO 기억장치　　㉱ FILO 기억장치

13 마이크로프로세서를 구성하는 주요 부분 중 메모리보다 매우 빠르게 정보를 읽거나 쓸 수 있는 작은 규모의 기억 장치는?

㉮ 레지스터　　㉯ ALU
㉰ 제어부　　㉱ 내부 버스

14 프로그래밍 언어 중에서 가장 인간이 사용하기에 편리하도록 인간 중심으로 만든 언어로서 인간이 문제를 기술하는 언어와 가장 유사하게 만든 언어를 무엇이라고 하는가?

㉮ 기계어　　㉯ 컴파일형 언어
㉰ 어셈블리어　　㉱ 제너레이터

15 버스 구조를 하드웨어적으로 구현이 가능하게 해주는 핵심 디지털 논리 소자는?

㉮ 쇼트키 TTL　　㉯ 엔코더
㉰ 멀티플렉서　　㉱ 3상태 버퍼

Answer 08 ㉯ 09 ㉰ 10 ㉮ 11 ㉯ 12 ㉯ 13 ㉮ 14 ㉯ 15 ㉱

16 마이크로프로세서에서 어드레스 핀이 16개이면 몇 개의 번지를 직접 지정할 수 있는가?

㉮ 16 ㉯ 256
㉰ 1024 ㉱ 65536

17 다음의 명령어 중 서브루틴으로부터 원래의 프로그램으로 돌아가는데 사용하는 명령은?

㉮ RET ㉯ RRA
㉰ RLD ㉱ IOOP

18 다음 제어기 중 성격이 다른 하나는?

㉮ 컴퓨터 기반 제어
㉯ 서보모터 기반 제어
㉰ PLC 기반 제어
㉱ 마이크로프로세서 기반 제어

19 컴퓨터 내부에서 연산의 중간 결과를 일시적으로 기억하거나 데이터의 내용을 이송할 목적으로 사용되는 일시 기억장치는?

㉮ ROM ㉯ RAM
㉰ I/O ㉱ REGISTER

20 마이크로프로세서 내에서 산술연산의 기본연산은?

㉮ 덧셈 ㉯ 뺄셈
㉰ 곱셈 ㉱ 나눗셈

21 인터럽트 발생 시 복귀주소를 기억시키는데 사용되는 것은?

㉮ 스택 ㉯ 누산기
㉰ PC ㉱ 인덱스레지스터

22 마이크로컴퓨터시스템에서 상호 필요한 정보를 주고 받는데는 버스(Bus)를 이용하는데, 다음 중 해당 되지 않는 버스는?

㉮ 명령 버스 ㉯ 어드레스 버스
㉰ 데이터 버스 ㉱ 제어 버스

23 다음 중 메모리 내용을 보존하기 위하여 일정시간마다 다시 기억시킬 필요가 있는 것은?

㉮ EPROM ㉯ DRAM
㉰ SRAM ㉱ 마스트 ROM

24 마이크로컴퓨터의 CPU와 입·출력장치 사이에 정보의 교환을 원활하게 해주는 역할을 하는 것은?

㉮ 기억장치 ㉯ 연산장치
㉰ 센서 ㉱ 인터페이스

Answer 16 ㉱ 17 ㉮ 18 ㉯ 19 ㉱ 20 ㉮ 21 ㉮ 22 ㉮ 23 ㉰ 24 ㉱

25 마이크로컴퓨터 내부의 버스(bus)에 해당되지 않는 것은?

㉮ 데이터 버스(data bus)
㉯ 컨트롤 버스(control bus)
㉰ 어드레스 버스(address bus)
㉱ 시프트 버스(shift bus)

26 현재 CPU로 읽어올 명령이 들어 있는 메모리의 주소가 들어 있는 곳은?

㉮ 명령 레지스터 ㉯ 프로그램 카운터
㉰ 누산기 ㉱ 범용레지스터

27 마이크로프로세서가 외부의 RAM, ROM 등 주변 장치와 연결되기 위해 사용하는 버스에 해당하지 않는 것은?

㉮ 데이터 버스 ㉯ 주소 버스
㉰ 제어 버스 ㉱ 내부 버스

28 마이크로 컴퓨터를 이용한 제어장치에서 프로그램이나 데이터를 일시 저장할 수 있는 기억장치를 무엇이라고 하는가?

㉮ CPU ㉯ RAM
㉰ ROM ㉱ I/O 인터페이스

29 여러 개의 입·출력 주변장치 중 어느 장치로부터 인터럽트가 발생되었는지 CPU가 주변장치를 하나씩 순차로 점검하여 인터럽트를 요구한 장치를 찾아내는 방식은?

㉮ 대이지 체인 ㉯ 벡터
㉰ 풀림 ㉱ 핸드세어킹

30 어드레스가 2바이트로 이루어진 계산기에서 가능한 10진수로 표시한 어드레스는?

㉮ 65,535 ㉯ 64,000
㉰ 1,024 ㉱ 2,048

31 다음 중 데이터 전송 명령이 아닌 것은?

㉮ MOV ㉯ POP
㉰ PUSH ㉱ ORG

32 다음 [예]의 데이터 전송명령은 몇 바이트 명령어인가?

[예] MOV A, #data

㉮ 1 ㉯ 2
㉰ 3 ㉱ 0

Answer 25 ㉱ 26 ㉯ 27 ㉱ 28 ㉯ 29 ㉮ 30 ㉮ 31 ㉱ 32 ㉯

33 특정한 비트 또는 특정의 문자를 삭제하기 위하여 가장 필요한 연산은?

㉮ AND 연산
㉯ Complement 연산
㉰ OR 연산
㉱ MOV 연산

34 브랜치 혹은 점프 명령은 결국 다음 중 어느 레지스터의 내용을 변경하고자 하는 것인가?

㉮ Accumulater　㉯ MAR
㉰ PC　㉱ MBR

35 프로그램의 시작번지를 어셈블러에게 지시하는 의사 명령은?

㉮ MACRO　㉯ ORG
㉰ BIT　㉱ EQU

36 어셈블러로 작성한 한 문장의 구성요소가 아닌 것은?

㉮ 인스트럭션 위치의 이름
㉯ 인스트럭션 동작의 이름
㉰ 필요한 자료의 종류
㉱ 인스트럭션의 종류

37 스택에서 a, b, c, d로 순서가 정해진 입력자료를 push-push-push-pop-pop-push-pop-pop 순으로 연산했을 때의 출력은?

㉮ c, b, a, d　㉯ b, c, a, d
㉰ c, b, d, a　㉱ d, c, b, a

38 새로운 데이터가 스택에 삽입될 때마다 포인터 TOP의 값은?

㉮ 1씩 증가　㉯ 1씩 감소
㉰ 0　㉱ 1

39 다음중 의사 명령어에 대해서 옳게 설명한 것은?

㉮ 오퍼랜드가 없는 명령어
㉯ 인터럽트 사용을 위한 명령
㉰ 어셈블러에 특별한 정보를 제공하기 위한 명령어
㉱ 메모리 액세스를 효율적으로 하기 위한 명령어

40 어떤 명령을 수행하기 위해 마이크로프로세서가 가장 먼저하는 마이크로 오퍼레이션은?

㉮ MAR ← PC　㉯ PC ← PC + 1
㉰ IR ← MBR　㉱ MBR ← PC

Answer 33 ㉮　34 ㉰　35 ㉯　36 ㉰　37 ㉰　38 ㉮　39 ㉱　40 ㉮

41 범용 레지스터 기능이 아닌 것은?

㉮ 인덱스 레지스터로 쓰임
㉯ 카운터
㉰ 기억장치에서 읽어드린 자료를 보관
㉱ 스택포인터의 다음 번지에 들어갈 주소를 보관

42 주변기기들이 공통으로 사용하는 신호 전송 통로를 무엇이라 하는가?

㉮ 버스　　㉯ 포트
㉰ 채널　　㉱ 인터페이스

43 프로그램 카운터의 설명이 잘못된 것은?

㉮ 다음에 수행할 명령의 주소를 기억하고 있는 레지스터이다.
㉯ 점프나 서브루틴 콜 등을 제외 하고는 하나의 동작을 수행할 때마다 그 내용이 1 ~ 4씩 증가한다.
㉰ 어드레스라인이 16이면 프로그램 카운터는 16비트로 되어 있다.
㉱ 연산 중심의 레지스터라 할 수 있다.

44 명령 사이클이란?

㉮ 명령의 호출 사이클
㉯ 명령의 호출 사이클과 실행 사이클
㉰ 명령의 실행 사이클
㉱ 명령의 해독 사이클

45 항상 다음에 수행될 명령이 들어있는 번지를 기억하는 레지스터는?

㉮ 명령 레지스터
㉯ 프로그램 카운터
㉰ 스택 포인터
㉱ 인덱스 레지스터

46 번지선이 4개 출력 데이터선이 8개인 ROM의 기억용량은?

㉮ 16바이트　　㉯ 8바이트
㉰ 32바이트　　㉱ 64바이트

47 어셈블리어와 고급언어를 설명한 것 중에서 잘못된 것은?

㉮ 어셈블리어는 기계어와 1대1로 대응하므로 컴퓨터의 동작 순서를 일일이 지정할 수 있어서 프로그램의 효율을 극대화할 수 있다.
㉯ 고급언어는 배우고 사용하기가 용이하다.
㉰ 어셈블리어는 비트단위의 세부적인 처리나 하드웨어와 직접 관련된 처리가 가능하다.
㉱ 고급언어는 기종간의 차이가 심한 것이 큰 단점이다.

Answer 41 ㉯ 42 ㉮ 43 ㉱ 44 ㉯ 45 ㉯ 46 ㉮ 47 ㉱

48 마이크로컴퓨터의 이용분야가 아닌 것은?

㉮ 공작기계
㉯ 자동차
㉰ 자료처리
㉱ 대형 무인공장의 제어

49 ROM의 단점을 보완한 것으로 입력이 늘어나도 회로가 복잡하지 않는 것은?

㉮ EEPROM ㉯ WCM
㉰ MASK ㉱ PLA

50 다음중 데이터를 기억하는 요소에 해당되지 않는 것은?

㉮ 플립플롭 ㉯ 카운터
㉰ 레지스터 ㉱ 디코더

51 컴퓨터 용량이 정확히 1K바이트는 몇 바이트인가?

㉮ 1,000 ㉯ 1,001
㉰ 1,212 ㉱ 1,024

52 호출사이클(fetch cycle)의 시작점에서 프로그램 카운터는 다음 중 어느 것을 가지는가?

㉮ 호출될 오퍼랜드 번지
㉯ 호출될 OP-코드의 번지
㉰ 명령의 OP-코드
㉱ 오퍼랜드

53 다음 중 연산장치에 대한 설명으로 옳지 않은 것은?

㉮ 새로운 자료를 만든다.
㉯ 산술연산과 논리 연산을 수행한다.
㉰ 연산 결과에 대한 정보를 출력 장치에 제공한다.
㉱ 논리연산은 논리곱, 논리합, 논리 부정을 기본으로 한다.

54 주변기기들이 공통으로 사용하는 신호 전송 통로를 무엇이라 하는가?

㉮ 버스 ㉯ 포트
㉰ 채널 ㉱ 인터페이스

Answer 48 ㉰ 49 ㉮ 50 ㉱ 51 ㉱ 52 ㉯ 53 ㉮ 54 ㉮

55 입출력 인터페이스에 대한 설명 중 옳지 않은 것은?

㉮ CPU와 입출력장치 사이에 존재하여 데이터 전송이 원활하게 이루어지도록 하게 하는 역할을 한다.
㉯ CPU와 입출력 장치간의 동작속도를 맞춘다.
㉰ 데이터 형식상의 차이도 맞춘다.
㉱ 대부분 CPU내에 존재한다.

56 프로그램 카운터의 설명이 잘못된 것은?

㉮ 다음에 수행할 명령의 주소를 기억하고 있는 레지스터이다.
㉯ 점프나 서브루틴 콜 등을 제외 하고는 하나의 동작을 수행할 때마다 그 내용이 1 ~ 4씩 증가한다.
㉰ 어드레스라인이 16이면 프로그램 카운터는 16비트로 되어 있다.
㉱ 연산 중심의 레지스터라 할 수 있다.

57 다음 중 메모리 주소지정방식이 아닌 것은?

㉮ 즉시 데이터 주소지정방식
㉯ 베이스 주소지정방식
㉰ 인덱스 주소지정방식
㉱ 레지스터 간접 주소지정방식

58 마이크로 컴퓨터의 중앙처리장치(CPU)를 구성하는 장치가 아닌 것은?

㉮ 레지스터 ㉯ 연산장치
㉰ 제어장치 ㉱ 입·출력장치

59 프로그램 수행을 시작할 때 첫 번째 명령의 동작코드는 CPU의 어느 부분에 넣어지는가?

㉮ 누산기(accumulator)
㉯ 프로그램 카운터(program counter)
㉰ 스택 포인터(stack pointer)
㉱ 명령 레지스터(instruction register)

60 데이터의 전송시 ASCII코드에서 에러검출을 위하여 사용하는 비트를 무엇이라 하는가?

㉮ 존 비트 ㉯ 디지트 비트
㉰ 기수 비트 ㉱ 패리트 비트

Answer 55 ㉰ 56 ㉱ 57 ㉯ 58 ㉱ 59 ㉯ 60 ㉱

61 아래 설명에 해당하는 플래그(Flag) 레지스터를 보기에서 고르시오.

> CPU는 하나의 명령을 실행할 때마다 내부 인터럽트를 발생해서 인터럽트 처리 루틴으로 분기한다. 이것에 의하여 하나의 명령이 실행될 때마다 리지스터나 메모리의 내용을 수정할 수 있고, 또한 프로그래밍할 때에도 대단히 유효한 수단이 된다.

㉮ AF(Auxiliary Carry Flag)
㉯ OF(Over Flow Flag)
㉰ TF(Trap Flag)
㉱ IF(Interrupt Flag)

62 마이크로 컴퓨터에서 아날로그 신호를 디지털 신호로 변환해 주는 장치는?

㉮ A/D 컨버터　㉯ P/D 컨트롤러
㉰ ABS 시스템　㉱ LSI 시스템

63 64×3비트(bit)의 기억장치를 만들려고 한다. 최소한 몇 게의 어드레스 선이 필요한가?

㉮ 3　㉯ 4
㉰ 5　㉱ 6

64 서브루틴을 호출하는 마이크로프로세서의 명령은?

㉮ ADD　㉯ CMP
㉰ CALL　㉱ RET

65 입력과 출력을 비교하는 장치를 필요로 하는 제어는?

㉮ 프로그램 제어
㉯ 되먹임(feed back) 제어
㉰ on-off 제어
㉱ 프로세스 제어

66 데이터를 영구히 기억시켜 두는 기억소자는?

㉮ RAM　㉯ PLA
㉰ ROM　㉱ Static RAM

67 마이크로프로세서를 이용하여 만들어진 제품의 특징 설명이 아닌 것은?

㉮ 신뢰성이 향상된다.
㉯ 제품이 대형화된다.
㉰ 기능의 변경이 용이하다.
㉱ 제품가격이 저렴해진다.

Answer 61 ㉱ 62 ㉮ 63 ㉱ 64 ㉰ 65 ㉯ 66 ㉰ 67 ㉯

68 마이크로프로세서의 응용분야가 아닌 것은?

㉮ 범용기계의 변속요소를 이용
㉯ 컴퓨터 및 그 주변장치의 부품으로 이용
㉰ 장치의 내부 제어기로 이용
㉱ 마이컴 시스템의 구성요소로 이용

69 메인 프로그램에서 서브로틴으로 분기할 때 사용하는 명령은?

㉮ RET　㉯ JUMP
㉰ POP　㉱ CALL

70 다음 중 데이터 이동에 관한 영향이 아닌 것은?

㉮ LOAD　㉯ PUSH
㉰ OUT　㉱ INCREMENT

71 마이크로프로세서의 레지스터 중 프로그램 카운터(PC)의 역할에 대하여 바르게 설명한 것은?

㉮ 동작 개시시 최초의 어드레스를 기억하고 있다가 한 명령 수행시마다 어드레스 값을 증가시켜 어드레스 버스에 공급하여 준다.
㉯ 프로그램이나 데이터가 차지하고 있는 어드레스의 전체수를 카운터하여 어큐뮬레이터에 제공한다.
㉰ 외부에서 인터럽트 요구가 있을 때마다 인터럽트의 요구회수를 카운터하여 어드레스 버스에 공급한다.
㉱ 프로그램 중 입력되는 전체 데이터스를 카운터하여 어큐뮬레이터에 제공한다.

72 8086μ-P에서 명령 큐(instruction queue)의 DATA 처리방식은? (단, F(first), I(in), O(out), L(last))

㉮ FIFO　㉯ LIFO
㉰ LILO　㉱ FILO

73 발생 시기를 예측할 수 없는 여러 가지 특정한 일의 발생을 항상 조사하고 있다가 어떤 특정한 일이 발생하였을 때 강제적으로 그 일의 처리 루틴을 수행하는 것은?

㉮ 콜(call)
㉯ 리셋(reset)
㉰ 인터럽트(interrupt)
㉱ 서브루틴(subroutine)

74 원칩 마이크로컴퓨터로 맞는 것은?

㉮ 8051　㉯ Z80
㉰ 8086　㉱ 8080

Answer 68 ㉮ 69 ㉱ 70 ㉱ 71 ㉮ 72 ㉯ 73 ㉰ 74 ㉮

75 고급언어를 기계어로 바꾸어 주는 번역기를 무엇이라고 하는가?

㉮ Assembler ㉯ Compiler
㉰ BASIC ㉱ PASCAL

76 직접 주소지정방식의 특징이 아닌 것은?

㉮ 주소지정 방식 중 가장 빠르다.
㉯ 대용량 기억장치의 주소를 나타내는데 적합한다.
㉰ 메모리 참조를 하지 않고 데이터를 처리하는 방식이다.
㉱ 데이터 길이에 제약을 받는다.

77 CPU에서 내부연산이나 메모리 엑세스 등의 작업을 위한 신호를 발생하는 요소는?

㉮ 제어장치
㉯ 플래그 레지시터
㉰ 프로그램 카운터
㉱ 산술논리연산 유닛

78 입·출력 시스템의 구성 요소가 아닌 것은?

㉮ 데이터 전송로
㉯ 인터페이스 회로
㉰ 연산 제어 회로
㉱ 입·출력 제어 회로

79 어셈블러에 대한 설명으로 옳은 것은?

㉮ 어셈블러 언어로 된 프로그램을 기계어로 번역하는 프로그램이다.
㉯ 기계어로 된 프로그램을 어셈블러 언어로 된 프로그램으로 바꾸는 프로그램이다.
㉰ 고급 수준의 언어를 어셈블러 언어로 된 프로그램으로 바꾸는 프로그램이다.
㉱ 어셈블러 언어로 된 프로그램을 기계어로 번역하는 하드웨어 장치이다.

80 PC(프로그램카운터)에 대한 설명으로 틀린 것은?

㉮ 프로그램이 어디까지 실행되었는지를 계수하는 일종의 카운터이다.
㉯ PC는 그 내용이 어드레스 버퍼로 전송된 직후 자동적으로 1씩 증가한다.
㉰ 소프트웨어 명령에 의해서 PC의 내용이 불연속적으로 변할 수 있다.
㉱ 산술 및 논리 연산용 레지스터로 이용될 수 있다.

81 데이터를 반영구적으로 기억시켜두는 기억소자는?

㉮ PLA ㉯ RAM
㉰ ROM ㉱ Static RAM

Answer 75 ㉯ 76 ㉯ 77 ㉮ 78 ㉰ 79 ㉮ 80 ㉱ 81 ㉰

82 **마이크로프로세서의 구조 중 RISC Reduced Instruction Set Computer) 에 대한 설명으로 틀린 것은?**

㉮ 디코딩이 간단한다.
㉯ 가변길이 명령어 형식이다.
㉰ 상대적으로 적은 수의 명령어이다.
㉱ 상대적으로 적은 어드레싱 모드이다.

83 **마이크로프로세서가 실행도중 특수한 상태가 발생하면 제어장치의 조정에 의해 특수한 상태를 처리한 후 먼저 수행하던 프로그램으로 되돌아가는 조작은?**

㉮ Interrupt
㉯ Controlling
㉰ Trapping
㉱ Subroutine

Answer 82 ㉯ 83 ㉮

[참고자료] 마이크로컨트롤러 8051과 ATmega128(A) 특징 및 구조

다음 자료는 최근에 많이 활용되었거나 되고 있는 마이크로컨트롤러 8051과 ATmega128에 대한 하드웨어적 특징을 설명하여 앞에 설명했던 기본적인 내용을 비교해 볼 수 있도록 하고자 하였다.

① 마이크로컨트롤러 8051

1. 8051의 주요 특성

8051의 주요 특징은 다음과 같다.

① 8Bit ONE CHIP MICRO-PROCESSOR
② 4096(4K)Byte의 내부 프로그램 메모리(ROM) 내장
③ 128Byte의 내부 데이터 메모리(RAM)
④ 4개의 Register Bank
⑤ 128bit의 bit flag(직접 Addressing 가능)
⑥ 128Byte의 특수 기능 레지스터(SFR : Special Function Register)
⑦ 외부 프로그램 메모리와 데이터 메모리를 각각 64Kbyte까지 확장 가능
⑧ 4개의 8bit 입출력 포트 내장(P0, P1, P2, P3), 32개의 양방향 I/O
⑨ 2개의 16bit 타이머/카운터
⑩ 데이터 통신용 송수신 포트(시리얼 포트) 내장
⑪ 4개의 인터럽트
⑫ 하드웨어에 의한 고속 곱셈/나눗셈의 처리 능력
⑬ 발진회로 내장
⑭ 강력한 비트 처리 능력

2. 하드웨어 구성

가. 8051 IC의 핀 기능

8031, 8051, 8751 등 계열은 총 40개의 핀이 배치되어 있다.

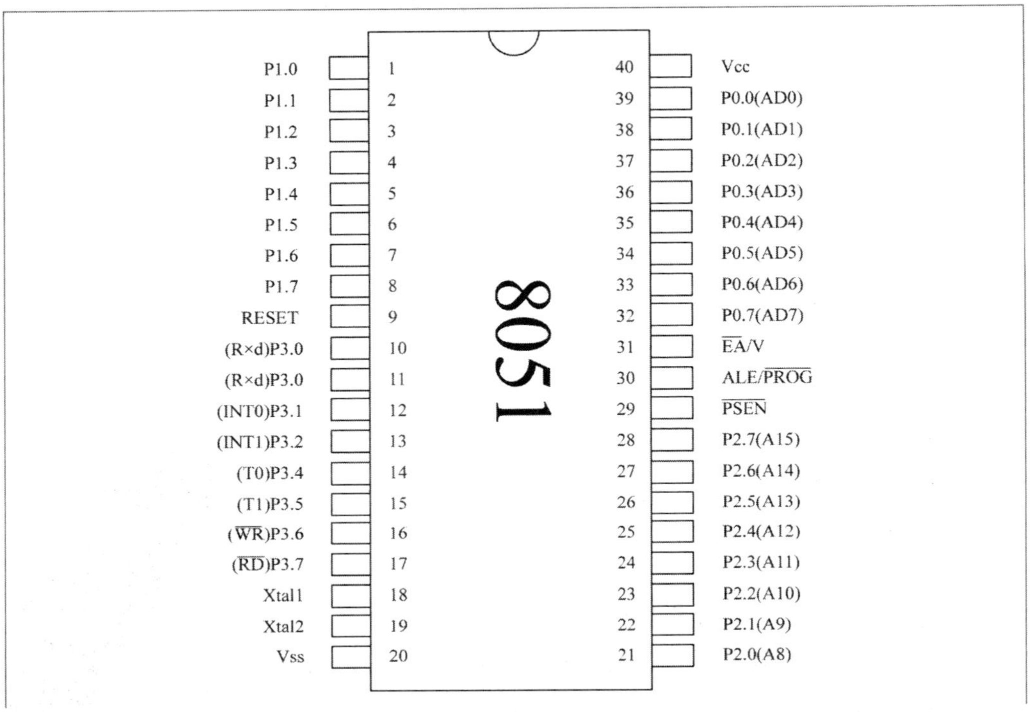

• 그림 1 • 8051 외부 구조 및 기능별 핀 배치도

① Vcc, Vss
전원([예] Vcc = 5V, Vss = GND = 0V)

② Port 0(P0.0(AD0) ~ P0.7(AD7))
외부 메모리, 일반 포트로 사용

③ Port 1(P1.0 ~ P1.7)
순수한 범용 I/O 포트

④ Port 2(P2.0(A8) ~ P2.7(A15))
일반 포트로 사용

⑤ Port 3(P3.0 ~ P3.7)
I/O Port로서 기능과 다른 특별한 기능을 하는 핀으로 사용 가능

| 표 1 | 포트 3의 다른 용도

포트 핀	다른 기능
P3.0	RXD : 직렬 수신 데이터 입력 핀
P3.1	TXD : 직렬 수신 데이터 출력 핀
P3.2	/INT0 : 인터럽트 0 입력 핀
P3.3	/INT1 : 인터럽트 1 입력 핀
P3.4	T0 : 타이머 0 입력 핀
P3.5	T1 : 타이머 1 입력 핀
P3.6	/WR : 외부 데이터 메모리 Write 제어 핀
P3.7	/RD : 외부 데이터 메모리 Read 제어 핀

㉠ RXD, TXD : RXD(Receive Data)는 직렬 데이터 받기 핀
TXD(Transmit Data)는 직렬 데이터 출력 핀

㉡ /INT0, /INT1 : 인터럽트 0, 인터럽트 1의 입력 핀

㉢ T0, T1 : 타이머 0, 타이머 1의 입력 핀

㉣ /RD, /WR : Data Memory Space(RAM, I/O)에 값을 읽고(/RD), 쓸 때 (/WR) 사용하는 제어핀

⑥ /PSEN(Program Strobe ENable)

Program Memory Space(ROM)를 읽을 때 사용

⑦ /EA(External Access enable)

내부 롬이 있는 타입의 CPU에서 내부 롬을 사용할 경우에는 HIGH(VCC)

[예] 87C51, 89C51

내부 롬이 없는 타입의 CPU이거나 사용하지 않을 경우에는 LOW(GND)

[예] C31, 80C32

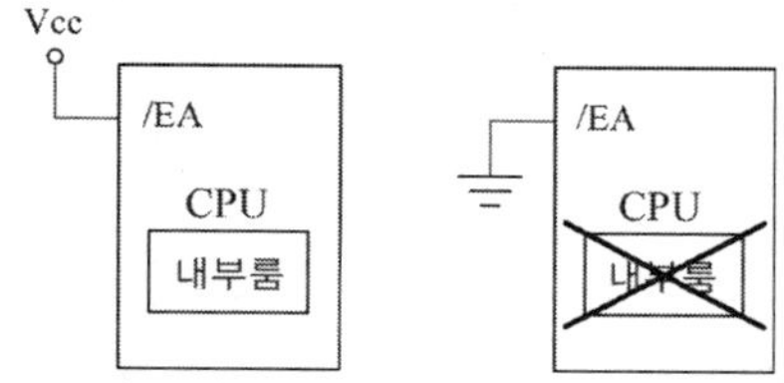

• 그림 2 • /EA 핀 처리

⑧ ALE(Address Latch Enable)

하위 어드레스(A0 ~ A7)를 HC573 등의 외부 레치소자에 레치시키기 위해 제공되는 신호

⑨ XTAL1, XTAL2

X-tal(Crystal)과 콘덴서를 함께 연결하거나 OSC(Oscillator)를 달아 주어도 됨

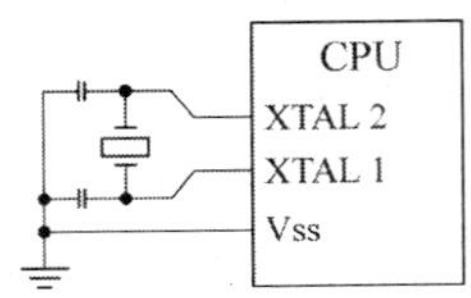

• 그림 3 • X-tal 달기

⑩ RESET : Active high 리셋

나. 8051 내부구조

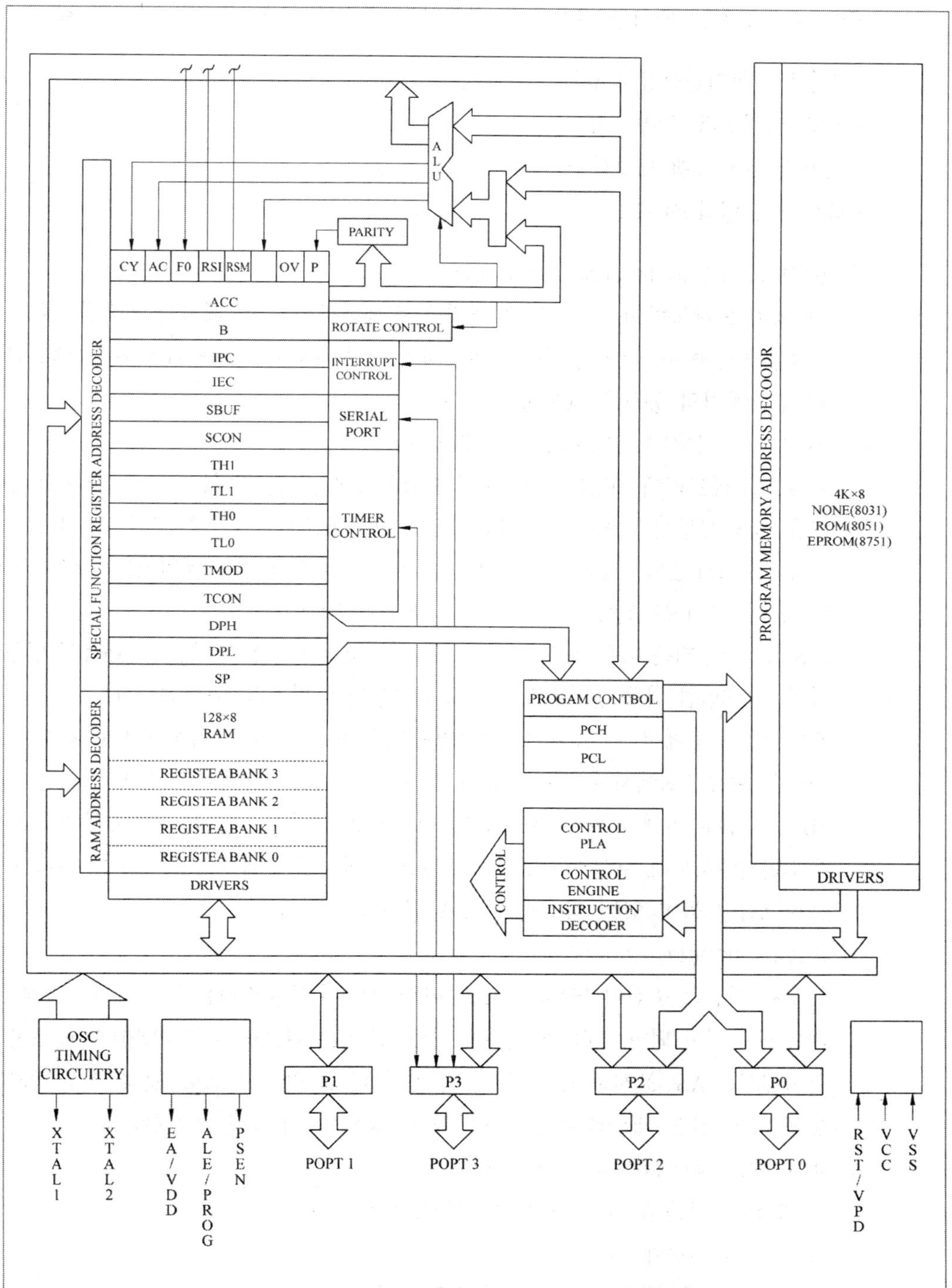

• 그림 4 • 8051 내부구조의 블록도

① 중앙 처리 장치(CPU)

중앙처리 장치는 명령을 해독하고 실행하는 장소로 구성 요소는 다음과 같다.

- 8비트의 논리연산장치(ALU)
- 각종 레지스터, PSW, SP
- 16비트 프로그램 카운터(PC)
- 데이터 포인터(DPTR)

㉠ 명령 디코더(Instruction Decoder)

각 명령을 해독하여, 실제로 그 명령을 실행해서 완료할 때까지 필요한 CPU 내부 신호를 만들어서, 주어진 기능을 완료시키는 부분(오퍼랜드를 제어하는 신호, 산술논리 연산장치의 동작을 제어하는 신호등)

㉡ 프로그램 카운터(PC : Program Counter)

프로그램 메모리에 저장되어 있는 명령군의 실행순서를 정하는 16비트 레지스터이며, 다음 번에 실행시킬 명령이 기억되어 있는 어드레스를 가리키는 것으로, 이것은 특수기능레지스터 (SFR) 영역에도 포함되지 않고, 레지스터 뱅크 영역에도 포함되지 않는다. 모든 마이크로컨트롤러에 공통된 하나의 회로이다.

프로그램카운터는 다른 레지스터와는 달리 주소를 지정한 후에는 그 내용이 명령어에 따라 1 ~ 3만큼 자동 증가된다. 프로그램카운터의 최초의 값을 설정하는 일은 어셈블리어 프로그램에서는 ORG라는 의사명령으로 프로그래머가 지정하고, C와 같은 고급언어의 프로그램에서는 로더(loader)라는 시스템 프로그램이 적당히 지정한다.

8051의 경우 리셋 후에 프로그램카운터는 0으로 된다(default). 이 때문에 프로그램은 0번지에서부터 시작된다. 그러므로 프로그램의 초두에는 JMP 명령을 두어서 실제 프로그램이 들어 있는 최초의 번지로 뛰어가야 한다.

㉢ ALU(Arithmetic Logic Unit)

이것은 연산의 중심이 되는 레지스터이다. 즉, 이 레지스터는 데이터의 처리와 논리 기능의 중심이 되며, CPU의 일시적 기억장소가 된다. 8비트 레지스터이고, 8051 명령어에서는 A로 표시된다. 즉 산술 및 논리연산을 하는 곳으로, 덧셈, 뺄셈, 곱셈, 나눗셈 등의 산술 계산과 AND, OR, NOT 등의 논리 등을 연산한다.

㉣ ACC 어큐물레이터(Accumulator)

ⓐ 연산 결과를 임시로 기억하는 레지스터로 사용

ⓑ 데이터 전송에 사용

ⓒ 논리, 연산, 명령 등의 오퍼랜드로도 사용

ⓓ 모든 연산은 Acc를 중심으로 연산

ⓜ PSW(Program Status Word)

명령에 영향을 받는 플래그들의 집합으로, 이 레지스터의 각 비트는 역시 그 자신 하나의 플립플롭(memory cell)으로서, 산술연산이나 논리연산, 기타의 명령어가 실행된 후의 CPU 상태를 비트별로 나타낸다. 예컨대, 두 수의 덧셈 명령이 실행된 결과 올림수(carry)가 발생하면 [그림 5]의 비트 7(CY)이 1로 세트되고, 오버플로(overflow)가 발생하면 비트 2(OV)가 1로 세트된다. 산술연산에서 비트 3의 자리에서 올림수가 발생되어 비트 4의 자리로 올라가면 비트 6(AC)이 세트되고, 어큐뮬레이터의 내용에서 1의 수가 홀수이면 비트 0(P)이 세트된다. 비트 4와 비트 3은 RS_1과 RS_0로 표시되고, 이들은 레지스터 뱅크(register bank)를 선택하는 데 사용된다. 이들 비트의 내용에 따라 선택되는 레지스터 뱅크는 [표 1]과 같다.

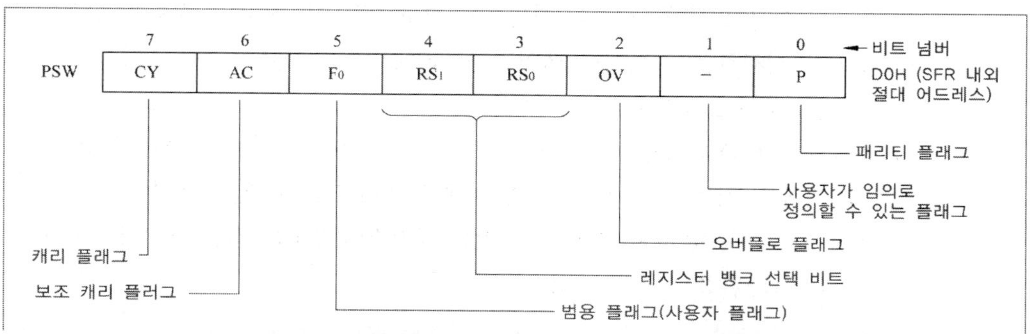

• 그림 5 • PSW(Program Status Word)의 구성

| 표 2 | 뱅크선택

PSW	뱅크0	뱅크1	뱅크2	뱅크3
RS_0(3번)	0	1	0	1
RS_1(4번)	0	0	1	1

ⓑ 그 외의 CPU 레지스터

ⓐ B 레지스터 : 이 레지스터는 곱셈 및 나눗셈에서 어큐뮬레이터와 함께 사용되고, 기타의 명령어에서는 범용 레지스터로 사용된다.

ⓑ DPTR(Data Pointer) : 16비트 레지스터로, 테이블 참조명령에서 베이스 레지스터로 사용하기도 하고 레지스터 간접점프에서 점프할 어드레스를 저장하는 것으로, 이 레지스터는 그림 4에 나타나 있는 것처럼 같이 상위 바이트 DPH와 하위 바이트 DPL로 구성되어 있다. 보통 하나의 16비트 레지스터로 사용되나, 때로는 2개

의 8비트 레지스터로 사용되기도 한다. 이 레지스터는 대개의 경우 외부 데이터 메모리에서 데이터를 전송(read/write)할 때 데이터가 들어 있는 주소를 지정하는 data pointer로 사용되지만([예] MOVX A, @DPTR), 레지스터 간접 점프에서는 주소값을 저장하기도 하고([예] JMP @A + DPTR), 프로그램 메모리 내에 있는 표 (table) 참조의 명령에서는 베이스 레지스터가 되기도 한다([예] MOVC A, @A + DPTR).

ⓒ SP(Stack Pointer) : 8비트 크기로, 스택을 가르키는데 사용하는 것으로, DPTR은 데이터가 들어 있는 주소를 지시하는 data pointer이고, 전술한 프로그램카운터는 다음번에 실행될 명령어의 주소를 지시하는 instruction pointer임에 반하여, 스택포인터는 서브루틴 콜 또는 인터럽트 발생시 PUSH나 POP할 위치(address)를 지시하는 스택 위치 pointer이다. PUSH 또는 CALL 명령을 수행할 때에는 데이터를 저장하기 전에 그 값을 하나 증가하고, POP 또는 RET 명령을 수행할 때에는 SP가 지시하는 주소에서 데이터를 가져간 후 그 값을 하나 감소한다.

ⓢ 특수기능레지스터(SFR)

8051 내부 RAM의 80H에서 FFH까지의 128 바이트는 특수기능레지스터의 영역으로, 여기에는 직접 주소지정방식에 의해서만 접근할 수 있고, 이들 중 일부는 비트 주소지정도 가능하다. 8051의 특별 기능 레지스터(SFR)의 값을 조작함으로써 8051의 동작 모드를 변화시킬 수 있다.

> **예** MOV A, 90H(또는 MOV A, P1)
> SETB 90H. 2(또는 SETB P1.2)

특수기능레지스터(SFR Special Function Register)에 속하는 레지스터들은 다시 다음과 같이 크게 두 부류로 분류된다.

ⓐ 소프트웨어 제어 및 연산에 사용되는 레지스터
ⓑ 내장된 주변장치의 기능을 제어하는 데 사용되는 레지스터

소프트웨어 제어 및 연산에 사용되는 레지스터에는 Acc, B, DPTR, PSW, SP 등이 있고, 내장된 주변장치의 기능을 제어하는 데 사용되는 레지스터에는 타이머/카운터용으로서 TH1, TL1, TH0, TL0, TCON, TMOD, 직렬포트용으로서 SBUF, SCON, PCON, 인터럽트 제어용으로서 IE와 IP, 병렬 I/O포트용으로서 P0, P1, P2, P3가 있다.
[표 2]은 이들 특수기능레지스터들이 내부 RAM의 80H번지에서부터 FFH번지까지에 할당되어 있는 모양을 나타내고 있다. 빈 공간은 차후의 버전을 위해서 남겨 놓은 것들이다. 그리고 반흑 부분은 8051에는 없고 8052에만 있는 것들이다. 또 맨 왼쪽 열의 B, Acc, PSW, IP, IE, P3, P2, P1, P0, SCON, TCON 등은 비트 주소지정이 가능한 것들이다.

| 표 3 | 8051의 SFR 메모리 맵

F8									FF
F0	B								F7
E8									EF
E0	ACC								E7
D8									DF
D0	PSW								D7
C8									CF
C0									C7
B8	IP								BF
B0	P3								B7
A8	IE								AF
A0	P2								A7
98	SCON	SBUF							9F
90	P1								97
88	TCON	TMOD	TL0	TL1	TH0	TH1			8F
80	P0	SP	DPL	DPH				PCON	87

다. 메모리 구조

8051의 메모리는 다음과 같이 분류한다.

- 8051의 메모리
  - 프로그램 메모리
    - 내부 ROM
    - 외부 ROM
  - 데이터 메모리
    - 내부 RAM
      - 워킹 레지스터(레지스터 뱅크 공간)
      - 비트 메모리(비트주소지정 공간)
      - 범용 레지스터(자유 공간)
      - 특수기능레지스터
    - 외부 RAM

① 프로그램 메모리

8051 내장 ROM의 크기는 4K(8052의 경우에는 8K) 바이트인데, 그 중 03H번지에서 33H까지 48바이트는 “인터럽트 벡터”라고 해서 인터럽트가 발생할 때 뛰어가는 번지(vector address)를 위한 공간으로 사용된다.

하나의 인터럽트 벡터에 8바이트가 배정되어 있으므로, 간단한 인터럽트 서비스 루틴은 여기에 작성하지만 대개의 경우는 이곳에 JMP 명령을 두어 다른 공간으로 뛰어가서 처리하도록 되어 있다.

프로그램 메모리의 처음 3바이트는 "리세트 벡터"이다. 이것은 전원이 투입된다든가 리셋을 할 때 프로그램이 시작되는 번지이므로, 프로그램 초두에는 예컨대 다음과 같은 명령들을 둠으로써 프로그램의 시작점을 지시해야 함.

- ORG 0H
- JMP START
- START : MOV P1, #11H

내부 ROM만을 사용하느냐, 아니면 외부 ROM을 사용하느냐는 8051 외부 핀 중 하나인 EA로 제어한다. EA(External Access)를 H레벨, 즉 +5V로 하면 내부 ROM이 선택되고, 이 때 주소공간(address space)은 0000H에서 0FFFH까지 4K이다. 그러므로 프로그램이 4K바이트 미만이어서 내부 ROM만을 사용하는 경우에는 EA핀을 +5V에 연결해야 한다.

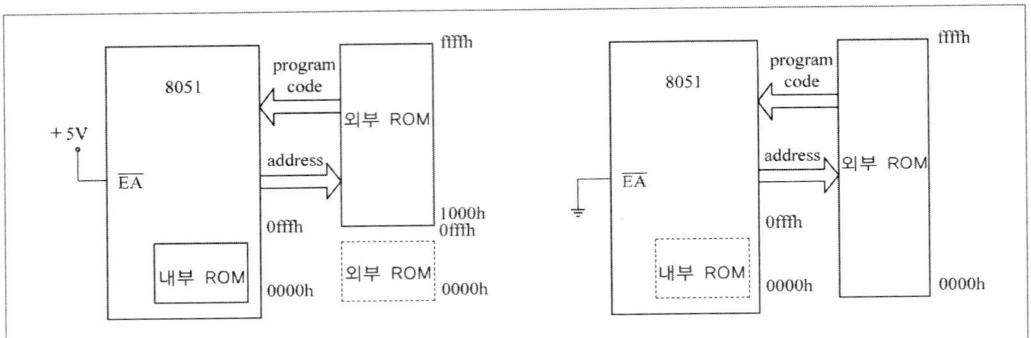

/EA=1 : 내부 ROM에서 프로그램을 우선 읽고 4Kbyte가 넘을 경우 나머지 부분의 프로그램은 외부 ROM에서 읽기

/EA=0 : 내부 ROM을 무시하고 무조건 외부 ROM에서 프로그램 읽기

• 그림 6 • 외부메모리 ROM의 메모리 맵

② 데이터 메모리

RAM(Random Access Memory)은 원래 사용자의 프로그램이나 데이터를 기억 또는 판독하는 장치이나, 8051의 경우에는 하버드 구조상 내부 RAM은 데이터만을 기억, 판독하는 레지스터 파일로 동작하는 것이다.

기억장치의 기본 단위는 하나의 비트를 기억하는 회로, 즉 플립플롭이다. 이 플립플롭을 8개 또는 16개 한 묶음으로 해 놓은 것이 레지스터이고, 이러한 레지스터들을 병렬적으로 나열해 놓은 것이 RAM이다. 즉, RAM은 레지스터 하나하나가 모여서 이루어진다. 그리고 이들 각각의 레지스터에는 [그림 7]과 같이 번지(address location)가 붙는다. 각 가옥에 번지가 붙는 이치와 같다.

하나의 번지에 들어갈 수 있는 비트 수는 기종에 따라 다르나, 8051은 8비트이다. 8051의 데이터 메모리 RAM은 [그림 7]과 같이 내부 RAM과 외부 RAM으로 분류되는데, 내부 RAM은 256(00H ~ FFH) 바이트이고, 외부 RAM은 최대 64K(0000H ~ FFFFH) 바이트이다.

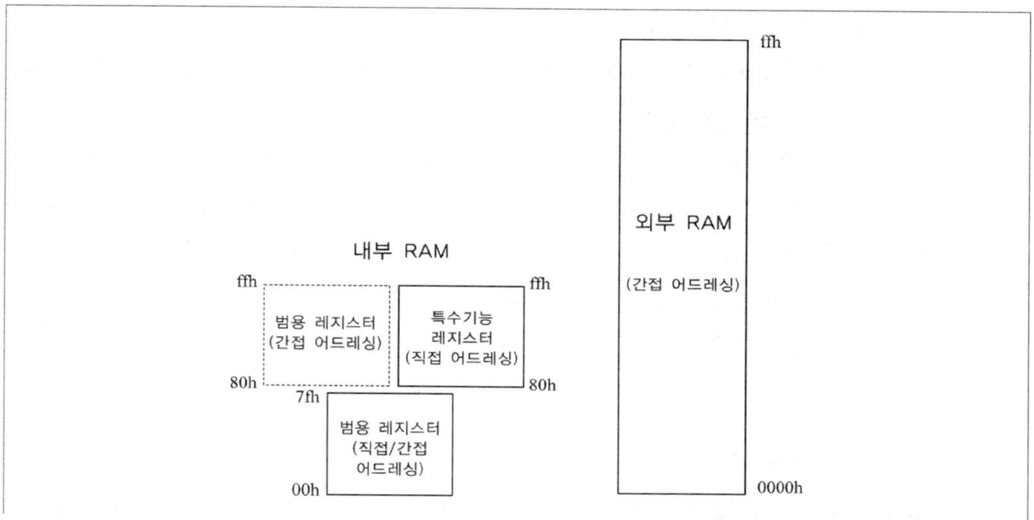

• 그림 7 • 외부메모리 RAM의 메모리 맵

8051은 최대 64K 바이트의 데이터 메모리를 외부에 둘 수 있다. 이 경우에 외부 데이터 메모리의 주소를 지정하는 방법에는 1바이트를 쓰는 것과 2바이트를 쓰는 것이 있다.

㉠ 2바이트를 쓰는 방법
P0(8비트) 포트와 P2(8비트) 포트 전부를 주소(address)로 지정

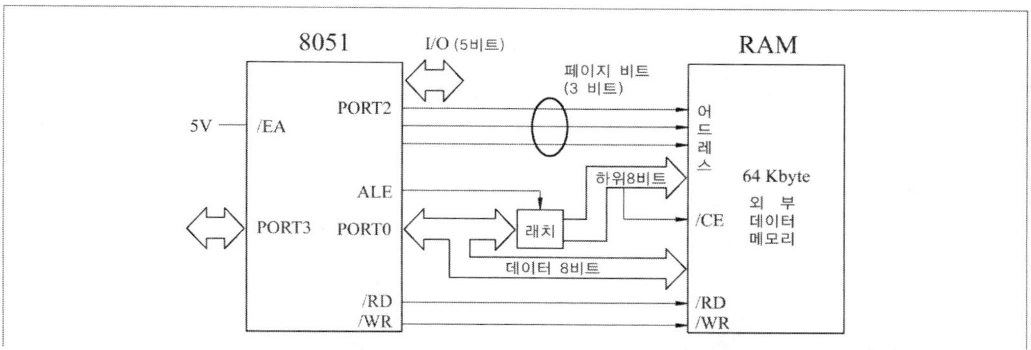

• 그림 8 • 외부 데이터 메모리 연결도

㉡ 1바이트를 쓰는 방법

[그림 8]은 4K 바이트 내부 프로그램 메모리를 사용하고, 2K 바이트 이내의 데이터 메모리를 사용하는 경우이다. 외부 데이터 메모리를 사용하므로 P3포트의 /RD, /WR 신호를 쓴다. 그러므로 일반적으로 사용할 수 있는 P3의 신호는 6개로 줄어든다. P2의 세 비트는 페이지 (PAGE) 비트로 사용하였다. 따라서, P2의 5비트를 일반적인 I/O 신호로 사용 가능하다.

이 경우에도 포트 P0는 외부 RAM으로 가는 하위 주소버스와 데이터버스로서의 역할을 번갈아(multplex)한다.

즉 먼저 주소정보(A7 ~ A0)를 P0를 통하여 보내서 그것을 래치에 잡아놓고, 다음 순간에 데이터정보(D7 ~ D0)를 주거나 받는다. 이 때 P2의 3개선은 RAM을 페이징(paging)하는 데 사용된다. 즉, 8개의 하위 주소버스(A7 ~ A0)에 의해서 선택되는 데이터 메모리 공간은 256바이트인데, 이것을 단위(page)로 해서 page 0에서 page 7까지 8개의 공간을 만들고 페이지 중심으로 데이터 메모리 공간을 사용한다.

③ 내부 메모리

8051의 내부 RAM은 [그림 7]과 같이 2개의 블록으로 되어 있으며, 하위 128바이트의 범용레지스터와 상위 128바이트의 특수기능레지스터로 구성되어 있다.

마이크로컨트롤러 8051의 경우에는 상위 128바이트의 데이터 메모리를 포함해서 이 영역이 256바이트이다.

하위 128바이트의 데이터 메모리는 범용레지스터라고 했는데, 범용레지스터(general purpose register)란 이렇게도 쓸 수 있고, 저렇게도 쓸 수 있는 레지스터라는 뜻으로 해석되나, 실은 프로그램 수행 중의 각종 데이터를 일시적으로 저장하는 데 주로 사용된다.

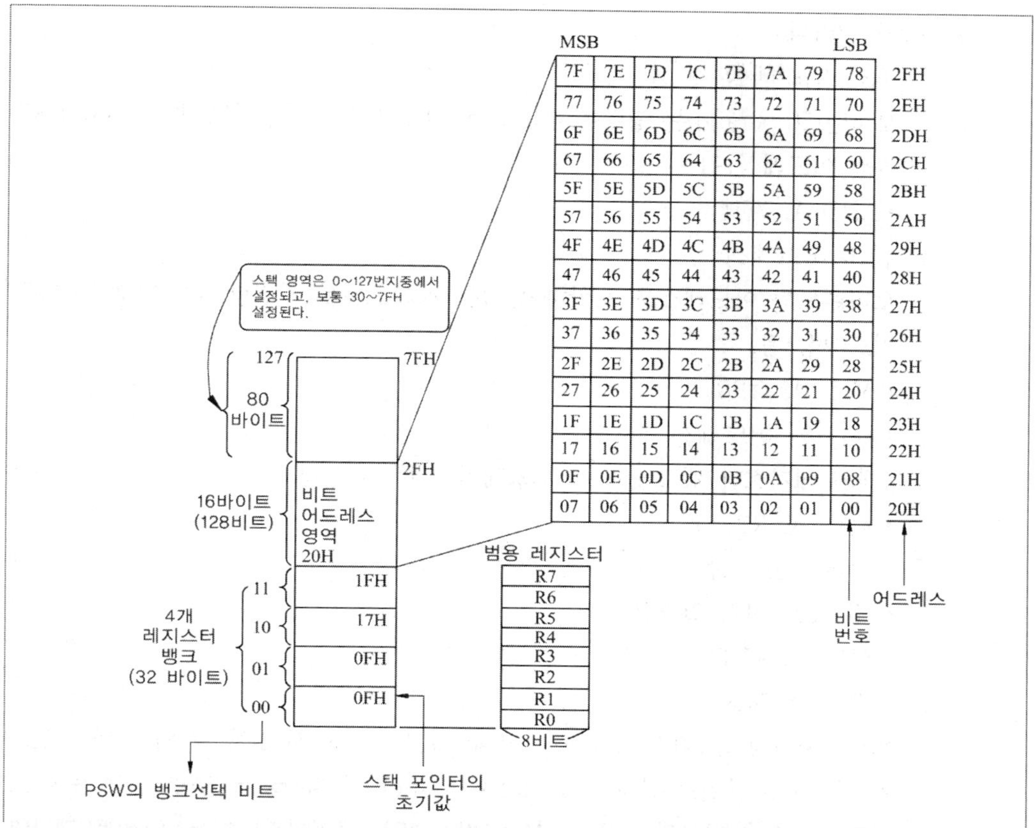

• 그림 9 • 내부 RAM 128바이트 구조

8051의 범용레지스터는 [그림 9]와 같이 다시 3개 부분으로 되어 있다.

㉠ 레지스터 뱅크 공간(00H ~ 1FH)
㉡ 비트 주소지정 공간(20H ~ 2FH)
㉢ 자유 공간(30H ~ 7FH)

레지스터 뱅크 공간(register bank space)에는 4개의 레지스터 뱅크가 있고, 각 뱅크에는 R0 ~ R7의 8개 워킹레지스터(working register)가 있다. 이들 4개의 레지스터 뱅크는 PSW의 두 비트(RS1과 RS0) 값에 따라 선택되는데, 특별히 어느 뱅크를 선택하지 않으면 뱅크 0이 선택된다(default).

뱅크내의 이들 워킹레지스터는 Acc와 직접 data를 주고 받을 수 있고, 이들 중 R0과 R1은 RAM의 주소를 간접 지정할 수 있다.

④ 주소지정방식

㉠ 직접 어드레싱

오퍼랜드(operand)는 명령어 내의 8 bit 어드레스로 지정되고 내부 RAM과 SFR만이 직접 어드레싱 됨

• ADD A, 7FH

㉡ 간접 어드레싱

오퍼랜드의 어드레스를 포함하고 있는 레지스터를 지점함. 내·외부 RAM은 간접 어드레싱 됨

• ADD A, @R0

㉢ 레지스터 어드레싱

4개의 레지스터 뱅크에 있는 워킹레지스터를 지정함

• ADD A, R7

㉣ 상수형 어드레싱

상수 값을 직접 입력함

• ADD A, #127

㉤ 색인 어드레싱

비트주소지정 공간(bit-addressable space)은 20H에서 2FH까지의 16바이트로서, 여기에는 비트 단위로 번지(bit address location)가 지정되어 있어서, 그 중 어느 비트 번지의 내용을 다음과 같은 명령으로 세트 또는 클리어 할 수 있다. 비트 단위의 리셋 명령은 없다. 일반 CLR 명령으로 클리어해야 한다.

자유 공간(free space)은 비트주소지정 공간 위에 있는 주소 공간(30H ~ 7FH)으로서, 직접 주소지정방식 또는 간접 주소지정방식으로 접근할 수 있다. 여기에는 일반 데이터를 저장할 수도 있고, 앞에서 밝힌 바와 같이 스택 영역으로도 사용할 수 있다.

⑤ 8051 어셈블리 명령어

㉠ 8051 어셈블러 지시어(Directive)

'어셈블러 지시어'란 프로그램 실행과는 관계가 없고 단지 어셈블러에게 정보만 제공해 주는 명령어이다.

ⓐ ORG(ORiGen) : 프로그램과 데이터의 시작 번지 설정

ⓑ END : 어셈블러 작업의 종료를 나타냄. END문 이후의 어셈블리어 프로그램은 기계어로 변환되지 않는다.

ⓒ EQU(EQUate) : Label에 식의 값을 할당한다.

ⓓ DB(Define Byte) : 메모리에 데이터를 1바이트 단위로 저장

ⓔ DW(Define Word) : 메모리에 데이터를 2바이트(워드) 단위로 저장

ⓕ DS(Define Storage) : 메모리를 바이트 단위로 확보

ⓛ 명령어 세트

명령어	오퍼랜드	설명	바이트	사이클
Arithmetic Operations(산술 연산 명령어)				
ADD	A, Rn	Acc에 레지스터 Rn의 값을 더함	1	1
	A, direct	Acc에 direct 번지의 값을 더함	2	1
	A, @Ri	Acc에 Ri가 가리키는 번지의 값을 더함	1	1
	A, #data	Acc에 data(상수) 값을 더함	2	1
ADDC	A, Rn	Acc에 레지스터 Rn의 값과 자리올림수를 함께 더함	1	1
	A, direct	Acc에 direct 번지의 값과 자리올림수를 함께 더함	2	1
	A, @Ri	Acc에 Ri가 가리키는 번지의 값과 자리올림수를 함께 더함	1	1
	A, #data	Acc에 data(상수) 값과 자리올림수를 함께 더함	2	1
SUBB	A, Rn	Acc에서 레지스터 Rn의 값과 빌림수를 함께 뺌	1	1
	A, direct	Acc에서 direct 번지의 값과 빌림수를 함께 뺌	2	1
	A, @Ri	Acc에서 Ri가 가리키는 번지의 값과 빌림수를 함께 뺌	1	1
	A, #data	Acc에서 data(상수) 값과 빌림수를 함께 뺌	2	1
INC	A	Acc의 값을 1 증가	1	1
	Rn	레지스터 Rn의 값을 1 증가	1	1
	direct	direct 번지의 값을 1 증가	2	1
	@Ri	Ri가 가리키는 번지의 값을 1 증가	1	1
DEC	A	Acc의 값을 1 감소	1	1
	Rn	레지스터 Rn의 값을 1 감소	1	1
	direct	direct 번지의 값을 1 감소	2	1
	@Ri	Ri가 가리키는 번지의 값을 1 감소	1	2
MUL	AB	A, B레지스터를 곱하여 B에 상위, A에 하위 8비트 저장	1	4
DIV	AB	A/B를하여 A레지스터에 몫, B레지스터에 나머지 저장	1	4
DA	A	Acc의 값을 BCD코드 형태로 변환	1	1
Logical Operations(논리 연산 명령어)				
ANL	A, Rn	Acc와 레지스터 Rn의 값을 AND 연산	1	1
	A, direct	Acc와 direct 번지의 값을 AND 연산	2	1
	A, @Ri	Acc와 Ri가 가리키는 번지의 값을 AND 연산	1	1
	A, #data	Acc와 data(상수) 값을 AND 연산	2	1
	direct, A	direct 번지의 값과 Acc를 AND 연산	2	1
	direct, #data	direct 번지의 값과 data(상수) 값을 AND 연산	3	2

명령어	오퍼랜드	설명	바이트	사이클
ORL	A, Rn	Acc와 레지스터 Rn의 값을 OR 연산	1	1
	A, direct	Acc와 direct 번지의 값을 OR 연산	2	1
	A, @Ri	Acc와 Ri가 가리키는 번지의 값을 OR 연산	1	1
	A, #data	Acc와 data(상수) 값을 OR 연산	2	1
	direct, A	direct 번지의 값과 Acc를 OR 연산	2	1
	direct, #data	direct 번지의 값과 data(상수) 값을 OR 연산	3	2
XRL	A, Rn	Acc와 레지스터 Rn의 값을 EX-OR 연산	1	1
	A, direct	Acc와 direct 번지의 값을 EX-OR 연산	2	1
	A, @Ri	Acc와 Ri가 가리키는 번지의 값을 EX-OR 연산	1	1
	A, #data	Acc와 data(상수) 값을 EX-OR 연산	2	1
	direct, A	direct 번지의 값과 Acc를 EX-OR 연산	2	1
	direct, #data	direct 번지의 값과 data(상수) 값을 EX-OR 연산	3	2
CLR	A	Acc를 클리어 시킴	1	1
CPL	A	Acc의 값을 컴플리먼트(1의 보수) 시킴	1	1
RL	A	Acc의 값을 왼쪽으로 로테이트(회전) 시킴	1	1
RLC	A	Acc의 값을 캐리와 함께 왼쪽으로 로테이트(회전) 시킴	1	1
RR	A	Acc의 값을 오른쪽으로 로테이트(회전) 시킴	1	1
RRC	A	Acc의 값을 캐리와 함께 오른쪽으로 로테이트(회전) 시킴	1	1
SWAP	A	Acc의 값의 상·하위 값을 교체시킴	1	1
Data Transfer(데이터 이동 명령어)				
MOV	A, Rn	레지스터 Rn의 값을 Acc에 이동시킴	1	1
	A, direct	direct 번지의 값을 Acc에 이동시킴	2	1
	A, @Ri	Ri가 가리키는 번지의 값을 Acc에 이동시킴	1	1
	Rn, #data	data(상수)의 값을 레지스터 Rn에 이동시킴	2	1
	Rn, A	Acc의 값을 레지스터 Rn에 이동시킴	1	1
	Rn, direct	direct 번지의 값을 레지스터 Rn에 이동시킴	2	2
	Rn, #data	data(상수)의 값을 레지스터 Rn에 이동시킴	2	1
	direct, A	Acc의 값을 direct 번지로 이동시킴	2	1
	direct, Rn	레지스터 Rn의 값을 direct 번지로 이동시킴	2	2
	direct, direct	direct 번지의 값을 direct 번지로 이동시킴	3	2
	direct, @Ri	Ri가 가리키는 번지의 값을 direct 번지로 이동시킴	2	2
	direct, #data	data(상수)의 값을 direct 번지로 이동시킴	3	2
	@Ri, A	Acc의 값을 Ri가 가리키는 번지로 이동시킴	1	1
	@Ri, direct	direct 번지의 값을 Ri가 가리키는 번지로 이동시킴	2	2
	@Ri, #data	data(상수)의 값을 Ri가 가리키는 번지로 이동시킴	2	1
	DPTR, #data16	16bit data(상수)의 값을 DPTR로 이동시킴	3	2

명령어	오퍼랜드	설명	바이트	사이클
MOVC	A, @A + DPTR	Acc에 Acc + DPTR이 가리키는 번지의 값을 이동시킴	1	2
	A, @A + PC	Acc에 Acc + PC가 가리키는 번지의 값을 이동시킴	1	2
MOVX	A, @Ri	Acc에 Ri가 가리키는 외부 번지의 값을 이동시킴	1	2
	A, @DPTR	Acc에 DPTR이 가리키는 외부 번지의 값을 이동시킴	1	2
	@Ri, A	Ri가 가리키는 외부 번지에 Acc의 값을 이동시킴	1	2
	@DPTR, A	DPTR이 가리키는 외부 번지에 Acc의 값을 이동시킴	1	2
PUSH	direct	direct 번지의 값을 스택에 넣음	2	2
POP	direct	스택의 SP가 지시하는 위치의 값을 꺼내 direct 번지에 넣음	2	2
XCH	A, Rn	Acc의 값과 레지스터 Rn의 값을 교환	1	1
	A, direct	Acc의 값과 direct 번지의 값을 교환	2	1
	A, @Ri	Acc의 값과 Ri가 가리키는 번지의 값을 교환	1	1
XCHD	A, @Ri	Acc의 값과 Ri가 가리키는 번지의 값의 하위 4bit 교환	1	1
Boolean Variable Manipulation(불 대수 처리 명령어)				
CLR	C	캐리 플래그를 클리어(0) 시킴	1	1
	bit	bit 어드레스의 값을 클리어(0) 시킴	2	1
SETB	C	캐리 플래그를 셋(1) 시킴	1	1
	bit	bit 어드레스의 값을 셋(1) 시킴	2	1
CPL	C	캐리 플래그를 컴플리먼트(1의 보수) 시킴	1	1
	bit	bit 어드레스의 값을 컴플리먼트(1의 보수) 시킴	2	1
ANL	C, bit	캐리 플래그와 bit 어드레스의 값을 AND 시킴	2	2
	C, /bit	캐리 플래그와 bit 어드레스의 컴플리먼트 값을 AND 시킴	2	2
ORL	C, bit	캐리 플래그와 bit 어드레스의 값을 OR 시킴	2	2
	C, /bit	캐리 플래그와 bit 어드레스의 컴플리먼트 값을 OR 시킴	2	2
MOV	C, bit	캐리 플래그에 bit 어드레스의 값을 이동시킴	2	1
	bit, C	bit 어드레스에 캐리 플래그의 값을 이동시킴	2	2
Program And Machine Control(서브루틴/분기 명령어)				
ACALL	addr11	2Kbyte(2048 byte) 내의 절대 콜(서브루틴)	2	2
LCALL	addr16	롱 콜(서브루틴)	3	2
RET		서브루틴의 복귀	1	2
RET1		인터럽트로부터의 복귀	1	2
AJMP	addr11	2Kbyte (2048 byte) 내의 절대 점프	2	2
LJMP	addr16	롱 점프	3	2
SJMP	rel	현재 PC에 변위(rel : −128~128)를 더한 위치로 점프	2	2
JMP	@A + DPTR	Acc와 DPTR의 값을 더한 주소로 점프	1	2

명령어	오퍼랜드	설명	바이트	사이클
JZ	rel	Acc가 0이면 현재 PC에 변위(rel : −128~128)를 더한 위치로 점프	2	2
JNZ	rel	Acc가 0이 아니면 PC에 변위(rel : −128~128)를 더한 위치로 점프	2	2
JC	rel	캐리 플래그가 1이면 PC에 변위(rel : −128~128)를 더한 위치로 점프	2	2
JNC	rel	캐리 플래그가 0이면 PC에 변위(rel : −128~128)를 더한 위치로 점프	2	2
JB	bit, rel	비트 어드레스가 셋(1) 상태이면 PC에 변위를 더한 위치로 점프	3	2
JNB	bit, rel	비트 어드레스가 셋(1) 상태가 아니면 PC에 변위를 더한 위치로 점프	3	2
JBC	bit, rel	비트 어드레스가 셋(1) 상태이면 PC에 변위를 더한 위치로 점프 &비트 클리어(0)	3	2
CJNE	A, direct, rel	Acc와 direct 번지의 값을 비교하여 다르면 PC에 변위를 더한 위치로 점프	3	2
	A, #data, rel	Acc와 data(상수) 값을 비교하여 다르면 PC에 변위를 더한 위치로 점프	3	2
	Rn, #data, rel	레지스터 Rn과 data(상수) 값을 비교하여 다르면 PC에 변위를 더한 위치로 점프	3	2
	@Ri, #data, rel	Ri가 가리키는 값과 data(상수) 값을 비교하여 다르면 PC에 변위를 더한 위치로 점프	3	2
DJNZ	Rn, rel	레지스터 Rn값을 1 감소시키고 PC에 변위를 더한 위치로 점프	2	2
	direct, rel	direct 번지의 값을 1 감소시키고 PC에 변위를 더한 위치로 점프	3	2
NOP		아무 처리도 하지 않음	1	1

오퍼 랜드의 어드레스 모드 설명

Rn	메모리 어드레스 00~1FH / 범용 레지스터 / R0, R1은 메모리 어드레스 포인터로 사용 / R3~R7은 범용
direct	메모리 어드레스 20H~2FH / 내부 데이터 메모리(16byte = 128bit) /
@Ri	내부 데이터 메모리의 간접 번지 지정 / R0, R1 이용
#data	8bit 상수 데이터
#data16	16bit 상수 데이터
bit	비트 어드레스 영역의 비트 번호
addr16	LCALL과 LJMP에서 사용하는 64Kbyte 내의 프로그램 메모리 어드레스
addr11	ACALL과 AJMP에서 사용하는 2Kbyte 내의 프로그램 메모리 어드레스
rel	SJMP등에서 사용하는 −128~128byte 사이의 어드레스 변위

ⓒ 프로그램 예

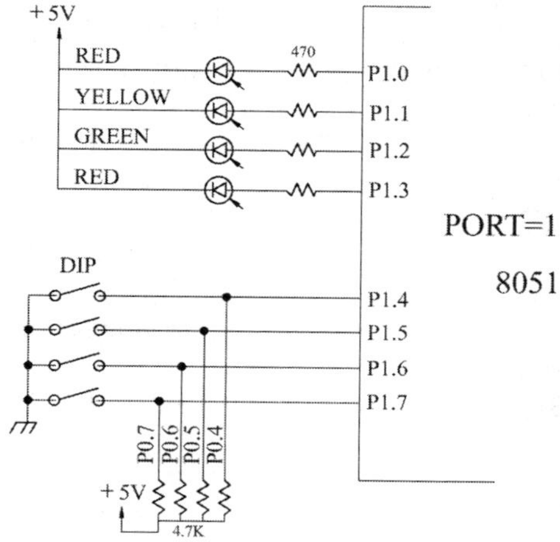

그림에서 보면, 포트 1에 P1.0 ~ P1.3에 LED가 연결되어 있다. 포트로 로직 "0"을 내보면 LED는 ON 되고, "1"을 내보내면, OFF 된다. 이 원리를 이용하여 LED를 일정 시간 ON → OFF LED가 다음과 같은 순서로 ON이 되는 프로그램을 만들어라.

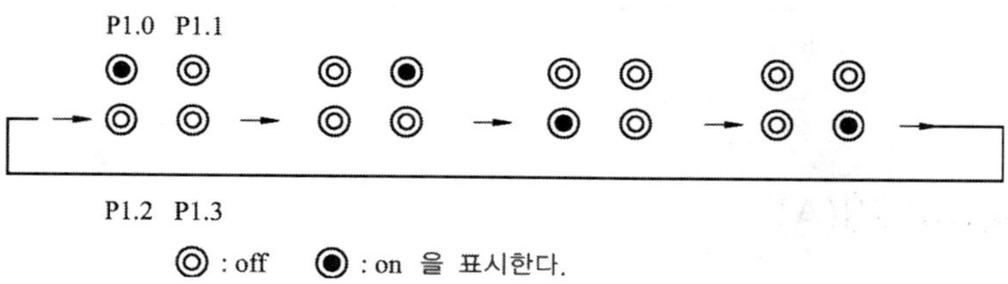

어셈블리어(8051)	C

<pre>   ORG   2000H
        MOV   SP,#40H
        MOV   A,#11101110B
LOOP : MOV   P1,A
        ACALL   TIMER
        RL   A
        SJMP   LOOP
        ;
TIMER : PUSH   0
        PUSH   B
        MOV   R0,#90
L1 :   MOV   B,#0
L2 :   NOP
        NOP
        NOP
        NOP
        NOP
        DJNZ   B,L2
        DJNZ   R0,L1
        POP   B
        POP   0
        RET
        END</pre>
	<pre>#include <io51.h>
	void delay(int I) /* LED ON 지연시간 */
	{
	        while(i--);
	}
	
	void main(void)
	{
	 data unsigned char led;
	
	 led = 0xfe; /* LED ON 초기값 */
	
	 do {
	 P1 = led; /* LED ON */
	 led = (led<<1) |1;
	 /*LED ON값을 왼쪽으로 1비트 이동하고 1과 OR */
	 /* 4번째 LED가 ON된 경우는 초기값저장 */
	 if((led & 0x10) = = 0) led = 0xfe;
	        delay(10000) ; /* LED ON 지연시간 */
	 } while(1);
	 /* 조건이 참이므로 do 루프를 계속 반복한다 */</pre>

② ATmega128(A)

1. ATmega128 특징(A)

ATmega128은 64개의 핀으로 구성(I/O : 53개, 특수목적 : 11개)되어 있으며, 고성능이면서 저전력의 8-bit 마이크로컨트롤러이다.

AVR은 8-비트 RISC(Reduced Instruction Set Computer)구조로 명령어가 간단하며 동작속도가 빠르고, 16MIPS(Million Instruction Per Second)의 성능을 보인다.

AVR의 장점은 C언어뿐만 아니라 어셈블리 언어에서도 보다 더 최적화된 코드 크기극 가지고 지금까지의 일반 프로세서보다 4 ~ 12배 빠르게 동작한다는 것이다.

또한 ATMEL의 비휘발성 메모리 기술을 기반으로 Flash Memory와 EEPROM을 기본 사용으로 내장하여 개발과 양산의 편리성 및 주변회로(Glue Logic)를 최소화할 수 있도록 고려하였고, ISP(In-System Programing : 마이크로컨트롤러가 PCB에 부착된 상태에서

Vcc 전원만으로 ISP Port 이용하여 내부 메모리에 프로그램을 Writing하는 기능)가 가능하도록 했다는 큰 장점을 가지고 있다.

| 표 4 | AVR 종류 및 특징

패밀리	장점	응용분야	주요특징
32비트 AVR UC3	32비트 고성능 마이크로컨트롤러	범용	• 16~512[Kbyte]의 플래시 프로그램 메모리 • 48~144핀 • 66[MHz]까지 CPU 클록 사용 • 1[MHz]당 최대 1.5[MIPS] 연산 속도 • 부동소수점 연산 장치 포함
8/16비트 AVR XMEGA	우수한 성능의 8비트 마이크로컨트롤러	범용	• 16~384[Kbyte]의 플래시 프로그램 메모리 • 44~100핀 • 32[MHz]까지 CPU 클록 사용 • 1[MHz]당 최대 1[MIPS] 연삭 속도
8비트 magaAVR	풍부한 주변 장치가 포함된 마이크로컨트롤러	범용, 조명 LCD	• 4~256[Kbyte]의 플래시 프로그램 메모리 • 28~100핀 • 20[MHz]까지 CPU 클록 사용 • 1[MHz]당 최대 1[MIPS] 연산 속도
8비트 tinyAVR	소형 마이크로컨트롤러	범용 소형 제어 장치	• 0.5~8[Kbyte]의 플래시 프로그램 메모리 • 6~32핀 • 20[MHz]까지 CPU 클록 사용 • 1[MHz]당 최대 1[MIPS] 연산 속도
배터리 관리형 AVR	Li-ion 배터리 관리형 마이크로컨트롤러	가스 측정, 인증, 회로 보호	• 1.8[V]~25[V]에서 동작 • 8~40[Kbyte]의 플래시 프로그램 메모리 • 28~48핀 • 8[MHz]까지 CPU 클록 사용 • 1[MHz]당 최대 1[MIPS] 연산 속도
자동차용 AVR	지능형 제어	자동차	• 자동차 환경에 맞는 견고한 설계

ATmega128의 데이터 시트의 내용을 해석해 봄으로서 특징을 살펴보자.

가. High-performance, Low-power AVR® 8-bit Microcontroller

고성능의 저전력 8비트 마이크로컨트롤러 전원 및 외부구조를 살펴보면

① Low-power라고 되어있는데 2.7V에서도 동작이 가능하다.

ATmega128A보다는 단순히 ATmega128과 ATmega128L로 구분했는데, 여기서 'L'이 Low power의 약자로 2.7 ~ 5.5V에서 동작하며, 'L'이 붙어 있지 않은 칩은 4.2V ~ 5.5V가 동작 전압이며, 'A'시리즈는 2.7 ~ 5.5V 동작으로 통합되었다.

② 8bit Microcontroller.

마이크로프로세서와 마이크로컨트롤러로 구분 방법은 가장 큰차이는 칩 내부에 여러가지 기능이 있느냐 없느냐 인데, 우리가 보통 쓰고 있는 PC에 있는 INTEL이나 AMD의 CPU가 바로 마이크로프로세서이며, 이 CPU에 Core가 있어서 이곳에서 데이터를 처리(Processing)한다.

PC에서 보면 단순히 CPU만 필요한 것이 아니라 메인보드도 있어야 하고, 옆에 DDR2/3와 같은 RAM도 필요하고, 보조기억장치인 HDD도 필요하다. 즉, 마이크로프로세서는 데이터 처리가 주된 업무이고 그 외의 기능들은 주변에 추가적인 Device들이 해주어야 한다.

그에 비해 마이크로컨트롤러는 내부에 모든 것이 One-chip에 담겨있다.
128과 같은 마이크로컨트롤러 안에는 SRAM, EEPROM, FLASH와 같은 저장 공간이 이미 들어가 있다. 마이크로프로세서는 옆에 DDR2/3와 같은 RAM이 따로 있어야 했는데 마이크로컨트롤러는 내부에 이미 RAM이 있다.

또한 이뿐만이 아니라 마이크로컨트롤러 내부에는 SPI(직렬통신), USART(RS232, 직렬통신), TWI(two-wire Interface, 직렬통신), ADC, Timer, Interrupt와 같이 추가적인 기능들을 하나의 칩안에 모두 가지고 있다.
결론적으로 마이크로프로세서는 단순히 처리기능을 하는 Chip이고 마이크로컨트롤러는 내부에 메모리와 추가적인 기능들을 가지고 있다.

8bit의 개념은 PC의 32bit 운영체제, 64bit 운영체제 등을 말하고 있는데, 이 의미는 데이터를 처리함에 있어서 32bit씩 처리하느냐, 64bit씩 처리하느냐를 의미한다.
바로 이 bit 값이 ATmega128에서 말하는 8bit와 같은 의미이며, ATmega128은 데이터를 8bit씩 처리한다는 의미이다.

아래 ATmega128의 외부 핀 구조를 살펴보자.

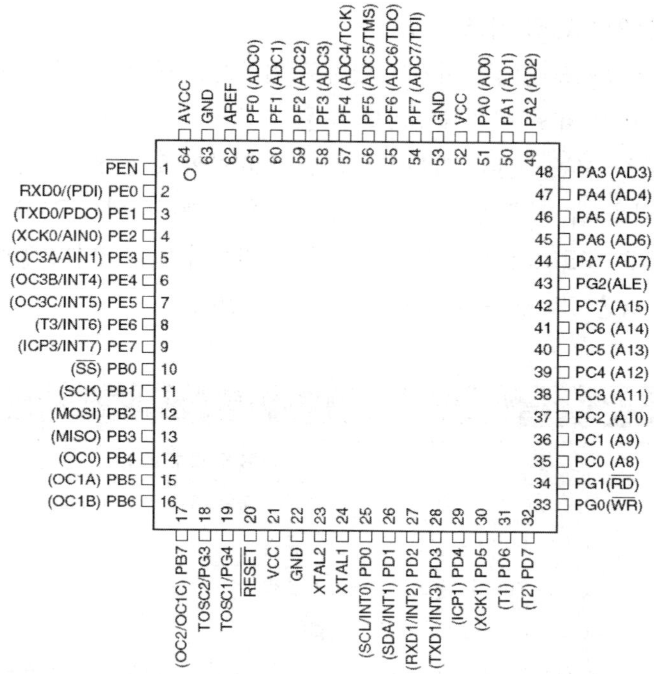

• 그림 10 • 아트메가128의 핀구조

[그림 10]은 ATmega128의 Pin out을 나타내는 그림인데, 여기서 자세히 보면 하나의 포트가 8개로 구분되어 있는 것을 알수 있다. 즉, PA0 ~ 7까지 8개, PB0 ~ 7까지 8개, PC0 ~ 7까지 8개 등 모든 포트가 8개씩 구분되어져 있다.

바로 이것이 8bit를 나타내는 것이며, 하나의 핀당 1bit라고 하면 하나의 전체포트는 8bit가 된다. 예를 들어 PORTB라면 PORTB의 0번에서 7번까지의 8bit의 신호 및 데이터는 한꺼번에 Read/Write 할 수 있다는 의미이다. 이는 바로 각 포트의 Register와 연관되게 된다.

ATmega128은 [그림 10]과 같이 64핀을 갖는 TQFP(Thin Quad Flat Pack)형 또는 MLF(Micro Lead Frame)형이 있다. 핀의 기능은 아래와 같다.

① RESET(핀20) : 입력단자로 1레벨이 입력되면 리셋되어 PC(Program Counter)는 일반적으로 0번지를 가르키고 0번지부터 프로그램이 시작된다. 리셋시 대부분의 레지스터는 0으로 된다.

② XTAL1, XTAL2(핀24, 23) : 발진용 증폭기 입력 및 출력 단자

③ Vcc(핀21, 51) : 전원 입력 단자
④ GND(핀22, 53, 63) : 그라운드 입력 단자
⑤ AVCC(핀64) : AD변환기 및 포트 F에 대한 공급 전압
⑥ AREF(핀62) : ADC 참조 전압
⑦ PEN(핀1) : SPI를 활성화시키는 단자로 일반적인 동작모드에서는 사용하지 않고 파워 온 리셋시 0상태로 유지해 SPI를 허용
⑧ **포트A(PA7 ~ PA0 : 핀44-51)** : 내부 풀업 저항이 있는 8비트 양방향 입출력 단자. 외부 메모리를 둘 경우에는 주소버스(A7-A0)와 데이터버스(D7-D0)로 사용
⑨ **포트B(PB7 ~ PB0 : 핀10-17)** : 내부 풀업 저항이 있는 8비트 양방향 입출력 단자. SPI용 단자 혹은 PWM 단자로도 사용([표 5] 참조)

| 표 5 | 포트B의 다른 기능 설명

포트 핀	다른 특수 기능
PB7(핀17)	OC2, OC1C : 타이머 2용의 비교신호 출력 혹은 타이머 1용의 비교신호C 출력
PB6(핀16)	OC1B : 타이머 1용의 비교신호B 출력
PB5(핀15)	OC1A : 타이머 1용의 비교신호A 출력
PB4(핀14)	OC0 : 타이머 0용의 비교신호 출력
PB3(핀13)	MISO : SPI 채널의 마스터 데이터 입력 혹은 슬레이브 데이터 출력 신호 단자
PB2(핀12)	MOSI : SPI 채널의 마스터 데이터 출력 혹은 슬레이브 데이터 입력 신호 단자
PB1(핀11)	SCK : SPI 채널의 마스터 클럭 출력 혹은 슬레이브 클럭 입력 신호 단자
PB0(핀10)	$\overline{SS}$: SPI 채널의 슬레이브 선택 입력 신호 단자

⑩ **포트C(PC7 ~ PC0 : 핀35-42)** : 내부 풀업 저항이 있는 8비트 양방향 입출력 단자. 외부메모리를 둘 경우에는주소버스(A15-A8)로 사용
⑪ **포트D(PD7 ~ PD0 : 25-32)** : 내부 풀업 저항이 있는 8비트 양방향 입출력 단자. 타이머용 단자 혹은 외부인터럽트용 단자로도 사용([표 6] 참조)

| 표 6 | 포트D의 다른 기능 설명

포트 핀	다른 특수 기능
PD7(핀25)	T2 : 타이머 2 클럭 입력
PD6(핀26)	T1 : 타이머 1 클럭 입력
PD5(핀27)	XCK : USART1 외부클럭 입출력

PD4(핀28)	ICP1 : 타이머 1 입력 캡처
PD3(핀29)	INT3/TXD1 : 외부인터럽트 3 혹은 USART1 송신
PD2(핀30)	INT2/RXD1 : 외부인터럽트 2 혹은 USART1 수신
PD1(핀31)	INT1/SDA : 외부인터럽트 1 혹은 2선 방식의 직렬 인터페이스용 데이터 단자
PD0(핀32)	INT0/SCL : 외부인터럽트 0 혹은 2선 방식의 직렬 인터페이스용 클록 단자

⑫ **포트E(PE7 ~ PE0 : 핀2-9)** : 내부 풀업 저항이 있는 8비트 양방향 입출력 단자. 타이머용 단자, 외부인터럽트, 아날로그 비교기, USART용 단자로도 사용([표 7] 참조)

| 표 7 | 포트E의 다른 기능 설명

포트 핀	다른 특수 기능
PE7(핀2)	INT7/ICP3 : 외부인터럽트 7 혹은 타이머 3 입력 캡처
PE6(핀3)	INT6/T3 : 외부인터럽트 6 혹은 타이머 3 클럭 입력
PE5(핀4)	INT5/OC3C : 외부인터럽트 5 혹은 타이머 3용의 비교신호C 출력
PE4(핀5)	INT4/OC3B : 외부인터럽트 4 혹은 타이머 3용의 비교신호B 출력
PE3(핀6)	AIN1/OC3A : 비교기 -입력 혹은 타이머 3용의 비교신호A 출력
PE2(핀7)	AIN0/XCK0 : 비교기 +입력 혹은 USART0 외부 클럭 입출력
PE1(핀9)	PDO : TXD0 : 프로그램 데이터 출력(ISP 케이블의 MISO와 연결) 혹은 USART0 송신
PE0(핀9)	PDI : RXD0 : 프로그램 데이터 입력(ISP 케이블의 MOSI와 연결) 혹은 USART0 수신

⑬ **포트F(PF7 ~ PF0 : 핀54-61)** : 내부 풀업 저항이 있는 5비트 양방향 입출력 단자. AD 변환기 혹은 JTAG 인터페이스용 단자로도 사용([표 8] 참조)

| 표 8 | 포트F의 다른 기능 설명

포토핀	다른 특수 기능
PF7(핀54)	ADC7/TDI : ADC 입력채널 7 혹은 JTAG 테스트용 데이터 입력 단자
PF6(핀55)	ADC6/TDO : ADC 입력채널 6 혹은 JTAG 테스트용 데이터 출력 단자
PF5(핀56)	ADC5/TMS : ADC 입력채널 5 혹은 JTAG 테스트용 모드 선택 단자
PF4(핀57)	ADC4/TCK : ADC 입력채널 4 혹은 JTAG 테스트용 클럭 단자
PF3(핀58)	ADC3 : ADC 입력채널 3
PF2(핀59)	ADC2 : ADC 입력채널 2
PF1(핀60)	ADC1 : ADC 입력채널 1
PF0(핀61)	ADC0 : ADC 입력채널 0

⑭ **포트G**(PG4 ~ PE0 : 핀19, 18, 43, 34, 33) : 내부 풀업 저항이 있는 8비트 양방향 입출력 단자. 외부 메모리 접속을 위한 스트로브 신호용, RTC(Real Time Counter) 타이머용 발진기 단자로도 사용([표 9] 참조)

| 표 9 | 포트G의 다른 기능 설명

포토핀	다른 특수 기능
PG4(핀19)	TOSC1 : 타이머 0의 RTC 기능 사용시 클럭 발생을 위한 수정발진자 접속단자
PG3(핀18)	TOSC2 : 타이머 0의 RTC 기능 사용시 클럭 발생을 위한 수정발진자 접속단자
PG2(핀43)	ALE : 외부 메모리에 접근할 때 하위주소값을 래치하도록 신호를 출력
PG1(핀34)	$\overline{RD}$: 외부 데이터 메모리를 읽을 때 사용되는 스트로브 신호 출력 단자로 사용
PG0(핀33)	$\overline{WR}$: 외부 데이터 메모리에 쓸 때 사용되는 스트로브 신호 출력 단자로 사용

PORTB - Port B Data Register

Bit	7	6	5	4	3	2	1	0	
	PORTB7	PORTB6	PORTB57	PORTB4	PORTB3	PORTB2	PORTB1	PORTB0	PORTB
Read/write	R/W	R/W	R/W	R/W	R/W	R/W	R/W	R/W	
Initial Value	0	0	0	0	0	0	0	0	

• 그림 11 • 포트B 데이터레지스터

즉, [그림11]과 같이 PORTB의 레지스터는 8bit로 구성되어 있고 이 8bit 레지스터는 한번에 처리된다는 의미이다. 따라서 내부의 데이터 BUS도 8bit로 구성되어 있다.
따라서 ATmega128은 8bit Microcontroller이다. 결국은 ARM과 같이 32bit용 마이컴은 32bit씩 처리한다는 뜻이 된다.

나. Advanced RISC Architecture

Reduced Instruction System Computer(RISC)로 말 그대로 명령어를 줄였다는 의미이며, 반대적으로 CISC(Complex Instruction System Computer)가 있다.

예로 들면, 명령어에서 덧셈하는 명령어 + 와 곱셈하는 명령어 * 가 있다고 가정하며, 시스템에서 덧셈하는 명령을 처리하는 소스 및 회로와 곱셈하는 명령을 처리하는 소스와 회로가 따로 있어야 한다. 하지만 곱셈도 덧셈을 해당 개수 만큼 더한 것이 곱셈이기 때문에 덧셈기 만으로도 곱셈을 할 수 있다. 따라서 곱셈 명령어에 대한 소스와 회로를 만들지 않는다면 회로가 간단해져 경제적이 될 수 있고, 또한 연산도 복잡해지지 않다.

그렇기 때문에 명령어가 많은 CISC 보다는 RISC가 더 경제적이라는 의미도 된다. 더군다나 마이크로컨트롤러와 같이 칩 내부에 많은 기능과 메모리를 포함하고도 칩을 작게 만들어야 하는 것에서는 RISC가 훨씬 경제적이라 할 수 있다.
물론 CISC가 가지는 장점도 있다. 그리고 사실 PC의 CPU 등이 대부분 CISC이다.
현재는 CISC와 RISC의 장점을 살린 복합적인 시스템구조가 나와 있다.

① 133 Powerful Instructions - Most Single Clock Cycle Execution
② 32×8 General Purpose Working Registers + Peripheral Control Registers
③ Fully Static Operation
④ Up to 16MIPS Throughput at 16MHz
⑤ On-chip 2-cycle Multiplier

하나씩 살펴보면,

① 133개의 명령어가 있고 대부분의 명령어(모두가 아님)는 1클럭에 처리가 된다.
② 32개의 8bit 범용레지스터에 개별적인 제어용 레지스터가 있다.
여기서 범용레지스터는 연산이나 임시기억 용도로 사용되고, 제어용 레지스터의 예를 들면 각 포트마다 있는 DDRx, PORTx, PINx와 같이 입출력결정, 출력레벨 설정, 입력레벨지정 등의 레지스터가 각각 있다.
③ 완전한 정적동작
④ 16MIPS(Million Instruction Per Second)에 16MHz가 걸린다는 것은 위의 1번에서 말했던 것처럼 1클럭에 1개의 명령어를 처리
⑤ 2사이클에 곱셈 명령어를 처리할 수 있는 곱셈기가 내장
대부분의 명령어가 1클럭에 1명령어를 처리할 수 있다는 것인데, 보통 예전의 마이컴인 8051과 같은 시리즈는 1명령어를 처리하는데 1클럭 이상의 시간이 소요되었으나, 이에 비해 아트메가 128은 더욱 향상된 구조를 가지고 있다. 예외적으로 1클럭이 넘는 명령어는 보통 Branch명령인데, 이는 프로그램 순서대로 진행하다가 갑자기 다른 곳으로 점프하는 명령어이다. 파이프라인 구조에서 갑자기 Branch명령이 들어가게 되면 흐름이 끊기게 되므로 그 때는 파이프라인 구조를 정리할 시간이 소요되기 때문에 1클럭에 명령어를 처리할 수 없다.

다. High Endurance Non-volatile Memory segments

높은 내구성을 가진 비휘발성 메모리 특징은,

① 128K Bytes of In-System Self-programmable Flash program memory
128K 용량의 프로그램이 가능한 플래쉬 메모리가 내장. mega 시리즈에서 보통 128이라는 숫자가 이 플래쉬 메모리의 용량을 나타냄.

② 4K Bytes EEPROM
4K 용량의 EEPROM(Electronic Erase Programmable Read Only Memory)로 전기적으로 지울 수 있는 메모리로서 EEPROM은 128에서 중요한 데이터나 정적인 데이터를 저장해두는 곳이다. 메모리처럼 쓰기 힘든 것이 Read/Write 동작에 많은 시간(클럭)이 소모되기 때문이다. 하지만 ROM이기 때문에 전원이 차단되어도 데이터가 날라가지 않는다.

| 표 10 | 8비트 megaAVR 패밀리 소자

소자명	Flash [KB]	ISP	EEP ROM [Byte]	SRAM [Byte]	8비트 타이머	16비트 타이머	PWM	SPI	TWI
ATmega8	8	Yes	512	1K	2	1	3	1	1
ATmega128	128	Yes	4K	4K	2	2	7	1	1
AT90CAN128	128	Yes	4K	4K	2	2	7	1	1
AT90PWM3B	8	Yes	512	512	1	1	12	1	0

소자명	USART	CAN	10비트 A/D	10비트 D/A	인터럽트+리셋벡터	외부 인터렙트	MIPS	Vcc [V]	최대 I/O핀
ATmega8	1	0	8	0	19	2	16	2.7~5.5	23
ATmega128	2	0	8	0	35	8	16	2.7~5.5	53
AT90CAN128	2	1	8	0	37	8	16	2.7~5.5	53
AT90PWM3B	1	0	11	1	29	4	16	2.7~5.5	27

③ 4K Bytes Internal SRAM
4K 용량의 SRAM(Static RAM)으로, 이 SRAM에 우리가 소스 코드에서 사용하는 변수의 값들이 저장된다.

④ Write/Erase cycles : 10,000 Flash/100,000 EEPROM
플래쉬와 EEPROM은 위의 숫자만큼 쓰기/지우기의 횟수 제한이 있다는 의미이며, 따라서 EEPROM을 SRAM처럼 변수값 저장에 사용할 수 없다. 또한 플래쉬 메모리도 계

속 같은 곳을 쓰고 지우고 하면, 그 부분이 Bad Sector로 변하기 때문에 횟수 제한이 있다.

⑤ Data retention : 20 years at 85℃/100 years at 25℃(1)
데이터 보존이 20년에서 100년(온도에 따라 달라짐)

⑥ Optional Boot Code Section with Independent Lock Bits
In-System Programming by On-chip Boot Program
True Read-While-Write Operation
128에도 부트로더(Bootloader)를 올릴 수 있지만 일반 사용자들은 잘 사용하지 않는다.

⑦ Up to 64K Bytes Optional External Memory Space
내부 메모리(SRAM or EEPROM)의 용량이 부족하면 외부에 64K용량의 추가적인 메모리를 확장할 수 있다.

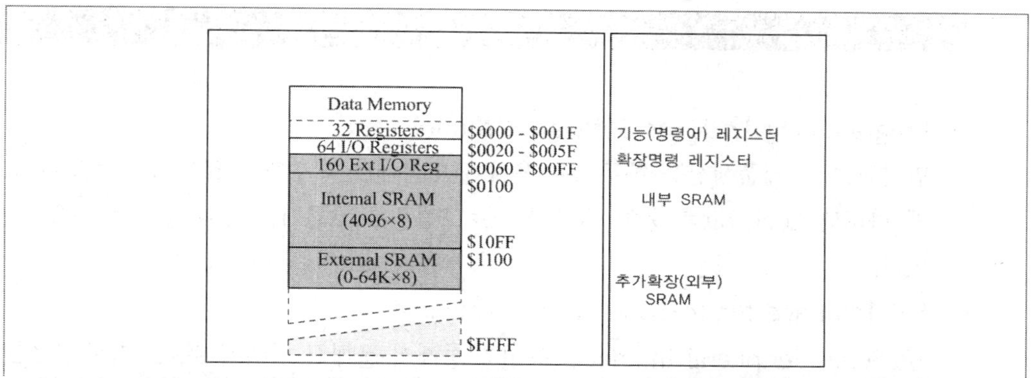

• 그림 12 • 데이터메모리 맵

데이터 메모리는 크게 램과 롬으로 나뉠 수 있고 램은 [그림 13]의 우측에 보여진 것처럼 32바이트의 범용레지스터(0000번지에서 001F번지), 64바이트의 I/O레지스터, 그리고 4K의 SRAM이 내장되어 있고 롬은 EEPROM으로 10만번 쓰기가 가능한 4K바이트가 내장되어 있다. [그림 13]의 우측에 보여진 것처럼 이전의 구형 ATmega103 모델과의 호환성을 유지하기 위하여 (4K-100) 바이트의 맵을 사용하는 configurationB와 내장된 4K 바이트 전부를 사용하는 configuration A모드(노말 모드)를 지원한다. [그림 13]의 우측에 보여진 것처럼 60K바이트까지 외부 램의 연결이 가능하다.

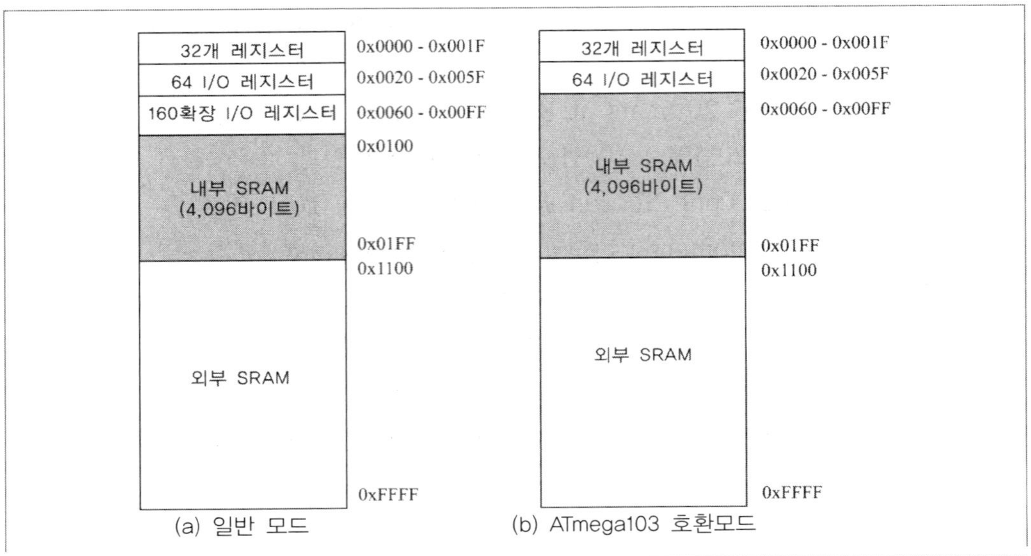

• 그림 13 • 데이터메모리 일반모드와 호환모드

⑧ Programming Lock for Software Security

만약 128로 제품생산을 해두고 사용자가 마음대로 내부의 프로그램을 변경하지 못하게 하려면 Lock bit를 통해 내부의 프로그램을 보호한다. 즉, 수정을 못하게 막을 수 있다.

⑨ SPI Interface for In-System Programming

SPI(Serial Peripheral Interface) 통신을 통해서 플래쉬 영역에 프로그램한 소스코드를 넣을 수 있다. 즉, 128을 사용하기 위해 칩 내부에 프로그램한 코드를 넣어야 하는데 그 때 코드를 전송하는 방식을 말하며, 여기서 ISP는 In-System Programming을 뜻한다. SPI 방식은 MOSI, MISO, SCK의 3개의 핀으로 데이터를 주고 받는 방식이다.

라. JTAG(IEEE std. 1149.1 Compliant) Interface

내장 메모리 프로그램(플래시, EEPROM, 퓨즈, Lock 비트)과 온칩 디버깅이 가능한 JTAG 인터페이스를 제공한다.

마. Peripheral Features

① Two 8-bit Timer/Counters with Separate Prescalers and Compare Modes

2개의 8bit 타이머/카운터가 있고 각각 독립된 프리스케일러와 비교모드가 있다. 8bit 타이머/카운터는 0 ~ 255까지 셀 수 있으며, 프리스케일러는 분할기라고 할 수 있다.

1명령어가 1클럭에 실행할 때 0 → 1로 증가하는데 1클럭이 소요되므로, 0 ~ 255까지 증가하는 데는 256클럭이 소요된다. 만약 16MHz를 사용하면 1클럭에 1/16000000 sec가 걸리므로 Overflow만 1초에 엄청나게 걸리게 되고 그럼 제대로 사용을 할 수가 없다. 그래서 프리스케 일러가 있다. 프리스케일러를 만약 16으로 해두게 되면 16클럭에 타이머의 값 1이 증가하게 되는 의미이다. 다시 말하자면 16클럭을 1클럭으로 쓰는 것으로, 최대 1024까지 프리스케일러를 사용할 수 있다.

② Two Expanded 16-bit Timer/Counters with Separate Prescaler, Compare Mode and Capture Mode

0 ~ 65535까지 숫자를 나타낼 수 있는 타이머, 카운터가 2개 있으며, 16bit에는 비교모드와 캡쳐모드도 있다.

③ Real Time Counter with Separate Oscillator

RTC를 위한 독립적인 오실레이터(발진기)용 카운터가 있다. 즉, 컴퓨터에 시간이 표시되는데, 이 시간이 메인보드 안에 있는 RTC칩에서 스스로 전원이 차단되어도 내부의 전원을 이용해서 시간을 계속 카운터 하고 있기 때문에 전원이 꺼져도 현재의 시간을 기억하고 있는 것과 마찬가지로 이런 시간 간격을 위한 발진기가 있다는 것인데 여기서는 전원을 꼈다 킨다고 해서 현재 시간을 저장하고 있는 것이 아니라, 정확한 1초 간격을 만들 수 있는 카운터가 따로 존재한다는 의미이다.

④ Two 8-bit PWM Channels

2개의 8bit PWM(Pulse Width Modulation) 채널이 있다.

⑤ 6 PWM Channels with Programmable Resolution from 2 to 16 Bits

2 ~ 16비트로 프로그램이 가능한 분해능을 갖는 6개의 PWM 채널이 있다.

⑥ Output Compare Modulator

타이머/카운터에서는 비교모드라는 것이 있는데, 이 비교모드를 통해 만들어진 PWM 파형을 전용핀에서 출력한다. OCR1A, OCR1B와 같은 핀이 이런 출력 전용 핀이다.

⑦ 8-channel, 10-bit ADC / 8 Single-ended Channels / 7 Differential Channels 2 Differential Channels with Programmable Gain at 1x, 10x, or 200x

8채널의 10bit(0 ~ 1023) ADC(Analog Digital Convertor)가 있으며, 이들은 8개의 단일입력 혹은 7개의 차동입력 채널로 사용 가능하며, 8개 중 프로그램이 가능한 입력 게인(1x, 10x, 200x)을 갖는 2개의 채널이 있다.

⑧ Byte-oriented Two-wire Serial Interface

ATmel에서는 TWI라고 하고, 보통은 I2C라고 하는 통신 방식으로, 2개의 선으로만 데이터를 전송하는 직렬 전송 방식이다. 다른 Device 칩을 보면 I2C 방식을 가지는 칩들이 있는데 이런 칩들을 사용할 때 연결하며, 최대 400KHz의 속도로 데이터를 전송한다.

보통 통신방식에는 RS 232, SPI, I2C 통신이 있는데 RS232통신은 비동기식 시리얼 통신(UART)의 한 기술로 Tx와 Rx핀으로만 연결되어져 있다. 기기간의 1 : 1 통신용 방식으로 비동기식인 만큼 일정한 bps가 규격화 되어져 있으며, 그리 빠른 속도를 지원하지는 않는다.

SPI는 기식 통신방식으로 오직 3라인을 이용한 통신 방법으로 MOSI(Master Out Slave In), MISO(Master In Slave Out), SCK(Serial Clock) 신호를 이용한다. (M : 마스터 / S : 슬레이브 / I : 입력(input) / O : 출력)에서 MISO는 마스터에 입력 슬레이브에 출력이 된다.

Motolora에서 개발되었으며 Master와 Slave가 SCK에 동기하여 데이터를 교환하는 방식으로 마이컴의 RST(리셋) 핀을 0으로 한 상태에서 앞의 세 시그널을 이용하여 메모리의 데이터를 읽고 쓰기가 가능하다. 즉 내부에 롬라이터와 같은 기능을 하는 부분이 내장되어 있어 내부 플래시롬을 롬라이터 없이 읽고 쓰기가 가능하므로 SPI가 지원되면 따로 롬라이터를 이용하지 않고도 PCB 기판 상에 마이컴을 실장하고 전원과 클럭이 공급되는 상태에서 프로그래밍이 가능한 ISP(In System Programming) 기능이 제공된다.

I2C는 동기식 방식으로 클록신호와 데이터신호, 2선으로만 구성되어져 있다. 1 : n 통신이 가능하며 n의 수가 늘어도 2개의 선으로만 할 수 있다는 장점이 있다.

데이터 선 하나로 다수와 통신이 가능하며 또 읽기와 쓰기를 동시에 같이 하다 보니 속도는 그리 빠르다 할수는 없다. 물론 디바이스마다 이것이 약간씩 차이가 있기는 하지만, 일정한 프로토콜이 있다.

⑨ Dual Programmable Serial USARTs

USART(Universal Synchronous and Asynchronous serial Receiver and Transmitter)로 동기/비동기 송수신을 말하는 것으로, 보통의 RS232C 방식의 통신이라고 생각하면 되겠다. 보통은 PC와 통신할 때 사용하는 것처럼 생각하지만 엄청나게 많은 곳에 사용할 수 있는 범용 통신 방식으로 통신포트가 2개 있다.

⑩ Master/Slave SPI Serial Interface

SPI 통신 방식을 사용한다.

⑪ Programmable Watchdog Timer with On-chip Oscillator

Watch Dog 타이머가 있다. Watch dog이라는 것은 일정시간이 지나면 자동으로 Reset을 걸어주는 기능이다.

⑫ On-chip Analog Comparator

내부에 아날로기 비교기(Op-amp)가 있다.

바. Special Microcontroller Features

특별한 기능으로는,

① Power-on Reset and Programmable Brown-out Detection
파워가 On 될때 Reset이 걸리게 된다는 의미로 즉, 처음에 전원을 On 하게 되면 전압이 0V에서 해당 동작 전압만큼 상승하게 될 때 Reset을 한번 걸고 들어가므로 오동작을 방지하게 된다. 또한 Brown-out Detection이란 것은 일정 Level 이하로 전압이 떨어지면 자동으로 Reset이 걸리는 기능이다.

② Internal Calibrated RC Oscillator
회로도에 외부에 크리스탈이나 오실레이터 등의 발진회로가 장착되는데 128은 내부에 자체적으로 발진회로를 가지고 있다. RC(저항과 캐패시터)를 이용한 발진회로가 내장되어있는데, 주파수가 높은 발진회로가 아니어서 고속동작에서는 외부에서 발진회로를 넣어준다. RC 발진회로라는 것은 비안정, 단안정 멀티 바이브레이터와 같은 것을 생각하면 된다.

③ External and Internal Interrupt Sources
외부/내부 인터럽트 소스라는 것은 일단 내부는 타미어/카운터에서 만들어지는 인터럽트를 말하며, 즉, 알람시계를 맞춰놓으면 일정 시간이 되면 울리게 되는데 그렇게 알람이 울리는 것을 인터럽트라고 할 수 있다. 외부 인터럽트는 INTx의 핀에서 외부에서 인터럽트 신호를 받아서 동작하는 것으로, 스위치 등을 눌러 동작시키는 것을 외부 인터럽트 신호라고 생각할 수 있다.

④ Six Sleep Modes : Idle, ADC Noise Reduction, Power-save, Power-down, Standby, and Extended Standby
슬립모드로서 여섯 개의 전원절약 모드를 갖고 있다(휴먼(Idle), ADC 노이즈 감쇄기, 전원 절감, 전원 차단, 대기, 확장 대기)

⑤ Software Selectable Clock Frequency
소프트웨어적으로 클럭주파수를 선택할 수 있다. 즉, 내부 오실레이터를 사용하느냐, 외부 클럭을 사용하느냐를 정할 수 있고, 프리스케일러와 같이 클럭 주파수를 조정할 수도 있다.

⑥ ATmega103 Compatibility Mode Selected by a Fuse
ATmega103 호환모드를 제공한다.

⑦ Global Pull-up Disable
전체 Pull-up을 Disable 할 수 있다는 의미로 보통 Disable이 default 값이다.
보통 Pull-up을 위해 외부에 저항을 달고 5V 공급해주게 되는데, 이렇게 하지 않고 내부에서부터 풀업을 걸어줄 수 있다. 소스에서 해당 핀의 출력(PORTx값)을 1(Set)하게 되면 Pull-up이 된다.

사. I/O and Packages

- 53 Programmable I/O Lines
- 64-lead TQFP and 64-pad QFN/MLF

53개의 입출력 포트가 있고 64 TQFP가 있다. TQFP(thin quad flat pack)는 PC 카드처럼 공간이 제약된 응용제품을 설계하는데 사용되는 집적회로 패키지의 한 종류이다. TQFP 패키지 칩은 PQFP 패키지 칩보다 더 얇다. 보통 TQFP 패키지의 두께는 1.0밀리미터에서 1.4밀리미터이다.

아. Operating Voltages

- 2.7 ~ 5.5V for ATmega128A

동작전압는 2.7 ~ 5.5V이다.

자. Speed Grades

- 0 ~ 16MHz for ATmega128A
  클럭속도를 0 ~ 16MHz로 사용할 수 있다는 것으로 최대 16MHz까지 사용할 수 있다는 의미로 이는 5V기준으로 2.7V에서는 보통 8MHz까지 연결 가능하다.

2. ATmega128 특징 및 내부구조

가. 일반적인 특징

AVR은 Atmel사의 마이컴들로 저가의 고기능 마이컴으로 다음과 같은 특성을 갖고 있다.

① 유사 RISC(Reduced Instruction Set Code) 구조
명령어가 많고 복잡하며 주소지정방식도 다양한 CISC(Complex Instruction Set Code) 방식이 사용된 8051에 비해 명령어와 주소지정방식이 작지 않지만 유사 RISC 구조로 연산 및 전송이 레지스터간에 직접 이루어지고 명령어의 길이가 16비트 1워드로 고정적이어서 디코딩이 쉬운 특징을 갖고 있으며, 발진주파수를 분주해서 내부클록으로 사용하는 8051과 달리 발진주파수와 같은 내부클록을 사용하며 대부분 1기계사

이클에 명령어가 실행되어 보통 1MHz당 1MIPS의 처리속도를 보인다. 결국 통상적인 RISC처럼 명령어와 주소지정방식이 작지 않아 어셈블리어 프로그램 작성에서 불리하지도 않으면서도 통상적인 RISC처럼 속도가 매우 빠른 유사 RISC의 특성을 갖고 있다.

② **하버드 구조의 메모리 구성**

Z80처럼 프로그램 메모리와 데이터 메모리가 구분되지 않은 폰노이만 방식이 아니고 TMS320과 같이 프로그램 메모리와 데이터 메모리가 분리되어 있는 하버드 구조를 채택하였다.

③ **저전력 소모**

CMOS 기술을 채택하고 있어 소비전력이 매우 적고 동작전압이 1.8 ~ 5.5V로 큰 장점이 있다. 다양한 동작 모드를 제공해 저전력 동작을 지원한다.

④ **큰 잡음여유와 입력 임피던스**

CMOS 기술을 채택하고 있어 잡음여유와 입력 임피던스가 큰 장점이 있으나 정전기 및 과전압에 의한 파손 위험이 큰 단점도 있다.

⑤ **고집적**

CMOS기술에 의해 1K ~ 256Kbyte 플래시롬 메모리와 변수 저장을 위한 EEPROM 및 SRAM이 작은 칩 하나에 내장되어 있다.

⑥ **고속**

유사 RISC 구조와 32개의 레지스터 사용과 고집적으로 대부분 1기계사이클에 명령어가 실행되어 보통 1MHz당 1MIPS의 처리속도를 보인다.

⑦ **효율적인 프로그래밍**

C언어를 고려하여 설계하였으며 32개의 레지스터와 C와 유사한 주소지정 방식를 사용하고 있다. 16비트와 32비트의 산술 연산을 지원하여 효율적으로 최적의 프로그램을 가능하게 한다.

⑧ **다양하고 값싼 개발 도구**

공짜의 개발 도구인 AVR Studio와 값싼 평가보드나 Starter 키트가 이용가능하다.

⑨ **다양한 사양 지원**

8핀에서 100핀의 외형과 이에 상응하는 메모리와 기능을 갖는 다양한 시리즈의 제품이 존재하여 적절한 응용에 대응하여 제어기를 개발할 수 있다.

⑩ **ISP(In System Program) 지원**

내부에 롬라이터와 같은 기능을 하는 부분이 내장되어 있어 내부 플래시롬을 롬라이터 없이 읽고 쓰기가 가능하여 따로 값 비싼 롬라이터를 이용하지 않고도 PCB 기판 상에 마이컴을 실장하고 전원과 클럭이 공급되는 상태에서 프로그래밍이 가능한 ISP 기능이 제공된다.

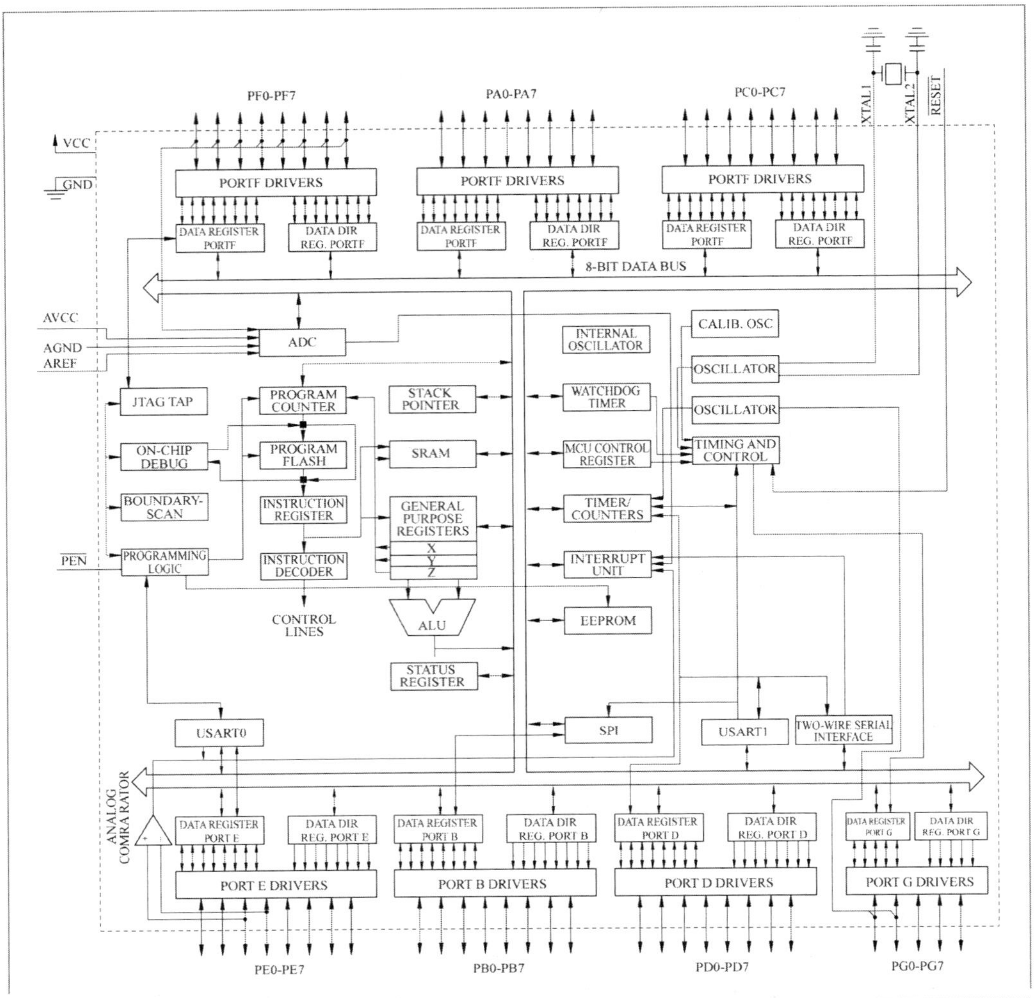

• 그림 14 • ATmega128 내부장치의 Block Diagram

나. 블록선도에 따른 내부구조의 기능별 특징

[그림 14]는 ATmega128의 내부장치 Block Diagram은 다음과 같은 특징을 갖는다.

① 유사 RISC 구조

대부분 한 클럭에 동작하는 133개의 명령어, 32개의 8비트 범용 레지스터, 16MHz에서 16MIPS의 성능, 2사이클에서 실행되는 내장 곱셈장치 6개의 Sleep 모드 : idle, ADC noise reduction, power save, power down, standb, extended standby 모드 지원

② 메모리

128K byte의 10000번까지 ISP를 이용해 쓰고 지우기 가능한 플래시 롬 내장하고 있으며 부트 코드영역으로 사용 가능, 십만번까지 쓰고 지우기 가능한 4K바이트의 EEPROM 내장, 4K바이트의 SRAM을 내장, 최대 64K바이트의 외부 데이터 메모리 추가 가능, 소프트웨어의 보안을 위한 프로그램 잠금 기능을 제공한다.

③ ALU

32개의 범용레지스터와 직접 연결되어 수학연산, 논리연산, 비트 연산을 보통 한 개의 시스템 클럭 안에서 수행한다.

④ Watchdog Timer

프로세서가 안정적으로 동작하는지 감시하는 기능을 수행한다. 프로세서에 이상이 생겨 일정 시간마다 Watchdog Timer가 리셋되지 않게 되는 경우 시스템에 인터럽트를 발생시켜 프로세서를 초기화 시키는 동작이 이루어지게 하여 안정적인 동작을 보장할 수 있다.

⑤ 입출력 I/O

6개의 8비트 병렬 I/O포트와 1개의 5비트 병렬 I/O포트로 총 53개의 프로그램 가능한 입출력 선을 갖고 있다.

⑥ 타이머/카운터

2개의 8비트 타이머(타이머/카운터 0, 2)와 2개의 16비트 타이머(타이머/카운터 1, 3)를 가지고 있다. 이들은 2개의 8비트 PWM 출력, 2 ~ 16비트 PWM 출력, 출력비교단자 등과 관련되어 동작한다.

⑦ AD 변환기

8채널의 10비트 AD 변환기를 제공한다. 이들은 8개의 단일 입력 혹은 7개의 차동 입력 채널로 사용 가능하며, 8개 중 프로그램이 가능한 입력 게인(1x, 10x, 200x)을 갖는 2개의 채널이 존재한다.

⑧ 비교기

아날로그 비교기를 1개 내장하고 있다.

⑨ 발진기

RC 발진기를 내장하고 있으며 외부에서 크리스탈을 접속해 정확한 클럭소스를 사용할 수도 있다.

⑩ 직렬통신포트(Serial Port)

동시 양방향 전송이 가능한 범용 동기/비동기 직렬 통신(USART) 기능을 제공하는 직렬통신포트를 2개 존재하여 쉽게 RS232C 통신을 구현할 수 있다.

⑪ 인터럽트

리셋과 8개의 외부인터럽트를 포함하여 총 35개의 인터럽트 벡터를 가지고 있다.

⑫ JTAG 인터페이스

JTAG 인터페이스로 플래시, EEPROM, 퓨즈, Lock 비트를 프로그램이 가능하며, 내장된 상태에서 디버그를 가능하게 한다.

⑬ SPI(Serial Peripheral Interface) 인터페이스

SPI는 오직 3라인을 이용한 통신 방법으로 MOSI(Master Out Slave In), MISO(Master In Slave Out), SCK(Serial ClocK) 신호를 이용한다. Motolora에서 개발되었으며 Master와 Slave가 SCK에 동기하여 데이터를 교환하는 방식으로 마이컴의 RST(리셋) 핀을 0으로 한 상태에서 앞의 세 시그널을 이용하여 메모리의 데이터를 읽고 쓰기가 가능하다. 즉 내부에 롬라이터와 같은 기능을 하는 부분이 내장되어 있어 내부 플래시 롬을 롬라이터없이 읽고 쓰기가 가능하므로 SPI가 지원되면 따로 롬라이터를 이용하지 않고도 PCB 기판 상에 마이컴을 실장하고 전원과 클럭이 공급되는 상태에서 프로그래밍이 가능한 ISP(In System Programming) 기능이 제공된다.

⑭ 동작 범위

정상적인 동작의 경우 5.5mA, idle모드의 경우 1.6mA, 파워 다운 모드의 경우 1마이크로A 이하를 소비한다. -40도부터 85도사이에서 동작가능하고 ATmega128L의 경우 2.7 ~ 5.5V에서 최대 8MHz에서 동작 가능하고, ATmega128의 경우 4.5 ~ 5.5V에서 최대 12MHz에서 동작 가능하다.

다. CPU 주변장치

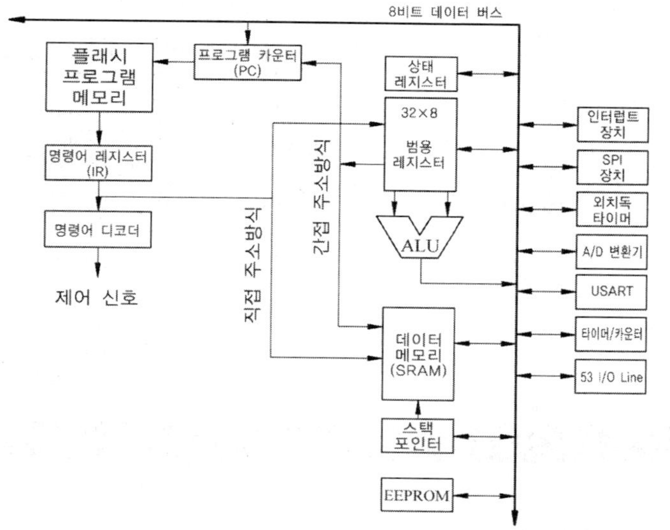

• 그림 15 • ATmega128 구조의 Block Diagram

[그림 15]에 나타난 ATmega128 내부구조에서 메모리, 플래시 프로그램 메모리, 데이터 메모리(SRAM), EEPROM, 프로그램카운터(PC), 명령어 레지스터(IR), 명령어디코더, 범용 레지스터, ALU, 상태레지스터, 인터럽트장치, SPI장치, I/O모듈장치, A/D 변환기, 워치독 타이머, 스텍포인터 등으로 구성되어 있다.

위 [그림 15]의 굵은 선은 앞에서 말한 데이터버스이다. 이 버스를 흔히 도로가에 다니는 시내버스와 비교하여 생각하면 되겠다. 같은 방향의 사람(데이터)을 태워 가다가 1사람씩 내려주는 일을 하는 것과 같은 이치이기 때문이다.

여기서는 주요부분이 CPU 코어부분이라 할 수 있는 주변장치를 살펴보기로 한다.
아래의 그림은 바로 위에서 내부 구조라고 올려놓은 그림에서 중앙 왼쪽부분만 따로 떼어 놓은 부분이다.
[그림 16]은 CPU COR E부분과 동일한 부분을 첫번째 내부 구조그림에서 필요한 것만 잘라서 떼어낸 그림으로, 아트메가를 더 잘 이해하기 위해서는 분명히 이해하고 넘어가야 할 부분이다. 이 부분은 고성능 ALU가 32개의 일반 목적 레지스터를 단일싸이클로 처리하는 부분이다.

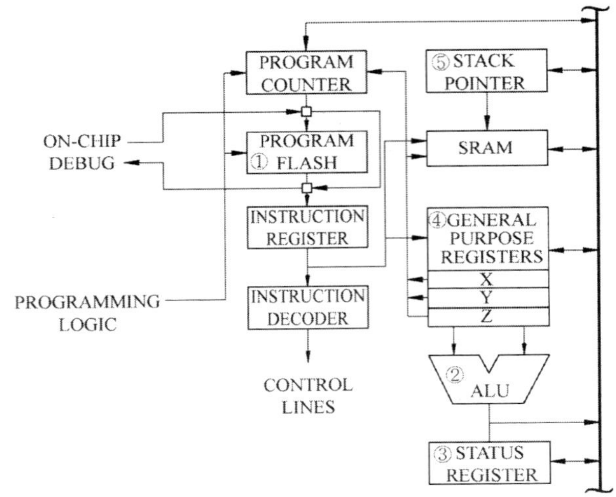

• 그림 16 • ATmega128 내부(CPU 코어부분) 구조

① 플래시 프로그램 메모리

프로그램 메모리는 8비트로 구성되어 있지만 기본적으로 한 개의 번지가 16비트 단위로 구성되어 16비트 마이크로프로세서인 것처럼 동작을 한다. (8bit = 1byte / 16bit = 2byte)

아트메가의 플래시 메모리는 명령어(모든 AVR의 명령어는 16비트 또는 32비트 길이로 구성)를 저장하는 역할을 하며 (코딩한 프로그램 저장), 64Kbyte×16bit(2byte) = 128Kbyte 플래시로 되어 있는 내부 프로그램 메모리는 부트 프로그램 섹션(boot program section)과 응용 프로그램 섹션(application program section)의 두 가지 영역으로 나누어져 있다.

예를 들면 컴퓨터를 켰을 때 ROM에 저장된 프로그램들이 실행되어 윈도우 부팅전까지 COMS셋업을 해주는 것처럼 그런 부분이 아트메가에선 부트섹션이며, 컴퓨터에서 설치된 윈도우나 한글과 같은 프로그램은 아트메가에서 사용자가 컴파일러로 작성한 프로그램으로 응용 프로그램 섹션에 저장된다.

내부 프로그램 메모리는 특정의 메모리 잠금 비트(memory lock bit)를 사용하여 쓰기와 쓰기/읽기의 금지를 할 수 있다. 이는 제작된 코드들에 대한 보안에 대한 잠금장치이다.

② ALU(산술-논리 연산장치)

AVR의 ALU는 32개의 일반목적의 동작레지스터(general purpose working register)와 직접적으로 연계되어 동작한다.

즉 ALU는 인간 두뇌에 해당되는 부분으로 32개의 목적레지스터는 두뇌의 순간기억장치에 해당한다. 이 두 개가 서로 연계되어 더하기, 빼기, AND, OR, NOT 등을 수행한다. ALU는 레지스터 간 또는 레지스터와 상수 간의 산술 또는 논리 연산을 단일 클럭 사이클에 수행 연산된 결과에 대한 ALU의 상태를 상태 레지스터로 갱신한다. AVR에서는 강력한 하드웨어 곱셈기를 가지고 있어서 부호있는 정수, 부호없는 정수의 곱셈 연산과 소수점 형식의 곱셈 연산을 빠르게 수행할 수 있다.

③ **상태 레지스터(SREG)**

가장 최근에 실행된 산술 연산의 명령어 처리 결과에 대한 상태를 나타내 주는 레지스터로 조건부 처리 명령에 의해 프로그램의 흐름을 변경하는데 사용될 수 있다.

상태 레지스터는 인터럽트를 처리하는 과정에서 자동으로 저장되거나 복구되지 않으므로, 반드시 소프트웨어에서 이러한 동작을 처리하여 주어야 한다. 즉 플립플롭 같은 원리를 생각하면 된다.

상태 레지스터(SREG : Status REGister)는 ALU의 연산 후 상태와 결과를 표시하는 레지스터로 8051의 PSW에 해당한다.

비트	7	6	5	4	3	2	1	0
STEG	I	T	H	S	V	N	Z	C
읽기/쓰기	R/W	R/W	R/W	R/W	R/W	R/W	R/W	R/W
초기값	0	0	0	0	0	0	0	0

• 그림 17 • 상태 레지스터

㉠ 비트 7(I : Global Interrupt Enable) : 허용하도록 설정하는 비트로 SEI 및 CLI 명령으로 이 비트를 제어할 수 있다(1 = 전체 interrupt enable / 0 = 전체 인터럽트 disable). 인터럽트 처리가 시작되면 자동적으로 클리어 되고 RETI명령을 만나면 원래 상태로 복구된다. 개별 인터럽트의 허용은 인터럽트 마스크 레지스터로 설정한다.

㉡ 비트6(T : Bit Copy Storage) : BLD, BST 명령을 사용하여 어느 레지스터의 한 비트 값의 복사가 가능하다.

㉢ 비트5(H : Half Carry Flag) : 산술연산의 가감산에서 비트3에서 올림수가 발생하면 1로 세트된다. BCD 연산에 사용하며 8051 PSW레지스터의 AC에 해당한다.

- half carry flag : 0000 1000 + 0000 1000 → half carry 발생

㉣ 비트4(S : Sign Bit) : 플랙 N과 V의 XOR(eXclusive OR)값으로 정수들의 크기를 판단할 때 사용한다.

- sign bit : V(배타적 OR), N(XOR을 의미)

㉤ 비트3(V : 2's Complement Overflow Flag) : 2의 보수 연산에서 오버플로를 표시한다.

- overflow bit : 1000 0000 + 1000 0000 → overflow bit set(오버플로는 음수 + 음수 = 양수일 때 발생)

㉥ 비트2(N : Negative Flag) : 연산 결과값의 최상위 비트가 1로 되어 2의 보수표현을 사용하는 경우 연산 결과가 음수임을 표시한다.

- negative bit : 연산결과가 음수임

㉦ 비트1(Z : Zero Flag) : 연산 결과값이 0이 되었음을 표시한다.

- zero bit : 연산결과가 0임을 나타냄

㉧ 비트0(C : Carry Flag) : 연산으로 자리올림이나 자리내림이 발생하면 1로 세트된다. 8051 PSW레지스터의 CY에 해당한다.

- Carry bit : 연산결과 자리 수 올림(더하기), 혹은 빌림(빼기)

위의 상태레지스터는 I 비트외 잘 사용하진 않지만, 후에 코딩이 길어지거나 프로그램의 조건문이 너무 길어지거나 애매할 때 사용하면 편리하다.

④ 범용레지스터(ALU와 함께 쓰이는 부분)

AVR의 고성능 RISC 명령을 수행하는데 최적화 되어 있는 레지스터이며, 1바이트 크기(8bit)로 32개의 범용 레지스터로 구성되어 있다.

R0 ~ R25까지 데이터 저장 또는 연산에 쓰이며 R26부터는 2개씩 쌍으로 묶어서 16bit(2Byte)레지스터로 사용한다. 또한 R26부터 총 6개의 레지스터는 각 한쌍씩 X, Y, Z레지스터라고 따로 부르고 있으며 X, Y는 데이터 메모리 지정, Z는 flash memory을 읽어올 때 사용한다.

연산의 대상이 누산기가 아닌 이들 32개의 범용 레지스터들을 사용하여 연산을 할 수 있어서 연산의 속도가 빠르며, 또한 레지스터간의 연산은 보통 1사이클의 명령으로 이루어진다.

⑤ 스택 포인터(SP)

마이크로컨트롤러 응용에서 서브루틴이나 인터럽트 발생시에 복귀되는 주소를 임시로 기억하기 위해서 사용되거나 일반 프로그램에서 지역 변수 또는 임시 데이터를 저장하는 용도로 사용되는 LIFO(Last In First Out) 구조의 메모리를 스택이라 하며, LIFO는 마지막에 저장된 데이터가 맨 처음 호출되어 나온다는 의미이다.

스택 포인터는 항상 데이터의 상단(top of stack)을 가리키는 16비트 레지스터로서 SP 라고 표시되는데, 이는 데이터 저장이 가능한 스택의 번지를 의미하는 것으로 서브루틴이나 인터럽트 호출시 이들을 처리하고 다시 본래 위치로 되돌아오기 위한 복귀주소인 프로그램 카운터(PC) 값의 SRAM 내의 스택 위치, push 또는 pop할 SRAM 내의 스택 위치를 표시한다. C프로그램에서 지역변수를 저장하거나 어셈블리 프로그램에서 임시 데이터를 저장하는 용도로도 사용한다.

초기값은 0x0000인데 사용자 프로그램에서 SP의 초기값은 적어도 0x0100번지 이상의 값으로 설정한다.

PC값이 저장될 때는 SP값이 1만큼 증가하고 증가된 SP 값이 가리키는 내부 램에 하위바이트(PCL)가 먼저 저장되고 다시 SP값이 1만큼 증가하고 증가된 SP값이 가리키는 내부 램에 상위바이트(PCH)가 저장된다.

Bit	15	14	13	12	11	10	9	8	
$3E ($5E)	SP15	SP14	SP13	SP12	SP11	SP10	SP9	SP8	SPH
$3D ($5D)	SP7	SP6	SP5	SP4	SP3	SP2	SP1	SP0	SPL
	7	6	5	4	3	2	1	0	
Read/write	R/W	R/W	R/W	R/W	R/W	R/W	R/W	R/W	
	R/W	R/W	R/W	R/W	R/W	R/W	R/W	R/W	
Initial Value	0	0	0	0	0	0	0	0	
	0	0	0	0	0	0	0	0	

• 그림 18 • 스텍포인터

push와 pop은 1바이트 데이터만이 대상이 되는데 push 명령이 내려지면 1바이트 데이터를 저장하기 전에 먼저 SP값이 1만큼 증가하여 증가된 SP값이 가리키는 SRAM내에 데이터가 저장되고 pop 명령이 내려지면 현재 SP값이 가리키는 내부램에서 1바이트 데이터를 꺼낸 후에 SP값이 1만큼 감소한다.

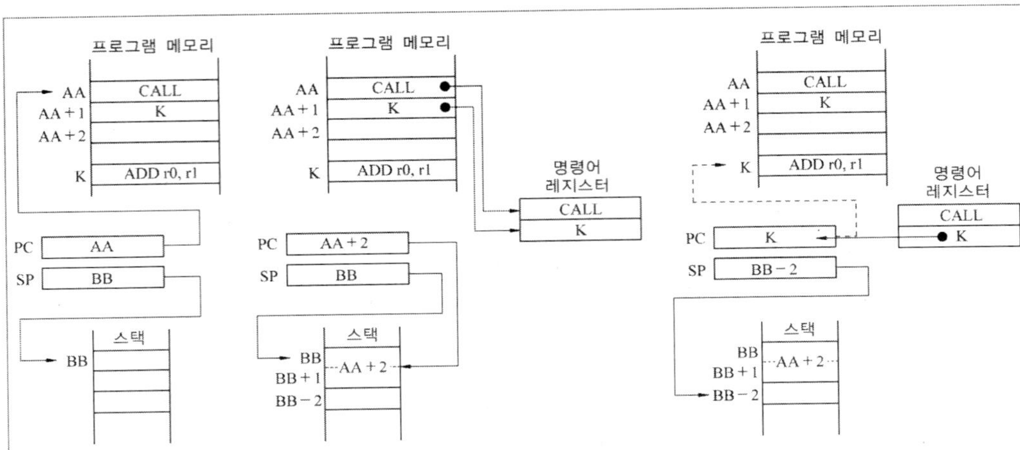

(a) CALL 실행 전 가정한 PC, SP (b) 명령어 인출 판독후, 증가되 PC를 스택에 저장 (c) 서브루틴 주소를 PC에 복사, SP 주소는 2 감소

• 그림 19 • CALL 명령어 실행 과정

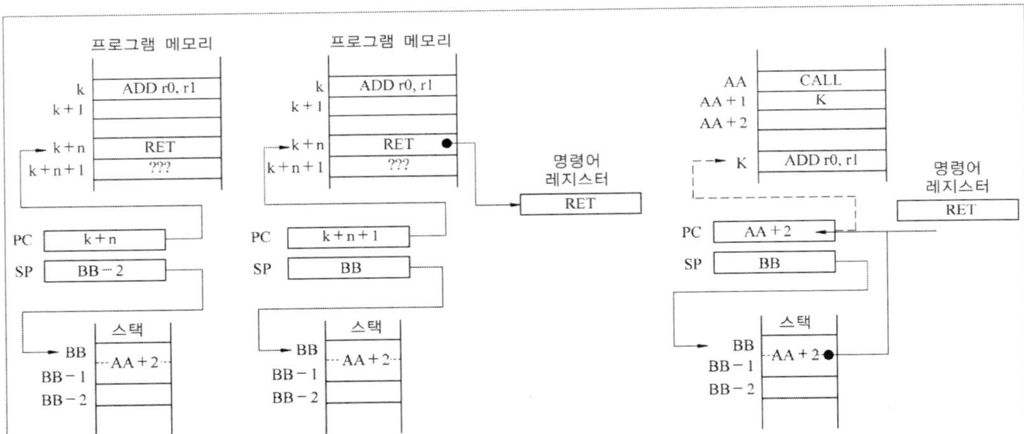

(a) RET 실행 전 가정한 PC, SP (b) 명령어 인출 판독후, SP를 감고하여 마지막 STACK값 지칭 (c) 스택에 저장된 복귀 주소를 PC로 복원시켜 CALL 명령어 다음을 수행

• 그림 20 • RET 명령어 실행 과정

3. 명령어

가. 명령어 분류와 주소지정 방식

① **명령어 기본 형식**

명령어는 명령코드(OP 코드 : OPeration code)와 오퍼랜드(operand)로 구성되는데 명령코드는 명령 그 자체이고 오퍼랜드는 명령의 대상으로 레지스터, 메모리, 상수값이 사용될 수 있으며 명령에 따라 오퍼랜드 없이 명령코드에 포함되는 경우가 있다. 명령코드는 대부분 16비트의 길이이지만 LDS, STS, JMP CALL 4개의 명령어는 32비트이다.

② **실행시간에 따른 분류**

실행하는데 1 ~ 4 기계사이클을 요구하며, (1) 1기계사이클 명령어([예] ADD Rd, Rr) (2) 2기계사이클 명령어([예] ADIW Rdl, K) (3) 3기계사이클 명령어([예] ELPM 혹은 LPM) (4) 4기계사이클 명령어([예] RETI 혹은 RET)로 나뉠 수 있다.

③ **기능에 따른 분류** : 데이터전송, 산술과 논리 연산, 분기, 비트 조작, MCU 제어 명령으로 나눌 수 있다.

㉠ 데이터전송 명령 : 내부 램이나 외부 램의 데이터 전송을 위한 명령으로 MOV, MOVW, LDI, LD, LDD, LDS, ST, STD, STS, LPM, ELPM, SPM, IN, OUT, PUSH, POP 등 16가지가 관계된다.

㉡ 산술과 논리연산 명령 : 가감산, 증감, 곱하기 등 산술연산과 논리연산 명령어로 ADD, ADC, ADIW, SUB, SUBI, SBC, SBCI, SBIW, AND, ANDI, OR, ORI, EOR, COM, NEG, SBR, CBR, INC, DEC, TST, CLR, SER, MUL, MULS, MULSU, FMUL, FMULS, FMULSU 등 28가지가 관계된다.

㉢ 분기 명령 : 조건을 따져 분기하거나 프로그램의 실행순서를 바꾸는 명령으로 RJMP, IJMP, JMP, RCALL, ICALL, CALL, RET, RETI, CPSE, CP, CPC, CPI, SBRC, SBRS, SBIC, SBIS, BRBS, BRBC, BREQ, BRNE, BRCS, BRCC, BRSH, BRLO, BRMI, BRPL, BRGE, BRLT, BRHS, BRHC, BRTS, BRTC, BRVS, BRVC, BRIE, BRID 등이 관계된다.

㉣ 비트 조작 명령 : 1비트값에 대한 비트조작 불리안 연산 명령으로 SBI, CBI, LSL, LSR, ROL, ROR, ASR, SWAP, BSET, BCLR, BST, BLD, SEC, CLC, SEN, CLN, SEZ, CLZ, SEI, CLI, SES, CLS, SEV, CLV, SET, CLT, SEH, CLH 등이 관계된다.

㉤ MCU 제어 명령 : NOP, SLEEP, WDR, BREAK 등 4개의 MCU 제어 관련 명령

⑤ **오퍼랜드의 주소지정방식**

㉠ 직접상수지정 방식 : 오퍼랜드로서 상수값을 사용하는 방식이다.

㉡ I/O 직접주소지정 방식 : 오퍼랜드로서 64개의 I/O 레지스터의 주소값을 직접 지정한다.

ⓒ 레지스터직접주소지정 방식 : R0 ~ R31이 오퍼랜드로서 지정된다.

ⓓ 데이터 직접주소지정 방식 : 오퍼랜드로서 데이터 메모리 영역의 16비트 주소값을 직접 지정한다.

ⓔ 데이터 간접지정 방식 : 오퍼랜드의 주소를 저장하고 있는 X, Y, Z레지스터를 이용하여 간접적으로 지정한다.

ⓕ 선증가 데이터 간접지정방식 : 데이터 간접지정방식과 비슷하나 X, Y, Z레지스터값을 먼저 1만큼 감소시킨다.

ⓖ 후증가 데이터 간접지정방식 : 데이터 간접지정방식과 비슷하나 X, Y, Z레지스터값을 명령 실행 후에 1만큼 증가시킨다.

ⓗ 변위 데이터 간접지정방식 : 데이터 간접지정과 비슷하나 Y, Z레지스터값에 변위값을 합하여 사용한다.

ⓘ 프로그램 메모리 상수 지정방식 : Z레지스터를 사용하여 프로그램 메모리 영역의 상수값을 지정한다.

ⓙ 후증가 프로그램 메모리 상수 지정방식 : 프로그램 메모리 상수 지정방식과 비슷하나 Z레지스터 값을 명령 실행 후에 1만큼 증가시킨다.

나. 명령어 셋

다음은 ATmega128의 명령을 요약한 것으로 항목에서 #clocks은 수행에 걸리는 기계사이클, Flags은 명령 수행으로 영향을 받는 CSEG의 비트를 의미한다. 그리고 다음의 정의들이 사용된다.

| 표 11 | 어셈블리 명령에 쓰인 약자의 의미

Rd	Destination register R0 ~ R31	Rr	Source register R0 ~ R31
b, s	바이트 데이터의 비트번호값 0 ~ 7	P	I/O 레지스터 주소값(0-31/63)
K	8비트 상수값	k, q	상수
Rdl	R24, R26, R28, R30	X	Indirect address register R27 : R26
Y	Indirect address register R29 : R28	Z	Indirect address register R31 : R30

• 산술 논리 명령어

니모닉	오퍼랜드	내역	동작	플래그	#클럭 사이클, 참고
ADD	Rd, Rr	Add without Carry	Rd ← Rd + Rr	Z,C,N,V,H	1
ADC	Rd, Rr	Add with Carry	Rd ← Rd + Rr + C	Z,C,N,V,H	1
ADIW	Rd, K	Add Immediate to Word	Rd+1 : Rd ← Rd+1 : Rd + K	Z,C,N,V	2
SUB	Rd, Rr	Subtract without Carry	Rd ← Rd − Rr	Z,C,N,V,H	1
SUBI	Rd, K	Subtract Immediate	Rd ← Rd − K	Z,C,N,V,H	1
SBC	Rd, Rr	Subtract with Carry	Rd ← Rd − Rr − C	Z,C,N,V,H	1
SBCI	Rd, K	Subtract Immediate with Carry	Rd ← Rd − K − C	Z,C,N,V,H	1
SBIW	Rd, K	Subtract Immediate from Word	Rd+1 : Rd ← Rd+1 : Rd − K	Z,C,N,V	2
AND	Rd, Rr	Logical AND	Rd ← Rd·Rr	Z,N,V	1
ANDI	Rd, K	Logical AND with Immediate	Rd ← Rd·K	Z,N,V	1
OR	Rd, Rr	Logical OR	Rd ← Rd v Rr	Z,N,V	1
ORI	Rd, K	Logical OR with Immediate	Rd ← Rd v K	Z,N,V	1
EOR	Rd, Rr	Exclusive OR	Rd ← Rd ⊕ Rr	Z,N,V	1
COM	Rd	One's Complement	Rd ← $FF − Rd	Z,C,N,V	1
NEG	Rd	Two's Complement	Rd ← $00 − Rd	Z,C,N,V,H	1
SBR	Rd,K	Set Bit(s) in Register	Rd ← Rd v K	Z,N,V	1
CBR	Rd,K	Clear Bit(s) in Register	Rd ← Rd·($FFh − K)	Z,N,V	1
INC	Rd	Increment	Rd ← Rd + 1	Z,N,V	1
DEC	Rd	Decrement	Rd ← Rd − 1	Z,N,V	1
TST	Rd	Test for Zero or Minus	Rd ← Rd·Rd	Z,N,V	1
CLR	Rd	Clear Register	Rd ← Rd ⊕ Rd	Z,N,V	1
SER	Rd	Set Register	Rd ← $FF	None	1
MUL	Rd,Rr	Multiply Unsigned	R1, R0 ← Rd × Rr	C	2

• 분기 명령어

니모닉	오퍼랜드	내역	동작	플래그	#클럭 사이클, 참고
RJMP	k	Relative Jump	PC ← PC + k + 1	None	2
IJMP		Indirect Jump	to (Z) PC ← Z	None	2
JMP	k	Jump	PC ← k	None	3
RCALL	k	Relative Call Subroutine	PC ← PC + k + 1	None	3
ICALL		Indirect Call to (Z)	PC ← Z	None	3
CALL	k	Call Subroutine	PC ← k	None	4
RET		Subroutine Return	PC ← STACK	None	4
RETI		Interrupt Return	PC ← STACK	I	4
CPSE	Rd,Rr	Compare, Skip if Equal if (Rd = Rr)	PC ← PC + 2 or 3	None	1 / 2 / 3
CP	Rd,Rr	Compare Rd − Rr		Z,C,N,V,H	1
CPC	Rd,Rr	Compare with Carry Rd − Rr − C		Z,C,N,V,H	1
CPI	Rd,K	Compare with Immediate Rd − K		Z,C,N,V,H	1
SBRC	Rr, b	Skip if Bit in Register Cleared if (Rr(b)=0)	PC ← PC + 2 or 3	None	1 / 2 / 3
SBRS	Rr, b	Skip if Bit in Register Set if (Rr(b)=1)	PC ← PC + 2 or 3	None	1 / 2 / 3

니모닉	오퍼랜드	내역	동작	플래그	#클럭 사이클, 참고
SBIC	P, b	Skip if I/O(P,b)=0	PC ← PC + 2 or 3	None	1 / 2 / 3
SBIS	P, b	Skip if Bit in I/O Register Set if(I/O(P,b)=1)	PC ← PC + 2 or 3	None	1 / 2 / 3
BRBS	s, k	Branch if SREG(s) = 1 then	PC ← PC+k + 1	None	1 / 2
BRBC	s, k	Branch if SREG(s) = 0 then	PC ← PC+k + 1	None	1 / 2
BREQ		Branch if Not Equal if (Z = 0) then	PC ← PC + k + 1	None	1 / 2
BRCS	k	Branch if Carry Set if (C = 1) then	PC ← PC + k + 1	None	1 / 2
BRCC	k	Branch if Carry Cleared if (C = 0) then	PC ← PC + k + 1	None	1 / 2
BRSH	k	Branch if Lower if (C = 1) then	PC ← PC + k + 1	None	1 / 2
BRMI	k	Branch if Minus if (N = 1) then	PC ← PC + k + 1	None	1 / 2
BRPL	k	Branch if Plus if (N = 0) then	PC ← PC + k + 1	None	1 / 2
BRGE		Branch if Less Than, Signed if (N ⊕ V= 1) then	PC ← PC + k + 1	None	1 / 2
BRHS	k	Branch if Half Carry Flag Set if (H = 1) then	PC ← PC + k + 1	None	1 / 2
BRHC	k	Branch if Half Carry Flag Cleared if (H = 0) then	PC ← PC + k + 1	None	1 / 2
BRTS	k	Branch if T Flag Cleared if (T = 0) then	PC ← PC + k + 1	None	1 / 2
BRVS	k	Branch if Overflow Flag is Set if (V = 1) then	PC ← PC + k + 1	None	1 / 2
BRVC	k	Branch if Overflow Flag is Cleared if (V = 0) then	PC ← PC + k + 1	None	1 / 2
BRIE	k	Branch if Interrupt Enabled if (I = 1) then	PC ← PC + k + 1	None	1 / 2
BRID	k	Branch if Interrupt Disabled if (I = 0) then	PC ← PC + k + 1	None	1 / 2

- 데이터전송 명령

니모닉	오퍼랜드	내역	동작	플래그	#클럭 사이클, 참고
MOV	Rd, Rr	Copy Register	Rd ← Rr	None	1
LDI	Rd, k	Load Direct from SRAM	Rd ← (k)	None	3
LD	Rd, X	Load Indirect	Rd ← (X)	None	2
LD	Rd, X+	Load Indirect and Post-Increment	Rd ← (X), X ← X + 1	None	2
LD	Rd, -X	Load Indirect and Pre-Decrement	X ← X - 1, Rd ← (X)	None	2
LD	Rd, Y	Load Indirect	Rd ← (Y)	None	2
LD	Rd, Y+	Load Indirect and Post-Increment	Rd ← (Y), Y ← Y + 1	None	2
LD	Rd, -Y	Load Indirect and Pre-Decrement	Y ← Y - 1, Rd ← (Y)	None	2
LDD	Rd,Y+q	Load Indirect with Displacement	Rd ← (Y + q)	None	2
LD	Rd, Z	Load Indirect	Rd ← (Z)	None	2
LD	Rd, Z+	Load Indirect and Post-Increment	Rd ← (Z), Z ← Z+1	None	2
LD	Rd, -Z	Load Indirect and Pre-Decrement	Z ← Z - 1, Rd ← (Z)	None	2

니모닉	오퍼랜드	내역	동작	플래그	#클럭 사이클, 참고
LDD	Rd, Z+q	Load Indirect with Displacement	Rd ← (Z + q)	None	2
STS	k, Rr	Store Direct to	SRAM (k) ← Rr	None	3
ST	X, Rr	Store Indirect	(X) ← Rr	None	2
ST	X+, Rr	Store Indirect and Post-Increment	(X) ← Rr, X ← X + 1	None	2
ST	-X, Rr	Store Indirect and Pre-Decrement	X ← X - 1, (X) ← Rr	None	2
ST	Y, Rr	Store Indirect	(Y) ← Rr	None	2
ST	Y+, Rr	Store Indirect and Post-Increment	(Y) ← Rr, Y ← Y + 1	None	2
ST	-Y, Rr	Store Indirect and Pre-Decrement	Y ← Y - 1, (Y) ← Rr	None	2
STD	Y+q,Rr	Store Indirect with Displacement	(Y + q) ← Rr	None	2
ST	Z, Rr	Store Indirect	(Z) ← Rr	None	2
ST	Z+, Rr	Store Indirect and Post-Increment	(Z) ← Rr, Z ← Z + 1	None	2
ST	-Z, Rr	Store Indirect and Pre-Decrement	Z ← Z - 1, (Z) ← Rr	None	2
STD	Z+q,Rr	Store Indirect with Displacement	(Z + q) ← Rr	None	2
LPM		Load Program Memory	R0 ← (Z)	None	3
IN	Rd, P	In Port	Rd ← P	None	1
PUSH	Rr	Push Register on Stack	STACK ← Rr	None	2
POP	Rd	Pop Register from Stack	Rd ← STACK	None	2

• BIT 조작과 BIT-TEST 명령어

니모닉	오퍼랜드 내역	동작	플래그	#클럭 사이클, 참고
LSL	Rd Logical Shift Left	Rd(n+1) ← Rd(n),Rd(0) ← 0,C ← Rd(7)	Z,C,N,V,H	1
LSR	Rd Logical Shift Right	Rd(n) ← Rd(n+1),Rd(7) ← 0,C ← Rd(0)	Z,C,N,V	1
ROL	Rd Rotate Left Through Carry	Rd(0) ← C,Rd(n+1) ← Rd(n),C ← Rd(7)	Z,C,N,V,H	1
ROR	Rd Rotate Right Through Carry	Rd(7) ← C,Rd(n) ← Rd(n+1),C ← Rd(0)	Z,C,N,V	1
ASR	Rd Arithmetic Shift Right	Rd(n) ← Rd(n+1), n=0..6	Z,C,N,V	1
SWAP	Rd Swap Nibbles	Rd(3..0)↔Rd(7..4)	None	1
BSET	s Flag Set	SREG(s) ← 1	SREG(s)	1
BCLR	s Flag Clear	SREG(s) ← 0	SREG(s)	1
SBI	P, b Set Bit in I/O Register	I/O(P, b) ← 1	None	2
CBI	P, b Clear Bit in I/O Register	I/O(P, b) ← 0	None	2
BST	Rr, b Bit Store from Register	to T T ← Rr(b)	T	1
BLD	Rd, b Bit load from T to Register	Rd(b) ← T	None	1
SEC	Set Carry	C ← 1	C	1
CLC	Clear Carry	C ← 0	C	1
SEN	Set Negative Flag	N ← 1	N	1
CLN	Clear Negative Flag	N ← 0	N	1
SEZ	Set Zero Flag	Z ← 1	Z	1
CLZ	Clear Zero Flag	Z ← 0	Z	1
SEI	Global Interrupt Enable	I ← 1	I	1
CLI	Global Interrupt Disable	I ← 0	I	1
SES	Set Signed Test Flag	S ← 1	S	1
CLS	Clear Signed Test Flag	S ← 0	S	1

니모닉	오퍼랜드 내역	동작	플래그	#클럭 사이클, 참고
SEV	Set Two's Complement Overflow	V ← 1	V	1
CLV	Clear Two's Complement Overflow	V ← 0	V	1
SET	Set T in SREG	T ← 1	T	1
CLT	Clear T in SREG	T ← 0	T	1
SEH	Set Half Carry Flag in SREG	H ← 1	H	1
CLH	Clear Half Carry Flag in SREG	H ← 0	H	1
NOP	No Operation		None	1
SLEEP	Sleep		None	1
WDR	Watchdog Reset		None	1

다. 어셈블리어의 일반형태

어셈블리어의 일반형태는 아래와 같다.

라벨 : + 1개 이상의 공백 + 명령어(혹은 지시어) + 1개 이상의 공백 + ; + 주석

([예] START : LDI AL, 0b10000000 ; AL에 이진수 10000000 값을 넣어라.)

① **라벨(Label)**은 기호주소로 분기명령이나 참조에 사용되는 심볼(Symbol)로

㉠ 심볼과 바로 뒤에 공백없이 : (콜론)을 두고 콜론과 명령어는 1개 이상의 공백을 두어야 한다. 어셈블러(어셈블리어를 기계어로 바꾸어주는 프로그램)에 따라 다르지만 길이는 보통 1에서 수십개 까지의 기호가 허용되고 AVR Studio4에서 심볼은 영문자와 숫자와 특수문자(_)의 조합을 사용하고 처음은 반드시 숫자가 아닌 기호(또는 영문자)로 시작해야 한다.

㉡ R0-R31과 같은 어셈블러 특수 심볼 그리고 명령어와 지시어 등 예약어는 심볼로 사용될 수 없고, 심볼은 보통 명령어, 지시어와 함께 대문자와 소문자의 구분이 없다(AVR Studio4에서 구분을 하게 옵션 설정 가능).

② **주석**은 반드시 앞에 ; (세미콜론)을 붙여야 하는데 어셈블러는 세미콜론과 같은 줄에 존재하며 세미콜론 뒤쪽에 존재하는 글은 주석으로 여기고 모두 무시한다.

라. 지시어(의사 명령)

지시어란 기계어로 번역되지 않고 어셈블러에게 어떤 정보만을 제공하는 것으로 의사명령이라고 하는데 CSEG, DSEG, ESEG, EQU, SET, DEF, UNDEF, ORG, BYTE, DB, DATA, DW, DD, DQ, INCLUDE, IF, ELIF, IFDEF, ELSE, ENDIF, ENDM, MACRO 등이 있다.